in PC 29.5.97

Muschelkalk

Sonderbände der Gesellschaft für
Naturkunde in Württemberg
Band 2

Muschelkalk

Schöntaler Symposium 1991

Herausgegeben von

Hans Hagdorn
und
Adolf Seilacher

Goldschneck-Verlag Werner K. Weidert
Stuttgart, Korb 1993

Mit ihren Spenden haben folgende Personen, Firmen und Institutionen dazu beigetragen, daß der vorliegende Band erscheinen konnte:

Bürkert Werke GmbH & Co., Ingelfingen
Paul Kleinknecht, Schotter- und Splittwerke, Kupferzell
Gesellschaft für Naturkunde in Württemberg e. V.
Historischer Verein für Württembergisch Franken e. V.
Prof. Dr. Ulrich Kull, Stuttgart
Schotterwerke Hohenlohe Bauland GmbH & Co. KG, Künzelsau
Sigloch Buchbinderei GmbH & Co. KG, Künzelsau
Stiftung Würth, Künzelsau-Gaisbach

Herausgeber und Autoren bedanken sich bei den Spendern dafür, daß sie dazu beigetragen haben, das Wissen vom Muschelkalk zu verbreiten.

Die Deutsche Bibliothek – CIP-Einheitsaufnahme
Muschelkalk / Schöntaler Symposium 1991.
Hrsg. von Hans Hagdorn und Adolf Seilacher. –
Korb : Goldschneck-Verl. Weidert 1993
   (Sonderbände der Gesellschaft für Naturkunde in Württemberg ; 2)
   ISBN 3-926129-11-5
NE: Hagdorn, Hans [Hrsg.]; Gesellschaft für Naturkunde in
   Württemberg: Sonderbände der Gesellschaft . . .

© 1993 Goldschneck-Verlag Werner K. Weidert, Korb
ISBN 3-926129-11-5
Das Werk ist einschließlich aller seiner Teile urheberrechtlich geschützt. Jede Verwertung außerhalb der engen Grenzen des Urheberrechtsgesetzes ist ohne Zustimmung des Verlags unzulässig und strafbar. Das gilt insbesondere für Vervielfältigungen, Übersetzungen, Mikroverfilmungen und die Einspeicherung und Verarbeitung in elektronischen Systemen.

Umschlaggestaltung Hans Hagdorn und Siegfried Fischer, Stuttgart, unter Verwendung einer Aufnahme des Klosters Schöntal von Hans Hagdorn und einer Lithographie aus L. von Buchs „Über Ceratiten", Berlin 1849.
Layout und DTP: Text & Daten, Landsberg
Druck: Brönner & Daentler KG, Eichstätt
Einband: Buchbinderei Sigloch GmbH & Co. KG, Künzelsau
Printed in Germany / Imprimé en Allemagne
ISBN 3-926129-11-5

Vorwort

Idee, Planung und Ausführung des Schöntaler Muschelkalksymposiums vom August 1991 fielen in eine Zeit weltweiten Wandels. Die erste offizielle Annäherung von Perm/Trias-Geologen aus Ost und West auf jener denkwürdigen Tagung im September 1989 in Weimar hatte den langgehegten Wunsch, die Spur des Muschelkalks nach Osten zu verfolgen, überhaupt erst in die Sphäre des Möglichen gerückt. Träumten und flachsten wir auf der Rückfahrt noch davon, die herrlichen Wellenkalkaufschlüsse bei Wutha, die unzugänglich im Grenzstreifen lagen, einmal zu begehen, so ahnte doch noch niemand, daß dies mit dem Fall der Mauer so bald möglich werden sollte. Die weitere Organisation des Schöntaler Symposiums gestaltete sich dann unendlich viel leichter: Auf der Exkursion gab es im vereinten Deutschland an der Werra nun keine Grenze mehr zu überwinden.

So muß man auch heute noch verstehen, daß damals die Traverse zunächst vom Tagungsort durch Thüringen nach Schlesien geschlagen werden mußte. Daß dabei der Muschelkalk im Westen, am Schwarzwald und in Lothringen, an der Saar und am Teutoburger Wald, unberücksichtigt blieb, haben bestimmt nicht nur Teilnehmer aus dem Osten bedauert.

Mit dem Exkursionsführer, der als „Field Guide" in englischer Sprache die internationale Exkursionsparty begleitete, sollte sich der seit über 40 Jahren mehr aufs Regionale gerichtete Blick wieder aufs Ganze des Muschelkalks weiten, und dies nicht nur auf der sechstägigen Exkursion, sondern vor allem auch mit dem Schöntaler Vortragsprogramm.

Wenn der Symposiumsband nun doch noch anderthalb Jahre auf sich hat warten lassen, so liegt das nicht nur am langen Weg vom Referat zum Manuskript, sondern auch an Editionsproblemen. Fast alle Autoren konnten ihre Vorträge und Poster zu Aufsätzen ausarbeiten. Wo dies nicht möglich war, druckten wir die Kurzfassungen aus dem Begleitheft zur Tagung nach. Erfreulicherweise können wir noch zwei Arbeiten zu wichtigen Aspekten der Muschelkalkstratigraphie hinzufügen. Leere Versoseiten füllten wir mit den Kurzfassungen und mit „vorläufigen Mitteilungen" über wichtige Neufunde. An der deutschenglischen Zweisprachigkeit galt es festzuhalten. Ein Summary bzw. eine Zusammenfassung erschließen den Inhalt für ein erweitertes Publikum. Den Symposiumsband ergänzt der „Field Guide" von 1991, in dem viele der hier genannten Aufschlüsse genau beschrieben und abgebildet sind.

Wir hoffen, daß damit der Sammler von Muschelkalkfossilien genauso auf seine Kosten kommt wie der Trias-Stratigraph, der Sedimentologe und der Landesgeologe, der sich rasch über Stand und Richtung der Muschelkalkforschung kundig machen will. Das inhaltliche Spektrum des Bandes von Lage und Rahmenbedingungen des Muschelkalkbeckens im Wechselspiel von regionaler Tektonik und Eustatik über Litho- und Biostratigraphie, Fossillagerstätten und Paläökologie bis zu besonderen Fossilgruppen beweist die Aktualität des Muschelkalks als Modellfall für Geologen und Paläontologen verschiedenster Ausrichtung.

Als Multiautorenwerk bleibt der Band bei aller redaktionellen Glättung inhaltlich und äußerlich doch erkennbar heterogen. Das gilt für Stil und Inhalt von Abbildungen gleichermaßen wie für manche Schreib- und Zitierweise und für die Terminologie stratigraphischer Einheiten, aber auch für inhaltliche Positionen.

Nun bleibt uns noch, allen Autoren zu danken, daß über die verhallten Vorträge von Schöntal hinaus der Wissensfortschritt zum Muschelkalk nun auch zwischen zwei Buchdeckeln festgeschrieben steht. Der Gesellschaft für Naturkunde in Württemberg gilt unser Dank für die Aufnahme des Bandes in ihre Sonderreihe, dem Verleger Werner K. Weidert für Geduld und Entgegenkommen in Fragen der Gestaltung und Drucklegung. Magnus Hagdorn gab technischen Rat für die Erfassung und Bearbeitung von Dateien. Gerd Hintermaier-Erhard besorgte das Layout.

Ohne die großzügigen Druckkostenzuschüsse von Spendern aus Wirtschaft und Wissenschaft und ohne das Entgegenkommen der Buchbinderei Sigloch, den Band kostenlos zu binden, hätte das Buch nicht zu einem Preis erscheinen können, der auch die Anschaffung fürs private Bücherbord ermöglicht. Besonderer Dank gilt Herrn Reinhold Würth, der nicht nur die Tagung in Schöntal, sondern jetzt auch noch diesen Symposiumsband förderte. Dr. Franz Susset begleitete als Vorsitzender der Stiftung Würth Tagung und Publikation mit Engagement und Interesse. Unser Dank gilt nicht zuletzt auch Herrn Otto Müller mit seinen Mitarbeitern vom Bildungshaus Kloster Schöntal.

Die gestaltende Tätigkeit der Zisterzienser strebte in die unerforschte Wildnis, um dort Sümpfe in fruchtbares Land zu verwandeln. In Schöntal, der zum „amoena vallis" gewandelten Flußniederung, hat Johann Leonhard Dientzenhofer mit seiner Barockschöpfung Harmonie von Natur und Geist gestaltet. Wagen Sie mit uns in diesem Band einen neuen Schritt zur „Kultivierung" des Muschelkalks!

Ingelfingen und Tübingen im Frühjahr 1993   H. Hagdorn und A. Seilacher

Inhalt

Einführung 8

Kapitel 1
Das Germanische Becken: Rahmenbedingungen 10

H. Mostler:
Das Germanische Muschelkalkbecken und seine Beziehungen zum tethyalen Muschelkalkmeer 11

Th. Aigner & G. H. Bachmann:
Sequence Stratigraphy of the German Muschelkalk 15

J. Szulc:
Early Alpine Tectonics and Lithofacies Succession in the Silesian Part of the Muschelkalk Basin. A Synopsis. 19

U. Röhl:
Sequenzstratigraphie im zyklisch gegliederten Oberen Muschelkalk Norddeutschlands 29

G. Best, H.-G. Röhling & S. Brückner-Röhling:
Synsedimentäre Tektonik und Salzkissenbildung während der Trias in Norddeutschland 37

G. Beutler:
Lithologisch-paläogeographische Karte Muschelkalk, Maßstab 1:1,5 Mio (IGCP Projekt 86 „SW-Rand der Osteuropäischen Tafel") 37

Kapitel 2
Lithostratigraphie, Fazies, Geochemie 38

H. Hagdorn, M. Horn & Th. Simon:
Vorschläge für eine lithostratigraphische Gliederung und Nomenklatur des Muschelkalks in Deutschland 39

G. Beutler:
Der Muschelkalk zwischen Rügen und Grabfeld 47

H. Gaertner:
Zur Gliederung des Muschelkalks in Nordwestdeutschland in Tiefbohrungen anhand von Bohrlochmessungen 57

E. Backhaus & M. Schulte:
Geochemische Faziesanalyse im Unteren Muschelkalk (Poppenhausen/Rhön) mit Hilfe des Sr/Ca-Verhältnisses 65

W. Ernst:
Der Muschelkalk im westlichen Thüringen 73

V. Lukas:
Sedimentologie und Paläogeographie der Terebratelbänke (Unterer Muschelkalk, Trias) Hessens 79

H. Gaertner & H.-G. Röhling:
Zur lithostratigraphischen Gliederung und Paläogeographie des Mittleren Muschelkalks im Nordwestdeutschen Becken 85

H. Bock, A. Hary, E. Müller & A. Muller:
Der Muschelkalk an der Ardennen-Eifel-Schwelle 104

S. Brückner-Röhling & R. Langbein:
Lithostratigraphie des Mittleren Muschelkalks in der Bohrung Hakeborn-211 (Subherzynes Becken) und Logkorrelation zwischen Thüringer Becken, Subherzyn und Norddeutschem Becken 105

M. Rothe:
Die Wüste im Wasser: Zur Fazies, Geochemie und Diagenese des Mittleren Muschelkalks in N-Bayern 111

W. Klotz:
Lithologie, Fazies und Genese des „Wellenkalks" im Unteren Muschelkalk 116

W. Ockert:
Die Zwergfaunaschichten (Unterer Hauptmuschelkalk, Trochitenkalk, mo1) im nordöstlichen Baden-Württemberg 117

A. Bartholomä:
Fossilführung des Tonhorizontes alpha von Unterohrn 131

Á. Török:
Storm influenced sedimentation in the Hungarian Muschelkalk 133

W. H. Zwenger:
Hartgrundgefüge im Unteren Muschelkalk 143

Kapitel 3
Biostratigraphie, Ökostratigraphie, Paläobiogeographie 144

H. Visscher, W. A. Brugman & M. van Houte:
Chronostratigraphical and Sequence Stratigraphical Interpretation of the Palynomorph Record from the Muschelkalk of the Obernsees Well, South Germany 145

M. Urlichs:
Zur Gliederung des Oberen Muschelkalks in Baden-Württemberg mit Ceratiten 153

K. Budurov, F. Calvet, A. Goy, A. Marquez-Aliaga, L. Marquez, E. Trifonova & A. Arche:
Middle Triassic Stratigraphy and Correlation in Parts of the Tethys Realm (Bulgaria and Spain) 157

H. Hagdorn & E. Głuchowski:
Palaeobiogeography and Stratigraphy of Muschelkalk Echinoderms (Crinoidea, Echinoidea) in Upper Silesia 165

J. Liszkowski:
Die Selachierfauna des Muschelkalks in Polen: Zusammensetzung, Stratigraphie und Paläoökologie 177

H. Hagdorn:
Reptilien-Biostratigraphie des Muschelkalks 186

H. Mahler & J. Sell:
Die „vulgaris/costata-Bank" (Oberer Muschelkalk, Mitteltrias) – ein lithostratigraphisch verwertbarer biostratigraphischer Leithorizont mit chronostratigraphischer Bedeutung 187

H. Hagdorn & Th. Simon:
Ökostratigraphische Leitbänke im Oberen Muschelkalk 193

M. Urlichs:
Zur stratigraphischen Reichweite von *Punctospirella fragilis* (SCHLOTHEIM) im Oberen Muschelkalk Baden-Württembergs 209

H. Hagdorn:
Holocrinus dubius (GOLDFUSS 1831) aus dem Unteren Muschelkalk von Rüdersdorf (Brandenburg) 213

Kapitel 4
Palökologie und systematische Paläontologie 214

A. Seilacher:
Fossillagerstätten im Muschelkalk 215

R. Ernst & Th. Löffler:
Crinoiden aus dem Unteren Muschelkalk (Anis) Südniedersachsens 223

W. Ockert:
Holothurien-Reste aus den Zwergfaunaschichten des Oberen Muschelkalks 234

A. Bodzioch:
Sponges from the Epicontinental Triassic of Europe 235

H. Hagdorn & W. Ockert:
Encrinus liliiformis im Trochitenkalk Süddeutschlands 245

H. Hüssner:
Rifftypen im Muschelkalk Süddeutschlands 261

H. Hagdorn:
Holothurien aus dem Oberen Muschelkalk 270

H. Schmidt:
Mikrobohrspuren in Makrobenthonten des Oberen Muschelkalks von SW-Deutschland 271

S. Rein:
Zur Biologie und Lebensweise der germanischen Ceratiten 279

J. A. Todd & H. Hagdorn:
First Record of Muschelkalk Bryozoa: The Earliest Ctenostome Body Fossils 285

Anschriften der Autoren 287

Einführung

Die wissenschaftliche Erforschung des Muschelkalks von den Anfängen im 18. Jahrhundert bis zur Mitte unseres Jahrhunderts ruhte auf drei Säulen: der Lithostratigraphie, der Paläontologie und schließlich der Biostratigraphie.

Friedrich von ALBERTI hatte in seiner Monographie von 1834 die drei Gruppen seiner Trias, Buntsandstein, Muschelkalk und Keuper, vom Zechstein im Liegenden und Jura im Hangenden nach Lithologie und Fossilinhalt abgegrenzt. Auch schied er die drei Abteilungen des Muschelkalks nach lithologischen Gesichtspunkten. Diese Grenzen wurden seither mehrfach verschoben. Die Gliederung wurde in zahlreichen Regionalmonographien immer detaillierter und deckte schließlich den Muschelkalkausstrich. In seiner bahnbrechenden Dissertation von 1913 wandte dann Georg WAGNER das im Keuper von H. THÜRACH erarbeitete Leitbankprinzip auf den Muschelkalk an und verdichtete, die deskriptive Lithostratigraphie überwindend, seine Daten zu einem ersten Modell für die Entstehung des Muschelkalks.

In zahllosen Arbeiten wurden gleichzeitig alle Makrofossil-Gruppen und reiche Einzelfaunen – oft im Vergleich mit alpinen Triasfaunen – paläontologisch beschrieben. Nach der ersten Synopsis im Trias-Band der „Lethaea Geognostica", den Fritz FRECH 1903 herausgab, konnte Martin SCHMIDT 1928 und 1938 in der „Lebewelt unserer Trias" bewunderungswürdig in Diktion und Vollständigkeit alles Bekannte zusammenfassen und in klaren Zeichnungen abbilden. Bis heute ist sein Werk die Bibel des Muschelkalksammlers geblieben, auch wenn die Nomenklatur mittlerweile veraltet ist.

Die Biostratigraphie setzte nach der Jahrhundertwende ein, am konsequentesten mit Adolf RIEDELs Ceratitenmonographie von 1916 in Norddeutschland. RIEDEL erkannte in den Ceratiten die wichtigsten Indexfossilien, mit deren Hilfe sich der Obere Muschelkalk im ganzen Ausstrichsgebiet in gleiche Zonen gliedern ließ. Außer den Ceratiten erwiesen sich später auch Dasycladaceen, Crinoiden und Brachiopoden als brauchbare Leitfossilien, die sich zum Teil auch zur Korrelierung des Muschelkalks mit den Mitteltriasschichten in den Alpen und in Südosteuropa eigneten. Systematische Faunenvergleiche führten Julius PIA 1930 zu einer chronostratigraphischen Einstufung des Muschelkalks. Sehr früh war schon bekannt, daß der Muschelkalk in Schlesien faunistisch dem Alpinen Muschelkalk näher stand als dem der westlichen Beckenteile und daß es im Oberen Muschelkalk mit der Ceratitenstammreihe endemische Entwicklungen gab.

Nach Jahrzehnten des Stillstands gab es gegen Ende der 60er Jahre dann neue Impulse: für die Biostratigraphie seitens der Mikrofaunen, besonders der Conodonten, für Lithostratigraphie und Paläontologie seitens der Fazieskunde, der Sedimentologie und der Palökologie. In beiden deutschen Staaten mit unterschiedlichen Schwerpunkten, in Polen und auch in Frankreich rückte die Germanische Trias wieder ins Blickfeld der Forschung, und dieselben Impulse reaktivierten auch für die tethyale Trias, besonders in Österreich, die alten Fragen.

In einer Serie von Dissertationen, z. B. an der Universität Stuttgart, aber auch in Nord- und Mitteldeutschland und in den Nachbarländern wurde die Lithostratigraphie regional weiter verfeinert, revidiert und mikrofaziell untersucht. Für den Unteren Muschelkalk Süddeutschlands erfaßte Hans-Ulrich SCHWARZ (1970) Sedimentstrukturen und Fazies und deutete die Wellenkalke als Ablagerungen des Intertidals. Wenig später erkannte Max-Gotthard SCHULZ (1972) im Unteren Muschelkalk Nordhessens Sedimentationszyklen, die sich stratigraphisch verwerten ließen. Nach Auswertung von Bohrlochmessungen in Nordwestdeutschland beschrieb J. WOLBURG (1965) den Muschelkalk unter jüngerer Bedeckung und rekonstruierte Beckengeschichte und Paläotektonik. Für die DDR wurden entsprechende Forschungen in den Trias-Kolloquien von 1970 und 1977, für Polen und Frankreich in paläogeographischen Atlanten vorgelegt.

Die Bestandsaufnahme der Mikrofaunen des Muschelkalks, besonders der Conodonten, die mit der Arbeit von Ursula TATGE 1956 in Marburg begann und anschließend v. a. in der DDR und in Polen fortgesetzt wurde, mündete in die Monographien von Heinz KOZUR aus dem Jahr 1974, in denen er makro- und mikropaläontologische Zonengliederungen für die Germanische Trias vorlegte und sie an die internationale Triasgliederung anband. Neben den Conodonten erkannte er auch in Holothurienskleriten, Ostracoden und Palynomorphen Indexfossilien. Die Mikrofaunen lieferten zahlreiche neue Gesichtspunkte für die Korrelation von Germanischer und Tethys-Trias, so daß KOZUR einmal die chronostratigraphische Einstufung der Germanischen Trias, aber auch zeitgleiche Faunenprovinzen und ihre Migrationsbeziehungen zueinander revidieren konnte. Die Palynostratigraphie der Trias wird derzeit vom Utrechter Institut für Paläobotanik verfeinert. Eine moderne Übersicht über Mikrofaunen der Trias in Polen gibt der Atlas von 1979.

Einführung

An der Universität Tübingen wurde der Muschelkalk Gegenstand palökologischer Untersuchungen über post-mortem-Geschichte von Ceratiten, Bonebedgenese, Schilltypen, Fossillagerstätten und Muschelkalkbioherme. Diese Arbeiten entstanden z. T. in enger Kooperation mit „Privatpaläontologen" wie Otto LINCK und Rudolf MUNDLOS. Von der Universität Tübingen und ihrem Sonderforschungsbereich 53 „Palökologie" (1970-1978) gingen auch die Untersuchungen zur „Dynamischen Stratigraphie" des Oberen Muschelkalks durch Thomas AIGNER aus, die in den aktuellen sequenzstratigraphischen Ansatz münden. Die äußerst genaue Kenntnis von Lithostratigraphie und Fazies zusammen mit einer leistungsfähigen biostratigraphischen Kontrolle macht den Muschelkalk zu einem Experimentierfeld für Anwendung und Überprüfung sequenzstratigraphischer Modelle. Seismite erkannte erstmals Philippe DURINGER (1982) im Oberen Muschelkalk Lothringens und des Elsaß.

Die Schöntaler Muschelkalktagung und der vorliegende Band umfassen äußerst unterschiedliche Arbeiten, die jedoch die oben skizzierten Ansätze fortführen und sie z.T. in neuen Modellen integrieren. Manche Arbeiten fassen den derzeitigen Wissensstand zusammen oder schließen regionale und stratigraphische Lücken, besonders in Norddeutschland bzw. im Mittleren Muschelkalk. Als Leitfragen ziehen sich durch den ganzen Band:
• Wie reagierten Faunen auf tektono-eustatische Vorgänge im raum-zeitlichen Kontext?
• Wie und auf welchen Wegen verlief der Faunenaustausch zwischen Muschelkalkmeer, Tethys und anderen Tethys-Randmeeren?
• Was unterscheidet, was verbindet den Muschelkalk mit anderen Mitteltrias-Sedimenten und was ist das Besondere am Muschelkalk?

Der vorliegende Band will den Standort der derzeitigen Muschelkalkforschung bestimmen, aber auch auf Kenntnislücken hinweisen und damit Anstöße für künftige Arbeit geben.

Die Teilnehmer der sechstägigen Exkursion im Rahmen des Schöntaler Muschelkalk-Symposiums vor basalem Trochitenkalk im Kirchtal bei Wutha (Thüringen). Von links: Dr. E. NAGY (Budapest), Dr. M. HORN (Wiesbaden), Dr. Á. TÖRÖK (Budapest), Dr. W. ERNST (Greifswald), Dr. E. RÁLISCH-FELGENHAUER (Budapest), Prof. Dr. Th. AIGNER (Tübingen, knieend), Dr. G. ZUNCKE (Kassel, mitten), Dr. J. SZULC (Kraków, hinten), Dr. H. HAGDORN (Ingelfingen), Prof. Dr. A. SEILACHER (Tübingen), A. GÖTZ (Darmstadt, vorne), Dr. Th. SIMON (Stuttgart), Dr. V. LUKAS (Kassel), Prof. Dr. A. MULLER (Aachen), Prof. Dr. D. SCHUMANN (Darmstadt), E. KRAMM (Fulda), Ch. KLUG (Tübingen), Dr. A. LANGER (Hannover), Prof. Dr. H. MOSTLER (Innsbruck), Dr. E. GŁUCHOWSKI (Sosnowiec) und W. OCKERT (Ilshofen). Foto: M. SIBLÍK (Prag).

Kapitel 1

Das Germanische Becken: Rahmenbedingungen

Das erste Kapitel vereint Arbeiten, in denen die tektono-eustatische Geschichte des Germanischen Muschelkalkmeeres im Mosaik der von H. MOSTLER rekonstruierten triaszeitlichen Landkarte Europas vorgeführt wird.

Wir lernen, daß das Muschelkalkmeer kein Epikontinental-Flachmeer war, sondern daß – wie die Isopachen und die Salzverbreitung zeigen, randliche und zentrale Bereiche beschleunigter Absenkung unterlagen. Näheres dazu geht aus den Logs in den Arbeiten des zweiten Kapitels hervor. Dabei wurden reaktivierte variskische Strukturen wirksam. Absenkung von Krustenteilen führte im Norddeutsch-Polnischen Trog, in den Nordseegräben, aber auch in den Senkungszonen des westlichen Beckenteils zu erhöhten Mächtigkeiten und Faziesdifferenzierungen, Schwellenstrukturen entsprechend zu Mächtigkeitsreduktionen. Dies ergibt sich auch aus den Profilschnitten im Aufschlußbereich des süddeutschen Trochitenkalks (vgl. Kapitel 4). Direkte Abbildung im Sediment fand das von Erdbeben begleitete Riften in verschiedenen Seismitexturen, wie sie A. SZULC aus dem Unteren Muschelkalk Oberschlesiens beschreibt. Konsequent apostrophiert er den Ablagerungsraum des Muschelkalks als Rift-Peripherie-Becken.

Die Arbeit von H. MOSTLER lehrt uns weiter, daß bis einschließlich des Pelson kaum Unterschiede zwischen dem Muschelkalkmeer und der westlichen Tethys bestanden, sondern daß es sich hier wie dort um Flachmeere mit ähnlicher Sedimentfüllung und Fauna handelte. Erst im Illyr, z. T. auch erst im Unterladin kam es im alpinen Raum durch beschleunigte Subsidenz zum Abbruch von Karbonatplattformen und zu starker Differenzierung von Fazies und Fauna, während im Germanischen Becken die Muschelkalkfazies, allerdings mit deutlich regressivem Charakter (Progradation von Klastika), erhalten blieb.

Unteranisische Faunen erreichten das Muschelkalkmeer über den Nordast der Paläotethys von Asien her durch die Karpatenpforte sogar früher als den Bereich der nordalpinen Trias. Die Faunen bis zum Illyr trennt wenig. Die Scheidung von Alpinem und Germanischem Muschelkalk bis zu diesem Zeitpunkt ist deshalb in erster Linie als Artefakt der Wissenschaftsgeschichte zu sehen.

Seit dem Perm hat es im Germanischen Becken markante Umorientierungen gegeben:

- Eine N/S-Verbindung wie die des Zechsteinmeeres zum Nordmeer läßt sich im Muschelkalk nicht mehr belegen. Stattdessen werden verstärkt E/W-Strukturen wirksam.
- Im Unteren Muschelkalk führte die Öffnung zur Tethys nach Osten durch Karpatenpforte und später durch die Schlesisch-Mährische Pforte zu vollmarinen Sedimenten mit äußerst diversen Faunen im östlichen Beckenteil.
- Dabei kann der Faunenaustausch im Pelson, vielleicht auch schon im Unteranis, zumindest kurzfristig bereits über die Westalpen verlaufen sein. Künftige Untersuchungen der Faunen am Schwarzwaldrand (Radiolarien, Korallen, Crinoiden, Brachiopoden) versprechen hierzu neue Erkenntnisse.
- Im Ladin führten die altkimmerischen Bewegungen im Osten zum Auftauchen und zur Progradation der klastischen Muschelkalkfazies (vgl. Kapitel 2, Arbeit G. BEUTLER), während im Westen vollmarine Karbonate bis zur *semipartitus*-Zone herrschen.

T. AIGNER und G. H. BACHMANN, für den Oberen Muschelkalk auch U. RÖHL, zeigen, daß die tektonischen Regionalstrukturen von einem die ganze Germanische Trias umfassenden Transgressions/Regressions-Zyklus überlagert werden (Zyklus 2. Ordnung), von dem zwei Sequenzen (Röt bis Grenzbonebed) im Muschelkalk liegen. Die maximale Überflutung im Gesamtzyklus sehen sie im Bereich der *cycloides*-Bank.

Weitere Forschung, welche jedoch die hier abgesteckten Grenzen überschreitet, hat nach Ursachen und Mechanismen der Krustenverdünnung zu fragen, die für die Umorganisation des triaszeitlichen Europa verantwortlich sind.

Das Germanische Muschelkalkbecken und seine Beziehungen zum tethyalen Muschelkalkmeer

Helfried Mostler, Innsbruck
1 Abbildung

Der nach der variskischen Gebirgsbildung entstandene Superkontinent (Pangaea) ist ab dem hohen Oberkarbon bzw. basalen Perm bereits wieder den ersten Zerfallsereignissen ausgesetzt. An variskisch überlieferten Schwachstellen beginnt die Zerstückelung der Pangaea. Dieser auf intensive Dehnungstektonik zurückgehende Prozeß ist einerseits der Start für die Herausgestaltung des Atlantiks, im wesentlichen an N/S-Strukturen orientiert, andererseits werden zur selben Zeit die Grundmuster für die Anlage der Neotethys (vorwiegend E/W-gerichtete Strukturen) festgeschrieben.

Zur Zeit des höheren Oberkarbons bzw. basalen Unterperms, hinaufreichend bis in die Untertrias, ist der Tethysraum[1] (Paläotethys) noch weit nach Osten hin geöffnet. Im Laufe der Obertrias wird dieser in den im N und NE ablaufenden Schließungsprozeß einbezogen. Der sich neu herausgestaltende Ablagerungsraum der Neotethys ist zur Zeit des Unterperms (den alpinen Sektor betreffend) infolge einer lokalen Mantelaufwölbung einem starken Magmatismus ausgesetzt, an dem Mantelschmelze, vor allem aber Mischmagmen aus dem tieferen Teil der Kruste, beteiligt sind. Dieser unterpermische Magmatismus ist mit analoger Zusammensetzung ebenfalls im außeralpinen Bereich Mitteleuropas weitverbreitet (SCHWAB et al. 1982), wodurch sich ein völliger Gleichklang in der Entwicklung zu dem sich bildenden Tethyswestrand ergibt. Dies trifft auch für das Oberperm (ARTHAUD & MATT 1977; DIXON et al. 1981) und z.T. auch für die basale Untertrias zu. Die Untertrias in den Südalpen folgt zwar noch dem großtektonischen Diktat des gesamten mitteleuropäischen Raumes, ist jedoch vornehmlich mariner Ausbildung.

Der Bereich des Germanischen Beckens und des anschließenden alpinen Raumes liegt im Interaktionsfeld jener Prozesse, die strukturprägend für Atlantik und Neotethys sind. Perm und Trias sind jene Zeit, in der etappenweise die Herausgestaltung neuer Sedimentationsräume abläuft, ein Zeitraum, der zwischen variskischer und alpidischer Ära vermittelt, den BRANDNER (1984) als ein geodynamisches Übergangsstadium mit dem Terminus „labinische Ära" ausgewiesen hat. Diese Ära wird geprägt von Riftingprozessen einerseits und Schließungsmechanismen, vor allem am Tethysnordrand, andererseits.

Das Hauptanliegen dieser Studie ist es, aufzuzeigen, daß im Zeitraum vom Unterperm bis hinauf in die Mitteltrias kaum Unterschiede bestehen, was die tektonischen und ablagerungsmechanischen Abläufe betrifft. Germanisches Becken und der alpine Anteil der Tethys (Tethys-Westrand) sind zur Zeit der Untertrias und basalen Mitteltrias einem geotektonisch betrachtet einheitlichen Ablagerungsraum zuzuordnen. Die z.B. für die westliche Tethys postulierten Schwellen innerhalb des Austroalpins, die für die Abgrenzung der einzelnen Sedimentationsräume verantwortlich zeichnen sollen, sind für diese Zeit nicht nachweisbar. Es sind vielmehr dieselben Strukturen, die auch im Germanischen Becken durch Bruchschollentektonik und unterschiedliche Subsidenz die einzelnen Teilbecken kennzeichnen.

Die Vorstellung, daß der Westteil der Tethys in Perm, Unter- und Mitteltrias eine „geosynklinale", das Germanische Becken eine „epikontinentale" Entwicklung durchlaufen hätten, ist nicht zutreffend. TRAMMER hat schon 1979 betont, daß zwischen Germanischem Becken zur Zeit der Mitteltrias und dem alpinen Ablagerungsraum, sowohl was die tektonischen Ereignisse als auch die Sedimentation betrifft, keine Unterschiede nachweisbar sind. Hierzu sei gleich vermerkt, daß er als Beispiel für das Germanische Becken den Polnisch-Dänischen Trog, wie er ihn bezeichnet hat, anspricht. Es handelt sich hier um eine tief abgesenkte Grabenstruktur (den Polnisch-Norddeutschen Trog), der einen Zugang zur offenen See (Pelagikum) im Osten ermöglichte. Dieser abgesenkte schmale Krustenstreifen schuf schon mit Beginn des Anis (Aege) eine Verbindung zur Paläotethys, wodurch pelagische Faunen wie Ammoniten, Conodonten etc. einwandern konnten. Daraus wird ersichtlich, daß man von einer epikontinentalen Ablagerung im Germanischen Muschelkalk nicht generell sprechen kann. Der Vergleich, den TRAMMER (1979) anstellte, betrifft vielmehr ein Ablagerungsgebiet, das sowohl nach seiner Strukturierung als auch nach den Ablagerungsbedingungen sowohl im Germanischen Becken und auch in der Westtethys (dort etwas später) entstehen konnte.

Im folgenden soll versucht werden, die Beziehungen zwischen dem Germanischen Becken und dem Tethys-Westrand anhand einiger ausgewählter Stationen aufzuzeigen und in einem weiteren Schritt die Wanderwege der Faunen zur Zeit der unteren Mitteltrias (Aege bis Pelson), die aufgrund neuer mikropaläontologischer Untersuchungen des Autors belegt werden können, darzulegen. Vor allem soll hier mit der Ansicht, daß Faunen zur Zeit der basalen Mitteltrias über den alpinen Anteil der Tethys in das Germanische Becken eingewandert seien, aufgeräumt werden.

Generell sollte man festhalten, daß die von der variskischen Tektonik gesteuerte Beanspruchung des germanisch-alpinen Ablagerungsraumes verantwortlich ist für die Großschollen- und Beckengliederung, aber auch ebenso für das kleinräumige Beanspruchungsmuster, das zu den vielen Teilbecken und Hochzonen führte. Die Verbindungen zum pelagischen Tethysraum zur Zeit des Oberskyths sowie Unter- und basalen Oberanis wurden nur über tektogenetische Prozesse, wie z.B. Anlage von Grabenstrukturen, möglich. Dies betrifft sowohl den germanischen als auch den alpinen Raum.

Die im Oberskyth einsetzende große Transgression (in den Alpen Badia-Transgression genannt) findet mit der

---

[1] Unter Tethys versteht man nicht nur den ozeanischen Bereich, sondern vor allem auch die (speziell im Osten) weitverbreiteten Flachwasserareale.

Salinarentwicklung im höchsten Skyth bzw. basalen Unteranis ihr Ende. Ab dieser Zeit ist der Weg vom alpinen Raum zur pelagischen Tethys unterbrochen. Im „Germanischen Becken" ist durch die sogenannte „Ostkarpatische Pforte" (es handelt sich um die schon früher angesprochene Grabenstruktur) der Verbindungsweg zur pelagischen Tethys bereits im Aegean soweit ausgestaltet, daß Conodonten der asiatischen Faunenprovinz bis nach Schlesien vordringen konnten. Zur gleichen Zeit wurde in der alpinen Tethys eine durchgehende Flachwasser-Karbonatplattform aufgebaut, die sich in Form eines noch breiteren Schelfes als jenen, der zur Zeit des Oberskyths bestand, entwickelte und somit ein Einwandern pelagischer Faunenelemente blockierte. So gesehen ist das Germanische Becken wesentlich früher mit pelagischen Faunen versorgt worden als der alpine Anteil der Tethys.

In der weiteren Folge war es sogar möglich, daß Faunen über das Germanische Becken in den alpinen Raum einwandern konnten. Verändert hat sich das Bild mit dem Pelson, als sich eine Grabenstruktur, von SE her kommend (BECHSTÄDT et al. 1976; BECHSTÄDT et al. 1978) zum pelagischen Tethysraum auftat (dort wurde bereits ozeanische Kruste geringen Ausmaßes produziert) und somit die erste Verbindung zu den alpinen Karbonatplattformen geschaffen wurde. Im Pelson der Alpen ist die Entwicklung jedoch kaum anders als jene im germanischen Tethys-Ablagerungsraum, worauf bereits TRAMMER (1979) verwiesen hat. In den Südalpen ist sie wohl am ähnlichsten, weil dort die Differenzierung zwischen klastischen und karbonatischen Sedimenten völlig analog abläuft wie im Germanischen Becken. Innerhalb der Nördlichen Kalkalpen ist der generelle Ablagerungstrend wohl ähnlich, also z.B. auch sturmflutorientiert, aber die Differenzierung in karbonatische und klastische Phasen ist nicht oder nur untergeordnet gegeben. Die Sedimentation in beiden tektonisch abgesenkten Krustenstreifen, nämlich die im Norddeutsch-Polnischen Becken und jene im SE/NW-orientierten Riftingbecken der Alpen ist besonders ähnlich. Dies trifft auch für die Faunen zu. Als Beispiele seien die Kieselschwämme herausgegriffen, die in den neugestalteten Großbecken, die sich aus grabenartigen Strukturen im Schnittpunkt zweier Richtungen entwickelt haben, den neu angebotenen Siedlungsraum nutzten. Kieselschwämme, insbesondere sind es die Hexactinellida, hatten am großen Untertriasschelf und in der Flachwasserentwicklung der tieferen Mitteltrias keine Chance sich anzusiedeln, weil das für sie notwendige Relief nicht gegeben war und auch die Wassertiefe nicht ausreichte. Erst mit der Herausgestaltung der grabenartigen Strukturen bzw. im Schnittpunkt dieser auftretenden Becken entstand eine Topographie, die es den Schwämmen ermöglichte, sich anzusiedeln. Dies steht in krassem Widerspruch zu BODZIOCH (1989, 1991), der für die Entwicklung der Hexactinellida epikontinentale Flachwasserbedingungen fordert. BODZIOCH vergißt jedoch, daß er die reichen Faunen, die er 1991 beschrieb, aus dem Bereich des Norddeutschen-Polnischen Troges hat, der einen abgesenkten Krustenstreifen darstellt und somit das erforderliche Relief aufweist.

Einhergehend mit den tektogenetischen Prozessen im Pelson ist ein Meeresspiegelanstieg, der mit Ende des Pelsons bereits den Niedergang erfährt, zu verzeichnen. Dieser wirkt noch verstärkend, was die Bathymetrie der Ablagerungsräume betrifft. Vor allem werden damit die kleineren Reliefunterschiede völlig überwunden bzw. ausgeglichen, wodurch es zu einem großräumigen Faunenaustausch kommen konnte.

Alle bisherigen Überlegungen operierten mit einem von E her kommenden Faunenaustausch; dem kann jedoch nur teilweise zugestimmt werden. Gesichert ist die Zufuhr aus dem Bereich der Paläotethys (Nordteil) und der südlichen Paläotethys zwischen Rhodope-Gebirge und Tauriden, aber auch noch nördlich von Tisia (vgl. Abb. 1), sowie vom Nordast der Neotethys, der allerdings vom Südosten her eine Faunenzuwanderung ermöglichte und so vor allem den Westrand der Tethys speist. Durch den Nachweis von Radiolarien am Südrand des Schwarzwaldes durch BRAUN (1983) muß eine Verbindung nach Süden bzw. Südwesten zur pelagischen Tethys gesucht werden. Es ist dies einmal die ganz im Süden bereits zu dieser Zeit ozeanische Kruste produzierende Neotethys, und zwar der südliche Anteil bzw. der südlichste Ast, zu dem sich ein zweiter Ast, über Sizilien kommend, zuschaltet (vgl. CATALANO et al. 1991, 1992). Nach einer mündlichen Mitteilung von KOZUR wurde nicht nur das gesamte Skyth in Sizilien in Tiefwasserfazies nachgewiesen, sondern auch das basale Anis. Das Ladin war dort ja schon länger in Tiefwasserfazies bekannt. Der Wanderweg muß sich also von Süden über das schon alt angelegte rheinische Element, das während des Skyths dort sehr aktiv war und ebenfalls eine grabenartige Struktur darstellt, nämlich über den Rhonegraben, entwickelt haben.

Für das Ladin war ein Nachweis der Verbindung von S zum Germanischen Becken her bereits bekannt. Nachdem der südliche Ast von Sizilien auf dem Weg nach N in Kontakt zu größeren Bruchsystemen (z.T. echtes Rifting) mit E-W-Strukturen stand, hat der Autor 1991 darauf verwiesen, daß es auffallend sei, daß in diesen keine unteranisischen, aber auch keine pelsonischen Faunen bekannt wurden. Im Zuge der Muschelkalktagung 1991 hat die bulgarisch-spanische Arbeitsgruppe sowohl an den E/W- wie den N/S-orientierten Gräben eine pelsonische Fauna mit Hilfe von Conodonten nachgewiesen. Eine solche Verbindung ist nur über den zuvor angesprochenen S/N-Ast möglich (vgl. Abb. 1). Damit ist wohl eindeutig geklärt, daß das Germanische Becken auch von Süden her über abgesenkte Krustenstreifen, und zwar von der südlichen Neotethys, mit Faunenelementen versorgt wird, die von dort wiederum über einen Teil des Germanischen Beckens verteilt werden konnten. Noch nicht klar und im Detail untersucht sind die Faunenwanderungen von N nach S, nämlich von Grönland aus in der großen Riftstruktur zwischen Grönland und Fennosarmatia, an der ebenfalls Faunen der Untertrias und basalen Mitteltrias einwandern hätten können. Das Auftreten bestimmter Conodontenfaunen, die bisher nur aus dem europäischen Raum bekannt waren und nun auch in den USA nachgewiesen werden konnten, lassen Zweifel aufkommen, ob es nicht doch Verbindungen nach Amerika gab und der bisher postulierte Westrand der Tethys doch weiter nach Westen gereicht haben könnte.

Zusammenfassend läßt sich folgendes festhalten: Zur Zeit des Oberskyths, Unteranis und des basalen Oberanis waren der germanische und der alpine Ablagerungsraum völlig gleichen tektonisch gesteuerten, durch Meeresspiegelschwankungen überlagerten Sedimentationsmechanismen ausgesetzt. Nur über tektogenetisch eingesunkene schmale Krustenstreifen wurden Verbindungen zur pelagischen Tethys hergestellt. Der Westrand der Tethys stellt zu dieser Zeit keine pelagische Entwicklung dar und ist demnach völlig gleich ausgebildet wie der anschließende germanische Ablagerungsbereich. Mit Beginn des Illyrs, z.T. aber erst mit dem Einsetzen des Unterladins (Fassan) wurde der alpine Anteil, das ist der in Abb. 1 dargestellte Westrand, in den instabilen Schelfbereich miteinbezogen und hat ab dieser Zeit eine von der Germanischen Trias stark abweichende fazielle Entwicklung erfahren, wobei aber berücksichtigt werden muß, daß

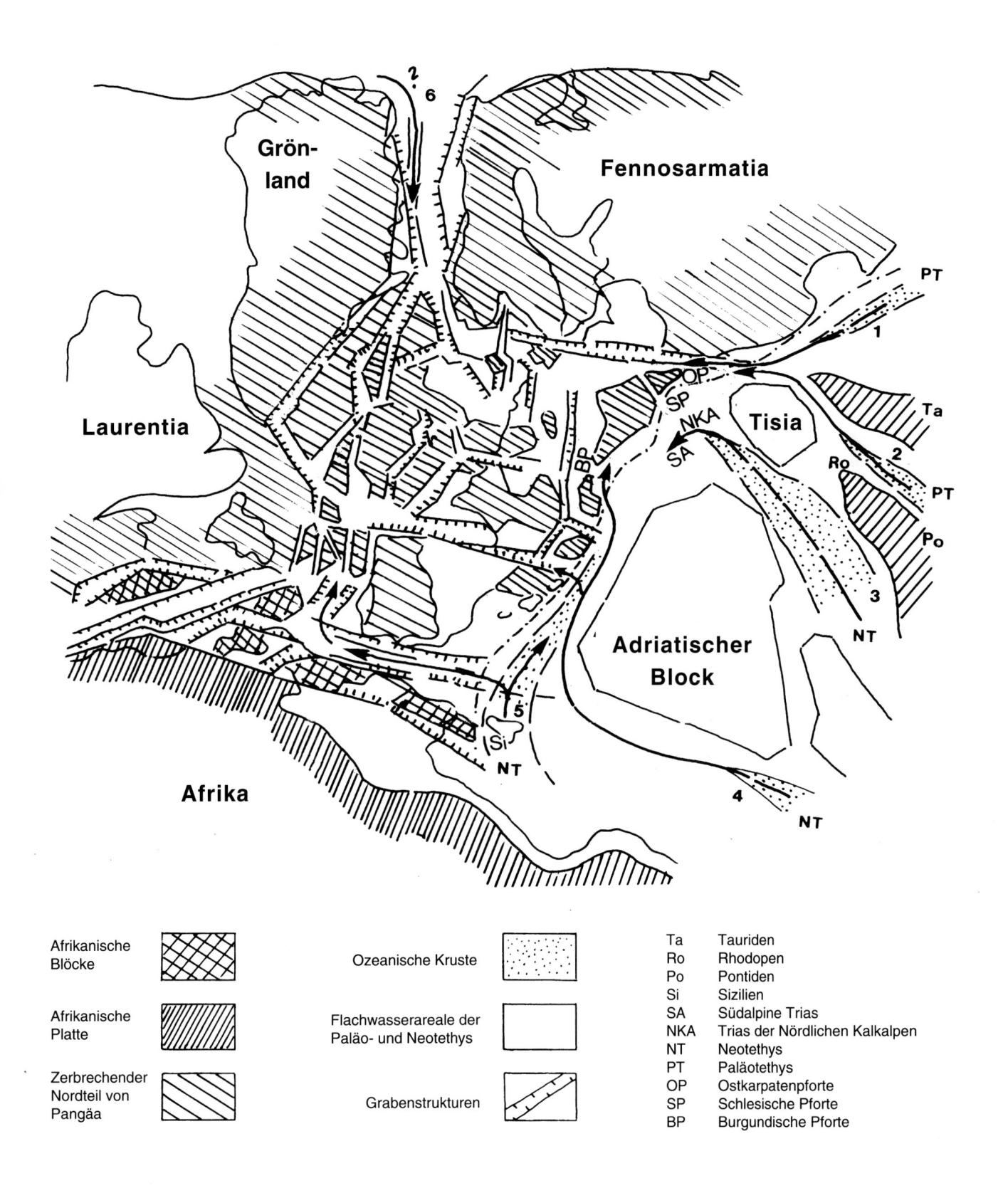

Abb. 1 Paläogeographische Karte zur Zeit der Mitteltrias, z.T. unter Mitbenutzung der Karte von ZIEGLER (1982), vor allem den Westteil betreffend. → = Wanderwege der Faunen aus dem pelagischen Bereich der Tethys. PT = Paläotethys mit 2 Ästen (1 und 2). NT = Neotethys mit 3 Ästen (3 bis 5). 6 = mögliche Wanderwege der mitteltriadischen Faunen von Grönland.

tektonische Ereignisse der nun pelagischen Westtethys die Ablagerungen des Germanischen Muschelkalkbeckens, wenn auch stark abgeschwächt, noch mitbeeinflußt haben.

Summary

During Upper Scythian, Lower Anisian and early Upper Anisian times, the Germanic Basin and the Alpine deposition area were exposed to identical, partly tectonically controlled sedimentation, overlain by sea level fluctuation. Only tectonically initiated crust segments led to connections with the pelagic Tethys.

At the beginning of the Illyrian, partly not earlier than Lower Ladinian (Fassanian) times, the Alpine region was included in the unstable shelf area. Since then, Alpine Triassic is distinguishable by distinct facies deviation. With the help of a paleogeographic map, dispersion routes of faunas from the pelagic Tethyan are discussed.

Literatur

ARTHAUD, F. & MATTÉ, P. (1977): Late Paleozoic strike-slip faulting in southern Europe and northern Africa: Result of right-lateral shear zone between the Appalachians and the Urals. - Geol. Soc. Amer. Bull., Boulder, **88**, 9, 1305-1320.

BECHSTÄDT, TH., BRANDNER, R. & MOSTLER, H. (1976): Das Frühstadium der alpinen Geosynklinalentwicklung im westlichen Drauzug. - Geol. Rdsch., **65**, 2, 616-648, Stuttgart.

BECHSTÄDT, TH., BRANDNER, R., MOSTLER, H. & SCHMIDT, K. (1978): Aborted Rifting in the Triassic of the Eastern and Southern Alps. - N. Jb. Geol. Paläont. Abh., **156**, 157-178, Stuttgart.

BODZIOCH, A. (1989): Biostratinomy and sedimentary environment of the echinoderm-sponge biostromes in the Karchowice Beds, Middle Triassic of Upper Silesia. - Ann. Soc. Geol. Polon., **59**, 331-350.

BODZIOCH, A. (1991): Sponges in the epicontinental Triassic of Europe. - Vortragskurzfassung, Muschelkalk. Stratigraphie/Sedimentologie/Palökologie, Intern. Tagung Schöntal a.d. Jagst, 12./20. August 1991.

BRANDNER, R. (1984): Meeresspiegelschwankungen und Tektonik in der Trias der NW-Tethys. - Jb. Geol. B.-A., **126**, 4, 435-475, Wien.

BRAUN, J. (1983): Mikropaläontologische und sedimentologische Untersuchungen an einem Profil im Unteren Muschelkalk in der Wutachschlucht (SE-Schwarzwald). - Unveröff. Dipl.-Arb., Eberhard-Karls-Universität Tübingen, 61 S.

CATALANO, R., DI STEFANO, P. & KOZUR, H. (1991): Permian circumpacific deep-water faunas from the western Tethys (Sicily, Italy) – new evidences for the position of the Permian Tethys. - Palaeogeography, Palaeoclimatology, Palaeoecology, **87**, 75-108.

CATALANO, R., DI STEFANO, P. & KOZUR, H. (1992): New data on Permian and Triassic stratigraphy of Western Sicily. - N. Jb. Geol. Paläont. Abh., **184**, 1, 25-61, Stuttgart.

DIXON, J.E., FITTON, J.G. & FROST, R.T.C. (1981): The Tectonic Significance of Post-Carboniferous Igneous Activity in the North Sea Basin: - In: ILLING, L.v. & HOBSON, G.D. (Eds.): Petroleum Geology of Continental Shelf of NW-Europe. 121-137, Heyden & Sons Ltd. (London).

MOSTLER, H. (1991): Vergleiche zwischen Alpinem und Germanischem Muschelkalk. - Vortragskurzfassung, Muschelkalk. Stratigraphie/Sedimentologie/Palökologie, Intern. Tagung Schöntal a.d. Jagst, 12./20. August 1991.

SCHWAB, G., BENEK, R., JUBITZ, K.-B. & TESCHKE, H.-J. (1982): Intraplattentektonik und Bildungsprozeß der Mitteleuropäischen Senke. - Z. geol. Wiss., **7**, 315-332, Berlin.

TRAMMER, J. (1979): The isochronous synsedimentary movements at the Anisian/Ladinian boundary in the Muschelkalk Basin and the Alps. - Riv. Ital. Paleont., **85**, 3/4, 931-936, Milano.

ZIEGLER, P.A. (1982): Triassic rifts and facies patterns in Western and Central Europe. - Geol. Rdsch., **71**, 3, 747-772, Stuttgart.

ZIEGLER, P.A. (1982): Geological Atlas of Western and Central Europe. - 130 S., Amsterdam (Shell Internationale Petroleum Mij. B.V. Elsevier Sc. Publ. Comp.).

Sequence Stratigraphy of the German Muschelkalk

Thomas Aigner, Tübingen
Gerhard H. Bachmann, Hannover
2 Figures

Introduction
The concept of sequence stratigraphy permits a systematic subdivision of sedimentary successions into a hierarchy of genetic units reflecting relative sea-level changes. Sequence stratigraphy is not only applicable in seismostratigraphy, but it is also a promising approach for the study and genetic interpretation of outcrop and well sections.

The long established detailed lithostratigraphic subdivision of the German Muschelkalk provides an ideal basis for sequence-stratigraphic analysis. The cycles recognized can be readily interpreted in terms of sequence stratigraphy. The basic lithostratigraphic units are the parasequences, i.e. 1-5 m thick cycles showing a shallowing-upward trend. A number of successive parasequences form a systems tract. A sequence consists of three systems tracts, viz. the Lowstand Systems Tract (LST), the Transgressive Systems Tract (TST) and the Highstand Systems Tract (HST). These are separated from each other by sequence boundaries, which are frequently erosional unconformities.

Sequence stratigraphy offers a new conceptual approach to evaluate the basin development of the German Muschelkalk. Furthermore, it opens up new possibilities of correlation with the Alpine Triassic.

This paper describes the position of the German Muschelkalk within the sequence-stratigraphic framework of the German Triassic. A detailed description is given elsewhere (AIGNER & BACHMANN 1992).

Sequence 1: Lower Muschelkalk
The basal Sequence Boundary is an irregular erosional unconformity within the Upper Buntsandstein ("Röt") cut into shales and evaporites (Fig. 1; WOLBURG 1969). In southern Germany it is frequently characterized by a paleosol (ORTLAM 1971).

Fluvial to lacustrine sandstones and siltstones ("Rötquarzit" or "Fränkischer Chirotherien-Sandstein"; BACKHAUS 1981) overlie the sequence boundary and are interpreted as representing the lowstand. The Transgressive Surface is characterized by siltstones containing *Myophoria vulgaris* and *Costatoria costata* (BACKHAUS 1981). The Transgressive Systems Tract shows a clear transgressive gradation from red shales and siltstones with occasional dolomite beds and gypsum nodules, via the "*Myophoria*-Schichten", to the marine limestones and shales of the Lower Muschelkalk (PAUL & FRANKE 1977, HAGDORN 1991). This transgressive character persists in the basal part of the Lower Muschelkalk.

The Lower Muschelkalk consists of numerous stacked parasequences which show either coarsening or fining-upwards trends. KLOTZ (1990) described coarsening-upward cycles in which basal shales and thin-bedded calcilutites pass upwards into thick-bedded calcarenites containing abundant bioclasts, intraclasts, ooids and dolomite at the top. The thick-bedded tops of some parasequence sets such as the "Oolithbänke" and "Schaumkalkbänke" are traditional marker horizons in the Lower Muschelkalk.

Maximum flooding is most probably represented by an interval around the "Terebratelbänke", with abundant in-situ occurrences of the brachiopod *Coenothyris* and traceable over the entire Muschelkalk basin including Poland (HAGDORN et al. 1991). It is interesting to note that the supposed maximum flooding interval in South Germany ("*buchi*-Mergel") contains a characteristic Tethyan fauna including the ammonite *Beneckeia buchi* and the brachiopod *Dielasma ecki* (SCHWARZ 1970).

Higher up, the Lower Muschelkalk strata show a generally regressive (prograding) character and belong to the Highstand System Tract. South Germany's shaly "*orbicularis*-Mergel" at the base of the Middle Muschelkalk contains dolomite and gypsum beds which grade upwards into the stromatolitic "Stinkdolomit" and "Grenzanhydrit". These strata are thought to have been deposited in a lagoonal to sabkha-like environment (SCHWARZ 1970) of the late highstand.

Sequence 2: Middle and Upper Muschelkalk
The next Sequence Boundary is inferred to be at the base of the Middle Muschelkalk evaporites, which were deposited in the center of the basin during a low sea-level stand. The evaporites fill the relief in the underlying strata as indicated by their extremely variable thickness (WILD 1958, 1973; TRUSHEIM 1971; GEYER & GWINNER 1986: Fig. 34; FRIEDEL & SCHWEIZER 1989). However, only minor erosion has been observed at the sequence boundary (WOLBURG 1969).

Typically, two halite cycles of prograding character ("Unteres/ Oberes Salz") were deposited in the Middle Muschelkalk of South Germany, each topped by a syngenetic dissolution surface (SCHACHL 1954; RICHTER-BERNBURG 1977; SIMON 1988). A third evaporite cycle ("Oberer Anhydrit") mainly consists of anhydrite and shows a retrograding (transgressive) tendency, which is characteristic of the Transgressive Systems Tract.

In North Germany, well-log cross-sections from basin to swell (TRUSHEIM 1971; WOLBURG 1969; GAERTNER & RÖHLING 1991) show a characteristic onlap of up to three lowstand salt units onto the sequence boundary. Salt beds equivalent to South Germany's "Oberer Anhydrit" show a retrograding tendency (TRUSHEIM 1971; GAERTNER & RÖHLING 1991), which is indicative of a Transgressive Systems Tract.

The Upper Muschelkalk consists of numerous stacked meter-scale stratigraphic cycles each a few meters thick. Typically, these have a shaly base, followed upwards by calcareous tempestites, and a calcarenitic top with bioclasts, ooids and intraclasts - thus showing a characteristic coarsening-upward nature. Conventionally, such

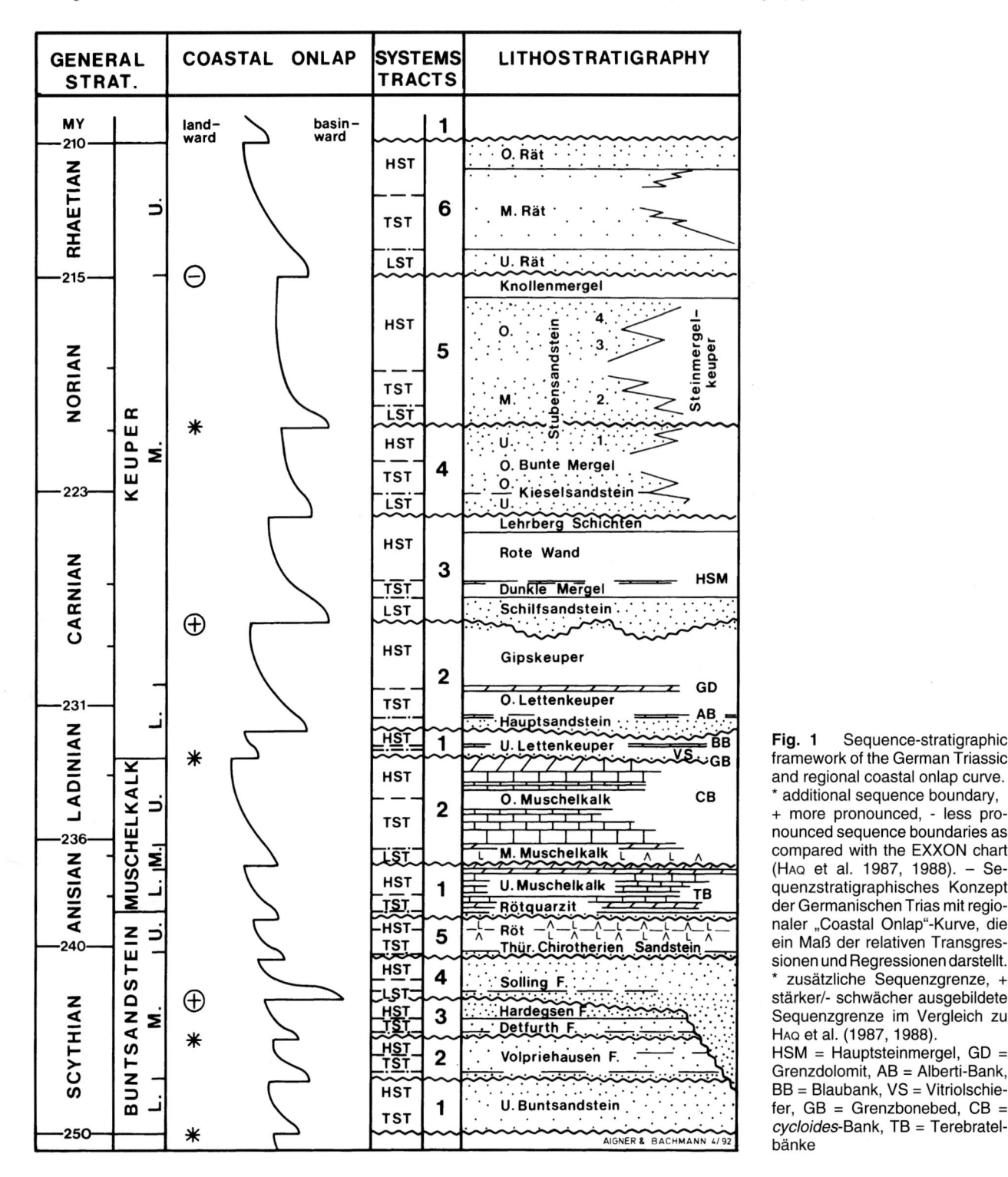

Fig. 1 Sequence-stratigraphic framework of the German Triassic and regional coastal onlap curve. * additional sequence boundary, + more pronounced, − less pronounced sequence boundaries as compared with the EXXON chart (Haq et al. 1987, 1988). – Sequenzstratigraphisches Konzept der Germanischen Trias mit regionaler „Coastal Onlap"-Kurve, die ein Maß der relativen Transgressionen und Regressionen darstellt. * zusätzliche Sequenzgrenze, + stärker/- schwächer ausgebildete Sequenzgrenze im Vergleich zu Haq et al. (1987, 1988).
HSM = Hauptsteinmergel, GD = Grenzdolomit, AB = Alberti-Bank, BB = Blaubank, VS = Vitriolschiefer, GB = Grenzbonebed, CB = *cycloides*-Bank, TB = Terebratelbänke

small-scale cycles used to be interpreted as shallowing-upward cycles (Aigner 1985; Röhl 1990), equivalent to the "parasequences" in sequence-stratigraphic nomenclature. In the light of new concepts (Mitchum & van Wagoner 1991), however, these meter-scale cycles could also be regarded as "high-frequency sequences" rather than parasequences, because they show all the characteristic features of "sequences" (Fig. 2). They would then represent stacked fourth- or fifth-order sequences that make up the third-order sequence of the Middle and Upper Muschelkalk.

The Upper Muschelkalk strata are clearly subdivided into a Transgressive Systems Tract with a retrogradational stratal pattern and a Highstand Systems Tract with a progradational stratal pattern (Aigner 1985; Aigner et al. 1990). The best candidate for the Maximum Flooding Surface is a shale-rich interval in the middle of the series around or at the so-called "*cycloides*-Bank". This bed indicates basin-wide starvation and the formation of firmgrounds, which were colonized by brachiopods for a short period. In fact, this interval seems to represent the most extensive transgressive event of the whole German Triassic.

Fossils found in the Upper Muschelkalk include ceratites,

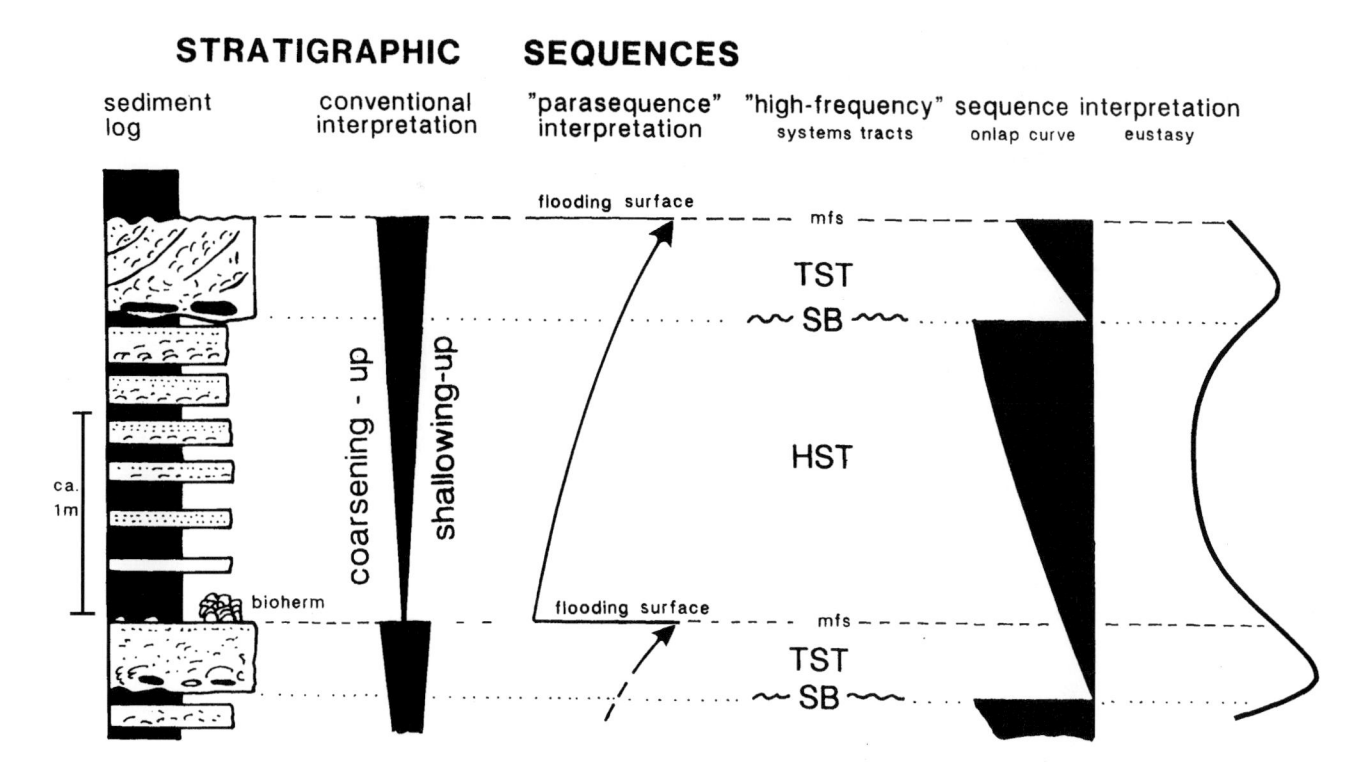

Fig. 2 Upper Muschelkalk cycles, alternatively interpreted as "parasequences" or as "high frequency sequences".
Kleinzyklen des Oberen Muschelkalks, die alternativ als „Parasequenzen" oder „hochfrequente Sequenzen" interpretiert werden können, da sie alle Bestandteile von Sequenzen enthalten.

nautilids and echinoderms, which indicate a marine environment. It is interesting to note that the phylogenetic development of *Ceratites* sp. is closely connected with certain parasequence boundaries (URLICHS & MUNDLOS 1990). The crinoid *Encrinus liliiformis*, whose fragments are an important rock-forming component, occurs in the so-called "Trochitenkalk" in the transgressive part of the series. The increasing importance of bioclastic, oolitic and oncolitic beds as well as dolomitization are clear indicators for the overall shallowing-upward nature of the Highstand Systems Tract. Conchostracans and Ostracods point to a somewhat brackish environment of some shale horizons (WARTH in URLICHS & MUNDLOS 1990, HAGDORN, pers. comm.). Typical for the late highstand is the lagoonal "*Trigonodus*-Dolomit" in South Germany (ALESI 1984) and the "Dolomitische Grenzschichten" in North Germany (DUCHROW & GROETZNER 1984).

The regressive trend of the uppermost Muschelkalk continues well into the Lower Keuper (Lettenkeuper). However, the Muschelkalk/ Keuper boundary is characterized by a regional angular unconformity (WAGNER 1913; WOLBURG 1969), which we interpret as a Sequence Boundary. The unconformity appears conformable in outcrop and is overlain by the "Grenzbonebed", which is up to 30 cm thick.

Conclusions

The German Triassic is considered to be a "second-order" transgression/regression cycle (DUVAL et al. 1992) in which the continental redbeds of the Buntsandstein pass gradually upwards into Muschelkalk carbonates and evaporites and back into continental Keuper redbeds. Maximum flooding occurred during the Late Muschelkalk.

The Triassic cycle consists of at least 13 sequences which are separated by unconformities; the Muschelkalk comprises two of those sequences.

Further work and a more rigorous interpretation of biostratigraphic data is necessary to place this regional sequence-stratigraphic concept of the German Muschelkalk into a global framework (HAQ et al. 1987, 1988).

Zusammenfassung

Mit dem neuen Konzept der Sequenzstratigraphie läßt sich der Germanische Muschelkalk in genetische Einheiten untergliedern, die im wesentlichen durch relative Meeresspiegelschwankungen verursacht werden.

Die Grundeinheiten der Schichtenfolge sind transgressiv/ regressive Kleinzyklen von einigen Metern Mächtigkeit, sog. „Parasequenzen", die in charakteristischen Faziesreihen, sog. „Systemtrakten", übereinander lagern. Bei Meeresspiegel-Tiefständen entstanden oft erosive Diskonformitäten („Sequenzgrenzen"), die von fluviatilen oder evaporitischen Sedimenten überlagert werden („Tiefstand Systemtrakt", LST). Bei ansteigendem Meeresspiegel folgte darüber der „Transgressive Systemtrakt" (TST), dann der „Hochstand-Systemtrakt" (HST), die jeweils durch rückschreitende (retrogradierende) bzw. vorschreitende (progradierende) Faziesreihen gekennzeichnet sind. Zwischen TST und HST war der relative Meeresspiegel am höchsten („maximale Überflutung"). Beim folgenden Meeresspiegel-Tiefstand konnte erneut eine Diskonformität („Sequenzgrenze") entstehen. LST, TST und HST werden zusammen als „Sequenz" bezeichnet.

Wie Abb. 1 zeigt, besteht die Germanische Trias aus mindestens 13 Sequenzen. Im Muschelkalk können zwei Sequenzen unterschieden werden. Die zugehörigen Sequenzgrenzen liegen jeweils an der Basis des Rötquarzits, an der Basis der Evaporite des Mittleren Muschelkalks und an der Basis des Lettenkeupers. Im Bereich der Terebratelbänke des Unteren Muschelkalks und vor allem der *cycloides*-Bank des Oberen Muschelkalks erreichte der Meeresspiegel den höchsten Stand während der Trias.

References

AIGNER, T. (1985): Storm depositional systems. - Lecture Notes in Earth Sci., **3**, 1-174, Heidelberg (Springer).

AIGNER, T. & BACHMANN, G.H. (1990): Sequenz-Stratigraphie im Aufschluß: Arbeitskonzept für die Trias, Südwest-Deutschland.- Nachr. Dt. Geol. Ges., **43**, 10, Hannover.

AIGNER, T. & BACHMANN, G.H. (1992): Sequence stratigraphic framework of the German Triassic. - Sedimentary Geology, **80**, 115-135, Amsterdam.

ALESI, E.J. (1984): Der Trigonodus-Dolomit im Oberen Muschelkalk von SW-Deutschland.- Arb. Inst. Geol. Paläont. Univ. Stuttgart, **79**, 1-53, Stuttgart.

BACKHAUS, E. (1981): Der marin-brackische Einfluß im Oberen Röt Süddeutschlands.- Z. dt. geol. Ges., **132**, 361-382, Hannover.

BEUTLER, G. (1980): Beitrag zur Stratigraphie des Unteren und Mittleren Keupers.- Z. geol. Wiss., **8**, 1001-1018, Berlin.

BRUNNER, H.(1973): Stratigraphische und sedimentpetrographische Untersuchungen am Unteren Keuper (Lettenkeuper, Trias) im nördlichen Baden-Württemberg.- Arb. Inst. Geol. Paläont. Univ. Stuttgart, **70**, 1-85, Stuttgart.

DUCHROW, H. (1984): Der Keuper im Osnabrücker Bergland. - In: KLASSEN, H. (Hrsg.), Geologie des Osnabrücker Berglandes, 221-333, Osnabrück.

DUCHROW, H. & GROETZNER, J.-P. (1984): Oberer Muschelkalk. - In: KLASSEN, H. (Hrsg.), Geologie des Osnabrücker Berglandes, 169-219, Osnabrück.

DUVAL, B., CRAMEZ, C., & VAIL, P. (1992): Types and hierarchy of stratigraphic cycles. - Abstracts of Intern. Symp. Mesozoic and Cenozoic sequence stratigraphy of European basins, Dijon, 44-45.

FRIEDEL, G. & SCHWEIZER, V. (1989): Zur Stratigraphie der Sulfatfazies im Mittleren Muschelkalk von Baden-Württemberg (Süddeutschland).- Jh. geol. Landesamt Baden-Württemberg, **31**, 69-88, Freiburg i. B.

GAERTNER, H. & RÖHLING, H.-G. (1991): Lithostratigraphie und Paläogeographie des Mittleren Muschelkalks in Nordwestdeutschland.- Abstracts Internat. Muschelkalktagung Schöntal, 21.

GEYER, O.F. & GWINNER, M.P. (1986): Geologie von Baden-Württemberg.- 472 S., Stuttgart (Schweizerbart).

HAGDORN, H. in coop. with T. SIMON and J. SCZULC (Hrsg.) (1991): Muschelkalk. A Field Guide. - 80 S., Korb, Stuttgart (Goldschneck Verlag).

HAGDORN, H. & REIF, W.-E. (1988): „Die Knochenbreccie von Crailsheim" und weitere Mitteltrias-Bonebeds in Nordost-Württemberg - Alte und neue Deutungen.- In: HAGDORN, H. (Hrsg.), Neue Forschungen zur Erdgeschichte von Crailsheim, 116-143, Korb, Stuttgart (Goldschneck Verlag).

HAQ, B.U., HARDENBOL, J. & VAIL, P.R. (1987): Chronology of fluctuating sea levels since the Triassic.- Science, **235**, 1156-1167.

HAQ, B.U., HARDENBOL, J. & VAIL, P.R. (1988): Mesozoic and Cenozoic chronostratigraphy and cycles of sea-level change. - In: WILGUS, Ch. K. (Hrsg.), Sea-level changes - An integrated approach, Soc. Econ. Paleont. Mineral. Spec. Publ., **42**, 71-108, Tulsa.

KLOTZ, W. (1990): Zyklische Gliederung des Unteren Muschelkalks („Wellenkalk") auf der Basis von Sedimentations-Diskontinuitäten.- Zbl. Geol. Paläont., **9/10**, 1359-1367, Stuttgart.

MITCHUM, R.M. & VAN WAGONER, J.C. (1991): High-frequency sequences and their stacking patterns: sequence-stratigraphic evidence of high-frequency eustatic cycles. - Sedim. Geol., **70**, 131-160, Amsterdam.

ORTLAM, D. (1971): Inhalt und Bedeutung fossiler Bodenkomplexe in Perm und Trias von Mitteleuropa.- Geol. Rundschau, **63**, 850-884, Stuttgart.

PAUL, J. & FRANKE W. (1977): Sedimentologie einer Transgression: Die Röt/Muschelkalk-Grenze bei Göttingen.- N. Jb. Geol. Paläont. Mh., **1977**, 148-177, Stuttgart.

REIF, W.-E. (1971): Zur Genese des Muschelkalk-Grenzbonebeds in Südwestdeutschland.- N. Jb. Geol. Paläont. Abh., **139**, 369-404, Stuttgart.

REIF, W.- E. (1982): Muschelkalk/Keuper bonebeds (Middle Triassic, SW Germany) - Storm condensation in a regressive cycle.- In: EINSELE, G. & SEILACHER, A. (Hrsg.), Cyclic and event stratification, 299-335, Berlin (Springer).

RICHTER-BERNBURG, G. (1977): Einflüsse progressiver und rezessiver Salinität auf Entstehung und Strukturformen von Salzgesteinen - eine Problematik des Muschelkalk-Salzes.- Jber. Mitt. oberrhein. geol. Ver., **59**, 273 - 301, Stutgart.

RÖHL, U. (1990): Parallelisierung des norddeutschen oberen Muschelkalks mit dem süddeutschen Hauptmuschelkalk anhand von Sedimentationszyklen.- Geol. Rundschau, **79**, 13-26, Stuttgart.

SCHACHL, E. (1954): Das Muschelkalksalz in Südwestdeutschland. - N. Jb. Geol. Paläont. Abh., **98**, 309-394, Stuttgart.

SCHWARZ, H.-U. (1970): Zur Sedimentologie und Fazies des Unteren Muschelkalkes in Südwestdeutschland und angrenzenden Gebieten.- 297 S., Diss. Univ. Tübingen.

SIMON, Th. (1988): Geologische und hydrologische Ergebnisse der neuen Salzbohrung Bad Rappenau, Baden-Württemberg.- Jh. geol. Landesamt Baden-Württemberg, **30**, 479-510, Freiburg i. B.

TRUSHEIM, F. (1971): Zur Bildung der Salzlager im Rotliegenden und Mesozoikum Mitteleuropas.- Beih. geol. Jb., **112**, 1-51, Hannover.

URLICHS, M. & MUNDLOS, R. (1990): Zur Ceratiten-Stratigraphie im Oberen Muschelkalk (Mitteltrias) Nordwürttembergs.- Jh. Ges. Naturkunde Württemberg, **145**, 59-74, Stuttgart.

WAGNER, G. (1913): Beiträge zur Stratigraphie und Bildungsgeschichte des Oberen Hauptmuschelkalks und der Lettenkohle in Franken.- Geol. Paläont. Abh., **12**, 275-452, Jena.

WILD, H. (1958): Die Gliederung der Steinsalzregion des Mittleren Muschelkalks im nördlichen Württemberg, ihre ursprüngliche und heutige Mächtigkeit.- Jh. geol. Landesamt Baden-Württemberg, **3**, 165-180, Stutgart.

WOLBURG, J. (1969): Die epirogenetischen Phasen der Muschelkalk- und Keuper-Entwicklung Nordwest-Deutschlands, mit einem Rückblick auf den Buntsandstein.- Geotekton. Forsch., **32**, 1-65.

Early Alpine Tectonics and Lithofacies Succession in the Silesian Part of the Muschelkalk Basin. A Synopsis

Joachim Szulc, Kraków

10 Figures

Introduction

The Middle Triassic Germanic Basin (Muschelkalk Basin) is usually considered as an epicontinental sea controlled by global eustatic fluctuations and, owing to its paleogeographical position, influenced by subtropical cyclonic air circulation. Unlike the rifting-controlled, incipient Tethys Ocean, the Muschelkalk Sea is thought to be a tectonically passive region. In fact, very extensive, basin-wide synsedimentary disturbances are a very ubiquitous feature of the Muschelkalk (SCHWARZ 1975; SZULC 1990, 1991) and they indicate that also the marginal parts of the Tethys experienced intense crustal mobility. The present paper focuses on the reconstruction of synsedimentary tectonic activities within the Silesian part of the Muschelkalk basin. Recognition of the synsedimentary tectonism and its consequences allow to discriminate sedimentary responses caused by overall tectono-eustatic sea level fluctuations from those related to regional and/or local tectonism. This, in turn, permits to refer the Triassic history of the Silesian Muschelkalk to early Alpine diastrophism affecting the Western Tethys realm.

General setting

The Triassic rocks of the Silesian part of the Germanic Basin (further called Silesian Basin) show the classical tripartite transgression-regression cycle. The marine Muschelkalk carbonates are sandwiched between two redbed sequences: the underlying Buntsandstein and overlying Keuper clastics and evaporites. The Muschelkalk sequence itself displays very distinct internal variations which match very well the successive stages of the Middle Triassic transgressive- regressive cycle proceeding upon the carbonate ramp system.

The Triassic rocks cover discordantly Variscan structures consisting mainly of Devonian and Carboniferous carbonates and siliciclastics. The Muschelkalk isopach pattern follows clearly the underlying Variscan structural elements and reflects their Alpine reactivation by variable subsidence rates within the basin (SZULC 1990).

The eastern part of the Muschelkalk Basin was bounded to the south by the Vindelico-Bohemian Massif, which separated the epicontinental sea from the initially rifted Tethys Ocean. Communication between the two basins was provided by a system of seaways ("gates") submeridionally running through the Massif. The East Carpathian and Moravo-Silesian Gates were apparently superimposed on ancestral tectonic lineaments, i.e. the Tornquist Line and the Moravo-Silesian Strike-Slip Fault respectively (Fig. 2) (DVORAK 1985; RAJLICH et al. 1989; FRANKE 1990; GLAZEK & KUTEK 1976).

Short and long-term synsedimentary tectonism and its records within the Silesian Muschelkalk Basin

Given the geodynamic setting of the Silesian Basin one should expect a sedimentary record of the syndepositional tectonic activities affecting the basin fill. Indeed, a detailed analysis of the sedimentological characteristics of the Silesian Muschelkalk deposits allows a relatively precise reconstruction of short-term tectonic events (mostly seismic shocks) as well as longer-term block movements within the basin. Diagnostic structures and sedimentary sequences are listed below.

Short-term tectonic events
This category comprises deformational and sedimentary

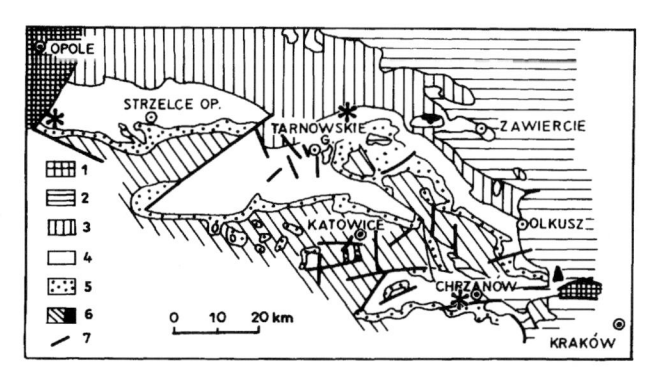

Fig. 1 Geological map of Upper Silesia. 1 = Cretaceous; 2 = Jurassic; 3 = Keuper; 4 = Muschelkalk; 5 = Buntsandstein; 6 = Upper Paleozoic (Devonian in black); * = sites where the correlatable seismites from the lowermost Gogolin Beds have been recognized. Sites from W to E: Gogolin, Żyglin, Płaza.

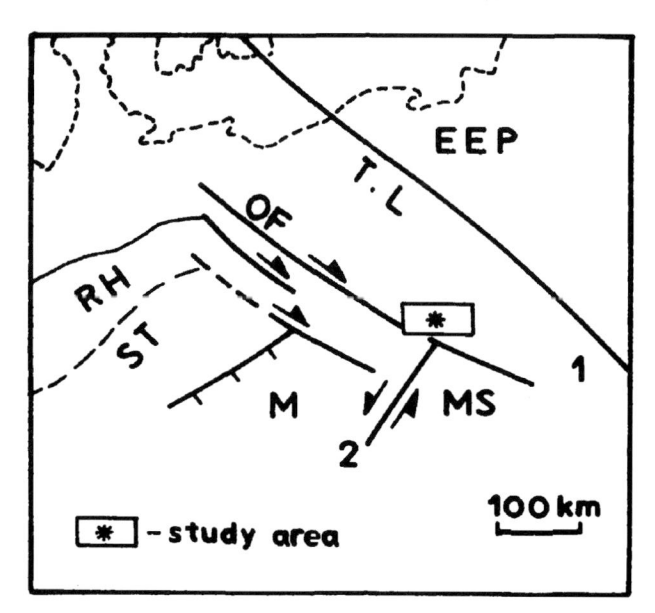

Fig. 2 Structural framework of pre-Mesozoic structures in Central Europe. EEP - East European Platform; RH - Rhenoherzynicum; ST - Saxothuringicum; M - Moldanubicum; MS - Moravo-Silezicum; TL - Tornquist Line; OF - Odra Fault; 1 - East Carpathian Seaway; 2 - Moravo-Silesian Seaway.

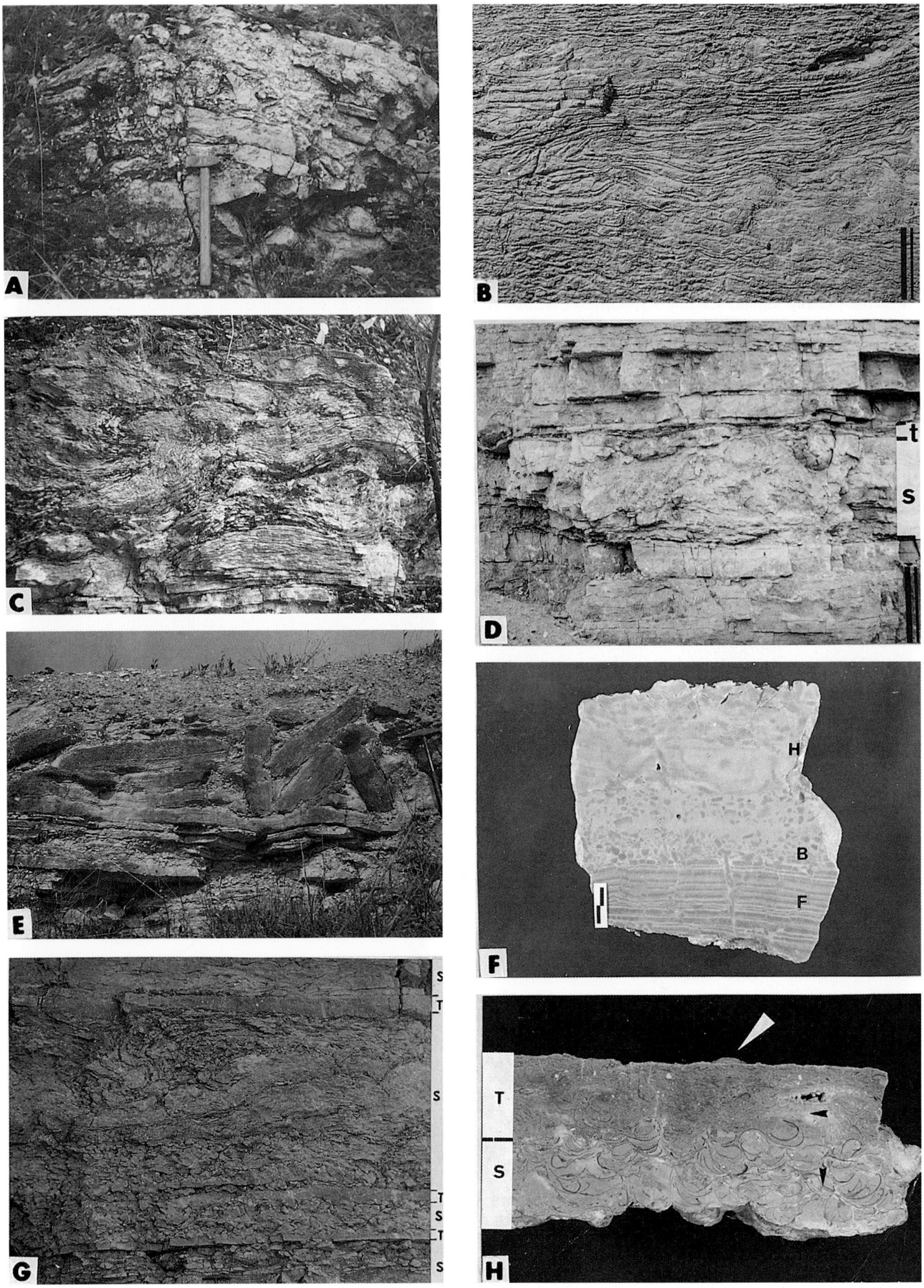
A
B
C
t
s
D
E
H
B
F
F
S
T
S
T
S
T
S
G
T
S
H

structures resulting from earthquake-generated, violent energy impulses.

Deformational structures

Synsedimentary deformations are widespread within the entire Muschelkalk Basin (SCHWARZ 1975; SZULC 1990) and have been recognized both in completely lithified and semiconsolidated carbonates (SZULC in preparation). The shocks may result in characteristic deformations: syndepositional faults (from cm to several meters in scale), internal breccias, flowage disturbances, recumbent ripples, load structures and „stationary deformations" (described below). Due to progressive lithification, the carbonate sediments display very characteristic "fault-grading" (SEILACHER 1984): the lithified (older) part of the carbonate complex undergoes brittle fracturing whereas the upper (younger) unconsolidated tiers respond by homogenization and/or ductile flowage (Fig. 3f). The faults range in scale from cm to several metres (Fig. 3a) and represent various types of discontinuities such as slicken-sided faults, sigmoidal joints, or normal and listric faults. The faults are commonly accompanied by mass movement of the unconsolidated, superficial layer of sediment. Unlike the cohesionless tempestites, the quake-induced mass movements proceeding upon the gently sloping ramp reflect the internal cohesion of the displaced sediments. The sliding either proceeds plastically along discrete shear planes (Fig. 3b) or involves rotation, typical for slumping (Fig 3c). The latter type of mass movement may transform into debris flows (Fig. 3d), which are very common in the Silesian Muschelkalk. Debris flows are represented by various types of conglomerates, including megaconglomerates with slabs reaching 4 – 5 m across (Fig. 3e). The slumping fold axes, slicken-sided fault inclinations, recumbent ripples, shear surface vergences and slab imbrications have been used as paleoslope indicators (Fig. 9). Very useful for unequivocal deciphering of the paleoseismic activity are the „stationary deformations" (SZULC 1990), i.e. in-place crumpled structures lacking lateral and vertical translation of the affected sediment. These deformations occur as isolated crumples or as nodular clusters (Fig. 4) directly adjoining laminated, undisturbed sediments. Since these deformations roughly match joint patterns of the rocks, one may suggest that they reflect an incongruent lithification of carbonates; the quake-induced vibration resulted in brittle cracking of

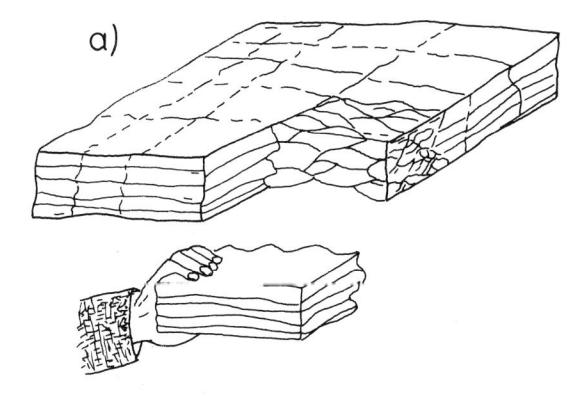

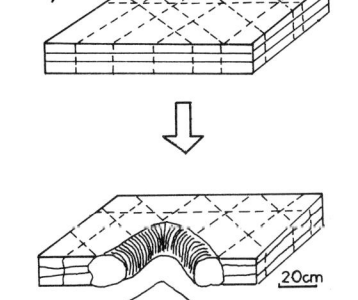

Fig. 4 Stationary deformations and thoir origin. **a** isolated dcformation; **b** clustered deformation. Note the link between the crumples and the joints pattern. Gogolin Beds, Gogolin.

← **Fig. 3** Deformational and sedimentary structures of seismic origin. **A** Fault breccia, Gogolin Beds, Gogolin **B** Gliding and creeping deformation of the *Terebratula* Beds, Goraźdże. Lateral equivalent of structures in Fig. C. Scale bar 0.5 m. **C** Overfolded and distorted wavy limestones in the lower muds of the *Terebratula* Beds. Góra św. Anny. **D** Highly homogenized debris flow deposits of the lowermost Gogolin Beds, Żyglin. S = authochthonous and subauthochthonous debris flow material (seismite); T = land-derived, red kaolinite drape (tsunamite). Lateral equivalent of structures in Fig. E. Scale bar 1 m. **E** Debris flow conglomerates. Lowermost Gogolin Beds, Gogolin. Pile-up of the slabs indicates high-density mass movements. **F** Seismically induced tiering of deformational structures. F = faulted horizon (lithified limestones); B = brecciated horizon (semiconsolidated lime mud); H = homogenized horizon (plastic lime mud). Scale bar 2 cm. **G** Set of the seismite/tempestite dyads. Upper muddy complex of the *Terebratula* Beds, Strzelce Opolskie. S = quake-induced slumps of calcareous muds (seismite); T = backflow turbiditic calcarenites and calcisiltites (tsunamite). **H** earthquake-generated bipartite coquina bed. *Terebratula* Beds, Strzelce Opolskie. S = convex-down disposed *Coenothyris vulgaris* shells (seismite); T = unidirectionally transported skeletal debris (tsunamite). Note convex-up position of the emplaced shells (white arrow). Black arrows indicate movement direction of the disturbed sediments.

lithified sediments (joints) while semiconsolidated deposits became plastically deformed (crumpling).

Sedimentary structures
Unlike deformations, seismically-induced sedimentary structures are difficult to identify unequivocally, since they resemble other event-generated structures, e.g. tempestites or gravity flow deposits (cf. e.g. DURINGER 1984). Therefore it is necessary to refer these structures to their sedimentary context. The deformed packages are commonly covered by current-transported, onshore-born material, e.g. shallow-water, skeletal debris and/or land-derived clastics such as kaolinite drapes (Fig. 3d, g, h). In general, one may interpret the lower in situ-deformed set as a direct effect of seismic tremors (seismite) and the current-deposited bed on top as tsunami-induced backflow sediment (tsunamite). Bipartite coquina beds are thought to be another example of seismically induced sedimentary structures (Fig. 3h). Each bed represents a coupled sequence, composed of a lower horizon of convex-down authochthonous shells entombed within lime mud (seismite) and a superjacent part of current-transported allochthonous debris, in which shells settled in convex-up position (tsunamite). For simplicity, these couplets will be called seismite-tsunamite dyads, or shortly S-T dyads.

Earthquake-generated structures in local stratigraphy
Effects of more violent earthquakes are traced over distances of at least several tens of km. For instance, the three seismically disturbed horizons recognized within the *Pecten* and *Dadocrinus* Limestone (lowermost Gogolin Beds) are easily correlatable from the sections of Gogolin, Żyglin and Płaza, i.e. over a distance of 115 km (Fig. 1). Some of the traditional lithostratigraphic subunits of the Silesian Muschelkalk (e.g. 1st, 2nd, 3rd Wellenkalk, Konglomeratbank) are largely based on seismically-induced sedimentary characteristics.

Long-term crustal movements and their sedimentary responses
The short-range tectonic paroxysms are obviously part of a long-term regional motion. In contrast, however, to the short-term events, the impact of the long-term tectonism may be difficult to recognize, since it could be masked by effects of global eustatic fluctuations. Tectonic vs. eustatic fingerprints are easier to discern from the sequential relationships between successive beds, sets or facies, in terms of the accompanying records of short-term convulsive events. Such analysis supplemented by studies of biota succession and/or geochemical fluctuations allow a general discrimination of sedimentary records caused by eustatic changes from those related to regional/local long-term tectonism.

Due to limited space, only a few tectonically controlled sequences from the *Terebratula* Beds are considered below.

Lithofacies responses
The *Terebratula* Beds represent the maximum flooding surface of the Lower Muschelkalk transgressive sequence in the Silesian part of the Muschelkalk Basin (Fig. 9). This lithostratigraphic unit is tripartite and consists of dark-coloured, fine-grained and thin-laminated calcilutites separated by an 1.5 m-thick, erosively-based, calcarenitic

Fig. 5 The Hauptcrinoidenbank of the *Terebratula* Beds. Góraźdże. LM = lower muddy complex; FG = firmground; HB = calcarenitic beds (Hauptcrinoidenbank); UM = upper muddy complex. Scale bar 1 m. See text for further explanations.

bank (Figs. 5, 6). The latter, 8 km wide and 50 km long carbonate body has been used by ASSMANN (1944) as a local stratigraphical marker called "Hauptcrinoidenbank". The bank consists of some 6 - 9, amalgamated calcarenitic horizons bounded by basal erosional surfaces with signs of reactivation. Some of the uppermost horizons contain scarce remnants of subvertical *Balanoglossites*? burrows filled with pelitic sediments pierced by secondary burrowings of *Chondrites*. Dominant skeletal components of the entire bed change upsection from mixed skeletal debris through trochites in the middle and to terebratulid shell debris in the upper part of the set. The calcareous muds below and on top of the Hauptcrinoidenbank differ in some features, particularly in the body and trace fossil contents. The muds below the Hauptcrinoidenbank lack any body and trace fossils, while the ones on top comprise frequent intercalations of coquinas containing *Coenothyris vulgaris* and pelecypod shell debris as well as slumped terebratulid bioherms (SZULC 1990). It is also noteworthy that the lower fine-grained set is entirely disturbed by slumping. The upper muddy set contains several slumping horizons capped by calcarenite beds (S-T dyads, Fig. 3d).

Contacts between the three subunits of the *Terebratula* Beds are well defined. The lower, slumped complex is topped by a firmground horizon which is, in turn, succeeded by the Hauptcrinoidenbank. The latter terminates with oscillation megaripples and is directly overlain by the upper muddy complex. Thicknesses of the S-T dyads from this complex decrease generally upsection. At the same time the sequence becomes coarser-grained and is finally replaced by crinoidal-coral-sponge formations of the Karchowice Beds.

Interpretation
The lower, abiotic muddy complex formed within deepwater, dysaerobic/euxinic environments. It is likely, that owing to water stratification, the bottom brines had an elevated salinity (RIECH 1978; BACKHAUS & SCHULTE 1993). These deposits of extremely low energy pass sharply into the high energy calcarenitic set. The lithofacies transition was, however, preceded by sediment failure and slumping as well as firmground formation. This succession suggests tectonically controlled uplift of the basin floor (Fig. 6b).

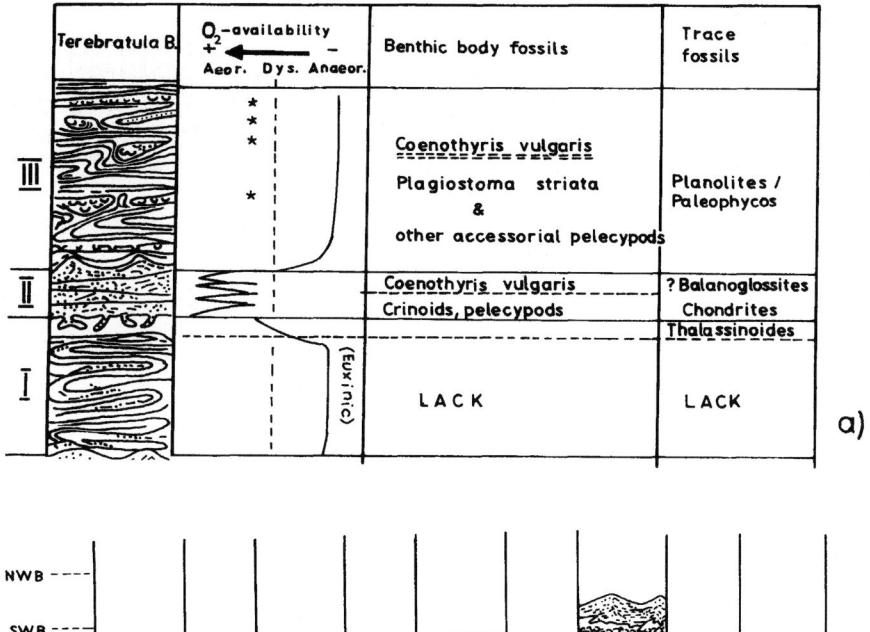

Fig. 6 Responses to tectonically-controlled long-term environmental changes. **a** generalized section of the *Terebratula* Beds. * = quake-generated structures (S-T dyads); **b** interpretation of the tectonic movement. Size of the arrows reflects rate of motion. ! = seismic event. SWB = storm wave base; NWB = normal wave base.

Upwarping commenced presumably with the earthquake event(s) that caused the slumping of unlithified sediments. As a rule, earthquakes are accompanied by sudden and substantial uplift of the sea-floor (elastic rebound; REIMNITZ & MARSHALL 1971; PLAFKER & SAVAGE 1970; BOLT 1988). Depending on the general tectonic regime in the affected region, the seismic upfaulting may be followed by further, but slower uplift or by moderate subsidence (BILHAM & BARRIENTOS 1991). In the discussed case, the uplifted sea floor approached the oxic zone, evidenced by *Thalassinoides* firmground. As the upwarping proceeded, the floor reached the storm wave base and the skeletal Hauptcrinoidenbank developed. One may suppose that this skeletal horizon has again been rapidly drowned since its megarippled top is covered directly by dysaerobic calcareous muds. Sinking and oxygen depletion may also be inferred from changes in the skeletal components of the Hauptcrinoidenbank itself. The susceptive crinoids disappear upsection and are replaced by more resistant and opportunistic brachiopods. Occurrence of the *Chondrites* burrows, typical of dysaerobic muds, is consistent with the body fossils succession.

The upper muddy complex of the *Terebratula* Beds consists of several slump horizons coupled with calcarenitic turbidites (S-T dyads). The thickness decrease of successive S-T dyads as well as the coarsening trend toward the biolithic Karchowice facies clearly indicate an accelerating pulsatory shallowing of the basin, likely due to the regional crustal upwarp.

Unlike the *Terebratula* Beds, the superjacent bioclastic and biohermal Karchowice Beds fail to show apparent signs of synsedimentary tectonics except for minor neptunian dykes. The paucity of the records may be due to the low preservation potential of such fingerprints in the sedimentary environments of the Karchowice Beds, which were permanently exposed to high energy events (storms) obliterating any earthquake-generated structures. Nevertheless, block movements may be derived indirectly (see MOSTLER 1993) from the sponge expansion and colonisation in response to a tectonically controlled diversification of basin topography.

Ichnofacies responses
In many cases, long-term synsedimentary tectonism may result in subtle environmental changes reflected in the

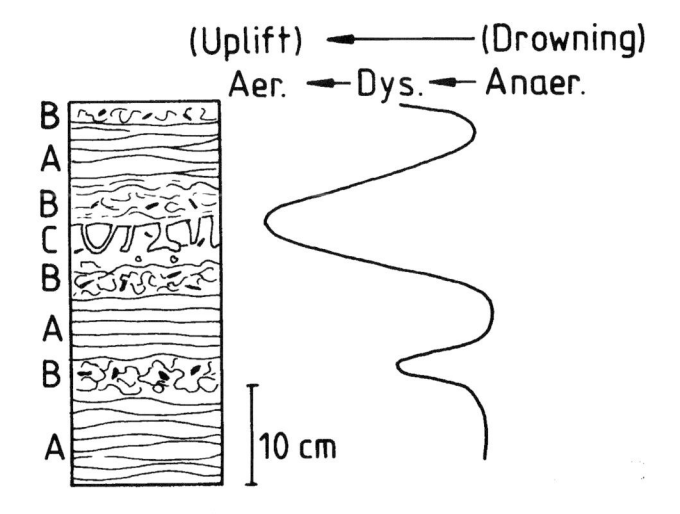

Fig. 7 Tectonically-controlled long-term shift of the sea-floor and related recurrences of ichnocoenoses. **A** Anaerobic conditions. **B** *Planolites/Paleophycus* horizon. **C** *Balanoglossites* firmground. See text for further explanations.

sedimentary record. For instance, the ichnofossil succession within uniformly fine-grained calcareous muds in the *Terebratula* Beds (Fig. 7) may be interpreted in terms of synsedimentary tectonism. The appearance and disappearance of trace fossil horizons within thin-laminated, pyrite-rich calcareous muds obviously reflects a shift in O_2-level. The corresponding oxygenation curve could be either a result of water overturn/stratification or could have been induced by a local uplift/drowning cycle. Considering the overall sedimentary context (see above) as well as the presence of creeping folds in the bioturbated horizons, vertical oscillation of the seafloor seems to be the most probable control of the discussed ichnofossil succession.

It is noteworthy that synchronous hardground horizons from the Holy Cross Mts. and Silesian Upper Muschelkalk sections have already been claimed by TRAMMER (1980) as indices of syndepositional Triassic tectonism in the region. This notion, however, was not supported by any convincing model of the possible dynamic controls.

Geochemical and biological responses to synsedimentary tectonism

The biological and geochemical indicators have been used as auxiliary tools in interpretation of the tectonically-induced basin history. But the biological and geochemical phenomena themselves may record changes related to synsedimentary tectonism. For instance, the relatively sudden, simultaneous appearance of Alpine cephalopods (ASSMANN 1944) and conodontophorids (ZAWIDZKA 1975) as well as drastic changes in the echinoderm assemblages (HAGDORN & GŁUCHOWSKI 1993) in the Silesian Muschelkalk (Uppermost Gogolin Beds) fail to be accompanied by significant changes in mineralogical and sedimentary properties of the sediments. The faunal changes are, however, paralleled by a drastic shift in stable isotope signals (Fig. 8). The geochemical data unequivocally indicate that the Muschelkalk Sea had been suddenly invaded by different water masses (mixed-water effect). Considering the tectonic setting of the Silesian Basin, the concomitant biological and geochemical phenomena may be explained by the tectonically controlled opening of the Moravo-Silesian seaway, which enabled Tethys water to invade the southern part of the Muschelkalk Sea.

Synsedimentary tectonism and the lithofacies succession of the Silesian Muschelkalk

Sequential analysis in terms of tectonically controlled processes and sedimentary responses has been employed for the entire Muschelkalk succession of the Upper Silesia region. Sedimentary and deformational structures typical for short-term convulsive events (seismites, tsunamites) as well as tectonically-controlled facies successions allow a relatively precise reconstruction of the crustal history within the eastern Muschelkalk Basin (Fig. 9). This in turn permitted to distinguish tectonic (local) from tectonoeustatic (global) controls of sea-level fluctuations. Finally, a sequence stratigraphic scheme for the Silesian Basin has been constructed.

Fig. 9 presents the generalized diastrophic history of the Silesian Basin including the short- and long-term manifestations of Middle Triassic tectonism. It must be stressed however, that the column shows only the most important clusters of seismic events. In fact, the earthquake record suggests a diachronic shift of seismicity throughout the basin. It is clearly visible when the western and eastern parts of the Silesian Muschelkalk are compared.

This phenomenon may be related to differential tilting, that uplifted some blocks while others underwent rapid subsidence. Block motion may also be inferred from irregular isopachs pattern (SZULC 1990) and from the lateral variability in lithofacies (ASSMANN 1944). The swinging blocks ranged in scale from small (several km^2) horsts (e.g. the fault-bounded island of Stare Gliny; SZULC 1991) to megablocks of several thousands of km^2 (SZYPERKO-TEL-

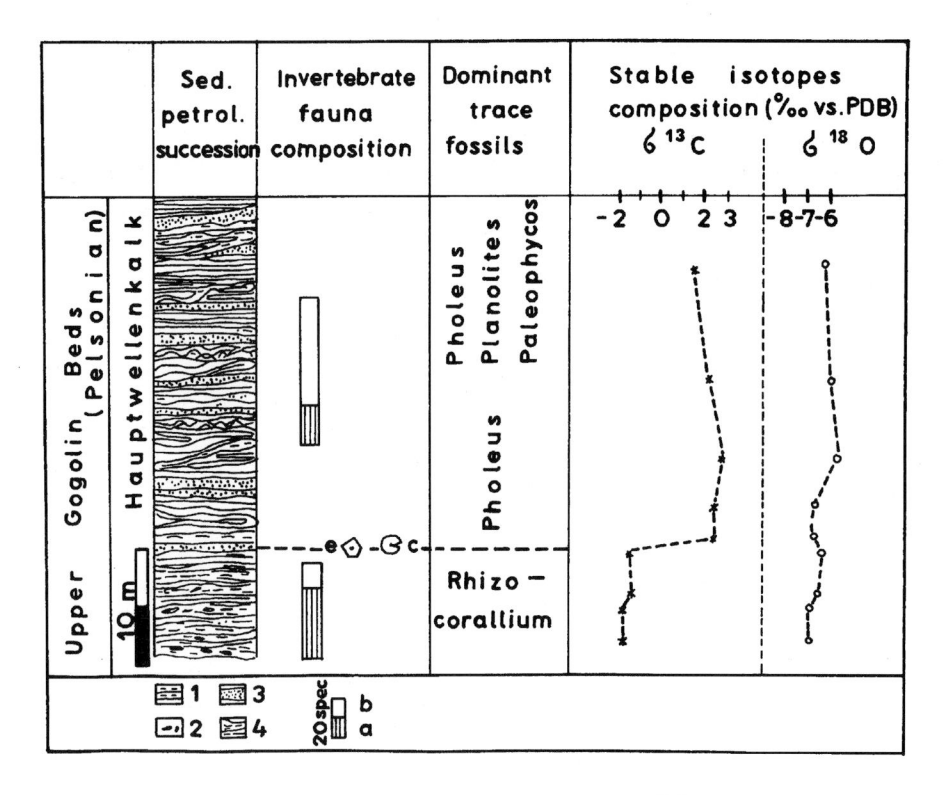

Fig. 8 Faunal and geochemical turning point at the boundary between Lower/Upper Gogolin Beds related to the opening of the Moravo- Silesian Gate. 1 = argillites; 2 = intraclasts; 3 = calcisiltites; 4 = calcilutites; a + b = number of invertebrate species; a = Germanic (Silesian) faunal elements; b = Tethyan elements. According to statistical elaboration of ASSMANN's data (1944) made by Hans HAGDORN (cf. also HAGDORN & GŁUCHOWSKI 1993). e = changes of the echinoderm fauna (according to HAGDORN & GŁUCHOWSKI 1993). c = first occurrences of Tethyan cephalopods and conodontophorids (after ASSMANN 1944; ZAWIDZKA 1975).

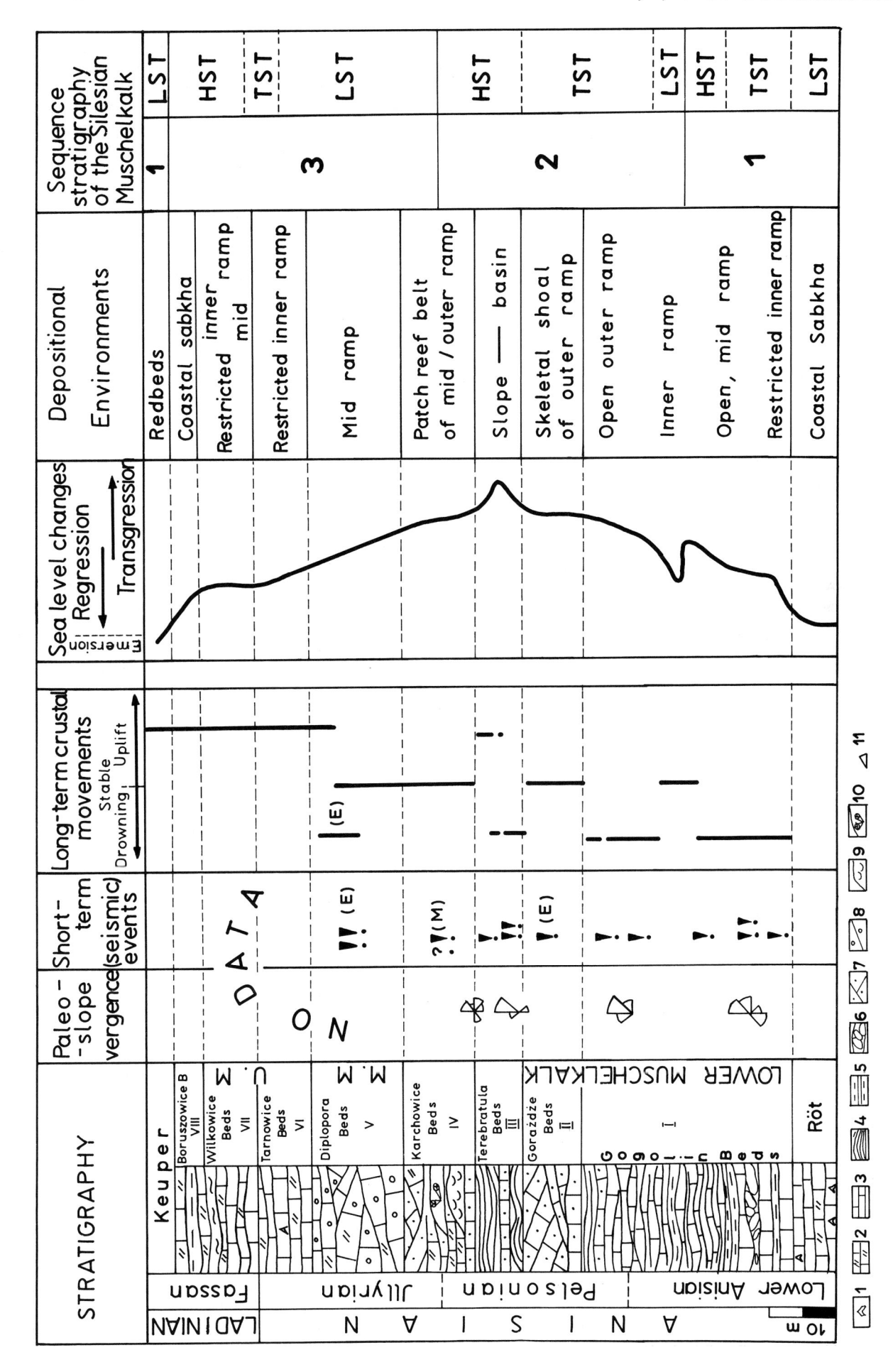

Fig. 9 Synsedimentary tectonism and evolution of the Silesian Muschelkalk Basin. 1 = evaporites; 2 = dolomites; 3 = shallow-water calcarenites; 4 = calcilutites/calcisiltites; 5 = argillites; 6 = deformed sets; 7 = calcareous sand shoals; 8 = oolites; 9 = sponge bioherms; 10 = coral bioherms; 11 = diagramme of the paleoslope indices (slump fold axes, imbrications etc.). Radius length = 5 measurements.

LER & MORYC 1988). The blocks followed essentially ancestral Hercynian structures reactivated in Triassic times (HERBICH 1981; SZULC 1990).

Despite of the patchwork architecture of the area, three principal dislocations played a crucial role in basin development: the Moravo-Silesian Fault, the Odra Fault and the elevated Cracow-Siewierz Line (BOGACZ et al. 1975; BOGACZ & KROKOWSKI 1981; SZULC 1991). All dislocations follow the inherited pre-Mesozoic strike-slip fault belts. Overall subsidence patterns (SZYPERKO-TELLER & MORYC 1988; GAJEWSKA 1988) clearly match these chief dislocations. The Moravo-Silesian Fault and Odra Fault served as pathways for transgression while the Cracow-Siewierz Line separated the Silesian from the Eastern Poland subbasin (MORYC 1971). The master dislocations became reactivated by early Alpine diastrophism, whereas the discussed block-tilting was controlled by local tectonic adjustments.

Synsedimentary tectonism within the Muschelkalk basin and its relation to the initial Tethyan rifting

The tectonic pulses recognized in the Silesian Muschelkalk may be roughly correlated with the tectonic developments (strike-slip, early rifting) in the Tethys (Alpine) region (SCHLAGER & SCHÖLLNBERGER 1974; BECHSTÄDT et al. 1976, 1978; BRANDNER 1984; ZÜHLKE & BECHSTÄDT 1992; RÜFFER & BECHSTÄDT 1992; ZÜHLKE et al. 1991). Considering the geodynamic setting of the Germanic Basin, the Muschelkalk Sea is believed to have been a rift-periphery basin that was separated from the Tethys by the Vindelico-Bohemian Massif. It is likely that crustal motion was transmitted from the opening ocean into the extra-rift periphery along reactivated Variscan fault lines. Likewise, communication between the two basins was provided by seaways following the old transcurrent fault lines. Paleontological data, in particular faunal migrations (ASSMANN 1944; KOZUR 1974a, b; ZAWIDZKA 1975; GŁAZEK et al. 1973; HAGDORN 1985; URLICHS & MUNDLOS 1985; MOSTLER 1993), clearly show the diachronous opening and closing of seaways, which shifted gradually from the east to the west. The relocation explains the strikingly different development of the sequence in the eastern and western parts of the Muschelkalk basin: maximum transgressions in the eastern and western parts were in the Anisian (Pelsonian) (SZULC 1990) and Ladinian, respectively (AIGNER & BACHMAN 1993; DROMART et al. 1992; COUREL et al. 1992). Despite the overall tectono-eustatically induced Ladinian transgression, which dominated the western subbasin, the eastern part of the basin underwent substantial uplift and eventually emersed during tectonic movements of early Cimmerian age. This diastrophism tilted the antecedent formations to the northeast. It is noteworthy that some earlier phenomena, such as submarine sediment displacements during the Pelsonian highstand (Fig. 9) or the subsequent regression show the same vergence. This suggests that the same mechanism controlled the tectonic behaviour of the region from Anisian through Norian times. This notion raises the problem about what caused the upwarping of the northern periphery of the Tethys. Several mechanisms could have been responsible: (1) spreading-induced orthogonal uparching of the rift margin, (2) compression within the Cimmerian suture zone and consequential uplift of its far northern "foreland", and (3) more complex movements following an oblique rifting within the Tethys area. Assuming the first mechanism, one may expect a relatively simple and precise chronological correlation of the principal tectonic pulses between the Muschelkalk Basin and its closest Tethyan counterparts, i.e. the Inner Carpathians and the Northern Calcareous Alps. Actually, the eastern Alpine sequences differ significantly from the Muschelkalk (Fig. 10; RÜFFER & BECHSTÄDT 1991) making correlations very difficult and equivocal. In contrast to the eastern Alpine Triassic, the southern Alps show striking similarities with the eastern Muschelkalk succession. This suggests that the third model, assuming an oblique and rotational motion within

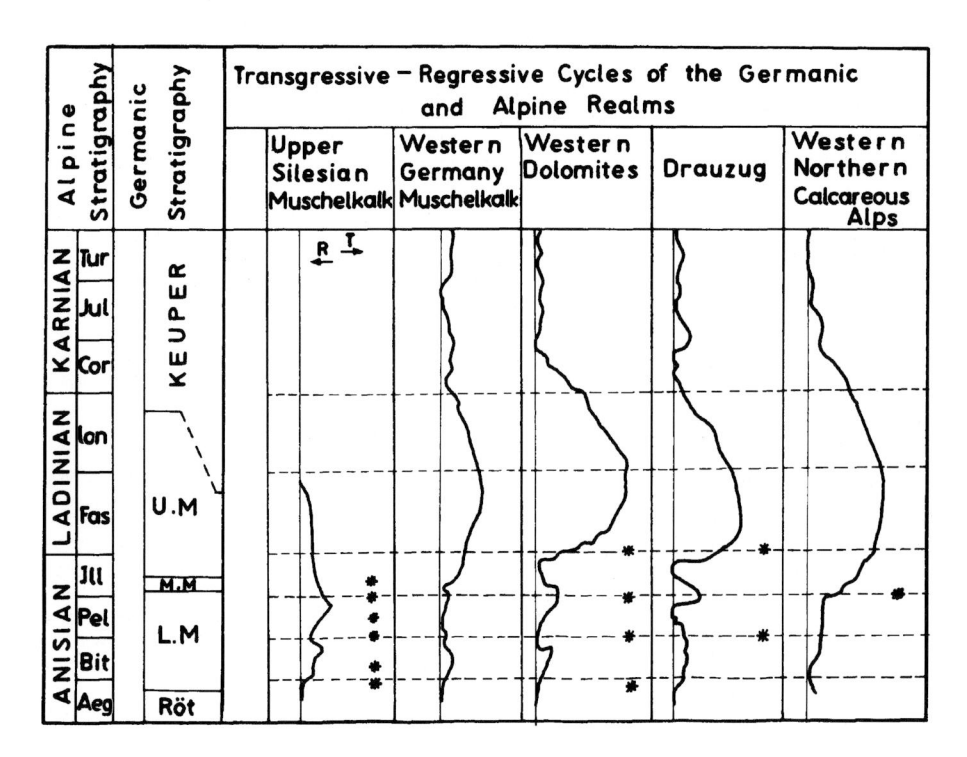

Fig. 10 Middle to Late Triassic transgressive-regressive cycles and synsedimentary tectonic events of the Germanic and Tethyan areas. The curves of the Alpine and Western Germanic Muschelkalk after BRANDNER (1984).

the initially opening Tethys (cf. DOGLIONI 1992a, b), along with terrane splitting, may more plausibly explain the tectono-sedimentary parallelism between the eastern Muschelkalk and southern Alpine basins. Furthermore, this model would also explain the late Triassic uplift of the eastern Germanic basin as an effect of the Cimmerid suturing.

Conclusions

Sedimentological analysis of the Middle Triassic carbonate sequence in the eastern part of the Muschelkalk Basin raises the problem of synsedimentary tectonism affecting this epicontinental sea. Unlike the rift-controlled Tethys Ocean, the Muschelkalk Sea is commonly thought to have been a tectonically passive basin subject to eustatic fluctuations. Basin-wide synsedimentary disturbances, however, are also frequently found in the Muschelkalk, and they suggest that a crustal mobility also affected this part of Paleo-Europe. The deformations and sedimentary structures typical for short-term convulsive events include: syndepositional faults, structures related to mass movements, flow deformation, internal breccias, stationary deformations and characteristic seismite/tsunamite couplets (S-T dyads). Sequential analysis at bed-to-bed, set-to-set or facies-to-facies levels supplemented by biological and geochemical data, provides valuable indicators of longer-term synsedimentary tectonic activity in the region.

Considering the setting of the Germanic province in terms of Tethyan tectonics, the Muschelkalk Basin is believed to have been a rift-periphery basin separated from the main rifting belt by the elevated Vindelico-Bohemian Massif. A system of submeridional seaways (East Carpathian, Silesian and Burgundy Gates) maintained the communication between Tethys and Muschelkalk Sea. Available data suggest a punctuated, tectonically-controlled mechanism for the opening and closing of the gates. It is likely that the crustal motions produced within the intra-rift belt were transmitted into the extra-rift periphery zone along reactivated ancestral (mostly Variscan) fault lines. Paleontological and geochemical data clearly show the diachronous sequence in which the gate openings (and closings) shifted gradually from E to W. This westward relocation explains the different development of Muschelkalk sequences in the eastern and western part of the basin. Although a mainly eustatically-induced Ladinian transgression dominated developments in the western subbasin, the eastern part underwent substantial uplift and eventual final emersion during early Cimmerian movements.

Zusammenfassung

Aus sedimentologischen Analysen der mitteltriassischen Karbonatfolge im östlichen Teil des Muschelkalkbeckens ergibt sich das Problem, inwiefern synsedimentäre Tektonik dieses Epikontinentalmeer beeinflußte. Im Gegensatz zur aufbrechenden Tethys sieht man im Muschelkalkmeer gewöhnlich ein tektonisch inaktives Becken, das lediglich eustatischen Schwankungen unterworfen war. Beckenweite synsedimentäre Schichtstörungen auch im Muschelkalk zeigen jedoch, daß Krustenbewegungen auch diesen Teil von Paläoeuropa beeinflußten. Für kurzfristige Kataklysmen typische Deformationen und Sedimentstrukturen sind: synsedimentäre Verwerfungen, Massentransport-Strukturen, Fließdeformationen, Internbrekzien, stationäre Deformationen und charakteristische Seismit/Tsunamit-Bänke. Sequenzanalysen im Bank-, Bankfolgen- und Faziesbereich, die durch biologische und geochemische Daten ergänzt werden, liefern wertvolle Indikatoren für langanhaltende synsedimentäre tektonische Aktivität im Untersuchungsgebiet.

Nach der Stellung der Germanischen Triasprovinz in Beziehung zur tethydischen Tektonik wird das Muschelkalkbecken als Riftperipherie-Becken gesehen, das vom Haupt-Riftgürtel durch das Hochgebiet des Vindelizisch-Böhmischen Massivs getrennt war. Ein System submeridionaler Meerespassagen (Ostkarpatenpforte, Schlesisch-Mährische Pforte, Burgundische Pforte) erlaubte den Austausch zwischen Tethys und Muschelkalkmeer. Die verfügbaren Daten legen nahe, daß ein ausgeprägter tektonischer Mechanismus Öffnung und Schließung der Pforten steuerte. Wahrscheinlich wurden Krustenbewegungen innerhalb der Riftzone auf die Peripherie außerhalb der Riftzone entlang von reaktivierten, zumeist variskisch angelegten Störungslinien übertragen. Paläontologische und geochemische Daten zeigen deutlich eine diachrone Abfolge, nach der sich Öffnung und Schließung der Pforten nacheinander von E nach W verlagerten. Dies erklärt auch die unterschiedliche Ausbildung der Muschelkalkabfolge im östlichen und im westlichen Beckenteil. Während im westlichen Teilbecken eine eustatisch bedingte Transgression im Ladin die Entwicklung bestimmte, wurde der östliche Teil angehoben und tauchte schließlich mit den altkimmerischen Bewegungen auf.

Acknowledgements

The author thanks Prof. Dr. A. Seilacher for his revision of the manuscript and Dr. Hans Hagdorn for the joint field work in Germany and Poland. Special thanks are due to the Hagdorn family for their hospitality in Ingelfingen. Drawings have been kindly made by Mrs Iza Wierzbicka.

References

AIGNER, T. & BACHMANN, G. H., (1993): Sequence Stratigraphy of the German Muschelkalk. - This volume, 15-18, 2 figs.

ASSMANN, P. (1944): Die Stratigraphie der oberschlesischen Trias. Teil 2. Muschelkalk. - Abh. Reichsamt Bodenforsch., [N.F.] **208**, 1-124, 8 Taf., 1 Tab.; Berlin.

BACKHAUS, E. & SCHULTE, M. (1993): Geochemische Faziesanalyse im Unteren Muschelkalk (Poppenhausen/Rhön) mit Hilfe des Sr/Ca-Verhältnisses. - This volume, 65-72, 9 figs.

BECHSTÄDT, T., BRANDNER, R. & MOSTLER, H. (1976): Das Frühstadium der alpinen Geosynklinenentwicklung im westlichen Drauzug. - Geol. Rdsch., **65**, 616-654, 8 Abb., Stuttgart.

BECHSTÄDT, T., BRANDNER, R., MOSTLER, H. & SCHMIDT, K. (1978): Aborted Rifting in the Triassic of the Eastern and Southern Alps. - N. Jb. Geol. Pal. Abh. **156**, 2, 157-178, 6 Figs, Stuttgart.

BILHAM, R. & BARRIENTOS, S. (1991): Sea-level rise and earthquakes. - Nature, **350**, p. 386, London.

BOGACZ, K., DŻUŁYŃSKI, S., HARANCZYK, C. & SOBCZYNSKI, P. (1975): Origin of the ore-bearing dolomite in the Triassic of the Cracow-Silesian Pb-Zn district. - Rocz. Pol. Tow., Geol. **45**, 139-145, Figs.5, Kraków.

BOLT, B. A. (1988): Earthquakes. - 282 pp., Figs 104, Tab. 5, Freeman, New York.

BRANDNER, R. (1984): Meeresspiegelschwankungen und Tektonik in der Trias der NW-Tethys. - Jb. geol. Bundesanst., **126**, 4, 435- 475, 25 Abb., Wien.

COUREL, L., BOURQUIN, S., BAUD, A., JACQUIN, T. VANNIER, F. (1992): Sequence stratigraphy of the Triassic series on the Western Peri-Tethyan Margin (France, Switzerland); role of tectonic subsidence and eustasy on the stratal pattern and lithology of depositional sequences and system tracts. - Abstracts of the Conference on the „Sequence Stratigraphy of European Basins", Dijon, 120-121, Figs 2.

DOGLIONI, C. (1992a): Relationships between Mesozoic extensional tectonics, stratigraphy and Alpine inversion in the southern Alps. - Eclogae geol. Helv., **85**, 105-126, Figs. 17, Basel.

DOGLIONI, C. (1992b): Main differences between thrust belts. - Terra Nova, **4**, 152-164, Figs. 10, Oxford.

DROMART, G., MONIER, P., CURIAL, A., MORETTO, R. & BRULHET, J. (1992): Transgressive-regressive cycles through Triassic deposits of Bresse and Jura areas, Eastern France. - Abstracts of the Conference on the „Sequence Stratigraphy of European Basins", Dijon, 126-127, Fig. 1.

DURINGER, P. (1984): Tempêtes et tsunamis: des dépôts de vagues et haute énergie intermittente dans le Muschelkalk supérieur (Trias germanique) de l'Est de la France. - Bull. Soc. géol. France, **1984** (7), xxvi, n° 6, 1177-1185, 5 figs.

DVORAK, J. (1985): Horizontal movements on deep faults in the Proterozoic basement of Moravia (Czechoslovakia). - Jb. Geol. B-A., **127**, 551-556, Figs. 5, Wien.

FRANKE, W. (1990): Tectonostratigraphic units in the W part of the Bohemian Massif. An Introduction. - In: Int. Conf. on Paleozoic Orogens in Central Europe. Field Guide. 1-17, Figs 4, Göttingen-Giessen.

GAJEWSKA, I. (1988): Paleothickness and lithofacies of the Muschelkalk and Lower Keuper and the middle Triassic paleotectonics in Polish Lowlands. - Kwart. Geol., **32**, 1, 73-83, Figs. 3, Tab. 1. [in Polish with English summary].

GŁAZEK, J., TRAMMER, J. & ZAWIDZKA, K. (1973): The alpine microfacies with *Glomospira densa* (PANTIC) within the Muschelkalk in Poland and some related paleogeographic and geotectonic problems. - Acta Geol. Polon. **23**, 3, 463-482, 3 Taf., 3 Abb.; Warszawa.

GLAZEK, J. & KUTEK., J. (1976) Powaryscyjski rozwój geotektoniczny obszaru swietokrzyskiego, - In: Przewodnik XLVIII Zjazdu PTG, 14-51, Figs. 5, WG, Warszawa.

HAGDORN, H. (1985): Immigration of crinoids into the German Muschelkalk Basin. - In: BAYER, U. & SEILACHER, A. (eds.): Sedimentary and Evolutionary Cycles. Lecture Notes in Earth Science **1**, 237-245, 13 Abb.; Berlin.

HAGDORN, H. & GŁUCHOWSKI, E. (1993): Palaeobiogeography and Stratigraphy of Muschelkalk Echinoderms (Crinoidea, Echinoidea) in Upper Silesia. - This volume, 165-176, 12 Figs., 1 Tab.

HERBICH, E. (1981): A tectonic analysis of the fault network of the Upper Silesia Coal Basin. - Ann. Soc. Geol. Polon., **51**, 384-434, Figs. 31, PWN, Kraków.

KOZUR, H. (1974a): Biostratigraphie der germanischen Mitteltrias. - Freiberger Forschh., (C) **280**, 1, 1-56, **280**, 2, 1-71, **280**, 3, 9 Anl. (= 12 Tab.); Leipzig.

KOZUR, H. (1974b): Probleme der Triasgliederung und Parallelisierung der germanischen und tethyalen Trias. Teil I: Abgrenzung der Trias. - Freiberger Forschh., (C) **298**, 139-197, 2 Tab.; Leipzig.

MORYC, W. (1971): The Triassic of the foreland of Central Carpathians. - Rocz. Pol. Tow. Geol., **41**, 419-482, Figs. 12, Tab. 3, Kraków. [in Polish with English summary].

MOSTLER, H. (1993): Das Germanische Muschelkalkbecken und seine Beziehungen zum tethyalen Muschelkalkmeer. - This volume, 11-14, 1 fig.

PLAFKER, G. & SAVAGE, J. C. (1970): Mechanism of the Chilean earthquakes of May 21 and 22, 1960. - Geol. Soc. Am. Bull., **81**, 1001-1030, Figs. 14, Tab. 3.

RAJLICH, P., SLOBODNIK, M. & NOVOTNY, A. (1989): Variscan crustal boudinage in the Bohemian Massif: gravimetry, magnetometry and structural data from the Desna Dome.- Jb. Geol. B-A., **132**, 241-246, Figs. 5, Wien.

REIMNITZ, E. & MARSHALL, N. F. (1971): Effects of the earthquake and tsunami on recent deltaic sediments. - In: The Great Alaska Earthquake of 1962. Geology, Part A. Natl. Res. Council. Committee of the Alaska Earthquake. Natl. Ac. Sci., 265-278, Washington D.C.

RIECH, V. (1978): Zur Coelestinbildung im germanischen Muschelkalk, Süddeutschlands. - Geol. Jb., Reihe D, Heft **29**, 3-77, Abb. 21, Tab. 4, Taf. 6, Hannover.

RÜFFER, T. & BECHSTÄDT, T. (1991): Eustatic control on carbonate platforms of the Ladinian Wetterstein Limestone (Tyrol, Austria). - Dolomieu Conf. on Platform and Dolomitization. Abstracts, 231-232, Ortisei/St. Ulich.

RÜFFER, T. & BECHSTÄDT, T. (1992): Tectonic and tectono-eustatic controls on Middle Triassic carbonate platforms in the Northern Calcareous Alps. - Profil. B. 1., p. 40, Stuttgart.

SCHLAGER, W. & SCHÖLLNBERGER, W. (1974): Das Prinzip stratigraphische Wenden in der Schichtfolge der Nördlichen Kalkalpen. - Mitt. Geol. Ges., B. **66-67**, 166-193, Wien.

SCHWARZ, H.-U. (1975): Sedimentary structures and facies analysis of shallow marine carbonates (Lower Muschelkalk, Middle Triassic, Southwestern Germany). - Contrib. Sedimentol., **3**, 1-100, 11 Taf., 35 Abb., 1 Tab.; Stuttgart.

SEILACHER, A. (1984): Sedimentary structures tentatively attributed to seismic events. - Marine Geology, **55**, 1-12, Figs. 6, Amsterdam.

SZULC, J. (1990): IAS Intern. Workshop; Muschelkalk. - Excursion Guide: S 58, Figs. 1-10, 13-17, 25-31, 42-46, Kraków.

SZULC, J. (1991): The Muschelkalk in Poland. - In: H. HAGDORN (ed.), Muschelkalk. A Field Guide. 58-74, Figs. 42-52, 54-66, 71- 78, Korb (Goldschneck).

SZULC, J. (in prep.): Recognition and interpretation of paleoseismic activity from shallow-marine and lacustrine carbonate deposits.

SZYPERKO-TELLER, A. & MORYC, W. (1988): Evolution of the Buntsandstein sedimentary basin in Poland. - Kwart. Geol., **32**, 1, 53-72, Figs. 6, WG, Warszawa [in Polish with English summary].

TRAMMER, J. (1980): The isochronous synsedimentary movement at the Anisian/Ladinian boundary in the Muschelkalk basin and the Alps. - Riv. Ital. Paleontol., **85**, 931-936, Figs. 2, Roma.

URLICHS, M. & MUNDLOS, R. (1985): Immigration of cephalopods into the Germanic Muschelkalk basin and its influence on their suture lines. - In: BAYER, U. & SEILACHER, A. (eds.): Sedimentary and Evolutionary Cycles. - Lecture Notes in Earth Sciences **1**, 221- 236, 8 Abb.; Berlin.

ZAWIDZKA, K. (1975): Conodont stratigraphy and sedimentary environment of the Muschelkalk in Upper Silesia. - Acta Geol. Polon., **25**, 2, 217-257, Taf. 27-44; Warszawa.

ZÜHLKE, R., BECHSTÄDT, T., FLÜGEL, E. & SENOWBARI-DARYAN, B. (1991): Anisian carbonate banks of the Northern Dolomites (Italy): facies, evolution of biota, development. - Dolomieu Conf. on Carbonate Platforms and Dolomitization. Abstracts, p. 300, Ortisei/St. Ulich.

ZÜHLKE, R., BECHSTÄDT, T. (1992): Synsedimentary tectonics and tectono-eustatic sea-level changes in the Dolomites during Anisian times. - Profil B. 1. p. 55, Stuttgart.

Sequenzstratigraphie im zyklisch gegliederten Oberen Muschelkalk Norddeutschlands

Ursula Röhl, Hannover
7 Abbildungen, 1 Tabelle

Der Obere Muschelkalk Norddeutschlands geht kontinuierlich aus dem Mittleren Muschelkalk hervor. Die sogenannten „Gelben Basisschichten" repräsentieren eine z.T. noch lagunäre Übergangsfazies, werden aber schon zum Oberen Muschelkalk gestellt (Tab. 1). Der darüberfolgende Trochitenkalk (mo 1) spiegelt die zunehmende Transgression wider, wobei seine Mächtigkeit aufgrund der vorhandenen Reliefunterschiede stark schwanken kann. So reicht die Trochitenkalkfazies in der unmittelbaren Umgebung der Hochgebiete (zum Beispiel der Rheinischen Masse; Abb. 1) bis in die Ceratitenschichten (mo 2) hinein bzw. tritt als Mittlerer und/oder Oberer Trochitenkalk nochmals auf (Tab. 1). Die maximale Überflutung des Germanischen Beckens während der Ablagerung der Tonplattenfazies der Ceratitenschichten hinterließ an den Rändern des Germanischen Beckens in Nordeuropa große lagunäre Faziesräume (DUCHROW & GROETZNER 1984). Während des Hochstands des Muschelkalkmeeres rückte die Lettenkohlenfazies verstärkt mit feinkörnigen terrigenen Sedimenten langsam nach Südwesten vor; der Einfluß des Nordkontinents hatte sich aber bereits im obersten Teil des Mittleren Muschelkalks bemerkbar gemacht (RÖHL 1988).

Die vorliegenden sedimentologischen, karbonatpetrographischen und geochemischen Untersuchungen konnten für eine Sequenzstratigraphie verwendet werden, wobei hierarchisch und genetisch verknüpfte Einheiten, die Zyklen verschiedener Ordnungen, definiert wurden. Die Analyse chronostratigraphischer Einheiten trägt zum Verständnis der Entwicklung und Dynamik des nördlichen Germanischen Beckens während der mittleren Trias bei.

Rhythmen, Zyklen und Parasequenzen

Das auffälligste und typische Merkmal der Ceratitenschichten in Tonplattenfazies ist die Wechsellagerung von Kalken mit Kalkmergeln, Mergeln, Tonmergeln oder mergeligen Tonsteinen. Diese Rhythmen gehen auf Sturmereignisse zurück, wobei direkt die mergelig-tonige Hintergrund-/Normalsedimentation durch Tempestite unterbrochen wurde. Indirekt fing die erhöhte Karbonatproduktion durch bessere Ventilation relativ ruhiger Flachwasserbereiche die Verdünnung durch feinklastisches terrigenes Material auf (vgl. AIGNER 1985, RÖHL 1990). Dazu paßt auch das beckenweite Auftreten von Leitbänken mit typischer Faunenzusammensetzung. Überlagert wird die kleinrhythmische Wechselfolge von meist asymmetrischen Dach- bzw. Sohlbankzyklen, die bis zu 1,5 m mächtig sind und von denen bis zu fünf zu einem übergeordneten

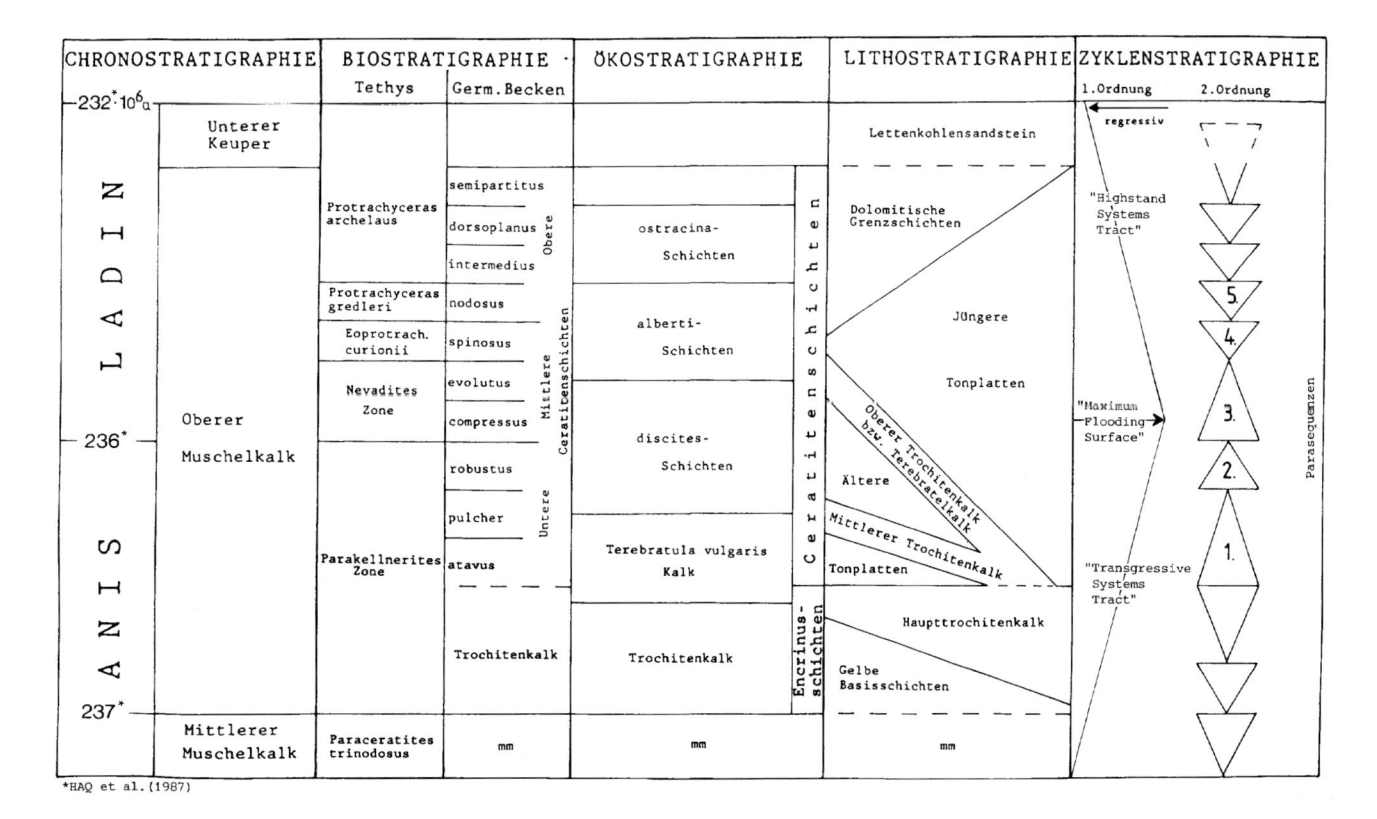

Tab. 1 Stratigraphie des nordwestdeutschen Oberen Muschelkalks (verändert nach RÖHL 1988).

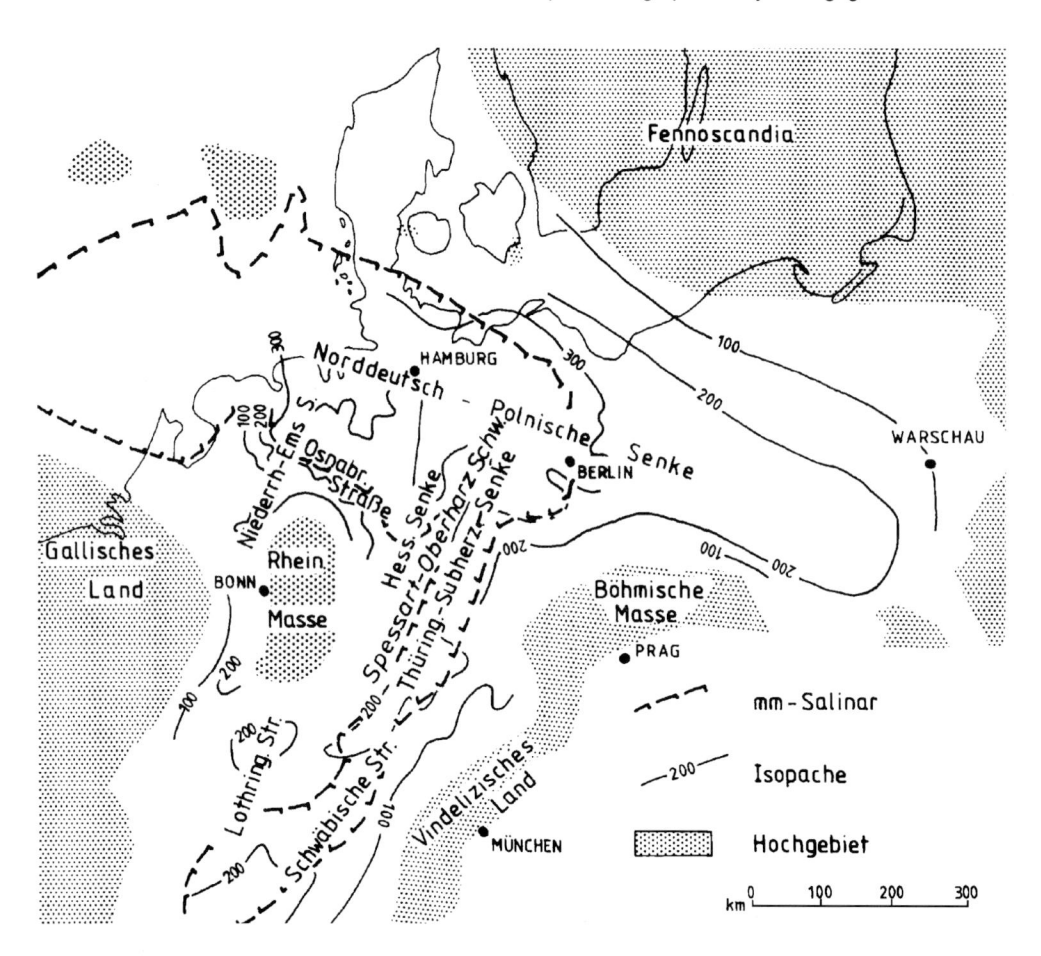

Abb. 1 Paläogeographische Übersicht für den Muschelkalk (nach ROSENFELD 1978, SCHRÖDER 1982, WURSTER 1965 und ZIEGLER 1982).

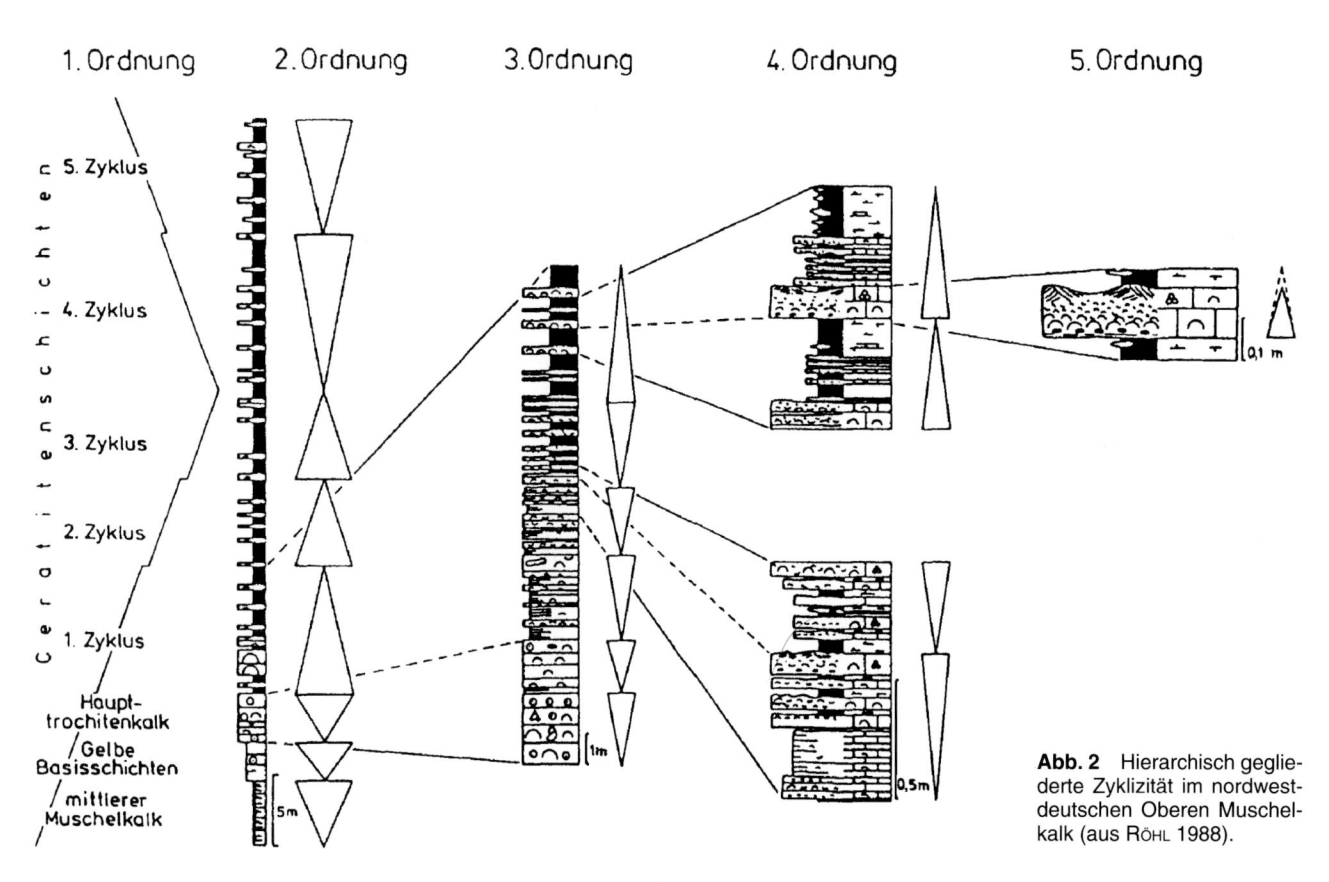

Abb. 2 Hierarchisch gegliederte Zyklizität im nordwestdeutschen Oberen Muschelkalk (aus RÖHL 1988).

Dach- bzw. Sohlbankzyklus zusammengefaßt werden können (Abb. 2). Diese erreichen mehrere Meter Mächtigkeit und sind ihrerseits von größerdimensionierten Zyklen überlagert. Diese Zyklen 2. Ordnung (RÖHL 1990) werden von den Tonhorizonten, die als Leithorizonte im Hauptmuschelkalk schon lange von Bedeutung sind, begrenzt. Die Zyklen lassen sich als genetische Einheiten, und da sie jeweils von marinen Überflutungsflächen (d.h. Anstieg des relativen Meeresspiegels) begrenzt werden, als „Parasequenzen" (VAN WAGONER et al. 1988) bezeichnen. Die Tonhorizonte lassen sich im Oberen Muschelkalk Norddeutschlands, der insgesamt einen höheren Anteil an feinkörnigen Siliziklastika aufweist, anhand von Verteilungen für diese Sediment-Phase charakteristischer chemischer Elemente (z.B. Vanadium, siehe RÖHL 1990) nachweisen.

Einfluß von Tektonik – Subsidenzänderungen

AIGNER (1985) hat bereits darauf hingewiesen, daß die Fazieszonen im süddeutschen Hauptmuschelkalk variszische Richtungen nachzeichnen. In der unmittelbaren Umgebung der Schwellen des nordwestdeutschen Teils des Germanischen Beckens wird der Einfluß von lokalen tektonischen Bewegungen bzw. kleinräumigen Subsidenzänderungen deutlich. In Abb. 3 ist eine direkte Anwendung der Sequenzanalyse und der daraus abgeleiteten chronostratigraphischen Einheiten dokumentiert. Die Verlagerung der Trochitenkalkfazies von den Gelben Basisschichten bis zu den obersten Ceratitenschichten ist 16 Zeitscheiben zu entnehmen. Die Nordwärtswanderung der Fazies in der Zeit läßt eine wellenförmige Bewegung des Untergrundes vermuten, ist aber bei näherer Betrachtung nur als direkte Folge der zunehmenden

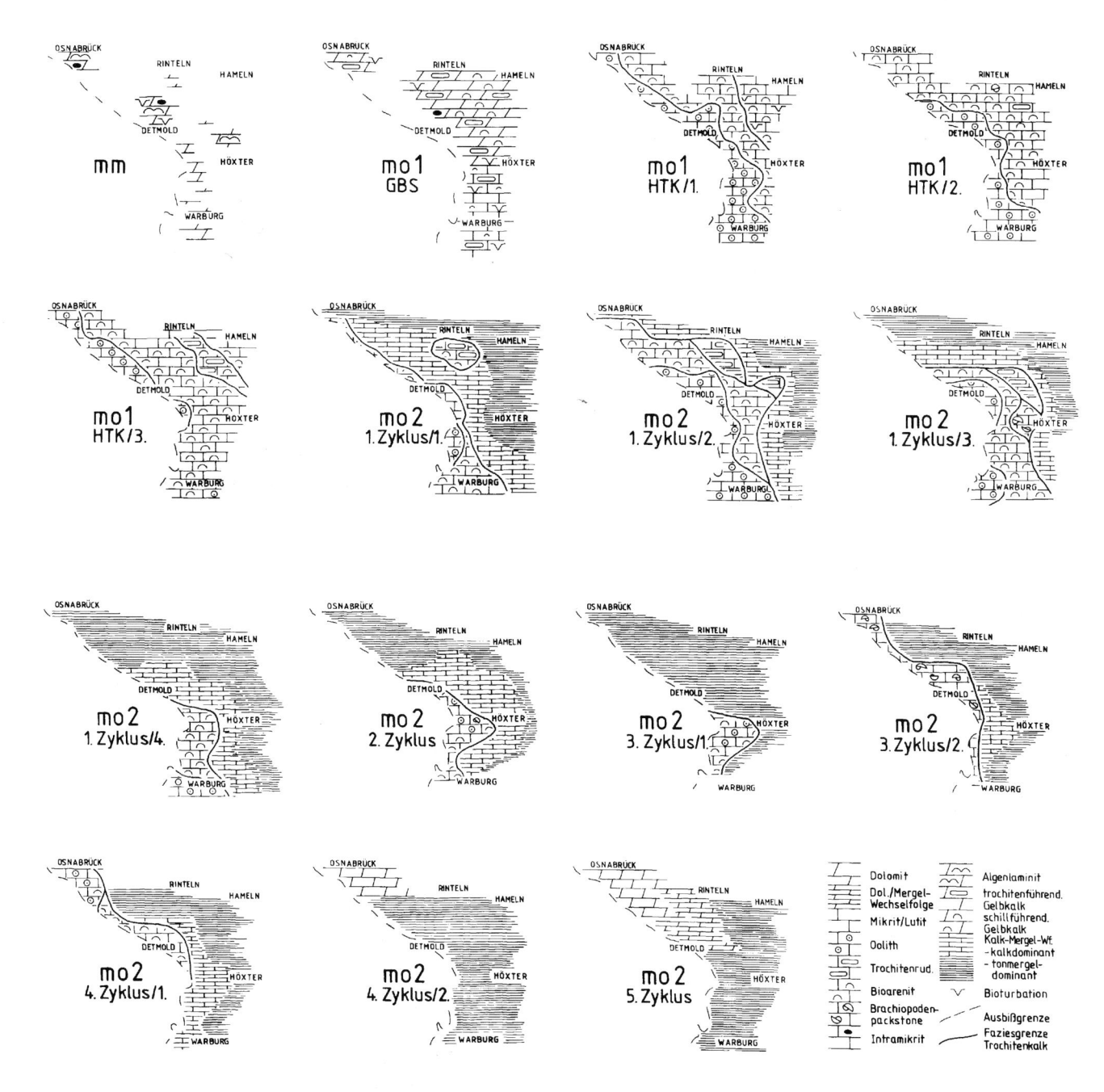

Abb. 3 Paläogeographische Entwicklung Ostwestfalens im Oberen Muschelkalk, aufgegliedert in 16 aus Kleinzyklen („Parasequenzen") rekonstruierte Zeitscheiben.

Abb. 4 Die Untiefebereiche des Oberen Muschelkalks am Ostrand der Rheinischen Masse. Auffällig ist, daß die Muschelkalk-Schwellen in den Bereichen gelegen haben, die im heutigen Kartenbild als sog. „Beulen" (z.B. Brakeler Muschelkalkschwelle), die zwischen den einzelnen Schwellen liegenden „Buchten" als Depressionen (z.B. Borgentreicher Keupermulde etc.) hervortreten.

Überflutung der Randbereiche der Rheinischen Masse von Süden nach Norden vom Trochitenkalk bis zur maximalen Überflutung in den Mittleren Ceratitenschichten zu sehen.

Aber auch während des Höchststandes spiegeln immer wieder einzelne Bereiche relativ zu ihrer Umgebung flachere Ablagerungsbedingungen wider. Es liegt nun nahe, eine Übereinstimmung dieser Schwellengebiete mit Arealen in der Verlängerung variscischer Strukturen mit relativer Hebung zu suchen. Dabei könnten der Ostsauerländer Hauptsattel, das Lippische Gewölbe, als Senkungsbereich z.B. die Nutlaer Mulde in Frage kommen. Derartige Rückschlüsse können aber aufgrund der bisher vorliegenden Daten nur spekulativ sein. ROSENFELD (1978) wies darauf hin, daß der Ostrand des Rheinischen Schiefergebirges von einer tektonischen Naht begleitet wird.

Diskussion:
Eustatische Meeresspiegelschwankungen, Transgressive Impulse aus der Tethys (Ingressionen)?
Obwohl sich der nordwestdeutsche Obere Muschelkalk vom süddeutschen Hauptmuschelkalk in mehrerer Hinsicht unterscheidet, ist ihnen gemeinsam, daß sie auf einen Transgressions-Regressionszyklus zurückgehen, der sich aus zahlreichen Kleinzyklen (Parasequenzen) zusammensetzt.

Als überregionale Leithorizonte können die sog. „Tonhorizonte" verwendet werden, da sie sowohl z.T. schon im

Aufschluß, aber auch in Bohrlochmessungen (BRUNNER & SIMON 1985) sowie durch geochemische Untersuchungen (RÖHL 1990) nachzuweisen sind. Nicht eindeutig ist bisher, ob die Tonhorizonte immer Meereshöchststände (vgl. RÖHL 1990) oder evtl. Aussüßung widerspiegeln, wie die Verbreitung von Brackwasserfaunen im Tonhorizont α anzeigt (URLICHS & MUNDLOS 1990).

Die Berücksichtigung der Sequenzstratigraphie zeigt jedoch, daß es **den** Tonhorizont nicht gibt. D.h. die jeweiligen Tonhorizonte sind je nach Position des zugehörigen Kleinzyklus innerhalb der Muschelkalksequenz zu interpretieren. So zeigen die Tonhorizonte in den Unteren und Mittleren Ceratitenschichten, d.h. im transgressiven Teil der Sequenz, in Nordwestdeutschland Meereshöchststände an. Im regressiven Teil der Sequenz, und dazu gehört z.B. auch der Tonhorizont α, fügen sich Aussüßungs-"Events", wie auch das Vorkommen von feinen Quarzsandlagen und Bonebeds zeigen (DÜNKEL & VATH 1990), in den generellen Trend ein. Den transgressiven „Impulsen" aus der Tethys (RÖHL 1990) stünde somit im Laufe des Oberen Muschelkalks episodisch zunehmender Süßwassereinfluß vom Norden gegenüber. Dies entspricht dem generellen Bild von der Entwicklung des Germanischen Beckens innerhalb der oberen Mitteltrias und von dieser in die Obertrias: Während des Oberen Muschelkalks wird der Einfluß der Tethys auf das epikontinentale Becken zunehmend schwächer, parallel dazu der von „Fennoskandia" stärker. D.h. das zunächst die Sedimentverteilung und Fazies bestimmende Element „Eustatik" (im marinen Muschelkalk) wird vom Element „Tektonik", dem im Keuper vorwiegend die Sedimentverteilung und Fazies bestimmenden Faktor, abgelöst.

Zur Verifizierung der Vorgänge im einzelnen sind aber besonders in den Tonhorizonten des nordwestdeutschen Oberen Muschelkalks detaillierte mikropaläontologische Untersuchungen notwendig.

Anwendung der Sequenzstratigraphie

Eine Anwendung der Sequenzstratigraphie für die Trias in Germanischer Fazies wurde bislang von AIGNER & BACHMANN (1990, 1993) für den süddeutschen Teil der Mittel- und Obertrias und von CALVET, TUCKER & HENTON (1990) für die Mitteltrias der Iberischen Halbinsel vorgenommen. Dabei wurde das Konzept der Ablagerungs-Systembündel („depositional systems tracts") von HAQ et al. (1987), VAN WAGONER et al. (1988) und anderen übernommen.

Mittlerer und Oberer Muschelkalk stellen im Sinne der Sequenzstratigraphie (cf. SARG 1988; VAN WAGONER et al. 1989) eine Ablagerungssequenz („depositional sequence") dar, die nach HAQ, HARDENBOL & VAIL (1987) einem Zyklus 3. Ordnung entspricht. Die untere Sequenzgrenze (Unterer Muschelkalk/Mittlerer Muschelkalk) dieser Ablagerungssequenz ist durch die Ablösung des Hochstands („highstand systems tract") des oberen Unteren Muschelkalks durch den Tiefstand („lowstand wedge") des mm gekennzeichnet.

Die Obergrenze läßt sich am Wechsel vom „highstand systems tract" zum „lowstand wedge" von den obersten Ceratitenschichten zum Unteren Keuper nachvollziehen. Wie gezeigt werden konnte, setzt sich der mo-Teil der Ablagerungssequenz aus mehreren, hierarchisch ineinander verschachtelten Zyklen („fourth and fifth-order cycles" nach HAQ et al. 1987) zusammen.

Trotz der erkennbaren tektonischen Einflüsse auf die Sedimentation dieser „Parasequenzen" (siehe Abb. 3) ist eine eindeutige, gerichtete Entwicklung, parallel zum transgressiven/regressiven Charakter der Ablagerungssequenz, zu erkennen. Bei günstigem Kalk/Tonverhältnis bestimmen im „transgressive systems tract" des mo1 und unteren mo2 bis zur „maximum flooding surface" (mfs) in den Mittleren Ceratitenschichten Sohlbankzyklen das Bild. Von der „mfs" an, im „highstand systems tract" der oberen Mittleren und Oberen Ceratitenschichten, ist eine Dominanz an Dachbankzyklen zu beobachten. Komplexer werden die Verhältnisse durch Verschiebungen beim Kalk/Tonverhältnis zugunsten des Tons. Dann treten trotz regressiver Verhältnisse vermehrt Sohlbankzyklen auf.

Modell zum Nebeneinander von Dach- und Sohlbankzyklen

Der untere Abschnitt des Oberen Muschelkalks von den Gelben Basisschichten bis zum ersten Zyklus 2. Ordnung (Abb. 2) des Oberen Muschelkalks Nordwestdeutschlands ist durch eine Dominanz der Dachbankzyklen gekennzeichnet (Abb. 5). Diese ähneln den süddeutschen Kleinzyklen (AIGNER 1985). Der größte Anteil der nordwestdeutschen Ceratitenschichten wird dagegen aus Sohlbankzyklen (Abb. 6) aufgebaut. Nach Profilkorrelationen ergibt sich, daß Dach- und Sohlbankzyklen zeitgleich und räumlich nebeneinander auftreten.

In Abb. 7 sind den Dachbankzyklen der relativ flacheren Sedimentationsräume die Sohlbankzyklen der relativ tieferen Beckenareale in einem Modell gegenübergestellt.

Während der unteren Ceratitenschichten wird in den flacheren Bereichen ein Anstieg des relativen Meeresspiegels durch die Sedimentation eines für Karbonatplattformen typischen „shallowing-upward"-Zyklus (Dachbankzyklus) wieder ausgeglichen („keep-up system"). Dabei wird durch den höheren relativen Meeresspiegel zunächst das feinkörnige, terrigene Material, welches bei niedrigem Meeresspiegel in die tieferen Beckenbereiche abgeführt wurde, bereits hier sedimentiert. Die dadurch verdünnte Karbonatproduktion beziehungsweise -sedimentation setzt erst mit zunehmender Verflachung allmählich wieder ein.

Nach den Modellvorstellungen liegen den Sohlbankzyklen in den tieferen Beckenteilen dieselben Ursachen zugrunde. Nach einem relativen Meeresspiegelanstieg waren die Lebensbedingungen für das marine Benthos am günstigsten. Eine erhöhte Kalkproduktion war die Folge, Stürme konnten viel Schill und Kalkschlamm zu mächtigen Bänken akkumulieren. Die für diese Bereiche tonmergelige bis mergelige „Normal"-Sedimentation setzte aus, auch weil das terrigene Material bereits in den flacheren Bereichen abgelagert wurde. Die Tonmergel-/Mergelsedimentation kehrte danach allmählich zurück, umgekehrt setzte in den flacheren Plattformbereichen verstärkte Karbonatproduktion und -sedimentation ein („Keep up").

In den Mittleren Ceratitenschichten sind beim Wasserhöchststand in allen untersuchten Profilen Sohlbankzyklen vorhanden.

In den obersten Ceratitenschichten Nordwestdeutschlands liegen im Bereich der aus NNW vorrückenden lagunären Fazies dolomitische Dachbankzyklen vor (Osnabrücker Bergland), in der Haupttransportrichtung des terrigenen Materials längs der Weser-Leine-Senke bestehen weiter Sohlbankzyklen.

Mit diesem Modell läßt sich auch erklären, warum nicht in jedem Profil durchgehend Zyklen einfach zu erkennen

Dalbke (D) (Ausschnitt)

Abb. 5 Beispiel für Dachbankzyklen: „Dalbke".

Bissendorf (Bi) (Ausschnitt)

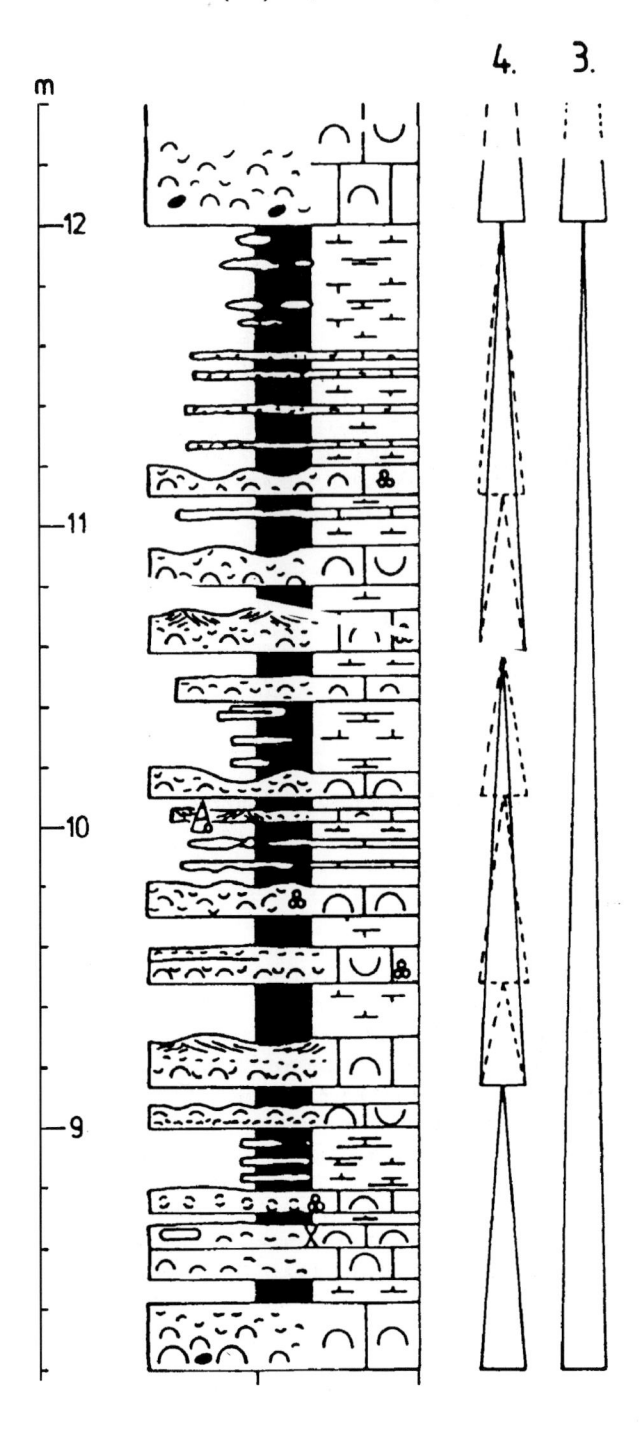

Abb. 6 Beispiel für Sohlbankzyklen: „Bissendorf".

sind: ihre paläogeographische Lage wäre zwischen den sehr flachen und den relativ tieferen Bereichen zu suchen.

Vom Liegenden zum Hangenden nimmt der Anteil des feinkörnigen terrigenen Materials im Oberen Muschelkalk Nordwestdeutschlands periodisch zu. Die daraus ableitbare rhythmische Hebung Fennoskandias im Norden bewirkt letztendlich eine so starke Verdünnung der Karbonate, daß sich keine Barrenkalke mehr bilden können. Im Gegensatz zum süddeutschen Hauptmuschelkalk ist der nordwestdeutsche Obere Muschelkalk lithologisch stark asymmetrisch.

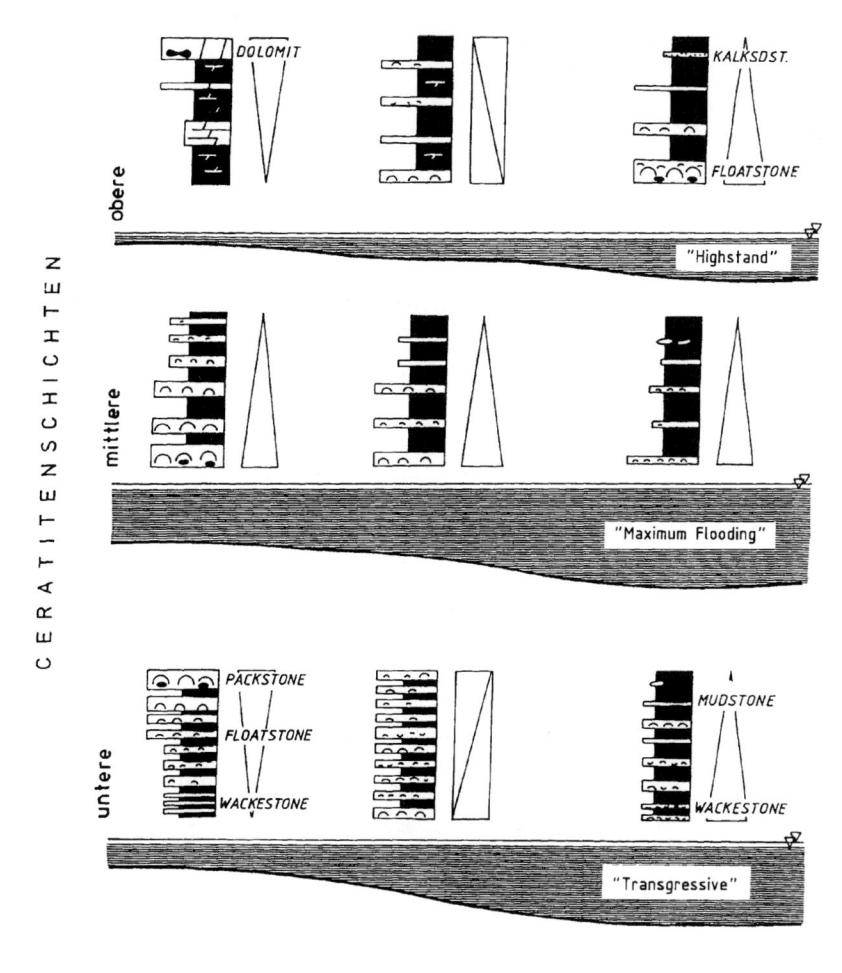

Abb. 7 Modellvorstellung zum Nebeneinander von Dachbank- und Sohlbankzyklen in den Ceratitenschichten Nordwestdeutschlands. Erklärung siehe Text.

Schlußfolgerungen und Ausblick

Für den nordwestdeutschen Oberen Muschelkalk konnte gezeigt werden, daß (1) die Schichtenfolge einen charakteristischen Aufbau aus Rhythmen, Parasequenzen und Zyklen verschiedener Ordnungen zeigt; (2) diese Analyse der Ablagerungssequenzen eine hohe chronostratigraphische Auflösung der Schichtenfolge erlaubt; (3) die Umgebung der Hochgebiete („Schwellen") ein differenziertes Subsidenzmuster aufweist; (4) neben Einflüssen auf die Sedimentverteilung wie regionale Tektonik und wechselnde Sedimentzufuhr eustatische Meeresspiegelschwankungen in den Abfolgen dokumentiert sind; (5) daher die Anwendung der Sequenzstratigraphie auf diese epikontinentale Serie ermöglicht ist und (6) Unterschiede zum süddeutschen Hauptmuschelkalk neben unterschiedlicher Subsidenz vor allem durch die Lage zu „Fennoskandia" bestimmt werden.

Detaillierte, (mikro)paläontologische Bearbeitungen der Serien stehen für den nordwestdeutschen Raum noch aus. Dies wäre zu wünschen, um Belege seitens der Faunen für die dargestellte Entwicklung zu bekommen.

Summary

Middle and Upper Muschelkalk, in terms of sequence stratigraphy, represent a depositional sequence. This sequence equals a 3rd order cycle of HAQ, HARDENBOL & VAIL (1987).

The lower part of the depositional sequence (sequence boundary 1) consists of the saline sediments of the Middle Muschelkalk („Lowstand wedge"), which are overlying the shallow-water limestones of the Lower Muschelkalk („Highstand systems tract"). The upper sequence boundary (sequence boundary 2) separates the Upper Muschelkalk („Highstand systems tract") from the Lower Keuper sediments („Lowstand wedge").

Detailed analysis of microfacies, sedimentology and geochemistry in the North German Upper Muschelkalk allow a relatively exact resolution of chronostratigraphy and facies, which may be recognized in several hierarchically arranged units (cycles).

Alternations of limestones with marlstones are due to storm events, which interrupt the clayey/marly background sedimentation episodically. Several limestone/marlstone rhythms are grouped to coarsening and thickening upward or fining and thinning upward cycles of some tens to a hundred of centimeters in thickness. The thickening and coarsening upward cycles dominate in Northwest Germany. The minor cycles are only of local importance and are caused by regional subsidence changes. The superimposed cycles reflect relative sea-level changes covering wider areas of the Germanic Basin (parasequences).

The kinds of parasequences change upsection with the transgressive/regressive trend of the depositional sequence (Middle and Upper Muschelkalk). This general pattern is overprinted by tectonic influences locally. The facies distribution of the Upper Muschelkalk in North Germany at the eastern margin of the Rhenish Massif indicates influences of renewed activity of older (Hercynian) structures.

Thickening and coarsening upward cycles on one hand and thinning and fining upward cycles on the other hand occur together in the North German Upper Muschelkalk.

The type of cycles may be explained in a model by two major interacting processes: the ventilation of the Germanic Basin is mostly important for the carbonate production. Additionally the increasing terrigenous, siliciclastic supply from Fennoscandia dilutes carbonate production and carbonate sedimentation.

Literatur

AIGNER, T. (1985): Storm depositional systems. Dynamic stratigraphy in modern and ancient shallow-marine sequences. - Lecture Notes in Earth Sciences, **3**, 174 S.; Springer, New York, Heidelberg, Berlin..

AIGNER, T. & BACHMANN, G.H. (1990): Sequenzstratigraphie im Aufschluß: Arbeitskonzept für die Trias, SW-Deutschland. - Hauptversammlung der Geol. Ges. Bremen, Okt. 1990, Kurzfassung der Vorträge, S. 10.

AIGNER, T. & BACHMANN, G.H. (1993): Sequence Stratigraphy of the German Muschelkalk.- Dieser Band, 15-18, 2 figs.

BRUNNER, H. & SIMON, T. (1985): Lithologische Gliederung von Profilen aus dem Oberen Muschelkalk im N'Baden-Württemberg anhand der natürlichen Gamma-Strahlungsintensität der Gesteine. - Jber. Mitt. oberrh.geol.Ver., N.F., **67**, 289-299; Stuttgart.

CALVET, F. & TUCKER, M.E. (1988): Outer ramp cycles in the Upper Muschelkalk of the Catalan Basin, northeast Spain. - Sedimentary Geology, **57**, 185-198; Amsterdam.

CALVET, F., TUCKER, M.E. & HENTON, J.M. (1990): Middle Triassic carbonate ramp systems in the Catalan Basin, northeast Spain: facies, system tracts, sequences and controls. - Spec. Publ. Int. Assoc. Sediment., **9**, 79-108.

DUCHROW, H. & GROETZNER, J.-P. (1984): Oberer Muschelkalk - In: KLASSEN, H. (Hrsg.): Geologie des Osnabrücker Berglands. - 169-219, Naturw. Museum Osnabrück; Osnabrück.

DÜNKEL, H. & VATH, U. (1990): Ein vollständiges Profil des Muschelkalks (Mitteltrias) der Dransfelder Hochfläche, SW Göttingen (Südniedersachsen). - Geol. Jb. Hessen, **118**, 87-126; Wiesbaden.

GROETZNER, J.-P. (1962): Stratigraphisch-fazielle Untersuchungen des Oberen Muschelkalks im südöstlichen Niedersachsen zwischen Weser und Oker. - Diss. Univ. Braunschweig, 124 S.; Braunschweig.

GRUPE, G. (1920): Zur Gliederung der Ceratitenschichten im Wesergebiet. - Jh. preuß.-geol. L.-Amt, **41**, 226-253; Berlin.

HAQ, B.U., HARDENBOL, J. & VAIL, P.R. (1987): Chronology of fluctuating sea levels since the Triassic. - Science, **235**, 1156-1167.

KLEINSORGE, H: (1935): Paläogeographische Untersuchungen über den oberen Muschelkalk in Nord- und Mitteldeutschland. - Mitt. geol. Staatsinst. Hamburg, **15**, 57-106; Hamburg.

RÖHL, U. (1988): Multistratigraphische Zyklengliederung im Oberen Muschelkalk Nord- und Mitteldeutschlands. - Diss. Univ. Bonn, 285 S.; Bonn.

RÖHL, U. (1990): Parallelisierung des norddeutschen Oberen Muschelkalks mit dem süddeutschen Hauptmuschelkalk anhand von Sedimentationszyklen. - Geol. Rdsch., **79**, 13-26; Stuttgart.

ROSENFELD, U. (1978): Beiträge zur Paläogeographie des Mesozoikums in Westfalen. - N.Jb.Geol.Pal., Abh., **156**, 132-155; Stuttgart.

SARG, J.F. (1988): Carbonate sequence stratigraphy. - SEPM, Spec. Publ., **42**, 155-181; Tulsa.

SCHRÖDER, B. (1982): Entwicklung des Sedimentbeckens und Stratigraphie der klassischen germanischen Trias. - Geol. Rdsch., **71**, 783-794; Stuttgart.

URLICHS, M. (1985): Parallelisierung von germanischer und alpiner Mitteltrias. Symposium zum 100. Geburtstag von Georg WAGNER, 6.-8.9.1985. - Programm und Exkursionsführer, S.8; Künzelsau.

URLICHS, M. & MUNDLOS, R. (1990): Zur Ceratitenstratigraphie im Oberen Muschelkalk (Mitteltrias) Nordwürttembergs.- Jh. Ges. Naturkde. Württemberg, **145**, 59-74; Stuttgart.

VAN WAGONER, J.C. et al. (1989): An overview of the fundamentals of sequence stratigraphy and key definitions. - SEPM, Spec. Publ., **42**, 39-45; Tulsa.

WURSTER, P. (1965): Krustenbewegungen, Meeresspiegelschwankungen und Klimaänderungen der deutschen Trias. - Geol. Rdsch., **54**, 224-240; Stuttgart.

ZIEGLER, P.A. (1982): Geological Atlas of Western and Central Europe. - Shell Internationale Petroleum Maatsch., 130 pp.; The Hague.

Synsedimentäre Tektonik und Salzkissenbildung während der Trias in Norddeutschland

Gerhard Best, Hannover
Heinz-Gerd Röhling, Hannover
Simone Brückner-Röhling, Hannover

Der Muschelkalk Norddeutschlands gehört nach den bisher bekannten Aufschlüssen zu den tektonisch ruhigsten Epochen der Trias. Die Gesamtmächtigkeiten schwanken im allgemeinen zwischen 180 und 250 m. Epirogenetische Bewegungen, die zur Ausbildung regionaler Diskordanzen führten, treten außer an den oberen und unteren Formationsgrenzen (BEUTLER & RÖHLING in Vorb.) im geringeren Umfang auch an der Basis des Oberen Muschelkalks auf.

Nach reflexionsseismischen Unterlagen aus der südlichen Nordsee (Horn-Graben), aus Schleswig-Holstein (Glückstadt-Graben) und aus Ostfriesland (Westdorf-Graben) sind jedoch in tektonisch aktiven Zonen für das Gesamtschichtpaket Mächtigkeitsvariationen von 1:8 und mehr abzuleiten. Es handelt sich hierbei um synsedimentäre, primäre Mächtigkeitsanschwellungen vorwiegend im Bereich der Salinarhorizonte.

Im Westdorf-Graben wurde der Untere Muschelkalk in einer für das Norddeutsche Becken typischen Mächtigkeits- und Faziesentwicklung erbohrt. Dies gilt auch für die basalen Dolomitmergel und Anhydrite des Mittleren Muschelkalkes. Danach setzt eine beschleunigte Absenkung des Westdorf-Grabens ein, wodurch es zur Ablagerung von 6 Salinaren mit einer Gesamtmächtigkeit von rund 410 m kommt. Diese verstärkte Subsidenz hält noch während der Bildung der oberen Dolomitmergel und Anhydrite des Mittleren Muschelkalkes, des Oberen Muschelkalkes und auch des Keupers weiter an.

Ursache der abnormalen Mächtigkeiten in Ostfriesland sind differentielle Bewegungen an der westlichen Grabenrandstörung („Norddeich-Störung") und an der Westdorf-Schwelle, die zu frühen Zechsteinsalz-Abwanderungen in den Grabenbereichen und zur Anlage von Salzkissen auf den Schwellen führten.

Ähnliche Verhältnisse werden auch für den Glückstadt-Graben und den Horn-Graben angenommen, wo nach seismischen Unterlagen eine Gesamtmächtigkeit von 1000 m (Glückstadt-Graben) und 1600 m (Horn-Graben) wahrscheinlich gemacht werden können.

Lithologisch-paläogeographische Karte Muschelkalk, Maßstab 1:1,5 Mio (IGCP Projekt 86 „SW-Rand der Osteuropäischen Tafel")

Gerhard Beutler, Hannover

Im Rahmen des IGCP Projekts 86 wurde u.a. eine lithologisch-paläogeographische Karte des Muschelkalks als Gemeinschaftsarbeit von acht europäischen Ländern geschaffen, an deren Ausarbeitung 20 Kollegen beteiligt waren. Der Anteil des Verfassers umfaßt den Beitrag der damaligen DDR, die wissenschaftliche und gesamtredaktionelle Bearbeitung der Karte. Entsprechend der Gesamtgliederung des Kartenwerks besteht die Hauptkarte im Maßstab 1:1,5 Mio aus zwei Blättern, die ein Gebiet von Großbritannien bis zur Dobrudscha umfassen. Süd- und Nordbegrenzung sind relativ willkürlich (u.a. fehlen die Muschelkalkgebiete von Süddeutschland und Ostfrankreich).

Zugeordnet sind sechs Nebenkarten im Maßstab 1:10 Millionen, die eine thematische Erweiterung des Karteninhalts gewährleisten (Lithofazies des Mittleren Keupers, die *contorta*-Schichten, Verbreitung der Trias-Salinare, strukturelle Gliederung des Triasbeckens). Bei der Ausarbeitung der Karte standen folgende Schwerpunktprobleme im Mittelpunkt:

1. Korrelation der Mitteltrias im Bearbeitungsgebiet
2. Kartierung der Hauptfaziesgebiete.

Die klassische marin geprägte Karbonatentwicklung des Muschelkalks überdeckt nur anteilig (etwa zu 60 %) den Kartenausschnitt. Innerhalb dieses Areals ist eine relativ gesicherte Korrelation und damit sichere Kompilation der nationalen Beiträge möglich.

Die Probleme treten vor allem in den marginalen Beckenbereichen mit bevorzugter klastischer Entwicklung auf (Großbritannien, nördliche Nordsee, nördliches Dänemark, GUS). Die vielfach in der Literatur vertretene Auffassung einer lateralen Vertretung des Muschelkalks durch klastische Serien ist eigentlich nur in Großbritannien gesichert. Für die nördliche Nordsee kann nach den Befunden der norwegischen Offshore-Bohrung 17/12-1 auch das Vorhandensein einer regionalen Schichtlücke diskutiert werden. Diese Auffassung würde in der Beurteilung tektonischer Aktivitäten zur Muschelkalk-Zeit zu neuen Aussagen führen.

Kapitel 2
Lithostratigraphie, Fazies, Geochemie

Der Lithostratigraphie und ihren modernen Begleitdisziplinen Fazieskunde und Geochemie ist bis heute ein beträchtlicher Teil der Muschelkalkliteratur gewidmet. Das trifft auch für den Schöntal-Band zu. Wir stellen solche Arbeiten voran, die den ganzen Muschelkalk in mehr oder weniger ausgedehnten Regionen bearbeiten, dann folgen Arbeiten zum Unteren, Mittleren bzw. Oberen Muschelkalk und schließlich die Arbeit von Á. Török, die uns Muschelkalkfazies in Südungarn vorführt.

Die stratigraphische Nomenklatur der Germanischen Trias ist durch Homonyme und Synonyme belastet und komplizierter als nötig. Unterschiedliche Traditionen spiegelt auch dieser Band im uneinheitlichen Gebrauch der Fachterminologie. Vorschläge zur Revision der Lithostratigraphie stellt der Aufsatz der Muschelkalkarbeitsgruppe in der Perm/Trias-Subkommission der DUGW vor.

Mit den Arbeiten von G. Beutler, H. Gaertner und H.-G. Röhling über den Muschelkalk in der Norddeutschen Tiefebene und dem deutschen Nordseesektor bekommt „terra incognita" in Profilschnitten und Isopachenkarten endlich schärfere Gestalt. Wenn sich die Gammastrahl- und Sonic-Log-Profile wie im Beispiel der Bohrung Hakeborn 211 dann auch noch an gekernten Profilen eichen lassen (Arbeit S. Brückner-Röhling), lassen sich auch die Aufschlußprofile im Bergland anschließen, und die Lithostratigraphie des Muschelkalks kann für ganz Deutschland vereinheitlicht werden. Mit diesem Ziel arbeitet die Perm/Trias-Subkommission. Für die Analyse von regionaler Tektonik und Eustatik liefern die Logs wichtige Grundlagen: Über einem gegliederten Paläorelief zeichnen sich Fazies- und Mächtigkeitswechsel sowie kleinere Schichtlücken ab, in den Grabenstrukturen vermehrte Salinarzyklen.

Das Rampenmodell der Terebratelbänke von V. Lukas führt in einer Zeitebene den regionalen Fazieswechsel vor. Für die systematische Erarbeitung solcher Fazieskarten für den ganzen Muschelkalk liegen mittlerweile genügend Daten vor (vgl. auch die Arbeit von U. Röhl). Dabei wird die Wellenkalkfazies nicht mehr ins Intertidal gestellt, sondern in tiefere, hypersalinare Bereiche. Den geochemischen Beweis dafür liefert die Arbeit von E. Backhaus und M. Schulte.

Im Lowstand des Mittleren Muschelkalks, dessen Untergrenze jetzt von allen Bearbeitern an die Obere Schaumkalkbank gelegt wird, reichte die Faziesdifferenzierung von Sabkhas mit Emersionsphasen (Caliche-Zemente) in Süddeutschland (Arbeit M. Rothe) bis zu vermehrten Salinarzyklen in den Gräben Norddeutschlands (Arbeit H. Gaertner und H.G. Röhling).

Kleinräumliche Reliefunterschiede führten auch in den Zwergfaunaschichten des Oberen Muschelkalks mit der Rückkehr vollmariner Verhältnisse zu markanten Faziesunterschieden, die sich auch in den fossilen Lebensgemeinschaften spiegeln. Die Arbeit von W. Ockert zeigt auch, welche Lücken der sammelnde „Privatpaläontologe" dabei schließen kann.

Von der *enodis*–Zone an macht sich der regressive Umschwung in der Entwicklung der zweiten Muschelkalksequenz bemerkbar: Im Südwesten setzt die Dolomitfazies ein (*Trigonodus*-Dolomit), weiter nordöstlich progradiert die klastische Randfazies in einzelnen Sandschüttungen gegen das Beckeninnere, und auch im Nordosten (Mecklenburg) und Osten (Schlesien) ist bereits klastische Keuperfazies ausgebildet. Hier schließen sich wichtige Aufgaben für die weitere Forschung an:

- Läßt sich die Herkunft der Tonminerale in den Tonhorizonten Süddeutschlands bestimmen? Ihre generelle Mächtigkeitszunahme nach Norden legt die Deutung nahe, daß es sich um die am weitesten nach Süden transportierten Feinklastika des von Norden vorrückenden „Lettenkeuper"-Prodeltas handelt. Dafür sprechen auch die Vorkommen von Conchostraken in manchen Tonhorizonten, die gleichzeitig auf Verbrackung während der Highstands weisen.
- Lassen sich die Sandschüttungen vom Vindelizisch-Böhmischen Massiv und vom Gallischen Massiv stratigraphisch genauer fassen und dann sequenzstratigraphisch interpretieren?

Die Arbeit von Á. Török lehrt uns, wie auch die Arbeit über den Muschelkalk in Bulgarien und in Spanien im nächsten Kapitel, daß Muschelkalkfazies auch in weit entfernten Tethys-Randmeeren nach Lithologie und Fauna sehr ähnlich sein kann. Eingehende Vergleiche versprechen vertieftes Verständnis der einzelnen Ablagerungsräume. Das Fehlen eines evaporitischen „Mittleren Muschelkalks" in Südungarn wirft natürlich auch die Frage auf, ob die Sedimentation im Mittleren Muschelkalk des Germanischen Beckens nicht doch von regionaler Tektonik im Bereich der marinen Verbindungswege zur Tethys gesteuert war, also nicht von globalen Meeresspiegelschwankungen. Dagegen würde auch nicht der evaporitische Mittlere Muschelkalk Spaniens sprechen, denn dieser hat nicht wie der Germanische anisisches, sondern ladinisches Alter!

Vorschläge für eine lithostratigraphische Gliederung und Nomenklatur des Muschelkalks in Deutschland

Hans Hagdorn, Ingelfingen
Manfred Horn, Wiesbaden
Theo Simon, Stuttgart

1 Tabelle

Einführung

Der Begriff „Muschelkalk" wurde erstmals im Jahr 1761 von dem Arzt Georg Christian FÜCHSEL aus Rudolstadt in Thüringen gebraucht. Als Friedrich von ALBERTI 1834 die „Trias" als stratigraphisches System einführte und als typisches Gebiet dafür SW-Deutschland sah, war bereits bekannt, daß der süddeutsche Muschelkalk nicht mit dem thüringischen Zechstein gleichzusetzen sei, was aus falscher Parallelisierung von Buntsandstein und Rotliegendem hervorgegangen war. Hatte v. ALBERTI noch 1826 in „Die Gebirge des Königreichs Württemberg" unter „Muschelkalk-Formation" den Muschelkalk samt Keuper und Jura verstanden, so reduzierte er ihn 1834 annähernd auf den heutigen Umfang. Aufgrund ihres besonderen Fossilinhalts grenzte er seine Trias aus Buntsandstein, Muschelkalk und Keuper nach unten vom Zechstein und nach oben vom Jura klar ab. Den Muschelkalk gliederte er in Wellenkalkgruppe (= Unterer Muschelkalk), Anhydritgruppe (= Mittlerer Muschelkalk), in der er das gesuchte Steinsalzflöz wußte, und Kalkstein von Friedrichshall (= Oberer Muschelkalk). Diese Dreigliederung, die in Muschelkalktälern auch morphologisch deutlich wird, hat bis heute Bestand. Für die Bezeichnungen der Einheiten und ihre Abgrenzung untereinander und gegen Buntsandstein und Keuper hat sich jedoch, bedingt durch zahlreiche Spezialarbeiten und regionale Traditionen in Deutschland im Lauf der Zeit eine Flut von Namen eingestellt.

So steckt das Hauptproblem der heutigen Muschelkalk-Lithostratigraphie in einer für den Außenstehenden kaum überblickbaren Vielfalt von Namen mit lokaler oder regionaler Geltung, was jedoch nur die hervorragend genaue Regionalbearbeitung spiegelt. Verwirrend sind dabei nur die zahlreichen Synonyme und Homonyme, welche die Nomenklatur hoffnungslos und völlig unnötig überlasten. Dieser babylonische Namenswirrwarr sei an einem Beispiel erläutert: In Thüringen sind die „Gervillienschichten" eine Tonplattenfolge von der *atavus*- bis zur *evolutus*-Zone; in SW-Deutschland wird dieser Begriff homonym für eine Schichtenfolge von der obersten *nodosus*-bis zur *dorsoplanus*-Zone verwendet. Andererseits heißt die „Trochitenbank 4" der baden-württembergischen Trochitenkalk-Gliederung jenseits der Landesgrenze im bayerischen Unterfranken „Terebrateldickbank". Das Ausmaß der Begriffsverwirrung durch diese Synonyme allein in SW-Deutschland geht aus untenstehender Tabelle hervor. Noch verwirrender ist die Symbolgebung für die einzelnen

		Leitbänke in Unterfranken nach Hoffmann 1967	Leitbänke in Baden-Württemberg nach Geyer & Gwinner 1986 ergänzt nach Hagdorn & Simon 1985 und Stier 1985		Ceratitenzonen nach Urlichs & Mundlos 1987	Chronostratigraphie
OBERER MUSCHELKALK (mo) 80,2 m	Oberer Muschelkalk 3 (mo 3) 35,3 m	Grenzglaukonitkalkstein	Glaukonitkalk	Fränkische Grenzschichten	*semipartitus*-Zone	Unterladin (Fassan)
		Ostrakodenton	Bairdientone			
		Obere Terebratelbank	Obere Terebratelbank			
		Gelber Kipper	Gelbe Mergel β		*dorsoplanus*-Zone	
		Knauerige Bank				
		Kiesbank	Gelbe Mergel α			
		Hauptterebratelbank	Hauptterebratelbank			
		Schusters Mergelleitschicht	Dolomitische Mergel γ			
		Obere Tonsteinlage	Dolomitische Mergel β		*weyeri*-Zone	
		Plattenkalksteinfolge 6				
		Untere Tonsteinlage	Dolomitische Mergel α			
			Bank der Kleinen Terebrateln mit Kornstein			
		Tonsteinhorizont 5	Tonhorizont ζ		*nodosus*-Zone	
		Dickbankzone	Region der Schalentrümmerbänke			
			Tonhorizont ε		*praenodosus*-Zone	
		Knauerbank	Region der Oolithbänke			
		Dickbankzone				
		Tonsteinhorizont 4	Tonhorizont δ		*sublaevigatus*-Zone	
	Ob. Muschelkalk 2 (mo 2) 16,8 m	*cycloides*-Bank	*cycloides*-Bank γ		*enodis*-Zone	
		Tonsteinhorizont 3	Tonhorizont γ			
		Plattenkalksteinfolge 5	*Holocrinus*-Bank			
		Gänheimer Bank				
		Tonsteinhorizont 2	Tonhorizont β 2		*postspinosus*-Zone	
		Plattenkalksteinfolge 4	Tonhorizont β 1		*spinosus*-Zone	
			Dicke Bank			
		Tonsteinhorizont 1	Tonhorizont α		*evolutus*-Zone	
		Plattenkalksteinfolge 3				
	Oberer Muschelkalk 1 (mo 1) 28,1 m	*Spiriferina*-Bank	*Spiriferina*-Bank		*compressus*-Zone	Oberanis (Illyr)
			Brockelkalk			
		Grobspätige Bank	Splitterkalkhorizont mit Trochitenbank 12			
		Dicke Bank mit *franconicus*-Platte	Brockelkalke mit Trochitenbänken 8-11			
		Plattenkalksteinfolge 2	Wellenkalkhorizont		*pulcher/robustus*-Zone	
			Brockelkalk mit Trochitenbank 7			
			Trochitenbank 6			
			Blaukalk 2			
		Obere Hauptenkrinitenbank	Trochitenbank 5		*atavus*-Zone	
		Plattenkalksteinfolge 1	Blaukalk 1			
		Terebrateldickbank	Trochitenbank 4			
		Zeller Tonsteinhorizont	Trochitenbank 3	Haßmersheimer Schichten		
			Trochitenbank 2			
			Untere Hauptenkrinitenb.	Trochitenbank 1			
		Wulstkalke	Zwergfaunaschichten			

Korrelation der lithostratigraphischen Nomenklatur des Oberen Muschelkalks in Baden-Württemberg und Bayern (Unterfranken). Aus: HAGDORN & SIMON [im Druck].

Einheiten, wie sie auch in den Geologischen Karten Verwendung findet, so daß ohne Spezialkenntnisse beim Schichtenvergleich Irrtümer geradezu programmiert auftreten. Selbst regionale stratigraphische Untersuchungen kommen nicht ohne mehrspaltige Korrelationstabellen aus, die das Verhältnis der stratigraphischen Einheiten von Bearbeiter zu Bearbeiter aufzeigen.

Der Stand der Muschelkalk-Nomenklatur läßt sich am besten so kennzeichnen: Es gibt eine Vielzahl gut bearbeiteter und regional gültiger Lokalgliederungen mit minutiös bearbeiteten Profilen, die der starken Faziesdifferenzierung gerecht werden. Es fehlt jedoch die allgemein akzeptierte Nomenklatur, die Gleiches gleich und Unterschiedliches unterschiedlich benennt. Eine solche nomenklatorische „Flurbereinigung" bedarf neben der Fachkompetenz und Geländekenntnis über den ganzen Muschelkalkausstrich aber auch einer autoritativen Kraft zur Durchsetzung, wie sie von der Perm/Trias-Subkommission in der Stratigraphischen Kommission der DUGW ausgeht.

Die Muschelkalk-Arbeitsgruppe der Subkommission erarbeitet gegenwärtig eine Revision der lithostratigraphischen Nomenklatur gemäß den Richtlinien der Stratigraphischen Kommission. Die Vorarbeiten dazu sind regional unterschiedlich weit gediehen: Lücken bestehen v.a. noch für den Muschelkalk im westlichen Beckenteil (Saarland, Trierer Bucht, Eifel) und für den oberen Teil des Oberen Muschelkalks in NE-Bayern, Thüringen, Sachsen-Anhalt und Brandenburg. Die Anbindung der Bohrlochvermessung im Muschelkalk Norddeutschlands unter jüngerer Sedimentbedeckung an die Tagesprofile im Bergland ist weit gediehen (BEUTLER 1993, GAERTNER 1993, GAERTNER & RÖHLING 1993).

Mit der vorliegenden Arbeit sollen nach einem ersten Ansatz im Exkursionsführer der Schöntaler Tagung (HAGDORN et al. 1991) Grundsätze zur Vereinheitlichung und Revision der lithostratigraphischen Nomenklatur, zur Benennung und Beschreibung von stratigraphischen Einheiten formuliert und der Subkommission zur weiteren Diskussion vorgelegt werden. Der Muschelkalk im Norddeutschen Tiefland bleibt hier noch unberücksichtigt.

Am Beispiel von je einer Formation und einem Formationsglied aus Unterem, Mittlerem und Oberem Muschelkalk soll exemplarisch vorgeführt werden, wie die fertige Muschelkalk-Lithostratigraphie aussehen kann. Wegen des Vorläufigkeitscharakters wird auf Abbildungen verzichtet.

Lithostratigraphie des Muschelkalks

Grundlage der Muschelkalk-Lithostratigraphie sind die Leitbänke. Am praktikabelsten, weil durch bestimmte Fossilien ökologisch eindeutig gekennzeichnet, sind die ökostratigraphischen Leitbänke (HAGDORN & SIMON 1993). Zeigerfossilien sind in ihnen stenohaline, episodische Einwanderer aus der Tethys wie Brachiopoden, Crinoiden oder manche epibenthische Muscheln. Diese Bänke halten, oft unter erheblichem Fazieswandel, überregional bis beckenweit durch.

Weniger zuverlässig ist die sichere Ansprache der nur lithologisch gekennzeichneten Leitbänke, die aber dennoch überregionalen Leitwert besitzen können: Trochitenbänke, Schillkalke, Oolithe, Hartgründe, Bonebeds oder Tonhorizonte.

Das Leitbankkonzept stammt aus SW-Deutschland, wo WAGNER (1913) in seiner Dissertation die Methodik auf den Oberen Muschelkalk anwendete und eine erste fundierte Analyse von Fazies und Genese vorlegte. Die hervorragenden Aufschlußverhältnisse mit zahlreichen Großsteinbrüchen im Oberen Muschelkalk führten seither zur Ausgliederung von mehr als 50 Leithorizonten in der 65 bis 90 m mächtigen Schichtenfolge. Mit durchschnittlich einem Leithorizont alle anderthalb Meter erreicht die Bankstratigraphie weitaus höhere Auflösung als die Biostratigraphie mit ihren 12 bis 14 Ceratitenzonen oder ihren sieben Conodontenzonen. Die Bankstratigraphie läßt sich am besten in einem Gürtel (zwischen der Tonfazies im Beckentief und der kalkigen oder klastischen Randfazies) anwenden, wo besonders viele Leitbänke ausgebildet sind und wo sie auch ihre typische Fazies zeigen. Sowohl becken- als auch randwärts keilen die meisten Leitbänke aus oder sind nicht mehr erkennbar.

Bei der Korrelation über größere Distanzen versagt die Leitbankstratigraphie oft. Dann muß biostratigraphische Zonierung zur Kontrolle herangezogen werden, um Korrelationsfehler auszuschließen. Leider werden gerade in der Randfazies auch die Ceratiten ausgesprochen selten, so daß lokale Schichtenfolgen dort nicht immer sicher eingestuft werden können.

In den letzten Jahren wurde das Leitbankkonzept mit Erfolg auf Norddeutschland übertragen, wo es durch allgemein größere Ceratitenhäufigkeit auch sicherer überprüft werden kann.

Leider hat die Bankstratigraphie mit der Fokussierung auf die Leitbänke die Zwischenschichten vernachlässigt, die dann nur umständlich benannt werden können („Schichten zwischen Leitbank a und Leitbank b"). Eine konsequente, lückenlose Gliederung in lithostratigraphische Einheiten blieb in Ansätzen stecken, denn nur wenige Einheiten wurden als „-Schichten", „-Kalk", „-Dolomit", „-Sandstein" oder „-Oolith" in Kombination mit einem Fossil- oder – seltener – einem Ortsnamen belegt. In Polen wurde dagegen die von ECK (1865) begonnene und von ASSMANN (1944) vollendete lithostratigraphische Gliederung in Formationen („Schichten") übernommen und fortgeführt. Allerdings ist dort eine Leitbankstratigraphie, wie sie ohne weiteres möglich wäre, nicht über Ansätze hinausgekommen (ASSMANN 1944).

Grundsätze für die Revision der Muschelkalk-Lithostratigraphie

Der Vorstand der Stratigraphischen Kommission in der DUGW hat 1991 für die hierarchische Gliederung lithostratigraphischer Einheiten eine Terminologie beschlossen, die den größeren lithostratigraphischen Einheiten der drei Muschelkalk-Untergruppen den Rang von Formationen zuordnet, den untergeordneten den von Formationsgliedern. Für diesen etwas umständlichen Begriff wird auch im Deutschen immer häufiger „Member" benutzt. Es wird vorgeschlagen, diesen Begriff als Bestimmungswort im Namen von konkreten Formationsgliedern auch in die Muschelkalk-Terminologie aufzunehmen. Zur lithologischen Charakterisierung können „Formation" oder „Member" erweitert werden, zum Beispiel wie folgt: Rottweil-Dolomitformation, Haßmersheim-Mergelmember. Zwischen Formationsglied und Bank kann bei Bedarf noch die Bankfolge im Rang eines Submembers eingeschaltet werden. Es ergibt sich demnach exemplarisch folgende Hierarchie:

Supergruppe **Trias**
  Gruppe **Muschelkalk**
    Untergruppe **Oberer Muschelkalk**
      Formation **Trochitenkalk-Formation**
        Formationsglied **Haßmersheim-Member**
          Formations-Unterglied **Mergelschiefer-3-Submember**
            Bank **Trochitenbank 1**

Bei der Namengebung lithostratigraphischer Einheiten sollen folgende Grundsätze gelten:
- Beibehaltung der bestehenden Namen, soweit diese eindeutig sind
- Beibehaltung der Leitbankstratigraphie wegen ihres unübertroffenen Auflösungsgrades
- Formationsgrenzen und Membergrenzen wo möglich an Leitbänke legen
- Beseitigung von Synonymen
- Ausschaltung von Homonymen
- Namen nach Taxa nur wenn eindeutig, z. B. *orbicularis*-Member; Kursivschreibung der Art- und Gattungsnamen, auch wenn diese nicht mehr gültig sind, um sie als solche eindeutig zu kennzeichnen; dabei Kleinschreibung von Artnamen, Großschreibung von Gattungsnamen, z.B. *cycloides*-Bank, *Spiriferina*-Bank, entsprechend den Nomenklaturregeln
- Neue Namen nach Typgebieten, z.B. Hohenlohe-Formation
- nach Möglichkeit für Formationsglieder Festlegung einer Typlokalität (Aufschluß oder Bohrung)
- einheitlich und hierarchisch gegliederte Symbolgebung durch Kürzel aus Klein- und Großbuchstaben für Gruppe, Untergruppe, Formation und Member
- Bänke sollen im Kürzel mit Bindestrich vom Member getrennt geschrieben werden, damit sie als solche erkennbar bleiben und bei klarem Kontext auch für sich geschrieben werden können; außerdem können Leitbänke über einzelne Formationsglieder hinausgehen. Symbole für Bänke aus Groß- und Kleinbuchstaben, kombiniert mit griechischen Buchstaben und/oder Ziffern. Beispiel:

Untergruppe	mo	Oberer Muschelkalk
Formation	moT	Trochitenkalk-Formation
Formationsglied	moTH	Haßmersheim-Member
Bank	moTH-Tb1	Trochitenbank 1
	moM-Thα	Tonhorizont alpha oder einfach: Thα

- Symbolgebung für biostratigraphische Einheiten in Anlehnung an Kozur (1974) aus Kleinbuchstaben, Ziffern und arabischen Buchstaben muß noch im Detail diskutiert werden. Beispiel:

  mo1   Untere Ceratitenschichten
  mo2   Mittlere Ceratitenschichten
  mo3   Obere Ceratitenschichten.

Die „Muschelkalk-Synopsis" wird außerdem ein Glossar mit Definitionen gängiger lithologischer Begriffe enthalten, z. B. „Wellenkalk, Blaukalk, Knauerkalk". Ein Verzeichnis lithostratigraphischer Bezeichnungen (stratigraphisches Lexikon) des Muschelkalks zur Auflösung von Homonymen und Synonymen soll die Benutzung der bisherigen stratigraphischen Literatur erleichtern.

Vorschläge zur Revision der lithostratigraphischen Nomenklatur

a) Unterer Muschelkalk mu

Formationen und Schichtglieder – Übersicht
Die Muschelkalk-Untergrenze wird hier gemäß dem Beschluß der Perm/Trias-Subkommission vom 4. Mai 1991 an die Basis des Grenzgelbkalk-Members gelegt. Dadurch sind die in Muschelkalkfazies ausgebildeten Myophorienschichten Thüringens in den Buntsandstein gestellt. Die Muschelkalk-Untergrenze an der Basis der Gogoliner Schichten liegt damit im Ostteil des Beckens (Schlesien) tiefer als der Grenzgelbkalk. Dies gilt auch für Brandenburg, weil mit Funden von *Dadocrinus* an der Basis der „Myophorienschichten" von Rüdersdorf dort noch Gogoliner Schichten nachgewiesen sind. Diese Problematik muß anhand von überregionalen Profilschnitten weiter untersucht werden, um zu einer einheitlichen Muschelkalk-Untergrenze zu kommen.

– muG Gogolin-Formation
– muM Mosbach-Formation
   muMG Grenzgelbkalk-Member
   muMK Konglomeratbank-Member
– muF Freudenstadt-Formation
   muFU Untere-Mergel-Member[1]
   muFB *buchi*-Member
   muFW Wurstelbänke-Member
   muFD Deckplatten-Member
   muFS Schwarze-Schiefertone-Member
   muFM Mittlere-Mergel-Member
– muW Wellenkalk-Formation
   muW1 Wellenkalk-1-Member
   muWO Oolithbank-Member
   muW2 Wellenkalk-2-Member
   muWT Terebratelbank-Member
   muW3 Wellenkalk-3-Member
   muWS Schaumkalkbank-Member
– muB Brandenburg-Formation (für Rüdersdorfer Schaumkalk)
– muS Muschelsandstein-Formation (westlicher Muschelsandstein)
– mE Eschenbach-Formation (östliche klastische Randfazies)
– muEO Obernsees-Member (südöstlicher Muschelsandstein)[2]

[1] Exclusive des unteren Teils der Unteren Mergel sensu Schwarz (1970), der hier zum muMK gestellt wird.
[2] Die Zuordnung dieser Sandsteinformation zu den Untergruppen ist nicht möglich. Ihre nach W gerichteten Ausläufer (muEO, mmEK, moED, moEL) lassen sich jedoch einstufen, weshalb für sie im Symbol die Untergruppe angegeben ist.

Wellenkalk-Formation muW
Wechselfolge von dünnschichtigen, wellig-plattigen bis flaserigen und bioturbaten, mergeligen Calcituliten und Mergeln (Wellenkalke) mit reichem Inventar an Sedimentstrukturen: longitudinale Schrägschichtung, Großrinnen, Kleinrinnen, Rutsch- und Fließstrukturen, Gleittreppen, Lösungsrippeln, Sigmoidalklüftung. Die bis über 100 m mächtige Formation wird durch charakteristische Leitbänke von überregionalem bis beckenweitem Leitwert (Oobiosparrudite und -arenite) gegliedert, die z.T. von Gelbkalken (Dedolomite) unterlagert werden. Weiteren Leitbänken (Schilltempestite, Biosparrudite) kommt zumin-

dest regionaler Leitwert zu. Tiefere Abschnitte der Formation können in SW-Deutschland und in den westlichen und südlichen Nachbarländern dolomitisiert sein.

Im muW wurden mehrere Zyklen festgestellt, die sich überregional korrelieren lassen; sie beginnen mit vollmarinen Oobiosparruditen und -areniten und gehen nach oben über in eine Bankfolge aus Calcilutiten mit zwischengeschalteten Tempestitbänken, dann in Wellenkalke, feinschichtige Mergel und schließlich in nahezu fossilfreie Gelbkalke (Dedolomit) (SCHULZ 1972). Die Wellenkalk-Formation liegt nach AIGNER & BACHMANN (1993) im Highstand Systems Tract der ersten Muschelkalksequenz. Die Faunendiversität hängt vom Lithotyp ab.

Name: Nach dem Haupt-Lithotyp, dem Wellenkalk, nach dem früher die ganze Untergruppe Wellengebirge oder Wellenkalk hieß.

Synonyme: Meininger Fazies des Unteren Muschelkalks (VOLLRATH 1923). Die Homonymie mit den Wellenkalkbänken und dem Horizont der Wellenkalkbänke des moT in SW-Deutschland wird mit deren Umbenennung in Bauland-Member ausgeräumt.

Abgrenzung: Untergrenze über der Mosbach-Formation bzw. in Süddeutschland, stark diachron, über der Freudenstadt-Formation. Obergrenze an der Oberkante der Oberen Schaumkalkbank (=Grenze mu/mm).

Verbreitung: Typische Ausbildung bei maximaler Mächtigkeit von über 100 m in Mittel- und im westlichen Norddeutschland. In Süddeutschland im unteren und mittleren Abschnitt in die tonige Freudenstadt-Formation übergehend, an den Beckenrändern im Westen in die Muschelsandstein-Formation, im SE in die Eschenbach-Formation. In NE-Deutschland Übergang in die arenitische und bioklastische Brandenburg-Formation. Die drei Leitbank-Schichtglieder lassen sich in SW-Deutschland unterschiedlich weit nach S verfolgen und verschwinden nacheinander: muWO südlich Würzburg, MuWT südlich Karlsruhe, muWS südlich Freiburg.

Biostratigraphie: Regional unterschiedlich weiter Umfang: maximal oberer Teil der Assemblage-Zone mit *Myophoria vulgaris*, *Beneckeia buchi* und *Dadocrinus* bis Assemblage-Zone mit *Neoschizodus orbicularis* und *Judicarites* bzw. nach Crinoiden: *acutangulus*-Zone bis *dubius*-Zone, nach Conodonten: Assemblage-Zone mit *Neohindeodella nevadensis* bis *kockeli*-Zone.

Bemerkungen: Der Begriff „Wellenkalk" wird weiterhin als lithofazieller Terminus gebraucht. Erst mit dem Bestimmungswort „Formation" wird er zum lithostratigraphischen Begriff. In der Stratigraphischen Skala der DDR bedeutete „Wellenkalk-Folge" Unterer Muschelkalk.

Literatur: FRANTZEN & V. KOENEN 1889, GRUPE 1911, HAGDORN et al. 1987, VOLLRATH 1923, SCHWARZ 1970, SCHULZ 1972, SEIDEL 1965.

Terebratelbank-Member muWT
Beckenweit durchhaltender Leithorizont aus zwei Bankfolgen (Untere und Obere Terebratelbank) von dickbankigen Oobiosparruditen und -areniten und Biosparruditen (Brachiopodenschille) mit eingeschalteten Hart- und Festgründen. Zwischen den Bankfolgen bioturbate Wellenkalke (feinschichtige Calcilutite) und regional auch laminierte Gelbkalke (Dolomikrite, Dedolomite). Mächtigkeit bis ca. 9 m.

Die vertikale Faziesabfolge läßt zwei transgressiv/regressive Parasequenzen erkennen, die je nach paläogeographischer Lage auf einer von Mitteldeutschland nach SW einfallenden Karbonatrampe differenziert sind (LUKAS 1991, 1993). Im E (Brandenburg) geht das Formationsglied in die Karbonatbarre der Brandenburg-Formation über, in der es anhand der Fossilführung (*Coenothyris*) noch identifizierbar ist.

Die Fauna zeigt im ganzen Ausstrichsbereich in den beiden Terebratelbänken diverse stenohaline Faunen an. Je nach Position auf der Karbonatrampe führen die Terebratelbänke überwiegend schnellgrabende Endobenthonten (Karbonatsandbarre über der Wellenbasis), sessiles Epibenthos auf Hart- und Festgründen, lokal mit Terquemien/Crinoiden-Bioherm (KLOTZ & LUKAS 1988) und Schillgründen unter der Wellenbasis. Höchste Diversität besteht in den Karbonatsanden, wo sich die Mollusken in Hohlraum- oder kalzitischer Ersatzschalenerhaltung leicht erfassen lassen. Im Wellenkalk-Zwischenmittel Spurengemeinschaften mit *Thalassinoides*, *Pholeus* und *Rhizocorallium* sowie gering diverse endobenthische Mollusken in Steinkernerhaltung.

Leitbänke: Untere Terebratelbank muWT-T1, Obere Terebratelbank muWT-T2.

Name: Nach den beiden Terebratelbänken, die über weite Teile des Verbreitungsgebietes durch Schill von *Coenothyris vulgaris* gekennzeichnet und damit auch von den Oolith- und den Schaumkalkbänken unterscheidbar sind.

Synonyme: Terebratulitenkalk, Terebratulitenbänke 1 bis 3 (ZENKER in WACKENRODER 1836). Die Bezeichnung „Terebratelzone" oder „Zone der Terebratelbänke", die bis heute in der Literatur vorkommt, muß unbedingt vermieden werden, weil es sich ja keineswegs um einen biostratigraphischen Begriff handelt. In der älteren Literatur, z.B. in den Karten der Preußischen Geologischen Landesanstalt, wurde häufig der griechische Buchstabe Tau als differenzierender Zusatz verwendet (mu2 τ). Encriniten- und Terebratelschichten (ECK 1865) und Terebratelschichten (ASSMANN 1944) des schlesischen Muschelkalks.

Homonymie besteht mit den Terebratelschichten, besonders mit der Oberen Terebratelbank des Oberen Muschelkalks (moHK - OT) in SW-Deutschland (WAGNER 1913).

Locus typicus: Jena, aufgelassener Steinbruch des Zementwerks Göschwitz.

Abgrenzung: Unterkante der Unteren bis Oberkante der Oberen Terebratelbank.

Verbreitung: Typische Ausbildung in Karbonatsandfazies im westlichen Mittel- und Norddeutschland (Westfalen, Niedersachsen, Hessen, Thüringen), Schillfazies in Franken und im Elsaß und Lothringen, in Nordbaden in mergelige, schillführende Calcilutite (floatstones) übergehend, weiter nach S dann in der Freudenstadt-Formation in das Schichtglied der Schwarzen Schiefertone (muFS). Von Sachsen-Anhalt nach E (Brandenburg) in der Brandenburg-Formation aufgehend, jedoch an der Terebratelführung innerhalb der Formation noch erkennbar. In Polen (Schlesien) Übergang in die Terebratelschichten (ASSMANN 1944); auch dort lassen sich die beiden Terebratelbänke nicht mehr erkennen.

Biostratigraphie: *decurtella*-Zone (der Index-Brachiopode *Decurtella decurtata* hat jedoch im südlichen Sachsen-Anhalt seine westliche Verbreitungsgrenze, fehlt aber auch in Rüdersdorf). Nach Crinoiden: basale *dubius*-Zone, nach Conodonten: *kockeli*-Zone.

Literatur: ASSMANN 1944, ECK 1865, FRANTZEN & KOENEN

1889, HAGDORN et. al. 1987, KLOTZ & LUKAS 1988, KOZUR 1974, LUKAS 1991, 1993, SCHULZ 1972, WAGNER 1897.

b) Mittlerer Muschelkalk mm

Formationen und Schichtglieder – Übersicht

– mmK Karlstadt-Formation
    mmKO *orbicularis*-Member
    mmKD Dolomit-Member
– mmH Heilbronn-Formation
    mmHU Unterer-Anhydrit-Member
    mmHS Steinsalz-Member
    mmHO Oberer-Anhydrit-Member
– mmD Diemel-Formation (für Obere Dolomite)
– mE Eschenbach-Formation (östliche klastische Randfazies)[1]
    mmEK Kemnath-Member

[1] Die Zuordnung dieser Sandsteinformation zu den Untergruppen ist nicht möglich. Ihre nach W gerichteten Ausläufer (muEO, mmEK, moED, moEL) lassen sich jedoch einstufen, weshalb für sie im Symbol die Untergruppe angegeben ist.

Karlstadt-Formation mmK
Meist dünnbankige, mikritische und teilweise dolomitische Kalksteine mit geringem Bitumengehalt und dolomitische Tonmergelsteine; zum Hangenden in dickere, gelegentlich feinlaminierte Dolomite übergehend; einzelne schillführende und intraklastenreiche Bänke; im S des Beckens Sulfatgesteine in der Mitte der Formation (Geislinger Bank).
Die Mächtigkeit schwankt von ca. 3 bis ca. 15 m.
Die Karlstadt-Formation umfaßt den ersten Salinarzyklus des mm (SIMON 1982), der im Highstand Systems Tract der ersten Muschelkalksequenz liegt (BACHMANN & AIGNER 1993).
Sehr artenarme, aber teilweise sehr individuenreiche Fauna mit Pflastern von *Neoschizodus orbicularis*; seltener sind *Bakevellia costata* und Gastropoden, gelegentlich Wirbeltierreste (Pachypleurosaurier). Stromatolithen des LLH-Typs im mittleren (Geislinger Bank) und oberen Bereich, außerdem knollige Algenaggregate.
Name: Nach Karlstadt am Main, wo die Formation im Steinbruch des Zementwerks ansteht (GENSER 1930, SCHWARZMEIER 1977, WILCZEWSKI 1967).
Synonyme: Unterer Dolomit, Unteres Karbonat und Dolomit I nach der Stratigraphischen Skala der DDR (1974).
Abgrenzung: Von der Obergrenze der Wellenkalk-Formation (= Obergrenze der Oberen Schaumkalkbank, bzw. der 3. Schaumkalkbank von Unterfranken) bis zur Basis der Sulfatgesteinsschichten (Gips und Anhydrit, bzw. deren Auslaugungsbildungen) des Unterer-Anhydrit-Members der Heilbronn-Formation.
Verbreitung: Gesamtes Germanisches Becken, in Schlesien in den Diploporendolomit übergehend, am südöstlichen Beckenrand in die sandig-konglomeratische Eschenbach-Formation.
Biostratigraphie: Assemblage-Zone mit *Judicarites* und *Neoschizodus orbicularis*, nach Crinoiden: *silesiacus*-Zone (nur im östlichen Beckenteil nachweisbar).
Literatur: BACHMANN & AIGNER 1993, DOCKTER et al. 1980, GENSER 1930, HAGDORN et al. 1987, KOZUR 1974, SCHWARZ 1970, SCHWARZMEIER 1977, SIMON 1982, VOLLRATH 1923, WILCZEWSKI 1967.

orbicularis-Member mmKO
Meist dünnbankige, mikritische und teilweise dolomitische Kalksteine mit geringem Bitumengehalt und dolomitische Tonmergelsteine; einzelne schillführende Bänke; im SW Beckenteil Sulfatgesteinseinschaltungen an der Obergrenze des Formationsglieds (Geislinger Bank).
Die Mächtigkeit schwankt von 2 bis 8 m. Das *orbicularis*-Member bildet den progressiven Teil des ersten Salinarzyklusses im mm (SIMON 1982).
Sehr artenarme, aber individuenreiche Fauna mit Pflastern von *Neoschizodus orbicularis*; seltener sind *Bakevellia costata* und Gastropoden; Stromatolithen des LLH-Typs im oberen Bereich (Geislinger Bank), außerdem knollige Algenaggregate (SCHWARZ 1970:41).
Leitbänke: Geislinger Bank mmKO-GB (Baden-Württemberg), Grenzbank X4 mmKO-X4 (Südniedersachsen), Konglomeratische Bank mmKO-KB (Unterfranken, Thüringen).
Name: Nach dem Vorkommen von *Neoschizodus orbicularis* (früher *Myophoria*) und den nach dieser Muschel benannten *orbicularis*-Schichten (FRANTZEN 1889).
Synonyme: *orbicularis*-Mergel oder *orbicularis*-Schichten (FRANTZEN 1889). Der von REIS (1909) verwendete Begriff Myophorien-Schichten ist heute nicht mehr gebräuchlich und als mehrfaches Homonym belastet.
Locus typicus: Zementwerk Karlstadt.
Abgrenzung: Während die Untergrenze der *orbicularis*-Schichten stets einheitlich an die oberste der Schaumkalkbänke gelegt wurde, ist die Obergrenze sehr unterschiedlich gezogen worden. In fast allen älteren Arbeiten (z.B. VOLLRATH 1923) wurde sie an die Basis von dickbankigeren Dolomiten gelegt, mit denen man den Mittleren Muschelkalk einsetzen ließ. Da jedoch Dolomite in einigen Gebieten (z. B. unteres Tauberland, VOLLRATH 1923) bereits über der Oberen Schaumkalkbank einsetzen, führte dies dazu, daß dort keine *orbicularis*-Schichten ausgewiesen wurden. In vielen Gebieten erscheint diese Grenzziehung sehr willkürlich (s. hierzu SIMON 1982) und hatte auch innerhalb eng begrenzter Arbeitsgebiete starke scheinbare Mächtigkeitsschwankungen der *orbicularis*-Schichten zur Folge. Diesem Mißstand versuchte man durch eine Leitbankstratigraphie abzuhelfen. In Südniedersachsen und im Diemelgebiet (DÜNKEL & VATH 1990) liegt ca. 0,5 m unterhalb des markanten Wechsels Kalkstein/Dolomit eine intraklastenreiche Bank (Grenzbank X4), mit deren Hilfe die Grenze mu/mm besser festgelegt werden kann. In Thüringen (REICHARDT 1932) und Unterfranken (HALTENHOF 1962) wird eine konglomeratische und dolomitische Bank als Obergrenze der *orbicularis*-Schichten angesehen. Im nördlichen Baden-Württemberg bildet die Geislinger Bank (SIMON 1982) die Obergrenze der *orbicularis*-Schichten. Sie ist inzwischen in ganz Süddeutschland und in der Nordschweiz nachgewiesen worden. Die Geislinger Bank scheint nach bisherigen Untersuchungen mit der Konglomeratischen Bank Unterfrankens identisch zu sein. Ob dies auch für die Grenzbänke von Thüringen und Niedersachsen gilt, ist bisher noch nicht untersucht worden. Die erwähnten Grenzbänke dienen auch zur Abgrenzung des *orbicularis*-Members gegen das Dolomit-Member (mmKD).
Das *orbicularis*-Member wird als unterstes Formationsglied in den Mittleren Muschelkalk gestellt. Wir folgen damit der Grenzziehung mu/mm in der Stratigraphischen Skala der DDR, Trias (1974). Auch gab es schon früher immer wieder Bestrebungen, die *orbicularis*-Schichten in

den Mittleren Muschelkalk zu stellen: WAGNER (1897), REIS (1909), GENSER (1930). Bei log-stratigraphischen Untersuchungen im norddeutschen Beckenzentrum (GAERTNER 1993) fällt die Grenze mu/mm an die Obergrenze der Oberen Schaumkalkbank.
Verbreitung: Gesamtes Germanisches Becken, in Schlesien in den Diploporendolomit übergehend, am südöstlichen Beckenrand in die sandig-konglomeratische Eschenbach-Formation.
Biostratigraphie: Assemblage-Zone mit *Judicarites* und *Neoschizodus orbicularis*, nach Crinoiden: *silesiacus*-Zone (nur im östlichen Beckenteil nachweisbar).
Literatur: DOCKTER et al. 1980, DÜNKEL & VATH 1990, FRANTZEN 1889, GENSER 1930, GAERTNER 1993, HAGDORN et al. 1987, HALTENHOF 1962, KOZUR 1974, REICHARDT 1932, REIS 1909, SCHWARZ 1970, SIMON 1982, VOLLRATH 1923, WAGNER 1897.

c) Oberer Muschelkalk mo

Formationen und Schichtglieder – Übersicht

– moT Trochitenkalk-Formation
    moTG Gelbe-Basisschichten-Member
    moTK Kraichgau-Member (für Zwergfaunaschichten)
    moTH Haßmersheim-Member
    moTC Crailsheim-Member
    moTL Liegendoolith-Member
    moTM Marbach-Member
    moTE Erkerode-Member (Haupttrochitenkalk Mittel- und Norddeutschlands)
    moTN Neckarwestheim-Member
    moTB Bauland-Member
    moTV Vinsebeck-Member (für „Ältere Tonplatten")
    moTW Willebadessen-Member (Oberer Trochitenkalk Norddeutschlands)
    moTO Osnabrück-Member (für Terebratelkalk)

– moM Meißner-Formation (für Tonplatten über der obersten Trochitenbank)

– moH Hohenlohe-Formation
    moHK Künzelsau-Member
    moHQ Quaderkalk-Member
    moHF Fränkische-Grenzschichten-Member

– moR Rottweil-Formation (für *Trigonodus*-Dolomit)

– moW Warburg-Formation
– mE Eschenbach-Formation (östliche klastische Randfazies)[1]
    moED Dinkelsbühl-Member (Kalksandstein im Bereich der *Spiriferina*-Bank)
    moEL Lessau-Member

---

[1] Die Zuordnung dieser Sandsteinformation zu den Untergruppen ist nicht möglich. Ihre nach W gerichteten Ausläufer (muEO, mmEK, moED, moEL) lassen sich jedoch einstufen, weshalb für sie im Symbol die Untergruppe angegeben ist.

Trochitenkalk-Formation moT
Meist dickgebankte Crinoiden/Schillkalke (Biosparrudite; packstones und grainstones) und oolithische Kalke (Oobiosparrudite und -arenite, Biopelsparite) in mehr oder weniger geschlossener Folge oder regional auch von crinoidenfreien Blaukalken (Calcilutite) mit Schilltempe-stiten (Biosparrudite), Brockelkalken und Tonmergelstein-Horizonten begleitet.

Die Mächtigkeit der Formation schwankt in Abhängigkeit vom biostratigraphischen Umfang regional erheblich.

Der moT liegt mit seiner gesamten Entwicklung im Transgressive Systems Tract der zweiten Muschelkalksequenz (AIGNER & BACHMANN 1993).

Der Trochitenkalk umfaßt sehr unterschiedliche, z. T. äußerst diverse vollmarine Lebensgemeinschaften. Charakterfossil ist der Crinoide *Encrinus liliiformis*, der jedoch im SW-deutschen moT durchaus nicht durch die ganze Formation auftritt und auch im Vinsebeck-Member in der Regel fehlt.
Name: Nach dem Vorkommen von Stielgliedern von *Encrinus liliiformis* (Trochiten). Der Begriff Trochitenkalk taucht bereits bei v. SCHLOTHEIM (1823) auf, wurde dann aber erst relativ spät im 19. Jh. in der stratigraphischen Literatur wieder verwendet. Von Norddeutschland wurde er auf Süddeutschland übertragen, was zunächst zu manchen Fehleinstufungen führte.
Synonyme: Trochitenschichten, *Encrinus*-Schichten, Trochitendolomit (dolomitische Randfazies am Eifelrand).
Abgrenzung: Untergrenze des mo – auch wenn Crinoidenreste erst etwas darüber einsetzen – bis zum letzten Massenauftreten von *Encrinus liliiformis*. Über der Trochitenkalk-Formation folgt die Meißner-Formation.
Verbreitung: Im ganzen Ausstrichsgebiet, generell nach E geringer mächtig und in der klastischen Randfazies der Eschenbach-Formation nicht mehr nachweisbar. Fehlt in Nieder- und Oberschlesien.
Biostratigraphie: mo-Basis bis tiefere *atavus*-Zone (Mindestumfang im gesamten W und zentralen Beckenteil), regional bis zur *evolutus*-Zone (in SW-Deutschland bis zur *Spiriferina*-Bank; in NW-Deutschland, wo „Oberer Trochitenkalk" ausgebildet ist, incl. Willebadessen-Member bzw. Osnabrück-Member). Nach Crinoiden: *liliiformis*-Zone. Nach Conodonten: Zone 1 oder Zone 1 und 2.
Literatur: HAGDORN et al. 1987, KLEINSORGE 1935, STOLLEY 1934, WIRTH 1958)

Haßmersheim-Member moTH
Kleinzyklen von insgesamt 5–6 m Mächtigkeit, bestehend aus Tonmergelstein und dünnbankigen Blaukalken mit distalen Schilltempestiten und aus 4 Schill-Crinoidenbänken von max. 1,5 m. Diese haben lithostratigraphischen Leitwert (Trochitenbänke 1 bis 4 in Baden-Württemberg; Trochitenbank 1 entspricht der Hauptenkrinitenbank im bayerischen Franken, Trochitenbank 4 der Terebrateldickbank). Trochitenbank 1 wird durch das stellenweise massenhafte Vorkommen von *Tetractinella trigonella* in einer höchstens dm-dicken Lage (= *Tetractinella*-Bank) zur überregionalen ökostratigraphischen Leitbank. Generell nimmt der Tonmergelstein-Anteil von den beckenzentralen zu den randlichen Gebieten ab.

Die Tonmergelsteinschichten führen lagenweise entkalkte Schalen, seltener auch meist schlecht erhaltene Steinkerne von Vertretern der *Hoernesia socialis/Bakevellia costata*-Gemeinschaft und Ceratiten. Dieselbe Fauna findet sich, besser erhalten, in den Tempestiten und Kleinrinnenfüllungen (Schalenpflaster). In den Trochitenbänken dominieren Schillgrundgemeinschaften aus epibenthischen Muscheln, Brachiopoden und Crinoiden.
Leitbänke: *Tetractinella*-Bank moT-TB; Trochitenbank 1 moTH-Tb1; Trochitenbank 2 moTH-Tb2; Trochitenbank 3 moTH-Tb3; Trochitenbank 4 moTH-Tb4

Name: Horizont von Haßmersheim (STETTNER 1898); ursprünglich wohl nur die Tonmergelstein-Horizonte zwischen den Trochitenbänken 1 und 4. Haßmersheimer Horizont, Haßmersheimer Mergeltonregion (KOCH 1919). Nach Haßmersheim am Neckar.
Synonyme: Bänke der *Myophoria vulgaris* und *Gervillia costata* (Myophorienschichten) (SANDBERGER 1866) = Zeller Tonsteinhorizont (HOFFMANN 1967 a,b) im bayerischen Franken (Umfang: Brockelkalk 4a bis Basis Terebrateldickbank).
Locus typicus: Bohrung Neckarmühlbach, SEUFERT (1984).
Abgrenzung: Von der Basis von Trochitenbank 1 bis einschließlich Trochitenbank 4.
Verbreitung: Mittel- und Nordwürttemberg, Nordbaden (typische Ausbildung im nördlichen Kraichgau), Franken, Osthessen, Westthüringen (kalkige Übergangsfazies zum Erkerode-Member). Links des Rheins nicht ausgebildet. Am nördlichen Schwarzwaldrand geht das Schichtglied in plattige und brockelige Blaukalke über. Trochitenbank 4 geht südlich von Oberndorf/Neckar in das Liegendoolith-Member über. Östlich von Schwäbisch Hall vollzieht sich der Fazieswechsel zum Crailsheim-Member.
Biostratigraphie: *atavus*-Zone. Auftreten der frühesten Ceratiten an der Basis von Trochitenbank 1. Unterer Teil von Conodontenzone 1.
Bemerkungen: Die Einbeziehung des v.a. im nördlichen Verbreitungsgebiet sehr tonreichen Brockelkalks 4a (Kraichgau-Member) erscheint aus faziellen Gründen sinnvoll; dasselbe gilt für den Blaukalk 1 des basalen Neckarwestheim-Members, wo dieser sehr tonreich ist (Nordbaden, Unterfranken), vgl. HAGDORN et al. (1991:18). Um den Begriffsinhalt der Haßmersheimer Schichten nicht zu verändern, wird von dieser Abgrenzung jedoch abgesehen.
Literatur: HAGDORN et al. 1987, HAGDORN & OCKERT 1993, HOFFMANN 1967 a,b, KÖNIG 1920, NOLTE 1989, OCKERT 1988, SKUPIN 1970, STETTNER 1898, SEUFERT 1984, SEUFERT & SCHWEIZER 1985, VOLLRATH 1957, WIRTH 1957.

Ausblick
Ziel der „Muschelkalk-Synopsis" ist es, Synonyme und Homonyme zu beseitigen, dabei jedoch über Korrelationstabellen den Gebrauch der älteren Literatur zu erleichtern. Sämtliche lithostratigraphische Einheiten, auch Gruppe und Untergruppen sowie die Leitbänke sollen entsprechend den hier vorgeführten Mustern für den Muschelkalk in ganz Deutschland standardisiert beschrieben werden. Im Sinne einer einheitlichen und vergleichbaren Gliederung des Germanischen Muschelkalks im gesamten Becken von Lothringen und den Ardennen bis zum NE-Rand des Heiligkreuzgebirges und vom Schweizer Jura bis zur Nordsee sollen auch außerhalb Deutschlands liegende Gebiete gemeinsam mit den dortigen Bearbeitern in den Vergleich einbezogen, jedoch nicht formal beschrieben werden.

Wie aus den obigen Mustern hervorgeht, wird die Leitbankstratigraphie mit ihrer unerreichten Auflösungsgenauigkeit durch unsere Vorschläge keineswegs entwertet oder gar aufgegeben.

Mit den neuen Formationen und Formationsgliedern soll vielmehr das System lithostratigraphischer Einheiten zwischen Leitbank und Untergruppe, das bislang nur in Ansätzen und in heterogener Benennung und Bewertung vorliegt, flächendeckend und durchgängig für die ganze Muschelkalk-Gruppe komplettiert werden. Damit will die „Synopsis" den Wissensstand in einer standardisierten Übersicht zusammenfassen. Das gilt auch für die Biostratigraphie, die in vorliegendem Aufsatz nur gestreift werden konnte.

Die „Synopsis" wird mit detaillierten Profilserien aus Bohrungen und Tagesaufschlüssen und generalisierten E-W- und N-S-Schnitten durch das Becken sowie mit regionalen Übersichts- und Korrelationstabellen veranschaulicht.

Auch die Ergebnisse von Faziesanalysen und Sequenzstratigraphie (z.B. AIGNER & BACHMANN 1993, RÖHL 1993) sollen eingearbeitet werden. Es scheint jedoch nicht sinnvoll zu sein, lithostratigraphische Einheiten nach sequenzstratigraphischer Interpretation auszurichten, denn dazu sind die Deutungen noch zu sehr im Fluß. Parasequenz- und auch Sequenzgrenzen müssen demnach nicht identisch mit den Grenzen von Einheiten der hier behandelten deskriptiven Lithostratigraphie sein. Ein Blick auf die sequenzstratigraphische Gliederung der Germanischen Trias von AIGNER & BACHMANN (1993) zeigt jedoch die Kongruenz vieler Grenzziehungen.

Summary
The Muschelkalk lithostratigraphy is based on ecostratigraphical and lithostratigraphical marker beds which allow exact bed-by-bed correlations of logs over hundreds of kilometres. Due to regional traditions, a variety of synonyms and homonyms developed, which, however, led to some confusion. This is why the Muschelkalk working group of the Perm/Trias Subkommission set about reviewing the lithostratigraphical terminology. The present paper aims to point out the principles of the revision. In accordance with the international recommendations, lithostratigraphical units are to be arranged in groups, subgroups, formations and members. Their names should be composed of (a) a locality name or an unequivocal name of a palaeontological taxon and (b) the hierarchical term „Formation" or „Member" respectively. The marker bed concept, however, is maintained because of its profound exactness. To illustrate this concept, formalized descriptions of a formation and a member of the Lower, Middle and Upper Muschelkalk are given.

Literatur
AIGNER, T. & BACHMANN, G.H. (1993): Sequence Stratigraphy of the German Muschelkalk. - Dieser Band, 15-18, 2 Abb.
ALBERTI, F. v. (1826): Die Gebirge des Königreichs Württemberg, in besonderer Beziehung auf Halurgie. - 327 S., 2 Abb., 2 Tab., 4 Taf.; Stuttgart und Tübingen (Cotta).
ALBERTI, F. v. (1834): Beitrag zu einer Monographie des Bunten Sandsteins, Muschelkalks und Keupers, und die Verbindung dieser Gebilde zu einer Formation. - 366 S., 2 Taf.; Stuttgart (Cotta).
ASSMANN, P. (1944): Die Stratigraphie der oberschlesischen Trias. Teil 2. Muschelkalk.- Abh. Reichsamt Bodenforsch., [N. F.] **208**, 1 - 124, 8 Taf., 1 Tab.; Berlin.
BEUTLER, G. (1993): Der Muschelkalk zwischen Rügen und Grabfeld. - Dieser Band, 47-56, 12 Abb.
DOCKTER, J., PUFF, P., SEIDEL, G. & KOZUR, H. (1980): Zur Triasgliederung und Symbolgebung in der DDR. - Z. geol. Wiss., **8**, 951-963, 7 Tab. Berlin (Ost).
DÜNKEL, H. & VATH, U. (1990): Ein vollständiges Profil des Muschelkalks (Mitteltrias) der Dransfelder Hochfläche, SW Göttingen (Südniedersachsen). - Geol.Jb.Hessen, **118**, 87-126, 6 Abb., 3 Tab., 3 Taf.; Wiesbaden.
ECK, H. (1865): Ueber die Formationen des bunten Sandsteins und des Muschelkalks in Oberschlesien und ihre Versteinerungen.- 149 S., 2 Taf.; Berlin (R. Friedländer u. Sohn).
FRANTZEN, W.(1889): Untersuchungen über die Gliederung des Unte-

ren Muschelkalks im nordöstlichen Westfalen und im südwestlichen Hannover.-Jb. kgl. preuß. geol. L.-Anst. f. **1888**, 453-479; Berlin.

FRANTZEN, W. & KOENEN, A. v. (1889): Ueber die Gliederung des Wellenkalks im mittleren und nordwestlichen Deutschland.- Jb. k. preuss. geol. Landesanst. Bergakad. f. **1888**, 440 - 454; Berlin.

GAERTNER, H. (1993): Zur Gliederung des Muschelkalks in Nordwestdeutschland in Tiefbohrungen anhand von Bohrlochmessungen. - Dieser Band, 57-64, 5 Abb., 2 Tab.

GAERTNER, H. & RÖHLING, H.-G. (1993): Zur lithostratigraphischen Gliederung und Paläogeographie des Mittleren Muschelkalks im Nordwestdeutschen Becken. - Dieser Band, 85-103, 14 Abb.

GENSER, G. (1930): Zur Stratigraphie und Chemie des Mittleren Muschelkalkes in Franken.- Geol.-paläont. Abh. [N.F.], **17**/4, 383 - 491, 8 Taf., 4 Abb.; Jena.

GRUPE, O. (1911): Zur Stratigraphie der Trias im Gebiet des oberen Wesertals.- Jber. niedersächs. geol. Ver., **4**, 1-102; Hannover.

HAGDORN, H., HICKETHIER, H., HORN, M. & SIMON, T. (1987): Profile durch den hessischen, unterfränkischen und baden-württembergischen Muschelkalk.- Geol.Jb. Hessen, **115**, 131-160, 3 Taf., 2 Abb., 2 Tab.; Wiesbaden.

HAGDORN, H. & OCKERT, W: (1993): *Encrinus liliiformis* im Trochitenkalk Süddeutschland. - Dieser Band, 245-260, 10 Abb.

HAGDORN, H., in coop. with SIMON, T. & SZULC, J. (eds.) (1991): Muschelkalk. A Field Guide. - 80 S., 78 Abb., 1 Tab.; Korb (Goldschneck).

HAGDORN, H. & SIMON, T. (1993): Ökostratigraphische Leitbänke im Oberen Muschelkalk. - Dieser Band, 15 Abb.

HAGDORN, H. & SIMON, T. (im Druck): Oberer Muschelkalk. - In: H. HAUNSCHILD, Erläuterungen zur Geologischen Karte von Bayern 1:25.000, Blatt 6526 Aub.

HALTENHOF, M. (1962): Lithologische Untersuchungen im Unteren Muschelkalk von Unterfranken (Stratinomie und Geochemie).- Abh. naturwiss. Ver. Würzburg, **3**, 1 - 124, 1 Taf., 26 Abb., 15 Tab.; Würzburg.

HOFFMANN, U. (1967): Erläuterungen zur geologischen Karte von Bayern 1 : 25.000, Blatt 6125 Würzburg-Nord.- 94 S., 21 Abb., 1 Tab., 4 Beil.; München. [1967a].

HOFFMANN, U. (1967): Erläuterungen zur geologischen Karte von Bayern 1 : 25.000, Blatt 6225 Würzburg-Süd.- 134 S., 17 Abb., 2 Tab., 4 Beil.; München [1967 b].

KLEINSORGE, H. (1935): Paläogeographische Untersuchungen über den Oberen Muschelkalk in Nord- und Mitteldeutschland.- Mitt. geol. Staatsinst. Hamburg, **15**, 57 - 106, 1 Taf., 12 Abb.; Hamburg.

KLOTZ, W. & LUKAS, V. (1988): Bioherme im Unteren Muschelkalk (Trias) Südosthessens. - N. Jb. Geol. Paläont., Mh., **1988**, H. 11, 661-669, 4 Abb., 1 Tab., Stuttgart.

KOCH, H. (1919): Der Hauptmuschelkalk im mittleren Württemberg und Baden.- Diss. Univ. Tübingen 123 S.; Calw (Oelschläger).

KÖNIG, H. (1920): Zur Kenntnis des unteren Trochitenkalkes im nordöstlichen Kraichgau.- Sitz.-Ber. Heidelberger Akad. Wiss. (mathem.-naturwiss.), **13**, 1 - 48, Taf. 1; Heidelberg.

KOZUR, H. (1974): Biostratigraphie der germanischen Mitteltrias.- Freiberger Forschh., (C) **280**/1, 1-56, **280**/2, 1-71, **280**/3, 9 Anl. (= 12 Tab.); Leipzig.

LUKAS, V. (1991): Die Terebratel-Bänke (Unterer Muschelkalk, Trias) in Hessen - ein Abbild kurzzeitiger Faziesänderungen im westlichen Germanischen Becken. - Geol. Jb. Hessen, **119**, 119 - 175, 11 Abb., 1 Tab., 3 Taf.; Wiesbaden.

LUKAS, V. (1993): Sedimentologie und Paläogeographie der Terebratelbänke (Unterer Muschelkalk, Trias) Hessens. - Dieser Band, 79-84, 4 Abb.

NOLTE, J. (1989): Die Stratigraphie und Palökologie des Unteren Hauptmuschelkalkes (mo1, Mittl. Trias) von Unterfranken. - Berliner geowiss. Abh., A **106**, 303-341, 6 Abb., 2 Taf.; Berlin.

OCKERT, W. (1988): Lithostratigraphie und Fossilführung des Trochitenkalks (Unterer Hauptmuschelkalk, mo1) im Raum Hohenlohe. - In: HAGDORN, H. (Hrsg.), Neue Forschungen zur Erdgeschichte von Crailsheim. Zur Erinnerung an Hofrat Richard Blezinger (=Sonderbde.Ges.Naturk.in Württ. **1**), 43-69, 6 Abb.; Stuttgart, Korb (Goldschneck)

OCKERT, W. (1992): Die Zwergfaunaschichten (Unterer Hauptmuschelkalk, Trochitenkalk, mo1) im nordöstlichen Baden-Württemberg. - Dieser Band, 117-130, 6 Abb.

REICHARDT, W. (1932): Ein zusammenhängendes Röt-Muschelkalk-Profil nördlich Jena.- Z. dt. Geol. Ges. **84**. 779 -785, Berlin.

REIS, O.M. (1909): Beobachtungen über Schichtenfolge und Gesteinsausbildung in der fränkischen unteren und mittleren Trias.- Geogn. Jh., **22** (1909): 1 - 285, 11 Taf., 9 Abb., 2 Beil.; München.

RÖHL, U. (1993): Sequenzstratigraphie im zyklisch gegliederten Oberen Muschelkalk Norddeutschlands. - Dieser Band, 29-36, 6 Abb.

SANDBERGER, F. (1866): Die Gliederung der Würzburger Trias und ihrer Aequivalente. - Würzburger naturwiss. Z., **6**, 131 - 155; Würzburg.

SCHLOTHEIM, E.F. von (1820): Die Petrefaktenkunde auf ihrem jetzigen Standpunkte durch die Beschreibung seiner Sammlung versteinerter und fossiler Überreste des Thier- und Pflanzenreichs der Vorwelt erläutert.- LXII + 437 S. 23 Taf.; Gotha (Becker).

SCHRÖDER, B. (1964): Gliederungsmöglichkeiten in Muschelkalk und Lettenkohle zwischen Bayreuth und Weiden.- Geologica Bavar., **53**, 12 - 28, 4 Abb.; München.

SCHULZ, M.-G. (1972): Feinstratigraphie und Zyklengliederung des Unteren Muschelkalks in N-Hessen.- Mitt. geol.- paläont. Inst. Univ. Hamburg, **41**, 133 - 170, 5 Profiltaf., 2 Abb.; Hamburg.

SCHWARZ, H.-U. (1970): Zur Sedimentologie und Fazies des Unteren Muschelkalkes in Südwestdeutschland und angrenzenden Gebieten.-Diss., Univ. Tübingen (Manuskr.), 297 S., 136 Abb.; Tübingen.

SCHWARZMEIER, J. (1977): Erläuterungen zur geologischen Karte von Bayern 1 : 25.000, Blatt Nr. 6024 Karlstadt und Nr. 6124 Remlingen.- 155 S., 34 Abb., 11 Tab., 5 Beil.; München.

SEIDEL, G. (1965): Zur Ausbildung des Muschelkalks in NW-Thüringen.- Geologie, **14**/1, 58 - 63, 3 Abb.; Berlin-Ost.

SEUFERT, G. (1984): Lithostratigraphische Profile aus dem Trochitenkalk (Oberer Muschelkalk mo1) des Kraichgaus und angrenzendem Gebiet.- Jber. Mitt. oberrhein. geol. Ver., [N. F.], **66**, 209-248, 2 Abb.; Stuttgart.

SEUFERT, G. & SCHWEIZER, V. (1985): Stratigraphische und mikrofazielle Untersuchungen im Trochitenkalk (Unterer Hauptmuschelkalk, mo1) des Kraichgaues und angrenzender Gebiete.- Jber. Mitt. oberrhein. geol. Ver., [N. F.], **67**, 129-171, 9 Abb.; Stuttgart.

SIMON, T. (1982): Zur Fazies der *orbicularis*-Schichten im nördlichen Baden-Württemberg und eine neue Festlegung der Grenze zum Mittleren Muschelkalk.- Jber. Mitt. oberrhein. geol. Ver., [N.F.], **64**, 117 - 133, 4 Abb., 1 Tab.; Stuttgart.

SKUPIN, K. (1970): Feinstratigraphie und mikrofazielle Untersuchungen im Unteren Hauptmuschelkalk des Neckar-Jagst-Kochergebietes.- Jber. Mitt. oberrhein. geol. Ver., [N. F.], **51**, 87 -118, 8 Taf., 18 Abb., 33 Tab.; Stuttgart.

STETTNER, G. (1898): Ein Profil durch den Hauptmuschelkalk bei Vaihingen/Enz.- Jh. Ver. vaterl. Naturkde. Württemb., **54**, 303 -321; Stuttgart.

STOLLEY, E. (1934): Der stratigraphische Wert des Trochitenkalks für die Gliederung des deutschen oberen Muschelkalks.- N. Jb. Min. Geol. Paläont., Beil.-Bd., (B) **72**, 351 - 366; Stuttgart.

VOLLRATH, A. (1957): Zur Entwicklung des Trochitenkalkes zwischen Rheintal und Hohenloher Ebene.- Jh. geol. Landesamt Baden-Württemberg, **2**, 119 - 135, Abb. 18 - 30, 2 Tab.; Freiburg/Br.

VOLLRATH, P. (1923): Beiträge zur Stratigraphie und Paläogeographie des fränkischen Wellengebirges. N. Jb. Mineral. Geol. Paläont. Beil.-Bd., (B) **50** (1922), 120 - 288, Taf. 7 - 9; Stuttgart.

WACKENRODER, H. (1836): Mineralogisch-Chemische Beiträge zur Kenntniss des Thüringischen Flötzgebirges. Heft **1**.- 51 S., 1 Taf., Jena (Cröker).

WAGNER, G. (1913): Beiträge zur Stratigraphie und Bildungsgeschichte des oberen Hauptmuschelkalks und der unteren Lettenkohle in Franken.- Geol. paläont. Abh., [N. F.], **12**/3, 1-180, 9 Taf., 31 Abb.; Jena.

WAGNER, R. (1897): Beitrag zur genaueren Kenntnis des Muschelkalks bei Jena.- Abh. k. preuß. geol. Landesanst. Bergakad., [N. F.], **27**: 1 - 106; Berlin.

WILCZEWSKI, N. (1967): Mikropaläontologische Untersuchungen im Muschelkalk Unterfrankens. - Diss. Univ. Würzburg, 111, XIV S., 2 Beil., 14 Taf.; Würzburg.

WIRTH, W. (1957): Beiträge zur Stratigraphie und Paläogeographie des Trochitenkalkes im nordwestlichen Baden-Württemberg.- Jh. geol. Landesamt Baden-Württemberg, **2**, 135 - 173, Abb. 18 - 30, Tab. 8 - 9; Freiburg/Br.

WIRTH, W. (1958): Profile aus dem Trochitenkalk (Oberer Muschelkalk, mo 1) im nordwestlichen Baden-Württemberg.- Arb. geol.-paläont. Inst. techn. Hochsch. Stuttgart, [N. F.], **18**, 1 - 99, 1 Abb.; Stuttgart.

Der Muschelkalk zwischen Rügen und Grabfeld

Gerhard Beutler, Hannover
12 Abbildungen

Vorbemerkung

Der Beitrag hat das Ziel, eine Übersichtsdarstellung der Stratigraphie und Paläogeographie des Muschelkalks im Gebiet zwischen Rügen und Grabfeld zu geben.

Die Arbeit stützt sich maßgeblich auf die Publikation von ALTHEN et al. (1980) und die Ausarbeitung für die IGCP-Karte „Muschelkalk", die im Programm des Projekts 86 erarbeitet wurde. Für den nördlichen Teil des Untersuchungsgebietes bilden fast ausschließlich Tiefbohrungen die Datenquelle, wobei es sich in der Mehrzahl um Meißelbohrungen handelt. Die Interpretation fußt daher weitgehend auf Loginterpretation.

Aufschlußsituation

Das System der Mitteldeutschen Hauptabbrüche führt zu einer Unterteilung des Untersuchungsgebietes in zwei unterschiedliche Aufschlußareale (Abb. 1). In Thüringen und Sachsen-Anhalt (also südlich der Bruchzone) existieren flächenhafte Tagesaufschlüsse, die durch Tiefbohrungen ergänzt werden. Dieses Teilgebiet zählt zu den klassischen Muschelkalkgebieten Deutschlands mit großer Forschungstradition. Mit Ausnahme des Großtagebaues von Rüdersdorf und eines kleinen Muschelkalkaufschlusses von Kalbe/Milde (Altmark) stammen die Kenntnisse im Nordteil des Untersuchungsgebietes nur aus Tiefbohrungen. Der Muschelkalk wurde in mehr als 500 Bohrungen erschlossen. Während die beiden obertägigen Aufschlüsse, vor allem aber Rüdersdorf, über mehr als 100 Jahre Gegenstand der Muschelkalkforschung waren, handelt es sich bei den Tiefbohraufschlüssen um vergleichsweise junge, maximal 30 Jahre alte und zum größten Teil unpublizierte, somit unbekannte Aufschlüsse.

Stratigraphie des Muschelkalks

Gliederung mit Hilfe geophysikalischer Bohrlochmessungen (Logs)

Das Hauptproblem der stratigraphischen Bearbeitung des Muschelkalks in den Tiefbohrprofilen bestand in einer zuverlässigen Eichung der Logsindikationen. Bereits bei ALTHEN et al. (1980) wird gezeigt, wenn auch in unverhältnismäßig starker Verkleinerung der Belegkurven, daß es gelungen war, diese Einbindung der Tiefbohraufschlüsse an die klassischen Aufschlußgebiete zu erreichen. Wesentliche Stützen bildeten die Aufschlüsse im Bereich der Scholle von Calvörde (SCHULZE 1964) und natürlich auch die geophysikalisch vermessenen Tiefbohrungen aus Thüringen und Sachsen-Anhalt (SEIDEL 1965, HOPPE 1966 u.a.).

Verfasser kann unmittelbar an die Ergebnisse dieser Arbeiten anknüpfen. In zwei Übersichtsprofilen (Abb. 2, 3) aus dem nördlichen Aufschlußgebiet sollen die Hauptergebnisse dieser regionalen Korrelation demonstriert werden.

ALTHEN et al.(1980) konnten mit Hilfe ihrer regionalen Logkorrelation nicht nur eine Unterteilung in die Untergruppen Unterer/Mittlerer/Oberer Muschelkalk vornehmen, sondern waren in der Lage, diese Einheiten weiter feinstratigraphisch zu untergliedern.

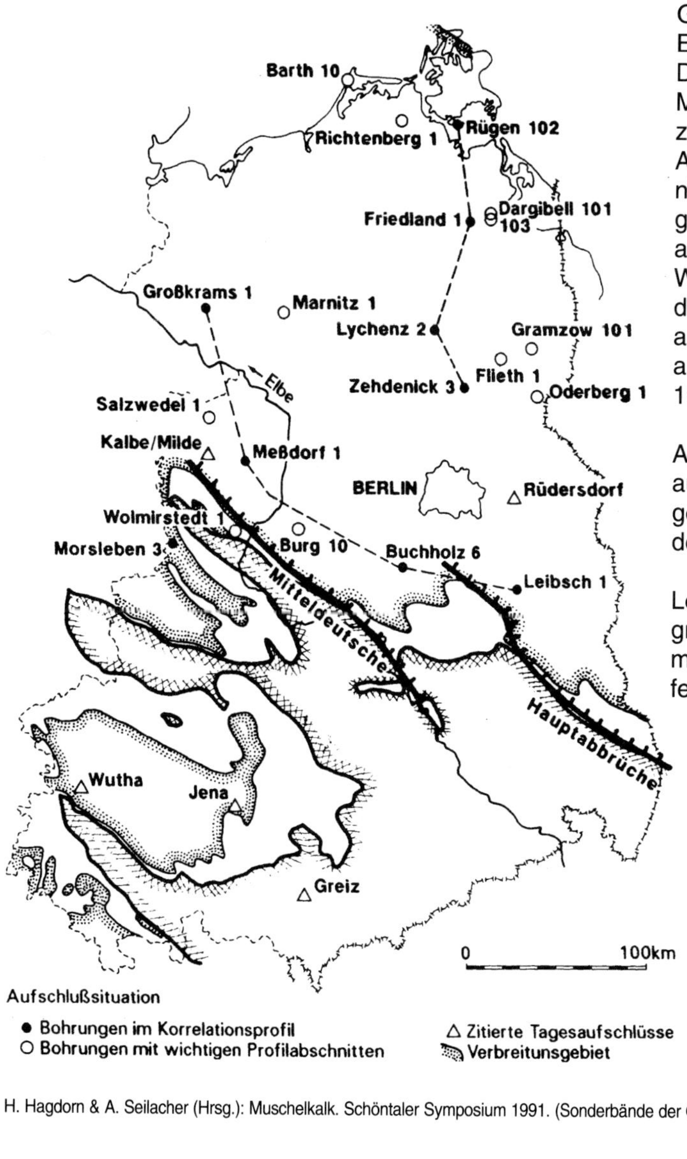

Aufschlußsituation

- ● Bohrungen im Korrelationsprofil
- ○ Bohrungen mit wichtigen Profilabschnitten
- △ Zitierte Tagesaufschlüsse
- ▒ Verbreitungsgebiet

Abb. 1 Aufschlußsituation.

Es war möglich, die 1928 von SEIFERT für Mittelthüringen aufgestellte Gliederung des Wellenkalks, die inzwischen auch in Nordhessen, Südniedersachsen und Sachsen-Anhalt Anwendung findet, auf die nördlichen Beckenteile auszudehnen.

Diese regionale Korrelation stützt damit auch die lithostratigraphische Einordnung des Rüdersdorfer Profils, wie sie beispielsweise von ZWENGER (1985, 1987) vorgenommen wurde.

Für die Untergliederung des Mittleren Muschelkalks boten sich zwei lithostratigraphische Modelle an: die relativ grobe Gliederung, die aus der Kartierung hergeleitet wurde (vergl. HOPPE 1966) oder das sequentiell aufgefaßte Gliederungsprinzip von PÄTZ (1965) und vor allem von SCHULZE (1964). Das von SCHULZE auf der Scholle von Calvörde erarbeitete Gliederungsverfahren ist von ALTHEN et al. mit gutem Erfolg auf die Tiefbohrprofile übertragen worden.

Generell weist der Mittlere Muschelkalk eine Zweiteilung in das untere Salinarschichtglied und das obere, durch Ton/Dolomit-Sulfat-Sequenzen gegliederte Schichtglied auf. Die markantesten Horizonte in der obereren Einheit sind die Sulfate A 3 und A 5.

In Anlehnung an KOZUR (1974) wird sowohl von DOCKTER

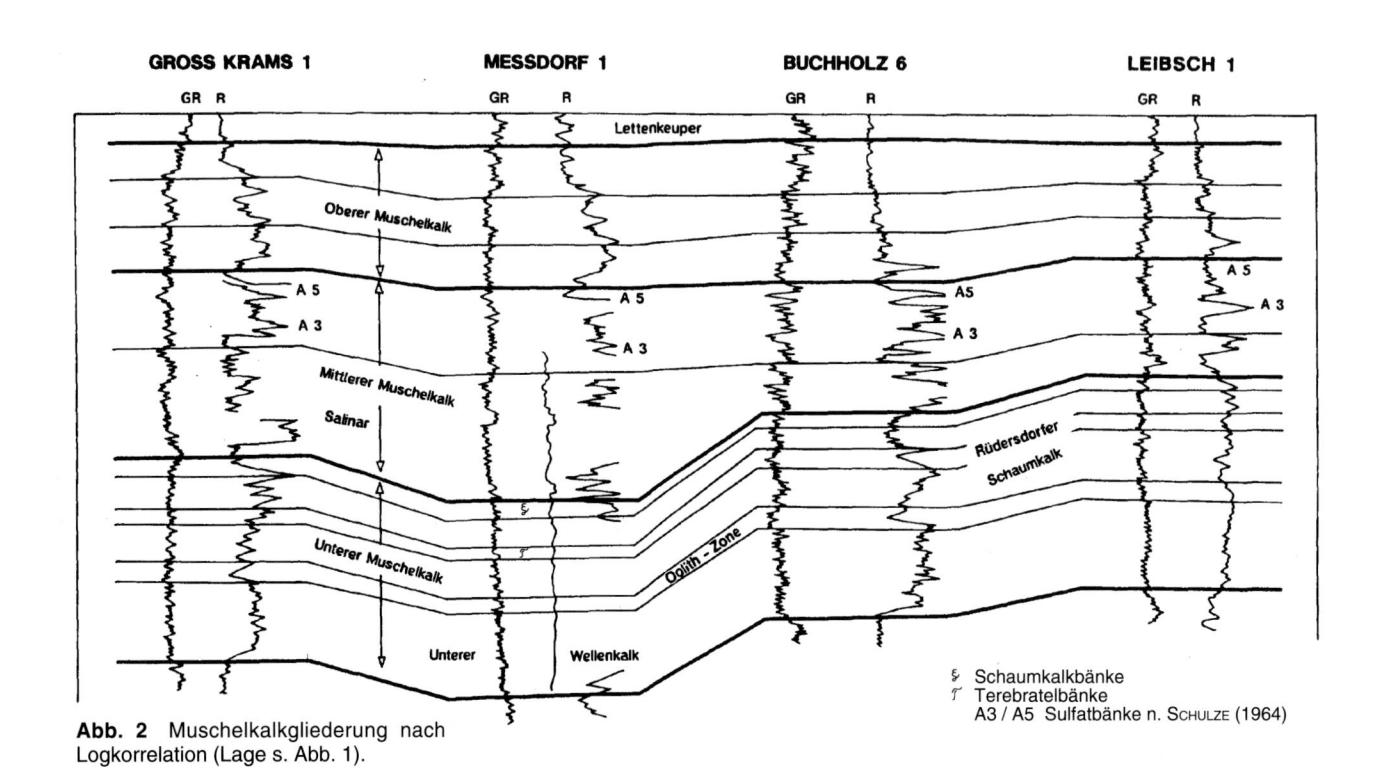

Abb. 2 Muschelkalkgliederung nach Logkorrelation (Lage s. Abb. 1).

Abb. 3 Muschelkalkgliederung nach Logkorrelation (Lage s. Abb. 1).

et al. (1980) als auch von ALTHEN et al. (1980) eine Dreigliederung des Oberen Muschelkalks (Hauptmuschelkalk) vorgenommen.

Der Untere Hauptmuschelkalk umfaßt dabei das Äquivalent des Trochitenkalks und die Unteren Ceratitenschichten, Mittlerer und Oberer Hauptmuschelkalk sind annähernd mit den Mittleren bzw. Oberen Ceratitenschichten gleichzusetzen.

Stratigraphische Detailprobleme

Stellung der Myophorienschichten (-Folge)

Die Myophorienschichten werden nach Übereinkunft (DOCKTER et al. 1980, ALTHEN et al. 1980) in das Röt gestellt. Die bereits zwischen 1920 und 1930 geführte Diskussion (z. B. SEIFERT 1928) ist insbesondere von Bearbeitern des Rüdersdorfer Muschelkalks (SCHWAHN & BÖTTCHER 1974, STREICHAN 1980, aber auch SCHULZE 1964, KOZUR 1974) erneut belebt worden.

Neben praktischen Erwägungen ist es vor allem die typische Muschelkalkfauna und -fazies (KOZUR 1974, STREICHAN 1980, STOLL 1980), die eine Umstufung in den Muschelkalk sinnvoll erscheinen läßt.

Im Hinblick auf den Übergang in die schlesische Entwicklung entsteht hierbei ein echtes Korrelationsproblem. Trotz dieser Angleichungsproblematik besteht mehrheitlich die Auffassung, die Myophorienschichten in traditioneller Weise im Röt zu belassen.

Röt–Muschelkalk Grenze

Unter dem Aspekt der Zugehörigkeit der Myophorienschichten zum Röt bildet die Grenze Unterer Wellenkalk/Myophorienschichten zugleich die Röt-Muschelkalk-Grenze. Aus den Aufschlußgebieten im Südteil des Kartenausschnitts ist diese Grenze wiederholt beschrieben (Zusammenfassung bei HOPPE 1966, 1976).

In Abb. 4 werden drei Profile aus dem nördlichen Bereich des Untersuchungsgebietes vorgelegt, die die Variabilität der lithologischen Entwicklung dieses Grenzabschnitts demonstrieren sollen.

Das Profil Oderberg 1 zeigt fazielle Anklänge an die Rüdersdorfer Entwicklung. Über einem ca. 5 m mächtigen Basisbereich mit mehreren Kavernen-Kalk-Bänken folgt eine Wechsellagerung tonig-kalkiger Schichten. Nahe der Muschelkalkbasis sind einzelne Kalkbänke als Schillhorizonte entwickelt.

Die Grenze zum Unteren Muschelkalk ist unscharf und wird durch einen kontinuierlichen Anstieg des Kalksteinanteils charakterisiert. Auch das entspricht der Entwicklung von Rüdersdorf. Die Grenze zwischen dem Horizont A und B (nach SCHWAHN & BÖTTCHER 1974, STREICHAN 1980) ist am Stoß nicht sofort zu erkennen.

Die Profile Dargibell 101 und Richtenberg 1 belegen eine andere Ausbildung. Über einem markanten Basisbereich der Myophorienschichten (ebenfalls mit Kavernen-Kalken) folgt eine Kalk/Pelit-Wechsellagerung, die nicht bis zur Wellenkalkbasis reicht, sondern von mehreren Metern mächtigen Rottonhorizonten abgelöst wird. Auch der etwa 5 bis 10 m mächtige basale Abschnitt des Wellenkalkes liegt in einer abweichenden Ausbildung vor. Dieser Bereich weist noch deutlich salinare Beeinflussung in Form von Anhydrit führenden Kalksteinen und Dolomiten auf. Erst über diesen Horizont setzt die Wellenkalkentwicklung ein. Das charakteristische Kurvenbild dieses Abschnitts ist wichtig für die regionale Korrelation der Muschelkalkbasis.

Abgrenzung und Gliederung des Mittleren Muschelkalks

In einem nahezu W–E verlaufenden Korrelationsprofil (Abb. 5) soll die Problematik des Mittleren Muschelkalks behandelt werden. Die nach Übereinkunft vorgenommene Umstufung der *orbicularis*-Schichten ermöglicht eine recht eindeutige Bestimmung der Basis des Mittleren Muschelkalks in den Logs.

Der Mittlere Muschelkalk kann, wie das vorliegende Beispiel zeigt, trotz wechselnder Ausbildung sehr detailliert gegliedert werden.

Das Profil Burg 10 entspricht der Ausbildung auf der Scholle von Calvörde und kann zwanglos an das stratigraphische Schema von SCHULZE (1964) angeschlossen werden.

Es wird im unteren Teil durch Steinsalzhorizonte und zwei markante Gammaspitzen, im oberen Teil durch eine regelmäßige Dolomit(Tonstein)/Anhydrit Wechselfolge mit vier Sequenzen charakterisiert.

Das Profil Buchholz repräsentiert eine halitfreie Profilentwicklung mit einer vollständigen Sulfatausbildung (von

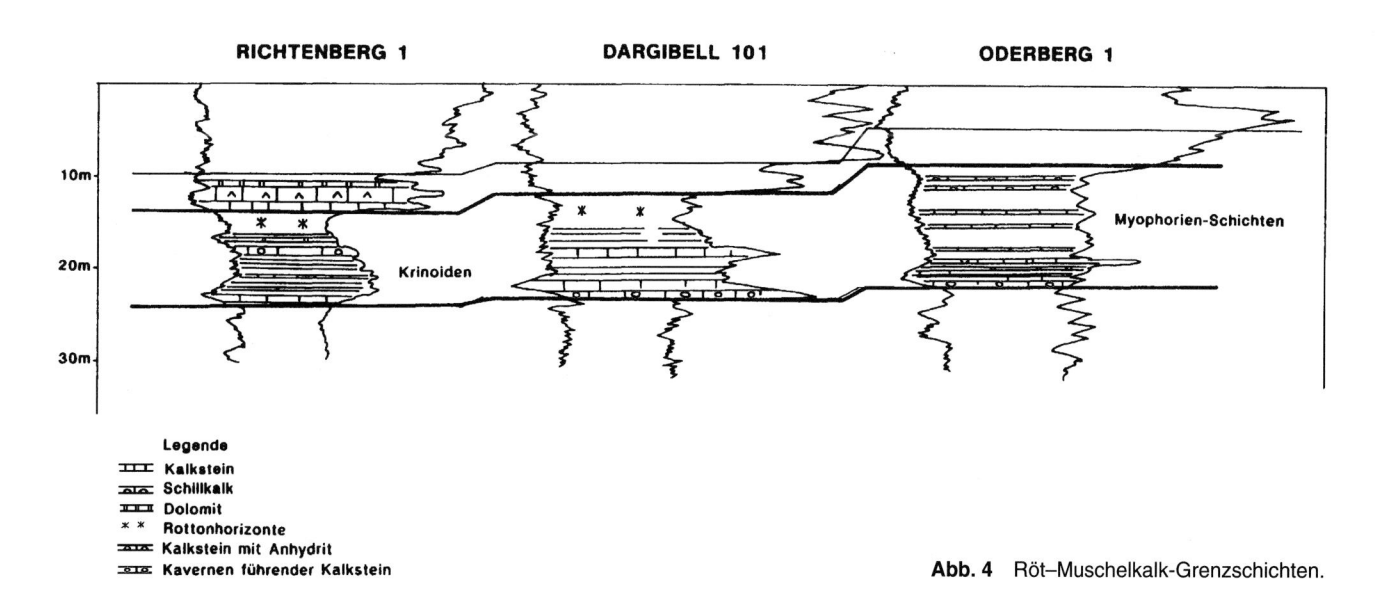

Abb. 4 Röt–Muschelkalk-Grenzschichten.

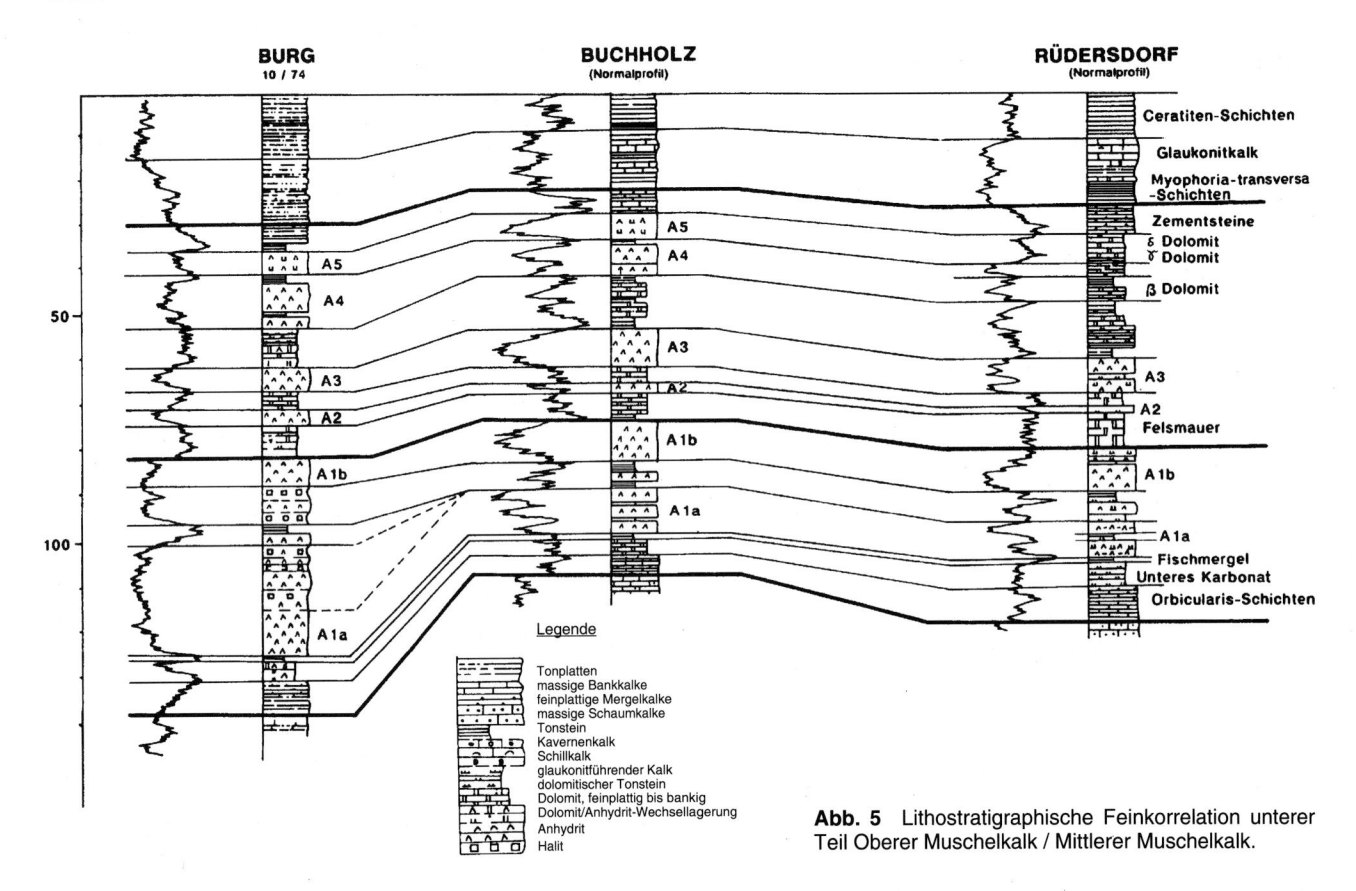

Abb. 5 Lithostratigraphische Feinkorrelation unterer Teil Oberer Muschelkalk / Mittlerer Muschelkalk.

A1a bis A5), wobei im Niveau A2 eine deutliche Abnahme des Sulfatgehaltes festzustellen ist.

Mit dem Normalprofil Rüdersdorf wurde versucht, das Übertageprofil mit einem Tiefbohrlog zu kombinieren, um das klassische von RAAB (1907) und PICARD (1916) detailliert beschriebene Rüdersdorfer Profil in das allgemeine Schema einzupassen. Von SCHWAHN & GAHRMANN (1976) wurde ein analoger Versuch unternommen.

Das Rüdersdorfer Profil weist folgende Merkmale auf: Der untere Gammapeak im Halitäquivalent ist identisch mit dem Rüdersdorfer Fischmergel. Seine petrographische Ausbildung ist vergleichbar mit der des grünlichen Tonsteinhorizonts, welcher die obere Gammaspitze verursacht.

Die Fossilführung (Fossilhorizonte α bis δ) setzt oberhalb des Halitäquivalentes ein, erste Fossillagen treten in der „Felsmauer" auf, dem Äquivalent des Mittleren Dolomits.

Die Sulfatführung reicht bis in das Niveau A3. Die beiden oberen Sulfate werden durch Dolomit vertreten.

Der Horizont D6 ist in den drei Profilen mit einer Mächtigkeit von etwa 5 m nahezu gleichmächtig ausgebildet. In Rüdersdorf trägt er den Lokalnamen Zementsteine („Cämentsteine").

Er ist als Markerhorizont von Bedeutung für die Abgrenzung gegen den Oberen Muschelkalk. Die Ausbildung der basalen Serie des Oberen Muschelkalks, des Trochitenkalkäquivalents, ist sehr variabel. Die typischen Bankkalke mit Trochiten sind nicht entwickelt. Im Glaukonitkalk von Rüdersdorf treten einzelne Crinoidenreste auf.

Bemerkenswert ist die Ausbildung der basalen *Myophoria transversa*-Schichten, einer eher brackisch entwickelten Übergangsserie.

Muschelkalk/Keuper-Grenze

Von besonderer Bedeutung für dieses Problem waren die mikro- und makropaläontologischen Befunde in einzelnen Kernbohrungen, deren Verteilung aber so günstig ist, daß im Prinzip eine flächendeckende Aussage gewährleistet ist.

Neben vereinzelten Ceratitenfunden, den relativ häufigen *Myophoria pesanseris* SCHLOTHEIM, verschiedenen Mikrofossilgruppen sind es vor allem die Conodonten, deren Bearbeitung durch KOZUR (1968) wichtige biostratigraphische Bezugshorizonte erbrachte, so daß eine zuverlässige Eichung der Schichten des Oberen Muschelkalks möglich und damit eine Eingrenzung der Muschelkalk-Keuper-Grenze aus dem Liegenden gewährleistet war.

Die Abb. 6, 7, 8 sollen einige Beispiele für dieses Verfahren bieten. Abb. 6 und 7 waren bereits mit verallgemeinerter Ortsbezeichnung bei BEUTLER 1976 veröffentlicht worden.

In Abb. 6 wird die Bohrung Barth 10 beschrieben. Die Bohrungen Flieth 1, Gramzow 101 und Lychen 2 sind in Abb. 7 dargestellt. Das Beispiel in Abb. 8 führt ein Ergebnis der Bohrung Marnitz 1 vor. Weitere wichtige Aussagen lieferten die Bohrungen Salzwedel 1 (KOOTZ & SCHUMACHER 1967) und die Bohrung Wolmirstedt 1 (bei SPARFELD 1980 als Profil Ostteil Calvörder Scholle beschrieben).

Die ausgewählten Beispiele zeigen trotz wechselnder lithologischer Entwicklung einen überraschend einheitlichen Trend. Die für den Oberen Muschelkalk charakteristische marine Tonplattenfazies endet im Niveau der *enodis/laevigatus*-Zone. Oberhalb dieser Zone tritt eine hohe Faziesdiversität ein, die im Nordteil des Untersuchungsgebiets durch eine verbreitete Sandsteinführung charakterisiert wird. Mehrere Sandsteinspitzen einer in der Oderbucht (polnische Bohrung Trzebiez 1) geschlos-

Gliederungsschema des oberen Muschelkalks von NE-Mecklenburg (Grimmener Wall)

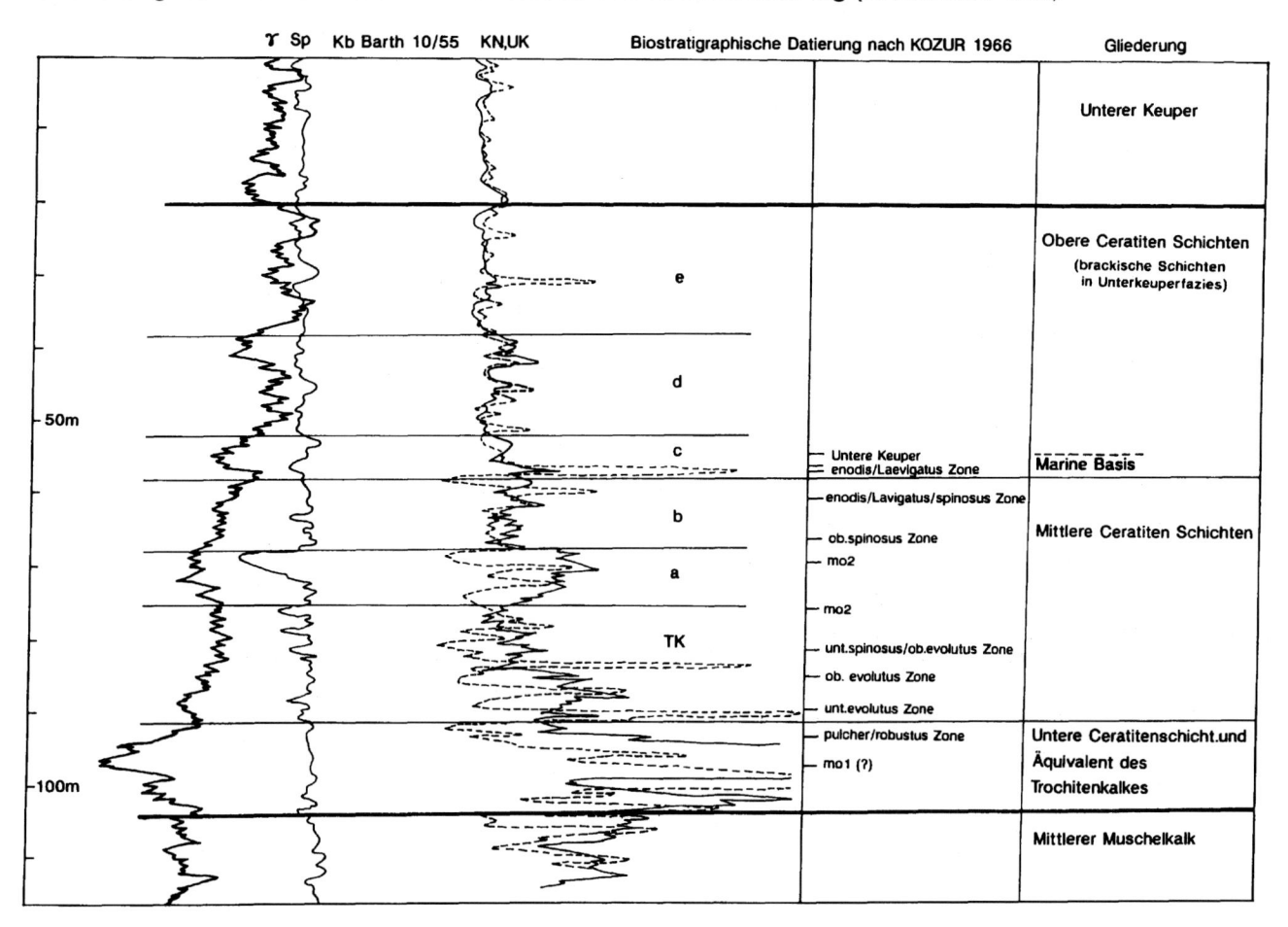

Abb. 6 Oberer Muschelkalk der Bohrung Barth 10. TK, a – e Gliederungseinheiten von WOLBURG (1969).

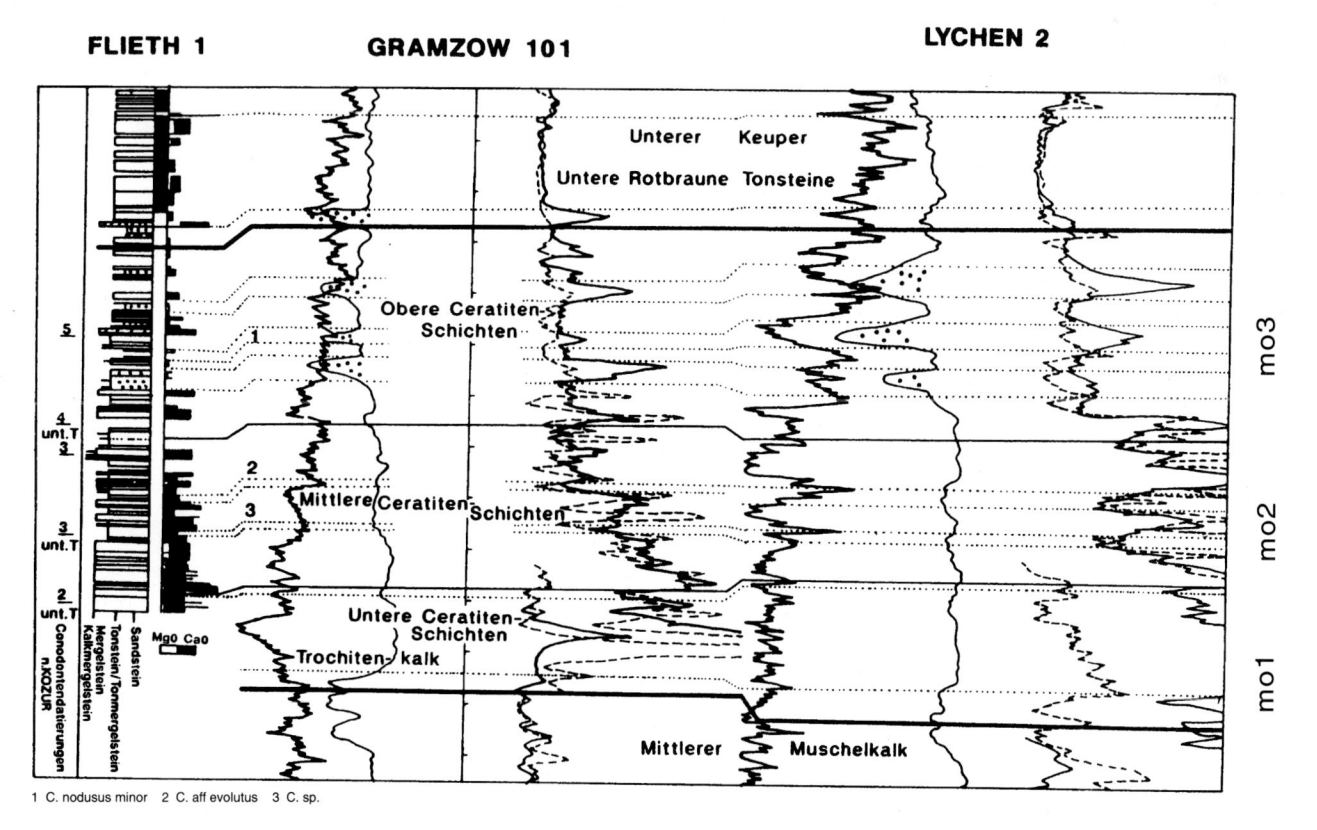

Abb. 7 Gliederung des Oberen Muschelkalks (Hauptmuschelkalk) in ausgewählten Bohrungen.

E - MARNITZ 1/55

Grenzbereich Keuper/Muschelkalk

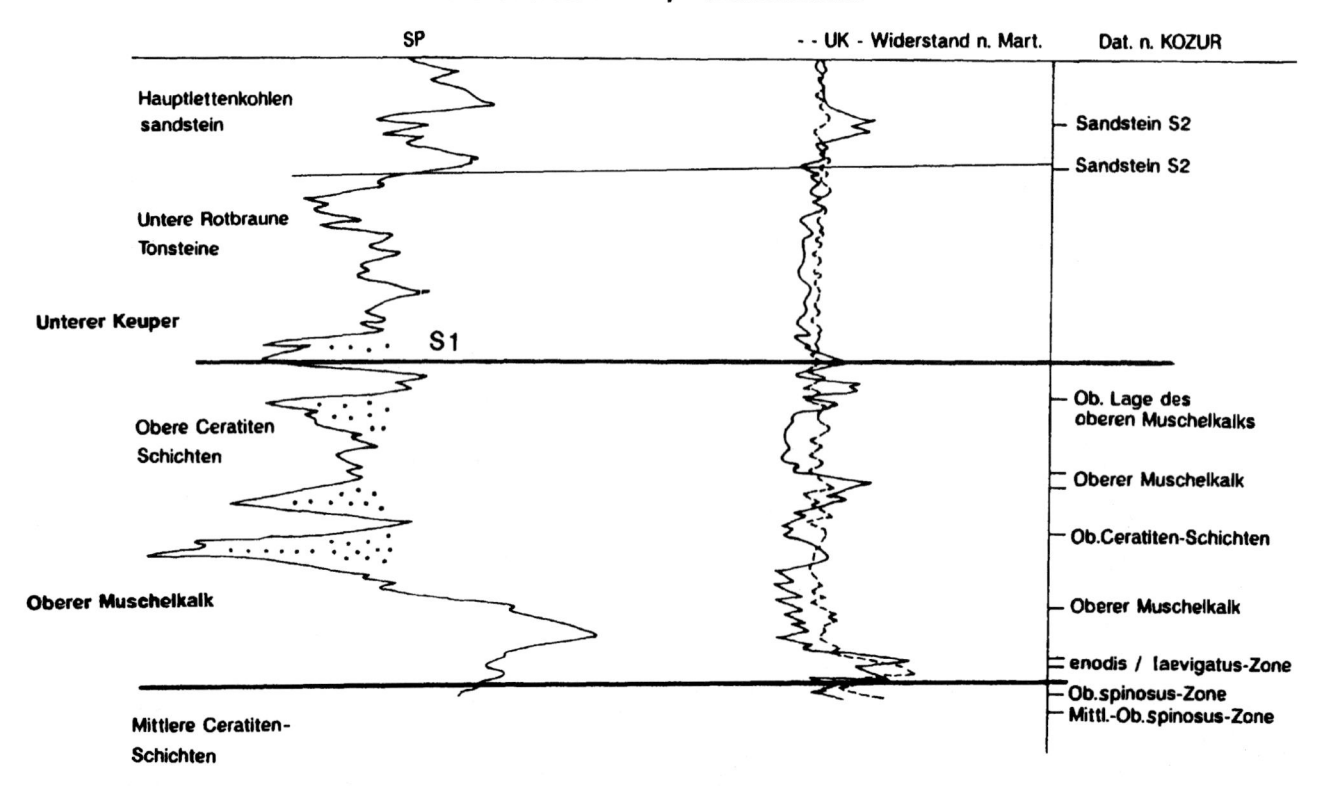

Abb. 8 Festlegung der Keuper/Muschelkalk-Grenze in der Bohrung Marnitz 1/55.

senen Sandsteinschüttung überdecken flächenhaft den Untersuchungsraum. Ausläufer dieser Schüttung in den südlichen Aufschlußgebieten sind in den innerhalb der Oberen Ceratitenschichten häufigen Kalksandsteinlagen zu vermuten (WIEFEL & WIEFEL 1980).

Stratigraphische Orientierungsmarken liefern einzelne Ceratiten-Funde und conodontenführende Kalksteine zwischen den Sandsteinhorizonten (Abb. 7). Die jüngsten Ceratiten gehören zu *Ceratites nodosus*, Discoceratiten wurden nicht gefunden.

Bei der Bestimmung der Muschelkalk-Keuper-Grenze muß daher ein keuperartiges Äquivalent der Discoceratiten-Schichten in Betracht gezogen werden.

Für Thüringen wurde mit der Basis des Unteren Lettenkohlensandsteins (S1) eine lithologische Grenze definiert, die im Abstand von 3 bis 5 m oberhalb der letzten ceratitenführenden Schicht liegt. In Südniedersachsen und Nordhessen ist die Situation analog. Diese Grenze bildet die Grundlage für die regionale Korrelation.

Abb. 9 Muschelkalk – Mächtigkeit (in Zehnermetern), Beckengliederung

Paläogeographische Übersicht

Beckengliederung

In Abb. 9 wird eine schematische Mächtigkeitsdarstellung des Muschelkalks vorgelegt, die an die Abb. 3 von ALTHEN et al. (1980) anknüpft. Die lokalen Elemente, verursacht durch Salzfließbewegungen, wurden nicht berücksichtigt. Infolge dieser Glättung wird die generelle Gliederung des Beckens hervorgehoben.

Das Sedimentationszentrum ist Teil der NW–SE streichenden Norddeutschen Senke, die große Teile Mecklenburg-Vorpommerns und Brandenburgs einnimmt. Ein weiteres Beckenelement stellt die NNE–SSW verlaufende relativ schmale Thüringisch-Westbrandenburgische Senke dar, die sich in ihrem Nordabschnitt mit der Norddeutschen Senke vergittert. Dabei treten höhere Mächtigkeiten (> 400 m) auf. Über dem Horst des Thüringer Waldes setzt sich diese Senke in das Grabfeld fort (WENDLAND 1980) und endet im Fränkischen Becken.

Die Thüringisch-Westbrandenburgische Senke ist ein Parallelelement zur Weser-Senke, von dieser durch die Eichsfeld-Altmark-Schwelle getrennt. Die Mächtigkeitsreduzierungen im Bereich der Schwelle sind relativ schwach, in stärkerem Maße wird diese durch Faziesabweichungen charakterisiert (JUBITZ 1969, KOLB 1975, TRÖGER & KURZE 1980). Die Beckenkontur wird im Süden durch die Sächsische Halbinsel des Böhmisch-Vindelizischen Landes und im Norden durch die Rügen-Schwelle geprägt.

Für den indirekten Nachweis des Beckenrandes in Sachsen hat das von PUFF (1970) und HOPPE (1966) beschriebene isolierte Vorkommen auf dem Thüringischen Schiefergebirge bei Greiz eine besondere Bedeutung. Es belegt eine erheblich größere Verbreitung des Muschelkalks. Im übrigen ergibt die Extrapolation des Beckenrandes anhand der Mächtigkeitslinien, bei annähernd äquidistanten Abständen ein relativ eingeschränktes Areal für das Hochgebiet.

Das nördliche Gegenstück, die Rügen-Schwelle, war im Muschelkalk eine subaquatische Schwellenregion mit deutlich reduzierter Mächtigkeit und gravierenden Faziesänderungen.

Paläogeographie des Unteren Muschelkalks

Anhand von acht Fazieszonen soll die Paläogeographie des Unteren Muschelkalks beschrieben werden (Abb. 10). Fazieszonen I und II sind relativ schmale, NW–SE streichende Zonen auf Rügen. In der nördlichen Zone (I) wird der Muschelkalk durch einen hohen Anteil toniger Sedimente (30 bis 50 %) charakterisiert. Die Tonsteine sind meist grünlich-grau, vereinzelt treten aber auch Rothorizonte auf.

Es folgt eine Zone (II) mit zunehmendem Kalksteinanteil, wobei die Plattenkalkentwicklung vorherrscht. Die eigentliche Wellenkalkentwicklung bestimmt den Faziestyp III, der die beckentiefsten Teile einnimmt und aufgrund seiner Verbreitung als Hauptfaziestyp des Unteren Muschelkalks angesehen werden kann.

Ein weiterer wichtiger Faziestyp ist im Fazies-Areal V entwickelt, der als Brandenburgische oder Rüdersdorfer Fazies angesprochen werden kann. Dieser Typ wird charakterisiert durch einen Anteil von (25 bis 40 %) Schaumkalk und massigen Bankkalken, Gesteine eines litoralen Bildungsraumes.

Mit dem Faziestyp IV wird eine Übergangszone von der Wellenkalk- in die Schaumkalkentwicklung beschrieben. Unklar ist die südliche Fortsetzung dieser Fazieszone. Mit Vorbehalt könnte die Schaumkalkentwicklung in der Querfurter Mulde einen Ausläufer darstellen.

In der Zone VI werden die Besonderheiten der Eichsfeld-Altmark Schwelle zusammengefaßt, die sich insbesondere in den Bankzonen äußern. Charakteristisch sind tiefgreifende Hartgrundbildungen, hoher Anteil von dolomitischen Gelbkalken, z.T. mächtige Schaumkalkbänke.

Die Fazieszone VII gehört prinzipiell zur Wellenkalkentwicklung vom Typ III. Als Besonderheit treten hier in höheren Anteilen Intraklastenbänke und Brekzien auf

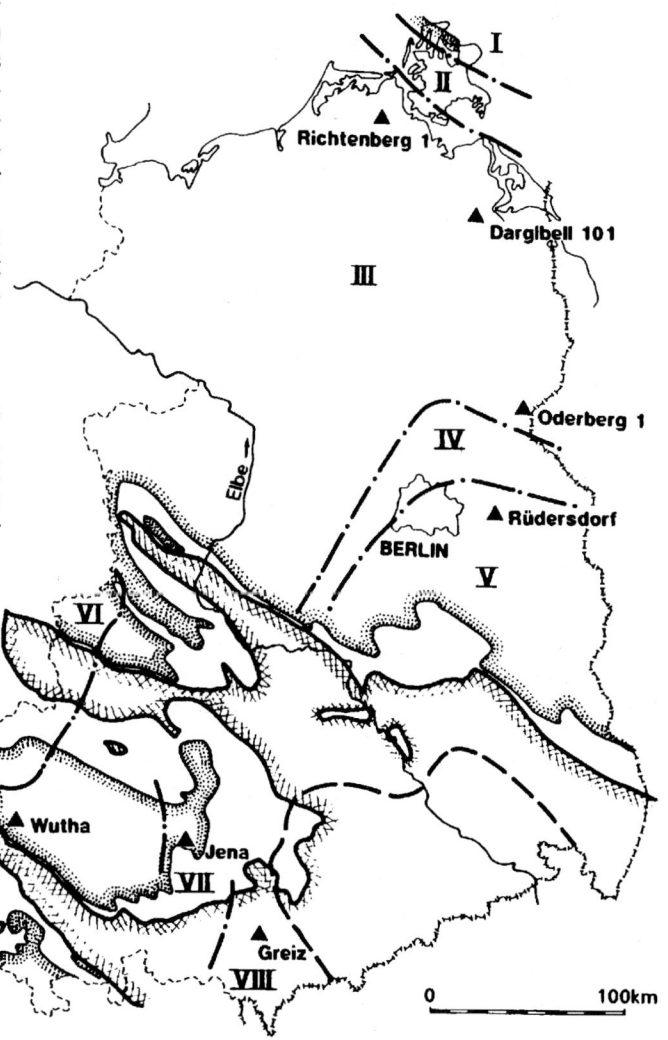

Abb. 10 Faziesbereiche im Unteren Muschelkalk.

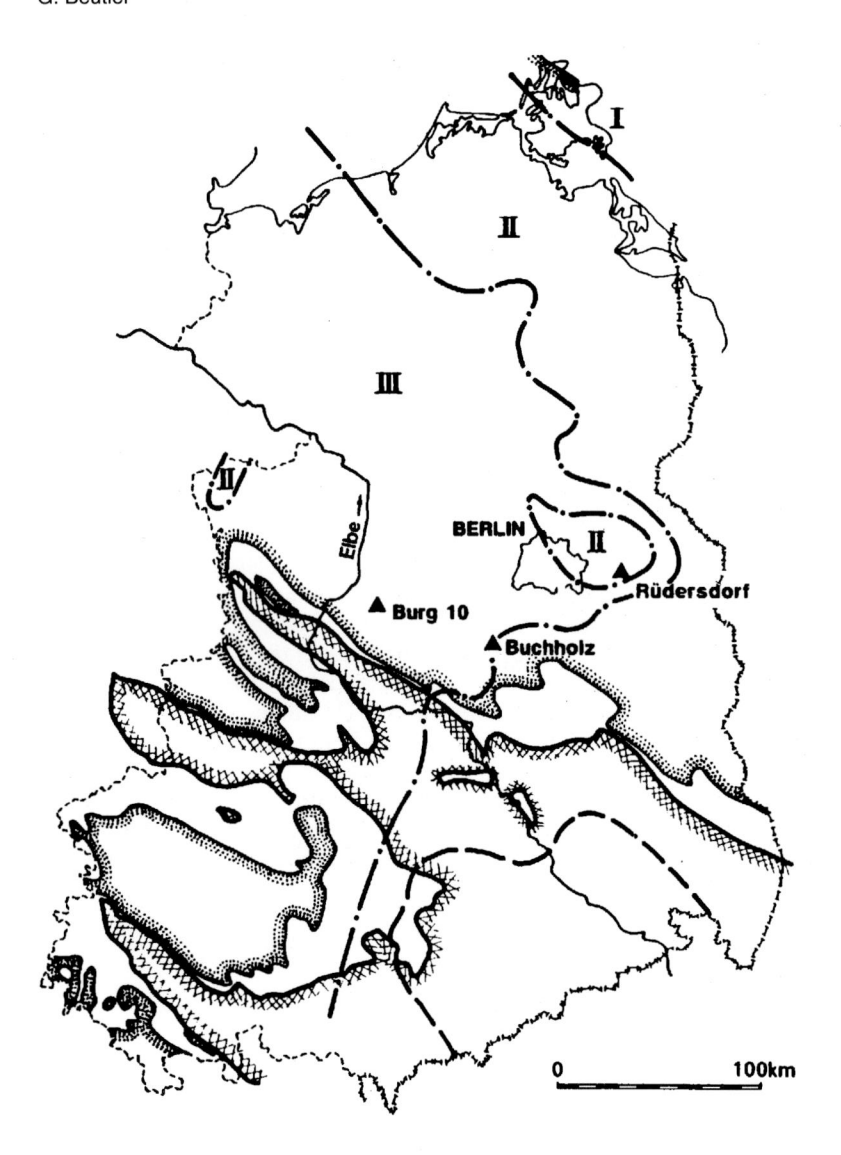

Abb. 11 Faziesbereiche im Mittleren Muschelkalk.

(ASSARURI & LANGBEIN 1987), deren Entstehung z. T. noch umstritten ist.

Im Hinblick auf die paläogeographische Gesamtsituation sind die Merkmale, die für einen sub- bis supratidalen Bildungsraum sprechen, von besonderer Bedeutung. Dieser Faziestyp leitet über zu dem Vorkommen von Ida-Waldhaus bei Greiz (Typ VIII). Nach den Beschreibungen von HOPPE (1966) und PUFF (1970) liegt hier ein Wechsel „normaler Wellenkalksedimente" mit Schuttbildungen des Thüringischen Schiefergebirges vor. Es fehlen jedoch Anzeichen für einen klastischen Randsaum.

Paläogeographie des Mittleren Muschelkalks
Mit nur drei Faziestypen soll die regionale Verteilung der faziesempfindlichsten Schichtglieder, der evaporitischen Elemente, dargestellt werden (Abb. 11). Der wichtigste Faziestyp wird mit der Einheit III beschrieben. Dargestellt wird die maximale Verbreitung des Muschelkalksteinsalzes. Es zeichnet sich im Westteil des Untersuchungsgebietes ein relativ geschlossenes Areal ab, das mit Sicherheit nur im Gebiet der Altmark von einer halitfreien Sulfatentwicklung (II) unterbrochen ist. Für den Eichsfeld-Anteil sind keine sicheren Aussagen möglich, da durch Subrosionsprozesse die Verbreitung des Muschelkalksalzes sekundär überprägt ist. Es kann jedoch die Annahme einer halitfreien Schwellenregion nicht abgelehnt werden.

Das Steinsalzvorkommen wird in seiner östlichen Umrahmung von der Sulfatfazies (II) umgeben, dem im Raum Berlin-Rüdersdorf ein lokales Areal vorgelagert ist. Das verhältnismäßig häufige Auftreten von Fossilhorizonten im Rüdersdorfer Profil (PICARD 1916) weist auf besondere Bildungsbedingungen in diesem Areal hin.

Schließlich ist auf Mittel- und Nordrügen der Übergang von der Sulfat- in die Dolomitentwicklung festgestellt worden. Mit dem Anstieg zur Rügen-Schwelle wird der Sulfatanteil durch Dolomit ersetzt.

Paläogeographie des Oberen Muschelkalks
Die paläogeographische Übersicht für den Oberen Muschelkalk schließt unmittelbar an die Darstellung von KLEINSORGE (1935) an. In Abb. 12 sind sechs Fazieseinheiten ausgewiesen worden. Fazies I und II charakterisieren den Einfluß der Rügen-Schwelle mit tiefgreifender Keuperentwicklung (teilweise mit Rotsedimenten, dolomitischen Einschaltungen). Im höheren Bereich der Rügen-Schwelle setzt die Rotfärbung bereits in den Mittleren Ceratiten Schichten ein (Zone I). Die Farbgrenze wandert südwärts in immmer jüngere Bereiche. Die südliche Faziesgrenze der Zone II entspricht etwa dem Einsetzen der Rotsedimente an der Basis des Lettenkeupers.

Ab Fazieseinheit III dominieren im Oberen Muschelkalk

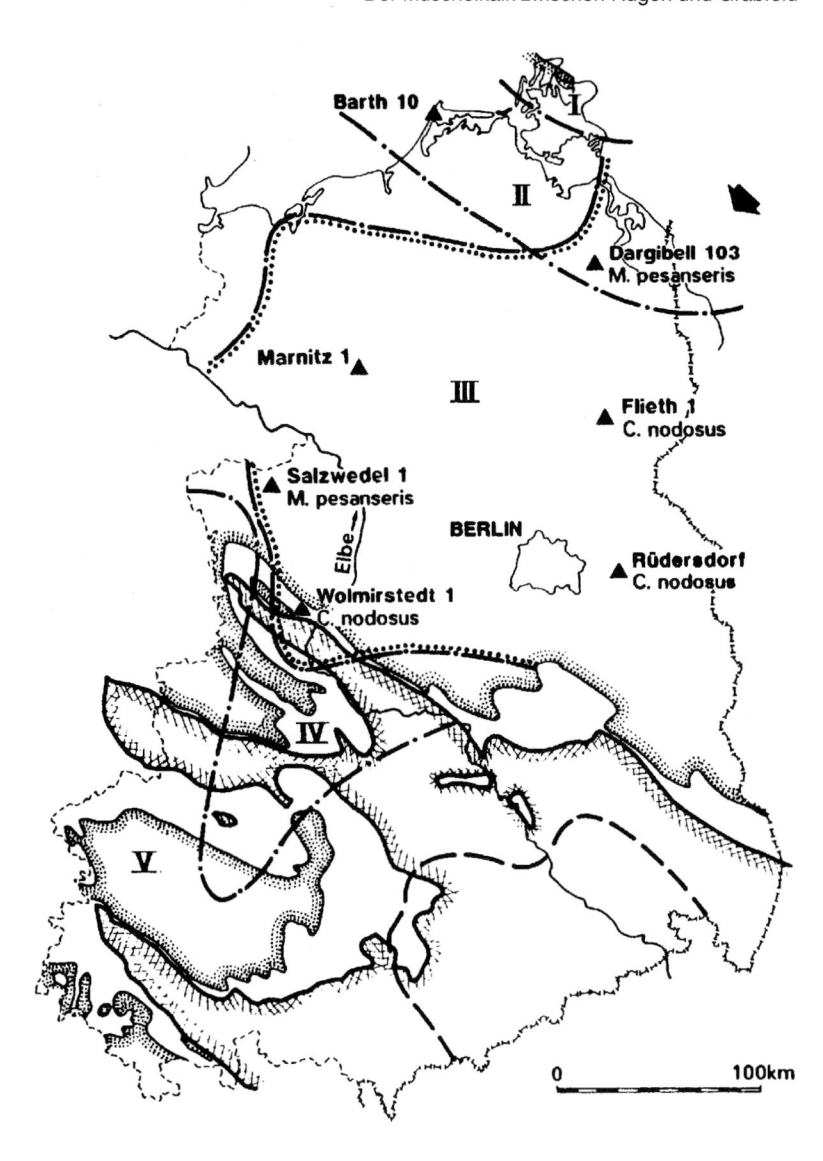

Abb. 12 Faziesbereiche im Oberen Muschelkalk.

dunkle und graue Sedimente. Kennzeichnend für den Faziestyp II ist die Sandsteinführung, die oberhalb der *enodis/laevigatus*-Zone mit mehreren z.T. mächtigen Bänken der bestimmende Gesteinstyp ist. Dieser Sandstein erreicht das Sedimentationsgebiet über die Oderbucht.

In den Fazieseinheiten IV und V wurden die Hauptelemente der mitteldeutschen Entwicklung ausgehalten. Die Einheit IV charakterisiert die dominierende Tonplattenentwicklung im Beckentiefsten (n. KLEINSORGE 1935). Im Bereich der Eichsfeld-Altmark Schwelle und der ostthüringischen Randzone wird die Tonplattenfazies im Niveau des Trochitenkalkes durch massige Bankkalke (Schillkalke, Sparite etc.) und im höheren Muschelkalk durch mächtige Ostracodentone und tiefgreifende Dolomitfazies (Kastendolomite) vertreten (Fazieszone V).

Die Fundpunkte der jüngsten Ceratiten ergänzen die Darstellungen von RIEDEL (1916), KLEINSORGE (1935). Der Nachweis von *Ceratites nodosus* in Rüdersdorf wird durch die Funde in Wolmirstedt und Flieth untermauert. In den Bohrungen auf der Rügen-Schwelle wurden bisher keine Ceratiten gefunden.

Die Fundpunkte von *Myophoria pesanseris* entsprechen dem klassischen Vorkommen von Lüneburg (RIEDEL 1916).

Summary

The subsurface Muschelkalk strata in the northern part of the Germanic Basin have been recovered in numerous deep borings. The logs could be correlated stratigraphically with Muschelkalk outcrops of the classical areas in Thuringia and Sachsen-Anhalt. From these data an overview of the Muschelkalk palaeogeography is constructed. Most important for sedimentary processes during Muschelkalk times is the influence of the North Continent which becomes most clearly visible in the changing facies on the Isle of Rügen. Another special facies development is recognized in Brandenburg forming a transition to the Muschelkalk facies in SW-Poland.

Literatur

ALTHEN, G.W., RUSBÜLT, J. & SEEGER, J. (1980): Ergebnisse einer regionalen Neubearbeitung des Muschelkalks der DDR. - Z. geol. Wiss., **8**, 8, 985-999, Berlin.

ASSARURI, M. & LANGBEIN, R. (1987): Verbreitung und Entstehung intraformationeller Konglomerate im Unteren Muschelkalk Thüringens (Mittlere Trias) - Z. geol. Wiss., **15**, 4, 511-525, Berlin.

BEUTLER, G. (1976): Zur Ausbildung und Gliederung des Keupers in NE-Mecklenburg. -Jb. Geol. f. 1971/1972, 718, 119-126, Berlin.

DOCKTER, J., PUFF, P., SEIDEL, G. & KOZUR, U. (1980): Zur Triasgliederung und Symbolgebung in der DDR. - Z. geol. Wiss., **8**, 8, 951-963, Berlin.

HOPPE, W. (1966): Die regionalgeologische Stellung der Thüringer Trias. - Ber. deutsch. Ges. geol. Wiss. A. geol. Paläont., **11**, 1/2, 7-38, Berlin.

HOPPE, W. (1976): Die paläogeographisch-fazielle Entwicklung im Südteil des Germanischen Buntsandsteinbeckens. - Schriftenr. geol. Wiss., **6**, 5-62, Berlin.

JUBITZ, K.-B. (1969): Beziehungen zwischen Stoffbestand und Bauformen im Tafeldeckgebirge. - Geologie, **18**, 8, 911-945, Berlin.

KLEINSORGE, H. (1935): Paläogeographische Untersuchungen über den Oberen Muschelkalk in Nord- und Mitteldeutschland. - Mitt. Geol. Staastinst. Hamburg, **15**, 57-151, Hamburg.

KOLB, U. (1975): Zur Mikrofazies im Unteren Muschelkalk des Subherzyns. - Z. geol. Wiss., **3**, 11, 1427-1438, Berlin.

KOOTZ, G. & SCHUMACHER, K.-H. (1967): Der Keuper im Bereich der Altmark-Südwestmecklenburg-Schwelle unter besonderer Berücksichtigung der Bohrung Salzwedel 1. - Jb. Geologie, **1** für 1965, 89-119, Berlin.

KOZUR, H. (1969): Conodonten aus dem Muschelkalk des germanischen Binnenbeckens und ihr stratigraphischer Wert. Teil I: Conodonten vom Plattformtyp und stratigraphische Bedeutung der Conodonten aus dem Oberen Muschelkalk. - Geologie, **17**, 8, 939-946, Berlin.

KOZUR, H. (1974): Biostratigraphie der germanischen Mitteltrias. - Freiberger Forsch.-H., C **280**, T. I, 1-56, T. II, 1-71, Berlin.

PÄTZ, W. (1965): Zur Stratigraphie des Muschelkalkes der Forstberg-Antiklinale bei Mühlhausen nach Bohrergebnissen. - Geologie, **14**, 7, 840-850, Berlin.

PICARD, E. (1916): Mitteilungen über den Muschelkalk bei Rüdersdorf. - Jb. Kgl. Preuß. Geol. LA f. 1914, **35**, II, 366-372, Berlin.

PUFF, P. (1970): Die Triasscholle bei Greiz. Ein Beitrag zur postvariszischen Entwicklung des Ostthüringischen Schiefergebirges. - Geologie, **19**, 10, 1135-1142, Berlin.

RAAB, O. (1907): Neue Beobachtungen aus dem Rüdersdorfer Muschelkalk und Diluvium. - Jb. Kgl. Preuß. Geol. LA. f. 1904, **25**, 205-217, Berlin.

RIEDEL, A. (1916): Beiträge zur Paläontologie und Stratigraphie der Ceratiten des deutschen Oberen Muschelkalks. - Jb. Kgl. Preuß. Geol. LA. f. 1916, **37**, 1, 1-116, Berlin.

SCHULZE, G. (1964): Erste Ergebnisse geologischer Untersuchungsarbeiten im Gebiet der Scholle von Calvörde. - Z. ang. Geol., **10**, 7, 338-348, 8, 403-413, Berlin.

SCHWAHN, H.-J. & BÖTTCHER, W. (1974): Entwicklung der komplexen Nutzung des Muschelkalks von Rüdersdorf als Rohstoff für die Bauindustrie. - Z. ang. Geol., **20**, 7, 297-300, Berlin.

SCHWAHN, H.-J. & GAHRMANN, N. (1976): Der Mittlere Muschelkalk im östlichen Subherzyn. - Hercynia N.F., **13**, 3, 332-339, Leipzig.

SEIFERT, H. (1928): Vergleichende stratigraphische Untersuchungen über dem Unteren Muschelkalk in Mittelthüringen. - Jb. Preuß. Geol. LA., **49**, II 859-917, Berlin.

SPARFELD, K.-F. (1980): Zur Biostratigraphie und Palökologie der Hauptmuschelkalk- und Lettenkeuper-Folge im östlichen Teil der Calvörder Scholle. - Z. geol. Wiss., **8**, 8, 1079-1093, Berlin.

STOLL, A. (1980): Einige kurze Bemerkungen zum Fauneninhalt des unteren Wellenkalks der Struktur Rüdersdorf unter besonderer Berücksichtigung der Mikrofauna. - Z. geol. Wiss., **8**, 8, 1051-1055, Berlin.

STREICHAN, H.-J. (1980): Geochemische und paläontologische Charakterisierung des Übergangsbereichs Myophorien-Folge/Wellenkalk-Folge in der Struktur Rüdersdorf. - Z. geol. Wiss., **8**, 8, 1029-1049, Berlin.

TRÖGER, K.-A. & KURZE, M. (1980): Zur paläogeographischen Entwicklung des Mesozoikums im Südteil des Subherzynen Beckens. - Z. geol. Wiss., **8**, 10, 1247-1265, Berlin.

WENDLAND, F. (1980): Zur Feinstratigraphie des Unteren Muschelkalks in der thüringischen Vorderrhön (Bezirk Suhl, DDR). - Z. geol. Wiss., **8**, 8, 1057-1078, Berlin.

WIEFEL, H. & J. (1980): Zur Lithostratigraphie und Lithofazies der Ceratitenschichten (Trias, Hauptmuschelkalk) und der Keupergrenze im östlichen Teil des Thüringer Beckens. - Z. geol. Wiss., **8**, 8, 1095-1121, Berlin.

WOLBURG, J. (1969): Die epirogenetischen Phasen der Muschelkalk- und Keuperentwicklung Nordwest-Deutschlands, mit einem Rückblick auf den Buntsandstein. - Geotekt. Forsch., **32**, 1-65, Stuttgart.

ZWENGER, W. (1985): Mikrofaziesuntersuchungen im Unteren Muschelkalk von Rüdersdorf. - Wiss. Z. E.-M.-A.-Univ. Greifswald, **34**, 4, 17-20, Greifswald.

ZWENGER, W. (1987): Hartgründe im Unteren Muschelkalk von Rüdersdorf. - Z. geol. Wiss., **15**, 4, 501-510, Berlin.

Zur Gliederung des Muschelkalks in Nordwestdeutschland in Tiefbohrungen anhand von Bohrlochmessungen

Horst Gaertner, Kassel

5 Abbildungen, 2 Tabellen

Vorbemerkungen

Nordwestdeutschland als Teil der Zentraleuropäischen Senke ist von mächtigen jungpaläozoischen, meso- und känozoischen Sedimenten bedeckt. Nördlich der Linie Osnabrück—Hildesheim—Braunschweig sind Gesteine der Trias praktisch obertägig nicht zugänglich. Unsere Kenntnisse über die Trias in diesem Gebiet beruhen auf Bohraufschlüssen, welche die Erdölindustrie zur Erschließung von Gaslagerstätten in Buntsandstein, Zechstein, Rotliegendem und Oberkarbon in mehr als fünfzig Jahren abgeteuft hat, weit über 600 an der Zahl.

Bohrlochmessungen als Hilfsmittel bei der lithostratigraphischen Gliederung

Bohrkerne liegen in der Regel nur aus den älteren Bohrungen vor. Der Bohrungsbearbeiter muß sich zur stratigraphischen Gliederung und lithologischen Ansprache mit dem vom Bohrmeißel fein zermahlenen Bohrklein, den „cuttings", begnügen. Als ausgezeichnetes Hilfsmittel stehen ihm elektrische Bohrlochmessungen zur Verfügung. Das „elektrische Kernen", wie man es in den Anfangsjahren nannte, erspart den Bohrtechnikern das zeit- und kostenaufwendige Kernen und gibt dem Geologen zusammen mit der Auswertung des Spülprobenmaterials Informationen über die durchteufte Schichtenfolge.

Mit Hilfe folgender Bohrlochmessungen:
- des elektrischen Widerstands (Electrical Log ES, Laterolog L, Induction Log IES),
- des Eigenpotentials der Gesteine (SP),
- ihrer natürlichen und induzierten Gammastrahlung (Gamma Ray GR, Neutron Log N),
- der Laufzeitmessung (Sonic Log SL),
- der Gesteinsdichte (Formation Density Log FDC)
- sowie der Schichtneigung und des Streichens der Schichten (Dipmeter HDT)

erhält der Bohrungsbearbeiter eine ganze Reihe von geologischen und gesteinsspezifischen Daten, die in der Kombination verschiedener Messungen Aussagen zur Schichtenfolge, zur Lithologie und Tektonik des durchteuften Bohrprofils und seiner näheren Umgebung sowie über Gesteinsparameter und Poreninhalt durchteufter Speichergesteine ermöglichen.

Mit Hilfe speziell entwickelter Computerprogramme ist es z.B. Hock & Stowe (1988) gelungen, am Staßfurtkarbonat des Zechstein 2 Nordwestdeutschlands 48 Karbonat-Faziestypen zu unterscheiden. Die Fa. Schlumberger hat ein Element-Analyse-Programm („ELAN") entwickelt, mit dessen Hilfe bis zu 97,5 % der die Gesteine zusammensetzenden Minerale mittels Bohrlochmessungen bestimmt werden können (Betz 1990; Wendlandt & Bhuyan 1990).

Um anhand von Logs derart diffizile Aussagen machen zu können, müssen folgende Voraussetzungen gegeben sein:

- Es muß eine ganze Reihe von Bohrlochmessungen vorliegen, um daraus die mineralogische Zusammensetzung der Gesteine, ihre Porosität und die Sättigungsverhältnisse ihrer Porenfüllung zu berechnen.
- Andererseits sind petrographische und petrophysikalische Untersuchungen am Kernmaterial erforderlich, um die Bohrlochmessungen eichen zu können.

Aufwendige und kostspielige Meßverfahren beschränken sich in ihrer Anwendung verständlicherweise auf Bereiche, die für die Erdölindustrie als Speicherhorizonte für Kohlenwasserstoffe von Interesse sind. Bei den Muschelkalkprofilen muß man sich in der Regel mit einem Standardmeßprogramm für Widerstand, Gammastrahlung und Laufzeit begnügen. Sie liefern in der Kombination miteinander Informationen in genügendem Ausmaß, um z.B. am Wechsel von Karbonatbänken mit Mergel-, Tonmergel- und Tonlagen eine lithologische Feingliederung der Bohrprofile vornehmen zu können. Auf diese Weise erhält man detaillierte Informationen zur Stratigraphie, Fazies und Paläogeographie des Ablagerungsraumes sowie zur Tektonik.

Bisherige Gliederungsversuche

Die Klärung der Stratigraphie der durchbohrten Schichten ist bei der Diagrammbearbeitung die vordringlichste Aufgabe des Geologen. Die ersten, die über ihre Erfahrungen bei der stratigraphischen Gliederung von Bohrlochmessungen berichteten, waren in Deutschland Schad (1949) und Tobien (1949).

Mit der Gliederung der Trias nach Bohrlochmessungen befaßten sich zuerst Boigk (1961a, 1961b), Trusheim (1961, 1963) und insbesondere Wolburg (1956, 1969). Wolburg war auch der erste, der anhand von Bohrlochdiagrammen eine lithostratigraphische Gliederung des nordwestdeutschen Muschelkalks vornahm (Abb. 1). Er konnte feststellen, daß in der Abfolge von Kalksteinbänken (mit geringer Gammastrahlung, da frei oder arm an Tonbeimengungen) und den tonig-mergeligen Schichtgliedern (mit entsprechend höherer Gammastrahlung) eine Zyklizität herrscht, wie sie Fiege (1938) im anstehenden Muschelkalk beobachtet hatte.

Die Gesetzmäßigkeiten im Aufbau der Muschelkalkprofile Norddeutschlands wurden in den Folgejahren von einer Reihe von Autoren untersucht (Duchrow & Grötzner 1984; Grötzner 1984; Klotz 1990; Kolb 1976; Röhl 1990; Schulz 1972; Stein 1968, um nur einige Namen zu nennen). Neben Wolburg haben auch andere Autoren diesen zyklischen Aufbau der Schichtenfolge des Muschelkalks zu einer feinstratigraphischen Gliederung von Bohrprofilen Norddeutschlands benutzt (Althen et al. 1980; Beutler & Schüler 1987; Merz 1987).

Für den Buntsandstein ist bereits überzeugend dargelegt worden, daß Zyklen dieser Art über größere Entfernung verfolgbar sind (Best 1989; Brüning 1986; Röhling 1991).

Mit Hilfe der hier vorzustellenden Feingliederung des Muschelkalks war es möglich, eine für den ganzen nordwestdeutschen Raum einheitliche Abgrenzung gegen den Röt im Liegenden und den Keuper im Hangenden vorzunehmen sowie die Untergliederung in Unteren, Mittleren und Oberen Muschelkalk zu präzisieren.

Diese Grenzfestlegungen beruhen allein auf lithostratigraphischen Befunden, der einzigen Gliederungsmöglichkeit in ungekernten Bohrprofilen, aus denen weder Mikro- noch Makrofossilien eine paläontologisch begründete Einstufung der Schichtenfolge zulassen. Eine Zuordnung der Leitbänke des Unteren Muschelkalks war dank des Entgegenkommens von Herrn Dr. Käding (Fa. Kali + Salz) möglich, der dem Verfasser die Durchmusterung eines gekernten und geophysikalisch vermessenen Bohrprofils aus der Gegend von Hildesheim gestattete.

Der paläogeographische Rahmen des Sedimentationsraumes

Die Gesamtmächtigkeit des Muschelkalks in Nordwestdeutschland beträgt zwischen 200 und 300 m (Abb. 2). Größere Abweichungen sind in der Regel auf den Mittleren Muschelkalk beschränkt und bedingt durch Salztektonik, in Rand- und Schwellenpositionen auch auf mehr oder minder vollständige Ablaugung salinarer Schichtglieder oder die Vertretung von Salzen durch geringermächtige Sulfate. Im Unteren und Oberen Muschelkalk verlieren die Karbonatfolgen zu den Rändern hin schnell an Mächtigkeit infolge von Schichtreduktionen, erst in zweiter Linie durch größere Schichtlücken. So sinkt die Mächtigkeit des Muschelkalks nach Norden in Richtung auf das Ringköbing-Fünen-Hoch und nach Süden zur Rheinischen Masse hin auf Werte unter 200 m ab.

Die Mächtigkeitsverteilung spiegelt den paläogeographischen Rahmen des Sedimentationsraumes des Muschelkalks wider. Er wird im Westen durch die Holländische Schwelle (WOLBURG 1969) und ihre nördliche Fortsetzung, die Borkum-Schwelle (RÖHLING 1991), und im Osten durch die Eichsfeld-Altmark-Schwelle eingeengt.

Im zentralen Teil des Beckens zeichnet sich die Hunte-Schwelle (TRUSHEIM 1961) als nördliche Fortsetzung der Rheinischen Masse deutlich ab. Sie wird im Westen von der Ems-Senke und im Osten von der Weser-Leine-Senke begleitet. Beide Senken öffnen sich nach Norden zum zentralen Becken hin. Dessen westlicher Teil wird als Helgoland-Becken bezeichnet (RÖHLING 1991). Hinter der Einengung durch die Hunte-Schwelle öffnet sich nach Osten der Holstein-Trog, der über die Eichsfeld-Altmark-Schwelle hinweg mit dem Westmecklenburg-Trog in Verbindung steht.

Die größten Mächtigkeiten des Muschelkalks sind aus dem ostfriesischen Raum bekannt, wo sie bei Westdorf in einer Grabensenke auf über 400 m anschwellen. Eine ähnliche Situation deutet sich in der Seismik für den Raum Glückstadt an (GAERTNER & RÖHLING 1993).

Gliederung des Muschelkalks

Feingliederung des Unteren Muschelkalks

WOLBURG (1969) untergliederte den Unteren Muschelkalk in neun Schichtgruppen (a–i), wobei seine oberste Gruppe (i) bis an die Basis des Muschelkalk-Salzes hinaufreicht (s. Abb. 1a). Der wechselnde Tonanteil der karbonatischen Sedimente ermöglicht eine recht eindeutige Feingliederung der Bohrprofile, die sich in wechselnder Intensität der Gammastrahlung sowie durch charakteristische Änderung der Laufzeit des Sonic Logs ausdrückt. Nach Kern- und Spülprobenbefund reicht die Palette der Gesteine von
- reinen Kalksteinen (mit geringer Gammastrahlung und kurzen Laufzeiten) über
- Plattenkalke,
- Wellenkalke,
- tonig-mergelige Kalke,
- Mergelkalke, mehr oder minder dolomitisch, bis zu
- Tonsteinen, mehr oder minder karbonatisch (mit höherer Gammastrahlung und langsameren Laufzeiten).

Die Gesteinsfarben sind grau: von weißgrau über hell- bis mittelgrau, auch dunkel-, seltener schwarzgrau. Der stärkere Tongehalt drückt sich mitunter durch grünliche Farbtöne aus. Wie bereits WOLBURG (1969) festgestellt hat, ist in den Gesteinen der Randprofile ein gewisser Silt- bis Feinstsandgehalt zu bemerken, der vor allem in den stärker tonigen Lagen auftritt, meist verbunden mit einer Feinstglimmerführung.

In den unteren Zyklen finden sich örtlich braunstichige Mergel- und Tonmergeleinschaltungen. In einigen Fällen

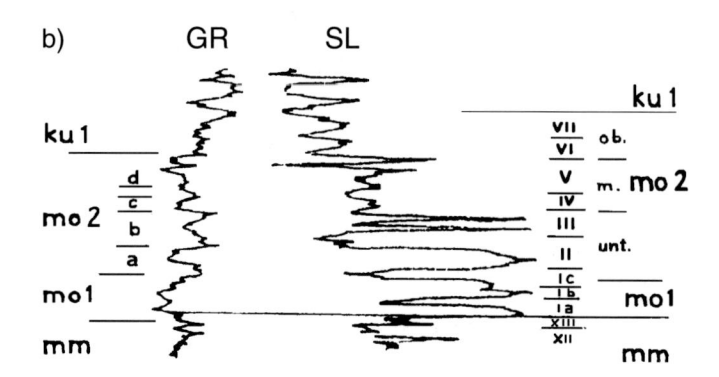

Abb. 1 Feingliederung des Muschelkalks.- a) Unterer Muschelkalk – Buchstaben a – i nach J. WOLBURG (1969); Zahlen I – XIII = Zyklengliederung, b) Oberer Muschelkalk – Buchstaben a – d nach WOLBURG (für Ceratitenschichten); Zahlen I – VII = Zyklengliederung für gesamten Oberen Muschelkalk.

kann dies bis zu einer Rotbraun- und Violettbraun-Tönung führen, so daß sich Ähnlichkeiten mit Gesteinen des oberen Röt-Pelits ergeben. Diese Buntfärbung scheint weitgehend auf Schwellenbereiche beschränkt zu sein, ist aber auch in beckenzentralen Profilen nachzuweisen, wie z.B. im nördlichen Teil der Weser-Leine-Senke, wo der Karbonatanteil der beiden untersten Zyklen deutlich geringer ist als allgemein üblich (s. Abb. 3a). Das erschwert mitunter die lithostratigraphische Grenzziehung gegen den Röt, wenn man nicht die hier praktizierte Feingliederung zu Hilfe nimmt.

Nach der Überarbeitung der Bohrlochdiagramme von über 400 Bohrungen Nordwestdeutschlands konnte eine Untergliederung in 13 Schichtgruppen vorgenommen werden. Diese Zyklen lassen sich im ganzen nordwestdeutschen Raum wiederfinden (Abb. 3, 4 und Tab. 1). Eine weitergehende Untergliederung ist zwar möglich, läßt sich aber nicht überall verfolgen.

Aus den Bohrlochdiagrammen ist zu ersehen, daß die Sedimentation nach dem Schema eines Sohlbank-Typus abgelaufen sein dürfte:

Über einem relativ tonigen Schichtenpaket mit höherer Gammastrahlung und langsameren Laufzeiten folgt mit meist recht scharfer Grenze ein relativ reines Karbonat, mitunter durch geringmächtige tonige Einschaltungen in einzelne Lagen aufgelöst. Zum Hangenden hin nimmt, wie aus ansteigender Gammastrahlung zu ersehen ist, der Tonanteil allmählich wieder zu, bis er dicht unterhalb der Grenze zum hangenden Zyklus sein Maximum erreicht.

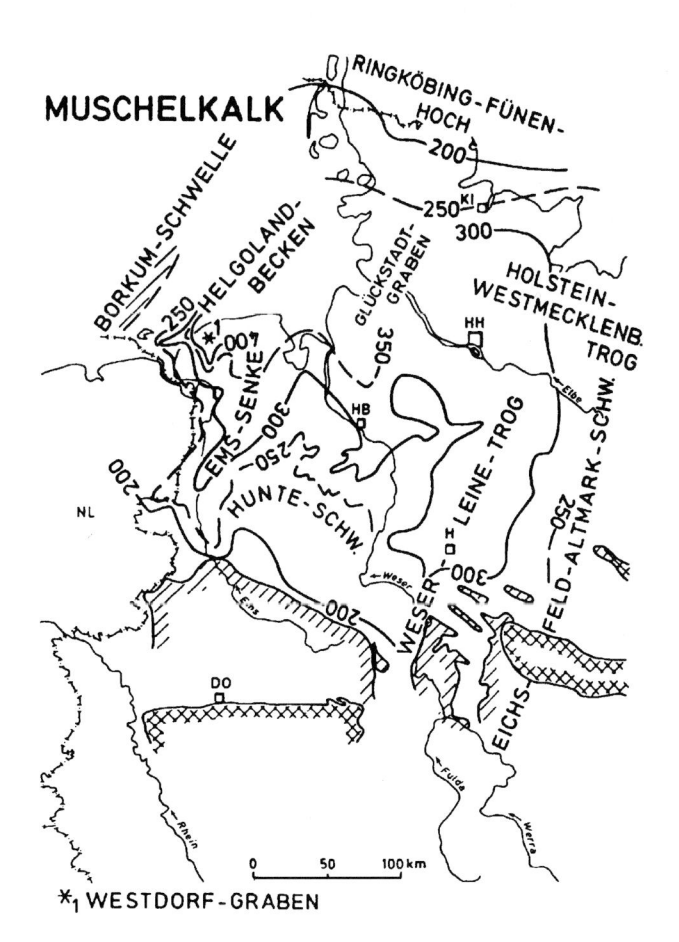

Abb. 2 Isopachenkarte des Muschelkalks in NW-Deutschland. Die Mächtigkeitsverteilung spiegelt die Morphologie des nordwestdeutschen Raumes zur Zeit des Muschelkalks mit den aus dem Buntsandstein bekannten Elementen wider.

Nur an der Basis im Übergang vom Röt zum Muschelkalk ebenso wie in manchen Fällen im Grenzbereich zum Mittleren Muschelkalk ist diese klare Gliederung nach dem Sohlbank-Typus verwaschen und mitunter zum Dachbank-Typus hin verschoben. Die Regel ist jedoch – im Unteren wie auch im Oberen Muschelkalk – eine plötzlich einsetzende Karbonatsedimentation mit allmählicher Zunahme des Tonanteils zum Hangenden hin.

Die ausgegliederten Schichtgruppen lassen sich mit den Zyklen vergleichen, wie sie RÖHLING (1991) aus dem Unteren und Mittleren Buntsandstein beschrieben hat. Daß sich die durch epirogene Bewegungen und/oder

Tabelle 1 Gliederung des Unteren Muschelkalks

Zyklen-Gliederung		Schichtgruppen n. WOLBURG (1969)
Hangendes:	Untere Dolomitmergel des Mittleren Muschelkalks	
XIII	Schaumkalkbänke	h z.T.
XII	Oberer Wellenkalk	g bis h unten
XI oben		
XI unten	Terebratelbänke	f oben
X b		
X a		
IX	Mittlerer Wellenkalk	f unten bis e oben
VIII		
VII oben		
VII unten	Oolithbänke	e unten
VI		
V		
IV	Unterer Wellenkalk	d - a
III		
II		
I		
Liegendes:	Oberer Röt-Pelit	

eustatische Meeresspiegelschwankungen verursachte Zyklizität in der Mittleren Trias für eine lithostratigraphische Feingliederung nutzen läßt, hatte bereits FIEGE (1938) erkannt. Diese zyklische Gliederung ermöglicht trotz Faziesschwankungen und Mächtigkeitsänderungen eine durchgehende Korrelierung von Bohrprofilen von der Ems bis zur Elbe und vom Ringköbing-Fünen-Hoch bis zum Mittelgebirgsrand. Auch eine Einhängung in die Bohrprofile auf dem Gebiet der neuen Bundesländer – insbesondere Thüringen – erscheint nach ersten Vergleichen durchaus möglich.

Man kann unterscheiden zwischen Beckenprofilen mit relativ gleichbleibender, größerer Mächtigkeit, in denen sich Faziesänderungen durch Wechsel der Charakteristika der Diagramm-Konfiguration bemerkbar machen, und Schwellen- bzw. Randprofilen mit mehr oder minder großen Mächtigkeitsreduktionen. In einigen Fällen kann es auch zu größeren Schichtlücken kommen, die über das Ausmaß der Mächtigkeit eines Zyklus hinausgehen.

Im zentralen Beckenteil lassen sich vier Faziesbereiche erkennen:

a) Typus Weser-Leine-Senke zwischen Elbe und Weser, charakterisiert durch mehr oder minder allmähliche Zunahme des Tongehalts innerhalb eines Zyklus zum Hangenden hin (Abb. 3a).
b) Typus Ems-Helgoland-Senke vom Emsland und Ostfriesland bis ins westliche Oldenburg. Typisch für die Profile ist ein relativ abrupter Wechsel von fast tonfreien Karbonatbänken zu Tonmergelschichten, in die nur gelegentlich Karbonatlagen eingeschaltet sind. Im Gamma-Log zeigt sich dies durch relativ scharfen Wechsel in der Intensität der Gammastrahlung ebenso wie in den Laufzeiten des Sonic-Logs (Abb. 4a). Dadurch kann hier die Zuordnung zu Sohl- oder Dachbank-Typus erschwert werden.
c) Ein Übergangstyp zwischen a) und b) fällt in seiner Verbreitung etwa mit der Hunte-Schwelle zusammen, wie sie aus dem Mittleren Buntsandstein bekannt ist (TRUSHEIM 1961).
d) Weniger deutlich läßt sich der Typus Holstein-Senke von der Ausbildung des Typus a) abgrenzen. Nach der Intensität der Gammastrahlung ist der Tonanteil der Mergellagen größer als in der Weser-Leine-Senke (Abb. 4b).

Die Schwellen- und Randprofile ähneln in ihrer Konfiguration weitgehend den ihnen benachbarten Beckenprofilen. Mächtigkeitsreduktionen zeigen sich praktisch in allen Zyklen des Unteren Muschelkalks. Im Unteren Wellenkalk sind es die Zyklen III und IV, die besonders deutlich von Mächtigkeitsreduktionen betroffen werden. Auf den Schwellen und an den Beckenrändern sind die dort geringmächtig entwickelten Zyklen I – III kaum voneinander abzugrenzen.
Oberhalb Zyklus VI wird mitunter eine Korrelierung von Bohrungen durch Änderungen in der Log-Konfiguration erschwert. Offensichtlich setzen hier neben Mächtigkeitsreduktionen auch Faziesdifferenzierungen ein.

Feingliederung des Mittleren Muschelkalks

Über den Mittleren Muschelkalk soll an anderer Stelle in diesem Band berichtet werden (GAERTNER & RÖHLING 1993). Deshalb folgen hier nur einige Bemerkungen zur Gliederung.
Der Mittlere Muschelkalk konnte in 13 Schichtgruppen aufgegliedert werden, die sich auf drei Abschnitte verteilen:

- Obere Dolomit-Wechselfolge   (Zyklen XIII–XII)
- Salinar-Folge   (Zyklen XI–IV)
- Untere Dolomit-Wechselfolge   (Zyklen III–I).

Sulfate können auch in der Unteren wie der Oberen Dolomit-Wechselfolge auftreten. In Schwellennähe werden wiederum die Anhydritlagen und -bänke durch Karbonat vertreten, besonders im Zyklus XI, in dem zwei Dolomitbänke, getrennt durch Dolomitmergel, eine gute Korrelationsmöglichkeit bieten. In den zentralen Beckenteilen kam es in diesem Zyklus noch zur Abscheidung von Sulfat.
Bis zu sechs Salzzyklen können ausgeschieden werden, jeweils getrennt durch tonig-anhydritische Lagen, die dem jeweiligen salinaren Faziestiefpunkt entsprechen.

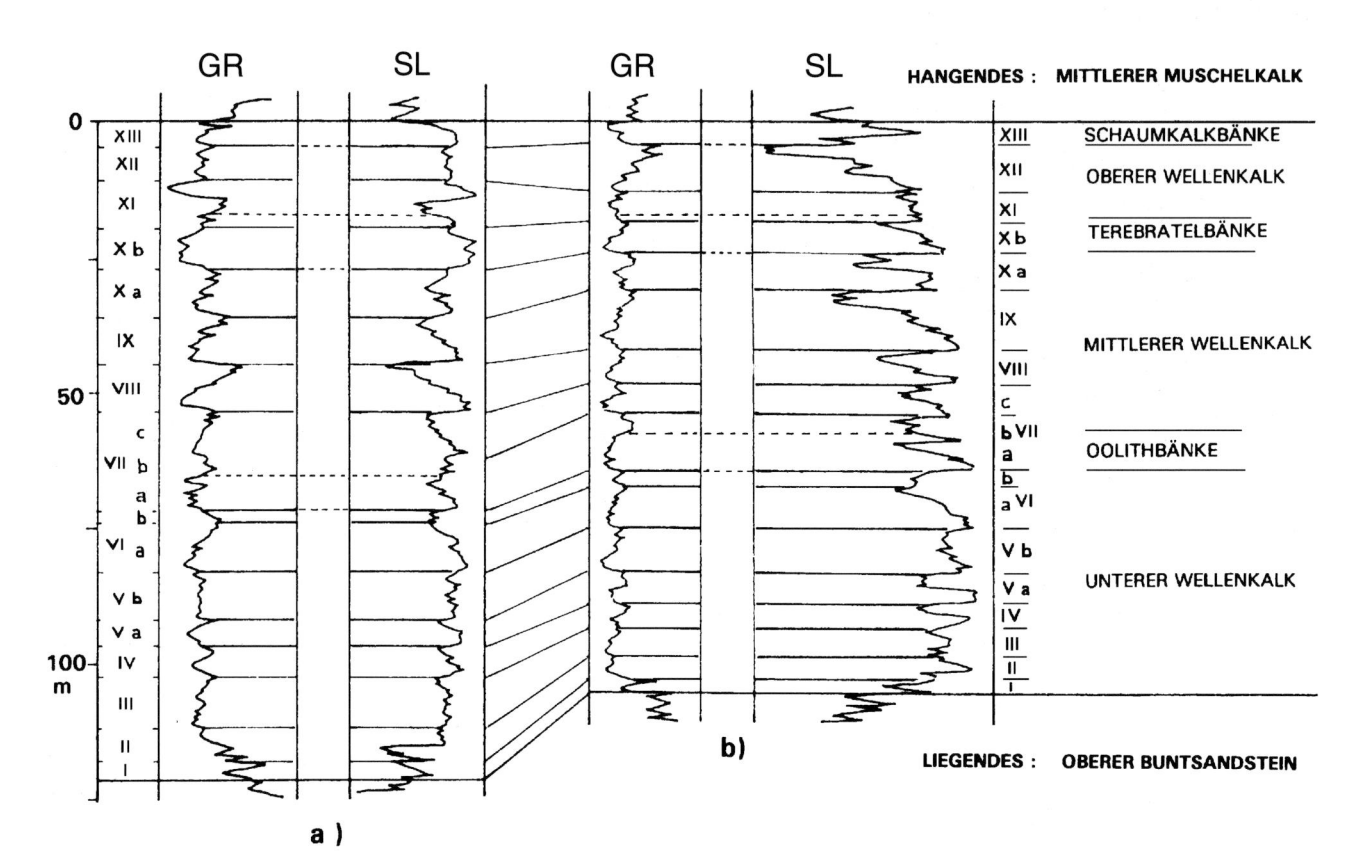

Abb. 3 Feingliederung des Unteren Muschelkalks.– a) im nördlichen Teil der Weser-Leine-Senke, b) im südlichen Teil der Weser-Leine-Senke. Im Profil (a) weist sich der geringere Karbonat- und der höhere Tonmergelanteil des Zyklus I durch höhere Gammastrahlung und niedrige Sonic-Laufzeit aus. Der Zyklus VII ist in beiden Profilen deutlich aufgeweitet und läßt sich dreifach untergliedern.

Zu beachten sind die nicht unbeträchtlichen Mächtigkeitsschwankungen, die vor allem durch Salzeinschaltungen verursacht werden. Hierbei ist zu berücksichtigen, daß es nicht selten zu Salzanstauungen und -ausquetschungen infolge Halokinese kommen kann, so daß die angetroffenen Salzmächtigkeiten in vielen Fällen nicht primär sein dürften.

Des weiteren sei auf die Arbeit GAERTNER & RÖHLING (1993) verwiesen.

Feingliederung des Oberen Muschelkalks

Die Hangendgrenze des Oberen Muschelkalks, seine Abgrenzung gegen den Unteren Keuper, war bislang einer der strittigsten Punkte in der Gliederung der Germanischen Trias. Schon seit längerem ist bekannt, daß die Keuperfazies nicht überall zeitgleich einsetzt und daß sich die Leitfossilien des höheren Oberen Muschelkalks, die Ceratiten, in Schichten fanden, die faziell zum Keuper zu stellen sind.

Nach der in der Erdölindustrie bislang üblichen Grenzziehung, die auf WOLBURG (1969) fußt, endet der Obere Muschelkalk mit einer in den Bohrlochdiagrammen überall einwandfrei auszugliedernden Karbonatbank (Top des Zyklus V; s. Abb. 1b und 5). Darüber folgen feinklastische Sedimente in Keuperfazies mit höherer Gammastrahlung und stark wechselnden, meist recht langsamen Sonic-Laufzeiten. Nach Spülprobendurchsicht stimmt diese Grenze gut überein mit dem ersten Auftreten von deutlich kalkigen ‚cuttings'.

Der Obere Muschelkalk läßt sich in den Bohrlochdiagrammen in bis zu zehn Schichtgruppen aufgliedern. Diese Zyklen können lokal weiter unterteilt werden. Die Mächtigkeit des Oberen Muschelkalks schwankt im allgemeinen zwischen 40 und über 60 m. Die Parallelisierung der Schichtgruppen mit der Standardgliederung ist Tabelle 2 (s. Seite 62) zu entnehmen.

Die Grenzziehung gegen den Mittleren Muschelkalk ist in den meisten Bohrprofilen unproblematisch. Der Trochitenkalk setzt über mehr oder minder dolomitischen, häufig auch etwas mergeligen Schichten (Zyklus XIII des Mittleren Muschelkalk) mit recht scharfer Grenze als kompakter Kalkstein ein. In den Spülproben weist er sich recht deutlich durch das Auftreten von Crinoidenresten und häufige Ooidführung aus. Durch Einschaltung mergeliger Lagen kann er fast überall in drei Teilzyklen aufgegliedert werden. Der Zyklus I c (in manchen Fällen, in denen eine Abtrennung nicht möglich ist, auch I b) endet mit einer Tonmergellage von 2 bis 3 Metern (Ton 1), in die dünne Kalksteinlagen eingeschaltet sein können. Die Grenze zwischen Trochitenkalk und Ceratitenschichten wird üblicherweise an den Top der Karbonate des Zyklus I c (bzw. I b) gelegt.

Der Zyklus II setzt mit einer sehr kompakten Kalksteinbank ein, die mitunter als „Oberer Trochitenkalk" angesprochen wird. Zum Hangenden nimmt nach Gammastrahl-Kurve der Mergelgehalt zu. Der Zyklus wird abgeschlossen durch ein mehrere Meter mächtiges Tonmergel-Paket (Ton 2).

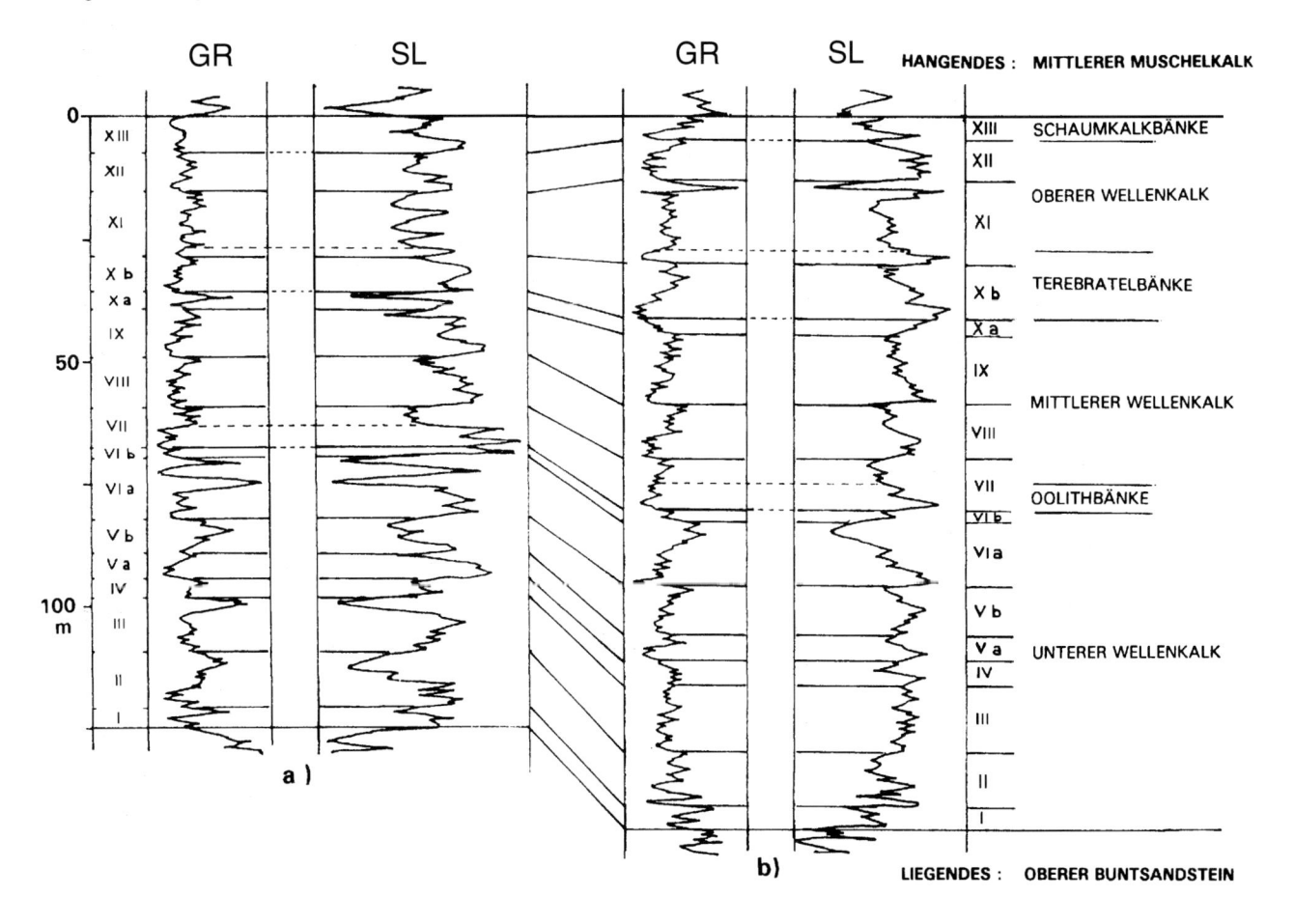

Abb. 4 Feingliederung des Unteren Muschelkalks.- a) in der Ems-Senke, b) im Holstein-Trog. Gute Übereinstimmung herrscht in den Zyklen V bis I. Typisch für die Profile der Ems-Senke ist das relativ abrupte Einsetzen der tonigen Zwischenlagen mit höherer Gammastrahlung und langsameren Sonic-Laufzeiten.

Tabelle 2 Gliederung des Oberen Muschelkalks

Hangendes:		Unterer Lettenkohlensandstein
———— Schichtlücke ————		
X IX VIII VII VI	Obere Ceratiten- schichten	geringmächtige tonig-mergelige Folge; darin sind Glaukonit-Bank (Zyklus IX) und *cycloides*-Bank (Zyklus VI) zu vermuten. „Keuper-Fazies"
- -		
		„Muschelkalk-Fazies"
V IV	Mittlere Ceratiten- schichten	häufig dreigeteilt durch mergelige Einschaltungen; zum Hangenden hin abnehmende Gammastrahlung (Dachbank-Typus). Im Hangendteil Tonmergel-Einschaltungen („Ton 4")
III II	Untere Ceratiten- schichten	Kalkmergel- bis Tonmergelstein; im Hangendteil stärker tonig („Ton 3") An der Basis mächtige Karbonatbank, auch als „Oberer Trochitenkalk" bezeichnet. Im Hangendteil Tonmergel-Lage („Ton 2"). Oberhalb des „Ob. Trochitenkalks" dürfte die *Spiriferina*-Bank zu suchen sein.
I	Trochiten- kalk	Kalkstein, hell gefärbt, oft oolithisch, mit zahlreichen Crinoidenresten. Tonmergel-Einschaltungen ermöglichen Dreiteilung in a) bis c). Am Top von Ic) eine stärker tonige Lage („Ton 1").
Liegendes:		Dolomite (Zellendolomite) des Mittleren Muschelkalks (mm-Zyklus XIII)

Der Zyklus III ist weniger charakteristisch. Auch er endet mit einem Tonmergelpaket von mehreren Metern Mächtigkeit (Ton 3).

Zyklus IV setzt mit einer markanten Karbonatbank ein. Mit ihr beginnen die Mittleren Ceratitenschichten. Die hangenden Tonmergeleinschaltungen sind geringermächtig und weisen sich mitunter nur durch längere Laufzeiten des Sonic-Logs aus (Ton 4 am Top des Zyklus IV).

Der Zyklus V stellt eine Wechsellagerung von Karbonat- und Mergel- bzw. Tonmergellagen dar und läßt sich in zwei bis drei Unterzyklen aufgliedern. Zum Hangenden hin nimmt die Gammastrahlung der Karbonatbänke ab (Dachbank-Typus): Ihr Tonanteil wird geringer. Der Zyklus endet mit einer im Gamma- wie im Sonic-Log sehr ausgeprägten Kalksteinbank von 1–3 m Mächtigkeit, die sich praktisch in allen Bohrlochdiagrammen wiederfindet und gut abzugrenzen ist. Kein Wunder, daß man in der Erdölindustrie diese Bank, über der die Keuperfazies beginnt, zur Abgrenzung gegen den Unteren Keuper benutzte (Abb. 1b und 5). Ceratitenfunde in den Schichten oberhalb dieser Bank in Thüringen, Südniedersachsen und Sachsen-Anhalt (SPARFELD 1980; URLICHS & VATH 1990, sowie freundl. Mitteilung von Herrn Dr. Beutler, Hannover) machen es jedoch erforderlich, die bisher nach lithostratigraphischen Gesichtspunkten gezogene Grenze zum Hangenden hin zu verschieben.

Um eine einwandfreie Grenzziehung zwischen Muschelkalk und Keuper in den Bohrlochdiagrammen wie auch im Gelände zu gewährleisten, wird – in Übereinstimmung mit den Herren Beutler und Röhling, Hannover, – vorgeschlagen, diese Grenze an die Basis des Unteren Lettenkohlensandsteins zu legen. Das erscheint auch deshalb sinnvoll, da sich an der Basis dieses Sandsteins eine mehr oder minder große Schichtlücke nachweisen läßt.

Der Zyklus VII folgt mit einer im Gamma-Log charakteristischen, wenige Meter mächtigen Tonmergelstein-Lage, die zum Hangenden hin stärker tonig wird. Es schließt sich eine geringmächtige, aber sehr markante Karbonatbank an, mit der der Zyklus VIII beginnt, der meist noch eine weitere Karbonatbank einschließt.

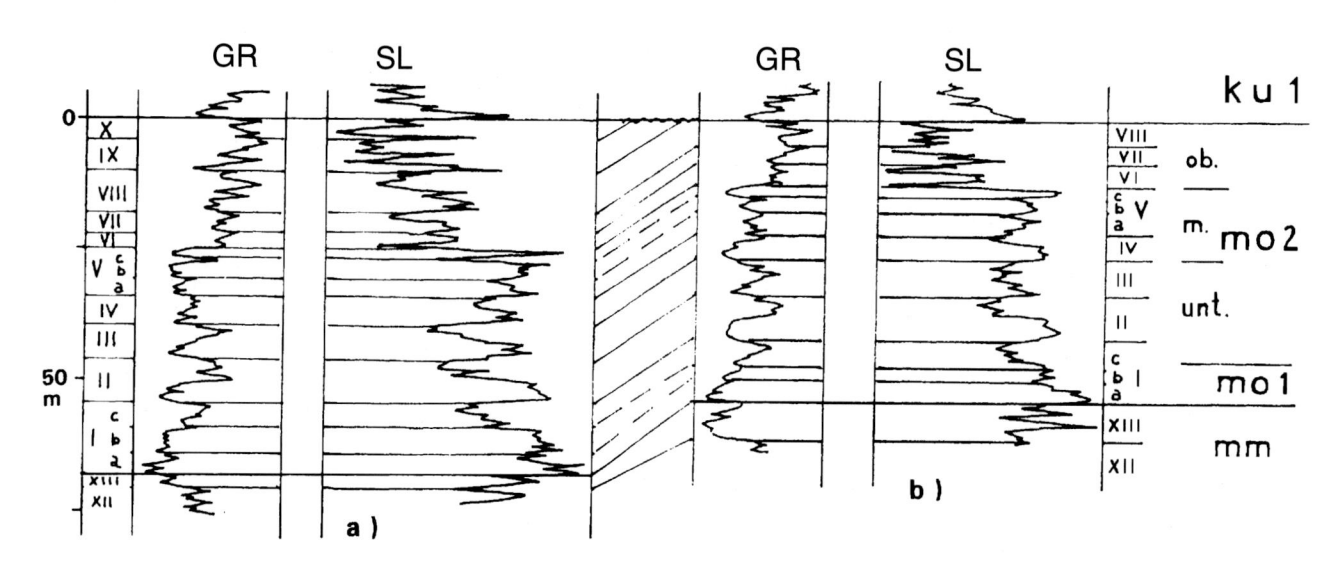

Abb. 5 Feingliederung des Oberen Muschelkalks. – a) im Nordteil der Ems-Senke mit vollständiger Entwicklung der Oberen Ceratitenschichten, b) auf der Hunte-Schwelle mit Schichtausfall der Zyklen X – IX unterhalb des Unteren Lettenkohlen-Sandsteins. – Die gute Übereinstimmung des Kurvenverlaufs im nordwestdeutschen Raum spricht für weitreichend gleiche Fazisverhältnisse.

Die abschließenden Zyklen IX und X sind im Liegenden des Unteren Lettenkohlensandsteins nur in den Beckenprofilen auszugliedern. Der Glaukonitbank Thüringens (MERZ 1987) dürfte entweder die obere Karbonatbank des Zyklus VIII oder eine des Zyklus IX entsprechen.

Auf dem Top der Schwellen und in randlichen Profilen kann die Schichtlücke unterhalb des Unteren Lettenkohlensandsteins bis auf die Mittleren und Unteren Ceratitenschichten hinabgreifen. Nach WOLBURG (1969, Abb. 12) umfaßt die Schichtlücke sogar Teile des Trochitenkalks.

Ausblick
Durch eingehende Überarbeitung der Diagramme von Muschelkalkprofilen Nordwestdeutschlands ergeben sich Möglichkeiten, Sedimentationsabläufe im Trias-Becken Nordwestdeutschlands zu erkennen und zu deuten. Von den vielen Problemen, die dabei aufgetaucht sind, konnten im Rahmen der vorliegenden Skripte nur einige aufgezeigt werden.

Zur Paläogeographie liegen an sich reichlich Informationen vor. Für Schleswig-Holstein stellen sich durch die Nachbarschaft des Ringköbing-Fünen-Hochs einige Fragen, die wohl wegen fehlender Aufschlüsse nur ungenügend geklärt werden können. Ähnlich verhält es sich mit der Umrahmung der Rheinischen Masse, aus der fast nur ältere Bohrungen mit wenig aussagekräftigen Bohrlochmessungen zur Verfügung stehen. Hier muß weitgehend auf die Bearbeitungen von WOLBURG (1956, 1969) zurückgegriffen werden.

Unbedingt erforderlich ist die Anbindung der nordwestdeutschen Profile an die in den neuen Bundesländern abgeteuften Bohrungen sowie an die des benachbarten Auslands und der Nordsee. Somit bleibt für die Zukunft noch ein gerüttelt Maß an Arbeit.

Summary
The Muschelkalk in NW-Germany has been subdivided lithostratigraphically by means of borehole measurement, particularly by gamma ray logs and sonic logs. More than 400 boreholes have thus been evaluated. This paper is based on the discovery of the cyclic nature of the Muschelkalk sedimentation by FIEGE (1938) and WOLBURG (1969). The cyclic change of carbonates and clays or argillaceous marls respectively is caused by epirogenic and/or eustatic sea level changes. The courses of the curves indicate fining upward cycles (Sohlbankzyklen) in the Lower and Upper Muschelkalk. Above a distinct boundary, carbonates overlie clayey to marly sediments. Upsection, the clay content gradually increases reaching its maximum at the end of the cycles. Exceptions to that rule may be found at the base of the Lower Muschelkalk and at the Lower-Middle Muschelkalk boundary.

The Lower Muschelkalk in NW-Germany may be subdivided in 13 units. In basinal regions with increased thickness some of these units may be further subdivided. Towards the swells and the margins the thickness generally is reduced. Major omissions of beds are restricted to the tops of swells and to marginal profiles.

The Middle Muschelkalk comprising up to 6 salinar cycles is only marginally dealt with in this paper, because a full description is given by GAERTNER & RÖHLING in this volume.

The Upper Muschelkalk may be subdivided in up to 10 cycles. In N-Germany, with Cycle VI, which is correlated with the base of the Upper Ceratite Beds, the Keuper facies begins. Since carbonate beds in this finely clastic unit yielded ceratites, the upper boundary of the Muschelkalk had to be shifted upsection to the base of the Lower Lettenkohlensandstein. This sandstone horizon may be used as a practicable boundary between Muschelkalk and Keuper. On the swells and at the margins of the basin, this boundary is represented by a more or less distinct stratigraphic hiatus.

Danksagung
Der Verfasser möchte den Firmen des Wirtschaftsverbandes Erdölgewinnung WEG für die Überlassung der Unterlagen und für die Genehmigung danken, an dieser Stelle über die Ergebnisse seiner Bearbeitung berichten zu dürfen. Er ist besonders der Wintershall AG, Kassel, für vielfältige Unterstützung zu Dank verpflichtet. Den Herren B. Beutler und H.G. Röhling, Hannover, sowie M. Horn, Wiesbaden, ist er für Diskussionen und mancherlei Ratschläge verbunden.

Literatur
ALTHEN, W. & RUSBÜLT, J. & SEEGER, J. (1980): Ergebnisse einer regionalen Neubearbeitung des Muschelkalks der DDR.- Z. geol. Wiss., **8** (8), 985-999, 7 Abb., 1 Tab.; Berlin.
BEST, G. (1989): Die Grenze Zechstein/Buntsandstein in Nordwestdeutschland nach Bohrlochmessungen.- Z. dt. geol. Ges., **140**, 73-85, 5 Abb., 1 Tab., 1 Taf.; Hannover.
BETZ, D. (1990): Neue Maßstäbe durch geowissenschaftliche Hochtechnologie.- Erdöl-Erdgas-Kohle, **106** (12), 471-477, 11 Abb.; Wien-Hamburg.
BEUTLER, B. & SCHÜLER, F. (1987): Probleme und Ergebnisse der lithostratigraphischen Korrelation der Trias am Nordrand der Mitteleuropäischen Senke.- Z. geol. Wiss., **15** (4), 421-436, 8 Abb., 1 Tab.; Berlin.
BOIGK, H. (1961 a): Ergebnisse und Probleme stratigraphisch-paläogeographischer Untersuchungen im Buntsandstein Nordwestdeutschlands.- Geol. Jb., **78**, 123-134, 7 Abb.; Hannover.
BOIGK, H.(1961 b): Zur Fazies und Erdgasführung des Buntsandstein in Nordwestdeutschland.- Erdöl & Kohle, **14** (2), 998-1005, 9 Abb.; Hamburg.
BRÜNING, U. (1986): Stratigraphie und Lithofazies des Unteren Buntsandsteins in Südniedersachsen und Nordhessen.- Geol. JB., A **90**, 3-125, 18 Abb., 9 Tab., 8 Taf.; Hannover.
DUCHROW, H. (1984): Keuper.- In: Geologie des Osnabrücker Berglandes (ed. H. KLASSEN), 221-333, 1 Tab., 8 Anl.; Osnabrück (Naturkunde-Museum).
DUCHROW, H.& GROETZNER, J.-P. (1984): Oberer Muschelkalk.- In: Geologie des Osnabrücker Berglandes (ed. H. KLASSEN), 169-219, 5 Abb., 3 Anl.; Osnabrück (Naturkunde-Museum).
DÜNKEL, H. & VATH, U. (1990): Ein vollständiges Profil des Muschelkalks (Mitteltrias) der Dransfelder Hochfläche SW Göttingen (Südniedersachsen).- Geol. Jb. Hessen, **118**, 87-126, 6 Abb., 3 Tab., 3 Tf.; Wiesbaden.
FIEGE, K. (1938): Die Epirogenese des Unteren Muschelkalks in Norddeutschland, Tl. 1.- Cbl. Min., Geol., Paläont., **1938** B, 143-170; Stuttgart.
GAERTNER, H. & RÖHLING, H.-G. (1993): Zur lithostratigraphischen Gliederung und Paläogeographie des Mittleren Muschelkalks im Nordwestdeutschen Becken. - Dieser Band, 85-103, 15 Abb.
GROETZNER, J.-P. (1984): Unterer und Mittlerer Muschelkalk.- In: Geologie des Osnabrücker Berglandes (ed. H.KLASSEN), 153-168, 5 Abb., 1 Anl.; Osnabrück (Naturkunde-Museum).
HOCK, M. & STOWE, I. (1988): Fazies und Diagenese des Norddeutschen Zechsteins anhand von Bohrlochmessungen.- Bull. Ver. schweiz. Petroleum-Geol. u. Ing., **54**/127, 25-30, 1 Abb.; Basel.
KLOTZ, W. (1990): Zyklische Gliederung des Unteren Muschelkalks („Wellenkalk") auf der Basis von Sedimentations-Diskontinuitäten.- Zbl. Geol. Paläont., **1989** (9/10), 1359-1367, 1 Abb., 1 Taf.; Stuttgart.
KOLB, U. (1976): Lithofazielle und geologische Untersuchungen der Wellenkalk-Folge des Subherzynen Beckens.- Freib. Forsch.-Hefte, **C 316**, 41-69, 15 Abb., 2 Tab., 3 Taf.; Leipzig.
MERZ, G. (1987): Zur Petrographie, Stratigraphie, Paläogeographie und Hydrogeologie des Muschelkalks (Trias) im Thüringer Becken.- Z. geol. Wiss., **15** (4), 457-473, 9 Abb., 2 Tab.; Berlin.

Röhl, U. (1990): Parallelisierung des norddeutschen Oberen Muschelkalks mit dem süddeutschen Hauptmuschelkalk anhand von Sedimentationszyklen.- Geol. Rundsch., **79** (1), 13-26, 7 Abb.; Stuttgart.

Röhling, H.-G. (1991): A lithostratigraphic subdivision of the Lower Triassic in the Northwest Lowlands and the German sector of the North Sea, based on gamma-ray and sonic logs.- Geol. Jb., A **119**, 3-24, 1 fig., 12 plates; Hannover.

Schad, A. (1949): Stratigraphische Auswertung von elektrischen Bohrlochvermessungen.- In: Erdöl und Tektonik in Nordwestdeutschland, 364-374, 6 Abb.; Hannover-Celle.

Schulz, M.-G. (1972): Feinstratigraphische und Zyklengliederung des Unteren Muschelkalks in N-Hessen.- Mitt. geol.-paläont. Institut Univ. Hamburg, **41**, 133-170, 2 Abb., 6 Tab., 4 Profiltafeln; Hamburg.

Sparfeld, K.-F. (1980): Zur Biostratigraphie und Palökologie der Hauptmuschelkalk- und Lettenkeuper-Folge im östlichen Teil der Calvörder Scholle.- Z. geol. Wiss., **8** (8), 1079-1093, 1 Tab., 4 Taf.; Berlin.

Stein, V. (1968): Stratigraphische Untersuchungen im Unteren Muschelkalk Südniedersachsens.- Z. dt. geol. Ges., **117**, 819-828, 1 Abb., 1 Tab.; Hannover.

Tobien, H. (1949): Über eine Fernkonnektierung von Schlumberger-Diagrammen im Alttertiär Nordwestdeutschlands.- In: Erdöl und Tektonik in Nordwestdeutschland, 374-382, 2 Abb.; Hannover-Celle.

Trusheim, F. (1961): Über Diskordanzen im Mittleren Buntsandstein Norddeutschlands zwischen Ems und Weser.- Erdöl-Z., **77** (9), 361-367, 7 Abb.; Wien-Hamburg.

Trusheim, F. (1963): Zur Gliederung des Buntsandsteins.- Erdöl-Z., **79** (7), 277-292, 8 Abb.; Wien-Hamburg.

Urlichs, M. & Vath, U. (1990): Zur Ceratiten-Stratigraphie im Oberen Muschelkalk (Mitteltrias) bei Göttingen (Südniedersachsen).- Geol. Jb. Hessen, **118**, 127-147, 1 Abb., 1 Tab., 7 Taf.; Wiesbaden.

Wendlandt, R.F. & Bhuyan, K. (1990): Estimation of mineralogy and lithology from geochemical logmeasurements.- AAPG Bull., **74** (6), 837-856, 12 figs., 1 table; Tulsa, Oklahoma.

Wolburg, J. (1956): Das Profil der Trias im Raum zwischen Ems und Niederrhein.- N. Jb. Geol. Paläont., Mh., **1956** (7), 305-330, 5 Abb.; Stuttgart.

Wolburg, J. (1969): Die epirogenetischen Phasen der Muschelkalk- und Keuper-Entwicklung Nordwest-Deutschlands, mit einem Rückblick auf den Buntsandstein.- Geotekton. Forsch., **32**, 1-65,

Geochemische Faziesanalyse im Unteren Muschelkalk (Poppenhausen/Rhön) mit Hilfe des Sr/Ca-Verhältnisses

Egon Backhaus, Darmstadt
Marcus Schulte, Cottbus
9 Abbildungen

Einleitung

Die Faziesanalyse mit Hilfe von Spurenelementen ist seit langem erprobt und Element kontroverser Diskussionen. VEIZER & DEMOVIC (1974) gelang es bei der Untersuchung mesozoischer Kalke in den zentralen Westkarpaten anhand des Sr/Ca-Verhältnisses einzelne Faziesbereiche zu unterscheiden. Bei der Analyse der Daten wurde das unterschiedliche Verhalten der primär abgelagerten Mineralien während der Diagenese berücksichtigt.

Im Unteren Muschelkalk Nordhessens (Poppenhausen/Rhön) wurde die feinstratigraphisch gegliederte Schichtenfolge geochemisch untersucht. Am unverwitterten Aufschluß Remerzhof (Abb. 1) wurden im stratigraphischen Bereich zwischen Oolithbank alpha und *orbicularis*-Schichten 170 Proben entnommen und mittels Atom-Absorptions-Spektrometer auf Spurenelemente untersucht. Um eine Aussage zum Bildungsmilieu der Gelbkalke treffen zu können, wurden vergleichsweise Proben aus zwei stark verwitterten Aufschlüssen (Abb. 7 und 8) analysiert.

Geochemisches Profil

Im Bereich der Vorderen Rhön (Kuppige Rhön) wurde auf der TK 25, Blatt 5525 Gersfeld ein seit Jahrzehnten ständig im Abbau befindlicher Steinbruch (Remerzhof, r 356060, h 559610) im Unteren Muschelkalk beprobt; die Analysenserie A 1–178 verläuft über ein ca. 60 m Gesamtprofil, das kurz unterhalb der Oolithbänke anfängt und an der unteren Schaumkalkbank endet.

In der Gesamtschichtenfolge (Abb. 2 und 3) korrelieren die Menge des unlöslichen Restes und die Calciumgehalte der Proben deutlich negativ. Die größten Calciumkonzentrationsunterschiede folgen immer unmittelbar vertikal aufeinander. Dies ist durch das Konzept des „diagenetic bedding" sensu RICKEN (1986) erklärbar, demzufolge in Schichten mit hohen Tongehalten Karbonat auswandern und in Bereiche mit geringeren Tongehalten einwandern. So wird ein primär geringer Konzentrationsunterschied diagenetisch verstärkt.

Der Kurvenverlauf der Diagramme für Eisen, Mangan und Magnesium (Abb. 2 und 3) zeigt sich nahezu parallel. Proben mit hohen Magnesiumkonzentrationen haben auch einen hohen Eisen- bzw. Mangangehalt, was aufgrund der ähnlichen Ionenradien und der gleichen Wertigkeiten (Fe^{2+}, Mn^{2+}, Mg^{2+}, Fe^{3+}, Mn^{3+}) zu erwarten ist. Allerdings sind die Konzentrationsunterschiede bei dem Element Mangan am stärksten ausgeprägt. Kleindimensionale Änderungen lassen sich folglich am besten mit Hilfe des Mangans verfolgen (vgl. auch Abb. 4).

In ihrem geochemischen Verhalten während der Ablagerung und Diagenese ähneln sich die Elemente Natrium und Strontium. Beide werden substituell in das Karbonatgitter eingebaut und im Verlauf der Diagenese und der Verwitterung abgereichert. Dieser Zusammenhang zwischen beiden Elementen wird in Abb. 2 und 3 deutlich, welche die Konzentrationskurven von Strontium und Natrium positiv miteinander korrelierend zeigen. Die größten Strontium- bzw. Natriumgehalte findet man im Bereich der Wellenkalke zwischen den Leitbänken. Im Hangenden der markanten, massigen Bänke nimmt die Konzentration

Abb. 1 Steinbruch Remerzhof, TK 25, 5525 Gersfeld, r 356060, h 559610, in der Südflanke des Ostabschnitts des hercynisch streichenden Giebelrainer Grabens. Die Terebratelbänke sind an einer Aufschiebung 1,5 m versetzt. Unten rechts tritt noch die *Spiriferina*-Bank (vgl. Abb. 3) hervor.

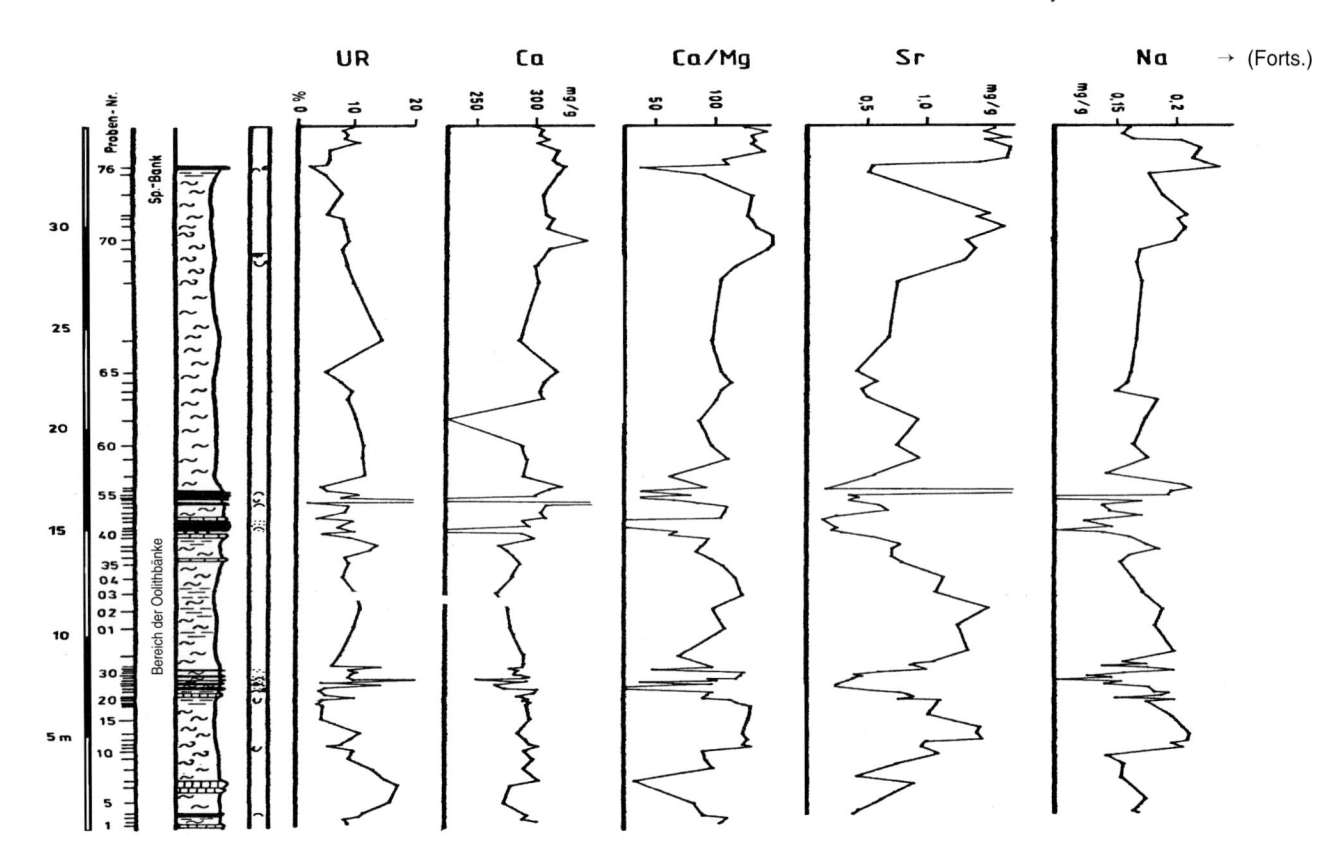

Abb. 2 Profil des Unteren Muschelkalks im Steinbruch Remerzhof (TK 25, 5525 Gersfeld, r 356060 h 559610), unterer Aufschlußteil (Probe 1 – 76), ca. 7 m unterhalb Oolithbank alpha bis *Spiriferina*-Bank. Legende siehe Abb. 3. Dargestellt sind an den Einzelproben der unlösliche Rest (UR) und die mittels AAS gewonnenen geochemischen Elemente: Calzium (Ca), Strontium (Sr), Natrium (Na), Kalium (K), Magnesium (Mg), Eisen (Fe), Mangan (Mn); außerdem das Ca/Mg-Verhältnis und das 1000 x Sr/Ca-Verhältnis.

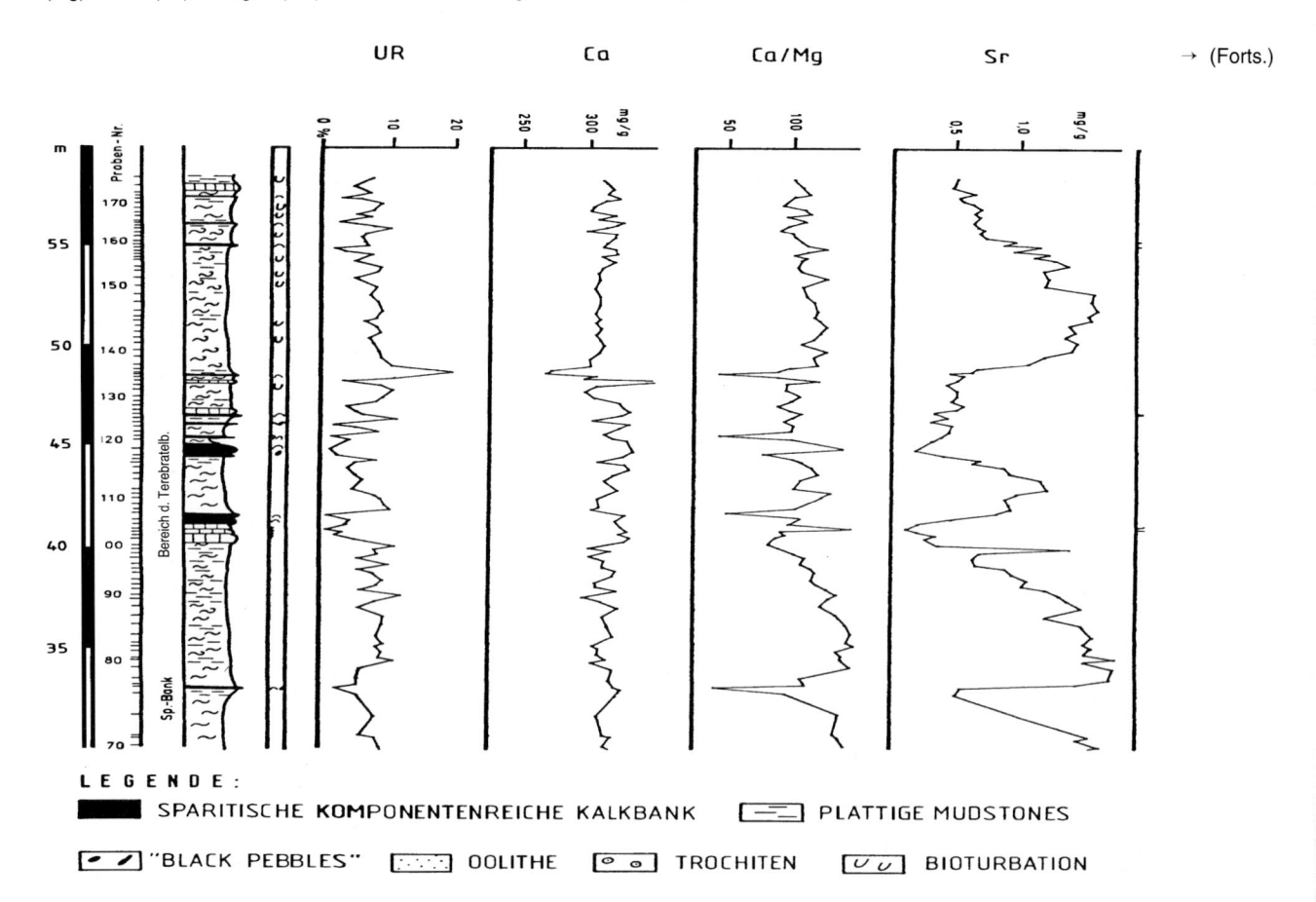

LEGENDE:

- ■ SPARITISCHE KOMPONENTENREICHE KALKBANK
- ▭ PLATTIGE MUDSTONES
- "BLACK PEBBLES"
- OOLITHE
- TROCHITEN
- BIOTURBATION

Abb. 3 Profil des Unteren Muschelkalks im Steinbruch Remerzhof (Lage s. Abb.1), oberer Aufschlußteil (Probe 75 – 178), *Spiriferina*-Bank bis Untere Schaumkalkbank. Geochemische Analysen analog Abb. 2.

Wo hungrige Seelilien auf Flößen nach Plankton fischten

Außergewöhnliche Begegnung in Hohenlohe – Paläontologen interessieren sich für Fossilien in Muschelkalk und Ölschiefer aus der Trias

Von Matthias Stolla

Hin und wieder bietet der Terminplan einer Lokalredaktion in Hohenlohe etwas Außergewöhnliches. Ein Pressegespräch mit südchinesischen Paläontologen zum Beispiel. Was um alles in der Welt führt die ins Kochertal? Der Kenner ahnt es schon: das Muschelkalkmuseum in Ingelfingen.

Kein Wunder also, dass dessen Leiter Dr. Hans Hagdorn die dreiköpfige Delegation aus der Provinz Guizhou in Hohenlohe betreut. Paläontologen erforschen die Lebewesen vergangener Erdzeitperioden. Die drei Chinesen kommen aus Guanling, einer Stadt in China, die zum Eldorado für Paläontologen werden könnte. Vor allem, wenn sie sich wie Hagdorn für die Trias interessieren, also das Erdzeitalter vor rund 230 Millionen Jahren. Die gleiche Zeit, in der sich der Sandstein abgelagert hat, aus dem beispielsweise die Heilbronner Kilianskirche gebaut wurde.

Die Guanling-Lagerstätte ist deshalb so interessant, erklärt Hagdorn, „weil dort damals ein Meer war, dessen tiefe Schichten schlecht durchlüftet waren."

In Gaisbach (von links): Dr. Hans Hagdorn, Dr. Yan Daoping, Prof. Dr. Wang Xiaofeng, Landrat Wang Mengzhou, Franz Zipperlein, Vorsitzender der Stiftung Würth, und Prof. Dr. Gerhard Bachmann. (Foto: Matthias Stolla)

Schlecht gelüftete Meere sind bis heute lebensfeindlich. Die urzeitlichen Lebewesen tummelten sich deshalb in den oberen Schichten, und die von Hagdorn sehr geschätzten Seelilien – Tiere, keine Blumen – ließen sich etwas ganz Raffiniertes einfallen: Sie klammerten sich ans reichlich vorhandene Treibholz und durchzogen das Meer als hungrige Flöße immer auf der Suche nach Plankton. Wenn sie aber starben, sanken sie so wie ihre Zeitgenossen, die gepanzerten Pflasterzahnsaurier etwa, auf den Boden und wurden dort im sauerstoffarmen Faulschlamm hervorragend konserviert.

Vergleichen lässt sich die Fundstelle mit dem Holzmadener Ölschiefer im Vorland der Schwäbischen Alb. Deshalb haben sich die Chinesen in Dotternhausen bei Balingen angeschaut, wie ihre deutschen Kollegen mit Fossilien umgehen. „Ich habe mich gefreut, das Gegenstück unserer Fundstelle zu sehen und zu lernen, wie hier Fossilien präpariert und ausgestellt werden", sagt der chinesische Projektleiter Prof. Dr. Wang Xiaofeng. Mit seinem Kollegen Dr. Yan Daoping und dem Landrat der Region Guanling, Wang Mengzhou, war er zu dem unterwegs im Muschelkalkmuseum Ingelfingen, im Senckenbergmuseum Frankfurt und im Stuttgarter Löwentormuseum.

Der chinesische Landrat zeigte sich beeindruckt: „Deutschland hat in der industriellen Produktion, im Umweltschutz und in der Wissenschaft einen großen Vorsprung." Die Delegation will aufholen, damit die weltweit einzigartige triaszeitliche Fundstätte in Guanling entsprechend gewürdigt wird. „In zehn bis 20 Jahren ist Guanling vielleicht ähnlich aufbereitet wie die Ölschieferfundstätte in Deutschland.

Die Delegation reist weiter nach Halle, Hannover und Berlin. Ende des Monats startet der chinesisch-deutsche Paläontologen-Austausch zum Gegenbesuch nach Guanling und sorgt dann vielleicht für einen außergewöhnlichen Termin im Kalender einer chinesischen Zeitungsredaktion.

Ouzo „Pythagoras"

0,7-l-Flasche

Griechische Spirituosen-Spezialität.
37,5% Vol.

4,99* (1-l-Preis 7,13)

Griechische Weine

je 0,75-l-Flasche

2,99* (1-l-Preis 3,99)

- 2001er Goumenissa
- 2001er Nemea
- 2001er Naoussa
- 2003er Mantinia

Ladegerät

Akkus (Micro, Mignon, Mini).
Für Nickel-Cadmium (NiCd)

Mit **Test-** und **Entlade-Funktion**
(außer für Block-Akkus).

3 Jahre Garantie

FIF®

Nickel-Metall-hydrid-Akkus

Mindestens **750 x aufladbar**.
5 versch. Größen:
- 4 x Micro
- 4 x Mignon
- 2 x Baby
- 2 x Mono
- 1 x 9V-Block

1,99* je Packung

Wanduhren

Gehäuse aus versch. dekorativen Materialien, z.B. **Holz, Glas** oder **Alu**.

Inkl. Batterie.

je 7,99*

Zeit in schönster Form!

ALDI SÜD

Quartz

+++ ALDI informiert +++ ALDI informiert +++

→ (Forts.)   K   Mg   Fe   Mn   1000 × Sr/Ca

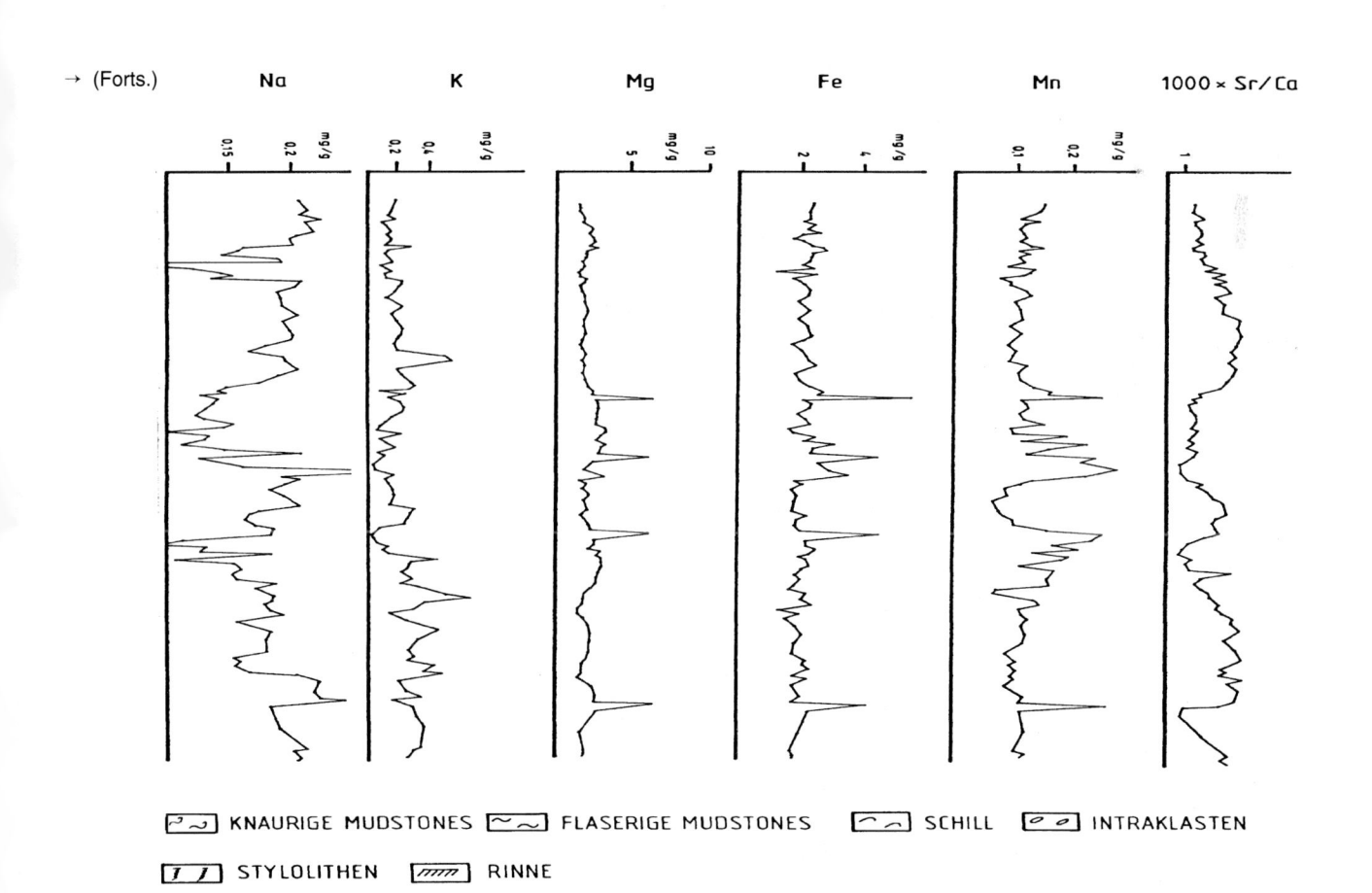

→ (Forts.)   Na   K   Mg   Fe   Mn   1000 × Sr/Ca

KNAURIGE MUDSTONES   FLASERIGE MUDSTONES   SCHILL   INTRAKLASTEN

STYLOLITHEN   RINNE

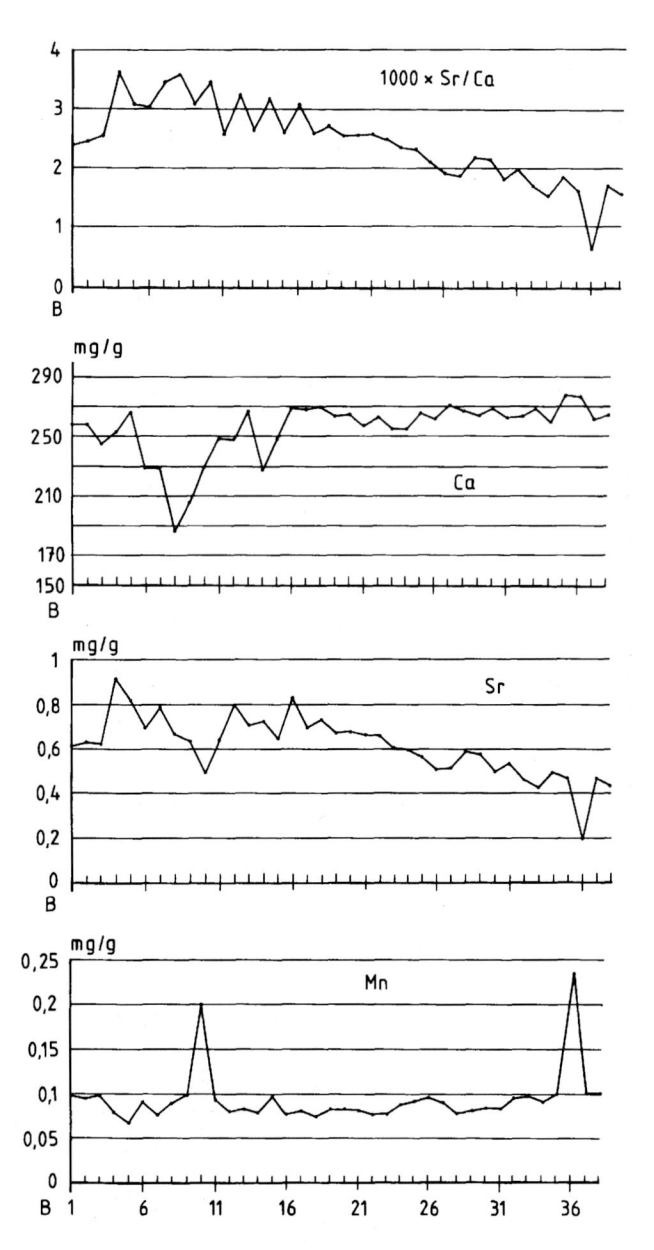

Abb. 4 Geochemisches Profil der Strontium-, Calcium- und Mangangehalte und 1000 x Sr/Ca-Verhältnisse im Wellenkalkbereich zwischen Unterer und Oberer Terebratelbank im Aufschluß Remerzhof (s. Abb. 1 und 3) Probennummer B 1–36 entsprechen dem Probenbereich der Analysen (Abb.2 und 3) 107–117.

an Strontium (Natrium) mit dem Abstand zur Leitbank langsam zu, erreicht ein Maximum, um dann bis zur nächsten Leitbank allmählich wieder abzunehmen (s. Abb. 4). Vergleicht man den Kurvenverlauf dieser beiden Elemente mit dem der Gruppe Eisen, Mangan und Magnesium, so stellt man fest, daß diese Kurven fast spiegelbildlich zueinander verlaufen. Dieser Umstand ist während der Diagenese durch die Abreicherung der ersteren zu erklären, während Eisen, Mangan und Magnesium hingegen im Verlaufe der Diagenese angereichert werden.

Faziesanalyse mit Hilfe des Sr/Ca-Verhältnisses
Um die fazielle Position der Gelbkalke zu ergründen, wurde das Sr/Ca-Verhältnis näher betrachtet. Dabei ergab sich eine sehr gute Vergleichbarkeit mit den Werten von VEIZER & DEMOVIC (1974). Dort wurden über 1200 Einzelanalysen mesozoischer Kalke aus den Karpaten ausgewertet. VEIZER & DEMOVIC (1974) zeigten, obwohl Strontium im Verlauf der Diagenese abgereichert wird, daß doch eine Beziehung zwischen gemessenen Strontiumkonzentrationen und Ablagerungsraum besteht. Mit Hilfe des Verhältnisses 1000 x Sr/Ca unterschieden sie die Faziesbereiche Lagune, Bank, Schelf und Tiefsee (Abb. 5).

Für die Strontiumverteilung ergibt sich sensu VEIZER & DEMOVIC (1974) folgendes Bild: Die Strontiumkonzentration nimmt von der Lagune in Richtung Barre ab und in Richtung offenes Meer wieder zu. Dies erklärt sich durch die unterschiedliche Mineralogie der primär abgelagerten Minerale und aus ihrem Verhalten im Verlaufe der Diagenese. So wird im Bereich der Lagune bevorzugt high-strontium-aragonite abgelagert, welcher instabil ist. Durch die Umwandlung in Calcit wird Strontium diagenetisch abgereichert, da das große Strontiumion nicht mehr in das Calcitgitter eingebaut werden kann. Auf der Barre, die die Lagune vor dem offenen Meer schützt, werden high-magnesium-calcite und low-strontium-aragonite sedimentiert. Auch diese Minerale werden nach der Ablagerung umgewandelt und verlieren dadurch an Strontium. Da in den ursprünglichen Mineralen schon wenig Strontium enthalten ist, entsteht hier der Bereich mit den geringsten Strontiumkonzentrationen. Im offenen Meer wird bei größerer Tiefe nur der stabile low-magnesium-calcite abgelagert. Da der geringe Strontiumgehalt auch während der Diagenese erhalten bleibt, werden hier im Verhältnis zur Barre relativ hohe Konzentrationen gemessen.

Die oben genannten Faziesbereiche können weiter untergliedert werden. Unter den Rubriken b und c werden früh- bzw. spätdiagenetische Dolomite aufgeführt. Da das größte im Steinbruch Remerzhof gefundene Ca/Mg-Molverhältnis 1:0,137 beträgt, können die Analysedaten nicht in diese Dolomitbereiche eingeordnet werden. Lithologie und Fauna des Unteren Muschelkalks schließen ferner die Bereich d (Riff), g (mittleres und tieferes Bathyal) und h (im euxinischen Milieu entstandene Karbonate) ebenfalls als mögliche Fazieszonen aus (Abb. 5 und 6).

Für die Wellenkalkpakete zwischen den Leitbänken wurden 1000 x Sr/Ca-Verhältnisse größer als eins ermittelt (Abb. 2–4). Da sich die anderen Fazieszonen ausschließen lassen, muß man die Wellenkalke in ein lagunäres Environment einordnen, in dem die Zirkulation stark eingeschränkt war, relativ hohe Temperaturen herrschten und die Salinität erhöht war (Bereich a in der Abb. 5).

Im Bereich der Leitbänke wurden 1000 Sr/Ca-Werte kleiner als eins ermittelt (Abb. 2 und 3). Diese können nur den Faziesbereichen e (Barre) oder f (angrenzender flacher Schelf) nach VEIZER & DEMOVIC zugeordnet werden.

Bei einer später erfolgten Probennahme (Serie B) wurde gezielt nur das Wellenkalkpaket zwischen Unterer und Oberer Terebratelbank untersucht. Der Probenabstand betrug ca. 8 cm; da der Probenentnahmebereich ungefähr 2–5 cm mächtig war, kann man von einer fast lückenlosen Beprobung sprechen. Es zeigt sich im Chemismus ein sehr schneller Anstieg der Salinität über der Unteren Terebratelbank, sie sinkt dann allmählich wieder in Richtung auf die Obere Terebratelbank bis zur normalen Salinität dieser Bank ab (Abb. 4). Im Bereich der Proben B 1 – 16 läßt sich aus den 1000 Sr/Ca-Verhältnissen eine Kleinrhythmik (Zyklen) ablesen, die sich möglichereise in ein sequenzstratigraphisches Konzept einordnen läßt (AIGNER & BACHMANN 1993).

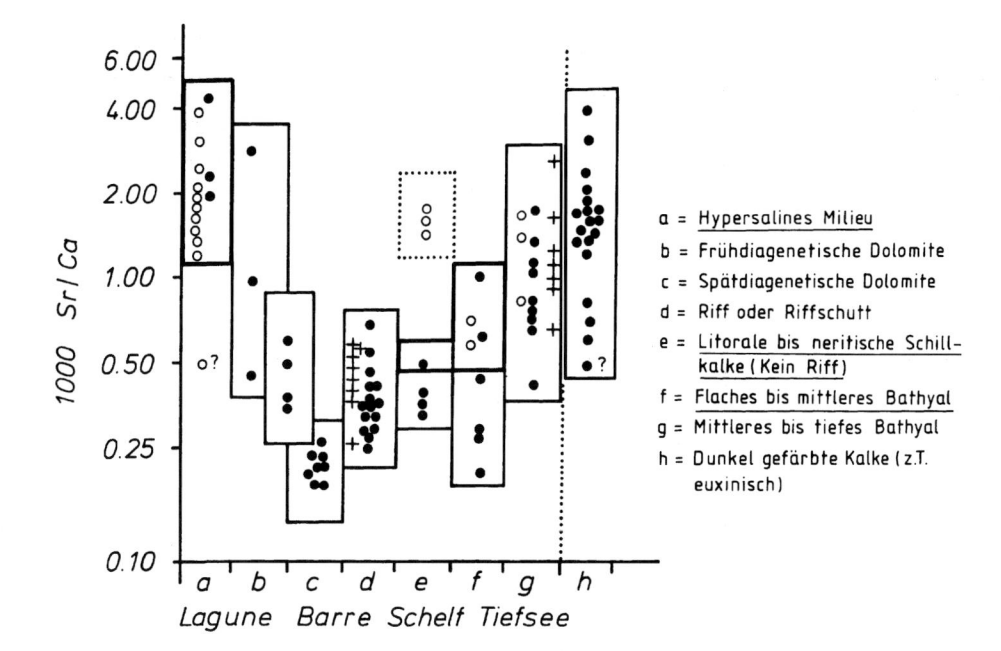

Abb. 5 Faziesbereiche nach 1000 x Sr/Ca-Verhältnissen von VEIZER & DEMOVIC (1974) in den Westkarpaten ermittelt und in einzelne Faziesbereiche a–h gegliedert. Die Wertbereiche der eigenen Analysendaten sind dickumrandet in die Felder der entsprechenden Environments eingetragen.

a = Hypersalines Milieu
b = Frühdiagenetische Dolomite
c = Spätdiagenetische Dolomite
d = Riff oder Riffschutt
e = Litorale bis neritische Schillkalke (Kein Riff)
f = Flaches bis mittleres Bathyal
g = Mittleres bis tiefes Bathyal
h = Dunkel gefärbte Kalke (z.T. euxinisch)

Das gegen die Faziesanalyse mittels geochemischer Parameter häufig angeführte Argument, daß die primären Konzentrationen sich im Verlauf der Diagenese verändern und ein Teil der untersuchten Elemente an die Tonmineralien gebunden sind, welche bei der Dekarbonatisierung frei werden könnten, hat keinen Bestand. Die geochemischen Veränderungen während der Diagenese sind durchaus kalkulierbar.

Begleitende röntgenographische Untersuchungen zeigten, daß zwar eine Beziehung zwischen Mineralgehalt des unlöslichen Rests und der Gesteinsausbildung besteht, aber keine zwischen Mineralbestand und dem Gehalt der untersuchten Elemente (SCHULTE 1990). Daraus läßt sich ableiten, daß die analysierten Konzentrationen ausschließlich aus den aufgelösten Karbonaten stammen.

Die deutliche Übereinstimmung der 1000 Sr/Ca-Werte aus dem Steinbruch Remerzhof mit den von VEIZER & DEMOVIC (1974) ermittelten Daten legt es nahe, mit Hilfe dieses Verhältnisses in unverwitterten Aufschlüssen Faziesanalyse zu betreiben.

Zur Genese der Gelbkalke

Zahlreiche Bearbeiter (s. PAUL & FRANKE 1977 und ASSARURI & LANGBEIN 1990) betrachten die Gelbkalke als ehemalige Dolomite, die durch den Verwitterungsvorgang der Dedolomitisierung ihre gelbe Farbe erhalten (freiwerdendes Fe^{2+} oxidiert im intergranularen Raum). Bei der Aufnahme zweier stark verwitterter Aufschlüsse (Weyhers r 355707 h 559540 und Giebelrain r 355845 h 559710) wurden zwei mikritische, komponentenfreie, dickbankige Kalkbänke beprobt, die eine durchgehend gelbe Färbung zeigten (Typ Grenzgelbkalk). Die eine Bank (Weyhers, Abb. 7) liegt stratigraphisch unterhalb der Oolithbank beta, so daß es sich wahrscheinlich um das, von verschiedenen Autoren beschriebene Gelbe Zwischenmittel handelt. Die andere Gelbkalkbank (Giebelrain, Abb. 8 und 9) liegt direkt unterhalb der Unteren Terebratelbank.

Die Analysen dieser Gelbkalke ergaben vier- bis fünfmal höhere Meßwerte für Magnesium und erhöhte Fe-Konzentrationen im Vergleich zu den eisen- und magnesiumreichsten Proben des unverwitterten Aufschlusses bei Poppenhausen. Daraus läßt sich folgern, daß die Gelbfärbung des Gesteins durch eine verwitterungsbedingte Anreicherung von Magnesium und Eisen entstanden ist. Würde das Eisen durch eine Dolomitumwandlung frei, so dürfte die Gesamteisenkonzentration innerhalb der Schicht nicht ansteigen. Gegen eine Dedolomitisierung spricht ferner die festgestellte Abreicherung von Calcium. An diesen Proben wurden die geringsten Calciumgehalte

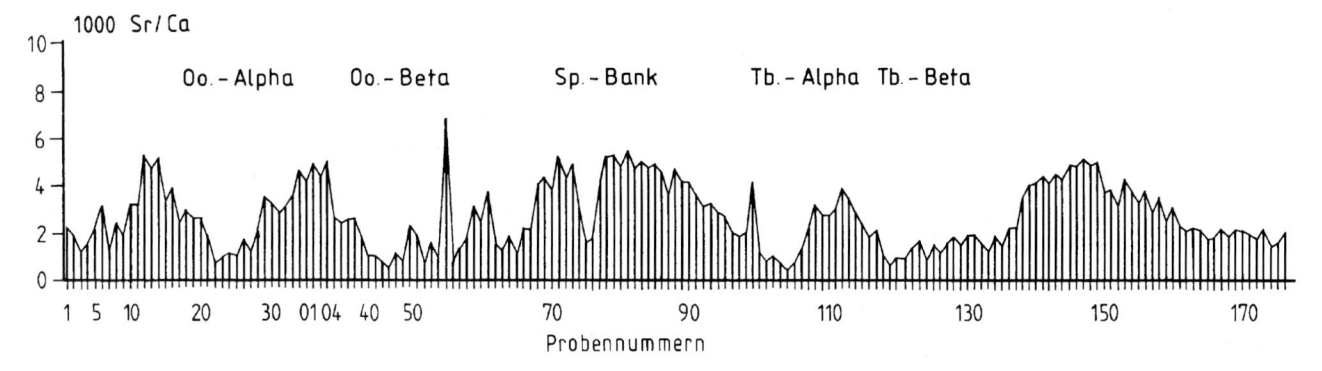

Abb. 6 Säulendiagramme der 1000 x Sr/Ca-Werte der Proben aus dem Steinbruch Remerzhof (Lage s. Abb. 2 und 3), deutlich erkennbar der starke Rückgang (bis unter 1) im Bereich der Leitbänke des Wellenkalkes.

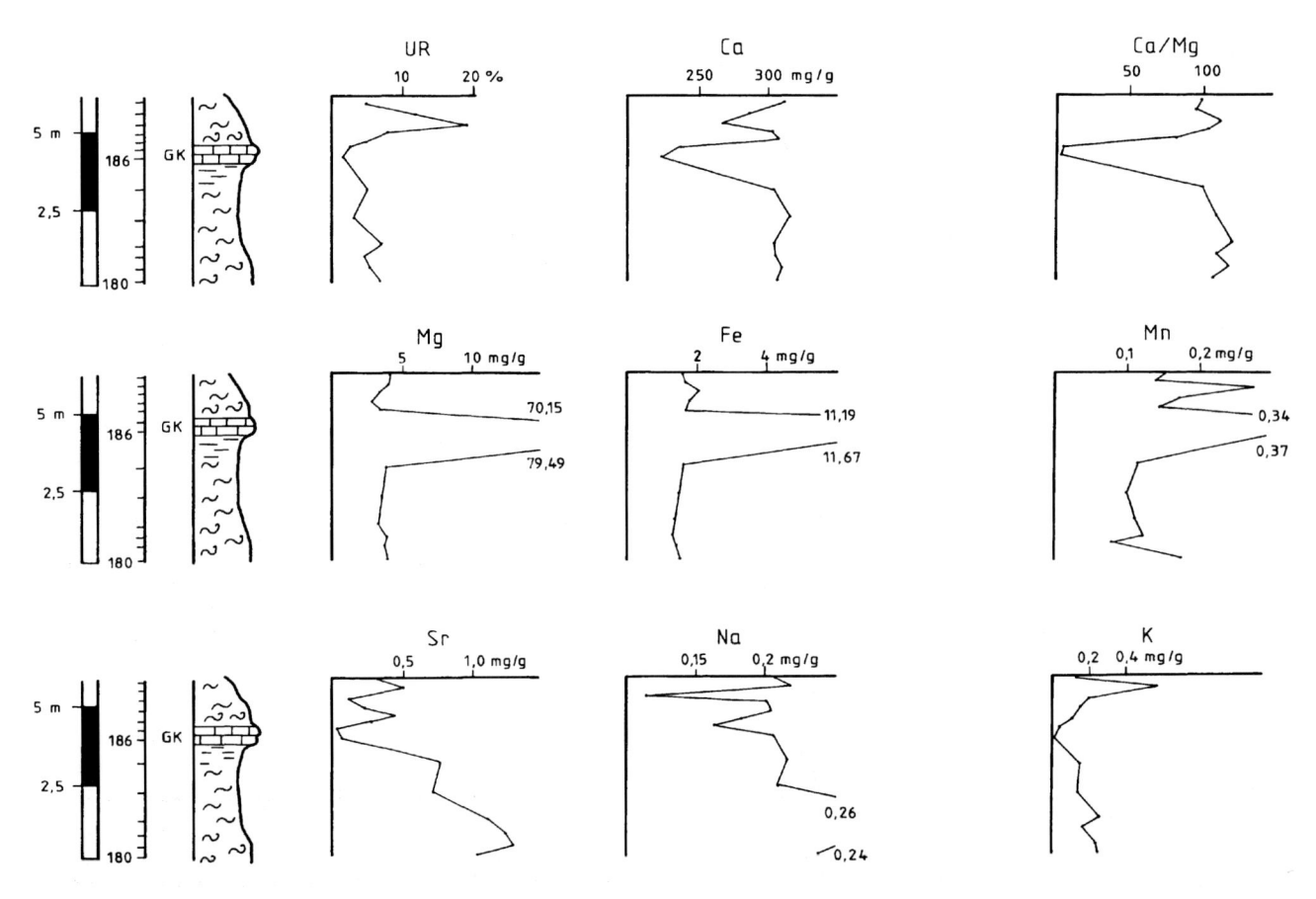

Abb. 7 Geochemisches Profil aus ehemaligem Steinbruch am nördlichen Ortsausgang von Weyhers (Bereich der Oolithbänke, sehr intensiv verwittert). TK 25, 5524 Weyhers, r 355707, h 559540). Dargestellt sind die mittels AAS gewonnenen Werte für Ca, Mg, Fe, Mn, Sr, K, Na, das Ca/Mg-Verhältnis und der prozentuelle Gewichtsanteil des unlöslichen Rests (UR). Legende s. Abb. 3.

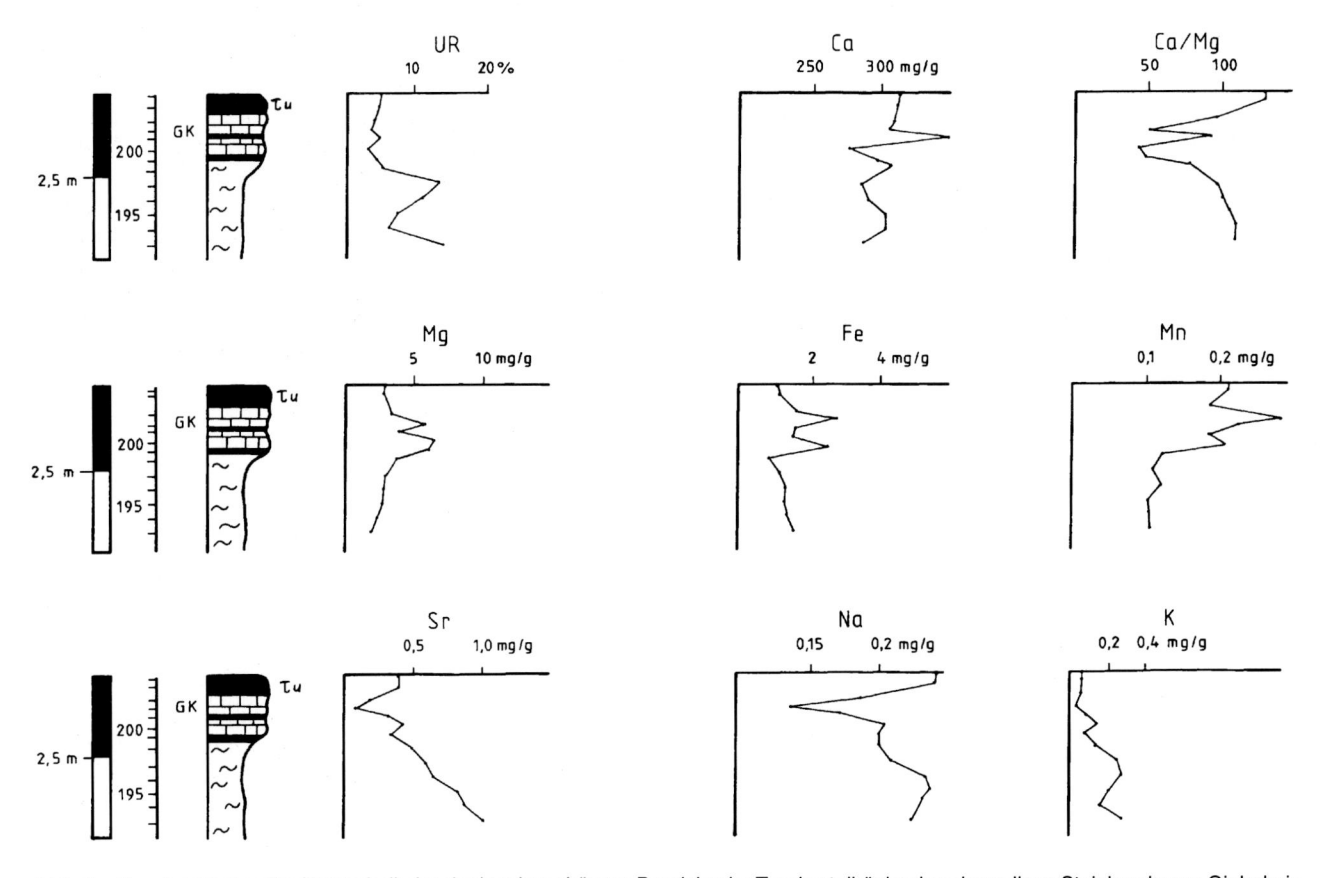

Abb. 8 Geochemisches Profil unterhalb des denkmalgeschützten Bereichs der Terebratelbänke des ehemaligen Steinbruchs am Giebelrain (TK 25, 5424 Fulda, r 3558450 h 5597100). Darstellung analog Abb. 7.

Abb. 9 Nordflanke des Westabschnitts des Giebelrainer Grabens. Gelbkalke unterhalb der Unteren Terebratelbank, Schichtenabschnitt aus Abb. 8. Links neben der Verwerfung abgesunkenes Zwischenmittel der Terebratelbänke. Zollstock 1 m. GK = Probenr. 202, unterhalb der Unteren Terebratelbank (Tu).

der gesamten Untersuchungsreihe gemessen. Folglich handelt es sich hier um eine verwitterungsbedingte Dolomitisierung des Gesteins. Außer Magnesium wird auch Eisen und Mangan angereichert. Strontium und Kalium werden zusammen mit Calcium abgereichert. Die Dolomitisierung und die damit verbundene Gelbfärbung des Gesteins ist schichtgebunden; dies hat seine Ursache in den hydrogeologischen Verhältnissen innerhalb des Unteren Muschelkalks, da nur im Bereich kompakter Bänke die für die Dolomitisierung verantwortlichen Sickerwässer auf Kluftflächen zirkulieren können und darunter gestaut werden. Im Bereich der Wellenkalke verhindern die eingeschalteten Mergellagen diese Zirkulation.

Es zeigt sich, daß ein Gelbkalk nicht zwangsläufig einem Entstehungsmilieu primärer Dolomite zuzuordnen ist.

Vergleich zu den Ergebnissen der Mikrofaziesanalyse (LUKAS 1989)

LUKAS (1989) entwickelte ein Faziesmodell für den Bereich der Terebratelbänke, wonach sie auf einer Karbonatrampe entstanden sind, die vergleichbar mit den rezenten Karbonatrampen am Persischen Golf und in der Shark Bay ist. Nach LUKAS(1989) sind auch die Wellenkalke mit einer eingeschränkten Wasserzirkulation auf dieser Rampe entstanden. Den für die Karbonatsandproduktion nötigen Organismen fehlte die Existenzgrundlage. Dieser wesentliche Unterschied zwischen dem Environment der Leitbänke und dem Bildungsmilieu der Wellenkalke wird im Prinzip durch die geochemischen Parameter bestätigt. Somit kann die Auffassung HALTENHOFs (1962), der die maximale Salinität im Unteren Muschelkalk aufgrund des Ca/Mg-Verhältnisses für den Bereich der Leitbänke annimmt, als widerlegt angesehen werden.

Eine Diskrepanz zwischen den Vorstellungen von LUKAS (1989) und den Ergebnissen dieser Arbeit besteht lediglich darin, daß auch LUKAS für die Gelbkalke generell ein hoch-salinares Bildungsmilieu annimmt, was aber nach den hier vorgelegten Ergebnissen nicht immer der Fall ist. Betrachtet man den Verlauf der Strontiumkonzentrationen (Abb. 4) und geht davon aus, daß Gelbkalke in der Regel direkt unterhalb der Leitbänke anzutreffen sind, so muß man annehmen, daß die Gelbkalke im Vergleich zu den Wellenkalken in einem niedriger-salinaren Milieu entstanden, welches dem gut durchlüfteten Environment der Leitbänke schon sehr ähnlich war.

Summary

Within the "Wellenkalk" the highest Sr-concentrations were measured between the grain-rich marker-beds. These high concentrations decrease towards the marker-beds and there achieve the lowest values (see fig. 4).

Quantitative relations could not be found between the Sr-concentration and the amount of the insoluble remnant. Thus the argument declaring facies analysis using Sr in carbonates as impossible is eliminated.

Good consense is found comparing the achieved analysis data with those by VEIZER & DEMOVIC (1974) and their facies interpretation. Accordingly the "Wellenkalk" are sediments of a saline to highly saline environment. The bioclast-bearing carbonates near the marker-beds formed the barrier which protected the environment of the "Wellenkalk" from the open sea.

This facies analysis corresponds with the model drawn by LUKAS (1989) for the section of the "Terebratel"-beds and the one shown by DUCHROW & GROETZNER (1984) as well as by RÖHL (1986) for the Upper "Muschelkalk". The geochemical investigation in hand implies the application of this model to the entire lower "Muschelkalk".

Literatur

AIGNER, T. & BACHMANN, G.H.(1993): Sequence stratigraphy of the German Muschelkalk - Dieser Band, 15-18, 2 figs.

AS-SARURI, M. & LANGBEIN, R. (1990): Dolomitische Gelbkalke des Unteren Muschelkalks (Mittlere Trias) im Thüringer Becken.- Z. geol. Wiss., **18**, 11, 1011 - 1016, 2 Tab., 3 Taf.; Berlin.

DUCHROW, H. & GROETZNER, J.-H. (1984): Der Obere Muschelkalk im Osnabrücker Bergland. - In KLASSEN, H. (Hrsg.): Geologie des Osnabrücker Berglandes, 169-218, 5 Abb., 3 Anl.; Osnabrück (Naturw. Mus.).

HALTENHOF, M.(1962): Lithologische Untersuchungen im Unteren Muschelkalk von Unterfranken. - Abh. Naturw. Ver. Würzburg, **3**, 1, 1 - 124, 26 Abb., 2 Taf., 15 Tab.; Würzburg.

LUKAS, V. (1989): Sedimentologie, Paläogeographie und Diagenese der Terebratelbänke (Unterer Muschelkalk, Trias) Hessens.- Unveröff. Diss. Univ. Gießen, 203 S., 28 Abb., 7 Taf., 38 Prof.; Gießen.

LUKAS, V. & WENZEL, B. (1988): Gelbkalke des Unteren Muschelkalks (Trias) - Sabkha oder Subtidal? - Bochumer Geol. u. Geotechn. Arb., **29**, 121-124, 2 Abb.; Bochum.

PAUL, J. & FRANKE, W. (1977): Sedimentologie einer Transgression:

Die Röt/Muschelkalk-Grenze bei Göttingen.- N. Jb. Geol. Paläont. Mh., **1977**, 3, 148-177, 7 Abb., 5 Tab.; Stuttgart.

RICKEN, W. (1986): Diagenetic bedding: A model for marl-limestone alternations. - Lecture Notes in Earth Sc., **6**, 210 S., 94 fig., 19 Tab.; Heidelberg, New York, London, Paris, Tokyo (Springer).

RÖHL, U. (1986): Feinstratigraphie und Mikrofazies des Oberen Muschelkalks im Hildesheimer Wald. - N.Jb.Geol. Paläontol., Mh., **1986**, 8, 489 - 511, 7 Abb., 1 Tab.; Stuttgart.

SCHULTE, M. (1990): Die triassischen Schichtenfolgen am Friesenhausener Grabenkreuz (Rhön, Hessen) unter besonderer Berücksichtigung der Geochemie des Unteren Muschelkalks. - Unveröff. Dipl. Arb. TH Darmstadt, 99 S., 42 Abb., 19 Anl.; Darmstadt.

VEIZER, J. & DEMOVIC, R. (1974): Strontium as a tool in facies analysis.- J. Sed. Petr., **44**, 1, 93 - 115, 8 fig., 2 Tab.; Tulsa.

Der Muschelkalk im westlichen Thüringen

Werner Ernst, Greifswald
6 Abbildungen, 3 Tabellen

Unter „westliches Thüringen" wird hier das Gebiet zwischen Eisenach und Mühlhausen verstanden, begrenzt durch den Thüringer Wald, den Hainich, das Obereichsfeld und das Bundesland Hessen. Teile des Muschelkalkes stehen hier in über 50 natürlichen und künstlichen Oberflächen-Aufschlüssen im tief eingeschnittenen Werratal zwischen Herleshausen und Treffurt, an den nördlichen Hörseltalhängen und im Hainich-Sattel an. Auch wurde er in einigen älteren und jüngeren Bohrungen durchsunken.

Bisherige Arbeiten konzentrierten sich auf die Aufschluß-Dokumentation, lokale und regionale Mächtigkeitsvergleiche einzelner stratigraphischer Einheiten sowie die qualitative und quantitative Erfassung der verschiedenen Lithotypen.

Paläotektonisch ist der Untersuchungsraum differenziert. Hochgebiete sind die Rhön- und die Eichsfeld-Schwelle, die Ruhla-Langensalzaer Schwelle, die Querschwelle von Buchenau, die alle im Osten von der Thüringer Senke, im Westen dagegen von der Hessischen Senke flankiert werden. In der paläogeographischen Konturierung, die zumeist steil-erzgebirgische bis rheinische Züge trägt, paust sich der variszische Großfaltenbau noch immer deutlich durch. Gegenüber den größeren Senkenzonen oder Becken zeichnen sich die Hochgebiete bzw. Schwellen ganz allgemein durch verminderte Sedimentationsraten, dagegen erhöhte Mächtigkeitswerte bei den „Werkstein-Bänken" (Karbonatrampe!) aus. Lokal ist zuweilen noch eine engräumige Fazies- und Mächtigkeits-Differenzierung (z.B. bei Wutha, NW-Hainich, Werratal) erkennbar.

Im Unteren Muschelkalk waren die Eichsfeldschwelle (MERZ 1987) wie auch die Rhönschwelle (WENDLAND 1980) als Zonen verminderter Sedimentation wirksam. Eine weitere Schwellenregion befindet sich zwischen Buchenau und Gotha. Die Thüringer Senke läßt sich dagegen über den späteren Thüringer Wald hinweg nach Südthüringen (Meiningen - Themar) verfolgen.

Die Buntsandstein/Muschelkalk-Grenze (Myophorien-Folge / Wellenkalk-Folge) ist in Westthüringen z.Zt. kaum aufgeschlossen, desgleichen meist nur schlecht der um 35 m mächtige Untere Wellenkalk als mudstone mit einzelnen oolithischen Lagen, Intraklastkalk-Horizonten sowie „Intrabiomikrit-Blöcken" i.S. von LUKAS et al. Diese wurden bisher von ZIEGENHARDT (1966) aus dem Gebiet um Arnstadt/Plaue, von LUKAS et al.(1988) vom Obereichsfeld nördlich Eschwege sowie von PATZELT (1988) von Effelder im Eichsfeld beschrieben. Nach eigenen, älteren Beobachtungen finden sich „Intrabiomikrit-Blöcke" ziemlich horizontbeständig innerhalb oder einige Meter unterhalb der zwei Oolithbänke von folgenden westthüringischen Lokalitäten: Großer und Kleiner Hörselberg, Michelskuppe in Eisenach, Felswand am Bahnhof Hörschel, Brückenberg östlich Creuzburg, Werratalhänge zwischen Treffurt, Falken und Probsteizella (Falkener Klippen). Eine spezielle Bearbeitung ist vorgesehen.– Der etwa 7 – 9 m mächtige Bereich* der Oolithbänke besteht immer aus zwei deutlich erkennbaren Bänken und einem Wellenkalk-Zwischenmittel mit „dolomitischer Gelbzone". In den Bänken treten schichtweise bioklastreiche Oolithe stärker in Erscheinung. Die obere Oolithbank ist fast immer geringer mächtig und sondert plattig ab. Der folgende Teil des Mittleren Wellenkalks (mu 2) umfaßt etwa 24 – 28 m. In Buchenau liegt knapp 7 m unter der Basis von 1 eine 0,75 m mächtige oolithische Bank (Wechsellagerung). Der Bereich der Terebratelbänke (7 – 8,7m) ist immer dreigeteilt. Die beiden massiven Bänke können bis zu 25 % aus typischen hardground-Bildungen bestehen, sind aber auch immer etwas oolithisch ausgebildet. Nach ihrer Fazies lassen sie sich in das Sedimentationsmodell von LUKAS (1989 a, b) für die Terebratelbänke in Hessen einordnen. Der relativ geringmächtige Obere Wellenkalk (13 - 16 m) läßt besonders im Einflußbereich der Eichsfeldschwelle (Buchenau, Treffurt) schon eine schwache dolomitische Gelb- bzw. Grünstreifung erkennen.

Der 4 - 10 m mächtige Bereich der Schaumkalkbänke besteht immer aus drei Einzelbänken, die von unten nach oben an Mächtigkeit verlieren, lokal aber nach Mächtigkeit und Fazies stark differieren können (z.B. Wutha zwischen Kirchtal und Weinberg). Wohl überall in Westthüringen setzt zwischen Unterer und Mittlerer Schaumkalkbank, also im unteren Zwischenmittel mit mehr oder weniger scharfer Grenze die dolomitische Gelbfärbung ein, die dann im gesamten Mittleren Muschelkalk vorherrscht. Faziell bestehen die Bänke überwiegend aus Schaumkalk (z.T. bioklastisch), lokal sind Intraklastkalke ausgebildet. Die Oberkante der Oberen Schaumkalkbank eignet sich schon aus kartierpraktischen Gründen sehr gut als Obergrenze des Unteren Muschelkalks, während die „oolithisch-konglomeratische Grenzbank" über den *orbicularis*-Schichten in Westthüringen zwar überall vorhanden, aber nur in guten Aufschlüssen auffindbar ist. Die Mächtigkeit der *orbicularis*-Schichten schwankt überdies in sehr weiten Grenzen (0,2 bis etwa 4 m). Vom Mittleren Muschelkalk (Anhydritgruppe bzw. Anhydrit-Folge) sind immer nur Teilprofile, am ehesten noch der Untere Dolomit und der Obere Dolomit aufgeschlossen, zuweilen auch Sulfat-Subrosions-Relikte in aufläßigen Gipsbrüchen. Verläßliche Mächtigkeitsangaben sind am ehesten aus Bohrungen zu erhalten, in denen der mm eine größere Überdeckung besaß. Nach MERZ (1987) sind in allen Teilen des Thüringer Beckens die gleichen Restmächtigkeiten von 41 - 45 m festzustellen. Die Mächtigkeitsunterschiede in der vollständigen Ausbildung wären demnach auf den unterschiedlichen Anteil an löslichem bzw. auslaugbarem Gestein zurückzuführen. Das ehemals sicher vorhanden gewesene Steinsalz (Erfurt: SCHUBERT 1984) ist in weiten Teilen Westthüringens restlos ausgelaugt. Es

---
* früher: „Zone", wie hier in den Abbildungen noch so bezeichnet

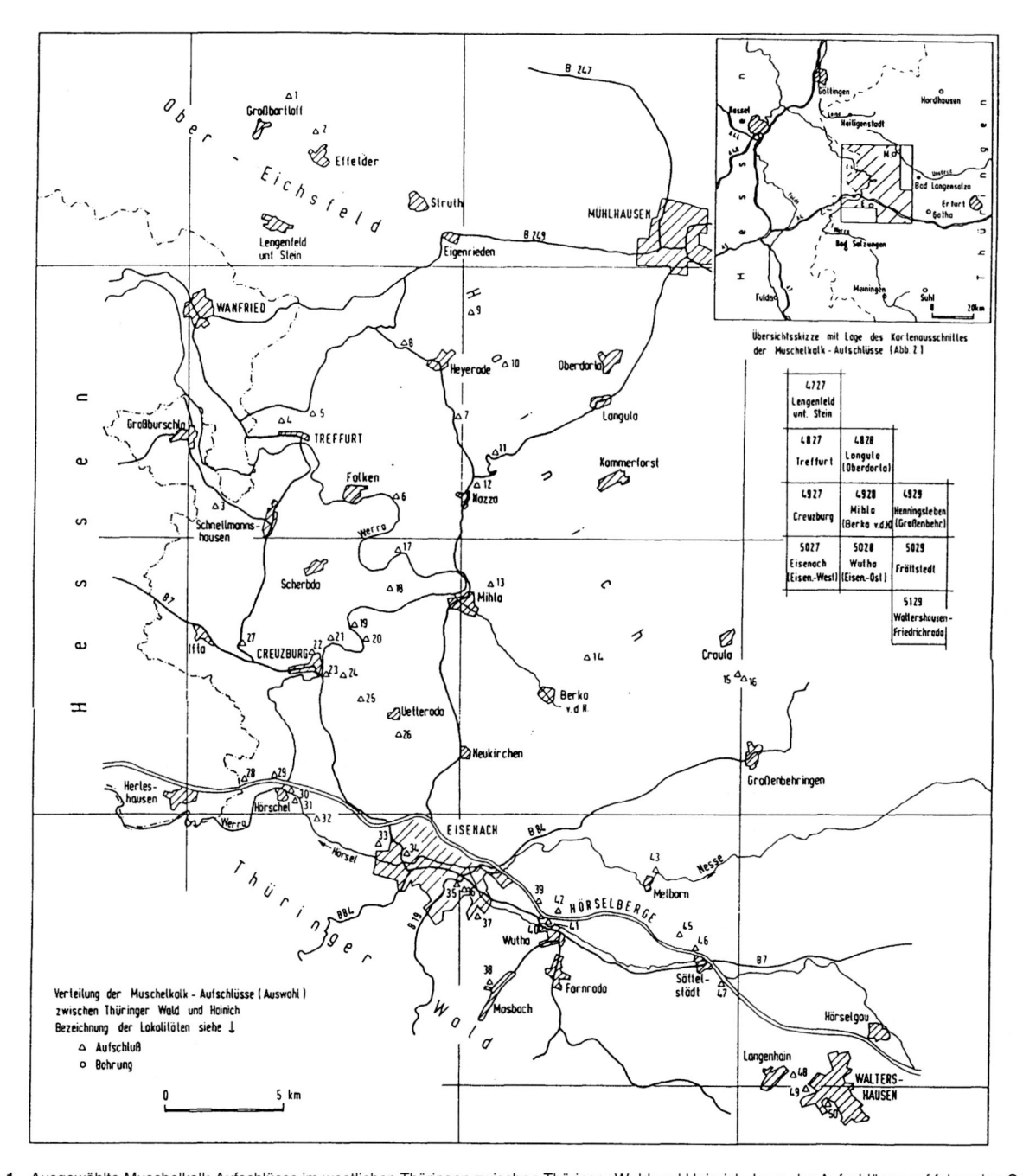

Abb. 1 Ausgewählte Muschelkalk-Aufschlüsse im westlichen Thüringen zwischen Thüringer Wald und Hainrich. Lage der Aufschlüsse auf folgenden Geol. Spez.-Karten (Topogr. Karte) 1: 25000:
4727 Lengenfeld u. St. (Küllstedt) – 4827 Treffurt – 4828 Langula – 4927 Creuzburg – 4928 Mihla (Berka v.d.H.) – 4929 Henningsleben – 5027 Eisenach (E.-West) – 5028 Wutha (Eisenach-Ost) – 5029 Fröttstedt – 5129 Waltershausen-Friedrichsroda.

Aufschlußnummer und Bezeichnung der Lokalität mit [GK Nr.]

1 Böschungsklippen am Fahrweg Großbartloff-Wachstedt im unteren Glasegrund, ca. 2 km NE Großbartloff im ‚Westerwald' [4727]
2 Böschungsklippen an der Straße Luttermühle-Effelder, ca. 1 km NNW Effelder [4727]
3 Abrißwand am Nordhang des Heldrasteins 2 km SSW Heldra [4827]
4 Steilstufe der Adolphsburg 1 km NW Treffurt [4827]
5 Kalksteinbruch zwischen Treffurt und Wendehausen [4827]
6 ‚Falkener Klippen' am rechten Werra-Ufer zw. Falken und Probsteizelle [4827]
7 Mühlberg 1 km N Hallungen [4827]
8 Eisenbahneinschnitt zw. Diedorf und Heyerode [4827]
9 Werksteinbrüche im Senkig (Seebachsgrund) ca. 6 km WNW Oberdorla (ehem. Schillingscher Bruch) [4828]
10 Aufläss. Werksteinbrüche (‚Vogteier Brüche') 4 km W Oberdorla [4828]
11 Aufläss. Steinbruch an der Straße Nazza-Langula ca. 2 km NE Nazza [4828]
12 Graben der Burgruine Haineck ca. 800 m NE Nazza [4828]
13 Aufläss. Werksteinbrüche ca. 2 km NE Mihla (Gemeindebruch) [4928]
14 Burgberg ca. 2,5 km NE Berka v. d. H. [4928]
15 Aufläss. Werksteinbrüche am Rabenhög ca. 2 km SSE Craula [4928]
16 Preßlerscher Steinbruch (aufläss.) zw. Craula und Großbehringen [4929]
17 Aufläss. Werksteinbrüche am rechten Ufer der Werra zw. Frankenrode und Ebenshausen [4927]
18 Bocksgraben NE Buchenau (Scherbda – Freitagszella) [4927]
19 Aufläss. Kalksteinbruch des ehem. Sodawerks Buchenau [4927]
20 Prallhang der Nordmannsteine am rechten Werra-Ufer bei Ebenau [4927]
21 Prallhang der Ebenauer Köpfe zw. Creuzburg und Ebenau [4927]
22 Alter Fahrweg Creuzburg–Wisch–Scherbda am Schulberg N Creuzburg [4927]
23 Alter Fahrweg Creuzburg–Mihlberg am Brückenberg E Creuzburg [4927]
24 Aufläss. Werksteinbrüche a. Brückenberg E Creuzburg [4927]
25 Drei Erosionsgräben (‚Steingräben') am Hackrain zw. Creuzburg und Ütteroda [4927]
26 Aufläss. Steinbruch an der Runden Espel ca. 1 km SSE Ütteroda [4927]
27 Steinbruch an der Straße Schnellmannshausen–Creuzburg ca. 2 km ESE Ifta [4927]
28 Abrißwand am SW-Hang des Kielforsts 2 km NW Neuenhof [4927]
29 Autobahneinschnitt der A 4 am Zickelsberg NW Hörschel [4927]
30 Felswand am Bahnhof Hörschel (Hörschelberg) [4927]
31 Linker Prallhang der Hörsel ca. 600 m E Hörschel (‚Frankenstein') [4927]
32 Aufläss. Steinbruch am Spickersberg NW Stedtfeld [5027]
33 ‚Geißköpfe' (Ramsberg) und Rabenhöhle NW Eisenach [5027]
34 Michelskuppe in Eisenach (Weststadt) [5027]
35 Eisenach, Fuß des Goldberges am Weg von der Waldhausstraße zur Bornstraße (Stadtpark) [5028]
36 ‚Hoher Rain' gegenüber Güterbahnhof Eisenach [5028]
37 Steilufer am SE-Abfall des Kleinen Reihersberges SE Eisenach [5028]
38 Mosbach, Steilabfall des Spitzenberges an der Eisenacher Straße [5028]
39 ‚Autobahn-Aufschlüsse' (BAB 4) am oberen Kirchtal NW Wutha [5028]
40 Kleine aufläss. Steinbrüche unterhalb der Autobahn A 4 am Weinberg W der Raststätte Wutha [5028]
41 Aufläss. Kalksteinbrüche am Weinberg gegenüber Bahnhof Wutha [5028]
42 Steilstufe des Kleinen Hörselberges (Oberhang) N Wutha [5028]
43 Steilstufe des Großen Hörselberges (Oberhang) NNW Kälberfeld [5028]
44 Rechter Prallhang der Nesse und aufläss. Steinbruch am Weinberg NW Melborn [5028]
45 Aufläss. Werksteinbrüche am Weg Hastrungsfeld–Gr. Hörselberg [5028]
46 Steilstufe des Sperlingsberges am ‚Edel' NW Sättelstädt [5028]
47 Aufläss. Werksteinbrüche an der ‚Mittelburg' SE Sättelstädt [5028]
48 Kalkberg 1 km E Langenhain bei Waltershausen [5029]
49 Aufläss. Werksteinbrüche am Ziegenberg 600 m NE Waltershausen [5129]
50 Burgberg (Schloß Tenneberg) ca. 1 km SE Waltershausen [5129]

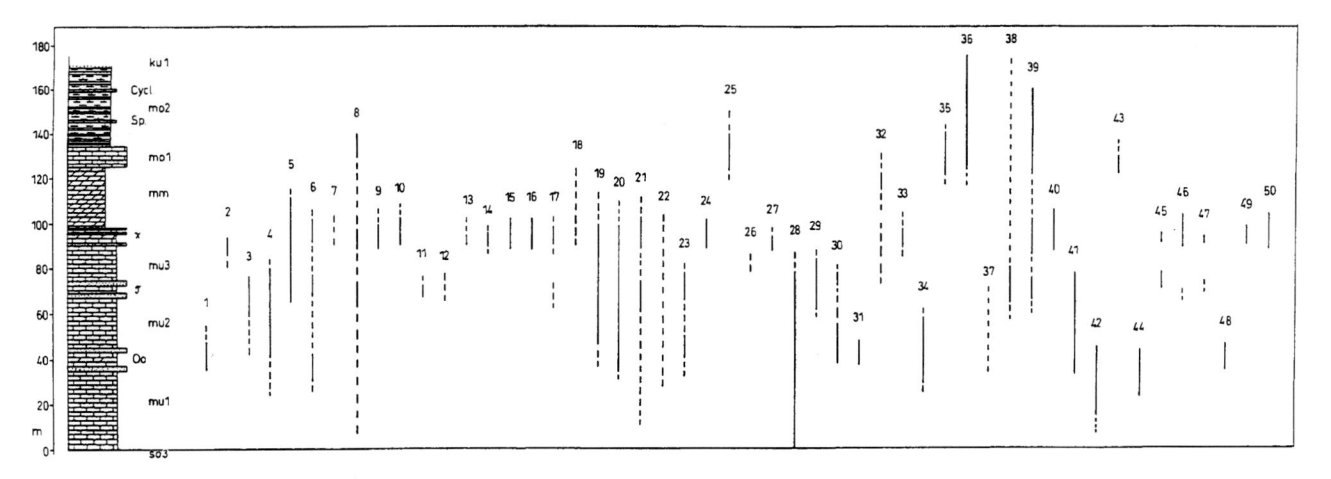

Abb. 2 Stratigraphische Reichweite von Muschelkalk-Aufschlüssen zwischen Thüringer Wald und Hainich (nach Normalprofil).

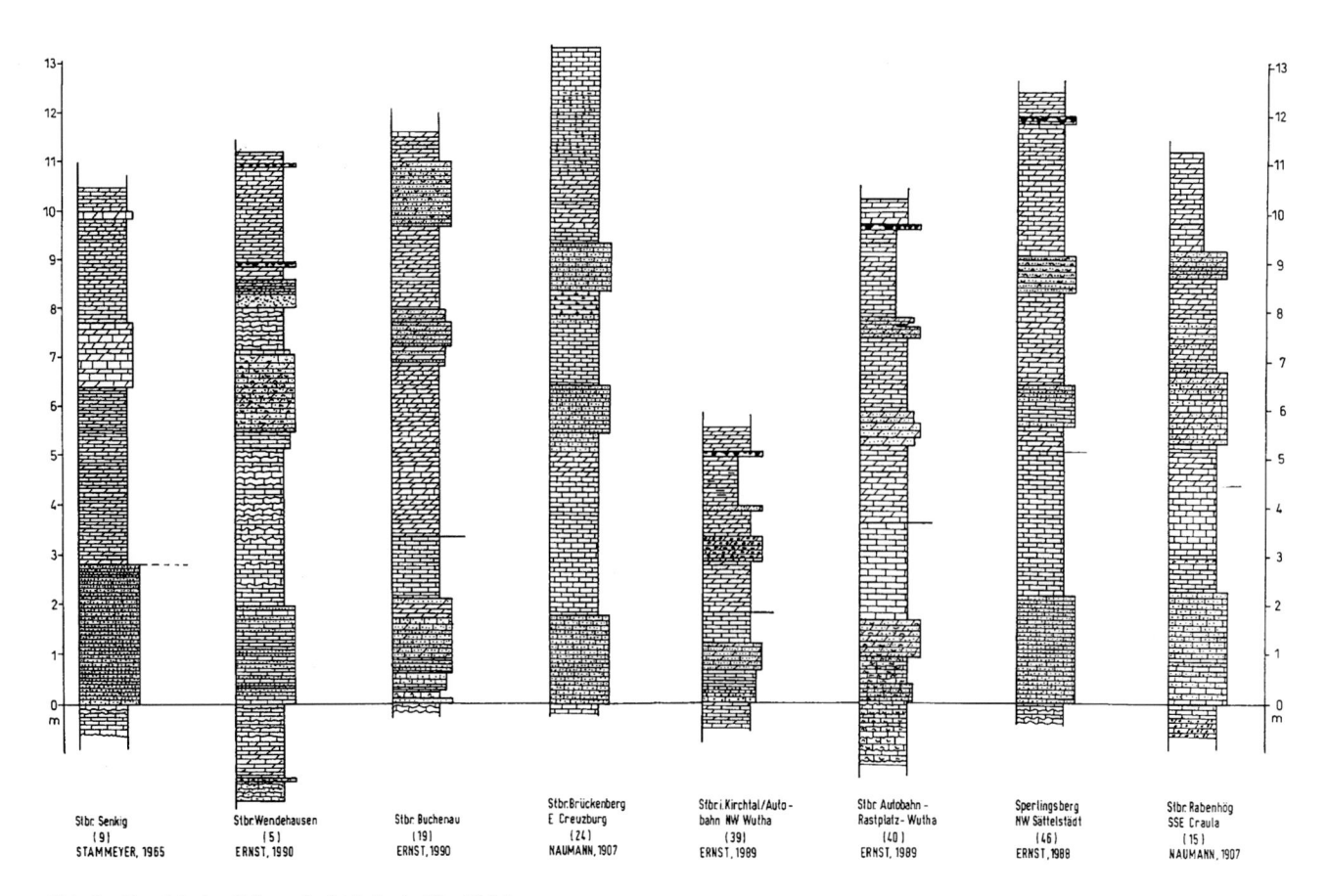

Abb. 3 Bereich der Schaumkalkbänke in Westthüringen.

setzt in Richtung Beckenzentrum zwischen Mühlhausen und Bad Langensalza mit einer „Salzfalle" ein, enthalten immer in der „Unteren Wechsellagerung" (mm 2:46 m Halit, Sulfat und Wechsellagerung). Über dem „Mittleren Dolomit"(mm 3 : 6 m) liegt die „obere Wechsellagerung", in Westthüringen bis 35 m mächtig, mit Sulfat, aber ohne Steinsalz. Unterer Dolomit (mm 1) wie auch Oberer Dolomit (mm 5) werden etwa je 10 m mächtig. Die verbleibenden Residualgesteine ergeben also wenig über 40 m Gesamtmächtigkeit. WEBER & KUBALD (1947 a) hatten bei sorgfältigen Aufmessungen in Baugruben der Autobahn bei Eisenach aber nur knapp 30 m Gestein festgestellt. BACKHAUS (1969) hat damit das Profil Friesenhausen (Blatt Fulda, 60 km SW Eisenach) verglichen, das etwa 52 m Mittleren Muschelkalk aufweist. Er kommt zu der Schlußfolgerung, daß bei Eisenach wohl ein Hiatus oder eine Kondensation über der Rhön-Schwelle vorliegen müßte. Die primären Mächtigkeiten des mm im Gebiet der Eichsfeld-Schwelle werden von MERZ (1987) auf 75 - 80 m geschätzt.

Problematisch bleibt die Grenze Anhydrit-Folge/Hauptmuschelkalk-Folge. Über der lokal erkennbaren Hornstein-Zone liegen bei Eisenach noch 0,5 - 4 m mächtige, schwach dolomitische Mergel, die sich zwar durch eine geringe Fauna, kaum aber petrographisch von den Oberen Dolomiten, zu denen sie gerechnet werden, unterscheiden, während der Kontrast zu den dickbankigen Bioklastiten im Hangenden so auffällig ist, daß es für die

Kartierung ein sicheres Indiz darstellt (vergl. dazu MÜLLER 1950; WEBER & KUBALD 1947 a; BUSSE & HORN 1981).

Das Isopachenbild des Hauptmuschelkalks (MERZ 1987) zeigt geringe Mächtigkeiten im Bereich der Eichsfeldschwelle, zwischen Gotha und dem Thüringer Wald dagegen eine NW-SE gestreckte Mulde. Im Detail scheint alles noch differenzierter zu sein, wie die wenigen Aufschlüsse und Bohrungen andeuten. So sind sowohl bei Wutha als auch bei Buchenau mo-Mächtigkeiten von nur 45 m festzustellen, während in der weiteren Umgebung (Tab. 1) höhere Mächtigkeitswerte vorliegen, die sich allein auf die Ceratiten-Schichten (mo 2) beziehen. Die Mächtigkeit des „Trochitenkalks" (mo 1) ist mit 7 - 9 m nur geringen Schwankungen unterworfen, die zudem auch noch Toleranzen auf Grund der im faziellen Sinne problematischen Hangendgrenze einschließen können. Da der Trochitenkalk stets eine deutliche Schichtstufe bildet, sind kleine Aufschlüsse häufig, doch nur in wenigen Fällen (z.B. Kirchtal NW Wutha an der BAB 4) vollständig. Eine neuerliche Profil-Aufnahme ergab, daß die Abfolge zu zwei Dritteln aus Bioklastit (5 mächtige Encrinitenbänke) und zu einem Viertel aus Knauerkalk, z. T. im Übergang zu Tonmergelstein besteht. Den lithologischen Aufbau der Ceratitenschichten zeigen die beigefügten Profile und Tab. 3. Es handelt sich im besagten Aufschluß biostratigraphisch um die Unteren und Mittleren Ceratitenschich-

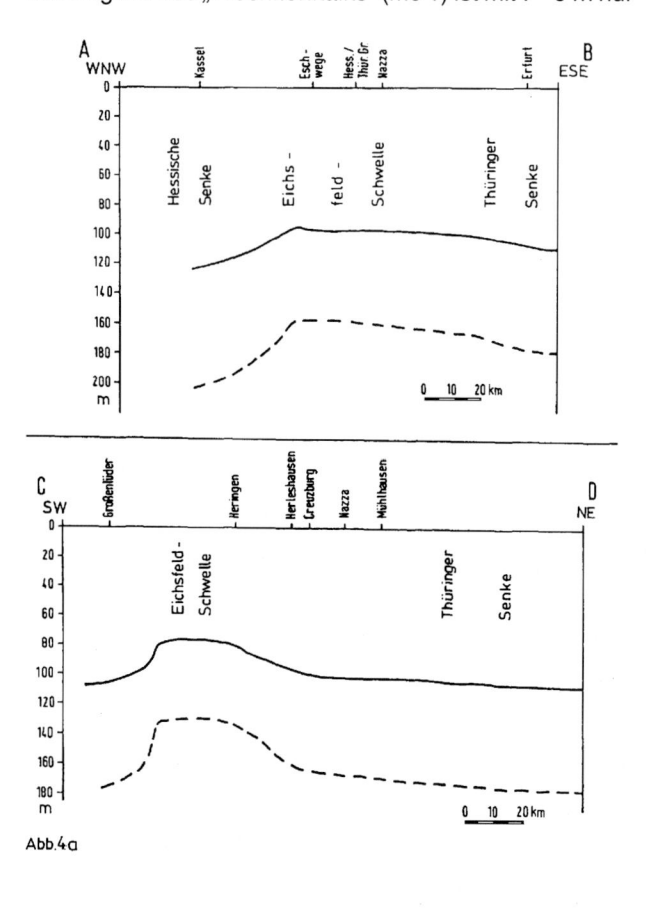

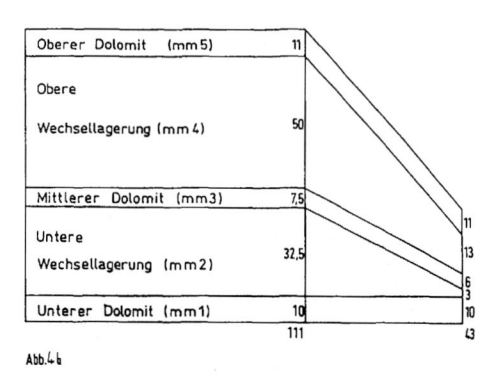

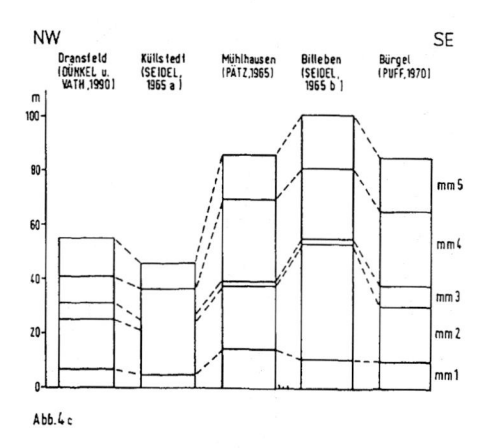

Abb. 4 **a** Mächtigkeit des Wellenkalks in Osthessen/Westthüringen nach Isopachenkarte bei DÜNKEL & VATH (1990: Abb. 3, ausgezogene Linie), dazu dekompaktierte Mächtigkeit nach DIETRICH (1989: Abb. 42). **b** Durchschnittsmächtigkeiten in m im Mittleren Muschelkalk des Thüringer Beckens nach MERZ (1987). Mitte unausgelaugt, rechts ausgelaugt. **c** Profilschnitte durch den Mittleren Muschelkalk.

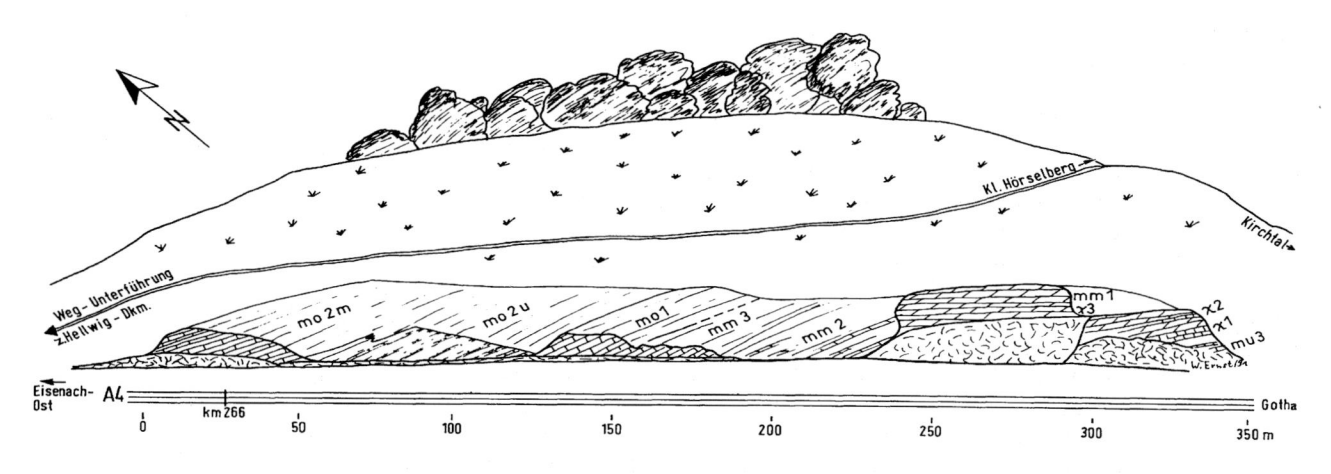

Abb. 5 Skizze der Aufschlüsse NW Wutha parallel zur Autobahn A 4 beim Kirchtal-Damm. M. d. L. 1:1000.

ten bis zur *spinosus*-Zone. Die Oberen Ceratitenschichten sind aber in der Umgebung durch Lesesteine (außer *C. semipartitus*) nachgewiesen, ansonsten immer mangelhaft aufgeschlossen. Als Hangendgrenze des Muschelkalks wird in Thüringen nicht mehr das „Grenzbonebed", sondern die Unterkante des Sandsteins S 1 angenommen (Trias-Standard DDR 1974). Die „Basisschichten", auch mo 3 genannt (bei Eisenach 3,5 - 4 m mächtig), gehören damit noch zum Hauptmuschelkalk, eine Festlegung, die die Kartierpraxis erleichtert.

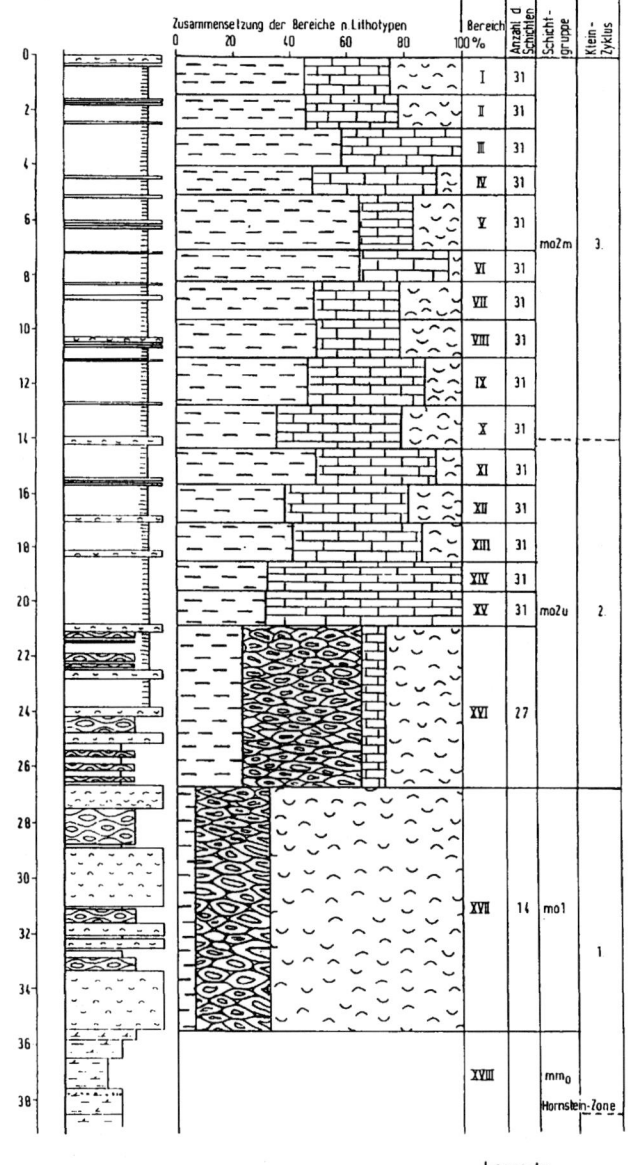

Summary

Thickness and facies of the Muschelkalk in West Thuringia between the Thuringian Forest and the Hainich Hills is influenced by larger and smaller paleogeographic units of the basement: branches of the Eichsfeld High between Thuringian and Hessian Low and the Ruhla-Langensalza High. Apart from basin morphology, sealevel fluctuations may have influenced facies and thickness of the Muschelkalk.

Literatur

BACKHAUS, E. (1969): Stratigraphie und Geomechanik des Mittleren und tiefsten Oberen Muschelkalkes in der Vorderen Rhön (Bl. 5424 Fulda).- Notizbl. hess. Landesamt Bodenforsch., **9**, 206-225, 3 Abb., 3 Tab., Wiesbaden.

BAUMGARTE, D. & SCHULZ, M. (1986): Stratigraphie und Fauna des Unteren und Mittleren Wellenkalkes (Unteranis/Pelson) von Müs (Bl. 5423 Großenlüder).- Geol. Jb. Hessen, **114**, 69-94, 4 Abb., 2 Taf., 1 Tab., Wiesbaden.

BUSSE, E. (1952): Feinstratigraphie und Fossilführung des Trochitenkalkes im Meißnergebiet, Nordhessen.- Notizbl. hess. Landesamt Bodenforsch., **6**, 118-137.

BUSSE, E. & HORN, M. (1981): Fossilführung und Stratigraphie der Gelben Basisschichten (Oberer Muschelkalk) im Diemelgebiet.- Geol. Jb. Hessen, **109**, 73-84, 1 Abb., Wiesbaden.

BUSSE, E. & RÖSING, F. (1958): Muschelkalk.- In: Erläuterungen zur Geologischen Karte von Hessen 1 : 25 000. Blatt Kassel-West (Nr. 4622).- 3. Aufl., 20-42, 1 Tab., Wiesbaden (Hess. Landesamt Bodenforsch.)

DOCKTER, J. (1962) (1964): Erläuterungen zur Geologischen Spezialkarte 1 : 25 000 der Deutschen Demokratischen Republik. Blatt Schernberg (Nr. 4630).- 188 S., 7 Abb., Jena (ZGI Berlin).

DÜNKEL, H. & VATH, U. (1990): Ein vollständiges Profil des Muschelkalks (Mitteltrias) der Dransfelder Hochfläche, SW Göttingen (Südniedersachsen).- Geol. Jb. Hessen, **118**, 87-126, 6 Abb., 3 Taf., 3 Tab., Wiesbaden.

HORN, M. (1987): Muschelkalk.- In: Erläuterungen zur Geologischen Karte von Hessen 1 : 25 000. Blatt Sontra (Nr. 4925).- 2. Aufl., 113-120, Wiesbaden (Hess. Geol. Landesamt Bodenforsch.).

LAEMMLEN, M. (1975): Erläuterungen zur Geologischen Karte von Hessen 1 : 25 000. Blatt Geisa (Nr. 5225).- 2. Aufl., 272 S., Wiesbaden (Hess. Geol. Landesamt Bodenforsch.).

LÜBKE, H.; SCHRAMM, H.; UNGER, K.-P. (1976): Geologische Karte der DDR 1 : 25 000. Blatt Gotha (Nr. 5030).- 2. Aufl., Berlin (Zentr. Geol. Inst.).

LUKAS, V. (1989a): Sedimentologie, Paläontologie und Diagenese der Terebratelbänke (Unterer Muschelkalk, Trias) Hessens.- Inaug.- Diss. Univ. Gießen, 202 S., 28 Abb., 13 Taf., 28 Profile.

LUKAS, V. (1989b): Faziesmodell der Terebratel-Bänke (Unterer Muschelkalk, Trias) Hessens.- Zbl. Geol. Paläont., Teil I, **1988**, 7/8, 885-896, 3 Abb., Stuttgart

LUKAS, V. (1991): Die Terebratelbänke (Unterer Muschelkalk, Trias) in Hessen - ein Abbild kurzzeitiger Faziesänderungen im westlichen Germanischen Becken.- Geol. Jb. Hessen, **119**, 119-175, 11 Abb., 1 Tab., 3 Taf.

LUKAS, V.; WENZEL, B.; RÖSING, F. (1988): Sedimentologisches Modell einer Rinne im Unteren Muschelkalk (Trias) Nordhessens.- Geol. Jb. Hessen, **116**, 253-259, 3 Abb., Wiesbaden.

MERZ, G. (1987): Zur Petrographie, Stratigraphie, Paläogeographie und Hydrogeologie des Muschelkalks (Trias) im Thüringer Becken.- Z. geol. Wiss., **15**, 4, 457-473, 9 Abb., 2 Tab.

MÜLLER, A.H. (1950): Stratonomische Untersuchungen im Oberen Muschelkalk des Thüringer Beckens.- Geologica **4**, 74 S., 10 Abb., 11 Taf., Berlin.

Abb. 6 Profilschnitt durch den Oberen Muschelkalk NW Wutha (Kirchtal/Autobahn). M 1:100. Aufnahme: W. Ernst 1989-90.

Lithotyp	Einzelhorizonte bzw. Bänke				
	Anzahl		durchschnittliche Mächtigkeit	Summe der	Anteile
	absolut	%	(cm)	(m)	%
Mergel-Tonstein	244	50	4,3	10,56	4,2
„Glaskalk' (Mikrit)	217	44	4,0	8,62	34
Bioklastit	26	5	17,0	4,43	18
„Knauerkalk'	5	1	29,2	1,46	6
Insgesamt	492	100	5,1	25,07	100

Tabelle 1 Lithotypen-Zusammensetzung des Oberen Hauptmuschelkalkes (mo 2, unterer und mittlerer Teil) NW Wutha bei Eisenach – Aufschlüsse an der BAB 4.

		①	②	③	④	⑤	⑥	⑦	⑧	⑨	⑩	⑪	⑫	⑬	⑭
m o	mo2	70	50	>28	60		56	68	37.5	36	55	55	50-52	50	
	mo1	7		4	7-10		(8.15	16	7-7.5	9	8	5-8	6-8	4-5	
	mo	70-80		>35	65-70		62	84	45	45	62,5	63	60	55	65
m m	m	40-90	62	?	45-55		50-62	50-67	45-70	27-75	55-85	40-80	60-100	30-80	25
Wellenkalk (mu)	/	8.2-9.2	6.7	8.8	11	9-9.5	10-11.4	11	9.7	4-9		7	9-10	12	13
	mu3	21	14	16	15	12-13	11-13.3	15	14.2	13.8		20	16-19	20-21	18
		3-5	4.8	6.45	7.2	7.5-8.5	7-8.8	8,5	7,3	7,5-7,9		3-4	6-8	3-3,5	5
	mu2	25	11	29	25	26-30	28-31	29	26,4	23		29	18-20	25-26	28
	Oo	9.5	7,8	6.75	7.5	7,5-8,5	6.7-7,5	8,5	7,9	8,6-9,2		2.6	7-9	8-9	8
	mu1	34	35	34	35	35-38	33-34	35	34.9	35		35	37-40	37	39
	mu	100-120	75-80	100	105	102	110	106	100	98	97,5	98	100	105	110
m-Gesamt		270	150	?	220	?	225	255	205	170	245	250	240	185 (240)	200

Tabelle 2 Muschelkalk-Mächtigkeiten im thüringisch-hessischen Raum   * ausgelaugt

1 Südthüringen
2 Blatt Geisa (5225, thür. Teil): LAEMMLEN 1975
3 Großenlüder (5423): BAUMGARTE & SCHULZ 1986
4 Blatt Sontra (4925): HORN 1987
5 Blatt Kassel-W (4622): BUSSE & RÖSING 1958
6 Dransfelder Hochfläche: DÜNKEL & VATH 1990
7 Hoher Meißner: PENNDORF 1951; BUSSE 1952
8 Buchenau (4927): REH 1959
9 Blatt Wutha (5028): ERNST
10 Blatt Gotha (5030): LÜBKE 1976
11 Blatt Arnstadt (5131): ZIMMERMANN 1924
12 Blatt Schernberg (4630): DOCKTER 1964
13 Blatt Jena (5035): SEIDEL & LOECK 1990
14 Bad Kösen (4836): SEIDEL & LOECK 1990

Lokalität / Werksteinbänke	Wendehausen (5)	Buchenau (19)	Brückenberg (23/24)	Zickelsberg (29)	Eisenach-W (33/34)	Kirchtal BAB 4 (39)	Wutha-Weinberg (40)	Gr. Hörselberg (45)	Sättelstädt (46)	Craula (15)	Waltershausen (48/49)
orbic-Schichten	0.4	?	4.0			1.0	1.2-1.7			3-4	2
Bereich der Schaumkalk-Bänke / 3	0.6	1.2	1.0			0.12	0.9			0.55	0.4
ob.Zw.	0.9	2.5	1,95			0.52	1.75			1.9	3-3.5
/ 2	1.7	0.6	1.0			0.52	0.8			1.5	0.2
unt.Zw.	3.2	3.6	3,7			1.7	3.6			3.67	0.25
/ 1	2.1	2.1	1.8			1.2	1.65			2.3	>1.55
Gesamt	8.5	10.0	9.45			4,1	8,7			9.9	>5.9
Bereich der Terebratel-Bänke 2	2.1	2.5	1.5	2.55			2.3	2.4	2.4		
Zw.	3.5	2.8	3,0	3.00			3.05	2.5	3.0		
1	3.5	2,8	2.5	2,85			2.2	2.95	2.2		
Gesamt	8.65	8.1	7.0	8.40			7.55	7.85	7.6		
Bereich der Oolith-Bänke Ooβ		0.9-1,1	1,17	0.5-0.8	1.0		1.5	>1,8	1.6		
Zw.		5	4,6		5.6		5.2	4.6			
Ooα		1.6-2.0	1,35		1.4		2.4	1,65			
Gesamt		7.8	7.12		8.0		9.1	8.05			

Tabelle 3 Mächtigkeiten der Werksteinbänke im Wellenkalk West-Thüringens

PATZELT, G. (Hrsg.) (1988): Die Trias von Nordwestthüringen. Kurzreferate und Exkursionsführer zur Tagung der GGW vom 12.-14.10.1988 in Mühlhausen.- 31 S., 5 Abb., Berlin (Geol. Ges. DDR).

PENNDORF, H. (1951): Die Ceratiten-Schichten am Meißner in Niederhessen.- Abh. senckenberg. naturf. Ges., **484**, 1-24, 3 Abb., 6 Taf., Frankfurt am Main.

REH, H. (1959): Geologische Auswertung der Erkundungsergebnisse für die mineralische Rohstoffbasis der Sodafabrik Buchenau (Werra).- Z. angew. Geol., **5**, 8, 344-349, 6 Abb., Berlin.

SCHUBERT, J. (1984): Zur Erschließung des ehemaligen Steinsalzbergwerkes bei Erfurt. Teil 2.- Veröff. Naturk.- Mus. Erfurt, **3**, 79-96, 5 Abb., Erfurt.

SEIDEL, G.& LOECK, P. (1990): Zur Gliederung der Wellenkalk-Folge (Muschelkalk) zwischen Jena und Freyburg.- Z. geol. Wiss., **18**, 9, 825-835, 6 Abb., 2 Tab., Berlin.

WEBER, H.& KUBALD, P. (1947) : Der Mittlere Muschelkalk an der Reichsautobahn bei Eisenach.- Beitr. Geol. Thüringen, **8**, 4/5, 167-189, 3 Tab., Jena [1947 a].

WEBER, H.& KUBALD, P. (1947) : Der Kohlenkeuper an der Reichsautobahn bei Eisenach.- Beitr. Geol. Thüringen, **8**, 4/5, 190- 220, 3 Taf., 5 Tab., Jena [1947 b].

WEBER, H.& KUBALD, P. (1951a): Geologie der Autobahn auf den Meßtischblättern Eisenach-Ost und Eisenach-West.- Hall. Jb. mitteldeutsch. Erdgesch., **1**, 3, S. 109-123, 12 Abb., 2 Taf., Halle (Saale).

WEBER, H.& KUBALD, P. (1951b): Der Obere Muschelkalk an der Autobahn bei Eisenach.-Hall. Jb. mitteldeutsch. Erdgesch., **1**, 3, 124-131, Halle (Saale).

WENDLAND, V. (1980): Zur Feinstratigraphie des Unteren Muschelkalkes in der thüringischen Vorderrhön (Bezirk Suhl, DDR).- Z. geol. Wiss., **8**, 8, 1057-1078, 7 Abb., 3 Tab., Berlin.

ZIEGENHARDT, W. (1966): Frühdiagenetische Deformationen im Schaumkalk (Unterer Muschelkalk) des Meßtischblattes Plaue (Thüringen).- Geologie, **15**, 2, 159-165, 3 Abb., Berlin.

ZIMMERMANN, E. (1924): Erläuterungen zur Geologischen Karte von Preußen.- Lieferung 39. Blatt Arnstadt (Nr. 5131).- 2 Aufl., 51 S., Berlin (Preuß. Geol. Landesanst.).

Sedimentologie und Paläogeographie der Terebratelbänke (Unterer Muschelkalk, Trias) Hessens

Volker Lukas, Kassel

4 Abbildungen

Einleitung

Das Germanische Becken im Unteren Muschelkalk

Im Unteren Muschelkalk lag Mitteleuropa etwa zwischen 15° und 20° nördlicher Breite in einem ganzjährig ariden Gebiet (z.B. ROBINSON 1973). Im Germanischen Becken, das sich von den Britischen Inseln bis Polen und über die Hessische Senke bis weit in den Süddeutschen Raum erstreckte, wurden unter flachmarinen Bedingungen vorwiegend Karbonate abgelagert.

Im tieferen Unteren Muschelkalk hatte das Germanische Becken lediglich über die Ostkarpaten-Pforte in SE-Polen eine Verbindung zur Tethys (Abb. 1) (KOZUR 1974,

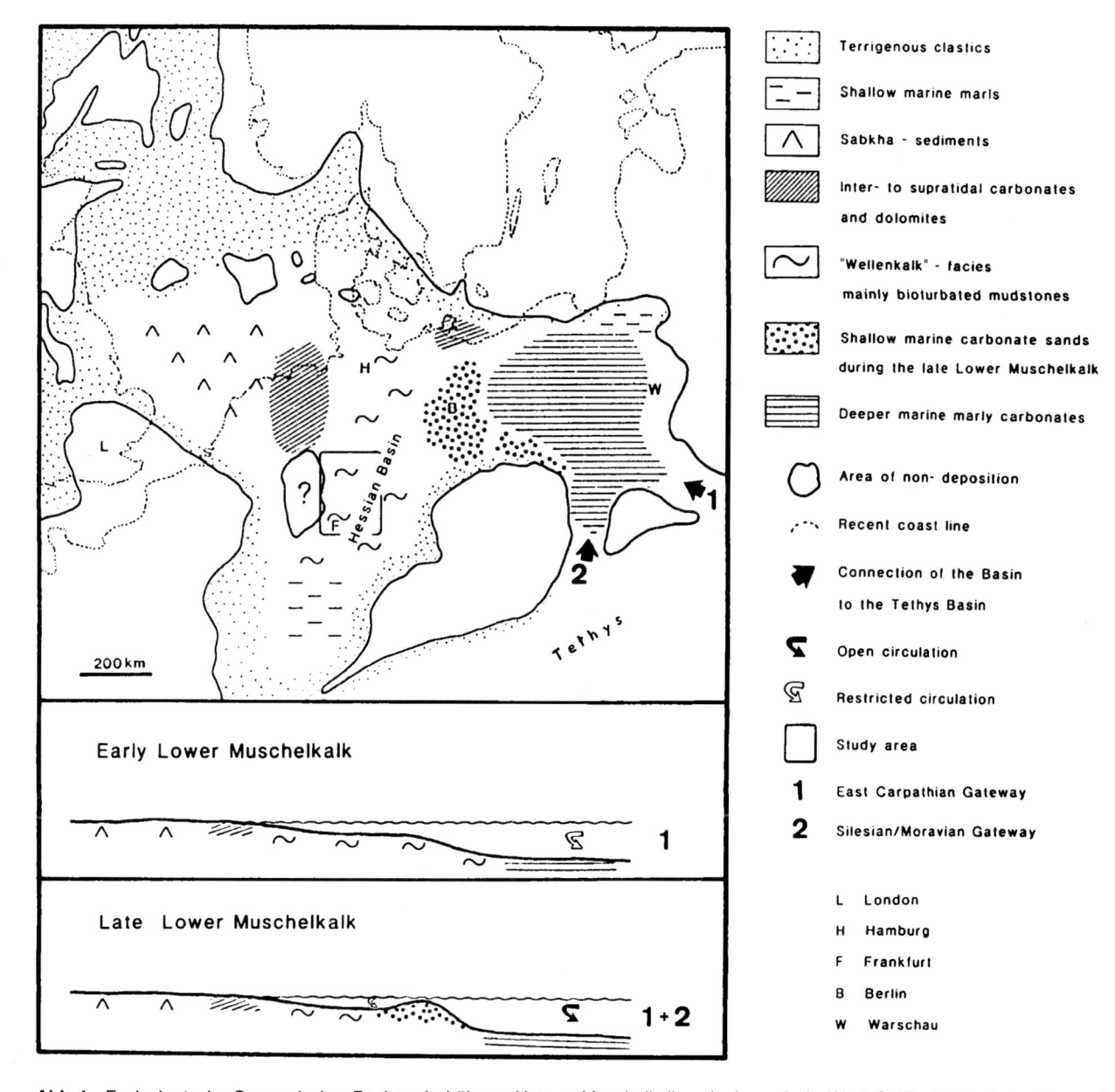

Abb. 1 Fazieskarte des Germanischen Beckens im höheren Unteren Muschelkalk und schematische West-Ost Profile durch das Germanische Becken im tieferen sowie höheren Unteren Muschelkalk. Zusammengestellt und interpretiert nach: ALTHEN et al. (1980); BEUTLER & SCHÜLER (1987); BOORDER et al. (1985); BRENNAND (1975); ERNST & WACHENDORF (1968); GŁAZEK et al. (1973); GROETZNER (1984); HARDT (1952); HARSVELDT (1973); KOSTECKA (1978); KOZUR (1974); MORGENROTH (1972); ORLOWSKA-ZWOLINSKA (1977); RASMUSSEN (1974); RUEGG (1981); RUSITZKA (1968); SCHWARZ (1970); SEIDEL (1965); SENKOWICZOWA (1958); SENKOWICZOWA & SZYPERKO-SLIWCZYNSKA (1975); TRAMMER (1973, 1975); ZAWIDZKA (1975); ZIEGLER (1982); ZUNCKE (1975); ZWENGER (1985).

SENKOWICZOWA & SZYPERKO-SLIWCZYNSKA 1975). Während in Zentralpolen mergelige Karbonate eines tieferen Faziesbereichs sedimentierten, wurden im westlichen und zentralen Teil des Beckens vorwiegend flachmarine Karbonatschlämme (Wellenkalke) abgelagert (z.B. GLAZEK et al. 1973). Im Nordseeraum und in den östlichen Niederlanden herrschten Sabkhabedingungen (BRENNAND 1975, RUEGG 1981). Der Querschnitt des Beckens entsprach einer schlammdominierten, flach nach E (Zentralpolen) einfallenden Karbonatrampe (Abb. 1).

Im höheren Unteren Muschelkalk öffnete sich zusätzlich zur Ostkarpaten-Pforte die Schlesisch-Mährische Pforte in Südpolen (Abb. 1) (KOZUR 1974, SENKOWICZOWA & SZYPERKO-SLIWCZYNSKA 1975). Damit war ein besserer Austausch mit der Tethys gegeben. Es verstärkte sich die Zirkulation im Germanischen Becken, und es entstanden v.a. im Berlin/Brandenburger Raum im Übergangsbereich vom flachen westlichen Germanischen Becken zum tieferen Becken in Zentralpolen ausgedehnte Karbonatsandbarren (ZWENGER 1985).

Aus der Karbonatrampe im tieferen Unteren Muschelkalk (s.o.) entwickelte sich im höheren Unteren Muschelkalk eine Karbonatplattform (Abb. 1): Im Nordseeraum bis in die östlichen Niederlande herrschten weiterhin Sabkhabedingungen, nach E schließt sich ein Gebiet mit inter- bis supratidalen Sedimenten (plattige bis dünnplattige Kalke und Dolomite, sog. ‚Gelbkalke') und dann auf der eigentlichen „Plattform" ein „lagunärer" Faziesraum mit bioturbaten Mudstones (Wellenkalkfazies) an. Diesen Mudstones sind wiederholt bioklastenreiche Horizonte zwischengeschaltet.

Im Gebiet um Berlin/Brandenburg entwickelten sich am Plattformrand ausgedehnte Karbonatsandbarren. In Zentralpolen wurden wie im tieferen Unteren Muschelkalk mergelige Karbonate eines tieferen, offener marinen Faziesbereichs sedimentiert. Das Einsetzen der Karbonatsandsedimentation im Raum Berlin wird mit dem Oolith-Bank-Horizont im westlichen Germanischen Becken parallelisiert (ZWENGER 1985).

Das westliche Germanische Becken im Unteren Muschelkalk

Das flache westliche Germanische Becken vermittelt zwischen Sabkha-Sedimenten in den Niederlanden und im Nordseeraum, inter- bis supratidalen Sedimenten im Raum Osnabrück und tiefer marinen Sedimenten in Zentralpolen (im tieferen Unteren Muschelkalk) bzw. den Barrenkomplexen im Raum Berlin/Brandenburg (im höheren Unteren Muschelkalk). In diesem flachen westlichen Germanischen Becken sind im gesamten Unteren Muschelkalk subtidale bioturbate Mudstones (sog. Wellenkalke) der vorherrschende Sedimenttyp.

Die mächtigen Wellenkalkpakete (im engeren Sinn) (Abb. 2) in Hessen sind ausgesprochen zyklisch aufgebaut. Nach SCHULZ (1972) beginnen diese Zyklen mit einer geringmächtigen Schillbank, es folgen flaserige Wellenkalke mit einzelnen Tempestiten, dann mergelige Wellenkalke und schließlich manchmal gelbe dolomitische Kalke. Die Wellenkalke in diesen „shallowing upward" Zyklen enthalten eine artenarme Fauna – wahrscheinlich wurden sie unter höhersalinaren Bedingungen in einem Environment mit eingeschränkter Zirkulation abgelagert (HAGDORN 1985, BRAUN 1985, ZWENGER 1988, LUKAS 1991).

Den Wellenkalkpaketen (im engeren Sinn) sind im höheren Unteren Muschelkalk wiederholt bioklastenreiche Horizonte zwischengeschaltet, die eine reiche und zumeist stenohaline Fauna enthalten.

Einer dieser Horizonte ist der 3 bis 9 m mächtige Horizont der Terebratelbänke (Abb. 2), der v.a. in Thüringen, Hessen und Niedersachsen verbreitet ist. Er besteht aus zwei Bioklastensand-reichen Einheiten (Untere und Obere Terebratelbank), die flaserigen bis plattigen Wellenkalken zwischengeschaltet sind. Namengebend war ein regional sehr häufiger Brachiopode (*Coenothyris vulgaris* (v. SCHLOTHEIM), „Terebratula").

Diese beiden Terebratelbänke werden seit Mitte des vorigen Jahrhunderts zur lithostratigraphischen Gliederung des Unteren Muschelkalks im westlichen Germanischen Becken benutzt (z.B. FRANTZEN 1889, FRANTZEN & KOENEN 1889). Es gab aber bisher keine Belege dafür, daß diese Bänke tatsächlich zeitgleich sind, d.h. ob eine Parallelisierung mit Hilfe dieser Bänke überhaupt zulässig ist. Eine biostratigraphische Korrelation ist bislang nicht möglich, da geeignete Fossilien fehlen. Auch war nicht bekannt, welche Faktoren dazu führten, daß in dem ansonsten hypersalinaren und schlecht zirkulierten westlichen Germanischen Becken diese Bänke mit stenohalinen Faunen entstanden sind.

Am Beispiel der Terebratelbänke in Hessen wurde untersucht, ob diese Bänke durch ein Progradieren der Barrenfazies des Berlin/Brandenburger Raumes in das westliche Becken entstanden sind, also ob sie diachron sind oder ob sie auf kurzfristig geänderte Sedimentati-

Mittlerer Muschelkalk

Unterer Muschelkalk	
orbicularis - Schichten	
Horizont der Schaumkalk- Bänke	
Oberer Wellenkalk	
Horizont der Terebratel- Bänke	
Mittlerer Wellenkalk	
Horizont der Oolith- Bänke	
Unterer Wellenkalk	

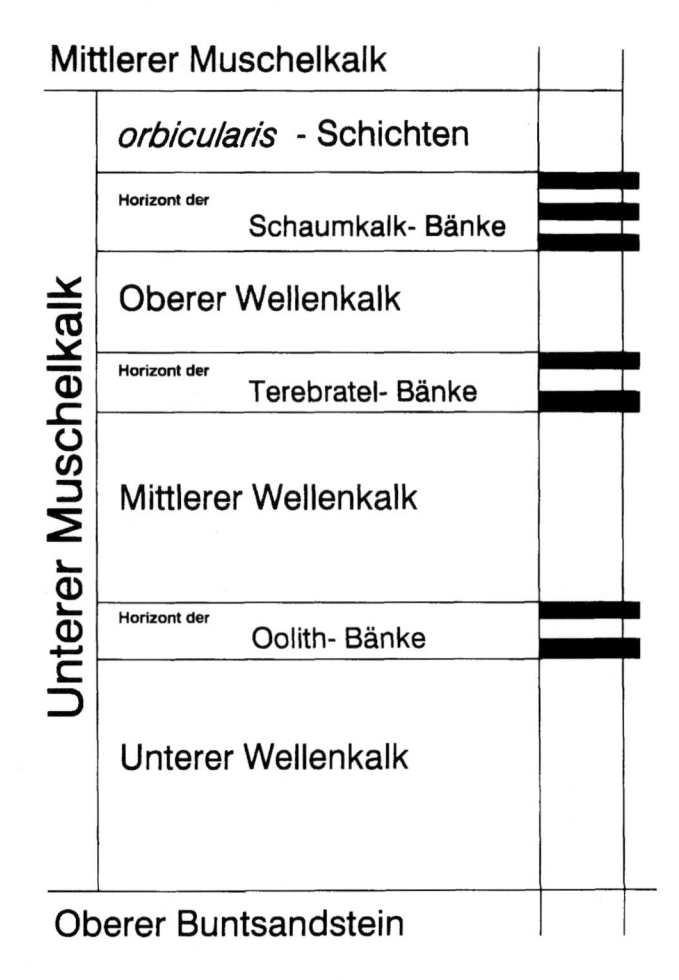

Oberer Buntsandstein

Abb. 2 Lithostratigraphische Gliederung des Unteren Muschelkalks in Hessen und angrenzenden Gebieten.

onsbedingungen im westlichen Germanischen Becken zurückgehen.

Fazieseinheiten im Horizont der Terebratelbänke

Aus Geländeaufnahmen und mikrofaziellen Untersuchungen ließen sich in den beiden Terebratelbänken Hessens und angrenzender Gebiete je nach Komponentenführung und Matrixgehalt der Karbonatsande, sowie Sedimentstrukturen mehrere Fazieseinheiten unterscheiden. Eine detaillierte Beschreibung der Faziestypen findet sich bei LUKAS (1991). Die Einheiten sind mit Buchstaben bezeichnet, die sich auf Abb. 3 und 4 beziehen.

A Feingeschichtete dolomitische Mudstones, die häufig Trockenrisse führen und keine Fauna enthalten (sog. Gelbkalke), sind im Inter- bis Supratidal entstanden.

B Als lagunäre Sedimente werden Peloid-Grainstones und Wackestones interpretiert, die nur ein geringes Faunenspektrum enthalten. Es kommen nur solche Fossilien vor, die auch höhersalinare Milieus tolerieren (Ostracoden, *Neoschizodus orbicularis* (BRONN)).

Dasycladaceen und Aggregatkörner führende Grainstones werden ebenfalls als lagunäre Sedimente eingestuft. Dasycladaceen sind aber ein Hinweis auf normale Salinität. Die Aggregatkörner bestehen aus Biogenfragmenten, die mikritisch zementiert sind.

C Häufig umgelagerte Schillsande, die Ooide und gut gerundete Schalenfragmente enthalten, bildeten „sandsheets" und flache Barren oberhalb der Wellenbasis. Die als Grain- bis Rudstones zu klassifizierenden Gesteine sind meist schräggeschichtet. Rippelmarken sind sehr häufig.

D Unterhalb der normalen Wellenbasis entstanden bei starker Zirkulation angebohrte Hartgründe, die von Crinoiden besiedelt waren. Diese Crinoiden wurden bei episodischen Stürmen zu Trochiten-Floatstones aufgearbeitet.

Selten kommen in diesem Faziesbereich auch Muschel/ Crinoiden Bioherme vor.

E Matrixreiche, nur episodisch umgelagerte Brachiopoden-Schille, die flache Barren bilden können, sind in tieferem, gut zirkulierten Wasser entstanden. Die Brachiopoden (v.a. *Coenothyris vulgaris* (v. SCHLOTHEIM)) sind sehr häufig doppelklappig erhalten.

F Die beckentiefste Einheit bilden mergelige Karbonate bzw. eine Kalkstein/ Mergel-Wechselfolge, die unter ruhigen Sedimentationsbedingungen entstanden ist.

Diese verschiedenen Faziestypen A bis F bauen die beiden Terebratelbänke auf.

W Die Bänke werden von flaserigen bis plattigen bioturbaten Mudstones (Wellenkalken) unter- und überlagert. Diese Wellenkalke enthalten lediglich Fossilien der Cruziana-Ichnofaunen-Assoziation. Selten sind Steinkerne einer artenarmen Muschel- und Gastropodenfauna. Nach BRAUN (1985) ist auch die Mikrofauna der Wellenkalke verarmt. Diese Wellenkalke werden als subtidale Sedimente eines höhersalinaren Milieus mit eingeschränkter Zirkulation interpretiert.

Sehr häufig sind in allen Fazieseinheiten gradierte detritische Schillbänke, die den charakteristischen Internbau von Tempestitbänken zeigen. Manchmal tritt „hummocky cross bedding" auf.

Faziesentwicklung und Faziesmodell

Über bioturbaten Mudstones (Wellenkalken) setzen die verschiedenen Fazieseinheiten der Unteren Terebratelbank mit scharfer Grenze ein (Abb. 3). Die tiefste Bank ist häufig ein Tempestit. Im nordwestlichen Hessen lagern den subtidalen Wellenkalken zunächst inter- bis supratidale dolomitische Mudstones auf, darüber folgt ein Tempestit, der Gerölle dieser Mudstones führt und eine Abfolge von Karbonatsanden einleitet.

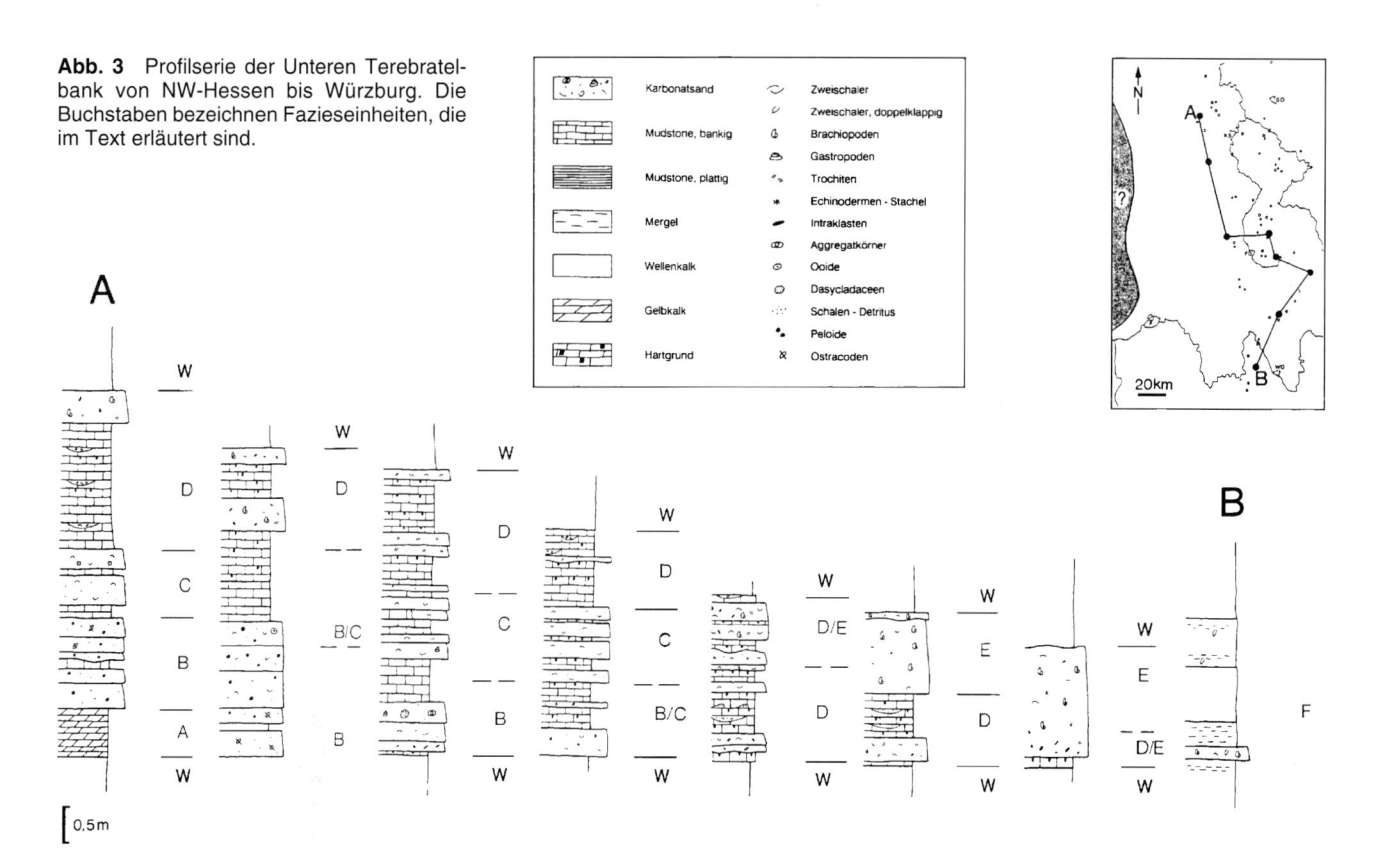

Abb. 3 Profilserie der Unteren Terebratelbank von NW-Hessen bis Würzburg. Die Buchstaben bezeichnen Fazieseinheiten, die im Text erläutert sind.

Abb. 3 zeigt eine Profilserie der Unteren Terebratelbank vom nordwestlichen Hessen bis nach Würzburg.

Die verschiedenen Fazieseinheiten folgen sowohl lateral als auch vertikal aufeinander. In der lateralen Faziesabfolge bilden dolomitische Mudstones die erste nordwestliche Einheit. Nach SSE folgen zunächst lagunäre Sedimente, die sich nach SSE mit Bioklasten-Schillsanden verzahnen. Daran schließen sich Gebiete mit Trochiten-Floatstones und Hartgründen an, die unter der Wellenbasis entstanden sind. Dann folgen nach SSE Brachiopoden-Packstones bis -Floatstones und schließlich im Gebiet um Würzburg Sedimente der Kalkstein/Mergel-Wechselfolge. Während der Sedimentationsphase der Unteren Terebratelbank verschieben sich diese Fazieseinheiten von SE nach NW. Die Obergrenze der Unteren Terebratelbank bildet sehr oft wieder ein Tempestit. Darüber folgen wieder Wellenkalke. Nur das südöstlichste Profil ist durchgehend als Kalkstein/Mergel-Wechselfolge ausgebildet.

Die Abfolge der Fazieseinheiten von A nach F entspricht einer Zunahme der Wassertiefe von inter- bis supratidalen dolomitischen Mudstones bis zur Kalkstein-Mergel Wechselfolge des tiefen Subtidal. Die laterale Anordnung der Faziestypen belegt ein Vertiefen des Beckens von NNW nach SSE. Die vertikale Abfolge der Fazieseinheiten zeigt ein Vertiefen des Beckens während der Sedimentationsphase der Unteren Terebratelbank an. Dieser relative Meeresspiegelanstieg (Transgression) verursacht einen Vorbau der Fazieseinheiten nach NNW. Abb. 4 verdeutlicht die laterale Fazesverteilung der ersten Fazieseinheit der Unteren Terebratelbank. Die Fazieseinheiten sind in SW-NE verlaufenden schmalen Zonen angeordnet. Im Gebiet mit inter- bis supratidalen Mudstones im NW, die dort die basale Untere Terbratelbank bilden, schließt die Abfolge der Unteren Terebratelbank mit Hartgründen und Trochiten-Floatstones ab.

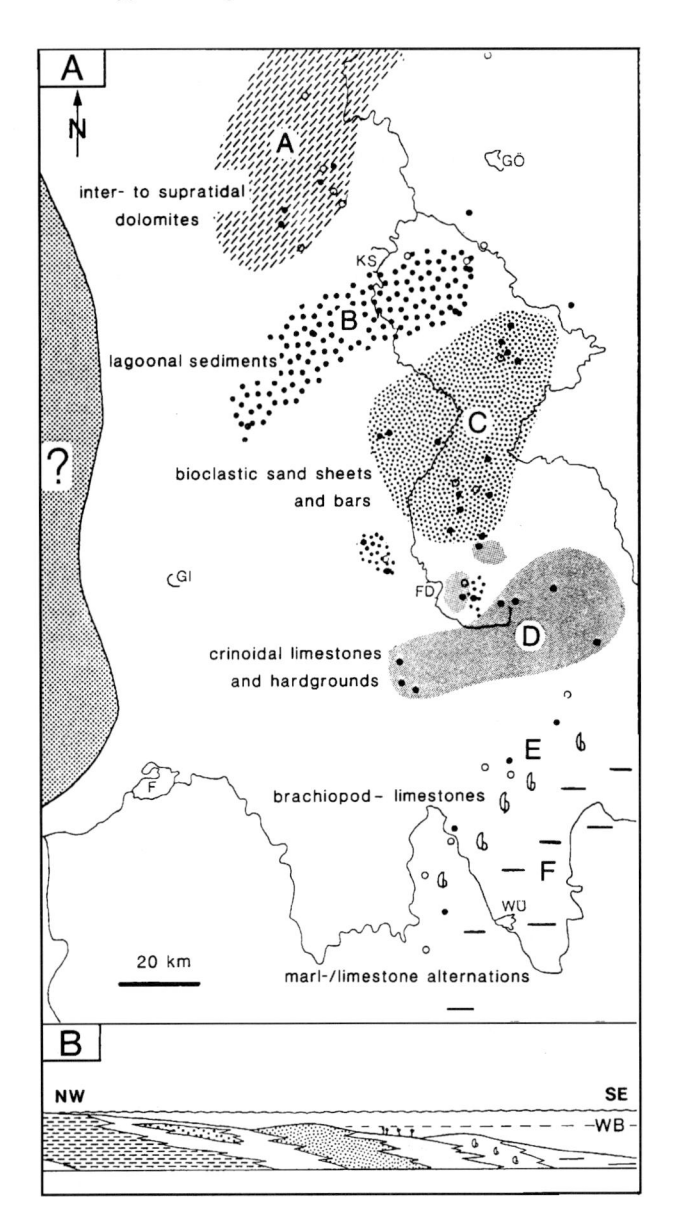

Die Fazesverteilung in der Oberen Terebratelbank zeigt die gleiche Polarität wie die Verteilung der unteren Bank. Auch dort sind die verschiedenen Fazieseinheiten mit scharfen Grenzen Wellenkalken zwischengeschaltet. In der erheblich geringmächtigeren Oberen Terebratelbank deutet die Faziesentwicklung eine Transgression aber nur an. Die Verteilung der Faziestypen entspricht einem Stadium etwa aus der Mitte der Unteren Terebratelbank.

Diese engräumige Fazesdifferenzierung und -verzahnung sowie die überall gleichgerichtete Faziesentwicklung in Abhängigkeit von einem relativen Meeresspiegelanstieg machen deutlich, daß die Terebratelbänke insgesamt keine progradierende Fazieseinheit sein können, sondern Perioden widerspiegeln, in denen die eintönige Wellenkalksedimentation unterbrochen wurde. Auf der Westflanke der hessischen Senke entstanden während dieser Perioden vorwiegend bioklastenreiche Karbonatsande, die Fossilien (z.B. Trochiten) enthalten, welche stenohaline Bedingungen anzeigen. Dabei bilden die Sedimente der Terebratelbänke die Morphologie im Bereich der westlichen Hessischen Senke ab. Das Environment der Terebratelbänke läßt sich im Modell einer karbonatsanddominierten Rampe zusammenfassen, die gleichmäßig von NW nach SE vertieft (Abb. 4B) (Lukas 1991). Die verschiedenen Sedimente auf dieser Rampe sind in Abhängigkeit von der Bathymetrie entstanden. Durch Meeresspiegelanstiege während der Sedimentationsphasen der Bänke progradieren die Fazieseinheiten nach NW (Abb. 3 und 4B).

Eine interne morphologische Gliederung dieser Rampe, z.B. durch paläozoisch angelegte Schwellen und Senken, die v.a. im Perm und Buntsandstein das Sedimentationsgeschehen in der Hessischen Senke stark beeinflußt haben, bildet sich in der Fazesverteilung der Terebratelbänke nicht ab. Auch ist ein Einfluß einer „Rheinischen Insel" nicht festzustellen.

Absolute Dauer der Terebratelbänke

Die beiden Terebratelbänke repräsentieren Zeitabschnitte, in denen auf einer Karbonatrampe auf der Westflanke der Hessischen Senke bevorzugt bioklastenreiche Karbonatsande abgelagert wurden. Hinweise auf die absolute Dauer dieser Zeitabschnitte ergeben sich aus der faziellen Entwicklung der Terebratelbänke und dem zyklischen Aufbau des gesamten Unteren Muschelkalks (s.o.).

Abb. 4
1 Die Fazesverteilung der basalen Unteren Terebratelbank in Hessen. Die Buchstaben bezeichnen Fazieseinheiten, die im Text erläutert sind. Punktraster mit ? = Rheinische Insel nach Ziegler (1982).
2 Schematisches Querprofil der Hessischen Senke mit der Karbonatsand-dominierten Rampe der Unteren Terebratelbank. WB = Wellenbasis.

Die Abschätzung der Dauer eines durch Meeresspiegelschwankungen verursachten Transgressions-Regressions-Zyklus des Unteren Muschelkalks kann einen Hinweis auf die maximale Dauer der Terebratelbänke geben, deren fazielle Entwicklung ebenfalls durch Meeresspiegelschwankungen bedingt ist.

Nach MENNING (1989) umfaßt das Anis etwa sechs Mio. Jahre. Die Dauer des Unteren Muschelkalks dürfte schätzungsweise zwei Mio. Jahre nicht überschreiten, da das Anis auch die Röt-Folge des Oberen Buntsandsteins, den Mittleren Muschelkalk und den basalen Oberen Muschelkalk umfaßt (z.B. REITZ 1985).

SCHULZ (1972) hat im Unteren Muschelkalk NW-Hessens 18 Zyklen nachgewiesen. Untersuchungen östlich Fulda ergaben 20 Zyklen (KRAMM 1986). Demnach dürfte die Dauer eines Zyklus etwa 100 000 - 150 000 Jahre betragen haben.

Es wurde gezeigt, daß die Untere Terebratelbank nur den transgressiven Ast eines Zyklus widerspiegelt. Die Entwicklung der Oberen Terebratelbank deutet eine transgressive Änderung des Meeresspiegels nur undeutlich an. Der Umschwung von einer schlammdominierten Rampe zu einer Karbonatsand-dominierten Rampe im westlichen Germanischen Becken hat sich demnach für geologische Zeiträume sehr schnell vollzogen.

Überlegungen zur Entstehungsursache der Terebratelbänke

Die Terebratelbänke entsprechen kurzen Zeitabschnitten, in denen im westlichen Germanischen Becken hauptsächlich Karbonatsande, anstatt der ansonsten vorherrschenden Karbonatschlämme (Wellenkalke) sedimentierten. Es herrschten gute Lebensbedingungen für eine reiche, karbonatsandproduzierende und zumeist stenohaline Fauna.

Ursache für die Entstehung der Terebratelbänke muß demnach eine kurzfristig verbesserte Zirkulation sein, die zu verstärkten Strömungen und einer Normalisierung der Salinität führte.

Die Zirkulation auf der flachen Plattform des westlichen Germanischen Beckens im höheren Unteren Muschelkalk, also westlich der Barrenkomplexe im Raum Berlin/Brandenburg, sollte analog zu rezenten Bedingungen von der Ausdehnung dieser Barren abhängen. Auf rezenten Plattformen mit offener Zirkulation (Golf von Mexiko) wird v.a. Karbonatsand produziert; auf Plattformen mit eingeschränkter Zirkulation (z.B. Bahamas und Florida) dominieren Karbonatschlämme (MATTEWS 1984, SELLWOOD 1986). Die Stärke der Zirkulation auf der Plattform wird dabei durch Riffe oder Sandbarren am Plattformrand gesteuert, die bei weiter Verbreitung den Austausch zwischen Plattform und Ozean sehr effektiv hemmen können.

Die Zirkulationsereignisse im westlichen Germanischen Becken sind offensichtlich nicht unmittelbar mit den „normalen" zyklischen Meeresspiegelschwankungen (s.o.) verknüpft, denn nur wenige der 18-20 Zyklen des Unteren Muschelkalks enthalten eine den Terebratelbänken entsprechende Leitbank.

Die inter- bis supratidalen Sedimente an der Basis der Unteren Terebratelbank belegen, daß diese in einem Regressionsmaximum einsetzt. Die Faziesverteilung der Oberen Terebratelbank entspricht einem Stadium aus der Mitte der Abfolge der Unteren Terebratelbank.

Um die Entstehung der Terebratelbänke zu erklären, sind zusätzliche Faktoren vonnöten, die zum kurzfristigen Überwinden der Barrenkomplexe im Raum Berlin/Brandenburg führten.

Die Untere Terebratelbank setzt mit einer außergewöhnlich starken Regression ein, die durch das Vorstoßen der inter- bis supratidalen Gelbkalkfazies aus dem Osnabrücker Raum bis weit nach N-Hessen belegt ist. Im Zuge solcher Regressionen werden Barrenkomplexe an Plattformrändern erodiert. Weiterhin wird die Karbonatsandproduktion dort eingeschränkt, da bei diesem „Trockenfallen" der Plattform die Zirkulation durch Tidenströmungen von der Plattform zum Becken hin bzw. umgekehrt vermindert ist (MATTEWS 1984). Ein folgender schneller Meeresspiegelanstieg könnte ein kurzfristiges Übergreifen der offenen Zirkulation aus dem polnischen Raum in das westliche Germanische Becken ermöglicht haben. Die für die „normale" Zyklizität des Unteren Muschelkalks ungewöhnlich starke Regression könnte an einen Zyklus höherer Ordnung gebunden sein oder azyklisch erfolgt sein.

Die Obere Terebratelbank beginnt aber nicht nach einer solchen außergewöhnlich starken Regression. Hier könnten z.B. Stürme als zusätzlicher Faktor zu einer Regression zur kurzzeitigen Zerstörung eines Teils der Barrenkomplexe geführt haben. Der Einfluß von Stürmen ist durch das sehr häufige Auftreten von Tempestiten dokumentiert.

In beiden Fällen hätte die Zerstörung bzw. Reduktion der Barrenkomplexe im Raum Berlin/Brandenburg zum Übergreifen normal marinen Wassers nach Westen geführt und damit eine Diversifizierung der Fauna und Sedimente bewirkt. Nach diesen Zirkulationsereignissen erreichten die Barrenkomplexe durch fortgesetzte biogene Karbonatproduktion erneut ihre ursprüngliche Ausdehnung und behinderten so wiederum den Austausch normal marinen Wassers.

Im dann wieder relativ abgeschlossenen westlichen Germanischen Becken führten die ariden Klimabedingungen schnell zu einer Erhöhung der Salinität.

Summary

The carbonate-sand dominated Lower and Upper Terebratelbank are important lithostratigraphic marker horizons of the Lower Muschelkalk in the western German Basin. They are intercalated in bioturbated mudstones („Wellenkalke").

The diverse faunal composition of the Terebratelbänke indicates normal marine environments; the „Wellenkalk"-fauna is restricted to some species of trace fossils.

The facies distribution of the Terebratelbänke in the western part of the Hessian Basin reflects a shallow carbonate ramp environment. This ramp was subdivided into an inter- to supratidal flat, a shallow lagoon, calcarenitic sand-sheets and bars and a shallow „open marine" basin. Hardgrounds, crinoidal- and brachiopodal-floatstone-bars were located basinwards of the calcarenitic areas. Marls and marly limestones were deposited on the deep-ramp.

Nearly all facies types show responses to storm processes.

The facies types are arranged in small NE–SW trending belts, which are not influenced by a Rhenish „Island" or reactivated Paleozoic structures.

The facies development within each of the Terebratelbänke is diachronous and reflects parts of transgressive episodes. However, the base and top of both the Terebratelbänke can be shown to be isochronous. Each of the Terebratelbänke represents an interval of probably less than 150 000 years duration.

The Terebratelbänke occur in the shallow western basin, barred by bioclastic shoals from open marine areas to the east. The Terebratelbank occurence was made possible by episodic destruction of the shoals by especially prominent eustatic drops in sea level or storm periods which allowed the influx of normal marine waters in the otherwise hypersaline western basin.

Literatur

ALTHEN, G. W., RUSBÜLT, J. & SEEGER, J. (1980): Ergebnisse einer regionalen Neubearbeitung des Muschelkalks der DDR.- Z. geol. Wiss., **8**, 985- 999; Berlin.

BEUTLER, G. & SCHÜLER, F. (1987): Probleme und Ergebnisse der lithostratigraphischen Korrelation der Trias am Nordrand der Mitteleuropäischen Senke.- Z. geol. Wiss., **15**, 4, 421- 436; Berlin.

BOORDER, H. DE, LUTGERT, J. E. & NIGMAN, W. (1985): Muschelkalk and its lead - zinc mineralisation in the eastern Netherlands.- Geol. en Mijnb., **64**, 3, 311- 326; Amsterdam.

BRAUN, J. (1985): Ostracoden- Ökologie und - Stratigraphie im Unteren Muschelkalk.- Abstract in: HAGDORN, H. (ed.): Geologie und Paläontologie im Hohenloher Land; Symposium zum 100. Geburtstag von G. Wagner; Künzelsau.

BRENNAND, T. P. (1975): The Triassic of the North Sea.- In: WOODLAND, A. W.(ed.): Petroleum and the continental shelf of North- West Europe.- Appl. Sci. Publ., 295- 311.

ERNST, G. & WACHENDORF, H. (1968): Feinstratigraphisch- fazielle Analyse der Schaumkalk- Serie des Unteren Muschelkalks im Elm (Ost- Niedersachsen).- Beih. Ber. Naturk. Ges., **5** (Keller- Festschrift), 165- 205; Hannover.

FRANTZEN, W. (1889): Untersuchungen über die Gliederung des Unteren Muschelkalks im nordöstlichen Westfalen und im südwestlichen Hannover.- Jb. kgl. preuß. geol. L.- Anst. u. Bergakad., **1888**, 453 - 497; Berlin.

FRANTZEN, W. & KOENEN, A. von (1889): Über die Gliederung des Wellenkalks im mittleren und nordwestlichen Deutschland.- Jb. kgl. preuß. geol. L.- Anst. u. Bergakad., **1888**, 440 - 452; Berlin.

GLAZEK, J., TRAMMER, J. & ZAWIDZKA, K. (1973): The alpine microfacies with Glomospira densa (Pantic) in the Muschelkalk of Poland and some related paleogeographical and geotectonic problems.- Acta geol. Polon., **23**, 3, 463- 486; Warschau.

GROETZNER, J. P. (1984): Unterer und Mittlerer Muschelkalk.- In: KLASSEN, H. (ed.): Geologie des Osnabrücker Berglandes, 153- 168; Osnabrück.

HAGDORN, H. (1985): Immigrations of crinoids into the German Muschelkalk basin.- In: BAYER, U. & SEILACHER, A. (eds.): Sedimentary and evolutionary cycles.- Lect. N. Earth Sci., 237- 254; Berlin, Heidelberg, New York, Tokyo.

HARDT, H. (1952): Die Rüdersdorfer Kalkberge.- Aufbau Verl. Berlin.

HARSVELD, H. M. (1973): The middle Triassic limestone (Muschelkalk) in the Achterhoek (E Gelderland).- Verh. KKI. Nederl. Geol. Mijnbouwkd. Genootsch. Geol., **29**, 43-50.

KOSTECKA, A. (1978) The Lower Muschelkalk carbonate rocks of the South- Western Margin of the Holy Cross mountains (Central Poland).- Roc. Pol. Tow. Geol., Ann. Soc. Geol. Pol., **XLVIII**, 2, 211- 243.

KOZUR, H. (1974): Biostratigraphie der germanischen Mitteltrias.- Freiberger Forsch. Hefte, **C 280**, I / II.

KRAMM, E. (1986): Feinstratigraphische Untersuchungen im Muschelkalk Osthessens.- Beitr. Naturkde. Osthessen, **22**, 2-21; Fulda.

LUKAS, V. (1991): Die Terebratel- Bänke (Unterer Muschelkalk, Trias) in Hessen – ein Abbild kurzzeitiger Faziesänderungen im westlichen Germanischen Becken.- Geol. Jb. Hessen, **119**, 119-175, Wiesbaden.

MATTEWS, R. K. (1984): Dynamic stratigraphy.- 489 p.; Prentice Hall.

MENNING, M. (1989): A synopsis of numerical time scales 1917-1986.- Episodes, **12**, 1, 3-5.

MORGENROTH, V. (1972): Der Muschelkalk Südthüringens.- Ber. deutsch. Ges. geol. Wiss., **A 17**, 6, 921-932.

ORLOWSKA - ZWOLINSKA, T. (1977): Palynological correlation of the Bunter and Muschelkalk in selected profiles from Western Poland.- Acta Geol. Polon., **27**, 4, 417-438; Warschau.

RASMUSSEN, L. B. (1974): Some geological results from the first five Danish exploration wells in the North Sea.- Danm. geol. Unders., **III**, 42, 46 p.

REITZ, E. (1985): Palynologie der Trias in Nordhessen und Südniedersachsen.- Geol. Abh. Hessen, **86**, 36 p.; Wiesbaden.

ROBINSON, P. L. (1973): Palaeoclimatology and continental drift.- In: TARLING, D. H. & RUNCORN, P. K., eds.): Implication of continental drift to the earth sciences, 451- 485; London, New York.

RUEGG, G. H. J. (1981): Sedimentologisch onderzoek in de meest oostlijke groeve in de Schelpkalk bij Winterswijk.- Rapport No. **63**, 7 p., Sed. Afd., Rijk Geol. Dienst.

RUSITZKA, D. (1968): Trias.- In: Grundriß der Geologie der Deutschen Demokratischen Republik Bd. 1; Akademie Verl. Berlin.

SCHULZ, M.-G. (1972): Feinstratigraphie und Zyklengliederung des Unteren Muschelkalks in N-Hessen.- Mitt. Geol.- Paläont. Inst. Univ. Hamburg, **41**, 133-170; Hamburg.

SCHWARZ, H.- U. (1970): Zur Sedimentologie und Fazies des Unteren Muschelkalkes in Südwestdeutschland und angrenzenden Gebieten.- Diss. Univ. Tübingen, 267 S.

SEIDEL, G. (1965): Zur Ausbildung des Muschelkalkes in NW-Thüringen.- Geologie, **14**, 1, 58- 63; Berlin.

SELLWOOD, B. W. (1986): Shallow-marine carbonate environments.- In: READING, H. G. (ed.): Sedimentary environment and facies, 283- 342.

SENKOWICZOWA, H. (1958): New data on the middle Triassic in the area of north- eastern Poland.- Kwart. Geol., **2**, 4, 722-739; Warszawa.

SENKOWICZOWA, H. & SZYPERKO-SLIWCZYNSKA, A. (1975): Stratigraphy and palaeogeography of the Trias.- Geol. Inst., Bull, **252**; Warschau.

TRAMMER, J. (1972): Stratigraphical and paleogeographical significance of conodonts from the Muschelkalk of the Holy Cross Mts.- Acta Geol. Polon., **22**, 2, 219- 232; Warschau.

TRAMMER, J. (1975): Stratigraphy and facies development of the Muschelkalk in the south-western Holy Cross Mts.- Acta Geol. Polon., **25**, 2, 179-216; Warschau.

ZAWIDZKA, K. (1975): Conodont stratigraphy and sedimentary environment of the Muschelkalk in Upper Silesia.- Acta Geol. Polon., **25**, 2, 217- 257; Warschau.

ZIEGLER, P.A. (1982): Permo-Triassic development of Pangea.- In: Geol. Atlas of Western and Central Europe. Shell Internat. Petr. Mij., B.V.; Amsterdam.

ZUNCKE, G. (1957): Zur Stratigraphie und Tektonik der Dorm - Rieseberg - Achse.- Diss. Univ. Braunschweig.

ZWENGER, W. (1985): Mikrofaziesuntersuchungen im Unteren Muschelkalk von Rüdersdorf.- Wiss. Z. Ernst-Moritz-Arndt- Univ. Greifswald, Math.- nat. wiss.Reihe, **34**, 4, 17- 20.

ZWENGER, W. (1988): Mikrofazies- und Milieuanalyse des Unteren Muschelkalkes von Rüdersdorf.- Freiberger Forsch. H. **C 427**, 113- 129; Freiberg.

Zur lithostratigraphischen Gliederung und Paläogeographie des Mittleren Muschelkalks im Nordwestdeutschen Becken

Horst Gaertner, Kassel
Heinz-Gerd Röhling, Hannover
15 Abbildungen

Einleitung

Der halitführende Mittlere Muschelkalk des Norddeutschen Beckens war bisher nur selten Gegenstand eingehender Untersuchungen. Anlaß dieser Arbeit war die Notwendigkeit einer einheitlichen Grenzziehung innerhalb des Muschelkalks im Nordwestdeutschen Becken, eine wesentliche Voraussetzung für eine umfassende paläogeographisch-paläotektonische und lithologisch-fazielle Analyse der Schichtenfolge. Die stratigraphische Nomenklatur innerhalb des nordwestdeutschen Anteils am Becken wurde je nach Kenntnisstand und Bearbeiter z.T. unterschiedlich gehandhabt. Daher erschien es notwendig, die oft uneinheitlich interpretierten geophysikalischen Bohrlochmessungen nach einheitlichen Kriterien neu zu bearbeiten und dabei nach Möglichkeit eine detaillierte kleinzyklische Gliederung zu erstellen, die zum einen beckenweit anwendbar, zum anderen aber auch mit Hilfe geophysikalischer Bohrlochmessungen durchführbar sein sollte.

Lage des Arbeitsgebietes

Das Arbeitsgebiet (Abb. 1) erstreckt sich über das gesamte nordwestdeutsche Flachland und den deutschen Sektor der Nordsee (mit Ausnahme des Entenschnabels). Es umfaßt auf dem Festland somit im wesentlichen die Länder Niedersachsen und Schleswig-Holstein. Dabei werden jedoch Teile des südniedersächsischen Berglandes und Ostwestfalens in die Betrachtung einbezogen. Die südliche Begrenzung des Untersuchungsgebietes bildet im wesentlichen das Münstersche Kreidebecken bzw. die Rheinische Masse, während in Südniedersachsen und Ostwestfalen die Grenze des Arbeitsgebietes ungefähr einer Linie Göttingen–Karlshafen–Brakel entspricht. Die Begrenzung nach Osten und Westen wird durch die Landesgrenzen zu Thüringen, Sachsen-Anhalt und Mecklenburg-Vorpommern bzw. durch die Grenze zu den Niederlanden bestimmt. Im Norden endet das Untersuchungsgebiet an der deutsch-dänischen Grenze bzw. an der Grenze zwischen dem deutschen und dem dänischen Nordseesektor.

Zum Stand der bisherigen stratigraphischen Nomenklatur des Mittleren Muschelkalks im Nordwestdeutschen Becken

Der Mittlere Muschelkalk Nordwestdeutschlands wurde erstmals von WOLBURG (1969) anhand geophysikalischer Bohrlochmeßkurven genauer untergliedert. Diese Gliederung wurde zudem erstmalig mit Logs (Gamma-Ray, Sonic-Log) belegt. WOLBURG (1969) schied in seiner Untersuchung über den Mittleren Muschelkalk ein liegendes Salinar (mm1) und eine hangende Dolomitmergel-Serie (mm2) aus. Die Dolomite, Dolomitmergel, Anhydrite sowie Ton- und Tonmergelsteine im Liegenden des Salinars stellte er als Gruppe i noch in den Unteren Muschelkalk. Die Obere Dolomitmergel-Serie untergliederte er weiter in die Schichteinheiten a bis d. – TRUSHEIM (1972) erkannte in seiner Arbeit über die „ ... Bildung der Salzlager im Rotliegenden und Mesozoikum Mitteleuropas" innerhalb des salinaren Teils des Mittleren Muschelkalks je nach paläogeographischer Position bis zu vier steinsalzführende Schichteinheiten.

In den Schichtenverzeichnissen der deutschen Erdöl- und Erdgas-Industrie wurde die Schichtenfolge des Mittleren Muschelkalks bisher uneinheitlich gegliedert. Während in vielen älteren Bohrungen häufig nur die Salinarfazies als Mittlerer Muschelkalk bezeichnet wurde, trennten andere Autoren in anderen Bohrungen den Bereich der salinaren Entwicklung sowie der Oberen Dolomitmergel sensu WOLBURG (1969) als Mittleren Muschelkalk ab. Letztere Gliederung wird von einigen Bohrungsbearbeitern auch heute noch angewandt. In den meisten modernen Bohrungen erfolgt jedoch häufig eine Dreigliederung, und zwar in die Dolomitmergel im Liegenden, in das mm-Salinar im mittleren Teil der Abfolge und in die hangende Karbonatgruppe, wobei festzustellen ist, daß die Benennung dieser drei lithostratigraphisch definierten Einheiten von den einzelnen Autoren z.T. unterschiedlich gehandhabt wird. Daneben lassen sich auch Unterschiede in der Abgrenzung zwischen diesen Schichteinheiten selbst als auch bei der Festlegung der Liegend- und Hangendgrenze des Mittleren Muschelkalks beobachten.

Die hier vorgestellte, neue Feingliederung des Mittleren Muschelkalks in Kleinzyklen kann, wie Logvergleiche zeigen, problemlos mit den auf der Scholle von Calvörde (SCHULZE 1964, Bohrung Calvörde-2/62), den in Thüringen (SEIDEL 1965, MERZ 1987, BRÜCKNER-RÖHLING & LANGBEIN 1991, 1993) sowie im Nordostteil des Norddeutschen Beckens (ALTHEN et al. 1980, BRÜCKNER-RÖHLING & LANGBEIN 1993) angewandten Gliederungen korreliert werden. Auf die Anbindung der nordwestdeutschen an die nordostdeutsche Gliederung des Mittleren Muschelkalks wird auf die ebenfalls in diesem Band erscheinende Arbeit von BRÜCKNER-RÖHLING & LANGBEIN verwiesen.

Die Grenze zwischen Unterem und Mittlerem Muschelkalk

Als Grenze Unterer/Mittlerer Muschelkalk ist in den übertägigen Aufschlußgebieten die Oberkante der höchsten Bioklastitbank der Schaumkalkbänke definiert. Mit den Unteren Dolomitmergeln schließt dann der Mittlere Muschelkalk an. In den Kernbohrprofilen wird die Grenze mit dem ersten Auftreten von plattig-flaserigen, z.T. stark mergeligen Kalksteinen oberhalb der Schaumkalkbänke gezogen, die mit den *orbicularis*-Schichten Thüringens parallelisiert werden können (BRÜCKNER-RÖHLING & LANGBEIN 1993) und die dem basalen Teil der Unteren Dolomitmergel entsprechen.

Die Festlegung der Untergrenze des Mittleren Muschelkalks ist jedoch nicht immer eindeutig, da die Grenze Unterer/Mittlerer Muschelkalk nicht immer durch einen

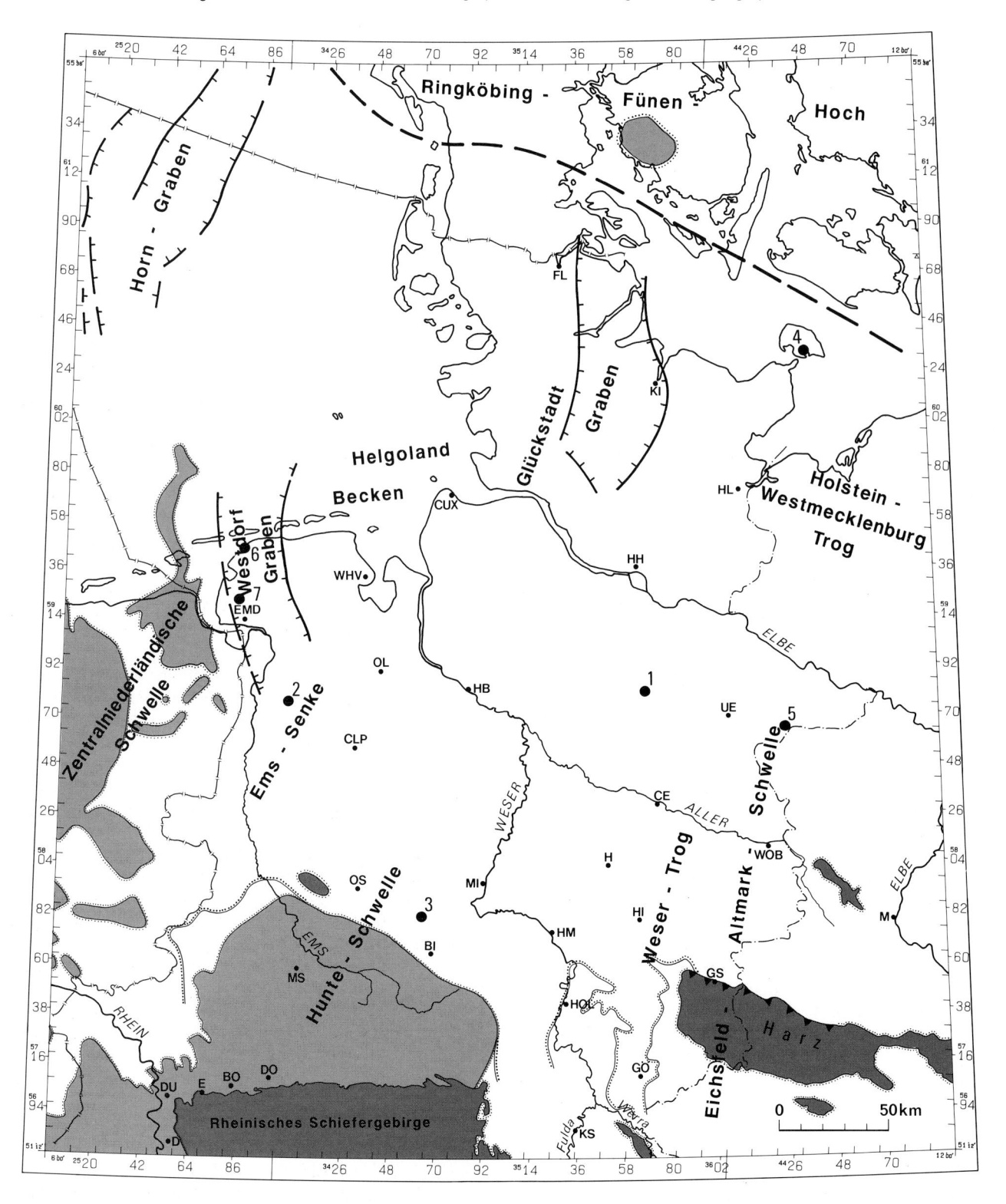

Legende zu den Abbildungen 1 und 8 bis 12

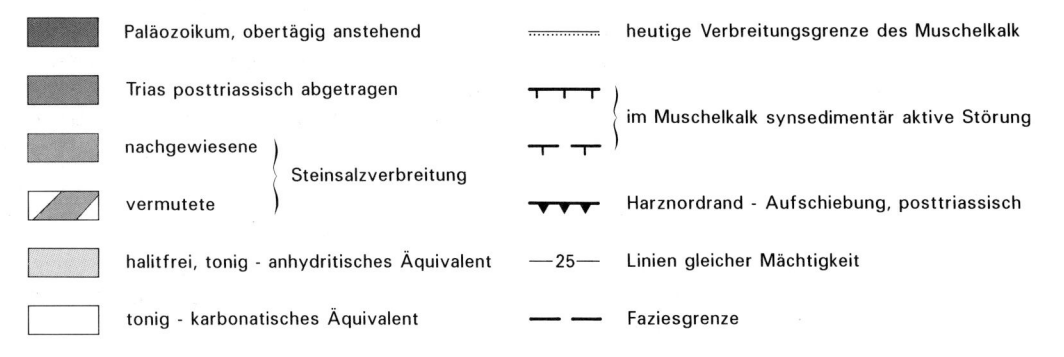

- Paläozoikum, obertägig anstehend
- Trias posttriassisch abgetragen
- nachgewiesene } Steinsalzverbreitung
- vermutete
- halitfrei, tonig - anhydritisches Äquivalent
- tonig - karbonatisches Äquivalent
- heutige Verbreitungsgrenze des Muschelkalk
- im Muschelkalk synsedimentär aktive Störung
- Harznordrand - Aufschiebung, posttriassisch
- —25— Linien gleicher Mächtigkeit
- — — Faziesgrenze

scharfen lithologischen bzw. faziellen Wechsel gekennzeichnet ist. Ursache hierfür sind u.a. die regional stark variierenden Karbonatgehalte in den einzelnen Schaumkalkbänken. Daneben beginnt die im Grenzbereich Schaumkalkbänke/Untere Dolomitmergel einsetzende Dolomitisierung z.T. in unterschiedlichen stratigraphischen Niveaus (ALTHEN et al. 1980, BRÜCKNER-RÖHLING & LANGBEIN 1991, 1993).

Lithostratigraphische Korrelation des Mittleren Muschelkalks

Typisch für den Mittleren Muschelkalk ist der enge Wechsel von Dolomit- und Anhydritbänken mit zwischengeschalteten Dolomitmergel-, Anhydritmergel-, Ton- und Tonmergelsteinen, die sich insbesondere in den Gamma-Ray- und Sonic-Log-Meßkurven anhand charakteristischer Ausschläge sicher erkennen und über z.T. weite Entfernungen korrelieren lassen. Die anhydritischen Partien innerhalb der Abfolge heben sich u.a. aufgrund geringerer Gammastrahlungswerte, höherer Widerstände und vor allem sehr geringer Schallaufzeiten bzw. hoher Schallgeschwindigkeiten deutlich von den generell etwas höherstrahlenden dolomitischen bzw. dolomitisch-mergeligen Lagen und Bänken ab. Stärker mergelige bzw. tonig-mergelige Bereiche sind durch höhere Strahlungsintensitäten gekennzeichnet. Die im stärker salinar entwickelten Abschnitt des Muschelkalk-Salinars eingeschalteten Steinsalze weisen wiederum eine extrem niedrige natürliche Radioaktivität und im Vergleich zu den anderen Gesteinseinheiten der Abfolge mittlere, insgesamt gleichbleibende Schallhärten auf. In den Kalibermessungen sind die halitführenden Bereiche ebenfalls deutlich erkennbar, hier kommt es häufig zu Lösungserscheinungen und Kavernenbildungen.

Die hier vorgestellten Kleinzyklen wurden ausschließlich lithostratigraphisch mit Hilfe von Logs definiert. Die neudefinierten Zyklen innerhalb des Mittleren Muschelkalks lassen sich trotz lateraler Faziesdifferenzierungen fast über das gesamte Nordwestdeutsche Becken horizontbeständig korrelieren. Die in den Logs definierten Grenzen zwischen den einzelnen Kleinzyklen der Unteren Dolomitmergel, des Muschelkalk-Salinars und der Oberen Dolomitmergel sind im lithostratigraphischen Sinne als isochron zu betrachten. Im Gegensatz zu diesen internen Grenzen setzt jedoch die vollsalinare Sedimentation innerhalb des Norddeutschen Beckens regional zu unterschiedlichen Zeiten ein. Dies gilt ebenso für das Aussetzen der Steinsalzausscheidung, d.h. sowohl die Unter- als auch die Obergrenze der vollsalinaren Fazies sind keine Zeit-, sondern Faziesgrenzen.

Aufgrund des lithologisch-petrographischen Aufbaus und unter Verwendung von geophysikalischen Bohrlochmessungen kann der Mittlere Muschelkalk in insgesamt 13 Kleinzyklen gegliedert werden. Die einzelnen Kleinzyklen lassen sich ihrerseits aufgrund lithologischer und petrographischer Merkmale in drei Großeinheiten, in die Unteren und Oberen Dolomitmergel sowie das Muschelkalk-Salinar zusammenfassen.

Die Unteren Dolomitmergel werden von den Kleinzyklen I bis IV, die Oberen Dolomitmergel von den Kleinzyklen XI bis XIII gebildet. Den Bereich des Muschelkalk-Salinars selbst bauen die Kleinzyklen V bis X auf. Steinsalze finden sich vor allem in den Kleinzyklen V bis VIII. In den Kleinzyklen IX und X reicht die salinare Sedimentation im überwiegenden Teil des Norddeutschen Beckens meist nur bis zur Sulfatausscheidung. Eine Ausnahme hiervon bilden lokale Subsidenzzentren, in denen auch in den beiden jüngsten Zyklen des Muschelkalk-Salinars eine Halitführung nachgewiesen ist. Halite können zudem bereits im Kleinzyklus IV der Unteren Dolomitmergel zum Absatz kommen.

Innerhalb des Norddeutschen Beckens lassen sich für die einzelnen Kleinzyklen laterale Faziesdifferenzierungen erkennen, wobei sich die Grenzen zwischen den einzelnen Fazieszonen im Verlaufe des Mittleren Muschelkalks regional verlagern können. Halite sind nur in den beckentieferen Bereichen des Norddeutschen Beckens entwickelt, randlich verzahnen sie sich mit Sulfaten. Weiter zum Beckenrand hin werden die Anhydrit-Bänke und -Lagen dann zunehmend durch Karbonate ersetzt. Dies gilt auch für die beckeninternen Schwellenpositionen. Dies wird besonders deutlich im Kleinzyklus XI, wo zwei im Log sehr markante Dolomitbänke (Abb. 2 und Abb. 4, Dx und Dy), getrennt durch Dolomitmergel, eine gute Korrelationsmöglichkeit bieten.

Zur lithostratigraphischen Gliederung mit Hilfe von Bohrlochmessungen

Die Gliederung des Muschelkalks beruht auf Gesteinswechsel. Gegenüber dem flachmarinen Unteren und Oberen Muschelkalk weist der Mittlere Muschelkalk eine stark hypersalinare Entwicklung auf. Neben Dolomiten, Dolomitmergeln, Anhydriten, Anhydritmergeln sowie Ton- und Tonmergelsteinen sind am Aufbau dieser Schichtenfolge auch Steinsalze beteiligt. Die unterschiedlichen gesteinsphysikalischen Parameter der verschiedenen Gesteine erlauben eine detaillierte lithostratigraphische Feingliederung mit Hilfe der in den Tiefbohrungen durchgeführten, unterschiedlichen geophysikalischen Bohrlochmessungen.

Als für die lithostratigraphische Gliederung besonders geeignete Meßkurven haben sich das Gamma-Ray sowie das Sonic-Log erwiesen. Beide Messungen werden heute in den meisten Bohrungen als Standardmessung gemeinsam durchgeführt. Zusätzlich wurden Eigenpotential-, Widerstands- und Kaliber-Messungen in die Untersuchungen einbezogen. Die Verwendung der Bohrlochmeßkurven im Vertikalmaßstab 1 : 1000 ermöglichte ein Erkennen von Bankmächtigkeiten ab etwa 1 m. Dies wurde für die lithostratigraphische Bearbeitung als ausreichend empfunden. Scheinbare Mächtigkeitserhöhungen durch tektonische Schrägstellung wurden zeichnerisch nicht reduziert, jedoch bei Mächtigkeitsdarstellungen rechnerisch berücksichtigt.

Paläogeographische Gliederung des Norddeutschen Beckens zur Zeit des Muschelkalks

Epirogene, z.T. auch taphrogene Bewegungen führten während der Sedimentation des Mittleren Muschelkalk zu nicht unbedeutenden Mächtigkeitsvariationen und Faziesdifferenzierungen. Sedimentation und fazielle Entwicklung werden dabei im wesentlichen von NNE-SSW

← **Abb. 1** Arbeitsgebiet mit Lage der dargestellten Referenzprofile: **1** Raum Dethlingen, Weser-Trog; **2** Raum Esterwegen, Ems-Senke; **3** Raum Wendland, Eichsfeld-Altmark-Schwelle; **4** Raum Ostwestfalen, Hunte-Schwelle; **5** Raum Fehmarn, Südflanke des Ringkøbing-Fünen-Hochs; **6** Westdorf-Graben; **7** Raum Ostfriesland.

Bohrung Raum Dethlingen, Weser-Trog

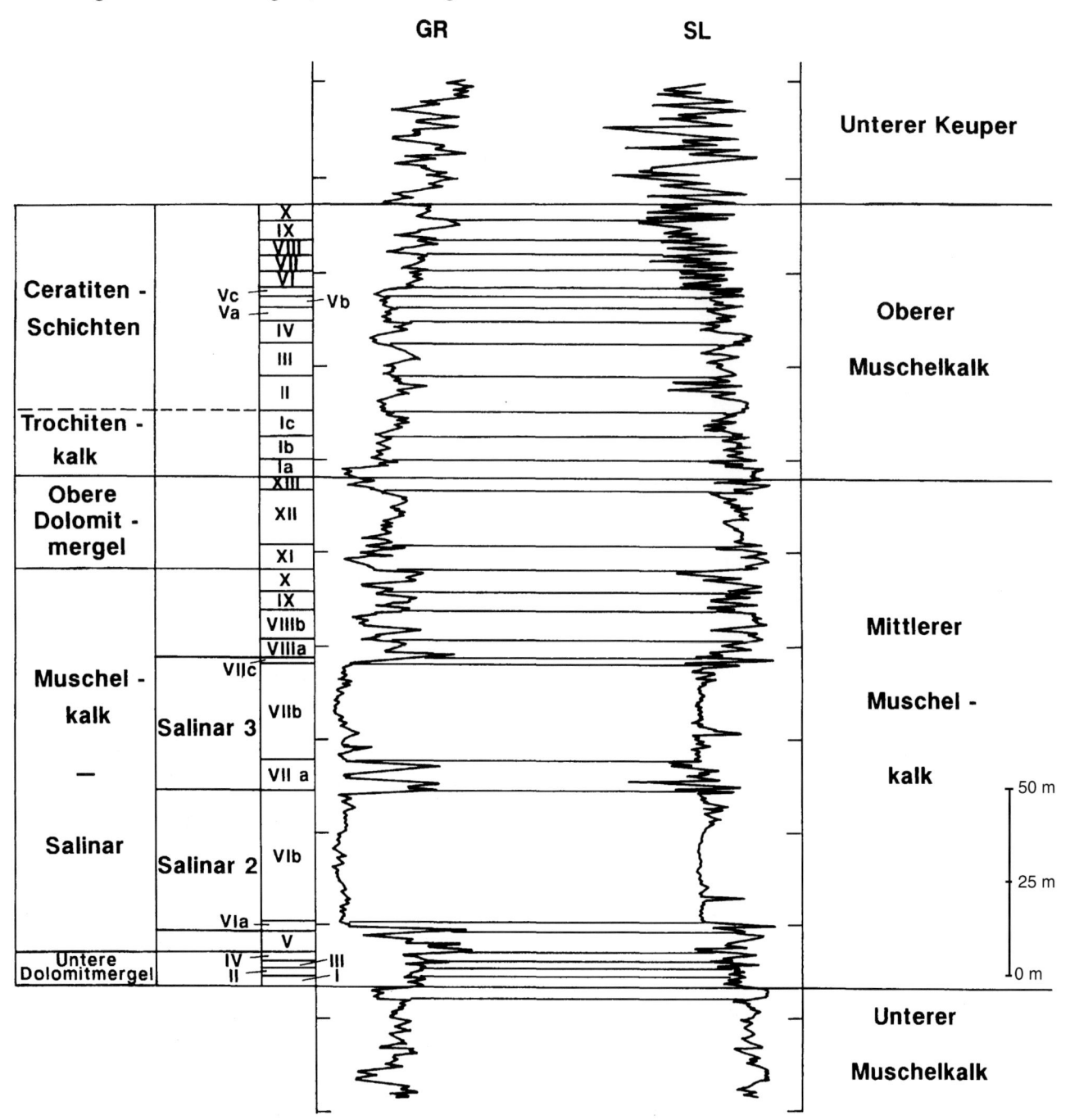

Abb. 2 Referenzprofil des Mittleren Muschelkalks für den Weser-Trog, Raum Dethlingen.

streichenden Großstrukturen beeinflußt, die bereits die Sedimentation und Verbreitung der höheren Salinarzyklen des Zechsteins (BEST 1986, 1988, 1989; RÖHLING 1986, 1988, 1991a,b) steuerten und ihre größte Wirksamkeit während der Trias im Mittleren Buntsandstein erreichten. Zur Zeit des Mittleren Buntsandsteins kam es mehrfach zu verstärkten epirogenen und diktyogenetischen sowie taphrogenetischen Bewegungen. Neben der großräumigen Gliederung in weitgespannte Schwellen und Becken kam es zusätzlich zur Ausbildung syngenetischer Gräben, Halbgräben und Horststrukturen, die das paläogeographische Bild noch stärker differenzierten (RÖHLING 1986, 1988, 1991 a,b). Als bedeutende paläogeographische Strukturelemente innerhalb des Nordwestdeutschen Beckens sind am Beckensüdrand (von Ost nach West) die Eichsfeld-Altmark-Schwelle, der Weser-Trog, die Hunte-Schwelle, die Ems-Senke sowie die Zentralniederländische Schwelle ganz im Westen zu nennen. An den relativ deutlich strukturierten Beckensüdrand schließt im Norden der generell WNW-ESE streichende Bereich der zentralen Beckenachse mit dem Helgoland-Becken und dem Holstein-Westmecklenburg Trog an. Abgeschlossen wird das Norddeutsche Becken im Norden vom ebenfalls WNW-ESE verlaufenden Ringköbing-Fünen-Hoch.

Bedeutende Erosionsdiskordanzen, Winkeldiskordanzen sowie Schichtausfälle wurden auf den verschiedenen Hochlagen, im Gegensatz zum Mittleren Buntsandstein

Bohrung Raum Esterwegen, Ems-Senke

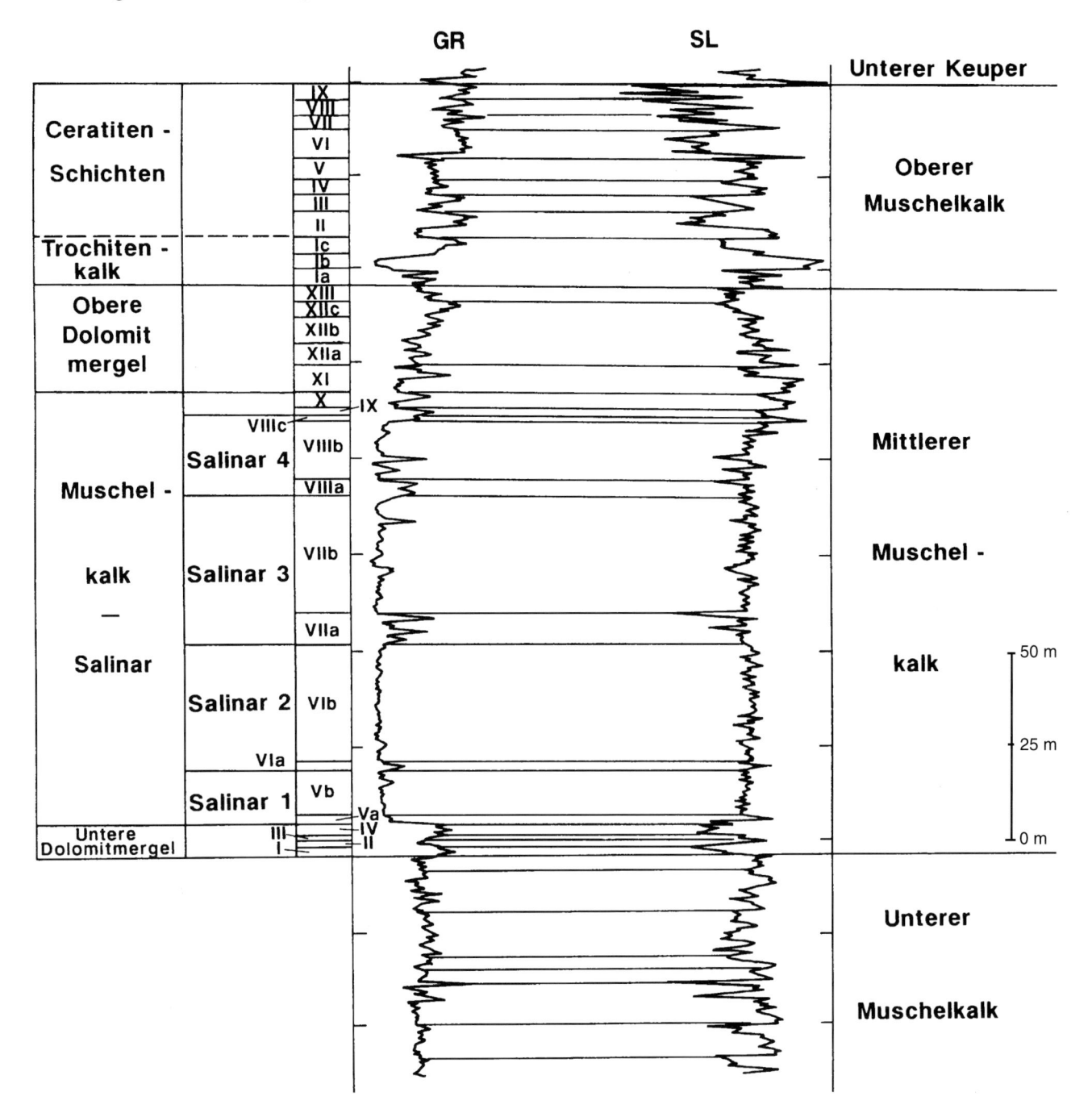

Abb. 3 Referenzprofil des Mittleren Muschelkalks für die Ems-Senke, Raum Esterwegen.

(RÖHLING 1988, 1991a,b), für den Zeitraum des Unteren, Mittleren und Oberen Muschelkalks in den Tiefbohrungen des Norddeutschen Beckens bisher nicht nachgewiesen. Zu beachten sind jedoch die nicht unbeträchtlichen Mächtigkeitsvariationen, die, abgesehen von den Salinarzyklen, besonders augenfällig im Bereich des Kleinzyklus XII auftreten. Dieser Zyklus nimmt von wenigen Metern in Schwellennähe bis auf über 20 m in den beckenzentral gelegenen Bohrungen zu. Lokale Subsidenzzentren, in denen z.T. extreme Mächtigkeiten des Mittleren Muschelkalks festgestellt wurden, sprechen für eine erneute synsedimentäre Aktivität einzelner, bereits während der Buntsandsteinzeit wirksamer Grabenstrukturen (RÖHLING 1988, 1991a, b).

Beispiele typischer Becken- und Schwellenprofile

Da im Mittleren Muschelkalk unterschiedliche paläogeographische Situationen innerhalb des Nordwestdeutschen Beckens vorliegen, wird die differenzierte lithologische und lithofazielle Entwicklung der Schichtenfolge im folgenden anhand von Tiefbohrungen aus Becken- und Schwellengebieten (Abb. 2 bis 8) vorgestellt. Ein Beispiel verdeutlicht die fazielle Sonderentwicklung innerhalb der synsedimentär wirksamen Grabenstrukturen (Abb. 7). Alle hier dargestellten Bohrprofile sind durch Korrelationsketten beckenweit verknüpft. Insgesamt wurden bisher mehr als 400 Tiefbohrungen im W-Teil des Norddeutschen Beckens, aus Niedersachsen, Schlesig-Holstein sowie dem deutschen Sektor der Nordsee ausgewertet.

Bohrung Raum Wendland

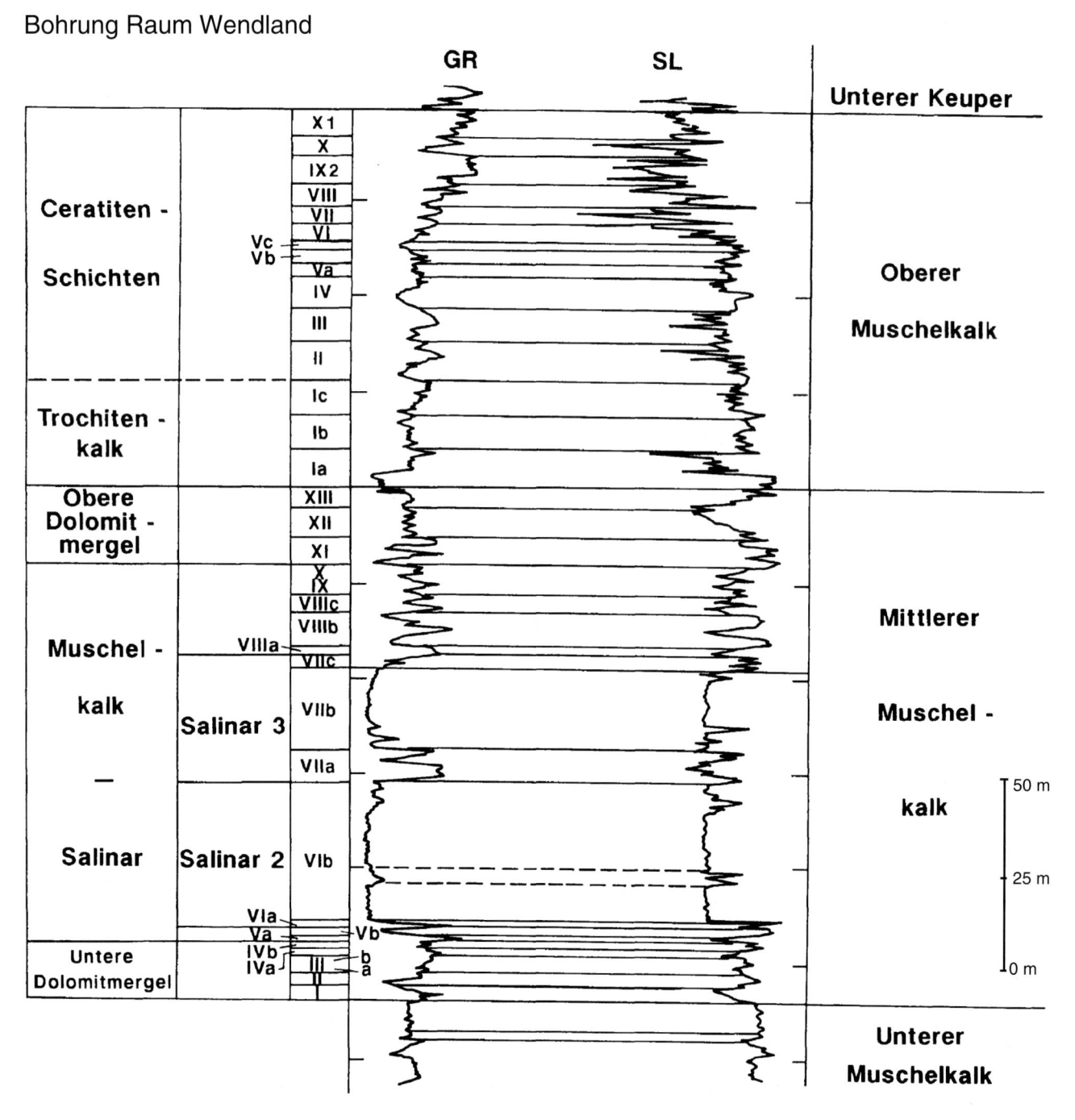

Abb. 4 Referenzprofil des Mittleren Muschelkalks für die nördliche Eichsfeld-Altmark-Schwelle, Raum Wendland.

Die Beckenfazies

Die fazielle Entwicklung des Mittleren Muschelkalks innerhalb der tiefer gelegenen Bereiche des Norddeutschen Beckens soll anhand von zwei Beispielen aus dem Weser-Trog bzw. der Ems-Senke dargestellt werden. Die im Raum Dethlingen, im Bereich des nördlichen Weser-Trogs abgeteufte Bohrung (Abb. 2) zeigt ebenso wie die aus der Ems-Senke stammende Bohrung (Abb. 3, Raum Esterwegen) die „normale" Beckenentwicklung des Mittleren Muschelkalks. Beide Bohrungen sind als Standardprofile auch für den Bereich der zentralen, WNW-ESE streichenden Beckenachse anzusehen.

Im Profil der Bohrung aus dem Raum Dethlingen (Abb. 2) endet der Untere Muschelkalk mit einer ca. 3 m mächtigen, nach Log relativ kompakten Karbonatbank, erkennbar an einer gegenüber dem Liegenden und Hangenden deutlich geringeren Gammastrahlung sowie einer erhöhten Schallhärte. Die Grenze Unterer/Mittlerer Muschelkalk wird in den Logs am Top dieser markanten Bank gezogen. Darüber folgt dann der hier ca. 131 m mächtige Mittlere Muschelkalk.

Der Mittlere Muschelkalk setzt mit den Dolomiten, Dolomitmergeln sowie Ton- und Tonmergelsteinen der im Raum Dethlingen etwa 7 m bis 12 m mächtigen Unteren Dolomitmergel ein. Die basalen Kleinzyklen I bis IV des Mittleren Muschelkalks liegen im Nordwestdeutschen Becken z.T. in sehr geringen Mächtigkeiten vor, sind jedoch in den geophysikalischen Bohrlochmessungen klar abzugrenzen.

Der Kleinzyklus IV ist bereits durch eine stärker salinare

Bohrung Top Hunte-Schwelle, Ostwestfalen

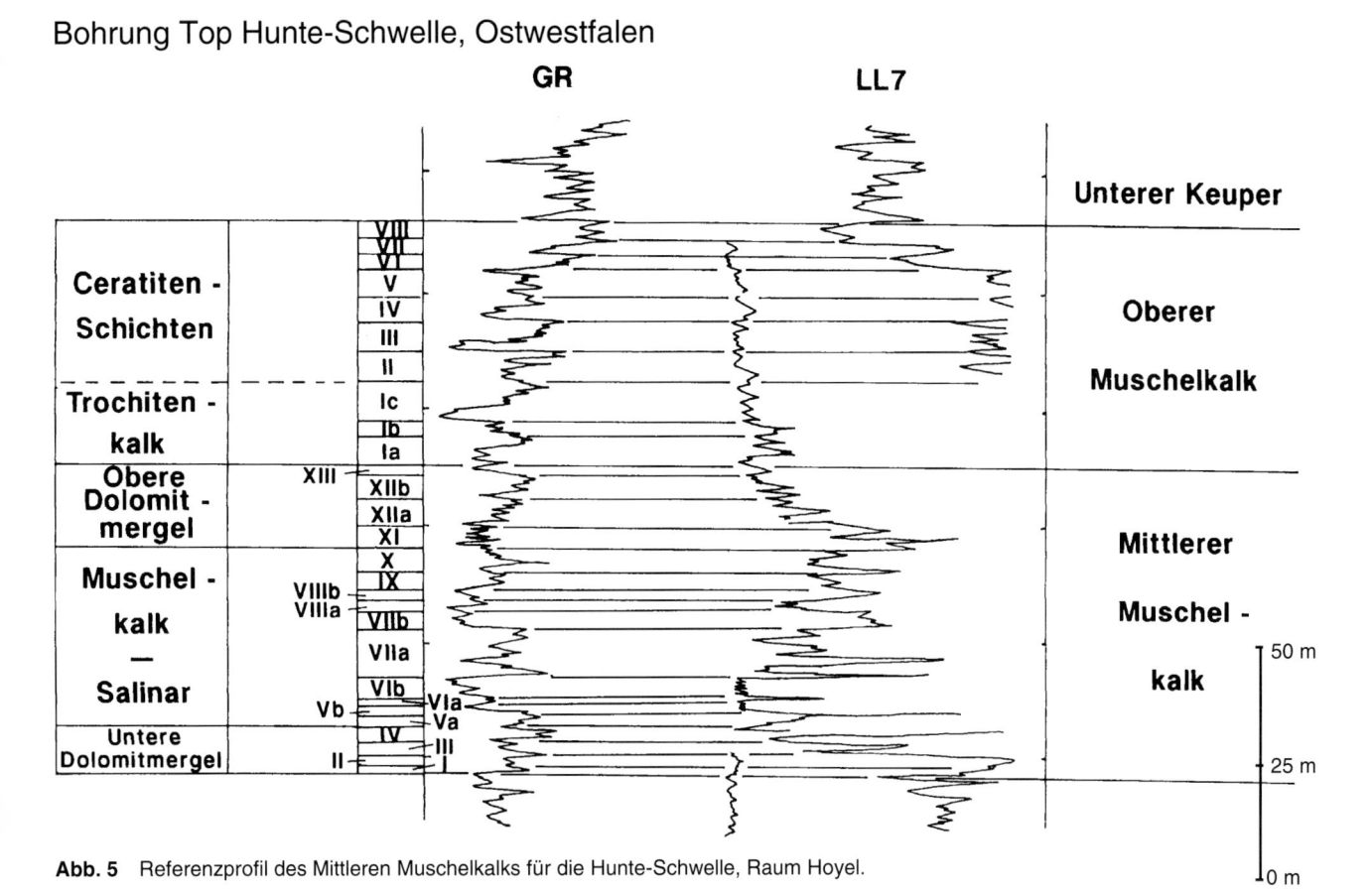

Abb. 5 Referenzprofil des Mittleren Muschelkalks für die Hunte-Schwelle, Raum Hoyel.

Entwicklung gekennzeichnet. Im Raum Dethlingen ist es aber offensichtlich nur bis zur Sulfatausscheidung gekommen. Der Zyklus IV weist in fast allen beckentiefer gelegenen Bohrungen des Nordwestdeutschen Beckens eine recht typische, einheitliche Ausbildung auf. Dieser etwa 2 bis 5 m mächtige Zyklus beginnt an der Basis mit Ton-/Tonmergelstein-Lagen und -Bänken, gefolgt von einer maximal 1 bis 2 m mächtigen, nach Log stark tonigen bzw. anhydritischen Partie, die auch Tonmergelstein-Lagen führt. Dieser höhere Abschnitt hebt sich im Sonic-Log aufgrund seiner hohen Schallhärte deutlich vom basalen, tonig-mergeligen und daher „weicheren" Fuß des Zyklus ab. Der Basisbereich des Zyklus IV ist in der Gamma-Ray/Sonic-Log-Kombination aufgrund seiner relativ hohen Strahlung und niedrigen Schallhärte häufig an einer deutlichen Einschnürung im Logbild erkennbar.

Über den Kleinzyklen I bis IV der Unteren Dolomitmergel setzt dann der salinare Teil des Mittleren Muschelkkalks mit dem Kleinzyklus V ein. Mit Beginn dieses Kleinzyklus V kommt es in den beckenzentralen Bereichen des Norddeutschen Beckens bzw. in lokalen Subsidenzzentren zu ersten mächtigeren Halitbildungen (Abb. 3).

Im Raum Dethlingen (Abb. 2) besteht der nach Log etwa 3 m mächtige, höherstrahlende basale Abschnitt des Kleinzyklus V vorwiegend aus Ton- und Tonmergelsteinen, der nach oben hin zunehmend anhydritischer wird. Dies spiegelt sich auch deutlich im Kurvenverlauf wider. Im Gamma-Ray ist ein kontinuierlicher Rückgang der Strahlung, im Sonic-Log eine deutliche Erhöhung der Schallhärte erkennbar. Halite des Steinsalzlagers 1 bzw. des Salinars 1 sind im Raum Dethlingen nicht ausgebildet, innerhalb des Weser-Troges jedoch in lokalen „Salzseen" entwickelt. Dagegen hat die in Abb. 3 dargestellte Bohrung aus dem Raum Esterwegen, die paläogeographisch gesehen die Ems-Senke repräsentiert und auch für das Beckenzentrum typisch ist, Steinsalze des Zyklus V bzw. des Salinars 1 erbohrt.

Innerhalb des Weser-Troges setzt die vollsalinare Entwicklung großflächig erst mit dem Kleinzyklus VI ein. Das Salinar 2 beginnt mit einem etwa 3 m mächtigen Fuß überwiegend anhydritischer Ton- und Tonmergelsteine im unteren Teil, während der höhere Abschnitt eine stärkere Anhydritführung aufweist. Darüber folgt ein etwa 35 bis 36 m mächtiges Steinsalzpaket. Darin eingeschaltet finden sich geringmächtige Anhydritlagen. Den Abschluß bildet nach Log ein maximal 1 m mächtiger Deckanhydrit. Die Anhydrite innerhalb des Kleinzyklus VI treten in den Sonic-Logs in Form von Geschwindigkeitsspitzen (Peaks hoher Schallhärte) deutlich hervor.

Das Salinar 3 des Mittleren Muschelkalks liegt im Nordwestdeutschen Becken im Kleinzyklus VII. Der basale Bereich dieses Kleinzyklus, der Teilzyklus VIIa, ist in weiten Bereichen des Beckens in charakteristischer Weise ausgebildet. Der im Raum Dethlingen (Abb. 2) ca. 8 bis 9 m mächtige Teilzyklus besteht überwiegend aus anhydritischen Ton- bis Tonmergelsteinen. In diesem höherstrahlenden Abschnitt ist häufig ein bis mehrere Meter mächtiges Steinsalzpaket eingeschaltet, erkennbar an den extrem niedrigen Strahlungswerten im Gamma-Log. Der darüberfolgende halitführende Teilzyklus VIIb ist etwa 25 bis 26 m mächtig. Darin eingeschaltet finden sich einige maximal 1 m mächtige Anhydritbänke bzw. anhydritische Ton-/Tonmergelstein-Lagen. Abgeschlossen wird das Salinar 3 von einem etwa 1,5 bis 2 m mächtigen Deckanhydrit (Teilzyklus VIIc).

Mit dem Salinar 3 endet im Raum Dethlingen die vollsa-

Bohrung Schleswig-Holstein, Raum Fehmarn

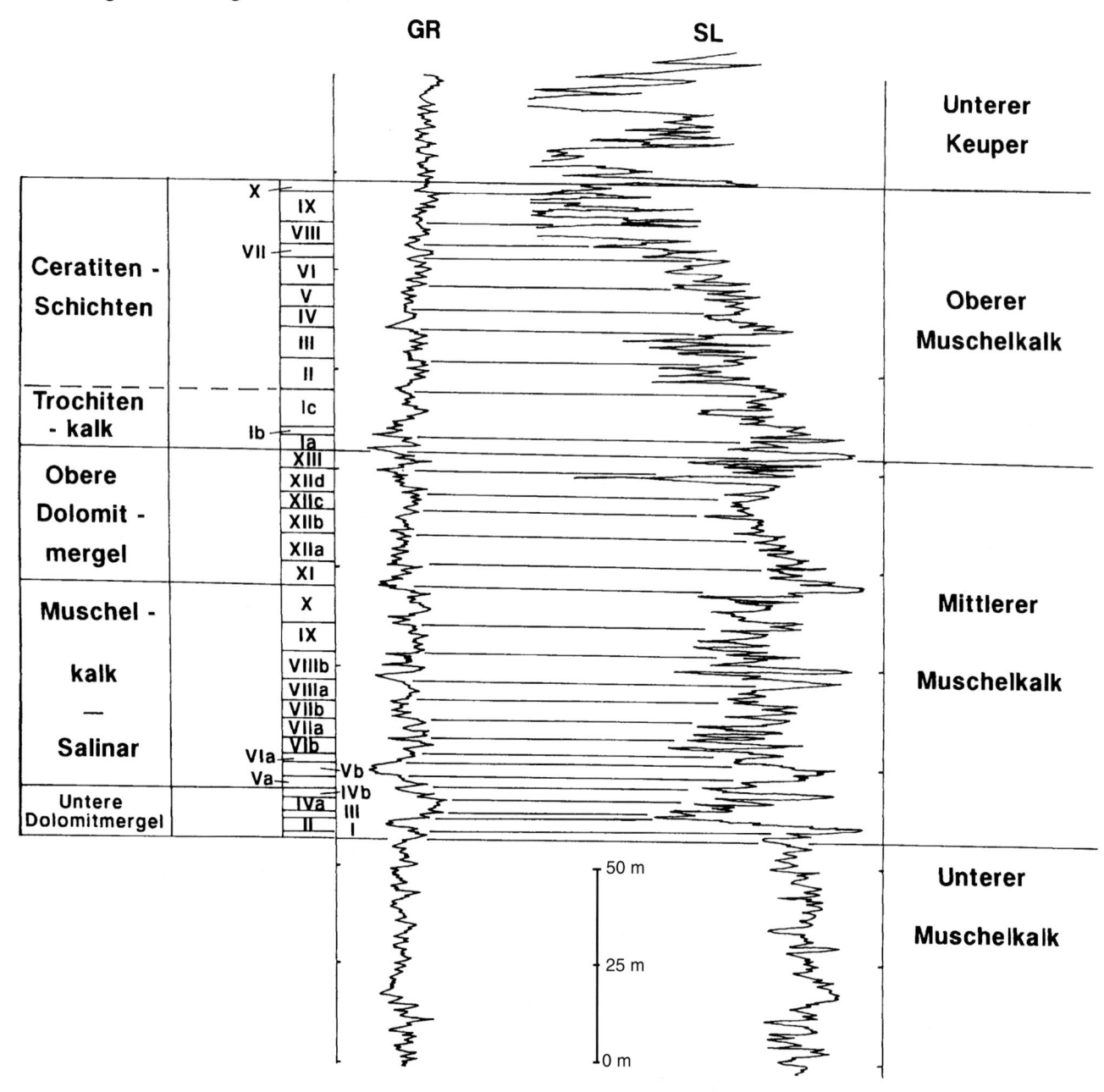

Abb. 6 Referenzprofil des Mittleren Muschelkalks für die Südflanke des Ringköbing-Fünen Hochs, Raum Fehmarn.

linare Sedimentation. Von dem Deckanhydrit des Kleinzyklus VII, der den steinsalzführenden Teil des Mittleren Muschelkalks abschließt bis zur basalen Karbonatbank des Oberen Muschelkalks (mo) bzw. des Trochitenkalks (mo1) folgt noch ein rund 50 m mächtiges Schichtpaket. Der basale Kleinzyklus VIII dieses Abschnitts wird ebenso wie die Zyklen IX bis X noch dem Muschelkalk-Salinar zugerechnet.

Für den Kleinzyklus VIII ist im Raum Dethlingen (Abb. 2) die Ausbildung von zwei Anhydritbänken typisch, und zwar überall dort, wo es in diesem Kleinzyklus nicht bis zur Steinsalzausscheidung kam. Diese beiden Anhydritbänke an der Basis und am Top des Teilzyklus VIIIb, die von einem geringmächtigen, maximal 1 bis 2 m mächtigen Paket von Tonmergelsteinen bzw. mergeligen Dolomiten

voneinander getrennt werden, entsprechen den „Gipsen 2 und 3" der Gliederung nach SCHULZE (1964).

Die Kleinzyklen IX und X bilden Übergangszyklen. Halite sind in weiten Teilen des Norddeutschen Beckens nicht mehr zur Ausscheidung gekommen. In lokalen, synsedimentär aktiven Grabenzonen (Abb. 7) sind jedoch noch Steinsalze nachgewiesen. Der insgesamt etwa 5 m mächtige Kleinzyklus IX besteht überwiegend aus Tonmergelsteinen mit Anhydrit, in der Mitte schließt er einen etwa 1 m mächtigen Anhydrit ein. Der Kleinzyklus X, im Raum Dethlingen rund 6 m mächtig, beginnt an der Basis mit einer ca. 3 m mächtigen Anhydritbank, die nach Log zum Hangenden hin in ein etwa 3 m mächtiges Ton- bis Tonmergelstein-Paket übergeht. Dieser Abschnitt ist im Logbild an einer charakteristischen Einschnürung er-

Bohrung Raum Ostfriesland

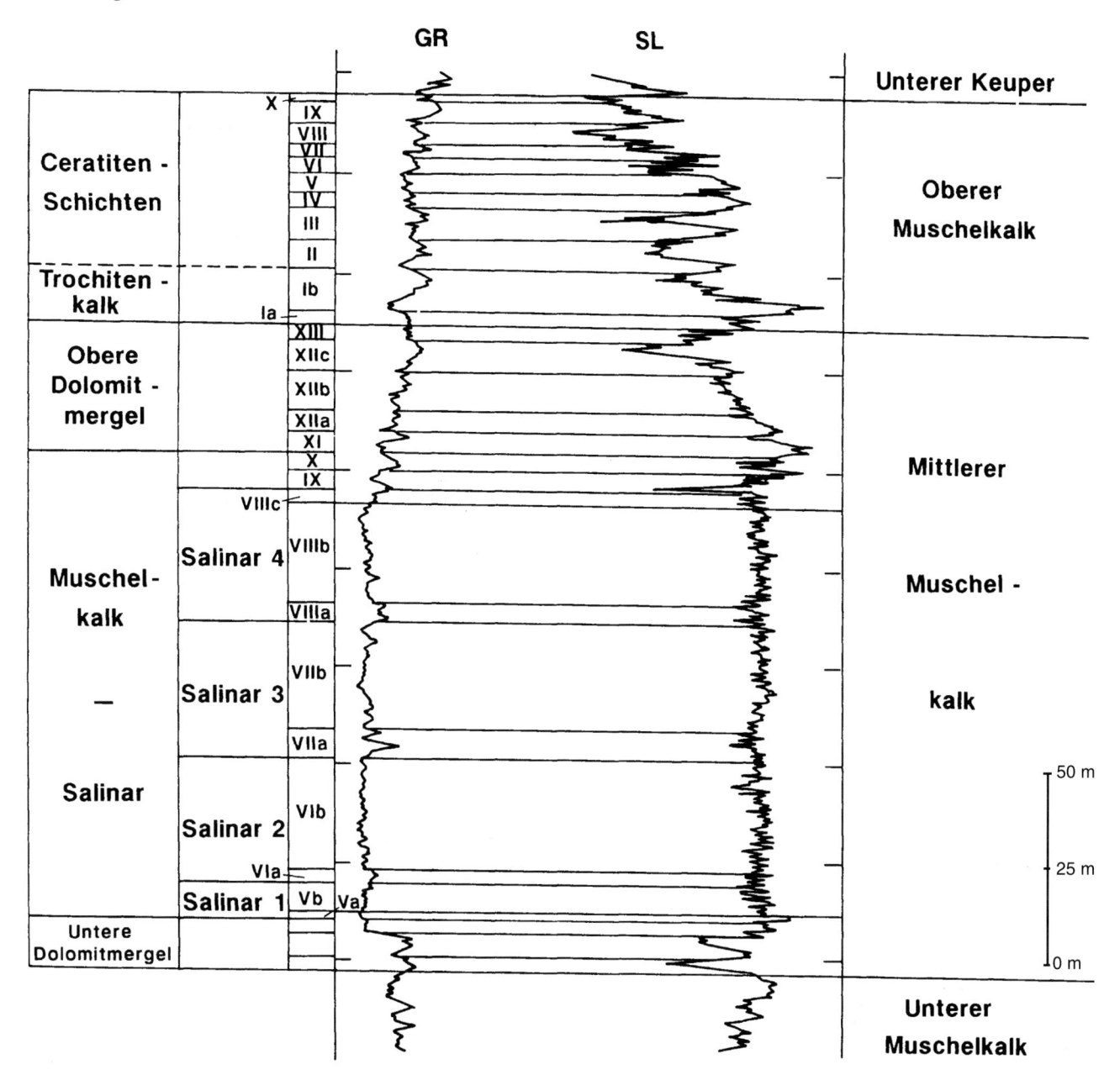

Abb. 7 Referenzprofil des Mittleren Muschelkalks für das zentrale Norddeutsche Becken, fazielle Sonderentwicklung des Westdorf-Grabens.

kennbar, hervorgerufen durch die relativ hohe Gamma-Intensität, bzw. die niedrige Schallhärte der Ton- und Tonmergelsteine gegenüber den Anhydriten im Liegenden bzw. an der Basis des Kleinzyklus IX. Auch dieser Zyklus kann in Bereichen stark erhöhter Subsidenz wie den synsedimentären Grabenstrukturen Steinsalze enthalten.

Mit dem Kleinzyklus XI beginnen die Oberen Dolomitmergel. Dieser Zyklus ist im zentralen Becken (Abb. 7, 8) ebenso wie im Raum Dethlingen (Abb. 2), Esterwegen (Abb. 3) oder dem hannoverschen Wendland (Abb. 4) einheitlich entwickelt. Der etwa 6 bis 7 m mächtige Kleinzyklus besteht überwiegend aus Dolomiten, die durch eine geringmächtigere Tonlage in zwei etwas mächtigere Bänke aufgespalten werden (Abb. 2). Den Abschluß bildet ein etwa 1 m mächtiges Ton-/Tonmergelstein-Paket.

Ton-, Tonmergelsteine und Dolomitlagen bauen auch den Kleinzyklus XII auf. Anhand der Logkonfiguration des Sonic-Logs (Abb. 2) ist eine Gliederung des rund 15 m mächtigen Zyklus in zwei Teilzyklen zu erkennen, die im basalen Bereich eine höhere Schallhärte besitzen und am Top jeweils von einem mächtigeren, zum Hangenden hin zunehmend tonig-mergeliger werdenden Abschnitt abgeschlossen werden. Die Zunahme des Ton- bzw. Tonmergelstein-Gehaltes wird im Sonic-Log durch die nach oben hin rückläufige Schallhärte verdeutlicht. Anhand der Gamma-Ray-Kurve ist für den gesamten Kleinzyklus XII eine generelle Zunahme des Tongehalts festzustellen. In beckenzentralen Positionen kann der Kleinzyklus XII teilweise über 20 m mächtig werden.

Den Abschluß des Mittleren Muschelkalks bildet der aus

Bohrung Westdorf-Graben

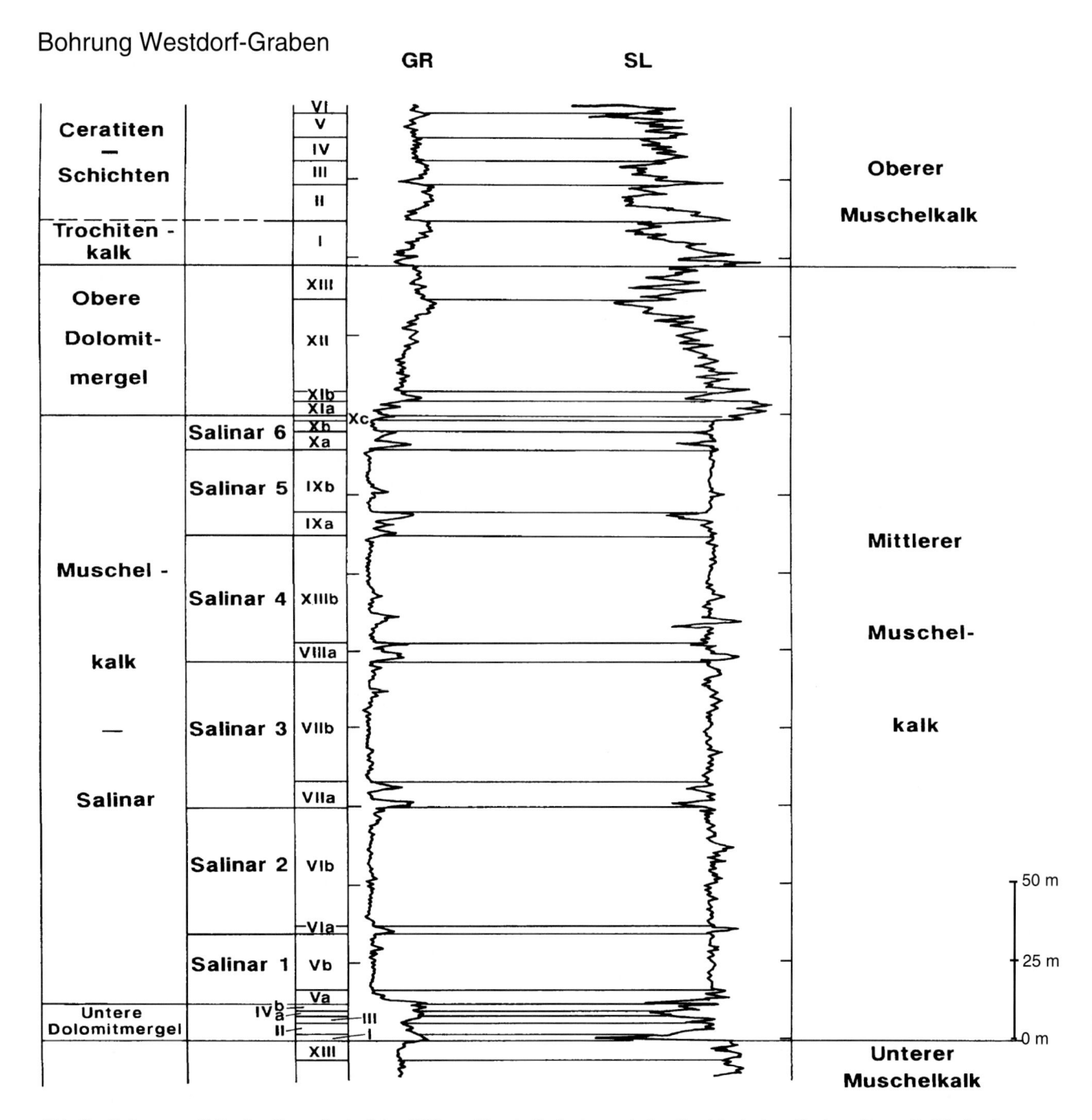

Abb. 8 Referenzprofil für die „Normalfazies" des Mittleren Muschelkalks im zentralen Norddeutschen Becken, Raum Ostfriesland.

einer Wechsellagerung von Dolomitbänken und Dolomitmergellagen bestehende Kleinzyklus XIII. Aufgebaut wird dieser ca. 3 m mächtige Kleinzyklus von einer ca. 2 m mächtigen, stark dolomitischen bis karbonatischen Basisbank, in den Logs erkennbar an niedriger Gamma-Strahlung bzw. im Sonic-Log aufgrund der hohen Schallhärte (Doppelpeak). Über einem ca. 1 m mächtigen Ton-/Tonmergelstein-Horizont beginnt dann die Trochitenkalk-Fazies des Oberen Muschelkalks.

Die Schwellen- und Randfazies

In den Einflußbereichen der Schwellengebiete sind die Mächtigkeiten des Mittleren Muschelkalks insgesamt deutlich reduziert. Während in den Senkungsgebieten des Norddeutschen Beckens Maximalmächtigkeiten von 125 bis 150 m erbohrt worden sind, ist zu den Schwellen- bzw. Beckenrandbereichen hin eine Reduktion auf etwa 125 bis 100 m an den Schwellenflanken festzustellen, auf den Schwellentops werden z.T. weniger als 70 m Mittlerer Muschelkalk erbohrt. Primäre Schichtausfälle und Erosionsdiskordanzen sind in den Tiefbohrprofilen bisher nicht nachgewiesen worden. Die Mächtigkeitsreduktion ist zum einen bedingt durch die kontinuierliche Abnahme der primären Halitmächtigkeiten zu den Schwellen- bzw. Beckenrändern hin. Auf den Schwellentops und in den Randbereichen des Norddeutschen Beckens wurden Steinsalze nicht abgelagert.

Die Mächtigkeitsreduktion betrifft jedoch nicht nur die halitführenden Zyklen, sondern alle Kleinzyklen gleichermaßen, d.h. im Bereich der Schwellenregionen wurde bereits primär weniger sedimentiert als in den Senkungszonen.

In Abb. 5 und Abb. 6 sind die Gamma-Ray- und Sonic-Log-Meßkurven von zwei Bohrungen aus Ostwestfalen bzw. aus Schleswig-Holstein dargestellt. Die erste Bohrung wurde, paläogeographisch gesehen, auf dem Top der Hunte-Schwelle (Abb. 5) abgeteuft, während die zweite im Raum Fehmarn niedergebracht wurde (Abb. 6). Diese Bohrung befindet sich bereits auf dem Anstieg zum Ringköbing-Fünen-Hoch. Logkorrelationen mit Bohrprofilen aus den zentralen, tiefergelegenen Beckenbereichen zeigten, daß in diesen beiden Bohrungen alle Kleinzyklen vollständig ausgebildet sind, aber in z.T. stark kondensierten Mächtigkeiten abgelagert wurden. Halite gelangten in diesen Faziesräumen in den ansonsten potentiell steinsalzführenden Salinarzyklen IV bis X nicht mehr zur Ablagerung. Beide Bohrungen lassen deutlich die schwellenwärtig zunehmende Mächtigkeitsreduktion erkennen. Während die auf der Schwellenflanke des Ringköbing-Fünen Hochs abgeteufte Bohrung (Abb. 6) den Mittleren Muschelkalk in einer Gesamtmächtigkeit von rund 98 bis 100 m erbohrte, erreicht dieses Schichtglied auf dem Top der Hunte-Schwelle in Ostwestfalen lediglich eine Mächtigkeit von maximal 70 m (Abb. 5).

In beiden Bohrprofilen sind die Kleinzyklen der Unteren und Oberen Dolomitmergel überwiegend dolomitisch entwickelt. Neben den Kleinzyklen I bis IV bzw. XI bis XIII wird nun auch der Kleinzyklus XI, in den beckenzentralen Gebieten noch in überwiegend anhydritischer Fazies ausgebildet, nunmehr von Dolomiten und Tonmergelsteinen faziell vertreten. Dies gilt auch für den Kleinzyklus X am Top des Muschelkalk-Salinars. An den Beckenrändern selbst bzw. auch auf den Tops einiger beckeninterner Schwellen lassen sich innerhalb der Karbonate klastische Einflüsse erkennen, bzw. die Karbonate werden sogar von Rotsedimenten faziell vertreten.

Sonderentwicklung des Mittleren Muschelkalks in synsedimentär aktiven Grabenstrukturen.

Während der Mittlere Muschelkalk im Norddeutschen Becken „Normal"-Mächtigkeiten von 70 bis 125 m in den Schwellengebieten und 125 bis maximal 150 m in den Senkungszonen des Beckens aufweist, wurden in lokalen Subsidenzzentren Maximalmächtigkeiten für den Mittleren Muschelkalk von mehr als 200 m durch Bohrungen nachgewiesen.

Eine dieser synsedimentären Grabenstrukturen ist der Westdorf-Graben (BEST et al. 1991, 1993). Im Bereich des Westdorf-Grabens haben mehrere Tiefbohrungen den Muschelkalk vollständig durchörtert (Abb. 7).

Die Grabenfazies

Der Untere Muschelkalk wurde in einer für das Nordwestdeutsche Becken typischen Mächtigkeits- und Faziesentwicklung angetroffen. Die Kleinzyklen I bis IV der basalen Unteren Dolomitmergel zeigen ebenfalls eine beckentypische Fazies- und Mächtigkeitsausbildung. Dies ändert sich mit Beginn des Kleinzyklus V. Während in der auf der Grabenschulter des Westdorf-Grabens abgeteuften Bohrung (Abb. 8) ein Normalprofil des mittleren und höheren Mittleren Muschelkalks erbohrt worden ist, wird die Grabenzone selbst durch eine relativ mächtige Salinarentwicklung gekennzeichnet (Abb.7).

Die basalen Anhydrite der Salinare 1 bis 4 (Kleinzyklen V bis VIII) besitzen in beiden Bohrungen annähernd gleiche Mächtigkeiten. Dagegen sind für die Steinsalzlager der Teilzyklen Vb, VIb, VIIb und VIIIb markante Mächtigkeitsunterschiede festzustellen. Während auf der Grabenschulter die salinarführenden Abschnitte rund 7 bis 8 m (Vb), 28 bis 30 m (VIb), 27 bis 28 m (VIIb) bzw. 25 bis 26 m (VIIIb) mächtig werden, hat die in Abb. 7 dargestellte Bohrung aus dem Westdorf-Graben diese Steinsalzlager in Mächtigkeiten von 17 bis 18 m für den Teilzyklus V, 38 bis 39 m für die Teilzyklen VI und VII sowie ca. 35 m für den Zyklus VIIIb durchörtert.

In den darüberfolgenden Kleinzyklen IX und X wurden auf den Grabenschultern bzw. z.T. auch in mehr grabenrandlichen Positionen des Westdorf-Grabens keine Steinsalze mehr nachgewiesen. Die Mächtigkeit der hier erbohrten Zyklen beträgt etwa 15 m bzw. 5 bis 6 m (Abb. 8). Gegenüber dem Weser-Trog (Abb. 2) bzw. der Ems-Senke (Abb. 3) ist der Zyklus IX durch deutlich höhere Mächtigkeiten gekennzeichnet, während für den Kleinzyklus X keine nennenswerten Unterschiede feststellbar sind. Die erhöhten Mächtigkeiten sind vermutlich auf die paläogeographische Position dieser Bohrung im Bereich der zentralen Beckenachse zurückzuführen. Dies gilt teilweise auch für die höheren Zyklen XI bis XIII.

Neben den deutlich erhöhten Steinsalzmächtigkeiten der Salinare 1 bis 4 (Kleinzyklen V bis VIII) hält die vollsalinare Entwicklung im Bereich des Westdorf-Grabens selbst darüber hinaus noch in den Zyklen IX und X weiter an. Beide Zyklen wurden in Mächtigkeiten von 28 bis 29 m bzw. ca. 11 m angetroffen, wobei die in ihnen enthaltenen Halite rund 20 m bzw. 4 m mächtig sind.

Die bisher nachgewiesenen maximalen kumulativen Halitmächtigkeiten der verschiedenen Kleinzyklen des salinarführenden Mittleren Muschelkalks liegen im Westdorf-Graben bei rund 170 m, wobei sich die Salze auf sechs Salinare verteilen.

„Anomale", deutlich erhöhte Mächtigkeiten sind im Westdorf-Graben auch für die Oberen Dolomitmergel und den Oberen Muschelkalk nachgewiesen. Gegenüber der „normalen Beckenfazies" ist z.B. der Kleinzyklus XII mit ca. 30 m annähernd doppelt so mächtig wie in den Bohrungen aus dem Weser-Trog (Abb. 2, 15 m) oder der Ems-Senke (Abb. 3, 17 m).

Paläogeographie des Mittleren Muschelkalks in Nordwestdeutschland

Der Mittlere Muschelkalk zeigt in seiner Mächtigkeitsverteilung (Abb. 9) ein relativ ruhiges Bild, wobei die paläogeographischen Strukturelemente deutlich nachgezeichnet werden. Im generell NW–SE verlaufenden zentralen Norddeutschen Becken liegt das Hauptabsenkungszentrum mit mehr als 150 m im Bereich der südlichen Deutschen Nordsee und der niedersächsischen Nordseeküste. Sowohl nach Süden als auch nach Norden gehen die Mächtigkeiten kontinuierlich zurück. Während das Ringköbing-Fünen Hoch Gesamtmächtigkeiten von weniger als 75 m im Bereich der WNW–ESE streichenden Schwellenachse aufweist und kaum gegliedert zu sein scheint, ist der südliche Beckenrand wesentlich stärker strukturiert. Verfolgt man die 125 m - bzw. die 100-m Linie, so zeichnen sich die bereits aus der Verbreitung des höheren salinaren Zechsteins (BEST 1986, 1988, 1989) und des Buntsandsteins (RÖHLING 1986, 1988, 1991 a,b) bekannten WSW–ENE streichenden paläogeographischen Großstrukturen deutlich ab.

Die Eichsfeld-Altmark-Schwelle im Osten und die Zen-

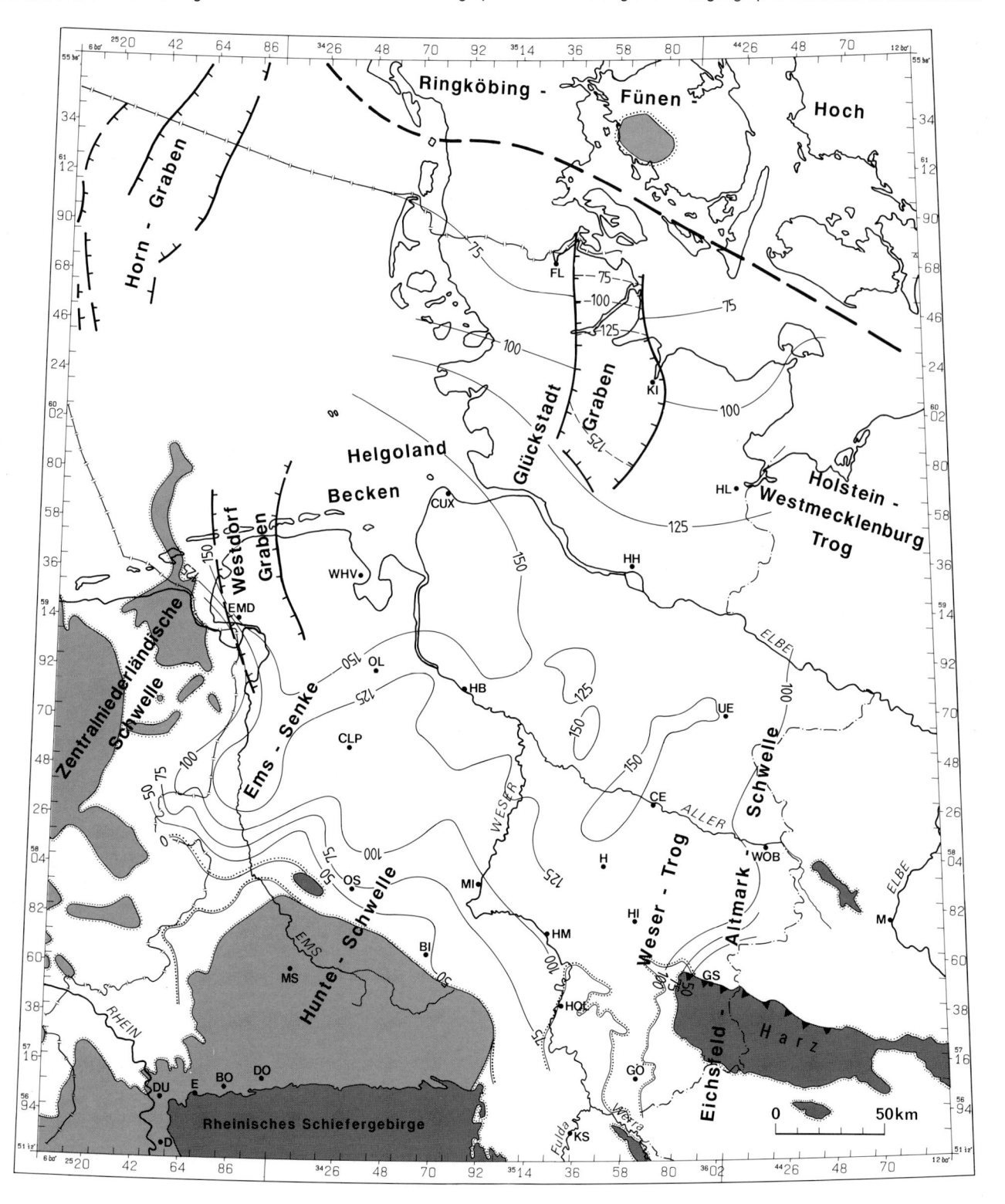

Abb. 9 Karte der Gesamtmächtigkeit des Mittleren Muschelkalks.

tralniederländische Schwelle im Westen reichen mit Mächtigkeiten von weniger als 100 m weit nach Norden in das zentrale Becken vor, während die etwas breiter angelegte Hunte-Schwelle Maximalmächtigkeiten von 125 m aufweist und mit einem schmalen Ausläufer etwa bis in den Raum westlich Bremen reicht. Die Ems-Senke zeichnet sich durch Mächtigkeiten von 125 bis 150 m ebenfalls deutlich ab. Zwischen Hunte-Schwelle im Westen und Eichsfeld-Altmark-Schwelle im Osten reicht eine relativ breit angelegte Ausbuchtung mit Mächtigkeiten von etwa 100 bis 125 m weit nach Süden bis etwa in den Raum Hildesheim vor. Diese Zone gliedert sich in den Weser-Trog im Osten, dessen zentrale Achse durch ein weiteres Mächtigkeitsmaximum von über 150 m nachgezeichnet wird, während östlich von Bremen die bereits im Buntsandstein erkennbare Bremer Senke sich auch im Mittleren Muschelkalk bemerkbar macht. Hier springt die 150-m-Linie deutlich nach S bis SE vor. Weser-Trog und Bremer

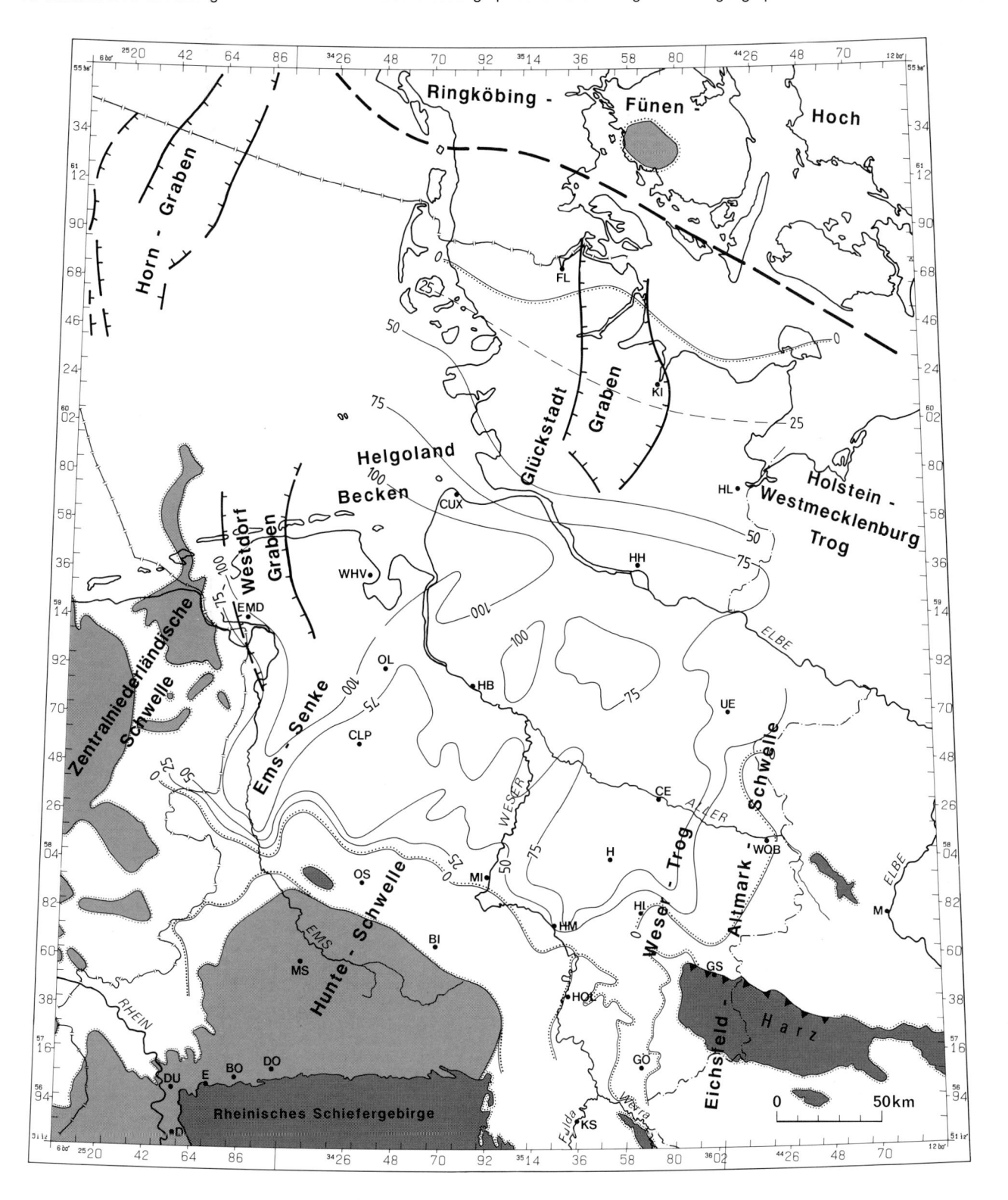

Abb. 10 Karte der Gesamtmächtigkeit der Salinarfazies des Mittleren Muschelkalks.

Senke werden im Norden voneinander getrennt durch das Weser-Elbe-Hoch. Auf dieser ebenfalls bereits untertriassisch angelegten Hochlage (RÖHLING 1988, 1991a,b) werden Mächtigkeiten von weniger als 125 m erbohrt.

Die paläogeographische Strukturierung des Beckensüdrandes tritt in der Mächtigkeitskarte für den halitführenden Teil des Mittleren Muschelkalks (Abb. 10) noch deutlicher hervor. Die höchsten Steinsalzmächtigkeiten wurden mit mehr als 100 m im westlich der Unterelbe gelegenen Teil des WNW-ESE orientierten Zentralbeckens und in der Ems-Senke erbohrt. Der Weser-Trog weist maximale Halitmächtigkeiten von 75 bis 100 m, die Bremer Senke lokal sogar mehr als 100 m auf, während das Weser-Elbe-Hoch und die Schwellenbereiche der Eichsfeld-Altmark-, der Hunte- und der Zentralniederländischen Schwelle Halitmächtigkeiten von weniger als 75 m aufweisen. Im Bereich der südlichen Hunte-Schwelle und der Ems-Senke treten die Steinsalze zur Rheinischen Masse

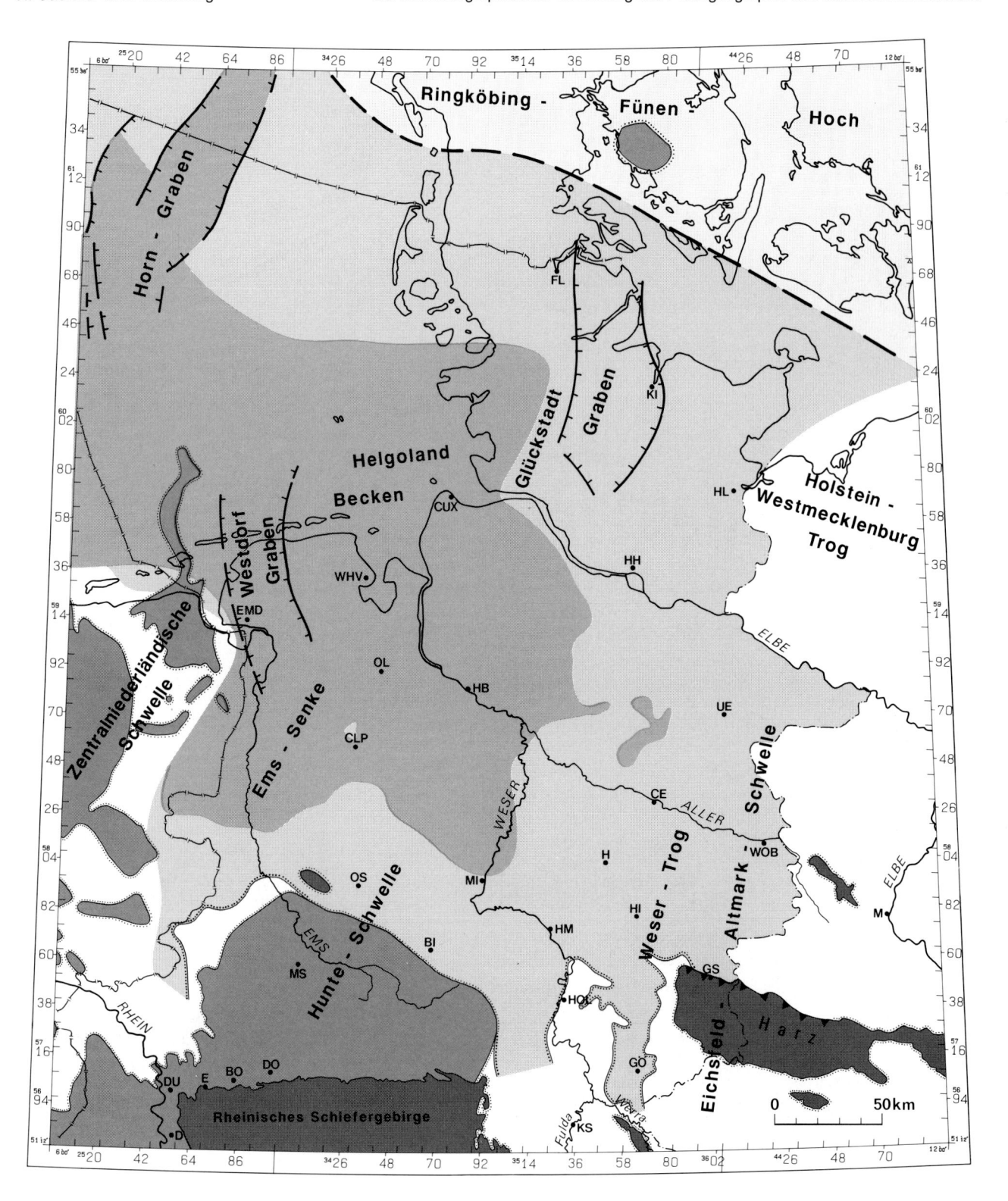

Abb. 11 Verbreitung der Steinsalze des Muschelkalk-Salinars 1.

hin dann völlig zurück. Zwischen Eichsfeld-Altmark-Schwelle im Osten und Hunte-Schwelle bzw. Rheinischer Masse im Westen reicht die Halitführung vom Weser-Trog über dessen südliches Teilbecken, dem Solling-Trog, weit nach Süden in den süddeutschen Raum vor.

Nach Norden reicht die Halitverbreitung etwa bis zur Linie Südspitze Sylt-Schleswig-Fehmarn. Das Ringköbing-Fünen-Hoch ist vermutlich ebenso wie der zentrale Teil der Eichsfeld-Altmark-Schwelle bereits primär halitfrei gewesen.

Verbreitung der einzelnen Steinsalzlager und Salinarentwicklung des Mittleren Muschelkalks

Im Nordwestdeutschen Becken lassen sich innerhalb des Muschelkalk-Salinars je nach paläogeographischer Position bis zu sechs Steinsalzlager (Abb. 11 bis 15) unterscheiden, während im nordostdeutschen Teilbecken Steinsalz meist nur in maximal zwei Horizonten auftritt. Eine Ausnahme hiervon bildet lediglich der südwestmecklenburgische Raum, wo bis zu vier Salzlager nachgewiesen sein sollen (ALTHEN et al. 1980).

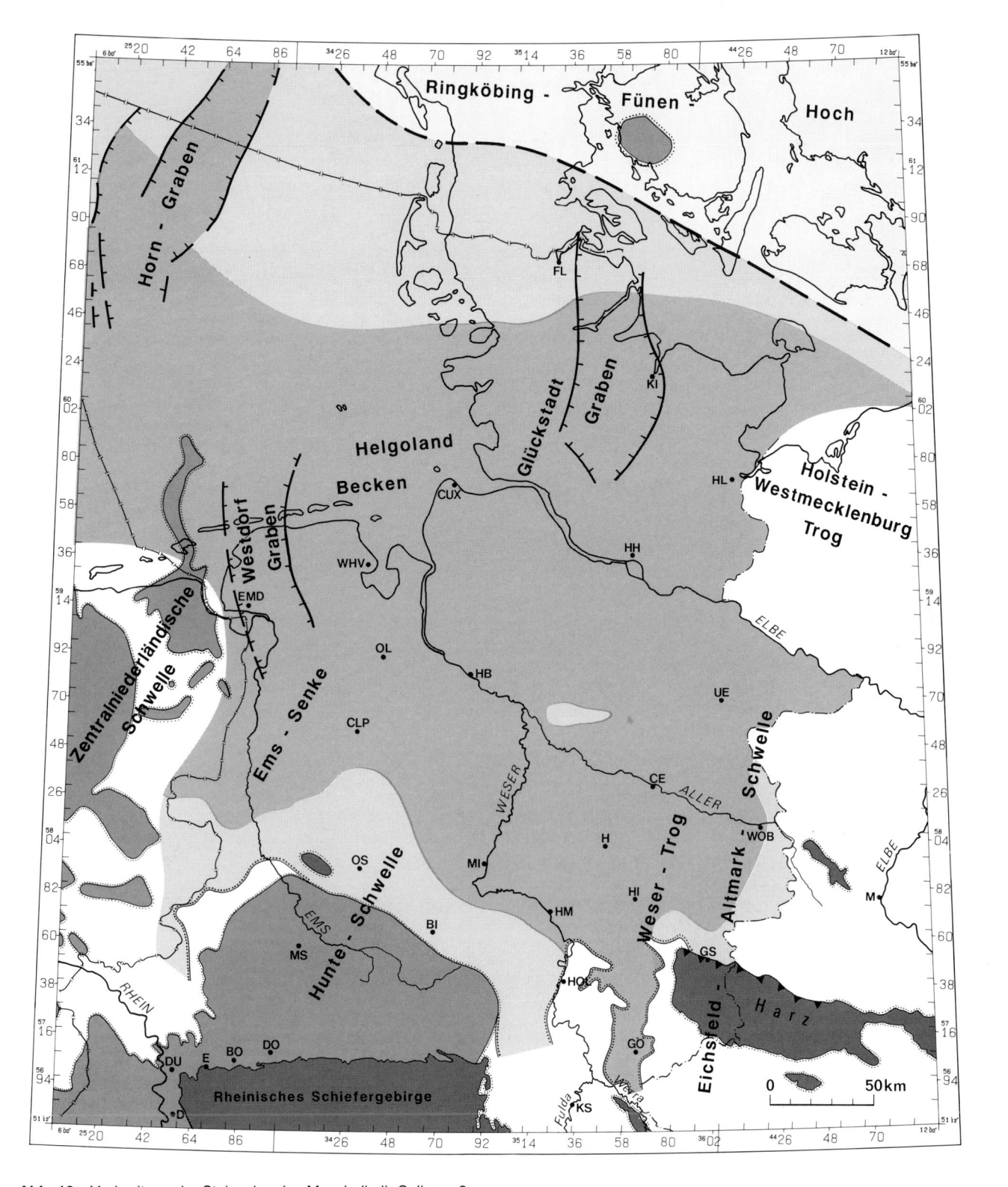

Abb. 12 Verbreitung der Steinsalze des Muschelkalk-Salinars 2.

Das älteste Salzlager (Abb. 11) findet sich nach Logbefund nur in den tieferen, axialen Bereichen des Nordwestdeutschen Teilbeckens bzw. in lokalen Subsidenzzentren. Nach Ablagerung des ersten Steinsalzlagers dehnt sich die Salinarentwicklung, ausgehend vom Beckenzentrum, zunächst immer weiter aus, um während des zweiten (Abb. 12) und dritten Salzlagers (Abb. 13) dann die flächenmäßig größte Ausdehnung zu erlangen. Die Salinare 2 und 3 reichen z.T. weit über die Verbreitungsgrenzen des Salinars 1 hinaus. Die vollsalinare Entwicklung greift während der Bildung dieser beiden Salinare über den Weser-Trog bzw. die Hessische Senke und den Thüringen-Westbrandenburg-Trog bis weit in den süddeutschen Raum vor. Zur Zeit der Bildung der älteren Salinare des Mittleren Muschelkalks verhielt sich Salinarentwicklung ähnlich der Entwicklung im Rotliegenden (expansive Salinarentwicklung nach TRUSHEIM 1972). Während der höheren Salinarzyklen 4 bis 6 des Mittleren

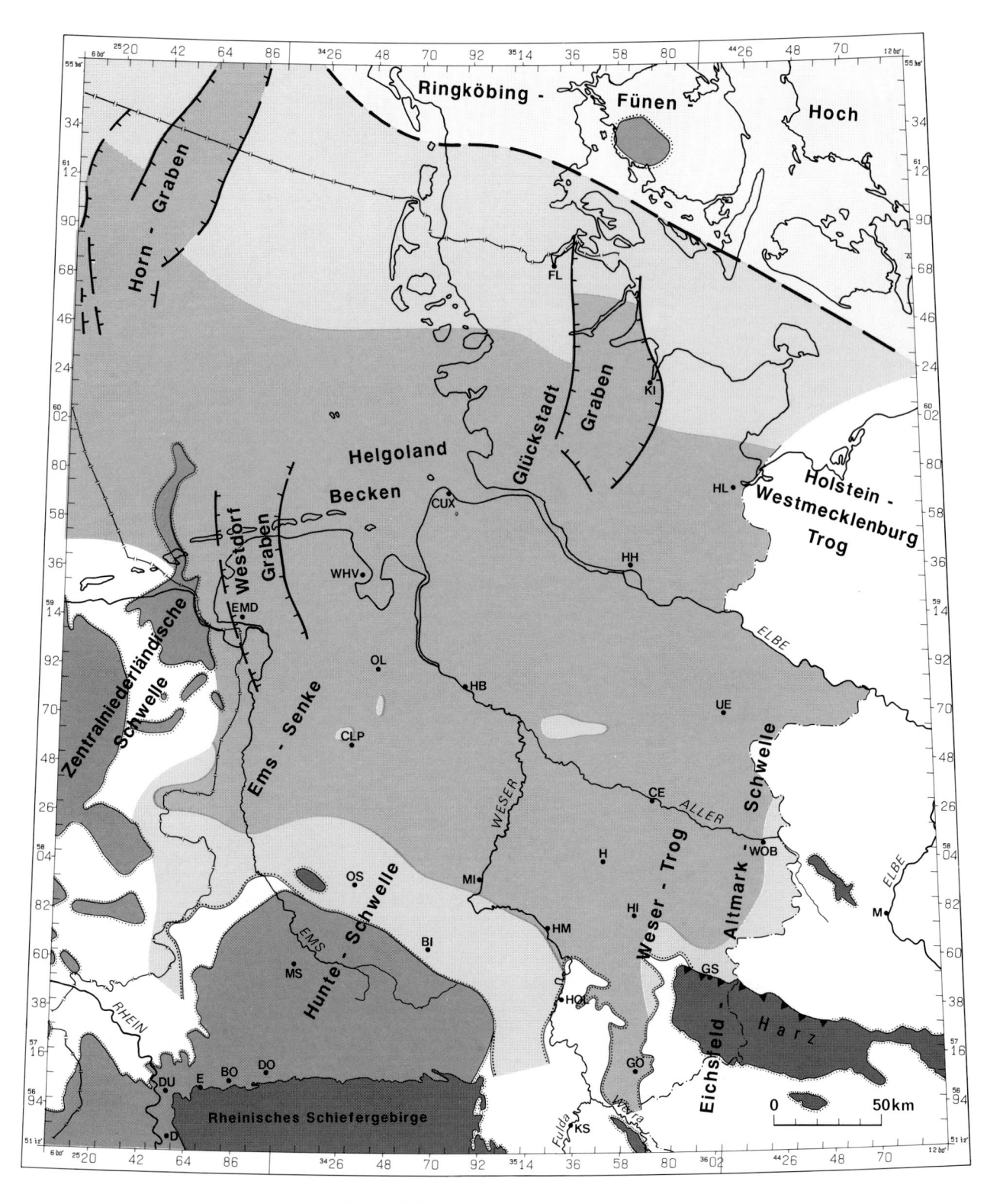

Abb. 13 Verbreitung der Steinsalze des Muschelkalk-Salinars 3.

Muschelkalks verlief die Salinarentwicklung dann spiegelbildlich dazu. Nach Ablagerung der Halite des Salinars 3 (Abb. 13) zog sich die vollsalinare Fazies, wie zur Zeit des höheren Zechsteins (BEST 1986, 1988, 1989), zunehmend in die beckentiefer gelegenen Bereiche des Nordwestdeutschen Beckens zurück, d.h. die jüngeren Steinsalzlager (Abb. 14 und 15) beschränken sich in zunehmendem Maße auf die Subsidenzzentren des Beckens (restriktive Salinarentwicklung nach TRUSHEIM 1972) und haben die geringste flächenhafte Ausdehnung. Während der beiden jüngsten Salinare (Abb. 15) ist die Steinsalzausscheidung auf lokale, tektonisch gesteuerte Subsidenzzentren bzw. lokale Restsenken beschränkt. Hierzu gehören neben dem Westdorf-Graben der Glückstadt- und der Horn-Graben.

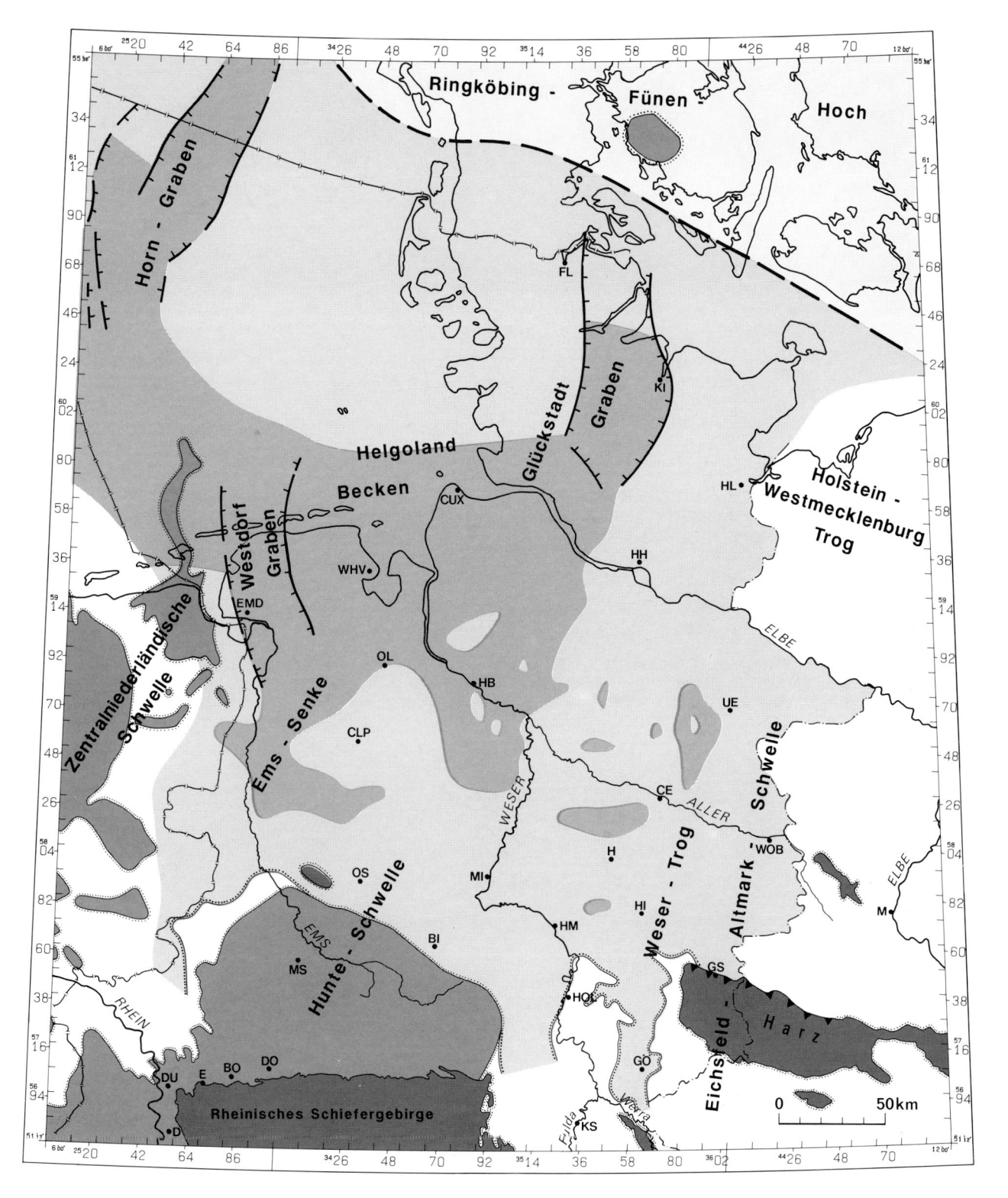

Abb. 14 Verbreitung der Steinsalze des Muschelkalk-Salinars 4.

Summary

The halite-bearing "Mittlerer Muschelkalk" can be lithologically subdivided into subcycles in the wells of the Northwest German Lowlands and the German Sector of the North Sea on the basis of geophysical well logs (e.g. gamma-ray and sonic logs). The cyclicity can be recognized and correlated throughout the basin in spite of differences in the lithology and thickness. Logs of typical wells at various paleogeographical locations e.g. basins or swells document the newly set up detailed lithostratigraphic subdivison.

Six different salt layers can be recognized within the "Mittlerer Muschelkalk". Distribution maps of the halite in these salt layers and isopach maps give a tentative picture of the subsidence pattern in the basin and show the paleogeography and paleotectonics during "Mittlerer Muschelkalk" times.

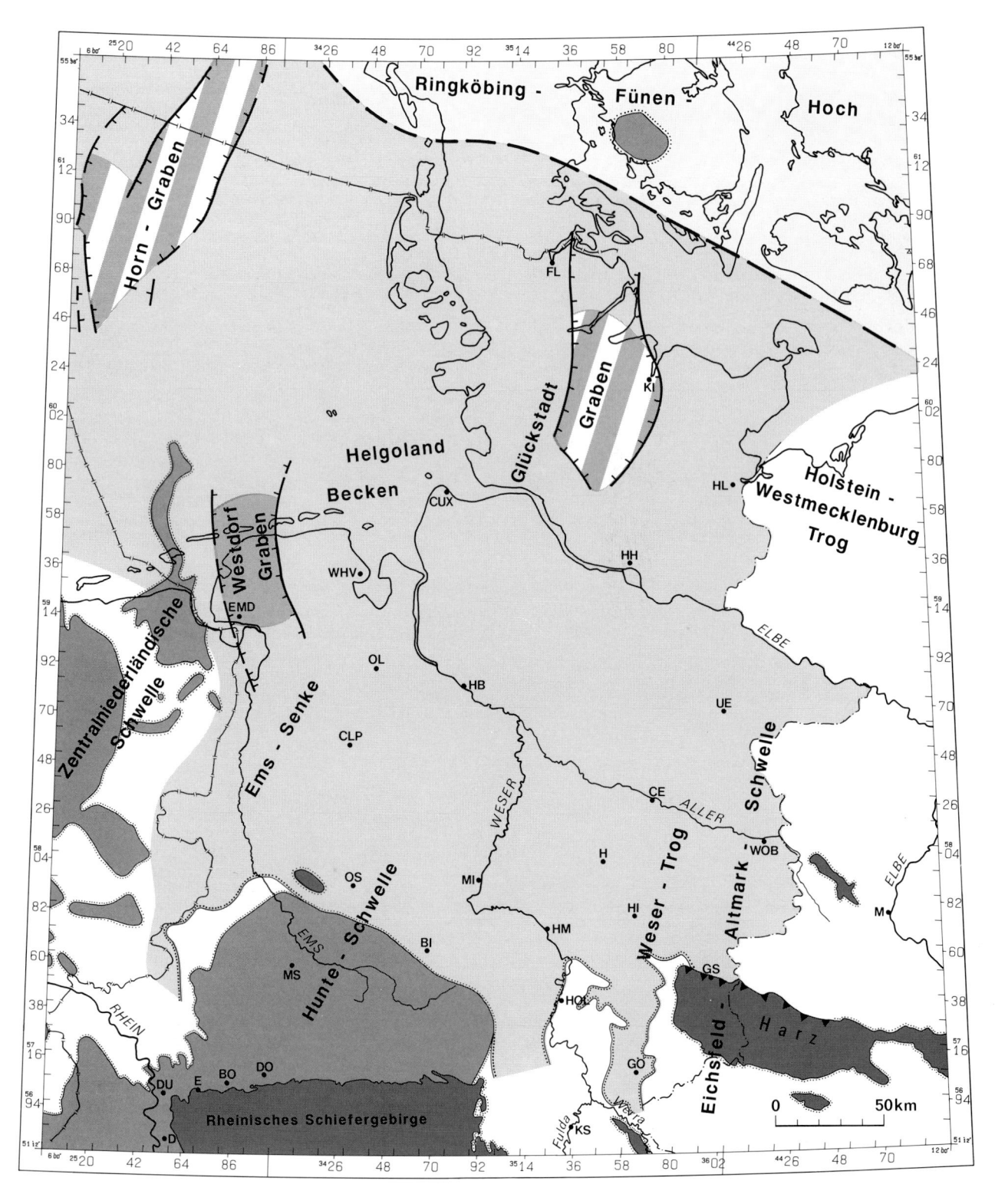

Abb. 15 Verbreitung der Steinsalze der Muschelkalk-Salinare 5 und 6.

Literatur

ALTHEN, W., RUSBÜLT, J. & SEEGER., J. (1980): Ergebnisse einer regionalen Neubearbeitung des Muschelkalks der DDR. - Z. geol. Wiss., **8**, 985 - 999, 7 Abb., 1 Tab.; Berlin.

BEST, G. (1986): Die Grenze Zechstein/Buntsandstein nach Bohrlochmessungen (Gamma-Ray und Sonic-Log) im Nordwestdeutschen Becken. - Ber. Bundesanst. Geowiss. Rohstoffe, 17 S., 4 Abb., 3 Tab., 58 Anl.; Hannover [unveröff.].

BEST, G. (1988): Die Grenze Zechstein/Buntsandstein in Nordwestdeutschland und in der südlichen deutschen Nordsee nach Bohrlochmessungen (Gamma-Ray und Sonic-Log). - Geol. Jb. Hessen, **116**, 19 - 22, 1 Abb.; Wiesbaden.

BEST, G. (1989): Die Grenze Zechstein/Buntsandstein in Nordwestdeutschland nach Bohrlochmessungen. - Z. dt. geol. Ges., **140**, 73-85, 5 Abb., 1 Tab., 1 Taf.; Hannover.

BEST, G., RÖHLING, S. & RÖHLING, H.-G. (1991): Synsedimentäre Tektonik und Salzkissenbildung während der Trias in Norddeutschland. - Abstract/Poster Int. Muschelkalk-Tagg. Schöntal a.d.Jagst, 12. - 20. August 1991, 11-12; Schöntal a. d. Jagst.

BRÜCKNER-RÖHLING, S. (1992): Zur Lithostratigraphie und Petrologie des Mittleren Muschelkalks zwischen Thüringer Becken und Norddeutschem Becken. - Abstract/Vortrag 144.Tagg. der DGG vom 1. - 2. Okt. in Halle.- Nachr. Dt. Geol. Ges., **48**, 89-90.; Hannover.

BRÜCKNER-RÖHLING, S. & LANGBEIN, R. (1991): Zur Petrologie des Mittleren Muschelkalk. - Abstract/Vortrag Int. Muschelkalk-Tagg. Schöntal a. d. Jagst, 12. - 20. August 1991, S. 35; Schöntal a. d. Jagst.

BRÜCKNER-RÖHLING, S. & LANGBEIN, R.(1993): Lithostratigraphische Gliederung des Mittleren Muschelkalks in der Bohrung Hakeborn-211 (Subherzynes Becken) und lithostratigraphische Logkorrelation zwischen Thüringer Becken, Subherzyn und Norddeutschem Becken. - Dieser Band, 105-110, 6 Abb.

GAERTNER, H. (1991): Zur Gliederung des Muschelkalks in Nordwest-Deutschland in Tiefbohrungen an Hand von Bohrlochmessungen. - Abstract/Vortrag Int. Muschelkalk-Tagg. Schöntal a. d. Jagst, 12. - 20. August 1991, S. 19; Schöntal a.d.Jagst.

GAERTNER, H. & RÖHLING, H.-G. (1991): Lithostratigraphie und Paläogeographie des Mittleren Muschelkalks in Nordwestdeutschland. - Abstract/Vortrag Int. Muschelkalk-Tagg. Schöntal a. d. Jagst, 12. - 20. August 1991, S. 20-21; Schöntal a. d. Jagst.

MERZ, G. (1987): Zur Petrographie, Stratigraphie, Paläogeographie und Hydrologie des Muschelkalks (Trias) im Thüringer Becken. - Z. geol. Wiss, **15**, 457-473, 9 Abb., 1 Tab.; Berlin.

RÖHLING, H.-G. (1986): Die Gliederung des Unteren und Mittleren Buntsandsteins nach Bohrlochmessungen (Gamma-Ray und Sonic-Log) im Nordwestdeutschen Becken.- Ber. Bundesanst. Geowiss. Rohstoffe, 92 S., 15 Abb., 4 Tab., 17 Anl., Hannover [unveröff.].

RÖHLING, H.-G. (1988): Paläogeographie des Unteren und Mittleren Buntsandsteins im Nordwestdeutschen Becken. - Ber. Bundesanst. Geowiss. Rohstoffe, 141 S., 26 Abb., 29 Anl.; Hannover [unveröff.].

RÖHLING, H.-G.(1991a): A Lithostratigraphic Subdivision of the Early Triassic in the Northwest German Lowlands and the German Sector of the North Sea, based on Gamma Ray and Sonic Logs. - Geol. Jb., **119**, S., 1. Abb, 12 Anl.; Hannover.

RÖHLING, H.-G. (1991b): Lithostratigraphie und Paläogeographie des Unteren und Mittleren Buntsandsteins im Nordwestdeutschen Becken - eine Analyse der Schichtenfolge mit Hilfe geophysikalischer Bohrlochmessungen (Gamma-Ray und Sonic-Log). - Diss. Univ. Heidelberg, 336 S., 106 Abb., 14 Tab., 38 Anl.; Heidelberg [unveröff.].

SCHULZE, G. (1964): Erste Ergebnisse geologischer Untersuchungsarbeiten im Gebiet der Scholle von Calvörde (2. Teil). - Z. angew. Geol., **10**, 403-413; Berlin.

SEIDEL, G. (1965): Zur Ausbildung des Muschelkalks in NW-Thüringen. - Geologie, **14**, 58-63; Berlin.

TRUSHEIM, F. (1972): Zur Bildung des Salzlager im Rotliegenden und Mesozoikum Mitteleuropas.- Geol. Jb., Beih., **112**, 51. S.; Hannover.

WOLBURG, J. (1969): Die epirogenetischen Phasen der Muschelkalk- und Keuperentwicklung Nordwestdeutschlands, mit einem Rückblick auf den Buntsandstein. - Geotekt. Forsch.. **32**, 1 - 65; Stuttgart.

Der Muschelkalk an der Ardennen-Eifel-Schwelle

Helmut Bock, Freiburg
Armand Hary, Grevenmacher
Erwin Müller, Saarbrücken
Adolphe Muller, Aachen

Das Untersuchungsgebiet entspricht der westlichen Begrenzung des Sedimentationsareals in germanischer Triasfazies am Ardennen-Ostrand. Es erstreckt sich längs der Ardennen-Eifel-Schwelle von der Nordeifel über die Südeifel, Luxemburg und den Saargau bis zum Südabfall der Siercker Schwelle.

Die erdgeschichtliche Entwicklung ist am Ost- und Südrand der Ardennen durch die grobkörnigen Sedimente der Schuttfächer der „Randfazies" belegt. Nach Osten gehen diese Sedimente innerhalb eines nur wenige Zehnerkilometer breiten Streifens in Ablagerungen der „Beckenfazies" über. Das Vorkommen wird weiter östlich vom Verlauf der Erosionsgrenze abgeschnitten. Nur an der Siercker Schwelle ist ein östlicher Anlagerungskontakt der Schichtenfolge an den abtauchenden Hunsrück erhalten geblieben.

Die stratigraphische Untergliederung der Schichtenfolge in Beckenfazies lehnt sich eng an jene der germanischen Trias an. Bereits WEISS (1869, 1876) führte eine heute noch gültige Untergliederung des Muschelkalks für Luxemburg, die Trierer Bucht und das Saarland durch. Die Korrelation zwischen den Schichtenfolgen in Becken- und Randfazies wurde grundsätzlich von LUCIUS (1941, 1948, 1953) geklärt.

Der Untere Muschelkalk ist in der durch die Nähe zum westlichen Beckenrand bedingten Fazies des Muschelsandsteins ausgebildet. Die Mächtigkeit der Schichtenfolge beträgt ca. 40 m. Der Mittlere Muschelkalk besteht im Bereich der Beckenfazies aus den Gipsmergelschichten im unteren Teil und aus dem *Lingula*-Dolomit im oberen Teil. Im Saarland wurde in der Bohrung Ormesheim BK1 (1990) erstmals im Mittleren Muschelkalk Steinsalz erbohrt (MÜLLER & KONZAN 1993). In der Südeifel wird die Gipsmergel-Formation 70 – 90 m, in der Nordeifel 50 - 60 m mächtig.

Die Ablagerungen des Oberen Muschelkalkes werden in die Trochiten- und Ceratitenschichten untergliedert. Biostratigraphische Datierungen dieser Schichtenfolge sind im Saarland und in Lothringen ab der *robustus*- bis zur *semipartitus*-Zone durch Ceratiten abgesichert. Im Bereich der Ardennen-Eifel-Schwelle wies DEMONFAUCON (1982) die Conodonten-Zonierung nach KOZUR (1968) nach. Die Trochitenschichten entsprechen der Zone 2; die Ceratitenschichten den Zonen 3 bis 7. Die Mächtigkeit des Oberen Muschelkalks liegt sehr konstant bei ca. 60 m.

Die Untergliederung der Lettenkohlen-Formation in pedogen überprägten Basis-Dolomit, Bunte Mergel und Grenzdolomit besitzt nur für die Beckenfazies Gültigkeit. Die Mächtigkeit beträgt zwischen 5 und 10 m.

Auf die granulometrische, tongeologische und mikrofazielle Ausbildung der mitteltriadischen Sedimente in Rand- und Beckenfazies wird (u.a. bei BOCK 1989) eingegangen.

Im Vergleich zur Verbreitung des Oberen Buntsandsteins am Ardennen-Südrand dehnte sich der Beckenrand sich im Mittleren und Oberen Muschelkalk nur unwesentlich nach Westen aus. Möglicherweise in der Lettenkohlen-Formation (BOCK 1989), jedoch unzweifelhaft in der Oberen Trias verlagerte sich die Subsidenz entscheidend nach Westen. Die Verlagerung der Subsidenz nach Westen wird von MARCHAL (1983) mit der Beschreibung der diachronen Wanderung des Salinars in Lothringen und in der Champagne eindrucksvoll dokumentiert.

Literatur

BOCK, H. (1989): Ein Modell zur Beckenausbildung und Fazieszonierung am Westrand der Eifeler Nord-Süd-Zone während der Trias und zur Transgression des Unteren Lias am Ardennensüdrand. - Diss. RWTH Aachen, 417 S., 114 Abb., 22 Tafeln; Aachen.

DEMONFAUCON, A. (1982): Le Muschelkalk supérieur de la Vallee de la Moselle, Grand Duché de Luxembourg. - Thèse 3e cycle, Univ. Dijon, 206 S., 82 Abb., 4 Taf.; Dijon. [unpubl].

KONZAN, H. P., MÜLLER, E. & KLINKHAMMER, B. (1981): Erläuterungen zur Geologischen Karte des Saarlandes 1:25 000, Blatt Nr. 6606 Saarlouis. - 48 S., 5 Abb., 2 Tab., 6 Taf., 2 Anl.; Saarbrücken.

KOZUR, H. (1968): Conodonten aus dem Muschelkalk des Germanischen Beckens und ihr stratigraphischer Wert. 1. Teil: Conodonten vom Plattformtyp und stratigraphische Bedeutung der Conodonten aus dem Oberen Muschelkalk. - Geologie, 17, 930-946, 3 Taf.; Berlin. Teil 2: Zahnreihen-Conodonten. - Geologie, 17, 1070-1085; Berlin.

LUCIUS, M. (1941): Beiträge zur Geologie von Luxemburg. Band III. Die Ausbildung der Trias am Südrande des Oeslings. Die Entwicklung der geologischen Erforschung Luxemburgs (Zweiter Teil). - Publ. Serv. Géol. Lux., 3, 330 S., 1 Taf.; Luxembourg.

LUCIUS, M. (1948): Das Gutland. Erläuterungen zu der geologischen Spezialkarte Luxemburgs. - Publ. Serv. Géol. Lux., 5, 405 S., 30 Abb., 10 Tab., 4 Taf.; Luxembourg.

LUCIUS, M. (1953): Le faciès littoral du Trias dans l'aire de sédimentation luxembourgeoise. - Rev. Génér. des Sciences, t. LX, No. 11-12, 355-365, 2 Karten; Paris.

MARCHAL, C. (1983): Le gite salinifère keupérien de Lorraine-Champagne et les formations associées. Etude géometrique-Implications génétiques. - Mém. Sci. de la Terre, 44, 139 S., 15 Abb., 12 Tab., 15 Taf.; Nancy.

MÜLLER, E. & KONZAN, H. P. (1993): Steinsalz im Saarland. – Saarbrücker Bergmannskalender, 1993, 328-334, 11 Abb.; Saarbrücken.

WEISS, Ch. E. (1869): Die Entwicklung des Muschekalks an der Saar, Mosel und im Luxemburgischen. - Z. dt. geol. Ges., 21, 837-849; Berlin.

WEISS, Ch. E. (1967): Erläuterungen zur geologischen Specialkarte von Preußen und den Thüringischen Staaten, Blatt Saarlouis; Berlin (Simon Schopp'sche Landkartenhandlung).

Lithostratigraphie des Mittleren Muschelkalks in der Bohrung Hakeborn-211 (Subherzynes Becken) und Logkorrelation zwischen Thüringer Becken, Subherzyn und Norddeutschem Becken

Simone Brückner-Röhling, Hannover
Rolf Langbein, Greifswald
6 Abbildungen

Einleitung

Über die salinare Schichtenfolge des Mittleren Muschelkalks im Norddeutschen und Thüringer Becken liegen bisher kaum detaillierte, neuere Untersuchungsergebnisse vor. Im Thüringer Becken und im Subherzynen Becken tritt der Mittlere Muschelkalk teilweise flächenhaft zu Tage aus. Gegenüber dem Unteren und Oberen Muschelkalk ist dieser Schichtabschnitt jedoch sowohl in den Tagesaufschlüssen als auch in einer großen Zahl von Bohrungen nur stark reduziert anzutreffen. Die Abfolge des Mittleren Muschelkalks, die aus Dolomiten, Dolomitmergeln, Anhydriten, Gipsen und Steinsalzen sowie untergeordnet aus dolomitischen Kalksteinen besteht, hat eine geringe Subrosionsbeständigkeit. Infolge von Ablaugung fehlen die Salinarbildungen der Abfolge z.T. großflächig. Oft sind nur der Untere und Obere Dolomit erhalten. Vollständige Profile, die auch die Salinare noch enthalten, finden sich nur in tieferen Bohrungen, die jedoch selten voll gekernt sind. Die lithologische Gliederung solcher gut dokumentierter Bohrungen läßt sich in die Logs übertragen, und diese dienen zur Fernkorrelation mit Bohrungen im tiefen Norddeutschen Becken.

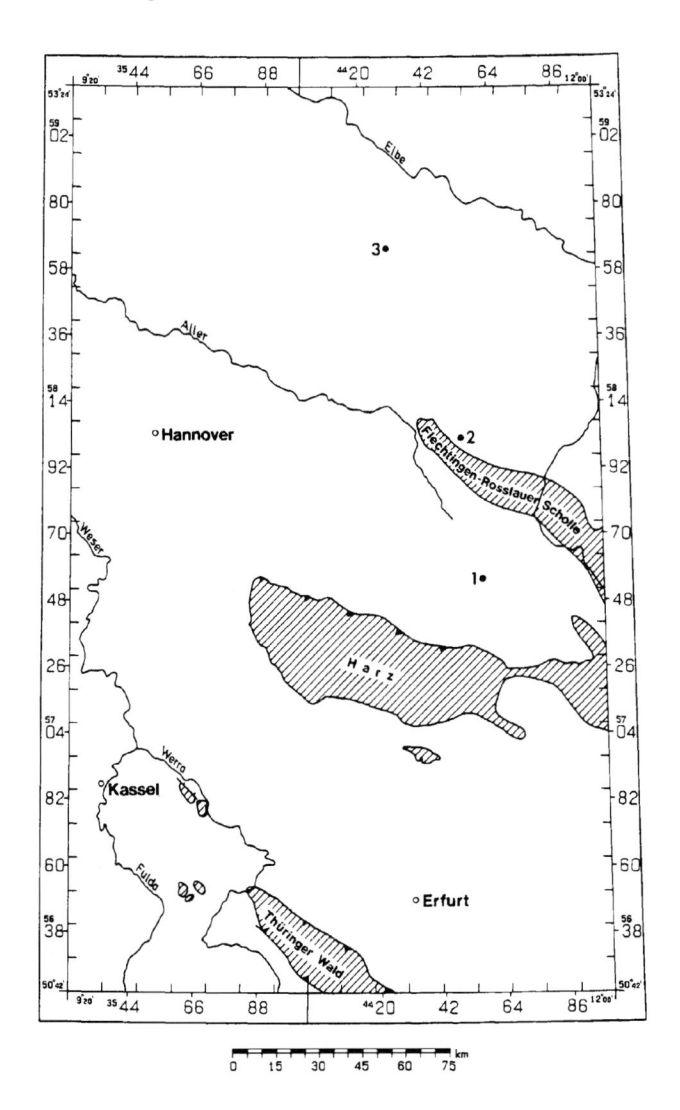

Die vorliegende Arbeit beruht auf der Bearbeitung des Kernbohrprofils der Bohrung Hakeborn-211 aus dem Subherzynen Becken (Abb. 1). Es wurden die in dieser Bohrung aufgenommenen geophysikalischen Bohrlochmessungen (u.a. Gamma-Ray, Kaliber, Widerstandsmessungen) an die in den Bohrkernen erkannten lithostratigraphischen Einheiten angebunden, um so diese Gliederung mit den Bohrprofilen des Thüringer Beckens und des Subherzyns und der von SCHULZE (1964) auf der Scholle von Calvörde erarbeiteten Gliederung des Mittleren Muschelkalks zu parallelisieren. Die im Ost- und Westteil des zentralen Norddeutschen Beckens unabhängig voneinander erarbeiteten litho- und logstratigraphischen Gliederungssysteme (ALTHEN et al. 1980, DOCKTER et al. 1980, SCHULZE 1964, GAERTNER & RÖHLING 1993, WOLBURG 1969) werden über Logkorrelation miteinander verbunden.

Das Kernbohrprofil der Bohrung Hakeborn-211

Die Bohrung Hakeborn-211 (Abb. 2) wurde im Subherzynen Becken innerhalb der Egelner Südmulde abgeteuft. Sie hat mit 78 m ein annähernd vollständiges Profil des Mittleren Muschelkalks erbohrt. In der Bohrung sind lediglich die Steinsalze subrodiert, während die Anhydrite einer unvollständigen Sulfatsubrosion unterlagen. Anhand des lithologischen Aufbaus ist eine rhythmische Abfolge des Schichtkomplexes erkennbar. In Anlehnung an die Scholle von Calvörde (SCHULZE 1964) lassen sich insgesamt sechs Dolomithorizonte (D1 bis D6) aushalten, die durch Anhydrit-/Gips-Horizonte (G1 bis G5) voneinander getrennt werden.

Grenze Unterer/Mittlerer Muschelkalk

Anhand der Gamma-Ray-Logs ist die Grenze Unterer/Mittlerer Muschelkalk meist sicher zu fassen. Der Untere Muschelkalk wird von den Schaumkalkbänken abgeschlossen. An deren Top befindet sich im Profil eine etwa 1,30 m mächtige, schaumig-poröse Kalksteinbank. Diese Schaumkalkbank, bei der es sich um einen Biopelsparit handelt, ist im Gamma-Log durch eine markante negative Strahlungsspitze gekennzeichnet, die einem etwa 2 m mächtigen, höherstrahlendem Abschnitt folgt. Die Grenze zum Mittleren Muschelkalk wird mit dem ersten Auftreten von plattig-flaserigen, z.T. stark mergeligen Kalksteinen gezogen, die mit den *orbicularis*-Schichten parallelisiert

Abb. 1 Lage der dargestellten Profile des Mittleren Muschelkalks (1 = Bohrung Hakeborn-211, 2 = Bohrung Calvörde 2/62, 3 = Bohrung Raum Wendland).

werden können. Dabei bilden die *orbicularis*-Schichten den untersten Abschnitt des Dolomit 1.

Lithologischer Aufbau des Mittleren Muschelkalks

Der über der Grenze Unterer/Mittlerer Muschelkalk folgende ca. 15 m mächtige Dolomit 1 (D1) weist gegenüber den unterlagernden Schaumkalkbänken insgesamt eine höhere Gammastrahlung auf. Dabei entspricht der untere, niedriger strahlende Abschnitt den *orbicularis*-Schichten. Der höhere Teil des D1 wird von dolomitischen Kalksteinen und Dolomiten gebildet, die teilweise durch mm-starke Ton- und Tonmergelsteinlagen feingeschichtet sind, im Gamma-Ray-Log charakterisiert durch eine höhere Gammastrahlung. Weiters sind für den Bereich des D1 in der Schichtung mehr oder weniger perlschnurartig aneinandergereihte Gipsnester typisch. Diese werden als Verdrängungsbildungen der Karbonatphase durch $CaSO_4$ angesehen. Der Umschwung von der Kalk- zur Dolomit-Fazies vollzieht sich im höheren Teil des D1.

Eingeleitet wird die ca. 19 m mächtige Salinarfolge des Mittleren Muschelkalks von einem ca. 4,20 m mächtigen, teils massigen, teils tonig-dolomitisch verunreinigten Anhydrit mit teilweise sekundärer Gipsbildung, der von Schulze (1964) als Gips 1a (G1a) bezeichnet wird. Darüber folgen das untere und obere Steinsalzresidual, welche durch eine Wechsellagerung von Dolomit, Tonmergelstein und Anhydrit voneinander getrennt werden. Dieses Zwischenmittel ist im Gamma-Ray-Log der Bohrung Hakeborn-211 an einer markanten, höherstrahlenden Doppelspitze erkennbar.

Das Salinar unterlag einer vollständigen Halit- und einer unvollständigen Sulfatsubrosion. Das abgelaugte Salinarprofil ist gekennzeichnet durch Anhydrit und Gips, z.T. in Wechsellagerung mit Ton- bis Tonmergelsteinen. Darin eingeschaltet finden sich die Äquivalente der beiden Steinsalzhorizonte, die aus mehr oder weniger mächtigen Residualtonen bestehen. Das Makrogefüge der Residualgesteine weist im wesentlichen einen brecciösen Habitus auf: Eckige Dolomit- und Ton- sowie Gipsklasten und -lagen sind in einer tonig-siltigen Matrix eingebettet. In vielen Klasten ist das primäre Interngefüge dabei noch feststellbar. Ein Gips 1b konnte oberhalb des oberen Steinsalzresiduals nicht nachgewiesen werden bzw. ist bereits einer Sulfatsubrosion unterlegen.

Der im Hangenden des Muschelkalksalinars folgende Dolomit 2 (D2) wird bis zu 8,80 m mächtig. Dabei handelt es sich um einen Dolomitrhythmit; Gips tritt feinverteilt und lagig in der Matrix auf. Zum Hangenden nimmt der Gipsanteil zu, es treten Dolomit/Gips-Wechsellagerungen auf. Die kontinuierliche Zunahme des Gipsanteils führt im Gamma-Log zu einem stetigen Strahlungsrückgang. Des weiteren tritt sekundärer Fasergips auf.

Als Äquivalent vom Gips 2 (G2) sind im Untersuchungsgebiet graue bis dunkelgraue Anhydrite entwickelt, die durch tonig-dolomitische Lagen z.T. feingeschichtet sind und bis zu 4,45 m mächtig werden. Der Anhydrit wird durch einen 80 cm mächtigen Dolomit mit einzelnen Tonmergelsteinlagen zweigeteilt.

Der Dolomit 3 (D3) wird von einem Dolomitmergelstein gebildet, der hier etwa 2 m mächtig wird.

Der darüberfolgende Gips 3 (G3) ist als ein bis zu 3,5 m mächtiger Anhydrit entwickelt, der teilweise durch Tonstein und Tonmergelstein feingeschichtet ist, untergeordnet ist Fasergips ausgebildet.

Die Schichtenfolge des Dolomit 4 (D4) wird von Dolomiten und Dolomitmergelsteinen aufgebaut. Eine Feinschichtung ist deutlich ausgeprägt. Die gesamte Abfolge ist von Fasergipsen durchsetzt. Eine etwa 1 m starke Anhydrit/Gips-Bank im basalen Teil des Dolomit 4, wie sie von Schulze (1964) von der Scholle von Calvörde beschrieben wurde, konnte in der Bohrung Hakeborn-211 nicht beobachtet werden. Der Bereich des Dolomit 4 ist im Gamma-Log deutlich gegliedert. Den drei etwas höherstrahlenden Abschnitten an der Basis, in der Mitte und am Top entsprechen stärker tonig-mergelige Partien, während die Peaks niedriger Strahlung mit reineren Dolomiten korrelieren.

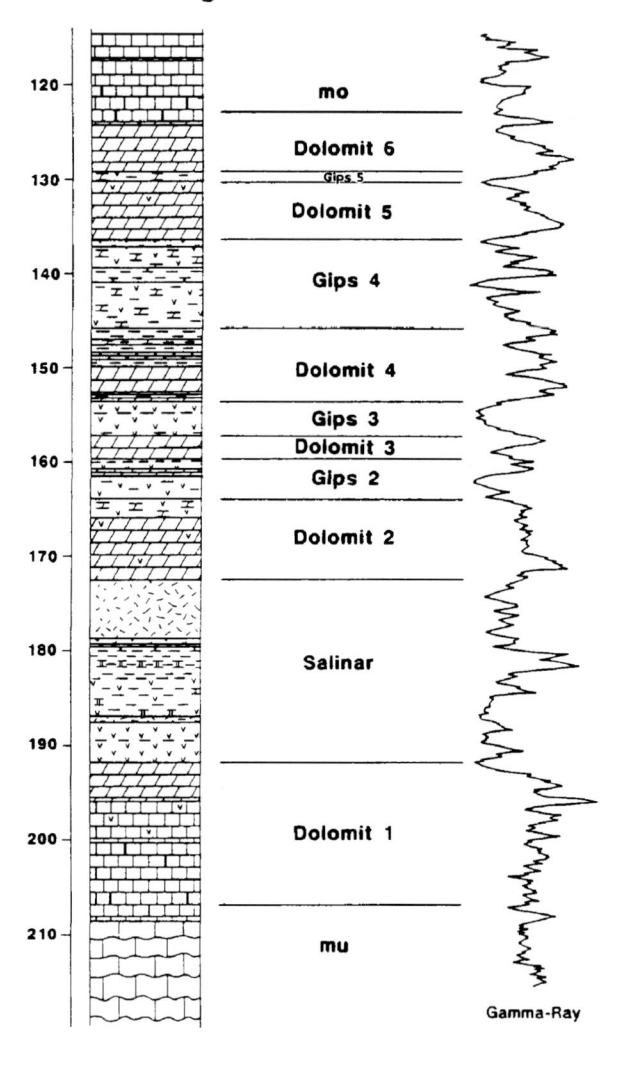

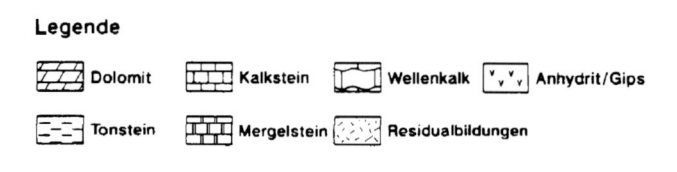

Abb. 2 Lithostratigraphische Gliederung und natürliche Gammastrahlung des Mittleren Muschelkalks in der Bohrung Hakeborn-211 (Subherzynes Becken).

Als Gips 4 (G4) wird eine etwa 9,50 m mächtige Wechsellagerung von Anhydrit/Gips mit Dolomit sowie Tonmergelsteinen angesprochen, die sich in zwei Abschnitte gliedern läßt. Beide Einheiten weisen im basalen Bereich jeweils höhere Strahlungsintensitäten auf. Zum Hangenden nimmt dann die natürliche Gammaaktivität kontinuierlich ab. Dies weist in beiden Fällen auf einen zum Hangenden zunehmend reineren Anhydrit/Gips hin.

Im Hangenden von Gips 4 wurde ein bis zu 6,10 m mächtiger, hellgrauer Dolomit bis teilweise mergeliger Dolomit erbohrt, der dem Dolomit 5 (D5) entspricht. Tonige Lagen rufen eine Feinschichtung des Gesteins hervor. Des weiteren treten Gipslagen auf. Im basalen Bereich ist der D5 durch eine relativ hohe Strahlung gekennzeichnet, die zum Top hin kontinuierlich zurückgeht und im Gips 5 ihren Tiefpunkt erreicht.

Der Gips 5 (G5) besteht aus einer Dolomit/Anhydrit-Wechsellagerung im cm-Bereich, die lediglich 1 m mächtig wird.

Der den Mittleren Muschelkalk abschließende Dolomit 6 (D6) wird bis zu 6 m mächtig. Charakteristisch sind hellgraue, schwach poröse Dolomite, die durch tonige Lagen feingeschichtet sind. Der an diesen Abschnitt anschließende, ca. 1 m mächtige, horizontal-feingeschichtete Kalkmergelstein wurde aufgrund regionalgeologischer Korrelationen anhand von Gamma-Logs noch in den Dolomit 6 gestellt.

Somit schließt der Mittlere Muschelkalk mit einem kalzitischen Karbonathorizont ab, der zum Oberen Muschelkalk überleitet. Die Gelben Basisschichten, die „Übergangsfazies" zwischen Mittlerem und Oberem Muschelkalk (KLEINSORGE 1935), sind als Kalk-/Mergelstein-Wechselfolge ausgebildet. In Anlehnung an die Gliederung des Muschelkalks im südöstlichen Niedersachsen (GROETZNER 1962) Hessen und Süddeutschland (BUSSE & HORN 1981, HAGDORN et al. 1987, KLEINSORGE 1935) werden die Gelben Basisschichten in den Oberen Muschelkalk gestellt.

Mikrofazies
Die Mikrofazies wird bestimmt durch Dolomikrite, Algenlaminite, Algenlaminite mit Gips, Dolomitrhythmite sowie Dolosiltitlaminite. Untergeordnet treten mikritische Kalke, Biopelmikrite bis -sparite und Oobiosparite auf.
Der Wechsel von der Kalk- zur Dolomitfazies kann an der Basis des Mittleren Muschelkalks, im Bereich des D1 beobachtet werden. Während die Schaumkalkbänke charakterisierenden Wacke- bis Grainstones Bewegtwasserbereiche dokumentieren - die Mikritisierung einzelner Komponenten kann als Hinweis auf flaches, warmes Wasser gedeutet werden - weisen die vorwiegend mikritischen Kalke im tieferen Teil des D1 auf wenig bewegtes Wasser hin. Zum Hangenden ist ein Anstieg der Salinität zu verzeichnen, Dolomikrite und Algenlaminite dominieren. Die Dolomikrite sind meist hellgrau und strukturlos; typisch sind Gipsknoten im mm- bis cm-Bereich. Eine ausgeprägte horizontale bis wellige Feinlamination, bedingt durch den Wechsel von bituminösen Lagen und Dolomit, ist für Algenlaminite charakteristisch. Diese werden auf sedimentfangende und -bindende Cyanobakterien zurückgeführt und aufgrund dessen auch als Kryptalgenlaminite bezeichnet und genetisch dem oberen Inter- bis Supratidal zugeordnet. Häufig sind einzelne Algenmatten von Gipskrusten überzogen. Eine sehr gut erhaltene Feinschichtung weisen des weiteren Dolosiltite auf. Dabei zeichnen eingelagerte Feinsandlagen im mm-Bereich die Lamination nach, teilweise sind die Quarzkörner in der Matrix feinverteilt; Rinnen und kleinräumige Schrägschichtung sind beobachtbar.

Anhydrit/Gips ist in allen Bereichen der Dolomitfazies zu finden. Neben den mm- bis cm-großen Gipsknoten treten horizontale Gipslagen auf, die in Wechsellagerung mit mikritischem Dolomit den Mikrofaziestyp des Dolomitrhythmits bilden. Während die Gipsknoten als diagenetische Bildungen - Verdrängung von Dolomit durch $CaSO_4$ - gedeutet werden, sind die mit dem Dolomit wechsellagernden Gipse sedimentärer Natur, subaquatisch gebildet und unmittelbar aus der Sole ausgefällt. Für eine mehr oder weniger gleichzeitige Sedimentation von Karbonat- und Sulfatphase sprechen leistenförmige bis tafelige Gipse mit regellos sperrigem Gefüge innerhalb der Algenlaminite. Knollig ausgebildeter heller „chicken wire" Gips wird nach BOSELLINI & HARDIE (1973) den Sabkha-Bildungen zugerechnet. Die Gipse sind folglich im Supratidalbereich im karbonatischen Sediment gebildet worden. Für ihre Entstehung wird die Eindunstung und Konzentration von Porenwässern im Dolomit verantwortlich gemacht. Gipsrosetten weisen ebenfalls auf Sabkha-Milieu hin. Subrosionsbedingte Bildungen sind dagegen Fasergips sowie isometrische Gipsidioblasten als poikilitische Matrix.

Die Fazies des Mittleren Muschelkalks spricht somit für eine Sedimentation im Intertidal- bis Supratidalbereich. Dies entspricht nach WILSON (1975) den Fazieszonen 8 (Bereich der restrikten Plattform) und 9 (Plattform-Evaporite der Gezeitenebenen, Sabkha). Ein direkter Vergleich mit den rezenten und subrezenten Sedimenten an der Küste des Arabischen Golfs bei Abu Dhabi (PURSER & EVANS 1973) ist möglich.

Im Bereich der Gelben Basisschichten an der Basis des Oberen Muschelkalks setzt sich der Trend zu etwas bewegterem Flachwassermilieu durch. Charakteristisch sind Kalzisiltite, das Auftreten von Pseudooiden, Pellets sowie Algenumkrustungen und aufgearbeiteter Organodetritus. Die für die Gelben Basisschichten typischen Hornsteinknollen konnten im Profil nicht nachgewiesen werden. Lediglich diagenetische Verkieselungen von Bioklasten sind beobachtbar.

Korrelation mit der Scholle von Calvörde, dem Thüringer Becken und dem zentralen Norddeutschen Becken

Die in der Bohrung Hakeborn-211 erkannten lithostratigraphischen Einheiten lassen sich mit Hilfe der geophysikalischen Bohrlochmessungen zwanglos mit dem von SCHULZE (1964) mitgeteilten Profil der Scholle von Calvörde parallelisieren sowie an die von MERZ (1987) aus dem Thüringer Becken beschriebenen Bohrprofile anbinden.

Abb. 3 zeigt auf der linken Seite das Gamma-Ray-Log der Bohrung Hakeborn-211, auf der rechten Seite das Gamma-Ray-Log der Bohrung Calvörde 2/62. Als Bezugshorizont wurde der D1 gewählt. Im Gegensatz zur Bohrung Calvörde 2/62, die zwei Steinsalzlager erbohrte, sind die Halite in der Bohrung Hakeborn-211 abgelaugt. Neben Anhydrit, Gips und Tonmergelstein sind hier nur die Residualgesteine des Salinars erhalten. Alle anderen Schichteinheiten wie Dolomit 2, Gips 2, Dolomit 3, Gips 3, Dolomit 4 bis zum Dolomit 6 lassen sich anhand charakteristischer Logkonfigurationen horizontbeständig und mit annähernd konstanten Mächtigkeiten zwischen den einzelnen Bohrungen korrelieren.

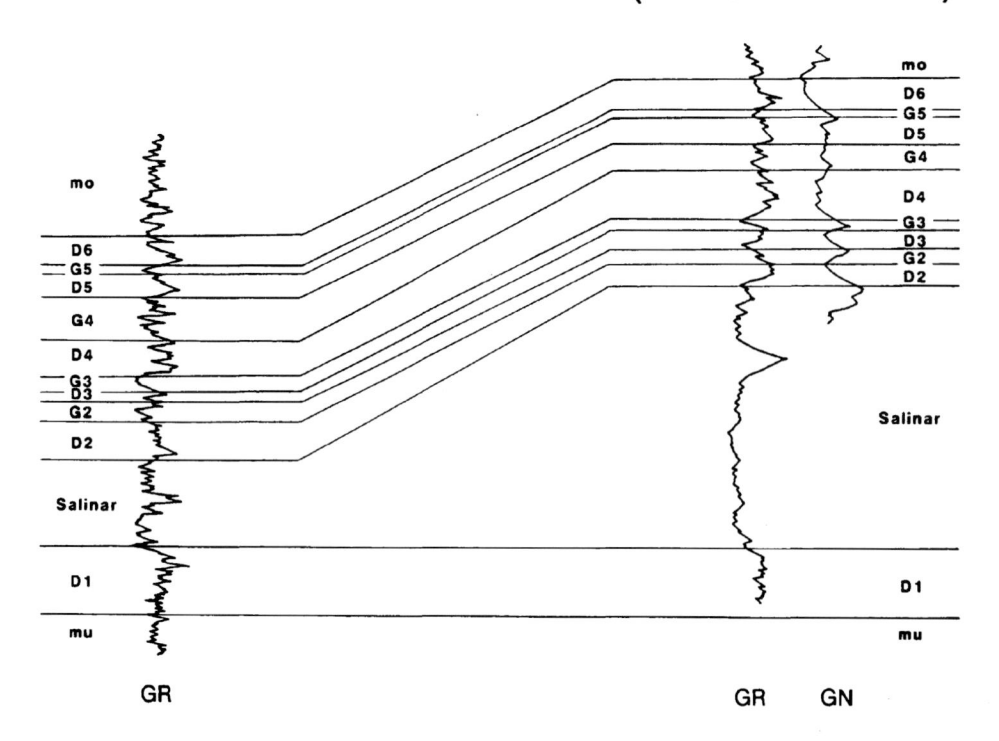

Abb. 3 Lithologische Logkorrelation des Mittleren Muschelkalks der Bohrungen Hakeborn-211 und Calvörde 2/62 (GR = Gamma-Ray, GN = Gamma-Ray-Neutron).

Abb. 4 Korrelation des Mittleren Muschelkalks zwischen der Scholle von Calvörde und dem Norddeutschen Becken (GR = Gamma-Ray, GN = Gamma-Ray - Neutron, SL = Sonic-Log).

$*_1$ Äquivalent Salinar 1
$*_2$ Äquivalent Salinar 4-6

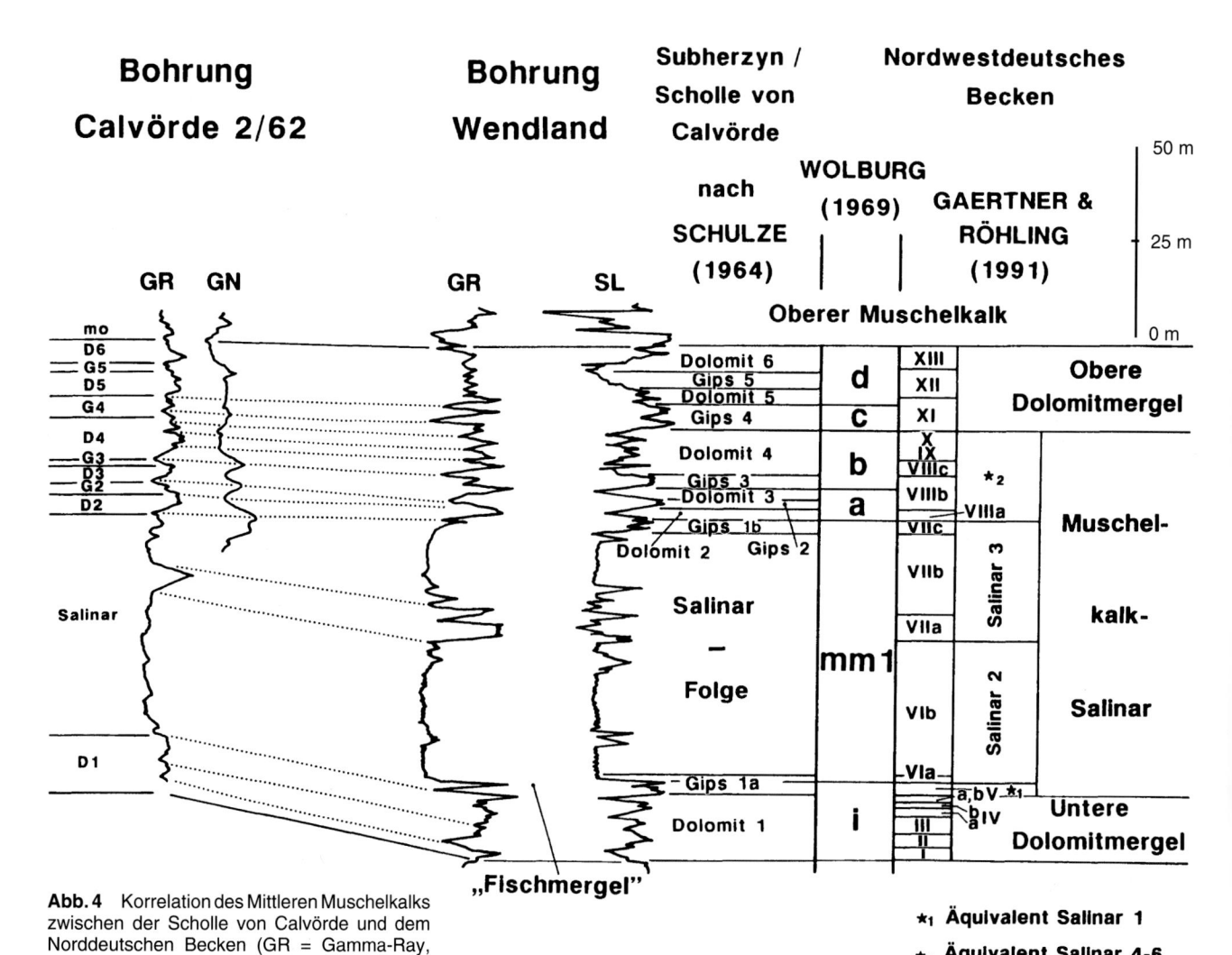

Eine Anbindung des Mittleren Muschelkalks der Scholle von Calvörde und damit auch der Bohrung Hakeborn-211 an die Log-Gliederung des Norddeutschen Beckens zeigt Abb. 4. Eine erste Korrelation des Muschelkalks vom Thüringer Becken über das Subherzyn und das zentrale Norddeutsche Becken bis nach Rügen wurde bereits von ALTHEN et al.(1980) dargestellt. In den von diesen Autoren publizierten geophysikalischen Bohrlochmessungen wurden der Untere, Mittlere und Obere Muschelkalk jedoch nur relativ grob untergliedert (z.B. mm in D1, A1 und D2 - A5). Zudem sind die Logs in einem ungenügenden Maßstab wiedergegeben.

Auf der rechten Seite der Abb. 4 sind die Gliederungen nach SCHULZE (1964), nach WOLBURG (1969) und die kleinzyklische Log-Gliederung nach GAERTNER & RÖHLING (1993) gegenübergestellt. Deutlich lassen sich die hier abgegrenzten lithologischen Einheiten (D1 - D6, G1 - G5) in einer Bohrung aus dem hannoverschen Wendland wiederfinden.

Der Dolomit 1 und der Gips 1a entsprechen der Gruppe i nach WOLBURG bzw. den Unteren Dolomitmergeln nach GAERTNER & RÖHLING. Eine im Gips 1a eingeschaltete, maximal etwa 1 m mächtige Tonmergelsteinbank ist als fazielles Äquivalent des Steinsalzlagers 1 im westlichen Norddeutschen Becken anzusehen, das sowohl im Wendland als auch im Subherzyn und im Thüringer Becken nicht zur Ablagerung kam. Die Salinarfolge und der Gips 1b entsprechen dem mm 1 nach WOLBURG bzw. dem Steinsalz 2 und 3 der Salinargliederung nach GAERTNER & RÖHLING. Die Schichteinheiten vom D2 bis zum D6 lassen sich zwanglos korrelieren. Der Dolomit 2, Gips 2 und der Dolomit 3 korrelieren mit der Gruppe a nach WOLBURG, während der Dolomit 2 dem Kleinzyklus VIIIa nach

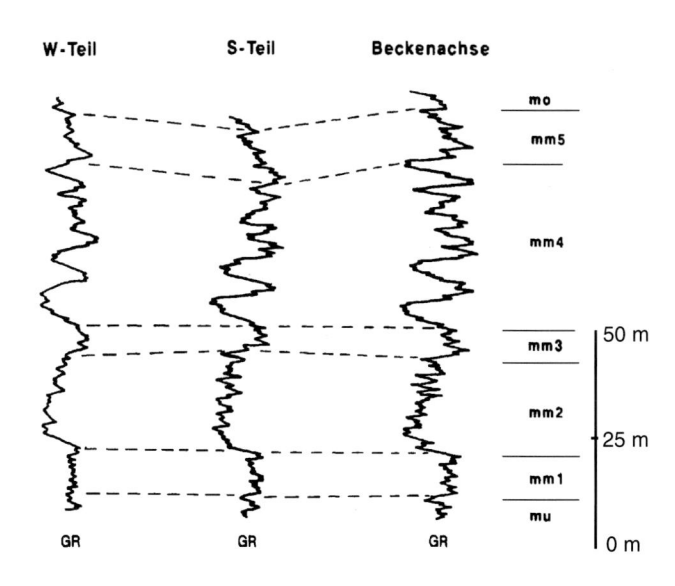

Abb. 5 Gamma-Ray Profile aus dem Thüringer Becken (nach MERZ 1987). GR = Gamma-Ray.

GAERTNER & RÖHLING entspricht. Dem Kleinzyklus VIIIb entsprechen der Gips 2, der Dolomit 2 und der Gips 3. Letzterer bildet gemeinsam mit dem Dolomit 4 die Gruppe b nach WOLBURG. Der Dolomit 4 wird von GAERTNER & RÖHLING in die Zyklen VIIIc, IX und X untergliedert. Der Gips 4 entspricht der Gruppe c von Wolburg und dem größten Teil des Zyklus XI nach GAERTNER & RÖHLING, der Dolomit 5, Gips 5 und der Dolomit 6 bilden die Gruppe d bzw. der Dolomit 5 und der Gips 5 den Zyklus XII sowie der Dolomit 6 den Zyklus XIII.

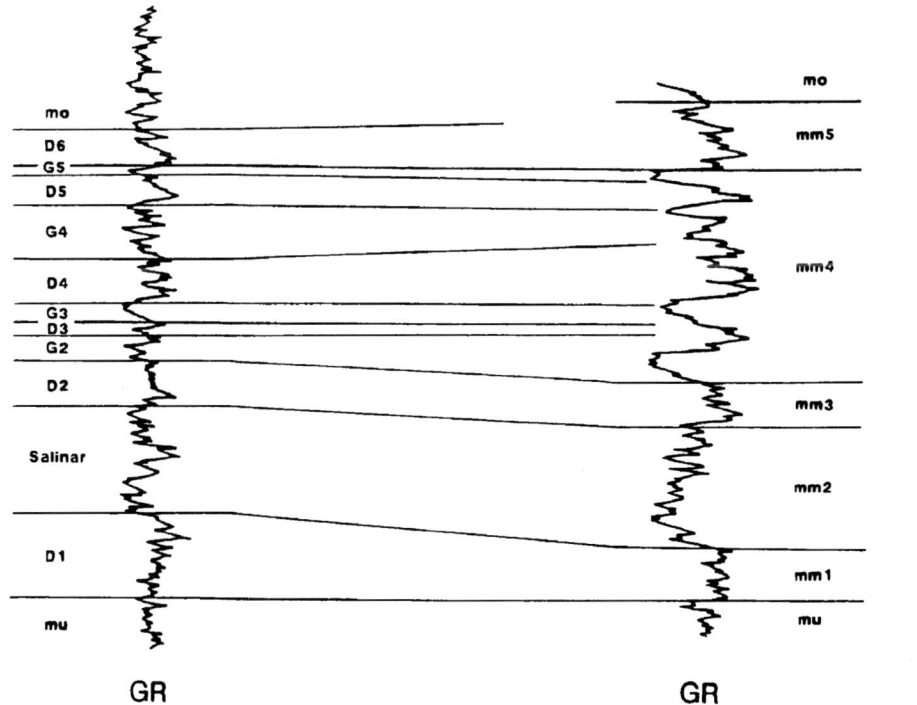

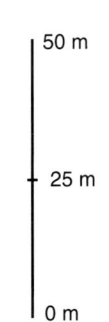

Abb. 6 Lithologische Logkorrelation des Mittleren Muschelkalks der Bohrung Hakeborn-211 und einer Bohrung aus dem Thüringer Becken. (GR = Gamma-Ray).

Die von MERZ (1987) im Thüringer Becken lithostratigraphisch definierten Einheiten stellen lediglich eine Grobgliederung dar. In Abb. 5 sind einige Logs thüringischer Bohrungen dargestellt. Abb. 6 ist einer dieser Bohrungen das Gamma-Log der Bohrung Hakeborn-211 gegenübergestellt. Es wird deutlich, daß sich die im Subherzyn, der Scholle von Calvörde und auch im Norddeutschen Becken erarbeiteten Feingliederungen über die Bohrung Hakeborn-211 problemlos auf das Thüringer Becken übertragen lassen. Dem mm 1 des Thüringer Beckens entspricht dabei der Dolomit 1. Der mm 2 ist das randfazielle Äquivalent des Muschelkalk-Salinars im Subherzyn bzw. der Steinsalzlager 2 und 3 Nordwestdeutschlands. Der mm 3 umfaßt den Dolomit 2, der von MERZ als mm 4 definierte Bereich läßt sich zwanglos in die Schichtglieder vom Gips 2 bis zum Gips 5 aufgliedern. Das Äquivalent des mm 5 ist der Dolomit 6. Lediglich in der Grenzziehung Mittlerer/Oberer Muschelkalk ist zwischen beiden Gliederungen eine Diskrepanz festzustellen. Diese beruht möglicherweise auf einer unterschiedlichen stratigraphischen Zuordnung der Gelben Basisschichten.

Die hier vorgestellte Korrelation des Mittleren Muschelkalks der Bohrung Hakeborn-211 aus der Egelner Südmulde des Subherzyns, der Scholle von Calvörde, des hannoverschen Wendlandes und damit des Nordwestdeutschen Beckens sowie des Thüringer Beckens zeigt, daß sich die einzelnen Schichteinheiten mit Ausnahme der Steinsalzeinschaltungen horizontbeständig und in annähernd konstanten Mächtigkeiten überregional korrelieren lassen. Dies deutet darauf hin, daß die in der tieferen Trias bestehende strukturelle Differenzierung innerhalb des Norddeutschen Beckens (RÖHLING 1991 a,b) während der mittleren Trias nur sehr schwach wirksam war. So läßt sich die Existenz einer Eichsfeld-Altmark-Schwelle, wie sie im Buntsandstein im Bereich des Wendlandes nachgewiesen ist, aufgrund des Fehlens bedeutender Diskordanzen oder Schichtlücken nicht erkennen. Weiter südlich macht sich diese Schwellenzone lediglich durch das Fehlen bzw. eine äußerst geringmächtige Ausbildung der Steinsalzlager bemerkbar.

Summary

A Middle Muschelkalk sequence from the Subhercynian Basin is described from the Hakeborn-211 borehole, which was cored throughout.

The microfacies of the Middle Muschelkalk dolomite is dominated by dolomitic mudstones, algal laminites and dolomite rhythmites. These types of microfacies are characteristic of intertidal and supratidal environments. Among the sulphates, subaqueous sulphates and those formed in a sabkha environment can be distinguished. The evaporite sequence has suffered total removal of halite due to subsurface solution (subrosion) and is now represented by a residual evaporite sequence.

The Middle Muschelkalk was a time of relative palaeogeographic and palaeotectonic equilibrium, as can be shown with the help of geophysical well logs in the study area. A detailed stratigraphic correlation is presented with the Middle Muschelkalk of the Calvörde block, the North German Basin and the Thuringian Basin.

Literatur

ALTHEN, W., RUSBÜLT, J. & SEEGER., J. (1980): Ergebnisse einer regionalen Neubearbeitung des Muschelkalks der DDR. - Z. geol. Wiss. **8** (8), 985 - 999, 7 Abb., 1 Tab.; Berlin.

BEST, G., RÖHLING, H.-G. & RÖHLING, S. (1991): Synsedimentäre Tektonik und Salzkissenbildung während der Trias in Norddeutschland. - Abstract/Poster Int. Muschelkalk-Tagg. Schöntal a.d. Jagst, 12. - 20. August 1991, 11 - 12; Schöntal a.d.Jagst.

BOSELLINI, A. & HARDIE, L. (1973): Depositional theme of a marginal marine evaporite. - Sedimentology, **20**, 5 - 27; London.

BUSSE, E. & HORN, M. (1981): Fossilführung und Stratigraphie der Gelben Basisschichten (Oberer Muschelkalk) im Diemelgebiet. - Geol. Jb. Hessen, **109**, 73 - 84, 1 Abb.; Wiesbaden.

DOCKTER, J., PUFF, P., SEIDEL, G. & KOZUR, H. (1980): Zur Triasgliederung und Symbolgebung in der DDR. - Z. geol. Wiss., **8**, (8), 951 - 963, 7 Tab.; Berlin.

GAERTNER, H. & RÖHLING, H.-G. (1991): Lithostratigraphie und Paläogeographie des Mittleren Muschelkalks in Nordwestdeutschland. – Abstract/Vortrag Int. Muschelkalk-Tagg. Schöntal a. d. Jagst, 12. - 20. August 1991, 20 - 21; Schöntal a.d.Jagst.

GAERTNER, H. & RÖHLING, H.-G. (1993): Zur lithostratigraphischen Gliederung und Paläogeographie des Mittleren Muschelkalks im Nordwestdeutschen Becken. - Dieser Band, 85-103, 14 Abb.

Groetzner, J.P. (1962): Stratigraphisch-fazielle Untersuchungen des Oberen Muschelkalks im südöstlichen Niedersachsen zwischen Weser und Oker. - Diss. TH Braunschweig, 124 S., 9 Taf.; Braunschweig.

HAGDORN, H., HICKETHIER, H., HORN, M. & SIMON, T.(1987): Profile durch den hessischen, unterfränkischen und baden-württembergischen Muschelkalk. - Geol. Jb. Hessen, **115**, 131 - 160, 2 Abb., 2 Tab., 3 Taf.; Wiesbaden.

KLEINSORGE, H. (1935): Paläogeographische Untersuchungen über den Oberen Muschelkalk in Nord- und Mitteldeutschland. - Mitt. geol. Staatsinst. Hamburg, **15**, 56 - 105, 12 Abb., 1 Taf..; Hamburg.

MERZ, G. (1987): Zur Petrographie, Stratigraphie, Paläogeographie und Hydrologie des Muschelkalks (Trias) im Thüringer Becken. - Z. geol. Wiss., **15** (4), 457 - 473, 9 Abb., 1 Tab.; Berlin.

PURSER, B.H. & EVANS, G. (1973): Regional sedimentation along the Trucial coast, SE Persian gulf. - In: The Persian Gulf; PURSER, B.H. (Ed.), 211 - 231; Berlin, Heidelberg, New York (Springer).

RÖHLING, H.-G. (1991a): A Lithostratigraphic Subdivision of the Early Triassic in the Northwest German Lowlands and the German Sector of the North Sea, based on Gamma Ray and Sonic Logs. - Geol. Jb., **119**, 3 - 24, 1. Abb, 12 Anl.; Hannover.

RÖHLING, H.-G. (1991b): Lithostratigraphie und Paläogeographie des Unteren und Mittleren Buntsandsteins im Nordwestdeutschen Becken - eine Analyse der Schichtenfolge mit Hilfe geophysikalischer Bohrlochmessungen (Gamma-Ray und Sonic-Log). - Diss. Univ. Heidelberg, 336 S., 106 Abb., 14 Tab., 38 Anl.; Heidelberg [unveröff.].

RÖHLING, S. & LANGBEIN, R. (1991): Zur Petrologie des Mittleren Muschelkalk. - Abstract/Vortrag Int. Muschelkalk-Tagg. Schöntal a.d.Jagst, S. 12. - 20. August 1991, S. 35; Schöntal a.d.Jagst.

SCHULZE, G. (1964): Erste Ergebnisse geologischer Untersuchungsarbeiten im Gebiet der Scholle von Calvörde (2. Teil). - Z. angew. Geol., **10**, 403 - 413; Berlin.

WILSON, J.L.(1975): Carbonate facies in geologic history. - 485 S.; Berlin, Heidelberg, New York (Springer).

WOLBURG, J. (1969): Die epirogenetischen Phasen der Muschelkalk- und Keuperentwicklung Nordwestdeutschlands, mit einem Rückblick auf den Buntsandstein. - Geotekt. Forsch., **32**, 1 - 65; Stuttgart.

Die Wüste im Wasser: Zur Fazies, Geochemie und Diagenese des Mittleren Muschelkalks in N-Bayern

Matthias Rothe, Erlangen
7 Abbildungen

Einleitung

Der Mittlere Muschelkalk (mm) in Süddeutschland liegt meist im Schatten seiner besser aufgeschlossenen und erforschten stratigraphischen Nachbarn. Seit REIS (1901) und GENSER (1930) gab es nur vergleichsweise selten „moderne" Bearbeitungen des mm (FRIEDEL 1988, EHRMANN & WIRSING 1983, GEISLER 1982). Mit dem Poster auf der Muschelkalktagung in Schöntal und nun mit diesem Artikel soll der mm etwas „ins Licht gerückt" werden. Der „Süddeutsche Muschelkalkgolf" erstreckt sich NE-SW von Thüringen über Nordbayern und Baden-Württemberg bis in die Schweiz. Die vorgestellten Profile des mm stammen aus Franken (s. Abb. 1). Den Profilen im Bereich der Beckenachse NNW' Würzburg (Zellingen und Stetten) steht ein küstennäheres bei Bayreuth (Kirmsees) gegenüber.

Die Profile umfassen wegen der großen faziellen Ähnlichkeit auch die *orbicularis*-Schichten, die oft noch zum Unteren Muschelkalk gestellt werden (zur Diskussion der Grenzziehung siehe z.B. SIMON 1982).

Methodik

Grundlage der Untersuchungen sind Kernbohrungen der DB bzw. des GLA Bayern, außerdem spärliche Aufschlüsse in Unter- und Oberfranken sowie Profile in Thüringen. Es wurden Anschliffe und Dünnschliffe angefertigt, letztere wurden nach dem Verfahren von RICHTER (1984) angefärbt. Die Schliffe wurden mit dem Lichtmikroskop und unter der Kathodolumineszenz untersucht. Die Tonminerale wurden nach Lösung des Karbonats korngrößengetrennt, die Zusammensetzung der Texturpräparate wurde mit einem Philips PW 1840 Diffraktometer bestimmt, auch glykolisiert und erhitzt auf >530 °C (BROWN & BRINDLEY 1980). Für geochemische Untersuchungen wurden Proben analog dem Verfahren von ROBINSON (1980) mit HCl aufgelöst. Die Zusammensetzung des säurelöslichen Anteils der Karbonate wurde titrimetrisch, photometrisch bzw. mit einer Perkin-Elmer AAS bestimmt.

Fazies

Die Profile im Becken zeigen an der Basis eine Abfolge von Kalken, Mergeln, Dolomiten und Sulfaten, bzw. den Residualbreccien der letzteren und wahrscheinlich auch von Steinsalz. Darüber folgt ein wiederholter Wechsel von Karbonaten und Evaporiten, bevor am Top der Abfolge die Sedimente und ihr Inhalt die allmähliche Rückkehr zu „normal" marinen Bedingungen anzeigen (s. Abb. 2). Die Gesamtmächtigkeit beträgt heute bis zu 55 m, sie ist dabei jedoch immer durch Subrosion von Evaporiten reduziert. Die Mikrofazies der Karbonate enthüllt einen allmählichen Umschwung an der Basis des mm zu ruhigen, strömungsarmen Ablagerungsbedingungen (von grain- und packstones zu wacke- und mudstones) unter vorwiegend flacher Wasserbedeckung bei ansteigender Salinität und damit verschwindender Fauna (Körper- und Spurenfossilien). Die den Evaporiten zwischengeschalteten Karbonate zeigen Merkmale ruhigen und sehr flachen, übersalzenen Wassers sowie einzelner Emersionsphasen: LLH-Stromatolithe mit Fenstergefügen, Algenlaminite, „black pebbles" in Aufarbeitungslagen und feingeschichtete Mikrite mit Pseudomorphosen nach Sulfat. Die vorhandene Quarz-Siltfraktion wird aufgrund ihrer Korngröße und guten Sortierung vermutlich vom Wind eingeweht worden sein.

Die Fauna beschränkt sich in einzelnen Bänken auf seltene kleine Filamente und Knochen, Zähne und Schuppen von Wirbeltieren, vor allem von Fischen: Selachier und zu den Actinopterygiern gehörende Chondrostei,

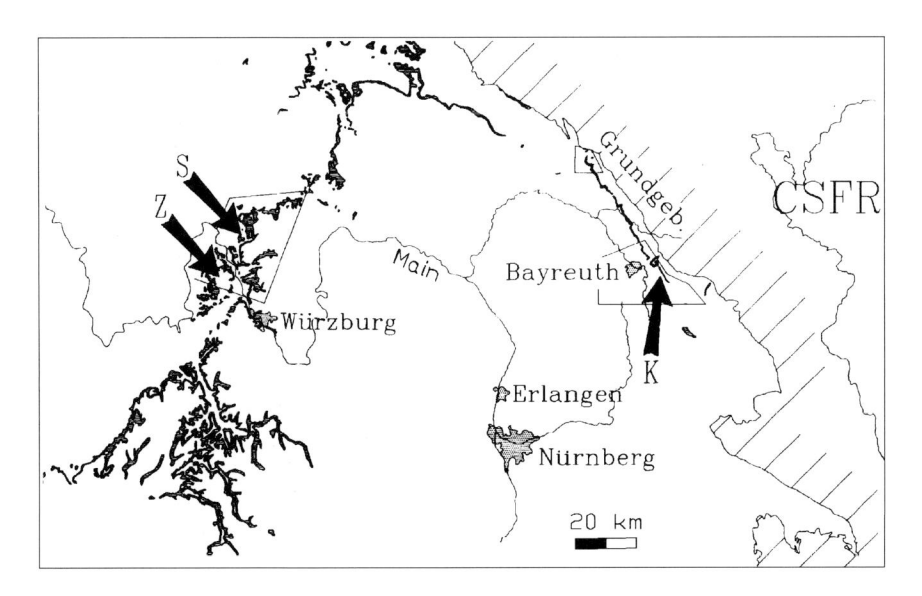

Abb. 1 Lage der vorgestellten Profile (Pfeile, Z: Zellingen, S: Stetten, K: Kirmsees) und oberflächlicher Ausbiß des mm in N-Bayern und Nachbargebieten.

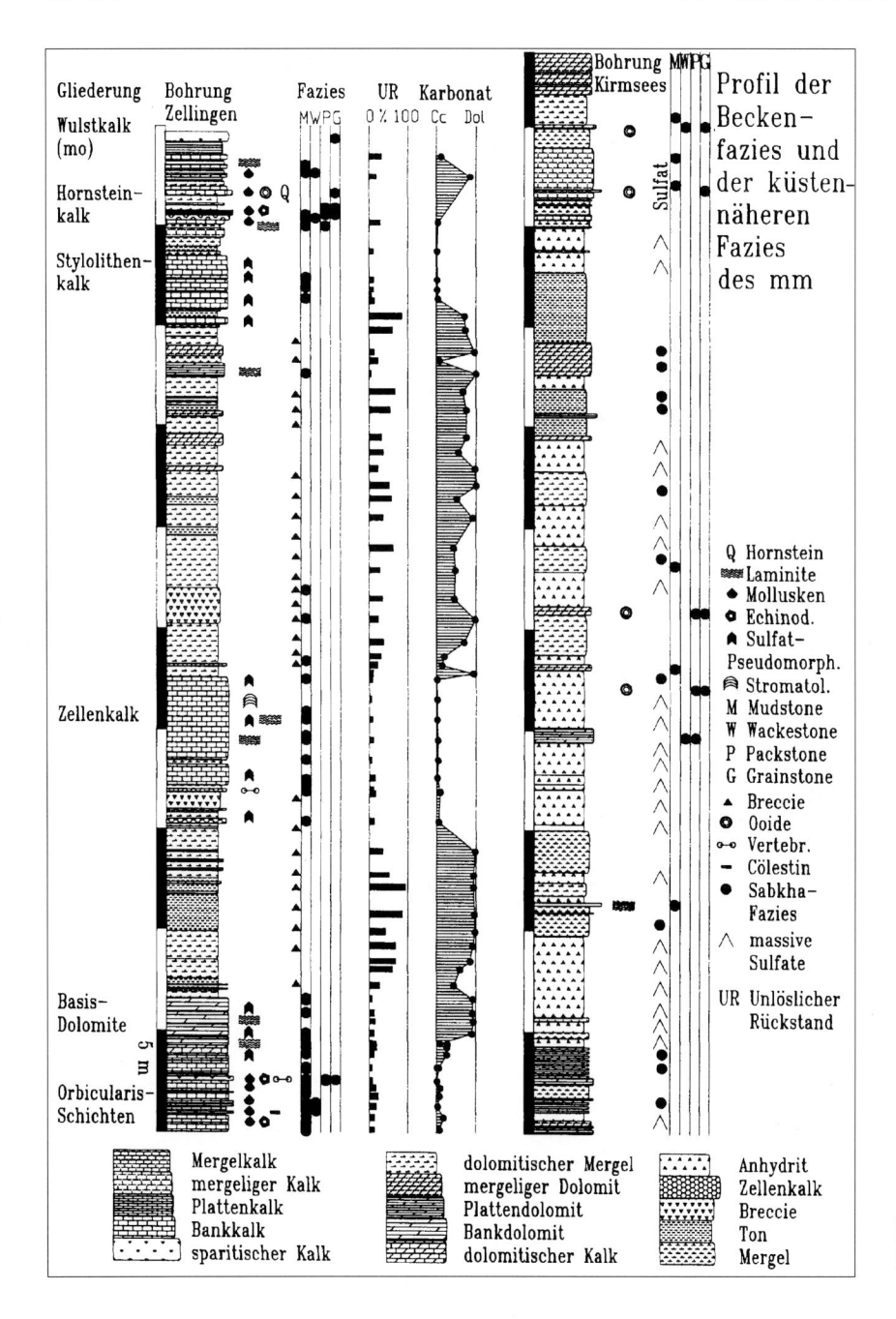

Abb. 2 Lithofazies des Profiles nahe der Beckenachse (links) und des küstennäheren Profiles (rechts) des mm.

darunter die „altertümliche" Ordnung der Palaeonisciformes und „moderne" Saurichthyformes. Seltener sind Reptilien (Nothosaurier). Deutliche Gehalte an organischer Substanz in den Karbonaten könnten z.B. die Reste von Algenblüten dokumentieren, die nach Absinken in dem offensichtlich sehr strömungsarmen und stabil geschichteten Wasserkörper den Sauerstoff aufzehrten. Die dazwischengeschalteten Sulfate zeigen, soweit sie erhalten sind, Gefüge einer Ausscheidung unter Wasserbedeckung (keine Sabkha-Ablagerungen). Am Top der Profile herrschen wieder sehr flache, inter- bis supratidale Ablagerungsbedingungen (nach Trockenfallen aufgearbeitete Algenlaminite). In diese Schichten eingeschaltete Zeugen der ersten episodischen Überflutungen (peloidal packstones) sind Vorläufer der hangenden (Fazies-) Grenze zum Oberen Muschelkalk. Die Tonminerale erlauben eine Zweiteilung des Beckenprofiles. An der Basis sind sie vorwiegend illitisch mit Gehalten an Kaolinit und z.T. Chlorit, während in der oberen Hälfte – neben Illit – „Smectit"-Wechsellagerungsminerale mit quellfähigen Anteilen und auch Corrensit auftreten (s. Abb. 3).

Die fast vollständig dolomitisierte Randfazies (s. Abb. 2) zeigt im Vergleich dazu häufig typische supratidale Sabkha-Karbonat-Evaporitabfolgen und episodisch eingeschaltet in Zeiten mit hohem Wasserstand bzw. höherer Wasserenergie oolithische Bänke. Diese grainstones, die ab und zu Algenfilamente und eine geringdiverse Molluskenfauna führen, wurden frühdiagenetisch mit Anhydrit zementiert.

Diagenese und Geochemie

Die Diagenesegeschichte der Karbonate zeigt, daß die partielle Dolomitisierung der Gesteine ein sehr früher Vorgang war. Dolomitische Zemente gehören, wo sie auftreten, zur ersten Generation der Porositätsverfüllung. Auch waren die in einzelnen Aufarbeitungshorizonten vorhandenen mikritischen „black pebbles" anscheinend bereits vor der Erosion dolomitisiert. Der Vorgang läßt

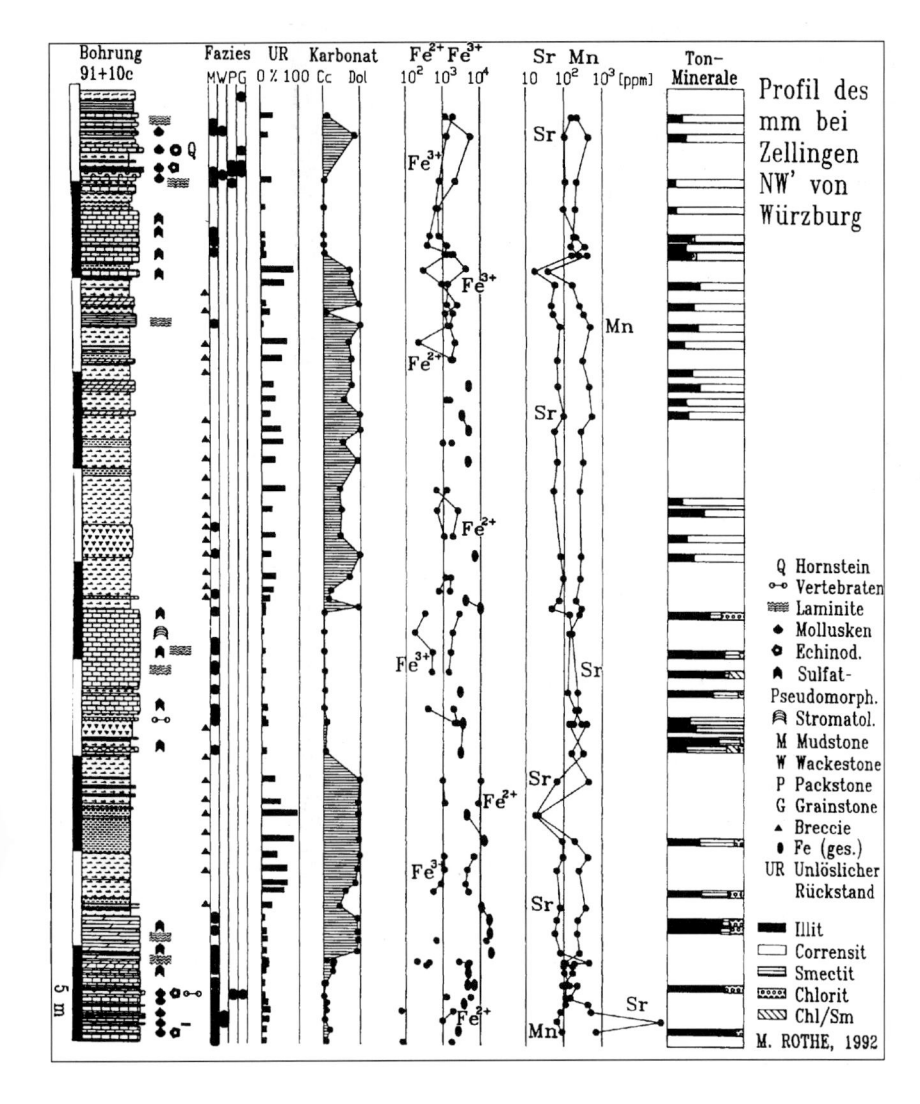

Abb. 3 Profil des mm, Geochemie der Karbonate und Zusammensetzung der Tonmineralfraktion in der „Beckenfazies".

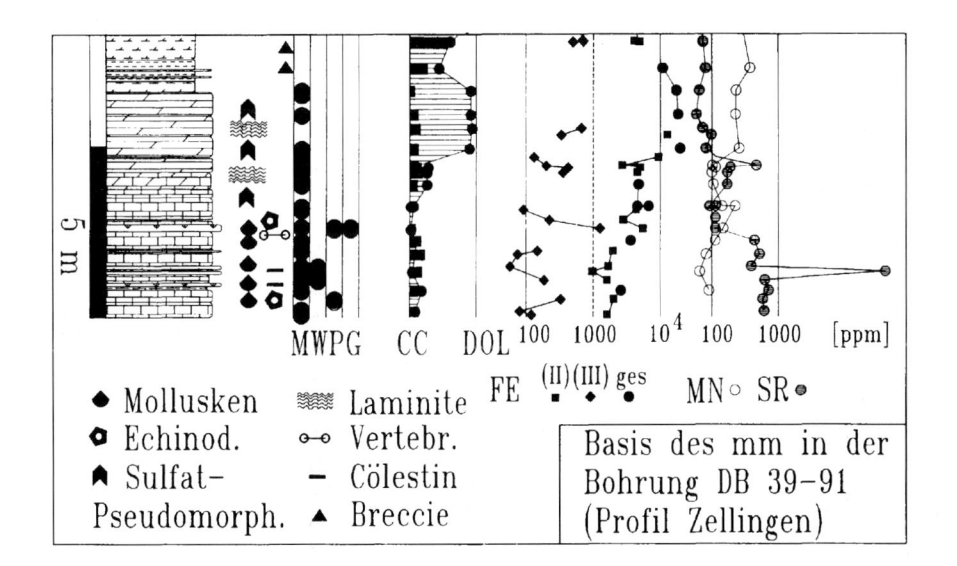

Abb. 4 Basis des mm im Profil Zellingen („Beckenfazies").

sich zwanglos mit evaporitischen Dolomitisierungsmodellen erklären. Dabei läßt die Verteilung des Sr^{2+} (s. Abb. 4 und 5) an eine Abwärtsbewegung der dolomitisierenden Wässer denken (analog dem „seepage reflux"-Modell, ADAMS & RHODES 1960), die das Mg herangeführt und das bei der Dolomitisierung freiwerdende Sr transportiert und in den die Dolomite unterlagernden Schichten als Cölestin oder als Spurenelement im Kalzitgitter teilweise wieder abgegeben hätten (s. Abb. 6).

Dieser einfache Ansatz wird jedoch wohl der komplexen gesamten Diagenesegeschichte nicht vollständig gerecht, da die Dolomite später mindestens noch einmal umkri-

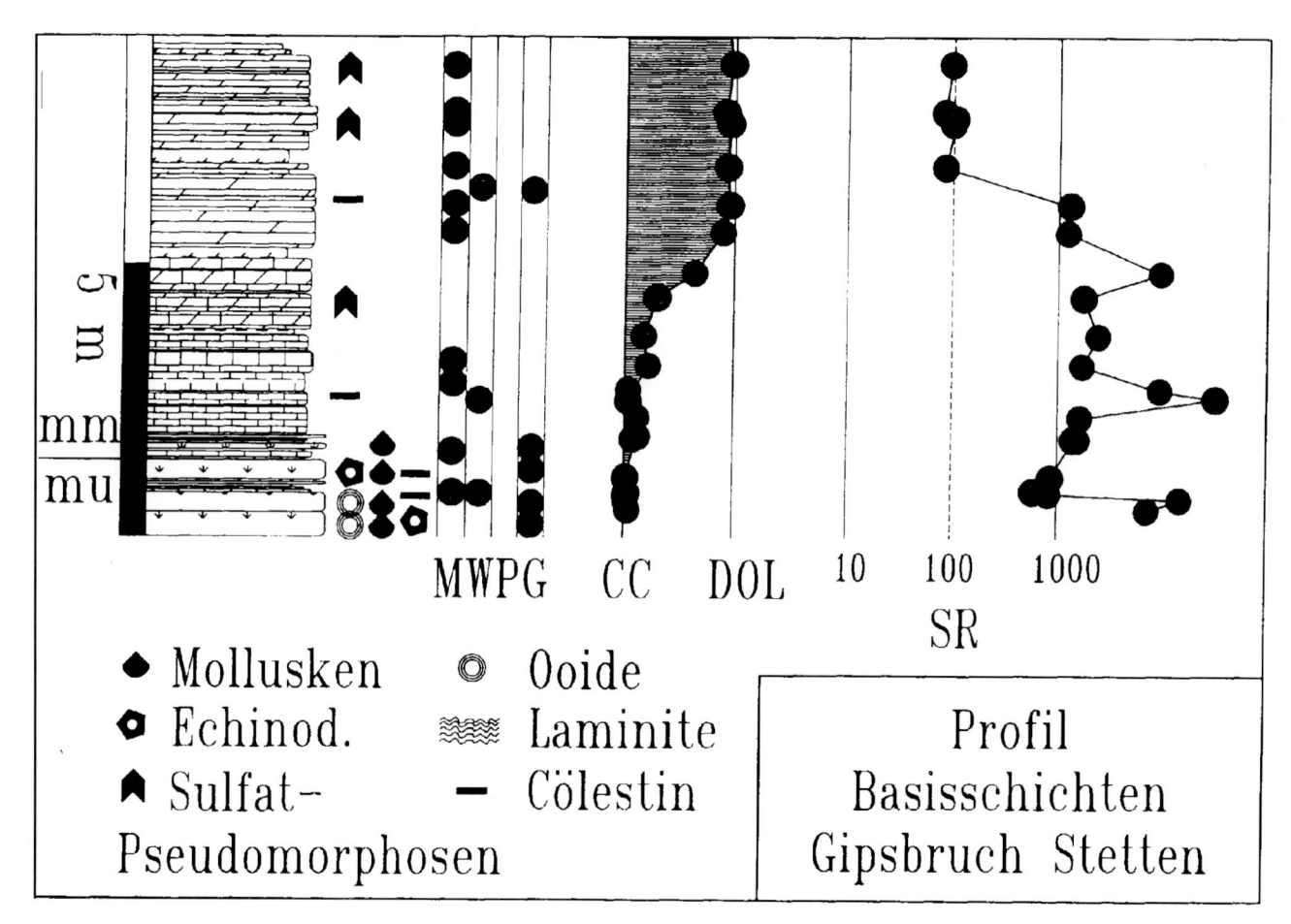

Abb. 5 Basis des mm im Profil Stetten („Beckenfazies").

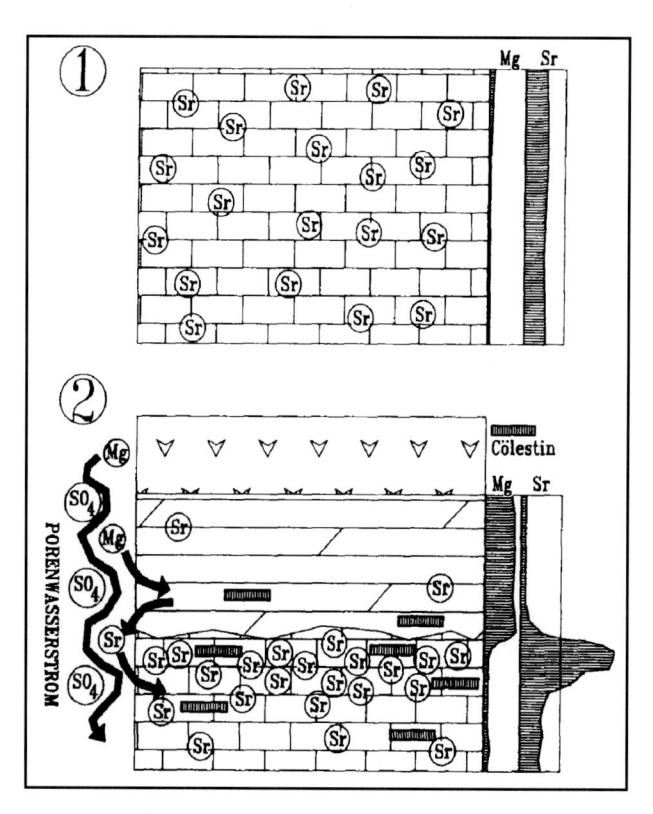

Abb. 6 Schema der Elementverteilung in den Karbonaten an der Basis des mm vor (1) und nach (2) der Wanderung der Porenwässer und ihrer Lösungsfracht nach einem „seepage reflux" - Modell.

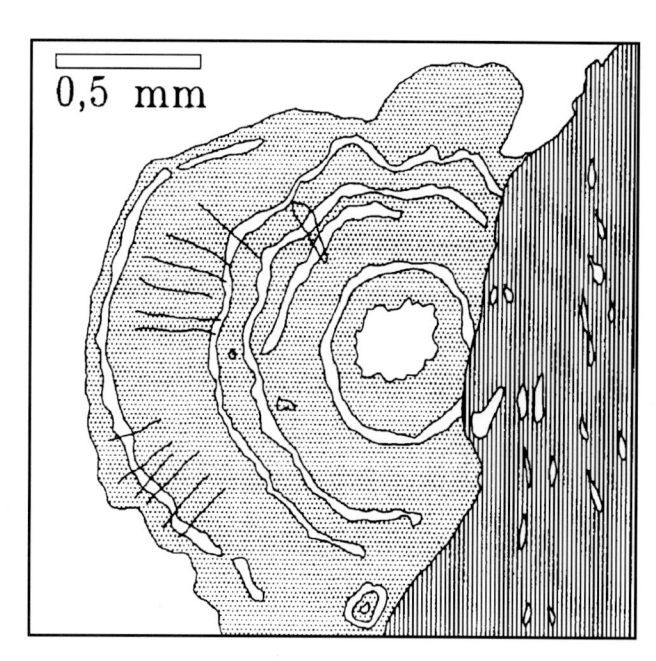

Abb. 7 „Blumenkohlzement", schraffiert: dunkle Laminitkomponente mit Fenstergefügen, gepunktet: im Kathodoluminiszenzbild dunkler Zement.

stallisiert sind, wie die (sub-)idiomorphen Dolomitkristalle und jüngere dolomitische Zemente zeigen.

Zur frühesten in einigen Schliffen von brecciösen Zellenkalken erkennbaren Generation von Kalzitzementen gehören zonierte pisolithische Caliche-Zemente, die unter der Kathode „blumenkohlartige" Strukturen, mit dünnen, gewellten, leuchtenden Bändern in dunkel bleibender Hauptmasse, zeigen (Tucker & Wright 1990, s. Abb. 7). Diese Zemente sind in den Spalten und den Zwickeln zwischen den Komponenten dieser Rückstandsbreccien der Evaporite gewachsen. Da die überlagernden Kalkmergel von der Subrosion ungestört sind, belegt dies sowohl eine Subrosion während des mm als auch anschließendes Trockenfallen unter ariden Klimabedingungen mit Calichebildung.

Die darauf folgenden kalzitischen Zementgenerationen geben Anhaltspunkte für die weitere Sulfatlösungs- und Versenkungsgeschichte, bevor (sub-)rezent Verkarstung und Dedolomitisierung einsetzen.

Geochemische Analysen der Karbonate ergaben weiter, daß geringe Gehalte an unlöslichem Rückstand an Sedimente mit höherer Wasserenergie gebunden sind. Fast karbonatfreie Abschnitte der Profile mit entsprechenden Gefügen werden als natürlicher Lösungsrückstand früherer NaCl-Horizonte interpretiert. Sr erzeugt einen „evaporitischen Fingerabdruck" am Beginn der Entwicklung und legt durch hohe Gehalte außerdem nahe, daß die Dolomite aus primär aragonitischem Material entstanden. Fe(II) im Karbonat ist von den Dolomitgehalten abhängig, Fe(III) vom Gehalt an Tonmineralien (s. Abb. 3, 4 und 5).

Summary

Two lithological logs of the Middle Muschelkalk in Northern Bavaria representing the basinal and the more marginal facies are presented and discussed. Facies analysis of the basinal lithotypes gives evidence for deposition of the carbonates under very shallow and calm water. Occasionally the sediments were subject to emersion and erosion. The evaporites in the basin were deposited under water. The marginal facies often shows sabkha conditions. Geochemical analyses and thin sections show that the partial dolomitization of the basinal facies was early diagenetic and probably occurred under hypersaline conditions. This might be explained by a seepage reflux model. Calcitic caliche cements give evidence for emersion and partial subrosion of the evaporites during Middle Muschelkalk times.

Danksagung

Der Autor dankt Herrn Prof. J. Liszkowski, Poznan, für die Bestimmung der Vertebratenreste, Herrn Dr. S. Krumm, Erlangen, für Hilfe bei der Röntgendiffraktometrie und Diskussion und Herrn Prof. R. Koch, Erlangen, für Literaturhinweise.

Literatur

Adams, J.E., Rhodes, M.L. (1960): Dolomitization by Seepage Refluxion.- AAPG Bull., **44**, 1912-1920, 4 Abb., Tulsa.

Brown, G., Brindley, G.W. (1980): X-ray Diffraction Procedures for Clay Mineral Identification.- In: Brindley, G.W., Brown, G. (eds.): Crystal Structures of Clay Minerals and their X-ray Identification.- Min. Soc. Monogr., **5**, 305-359, 2 Abb., 18 Tab., London.

Ehrmann, W., Wirsing, G. (1983): Geochemische Untersuchungen zu den Grenzen des Mittleren Muschelkalk in Unterfranken.- Jber. Mitt. oberrhein. geol. Ver., N. F., **65**, 167-180, 4 Abb., 2 Tab., Stgt.

Friedel, G. (1988): Die lithofaziellen Einheiten des Mittleren Muschelkalks (mm) am unteren Neckar - Stratigraphie und Genese.- Diss. Univ. Hdlbg., 161 S., 23 Abb., 8 Taf., 23 Tab., Heidelberg.

Geisler, D. (1982): Le Muschelkalk Moyen de Lorraine. Donnees geometriques, sedimentologiques et geochimiques.- Sc. de la Terre, **25**, 71-90, 10 Abb., 2 Taf., Nancy.

Genser, C. (1930): Zur Stratigraphie und Chemie des Mittleren Muschelkalks in Franken.- Geol. Pal. Abh., N. F., **17**, 111 S., Jena.

Reis, O.M. (1901): Der Mittlere und Untere Muschelkalk im Bereich der Steinsalzbohrungen zwischen Burgbernheim und Schweinfurt.- Geogn. Jh., **14**, 23-127, 4 Abb., 6 Taf., München.

Richter, D. (1984): Zur Zusammensetzung und Diagenese natürlicher Mg-Calcite.- Bochumer Geol. Geotech. Arb., **15**, 310 S., 64 Abb., 5 Taf., 12 Tab., Bochum.

Robinson, P. (1980): Determination of Calcium, Magnesium, Strontium, Sodium and Iron in the carbonate fraction of limestones and dolomites.- Chem. Geol., **28**, 135-146, 6 Tab., Amsterdam.

Simon, T. (1982): Zur Fazies der orbicularis-Schichten im nördlichen Baden-Württemberg und eine neue Festlegung der Grenze zum Mittleren Muschelkalk.- Jber. Mitt. oberrh. geol. Ver., N.F., **64**, 117-133, 4 Abb., 1 Tab., Stgt.

Tucker, M.E., Wright, V.P. (1990): Carbonate Sedimentology.- 482 S., 358 Abb., 3 Tab., Oxford.

Lithologie, Fazies und Genese des „Wellenkalks" im Unteren Muschelkalk

Wolfgang Klotz, Darmstadt

Bei feinstratigraphisch-lithologischen Untersuchungen in Osthessen und Mainfranken wurden in den letzten Jahren neue grundlegende Erkenntnisse über Fazies, Genese, Diagenese und den daraus resultierenden lithologischen Aufbau des „Wellenkalks" erarbeitet.

Neben der faziell dominierenden subtidalen Karbonatschlammsedimentation der „Wellenkalke" werden die eingeschalteten kleineren und größeren Leitbänke als mehr oder weniger kurzzeitige Events im Sinne von Entwicklungen von biogen- sedimentären Karbonatfällungssystemen in einem subtidalen, stenohalinen Ablagerungsmilieu gedeutet.

Außerdem ist eine hierarchisch- zyklische Steuerung der gesamten Sedimentation des Unteren Muschelkalks durch verschiedene überregionale Einflüsse nachweisbar. Dabei muß ein ebenfalls überregional wirkendes Transportsystem an der relativ homogenen Sedimentverteilung mitverantwortlich sein.

Durch diagenetische Umgestaltung besonders der kompaktierfähigen „Wellenkalke" wurde sekundär der Aufbau und die rezente Gestalt der Abfolge erzeugt. Bei der Profilaufnahme erlauben die in der vertikalen Profilabfolge vorliegenden Sedimentations- Diskontinuitäten eine Einteilung der Sedimente in paketartige Abschnitte. Durch Ansprache mit den drei lithologisch-texturellen Kriterien Schichtmächtigkeit, Schichtlagerung und Schichtausbildung in Ergänzung mit Lithologie- und Petrographietypus kann der lithologische Inhalt eines Paketes hinreichend exakt und gleichzeitig streng systematisch (EDV- verwendbar) angesprochen werden.

Jedem geologischen Bearbeiter des Unteren Muschelkalks sind in diesem Zusammenhang die Schwierigkeiten einer feinstratigraphischen Profilaufnahme im „Wellenkalk" bekannt. So sind bisherige Profile durch die individuelle Ansprache bei der Aufnahme und Textprofile aus der Literatur, selbst innerhalb eines eingeschränkten lokalen Raumes, oft nur schwer miteinander vergleich- und korrelierbar. Durch die Anwendung der oben beschriebenen, streng systematischen Ansprache der Sedimente wäre es möglich, zukünftig regionale und überregionale „Wellenkalk"-Profile einheitlich zu erfassen und damit eine Grundlage zu schaffen, diese Profilaufnahmen besser vergleichen zu können, bzw. gegebenenfalls mit Hilfe von zyklisch ausgebildeten Profilteilen und eventuell eingeschalteten kleineren Leitbänken zu korrelieren.

Die Zwergfaunaschichten (Unterer Hauptmuschelkalk, Trochitenkalk, mo1) im nordöstlichen Baden-Württemberg

Willy Ockert, Ilshofen

6 Abbildungen

Einleitung

Der Obere oder Hauptmuschelkalk beginnt im nördlichen Baden-Württemberg mit gebankten, teils brockeligen, grauen Kalken. Diese bilden eine deutliche Grenze zu den beigefarbenen Dolomiten des Mittleren Muschelkalks.

Charakteristisch ist das Auftreten einer kleinwüchsigen Fossilgemeinschaft. König (1920) bezeichnete diesen Abschnitt deshalb als „Mikrofaunaschichten des Trochitenkalkes". Heute wird der Begriff Zwergfaunaschichten benützt, den wohl Aldinger (zit. nach Wirth 1957) eingeführt hat.

Im stratigraphischen Gliederungsschema umfassen die Zwergfaunaschichten den Bereich ab der Grenze Mittlerer/Oberer Muschelkalk bis zum Haßmersheimer Horizont. Als Obergrenze gilt die Basis der Trochitenbank 1, die hier ebenfalls in die Untersuchungen einbezogen wurde.

Die lithostratigraphische Feingliederung des Unteren Hauptmuschelkalks geht in Baden-Württemberg auf Wirth (1957) zurück. Dieser schied innerhalb der Zwergfaunaschichten vier brockelig ausgebildete Lagen (Brockelkalk 1 bis 4) sowie an der Basis die Hornsteinbank als Leithorizonte aus. Ein weiterer ist durch Seufert (1984) im obersten Abschnitt mit der Ausgliederung von Brockelkalk 4a dazugekommen. Wie weit diese bisher nur im Gebiet westlich des Neckars ausgeschiedenen Leithorizonte auch im nordöstlichen Baden-Württemberg nachzuweisen sind, soll hier festgestellt werden.

Die namengebende „Zwergfauna" – als Ursache des Zwergwuchses hat man früher überhöhte Salinität zu Beginn des Oberen Muschelkalks angenommen – ist vorwiegend in den Brockelkalklagen vertreten. Sie wurde ausführlich untersucht, quantitativ erfaßt und palökologisch ausgewertet. Eine Auflistung aller nachgewiesenen Arten schließt sich an.

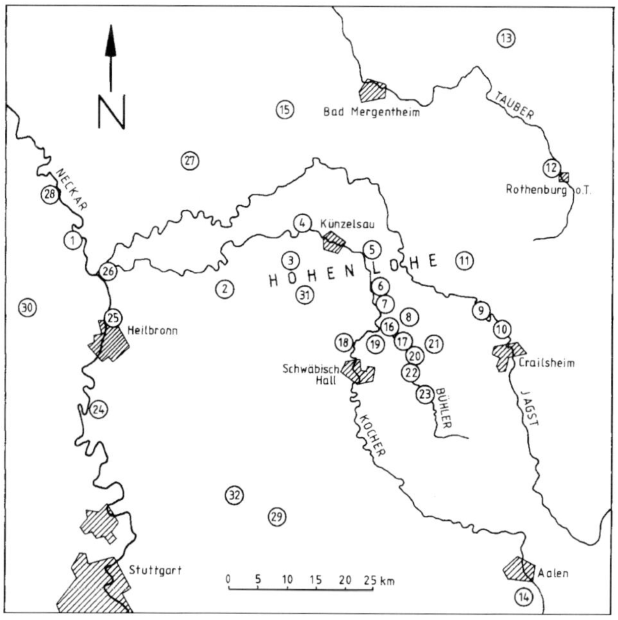

Abb.1 Lage der Aufschlüsse und Bohrungen im Arbeitsgebiet.

Ausbildung im nordöstlichen Baden-Württemberg

Im nordöstlichen Baden-Württemberg stellen sich die Zwergfaunaschichten recht uneinheitlich dar. Es wechseln gebankte Kalke mit brockelig ausgebildeten Lagen. Solche „Brockelkalke" sind im basalen Hauptmuschelkalk Süddeutschlands weit verbreitet. Es handelt sich dabei um mikritische Kalke mit geringem bis mäßigem Schillgehalt (Mudstones bis Wackestones). Durch zahlreiche, wellige, unregelmäßige Tonmergelfugen erhalten diese Kalke ihr typisches brockeliges Erscheinungsbild. Zudem führen sie eine artenreiche Fauna, die auf den Seiten 122-128 näher beschrieben wird.

Lokal treten im unteren und mittleren Abschnitt dicke, teils oolithische Schillkalke auf (z.B zwischen Schwäbisch Hall und Crailsheim). Diese repräsentieren eine Flachwasserzone, durch deren Existenz es auch später in den Haßmersheimer Schichten zur Sedimentation mächtiger Crinoidenkalke gekommen ist (Rausch & Simon 1988).

In den oberen Zwergfaunaschichten läßt sich ein erhöhter Tonmergelanteil feststellen, der nach Norden weiter zunimmt und dort auf immer tiefere stratigraphische Bereiche übergreift (vgl. Profile Baldersheim, Schillingstadt, Sennfeld und Neckarmühlbach). Dabei vollzieht sich ein kontinuierlicher Übergang zur unterfränkischen Fazies, wo der untere Teil der Zwergfaunaschichten als „Wulstkalke" bezeichnet wird, die oberen tonmergelreichen Abschnitte aber bereits dem „Zeller Tonsteinhorizont" angehören.

Schichtenfolge und Verbreitung der einzelnen Leithorizonte

Hornsteinbank

Die Hornsteinbank leitet im nördlichen Baden-Württemberg den Oberen Muschelkalk ein. Sie folgt im Untersuchungsgebiet direkt über beigefarbenen Dolomiten des Mittleren Muschelkalks und enthält an der Basis oft Dolomitintraklasten. Kennzeichnendes Merkmal der Bank ist ihre Hornsteinführung. Die vorwiegend dunkelgrauen Hornsteinknollen liegen in der Regel parallel zur Schichtung und erreichen Längen bis 20 cm. Ihre Form ist unregelmäßig oder flachoval. Der Übergang vom verkieselten Bereich zur kalkigen Matrix verläuft meist fließend. Entlang dem Neckar läßt sich die Hornsteinbank überall ausgliedern (vgl. Seufert & Schweizer 1985). Bei Neckarwestheim wurden Hornsteinknollen durch Hagdorn & Simon (in Brunner 1984) festgestellt.

Auch weiter östlich, im Raum Hohenlohe, treten Hornsteine in den untersten Zwergfaunaschichten auf (Ockert

H. Hagdorn & A. Seilacher (Hrsg.): Muschelkalk. Schöntaler Symposium 1991. (Sonderbände der Gesellschaft für Naturkunde in Württemberg 2). Stuttgart, Korb (Goldschneck) 1993

1988). Eine durchgehende Bank ist dort jedoch nicht ausgebildet, da der entsprechende stratigraphische Bereich oft in Brockelkalkfazies vorliegt. Zudem kommen Hornsteine lediglich lokal vor, so daß ein Nachweis der Bank nicht überall möglich ist.

Die Mächtigkeit liegt meist zwischen 0,20 und 0,30 m. Maximalwerte von 0,70 m wurden bei Heilbronn und Unterohrn festgestellt. RÜGER (1934) beschreibt bei Dallau (TK 25 Blatt 6621 Billigheim) über Zellendolomiten einen „Kalkoolith" mit Dolomitintraklasten von 0,60 - 0,70 m Mächtigkeit und darüber einen 1 - 3 cm dicken „Hornsteinoolith". Beide Lagen dürften wohl mit der Hornsteinbank gleichzusetzen sein.

Brockelkalk 1

Brockelkalk 1 läßt sich nur im westlichen Teil des Untersuchungsgebietes, entlang dem Neckar, mit einiger Sicherheit ausgliedern. Er liegt hier direkt über der Hornsteinbank.

Weiter nach Osten gelingt sein Nachweis mit Vorbehalt noch bis nach Neureut (siehe Abb.2, Profilschnitt D-D).

Die Mächtigkeit schwankt zwischen 0,35 m (Neckarwestheim) und 0,80 m (Heilbronn). Für Neckarmühlbach, das Anschlußprofil dieser Arbeit zum Kraichgau, gibt SEUFERT (1984) eine Mächtigkeit von 0,54 m an.

„Untere Brockelkalke"

Fast im gesamten nordöstlichen Baden-Württemberg sind die unteren Abschnitte der Zwergfaunaschichten vorwiegend brockelig, lokal auch dickbankig ausgebildet. Einzelne Brockelkalkhorizonte lassen sich darin, mit Ausnahme der Profile entlang dem Neckar und etwas weiter östlich, nicht mehr ausscheiden. Abweichend vom üblichen Gliederungsschema wird dieser Bereich, der von der Grenze mm/mo bis fast zum Brockelkalk 2 reicht, hier als „Untere Brockelkalke" bezeichnet. Dies geschieht deshalb, weil sich zumindest im Raum Hohenlohe der Fossilinhalt dort von dem der restlichen Zwergfaunaschichten unterscheidet.

Vereinzelt treten in den „Unteren Brockelkalken" Intraklasten bis 3 cm Länge auf, teils mit stark durch *Trypanites* angebohrter Oberfläche. Spirorbidenbewuchs kommt ebenfalls vor.

Brockelkalk 2

Dieser Brockelkalkhorizont ist nur im nordwestlichen Bereich des Arbeitsgebietes entwickelt. Bei Neckarmühlbach liegt er einen Meter über Brockelkalk 1. Die Mächtigkeit beträgt dort 0.86m (SEUFERT 1984). Im übrigen Gebiet läßt sich im entsprechenden Niveau keine Brockelkalklage separat ausgliedern. Lediglich bei Unterohrn könnte eine dünne Lage von 0,1m als möglicher Rest von Brockelkalk 2 gedeutet werden (siehe Abb.2, Profilschnitt D-D). Das gleiche gilt für eine 0,45 m mächtige Brockelkalkserie im Profil Neureut, die sich auch bei Döttingen und Orlach noch erkennen läßt.

Schichten zwischen den „Unteren Brockelkalken" und Brockelkalk 3

Die Schichten zwischen den „Unteren Brockelkalken" und Brockelkalk 3 bestehen im Raum Schwäbisch Hall - Crailsheim aus dickbankigen, teils oolithischen Schillkalken (überwiegend Packstones) bis 1, 50 m Mächtigkeit. Darin eingeschaltet ist manchmal eine geringmächtige Brockelkalklage, die möglicherweise Brockelkalk 2 entspricht. Weiter westlich und nach Norden sind im gesamten Bereich Brockelkalke vorherrschend.

Erstmals treten auch Trochiten auf, ihr Vorkommen ist aber auf die Umgebung von Crailsheim beschränkt (Lobenhäuser Mühle und Neidenfels).

Brockelkalk 3

Brockelkalk 3 zeichnet sich im nördlichen Kraichgau nach SEUFERT & SCHWEIZER (1985) durch einen von unten nach oben ansteigenden Mergelanteil aus. Diese Ausbildung zeigt er auch in der westlichen Hälfte des Arbeitsgebiets. Dabei schwankt die Mächtigkeit zwischen 0,30 und 0,40 m, gegenüber 0,50 bis 1, 20 m im Kraichgau.

Nach Osten lassen sich die mergelreichen oberen Lagen zumindest bis Rothenburg o.T. noch deutlich erkennen. Auch weiter nördlich, im Profil Baldersheim ist eine Tonmergellage von 0,23 m Dicke ausgebildet, die hier dem Brockelkalk 3 zugeordnet wird.

Schichten zwischen Brockelkalk 3 und Brockelkalk 4

Zwischen Brockelkalk 3 und Brockelkalk 4 liegt eine 0,10 bis 0,25 m dicke Schalentrümmerbank. Diese enthält bei Neckarmühlbach Trochiten (SEUFERT & SCHWEIZER 1985). Stellenweise ist die Bank durch Tonmergelfugen aufgespalten oder durch Einschaltung mikritischer Kalkbänkchen in zwei Lagen getrennt. Bei Sennfeld ist der untere Teil brockelig ausgebildet.

Brockelkalk 4

Brockelkalk 4 ist im gesamten nordöstlichen Baden-Württemberg entwickelt. Seine Mächtigkeit liegt zwischen 0,33 m (Orlach) und 1,50 m (Schillingstadt). Der typische Brockelkalkcharakter ist nur südlich einer Linie Heilbronn-Künzelsau-Rothenburg o.T. ausgebildet. Weiter nördlich dominieren Kalksteinbänkchen mit dünnen Tonmergelzwischenlagen. Der Tonmergelanteil nimmt nach Norden kontinuierlich zu. In Baldersheim besteht Brockelkalk 4 aus einer Wechselfolge von Kalksteinbänkchen und dikken Tonmergellagen.– Trochiten wurden bei Altenberg nachgewiesen, sind allerdings sehr selten.

Schichten zwischen Brockelkalk 4 und Brockelkalk 4a

Bis zum Brockelkalk 4a folgen zum Teil dickbankige Schalentrümmerbänke. Diese erreichen im Raum Schwäbisch Hall - Crailsheim Mächtigkeiten bis 1,40 m und enthalten vereinzelt Glaukonit sowie abgerundete Mikritintraklasten. Bei Rothenburg o.T. ist darin ein 0,30 m dicker Bereich aus Kalksteinbänkchen und Tonmergellagen eingeschaltet. Tonmergel und mikritische Kalke sind auch in den anderen nördlichen Profilen eingelagert.

Einzelne Trochiten konnten in mehreren Profilen im gesamten Arbeitsgebiet nachgewiesen werden. *Encrinus liliiformis* hatte sich demnach, wenn auch sehr spärlich, bereits weiträumiger ausgebreitet.

Brockelkalk 4a

Brockelkalk 4a ist als Leithorizont im gesamten Gebiet sehr markant ausgeprägt. Er besteht aus einer Wechselfolge von blaugrauen Tonmergeln und Kalksteinbänkchen (Mudstones).

Ursprünglich nur im nördlichen Kraichgau und am mittleren Neckar ausgeschieden (SEUFERT & SCHWEIZER 1985), konnte seine Verbreitung jetzt im gesamten

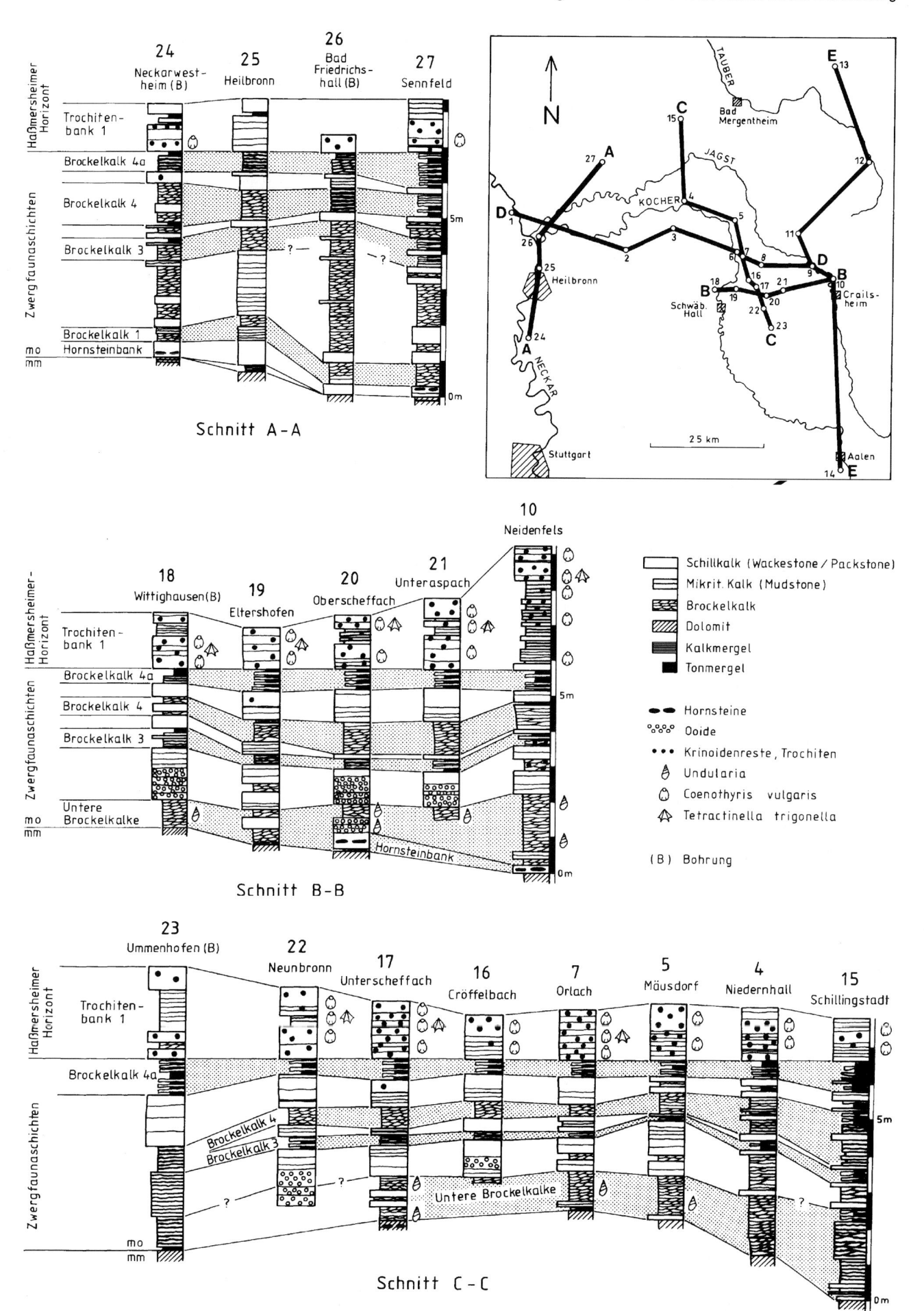

Abb. 2 Profilschnitte durch den Unteren Trochitenkalk im nordöstlichen Baden-Württemberg (Forts. s. Seite 120).

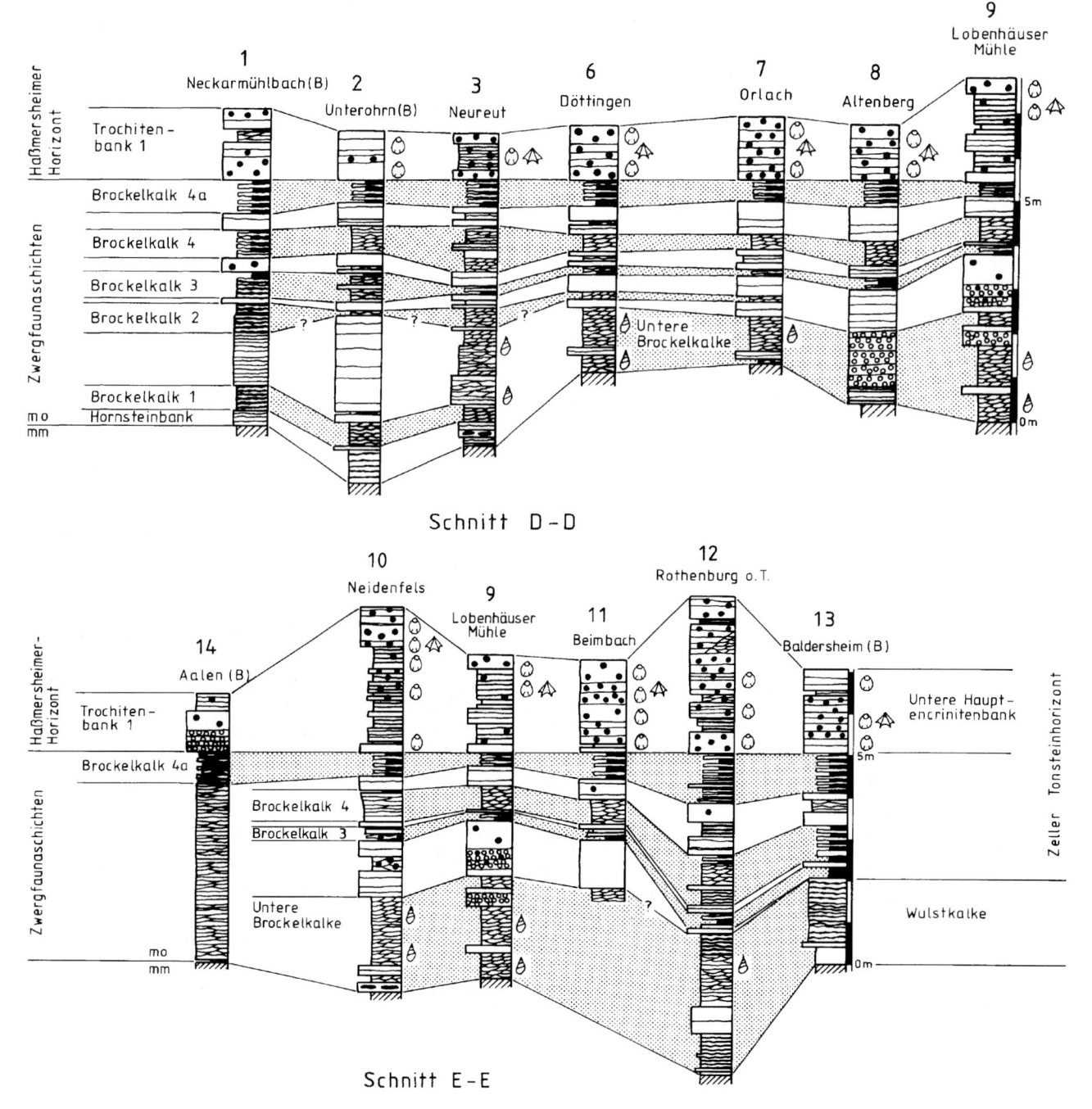

Abb. 2 (Forts.) Profilschnitte durch den unteren Trochitenkalk im nordöstlichen Baden-Württemberg.

nordöstlichen Baden-Württemberg und weiter bis in den unterfränkischen Raum nachgewiesen werden.

Sequenzstratigraphisch im Sinn von AIGNER (1985, 1986) läßt sich Brockelkalk 4a als transgressive Basis eines Kleinzyklus deuten, der mit Trochitenbank 1 als regressivem Top abschließt. Die Mächtigkeit schwankt zwischen 0,30 m (Lobenhäuser Mühle) und 1,20 m (Rothenburg o.T.). Mit Brockelkalk 4a enden die Zwergfaunaschichten. Die im Hangenden folgende Trochitenbank 1 wird bereits dem Haßmersheimer Horizont zugeordnet.

Trochitenbank 1

Mit Trochitenbank 1 beginnt die Schichtenfolge des Haßmersheimer Horizonts. Im Arbeitsgebiet führt sie als erste Bank des Oberen Muschelkalks regelmäßig Crinoidenreste und Terebrateln (Coenothyris vulgaris). Die Basis enthält häufig Aufarbeitungsrelikte in Form dunkler Mikritintraklasten.

Starke Differenzen treten in der Mächtigkeitsentwicklung auf. Während westlich des Neckars in der Bohrung Kirchhausen nach VOLLRATH (1955) lediglich 0,60 m erreicht werden, schwankt die Dicke der Bank in den anderen Profilen zwischen 1,00 und 1,50 m. Außergewöhnlich große Mächtigkeiten lassen sich im östlichen Hohenlohe feststellen. Hier werden bei Unteraspach 2,00 m, in Ummenhofen 2,50 m und in Neidenfels 3,50 m erreicht. Allerdings treten hier innerhalb der Bank mikritische Kalke und Tonmergellagen auf. Im Profil Neidenfels ist fast die gesamte Bank tonplattenartig ausgebildet, lediglich an der Basis und am Top finden sich dickere Schillkalke.

Bei Rothenburg o.T. ist Trochitenbank 1 überwiegend als Crinoiden-Schillkalk entwickelt und erreicht eine Mächtigkeit von 3,70 m. Biohermstrukturen wurden hier nachgewiesen.

In der Bohrung Aalen (BRUNNER et al.1981) enthält die Bank reichlich Glaukonit, und ihre untere Hälfte ist oolithisch.

Paläogeographische Einordnung des Untersuchungsgebiets und Mächtigkeitsentwicklung der Zwergfaunaschichten

Paläogeographische Lage

Das Auftreten dicker, teils oolithischer Schillkalke in den Zwergfaunaschichten fällt hauptsächlich in den Raum Schwäbisch Hall und Crailsheim (siehe Abb.3). Dies deckt sich etwa mit der Ablagerung mächtiger Crinoiden-Schillkalke in den hangenden Schichten. Nach dem Karbonatrampen-Modell von AIGNER (1985, 1986) lag dieses Gebiet zur Zeit des Haßmersheimer Horizonts im Bereich der „Seichten Rampe". Dagegen sind die Profile entlang dem Neckar und im nördlichen Teil des Untersuchungsgebiets der „Tiefen Rampe" zuzuordnen. Das südlichste Profil (Aalen) befand sich bereits im lagunären Bereich.

Für die Zwergfaunaschichten sind die gleichen paläogeographischen Verhältnisse anzunehmen. Auch die tonmergelreiche Ausbildung im oberen Abschnitt nördlich der Linie Heilbronn - Künzelsau - Rothenburg o.T. läßt sich mit ihrer Lage im tieferen Rampenbereich erklären. Daß der untere Abschnitt dort kalkiger ist, hängt mit der zyklischen Abfolge (siehe Abb. 5) zusammen. Danach sind die „Wulstkalke" Unterfrankens und somit auch ihre Äquivalente, die unteren Zwergfaunaschichten, in der energiereichen Endphase eines coarsening-upward-Zyklus entstanden (NOLTE 1989). Erst mit Beginn des nächsten Zyklus setzt dann die Tonmergelsedimentation in den mittleren Zwergfaunaschichten wieder ein.

Mächtigkeitsentwicklung

Betrachtet man die Isopachenkarte (siehe Abb.4), zeigen die Zwergfaunaschichten starke Schwankungen in ihrer Gesamtmächtigkeit. Maximalwerte lassen sich um Rothenburg (7,50 m) und nördlich von Heilbronn (bis 6,90 m) feststellen. Ein Gebiet mit geringer Mächtigkeit liegt im Kochertal zwischen Künzelsau und Schwäbisch Hall. Die tiefsten Werte mit 3-4 m geben BRUNNER & SIMON (1985) für Allmersbach und Waldenburg an. Worauf sich diese Differenzen zurückführen lassen, konnte hier nicht geklärt werden. Vermutlich sind strömungsbedingte Sedimentanreicherungen während Sturmereignissen als Grund für die hohen Mächtigkeiten anzusehen. Möglich wären aber auch unterschiedliche Absenkungsraten zwischen den Gebieten mit geringer und hoher Sedimentmächtigkeit. Derart kleinräumlich erscheint dies jedoch eher unwahrscheinlich.

Fossilinhalt und palökologische Bewertung

Untersuchungen, die sich detailliert mit dem Fossilinhalt der Zwergfaunaschichten befassen, sind bisher nur am östlichen Schwarzwaldrand (HOHENSTEIN 1913) und im nördlichen Kraichgau (KÖNIG 1920) durchgeführt worden. Aus dem nordöstlichen Baden-Württemberg liegen noch keine entsprechenden Arbeiten vor. Angaben zur Fossilführung im Raum Hohenlohe finden sich jedoch in HAGDORN & SIMON (1985) und OCKERT (1988).

Nach SEUFERT & SCHWEIZER (1985) ist das Auftreten einer typischen Zwergfauna im Kraichgau auf die unteren Bereiche beschränkt. Auch WIRTH (1957) erwähnt erst ab der oberen Hälfte eine zunehmende Beteiligung von Großformen. Im Untersuchungsgebiet treten genau entgegengesetzte Verhältnisse auf. Hier sind großwüchsige Formen bereits an der Basis vorhanden während Kleinformen in den oberen Abschnitten dominieren. Allerdings wurden diese Erkenntnisse in erster Linie im Kocher-

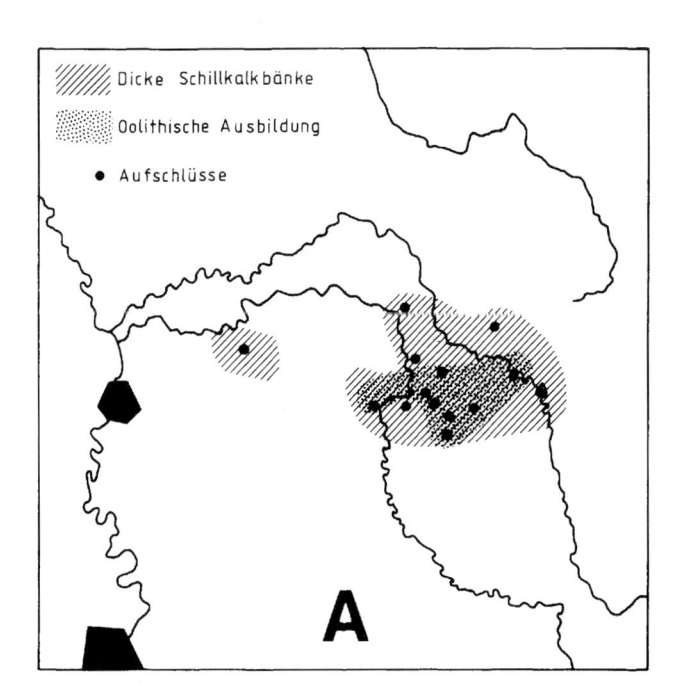

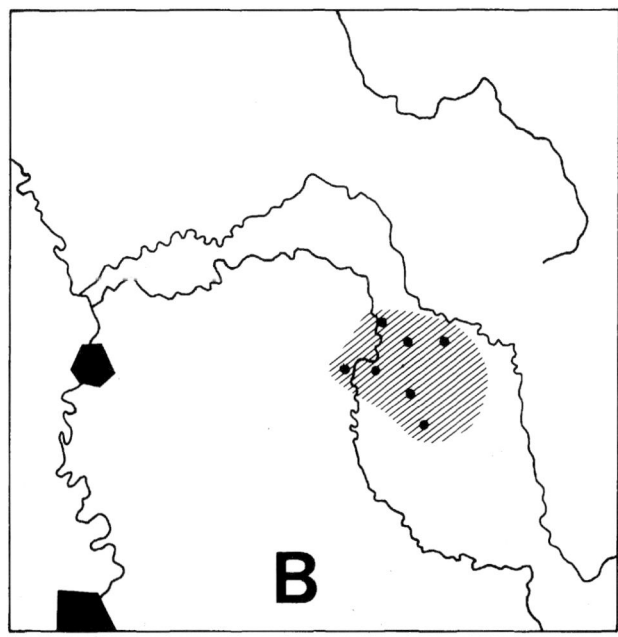

Abb. 3 A Verbreitung dickbankiger Schillkalke und Oolithfazies im unteren und mittleren Abschnitt der Zwergfaunaschichten. B Verbreitung dickbankiger Schillkalke in den oberen Zwergfaunaschichten.

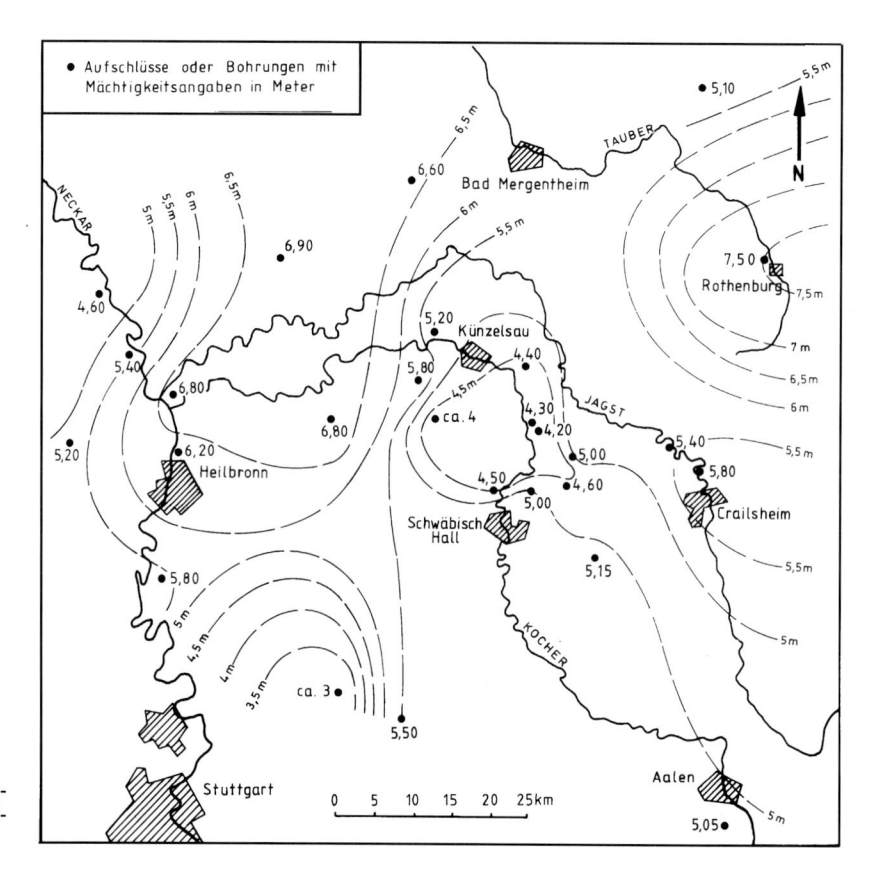

Abb.4 Mächtigkeitsentwicklung der Zwergfaunaschichten im nordöstlichen Baden-Württemberg.

Jagst-Gebiet und bei Rothenburg o.T. gewonnen. Entlang dem Neckar, wo zugängliche Aufschlüsse fehlen, dürften noch die Angaben von WIRTH (1957) sowie SEUFERT & SCHWEIZER (1985) zutreffen.

Die Brockelkalkhorizonte Hohenlohes enthalten eine weitgehend autochthone Weichbodenfauna, deren Lebensraum im sublitoralen Bereich einzuordnen ist. Dagegen führen die Schillkalkbänke eine allochthone bis parautochthone Fauna, deren Artenspektrum dem der Brockelkalklagen entspricht.

Als Ergänzung zum rein beschreibenden Teil der Fossilführung werden auf Abb.6 Faunenanalysen für die einzelnen Brockelkalkhorizonte dargestellt. Ermittelt wurden sie im Gebiet zwischen Schwäbisch Hall und Crailsheim.

Fauna der „Unteren Brockelkalke"

Die Fossilgemeinschaft der „Unteren Brockelkalke" und ihrer oolithischen Äquivalente zeichnet sich durch Dominanz großwüchsiger Arten aus. Zumindest trifft dies auf den Raum Hohenlohe zu. Kleinformen treten hier lediglich untergeordnet auf und sind nur im Gebiet um Crailsheim etwas häufiger.

Überwiegende Faunenbestandteile der Brockelkalkfazies sind endobenthische Bivalven (*Pleuromya, Myophoria, Hoernesia* und *Bakevellia*). Seltener sind *Pseudocorbula* und *Unicardium*. Dazu kommen im Raum Crailsheim noch *Neoschizodus laevigatus* und Nuculiden.

Als Vertreter des Epibenthos finden sich die flexisessilen, mit einem Byssus ausgestatteten *Pleuronectites, Leptochondria, Modiolus* und sehr selten *Plagiostoma striatum*. Eine ebenfalls byssate Lebensweise wird für *Pseudomyoconcha* angenommen. Weitere Bewohner des

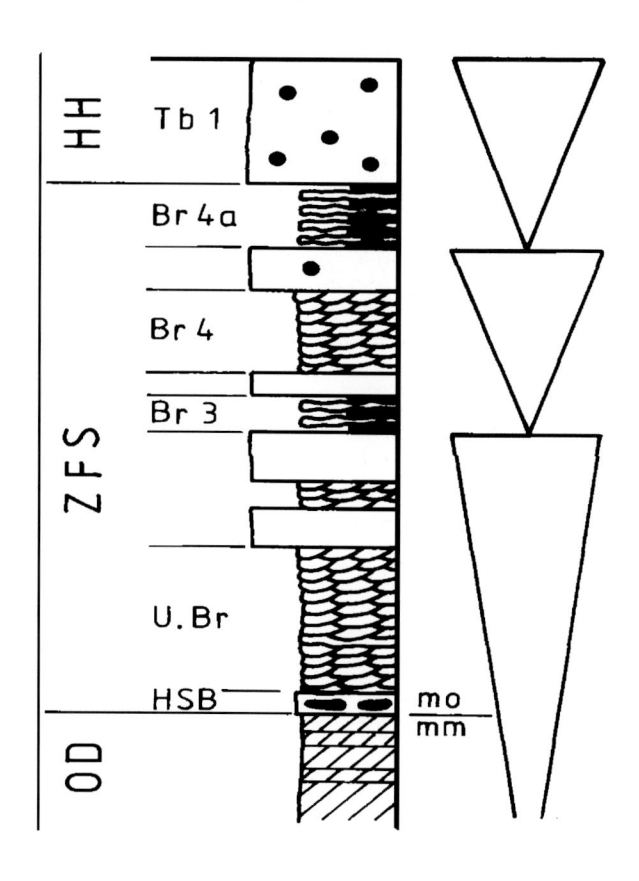

Abb.5 Kleinzyklen in den Zwergfaunaschichten, dargestellt an einem standardisierten Profil aus dem Raum Hohenlohe.
Abkürzungen: ZFS = Zwergfaunaschichten, OD = Obere Dolomite, HH = Haßmersheimer Horizont, Tb = Trochitenbank, Br = Brockelkalk, U.Br = Untere Brockelkalke, HSB = Hornsteinbank.

Weichgrunds sind die vagilen Gastropoden (*Undularia*, "*Chemnitzia*", *Loxonema*, *Protonerita* und *Ampullina*). Bei Crailsheim kommen mit *Actaeonina* und ?*Polygyrina* zusätzlich noch Kleinformen hinzu.

Als einziger Brachiopode wurde *Glottidia* mit endobenthischer Lebensweise nachgewiesen.

Echinodermen, vor allem die vagil-epibenthischen Asteriden (*Trichasteropsis*) und Echiniden ("*Cidaris*"), sind selten. Letztere treten nur im Raum Crailsheim auf. Etwas häufiger sind dagegen Ophiurenreste (*Aspidura*), die dem Endobenthos zugerechnet werden. Über die Lebensweise der Holothurien, die sehr selten in Form isolierter Schlundringelemente belegt sind, läßt sich nichts sagen. Möglicherweise bewohnten sie als Epibenthonten die Sedimentoberfläche. Eine endobenthische Lebensweise ist ebenfalls denkbar.

Auf zahlreichen Bivalven, aber auch größeren Gastropoden (z.B. *Undularia*) treten fixosessile Organismen als Epöken auf. Meist handelt es sich dabei um Spirorbiden, selten um *Placunopsis* oder *Enantiostreon*. Auffallend häufig betroffen ist *Bakevellia*, von der fast die Hälfte *Spirorbis*-Bewuchs aufweist. Die Spirorbiden sitzen bei Bakevellien, aber auch bei Hoernesien meist auf dem hinteren Flügel und dem angrenzenden Bereich, oft beidseitig auf der linken und rechten Klappe. Dies stützt die Annahme, daß beide Arten flach eingegraben lebten, zumindest der hintere Flügel aber aus dem Sediment herausragte.

Mit *Germanonautilus* kommen Cephalopoden bereits 0,20 m über dem Mittleren Muschelkalk vor. Das Auftreten dieser eindeutig stenohalinen Form deutet auf vollmarine Verhältnisse bereits zu Beginn des Oberen Muschelkalks. Als weitere Vertreter des Nektons wurden mehrere Fischarten (*Acrodus*, *Palaeobates*, *Saurichthys*, *Gyrolepis* und *Colobodus*) nachgewiesen. Die sehr seltenen Tetrapoden-Reste ließen sich den Nothosauriden zuordnen.

Ein Großteil der Bivalven liegt in doppelklappig-geschlossener Erhaltung vor. Einbettung in situ (z.B bei *Pleuromya*) war aber nicht mit Sicherheit festzustellen. Die Fossilgemeinschaft der "Unteren Brockelkalke" wird deshalb als weitgehend autochthone Taphozönose eingestuft.

Wo im Bereich der "Unteren Brockelkalke" massige Schilloolithe ausgebildet sind, ist das Artenspektrum reichhaltiger. *Pleuromya*, in Brockelkalkfazies reichlich vertreten, kommt nur noch ganz selten vor. Häufiger sind in der Oolithfazies *Neoschizodus germanicus* und Myophorien. Neben den bereits erwähnten Arten treten zusätzlich noch *Entolium*, *Lyriomyophoria elegans*, *Neoschizodus ovatus*, *Tellina edentula* und *Schafhäutlia* auf, die in den Brockelkalken fehlen.

Gastropoden finden sich in mehreren Arten. Am häufigsten sind *Hologyra*, *Protonerita*, *Neritaria* sowie *Ampullina*, seltener dagegen *Omphaloptycha*, *Loxonema* und Undularien.

Alle Bivalven treten disartikuliert, also in Einzelklappen auf. Oft sind sie stark fragmentiert. Die Fauna der Schilloolithe muß deshalb als allochthon bezeichnet werden. An einigen Stellen im Bereich des Bühlertals spricht der gute Erhaltungszustand (kaum fragmentierte oder abgerollte Schalen) allerdings dafür, daß diese Schille dort wohl eher als parautochthon einzustufen sind.

Die Schichten zwischen den "Unteren Brockelkalken" und Brockelkalk 3 enthalten eine Fauna mit Kleinformen. Die Zusammensetzung entspricht weitgehend der Fauna in Brockelkalk 3.

Fauna in Brockelkalk 3

Im Gegensatz zu den "Unteren Brockelkalken" dominieren jetzt kleinwüchsige Formen. Größtenteils sind es Gastropoden, die über 80% der Faunenbestandteile einnehmen. Am häufigsten ist *Ampullina*, dazu kommen *Omphaloptycha gracillima* sowie Vertreter der Gattungen *Actaeonina*, *Oonia*, *Neritaria* und *Loxonema*.

Bivalven spielen nur eine unbedeutende Rolle. Als Formen mit endobenthischer Lebensweise treten jetzt hauptsächlich Nuculiden und *Pseudocorbula* auf. Hoernesien, Bakevellien, Pleuromyen und *Neoschizodus laevigatus* sind ebenfalls vorhanden, wenn auch deutlich seltener. Mit wenigen Ausnahmen handelt es sich dabei um juvenile Exemplare.

Epibenthonten sind in "normaler" Größe durch die flexisessilen, byssaten Arten *Plagiostoma striatum*, *Pleuronectites* und *Leptochondria* vertreten. Dazu kommen als fixosessile Formen sehr selten *Placunopsis* und *Enantiostreon*. Spirorbiden treten als ebenfalls fixosessile Elemente lediglich lose im Sediment auf. Da bei den wenigen größeren Schalen kein Bewuchs festzustellen war, muß *Spirorbis* ein anderes Substrat besiedelt haben. Am ehesten kommen dafür tangähnliche Pflanzen in Frage, die fossil nicht überliefert sind.

Als einziger Brachiopode tritt *Glottidia* auf.

Echinodermen sind bereits etwas häufiger anzutreffen. Meist handelt es sich um Reste endobenthischer Ophiuren (*Aspidura*), seltener um *Trichasteropsis*. Daneben wurden Schlundringelemente von Holothurien zwar selten, aber regelmäßig nachgewiesen. Trochiten konnten nur im Profil Neidenfels festgestellt werden.

Das Nekton ist durch *Germanonautilus* sowie mehrere Fischarten repräsentiert, wobei außer den Formen der "Unteren Brockelkalke" zusätzlich noch *Hybodus* und *Polyacrodus* auftreten.

Der Erhaltungszustand (sehr häufig doppelklappiggeschlossene Bivalven) läßt auch hier auf weitgehende Autochthonie der Fauna schließen.

Fauna in Brockelkalk 4

Das Artenspektrum ist weitgehend identisch mit der Fauna in Brockelkalk 3. Dies gilt auch für die Häufigkeitsverteilung der einzelnen Formen. Abweichend davon tritt als Bestandteil der Infauna *Antalis laevis* relativ zahlreich auf. Als Seltenheit wurden außerdem großwüchsige Gastropoden vom Typ "*Chemnitzia*" nachgewiesen.

Da auch hier ein Großteil der Bivalven in doppelklappiggeschlossener Erhaltung vorliegt, kann die Fauna im Brockelkalk 4 als weitgehend autochthon eingestuft werden.

Fauna in Brockelkalk 4a

Brockelkalk 4a ist im gesamten Arbeitsgebiet ausgesprochen fossilarm. Außer einzelnen Hoernesien konnte der dekapode Krebs *Aspidogaster limicola* (Beleg im Muschelkalkmuseum Hagdorn, Ingelfingen) nachgewiesen werden. Bei Schwäbisch Hall war auf einem etwas artenreicheren Schalenpflaster folgende Faunenzusammensetzung festzustellen. Dominierende Komponente ist *Entolium*, gefolgt von *Hoernesia*, *Myophoria* und *Pseudocorbula*. *Pleuromya*, *Bakevellia* und *Glottidia* treten seltener auf. Sie alle werden der Infauna zugerechnet.

Arten mit epibenthischer Lebensweise sind sehr selten. Sie beschränken sich auf *Plagiostoma striatum*, *Leptochondria* und *Enantiostreon*. Als einziger Gastropode wurde *Ampullina* nachgewiesen.

Alle Bivalven kommen lediglich in Einzelklappen vor, sind aber wenig fragmentiert. Die Fauna des Schalenpflasters ist deshalb als parautochthon zu deuten.

Fauna der Trochitenbank 1

Durch ihren Fossilinhalt unterscheidet sich Trochitenbank 1 deutlich von den Zwergfaunaschichten. Mit *Encrinus*, *Placunopsis* und Terquemien (*Newaagia*, *Enantiostreon*) treten jetzt auch fixosessile Organismen häufiger auf. Daneben sind Formen des flexisessilen Epibenthos ebenfalls reichlich vertreten. Es handelt sich dabei vor allem um *Plagiostoma striatum*, *Septifer*, *Leptochondria*, *Pleuronectites* und den Brachiopoden *Coenothyris vulgaris*. Seltener sind *Pseudomyoconcha mülleri*, *Plagiostoma costatum* und *Myalina*. Endobenthische Formen treten mit *Bakevellia*, *Pleuromya* und *Entolium* nur untergeordnet auf. Lediglich *Hoernesia* ist regelmäßig anzutreffen.

Nektonische Faunenelemente sind durch *Germanonautilus* und wenige Fischreste (hauptsächlich *Gyrolepis*) vertreten.

Sehr wichtig für überregionale biostratigraphische Vergleiche ist *Tetractinella trigonella*. Im Untersuchungsgebiet tritt dieser Brachiopode in einem 15-20 cm mächtigen Bereich innerhalb der Trochitenbank 1 auf. Nachweise sind inzwischen für das ganze mittlere Kocher/Jagst-Gebiet gelungen. Im Unterfränkischen Baldersheim wurde *Tetractinella* ebenfalls in einer Bohrung nachgewiesen. HAUNSCHILD (1964) erwähnt die Art aus der Hauptencrinitenbank (= Trochitenbank 1) von Rothenburg o.T. Auf weitere Vorkommen machen HAGDORN & SIMON (1993) aufmerksam. *Tetractinella* war demnach über einen Großteil des westlichen Germanischen Beckens verbreitet.

Fast alle Bivalven sind lediglich als Einzelklappen erhalten. Dagegen liegen die artikulaten Brachiopoden *Coenothyris* und *Tetractinella* häufig in doppelklappigem Zustand vor. Die Ursache dafür liegt vermutlich im Schloßbau dieser Arten, wodurch die beiden Klappen länger zusammengehalten wurden.

Der gute Erhaltungszustand läßt darauf schließen, daß die Fauna weitgehend als autochthon, zumindest aber als parautochthon einzustufen ist.

Faunenanalyse Untere Brockelkalke

Verhältnis Infauna / Epifauna / Nekton

A (nach Artenzahl): 35% / 51% / 14%
B (nach Individuenzahl): 44% / 55% / 1%

1 fixosessil
2 flexisessil
3 vagil
A nach Artenzahl
B nach Individuenzahl

Anteil großwüchsiger / kleinwüchsiger Arten

A: 64% / 36%
B: 62% / 38%

Quantitative Artenverteilung

GASTROPODA (26%)
- 13,5% Undularia
- 7,2% Protonerita
- 2,6% Ampullina
- 2,1% Loxonema

BIVALVIA (47,5%)
- 15,6% Pleuromya
- 6% Hoernesia
- 11,5% Myophoria, Neoschizodus
- 5,5% Bakevellia
- 2,7% Pseudomyoconcha
- 6,8% Pleuronectites, Leptochondria, Modiolus, Pseudocorbula, Unicardium, Enantiostreon

ECHINODERMATA (0,2%)
- 0,2% Aspidura- und Holothurien-Reste

BRACHIOPODA (3,1%)
- 3,1% Glottidia

POLYCHAETA (22%)
- 22% Spirorbis

VERTEBRATA (1,1%)
- 1,1% Acrodus, Colobodus

CEPHALOPODA (0,1%)
- 0,1% Germanonautilus

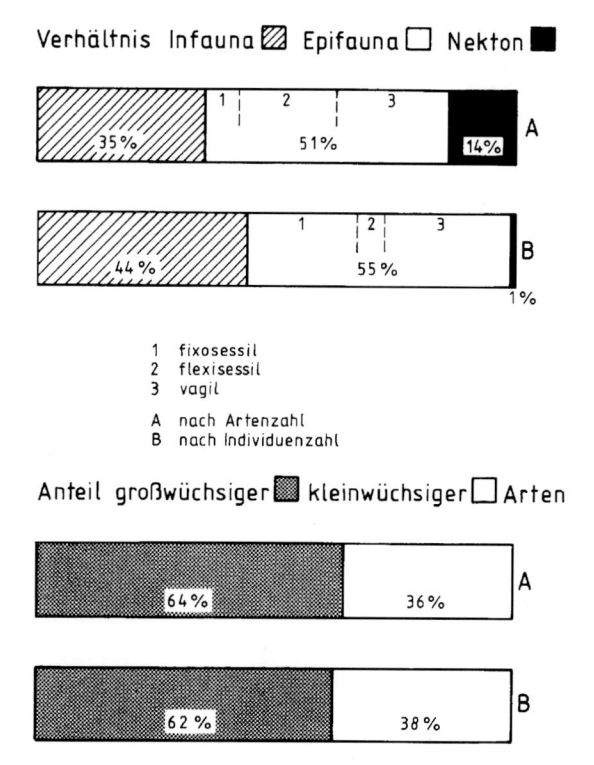

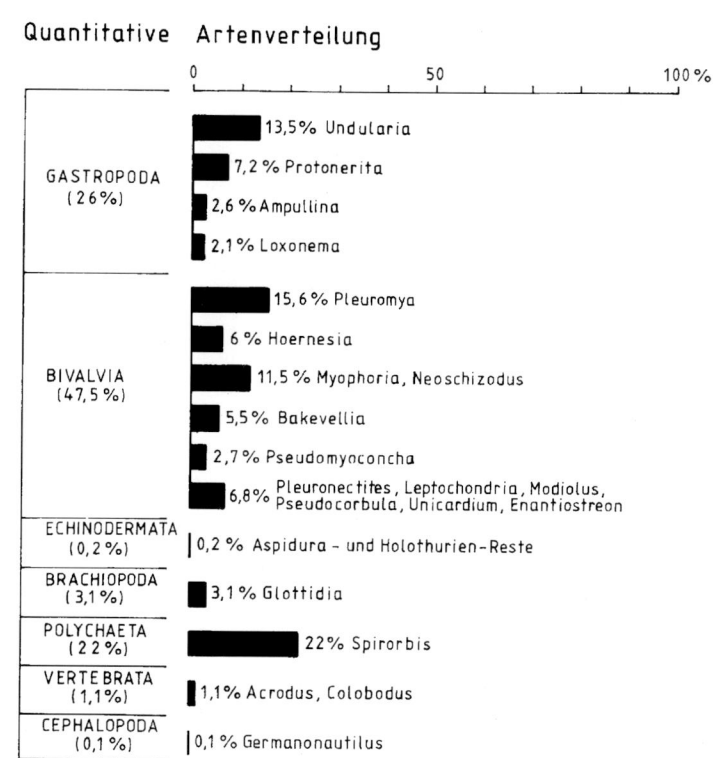

Abb. 6 (Forts.) →

Abb. 6 (Forts.)

Faunenanalyse Brockelkalk 3

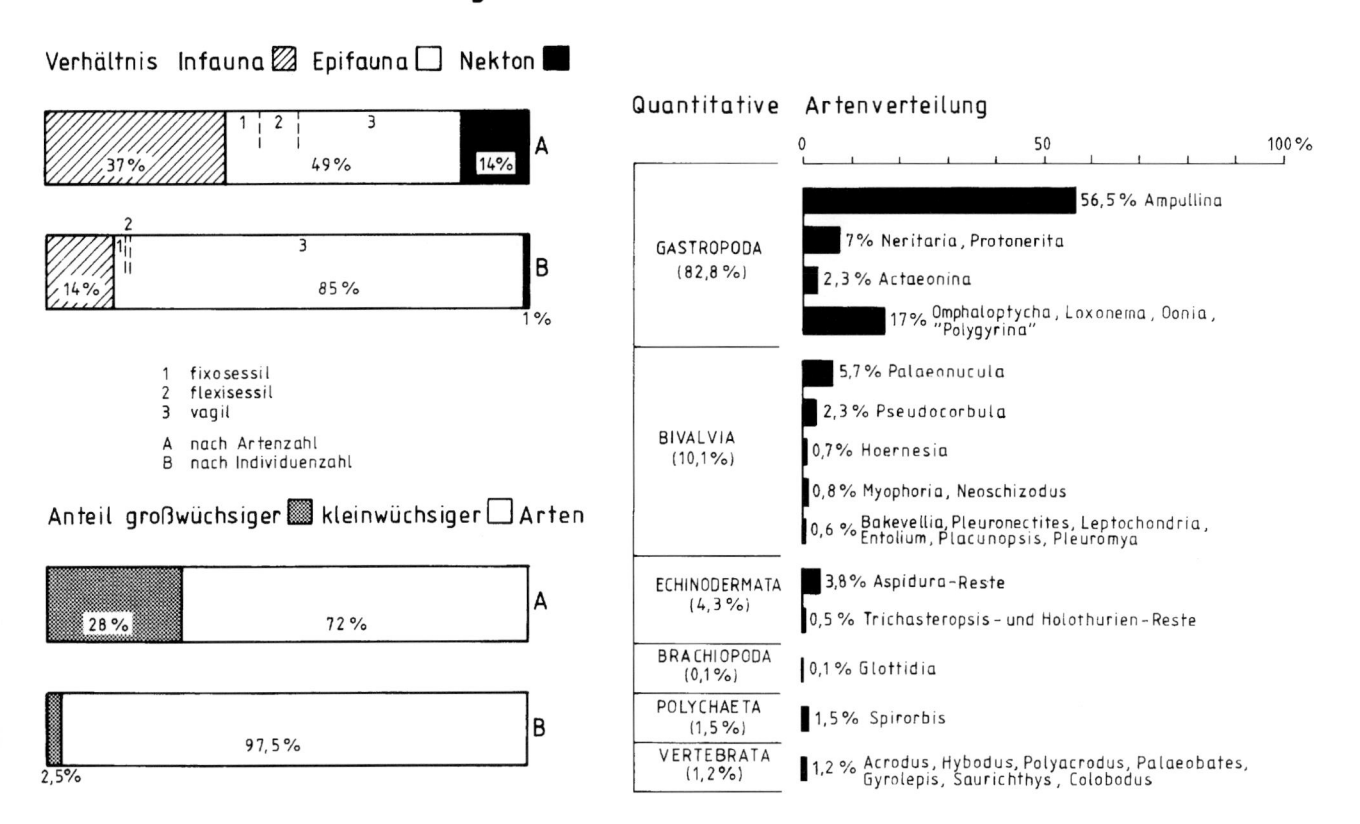

Verhältnis Infauna ▨ Epifauna ☐ Nekton ■

A: 37% / 49% / 14%
B: 14% / 85% / 1%

1 fixosessil
2 flexisessil
3 vagil

A nach Artenzahl
B nach Individuenzahl

Anteil großwüchsiger ▨ kleinwüchsiger ☐ Arten

A: 28% / 72%
B: 2,5% / 97,5%

Quantitative Artenverteilung

		0 — 50 — 100%
GASTROPODA (82,8%)	56,5% Ampullina
	7% Neritaria, Protonerita
	2,3% Actaeonina
	17% Omphaloptycha, Loxonema, Oonia, "Polygyrina"
BIVALVIA (10,1%)	5,7% Palaeonucula
	2,3% Pseudocorbula
	0,7% Hoernesia
	0,8% Myophoria, Neoschizodus
	0,6% Bakevellia, Pleuronectites, Leptochondria, Entolium, Placunopsis, Pleuromya
ECHINODERMATA (4,3%)	3,8% Aspidura-Reste
	0,5% Trichasteropsis- und Holothurien-Reste
BRACHIOPODA (0,1%)	0,1% Glottidia
POLYCHAETA (1,5%)	1,5% Spirorbis
VERTEBRATA (1,2%)	1,2% Acrodus, Hybodus, Polyacrodus, Palaeobates, Gyrolepis, Saurichthys, Colobodus

Faunenanalyse Brockelkalk 4

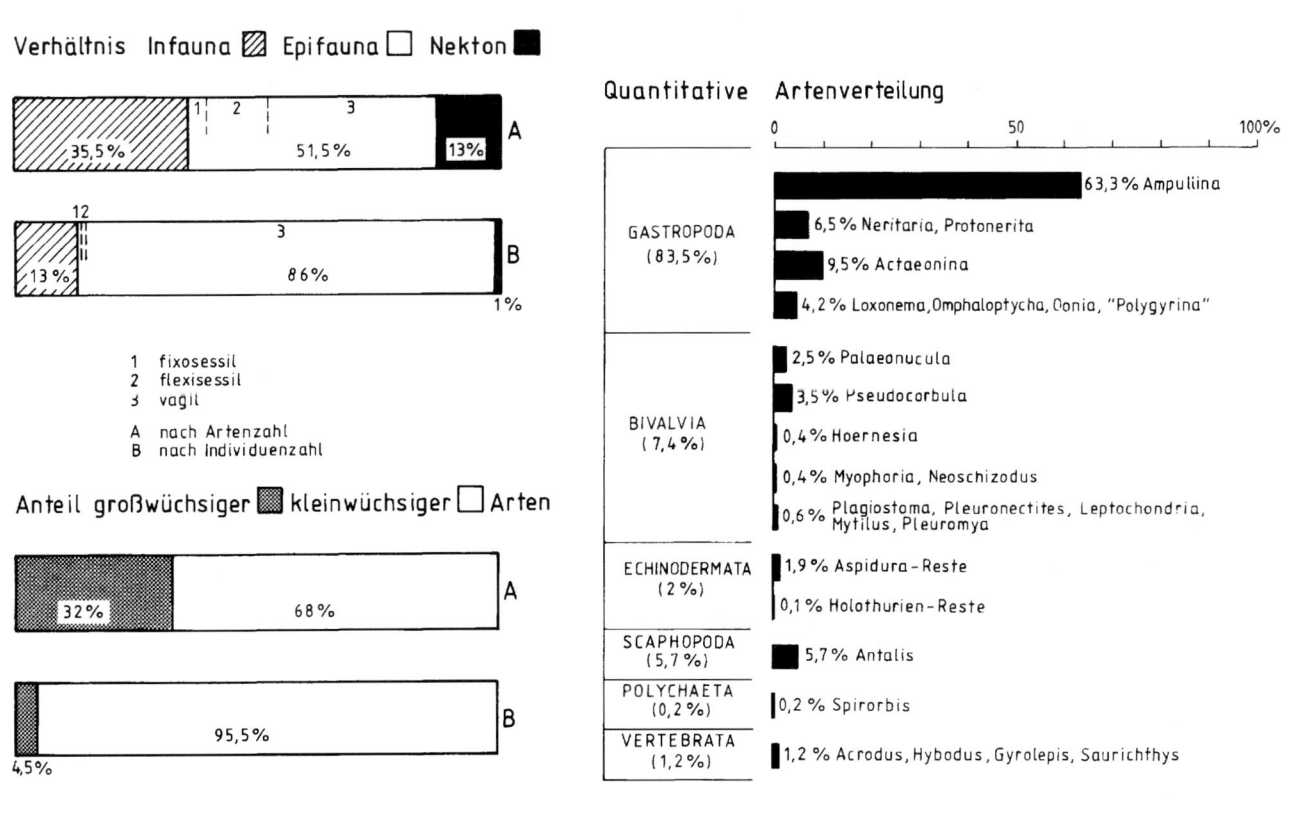

Verhältnis Infauna ▨ Epifauna ☐ Nekton ■

A: 35,5% / 51,5% / 13%
B: 13% / 86% / 1%

1 fixosessil
2 flexisessil
3 vagil

A nach Artenzahl
B nach Individuenzahl

Anteil großwüchsiger ▨ kleinwüchsiger ☐ Arten

A: 32% / 68%
B: 4,5% / 95,5%

Quantitative Artenverteilung

		0 — 50 — 100%
GASTROPODA (83,5%)	63,3% Ampullina
	6,5% Neritaria, Protonerita
	9,5% Actaeonina
	4,2% Loxonema, Omphaloptycha, Oonia, "Polygyrina"
BIVALVIA (7,4%)	2,5% Palaeonucula
	3,5% Pseudocorbula
	0,4% Hoernesia
	0,4% Myophoria, Neoschizodus
	0,6% Plagiostoma, Pleuronectites, Leptochondria, Mytilus, Pleuromya
ECHINODERMATA (2%)	1,9% Aspidura-Reste
	0,1% Holothurien-Reste
SCAPHOPODA (5,7%)	5,7% Antalis
POLYCHAETA (0,2%)	0,2% Spirorbis
VERTEBRATA (1,2%)	1,2% Acrodus, Hybodus, Gyrolepis, Saurichthys

Abb. 6 (Forts.) →

Abb. 6 (Forts.)

Faunenanalyse Brockelkalk 4a

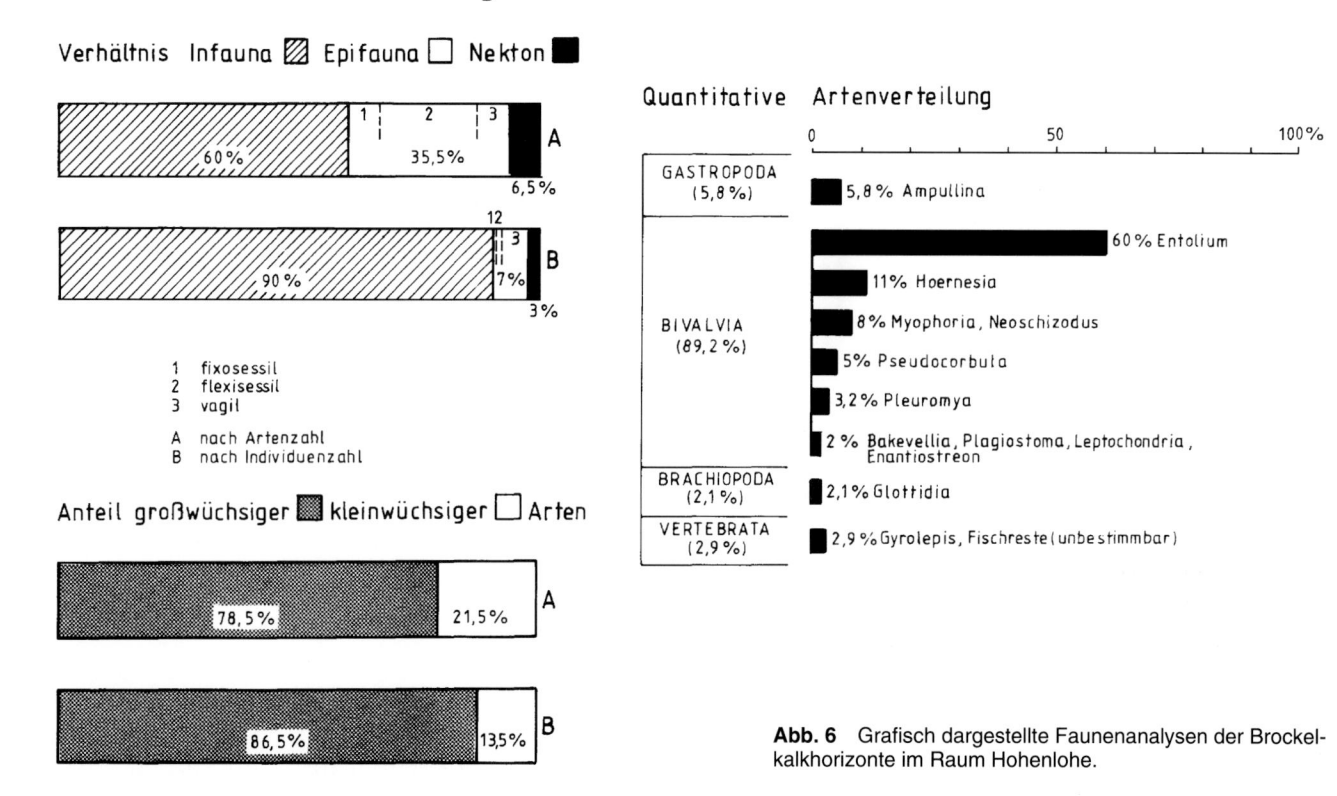

Verhältnis Infauna ▨ Epifauna ☐ Nekton ■

A 60% | 35,5% | 1 / 2 / 3 | 6,5%
B 90% | 7% | 12 / 3 | 3%

1 fixosessil
2 flexisessil
3 vagil
A nach Artenzahl
B nach Individuenzahl

Quantitative Artenverteilung

GASTROPODA (5,8%)	5,8% Ampullina
BIVALVIA (89,2%)	60% Entolium
	11% Hoernesia
	8% Myophoria, Neoschizodus
	5% Pseudocorbula
	3,2% Pleuromya
	2% Bakevellia, Plagiostoma, Leptochondria, Enantiostreon
BRACHIOPODA (2,1%)	2,1% Glottidia
VERTEBRATA (2,9%)	2,9% Gyrolepis, Fischreste (unbestimmbar)

Anteil großwüchsiger ▨ kleinwüchsiger ☐ Arten

A 78,5% | 21,5%
B 86,5% | 13,5%

Abb. 6 Grafisch dargestellte Faunenanalysen der Brockelkalkhorizonte im Raum Hohenlohe.

Fossilliste

Das aufgeführte Fossilmaterial befindet sich in meiner Privatsammlung. Ergänzt wird die Liste durch einige Belegstücke in der Sammlung Bartholomä, Neuenstein und im Muschelkalkmuseum Hagdorn, Ingelfingen.

Abkürzungen:
U.Br = Untere Brockelkalke
Bro = Brockelkalkfazies
Ool = Oolithfazies
Br3 = Brockelkalk 3
Br4 = Brockelkalk 4
Br4a = Brockelkalk 4a
Tb1 = Trochitenbank 1

Häufigkeitsangaben:
s = selten
v = vereinzelt
h = häufig
sh = sehr häufig

	U.Br Bro	U.Br Ool	Br3	Br4	Br4a	Tb1
Ichnofauna						
Unbestimmbare Grabgänge	s	-	s	s	-	-
Calciroda sp.	-	-	s	s	-	-
Trypanites weisei MÄGDEFRAU	s	-	-	-	-	-
Talpina gruberi MAYER	-	-	-	-	-	v
Polychaeta						
Spirorbis aberrans HOHENSTEIN	h	s	v	s	-	-
Echinodermata						
Encrinus liliiformis LAMARCK	-	-	s	s	-	h
Trichasteropsis weissmanni (MÜNSTER)	s	-	s	s	-	-

	U.Br Bro	U.Br Ool	Br3	Br4	Br4a	Tb1
Aspidura scutellata (Blumenbach)	s	-	v	s	-	-
Cidarites grandaevus Alberti	s	-	-	-	-	s
Serpianotiaris coaeva (Quenstedt)	-	-	-	-	-	s
Holothurien-Schlundringelemente	s	-	s	s	-	-

Brachiopoda

Glottidia tenuissima (Bronn)	v	-	s	s	s	s
Discinisca discoides (Schlotheim)	-	-	-	-	-	s
Tetractinella trigonella (Schlotheim)	-	-	-	-	-	v
Coenothyris vulgaris (Schlotheim)	-	-	-	-	-	h

Bivalvia

Bakevellia costata (Schlotheim)	v	v	s	s	s	s
Hoernesia socialis (Schlotheim)	v	v	s	s	h	v
Plagiostoma striatum (Schlotheim)	s	-	s	s	s	h
Plagiostoma costatum (Münster)	-	-	-	-	-	v
Entolium discites (Schlotheim)	s	v	s	-	sh	v
Pleuronectites laevigatus (Schlotheim)	s	s	s	s	-	v
Leptochondria albertii (Goldfuss)	s	s	s	s	s	v
Pseudomyoconcha gastrochaena (Giebel)	v	v	-	-	-	-
Pseudomyoconcha mülleri (Giebel)	s	-	-	-	-	s
Pseudomyoconcha goldfussi (Dunker)	-	-	s	s	-	-
Placunopsis ostracina (Schlotheim)	s	-	s	s	-	v
Newaagia noetlingi (Frech)	-	-	-	-	-	v
Enantiostreon difforme (Schlotheim)	s	s	s	s	s	v
Myalina blezingeri Philippi	-	-	-	-	-	s
Septifer eduliformis praecursor Frech	s	s	-	s	-	v
Modiolus triquetrus (Seebach)	s	s	-	-	-	-
Palaeonucula goldfussi (Alberti)	-	-	s	s	-	-
Palaeonucula subcuneata (D'Orbigny)	-	-	s	-	-	-
Palaeonucula excavata (Münster)	s	-	v	s	-	-
Palaeoneilo elliptica (Goldfuss)	s	-	s	-	-	-
? *Trigonodus* sp.	s	-	-	-	-	-
Neoschizodus laevigatus (Alberti)	s	v	s	s	s	-
Neoschizodus ovatus (Goldfuss)	-	s	-	-	-	-
Neoschizodus germanicus (Hohenstein)	s	v	-	-	s	-
Myophoria vulgaris (Schlotheim)	v	h	s	s	v	-
Lyriomyophoria elegans (Dunker)	-	s	-	-	-	-
Pseudocorbula gregaria (Münster)	s	s	s	s	v	-
Pseudocorbula sandbergeri (Philippi)	-	-	s	-	-	-
Pseudocorbula nuculaeformis (Zenker)	s	s	s	-	-	-
Pseudocorbula plana (Hohenstein)	-	s	s	s	-	-
Schafhaeutlia sp.	-	s	-	-	-	-
Unicardium schmidi (Geinitz)	s	s	-	-	-	s
Tellina edentula (Giebel)	-	s	-	s	-	-
Pleuromya musculoides (Schlotheim)	h	s	s	s	s	s
? *Homomya* sp.	s	-	s	-	-	-

Gastropoda

Worthenia sp.	s	-	-	-	-	-
? *Adeorbis* sp.	-	-	-	s	-	-
Hologyra amabilis (Hohenstein)	s	v	-	-	-	-
Neritaria cf. *mandelslohi* (Klipstein)	-	s	-	-	-	-
Neritaria cf. *cognata* (Giebel)	-	v	v	v	-	-
Protonerita cf. *spirata* (Schlotheim)	v	v	s	s	-	-
Tretospira sp.	s	-	-	-	-	-
Ampullina pullula (Quenstedt)	v	v	sh	sh	v	-
Ampullina pullula alsatica Koken	-	s	s	v	-	-
Loxonema cf. *fritschi* (Picard)	-	-	-	s	-	-
Loxonema cf. *loxonematoides* (Giebel)	s	s	s	s	-	-

	U.Br Bro	U.Br Ool	Br3	Br4	Br4a	Tb1
Anoptychia sp.	-	s	-	-	-	-
? *Polygyrina* cf. *gracilior* (Schauroth)	s	-	s	s	-	-
„*Chemitzia*" cf. *hehli* (Zieten)	s	-	-	s	-	-
Oonia sp.	-	-	s	s	-	-
Undularia hohensteini Busse	-	s	-	s	-	-
Undularia cf. *tenuicarinata* Picard	h	s	-	-	-	-
Undularia posttenuicarinata Busse	-	s	-	-	-	-
Omphaloptycha cf. *gregaria* (Schlotheim)	-	s	-	-	-	-
Omphaloptycha pyramidata Koken	-	s	-	-	-	-
Omphaloptycha cf. *gracillima* Koken	s	-	h	s	-	-
Actaeonina kokeni Hohenstein	s	-	s	h	-	-
Actaeonina cf. *mediocalcis* Hohenstein	s	-	s	-	-	-

Scaphopoda

Antalis laevis (Schlotheim)	s	-	s	v	-	-

Cephalopoda

Germanonautilus bidorsatus (Schlotheim)	s	-	-	s	-	v
Rhyncolite hirundo (Blainville)	s	-	-	-	-	-

Crustacea

Pemphix sueuri Desmarest	-	-	s	-	-	-
Aspidogaster limicola König	-	-	-	-	s	-

Vertebrata

Hybodus plicatilis Agassiz	-	-	s	s	-	-
Acrodus lateralis Agassiz	s	-	s	s	-	-
Polyacrodus sp.	-	-	s	-	-	-
Palaeobates angustissimus Agassiz	s	-	s	s	-	-
Saurichthys apicalis Agassiz	s	-	s	s	-	-
Gyrolepis albertii Agassiz	s	s	s	s	s	s
Colobodus sp.	s	-	s	s	-	-
Nothosaurus sp.	s	s	s	-	-	-
Kohlige Pflanzenreste (unbestimmbar)	s	-	s	-	-	s

Vergleiche mit den angrenzenden Gebieten

Nördlich des Untersuchungsgebiets sind Äquivalente der Zwergfaunaschichten in den unterfränkischen „Wulstkalken" zu sehen. Dieser etwa 3 m mächtige, teils oolithische Abschnitt wird von Nolte (1989) aufgrund sequenzstratigraphischer Aspekte noch dem Mittleren Muschelkalk zugerechnet. Die Wulstkalke führen nach Hoffmann (1967) vereinzelt Trochiten und im Gegensatz zum nordöstlichen Baden-Württemberg auch *Coenothyris vulgaris*.

Die Ansicht Hoffmanns, wonach die Wulstkalke mit dem unteren Teil der Zwergfaunaschichten zu parallelisieren sind, kann hier bestätigt werden. Nach Norden nimmt nämlich der Tonmergelanteil in den obersten Zwergfaunaschichten immer weiter zu und erfaßt dabei zunehmend auch tiefere Bereiche. Profilschnitt E-E (siehe Abb.2) zeigt diesen Übergang zur unterfränkischen Fazies. Die obere Hälfte der Zwergfaunaschichten wird in Unterfranken deshalb bereits dem „Zeller Tonsteinhorizont", einem faziellen Gegenstück der Haßmersheimer Schichten, zugeordnet.

Mit dem Nachweis von *Tetractinella trigonella* in Trochitenbank 1 läßt sich ein weiterer Vergleich Hoffmanns bestätigen. Die Untere Hauptencrinitenbank Unterfrankens entspricht demnach der Trochitenbank 1 in Baden-Württemberg (siehe auch Geyer & Gwinner 1986).

Aus dem östlich angrenzenden Gebiet liegt nur das Profil der Forschungsbohrung Dinkelsbühl vor (Haunschild & Ott 1982). Die Fazies der Zwergfaunaschichten läßt sich darin nicht mehr erkennen. Der entsprechende stratigraphische Bereich besteht aus Tonmergeln und Dolomitbänken, die wohl als Äquivalente der Zwergfaunaschichten im beckenrandnahen Bereich zu deuten sind.

Im Westen grenzt das Arbeitsgebiet direkt an den von Seufert & Schweizer (1985) untersuchten Bereich (Kraichgau und Mittlerer Neckar). Ergänzt wird dieses nach Süden durch die Bearbeitung von Wirth (1957, 1958). Die Mächtigkeiten entsprechen mit 5–7m etwa den Werten im nordöstlichen Baden-Württemberg. Zum nördlichen Schwarzwaldrand nimmt die Mächtigkeit auf über 11m zu (Wirth 1958). Hier treten zwischen Brockelkalk 3 und 4 nach WIRTH (1957) häufig Trochiten und die ersten Terebrateln (*Coenothyris vulgaris*) auf. SEUFERT & SCHWEIZER (1985) deuten die Profile am nördlichen Schwarzwaldrand auf Grund der karbonatreicheren, dickbankigen Ausbildung als „Randfazies" in einem flachen Ablagerungsraum.

Aus Eschelbronn beschreibt KÖNIG (1920) die „Mikrofaunaschichten" als eine etwa 5,5 m mächtige Folge gebankter und brockeliger Kalke. Die darüber folgenden „Unteren Trochitenbänke" führen *Coenothyris* und *Tetractinella*. Auch ein Ceratitenfund wird aus diesem Bereich erwähnt. Das heute noch vorhandene Stück ist durch URLICHS & MUNDLOS (1980) als *Paraceratites (Progonoc.) flexuosus flexuosus* bestimmt worden. Die genaue Profilbeschreibung KÖNIGS ermöglicht auch nachträglich noch eine stratigraphische Einordnung in das heutige Gliederungsschema. Verglichen mit den Profilen von SEUFERT (1984) aus der Umgebung Eschelbronns sind die „Unteren Trochitenbänke" als Trochitenbank 1 einzustufen. Bestätigt wird dies mit dem Vorkommen von *Tetractinella trigonella*. Dadurch ist das Auftreten der frühesten Ceratiten im Oberen Muschelkalk Baden-Württembergs weiter nach unten, in den Bereich der Trochitenbank 1 zu legen. Möglicherweise noch tiefere Funde stammen aus Unterfranken. GEISLER (1939) erwähnt aus Würzburg Ceratiten 1,6 m unter der Hauptenkrinitenbank (=Trochitenbank 1). Dies entspricht dann nach der hier durchgeführten Gliederung dem untersten Teil des Zeller Tonsteinhorizonts und damit einem Äquivalent der oberen Zwergfaunaschichten.

Allerdings muß die stratigraphische Einordnung dieser Stücke angezweifelt werden, da GEISLER (1939) zwei verschiedene, 8 m auseinanderliegende Bänke als „Hauptenkrinitenbank" bezeichnet hat (vgl. HOFFMANN 1967:22).

Aufschlußverzeichnis
Folgende Aufschlüsse und Bohrungen im Arbeitsgebiet wurden in die Untersuchung einbezogen. Größtenteils handelt es sich um eigene Aufnahmen oder um bereits veröffentlichte Textprofile. Einige Profile wurden durch Dr. Hans Hagdorn und Dr. Theo Simon zur Verfügung gestellt.
Lage der einzelnen Aufschlüsse siehe Abb. 1. Die Aufschlüsse 28-32 wurden nur für Mächtigkeitsangaben verwendet und sind nicht in den Profilschnitten dargestellt.

1. Neckarmühlbach (Bohrung) TK 25 Blatt 6720 Bad Rappenau (Profil nach SEUFERT 1984)
2. Unterohrn, Steinbruch (Bohrung) TK 25 Blatt 6722 Hardhausen am Kocher, r: 3534130, h: 5433000 (Aufnahme T.Simon)
3. Neureut, Kupfertal, TK 25 Blatt 6723 Öhringen, r: 3543675, h: 5458375
4. Niedernhall, Klinge am Bromberg, TK 25 Blatt 6623 Ingelfingen, r: 3544820, h:5463425
5. Mäusdorf, Heiligenbach-Klinge, TK 25 Blatt 6724 Künzelsau, r:3556100, h:5459475
6. Döttingen, Grauklinge, TK 25 Blatt 6724 Künzelsau, r:3557250, h:5453275
7. Orlach, Klinge nach Braunsbach, TK 25 Blatt 6724 Künzelsau, r:3558625, h:5452660
8. Altenberg, Altenberger Grimmbach, TK 25 Blatt 6825 Ilshofen, r:3560800, h:5449900
9. Lobenhäuser Mühle, TK 25 Blatt 6826 Crailsheim, r: 3573380, h:5450750
10. Neidenfels, Steinbruch, TK 25 Blatt 6826 Crailsheim, r: 3576725, h:5449500
11. Beimbach, Brettach-Staubecken, TK 25 Blatt 6725 Gerabronn, r:3569930, h:5457040
12. Rothenburg o.T, Vorbachtal, TK 25 Blatt 6627 Rothenburg, r:3584700, h:5472050
13. Baldersheim, Steinbruch (Bohrung), TK 25 Blatt 6426 Aub, r:3576350, h:5491300 (Aufnahme H.Hagdorn u. T.Simon)
14. Aalen, Thermalwasserbohrung, TK 25 Blatt 7126 Aalen, r:3579650, h:5409640 (Profil nach BRUNNER et al.1981)
15. Schillingstadt, Straßenböschung, TK 25 Blatt 6523 Boxberg (Aufnahme H.Hagdorn u. T.Simon)
16. Cröffelbach, Klingenbach, TK 25 Blatt 6824 Schwäbisch Hall, r:3560475, h:5447875
17. Unterscheffach, Kressenklinge, TK 25 Blatt 6825 Ilshofen, r:3561280, h:5446120
18. Wittighausen, Steinbruch (Bohrung), TK B25 Blatt 6824 Schwäbisch Hall, r:3552300, h:5446850 (Aufnahme H.Hagdorn u.T.Simon)
19. Eltershofen, Diebach-Klinge, TK 25 Blatt 6824 Schwäbisch Hall, r: 3557050, h:5446175
20. Oberscheffach, Finsterbach-Klinge, TK 25 Blatt 6825 Ilshofen, r:3563775, h:5444375
21. Unteraspach, Schmerachtal, TK 25 Blatt 6825 Ilshofen, r:3563800, h:5445750
22. Neunbronn, Prallhang der Bühler, TK 25 Blatt 6825 Ilshofen, r:3563150, h:5442600
23. Ummenhofen, Steinbruch (Bohrung), TK 25 Blatt 6925 Obersontheim, r:3565310, h:5437695 (Profil nach VOLLRATH 1970)
24. Neckarwestheim, Steinbruch (Bohrung), TK 25 Blatt 6921 Großbottwar, (Profil nach BRUNNER 1984)
25. Heilbronn, Schacht FRANKEN, TK 25 Blatt 6821 Heilbronn (Profil nach ROGOWSKI &. WEGENER 1977)
26. Bad Friedrichshall (Bohrung), TK 25 Blatt 6721, Bad Friedrichshall (Profil nach WILD 1968)
27. Sennfeld, Fischbachtal, TK 25 Blatt 6622 Möckmühl, r:3526475, h:5471870
28. Finkenhof (Bohrung), TK 25 Blatt 6620 Mosbach (nach SEUFERT 1984)
29. Rudersberg (Bohrung), TK 25 Blatt 7123 Schorndorf (nach VOLLRATH 1957)
30. Kirchhausen (Bohrung), TK 25 Blatt 6820 Schwaigern (nach VOLLRATH 1955b)
31. Waldenburg (Bohrung), TK 25 Blatt 6723 Öhringen, r:3548430, h:5451900 (nach BRUNNER & SIMON 1985)
32. Allmersbach (Bohrung), TK 25 Blatt 7022 Backnang, r:3528850, h:5427950 (nach BRUNNER & SIMON 1985)

Summary
The Zwergfaunaschichten may be divided lithostratigraphically in the basal Hornsteinbank (chert bed) and several Brockelkalk layers (nodular limestones). These marker beds have previously been recognized only on the West side of the river Neckar. Some of them have been found in NE-Baden-Württemberg. The Zwergfauna (dwarfed fauna) is dominated by gastropods and - less abundant - by small endobenthic bivalves. This fossil community in the Hohenlohe area is restricted to the upper part of the Zwergfaunaschichten. In its lower part, normal sized endobenthonts are dominating. Nautilids among them indi-

cate fully marine conditions at the very base of the Upper Muschelkalk. Above the Zwergfaunaschichten, the Trochitenbank 1 (encrinite bed) contains a fossil community dominated by epibenthic shell ground dwellers (crinoids, byssate and cemented bivalves, the articulate brachiopods *Coenothyris vulgaris* and *Tetractinella trigonella*). The lithostratigraphical unit of the Wulstkalke in Lower Franconia is correlated with the lower part of the Zwergfaunaschichten; the upper part of which in Lower Franconia alredy belongs to the Zeller Tonsteinhorizont. *Tetractinella* indicates the correlation of Trochitenbank 1 in Baden-Württemberg with the Lower Hauptenkrinitenbank in Lower Franconia.

Dank
Folgenden Personen möchte ich an dieser Stelle herzlich danken: Dr.h.c.Hans Hagdorn, Ingelfingen und Dr.Theo Simon, Stuttgart für Diskussion und Überlassung von Profilaufnahmen, Alfred Bartholomä, Neuenstein, Christian Klug, Schwäbisch Hall und Karl Türschel, Schlierstadt für Hilfe bei den Geländearbeiten und Claus C. Weisenböhler, Großaltdorf für das Schreiben des Manuskripts.

Literatur
AIGNER, T. (1985): Storm Depositional Systems. Dynamic Stratigraphy in modern and ancient shallow-marine sequences. - Lecture Notes in Earth Sciences, 3, 174 S., 83 Abb.; Berlin/Heidelberg/New York (Springer)

AIGNER, T. (1986): Dynamische Stratigraphie des Hauptmuschelkalks im südwestdeutschen Becken. - Jh. Ges. Naturkde. Württemberg, 141, 33-55, 14 Abb.;Stuttgart

ALDINGER, H. (1928): Beiträge zur Stratigraphie und Bildungsgeschichte des Trochitenkalks im nördlichen Württemberg und Baden.- Diss., Tübingen (unveröff., nicht eingesehen)

BRUNNER, H. (1984): Erläuterungen zu Blatt 6921 Großbottwar.- Geol.Karte Baden-Württ.1:25000, 162 S., 10 Abb., 6 Tab., 6 Taf., 6 Beil.; Stuttgart

BRUNNER, H., ETZOLD, A., HAGDORN, H., SCHRÖDER, B., SCHWARZ, H.-U., SIMON, T., WURM.F. & ZIMMERMANN, E. (1981): Schichtenfolge und geologische Bedeutung der Thermalwasserbohrung Aalen 1. - Jh. Ges. Naturkde. Württemberg, 136, 45-104, 3 Abb.;Stuttgart

BRUNNER, H. & SIMON, T. (1985): Lithologische Gliederung von Profilen aus dem Oberen Muschelkalk im nördlichen Baden-Württemberg anhand der natürlichen Gamma-Strahlungsintensität der Gesteine.- Jber. Mitt. oberrhein. geol. Ver., N.F., 67, 289-299, 3 Abb.;Stuttgart

BUSSE, E. (1964): Die Gastropoden-Gattungen *Undularia* KOKEN und *Pustularia* KOKEN im obersten Mittleren Muschelkalk des westlichen Meißner-Vorlandes.- Notizbl. hess. L.-A. Bodenf., 92, 29-51;Wiesbaden

GEISLER, R. (1939): Zur Stratigraphie des Hauptmuschelkalks in der Umgebung von Würzburg, mit besonderer Berücksichtigung der Ceratiten.- Jb. preuß. geol. Landesanstalt, 59 (1938), 197-248, 16 Abb., 5 Taf.;Berlin

GEYER, O.F.& GWINNER, M.P. (1986): Geologie von Baden-Württemberg.- 3.Aufl., 472 S., 254 Abb., 26 Tab.; Stuttgart (Schweizerbart)

HAGDORN, H.(1991): Muschelkalk - A Field Guide.- 80 S. ,78 Abb., 1 Tab.; Korb (Goldschneck Verlag).

HAGDORN, H., HICKETHIER, H., HORN, M. & SIMON, T. (1987): Profile durch den hessischen, unterfränkischen und baden-württembergischen Muschelkalk.- Geol. Jb. Hessen, 115, 131-160, 2 Abb., 3 Taf., 2 Tab.;Wiesbaden

HAGDORN, H. & MUNDLOS, R. (1982): Autochthonschille im Oberen Muschelkalk (Mitteltrias) Südwestdeutschlands.- N. Jb. Geol. Paläont., Abh., 162, 332-351, 6 Abb.; Stuttgart

HAGDORN, H. & SIMON, T.(1985): Geologie und Landschaft des Hohenloher Landes.- Forsch. Württ. Franken, 28, 186 S., 125 Abb., 1 Tab., 3 Beil.; Sigmaringen (Thorbecke)

HAUNSCHILD, H. (1964): Erläuterungen zur Geologischen Karte von Bayern 1:25 000 Blatt 6627 Rothenburg ob der Tauber.- 112 S., 17 Abb., 2 Beil.; München

HAUNSCHILD, H. & OTT, W.-D. (1982): Profilbeschreibung, Stratigraphie und Paläogeographie der Forschungsbohrung Dinkelsbühl 1001.- Geologica Bavaria, 83, 5-55, 7 Abb., 2 Tab; München

HOFMANN, U. (1967 a): Erläuterungen zur Geologischen Karte von Bayern 1:25000 Blatt 6225 Würzburg Süd.- 134 S., 17 Abb., 2 Tab., 4 Beil.; München

HOFMANN, U. (1967 b): Erläuterungen zur Geologischen Karte von Bayern 1:25000 Blatt 6125 Würzburg Nord.- 94 S., 21 Abb., 1 Tab., 4 Beil.; München

HOHENSTEIN, V. (1913): Beiträge zur Kenntnis des Mittleren Muschelkalks und des Unteren Trochitenkalks am östlichen Schwarzwaldrand.- Geol. Paläont., Abh., N.F.12, 175-272, 12 Abb., 8 Taf.;Jena

KÖNIG, H. (1920): Zur Kenntnis des Unteren Trochitenkalkes im nördlichen Kraichgau.- Sitz.-Ber. Heidelberger Akad.Wiss., math.-nat. Kl., Abt.A, 1920 (13):1-48, 1 Taf.; Heidelberg

MAQSUD, N. (1986): Litho- und Biostratigraphie des Unteren, Mittleren und Oberen Muschelkalkes im Grenzbereich Bauland-Odenwald.- Mainzer geowiss.Mitt.18, 7-64, 40 Abb., 2 Tab.; Mainz

NOLTE, J. (1989): Die Stratigraphie und Palökologie des Unteren Hauptmuschelkalkes (mo1, Mittl.Trias) von Unterfranken.- Berliner geowiss.Abh.(A) 106, 303-341, 6 Abb., 2 Taf.; Berlin

OCKERT, W. (1988): Lithostratigraphie und Fossilführung des Trochitenkalks (Unterer Hauptmuschelkalk, mo1) im Raum Hohenlohe.- In: H.HAGDORN (Hrsg.), Neue Forsch. Erdgesch. v. Crailsheim, 43-69, 6 Abb.; Stuttgart, Korb (Goldschneck)

RAUSCH, R. & SIMON, T. (1988): Lithostratigraphische Untersuchungen im Oberen Muschelkalk der östlichen Hohenloher Ebene.- In H. HAGDORN (Hrsg.), Neue Forsch. Erdgesch. v. Crailsheim, 22-42, 8 Abb.;Stuttgart, Korb (Goldschneck)

URLICHS, M. & MUNDLOS, R. (1980): Revision der Ceratiten aus der *atavus*-Zone (Oberer Muschelkalk, Oberanis) von SW-Deutschland.- Stuttgarter Beitr. Naturk., Ser. B, 48, 42 S., 7 Abb., 4 Taf.; Stuttgart

RÜGER, L. (1934): Einige Beobachtungen an den Grenzschichten zwischen Mittlerem und Oberem Muschelkalk bei Dallau (Badisches Bauland).- Jber. Mitt. oberrhein. geol. Ver., N.F. 27, 9-15, 2 Abb.; Stuttgart

SCHMIDT, M. (1928): Die Lebewelt unserer Trias.- 461 S., 1220 Abb., 3 Tab; Nachtrag 1938, 142 S.; Öhringen (Rau)

SEUFERT, G. (1984): Lithostratigraphische Profile aus dem Trochitenkalk (Oberer Muschelkalk, mo1) des Kraichgaus und angrenzender Gebiete.- Jber. Mitt. oberrhein. geol. Ver., N.F 66, 209-248, 2 Abb.; Stuttgart

SEUFERT, G. & SCHWEIZER.V. (1985): Stratigraphische und mikrofazielle Untersuchungen im Trochitenkalk (Unterer Hauptmuschelkalk, mo1) des Kraichgaus und angrenzender Gebiete.- Jber. Mitt. oberrhein. geol. Ver., N.F. 67, 129-171, 9 Abb.; Stuttgart

VOLLRATH, A. (1955a): Zur Stratigraphie des Trochitenkalks in Baden-Württemberg.- Jh.geol.Landesamt Baden-Württemberg, 1, 169-189, 1 Abb.; Freiburg im Breisgau

VOLLRATH, A. (1955b): Zur Stratigraphie des Hauptmuschelkalks in Württemberg.- Jh. geol. Landesamt Baden-Württemberg, 1, 79-168, 16 Abb., 1 Tab.; Freiburg im Breisgau

VOLLRATH, A. (1957): Zur Entwicklungs des Trochitenkalkes zwischen Rheintal und Hohenloher Ebene.- Jh. geol. Landesamt Baden-Württemberg, 2, 119-134, 2 Abb.; Freiburg im Breisgau

VOLLRATH, A. (1958): Beiträge zur Paläogeographie des Trochiten kalks in Baden-Württemberg.- Jh.geol.Landesamt Baden-Württemberg, 3, 181-194, 9 Abb.; Freiburg im Breisgau

VOLLRATH, A. (1970): Ein vollständiges Profil des Oberen Muschelkalks und ein neues Mineralwasser bei Ummenhofen, Gemeinde Obersontheim, Landkreis Schwäbisch Hall.- Jber. Mitt. oberrhein. Ver., N.F.52, 133-148, 3 Abb.;Stuttgart

WILD, H. (1968): Erläuterungen zu Blatt 6821 Heilbronn.- Geol. Karte Baden-Württ. 1:25 000, 183 S., 11 Abb., 2 Taf.; Stuttgart

WIRTH, W. (1957): Beiträge zur Stratigraphie und Paläogeographie des Trochitenkalkes im nordwestlichen Baden-Württemberg.- Jh.geol.Landesamt Baden-Württemberg, 2, 135-173, 13 Abb., 2 Tab.; Freiburg im Breisgau

WIRTH, W. (1958): Profile aus dem Trochitenkalk (Oberer Muschelkalk, mo1) im nordwestlichen Baden-Württemberg.- Arb. Geol. Paläont. Inst. TH Stuttgart, N.F.18, 1-99, 1 Abb.; Stuttgart

Fossilführung des Tonhorizontes alpha von Unterohrn

Alfred Bartholomä, Neuenstein
2 Abbildungen, 2 Tabellen

Die Tonhorizonte alpha bis zeta werden zur lithostratigraphischen Gliederung des Oberen Muschelkalks verwendet.

Der Tonhorizont alpha besteht in Hohenlohe aus zwei Tonmergelsteinlagen mit jeweils fast einem Meter Mächtigkeit. Tonhorizont alpha wurde bereits von mehreren Autoren beschrieben und ausführlich von Schäfer (1971) untersucht. Beide Tonlagen sind als transgressive Basis von Kleinzyklen im Sinne der dynamischen Stratigraphie von Aigner (1985) zu deuten. Sie schließen mit einer dicken Dachbank ab.

Biostratigraphisch gehört der Tonhorizont alpha zur *evolutus*-Zone. Die Abgrenzung der *evolutus*-Zone von der darauffolgenden *spinosus*-Zone und die stammesgeschichtliche Stellung der im Grenzbereich vorkommenden Ceratiten bedarf aber noch weiterer Bearbeitung und Klärung. Um Verwirrung zu vermeiden, wird hier *Ceratites (Acanthoceratites) praespinosus* Riedel und *Ceratites (Acanthoceratites) praecursor* Riedel vorläufig als jeweils eigene Art beibehalten, wie von Urlichs (1993a) vorgeschlagen. *Ceratites (Acanthoceratites) praespinosus* ist im Tonhorizont alpha sehr häufig, er dominiert sogar im Tonhorizont alpha 2. Bemerkenswert sind seltene Funde von Ceratiten im Tonhorizont alpha 1 und alpha 2, die als *Ceratites (Acanthoceratites)* cf. *spinosus obesus* bestimmt werden. Die insgesamt gefundenen 93 bestimmbaren Ceratiten teilen sich folgendermaßen auf:

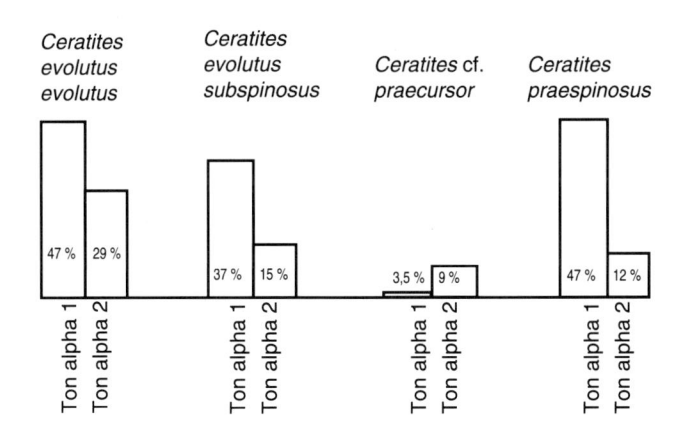

Tabelle 1 Verteilung der Ceratiten auf Tonhorizont alpha 1 bzw. alpha 2.

Ceratites evolutus evolutus		Ceratites evolutus subspinosus		Ceratites cf. praecursor		Ceratites praespinosus	
Ton alpha 1	Ton alpha 2	Ton alpha 1	Ton alpha 2	Ton alpha 1	Ton alpha 2	Ton alpha 1	Ton alpha 2
47 %	29 %	37 %	15 %	3,5 %	9 %	47 %	12 %

In Tonhorizont alpha 1 sind 9% der Ceratiten gekappt, 5% haben *Placunopsis*-Bewuchs. In Tonhorizont alpha 2 sind 45% gekappt und 3% bewachsen. Der geringe Anteil gekappter Ceratitengehäuse in Tonhorizont alpha 1 sowie die gleichmäßige Struktur dieses Tonmergels zeigen, daß sich dieser Kleinzyklus durch ungestörte Hintergrundsedimentation gebildet hat. Diese ruhige Phase wurde erst mit der Dachbank beendet. Der vergleichsweise hohe Anteil gekappter Gehäuse im Tonhorizont alpha 2 sowie die dortige Wechselfolge von Tonmergel und Kalkbänkchen, manchmal sogar schräg verlaufend, deuten darauf hin, daß der Kleinzyklus des Tonhorizontes alpha 2 stärker von Strömung bzw. Energieereignissen beeinflußt war.

Beim lithologischen Vergleich der beiden Tonmergel fällt auf, daß der Tonhorizont alpha 1 in den unteren zwei Dritteln von flachen, linsenförmigen Körpern durchsetzt ist, während diese Struktur im Tonhorizont alpha 2 fehlt. Diese Linsen von ca. 0,5 mm Größe zeigen im Anschliff eine tonige Schale um einen Kalkkern. Diese Struktur ist offenbar regional begrenzt. Sie ist in Unterohrn und Neufels sehr deutlich, in Baumerlenbach nur noch schwach ausgebildet und fehlt in Künzelsau. Es sind dieselben Gebilde, die Warth (1979) aus dem Haßmersheimer Mergelschiefer 3 von Neckarrems beschrieben und als

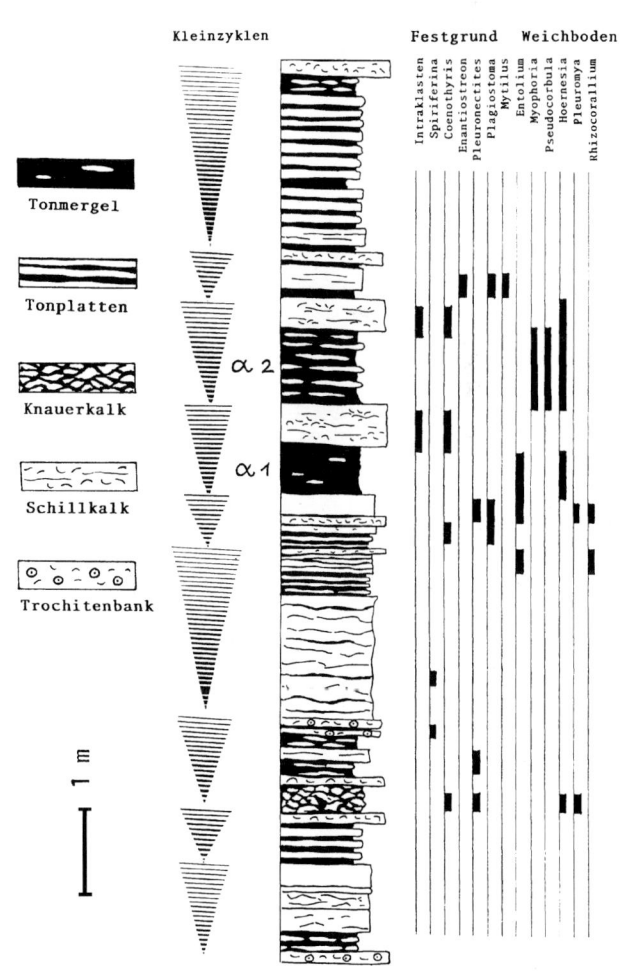

Abb. 1 Säulenprofil mit Fossilführung des Oberen Muschelkalks in Unterohrn im Bereich des Tonhorizonts alpha und Umgebung.

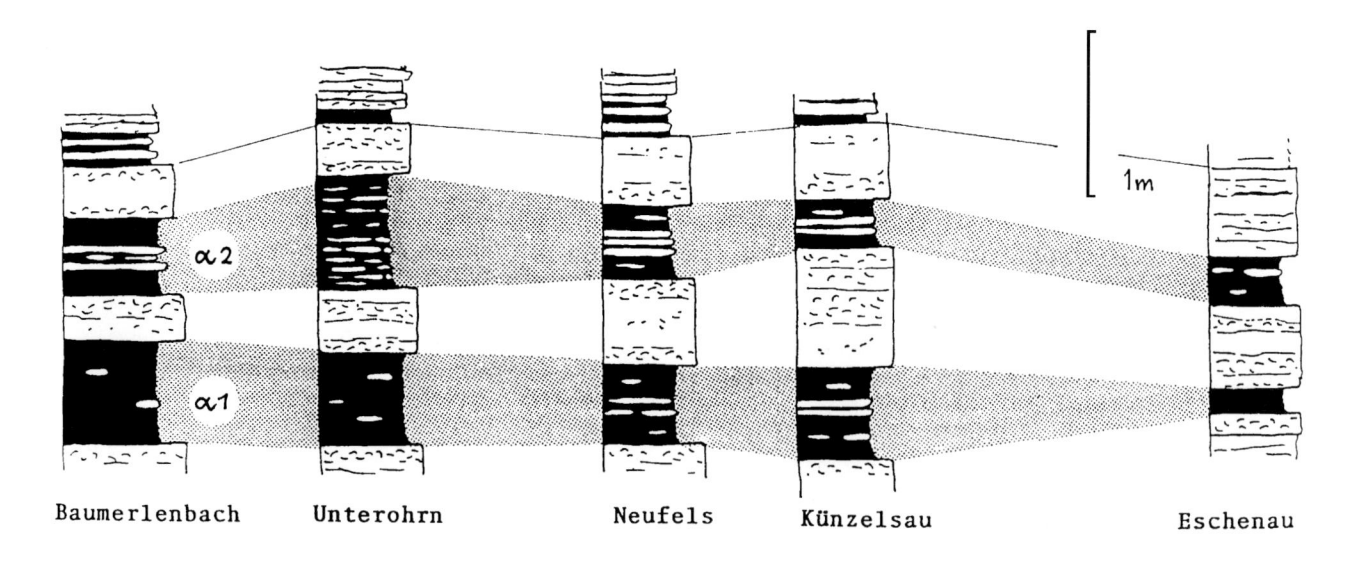

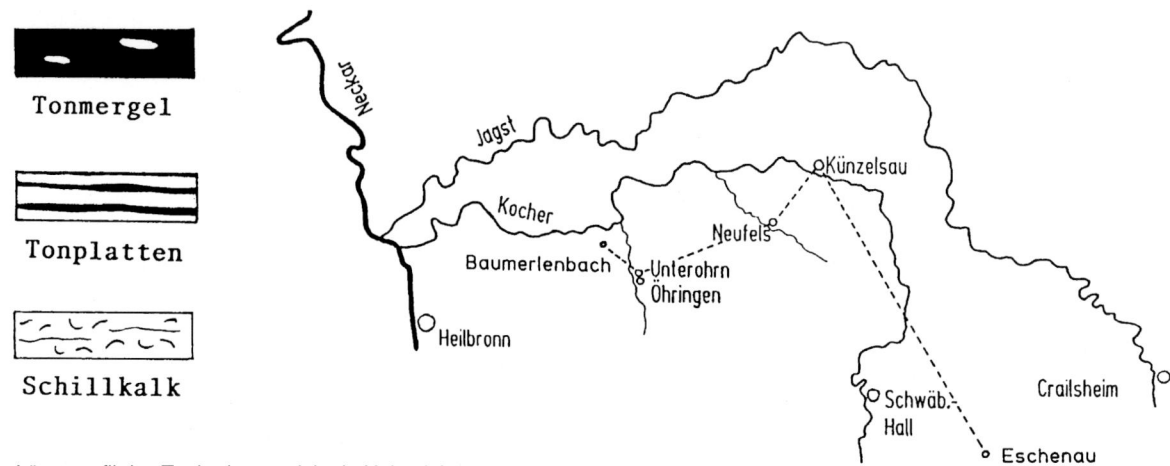

Abb. 2 Längsprofil des Tonhorizonts alpha in Hohenlohe.

Tonooide gedeutet hat. Da Ooid-Bildung aber nur in geringer Wassertiefe möglich ist, bleiben beim hier beschriebenen Vorkommen im Tonhorizont alpha in der transgressiven Phase des Muschelkalkmeeres Zweifel an dieser Deutung.

Die Muscheln aus beiden Tonlagen gehören zu einer Weichbodenfauna. In Tonhorizont alpha 2 tritt *Pseudocorbula gregaria* MÜNSTER durch Häufigkeit und auch durch Größe hervor. Ein Vergleich dieser Muschel aus Tonhorizont alpha 2 mit Vorkommen aus der Bank der Kleinen Terebrateln von Schwäbisch Hall und aus der *robustus*-Zone von Neidenfels ergab folgende Statistik für die Klappenlänge:

Pseudocorbula gregaria aus:	x (mm)	s (mm)	n
Ton alpha 2	13,5	2,10	49
Bank der kleinen Terebrateln	11,0	1,46	13
robustus-Zone	8,5	1,30	28

Tabelle 2 Größenverteilung von Pseudocorbula. x = Mittelwert, s = Standardabweichung, n = Anzahl der vermessenen Stücke.

Summary

Facies and fossil content of 2 minor cycles in the Upper Muschelkalk (Tonhorizont alpha 1 and alpha 2; lowest *spinosus*-Zone) of West-Hohenlohe are analyzed.

Dank

Dr. M. Urlichs, Stuttgart, hat bei der Bestimmung der Ceratiten geholfen.

Literatur

AIGNER, Th. (1985): Storm depositional systems. Dynamic stratigraphy in modern and ancient shallow-marine sequences. - Lecture notes in Earth-Sciences, **1**, 1-174; Berlin, Heidelberg, New York, Tokyo (Springer).

SCHÄFER, K.A. (1971): Zur stratigraphischen Stellung der Spiriferina-Bank (Hauptmuschelkalk) im nördlichen Baden-Württemberg.- Jber. Mitt. oberrhein. geol. Ver., N.F. **53**, 207-237, 7 Abb., Stuttgart.

WARTH, M.(1979): Die Haßmersheimer Schichten (Unt. Hauptmuschelkalk, Mittl. Trias) von Remseck-Neckarrems (Baden-Württ.), Fazies und Fossilinhalt.- Jh. Ges. Naturk. Württemberg, **134**, 142-154, 4 Abb., Stuttgart.

Storm influenced sedimentation in the Hungarian Muschelkalk

Ákos Török, Budapest
25 Figures

Introduction

New sedimentological and faunal evidences revealed in the past few years suggest that the Triassic of Southern Hungary is more similar to Germanic than to Alpine Triassic sequences (NAGY 1968, DETRE et al. 1986, KOVÁCS & PAPSOVÁ 1986, KÁZMÉR 1986, TÖRÖK 1986a, 1986b, TÖRÖK & RÁLISCH-FELGENHAUER 1990, PÁLFY & TÖRÖK 1992). Although Germanic Triassic sequences are known from outside the German Basin, from Spain (VIRGILI 1958, CALVET & TUCKER 1988, CALVET et al. 1990) and from the African-Arabic platform (HIRSCH 1976), the Hungarian occurrence is unique because of its present geographic position.

Despite its isolated occurrence, the Triassic sequence of Southern Hungary is related to German analogues based on sedimentary features and fauna. This paper describes the Middle Triassic carbonates of the Mecsek Mountains underlining their Germanic character, and it suggests a depositional mechanism and model for these sediments.

Geological setting, palaeogeography

Germanic Triassic sequences are exposed in Southern Hungary in the Mecsek and Villány Mountains (Fig.1). This occurrence of Germanic Triassic in the Carpathian Basin is contradictious since Mecsek and Villány as a part of the Tisza megatectonic unit are bordered by Dinaric and Alpine Triassic of the Pelso Unit to the North along a tectonic zone (Fig.1).

The present geographic position is inverse to that of the Triassic period according to numerous palaeogeographic reconstructions (see for example HAAS 1987, TOLLMANN 1987). This signifies a post-Triassic large scale lateral displacement of the Tisza Unit in response to regional plate tectonics (i.e. the formation of Alpine-Carpathian system). This movement took place in the Late Cretaceous and Tertiary leading to the displacement of the Mecsek Unit (Tisza Unit) along a NE to SW transversal strike slip zone as a result of extensional tectonics (KÁZMÉR & KOVÁCZ 1985, KÁZMÉR 1986). The palaeogeographic „distance" in the Triassic between the Alpine type Transdanubian Central Range and Germanic type Mecsek Mts. was far longer than the present distance of some tens of kilometres. This palaeogeographic distance is also manifested in the difference of carbonate depositional environments and in the difference of faunas (e.g. the Middle Triassic brachiopod faunas, PÁLFY & TÖRÖK 1992). The Transdanubian Central Range is analogous to the Southern Alps (LÓCZY 1916, HAAS 1987). The closest northern neighbouring unit of the Mecsek zone, the Mid Transdanubian Unit (Fig.1), consists of Dinaric Triassic, predominantly carbonate sediments in the subsurface. The Triassic of Mecsek and Villány Mts. show Germanic affinities, however, the similarity to the Germanic Triassic is less clear in the case of the Villány Mts.

Stratigraphy

The Middle Triassic carbonate sequence of the Mecsek Mountains was already recognised in the last century (BEUDANT 1822, PETERS 1862, BÖCKH 1881). At that time it was considered to be an Alpine related Triassic sequence (Recoaro) with its characteristic fossil „Terebratula vulgaris" (HAIDINGER 1865). Later besides Alpine analogy the Germanic features were also mentioned together with characteristic fossils (VADÁSZ 1935). The lithostratigraphic subdivision of the Triassic is based on the outstanding work of NAGY (1968) and BALOGH (1981). The Germanic characteristics of the Mecsek zone received more attention in the past few years from megatectonic (CSÁSZÁR & HAAS 1984, KÁZMÉR 1986) from paleontologic (TÖRÖK 1986 a, KOVÁCS & PAPSOVÁ 1986, PÁLFY & TÖRÖK 1992) and from lithologic-sedimentologic (TÖRÖK 1986 a, 1986 b, TÖRÖK & RÁLISH-FELGENHAUER 1990) point of view. Besides these evidences there are contradictious ideas about the Germanic character of the Mecsek Triassic (KOZUR & MOCK 1987).

The Triassic of the Mecsek zone is divided into three major units. The lower clastic unit (Buntsandstein) and the middle carbonate unit (Muschelkalk) show similarities to the Germanic Triassic while the upper unit, which is represented by clastics, is less carbonatic and evaporitic than the Germanic Keuper. The Muschelkalk consists of three major units: the Wellenkalk unit (lower), the Coenothyris beds (middle) and the upper Muschelkalk. In Hungary the Muschelkalk only comprises carbonates thus there are no evaporites equivalent to those of the German Middle Muschelkalk. In the lithostratigraphic terminology the local names are used without being correlated to the German analogues.

Permian red sandstones form the base of the Lower Triassic conglomerates and sandstones (Buntsandstein) in the Mecsek Mts. (Fig. 2). The Lower Triassic Buntsandstein is overlain by red to green siltstones and claystones of inter- to supratidal origin. These pass upward into an evaporitic (gypsum-anhydrite) dolomitic supratidal sabkha sediment in the lowermost Middle Triassic. A dolomite dominated intertidal to shallow subtidal sequence evolves from the evaporitic sequence. Upward in the sequence, limestones with a low diversity gastropod and bivalve fauna signify the increase of marine influence. This sediment is overlain by a dolomitized carbonate cap. Well-bedded carbonates of the Wellenkalk represent the next part of the succession. Above it nodular limestone and brachiopod limestone beds occur in „Coenothyris beds". It is followed by a partly dolomitized limestone. The shallowing upward tendency is expressed by oolithic limestones in the next lithostratigraphic unit. This passes upward into an oncoidal skeletal limestone. After the deposition of these carbonates a black well-bedded marl and limestone with an ostracod fauna indicates an abrupt change in the depositional environment. This is the latest carbonate

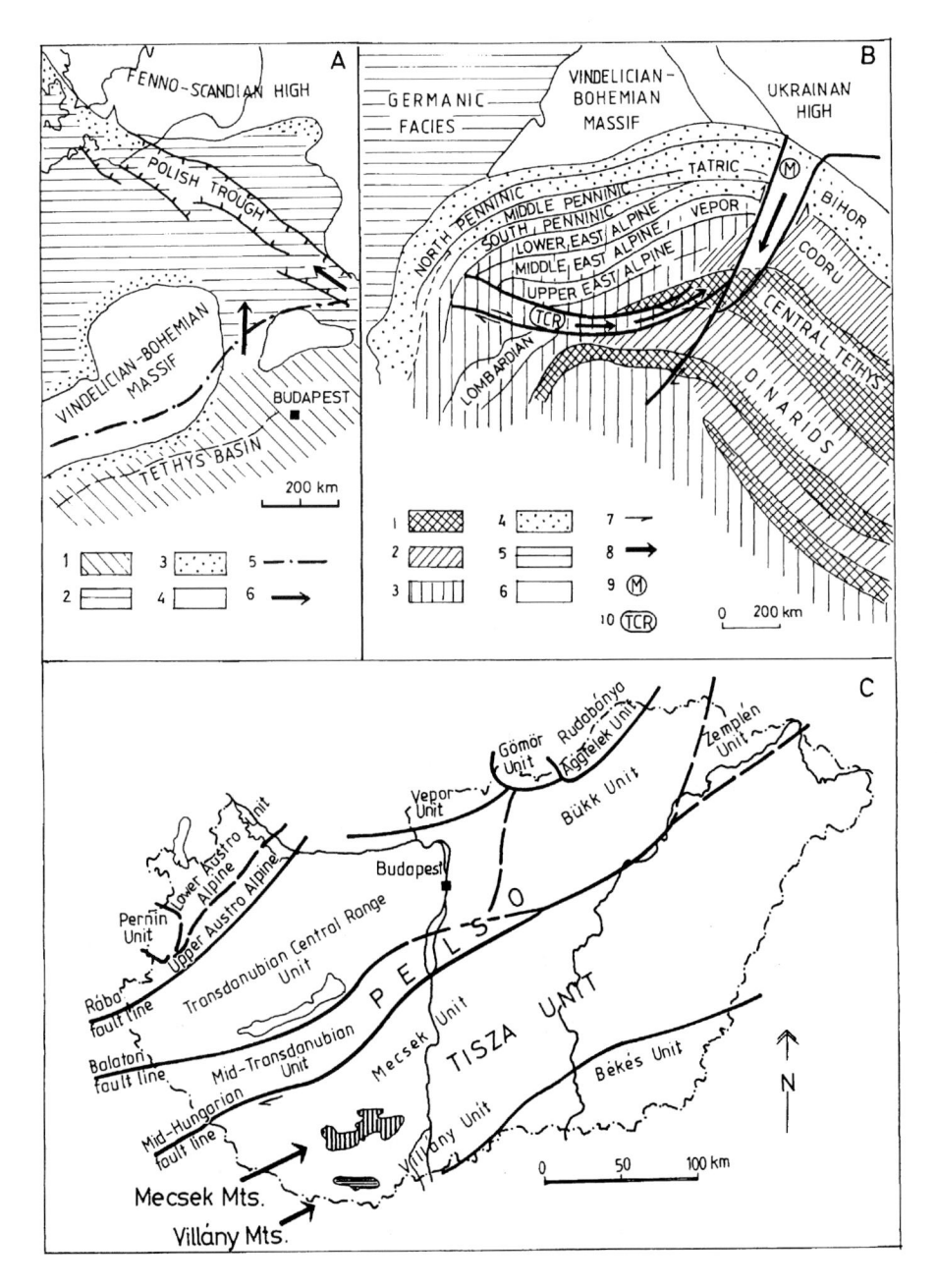

Fig. 1 A Middle Triassic palaeogeography of Central Europe with distribution of Tethyan and Germanic facies zones showing the present day position of Budapest (after ZIEGLER 1982). The palinspastic restoration of areas South of Alpine deformation front is uncertain. Symbols: 1. Tethyan sediments (mainly carbonates), 2. Epicontinental-Germanic sediments (mainly carbonates), 3. Clastic sediments, 4. Area of nondeposition, 5. Alpine deformation front, 6. Faunal immigration through gates.
B Upper Triassic facies distribution and major tectonic units of the Alpine-Carpathian system indicating the later large scale lateral displacement of the Hungarian Germanic Triassic (M: Mecsek zone) and Hungarian Alpine Triassic (TCR: Transdanubian Central Range) units (simplified after TOLLMANN 1987). Symbols: 1. Oceanic crust, 2. Tethyan pelagic carbonates, 3. Tethyan platform carbonates, 4. Alpine-Carpathian clastic-evaporitic sediments, 5. Germanic facies, 6. Area of nondeposition 7. Major strike-slip faults, 8. Displacement of tectonic units, 9. Mecsek-Villány tectonic unit, 10. Transdanubian Central Range tectonic unit.
C Map of the megatectonic units of Hungary showing the occurrence of Muschelkalk (in the Mecsek and Villány Mountains) and its relationship to Alpine Middle Triassic units (Transdanubian Central Range), (after KÁZMÉR 1986, FÜLÖP et al. 1987).

sediment in the Triassic of Mecsek. It is covered by a thick arkose which comprises almost all the Late Triassic and the earliest Jurassic. The first coal seams were already deposited in the latest Triassic in the Mecsek zone as revealed from palynological studies (BÓNA 1984). The lithostratigraphic boundaries are based on traditional lithological subdivisions and on few biostratigraphic data: sporomorphs in the Early Middle Triassic, *Paraceratites binodosus* (DETRE 1973) and conodonts (KOVÁCS & PAPSOVÁ 1986) and brachiopods in the *Coenothyris* beds.

Lithology and facies of Wellenkalk Unit
In the Wellenkalk of the Mecsek Mountains six major lithofacies are recognised on the basis of composition and texture.

Bioturbated limestones
They consist of few centimetre thick (up to 20 cm) slightly marly limestone beds with in situ preserved trace fossils (Fig.3). The most common trace fossils are *Rhizocorallium* sp. (Fig.6), *Balanoglossites* and *Thalassinoides*. The trace fossil assemblage indicates a low rate of sediment accumulation, low water energy, oxic bottom conditions.

Nodular marlstones
These argillaceous limestones are composed of small (up to 3-4 cm) grey slightly rounded nodules which are imbedded in yellowish marlstone (Fig. 4 and 5). Some of the nodules are considered to be reworked trace fossils since their elongated shape with dissecting clayey films takes after broken dwelling traces. Synsedimentary deformational structures often accompany this lithofacies. Slump stuctures (S-Faltung) are most common.

Alternating layers of thin limestone and marlstone
This lithofacies type is often associated with bioturbated horizons. Storm generated skeletal sheets and wedging

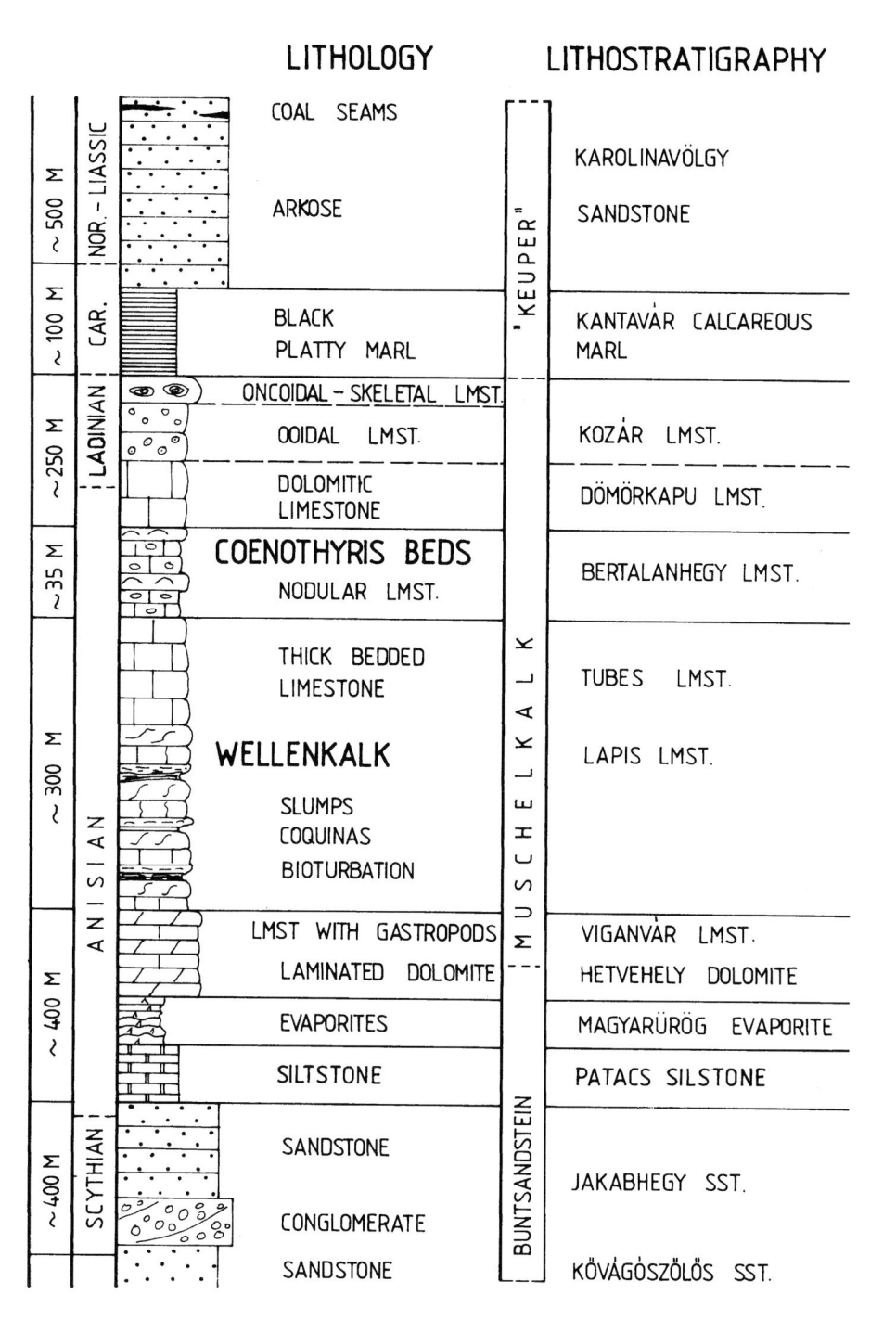

LITHOLOGY		LITHOSTRATIGRAPHY
NOR.-LIASSIC ~500 M	COAL SEAMS / ARKOSE	KAROLINAVÖLGY SANDSTONE — "KEUPER"
CAR. ~100 M	BLACK PLATTY MARL	KANTAVÁR CALCAREOUS MARL
LADINIAN ~250 M	ONCOIDAL – SKELETAL LMST. / OOIDAL LMST. / DOLOMITIC LIMESTONE	KOZÁR LMST. / DÖMÖRKAPU LMST.
~35 M	COENOTHYRIS BEDS / NODULAR LMST.	BERTALANHEGY LMST.
ANISIAN ~300 M	THICK BEDDED LIMESTONE / WELLENKALK / SLUMPS / COQUINAS / BIOTURBATION	TUBES LMST. / LAPIS LMST. — MUSCHELKALK
~400 M	LMST WITH GASTROPODS / LAMINATED DOLOMITE / EVAPORITES / SILTSTONE	VIGÁNVÁR LMST. / HETVEHELY DOLOMITE / MAGYARÜRÖG EVAPORITE / PATACS SILSTONE
SCYTHIAN ~400 M	SANDSTONE / CONGLOMERATE / SANDSTONE	JAKABHEGY SST. / KŐVÁGÓSZŐLŐS SST. — BUNTSANDSTEIN

Fig. 2 Simplified geologic log of the Triassic of the Mecsek Mountains (Modified and compiled from NAGY 1968 and from KÁZMÉR 1986).

out lenses are very common accessories of this lithofacies (Fig. 7). The thin limestone layers are often laminated while the thicker ones are commonly cross laminated. The upper surface of the layers are wavy and show ripple marks (Fig. 8). Microfacies are mostly peloid-ostracod mudstone-wackestone. The marlstone member of this facies is much thinner (few millimetres) than the limestone beds. With increasing clay content this facies can evolve to a marl facies.

Storm generated skeletal beds and lenses

Few centimetre thick beds of this lithofacies are often intercalated in the thinly bedded limestone/marlstone facies (Fig. 7). The skeletal material of these beds often show graded bedding. Small pelecypods, gastropods and crinoid sclerites are the most common bioclasts. The floatstone microfacies, the sheet-like appearance of the beds and the sparitic cement infilling below the convex-up positioned pelecypod shells indicate fast storm induced deposition. Hummocky cross stratification of the limestone beds is an other supporting evidence for this origin. The final current-waning phase of storms appears in deposition of thin, fine calcareous mud on the uneven surface of storm generated wave troughs. Storm generated current deposits often appear in lenticular form and are considered to be wedging out channel infills.

Massive crinoidal limestones

They form isolated lenses of a few metres in thickness and length in the upper part of the Wellenkalk sequence, most commonly it occurs a few metres below the *Coenothyris* bank. Its crinoid-intraclast packstone microfacies, cross stratification, and its foraminifers *Glomospira densa* (PANTIC) signify an increase in energy conditions.

Thick to medium bedded limestones

These compact thick (0.5-2 m) to medium bedded (0.2-0.3 m) limestones represent the upper part of the Wellenkalk unit (Fig.2). The monotonous mudstone microfacies is periodically interrupted by wackestone horizons within the thick beds indicating distal storm events. The sparse occurrence of bioturbation and an impoverished fossil community may indicate a change of the bottom conditions toward anaerobic and disaerobic. This lithofacies passes upward into the „*Terebratula* zone".

Lithology and facies of *Coenothyris* beds

The *Coenothyris* beds are divided into three major lithofacies types.

Nodular lime mudstone

This lithofacies type varies from massive nodular limestone (Fig.9) to small limestone nodules (1 to 5 cm in diameter) imbedded in calcareous marls. This lithofacies indicates a deeper outer ramp facies similar to the German (AIGNER 1985) and to the Spanish Muschelkalk (CALVET & TUCKER 1988). Intercalation of brachiopod banks are typical for this lithofacies.

Limestone layers with calcareous marl intercalations

5 to 10 cm thick limestone layers are separated by thin flaky marl horizons in this lithofacies (Fig.10). The most frequent macrofossils are *Coenothyris vulgaris* (SCHLOTHEIM, 1820), *Tetractinella trigonella* (SCHLOTHEIM, 1820) and *Punctospirella fragilis* (SCHLOTHEIM, 1814). The brachiopods indicate a more shallow outer ramp facies. Soft bottom conditions are suggested by the occurrence of *Podichnus centrifugalis* (BROMLEY & SURLYK 1973), the etching trace of brachiopod pedicles. The organism responsible for the trace is the most common terebratulid brachiopod, *Coenothyris vulgaris* (TÖRÖK 1993).

Brachiopod banks

This lithofacies comprises a few limestone banks with a thickness of 5 to 20 cm each. These banks yielded the most diverse macrofauna of the Hungarian Muschelkalk. Brachiopods are often accompanied with bivalves (Fig. 11) and less frequently with crinoids and gastropods (Fig. 12). The brachiopod fauna shows the dominance of *Coenothyris vulgaris* (Fig. 13a and 13d), less frequently *Tetractinella trigonella* (Fig. 13c); *Punctospirella fragilis* (Fig. 13b) and *Mentzelia mentzeli* also occur. The most common bivalves are, in the order of decreasing abundance: *Plagiostoma lineatum* (SCHLOTHEIM, 1823) (Fig.11), *P. striatum* (SCHLOTHEIM, 1823), *Hoernesia socialis* (SCHLOTHEIM, 1823), *Entolium discites* (SCHLOTHEIM, 1820) and *Nucula* sp. (TÖRÖK 1986 a). Two major types of brachiopod banks occur in the *Coenothyris* beds. The first one comprises banks with disintegrated brachiopod shells. The topmost part of these banks often served as substrate for firm- and hardground communities. *Enantiostreon difforme* (SCHLOTHEIM, 1823) and *Placunopsis* encrustations on larger bivalve and brachiopod shells are very common on these surfaces. The sparitic infilling below the convex down shells of the disarticulated brachiopods and bivalves refer to an abrupt storm generated allochtonous deposition (Fig. 14). Other evidences of storm origin are accompanied graded (mainly crinoidal) sediments (Fig. 19 and 20). The second type of brachiopod banks is characterised by parautochtonous articulated shells of brachiopods infilled with fine calcareous mud and later sparitic cement (Fig. 15). This represents an almost in situ preservation of the brachiopod community related to the abrupt deposition of mud between and above the brachiopods. The deposition of mud was also induced by storm generated currents but it probably refers to a deeper/outer ramp facies. Similar facies were described from the Upper Muschelkalk of Germany (AIGNER et al. 1979) and from Poland (SZULC et al. 1990).

Upper Units of the Muschelkalk

The *Coenothyris* beds are overlain by a dolomitized limestone which is regarded to have been the first phase of a shallowing upward cycle. It has a mudstone and wackestone microfacies which often contains sponge spicules (Fig. 16). The dolomitization was incomplete and it appears in the form of small irregular mottles. Further shoaling and seaward migration of facies zones are evidenced by the deposition of ooid-shoal facies (Fig. 17). The overlying thin back-shoal is represented by an oncoidal skeletal packstone. After the deposition of these carbonates a further shift of facies zones and a further restriction took place. The record of it is a well-bedded alternating black marl and limestone with ostracods. This sediment and the monospecific ostracod fauna indicate a restricted lagoonal environment. This is the latest carbonate sediment in the Triassic of Mecsek. The Upper Triassic is dominated by terrigenous clastics (see Fig. 2).

Sedimentary structures, facies dynamics and facies zones

The sediments of the Muschelkalk were deposited on a ramp. The lower part of the Wellenkalk can be interpreted as a mud dominated ramp facies. The upper part of the Wellenkalk shows an uniformization in sedimentation and a shift in the depositional environment toward the outer ramp zones. The common occurrence of storm generated skeletal sheets (Fig. 7) in the Wellenkalk indicates that the water depth could not have been much deeper than the

Fig. 3 Thin bioturbated horizon with trace fossils (at the pen) in thinly bedded limestone/marlstone from the lower part of the Wellenkalk (Bükkösd) (pen is 14 cm).

Fig. 4 Plastoclast floatstone microfacies of bioturbated horizons. Note the clayey seams between the mudstone clasts and the scattered dolomite rhombs (lower part of Wellenkalk, Bükkösd) (scale bar is 2 mm).

Fig. 5 „Nodular marlstone" with reworked and in situ preserved trace fossils. The dark lime mudstone nodules are imbedded in yellowish clayey sediment (lower part of Wellenkalk, Bükkösd) (scale bar is 1 cm).

Fig. 6 *Rhizocorallium* sp. from the lower part of the Wellenkalk (Bükkösd) (scale bar is 1 cm).

Fig. 7 Thin storm generated skeletal sheet (arrow) in marlstone facies. Note the uneven bottom of the storm bed (Wellenkalk, Gorica) (pen in the middle is 14 cm).

Fig. 8 Uneven surface with undulatory current ripples which are related to the current waning phase deposition of a storm event (Wellenkalk, Gorica) (scale bar is 2 cm).

Fig. 9 Brachiopod bank on the top of nodular limestone (*Coenothyris* beds, Hetvehely-Bükkösd) (knife is 12 cm).

Fig. 10 Limestone layers with calcareous marl intercalations from the outer ramp facies of *Coenothyris* beds (Hetvehely-Bükkösd) (pen for scale is in the middle right, 14 cm).

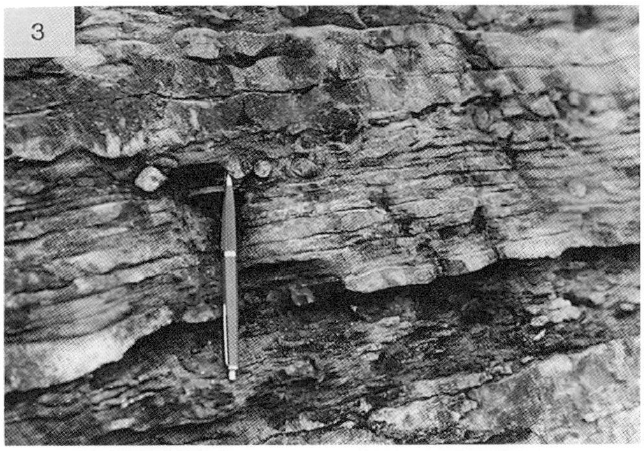
3

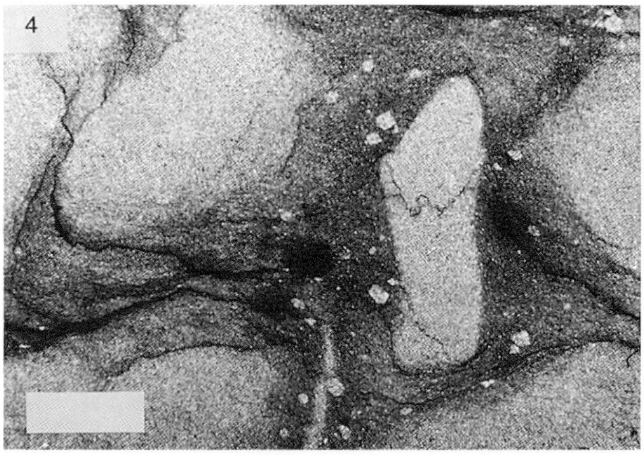
4

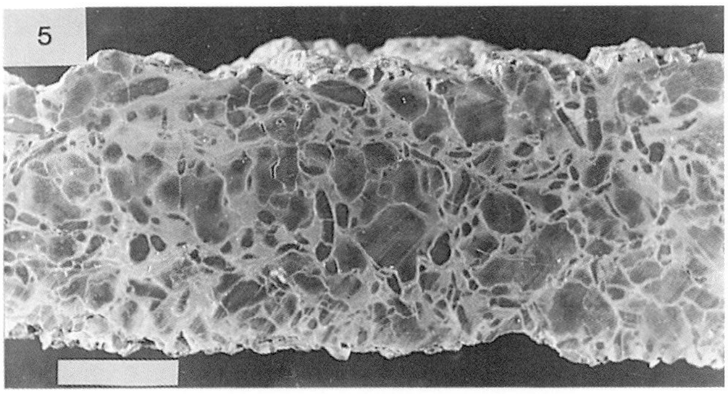
5

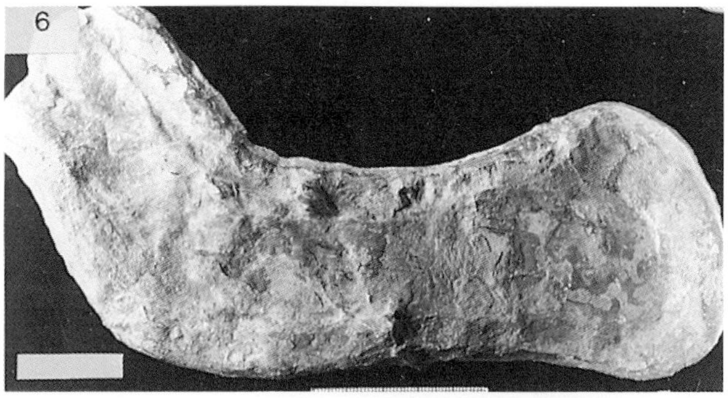
6

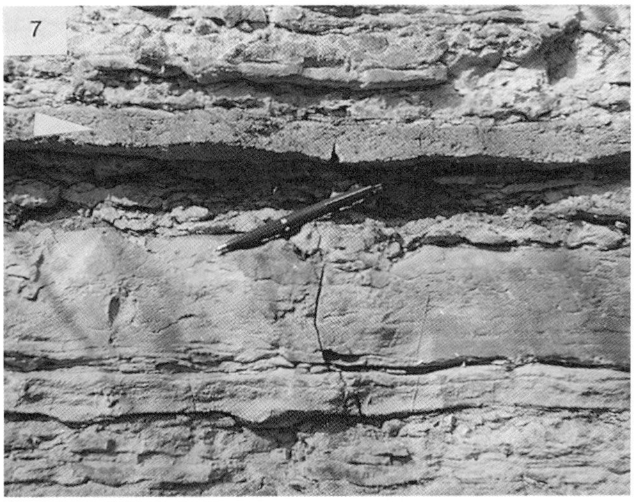
7

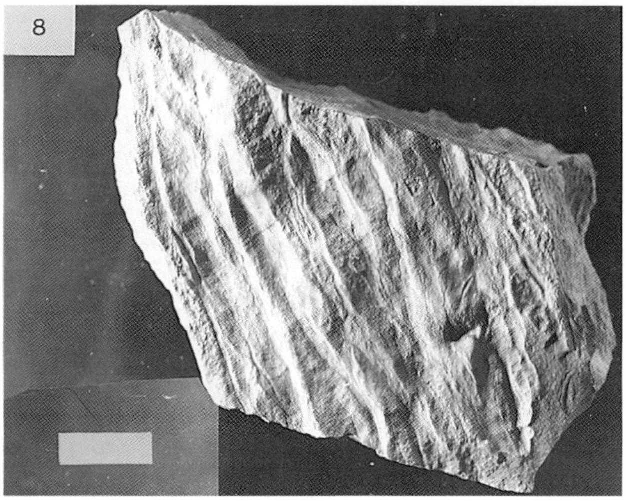
8

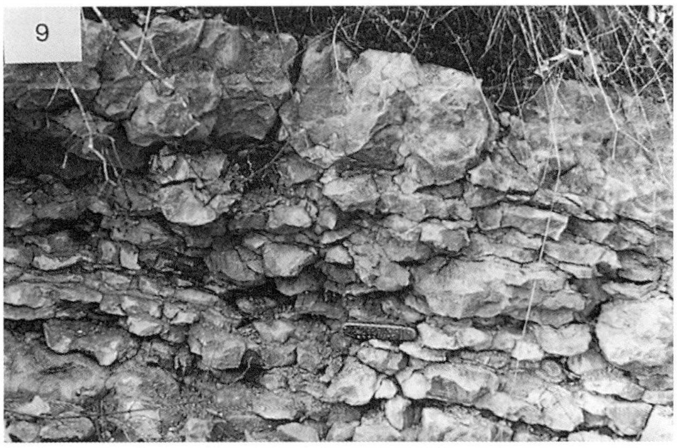
9

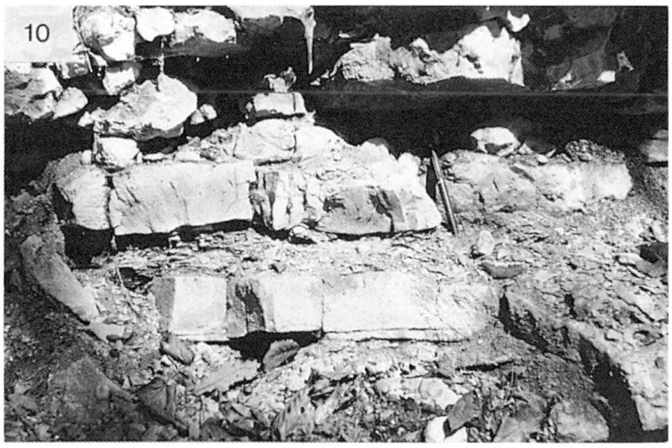
10

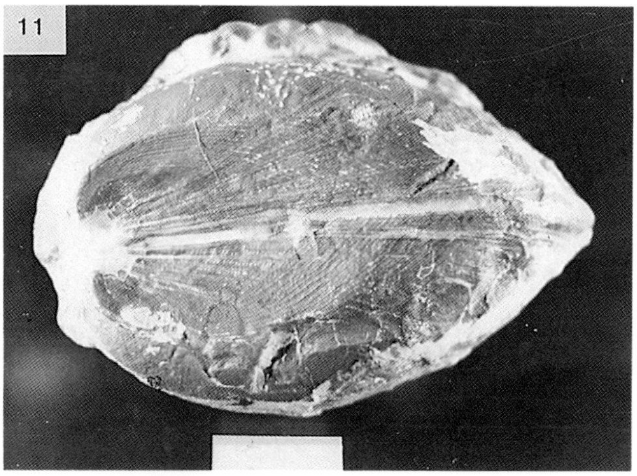
11

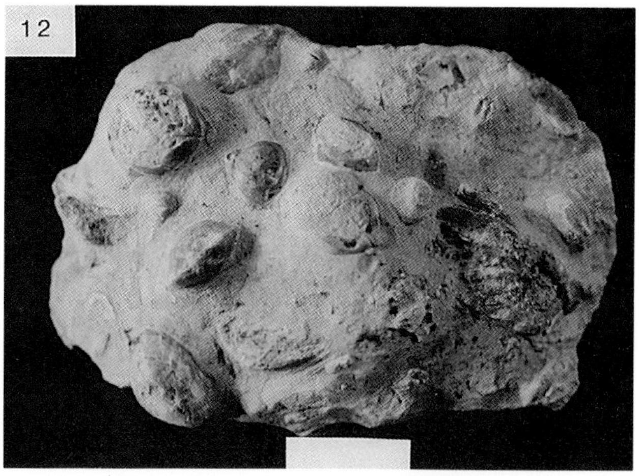
12

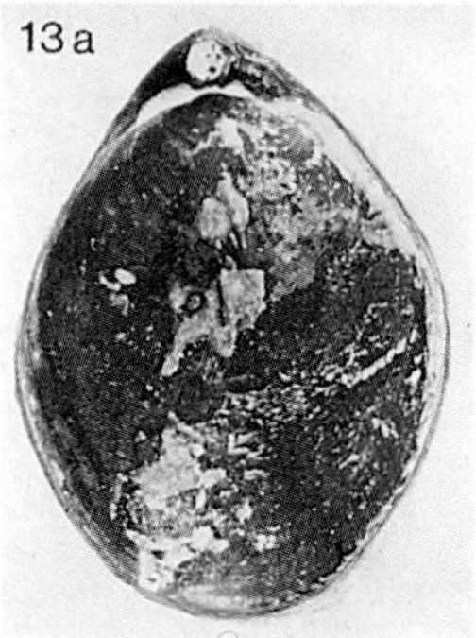
13a

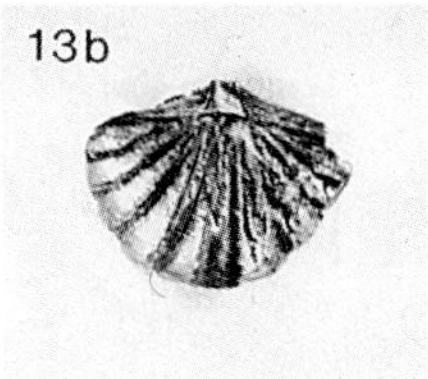
13b

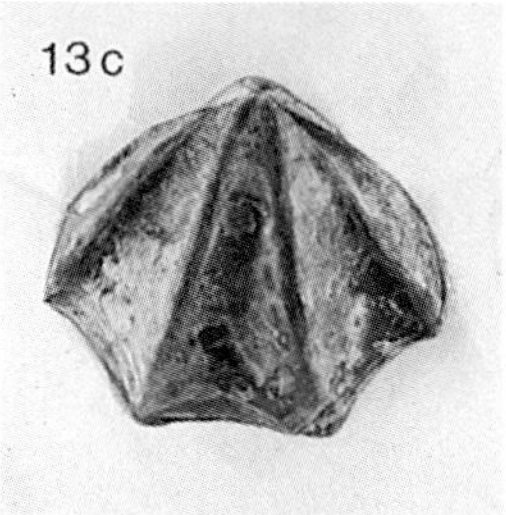
13c

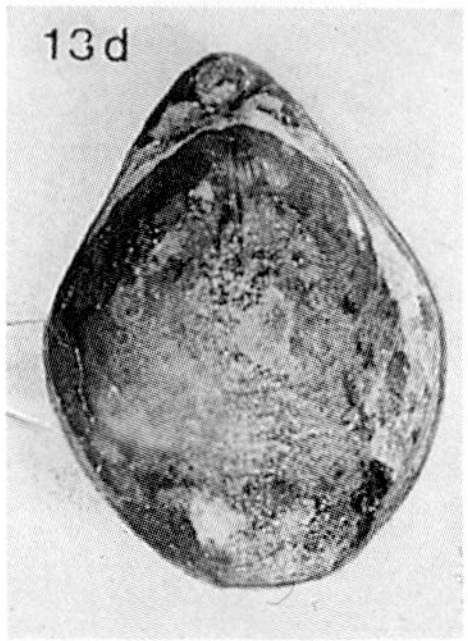
13d

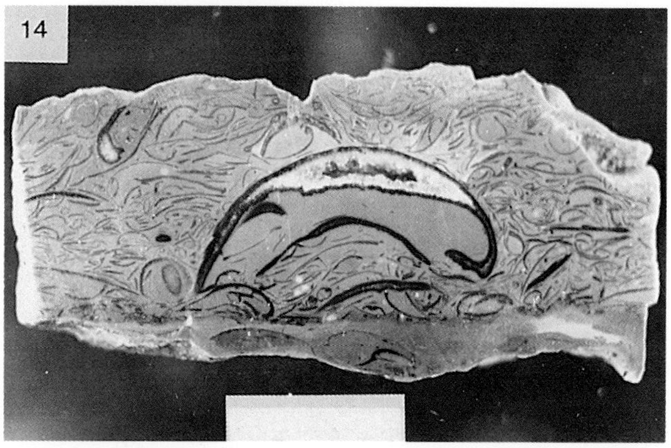
14

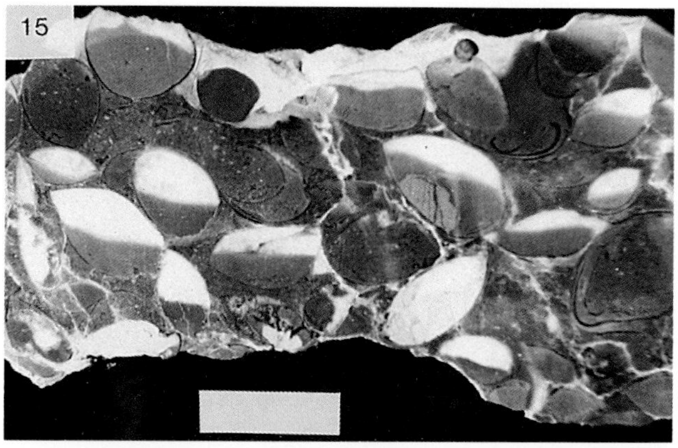
15

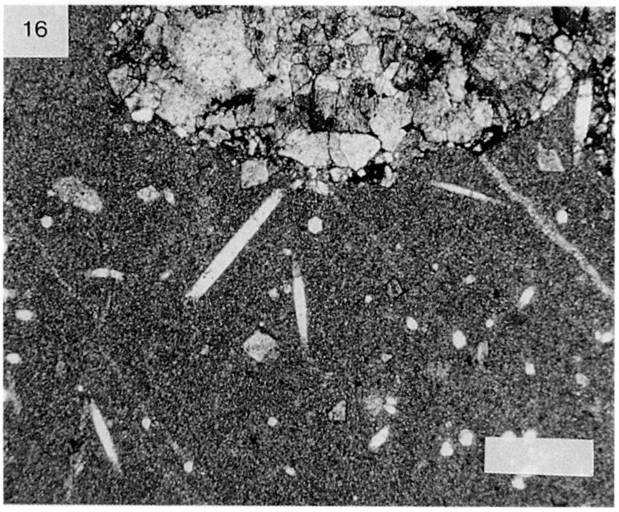
16

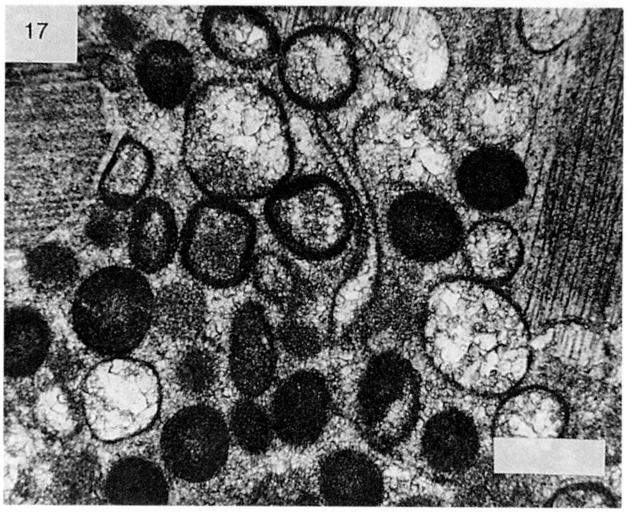
17

storm wave base. The trace fossil assemblage also implies the same. In the upper zones of the inner ramp, storm activity is indicated by ripple marks (Fig. 8) and hummocky cross stratification (Fig. 18). The mid ramp zones are signified by graded beds and skeletal horizons (Fig. 19 and 20). Huge channel structures (Fig. 21 and 22) with finer muddy infillings (mud dominated ramp) are related to the backflow regimes of storm currents. The synsedimentary deformational structures, slump (Fig. 23) and the crumpled structure (S-Faltung) (Fig. 24) are also very common due to higher degree of slopes (distally steepening?). The trigger mechanism of the formation of these structures could have been earthquakes like in the Polish Muschelkalk (SZULC et al. 1990). Further deepening is expressed by the deposition of the *Coenothyris* banks. The Terebratulid carbonates of the Mecsek Mts. were deposited on the outer ramp zone. Thin limestones with interbedded marlstone layers represent the deepest, the most distal outer ramp zone. The nodular lime mudstone and brachiopod banks were deposited on a more proximal ramp zone. A similar tendency was recognised in the Spanish Upper Muschelkalk (CALVET & TUCKER 1988), but the maximal depth of that ramp was much greater. Composite and often graded storm sediments are also common (Fig. 19 and 20). The decrease of the deposition rate after storm events is marked by the cementation of storm sheets (Fig. 14) and the formation of cemented limestone layers which are often capped by hard grounds. The deep mid ramp zone is characterized by the parautochtonous brachiopod banks (Fig. 15) and by the formation of gutter casts. This tendency is very similar to that described from the Germanic Basin (AIGNER 1985, AIGNER et al. 1979). The upper part of the Muschelkalk shows a general upward-shallowing tendency. In the sedimentary record this is documented by the deposition of inner ramp ooid shoal, oncoid and skeletal back-shoal packstones. The final phase shows progressive restriction and is represented by ostracod-rich, black limestones of lagoonal origin. The great lateral extent of facies zones and evidence of storm domination implies a homoclinal ramp model for the Muschelkalk of the Mecsek Mts. (Fig. 25). Similar storm influenced carbonate platforms are widespread in geologic history and especially common in the Triassic (cf. Alpine - GALLI 1989, Germanic - AIGNER 1985, HAGDORN 1982 and 1991, SZULC et al. 1990). Mecsek slightly differs from those because of its „flatness" and higher uniformity. The major reason for this difference is the „small" size of the Mecsek platform. Lacking available data we can only estimate that this platform had a size of fifty to hundred kilometres.

Results

Due to the complex tectonic history, Triassic Muschelkalk sediments are exposed in southern Hungary (Mecsek and Villány Mountains), whereas more typically Alpine and Dinaric facies occur to the north. Prior to Alpine tectonics, these relationships were reversed.

The Germanic Triassic is divided into three major units. The lower clastic unit (Buntsandstein) is overlain by the Middle Triassic carbonate unit (Muschelkalk). The Late Triassic, however, is represented by clastics of „non-typical" Keuper in the Mecsek zone and by dolomites and siltstones in the Villány zone. The Muschelkalk consists of three major units: the Wellenkalk unit, the *Coenothyris* unit and the upper Muschelkalk unit, i.e. there are no evaporitic equivalents to the German Middle Muschelkalk.

The Wellenkalk is represented by well bedded marlstone-limestone layers, bioturbated zones and bioclastic layers. Storm activity is indicated by hummocky cross stratification and associated ripple marks (representing inner ramp zones); skeletal sheets and channel infills (representing inner and mid ramp zones). Synsedimentary deformation, slump structures and crumpled horizons (S-Faltung) are also very common. In the *Coenothyris* zone alternating layers of thin limestone and marlstone, in association with nodular limestones, indicate an outer ramp environment. Mid-ramp environments were characterized by storm-influenced brachiopod beds and graded skeletal layers. *Coenothyris vulgaris* is the most common fossil both in parautochthonous and in allochthonous layers. Cephalopods are very rare and found only in one horizon. The upper part of the Muschelkalk becomes progressively more restricted with shoal oolites giving way to back-shoal skeletal and oncoidal packstones, which are capped by ostracod-rich wackestones of lagoonal origin. The carbonate sedimentation was terminated in the Late Triassic by the deposition of prograding terrigenous clastics over the whole area of the ramp.

The overall setting was probably a ramp, largely homoclinal in type. This is reflected in the great lateral extent of facies belts, the evidence of storm domination and the general absence of slope-controlled resedimentation phenomena (e.g. slope breccias). However localized slumps suggest distal steepening.

The Middle Triassic sediments and the fauna of the Hungarian Muschelkalk show similarities to other epicontinental Triassic sequences (e.g. Poland, Germany). The difference appears in the intensity of events and in the lower diversity of the fauna due to the smaller size, shallower water depth and different palaeolatitudinal position of this ramp.

Zusammenfassung

Als Folge komplizierter tektonischer Prozesse sind im südungarischen Mecsek- und Villány-Gebirge germano-type Trias-Sedimente (Muschelkalk) ausgebildet, während die typische Alpine und Dinaride Fazies weiter nördlich auftritt. Vorher waren die Verhältnisse umgekehrt.

Die germanotype Trias Ungarns läßt sich in drei Haupt-

←
Fig. 11 *Plagiostoma lineatum* from *Coenothyris* beds (Hetvehely-Bükkösd) (scale bar is 2 cm).
Fig. 12 Brachiopod bank with *Coenothyris vulgaris* and *Plagiostoma* shells (*Coenothyris* beds, Gorica) (scale bar is 2 cm).
Fig. 13 Common brachiopods of the *Coenothyris* beds (scale bar for all the photographs): a) *Coenothyris vulgaris* (Sárkánykut), b) *Punctospirella fragilis* (Sárkánykut), c) *Tetractinella trigonella* (Bükkösd-Hetvehely), d) *Coenothyris vulgaris* (Bükkösd-Hetvehely).
Fig. 14 Storm generated brachiopod-bivalve floatstone. Note the signs of abrupt deposition: the sparitic infilling below the *Plagiostoma* shell and the disorientation of shell fragments (*Coenothyris* beds, Hetvehely road cut) (scale bar is 2 cm).
Fig. 15 Mud buried paraautochton brachiopod community. The significance of the mud influx is the partial mud infilling (dark) of articulated shells which is enhanced by the later white void filling sparitic calcite cement (*Coenothyris* beds, Gorica) (scale bar is 2 cm).
Fig. 16 Wackestone with sponge spicules from the dolomitized limestone unit of upper part of Muschelkalk. Note the irregular boundary between the dolomite (on the top) and the micrite (Misina road cut) (scale bar is 0,5 mm).
Fig. 17 Ooid-echinoderm grainstone from the shoal facies of the upper part of the Muschelkalk (Misina road cut) (scale bar is 0,5 mm).

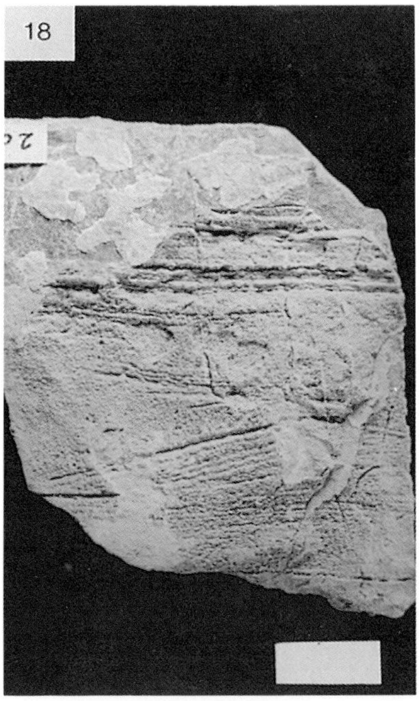
18

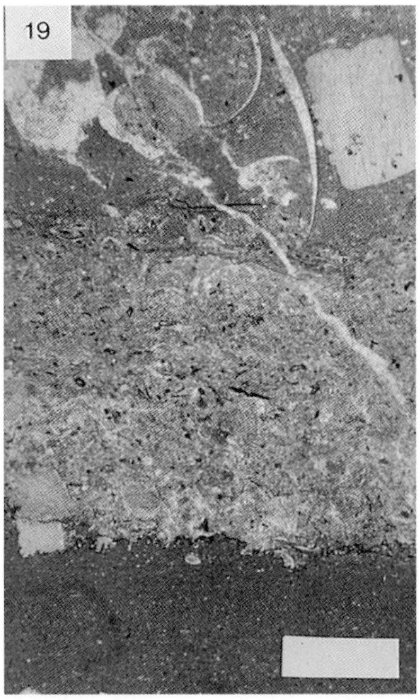
19

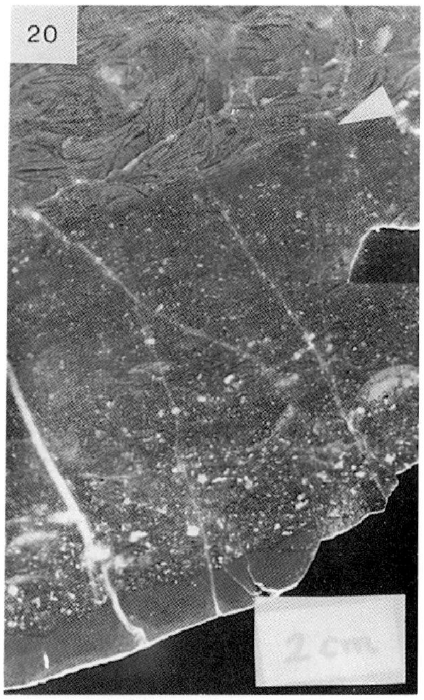
20
2 cm

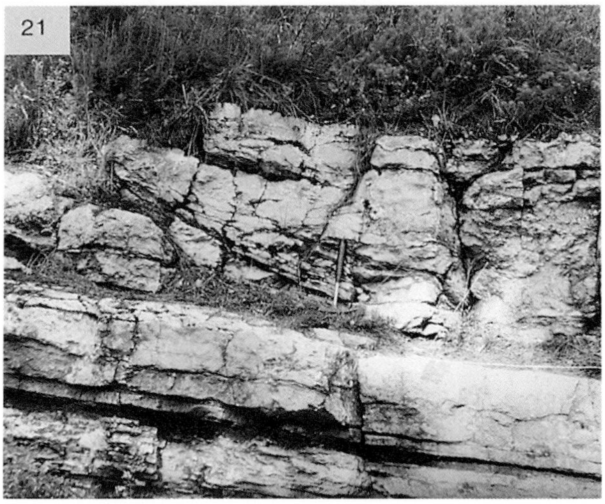
21

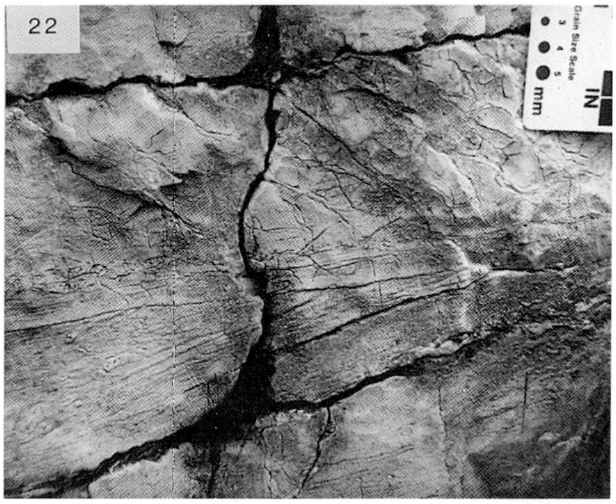
22
Grain Size Scale
IN
mm

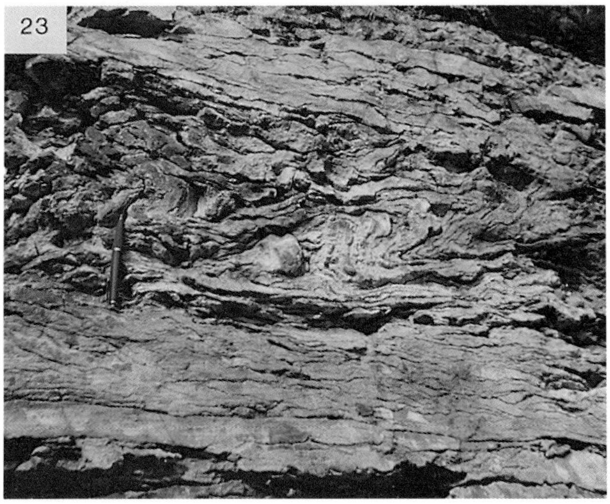
23

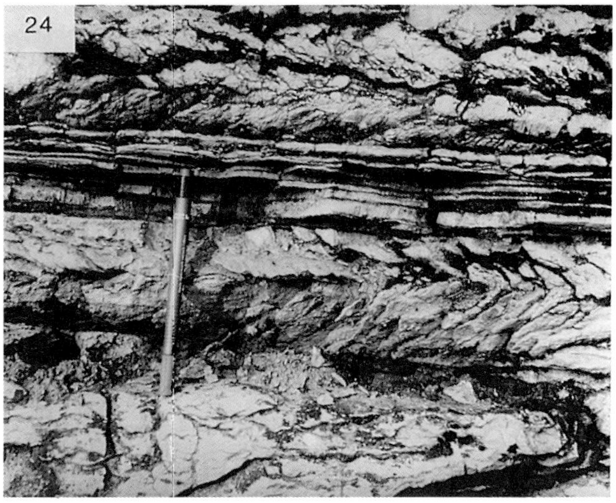
24

Fig. 18 Storm related Hummocky cross stratification in fine lime mudstone from the inner ramp zone (Wellenkalk, Gorica) (scale bar is 2 cm).

Fig. 19 Thin section photograph of a composite storm event. Lower mudstone (pre-storm) unit is overlain by graded crinoid-peloid packstone/grainstone (middle unit) and by skeletal floatstone (upper part). Note that the lower boundary of the storm event is enhanced by stylolitization (uppermost Wellenkalk, Hetvehely-Bükkösd) (scale bar is 2 mm).

Fig. 20 Polished slab of bipartite storm bed. Lower mudstone unit is capped by graded crinoid packstone and then by skeletal floatstone. The boundary between the two upper units is marked by the arrow. (uppermost Wellenkalk, Hetvehely-Bükkösd) (scale bar is 2 cm).

Fig. 21 Wedging out zone of a large channel infill formed in the backflow regime of storm event (upper part of Wellenkalk, Tubes road locality) (hammer for scale is in the middle).

Fig. 22 Close view of the pinching out part of a channel infill. Note that the channel wedge is capped by a thin bioclastic horizon (at the arrow), (Wellenkalk, Gorica), (largest circle is 5 mm).

Fig. 23 Slump structure which is probably related to an earthquake. Note that below and above the deformed horizon the well bedded marlstone layers are not deformed (Wellenkalk, Gorica) (pen in the middle left is 14 cm).

Fig. 24 Earthquake generated deformational structure (S-Faltung) within horizontal marlstone layers. The marlstones indicate seismically inactive periods (Wellenkalk, Lapis road cut locality) (pen is 14 cm).

einheiten gliedern: Die untere, klastische Einheit (Buntsandstein) wird überlagert von der mitteltriadischen Karbonateinheit des Muschelkalks; die Obertrias wird in der Mecsek-Zone durch Klastika von untypischem Keuper-Charakter und in der Villány-Zone von Dolomiten und Siltsteinen vertreten.

Der Muschelkalk besteht wieder aus drei Einheiten: dem Wellenkalk (untere Einheit), den *Coenothyris*-Schichten (mittlere Einheit) und dem Oberen Muschelkalk (obere Einheit). Evaporite wie im deutschen Muschelkalk fehlen.

Der Wellenkalk besteht aus gut geschichteten Mergel/ Kalkstein-Folgen, bioturbaten Abschnitten und Bioklastbänken. Auf Sturmschichtung weist „hummocky cross stratification" in Verbindung mit Rippelmarken (innerer Bereich einer Karbonatrampe). Bioklastbänke und Rinnenfüllungen werden in den inneren und mittleren Rampenbereich gestellt. Synsedimentäre Deformation, Rutschstrukturen und Runzelhorizonte (Sigmoidalfaltung) sind gleichfalls sehr häufig. In den *Coenothyris*-Schichten zeigen Wechselfolgen von dünnschichtigen Kalken und Mergeln zusammen mit Knollenkalken Ablagerung auf der äußeren Rampe an. Bereiche der mittleren Rampe sind durch tempestitische Brachiopodenbänke und gradierte Bioklastbänke gekennzeichnet. *Coenothyris vulgaris* ist sowohl in parautochthonen als auch in autochthonen Schillen häufigstes Fossil. Cephalopoden sind dagegen sehr selten und bleiben auf einen einzigen Horizont beschränkt. Der obere Abschnitt des Muschelkalks zeigt zunehmend eingeschränkte Tendenzen mit Oolithbarren und bioklastischen und onkolithischen packstones, die von Ostrakoden-wackestones lagunären Ursprungs

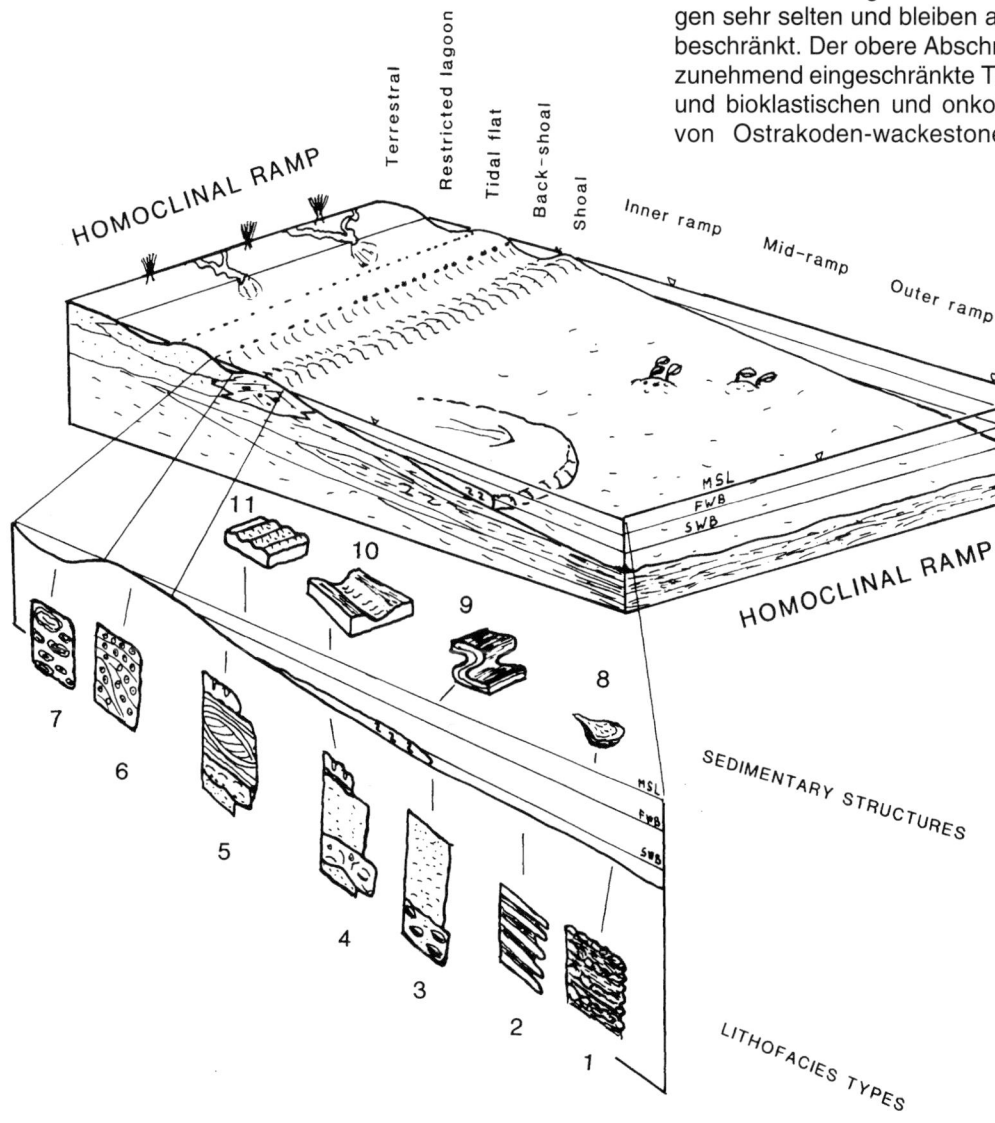

Fig. 25 Depositional model of the Mecsek Triassic: a mud dominated homoclinal ramp. Lithofacies types: 1. Nodular lime mudstone, 2. Limestone layers with calcareous marl intercalations, 3. Parautochthonous brachiopod banks with lime mudstone caps, 4. Storm reworked skeletal banks (storms) and bioturbated horizons (fair weather periods), 5. Storm current produced hummocky cross stratified beds, 6. Ooid shoal bank, 7. Back-shoal oncoid-skeletal facies. Sedimentary structures: 8. Gutters, 9. Slump structures, 10. Channel structures, 11. Ripple marks on the surface of hummocky cross stratified beds.

überlagert sind. Die Karbonatsedimentation findet in der Obertrias durch die über den ganzen Rampenbereich progradierende Ablagerung klastischer Sedimente ihr Ende.

Der Ablagerungsraum war wahrscheinlich eine weitgehend homoklinale Rampe. Dies zeigt sich in der weiten Ausdehnung der Faziesgürtel, der vorherrschenden Sturmschichtung und im allgemeinen Fehlen von Formen böschungsbedingter Resedimentation. Lokale Rutschungen zeigen nach distal steilere Böschungen an.

Sedimente und Fauna des ungarischen Muschelkalks ähneln denen des deutschen und polnischen. Unterschiede lassen sich mit verschiedener Sturmintensität und geringerer Faunendiversität begründen, was sich aus geringerer Wassertiefe und unterschiedlicher Breitenlage der Karbonatrampe während der Mitteltrias erklärt.

Acknowledgement

In particular, I would like to thank Dr. Hans Hagdorn for his support and for his guidance in Germany. I am also very grateful to Professor Thomas Aigner for his advice and critical review of the manuscript. I thank Dr. Joachim Szulc, Dr. Marius Hoffman, Dr. Adam Bodzioch who guided me in Poland and showed me the Muschelkalk profiles. The presentations, the field trips of two Muschelkalk conference (1990 Poland and 1991 Germany) and the discussions with the participants, especially with Professor Adolf Seilacher and Dr. Wolfgang Zwenger improved the quality of this manuscript. Sincere thanks to Dr. Bruce Sellwood, Dr. Elemér Nagy, Erzsébet Rálisch-Felgenhauer, Dr. Miklós Kázmér, Gyula Konrád, Csaba Ékes and Judit Kemény-Komócsin for their multiple help.

References

AIGNER, T. (1985): Storm depositional systems, dynamic stratigraphy in modern and ancient shallow-marine sequences. - Lecture Notes in Earth Sciences, 3, 1-171, Berlin (Springer).

AIGNER, T., HAGDORN, H., MUNDLOS, R. (1979): Biohermal, biostromal and storm generated coquinas in the Upper Muschelkalk. - N. Jb. Geol. Paleont., Abh. 157, 1-2, 42-52, Stuttgart.

BALOGH, K. (1981): Correlation of the Hungarian Triassic.- Acta Geol. Acad. Sci. Hung., 24, 1, 3-48, Budapest.

BEUDANT, F.S. (1822): Voyage mineralogique et geologique en Hongrie, pendant l'année 1818. - Vol. 2, 1-614, Paris (Verdiere).

BÓNA, J. (1984): Contributions to the palynostratigraphic division of the Upper Triassic and Lower Liassic in the Mecsek Mts.. - Ann. Report Hung. Geol. Inst. for 1982, 203-216, Budapest, (in Hungarian with English Abstract).

BÖCKH, J.(1881): Geologische und Wasser-Verhältnisse der Umgebung der Stadt Fünfkirchen. - Mitt. k. ung. geol. Anst., 4, 4, 151-328, Budapest.

CALVET, F., TUCKER, M.E. (1988): Outer ramp cycles in the Upper Muschelkalk of the Catalan Basin, Northeast Spain. - Sedimentary Geology, 57, 185-198, Amsterdam.

CALVET, F., TUCKER, M.E., HENTON, J.M. (1990): Middle Triassic carbonate ramp systems in the Catalan Basin, Northeast Spain: Facies, systems tracts, sequences and controls. - In: TUCKER, M., WILSON, J.L., CREVELLO, P.D., SARG, J.R. & READ, J.F. (Eds.): Carbonate platforms, Facies, Sequences and Evolution, 79-108, Spec. Publs. Int. Ass. Sediment., 9, Oxford (Blackwell).

CSÁSZÁR, G., HAAS, J. (1984): Hungary, Mesozoic Formations in Hungary. - 27th. Int. Geol. Congr., Moscow, Guidebook to Excursion 104, 1-92, Budapest (Vizdok).

DETRE, Cs.(1973): Über den ersten stratigraphisch auswertbaren Ammoniden-Fund von bester Erhaltung der Mecseker Trias. - Ann. Report Hung. Geol. Inst. for 1971, 277-282, Budapest, (in Hungarian with German abstract).

DETRE, Cs., SZENTES,I., SZENTE, E.(1986): *Coenothyris vulgaris* (SCHLOTHEIM, 1820) paleontological coenoses from Hungary: a biometric and quantitative taxonomic evaluation.- Ann. Report Hung. Geol. Inst. for 1983, 219-233, Budapest, (in Hungarian with English abstract).

FÜLÖP, J., BREZSNYÁNSZKI, K., HAAS, J.(1987): The new map of basin basement of Hungary. - Acta Geol. Acad. Sci. Hung., 30, 1-2, 3-20, Budapest.

GALLI, G. (1989): Depositional mechanisms of storm sedimentation in the Triassic Dürrenstein Formation, Dolomites, Italy. - Sedimentary Geology, 61, 81-93, Amsterdam.

HAAS, J.(1987): Position of Transdanubian Central Range structural unit in the Alpine evolution phase. - Acta Geol. Acad. Sci. Hung. 30, 4-4, 243-256, Budapest.

HAIDINGER, K. (1865): Besuch der Steinkohlenwerke zu Fünfkirchen.- Jb. k. k. geol. Reichsanstalt, 15, 115-128, Wien.

HAGDORN, H. (1982): The „Bank der kleinen Terebrateln" (Upper Muschelkalk, Triassic) near Schwabisch Hall (SW-Germany) - a Tempestite Condensation Horizon. - In: EINSELE, G. & SEILACHER, A. (Eds.): Cyclic and Event Stratification, 263-285, Berlin (Springer).

HAGDORN, H. (ed.) (1991): Muschelkalk, A Field Guide - The International Muschelkalk Symposium, 1991 Schöntal.- 1-80, Korb (Goldschneck-Verlag Werner K. Weidert).

HIRSCH, F.(1976): Middle-Triassic conodonts from Israel, southern France and Spain. - Mitt. Ges. Geol.-u. Bergbaustud. Wien, 21, 811-828, Wien.

LÓCZY, L. (1916): Die geologischen Formationen der Balatongegend und ihre regionale Tektonik. - Res. wiss. Erforsch. Balatonsees, 1, 1, 1-716, Wien (Hölzel).

KÁZMÉR, M. (1986): Tectonic units of Hungary: Their boundaries and stratigraphy (A bibliographic guide). - Annales Univ. Sci. Budapest Sect. Geol., 26, 45-120, Budapest.

KÁZMÉR, M. & KOVÁCS, S. (1985): Permian-Paleogene Paleogeography along the Eastern Part of the Periadriatic Lineament: Evidence for Continental Escape of the Bakony-Drauzug Unit.- Acta Geol. Acad. Sci. Hung., 28, 1-2, 69-82; Budapest

KOVÁCS, S. & PAPSOVÁ, J. (1986): Conodonts from the *Paraceratites binodosus* zone (Middle Triassic) from the Mecsek Mts., Southern Hungary and from the Choc Nappe of the Low Tatra Mts., Czechoslovakia. - Geol. Zbornik Geol. Carph., 37, 1, 59-74, Bratislava.

KOZUR, H., MOCK, R. (1987): Remarks to the occurrence of „Germanic Triassic" in the Mecsek Mts. (Southern Hungary) and to the relations between the Germanic and Carpathian Keuper. - Mineralia Slov., 19, 6, 481-497, Bratislava.

NAGY, E. (1968): Die Triasbildungen des Mecsek Gebirges. - Ann. Inst. Geol. Publ. Hung., 51, 1, 1-198, Budapest, (in Hungarian with German abstract).

PÁLFY, J. & TÖRÖK, Á. (1992): Comparison of Alpine and Germanotype Middle Triassic brachiopod faunas from Hungary with remarks on *Coenothyris vulgaris* (SCHLOTHEIM 1820). - Annales Univ. Sci. Budapest Sect. Geol., 29, 303-323, Budapest.

PETERS, K.F. (1862): Über den Lias von Fünfkirchen. - Sitzber. Akad. Wiss., Wien, Math.-Natw. Kl., 46, 1, 1-53, Wien.

SZULC, J., BODZIOCH, A., KWIATKOWSKI, S., MICHALIK, M. & MORYCOWA, E.(1990): International Workshop-Field Seminar, The Muschelkalk, Excursion Guide. - 1-43, Krakow (Institute of Geological Sciences and IAS).

TOLLMANN, K. (1987): Neue Wege in der Ostalpengeologie und die Beziehungen zum Ostmediterran. - Mitt. geol. Ges., Wien, 80, 47-113, Wien.

TÖRÖK, Á. (1986 a): Sedimentary and paleontological analysis of Anisian carbonates, W-Mecsek Mts., Hungary. - Eötvös Loránd University Budapest, Department of Palaeontology, 1-123, Budapest, (unpublished M.Sc. thesis), (in Hungarian).

TÖRÖK, Á. (1986 b): Sedimentology of Germano-type Middle Triassic carbonates in Mecsek Mts., Hungary. - 7th Regional Meeting of IAS, Abstracts, Krakow, 181, Krakow.

TÖRÖK, Á. (in press): *Podichnus centrifugalis* BROMLEY and SURLYK: Attachment trace on *Coenothyris vulgaris*. - In: PÁLFY, J. & VÖRÖS, A. (Eds.), Mesozoic Brachiopods of Alpine Europe.- Hungarian Geol. Soc.; Budapest.

TÖRÖK, Á., RÁLISCH-FELGENHAUER, E. (1990): Germano-type Middle Triassic carbonates from Mecsek Mountains, Hungary. - In: SZULC, J., BODZIOCH, A., KWIATKOWSKI, S., MICHALIK, M., MORYCOWA, E.: International Workshop-Field Seminar, the Muschelkalk, Abstracts, 54-55, Krakow (Institute of Geological Sciences and IAS).

VADÁSZ, E. (1935): Das Mecsek-Gebirge. - Magyar Tájak Földtani Leirása, 1, 1-180, Budapest, (in Hungarian and German).

VIRGILI, C. (1958): El Triassico de los Catalinides. - Bol. Inst. geol. (min.) España, 69, 1-865, Madrid.

ZIEGLER, P.A.(1982): Geological Atlas of Western and Central Europe. - 1-130, Amsterdam (Elsevier & Shell Intern. Petrol. Maatschappij B.V.).

Hartgrundgefüge im Unteren Muschelkalk

Wolfgang H. Zwenger, Bad Saarow

Die Hartgründe im Unteren Muschelkalk zeigen Omissionsphasen an, in denen es durch forcierte Zementation zu frühdiagenetischer Lithifizierung des Meeresbodens kam. Sie sind besonders kenntlich an der Perforation durch Bohrorganismen sowie der Imprägnation ihrer Oberflächen durch Eisenoxide. Ihre Vorkommen sind bevorzugt an Kalkarenitsequenzen mit regressiven Trends gebunden. In Kleinzyklen sind zumeist verschiedene Entwicklungsstadien von Festgründen zu echten Hartgründen fossil konserviert. Die Gefügebilder dieser Diskontinuitätszonen stehen in engem Zusammenhang mit ihrer einstigen Expositionsdauer an der Meeresbodenoberfläche. Neben den submersen Entwicklungsreihen, bestimmt durch kleinzyklischen Wechsel von Omission und Sedimentation, zeigen einige Diskontinuitätshorizonte Alterationen der Primärtextur, die subaerisch im Stadium der Frühdiagenese entstanden sind. So wurden bereits zementierte Schichtoberflächen korrodiert und durch Schrumpfungsrisse aufgebrochen. Infolge der partiellen Entwässerung und des Kollabierens nicht ausreichend zementierten Sedimentes entstanden vielgestaltige Porenräume in einigen incipienten Hartgründen. Man findet vertikale Poren als Austrittskanäle von Gas und Wasser (escape structures) ebenso wie horizontal angeordnete, teils spaterfüllte Poren (birdseyes). Einige Vertikalporen sind mechanisch verfüllt worden, in anderen hat sich Zement angelagert. Das Gefüge der Hartgrundknauerkalke ist auch noch spätdiagenetisch durch Drucklösung weiter modifiziert worden, wie aus den Mikrostylolithensäumen ersichtlich ist, die bevorzugt an Substratgrenzen auftreten.

In den die Hartgründe begleitenden Kalkareniten kann man eine weitgehende Degenerierung der ursprünglichen Partikelstruktur beobachten. Die Ursachen dafür sind in den verschiedenen Etappen der Diagenese zu suchen, die teilweise auch in der meteorischen Zone abgelaufen ist. Frühdiagenetische Mikritisation führte zu einem Abbau der Partikel-Internstruktur, der durch Dolomitisierung einzelner Partien sowie nachfolgende Rekalzitisierung noch verstärkt wurde. In den Intergranularräumen lassen sich Palisadenzemente beobachten, die von meteorischem Blockzement überwachsen wurden.

Kapitel 3
Biostratigraphie, Ökostratigraphie, Paläobiogeographie

Alle Beiträge dieses Kapitels befassen sich mit Faunen, wobei die Schwerpunkte unterschiedlich gesetzt sind: auf die vertikale Verteilung der Fossilien über die Schichtenfolge, die geographische Verbreitung und schließlich ihre Faziesgebundenheit.

Palynomorphen werden von Wind und Strömung über weite Distanzen verfrachtet und sind insofern wenig faziesempfindlich. Mit ihrer Erforschung erarbeitet das Utrechter Institut für Palynologie ein ideales Werkzeug für biostratigraphische Untersuchungen. Die Arbeit von VISSCHER et al. führt auch deutlich vor Augen, wie wenig gesichert die allgemein akzeptierte Einstufung des Muschelkalks ins chronostratigraphische Schema eigentlich ist: Palynostratigraphisch rückt die Untergrenze des Anis weiter in den Buntsandstein nach unten, die Anis/Ladin-Grenze noch weiter in den Oberen Muschelkalk hinauf. Vergessen wir aber nicht, daß die Anis/Ladin-Grenze auch in der Alpinen Trias noch umstritten ist. Daß sich nach Ausweis der Palynomorphen das Klima vom Röt bis zum Unterkeuper nicht wesentlich geändert hat, pointiert die Frage nach den Ursachen der Salinare.

Die Ceratiten erlauben immer noch die exakteste biostratigraphische Gliederung. Bei ca. sechs Millionen Jahren für den Oberen Muschelkalk dauerte eine Zone im Durchschnitt weniger als 500 000 Jahre. Die Zonengrenzen lassen sich, wie die Übersichtsarbeit von M. URLICHS zeigt, in Süddeutschland genau festlegen. Die Korrelation mit den Leitbänken beweist ihre Konstanz und Zuverlässigkeit. Allerdings bereiten Iterativentwicklungen, die zu morphologisch gleichen Gehäusen führten, immer wieder Schwierigkeiten. Wenn fragliche Ceratiten dann erst nach ihrem lithostratigraphisch gesicherten Fundhorizont bestimmbar sind, schränkt das ihren biostratigraphischen Wert natürlich ein. Wünschenswert wären für alle klassischen Ceratitengebiete gut belegte Profile. Leider gibt es für die Conodontenzonen noch keine vergleichbare Übersicht, und auch für die Ammonoideen des Unteren Muschelkalks steht die für den Vergleich mit Tethys-Faunen unerläßliche Revision noch aus.

Die paläobiogeographisch orientierten Arbeiten rekonstruieren durch Vergleich der Faunenprovinzen mögliche marine Verbindungswege des Muschelkalkmeeres zu Nachbarmeeren. Aus der Arbeit BUDUROV et al. geht seine relativ isolierte Lage mit endemischen Ceratiten- und Conodontenfaunen im Ladin hervor. Verstärkt sollte der Muschelkalk über die Westalpen nach Südfrankreich faunistisch untersucht werden, um die Einwanderungspforte zur Zeit der mo-Basis und zeitweilig auch während des höheren Oberen und im Unteren Muschelkalk genauer zu erfassen.

Wenn von HAGDORN & GŁUCHOWSKI mit benthischen Echinodermen eine Parastratigraphie gewagt wird, die z. T. auch noch auf die Alpine Trias übertragen werden soll, dann nur, weil die Stachelhäuter sich nach ihrem endpermischen Niedergang sehr rasch entwickelten und weil der Muschelkalk ihre Reste in seinen Konservatlagerstätten besonders gut überliefert. Mit diesem Konzept gilt es auch andere Gruppen, z. B. marine Reptilien und Muscheln auf ihre biostratigraphische Brauchbarkeit zu untersuchen. Angesichts ihrer Milieuabhängigkeit bleibt dies streng genommen Ökostratigraphie; aber sie kann gerade dort weiterhelfen, wo Conodonten und Ammoniten aus faziellen Gründen fehlen. Ökologisch limitiert sind auch die Elasmobranchierfaunen, die nach den Analysen von J. LISZKOWSKI im Unteren Muschelkalk Polens erstaunlich divers entwickelt sind, gegen Westen aber artenärmer werden.

Ökostratigraphische Leitbänke, deren Verbreitung und Leitwert H. MAHLER & J. SELL für den Oberröt, H. HAGDORN & Th. SIMON für den Oberen Muschelkalk untersuchen, bilden als isochrone Zeitmarken das stratigraphische Gerüst des Muschelkalks. Dabei wirft die Arbeit MAHLER & SELL die Frage nach der Muschelkalktransgression auf. Schlüssige Antwort über ihren Ablauf verspricht die Auswertung möglichst dicht belegter W/E-Profilschnitte durch das ganze Becken. Davon muß schließlich auch eine länderübergreifend einheitliche Festlegung der Muschelkalk-Untergrenze abhängen.

Das Beispiel *Spiriferina*-Bank (Arbeiten HAGDORN & SIMON und URLICHS) dokumentiert auch kleinere Schichtlücken und erinnert uns an die chronologischen Grenzen ökostratigraphischer Leitbänke, aber auch der Biostratigraphie. Hier müssen erst exakte kleinräumliche Profilserien zeigen, welchen Umfang Schichtlücken und Kondensation im stratigraphischen Bericht einnehmen.

Verbesserte Sammeltechniken erlauben heute Aussagen über die stratigraphische und geographische Reichweite der meisten Muschelkalkfossilien. Gerade hier können private Fossiliensammler ihre Detailkenntnisse einbringen und weitere ökostratigraphisch verwertbare Fossilgruppen einmal systematisch zu Karten und Tabellen kompilieren.

Chronostratigraphical and Sequence Stratigraphical Interpretation of the Palynomorph Record from the Muschelkalk of the Obernsees Well, South Germany

H. Visscher, Utrecht
W. A. Brugman, The Hague
M. van Houte, Utrecht

4 Figures

Introduction

High-resolution stratigraphical analysis of palynomorph assemblages from the Muschelkalk of the Germanic Basin is frequently hampered by the widespread occurrence of carbonates. In the Obernsees well in southern Germany (Franconia; for location see GUDDEN & SCHMIDT 1985), however, the composition of the near-shore Muschelkalk facies is largely influenced by the influx of terrigenous fineclastics and associated particulate organic matter. As a result, palynomorph assemblages can be recovered throughout the continuously cored section.

With respect to the Middle Triassic, the Obernsees wellsection has all the potential of becoming a standard for regional and inter-regional comparison and correlation of stratigraphically and environmentally significant palynological information. To date some 250 samples have been investigated for their land-derived and aquatic palynomorph content. Ongoing studies suggest the possibility of palynostratigraphical correlation with the Alpine Middle Triassic. Through environmental interpretation, the quantitative palynomorph record may contribute to sequence stratigraphical analysis of the Muschelkalk deposits.

Pending a comprehensive graphic presentation of the qualitative and quantitative changes in the compositional characters of successive palynomorph assemblages, the present progress report provides a generalized framework for chronostratigraphical and sequence stratigraphical subdivision of the Muschelkalk of the Obernsees well. Irrespective of other palaeontological, sedimentological or well-log information, it is attempted (1) to calibrate the section against the Alpine standard stages and substages of Middle Triassic chronostratigraphical subdivision, and (2) to identify (third-order) sequence boundaries, transgressive surfaces and maximum flooding surfaces.

With respect to the position of lithostratigraphical boundaries, we follow the interpretation by EMMERT et al. (1985); identification of marker beds is based on the discussions by EMMERT (1985), GUDDEN (1985) and HAUNSCHILD (1985). For taxonomic and ecological information on the mentioned plant fossils, we may refer to the palynological study of the Lower Keuper of the Obernsees well by BRUGMAN et al. (in press) and the references therein.

Chronostratigraphical Interpretation of Qualitative Palynological Data

Qualitative distribution patterns of land-derived pollen and spores in the marine Middle Triassic of the Southern Alps (Italy) and the Transdanubian Central Range (Hungary) have resulted in a palynological characterization of the Anisian and Ladinian Stages of the Alpine facies realm. The position of chronostratigraphically significant boundaries can be approximated on the basis of FADs (first occurrence datums) and LADs (last occurrence datums) of morphologically distinctive palynological species (VISSCHER & BRUGMAN 1981; VAN DER EEM 1983; BRUGMAN 1986a,b). In the following discussion we summarize the possibilities and limitations with respect to the application of these Alpine criteria as a tool for chronostratigraphical subdivision of the Obernsees Muschelkalk (Fig. 1). In addition, we indicate FADs and LADs of some pollen types that may be candidates for palynostratigraphical correlation within the Germanic facies realm.

(1) The Alpine Anisian closely corresponds to the range of *Stellapollenites thiergartii* (Fig. 2a). In the Obernsees well this species is present from the Upper Buntsandstein up to its LAD at 645.2 m in the Upper Muschelkalk below the *cycloides*-Bank. This level is therefore considered to approximate the Anisian-Ladinian boundary. If we accept this boundary, it can be deduced that the Anisian-Ladinian transition interval is further characterized by the LAD of *Tsugaepollenites oriens* (Fig. 2b) and the FAD of *Retisulcites perforatus* (Fig. 2c). These species are unknown from the Alpine Triassic but likely to be of importance for correlation within the Germanic Basin.

(2) Although subdivision of the Alpine Anisian may well be possible, qualitative palynological information does not contribute to a clear delimitation of the four Anisian substages (Aegean, Bithynian, Pelsonian, Illyrian). On the basis of the FAD of *Dyupetalum vicentinense*, only the Bithynian-Pelsonian junction can be palynologically diagnosed. In the Obernsees well, a single occurrence of this species at 784.2 m indicates that the basal part of the Muschelkalk belongs to the Upper Anisian. Another essentially Late Anisian species may be *Cristianisporites triangulatus*. Although unknown from the Alps, this element is characteristic for fauna-controlled Pelsonian successions in Rumania. In the Obernsees well, apart from some scattered occurrences in the Muschelkalk, the species is present in the Myophorienschichten at the top of the Upper Buntsandstein. This suggests that the Bithynian-Pelsonian boundary has to be placed somewhere below these beds.

(3) In the Alps there are no qualitative palynological criteria for a clear characterization of the Pelsonian-Illyrian boundary. The transition is marked, however, by a shift in the quantitative composition of palynomorph assemblages. In view of the pronounced quantitative change at 745.8 m (see below), in our chronostratigraphical model for the Obernsees well the Pelsonian-Illyrian transition is subjectively placed near the boundary between Lower and Middle Muschelkalk.

(4) Within the presumed Illyrian interval, between 705

and 681 m in the upper part of the Middle Muschelkalk and the lower part of the Upper Muschelkalk, one can observe the FADs of *Protodiploxypinus gracilis* (Fig. 2d) and *Podosporites amicus* (Fig. 2e). The income of these elements may well have potential for palynostratigraphical correlation within the Germanic Basin. This may also apply to the FADs of *Institisporites* sp. (Fig. 2f) and a polysaccoid form (Fig. 3a), two morphologically distinctive pollen types that still await their formal description.

(5) Apart from LADs of some distinctive species such as *Stellapollenites thiergartii* and *Dyupetalum vicentinense*, the base of the type-Ladinian in the Southern Alpsis characterized by the FADs of diagnostic pollen and spores, among which *Ovalipollis pseudoalatus* (Fig. 3b). These elements, however, are believed to be either absent or to show markedly different lowest appearances within the Germanic Ladinian. In the Obernsees section, *Ovalipollis pseudoalatus* does not appear before the onset of the Keuper sedimentation at 623.0 m.

(6) In the Alpine Ladinian the transition between the Fassanian and Langobardian Substages is palynologically characterized by the FADs of *Heliosaccus dimorphus* (Fig. 3c) and *Echinitosporites iliacoides* (Fig. 3d). In the Obernsees well these elements appear at 623.0 and 618.1 m, respectively. This implies that the position of the Fassanian-Langobardian junction coincides with the Muschelkalk-Keuper boundary. Consequently, we consider the Ladinian portion of the Upper Muschelkalk, from the LAD of *Stellapollenites thiergartii* upwards, to represent the Fassanian. Within this interval occur the LADs of the apparently short-ranging polysaccoid form and *Institisporites* sp.

Sequence Stratigraphical Interpretation of Quantitative Palynological Data

Supplemented with information from the uppermost Buntsandstein and the results of a high-resolution study of the Lower Keuper (BRUGMAN et al., in press; palynofacies analysis by VAN BERGEN & KERP 1990), the quantitative analysis of palynomorph assemblages has resulted in the recognition of six prominent palyno-events that are relevant to a sequence stratigraphical interpretation of the Muschelkalk deposits. Following the onset of the Triassic palynomorph record at Obernsees, these events include four successive 'floral turnovers' (Fig. 1), defined by major compositional shifts in the land-derived pollen and spore

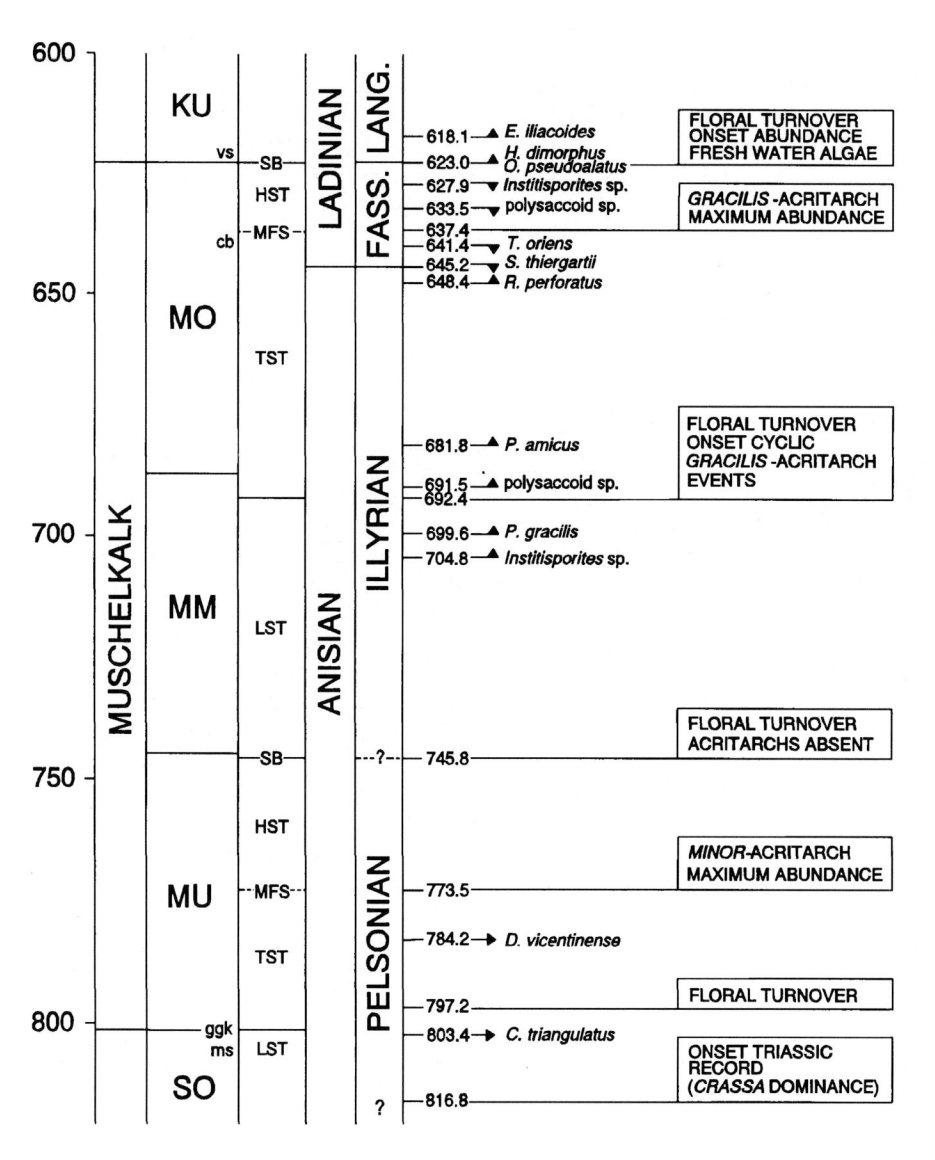

Fig. 1 Generalized scheme of chronostratigraphical and sequence stratigraphical subdivision of the Muschelkalk of the Obernsees well, based on successive qualitative and quantitative palyno-events. Abbreviations: (lithostratigraphy) SO - Upper Buntsandstein, MU - Lower Muschelkalk, MM - Middle Muschelkalk, MO - Upper Muschelkalk, KU - Lower Keuper; (selected marker beds) ms - Myophorienschichten, ggk - Grenzgelbkalk, cb - *cycloides*-Bank, vs - Vitriolschiefer; (sequence stratigraphical terminology) SB - sequence boundary, LST - lowstand systems tract, TST - transgressive systems tract, MFS - maximum flooding surface, HST - highstand systems tract. Depth indications of events correspond to sample depth ± 0.05 m.

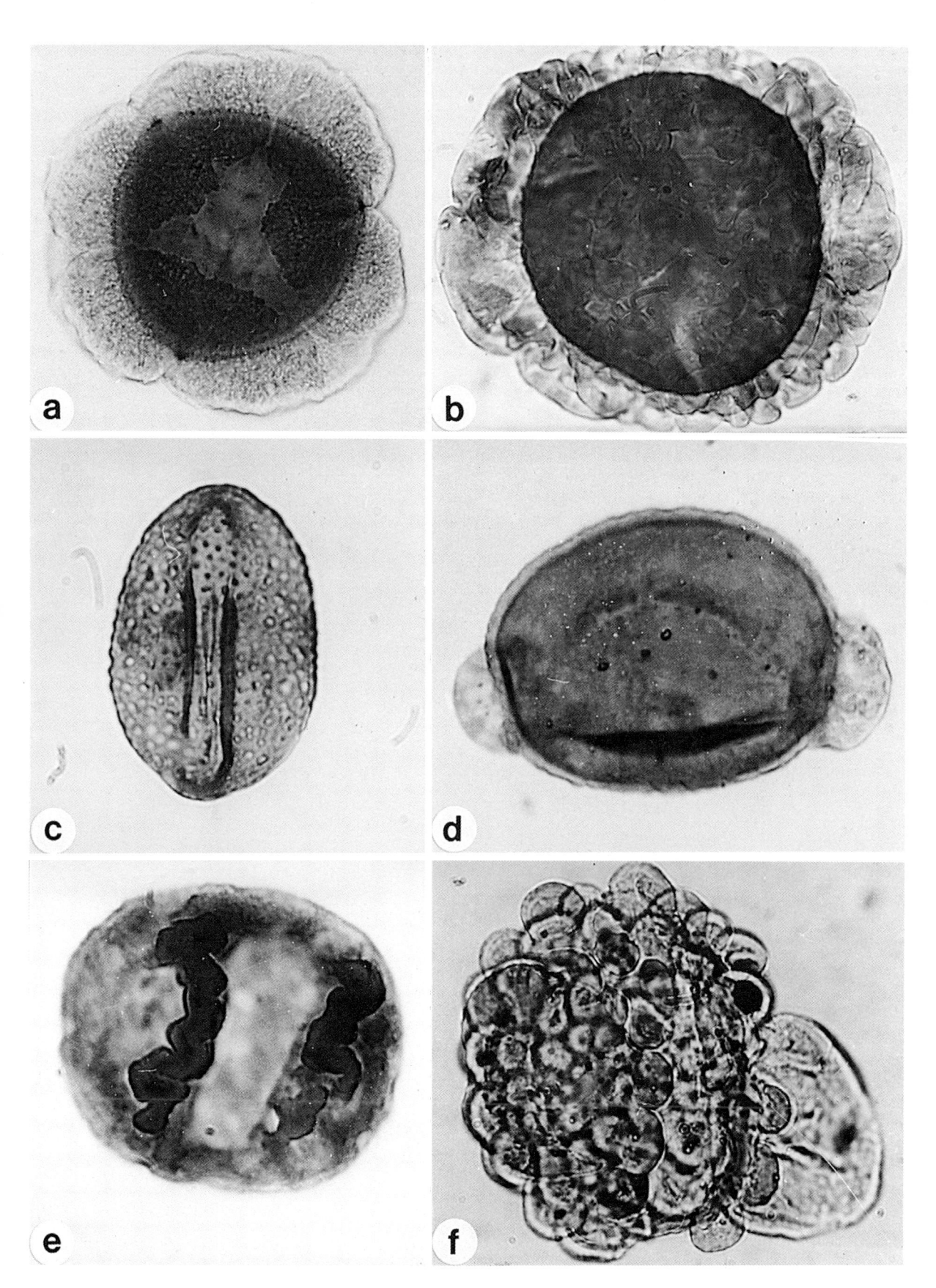

Fig. 2 **a** - *Stellapollenites thiergartii* (MÄDLER 1964) CLEMENT-WESTERHOF et al. 1974, marker species for the Scythian-Anisian and Anisian-Ladinian boundaries (73 µm); **b** - *Tsugaepollenites oriens* KLAUS 1964, species last-appearing in the Upper Muschelkalk within the Anisian-Ladinian transition interval (60 µm); **c** - *Retisulcites perforatus* (MÄDLER 1964) SCHEURING 1970, species first-appearing in the Upper Muschelkalk, within the Anisian-Ladinian transition interval (35 µm); **d** - *Protodiploxypinus gracilis* SCHEURING 1970, species first-appearing in the Middle Muschelkalk, possibly indicative of xerophytic coastal pioneer communities (41 µm); **e** - *Podosporites amicus* SCHEURING 1970, species first-appearing in the basal part of the Upper Muschelkalk (45 µm); **f** - morphologically characteristic bisaccoid pollen, provisionally included in the form-genus *Institisporites* PAUTSCH 1971, having a short range from the upper part of the Middle Muschelkalk to the upper part of the Upper Muschelkalk (65 µm).

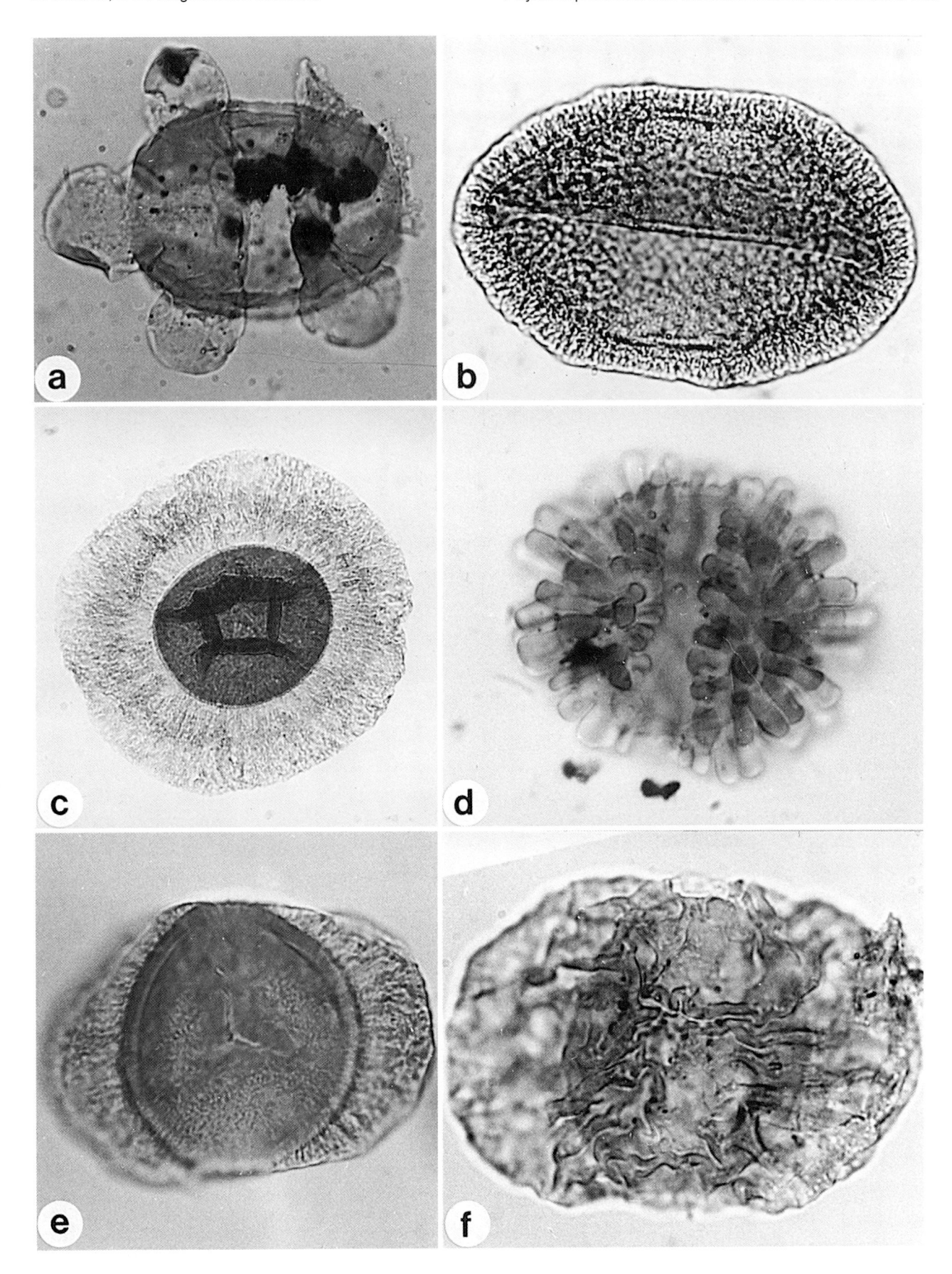

Fig. 3 **a** - Polysaccoid pollen species with a unique morphology, to be included in a new form-genus, having a short range from the upper part of the Middle Muschelkalk to the upper part of the Upper Muschelkalk (60 µm); **b** - *Ovalipollis pseudoalatus* (THIERGART 1949) SCHUURMAN 1976, species first-appearing at the Muschelkalk-Keuper boundary (76 µm); **c** - *Heliosaccus dimorphus* MÄDLER 1964, marker species for the Fassanian-Langobardian transition (190 µm); **d** - *Echinitosporites iliacoides* SCHULZ & KRUTZSCH 1961, marker species for the Fassanian-Langobardian boundary (51 µm); **e** - *Triadispora crassa* KLAUS 1964, coniferalean pollen indicative of xerophytic river plain and playa vegetations (61 µm); **f** - *Triadispora plicata* KLAUS 1964, coniferalean pollen indicative of vegetations in highly saline environments (72 µm).

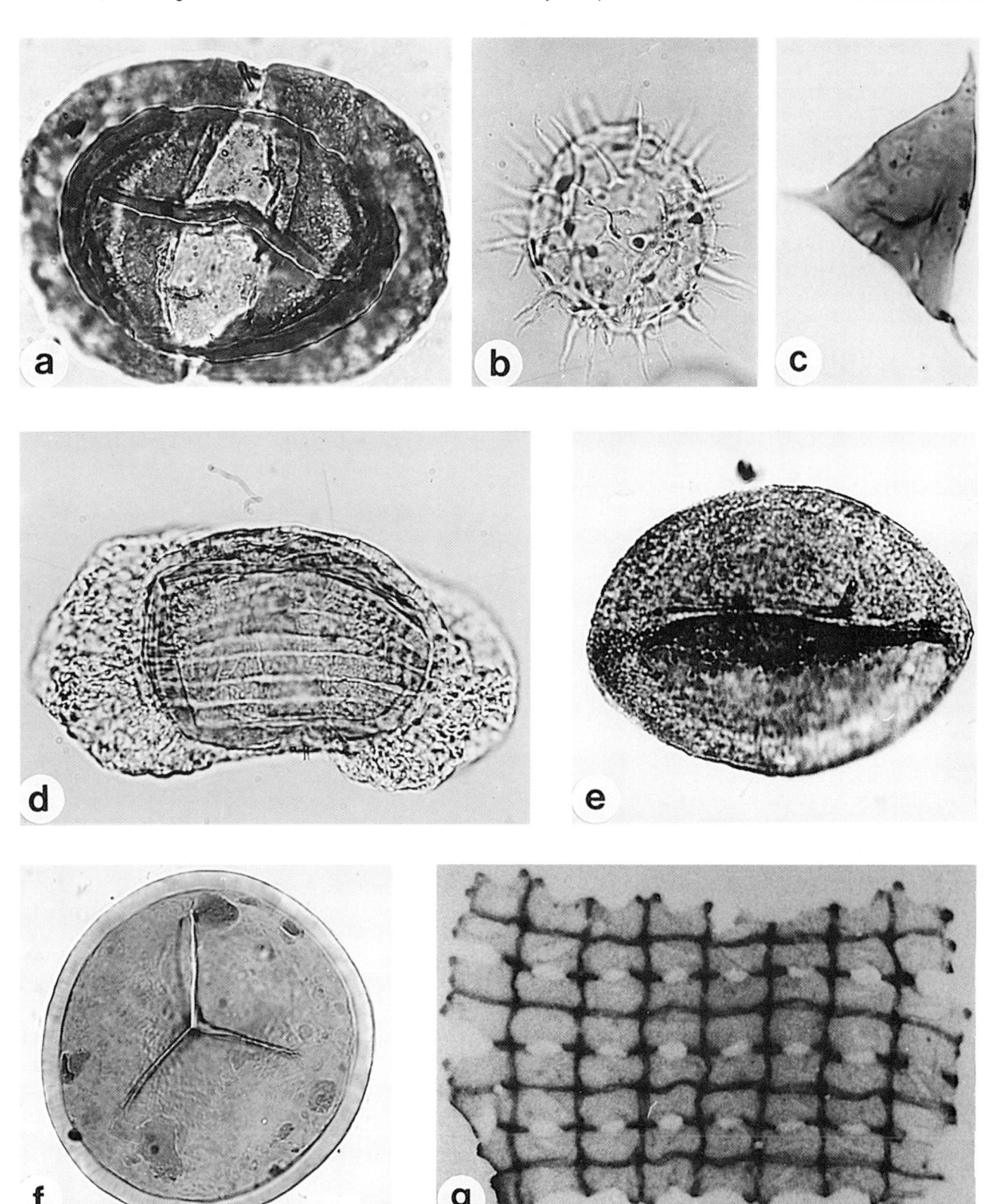

Fig. 4 a - *Illinites chitonoides* KLAUS 1964, coniferalean pollen indicative of (reed-like) coastal plain vegetations (85 µm); b - acritarch belonging to the genus *Micrhystridium* DEFLANDRE 1937, phytoplankton indicative of restricted marine conditions (19 µm); c - acritarch belonging to the genus *Veryhachium* DEUNFF 1954, phytoplankton indicative of reratively open marine conditions (42 µm); d - multitaeniate bisaccoid pollen belonging to the form-genus *Striatoabieites* SEDOVA 1956, possibly indicative of xerophytic hinterland vegetations (97 µm); e - lycopodiophytic microspore belonging to form-genus *Aratrisporites* LESCHIK 1956, indicative of coastal mangroves (56 µm); f - trilete fern-spore, belonging to the form-genus *Punctatisporites* IBRAHIM 1933, indicative of swamp vegetations (52 µm); g - *Plaesiodictyon mosellanum* WILLE 1970, chlorophytic alga, first-appearing at the Muschelkalk-Keuper transition, indicative of fresh-water influx (152 µm).

component. In addition, there are two short intervals characterized by maximum abundances of marine organic-walled phytoplankton (acritarchs). In the following paragraphs these events and their environmental and sequence stratigraphical significance are briefly described.

(1) The base of the terrestrial Upper Buntsandstein is penetrated at 875.7 m. Due to prevailing oxidizing conditions during the time of Buntsandstein deposition, however, palynomorph assemblages can only be recovered from 816.8 m upwards. Their composition is quantitatively determined by *Triadispora crassa* (Fig. 3e) and *Microcachryidites* spp. Assemblages from the uppermost Buntsandstein, the Myophorienschichten, can be distinguished by the significant increase of *Triadispora plicata* (Fig. 3f). Pollen corresponding to the form-genus *Triadispora* is found in coniferalean cones that are likely to belong to *Voltzia*. Distribution patterns of *Triadispora*, as well as *Voltzia* leaf remains, indicate fluvial plain and playa environments for the source vegetation. The habitat of *Triadispora plicata* producing plants, however, may have been restricted to salinas and coastal sabkhas.

(2) The first assemblage found in the basal part of the Lower Muschelkalk at 797.2 m provides evidence of a marked floral turnover. The dominant element is *Illinites chitonoides* (Fig. 4a). In addition, also *Angustisulcites klausii*, *Stellapollenites thiergartii* and *Kraeuselisporites* spp. occur in relatively high abundances. *Illinites chitonoides* is known to represent the pollen of *Aethophyllum stipulare*, a small herbaceous conifer that may have formed reed-like vegetations on coastal plains. *Kraeuselisporites* includes lycopodiophytic microspores. In many parts of the world, Triassic lycopodiophytes have been interpreted in terms of a coastal mangrove environment.

The distinctive compositional change marks a rapid sea-level rise. The change reflects the combined effects of back-stepping migration of near-shore vegetations and decreased river discharge. Sequence stratigraphically, therefore, the floral turnover can be considered to correlate with a transgressive systems tract, following a possible lowstand at the time of deposition of the Myophorienschichten. The interval between 803.4 and 797.2 m does not yield palynomorph assemblages, so that a more precise position of the floral turnover cannot be determined at Obernsees. Within this barren interval, the level of the Grenzgelbkalk is likely to represent the transgressive surface.

(3) A sea-level rise is confirmed by irregular occurrences of acritarchs in the lowermost Muschelkalk. This marine palynomorph component consists mainly of the genus *Micrhystridium* (Fig. 4b). At 773.5 m acritarchs show a pronounced maximum abundance and their association also includes *Veryhachium* (Fig. 4c), indicative of more open marine conditions. The land-derived component is characterized by a conspicuous abundance of *Perotrilites minor*. From a palynological point of view, this level can be regarded as a maximum flooding surface.

(4) The acritarch record becomes irregular again towards the top of the Lower Muschelkalk. In addition, one can observe a renewed increase of *Triadispora crassa*. These characters clearly reflect a regressive trend. Between 745.8 and 745.5 m another floral turnover is evident from the quantitative composition of pollen associations. *Triadispora plicata* becomes the dominant element. In the lower part of the Middle Muschelkalk this species regularly constitutes 60-90% of the identified pollen. This would indicate extensive development of relatively nearby saline coastal environments. The palynological evidence for an abrupt shift to prevailing evaporating sedimentary conditions justifies the presence of a sequence boundary close to the junction between Lower and Middle Muschelkalk.

(5) In the upper part of the Middle Muschelkalk, from 692.4 m upwards, acritarchs re-appear. Notably *Micrhystridium* often occurs in very high amounts, but also *Veryhachium* may be abundantly present. With respect to the land-derived component, the *Triadispora plicata* dominance is replaced by an often overwhelming dominance of either *Protodiploxypinus gracilis* or the combination of species assignable to the multitaeniate form-genera *Striatoabieites* (Fig. 4d) and *Protohaploxypinus*. Unfortunately, the botanical affinity of these dominant pollen types still remains obscure; they represent either conifer or pteridosperm taxa. Based on their distribution patterns, however, BRUGMAN et al. (in press) have considered *Protohaploxypinus gracilis* to reflect xerophytic coastal pioneer communities, whereas *Striatoabieites* and *Protohaploxypinus* could represent hinterland vegetations.

The renewed and pronounced acritarch record, possibly in combination with the suddenly elevated frequency of *Protodiploxypinus gracilis*, is in favour of placing the onset of a transgressive systems tract in the upper part of the Middle Muschelkalk, at or close to 692.4 m.

It is remarkable that the high amounts of acritarchs consistently correlate with high amounts of *Protodiploxypinus gracilis*. In marked contrast, lower acritarch abundances correlate with dominances of *Striatoabieites* and *Protohaploxypinus*. This covariation suggests a cyclic nature of the quantitative palynological record. About 17 of these '*gracilis*-acritarch' cycles have thus far been recognized in the upper part of the Middle Muschelkalk and the Upper Muschelkalk. The events could well represent a valuable palynological signature for the identification of periodic parasequences. A causal analysis of the apparently Milankovitch-order cyclicity has to await the availability of more detailed quantitative information.

(6) Highest frequencies of both acritarchs and *Protohaploxypinus gracilis* have been recorded in the upper part of the Upper Muschelkalk at 637.4 m. This level, situated just above the *cycloides*-Bank could well approximate a maximum flooding surface.

(7) Towards the top of the Muschelkalk there is palynological evidence for a regressive trend. Although *Protodiploxypinus gracilis* as well as multitaeniates remain important elements, one may note occasional peak-occurrences of *Triadispora plicata* and *Aratrisporites* spp. (Fig. 4e). The latter element represents microspores that have been found in situ in cones of the lycopodiophyte *Annalepis zeilleri*, indicative of coastal mangroves. The prominence of *Aratrisporites* increases in assemblages from the Vitriolschiefer, examined between 623.0 and 622.5 m. These basal beds of the Lower Keuper are further characterized by the consistent occurrence of a variety of fern spores, notably *Punctatisporites* spp. (Fig. 4f) and *Leschikisporites aduncus*, as well as the equisetophytic form-genus *Calamospora*. The presence of these categories can only be the effect of a relative proximity of hygrophytic swamp or marsh vegetations characteristic of fresh-water influenced deltaic ecosystems. Together, the locally derived lycopodiophytic, pterophytic and equisetophytic spores become the dominant constituent of terrestrial palynomorph assemblages from beds overlying the Vitriolschiefer (VAN BERGEN & KERP 1990; BRUGMAN et al., in press). The regional elements of the assemblages continue to reflect long-distance transport of pollen from xerophytic source vegetations.

Apart from scarce but regular occurrences of marine

acritarchs, aquatic palynomorphs from the basal Keuper include the multicellular chlorophytes *Botryococcus* and *Plaesiodictyon mosellanum* (Fig. 4g). Both categories can be regarded as a reflection of fresh/brackish to freshwater algal communities. *Botryococcus* remains restricted to the Vitriolschiefer. In contrast, occurrences of *Plaesiodictyon mosellanum* mark the onset of its conspicuous acme in the overlying beds (VAN BERGEN & KERP 1990; BRUGMAN et al., in press).

Thus, also at the Muschelkalk-Keuper junction, there is palynological evidence of an environmentally controlled turnover, both with respect to the land-derived and aquatic palynomorph components. Relatively open marine depositional conditions are rapidly replaced by those of a prograding deltaic system. Sequence stratigraphically, the turnover can be considered to identify a type-2 sequence boundary.

Most of the Lower Keuper palynological record remains strongly influenced by the input of spores from mangrove, swamp and marsh ecosystems in combination with *Plaesiodictyon mosellanum*. Although already in decline, this typically deltaic association abruptly ceases to occur at 594.4 m, just below the Grenzdolomit marking the top of the Lower Keuper (VAN BERGEN & KERP 1990; BRUGMAN et al., in press). This palyno-event is likely to reflect a transgressive surface.

Concluding Remarks

It remains outside scope of this progress report to compare and integrate our data and interpretations with results from stratigraphical disciplines other than palynology. With respect to our chronostratigraphical model for the Muschelkalk of the Obernsees well it should be realized, however, that our interpretations may show discrepancies with other attempts to correlate the Germanic and Alpine Triassic of Europe.

Our interpretation that the Anisian portion of the Muschelkalk remains restricted to the Upper Anisian (Pelsonian and Illyrian) is in conflict with current concepts in which the lower boundary of the Pelsonian is projected within the Lower Muschelkalk. Also our upward extend of the Ladinian portion of the Muschelkalk is controversial when compared with correlation schemes that suggest the position of the Muschelkalk-Keuper boundary to be within the Langobardian Substage.

On a local scale, our sequence stratigraphical interpretations seem not to be in serious conflict with the lithological information and the gamma-ray profile derived from the Obernsees well (EMMERT et al. 1985). On a regional scale, our concept of two (third-order) Muschelkalk sequences and their subdivision into systems tracts matches the sequence stratigraphical model for the Germanic Triassic proposed by AIGNER & BACHMANN (1991, 1993). On an inter-regional scale, despite similarities, accurate comparison with recent schemes of Middle Triassic sequence stratigraphical subdivision (DE ZANCHE et al. 1992; SKJOLD et al. 1992) is hampered by uncertainties with respect to time-correlation of the recognized sequences.

The quantitative palynomorph record from Obernsees does not provide evidence of any substantial climatic change when comparing lowstand and highstand intervals. Despite frequent statements to the contrary, the consistent occurrence of xerophytic elements indicates that the regional climate continuously remained semi-arid during deposition of the Upper Buntsandstein, Muschelkalk and Lower Keuper. Hence, the recognized third-order sequences cannot be unambiguously linked to climate-controlled eustasy. We believe that the corresponding sea-level fluctuations in the Germanic Basin could well have been induced by regional changes in lithospheric palaeo-stress conditions.

Zusammenfassung

Die stratigraphische und paläoökologische Interpretation palynologischer Daten erlaubt eine chronostratigraphische und sequenzstratigraphische Gliederung des Muschelkalkes der Forschungsbohrung Obernsees in Franken. Palynostratigraphische Vergleiche mit der alpinen mittleren Trias deuten an, daß das bearbeitete Intervall die pelsonischen und illyrischen Unterstufen des Anis und die fassanische Unterstufe des Ladins repräsentiert. Deutliche Wechsel in der quantitativen Zusammensetzung der terrestrischen Pollen/Sporen- Vergesellschaftung zeigen Transgressionsflächen an der Buntsandstein-Muschelkalk-Grenze und im obersten Abschnitt des mittleren Muschelkalkes an. Markante Umschläge nahe des Übergangs vom Unteren zum Mittleren Muschelkalk und an der Muschelkalk-Keuper-Grenze reflektieren Sequenzgrenzen. Maximale Überflutungsflächen lassen sich anhand von Häufigkeitsmaxima der marinen Palynomorphen (Acritarchen) im mittleren Abschnitt des Unteren Muschelkalkes und auf einem Niveau direkt oberhalb der *cycloides*-Bank erkennen.

Acknowledgements

Samples from the Obernsees well were made available by the Bayerisches Geologisches Landesamt (Munich), through kind mediation of Prof. Dr. B. SCHRÖDER (Ruhr-Universität Bochum). We acknowledge the contributions to the analysis of the Obernsees material by W.A. BOEKELMAN, R.P HOLSHUIJSEN, P.F. VAN BERGEN and J.M. VAN BUGGENUM, former research-students at the Laboratory of Palaeobotany and Palynology. Research supported by the Netherlands Research School of Sedimentary Geology.

References

AIGNER, T. & BACHMANN, G.H. (1991): Sequence stratigraphic concept of the Germanic Triassic. - Albertiana, **9**, 24-25, 1 fig.; Utrecht.

AIGNER, T. & BACHMANN, G. H. (1993): Sequence stratigraphy of the German Muschelkalk.- This volume, 15-18, 2 figs.

BRUGMAN, W.A. (1986a): A palynological characterization of the Upper Scythian and Anisian of the Transdanubian Central Range (Hungary) and the Vicentinian Alps (Italy). - Dissertation University of Utrecht, 95 pp, 6 figs, 9 tbs, 15 pls; Utrecht.

BRUGMAN, W.A. (1986b): Late Scythian and Middle Triassic palynostratigraphy in the Alpine realm - Albertiana, **5**, 19-20, 1 fig.; Utrecht.

BRUGMAN, W.A., VAN BERGEN, P.F. & KERP, J.H.F. (in press): A quantitative approach to Triassic palynology, the Lettenkeuper of the Germanic Basin as an example. - In: A. TRAVERSE (Ed.): Sedimentation of Organic Particles; Cambridge (Cambridge Univ. Press).

DE ZANCHE, V., GIANNOLLA, P., MIETTO, P. & SIORPAES, C. (1992): Triassic sequence stratigraphy in the Southern Alps. - In: Sequence Stratigraphy of European Basins, Abstracts Volume, 40-41, 1 fig.; Dijon (CNRS-IFP).

EMMERT, U. (1985): Der Muschelkalk in der Forschungsbohrung Obernsees. - Geologica Bavarica, **88**, 97-102, 1 fig., 1 encl.; Munich.

EMMERT, U., GUDDEN, H., HAUNSCHILD, H., MEYER, R.K.F., SCHMID, H. & STETTNER, G. (1985): Bohrgut-Beschreibung der Forschungsbohrung Obernsees. - Geologica Bavarica, **88**, 23-27, 1 encl., Munich.

GUDDEN, H. (1985): Der Buntsandstein in der Forschungsbohrung Obernsees. - Geologica Bavarica, **88**, 69-81, 2 encl.; Munich.

GUDDEN, H. & SCHMID, H. (1985): Die Forschungsbohrung Obernsees.- Konzeption, Durchführung und Untersuchung der Metallführung.- Geologica Bavarica, **88**, 5-21, 10 figs, 1 tb., 1 encl.; Munich.

HAUNSCHILD, H. (1985): Der Keuper in der Forschungsbohrung Obernsees. - Geologica Bavarica **88**, 103-130, 7 figs, 1 tb., 1 encl.; Munich.

SKJOLD, L.J., VAN VEEN, P.M., KRISTENSEN, S.E. & RASMUSSEN, A.R. (1992): Triassic sequence stratigraphy in the Barents Sea. - In: Sequence Stratigraphy of European Basins, Abstracts Volume, 86-87, 1 fig.; Dijon (CNRS-IFP).

VAN BERGEN, P.F. & KERP, J.H.F. (1990): Palynofacies and sedimentary environments of a Triassic section in southern Germany. - Mededel. Rijks Geol. Dienst, **45**, 24-30, 6 figs, 2 pls; Haarlem.

VAN DER EEM, J.G.L.A. (1983): Aspects of Middle and Late Triassic Palynology. 6, Palynological investigations in the Ladinian and Karnian of the western Dolomites,Italy. - Rev. Palaeobot. Palynol., **39** (3/4), 165-286, 13 figs, 13 tbs, 30 pls; Amsterdam.

VISSCHER, H. & BRUGMAN, W.A. (1981): Ranges of selected palynomorphs in the Alpine Triassic of Europe. - Rev. Palaeobot. Palynol., **34** (1), 115-128, 5 tbs, I pl.; Amsterdam.

Zur Gliederung des Oberen Muschelkalks in Baden-Württemberg mit Ceratiten

Max Urlichs, Stuttgart
1 Abbildung

Zonengliederung

Einige Ceratiten-Zonen, und zwar die *intermedius-*, *dorsoplanus-* und *semipartitus*-Zone, führte bereits WAGNER (1910) ein. Auch wenn er statt Zone stellenweise „Horizont" und „Niveau" schrieb, meinte WAGNER (1910) damit die Biozone, da er z.B. die *dorsoplanus*-Zone auch als „*dorsoplanus*-Zeit" bezeichnete. Im Anschluß hieran übernahm STETTNER (1911) diese Zonen, ohne daß aus seiner Arbeit zu entnehmen ist, was er darunter verstand. Kurz danach führte WAGNER (1913: 448) weitere horizontierte Ceratiten aus Nordwürttemberg und Unterfranken auf und lehnte sie als Leitfossilien entschieden ab: „Die Ceratiten sind keine strengen Leitfossilien, sie sind absolut unpraktisch... Man darf Einzelfunde nicht mehr ausschlaggebend betrachten". Der Grund für diesen Sinneswandel war, daß er glaubte, Ceratiten verschiedener Zonen zusammen vorkommend gefunden zu haben.

Aufgrund von neuem Material aus Nord- und Süddeutschland bestätigte RIEDEL (1916: 105) bald darauf WAGNERS (1910) Zonen und schlug für den übrigen Oberen Muschelkalk die erste Zonengliederung vor, die erweitert heute noch Gültigkeit hat. Zusätzlich führte SCHRAMMEN (1934: 428) die über der *spinosus*-Zone gelegene *hercynus*-Zone ein, die PENNDORF (1951: 7) dann in *enodis*-Zone änderte. Vermutlich weil die Index-Arten selten sind, benannte WENGER (1957: 99) diese Zone in *enodis/laevigatus*-Zone um und bemerkte weiter: „Vielleicht läßt sich nach genauerer stratigraphischer Bearbeitung darüber noch die *sublaevigatus*-Zone einordnen". Hierauf meinte KOZUR (1974, Teil 2: 42), *Ceratites sublaevigatus* WENGER sei ein jüngeres Synonym von *C. similis* RIEDEL, und schlug daher die *similis*-Zone für den Bereich zwischen *enodis/laevigatus*- und *nodosus*-Zone vor. *C. similis* gehört, wie RIEDEL (1916) bereits hervorhob, in die Verwandtschaft von *C. evolutus* und kommt in diesem stratigraphischen Niveau nicht vor. HAGDORN & SIMON (1985: Abb.36) nannten hierauf die *similis*-Zone in *sublaevigatus*-Zone um und trennten die *praenodosus*- von der *nodosus*-Zone ab. Außerdem erhoben sie die *postspinosus*-Subzone von RIEDEL (1916) in den Rang einer Zone.

Ferner faßte WENGER (1957), auf WAGNERS (1913) horizontierten Aufsammlungen fußend, die obersten drei Ceratiten-Zonen zum „Horizont der Discoceratiten" zusammen. Im Belegmaterial zu WAGNER (1913) befindet sich unter anderem ein als *Ceratites semipartitus* bestimmtes Exemplar, das laut Etikett aus der Hauptterebratelbank von Bitzfeld stammen soll. Nach eigener Anschauung handelt es sich um *C. (Discoceratites) dorsoplanus*. Im nachhinein ist nicht überprüfbar, ob Etiketten vertauscht worden sind oder ob Georg Wagner sich bei der Angabe des Horizonts getäuscht hat. Jedenfalls konnte *C. (Di.) semipartitus* in der Hauptterebratelbank nie mehr bestätigt werden. Mit Hilfe von neuem, genau horizontiertem Material ist die Trennung dieser Zonen jedoch möglich (BUSSE 1970: 141; HAGDORN & SIMON 1985: Abb. 36, HAGDORN et al. 1991: Abb.4; PENNDORF 1951: Abb.1). Die *intermedius*-Zone ist bei RIEDEL (1916) aber zu weit gefaßt, da bis zu 25 cm große Exemplare zu *C. intermedius* gerechnet wurden. Bei über 20 cm großen Exemplaren handelt es sich um *C. (Di.) dorsoplanus*. WEYER (1967) stellte später fest, daß *C. intermedius* PHILIPPI ein Homonym ist, und benutzte für diese Art das nächste verfügbare, subjektive Synonym *C. bivolutus*. Hierauf schied KOZUR (1974) die *intermedius*-Zone als *levalloisi/bivolutus*-Subzone aus, und HAGDORN & SIMON (1985) nannten sie dann in *bivolutus*-Zone um. Bei den von letzteren Autoren über den Dolomitischen Mergeln alpha gefundenen Exemplaren von *C. intermedius* handelt es sich nach eigener Anschauung um *C. (Di.) dorsoplanus*. Die Basis der *dorsoplanus*-Zone liegt demnach tiefer. Da es sich bei *C. bivolutus* um kein Synonym von *C. intermedius* sondern um eine selbständige Art aus der Verwandtschaft von *C. (C.) nodosus* handelt, wurde *C. intermedius* von URLICHS & MUNDLOS (1987) als *C. (Di.) weyeri* und dementsprechend auch die Zone neu benannt. Diese Art tritt nach neuen Untersuchungen nur sehr selten in der oberen *nodosus*-Zone auf, und deshalb wird die *weyeri*-Zone nicht mehr ausgeschieden. Auch in Südniedersachsen fehlt ihr Nachweis (URLICHS & VATH 1990).

Im Anschluß an WENGER (1957) sind in den letzten Jahrzehnten vor allem in Württemberg horizontiert Ceratiten gesammelt worden. Als erster begann Rudolf MUNDLOS (1919-1988) damit, dessen Sammlung der Grundstock für weitere Forschung ist. Später schlossen sich zahlreiche weitere Sammler an. Dieses Material ist nun zusammen mit eigenen Aufsammlungen Grundlage zu einer verfeinerten Biostratigraphie im Oberen Muschelkalk Baden-Württembergs.

Ceratiten-Stratigraphie in Württemberg

Die Ceratiten-Stratigraphie im Trochitenkalk und in den unteren Nodosusschichten Württembergs ist kürzlich bearbeitet worden (URLICHS & MUNDLOS 1988, 1990), so daß nur eine Zusammenfassung und Ergänzungen hinzugefügt werden. Die Ergebnisse, vor allem die stratigraphische Verbreitung der einzelnen Arten, ist auf Abb. 1 (siehe S. 154) zusammengefaßt.

Da nach HAGDORN & SIMON (1993) *Tetractinella* in Baden-Württemberg nicht in der Trochitenbank 2, sondern in der Trochitenbank 1 auftritt, verschiebt sich damit auch das erste Auftreten der Ceratiten im Oberen Muschelkalk. KÖNIG (1920: 27) führte nämlich aus seiner „Retziabank", die nun der Trochitenbank 1 entspricht, bereits einen *Ceratites sequens* auf und wies damit in dieser Bank das früheste Auftreten von Ceratiten der *atavus*-Zone nach. Das Belegexemplar wurde überprüft, und es handelt sich um *Paraceratites (Progonoceratites) atavus atavus*. Reiche Funde aus der *atavus*-Zone sind aus den Haßmersheimer Mergeln 3 (URLICHS & MUNDLOS 1980) und selten über der Trochitenbank 4 (BARTHOLOMÄ 1985) bekannt. Die *atavus*-Zone reicht noch bis an die Basis der Trochitenbank 5. Bei

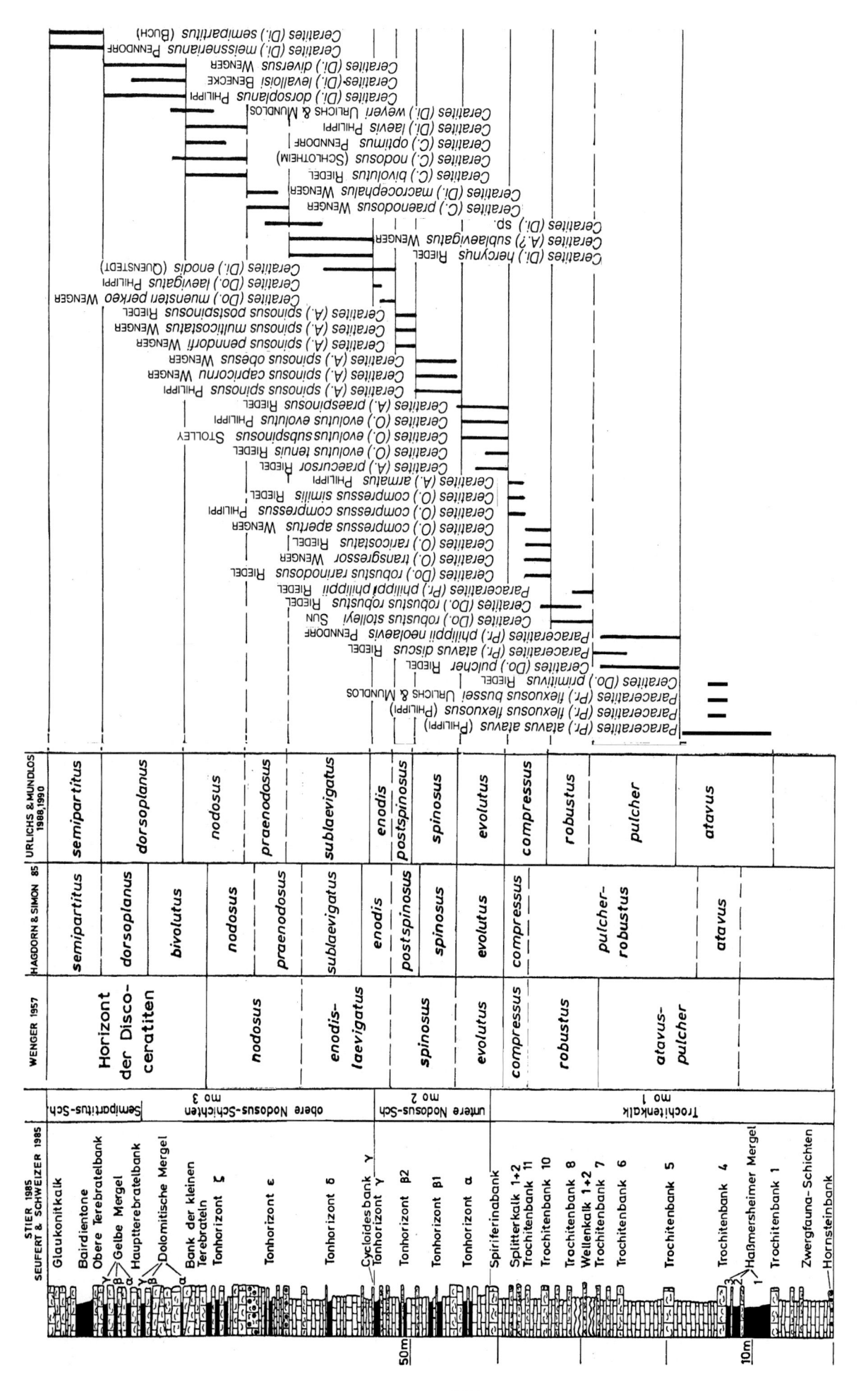

Abb. 1 Lithologisches Profil, stratigraphische Verbreitung der Ceratiten und Zonen-Gliederung im Oberen Muschelkalk Nordwürttembergs

der Abgrenzung von *Paraceratites* (*Progonoceratites*) und *Ceratites (Doloceratites)* läßt REIN (1988b: 29) als alleiniges Unterscheidungsmerkmal die Ausbildung der Lobenlinie gelten. Wie jedoch festgestellt wurde (URLICHS & MUNDLOS 1985, Abb.6), ist die Variation der Lobenlinie bei *Paraceratites (Pr.) atavus atavus* sehr groß. Da in einer Schicht an einem Fundort Exemplare mit gekerbten bis zu nahezu glatten Sätteln zusammen vorkommen, ist die Lobenlinie sehr variabel und kann damit nicht zur Trennung der Gattungen herangezogen werden. Das wesentliche Merkmal bleibt die Gehäusemorphologie.

Aus der darauffolgenden *pulcher*-Zone ist von Baden-Württemberg wegen ungünstiger fazieller Ausbildung der Schichtenfolge im Vergleich zu anderen Fundgebieten nur wenig Material bekannt. Die Basis der nächsthöheren *robustus*-Zone wurde mit dem ersten jetzt bekannten Auftreten von *C. (Do.) robustus stolleyi* an die Oberfläche des Wellenkalks 1 gelegt. Diese Zone, aus der auch nur von wenigen Fundpunkten, vor allem aus der Crailsheimer Gegend und von Künzelsau, horizontiertes Material vorliegt (HAGDORN & SIMON 1985; URLICHS & MUNDLOS 1988), reicht bis zur Trochitenbank 10. Bei Vorliegen von weiterem, reicherem Material kann sich diese Grenze noch verschieben.

Über der Trochitenbank 10 treten, anfangs noch zusammen mit *C. (Do.) robustus robustus*, unvermittelt die radförmigen Arten der *compressus*-Zone mit schmalem, hochovalem Querschnitt und einfachen Rippen auf der letzten Windung auf. Diese Zone läßt sich aufgrund der Ceratiten-Verteilung zweiteilen (URLICHS & MUNDLOS 1988), und sie reicht bis knapp unter die Spiriferinabank. Dort treten dann ebenfalls unvermittelt die evoluten Ceratiten mit wesentlich breiterem Querschnitt, *Ceratites (Acanthoceratites) praecursor* und *C. (A.) praespinosus* auf (URLICHS 1993). *C. (A.) praecursor* faßte WENGER (1957) mit den evoluten Ceratiten zu einer Großart zusammen. Da hierdurch der stammesgeschichtliche Zusammenhang mit den spinosen Ceratiten verlorengegangen war, stellten wir (URLICHS & MUNDLOS 1990) ihn als Unterart zu *C. (A.) spinosus*. Hierdurch wurde die stratigraphische Reichweite von *C. (A.) spinosus* ausgeweitet, und damit ist die *evolutus*-Zone in Frage gestellt. Ob die beiden spinosen Ceratiten, *C. (A.) praespinosus* und *C. (A.) praecursor*, als Unterarten oder als selbständige Arten zu betrachten sind, kann erst bei einer Neubearbeitung der Ceratiten aus diesem Bereich entschieden werden. Um Änderungen der Zonengliederung zu vermeiden, werden sie vorläufig als selbständige Arten geführt. *C. (A.) praespinosus* wird etwa 1m über dem Tonhorizont alpha durch *C. (A.) spinosus spinosus* abgelöst. Hier beginnt die *spinosus*-Zone. Diese Unterart geht etwa 1m unter dem Tonhorizont beta 2 in *C. (A.) spinosus penndorfi* über, der knapp über diesem Horizont bereits wieder aussetzt. Mit ihm vergesellschaftet ist *C. (A.) spinosus postspinosus*, die Index-Art der *postspinosus*-Zone. Knapp über dem Tonhorizont beta 2 folgen in Baden-Württemberg einige Meter ohne jegliche Ceratiten-Funde.

Auf die Gliederung über der *postspinosus*-Zone wird hier ausführlicher eingegangen, da neues Material aus den Schichten über der Cycloidesbank gamma vorliegt. Zwischen der *postspinosus*-Subzone und der nächsthöheren *enodis*-Zone ist der schärfste Faunenschnitt im Oberen Muschelkalk vorhanden (REIN 1988a). Es verschwinden nämlich unvermittelt die großen spinosen Ceratiten, und es treten stattdessen zwei ursprüngliche Formen auf, die denen aus der *robustus*-Zone ähneln: Der eine, *C. (Di.) enodis*, ähnelt den scheibenförmigen Ceratiten mit Sichelrippen und der andere, *C. (Do.) muensteri perkeo*, denen mit kräftig dichotomer Berippung. Der scheibenförmige *C. enodis* wird nun zur Untergattung *C. (Discoceratites)* gestellt, da von ihm ausgehend die Entwicklung zu den großen Discoceratiten lückenlos verfolgt werden kann. Die *enodis*-Zone beginnt, früher als bisher bekannt, z.B. bei Kirchberg/Murr bereits 1,40 m unter dem Tonhorizont gamma und reicht 0,6 - 0,7 m über die Cycloidesbank gamma (HAGDORN & SIMON 1985: Abb.33, URLICHS & WARTH 1993). Sie ist in ihrem unteren Teil, im Liegenden der Cycloidesbank gamma, charakterisiert durch *Ceratites (Discoceratites) enodis* und *C. (Doloceratites) muensteri perkeo*. Über der Cycloidesbank gamma ist letztere Art verschwunden, und an seine Stelle tritt *Ceratites (Do.) laevigatus*.

Knapp 1 m über der Cycloidesbank gamma, tauchen neben *C. (Di.) enodis* dann *C. sublaevigatus* und *C. (Di.) hercynus* auf. Damit beginnt die *sublaevigatus*-Zone. Sie reicht bis 1m unter die Oolithbänke bzw. den Tonhorizont epsilon. Hier treten die frühesten Vertreter von *C. (Ceratites) praenodosus* auf (WENGER 1957, Abb.5; URLICHS & MUNDLOS 1990: Abb.1). In dieser Zone kommen neben der seltenen Index-Art zwei nicht benannte Ceratiten und *C. (Di.) macrocephalus* vor. Besonders hervorzuheben ist ferner der Nachweis eines kleinen engnabeligen Discoceratiten mit glatten Innenwindungen in der oberen *sublaevigatus*- und unteren *praenodosus*-Zone von Kupferzell-Rüblingen.

Die Grenze zur nächsthöheren *nodosus*-Zone ist schwer festzulegen, da zwischen den beiden Index-Arten *Ceratites (Ceratites) praenodosus* und *C. (C.) nodosus* ein allmählicher Übergang vorhanden ist. Je nach Artauffassung liegt die Grenze höher oder tiefer im Profil. Nach eigenen Untersuchungen liegt die Grenze 2 - 3 m über dem Tonhorizont epsilon. Die beiden Arten werden folgendermaßen unterschieden: Der kleine *C. (C.) praenodosus* hat schwach dichotome Skulptur auf dem Phragmokon, und die kräftigen nodosen Wulstrippen beginnen erst am Ende des Phragmokons. Bei adulten, großen *C. (C.) nodosus* beginnen die Wulstrippen früher, und die dichotome Skulptur ist auf dem Phragmokon kräftiger. Neben der Index-Art ist in der gesamten *nodosus*-Zone, die bis an die Basis der Dolomitischen Mergel alpha reicht, *Ceratites (Ceratites) bivolutus, C. (Discoceratites) laevis* und in ihrem oberen Teil *C. (Di.) weyeri* nachgewiesen. Da letztere, sehr seltene Art nur in der oberen *nodosus*-Zone auftritt, entspricht die *weyeri*-(= *bivolutus* = *intermedius*)-Zone der oberen *nodosus*-Zone, und sie wird deshalb nicht mehr ausgeschieden.

In den Dolomitischen Mergeln alpha treten dann die frühesten gesicherten Exemplare der nächsthöheren Zone, der *dorsoplanus*-Zone auf, und zwar *Ceratites (Discoceratites) dorsoplanus, C. (Di.) levalloisi* und *C. (Di.) diversus*. *C. (C.) nodosus* und *C. (Di.) weyeri* kommen noch zwischen den Dolomitischen Mergeln alpha und beta vor, d.h. die Arten der *nodosus*-Zone reichen zum Teil noch geringfügig in die nächsthöhere Zone hinein. *C. (Di.) levalloisi* ist bis knapp über die Hauptterebratelbank nachgewiesen, während die beiden anderen Arten noch bis zur Basis der Oberen Terebratelbank bzw. in dieser Bank vorkommen.

In der Oberen Terebratelbank sind die frühesten Vertreter von *C. (Di.) semipartitus* nachgewiesen, während *C. (Di.)*

meissnerianus geringfügig früher in den Gelben Mergeln gamma zum ersten Mal auftritt. Das bedeutet, daß sich auch an dieser Grenze die Arten zweier Zonen geringfügig überlappen. Erstere Art ist nach KOKEN (1902: 77) noch bis in den Gekrösekalk (obere Fränkische Grenzschichten) nachgewiesen, während letztere nur bis in die Bairdientone (untere Fränkische Grenzschichten) bekannt ist.

Vergleich mit anderen Gebieten

Wie an wenigen, kürzlich neu untersuchten Beispielen ausgeführt wird, ist die Ceratiten-Gliederung auf andere Gebiete vollständig anwendbar, jedoch sind die Mächtigkeiten der einzelnen Zonen zum Teil recht verschieden zu Baden-Württemberg. Gute Übereinstimmung besteht mit Thüringen von der *robustus*- bis zur *enodis*-Zone (GENSEL 1988, REIN 1986, 1988a). Es fehlt aber der Nachweis der *sublaevigatus*-Zone bei Erfurt/Thüringen. Sie ist vermutlich kondensiert. REIN (1988a: Abb.2) gibt nämlich bereits knapp über der Cycloidesbank den Beginn der *nodosus*-Zone (im Sinne von WENGER 1957 = *praenodosus*-Zone der heutigen Gliederung) an. In Südniedersachsen sind alle Zonen bis auf die jetzt nicht mehr ausgeschiedene *weyeri*-Zone in der gleichen Artenzusammensetzung wie in Süddeutschland nachgewiesen (URLICHS & VATH 1990).

Summary

Recent bed by bed collections of *Ceratites* from different Upper Muschelkalk outcrops allow a refined ceratite biozonal scheme. 12 biozones are defined and correlated with the lithostratigraphical log.

Dank

Für Ausleihe von horizontierten Ceratiten danke ich den Herren A. Bartholomä (Neuenstein), Dr. H. Hagdorn (Ingelfingen), Dr. A. Liebau (Tübingen), O.H. Schuster (Heilbronn). Für Stiftung von Ceratiten danke ich Herrn J.G. Wegele (Waldenburg) und für Diskussionen Herrn S. Rein (Erfurt).

Literatur

BARTHOLOMÄ, A. (1985): Ceratiten aus der *atavus*-Zone des Oberen Muschelkalks (Mittl. Trias) vom Kocher/Jagstgebiet.- Jh. Ges. Naturk. Württemberg, **140**, 57-63, 4 Abb., Stuttgart.

BUSSE, E. (1970): Ceratiten und Ceratiten-Stratigraphie.- Notizbl. hess. Landesamt Bodenforsch., **98**, 112-145, 2 Tab., Wiesbaden.

GEISLER, R. (1939): Zur Stratigraphie des Hauptmuschelkalks in der Umgebung von Würzburg mit besonderer Berücksichtigung der Ceratiten.- Jb. preuss. geol. Landesanst., **59** (1938), 197-248, 16 Abb., Taf.4-8, Berlin.

GENSEL, P. (1988): Geologisch-paläontologische Dokumentation des temporären Aufschlusses Klärwerk Tiefurt bei Weimar.- Veröff. Naturkundemus. Erfurt, **7**, 49-56, 5 Abb., 2 Taf., Weimar.

HAGDORN, H. & SIMON, T. (1985): Geologie und Landschaft des Hohenloher Landes.- Forsch. Württembergisch Franken, **28**, 1-186, 125 Abb., Sigmaringen.

HAGDORN, H., SIMON, T. & SZULC, J. (Hrsg.) (1991): Muschelkalk. A field guide. 79 S., 77 Abb., Korb (Goldschneck).

HAGDORN, H. & SIMON, W. (1993): Ökostratigraphische Leitbänke im Oberen Muschelkalk.- Dieser Band, 193-208, 15 Abb.

KÖNIG, H. (1920): Zur Kenntnis des unteren Trochitenkalkes im nördlichen Kraichgau.- Sitz.-Ber. Heidelberg. Akad. Wiss., math.-naturwiss. Kl., Abt. A **1920/13**, 1-47, 1 Taf., Heidelberg.

KOKEN, E. (1902): Über die Gekrösekalke des obersten Muschelkalkes am unteren Neckar.- Cbl. Miner. Geol. Paläont., **1902**: 74-81, Stuttgart.

KOZUR, H. (1974): Biostratigraphie der germanischen Mitteltrias.- Freiberger Forschungsh., C **280**, Teil I, 1-56, 15 Tab., Teil II, 1-70, Leipzig.

PENNDORF, H.(1951): Die Ceratiten-Schichten am Meißner in Niederhessen.- Abh. senckenberg. naturforsch. Ges., **484**, 1-24, 3 Abb., 6 Taf., Frankfurt/Main.

REIN, S. (1986): Ceratiten der *spinosus*-Zone (Hauptmuschelkalk, Unterladin) der Umgebung Erfurts.- Veröff. Naturkundemus. Erfurt, **6**, 25-33, 2 Abb., 6 Taf., Erfurt.

REIN, S. (1988): Über die Stellung der Ceratiten (Ammonoidea, Cephalopoda) der *enodis*/*laevigatus*-Zone (Oberer Muschelkalk, Unterladin) Thüringens im Stammbaum der germanischen Ceratiten.- Freiberger Forschungsh., C **427**, 101-112, 15 Abb., Leipzig.[1988a]

REIN, S. (1988): Die Ceratiten der *pulcher*/*robustus*-Zone Thüringens.- Veröff. naturhist. Mus. Schleusingen, **3**, 28-38, 4 Abb., 7 Tab., Schleusingen.[1988b]

RIEDEL, A. (1916): Beiträge zur Paläontologie und Stratigraphie der Ceratiten des deutschen Oberen Muschelkalks.- Jb. kgl. preuss. geol. Landesanst. Berlin, **37**, Teil 1, Heft 1, 1-116, 5 Abb., Taf.1-18, Berlin.

SCHRAMMEN, A. (1934): Ergebnisse einer neuen Bearbeitung der germanischen Ceratiten.- Jb. preuss. geol. Landesanst., **54** (1933), 421-439, Taf.26-28, Berlin.

STETTNER, G. (1911): Beiträge zur Kenntnis des Hauptmuschelkalks.- Jh. Ver. vaterländ. Naturk. Württemberg, **67**, 260-288, Stuttgart.

URLICHS, M. (1993): Zur stratigraphischen Reichweite von *Punctospirella fragilis* (SCHLOTHEIM) im Oberen Muschelkalk Baden-Württembergs.- Dieser Band, 209-213, 2 Abb.

URLICHS, M. & MUNDLOS, R. (1980): Revision der Ceratiten aus der *atavus*-Zone (Oberer Muschelkalk, Oberanis) von SW-Deutschland.- Stuttgarter Beitr. Naturk., B **48**, 1-42, 7 Abb., 4 Taf., Stuttgart.

URLICHS, M. & MUNDLOS, R. (1985): Immigration of cephalopods into the Germanic Muschelkalk Basin and its influence on their suture line. In: BAYER, U. & SEILACHER, A. (Hrsg.): Sedimentary and Evolutionary Cycles.— Lecture Notes in Earth-Sci., **1**, 221-236, 8 Abb., Heidelberg.

URLICHS, M. & MUNDLOS, R. (1987): Revision der Gattung *Ceratites* DE HAAN 1825 (Ammonoidea, Mitteltrias). I.- Stuttgarter Beitr. Naturk., B **128**, 1-36, 16 Ab., Stuttgart.

URLICHS, M. & MUNDLOS, R. (1988): Zur Stratigraphie des Oberen Trochitenkalks (Oberer Muschelkalk, Oberanis) bei Crailsheim. In: HAGDORN, H.(Hrsg.): Neue Forschungen zur Erdgeschichte von Crailsheim.- Sonderbd. Ges. Naturk. Württemberg, **1**, 70-84, 7 Abb., Stuttgart & Korb.

URLICHS, M. & MUNDLOS, R. (1990): Zur Ceratiten-Stratigraphie im Oberen Muschelkalk (Mitteltrias) Nordwürttembergs.- Jh. Ges. Naturk. Württemberg, **145**, 59-74, 3 Taf., 2 Abb., Stuttgart.

URLICHS, M. & VATH, U. (1990): Zur Ceratiten-Stratigraphie im Oberen Muschelkalk (Mitteltrias) bei Göttingen (Südniedersachsen).- Geol. Jb. Hessen, **118**, 125-142, 1 Abb., 7 Taf., 1 Tab., Wiesbaden.

URLICHS, M. & WARTH, M. (1993): Oberer Muschelkalk. In: BRUNNER, H.: Geologische Karte 1:25 000 von Baden-Württemberg. Erläuterungen zu Blatt 7021 Marbach am Neckar, Stuttgart.

WAGNER, G. (1910): Vorläufige Mitteilung über den oberen Hauptmuschelkalk Frankens.- Cbl. Miner. Geol. Paläont., **1910**, 771-775, Stuttgart.

WAGNER, G. (1913): Beiträge zur Stratigraphie und Bildungsgeschichte des oberen Muschelkalks und der unteren Lettenkohle in Franken.- Geol. paläont. Abh., N.F., **12**, 275-451, 31 Abb., 9 Taf., Jena.

WENGER, R. (1957): Die germanischen Ceratiten.- Palaeontographica, A **108**, 57-129, 44 Abb., Taf.8-20, Stuttgart.

Middle Triassic Stratigraphy and Correlation in Parts of the Tethys Realm (Bulgaria and Spain)

K. Budurov, Sofia, F. Calvet, Barcelona, A. Goy, Madrid, A. Marquez-Aliaga, Valencia, L. Marquez, Valencia, E. Trifonova Sofia, A. Arche, Madrid

3 Figures

Introduction

Spain and Bulgaria were part of the Tethys Sea realm (Figure 1); the marine transgression begins in the Early Anisian and onlaps on the land-masses of Europe, Iberia, and North Africa, with fluvial and lacustrine red beds of the Early Triassic (Buntsandstein Facies) changing into shallow-water marine carbonates (Muschelkalk Facies). These conditions prevail during the Middle Triassic.

During this period the Iberian Peninsula was the western end of the Basin; along its eastern border several subbasins opened to the E of the Tethys sea and were separated by high, faulted Paleozoic blocks (Pyrenean, Catalonian, Ebro, Iberian and Betic). The highs were drowned during the Late Ladinian so that a single basin was formed.

The Middle - Late Triassic (Anisian - Norian) of the Iberian Peninsula contains three intervals interpreted as prograding carbonate ramps: Lower Muschelkalk (Anisian), Upper Muschelkalk (Ladinian) and Imon Dolomites Formation (Norian?). These are separated by two siliciclastic/evaporitic intervals interpreted as sabkha and saline deposits: Middle Muschelkalk facies (Late Anisian - Early Ladinian) and Keuper facies (Carnian - Early Norian?) (Figure 2; CALVET et al 1990; LOPEZ 1985; VIRGILI 1958).

The Triassic sediments of Bulgaria can be divided into two provinces, one with shallow-water sediments, mainly carbonates to the W and NW where most of the fossils are found, and another one in the E where deep-water geosynclinal sediments accumulated (ENTCHEVA 1972). The Triassic started with continental siliciclastics passing into marine sediments at the end of the Scythian. This regime continues until the end of the Triassic. The Middle - Late Triassic of the type area in NW Bulgaria has been divided into Biten Formation (Anisian - Early Ladinian), Golo-Bardo Formation (Late Ladinian) and Ivar Formation (Carnian).

There is considerable confusion about the use of the terms „Germanic", „Alpine" and „Tethysian" because they have been applied to both, facies and sediments. So we propose in this paper to use the term „Germanic Facies" for the Triassic sediments with alternations of continental and marine facies (the classic Germanic trilogy), and „Alpine Facies" for Triassic sediments composed basically of marine carbonates (the classic Eastern Alps facies) whereas „Tethysian" and „Boreal" faunas may occur in both types of facies.

Middle Triassic sediments in the Iberian Peninsula and Bulgaria have been correlated by means of ammonites, conodonts, Foraminifera and bivalves collected in many measured sections; detailed taxonomic studies, not yet finished for all groups, show that these faunas belong to the same basin.

The Middle Triassic sediments of the Catalonian Ranges and southeastern Iberian Ranges show very similar facies: 1) a Lower carbonatic level with bioclastic limestones, algal mats and marls (70-120 m thick), 2) a middle red siliciclastic - evaporitic interval of highly variable thickness (up to several hundred meters and 3) an upper carbonate level with bioclastic and oolitic limestones, algal buildups and shallowing-upwards marl-limestones sequences (100 - 140 m thick).

The Middle Triassic of Bulgaria consists of shallow-water limestones and dolomites up to 1.500 meters.

Ammonites

The first description of Triassic ammonites of the Iberian Peninsula was made by SCHMIDT (1935), who described two associations of Pelsonian (Early Anisian) and Fassanian (Early Ladinian) age in Catalonia and the Balearic Islands.

VIRGILI (1958) studied faunas from the Catalonian Ranges and distinguished two horizons: the „*Paraceratites* horizon" of Pelsonian age and the „*Protrachyceras* horizon" of Longobardian (Late Ladinian) age; the latter was subdivided in a level with *Nannites, Protrachyceras* and *Daonella* („*Daonella* level") and another with *Hungarites* and *Protrachyceras* („*Protrachyceras* level").

In the Iberian Ranges the first ammonites were found by HINKELBEIN & GEYER (1965) near Albarracin: *Protrachyceras hispanicum* MOJS. associated with *Daonella*, of early Longobardian (Early Ladinian) age. To the N of this area, *Protrachyceras hermitei* SCHMIDT of Longobardian age was described by GOY (in MARQUEZ-ALIAGA et al. 1987) in the Calanda section. ANADON & ALBERT (1973) found *P. hispanicum* in the same locality.

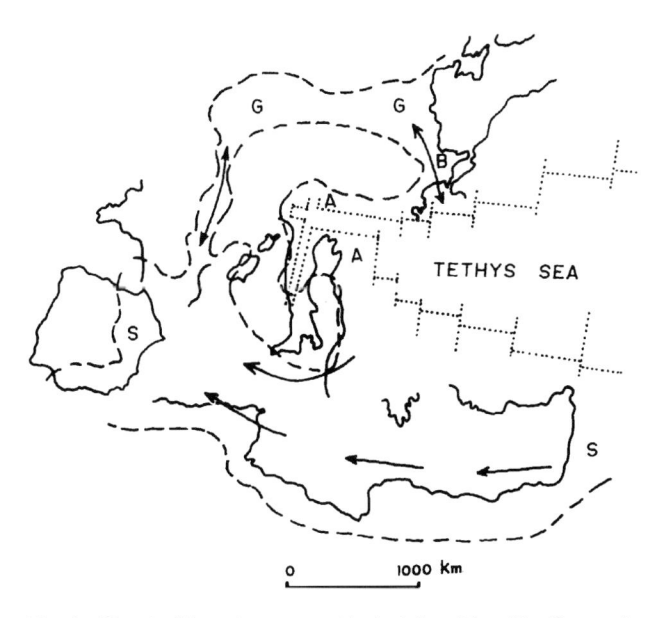

Fig. 1 Sketch of the paleogeographical relationships of the Germanic and Tethys Realms in the Middle Triassic. G= Germanic Basin, B= Bulgaria, A= Alpine provincie, S= Sephardic province. Arrows indicate possible migration routes of the faunas (Modified after MARQUEZ-ALIAGA et al. 1986).

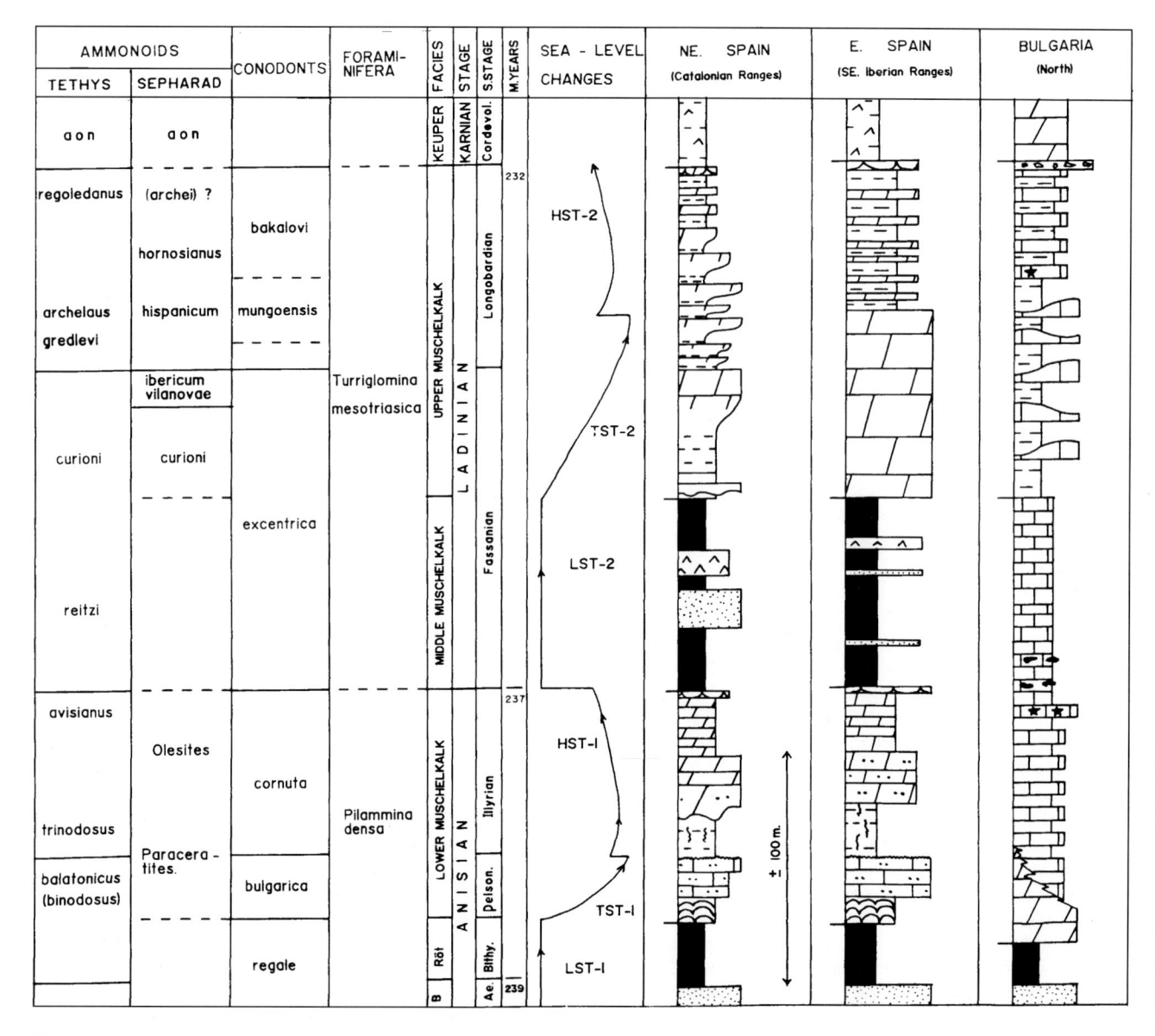

Fig. 2 Correlation of the Catalonian, SE Iberian Ranges and Bulgaria (Northern) Middle Triassic sediments and proposed ammonite, conodont and foraminifera zonations.

The ammonite faunas of Bulgaria are well differentiated. STEFANOV (1932) and ENTCHEVA (1972) described associations from two different domains, in the northwestern and southeastern parts of the country. Ammonites are found in the Campilian (Late Scythian) in a low-diversity association with *Dinarites dalmaticus* (HAUER), *D. bulgaricus* BERN., *D. muchianus* (HAUER), *Lanceolites discoidalis* GANEV and *Tirolites bispinatus* GANEV in the Karabelobo section.

The Anisian association from the Golo-Bardo section consists of *Hungarites, Paraceratites, Ptychites, Ceratites trinodosus* MOJS., *C. semipartitus* MONTF. and *C.* cfr. *dorsoplanus* PHIL. Some of these species have Germanic affinities (STEFANOV 1932). ENTCHEVA (1972) found in the same section: *Hungarites pradoi* (D'ARCH.), *Norites gondola* (MOJS.), *Ceratites dorsoplanus* PHIL., *C. semiornatus* ARTHABER, *C. subnodosus* (MOJS.), *Paraceratites binodosus* HAUER, *P. elegans* MOJS., *P. trinodosus* (MOJS.), *Judicarites euryomphalus* (BENECKE), *Ptychites evolvens* MOJS. and *P. megalodiscus* (BEYRICH).

Ladinian ammonites are rarer. ENTCHEVA (1972) determined in the Tran locality (SW Bulgaria) *Protrachyceras archelaus* LAUBE) and *Arpadites rimkinensis* MOJS.

Anisian

The Lower Muschelkalk of the Catalonian Ranges is the only level where Anisian ammonites occur in the Iberian Peninsula. Near its base, VIRGILI (1958) found *Paraceratites occidentalis* (TORM.), *P. evoluto-espinosus* (TORM.), *P. almerai* BATALLER, *Olesites villaltae* VIRGILI and *Beyrichites* sp., associated with the brachiopod *Mentzelia mentzeli* DUNK.; the association represents the *trinodosus* zone of the Illyrian (Late Anisian) (GOY 1986).

The Anisian ammonites of Bulgaria have been cited in the previous paragraphs.

Ladinian

The lower levels of the Upper Muschelkalk facies in the Catalonian Ranges contain *Eoprotrachyceras* sp. and *Nannites bittneri* MOJS. associated with the bivalve *Daonella lommeli* WISSM. (VIRGILI 1958); they are of Fassanian (Early Ladinian) age. A second, higher horizon contains

Protrachyceras hispanicum MOJS. and *Iberites pradoi* D'ARCH. of Longobardian (Late Ladinian) age.

In the Iberian Ranges, the Henarejos section has provided an ammonite horizon with *Andalusites archei* GOY and *Alloceratites schmidi* ZIMMERMANN of late Longobardian age (GOY 1986; LOPEZ 1985) well above the classic *P. hispanicum* horizon of HINKELBEIN & GEYER (1965). MARIN (1974) found *Protrachyceras hispanicum* MOJS. and *Hungarites pradoi* D'ARCH. near Montalban.

Several ammonite localities are known in the Betic Ranges (PARNES 1977) and the Balearic Islands. In Menorca there are ammonites up to the *aon* zone of the Early Carnian (LLOMPART et al. 1987).

The most significant Ladinian ammonites of Bulgaria have been briefly described in the previous paragraph. The dolomitic nature of the Ladinian in this country makes it more difficult to find fossils than in the calcareous Anisian.

Affinities between the Spanish and the Bulgarian Ammonites

The Anisian is a transgressive period in which a common *Paraceratites* level has been established. The transgression advanced to the West and North (ZIEGLER 1982) and common species are found in both areas. Thus there was a communication between the Germanic and the Tethys domains.

After a short regressive period, a new major transgression took place during the Ladinian, particularly along grabens in N Africa and SE Spain. A clear provinciality is established and Sephardic species such as *Israelites ramonensis* PARNES and *Negevites zaki* PARNES of Early Ladinian age have been found in Israel and the Betic Ranges.

During the Early Ladinian, the communication between the Germanic and the Tethys domains is restricted, but the Burgundy and Carpathian corridors opened again in the Late Ladinian and Germanic ammonites such as *Alloceratites schmidi* ZIMM. reach Sardinia, Menorca and the Prebetic Area.

The Balkanic and Sephardic provinces are well defined during the Ladinian; *Protrachyceras archelaus* (LAUBE) and *Arpadites rimkinensis* MOJS. characterize the first one, *Protrachyceras hispanicum* MOJS. and *Iberites pradoi* D'ARCH. the second one.

Conodonts

Conodonts of the Triassic of Spain have been known since the publications by HIRSCH (1966, 1972, 1981), HIRSCH et al. (1987), VAN DEN BOOGAARD (1966), VAN DEN BOOGAARD & SIMON (1973), LOPEZ (1985), MARCH et al. (1988), MARCH (1991) and MARCH et al. (in press).

The main fossil localities are Henarejos, Boniches, Bugarra and Calanda in the Iberian Ranges and Centelles, Olesa, Tivisa, Coldejou, Palleja, Ametlla and Benifallet in the Catalonian ranges.

The conodonts of the Triassic of Bulgaria are well known from the publications of BUDUROV & STEFANOV (1983, 1984) and BUDUROV (1975, 1976). Concepts of the conodont provincialism in the Balkan region and the Tethys as a whole have been proposed by BUDUROV et al. (1983) and a conodont zonal standard from Bulgaria has been established (BUDUROV & TRIFONOVA 1984).

The Middle Triassic is of particular interest for the development and distribution of conodonts. Since the Late Anisian and for most of the Ladinian some parts of the Tethys have been marine domains more or less isolated and under particular bathymetric and salinity conditions, producing specific conodont faunas, different from the main faunas of the open Tethys (SWEET et al. 1971) such as:
- The "Germanic conodont province" in Germany.
- The "Balkanide conodont province" in Bulgaria, Romania and Greece.
- The "Sepharadic conodont province" at the southern margin of the Tethys, from Israel to the Iberian Peninsula.

The Sepharadic province, in particular, was characterised by the development and great abundance of the conodonts *Sephardiella* and *Pseudofurnishius* (VAN DEN BOOGAARD 1966, VAN DEN BOOGAARD & SIMON 1973, MARCH 1991) and a series of bivalves (HIRSCH et al. 1987). These faunas became isolated in the Sephardic province, but some of them made incursions into the Tethys or Balkanide provinces and are particularly important as correlation markers (BUDUROV & STEFANOV, 1983).

Anisian

In the Iberian Peninsula, the conodonts of this stage occur only in the Lower Muschelkalk of the Catalonian Ranges, and the following zonal sequence has been established (MARCH et al., in press) (Fig. 3).

Paragondolella bulgarica Zone: Middle to Late Pelsonian (Middle Anisian), found in the Ametlla and Palleja sections. It is characterized by a typical Tethys conodont assemblage.

Paragondolella bifurcata Zone: Illyrian (Late Anisian) including the zonal index species and the local presence of the Balkanic species *Neogondolella cornuta* BUDUROV & STEFANOV in the Ametlla section. It is characterized by Tethyan conodont assemblages.

Neogondolella constricta Zone: Late Illyrian (Late Anisian) to Early Fassanian (Early Ladinian), including the zonal index species in the Ametlla, Pontons, Palleja, Colldejou and Olesa sections. The Balkanic species *Neogondolella excentrica* BUDUROV & STEFANOV was found in the Palleja section.

The Anisian conodont faunas of Bulgaria are rich and well known, and define the Balkanide province as an area with muddy sedimentation in this period. The following zonal sequence has been established (BUDUROV & STEFANOV 1983, 1984) (Fig. 3):

Neogondolella regale Zone: Late Aegean Early Pelsonian (Early Anisian).

Neogondolella bulgarica Zone: Late Pelsonian (Middle Anisian).

Paragondolella bifurcata Zone: Early Illyrian (Late Anisian).

Neogondolella cornuta Zone: Late Illyrian (Late Anisian).

Representatives of the platform conodont *Gondolatus* (RAFEK) of the Germanic province occur in sections of western Bulgaria.

Ladinian

The conodonts of this age have been found in the Iberian Peninsula and Balearic Islands since the pioner work of HIRSCH (1966) and VAN DEN BOOGAARD (1966).

The following zonal sequence has been established:
Neogondolella constricta Zone: The top of this zone is Early Fassanian (Early Ladinian) in age.

Sephardiella mungoensis Zone: Late Fassanian to Middle Longobardian (Early to Late Ladinian). The index species is accompained by *Sephardiella truempyi* (HIRSCH) in the lower part and *Pseudofurnishius murcianus* VAN DEN BOOGAARD in the upper part.

The Ladinian conodonts in the Iberian Peninsula lack representatives of the Germanic province and clearly belong to the Sephardic province of the Tethys realm. Up to now, no conodonts of Carnian or Norian age have been found in the Iberian Peninsula.

Affinities between the Spanish and the Bulgarian Conodonts

The conodonts represent the best fossils for correlation between the Middle Triassic of the Iberian Peninsula and Bulgaria.

The Anisian conodont assemblages are similar in the Lower Muschelkalk facies of Catalonia and the Lower half of the Biten Formation of NW Bulgaria. Both areas were part of the Tethys realm with no differentiations and there were no obvious connections with the Germanic realm.

During the Ladinian, the Tethys realm became wider and more complex, with at least three different provinces in the external parts. The Iberian Peninsula was part of the Sephardic Province. Bulgaria was part of the Balkanic Province, but there was an exchange of several forms and some Germanic elements immigrated into the Tethys realm occasionally.

Foraminifera

Foraminifers have been identified only recently in the Triassic of the Iberian Peninsula. MARQUEZ-ALIAGA et al. (1987) identified *Nodosaria* and some other genera in the Upper Muschelkalk facies of the Calanda section, Northern Iberian Ranges. Rich foraminifer assemblages were found in several levels of the Lower and Upper Muschelkalk facies of the Catalonian Ranges (MARQUEZ et al. 1989, MARQUEZ et al. 1990, MARQUEZ & TRIFONOVA 1990, MARQUEZ et al. 1990), of Pelsonian to Illyrian (Anisian) and Longobardian (Late Ladinian) ages. Studies in course have identified some Illyrian (Late Anisian) Foraminifera in the Lower Muschelkalk facies of Landete section (Iberian Ranges).

The Triassic Foraminifers in Bulgaria are diverse and allow easy correlations with the Tethys realm (TRIFONOVA 1984). More than 130 species are known in the Anisian and Ladinian and three foraminifer zones have been established for this time interval (TRIFONOVA 1978 a, b, SALAJ et al. 1988, BUDUROV & TRIFONOVA 1984).

Anisian

Anisian Foraminifera have been found in two horizons of the Lower Muschelkalk Facies of the Catalonian Ranges (Olesa and Vilella Baixa sections). On the lower level, which also contains *Paraceratites*, there are *Glomospira sinensis* Ho, *Trochammina almtalensis* KOEHN-ZANINETI, *Earlandia tintinniformis* MISLK, *Hemigordius chialingchiangensis* (Ho) and *Diplotremina astrofimbriata* KRISTAN-TOLLMANN. On the upper level, with the brachiopod *Mentzelia mentzeli*, there are *Calcitornella* sp., *Dentalina* sp. and *Nodosaria* sp. They are characteristic of the upper part of the *Pilamina densa* zone (Late Pelsonian to Illyrian) Late Anisian.

There is only one foraminifer locality known in the Lower Muschelkalk facies of the Iberian Ranges where *Paleomiliolina judicariensis* PR.-SILVA, *Meandrospira* cf. *dinaricata* KOCHANSKY, *Glomospira* sp. and *Endothyra* sp., among others, have been found.

The Anisian Foraminifera of Bulgaria are far more abundant. SALAJ et al. (1988) established two Foraminifer zones:

Meandrospira deformata Interval Zone (Early Anisian).
Pilammina densa Range zone (Middle - Late Anisian).

During the Anisian, a rapid renewal of faunas took place among these *Meandrospira deformata* SALAJ, M. *dinarica* KOCHANSKY, *Pilamina densa* PANTIC and *Paleomiliolina judicariensis* PR.-SILVA as the more characteristic forms.

Ladinian

The Foraminifera from the Upper Muschelkalk Facies of the Iberian Peninsula are far more diverse. A few sections in the Iberian Ranges (Jalance, Bugarra and Calanda) contain several species of *Dentalina, Astacolus, Ophthalmidium, Planiinvoluta* and *Oberhauserella* of Longobardian (Late Ladinian) age, but the best assemblages have been found in two different horizons of the Catalonian Ranges. The first one contains, among others, *Reophax asperus* CUSHMAN & WATERS, *Oberhauserella mesotriasica* (OBERHAUSER), *Austrocolomina* cf. *marshallii* OBERHAUSER and *Dentalina gerkei* STYK, *Cyclogyra pachygyra* (GUEMBEL), *Planiinvoluta carinata* LEISCHNER and *Ammobaculites hiberensis* MARQUEZ & TRIFONOVA. The second one, *Reophax asperus* CUSHMAN & WATERS, *Endothyranella wirzi* (KOEHN-ZANINETTI), *Lamelliconus multispirus* (OBERHAUSER), *Duostomina alta* KRISTAN-TOLLMANN, *Turriglomina mesotriasica* (KOEHN-ZANINETI), *Agathammina austroalpina* KRISTAN-TOLLMANN and *Palaeolituonella meridionalis* (LUPERTO). They are typical Ladinian foraminifer assemblages.

As in the Anisian, the Ladinian foraminifer faunas of Bulgaria are more diverse than the Iberian ones. In the NW area many new species appear, mainly belonging to the family Nodosariidae, some genera such as *Aulotortus, Ophthalmidium, Agathamina, Oberhauserella*, etc., the very characteristic species *Turriglomina mesotriasica* KOEHN-ZANINETTI and, in the Late Ladinian, the first species of *Lamelliconus*.

A foraminifer zone has been defined for the Ladinian of Bulgaria (SALAJ et al. 1988), *Turriglomina mesotriasica* Interval zone: Late Illyrian (Late Anisian) - Ladinian.

Affinities between the Spanish and the Bulgarian foraminifers

Foraminifer biozones of Anisian and Ladinian age can be easily correlated between Bulgaria and the Iberian Peninsula. The first appearance of Foraminifera in Iberia took place in the Late Pelsonian (Early Anisian), but Scythian foraminifers have been found in Bulgaria. Most of the species have affinities with species of the Tethys, but there are also isolated Germanic species such as *D. gerkei* in the Ladinian and a few cosmopolitans.

During the Late Ladinian (Longobardian) the Sepharadic Province of the Tethys realm differs clearly from the main Alpine province. The *Pilamina densa* and *Turriglomina mesotriasica* zones have been identified in the Iberian Peninsula associated to the transgresive sequences of the Lower and Upper Muschelkalk facies. Rich assemblages of *T. mesotriasica* zone occur related with the maximum flooding surface of the transgressive sequence of Ladinian (CALVET et al. 1990; MARQUEZ et al. 1990).

Bivalves

Martin Schmidt, a great expert on the Paleontology of the Germanic Muschelkalk fossils, was the first who made a comprehensive study of the Middle Triassic bivalves of Spain (1935). He tried to find close relationships between the Germanic and the Spanish fossils; he established several new bivalve taxa when he found Spanish specimens in different stratigraphical positions with respect to their Germanic counterparts.

The next important study was made by Virgili (1958) in the Catalonian Ranges, increasing significantly the knowledge of the faunas. She used Schmidt's schemata but found many new taxa of Alpine affinities and made the fundamental observation that the Triassic sediments are of Germanic facies but that the fauna is Alpine.

The most recent study was made by Marquez-Aliaga (1985) using material from the Iberian Ranges, Catalonian and the Betics and comparing those faunas with other regions as Italy, England, Germany and Bulgaria. The taphonomic and taxonomic studies allowed her to reduce drastically the number of bivalve species described from the Spanish Muschelkalk. Comparative studies show that 73% of the fauna are found in both the Alpine (Tethysian) and Germanic provinces; 12% of the Spanish species are purely Alpine and the rest of the species are considered autochtonous of the Iberian Peninsula.

The latest studies by Marquez-Aliaga & Lopez (1989) and Marquez-Aliaga & Garcia-Gil (1991) for the Iberian Ranges; Perez-Lopez et al. (1991) and Marquez-Aliaga & Montoya (1991) for the Betic Ranges and Llompart et al. (1987) for the island of Menorca, show that, in spite of many new findings, the specific diversity is low in the Iberian Peninsula in comparison with the classic Alpine and Germanic realms. There is a great paleoecological uniformity in the different Iberian areas, particularly during the Ladinian when the species record is highest.

The Sephardic province was defined by Hirsch (1977) as the epicontinental southern border of the Tethys sea from Arabia to the Iberian Peninsula, different from the deeper northern border, the classic Alpine area. The correlation between the „autochthonous" species (sensu Marquez-Aliaga 1985) from Spain, Jordan and Israel show how the bivalve taxa migrated from the eastern to the western part of the province between the Anisian and the Ladinian (Marquez-Aliaga et al. 1986; Marquez-Aliaga & Hirsch 1988, Hirsch & Marquez-Aliaga 1988).

The correlation between the Spanish and the Bulgarian bivalve faunas (Entcheva 1972 and her personal communication) has been attempted for the first time in this paper.

Anisian

In Spain, Anisian bivalves occur in several localities: in the Catalonian Ranges: Centelles, Farell, Olesa, Palleja y Begues and in the Iberian Ranges: Serra and Chelva. The characteristic association is: *Hoernesia socialis* (Schloth.), *Myophoria vulgaris* (Schloth.), *Pleuromya musculoides* (Schloth.), *P. elongata* (Schloth.), *Unionites muensteri* (Wissmann).

In Bulgaria, these bivalves have been found in the Illyrian (Lower Anisian), in the sections of Belograchik and Golo-Bardo (Stefanov 1943, Entcheva, personal communication). The characteristic association is: *Anodontophora fassaensis* (Wissman)(= *Unionites muensteri* (Wissmann) in Marquez-aliaga 1985), *Hoernesia socialis* (Schloth.), *Myophoria vulgaris* (Schloth.), *Limea striata* (Schloth.), „*Mytilus*" *eduliformis* (Schloth.).– In spite of the long temporal range of these species, both associations are very closely related.

Ladinian

The Ladinian faunas have greater specific diversity both in the Catalonian and Iberian Ranges. *Daonella lommeli* (Wissmann) and *Posidonia wengensis* (Wissmann) are found near the base of the Upper Muschelkalk facies and have Longobardian (Late Ladinian) age. Higher up in the Muschelkalk facies, there is a very diverse association; it consists of: *Enantiostreon difforme* (Schloth.), *Placunopsis teruelensis* Wurm, *Gervillia joleaudi* (Schmidt), *Entolium discites* (Schloth.) and *Costatoria goldfussi* (Alberti). The most important sections are Mora de Ebro, Camposines, Falset, Alfara, Alcover and Tivisa in the Catalonian Ranges.

In Bulgaria, Late Ladinian faunas have been found; in the Staro-Selo section; the association is: *Enantiostreon difforme* (Schloth.), *Placunopsis* sp., *Entolium discites* (Schloth.) and *Costatoria goldfussi* (Alberti), above the *Daonella lommeli* horizon.

Affinities between the Spanish and the Bulgarian bivalves

There are close affinities between the Spanish and Bulgarian Anisian bivalves if we compare all the dates given by Marquez-Aliaga (1985) and Entcheva (1972), as 75% of the species are common and present in the Germanic and Alpine realms (cosmopolitan faunas). Affinities are much smaller in the Ladinian with only 15% of common cosmopolitan species and 5% of common Alpine species.

The Anisian (and Scythian) bivalve faunas of the Tethys are closely related but during the Ladinian there was a clear diversification into separate provinces within the Tethys realm. The Iberian bivalve faunas are closely related to the Sephardic province of the Tethys realm and the Bulgarian faunas seem to be related to a different province of the Tethys (Alpine) realm.

Conclusions

During the Middle Triassic there were two main sedimentation areas in Europe, the Germanic Basin to the N and the Tethys Basin to the S. Spain and Bulgaria were part of the Tethys Basin.

We propose the terms „Germanic Facies" for the Triassic sediments with alternations of continental and marine facies, and „Alpine Facies" for the Triassic sediments composed basically of marine carbonates and „Tethysian" and „Boreal" faunas for the different fossil communities that can be found in both types of facies.

During the Anisian:

A common *Paraceratites* horizon caused by a transgression is found in Spain and Bulgaria. A communication is open with the Germanic Basin, and Boreal faunas are found in Bulgaria (sensu Stefanov 1932).

The Anisian conodont assemblages are similar in the Lower Muschelkalk facies of the Catalonian Ranges and the lower half of the Biten Formation. The conodont faunas were part of the Tethys realm and there were no obvious connections with the Germanic realm.

The Anisian Foraminifera of Spain and Bulgaria can easily be correlated and belong to the *Pilamina densa* Zone.

The Anisian bivalves show close affinities with many species found both in Spain and Bulgaria. The Anisian bivalves are cosmopolitan and are present both in the Tethys and Germanic realms.

During the Ladinian:
The ammonites of the Spanish Muschelkalk belong to the Sephardic province of the Tethys and the *Protrachyceras* associations of Spain can be correlated with the *P. archelaus* horizon of Bulgaria. Communication between the Germanic and the Tethys Basins was restricted during the Lower Ladinian.

The arrival of several Ceratites to the Tethys realm (Menorca) points out that the communication with the Germanic Basin had become possible.

The Ladinian conodonts show marked provinciality with a Sephardic, a Balkanic and a Germanic province. There are incursions of the Sephardic species such as *N. constricta* and *S. mungoensis* in the Balkanic province, Balkanic species such as *N. excentrica* in the Sephardic province and Germanic species such as *N. mombergensis* in the Balkanic province. These facts permit very precise correlations covering a wide area.

The Ladinian Foraminifera of Spain and Bulgaria are easily correlated and belong to the *Turriglomina mesotriasica* zone. They are of Tethysian affinities, but some isolated Germanic species such as *D. gerkei* are present.

The Ladinian bivalves are well differentiated in a Sephardic province (Spain) and a Balkanic province (Bulgaria) in the Tethys realm, with some Germanic and cosmopolitan species.

There is an apparent difference in the paleoecological characteristics of the different groups of fossils, so the fossil faunal provinces should be established using at the same time as many fossil groups as possible.

The Middle Triassic sediments of Spain are of Germanic facies and the Bulgarian ones are of Alpine facies, but the faunas in both areas are of Tethysian type.

Zusammenfassung

Die Trias der Iberischen Halbinsel (Katalonische und SE-Iberische Ketten) zeigt drei Karbonatplattformen, die sich im Unteren Muschekalk (Anis), im Oberen Muschelkalk (Ladin) und in der Imon-Formation (Nor ?) entwickelten. Sie sind von terrigenen Sedimenten getrennt. Die Trias in Spanien ist germanotyp.

In NW-Bulgarien setzt die Sedimentation während der Trias mit kontinentalen Siliziklastika ein, die bis zum Ende des Skyth in marine übergehen, welche dann bis zum Ende der Trias anhalten.

Die pelsonisch-illyrische *P. densa*- und die ladinische *T. mesotriassica*-Foraminiferenzone, die in Bulgarien aufgestellt wurden, ließen sich auch in Spanien nachweisen.

Die mitteltriassischen Conodontenzonen umfassen sowohl in Bulgarien als auch in Spanien Pelson (*P. bulgarica*-Zone), Illyr (*N. cornuta*-Zone) und Longobard (*S. mungoensis*- und *P. murcianus*-Zone).

Die Muschelvergesellschaftungen erlauben wegen ih-

STAGE	SUBSTAGE	Tethys - Panthalassa Development	CONODONT PROVINCES		
			SEPHARDIC	BALKANIDE	GERMANIC (BOREAL)
LADINIAN	LONGOBARDIAN	P. foliata Zone	Ps. murcianus		N. watznaueri Z.
		Seph. mungoensis Zone	Seph. mungoensis Z.	N. bakalovi Z.	
	FASSANIAN		Seph. truenpyi		N. baslahensis Z.
		N. constricta Zone	N. constricta Zone	N. excentrica Z.	N. mombergensis Z.
ANISIAN	ILLYRIAN			N. cornuta Z.	Gondolatus Z.
		P. bifurcata Zone	P. bifurcata Z.	P. bifurcata Z.	
	PELSONIAN	N. bulgarica Zone	N. bulgarica Z.	N. bulgarica Z.	
		N. regale Zone		N. regale Z.	
	AEGEAN	K. timorensis Zone			

Fig. 3 Conodont zonation proposed for the different provinces. Arrows indicate faunal migrations between provinces.

rer Faziesabhängigkeit keine Biozonierung. Die anisischen Formen sind Kosmopoliten und treten sowohl in Bulgarien und Spanien als auch im Germanischen Muschelkalk auf. Während des Ladin entwickelten sich selbständige Faunenprovinzen, wobei Spanien Teil der Sephardischen Provinz im Tethysbereich wurde.

Im Anis gibt es noch ein gemeinsames Ammonitenniveau (*Paraceratites*), doch im Ladin kommt es dann zu einer deutlichen Provinzialisierung, welche die Balkanische und die Sephardische Provinz im Tethysbereich trennte. Einige Germanische Vertreter von *Ceratites* erreichten die Tethys gegen Ende des Ladin im Bereich der Balearen.

Vorliegende Ergebnisse zeigen, daß die mitteltriassischen Faunengemeinschaften Bulgariens und Spaniens zum Tethysbereich gehören.

Acknowledgements

The authors are grateful to Dr. Carmina Virgili (Universidad Complutense Madrid) and Dr. Milka Entcheva (University of Sofia) who made possible this work.

This paper is part of the Bulgarian Academy of Sciences (Sofia) and C.S.I.C. (Madrid) (abc 88-8) Project. This work has been supported by C.I.C.Y T. PB0322 Spain Project.

References

ANADON, P. & ALBERT, J.F. (1973): Hallazgo de una fauna del Muschelkalk en el Trias del anticlinal de Calanda (Provincia de Teruel).- Acta Geol. Hispan., **8** (5), 151-152.

BOOGAARD V. D., M. (1966): Post-Carboniferous conodonts from southeastern Spain.- Procc. koninkl. neder. Akad. Wet., B, **69**, 1-8.

BOOGAARD V. D.,M. & SIMON, O. (1973): *Pseudofurnishius* (Conodonta) in the Triassic of the Bethic Ranges (Spain).- Scrip. Geol. Rijksmus. Geol. Mineral., **16**, 1-23.

BUDUROV, K. (1975): Die triassischen Conodontenprovinzen auf dem Territorium Bulgariens.- C. R. Acad. Bulg. Sci. **28** (12), 1682-1684.

BUDUROV, K. (1976): Die triassischen Conodonten des Ostbalkans.- Geol. Balcan. **6** (2), 95-104.

BUDUROV, K., GUPTA, V.J., SUDAR, M. & BURYI, G. (1983): Triassic conodont biofacies and provinces.- Bull. Ind. Geol. Assoc., **16** (1), 87-92.

BUDUROV, K. & STEFANOV, S. (1983): Conodont evidence for the stratigraphy of the Ladinian in the Golo-bardo Mts. (SW Bulgaria).- C. R. Acad. Bulg. Sci., **36** (10), 1323-1326.

BUDUROV, K. & STEFANOV, S. (1984): *Neogondolella tardocornuta* sp.nov. (Conodonta) from the Ladinian in Bulgaria.- C. R. Acad. Bulg. Sci., **37** (5), 605-607.

BUDUROV, K. & TRIFONOVA, EK. (1984): Correlation of Triassic conodont and foraminiferal Zonal Standards in Bulgaria.- C. R. Acad. Bulg. Sci. **37** (5), 625-627.

CALVET, F., TUCKER, M.E. & HENTON, J.M. (1990): Middle Triassic carbonate ramp systems in the Catalan Basin, N.E. Spain: Facies, cycles, depositional sequences and controls.- In: Carbonate platforms, I.A.S. Special Publication **9**, 79-108.

ENTCHEVA, M. (1972): Les fossiles de Bulgarie. II.- Le Trias.- Acad. Bulg. Sci., **2**, 1-152.

GOY, A. (1986): Ammonoideos del Triasico de España.- Univ. Complutense de Madrid, (Unpublished), 28 pp.

HINKELBEIN, K. & GEYER, O.F. (1965): Der Muschelkalk der zentralen Hesperischen Keten (Provinz Teruel, Spanien).- Oberrh. Geol. Abh., **14**, 55-95.

HIRSCH, F., (1966): Sobre la presencia de Conodontos en el Muschelkalk superior de los Catalánides.- Notas y Coms. Inst. Geol. y Minero de España, **90**, 85-92.

HIRSCH, F. (1972): Middle Triassic Conodonts from Israel Southern, France and Spain.- Bull. Geol. Surv. Israel, **66**, 39-48.

HIRSCH, F. (1977): Essai de correlation biostratigraphique des niveaux meso- et neotriasiques de facies „Muschelkalk" du domaine sephardie.- Cuad. Geol. Iber. **4**, 511-526.

HIRSCH, F. (1981): Some late Eo-and mesotriassic conodont-multielements: notes on their taxonomy, phylogeny and distribution.- Arch. Sc. Genève, **34**(2), 201-210.

HIRSCH, F. & MARQUEZ-ALIAGA, A. (1988): Triassic circummediterranean bivalve facies, cycles and global sea level changes.- Cong. Geol. España **1**, 342-344.

HIRSCH, F., MARQUEZ-ALIAGA, A. & SANTISTEBAN, C. (1987): Distribución de moluscos y conodontos del tramo superior del Muschelkalk en el sector occidental de la provincia sefardí.- Cuad. Geol. Iber., **11**, 799-814.

LOPEZ, J. (1985): Sedimentología y estratigrafía de los materiales pérmicos y triásicos del sector SE. de la rama castellana de la Cordillera Ibérica entre Cueva de Hierro y Chelva (Provincias de Cuenca y Valencia).- Sem. Estratigr., **11**, 1-344.

LLOMPART, C., ROSELL, J., MARQUEZ-ALIAGA, A. Y GOY, A. (1987): El Muschelkalk de la isla de Menorca.- Cuad. Geol. Iber., **11**, 323-335.

MARCH, M. (1991): Los conodontos del Triásico medio (Facies Muschelkalk) del Noreste de la Península Ibérica y de Menorca.- Tesis Doc. Univ. Valencia (Spain). 1-374.

MARCH, M., BUDUROV, K., CALVET, F. & MARQUEZ-ALIAGA, A. (in press): First platform conodonts from Anisian-Ladinian boundary beds in Catalonia (Spain).- Mitt. Ges. Geol. Berg. Österreich.

MARCH, M., BUDUROV, K., HIRSCH, F. & MARQUEZ- ALIAGA, A. (1988): *Sephardiella* nov. gen. (Conodonta), emendation of *Carinella* (BUDUROV, 1973), Ladinian (Middle Triassic).- Fifth Inter. Conodont Symp. Europ. (Ecos V) Frankfurt, 247.

MARIN, Ph. (1974): Stratigraphie et evolution paleogeographique post-hercynienne de la chaine Celtiberique orientale aux confins de l'Aragon et du Haut-Maestrazgo.- These Doc. Univ. Lyon, 1-231.

MARQUEZ, L. & TRIFONOVA, EK. (1990): *Ammobaculites hiberensis* sp. nov. (Foraminiferida) from the Upper Muschelkalk of Catalonian Ranges (Spain).- Rev. Esp. Paleontol., **5**, 77-80.

MARQUEZ, L., TRIFONOVA, EK. & CALVET, F. (1989): Las asociaciones de foraminíferos de la Unidad Rasquera, Muschelkalk superior (Ladiniense), del Dominio Baix Ebre - Priorat, Cataládines.- Resúmenes V Jornadas de Paleontología, Univ. Valencia, 89-90.

MARQUEZ, L., TRIFONOVA, EK., CALVET, F. & TUCKER, M. E. (1990): Los foraminíferos del complejo arrecifal del Triasico (Ladiniense superior) de la Sierra de Prades (Tarragona).- Resúmenes VI Jornadas de Paleontología, Univ. Granada **40**.

MARQUEZ, L., TRIFONOVA, EK. & CALVET, F. (1990): An Involutinidae (Foraminifera) assemblage of Upper Ladinian (Muschelkalk facies) of the Southern Pyrenees (Spain).- Proceedings Benthos' 90, 355-359, Tokai Univ. Press., Japan.

MARQUEZ-ALIAGA, A. (1985): Bivalvos del Triásico medio del sector meridional de la Cordillera Ibérica y de los Cataládines.- Ed. Univ. Complutense Madrid, **40**, 1-429.

MARQUEZ-ALIAGA, A. & GARCIA-GIL, S. (1991): Paleontología y ambientes del Triásico medio en el sector-noroccidental de la Cordillera Ibérica (Provs. de Soria y Guadalajara, España).- Estudios geol., **47**, 85-95.

MARQUEZ-ALIAGA, A., HIRSCH, F. & LOPEZ-GARRIDO, A. (1986): Middle Triassic Bivalves from the Hornos-Siles Formation (Sephardic Province, Spain).- N. Jb. Geol. Paläont. Abh., **173**(2), 201-227.

MARQUEZ-ALIAGA, A. & HIRSCH, F. (1988): Migration of Middle Triassic Bivalves in the Sephardic province.- Congr. Geol. España, **1**, 301-304.

MARQUEZ-ALIAGA, A. & LOPEZ, J. (1989): Paleontología y ambientes sedimentarios del Triásico medio, Muschelkalk de la Cordillera Ibérica. I: Cuenca y Valencia, España.- Estudios Geol., **45**, 387-398.

MARQUEZ-ALIAGA, A., MARQUEZ, L., MARCH, M., GOY, A. & BRITO, J.M. (1987): Aspectos paleontológicos del Muschelkalk de la zona de Calanda (Provincia de Teruel).- Cuad. Geol. Iber., **11**, 677-689.

MARQUEZ-ALIAGA, A. & MONTOYA, P. (1991): El Triásico de Alicante: Un efecto Lázaro en los estudios paleontológicos.- Rev. Esp. Paleontol. N°. Extra., 115-123.

PARNES, A. (1977): On a binodose ceratitid from southeastern Spain.- Cuad. Geol. Iber., **4**, 522-525.

PEREZ- LOPEZ, A., FERNANDEZ, J., SOLE DE PORTA, N. & MARQUEZ-ALIAGA, A. (1991). Bioestratigrafía del Triásico de la zona subbética (Cordillera Bética).- Rev. Esp. Paleontol.N°. Extra, 139-151.

SALAJ,J., TRIFONOVA, EK. & GHEORGHIAN,D. (1988): A biostratigraphic zonation based on benthic foraminifera in the Triassic deposits of the Carpatho-Balkans.- Revue Paleobiol. spec. vol. **2** ,153-159.

SCHMIDT, M. (1935): Fossilien der spanischen Trias.- Abh. der Heidelberger Akad. der Wiss., **22**, 1-140.

STEFANOV, A. (1932): Sur la stratigraphie du Triasique en Bulgarie en raport au Trias de Golo-bardo.- Ex. Trav. de la Societé Bulgare des Sciences Naturalles - Sofia. 15-16.

STEFANOV, A. (1943): Die Fauna aus der Trias von Golo-Bardo in S.W. Bulgarien.- Rev. Bulg. Geol. Soc., **14**(1), 1-11.

SWEET, W.C., MOSHER, L.C., CLARK, D.L., COLLINSON, J.W. & HANSEN-

MUELLER, W.A. (1971): Condont biostratigraphy of the Triassic.- Geol. Soc. Am. **127**, 441-465.

TRIFONOVA, Ek. (1978 a): The Foraminifera Zones and Subzones of the Triassic in Bulgaria. I.- Scythian and Anisian.- Geologica Balcanica, **8** (3), 85-104.

TRIFONOVA, Ek. (1978 b): Foraminifera Zones and Subzones of the Triassic in Bulgaria. II. Ladinian and Carnian.- Geologica Balcanica, **8** (4), 49-64.

TRIFONOVA, Ek. (1984): Correlation of Triassic foraminifers from Bulgaria and some localities in Europe, Caucasus and Turkey.- Geologica Balcanica, **13** (6), 3-24.

VIRGILI, C. (1958): El Triásico de los Catalánides.- Bol. Inst. Geol. y Min., **69**, 1-831.

ZIEGLER, P.A. (1982): Triassic riffs and facies patterns in Western and central Europe.- Geol. Rundschau, **71**, 747-772.

Palaeobiogeography and Stratigraphy of Muschelkalk Echinoderms (Crinoidea, Echinoidea) in Upper Silesia

Hans Hagdorn, Ingelfingen
Edward Głuchowski, Sosnowiec
12 Figures, 1 Table

Introduction

Crinoid columnals have been known from Upper Silesia since the 13th century. A legend tells of St. Hyacinth who lost his rosary at a fountain near Beuthen. Since these days the well has thrown out rosary beads: columnals of Middle Muschelkalk crinoids.

After these times of legends, in the beginning of the 19th century, German palaeontologists started to describe the Upper Silesian Muschelkalk faunas. While working as a custodian at the Berlin Museum, QUENSTEDT (1835) figured such rosary beads from St. Hyacinth's well which were later christened *Entrochus silesiacus* by BEYRICH in his great monograph on Muschelkalk crinoids (1857). Later it was v.MEYER (1847, 1849) who thoroughly described the Upper Silesian Muschelkalk fossils collected by Oberhütteninspector MENTZEL of Königshütte. Against the resistance of v.BUCH and BEYRICH he established the new genus *Dadocrinus* and the new species *Encrinus aculeatus, Chelocrinus? acutangulus* and the echinoids *Cidaris subnodosa* and *transversa*. In his pioneering stratigraphical work, ECK (1865) critically discussed the echinodem fauna and realized that *Encrinus? radiatus* which had been described by SCHAUROTH (1859) from the Vicentinian Alps also occurs in Upper Silesia. In the late 19th century it was again QUENSTEDT (1874-1876) who described and illustrated the broad variety of Upper Silesian crinoids, but he hesitated to erect new taxa. A new species has been established by WACHSMUTH & SPRINGER (1887) for a big *Dadocrinus* which had been published by KUNISCH (1883) as the adult stage of *Dadocrinus gracilis*. LANGENHAN (1903, 1911) added another *Dadocrinus* species and compiled and illustrated the Muschelkalk echinoderms so far known. Only a few decades later, ASSMANN (1926, 1937, 1944) revised the entire Upper Silesian Muschelkalk invertebrates on the base of representative private collections and the extensive Berlin collection of the Preußische Geologische Landesanstalt. He described the new encrinids *Encrinus koeneni* and *robustus* and the echinoids *Cidaris ecki, C. longispina* and *C. remifera*. However, ASSMANN dealt almost exclusively with articulated skeletons.

Like ECK (1865) who did the fundamental stratigraphical work on the Upper Silesian Muschelkalk, ASSMANN knew about the stratigraphical distribution of the dadocrinids and other echinoderms. His monograph on the Muschelkalk stratigraphy of Upper Silesia (1944) is the most important source for faunistic details. Further faunistic compilations and valuable comments on the stratigraphical and geographical distribution of crinoids have been prepared by SENKOWICZOWA (1976), SENKOWICZOWA & KOTAŃSKI (1979), GŁUCHOWSKI (1977, 1986) and GŁUCHOWSKI & BOCZAROWSKI (1986). A revision of the crinoid fauna of the Diplopora Dolomite is being prepared by HAGDORN et al.

It is commonly known that the most typical elements of the rich Upper Silesian echinoderm fauna did not range into the western parts of the Muschelkalk basin. Unfortunately, the echinoderm faunas from the Muschelkalk of the Holy Cross Mountains, from Lower Silesia and from boreholes in Central and North Poland have not yet been adequately studied. The present knowledge about palaeobiogeographic and stratigraphic distributions has been compiled in maps for the Muschelkalk standard zones by HAGDORN (1985). These maps can now be updated and refined.

Echinoderm biozones in the Upper Silesian Muschelkalk

The stenohaline benthic crinoids depend on strict environmental constraints: normal salinity, suitable substrates for attachment, low sedimentation rates and currents steadily supplying planktonic food. Therefore they are less suitable as index fossils than nektonic organisms such as ammonoids or conodontophorids on which the Triassic orthostratigraphy is based. However, larval dispersal by currents caused their distribution over vast areas of the western Tethys realm, where their distinctive morphological change makes them reliable index fossils for a parastratigraphic biozonal scheme.

So far, echinoderms have played only a minor role in Triassic biostratigraphy. This is particularly true for the stalked benthic crinoids. The stratigraphic value of some Middle Triassic crinoids was pointed out by HILDEBRAND (1926) and PIA (1930), who used *Dadocrinus* for the correlation of the Germanic Muschelkalk with the Alpine Triassic. Later, *Dadocrinus* was used by KOZUR (1974) as an index fossil in his scheme of Muschelkalk standard zones.

The low esteem of crinoids as index fossils is partly due to the rarity of articulated and therefore easily determinable skeletons and by their complicated multielement morphology which needs an expert to determine isolated ossicles. Moreover, only a few elements are diagnostic enough for reliable species or genus determination. On the other hand, the abundance of crinoid ossicles in Middle Triassic strata offers an additional advantage for biostratigraphy and for chronostratigraphical correlations. This is important because crinoids often occur in facies that contain no ammonoids.

This paper establishes four echinoderm biozones on the base of isolated crinoid and echinoid sclerites for the Anisian/Ladinian Germanic Muschelkalk in Upper Silesia and provides data for the palaeobiogeographical distribution of the more important crinoid species in the Muschelkalk sea (Fig. 1). Parallel to this paper another publication is being prepared on crinoid stratigraphy and palaeobiogeography for the entire Germanic Muschelkalk (HAGDORN in prep.).

Dadocrinus zone

Three species of the genus *Dadocrinus* have been de-

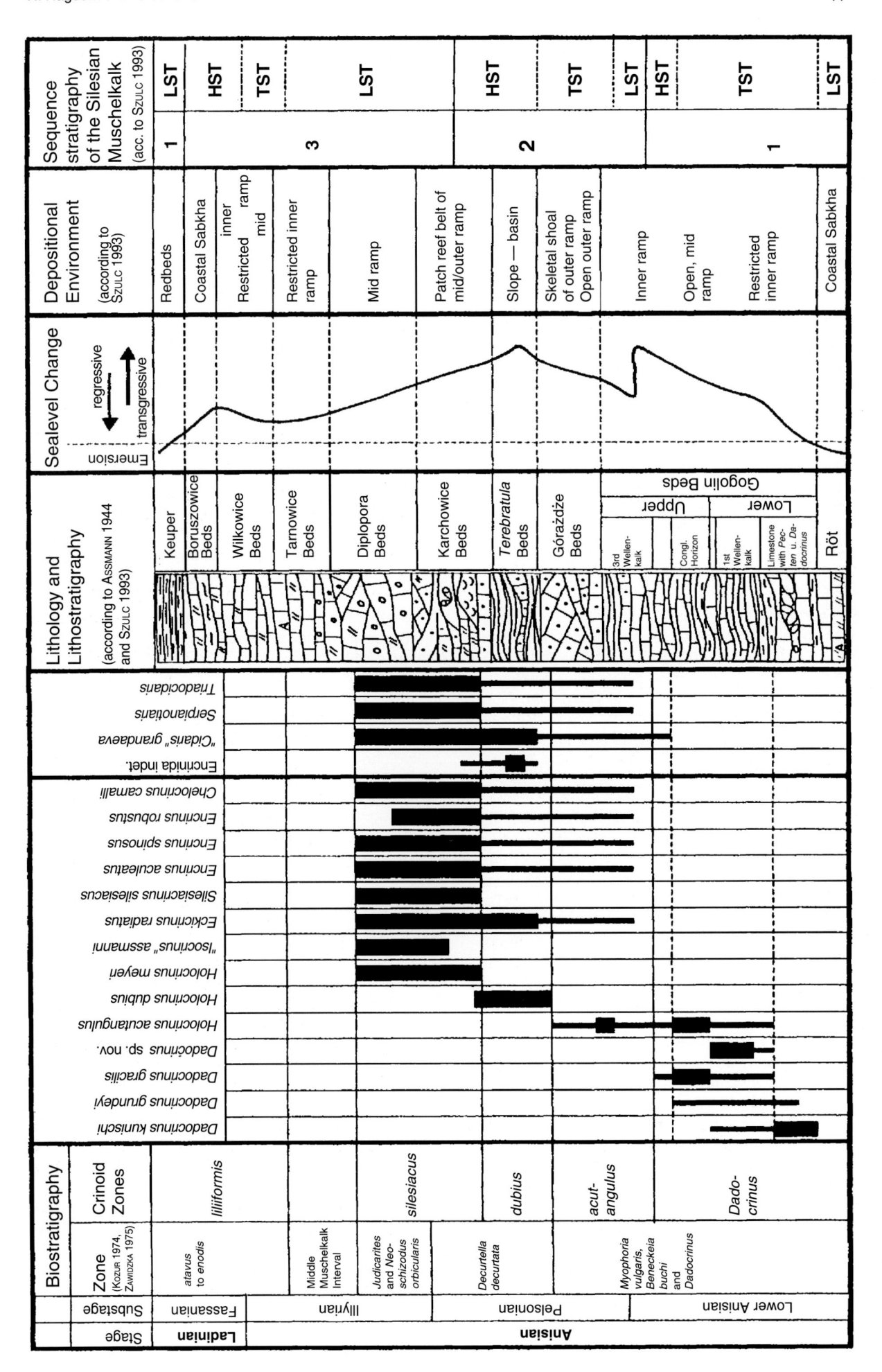

Fig. 1   Stratigraphic distribution of Muschelkalk crinoids and echinoids in Upper Silesia correlated with sea level changes and environmental conditions.

scribed and a fourth still remains unnamed. They may be easily differentiated only in complete specimens; isolated sclerites are diagnostic at the genus but hardly ever at the species level.

The main diagnostic character is the position of the infrabasals. In *D. gracilis*, whose type locality is in the Vicentinian Alps (Recoaro), and in *D. kunischi* the infrabasals are concealed by the basals and the stem. In *D. grundeyi*, the infrabasals are visible in lateral view of the calyx. *D. gracilis* is distinctly smaller than *D. kunischi* and *grundeyi*, but similar to the unnamed species which has only five arms.

D. kunischi, the largest and most advanced species of *Dadocrinus*, is stratigraphically the oldest Muschelkalk crinoid. In the eastern parts of Upper Silesia, *D. kunischi* is most abundant already in the lowest limestone bed above the Röt/Muschelkalk boundary (Lower Gogolin Beds, *Pecten* and *Dadocrinus* Limestone). In western Upper Silesia it is extremely rare in the lowest metre above the boundary (*Myophoria* Beds) and becomes more abundant upsection (ASSMANN 1944, BODZIOCH & SZULC 1991). Probably the isolated sclerites occuring in the uppermost Röt of the Holy Cross Mountains (SENKOWICZOWA 1976) and in the basal Muschelkalk of Lower Silesia (SZULC 1991) belong to *D. kunischi*.

D. gracilis and the unnamed species occur in the top beds of the *Pecten* and *Dadocrinus* Limestone and in the First Wellenkalk. *D. gracilis* and *grundeyi* reach their maximum abundance in the Conglomeratic Horizon at the base of the Upper Gogolin beds. With its dicyclic calyx, *D. grundeyi* represents the most primitive *Dadocrinus*, still it is stratigraphically among the youngest. However, since isolated skeletal elements of dadocrinids are indeterminable on species level, the difficult question of their specific status needs not to be discussed in this context.

Dadocrinus columnals can be recognized by their small size (less than 3 mm on average, at maximum up to 5 mm). They are mostly cylindrical or weakly barrel shaped; proximal columnals may be rounded pentagonal to pentalobate, always with an epifacet. The articula are multiradiate, never with a distinct petal pattern or cirrus scars. Generally their lumen is wide. Basals and radials are long and thin; they may have longitudinal carinae on their dorsal sides following the course of the axial canals (Fig. 2).

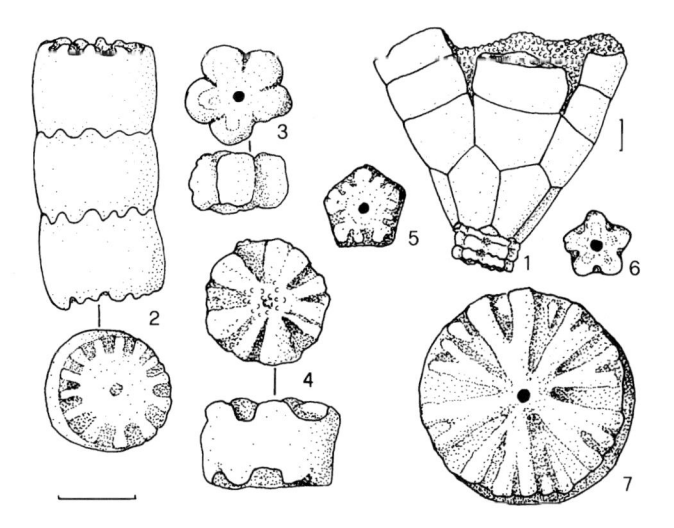

Above the Mergelkalkhorizont of the Upper Gogolin Beds, *Dadocrinus* is not known with certainty. Small cylindrical columnals that occur abundantly in the Karchowice beds belong to encrinids. The same may be true for small cylindrical or barrel shaped columnals from the Hauptcrinoidenbank (*Terebratula* Beds; ASSMANN 1944) which are similar in size and shape to *Dadocrinus*. However, cups or crowns of this crinoid have not yet been recovered. In Fig. 1 these columnals are referred to as Encrinida indet.

Definition
The base of the *Dadocrinus* zone (local range biozone) is marked by the first occurrence of *Dadocrinus*, its top by the disappearance of *Dadocrinus*. In Upper Silesia, the *Dadocrinus* zone comprises the Lower Gogolin Beds and the Upper Gogolin Beds up to the Mergelkalkhorizont. Above the Conglomeratic Horizon, *Dadocrinus* becomes rare, while *Holocrinus acutangulus* may be the dominant crinoid. In the Holy Cross Mountains the base of the *Dadocrinus* zone reaches down to the Olenekian part of the Röt and comprises the Upper Röt and the Wolica Beds. The *Dadocrinus* zone corresponds to the lower part of KOZUR's (1974) assemblage zone with *Beneckeia buchi*, *Myophoria vulgaris* and *Dadocrinus*, which belongs to the Lower Anisian.

The crinoid assemblage in the lower part of the zone is characterized by:
- ossicles with an average diameter less than 3 mm, largest columnals (always circular) up to 5 mm.
- exclusively dadocrinid ossicles.
- no holocrinids (no columnals with cirrus scars).
- absence of echinoids.

The middle part of the zone is characterized by:
- dadocrinid ossicles dominating.
- *Holocrinus acutangulus* (cirrinodals) less than 1 %.
- absence of echinoids.

The upper part of the zone is characterized by:
- dadocrinid ossicles rare.
- *Holocrinus acutangulus* dominating.
- „*Cidaris*" *grandaeva* present.

Palaeobiogeography
In the Germanic Muschelkalk *Dadocrinus* occurs already in Olenekian times (Röt Limestones of the Holy Cross Mountains). Its western dispersal boundary is limited by a salinity gradient (Fig. 3, 4, 5). According to SENKOWICZOWA (1976) and KOZUR (1974), this occurrence is one of the chief evidences for a first faunal ingression into the Germanic Muschelkalk basin through the East Carpathian Gate. However, small crinoids reported from the Upper Scythian Werfen Beds (Werfener Kalke) of the Northern Kalkalpen (TOLLMANN 1976), which have not been determined, probably belong to an undescribed *Holocrinus*.

In the middle part of the *Dadocrinus* zone (Fig. 4), the index genus occurs in the Holy Cross Mountains (Wolica Beds), in Upper Silesia (Lower Gogolin Beds), Lower

Fig. 2 Crinoids of the *Dadocrinus* zone. **1.** Cup with primibrachials, tegmen and proximal stem of *Dadocrinus grundeyi*. Lower Gogolin Beds, Wellenkalke und Tonmergel; Gogolin. MHI 1250/1. **2.** Pluricolumnale. Same horizon and locality. MHI 1250/2. **3 - 7.** Columnals of *Dadocrinus* indet. Lower Gogolin Beds, *Pecten* and *Dadocrinus* Limestone; Sosnowiec. MHI 1250/3 - 1250/7. Scale 1 mm.

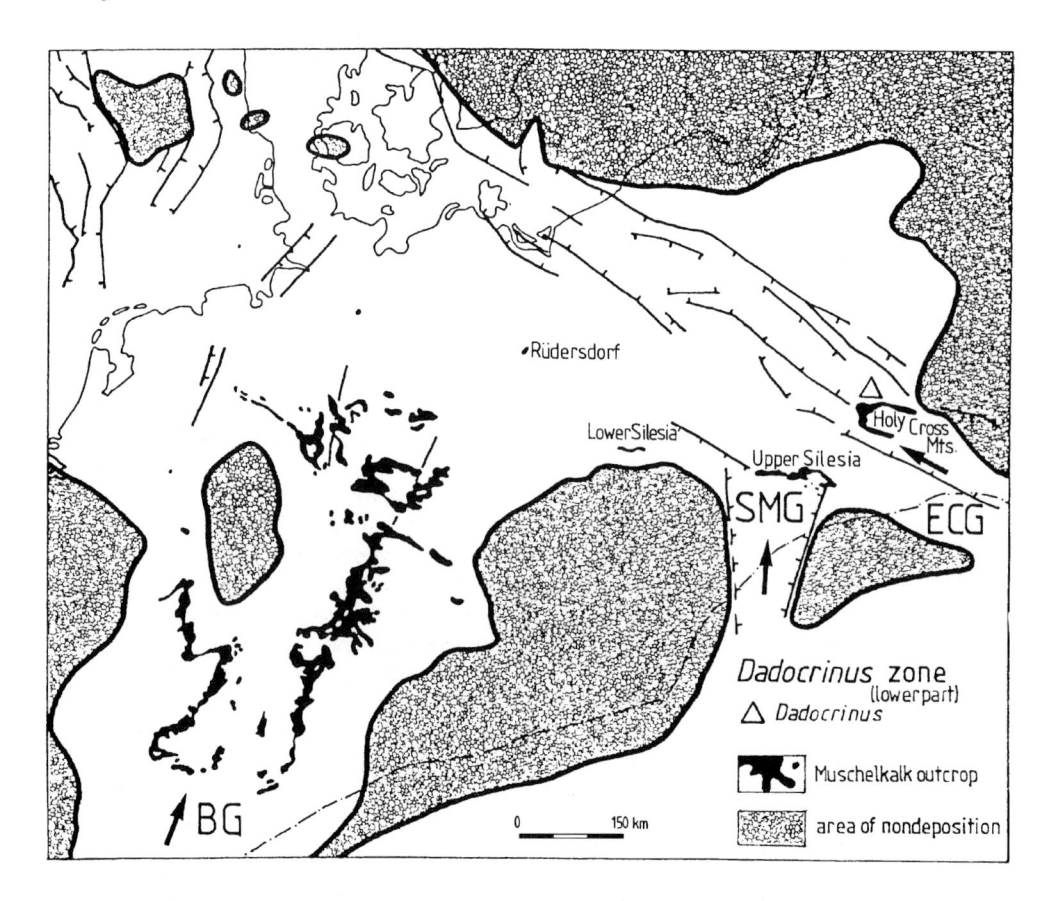

Fig. 3 Palaeogeographic map of the Germanic Basin (from HAGDORN 1991) and crinoid distribution during the lower *Dadocrinus* zone. ECG = East Carpathian Gate, SMG = Silesian-Moravian Gate, BG = Burgundy Gate.

Silesia (Unit I SZULC 1991, which corresponds to the Lower Gogolin Beds) and in the lower part of the *Myophoria* Beds of Rüdersdorf (Brandenburg, Germany). These formations are of Lower Anisian age. The western range boundary is still caused by salinity. Here the sediments contemporaneous to the Lower Gogolin Beds gradually become less marine: in Thuringia there are still marly limestones with bivalves and gastropods but without crinoids (*Myophoria* Beds); towards the western margin of the basin, this facies grades into red and grey argillites (Röt) and sandstones. Crinoid remains reported from drillholes in the Polish Lowlands (Łódz-Miechów Trough) at the base of the

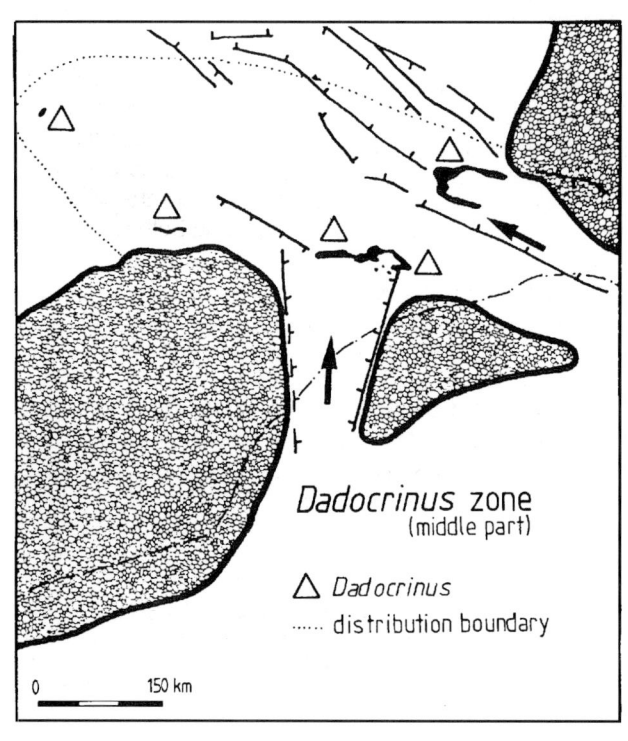

Fig. 4 Crinoid distribution in the middle *Dadocrinus* zone.

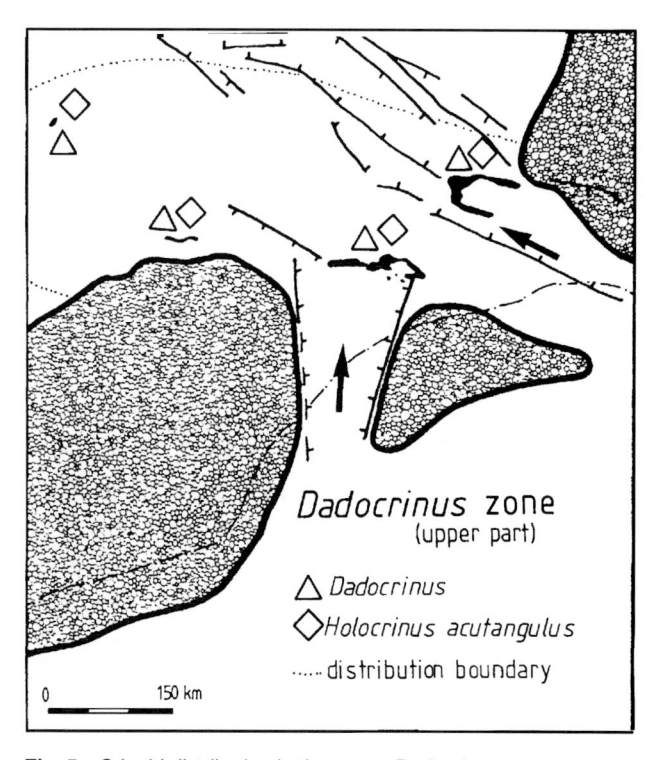

Fig. 5 Crinoid distribution in the upper *Dadocrinus* zone.

Muschelkalk have not yet been determined. Farther to the north and the east crinoids disappear as well (SENKOWICZOWA 1976).

A salinity boundary still pertains to the upper part of the *Dadocrinus* zone (Fig. 5) with *Holocrinus acutangulus* as the dominating crinoid.

Outside of the Germanic Basin the Lower Anisian *Dadocrinus* is reported from the austroalpine and the dinarid regions: from the Sub-Tatric and High-Tatric Zones (LEFELD 1958), from southern Hungary (Mecsek Mountains), the Northern Kalkalpen (Reichenhall and Gutenstein Beds, alpine Muschelkalk, GASCHE 1939), and from the Southern Alps (Recoaro, BENECKE 1868).

acutangulus zone

v.MEYER (1847, 1849) established the new species *Chelocrinus? acutangulus* for a couple of pentagonal to pentalobate columnals some of which bear cirrus scars. The author related them to *Chelocrinus pentactinus* (= *Ch. schlotheimi*), an encrinid with pentalobate proximal columnals and short cirri. Unlike *Ch. pentactinus*, the new crinoid from Chorzow has sharp interradial ridges and the columnals are higher. It is conspecific with those small holocrinids having five cirrus scars: *Holocrinus wagneri quinqueverticillatus* and possibly also with *Moenocrinus deeckei*. Among these taxa *H. acutangulus* has priority. Unfortunately, the types are lost, but the designation of neotypes is planned in a revision of the holocrinids.

The columnals of *Holocrinus acutangulus* are subcircular to pentagonal or pentalobate with sharp interradii; the sides are straight, only the nodals may be slightly inflated. Nodals may have carinated interradii. The articula have long crenulae in the periphery and oblique ones in the radius; distinct petals with adradial crenellae may occur in extremely big columnals, which thereby become similar to *H. dubius*. Basals and radials of holocrinids are extremely thick. With this more advanced and larger holocrinid, *H. acutangulus* is closely related; the transition between the two species is gradual.

Single columnals of *H. acutangulus* occur together with *Dadocrinus* in the uppermost *Pecten* and *Dadocrinus* Limestone; their frequency is less than 1 %. In Upper Silesia, *H. acutangulus* reaches its maximum abundance in the Conglomeratic Horizon of the Upper Gogolin Beds (Lower Anisian) and in the uppermost part of the Haupt-Wellenkalk Horizon (in eastern Upper Silesia the Third Wellenkalk Horizon) in the transition to the Górazdze Beds (Lowest Pelsonian). In the upper part of the Górazdze Beds the earliest columnals of *H. dubius* have been found (base of the *dubius* zone).

In Lower Silesia, single columnals of *H. acutangulus* occur together with dominating *Dadocrinus* in a crinoidal limestone bed 3 metres above the Muschelkalk base (Bed phi in unit A, SZULC 1991). In the Holy Cross Mountains, *H. acutangulus* is the dominating crinoid from the Wellenkalk Beds (Lower Anisian) up to the Lukowa Beds (Lower Anisian/Pelsonian); from the Wolica Beds it has not definitely been reported.

Definition
The base of the *acutangulus* zone (partial range biozone) is marked by the disappearance of *Dadocrinus*, its top is the first occurrence of *Holocrinus dubius*. In Upper Silesia the zone comprises the upper part of the Upper Gogolin Beds and the lower part of the Górażdże Beds, in the Holy Cross Mountains the Wellenkalk and the Lukowa Beds. The *acutangulus* zone corresponds to the upper part of KOZUR's assemblage zone with *Beneckeia buchi, Myophoria vulgaris* and *Dadocrinus*. The *acutangulus* zone is Lower Anisian to Lower Pelsonian in age. ZAWIDZKA (1975) found Pelsonian conodonts in the uppermost parts of the Gogolin Beds and concluded that the base of the Pelsonian is deeper than drawn by KOZUR (1974).

The crinoid and echinoid assemblage of the *acutangulus* zone comprise a variety of encrinids and *Eckicrinus* as well as echinoids („*Cidaris*" *grandaeva, Serpianotiaris, Triadocidaris ecki, T. transversa*). It is characterized by:
- absence of dadocrinids.
- *Holocrinus acutangulus* abundant (pentagonal columnals dominating).
- big circular columnals (< 5 mm) of encrinids abundant.
- *Eckicrinus* rare.
- diverse echinoids, but rare.

Palaeobiogeography
During the *acutangulus* zone, with the first occurrence of encrinids, crinoids dispersed over the whole Germanic Basin (Fig. 7). However, evidence from ammonoid stratigraphy indicates that encrinids appeared somewhat earlier in the western parts of the basin. This may also be true for the north-eastern margin of the Holy Cross Mountains This second immigration must have been induced by an improved water exchange with the Tethys covering the whole basin and possibly an activation of the marine straits connecting the Muschelkalk sea with the Tethys (MOSTLER 1993, SZULC 1993).

In western Upper Silesia, the diverse and almost completely novel crinoid and echinoid fauna appears with some delay contemporaneously with the fossiliferous shoal sediments of the uppermost part of the Haupt-Wellenkalk Horizon of the Upper Gogolin Beds. This delay may be caused by slightly brackish influences during the

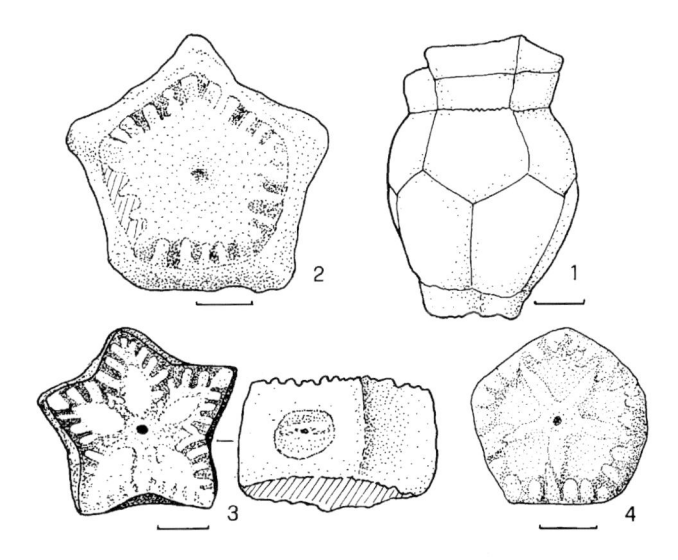

Fig. 6 Crinoids of the *acutangulus* zone. **1**. Cup and primibrachials of *Holocrinus wagneri*. Lower Wellenkalk; Jena (Thuringia, Germany). IGPG. **2**. Nodal of *Holocrinus acutangulus*. Lower Wellenkalk; Rohrbach near Karlstadt (Franconia, Germany). MHI 394/7. **3**. Nodal of *Holocrinus acutangulus*. Wellenkalk; Wolica (Holy Cross Mts.). MHI 1250/8. **4**. Internodal of *Holocrinus acutangulus*. Uppermost part of Lower Gogolin Beds; Strzelce Opolskie (Großstrehlitz). MHI 1250/9. Scale 1 mm.

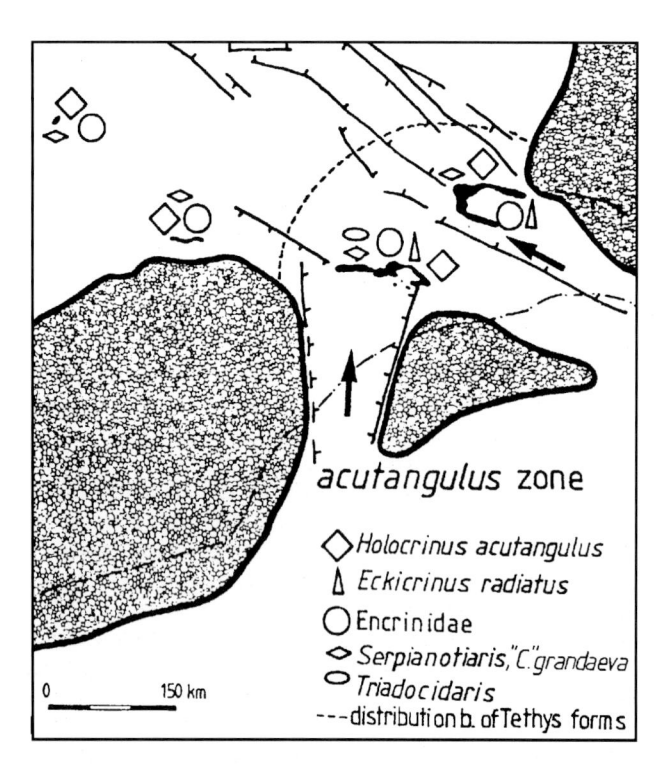

Fig. 7 Crinoid and echinoid distribution in the *acutangulus* zone.

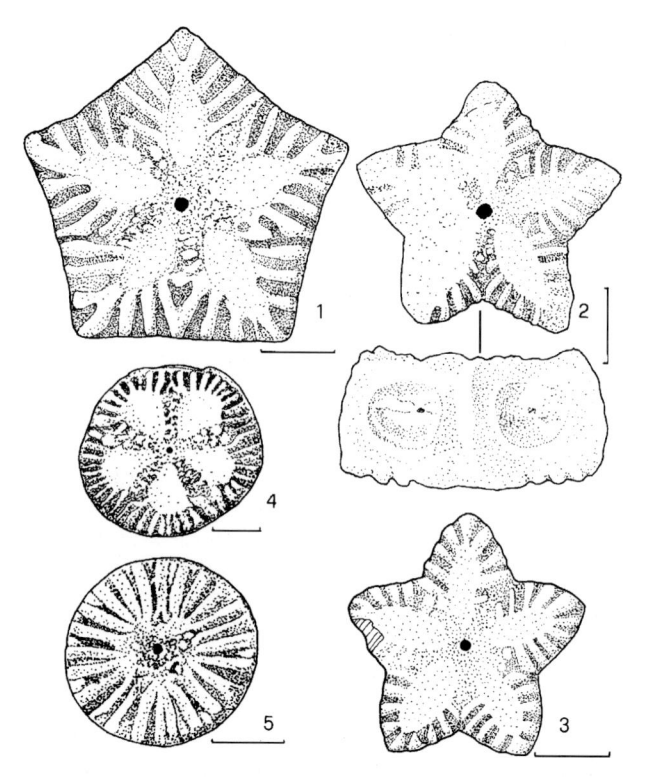

Fig. 8 Crinoids of the *dubius* zone. **1**. Internodal of *Holocrinus dubius*. Base of the *Terebratula* Beds; Górażdże. MHI 1250/10. **2, 3**. Nodals of *Holocrinus dubius*. Same horizon and locality. MHI 1250/11 - 1250/12. **4**. Proximal internodal of *Eckicrinus radiatus*. Diplopora Dolomite; Piekary Śląskie near Bytom (Beuthen). GIUS-7-59/9b **5**. Juvenile internodal of *Eckicrinus radiatus*. Same horizon and locality. GIUS-7-59/13a. Scale 1mm.

Upper Gogolin Beds indicated by impoverished microfauna and extreme rareness of cephalopods in western Upper Silesia (Kozur 1974). However, at the base of the Pelsonian, free water exchange via the Silesian-Moravian Gate had been reestablished and covered whole Upper Silesia. Immigrants like *Eckicrinus, Triadocidaris*, the brachiopods *Tetractinella* and *Mentzelia* remained restricted to the eastern parts of the basin. In Silesia, their abundance generally decreases from east to west (Assmann 1944). Other forms such as *Punctospirella, Holocrinus* and the encrinids, managed to spread over the whole Germanic Basin. This turnover corresponds with micropalaeontological data: about 12 to 20 m below the Górażdże Beds rich conodont faunas with *Neospathodus kockeli* occur for the first time, indicating Pelsonian age (Zawidzka 1975).

Outside the Germanic Basin small holocrinids closely related to *H. acutangulus* are found in Scythian sediments round the world (Hagdorn 1986, Klikushin 1987, Schubert & al. 1992). They seem to be the most common crinoids of the Werfen Beds and are reported from the north-Alpine Werfener Kalke (Mostler & Rossner 1984) and the south-Alpine Cencenighe Member (pers. comm. Prof. Dr. H. Mostler, Innsbruck).

dubius zone

Since the latest revision of *Holocrinus dubius* (Hagdorn 1986) several cups and complete specimens have been recovered which show that it is a true *Holocrinus* and not an *Isocrinus*. *H. dubius* is larger than its ancestor *H. acutangulus*. As the speciation was gradual following a peramorphocline, columnals of small *H. dubius* specimens may easily be mistaken for *H. acutangulus*. Their columnals reach more than 6 mm, while *H. acutangulus* columnals normally are smaller than 3.5 mm. They are pentagonal to pentalobate or weakly pentastellate with straight sides.

The articula have long crenulae and vermiculating radial ridges or adradial crenulae.

In Upper Silesia the earliest *H. dubius* have been found in the upper part of the Górażdże Beds. They reach their maximum abundance in the *Terebratula* Beds and the lower Karchowice Beds. Upsection they grade into *H. meyeri* n.sp. which is still larger. In Lower Silesia, *H. dubius* is a common crinoid in the units C and D (Szulc 1991). In the Holy Cross Mountains, *H. dubius* has been found rarely in the *Lima striata* Beds.

Outside of the Germanic Basin, *H. dubius* occurs in the Brachiopod Limestone of the Vicentinian Alps (Recoaro; Schauroth 1859, Quenstedt 1874-1876, Hagdorn 1986).

The *dubius* zone yields a diverse crinoid and echinoid fauna. In Upper Silesia the encrinids reach their maximum abundance only in the Karchowice Beds (*silesiacus* zone). However, Assmann's Hauptcrinoidenbank of the *Terebratula* Beds contains abundant small barrel shaped columnals of an undescribed crinoid which may be either an encrinid or a dadocrinid. In Fig. 1 it is referred to as Encrinida indet. Definite encrinids are represented by several complete specimens of *Chelocrinus carnalli* from the *Terebratula* Beds (Assmann 1937).

Another typical crinoid of this zone is *Eckicrinus radiatus*. It ranges from the *acutangulus* zone to the *silesiacus* zone. This new genus has medium sized (up to 6 mm) circular to subcircular columnals with an extremely low hight index, a petal pattern and long crenulae which may split and intercalate. The cirrus scars are small and round.

This crinoid, which was originally described by SCHAUROTH (1859) from Recoaro as *Encrinus? radiatus*, has often been confounded with *Silesiacrinus silesiacus*. Thus many quotations of *S. silesiacus* must be referred to *E. radiatus*, which is the most abundant crinoid in the *Lima striata* Beds of the Holy Cross Mountains. In Lower Silesia *E. radiatus* has not yet been recovered.

Definition
The base of the *dubius* zone (partial range biozone) is marked by the first occurrence of *Holocrinus dubius*, its top by that of *Silesiacrinus silesiacus*. In Upper Silesia the *dubius* zone comprises the upper part of the Górażdże Beds and the *Terebratula* Beds. However, the onsets of the index fossils have to be fixed in detailed lithostratigraphic logs. The ranges of the zone in Lower Silesia and in the Holy Cross Mountains can not yet be definitely defined for the same reasons. The zone corresponds with the lower part of the *decurtata* zone which indicates Pelsonian age (KOZUR 1974).

The crinoid and echinoid assemblage is characterized by:
- medium sized columnals (up to 6.5 mm).
- *H. dubius* and *E. radiatus* dominating.
- high diversity, but encrinids rare.
- among the echinoids „Cidaris" *grandaeva* dominating.

Palaeobiogeography
While *Holocrinus dubius*, *Chelocrinus carnalli*, *Encrinus robustus* and the echinoids „Cidaris" *grandaeva* and *Serpianotiaris* occur throughout the Muschelkalk Basin, *Encrinus spinosus*, *Eckicrinus* and *Triadocidaris* must be regarded as Tethydian elements settling only in Upper Silesia and the Holy Cross Mountains close to the marine connections with the Tethys Sea (Fig. 9). However, the *Terebratula* Beds, which in terms of sequential stratigraphy represent the maximum flooding surface during Lower Muschelkalk times (AIGNER & BACHMANN 1993, SZULC 1991, 1993) are not as typically fingerprinted by Alpine faunas as the subsequent Karchowice Beds.

The complete echinoid and crinoid fauna of the *dubius* zone is also found in the Pelsonian of the Southern Alps (Brachiopod Limestone of Recoaro (BENECKE 1868); Siltitische Mergel und Knollenkalke of the Prags Dolomites, BECHSTEDT & BRANDNER 1970).

silesiacus zone
The index crinoid of this zone was alredy figured by QUENSTEDT (1835), but it was BEYRICH (1857) who established the new taxon *Entrochus silesiacus*. The crown of this very typical crinoid has not been found yet. The circular columnals are extremely large (up to 15 mm in diameter). They also have a wide lumen and long, multiradiate crenulae which may split and intercalate towards the periphery. The wide lumen and the lack of petals and cirri indicates that *Entrochus silesiacus* is an early millericrinid established as the new genus *Silesiacrinus* in the Appendix. In polished sections it may easily be identified from the wide lumen which may show interarticular expansions. *S. silesiacus* does occur infrequently in the Karchowice Beds and in the lower part of the *Diplopora* Dolomite; some columnals have also been found as far east as the Stare Gliny quarry in the Kraków Upland (SZULC 1991). In Lower Silesia and in the Holy Cross Mountains it has not been found, but KLÖDEN's (1834) *Apiocrinus mespiliformis* from Rüdersdorf (Brandenburg, Germany) may be a *Silesiacrinus*.

From outside the Germanic Basin, *S. silesiacus* is reported from the Northern Alps (KRISTAN-TOLLMANN 1965) and from the Sub-Tatric Anisian (pers. observ.). However, many of the quotations may refer to *Eckicrinus* or encrinid columnals.

In Upper Silesia the *silesiacus* zone contains the most diverse Middle Triassic crinoid (GŁUCHOWSKI & BOCZAROWSKI 1986) and echinoid fauna. In the coral/sponge bioherms of the Karchowice Beds (BODZIOCH 1991) encrinids with their holdfasts settled on sponges or acted as frame builders. Thus, different species of *Encrinus* and *Chelocrinus*, some of which have cirrinodals with inflated epifacets, make up the bulk of the fauna. The cirrinodals may belong to *Chelocrinus carnalli* or to *Encrinus koeneni*, a species which has not yet been found in Upper Silesia as complete specimens. Less abundant are the columnals of *Eckicrinus* and of *Holocrinus meyeri* n.sp., a descendant of *H. dubius*. The subcircular to pentagonal columnals of this species reach up to 8 mm. In the upper part of the zone (*Diplopora* Dolomite) rare columnals of an *Isocrinus* have been found. They are pentagonal to pentalobate and have isocrinid articula with radial triangles and with tubuli around the distinct petals (*Isocrinus assmanni* n. sp.). Among the echinoids, spines of the small *Triadocidaris transversa* may be extremely abundant in some beds. The other *Triadocidaris* species and „Cidaris" *grandaeva* and *Serpianotiaris* are rarer.

Definition
The base of the *silesiacus* zone (local range biozone) is defined by the first occurrence of *Silesiacrinus silesiacus*, its top by the disappearance of this species. In Upper Silesia, this zone comprises the Karchowice Beds and the lower part of the *Diplopora* Dolomite. As the index fossil

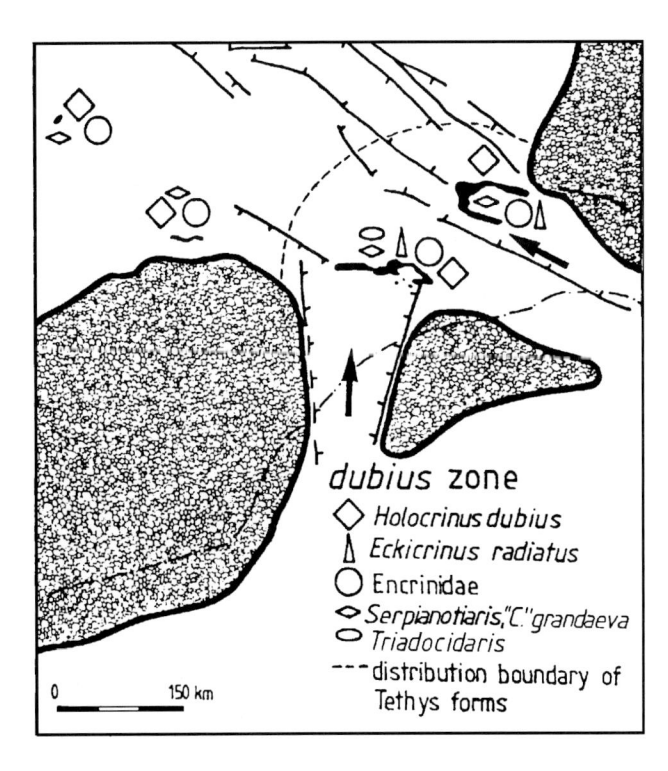

Fig. 9 Crinoid and echinoid distribution, *dubius* zone.

range into the Illyrian, then *Silesiacrinus* does reach down into the Pelsonian, although it has not been found in the Pelsonian Brachiopod Limestone of Recoaro.

The crinoid and echinoid assemblage is characterized by:
- small to very large circular and pentagonal to pentalobate columnals,
- abundant proximal encrinid columnals with cirrus scars.
- *Holocrinus meyeri* and *Isocrinus assmanni*,
- abundant blade- or club-shaped, thorny spines of *Triadocidaris transversa*.

Palaeobiogeography

The extremely diverse echinoderm fauna of the *silesiacus* zone comprises several taxa, whose occurrence inside the Muschelkalk Basin is restricted to Upper Silesia and the Kraków Upland (Fig. 11). Their absence in the Holy Cross Mountains may be explained by increased salinity of the depositional environment, in which the unfossiliferous dolomitic limestones have been deposited (TRAMMER 1975). Thus, water exchange via the East Carpathian Gate must have been interrupted. On the other hand, Upper Silesia was during the *silesiacus* zone still connected with the Austroalpine faunal province through the Silesian-Moravian Gate.

To the west, the diversity of the stenohaline epibenthos gradually decreases. In northern Thuringia (Freyburg/Unstrut), many Tethydian faunal elements still occur in the Schaumkalk Beds, indicating an open connection with the Tethys via the Silesian-Moravian Gate. The Germanic Basin is believed to have been a peripher rift basin, whose sediment fill reflects the major Tethydian rift phases (SZULC 1993). During the upper part of the *silesiacus* zone, Upper Silesia pertained to the Tethys realm, while in the central parts of the basin salinity barriers prevented further westward expansion of the stenohaline benthos. On the other hand, conodonts are absent in Upper Silesia in the Middle Illyrian *Diplopora* Dolomite (KOZUR 1974, ZAWIDZKA 1975).

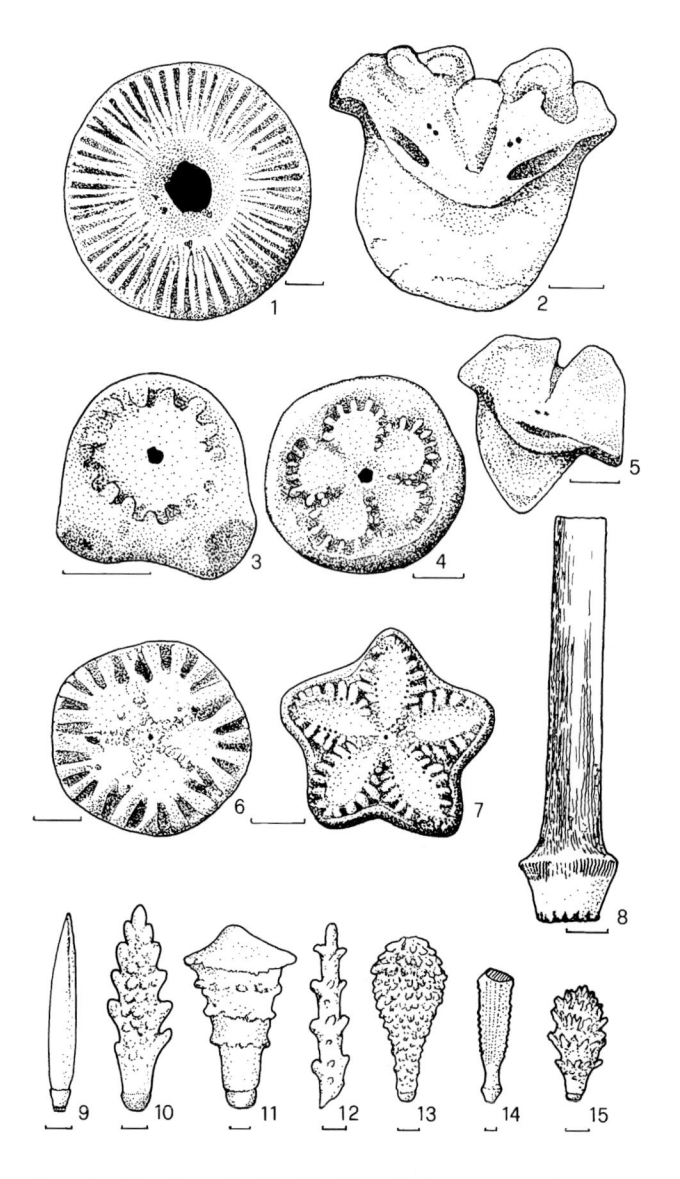

Fig. 10 Crinoids and echinoids of the *silesiacus* zone. **1**. Columnal of *Silesiacrinus silesiacus*. *Diplopora* Dolomite; St. Hyacinth fountain, Beuthen. IGPT (QUENSTEDT collection). **2**. Primaxillary of *Encrinus aculeatus* with blade shaped ornament. *Diplopora* Dolomite; Piekary Śląskie near Bytom (Beuthen). GIUS-7-59/21a. **3, 4**. Nodals of indetermined encrinids. Same horizon and locality. GIUS-7-59/1d and GIUS-7-59/2c. **5**. Proximal brachial of *Encrinus aculeatus*. Same horizon and locality. GIUS-7-59/21b. **6**. Internodal of *Holocrinus meyeri*. Same horizon and locality. GIUS-7-59/6f. **7**. Internodal of „*Isocrinus*" *assmanni*. Same horizon and locality. GIUS-7-59/8b. **8**. Spine of „*Cidaris*" *grandaeva*. Upper Muschelkalk, Haßmersheim Beds; Schwäbisch Hall (Baden-Württemberg, Germany). MHI 1250/13. **9**. Spine of *Serpianotiaris* sp. *Diplopora* Dolomite; Piekary Śląskie near Bytom (Beuthen). GIUS-7-59/27a. **10 - 12**. Spines of *Triadocidaris transversa*. Same horizon and locality. GIUS-7-59/28a - GIUS-7-59/28c. **13, 15**. Spines of *Triadocidaris transversa*. Karchowice Beds; Strzelce Opolskie (Großstrehlitz). MHI 1250/14 - 1250/15. **14**. *Triadocidaris ecki*. After ASSMANN 1937, pl. 5, Fig. 11. Scale 1mm.

has not been found neither in Lower Silesia nor in the Holy Cross Mountains, the zone can not be recognized there. It could be established however, in the Alpine Triassic, but the range of the index crinoid has not been fixed there. In Upper Silesia, the *silesiacus* zone comprises the upper part of the *decurtata* zone (Pelsonian) and the assemblage zone with *Judicarites* and *Neoschizodus orbicularis*, which is alredy Illyrian in age (KOZUR 1974). If *Decurtella decurtata* is a strictly Pelsonian brachiopod and does not

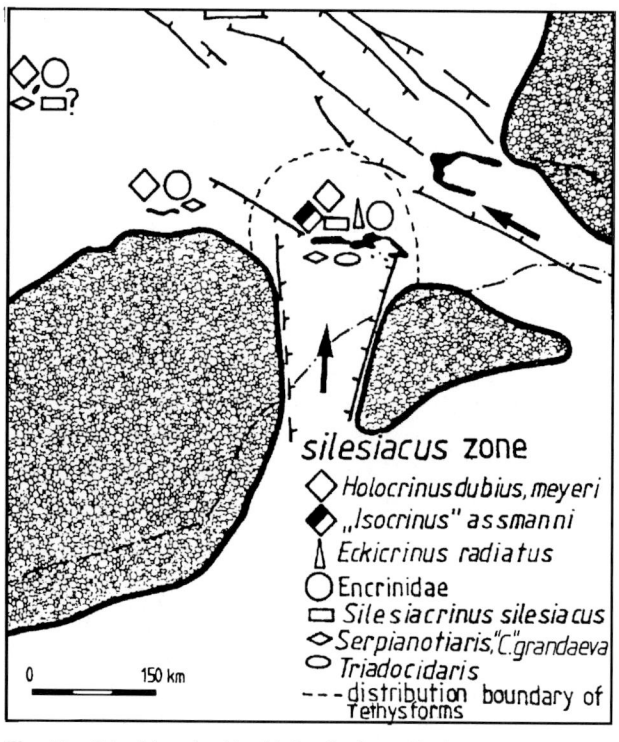

Fig. 11 Crinoid and echinoid distribution, *silesiacus* zone.

Tab. 1 Germanic and Alpine faunal elements in the Upper Silesian Muschelkalk. According to faunal lists by Assmann 1945

	macro-invertebrates (number of species)	sessil epibenthos (number of species)	only in Upper Silesia
Boruszowice Beds	9	1	0 (= 0%)
Wilkowice Beds	18	8	1 (= 5%)
Tarnowice Beds	10	5	0 (= 0%)
Diplopora Dolomite	91	32	88 (=96%)
Karchowice Beds	117	47	65 (=55%)
Terebratula Beds	24	17	5 (=20%)
Górażdże Beds	76	26	49 (=64%)
Upper Gogolin Beds	78	25	19 (=24%)
Lower Gogolin Beds	50	15	37 (=74%)

In Brandenburg (Rüdersdorf), the dolomites of the Middle Muschelkalk contain several shell beds with benthic fauna, but only euryhaline bivalves and gastropods are represented.

Middle Muschelkalk Interval

During the hypersaline phase of the Middle Muschelkalk, no echinoderms have settled in the Germanic Basin. While in Upper Silesia the brecciated dolomites and limestones of the Tarnowice Beds indicate supratidal environments (Zawidzka 1975) in the central part of the basin evaporites were deposited, especially in rapidly subsiding grabens. As in the standard zonal scheme this interval is characterized by the total absence of any index fossils.

Upper Muschelkalk

Shortly after the Upper Muschelkalk transgression, fully marine and diverse benthic faunas immigrated again, but this time from the West Mediterranean faunal province through the Burgundy Gate. As a consequence, *Encrinus liliiformis* and other crinoids (Hagdorn 1985) and echinoids dispersed from Southwest Germany over the western and central part of the basin. In Poland, *Encrinus liliiformis* is reported during the lowermost Upper Muschelkalk from the northeastern margin of the Holy Cross Mountains (Senkowiczowa & Kotański 1979). The boundaries and the echinoderm assemblages of the *liliiformis* zone can be more easily defined in the western parts of the basin (Germany, France) where correlation with ceratite stratigraphy and detailed marker beds is more favourable to establish crinoid zones (Hagdorn in prep.).

Strangely, *Encrinus liliiformis* has also been reported from the Anisian (and Ladinian ?) of the High-Tatric and Sub-Tatric regions and from the Northern Alps. Thus, during Upper Illyrian times an immigration through a reactivated East Carpathian Gate seems to be possible in addition to the major immigration route through the western Alps. In Upper Silesia crinoids and echinoids are completely absent throughout the Upper Muschelkalk, although the stenohaline brachiopod *Punctospirella* and the clam *Chlamys (Praechlamys) reticulata* indicate fully marine conditions in the highly fossiliferous Wilkowice Beds (*evolutus* zone, Lowest Ladinian) (Hagdorn & Simon 1993).

Final Remarks

In the future, the boundaries of echinoderm zones should be fixed in different regions in lithostratigraphical logs and adjusted with the standard zonal scheme. Because several Muschelkalk crinoids and echinoids do also occur in other parts of the Tethys, the Muschelkalk crinoid zones proposed in this paper may also be applied to regions outside the Germanic Basin. Crinoids and echinoids as a tool for correlating the Germanic and the Tethys Triassic may be most important for those parts of the section, in which ammonoids and conodonts are absent for facies reasons. At the present level of knowledge it can be stated that the following zones could be established in the Alpine Triassic: *Dadocrinus* zone, *dubius* zone, *silesiacus* zone, *liliiformis* zone.

The distribution and diversity gradients of echinoderms within the Germanic Basin reflect the fluctuations of sea level (Aigner & Bachmann 1993) and varying positions of the straits connecting different faunal provinces. During the first Muschelkalk transgression (*Dadocrinus* zone), crinoids remain restricted to the easternmost parts of the basin. During the second (early Pelsonian) transgression (maximum flooding during *dubius* zone), crinoids spread over the entire basin, and reached their maximum diversity during the subsequent highstand (*silesiacus* zone); however there was still a diversity decrease to the west. Above the sequence boundary, during the lowstand of the Middle Muschelkalk, echinoderms completely disappear in the whole basin. With the Upper Muschelkalk transgression, they appear again but now they are most diverse and abundant in the western parts of the basin close to the newly opened Burgundy Gate. Since the Muschelkalk echinoderm assemblages were never less diverse than contemporaneous Tethydian assemblages, one should speak of faunal exchange rather than of immigration. Where the actual speciation of the Middle Triassic crinoids and echinoids has taken place is still unknown. But there is evidence that the marginal isolate niches of the Muschelkalk sea have been proper habitats for speciation. The evolutionary lineage *Holocrinus acutangulus - dubius - meyeri* definitely indicates the Germanic Basin as the speciation niche. But it should be pointed out that the data of the Middle Triassic Tethydian echinoderm assemblages are less advanced than those of the Muschelkalk because conservation lagerstätten are not to be found. One should think that the partly isolated populations in the Muschelkalk Basin were more prone to speciate. But one should also consider that the Tethydian realm lacks the conservation lagerstätten, on which our knowledge of Muschelkalk echinoderms is largely based. Perhaps a systematic search for isolated ossicles in these areas would complete our picture of crinoid and echinoid evolution in the Middle Triassic - a time in which our modern forms started to emerge.

Zusammenfassung

Der Untere Muschelkalk Schlesiens zeichnet sich gemäß seiner paläogeographischen Lage nahe den marinen Verbindungswegen zur Tethys durch hohe Diversität stenohaliner Faunenelemente aus, besonders durch Echinodermen.

Einige Seelilien wie z. B. *Dadocrinus, Silesiacrinus* n.gen., *Eckicrinus* n.gen., *Holocrinus meyeri* n.sp., *Isocrinus assmanni* n.sp. und manche Encriniden sowie die Echinidengattung *Triadocidaris* sind im Germanischen Becken ausschließlich aus dessen östlichen Teilen (Schlesien bis Brandenburg, Heiligkreuzgebirge) belegt. Ihre Häufigkeit und Diversität nimmt von Südost nach

Nordwest und Norden ab. Einige von den Seelilien kommen auch in der Trias der Hohen Tatra und der Alpen vor.

Die Verteilung von Seeigeln und Seelilien im östlichen Teil des Muschelkalkbeckens wird in paläogeographischen Karten erfaßt. Verbreitungsgrenzen waren hauptsächlich durch die Salinität bedingt. Wellenkalkfazies und Evaporite des Mittleren Muschelkalks waren für die stenohalinen Echinodermen ungünstig. So führen die eigentlichen Wellenkalke in den Gogoliner Schichten und den Terebratelschichten weder Crinoiden noch Echinoiden. Meeresspiegelschwankungen ermöglichten die Verbreitung mancher weniger empfindlicher Stachelhäuter weiter nach Westen, während andere auf die pfortennahen Gebiete im Osten beschränkt blieben.

Einige Seelilien und Seeigel sind auch in ihrer vertikalen Verbreitung begrenzt. Es gibt von ihnen genügend Skelettelemente mit eindeutigen Merkmalen, um eine biostratigraphische Gliederung mit Echinodermen zu begründen. Die Evolution der Holocriniden in einer graduellen Entwicklungsreihe beweist aufeinanderfolgende Zonen. Für die anderen Gruppen ließen sich Evolutionslinien nicht lückenlos beweisen. Es wurden folgende Crinoidenzonen aufgestellt:

Dadocrinus-Zone: Untergrenze ist das erste Auftreten von *Dadocrinus*; Obergrenze ist das Aussetzen von *Dadocrinus*.

acutangulus-Zone: Untergrenze ist das Aussetzen von *Dadocrinus*; Obergrenze ist das erste Auftreten von *Holocrinus dubius*.

dubius-Zone: Untergrenze ist das erste Auftreten von *Holocrinus dubius*; Obergrenze ist das erste Auftreten von *Silesiacrinus silesiacus*.

silesiacus-Zone: Untergrenze ist das erste Auftreten von *Silesiacrinus silesiacus*; Obergrenze ist das letzte Auftreten von *Silesiacrinus silesiacus*.

Diese Crinoidenstratigraphie läßt sich nur in Schlesien im ganzen Umfang anwenden, weil einige Indexformen in den westlichen und nördlichen Beckenteilen fehlen. Sie läßt sich jedoch auf manche Regionen der Trias in den Alpen und der Tatra übertragen. Dort müssen jedoch erst Profile genau nach ihrem Echinoderменinhalt abgeprobt werden.

Depository of specimens:
GIUS Laboratory of Paleontology and Stratigraphy of the Silesian University in Sosnowiec
IGPG Institut für Geologie und Paläontologie Göttingen
IGPT Institut für Geologie und Paläontologie Tübingen
MHI Muschelkalkmuseum Hagdorn Ingelfingen

Acknowledgements
We want to thank W. Bardziński, Sosnowiec, A. Bodzioch, Poznań, Dr. J. Szulc, Kraków and Dr. J. Trammer, Warszawa, who guided us in many Muschelkalk outcrops. Prof. Dr. H. Lowenstam, Pasadena, provided valuable information about Upper Silesian Muschelkalk crinoids. Prof. Dr. A. Seilacher kindly reviewed the manuscript. The Silesian University of Sosnowiec and the Jagiellonian University Kraków made possible collecting trips to Poland in 1987 and 1992 for the first author, who wants to thank these institutions as well as his Polish friends for their great hospitality.

Appendix

Crinoidea
Articulata

Holocrinidae

Holocrinus meyeri n. sp.
Diagnosis: Columnals large, rounded basaltiform to subcircular with long marginal crenulae and granulated radial bands. Nodals with 5 cirrus scars and cirrus grooves directed upward.
Holotype: Fig. 12, 1. GIUS-7-59/6c.
Range: Karchowice Beds, Lower Part of *Diplopora* Dolomite (upper Pelsonian, lowest Illyrian). Upper Silesia.

Eckicrinus n. gen.
Diagnosis: Columnals very low, cylindrical, without epifacet, circular to subcircular. Proximal columnals with long marginal crenulae and granulated radial bands (balanocrinoidal type), distal columnals with long crenulae reaching almost the lumen; bifurcation and intercalation of further crenulae towards the periphery. Lumen narrow. Nodals not wider than internodals, only a little higher. 5 small circular cirrus scars without fulcral ridge.
Type species: *Encrinus? radiatus* SCHAUROTH, 1859
Lectotype: SCHAUROTHS specimens not yet located (pers.

Fig. 12 1. *Holocrinus meyeri* n.sp. Nodale. Holotype. *Diplopora* Dolomite, Piekary Śląskie near Bytom (Beuthen). GIUS-7-59/6c.
2. *"Isocrinus" assmanni* n.sp. Internodale. Holotype. *Diplopora* Dolomite, Piekary Śląskie near Bytom (Beuthen). GIUS-7-59/8a. Scale bar 1 mm.

comm. Dr. G. Aumann, Naturmuseum Coburg, 9. 7. 1981).
Range: Uppermost Gogolin Beds, *Terebratula* Beds, Karchowice Beds, lower *Diplopora* Dolomite of Upper Silesia; *Lima striata* Beds of the Holy Cross Mountains; Brachiopod Limestone of the Vicentinian Alps (Recoaro); (Pelsonian, lowest Illyrian).

Isocrinidae

„*Isocrinus*" *assmanni* n. sp.
Diagnosis: Columnals subpentalobate. Petal pattern of crenulae. Marginal triangles in the radii. Distinct epifacet in proximal columnals. Tubuli at the ends of the crenulae and culminae towards the areola. Lower nodal face symplectial. 5 cirrus scars.
Holotype: Fig. 13, 2. GIUS-7-59/8a.
Range: Uppermost part of Karchowice Beds, lower part of *Diplopora* Dolomite (lowest Illyrian).

Millericrinidae

Silesiacrinus n. gen.
Diagnosis: Columnals large, very low, circular, cylindrical with straight sides or with epifacets. Multiradiate crenulae, mostly reaching the perilumen. Crenulae bifurcating and further crenulae intercalating towards the periphery. Crenulae may have a median groove. Areola may be depressed; depression sometimes with five excavated lobes. Lumen extremely wide, round or stellate. Holdfast discoid.
Type species: *Entrochus silesiacus* BEYRICH, 1857.
Holotype: Pluricolumnal figured in QUENSTEDT, 1835, Pl. 4, fig. 3.
Range: Karchowice Beds, lower part of *Diplopora* Dolomite, Upper Silesia. Alps, Tatra Mountains (upper Pelsonian, lowest Illyrian).

References

AIGNER, T. & BACHMANN, G.H. (1992): Sequence Stratigraphy of the German Muschelkalk. - This volume, 15-18, 2 figs.
ASSMANN, P. (1926): Die Fauna der Wirbellosen und die Diploporen der oberschlesischen Trias mit Ausnahme der Brachiopoden, Lamellibranchiaten, Gastropoden und Korallen.- Jb. preuß. geol. Landesanst. **46**, 504 - 527, Taf. 8 - 9, 1 Abb.; Berlin.
ASSMANN, P. (1937): Revision der Fauna der Wirbellosen der oberschlesischen Trias.- Abh. preuß. geol. Landesanst., N.F.**170**, 5-134, 22 Taf., Tab.; Berlin.
ASSMANN, P. (1944): Die Stratigraphie der oberschlesischen Trias. Teil 2.Muschelkalk.- Abh. Reichsamt Bodenforsch., N. F. **208**, 1-124, 8 Taf., 1 Tab.; Berlin.
BECHSTEDT, T. & BRANDNER, R. (1970): Das Anis zwischen St. Vigil und dem Höhlensteintal (Pragser- und Olanger-Dolomiten, Südtirol).- In: MOSTLER, H. (Ed.): Beiträge zur Mikrofazies und Stratigraphie von Tirol und Vorarlberg. Festbd. geol. Inst. 300-J.-Feier Univ. Innsbruck (1970), 9-103, 18 Taf., 2 Tab., 4 Abb., 3 Beil.; Innsbruck, München (Universitätsverlag Wagner).
BENECKE, E.W. (1868): Ueber einige Muschelkalk-Ablagerungen der Alpen.- Geognost.-paläont. Beitr. **2/1**, 1-67, Taf. 1-12; München.
BEYRICH, E. (1857): Ueber die Crinoiden des Muschelkalkes.- Abh. k. Akad. Wiss. Berlin (mathem.-naturw.) 1857/1, 1-49, 2 Taf.; Berlin.
BODZIOCH, A. (1991): Stop B14 Tarnów Opolski (Poland, Upper Silesia). - In: HAGDORN, H., (Hrsg.), Muschelkalk. A Field Guide. 69-71, Abb. 66-71; Korb (Goldschneck).
BODZIOCH, A. & SZULC, J. (1991): Stop B12 Gogolin (Poland, Upper Silesia) - In: HAGDORN, H. (Hrsg.), Muschelkalk. A Field Guide. 63-65, Abb. 52-57, Korb (Goldschneck).
ECK, H. (1865): Ueber die Formationen des bunten Sandsteins und des Muschelkalks in Oberschlesien und ihre Versteinerungen. - 149 S., 2 Taf.; Berlin (R. Friedländer u. Sohn).

GASCHE, E. (1939): Ein Crinoidenkelch aus dem Hydasp (der untersten Mitteltrias) der Nördlichen Kalkalpen Oberösterreichs. - N. Jb. Min. etc., Beil.-Bd. **80**, Abt. B, 72-112, 20 Abb., Taf.4; Stuttgart.
GŁUCHOWSKI, E. (1977): Typy morfologiczne członów łodyg liliowców występujacych w triasie opolskim. - Z. Nauk. AGH, Geologia, **3**, 69-76, 2 Abb.; Kraków [Polish with English summary].
GŁUCHOWSKI, E. (1986): Crinoids from the Lower Gogolin Beds (Lower Muschelkalk) of the North-Eastern Part of Upper Silesia. - Bull. Polish Acad. Sci., Earth Sciences **34**, 179-187, 1 Abb., 6 Taf.
GŁUCHOWSKI, E. & BOCZAROWSKI, A. (1986): Crinoids from the Diplopora-Dolomite (Middle Muschelkalk) of Piekary Slaskie, Upper Silesia. - Bull. Polish Acad. Sci., Earth Sciences, **34**, 189-196, 1 Abb., 2 Taf.
HAGDORN, H. (1985): Immigration of crinoids into the German Muschelkalk Basin.- In: BAYER, U. & SEILACHER, A. (Eds.): Sedimentary and Evolutionary Cycles. Lecture Notes in Earth Sciences, **1**, 237-254, 13 Abb.; Berlin, Heidelberg, New York, Tokyo (Springer).
HAGDORN, H. (1986): *Isocrinus? dubius* (GOLDFUSS, 1831) aus dem Unteren Muschelkalk (Trias, Anis).- Z. geol. Wiss., **14**, 705 -727, 4 Taf., 4 Abb.; Berlin-Ost.
HAGDORN, H. (1991): The Muschelkalk in Germany - An introduction. In: HAGDORN, H. (Hrsg.), Muschelkalk. A Field Guide. 7-21, Abb. 1-11; Korb (Goldschneck).
HAGDORN, H. (in prep.): Biostratigraphy and Palaeogeography of Muschelkalk Crinoids.
HAGDORN, H., GŁUCHOWSKI, E. & BOCZAROWSKI, A. (in prep.): The Crinoid Fauna of the Diplopora Dolomite (Middle Muschelkalk, Triassic, Upper Anisian) at Piekary Śląskie in Upper Silesia.
HAGDORN, H. & SIMON, T. (1993): Ökostratigraphische Leitbänke im Oberen Muschelkalk.- This volume, 193-208, 15 figs.
HILDEBRAND, E. (1926): Zur Stratigraphie der Muschelkalkcrinoiden. - Centralbl. Min., **1926**, Abt. B, 69-71; Stuttgart.
KLIKUSHIN, V. G. (1987): Distribution of Crinoidal remains in Triassic of the U.S.S.R. - N. Jb. Geol. Paläont. Abh., **173**, 321-338, 3 figs., 1 tab.; Stuttgart.
KLÖDEN, K.F. (1834): Die Versteinerungen der Mark Brandenburg.- 378 S., 10 Taf.; Berlin.
KOZUR, H. (1974): Biostratigraphie der germanischen Mitteltrias.- Freiberger Forschh., (C) **280**/1, 1 - 56, **280**/2, 1 - 71, **280**/3, 9 Anl. (= 12 Tab.); Leipzig.
KRISTAN-TOLLMANN, E. & TOLLMANN, A. (1967): Crinoiden aus dem zentralalpinen Anis (Leithagebirge, Thörler Zug und Radstädter Tauern. - Wissensch. Arb. Burgenland, **36**, 55 S., 11 Taf.; Eisenstadt.
KUNISCH, H. (1883): Über den ausgewachsenen Zustand von Encrinus gracilis BUCH. - Z. dt. geol. Ges., **35**, 195-198, Taf.8.
LANGENHAN, A. (1903): Versteinerungen der deutschen Trias (des Buntsandsteins, Muschelkalks und Keupers) aufgrund vierzigjähriger Sammeltaetigkeit zusammengestellt und nach den Naturobjekten autographiert.- 22 S., 17 Taf., 3 Abb.; Liegnitz (Scholz'sche Kunsthandlung).
LANGENHAN, A. (1911): Versteinerungen der deutschen Trias (des Buntsandsteins, Muschelkalks und Keupers) aufgrund eigener Erfahrungen zusammengestellt und auf Stein gezeichnet.- 2. Aufl., 10 S., 28 Taf. Friedrichroda (Selbstverlag). [Dazu: Ergänzungen zur Trias, 1915, 4 Taf.]
LEFELD, J. (1958): *Dadocrinus grundeyi* LANGENHAN (Crinoidea) z triasu wierchowego Tatr.- Acta Palaeont. Polon., **3**, 59-74, 10.fig., 2 tab., 2 pl.; Warszawa [Polish with English summary].
MEYER, H. von (1849): Fische, Crustaceen, Echinodermen und andere Versteinerungen aus dem Muschelkalk Oberschlesiens.-Palaeontographica, **1**, 216-279, Taf.28-32; Cassel.
MOSTLER, H. (1993): Das Germanische Muschelkalkbecken und seine Beziehungen zum Tethyalen Muschelkalkmeer. - This volume, 11-14, 1 fig.
MOSTLER, H. & ROSSNER, R. (1984): Mikrofazies und Palökologie der höheren Werfener Schichten (Untertrias) der Nördlichen Kalkalpen. - Facies, **10**, 87-144, 16 Abb., 1 Taf., Taf.12-18; Erlangen.
PIA, J.V. (1930): Grundbegriffe der Stratigraphie mit ausführlicher Anwendung auf die europäische Mitteltrias. - 252 S.; Leipzig, Wien (Deuticke).
QUENSTEDT, F.A. (1835): Ueber die Encriniten des Muschelkalkes.- Wiegmanns Arch. **1**, 223 - 228, 1 Taf.; Berlin.
QUENSTEDT, F.A. (1874 - 1876): Petrefaktenkunde Deutschlands. 4. Abth. Asteriden und Encriniden.- 724 S., Taf. 90 - 114; Leipzig (W. Engelmann).
SCHAUROTH, K.F. v.(1859): Kritisches Verzeichnis der Versteinerungen der Trias im Vicentinischen. - Sber.Akad.Wiss., math.-nat. Kl., **34**, 283-356, 3 Taf.; Wien.
SCHUBERT, J. K., BOTTJER, D. J. & SIMMS, M. J. (1992): Paleobiology of

the oldest known articulate crinoid. - Lethaia, **25**, 97-110, 8 figs., 1 tab.; Oslo.

Szulc, J. (1991): The Muschelkalk in Lower Silesia. Stop B11 Raciborowice) Poland, Lower Silesia) - In: Hagdorn, H. (Hrsg.), Muschelkalk. A Field Guide. 58-61, Abb. 43-48; Korb (Goldschneck).

Szulc, J. (1992): Early Alpine Tectonics and Lithofacies Succession in the Silesian Part of the Muschelkalk Basin. A Synopsis.- This volume, 19-28, 10 figs.

H. Senkowiczowa (1976): Contributions in: Geology of Poland. Vol.1, Stratigraphy, Part 2 Mesozoic. - 855 p., 213 figs., 92 pls.; Warszawa (Wydawniclwa Geologiczne).

Senkowiczowa, H. & Kotański, Z. (1979): Gromada Crinoidea Miller, 1821.- In: Budowa Geologiczna Polski. Tom 3. Atlas Skamienialosci Przewodnich i Charakterystycznych. Czesc 2a Mesozoik, Trias, 128-130, pl.35; Warszawa (Wydawniclwa Geologiczne).

Senkowiczowa, H. & Kotański, Z. (1979): Gromada Echinoidea Leske, 1778.- In: Budowa Geologiczna Polski. Tom 3. Atlas Skamienialosci Przewodnich i Charakterystycznych. Czesc 2a Mesozoik, Trias, 133-136, pl.36; Warszawa (Wydawniclwa Geologiczne).

Tollmann, A. (1976): Analyse des klassischen nordalpinen Mesozoikums. Stratigraphie, Fauna und Fazies der Nördlichen Kalkalpen.- 580 S., 256 Abb., 3 Taf.; Wien (Deuticke).

Trammer, J. (1975): Stratigraphy and facies development of the Muschelkalk in the South-Western Holy Cross. Mts. - Acta geol. polon., **25**/2, 179 - 216; Warszawa.

Wachsmuth, Ch. & Springer, F. (1887): Revision of the Palaeocrinoidea, 3, Sect.II, Suborder Articulata. - Proc. Acad. Philadelphia 1886, 64-226; Philadelphia.

Zawidzka, K. (1975): Conodont stratigraphy and sedimentary environment of the Muschelkalk in Upper Silesia. - Acta geol. polon., **25**, 217 - 257, Taf. 27 - 44; Warszawa.

Die Selachierfauna des Muschelkalks in Polen: Zusammensetzung, Stratigraphie und Paläoökologie

Jerzy Liszkowski, Poznań

7 Abbildungen

Einführung

Die überwiegend marinen Schichten des polnischen Muschelkalks sind relativ reich an Fisch- und anderen Wirbeltierresten. Diese können in nahezu jedem Aufschlußprofil, ja fast in jeder Schicht gefunden werden. Durch ihre Färbung und ihren Glanz fallen sie unter den Makro- wie Mikrofossilien sofort ins Auge. Es verwundert deshalb, daß dieser Fossilgruppe in Polen bisher sehr wenig Aufmerksamkeit gewidmet wurde. Die vor fast 150 Jahren erscheinende Monographie von H. v. MEYER (1851), obwohl taxonomisch überholt und nomenklatorisch veraltet, ist nach wie vor die bis auf den heutigen Tag einzige den Fischresten des polnischen Muschelkalks gewidmete Arbeit. Alle späteren Untersuchungen erstrecken sich nur auf Fischfaunen einzelner Lokalitäten (u.a. LISZKOWSKI 1973, 1981) oder aber auf den gesamten Fauneninhalt einzelner Stufen bzw. Gebiete, unter denen auch einzelne Fischreste aufgelistet wurden (vgl. SENKOWICZOWA 1957b).

In den geologisch orientierten wissenschaftlichen Instituten, Hochschulen und Museen Polens sind Fischreste in den Triassammlungen fast überhaupt nicht vertreten. Ältere paläontologische Sammlungen wurden im Zweiten Weltkrieg, aber auch später infolge von Unverständnis und Nachlässigkeit weitgehend zerstreut bzw. zerstört. Unter diesen Umständen erschien eine Neusammlung und Neubearbeitung triassischer Fischreste mehr als wünschenswert. Die vorliegende Arbeit ist eine noch vorläufige Zusammenstellung der bisherigen Forschungsergebnisse über artliche Zusammensetzung, Häufigkeit und zeitliches Verteilungsmuster der Selachiergemeinschaften im Muschelkalk Polens.

Das untersuchte Zahnmaterial

Herkunft der Zähne

Das untersuchte Haifischmaterial wurde größtenteils unmittelbar im Gelände gesammelt oder aus Schlämmrückständen von gelösten Proben ausgelesen. Es liegen ausschließlich disartikulierte Skelettharteile vor: Kieferzähne, Hautzähne, Kopf- und Flossenstachel. In vorliegender Arbeit wurden ausschließlich Kieferzähne behandelt. Der Erhaltungszustand der makroskopischen Funde ist durchweg schlecht, der von Kleinresten aus Lösungsrückständen (Ichthyolithe) gut bis sehr gut. Wie fast immer sind marine Wirbeltierreste in gehäufter Anzahl an bestimmte Lagen gebunden. Obwohl reichhaltiges Nahrungsangebot für Fische über längere Phasen des Muschelkalks (mit Ausnahme des hypo- bis hypersalinaren Mittleren Muschelkalks) zur Verfügung stand, fanden sich ihre Reste bevorzugt in autochthonen Schillagen, schillreichen Horizonten, Bonebeds im weiteren Sinne, Kondensationshorizonten und kondensierten Profilabschnitten und auf Drucklösungsflächen. Unter der Annahme zyklischer Sedimentation (AIGNER 1982) entsprechen die Fundlagen der Fischreste sowohl regressiven wie transgressiven Kleinzyklen im Rahmen von entweder transgressiven (z.B. im Unteren Muschelkalk) oder regressiven (z.B. im Oberen Muschelkalk) Mezo- und Großzyklen. Aus solchen Lagen stammt der Hauptteil der gesammelten Selachierreste.

Der weitaus größte Teil des Materials wurde in tieferen Horizonten des Unteren (mu1) und den mittleren und oberen Abschnitten des Oberen Muschelkalks (mo2) gefunden. Aber sogar in den größtenteils hyposalinaren Folgen des Mittleren Muschelkalks, besonders in Oberschlesien, fehlen Selachierreste nicht gänzlich. Geographisch verteilen sich die Fundpunkte über alle Muschelkalkvorkommen Polens. Diese umfassen:

1. Oberschlesien, im weiteren Text als Oberschlesisches Teilbecken (OS-Teilbecken) bezeichnet (Abb. 1). Nach Fläche, Gesteinsausbildung, Fossilreichtum und Bearbeitungsstand gehört es zu den wichtigsten und bekanntesten Muschelkalkvorkommen nicht nur Polens, sondern des ganzen Germanischen Triasbeckens.

2. Das sich in NW-SE-Richtung erstreckende schmale Ausstrichgebiet mitteltriassischer Schichten beiderseits des Polnischen Mittelgebirges (Heiligkreuzgebirge, Abb. 1) gehört paläotektonisch zur Mittelpolnischen Furche, war aber in der Trias, paläogeographisch und faziell betrachtet, noch ein Teilbecken des Germanischen Trias-Großbeckens. Es wird im folgenden als Polnisches Mittelgebirgs-Teilbecken (PMG-Teilbecken) bezeichnet.

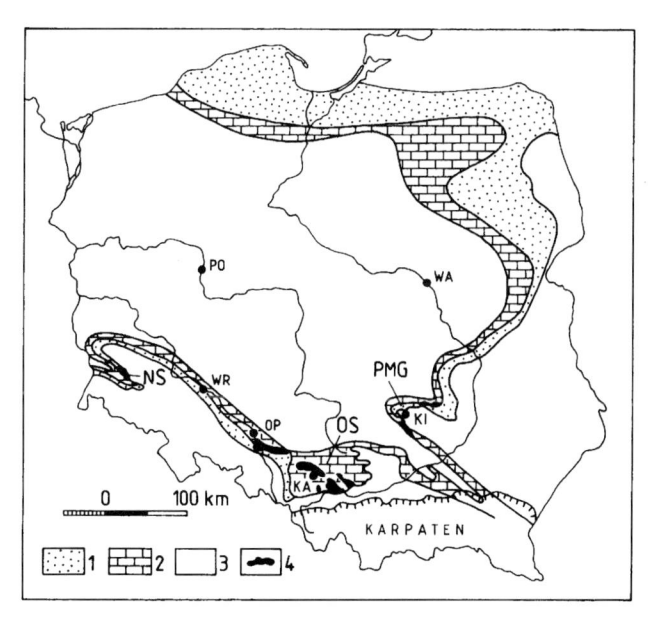

Abb.1 Ausstrich von Triasschichten in Polen. 1 - Unterer und Mittlerer Buntsandstein, 2 - Oberer Buntsandstein (Röt) und Muschelkalk, 3 - Keuper und Rhät, 4 - Ausstrichgebiete des Muschelkalks. Kürzel: PMG - Polnisches Mittelgebirge, OS - Oberschlesien, NS - Niederschlesien, Ka - Katowice, Ki - Kielce, Op - Opole, Po - Poznań, Wa - Warszawa, Wr - Wrocław.

3. Das kleinflächige Muschelkalkvorkommen der Nordsudetischen Senke in der Umgebung von Raciborowice (Abb. 1) leitet zu den bekannten Muschelkalkvorkommen Rüdersdorfs und des Thüringer Beckens über. Im weiteren wird es als Niederschlesisches Teilbecken (NS-Teilbecken) bezeichnet. Da das aus diesem Teilbecken zusammengetragene Fischmaterial nur einige zehn Kieferzähne umfaßt und zusätzlich nur aus dem Unteren Muschelkalk stammt, wird es im folgenden nicht gesondert behandelt.

Bemerkungen zur Stratigraphie des Muschelkalks in Polen

Die Stratigraphie des Muschelkalks beruht in Polen vorwiegend auf Gesteinsausbildung, Sedimenttypen, Sedimentstrukturen und anderen lithogenetischen Merkmalen, also auf lithostratigraphischer Grundlage, untergeordnet auf dem Auftreten und Verschwinden bestimmter Fossilgruppen, seltener auf einzelnen Leitfossilien. Dies war jahrzehntelang der Hauptgrund dafür, daß Einzelprofile nur annähernd zeitlich parallelisiert werden konnten. Erst in jüngerer Zeit konnte sich mit Hilfe der Conodonten eine biostratigraphische Zonen- und Stufengliederung durchsetzen, die nicht nur eine zeitliche Parallelisierung der Muschelkalkabfolgen der einzelnen Teilbecken Polens und anderer Gebiete des ganzen Germanischen Triasbeckens, sondern auch mit dem orthostratigraphischen Schema der tethyalen (pelagischen) Mitteltrias des alpin-westkarpatischen Raumes erlaubte.

Für das OS-Teilbecken hat sich bis heute die von ASSMANN (1913, 1944) ausgearbeitete lithostratigraphische Gliederung bewährt. Diese ist teilweise durch Ceratiten belegt und konnte durch ZAWIDZKA (1975) mit Hilfe von Conodonten an das Zonenschema der Alpinen Mitteltrias angeknüpft werden. Für das PMG-Teilbecken hat SENKOWICZOWA (1957a, b, 1961) die Grundlagen für die lithostratigraphische Gliederung des Muschelkalks ausgearbeitet. TRAMMER (1975) hat diese mit Conodonten belegt und eine zeitliche Parallelisierung der Muschelkalkabfolge des PMG-Teilbeckens mit der Abfolge des Thüringer Teilbeckens vorgelegt. Ihre Parallelisierung mit dem Gliederungsschema der Alpinen Mitteltrias kann den Abb. 5A und 5B entnommen werden. Die dort genannten lithostratigraphischen Einheiten waren Grundlage für die Einstufung der horizontiert aufgesammelten Selachierreste.

Bemerkungen zur Taxonomie

Die Bestimmung triassischer Selachierfunde, speziell von Hybodontenzähnen bereitet z.T. Schwierigkeiten, denn die meisten Gattungen und Arten der Oberfamilie Hybodontoidea wurden schon vor mehr als 100 bis 150 Jahren aufgestellt und oft nur ungenügend beschrieben. Für viele der aufgestellten Arten wurde kein Typus ausgewählt, und wenn, dann ist der gegenwärtige Aufbewahrungsort nur selten bekannt. Außerdem wurden viele Arten aufgrund von Einzelfunden aufgestellt, so daß die Variationsbreite unbekannt ist. Bei der starken Heterodontie des Hybodontengebisses mußte das zwangsläufig zu Fehlbestimmungen führen. Konvergenz- bzw. Parallelismus-Erscheinungen, die gerade unter den Hybodonten weit verbreitet sind, können weitere Quellen für Fehlbestimmungen darstellen.

Aus diesen Gründen wurde die Bestimmung mit Vorsicht vorgenommen. Als valide wurden grundsätzlich nur solche Arten aufgefaßt, für die aufgrund von Literaturangaben oder aufgrund genügender Menge an Untersuchungsmaterial Zahnreihen rekonstruiert werden bzw. mindestens Vorder-, Seiten- und Hinterzähne ausgeschieden werden konnten. Es wurde also derselbe Weg gewählt, den schon früher WOODWARD (1889), JAEKEL (1889), HAGDORN & REIF (1988) eingeschlagen haben. Übrig blieben dann unbestimmbare Reste, aber auch Zähne von höchstwahrscheinlich neuen Arten. Aus Mangel an Vergleichsmaterial und um Synonymien zu vermeiden, wurde jedoch auf die Aufstellung neuer Arten verzichtet und lediglich versucht, die Funde bekannten Gattungen oder günstigenfalls Arten zuzuordnen. Die Artbestimmung wurde dann meistens durch offene Nomenklatur ersetzt.

Die Bestimmung der Neoselachier bereitete weniger Schwierigkeiten. Detaillierte Gattungsdiagnosen und ausführliche Artenbeschreibungen und -abbildungen lassen nur manchmal Zweifel bei der Artbestimmung aufkommen. In Zweifelsfällen, wenn z.B. die Frage nach der Zugehörigkeit zu den Neoselachiern entsteht, kann nach REIF (1973) die Ultramikrostruktur des Zahnenameloids die entscheidende Antwort geben.

Die Systematik der höheren taxonomischen Einheiten, denen das aufgefundene Zahnmaterial zugeordnet wurde, beruht ausschließlich auf den Klassifikationen von ZANGERL (1981) für die altertümlichen (paläozoischen) Selachier und CAPPETTA (1987) für die mesozoischen Hybodonten und Neoselachier.

Faunenliste

Insgesamt konnten im Muschelkalk Polens 28 Selachier-Arten aus 15 Gattungen, 8 Familien und 8 Oberfamilien bzw. Ordnungen isoliert und identifiziert werden. Unter den bestimmten Gattungen konnte eine neue entdeckt werden, die vorläufig der Familie Palaeospinacidae zugeordnet wird. Im einzelnen wurden Zähne folgender Arten gefunden:

KLASSE: Chondrichthyes
 Unterklasse: Elasmobranchii
  Kohorte: Euselachii
   Ordnung: Xenacanthida
    Familie: Xenacanthidae
     Gattung: *Orthacanthus* AGASSIZ 1843
      Art: *Orthacanthus* sp.
     Gattung: *Pleuracanthus* (preocc.) AGASSIZ 1837
      Art: „*Pleuracanthus*" sp.
   Oberfamilie: Protacrodontoidea
     Gattung: *Protacrodus* JAEKEL 1921
      Art: *Protacrodus* sp.
   Oberfamilie: Ctenacanthoidea
    Familie: Phoebodontidae
     Gattung: *Phoebodus* ST. JOHN & WORTHEN 1875
      Art: *Phoebodus* sp.
     Gattung: *Acronemus* RIEPPEL 1982
      Art: *Acronemus* sp.
       Acronemus simplex (H.V. MEYER)
   Oberfamilie: Hybodontoidea
    Familie: Hybodontidae
     Gattung: *Hybodus* AGASSIZ 1837
      Art: *Hybodus plicatilis* AGASSIZ
       Hybodus multiplicatus JAEKEL
       Hybodus angustus AGASSIZ
       Hybodus longiconus AG. var. *minor* JAEKEL
       Hybodus longiconus AGASSIZ

Hybodus raricostatus AGASSIZ
Familie: Acrodontidae
  Gattung: *Acrodus* AGASSIZ 1837
    Art: *Acrodus lateralis* AGASSIZ
      Acrodus gaillardoti AGASSIZ
      Acrodus substriatus SCHMID
  Gattung: *Asteracanthus* AGASSIZ 1837
    Art: *Asteracanthus* sp.
Familie: Polyacrodontidae
  Gattung: *Polyacrodus* JAEKEL 1889
    Art: *Polyacrodus polycyphus* (AGASSIZ)
      Polyacrodus sp.
  Gattung: *Palaeobates* MEYER 1849
    Art: *Palaeobates angustissimus* (AGASSIZ)
      Palaeobates angustus SCHMID
      Palaeobates sp.
  Gattung: *Lissodus* BROUGH 1935
    Art: *Lissodus* sp., aff. *angulatus* (STENSIÖ)
      Lissodus sp., aff. *africanus* (BROOM)
      Lissodus nodosus (SEILACHER)
Subkohorte: Neoselachii
  Ordnung: Heterodontiformes
    Familie: Heterodontidae
      Gattung: *Heterodontus* BLAINVILLE 1816
        Art: *Heterodontus* sp.
  Oberordnung: Galeomorphii incertae ordinis
    Familie: Palaeospinacidae
      Gattung: *Palaeospinax* EGERTON 1872
        Art: Palaeospinax sp.
      Gattung: ? *Palaeospinax* sp.
  Oberordnung: ? Galeomorphii incertae sedis
    Gattung: *Reifia* DUFFIN 1980
      Art: *Reifia* sp., aff. *minuta* DUFFIN

Die aufgeführte Selachiervergesellschaftung umfaßt drei den stammesgeschichtlichen Entwicklungsstufen der Elasmobranchii im Sinne von SCHAEFFER (1967) entsprechenden Gruppen (vgl. dazu REIF 1972). Zur ersten Gruppe gehören die Gattungen: *Orthacanthus* und „*Pleuracanthus*" (Xenacanthidae), *Protacrodus* (Protacrodontoidea), *Phoebodus* und *Acronemus* (Ctenacanthoidea). Es sind Reliktformen der paläozoischen *Cladodus*-Entwicklungsstufe der Selachier (SCHAEFFER 1967).

Einige der genannten Gattungen können mit anderen Arten bis in die Obertrias verfolgt werden (z.B. *Orthacanthus moorei* (WOODWARD), *Phoebodus brodiei* WOODWARD). Sie gehören zu den seltenen Formen und sind mit nur ungefähr 0,2 % an der Gesamtanzahl der Funde beteiligt, am Artenspektrum aber mit über 21 %. Abb. 2 zeigt die wichtigsten Vertreter dieser altertümlichen Euselachier aus dem Muschelkalk Polens.

Die zweite Gruppe umfaßt die Vertreter der Oberfamilie Hybodontoidea, die mit 18 Arten der Gattungen *Hybodus, Acrodus, Asteracanthus, Polyacrodus, Palaeobates* und *Lissodus* vertreten ist. Sie bildet den Hauptbestandteil der untersuchten Selachiervergesellschaftung und ist mit über 99 % an der Gesamtanzahl und 64 % am Artenspektrum beteiligt. Die Dominanz dieser Formengruppe ist ein typisches Erscheinungsbild für die Trias des gesamten Germanischen Beckens (vgl. MEYER 1851; SCHMID 1862; JAEKEL 1889; SCHMID 1928, 1938; SEILACHER 1943; MCCUNE & SCHAEFFER 1986; HAGDORN & REIF 1988).

Einige Vertreter dieser Gruppe sind in Polen selten, z.B. *Hybodus angustus, H.longiconus, H. raricostatus, Acrodus substriatus, Asteracanthus* sp. und *Lissodus nodosus*. Andere treten lokal massenhaft auf, so z.B. *Acrodus lateralis, Palaeobates angustissimus* und *Lissodus* sp., aff. *angulatus*.

Überhaupt ist die relativ große Häufigkeit von *Lissodus* für den Unteren Muschelkalk Polens charakteristisch. Diese Gattung wurde durch DUFFIN (1985) revidiert. Demnach sind aus dem Muschelkalk (genauer: dem höchsten Oberen Muschelkalk) NW- und W-Europas, darunter auch aus dem süddeutschen Muschelkalk nur zwei Arten: *L. nodosus* und *L. minimus* (vgl. SEILACHER 1943; HAGDORN & REIF 1988) bekannt. Beide überschreiten die Grenze Mittel/Obertrias. In Polen kommt die erstgenannte Art sehr selten im Oberen Muschelkalk, die zweite erst im Mittleren Keuper vor. Auch im Thüringer Muschelkalk

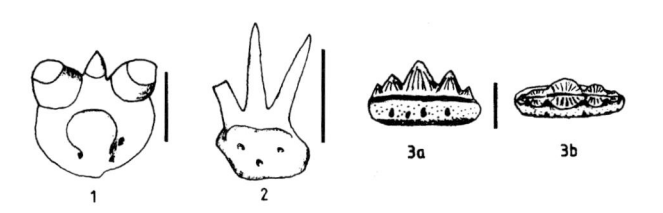

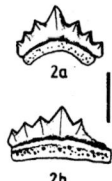

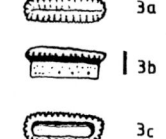

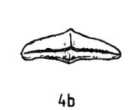

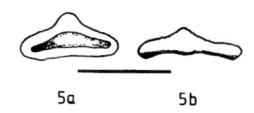

Abb. 3 Einige seltene Vertreter der Hybodontenvergesellschaftung aus dem Muschelkalk Polens. **1** *Hybodus raricostatus.* Seitenzahn von oben. Wolica, PMG, mu1. **2** *Polyacrodus* sp. (nov.sp.). Vorder - (a) und Seitenzahn (b) von vorne. Laryszów, OS, mo2b. **3** *Palaeobates* sp. (nov.sp.). Vorderer Seitenzahn von oben (a), vorne (b) und unten (c) Bukowa, PMG, mo2. **4** *Lissodus* sp., aff. *angulatus.* Vorderzahn von vorne (a), und oben (b). Wolica, PMG, mu1w. Bukowa, PMG. **5** *Lissodus* sp., aff. *africanus.* Zahn von vorne unten (a) und vorne (b). Sosnowiec, OS, mu1g1. Maßstab: Bälkchen = 1: 5 mm, 2, 3, 4, 5: 1 mm.

Abb. 2 Wichtige Vertreter der altertümlichen, paläozoischen Selachiergemeinschaft aus dem Muschelkalk Polens. **1** *Orthacanthus* sp. Zahn von vorne oben. Wolica, PMG, mu1w. **2** *Pleuracanthus* sp. Zahn von vorne. Laryszów, OS, mo2b. **3** a, b *Protacrodus* sp. Seitenzahn von vorne. Wolica, PMG, mu1w. **4** *Phoebodus* sp. Zahn von oben (a), vorne (b), und unten (c). Wolica, PMG, mu1w. **5** *Acronemus* sp. Vorderer Seitenzahn von vorne. Wojkowice, OS, mu1g2. Maßstab: Bälkchen = 1 mm.

scheint *L. minimus* nach eigenen Beobachtungen auf die Obertrias beschränkt zu sein. Die beiden Arten aus dem mu1 Polens (*Lissodus* sp. aff. *angulatus* und *L.* sp. aff. *africanus*) sind Nachfolger untertriassischer Vorfahren und neu für den Germanischen Muschelkalk. Die enge Verwandtschaft der beiden Arten mit den untertriassischen *Lissodus (=Polyacrodus) angulatus* und *Lissodus africanus* (Typusart der Gattung) scheint gesichert (vgl. Abb. 3, 4 und BIRKENMAJER & JERZMANSKA 1979: 25-28, Fig. 14-17 und Abb. 3, 5 mit BROUGH 1935: 36-40, pl. II, 1-4 und DUFFIN 1985: 115-116, Text - Fig. 9). Die Zugehörigkeit dieser beiden Formen zu zwei neuen, selbständigen Arten kann aber nicht ganz ausgeschlossen werden.

Die dritte Gruppe umfaßt die Vertreter der Unterkohorte Neoselachii. Diese ist durch drei bekannte Gattungen: *Palaeospinax*, *Heterodontus* und *Reifia* und eine noch nicht benannte Gattung repräsentiert. Als Vorläufer und Vertreter der modernen Euselachii stellen sie hochinteressante und bedeutsame Elemente der untersuchten Selachiergemeinschaft dar. Sie sind noch sehr selten, aber aufgrund von weiteren, noch nicht bearbeiteten Funden darf schon heute auf eine relativ hohe Diversität dieser Gruppe als Folge einer beschleunigten Radiation schon in der Mitteltrias – und nicht wie bisher angenommen wurde erst ab der Obertrias (MCCUNE & SCHAEFFER 1986) – geschlossen werden. Diese Gruppe ist schon mit ungefähr 0,7 % an der Gesamtanzahl und nahezu 15 % am Artenspektrum beteiligt.

Das erste Auftreten der Gattung *Palaeospinax*, wahrscheinlich schon in der Untertrias der Türkei (THIES 1982), konnte durch Funde aus dem 2. Wellenkalkhorizont der Oberen Gogoliner Schichten (mu1g2, höheres Bithyn) des OS-Teilbecken belegt werden. *Palaeospinax* sp. kommt vereinzelt auch im Oberen Muschelkalk beider behandelten Teilbecken Polens vor. *Heterodontus* sp. mit allen typischen zahnmorphologischen Merkmalen der Gattung (Abb.4, Fig.1) wurde in den höheren Ceratitenschichten (mo2) des PMG-Teilbecken gefunden, *Reifia* sp. im 2. Wellenkalkhorizont der mu1g2-Schichten. Die Zähne unterscheiden sich nur wenig von der aus der Obertrias beschriebenen Typusart *Reifia minuta* (vgl. Abb. 4, Fig. 4 mit DUFFIN 1980, Fig. 1, 2). Das abgebildete Exemplar (Abb. 4, Fig. 4) könnte durchaus ein vorderer Seitenzahn von *Reifia minuta* sein, während die Typusart für einen Seitenzahn aufgestellt wurde. Es besteht aber durchaus die Möglichkeit, daß die genannte Form einer neuen Art zugerechnet werden müßte. Besonders interessant ist aber die noch unbenannte Gattung (Abb. 4, Fig. 3). Die zahnmorphologischen Merkmale, speziell der

Wurzel dieser Form (Wurzel anaulacorhiz, mit stark vorspringender Lingualseite, vertikal abfallender, aber nicht wie bei *Palaeospinax* vielfach eingeschnittener Labialseite; auf der Labial- und Lingualseite der Wurzel je eine horizontale Reihe großer Foramina; dazwischen und auf der Basalseite viele kleine Foramina; gleiche Anzahl der großen Foramina auf beiden Seiten der Wurzel; (diese sind durch weite, in labio-lingualer Richtung verlaufende Kanäle miteinander verbunden) entsprechen exakt denjenigen des hypothetischen Stammgruppen-Morphotyps der Neoselachii im Sinn von THIES (1983: 59-60, Abb. 10). Es soll bemerkt werden, daß nach THIES (1983) das Erstauftreten dieser Stammgruppen-Frühform der Neoselachii ins Jungpaläozoikum bzw. in die Trias zurückverlegt wurde. Wir haben hier den Beweis für die Richtigkeit dieser Annahme gefunden. Leider fehlt noch der endgültige Beweis für die Zugehörigkeit dieser Form zu den Neoselachiern: dreilagiges Zahnenameloid. Diese Form ist jedenfalls von größter paläontologisch-stratigraphischer Bedeutung.

Die vertikale Verteilung der Selachier im Muschelkalk Polens

Die vertikale Abfolge der Selachier im Muschelkalk Polens zeigt Abb. 5 A und B. Aus den Reichweitentabellen ergibt sich folgendes Bild: Die Besiedelung des Muschelkalkmeeres durch die Selachier erfolgte schon kurz nach der ersten Transgressionswelle. Das geschah im PMG-Teilbecken schon im Röt, im OS-Teilbecken an der Basis der Unteren Gogoliner Schichten des mu1g1. Schon vor dem Ende des mu1w im PMG-Teilbecken und des mu1g1 im OS-Teilbecken wird ein erstes, noch relativ schwaches Häufigkeitsmaximum erreicht, dessen prozentualer Anteil an der Gesamtanzahl der Individuen in beiden Teilgebieten zwischen 12,5 und 15 beträgt. Das Artenspektrum ist aber noch arm und umfaßt nur 7 bis 9 Formen. Charakteristisch ist das Fehlen von Vertretern der Gattung *Hybodus*. Die Artenzahl steigt bis zum Hangenden der Wellenkalkschichten (mu1f) des PMG-Teilbecken und des 1. Wellenkalkhorizontes des mu1g1 im OS-Teilbecken nur langsam an, fällt aber im Zellenkalkhorizont des mu1g1 des OS-Teilbecken fast bis zum vollen Erlöschen ab. Im PMG-Teilbecken ist von diesem Rückzug nur wenig zu merken. Im Gegenteil, die Individuen- und Artenanzahl steigt weiter an. An der Basis der Lukow-Schichten (mu1L) des PMG-Teilbeckens und den ihnen zeitlich äquivalenten Konglomeratbänken und tieferen Teilen des 2. Wellenkalkhorizontes des mu1g2 des OS-Teilbeckens wird

Abb.4 Neoselachier des polnischen Muschelkalks. **1** *Heterodontus* sp. Vorderzahn von hinten (a) und vorne (b). Laryszòw, OS, mo2b. **2** *Palaeospinax* sp. Seitenzahn von vorne (a), hinten (b) und unten (c). Góraždze OS, mu2g. **3** ? *Palaeospinax* sp., Seitenzahn von vorne (a), hinten (b) und unten (c). Wojkowice, OS, mu1g2. **4** *Reifia* sp., aff. *minuta*. Vorderer Seitenzahn von hinten (a), vorne (b) und unten (c). Szczakowa, OS, mu1g2. Maßstab: Bälkchen = 1 mm.

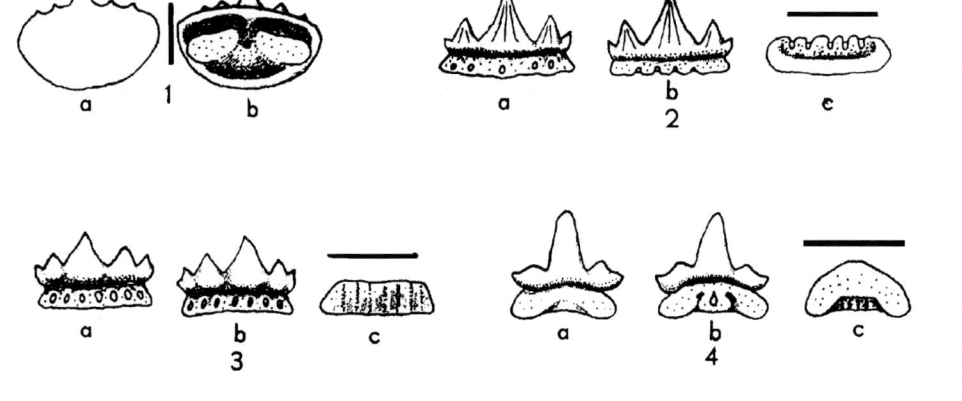

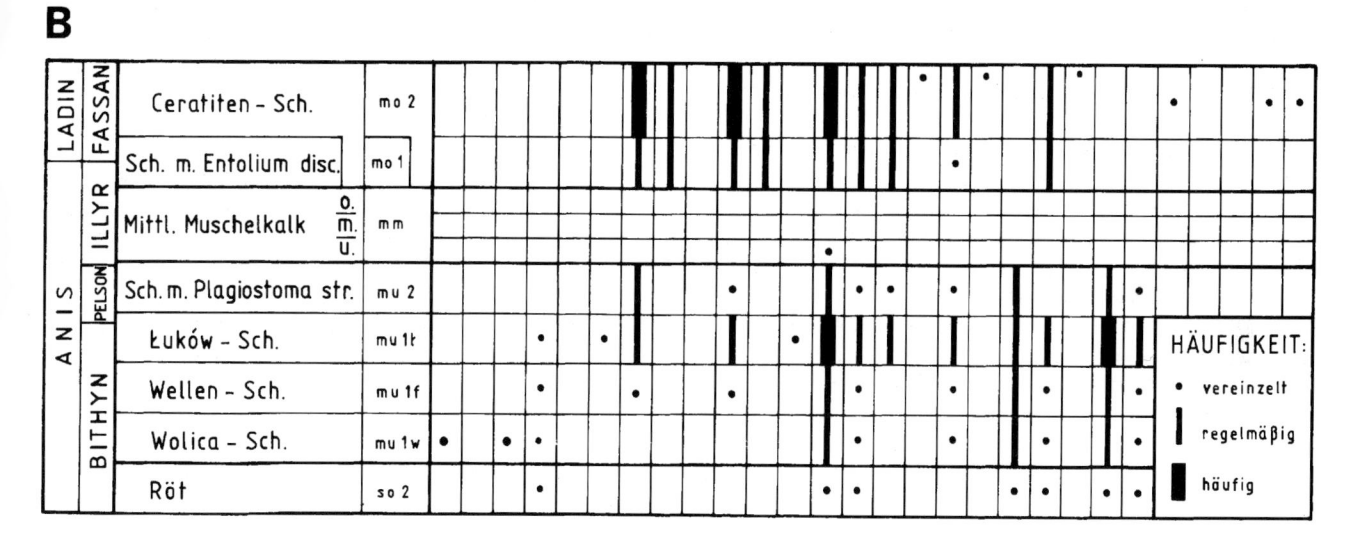

Abb. 5 Stratigraphische Reichweite und Häufigkeit der Selachierarten im Muschelkalk Oberschlesiens (A) - und des Polnischen Mittelgebirges (B). Die angegebenen Kürzel der lithostratigraphischen Einheiten sind unformelle Bezeichnungen des Verfassers, die zum Vergleich mit den durch Kozur (1974) für das Thüringer Teilbecken eingeführten Kürzeln dienen sollen.

ein zweites Häufigkeitsmaximum erreicht. Dieses ist im PMG-Teilbecken mit 35 %, im OS-Teilbecken sogar mit ca. 45 % an der Gesamtanzahl der Funde beteiligt. Die Diversität der Selachiergemeinschaft erreicht in diesem Zeitabschnitt mit 15 Arten im PMG-Teilbecken und 17 Arten im OS-Teilbecken in beiden Gebieten ihren Höchstwert. Dieses Maximum fällt zeitlich mit der zweiten Transgressionswelle des höheren Bithyns zusammen. Mit ihr wanderte eine ganze Reihe von neuen Arten ein, u.a. *Acronemus* sp., *Hybodus plicatilis*, *Hybodus angustus*, *Hybodus longiconus* var. *minor*, *Hybodus raricostatus*, *Reifia* sp., aff. *minuta*, ? *Palaeospinax* sp., *Palaeospinax* sp.

Im höheren Unteren Muschelkalk (mu2) beider Teilbecken fällt sowohl die Individuen- wie auch die Artenanzahl der Selachier stetig, bis fast bzw. bis zum vollen Erlöschen im Mittleren Muschelkalk ab. Aus dem Mittleren Muschelkalk (Diploporen-Schichten) des OS-Teilbeckens konnten nur noch sechs Arten bestimmt werden, aus den tieferen Horizonten des mm im PMG-Teilbecken – nur zwei Arten. Nach der Krise im Mittleren Muschelkalk erfolgte die Neubesiedelung der beiden Teilbecken durch Selachier im höchsten Illyr, d.h. zur Zeit der Oberen Tarnowice-Schichten (mo1+2) im OS-Teilbecken und der Ceratitenschichten bzw. der Schichten mit *Entolium discites* (moC bzw. moE) des PMG-Teilbeckens. Sehr schnell wurde ein drittes Häufigkeitsmaximum erreicht. Dieses fällt in Oberschlesien mit dem Hangenden der Wilkowice- und der Basis der Boruszowice-Schichten, im Polnischen Mittelgebirge mit den oberen Lagen der Ceratiten-Schichten zusammen. In beiden Teilbecken sind die Selachierreste an dünne, bonebedähnliche Anreichungshorizonte gebunden, die als regressive, asymmetrische Kleinrhythmen gedeutet werden können. Dieses Häufigkeitsmaximum ist im PMG-Teilbeckenmit ca. 30 %, im OS-Teilbecken mit ca. 25 % an der Gesamtzahl der Funde in beiden Becken vertreten. Die Diversität der Selachiergemeinschaft erreicht mit 13 resp. 16 Arten entsprechend im PMG- und OS-Teilbecken ihren zweiten Höhepunkt. Neu erscheinen: *Acronemus simplex, Hybodus multistriatus, H. longiconus, Asteracanthus* sp., *Polyacrodus* sp., *Palaeobates* sp., *Lissodus nodosus* und *Heterodontus*. Neun Arten sind Wiedereinwanderer, die nach der Regression des Meeres im Mittleren Muschelkalk mit der neuen Transgressionswelle das Becken wiederbesiedelten. Bis zur Grenze Muschelkalk/Keuper, die in Polen annähernd mit der Grenze Fassan/Longobard zusammenfällt, schwächt sich dieses Häufigkeitsmaximum und das Artenspektrum nur wenig ab.

Aus Abb. 5 folgt, daß Artenzusammensetzung und zeitliche Abfolge der Selachierfaunen in den Muschelkalk-Teilbecken Polens nahezu gleich ist. Besonders scharf treten die Häufigkeitsmaxima des höheren Bithyn und des Fassan in Erscheinung. Mit beiden sind jeweils markante Einsätze einzelner Selachierarten verbunden. Das plötzliche Erscheinen von neuen Arten an lithostratigraphisch faßbaren Grenzen läßt Einwanderungsschübe aus der Tethys als Folge von Meerestransgressionen vermuten, wie das schon seit langem von Makro- und Mikro-Invertebratenfaunen und Floren bekannt ist.

Faunenschnitte sind die Grundlage jeder Biostratigraphie. Deshalb stellt sich hier die Frage, ob mit Hilfe der Selachierfaunen eine, wenn auch grobe Zonengliederung des Muschelkalks durchgeführt werden könnte. Als oft vorzügliche aktive Schwimmer wären Haie eigentlich für diese Zwecke gut geeignet. Aus vielerlei Gründen scheint ein solcher Versuch (jedenfalls für die regionale Korrelation) zur Zeit leider noch verfrüht. Einer der Hauptgründe dafür liegt in der geringen Evolutionsgeschwindigkeit der Hybodonten, d.h. im Fehlen kurzlebiger Formen, die als Leitfossilien geeignet wären. Weiter ist die Artendefinition der triassischen Hybodonten noch zu ungenau, und stammesgeschichtliche Beziehungen innerhalb und zwischen den Gattungen sind in Einzelheiten noch zu wenig geklärt, so daß stratigraphisch mit ihnen nur sehr grob gearbeitet werden kann. Trotzdem wäre die Ausschei-

dung parastratigraphischer Einheiten in Form von Selachier-Assoziations-Zonen, die z.B. durch das Erstauftreten einer bzw. einiger und das Häufigkeitsmaximum einer zweiten bzw. einiger weiterer Arten definiert wären, schon heute möglich. Solche Einheiten können aber nicht völlig unabhängig von faziellen Gegebenheiten sein, also keinen vollkommen abstrakten biostratigraphischen Inhalt besitzen und wären somit zunächst nur lokal definierte und lokal gültige biostratigraphische Einheiten. Von der Darlegung einer solchen Gliederung wird aber bewußt abgesehen.

Bemerkungen zur Paläoökologie der Muschelkalk-Selachier

Eine paläoökologische Analyse der Selachiergemeinschaften des Muschelkalks fällt schwer, da die Hybodonten höchstwahrscheinlich nicht die direkten Vorfahren der Neoselachier waren (MAISEY 1975, 1982) und demzufolge die Ökologie rezenter Selachier nicht unbedingt auf die Hybodonten übertragen werden kann. Weiter waren einzelne Hybodonten-Arten einer Gattung entweder vollmarin oder limnisch (z.B. einige Vertreter von *Lissodus*), oder ihre ökologische Ansprache änderte sich mit der Zeit grundsätzlich (z.B. bei Vertretern von *Polyacrodus*). Aus diesen Gründen läßt sich eine paläoökologische Deutung der einzelnen Taxa nur auf Grundlage ihres Auftretens in charakteristischen Vergesellschaftungen mit anderen Faunen und Floren und/oder in bestimmten Fazien durchführen. So gruppierten HAGDORN & REIF (1988) die Selachier des Oberen Muschelkalks in SW-Deutschland in marine, marin-limnische und limnische Formen. Eine marin-limnische Lebensweise wird u.a. für *Polyacrodus polycyphus, Acrodus lateralis, Acrodus substriatus* und *Lissodus nodosus* angenommen, die aber in Polen fast ausschließlich in vollmarinen Fazien auftreten; einige dieser Formen treten sogar in hypersalinaren primären Dolomitgesteinen des Mittleren Muschelkalks im OS-Teilbecken auf (vgl. Abb. 5). Der Begriff „marin-limnisch" besagt demnach nur wenig über die wahre Salinitätstoleranz dieser Formen.

Eigene Beobachtungen scheinen darauf hinzuweisen, daß diese und einige weitere Arten (*Lissodus* sp., aff. *angulatus, L.* sp., aff. *africanus*) Opportunisten waren, die in bestimmten Milieus mit großer Individuenanzahl auftraten, während die sonst im euhalinen Bereich konkurrierenden Selachier, wegen des geringeren, seltener erhöhten Salzgehaltes oder wegen des veränderten Chemismus im Meerwasser, stark zurücktraten oder fehlten. Man darf sie wahrscheinlich als überwiegend oder bevor-

überwiegend	bevorzugt	überwiegend bis bevorzugt	Brack- bis Süßwasser Formen
euhalin		brachyhalin	
Phoebodus spp.	Protacrodus spp.	Lissodus spp.	Orthacanthus spp.
Acronemus spp.	Acrodus spp.	Doratodus sp.	Pleuracanthus sp.
Hybodus spp.	Polyacrodus spp.	Pseudodalatias sp.	Steinbachodus sp.
? Palaeospinax sp.	Palaeobates spp.		
Palaeospinax spp.	Reifia spp.		
Heterodontus spp.	Asteracanthus spp.		

Abb. 6 Zuordnung der Selachiergattungen nach Salinitätspräferenz.

zugt brachyhaline Arten, z.T. vielleicht auch schon als plio- bis mesohaline Brackwasserformen ansprechen. Nach der Abhängigkeit vom Salzgehalt lassen sich innerhalb der Selachiergemeinschaft des Muschelkalks vorläufig vier Gruppen unterscheiden (Abb. 6):
1. überwiegend euhalin (stenohalin),
2. bevorzugt euhalin (euryhalin),
3. bevorzugt bis überwiegend brachyhalin (euryhalin),
4. bevorzugt bis überwiegend Brackwasser- bis Süßwasser-Formen.

Diese Gruppierung verlangt aber noch eingehendere Untersuchungen. Die Möglichkeit des Auftretens typischmarin-limnischer im Sinne von sich frei zwischen Meer- und Süßwasser bewegenden, amphidromen Arten (vgl. SCHULTZE 1985; ZIDEK 1988) dürfte bei dem disartikulierten Erhaltungszustand der Muschelkalk-Selachier kaum zu beweisen sein.

Aufgrund zahnkronen-morphologischer Merkmale des Gebisses können unter den Muschelkalk-Selachiern mindestens drei Gruppen ausgeschieden werden:
1. Formenkreis der schnellen Jäger mit ausgesprochenem Greifgebiß (fast alle *Hybodus*-Arten).
2. Formenkreis der trägen Jäger, die bei ungenügendem Nahrungsangebot auch auf Schaltierkost übergehen konnten (Vertreter der Gattungen *Polyacrodus*, einzelne *Hybodus*-Arten (z.B. *H. raricostatus*) und *Lissodus* (z.B. *L.* sp., aff. *angulatus*, *Acronemus* spp., *Palaeospinax* spp., *Heterodontus* spp.).
3. Formenkreis der trägen, in Bodennähe bzw. auf dem Boden lebenden Durophagen (*Acrodus*, *Palaeobates* und *Asteracanthus*). Ihre höcker- bis pflasterähnlichen Distal-, z.T. auch Lateralzähne waren zum Zerbrechen und Zermahlen hartschaliger Beutetiere bestens geeignet (Quetschgebiß).

Diese Deutung konnte durch folgende Beobachtung bestätigt werden: Der Sedimentationsraum in beiden Muschelkalk-Teilbecken Polens wurde wie folgt besiedelt:
1. Weichboden-Invertebraten - Actinopterygier mit phyllodonten Pflastergebissen (*Colobodus, Cenchrodus, Nephrotus*) und Selachier des dritten Formenkreises.
2. Hartboden-Invertebraten - Actinopterygier mit Fanggebissen (*Birgeria, Saurichthys*) und Selachier des zweiten Formenkreises - Selachier des ersten Formenkreises.

Diese Besiedlungsfolge entspricht vollkommen der typischen Nahrungskette des Muschelkalkmeeres.

Eine charakteristische, wenig beachtete Erscheinung ist der Größenzuwachs der Zähne nahezu aller Selachier im Laufe des Muschelkalks. Er tritt besonders deutlich bei einem Größenvergleich von Zähnen der selben Taxa zwischen dem Unteren und dem Oberen Muschelkalk in Erscheinung. Das Größenverhältnis von Zähnen aus dem Unteren und Oberen Muschelkalk beträgt für die meisten Taxa nicht weniger als 1:1,5 bis 1:2,5. Für die Gattung *Acrodus* kann dieses Verhältnis bis zu 1:7, für die Gattung *Lissodus* bis zu 1:20 ansteigen. Diese Tendenz zum Gigantismus ist auch bei den typischen Vertretern mitteltriassischer „Palaeopterygii" sensu MCCUNE & SCHAEFFER (1986) (*Birgeria, Saurichthys, Gyrolepis*) und einigen Meeresreptilien (*Nothosaurus, Placodus*) erkennbar. Gleichzeitig beobachtet man bei den Selachiern z.T. sehr markante Abweichungen und Änderungen in der Zahnkronen-Skulptur: Sie wird unregelmäßiger, Leistenskulptur wird teilweise durch Knotenskulptur ersetzt bzw. ergänzt, oder die Skulptur wird aufgelöst. Diese morphologischen Änderungen gehen nicht selten so weit, daß man an die Aufstellung neuer Arten denken könnte; Ausscheidung von Unterarten, noch vorsichtiger von Ökovarianten, wäre aber z.T. durchaus gerechtfertigt. All diese Erscheinungen sind besonders markant im SD- und TH-Teilbecken entwickelt; in den beiden Muschelkalk-Teilbecken Polens sind sie deutlich schwächer. Wahrscheinlich kann man diese Erscheinungen nicht auf globale Faktoren (z.B. Klimaänderungen) zurückführen.

Diskussion und Schlußfolgerungen

Die Selachierfauna des polnischen Muschelkalks darf durchaus als divers und individuenreich bewertet werden. Sie umfaßt 28 Arten aus 15 Gattungen und 8 Familien und/oder Oberfamilien der Kohorte Euselachii. Aufgrund von Literaturangaben und eigenen Vergleichssammlungen aus Thüringen und Süddeutschland sowie von Rüdersdorf beträgt die Gesamtanzahl aller als valide anerkannten Arten aus dem ganzen mitteleuropäischen Triasbecken etwa 34. Aus Polen sind demnach ca. 82 % aller validen Muschelkalk-Selachier bekannt. Nicht nachgewiesen sind jediglich: *Hybodus cuspidatus, Lissodus minimus, Doratodus tricuspidatus, Pseudodalatias* sp. (eigener Fund aus Berlichingen), *Steinbachodus estheriae, Reifia minuta*. Die analysierte Selachiergemeinschaft umfaßt drei unterschiedliche Gruppen, die etwa den durch SCHAEFFER (1967) ausgeschiedenen Entwicklungsstufen der Elasmobranchier entsprechen:

1. Gruppe der altertümlichen Reliktformen, die der stammesgeschichtlichen *Cladodus*-Entwicklungsstufe im Sinne von SCHAEFFER zugerechnet werden kann (Abb.2). Sie umfaßt 6 Arten, die mit 0,2 % am gesamten Fundgut beteiligt sind. Am Artenspektrum sind sie aber noch mit etwa 21 % beteiligt. Es sind eingewanderte paläozoische Nachläuferformen, für die eine Herkunft aus der sich schließenden eurasiatischen Paläotethys angenommen werden kann, denn sie treten nur in den tiefsten Schichten des polnischen Muschelkalks gemeinsam mit kaukasisch-asiatischen Conodontenfaunen (TRAMMER 1975) auf.

2. Gruppe der *Hybodus*-Entwicklungsstufe der Selachier (SCHAEFFER). Sie bildet mit 6 Gattungen und 18 Arten den Hauptbestandteil der untersuchten Muschelkalk-Selachier und ist typisch für den Muschelkalk des ganzen Germanischen Triasbeckens: 11 Arten sind allen Muschelkalk-Teilbecken gemeinsam, 2 Arten drei und 5 Arten zwei Teilbecken. Die meisten Arten dieser Gruppe sind primär oder sekundär tethydischer Herkunft, und nur wenige können als tethydisch-endemisch betrachtet werden (u.a. *Hybodus longiconus, Polyacrodus* sp. (nov.sp.), *Palaeobates* sp.(nov.sp.), *Lissodus nodosus*. Strenger endemisch sind wahrscheinlich die nur aus dem höchsten Oberen Muschelkalk Thüringens und Süddeutschlands bekannten Arten: *Hybodus cuspidatus, Lissodus minimus* und *Doratodus tricuspidatus*.

3. Gruppe der modernen Neoselachii (Abb.4). Sie umfaßt 4 Arten: *Heterodontus* sp., *Palaeospinax* sp., ? *Palaeospinax* sp. und *Reifia* sp., aff *minuta*. *Heterodontus* und ? *Palaeospinax* sp. sind neu für die Mitteltrias, *Palaeospinax* neu für den Muschelkalk und *Reifia* sp., aff. *minuta* der älteste bekannte Vertreter dieser Gattung. Diese Formen sind durchweg primär tethydischer Herkunft.

Ganz allgemein darf festgestellt werden, daß die Muschelkalk-Selachierfaunen Übergangscharakter zwischen den paläozoischen und jungmesozoischen Faunen besitzen. Das altmesozoische Alter der untersuchten Selachiergemeinschaft wird durch das Überwiegen der Hybodonten bewiesen, die in der Mitteltrias - nicht etwa in der Obertrias (vgl. McCune & Schaeffer 1986) - den Höhepunkt ihrer Entwicklung und gleichzeitigen Stasigenese erreicht hatten. Eine allmähliche Modernisierung der Selachierfaunen macht sich im Auftreten der ersten Neoselachier bemerkbar.

Die zeitliche Abfolge der Selachiergemeinschaften im Muschelkalk Polens (Abb. 5A u.B) wird durch mehr oder weniger massive Einwanderungsschübe mit den einzelnen Transgressionswellen aus der sich in Richtung SE- und SW-Europa vorbauenden eurasiatischen Mesotethys bestimmt. Im Rahmen der sich nach NW und W in Richtung des heutigen Mittelmeer-Raumes fortpflanzenden Mesotethys kam es zur Verlegung der marinen Verbindungswege zwischen dem in Teilbecken zerlegten epikontinentalen Germanischen Muschelkalkbecken und der Tethys von E nach W in der Reihenfolge: Ostkarpatenstraße (tieferes Unteranis), Beskidische (Moravisch-Oberschlesische) Straße (höheres Bithyn) und Burgundische Straße (höheres Illyr) (Senkowiczowa & Szyperko-Sliwczynska 1975, Ziegler 1982). Diese zeitliche und räumliche Verlegung der Verbindungsstraßen ist z.T. in den Artenspektren der einzelnen Einwanderungswellen (Häufigkeitsmaxima) der Selachierfaunen erkennbar (vgl. Abb. 5 A und B).

Die Schärfe der Häufigkeitsmaxima müßte sich mit steigender Entfernung von den Verbindungspforten und mit wachsender Länge der Migrationswege in Folge von Erlöschen bzw. Rückzug einzelner Arten und durch dispersive Zerstreuung verursachte Abnahme der Populationsdichte allmählich abschwächen. Für den Unteren Muschelkalk konnte dieses vorläufig hypothetische Migrationsmuster der Selachierfaunen nun in nahezu modellartiger Weise bestätigt werden (Abb. 7). Daß bei dieser Migration auch die Zeitdimension eine Rolle spielte, braucht wohl nicht näher bewiesen zu werden.

Summary

This paper reports on paleontological and stratigraphical investigations on selachian faunas from the Muschelkalk of Poland. Within the two main areas of Muschelkalk outcrops in Poland (the Holy Cross Mts. and Upper Silesia), 28 selachian species from 15 genera, 8 families and 8 superfamilies have been recognized. They include both primitive (Paleozoic) and modern (Late Mesozoic) forms, but the main elements are the typical early Mesozoic hybodonts. Their stratigraphic distribution, abundance and ecology are discussed. The distribution pattern and specific composition of the selachian assemblages were primarily related to transgressive immigration events from the eurasiatic Mesotethys slowly expanding towards the recent Mediterranean region.

Danksagung

Die Anregung zu dieser Arbeit gab Herr Dr. h.c. Hans Hagdorn, Ingelfingen. Durch die Einladung zur Muschelkalktagung in Schöntal 1991, ermöglicht durch die Stiftung Würth, Künzelsau, erhielt ich zusätzlich einen kurzen, aber wertvollen Einblick in die Lagerungsverhältnisse einer Reihe von Bonebeds im Hauptmuschelkalk von Hohenlohe und die Möglichkeit, dort für Vergleichszwek-

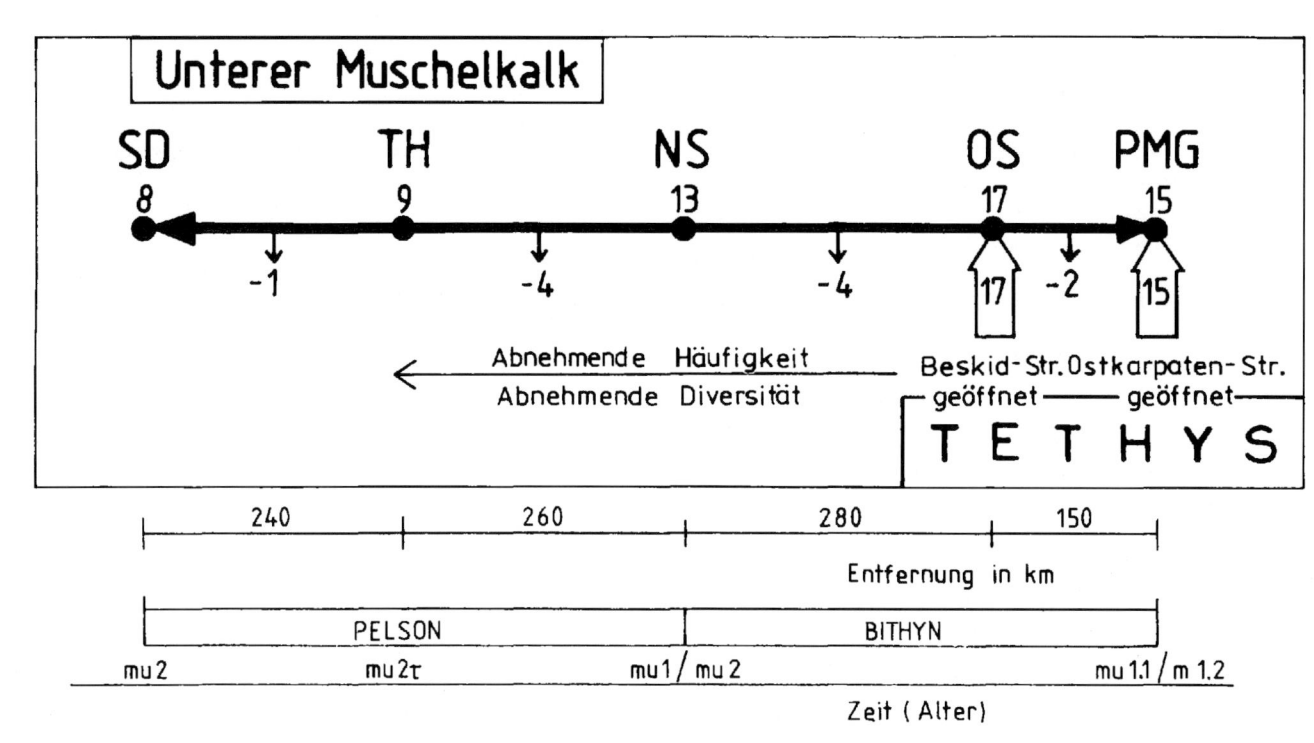

Abb.7 Migrationsmuster der Selachiergemeinschaften im Germanischen Muschelkalkbecken im höheren Bithyn. Der Einwanderungsschub der Selachier erfolgte mit der Meerestransgression des höheren Bithyn (Grenzbereich mu1g1/mu1g2 bzw. mu1f/mu1l; vgl. Abb. 5 A u. B) über die Beskiden-Straße. Im Laufe der weiteren Überflutung nahm die Diversität ab (Ausfall einzelner Arten; kurze vertikale Pfeile mit Angabe der entlang den Wanderungsstrecken ausgefallenen Artenzahl) und durch Zerstreuung zur Abnahme der Populationsdichte. Die Einwanderungswelle erreichte das Thüringer und Süddeutsche Teilbecken ungefähr zur Zeit der Ablagerung der Terebratelbänke (mu2; nach Kozur 1974) und/oder der *Spiriferina*-Bänke (mu2) im Pelson. Die Verspätung betrug ungefähr 1 Million Jahre.

ke zu sammeln. Weitere Anregungen erhielt ich von Herrn Prof. A. Seilacher, Tübingen. Bibliographische Hilfe erhielt ich von den Herren Dr. C.J. Duffin, Morden Surrey, England, Dr. Hagdorn, Ingelfingen, Dr. G. Johnson, Vermillion, South Dakota, USA, Dr. J.G. Maisey, New York, Prof. W.-E. Reif, Tübungen und Dr. D. Thies, Hannover. Allen möchte ich meinen Dank aussprechen.

Literatur

AIGNER, T. (1982): Calcareous Tempestites: Storm-dominated Stratification in Upper Muschelkalk Limestone (Middle Triassic, SW-Germany). - In: Cyclic and Event Stratification, 180 - 198, Berlin, Heidelberg, New York (Springer).

ASSMANN, P. (1913): Ein Beitrag zur Kenntniss der Stratigraphie des oberschlesischen Muschelkalks. - Jb. Preuss. Geol. Landesanst., **34**, 731 - 757; Berlin.

ASSMANN, P. (1944): Die Stratigraphie der oberschlesischen Trias. T. 2. Der Muschelkalk. - Abh. Reichsamt Bodenforsch., N. F.**208**, 1-124, 8 Taf., 1 Tab.;Berlin.

BIRKENMAJER, K. & JERZMAŃSKA, A. (1979): Lower Triassic shark and other fish teeth from Hornsund, South Spitsbergen. - Studia geol. pol., **40** (Part 10); 7 - 37, 2 Pl.,20 Figs., 3 Tab.; Warszawa.

BROUGH, J. (1935) : On the structure and relationships of the Hybodont sharks. - Mem. Manch. Lit. Phil. Soc., **79** (4),, 35 - 48, 1 fig., 3 Pl.

CAPPETTA, H. (1987): Chondrichthyes II. Mesozoic and Cenozoic Elasmobranchii. - In: SCHULTZE, H.-P. (ed.), Handbook of paleoichthyology, vol. 3B, 191 S., 148 Fig.; Stuttgart, New York (Fischer).

DUFFIN, C.J. (1980): A new euselachian shark from the Upper Triassic of Germany. - N. Jb. Geol. Paläont. Mh., **1980** (1), 1 - 16, 8 figs; Stuttgart.

DUFFIN, C. J. (1985): Revision of the hybodont selachian genus *Lissodus* BROUGH (1935). - Palaeontographica, Abt. A, **188**, 105 - 152, 7 pl., 27 figs.; Stuttgart.

HAGDORN, H. & REIF, W. E. (1988): Die Knochenbreccie von Crailsheim und weitere Mittelträs - Bonebeds in Nordost-Württemberg - Alte und neue Deutungen. - In: HAGDORN, H. (Hrsg.), Neue Forsch. Erdgesch. v. Crailsheim, 116 - 143, 7 Abb., 1 Tab.; Stuttgart, Korb (Goldschneck).

JAEKEL, O. (1889): Die Selachier aus dem oberen Muschelkalk Lothringens. - Abh.Geol. Spezialkarte Elsaß - Lothringen,**3**(4), 273-332, Taf 7-10: Strassburg.

KOZUR, H. (1974): Biostratigraphie der germanischen Mitteltrias. - Freiberger Forschungshefte, **C 280**, T,1, 1-56, T.2, 1-71, T.3, 12 Tab.; Leipzig.

LISZKOWSKI J. (1973): Stanowisko warstwy kostnej (Bone Bed) w warstwach falistych dolnego wapienia muszlowego południowego obrzeżenia Gòr Świętokrzyskich w Wolicy k. Kielc. Przegl. Geol., **21**(12), 644-648, 3 fig., 1 Tab.; Warszawa.

LISZKOWSKI J. (1981): Fauna ryb dolnego wapienia muszlowego (dolnego anizyku) Regionu Świętokrzyskiego i Wyżyny Śląsko-Krakowskiej.- W: Fauna i flora triasu obrzeżenia Gòr Świętokrzyskich i Wyżyny Śląsko-Krakowskiej. Mat.V konf. Paleontologòw, 52-60, 1 Tab.; Kielce-Sosnowiec.

MAISEY, J.G. (1975): The interrelationships of phalacanthous selachians.- N.Jb.Geol.Paläont., Mh. **1975**(9), 553-567, 6 figs.; Stuttgart.

MAISEY, J.G. (1982): The anatomy and interrelationships of Mesozoic hybodont sharks.- Amer. Mus. Novitates, **2724**, 1-48, figs. 1-17; New York.

MCCUNE, A.R. & SCHAEFFER,B.(1986): Triassic and Jurassic fishes: patterns of diversity.- In: PADIAN K. (ed): The Beginning of the Age of Dinosaurs, 171-181, 1 Fig.,4 tab; (Cambridge University Press).

MEYER, H.v. (1851): Fische, Crustaceen, Echinodermen und andere Versteinerungen aus dem Muschelkalk Oberschlesiens. -Palaeontographica **1**, 216 - 242, Taf. 28 - 30; Cassel (Fischer).

REIF, W. E. (1973a): Morphologie und Skulptur der Haifisch-Zahnkronen. - N. Jb. Geol. Paläont. Abh., **143** (1), 39 - 55, 8 figs.; Stuttgart.

REIF, W. E. (1973b): Morphologie und Ultrastruktur des „Hai" - Schmelzes. - Zoologica Scripta, **2** (5-6), 231-250, 25 figs.; Stockholm.

RIEPPEL, O. (1981): The hybodontiform sharks from the Middle Triassic of Mte San Giorgio, Switzerland. - N. Jb. Geol. Paläont. Abh., **161** (3), 324-353, 14 figs., 1 table. Stuttgart.

RIEPPEL, O. (1982): A new genus of shark from the Middle Triassic of Monte San Giorgio, Switzerland. - Palaentology, **25** (2), 399 - 412, Pl. 43, 8 Fig.; London.

SCHAEFFER, B. (1967): Comments on Elasmobranch evolution. - In: GILBERT, P.W., MATHEWSON, R.F. & RALL, D.P. (eds.): Sharks, Skates and Rays: I-XV, 1-624; Baltimore (The John Hopkins Press), pp 3-35.

SCHMID, E. E. (1861): Die Fischzähne der Trias bei Jena. - Nova Acta Akad. Leopold. Carol., **29** (9), 1-42, 4 Taf.; Halle.

SCHMIDT, M. (1928): Die Lebewelt unserer Trias. - 461 S.; 1220 Abb.; Öhringen (Rau). (Mit Nachtrag 1938).

SCHULTZE, H.-P. (1985): Marine to onshore vertebrates in the Lower Permian of Kansas and their paleoenvironmental implications. - University of Kansas, Paleontol. Contrib., Paper **113**, 1-18.

SEILACHER, A. (1943): Elasmobranchier - Reste aus dem oberen Muschelkalk und dem Keuper Württembergs. - N. Jb. Min. Geol. Paläont., Mh., B **10**, 256-292, 50 Textabb., 1 Tab.; Stuttgart.

SENKOWICZOWA, H. (1957)(a): Przyczynek do znajomosci wapienia muszlowego w Gòrach Swietokrzyskich. - Kwartalnik Geol. **1** (3-4), 482-494, 2 Tab., 3 Fig.; Warszawa.

SENKOWICZOWA, H. (1957)(b): Wapień muszlowy na południowym zboczu Gòr Świętokrzyskich miedzy Czarna Nida a Chmielnikiem. Z badan geol. reg. Świętokrzyskiego T.**2**, 5-67, 15 Fot., 2 Karten, 2 Fig., 2 Tab.; Warszawa (Wyd. Geol.).

SENKOWICZOWA, H. (1962): Alpine fauna in the Röt and Muschelkalk sediments in Poland. - In: PASSENDORFER E. (Ed.), Ksiega pamiatkowa ku czci Prof. Jana Samsonowicza; 239-255, 1 Karte, 2 Tab.,Warszawa (wyd. Geol.).

SENKOWICZOWA, H. & SZYPERKO - SLIWCZYŃSKA, A. (1975): Stratigraphy and Paleogeography of the Trias. - Bull. Geol. Inst., **252**, 131-147,; Warszawa.

THIES, D. (1983): Jurazeitliche Neoselachier aus Deutschland und S-England. - Cour. Forsch.-Inst. Senckenberg, **58**, 1-116, 15 pls., 11 figs.; Frankfurt/M.

THIES, D. (1982): A neoselachian shark tooth from the Lower Triassic of the Kocaeli (= Bithynian) Peninsula, W Turkey. - N. Jb. Geol. Paläont. Mh., **1982** (5), 272-278.

TRAMMER, J. (1975): Stratigraphy and facies development of the Muschelkalk in the south-western Holy Cross Mts. - Acta geol. pol. **25** (2), 179-216, 26 Taf., 3 Text - Fig.; Warszawa.

URLICHS, M. & MUNDLOS, R. (1985): Immigration of cephalopods into the Germanic Muschelkalk Basin and its influence on their suture line. - In: BAYER, U. & SEILACHER, A. (Eds.): Sedimentary and Evolutionary cycles, - Lecture Notes in Sciences, vol. **1**, 221-236, 8 Abb.; Heidelberg (Springer).

WOODWARD, A.S. (1889): Catalogue of the fossil fishes in the British Museum (Natural History); Part **1**. Elasmobranchii - Brit. Mus. (Nat. Hist.) Publ., XLVII + 474 pp., 17pls.; London.

ZANGERL I. (1981): Chondrichthyes I. Paleozoic Elasmobranchii.- In: H. P. SCHULTZE (ed.), Handbook of Palaeoichthyology, vol.**3A**, 115 pp., 116 figs.; New York (Gustav Fischer).

ZAWIDZKA, K. (1975): Conodont stratigraphy and sedimentary environment of the Muschelkalk in Upper Silesia. - Acta geol. polon., **25** (2), 217-257, Taf.34-44, 5 Text-Fig.; Warszawa.

ZIDEK, J. (1988): Hamilton quarry Acanthodes (Acanthodii; Kansas, Late Pensylvanian) - KGS Guidebook series **6**: Regional geology and paleontology of upper Paleozoic Hamilton quarry area, 155-159, 2 figs.; Kansas.

ZIEGLER, P. A. (1982): Geological Atlas of Western and central Europe. - 130 s., 40 Beil.,29 Abb.; Amsterdam, New York (Elsevier & Shell).

Reptilien-Biostratigraphie des Muschelkalks

Hans Hagdorn, Ingelfingen
1 Tabelle

Reste mariner Saurier sind im Muschelkalk in manchen Horizonten durchaus nicht selten. Nicht alle Elemente lassen sich jedoch sicher bestimmen, denn die meisten Arten sind nach isolierten Schädeln aufgestellt, und nur von wenigen kennt man durch glückliche Funde die postkraniale Osteologie. Diagnostisch wertvoll und gleichzeitig auch relativ häufig sind die Wirbel. Bei Formen wie *Blezingeria*, deren Schädel bislang unbekannt sind, bleibt die Zuordnung zu höheren Taxa noch ungeklärt.

Saurierreste sind nicht gleichmäßig über den Muschelkalk verteilt: Semiaquatische Reptilien, z. B. Nothosaurier, sind am häufigsten in paläogeographisch landnahen Gebieten (klassische Fundorte: Bayreuth, Lunéville, Oberschlesien) und sequenzstratigraphisch in den Lowstand oder Highstand Systems Tracts. Dagegen finden sich vollmarine Formen wie Mixosaurier oder Cymbospondyliden relativ häufig nur im Transgressive Systems Tract und zwar unabhängig von der paläogeographischen Lage.

Literaturdaten und eigene horizontierte Aufsammlungen zeigen darüber hinaus, daß viele Reptilgruppen nur in begrenzten Abschnitten der Muschelkalk-Schichtenfolge vorkommen, sich demnach als bio- oder besser als ökostratigraphische Indexformen verwenden lassen. So läßt sich das späte Auftreten von *Simosaurus* vielleicht mit der Entwicklung der Ceratiten zur Großwüchsigkeit in Zusammenhang bringen. Besonderer Wert kommt solchen Gruppen zu, die auch aus der Alpinen Trias belegt sind. Die Aufstellung von Wirbeltier-Biozonen für den Muschelkalk erscheint damit als eine lohnende Aufgabe.

H. Hagdorn & A. Seilacher (Hrsg.): Muschelkalk. Schöntaler Symposium 1991. (Sonderbände der Gesellschaft für Naturkunde in Württemberg 2). Stuttgart, Korb (Goldschneck) 1993

Die "*vulgaris/costata*-Bank" (Oberer Buntsandstein, Mitteltrias) – ein lithostratigraphisch verwertbarer biostratigraphischer Leithorizont mit chronostratigraphischer Bedeutung

Horst Mahler, Veitshöchheim

Jürgen Sell, Euerdorf

3 Abbildungen

Biostratigraphisch verläßliche Daten, die auf Vorkommen von Makrofossilien basieren, sind im Buntsandstein selten. Entsprechend wertvoll ist eine Faunenabfolge im Oberen Buntsandstein, die drei sukzessive Bereiche anzeigt, welche durch das Vorkommen von *Costatoria costata*, die Vergesellschaftung von *Costatoria costata* mit *Myophoria vulgaris* und das Vorkommen von *Myophoria vulgaris* allein charakterisiert werden. Diese Abfolge war bisher im Germanischen Becken vom südwestlichen Polen (Oberschlesien, Grenzbereich Rötkalk/Rötdolomit; ASSMANN 1933) über Rüdersdorf ("Untere Kalksteinzone"; WAHNSCHAFFE & ZIMMERMANN 1914) bis in das östliche Thüringer Becken ("Dolomit mit Myophoria costata und vulgaris"; PASSARGE 1891) belegt. In Franken, Südthüringen und dem westlichen Thüringer Becken waren nur eine ältere Fauna mit *Costatoria costata* und eine jüngere mit *Myophoria vulgaris* bekannt, da im Bereich des Übergangshorizontes keine marinen Ablagerungen nachgewiesen werden konnten (KOZUR 1974). Isolierte Vorkommen wurden aus der osthessischen Senke ("gefleckte rothe Mergel"; HASSENCAMP 1878), Oberfranken ("Costata-Schichten"; HERBIG 1926) sowie der Hohenloher Ebene ("Costata-Bank"; GEHENN 1962) beschrieben. GEHENN (1962) erkannte die stratigraphische Übereinstimmung der Ingelfinger "Costata-Bank", die er noch bei Neckarburken und SW' Buchen auffand, mit der "Costata-Schicht" BÖCKHS (1957), die dieser im Bauland bei Hardheim, Rüdental und Külsheim nachweisen konnte. BACKHAUS (1981) fand im oberen Röt des mittleren Odenwaldes über der bankigen Folge der "Epfenbacher Schichten" eine Bank mit *Costatoria costata* und "Pleuromyen" (= *Pseudocorbula*).

Die Vergesellschaftung von *Myophoria vulgaris* mit *Costatoria costata* charakterisiert eine Überlappungs-Zone ("concurrent range zone"), die im Bereich der Fränkischen Straße mittlerweile an drei Lokalitäten durch die "*vulgaris/costata*-Bank" (Bad Kissingen, Euerdorf-Wirmsthal und Wiesenfeld; SELL & MAHLER, in Vorb.) nachgewiesen ist. Diese Vorkommen bestätigen die bisher ungenügend dokumentierte überregionale stratigraphische Bedeutung des Horizontes.

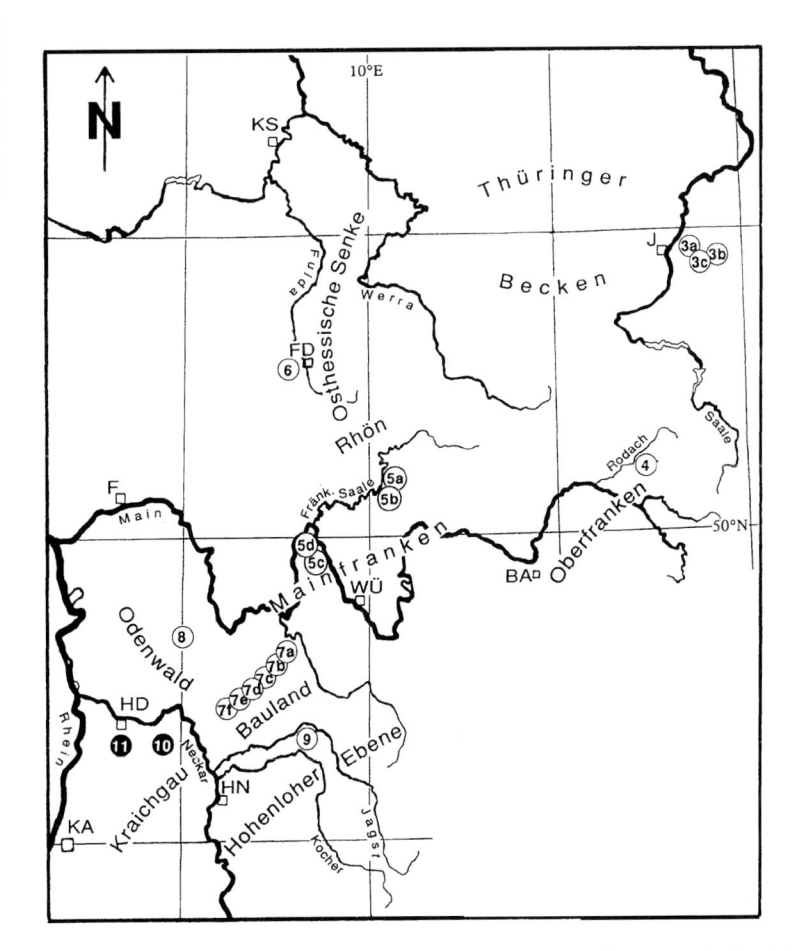

Abb. 1 Nachweis der *vulgaris/costata*-Bank zwischen Kraichgau und Leipziger Tieflandsbucht. Nummern bezeichnen relevante Profile (3-4, 6-9: Literaturdaten, z. T. überprüft; 5a-5d: Neu aufgenommene und beprobte Profile; 10-11: Profile ohne Nachweis der *vulgaris/costata*-Bank).

Nachweis der *vulgaris/costata*-Bank im Germanischen Becken

Fundpunkte und Bereiche der *vulgaris/costata*-Bank sind – mit den neu beschriebenen Lokalitäten – aus neun Regionen bekannt, die im folgenden aufgelistet sind. Die Nummern stimmen mit denen in Abbildung 1 bzw. Abbildung 2 überein. Daneben sind der Erstbeschreiber und die ursprüngliche lithostratigraphische Bezeichnung angegeben:

1. Oberschlesien (Abb. 2); Assmann (1933); „Rötkalk/Rötdolomit"
2. Durinsche Tongruben, Rüdersdorf (Abb. 2); Wahnschaffe & Zimmermann 1914; „Untere Kalksteinzone"
3. Östliches Thüringer Becken; „Dolomit mit Myophoria costata und vulgaris":
   3a Am Jenzig; Passarge (1891)
   3b Am Dorlberg; Passarge (1891)
   3c Großlöbichau; Passarge (1891)
4. Vorderer Rabenstein zwischen Unterrodach und Zeyern, Oberfranken; Herbig (1926); „Costata-Schichten"
5. Mainfranken:
   5a Profil an der Umgehungsstraße (Ostring) bei Bad Kissingen, TK 25 5826 Bad Kissingen-Süd (R 3577480, H 5562600); *vulgaris/costata*-Bank
   5b Aushub am neuen Sportplatz von Euerdorf-Wirmsthal, TK 25 5826 Bad Kissingen-Süd (R 3575590, H 5557360); *vulgaris/costata*-Bank
   5c Ehem. Tongrube Wiesenfeld; Abb. 6. in Schwarzmeier (1977); GK 25 6024 Karlstadt (R 3549440, H 5540280); *vulgaris/costata*-Bank
   5d Tongrube Wiesenfeld, TK 25 5924 Gemünden a. Main (R 3549600 H 5540600); *vulgaris/costata*-Bank
6. Vincenzkapelle bei Maberzell, Osthessische Senke; Hassencamp (1878); „gefleckte rothe Mergel"
7. Bauland:
   7a Tongrube NW' Külsheim (Am Koksberg); Böckh (1957); „Costata-Schicht"
   7b Tongrube N Rüdental; Böckh (1957); „Costata-Schicht"
   7c Tongrube NE' Hardheim (Kiesgrube am Schmalberg); Böckh (1957); „Costata-Schicht"
   7d SW' Buchen; Gehenn (1962); „Costata-Bank"
   7e Wasserriss SW' Neckarburken; Gehenn (1962); „Costata-Bank"
   7f Anschnitt an der B 27 zwischen Mosbach und Neckarburken; Gehenn (1962); „Costata-Bank"
8. Michelstadt-Steinbach, Mittlerer Odenwald; Backhaus (1981); „Bank 26" mit *Costatoria costata* und Pleuromyen
9. Aushub am Friedhof Ingelfingen, Hohenloher Land; Gehenn (1962), Abb. 4. in Hagdorn & Simon (1985); „Costata-Bank".

Nicht nachgewiesen ist die *vulgaris/costata*-Bank in folgenden beiden Lokalitäten:

10. Eisenbahneinschnitt NE Waldmühle bei Helmstadt, Kraichgau; Gehenn (1962); Epfenbacher Schichten
11. Nußloch, Kraichgau; Gehenn (1962); Epfenbacher Schichten.

Auch im Raum Niederhessen konnte nach Busse (1980) „das Bänkchen mit *Costatoria costata* und *Myophoria vulgaris*" noch nicht festgestellt werden. Geographische Lage sowie die Fossilführung des Oberen Buntsandsteins der Rhön (Gronemeier & Martini 1973; Martini 1992) lassen zumindest den Nachweis der *vulgaris/costata*-Bank in diesem Gebiet erwarten. Mangels geeigneter Aufschlüsse ist jedoch eine exakte feinstratigraphische Untergliederung des Röts der Rhön im Bereich der Braunroten Tonsteinschichten mit Quarziteinlagerungen, Bunten Tonstein-Schichten sowie der Myophorienschichten noch nicht möglich. Analog sind die Verhältnisse in Südthüringen, wo der Nachweis der *vulgaris/costata*-Bank bisher an den schlechten Aufschlußverhältnissen im Bereich Doppelquarzit bis Myophorien-Folge scheitert. Am Nordrand des Kraichgaues (Helmstadt, Nußloch) hat sich bereits die sandige Fazies der „Epfenbacher Schichten" (mit Wurzelröhren und Equisetiten) durchgesetzt.

Lithostratigraphie

Die *vulgaris/costata*-Bank ist durch das gemeinsame Vorkommen von *Myophoria vulgaris* (Schlotheim) und *Costatoria costata* (Zenker) biostratigraphisch charakterisiert. Auch die lithostratigraphische Position in der Pelitröt-Folge des Oberen Buntsandsteins (Röt) kann vergleichsweise gut präzisiert werden. Für Vorkommen in Rüdersdorf, im östlichen Thüringer Becken, Oberfranken, nördlichen Mainfranken, der Hohenloher Ebene, dem Bauland sowie dem mittleren Odenwald werden im folgenden die lithostratigraphische Position, Mächtigkeiten und Lithologie tabellarisch dargestellt. Die angegebenen Nummern stimmen mit denen in Abbildung 1 bzw. Abbildung 2 überein.

2 Durinsche Tongrube, Rüdersdorf (nach Wahnschaffe & Zimmermann 1914)
Schichtglied „grauer, Oberer Röt" (Sulfat 4+5)
Bank „Untere Kalksteinzone"
Mächtigkeit „3 m"
Position 6 - 6,5 m unter der violetten Gipsmergelschicht (Grenzbank der Pelitröt-Folge zur Myophorien-Folge)
Lithofazies „Gelbgraue, dünne und ebene, würfelig zerklüftete, feinstsandigkrystalline, etwas mürbe Platten, die durch dünnere Tonlagen getrennt sind" (Wahnschaffe & Zimmermann 1914: 20).

3c Großlöbichau, Thüringer Becken (nach Passarge 1891)
Schichtglied Obere Bunte Schichten
Bank „Dolomit mit Myophoria costata und vulgaris"
Mächtigkeit „15 cm"
Position 19,21 m über oberster Quarzitbank (= Doppelquarzit)
Lithofazies „Grauer Dolomit, stellenweise porös" (Passarge 1891: 54).

4 Vorderer Rabenstein zwischen Unterrodach und Zeyern, Oberfranken (nach Herbig 1926)
Schichtglied Obere Röttonsteine
Bank „Costata-Schichten"
Mächtigkeit „1,10-1,20 m"
Position 13,60 m über „Chirotheriumsandstein" (= Rötquarzit)
Lithofazies „Drei durch Sandschiefer getrennte Bänkchen, von denen das unterste und oberste mehr aus Quarzsand, das mittlere aus dolomitischem Kalkstein bestehen" (Herbig 1926: 123).

5d Neue Tongrube Wiesenfeld, Mainfranken
Schichtglied Obere Röttonsteine
Bank *vulgaris/costata*-Bank
Mächtigkeit 25 cm
Position 14,90 m über Rötquarzit
Lithofazies Braunroter Tonsiltstein, glimmerstäubig, stellenweise grünfleckig, dünnplattig bis feinflaserig, teilweise brekziös, basal häufig mit Ton-Laminae sowie Synärese-Rissen, vereinzelt dünnplattige, feinkörnige Sandsteinlagen.

7e Wasserriß SW' Neckarburken, Bauland (nach GEHENN 1962)
Schichtglied Obere Röttone
Bank „Costata-Bank"
Mächtigkeit „30 cm"
Position 6,70 m über Fränk. Chirotherienschichten (= Rötquarzit-Schichten)
Lithofazies „Sandstein-Bröckelton in vielfachem Wechsel ...; Sandstein, brockig, braunrot, stellenw. mit ... Entfärbungshöfen, sehr feinkörnig, stark glimmerig ...; ungeschichtet, eingelagert zahlreiche Tonscherben, ... Tonlamellen mit Glimmerüberzügen ...; eingeschlossen zahlreiche zellige Hohlräume ...; Bröckelton ... sehr feinsandig, mäßig glimmerig ... Im Sandstein u. im Bröckelton spärliche Prägekerne von Myophoria costata Zenker u. Estheria minuta Goldf. sp., Bauten von kleinen Rhizocorallium sp., ... unterste Bank der Bröckeltone dicht besiedelt" (GEHENN 1962: 73-74).

8 Michelstadt-Steinbach, Mittlerer Odenwald (nach BACKHAUS 1981)
Schichtglied Obere Röttone
Bank „Bank 26 mit Costatoria costata und Pleuromyen"
Mächtigkeit 30 cm
Position ca. 15 m über den Rötquarzit-Schichten
Lithofazies „braunroter, kleinbröckeliger Schluffstein" (BACKHAUS 1981: 371).

9 Aushub am Friedhof Ingelfingen, Hohenloher Land (nach GEHENN 1962)
Schichtglied Obere Röttone
Bank „Costata-Bank"
Mächtigkeit „20 cm"
Position ca. 18 m unter mu
Lithofazies „Wechsellagen Sandstein-Bröckelton: Sandstein, knorpelig-brockig ..., sehr hart und zäh, schlierig braunrot, graurot, rostbraun, stellenw. grünfleckig; sehr feinkörnig, eingekieselt mit ... quarzitischen Einschlüssen, ... stellenw. mit sehr kleinen Hohlräumen, mit klaren Quarz- u. Calcitkriställchen besetzt, stellenw. schwach karbonatisch, glimmerreich ...; ungeschichtet, eingelagert ... braunrote Tonscherbchen, ... stellenw. gelbe, zellige Hohlräume, mit Calcit besetzt; ... als 5 cm mächtiges Bänkchen die Oberkante bildend u. als linsenförmige Zwischenlagen im Bröckelton, kleine Gesimse bildend; Bröckelton, bröcklig, ... braunrot, ... einzelne grüne Flecken; wechselnd stark feinsandig mit gröberen Einstreuungen, glimmerreich ...; ... sowohl im Sandstein als auch im Bröckelton Prägekerne von Myophoria costata Zenker, ... Myophoria vulgaris sehr selten, Estheria sp. vereinzelt. Lager d. Myophoria costata" (GEHENN 1962: 100-101).

Die fazielle Gleichförmigkeit innerhalb der Faziesbereiche sowie das gemeinsame Vorkommen von *Myophoria vulgaris* und *Costatoria costata*, weitgehend unabhängig

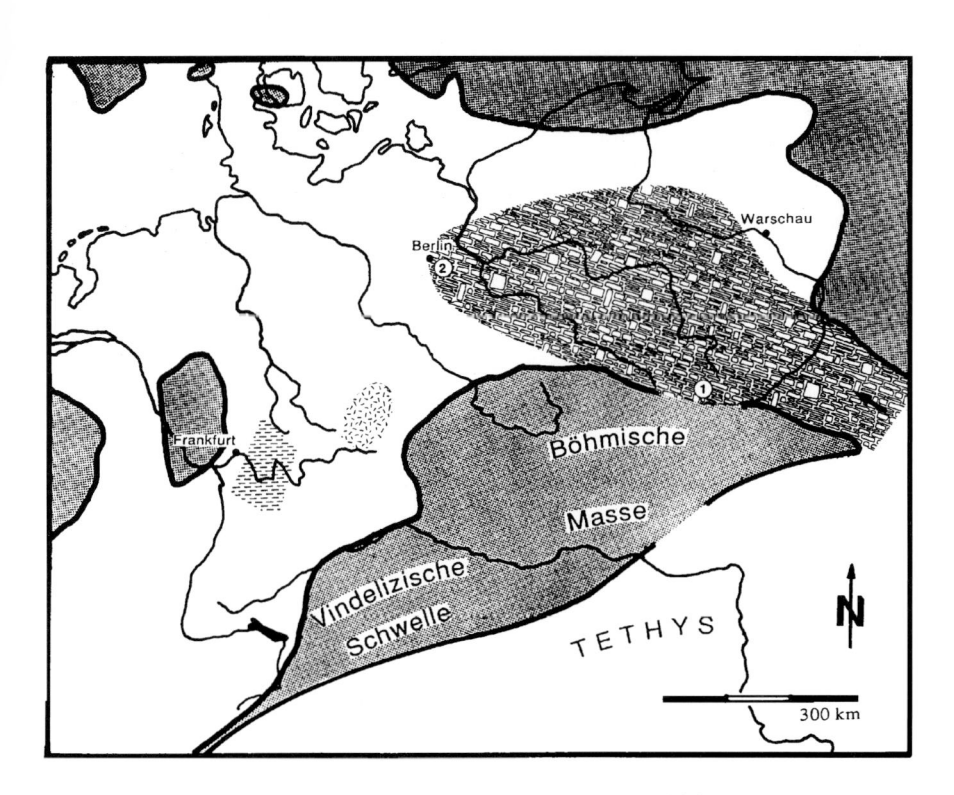

Abb. 2 Paläogeographie des Germanischen Oberen Buntsandsteins nach ZIEGLER (1982) mit den drei Faziesbereichen der *vulgaris /costata*-Bank. Pfeil: Ostkarpaten-Pforte; 1: Aufschlüsse in Oberschlesien; 2: Lokalität Rüdersdorf; Mauersignatur: Schlesische Fazies; kreuzgestrichelt: Thüringer Fazies; gestrichelt: Fränkische Fazies.

von der Lithofazies und auf eine einzige Bank beschränkt, zeigen einen Leithorizont an, für den weitgehende Isochronie angenommen werden darf. Somit wird auch der Fazieswechsel von kalkigen (Schlesische Fazies) über dolomitische (Thüringer Fazies) zu tonig-siltigen Sedimenten (Fränkische Fazies) als synchron erachtet. Ausgehend von dieser Annahme läßt sich die *vulgaris/costata*-Bank des Hohenloher Landes und mittleren Odenwaldes über das Bauland, Mainfranken sowie die osthessische Senke und Oberfranken direkt mit der dolomitischen Grenzbank (im Sinne von WAGNER 1897) Ostthüringens sowie der unteren Kalksteinzone von Rüdersdorf korrelieren.

Bei der Kartierung wurde bisher regelmäßig im südwestdeutschen Raum die Myophorienbank (BENECKE & COHEN 1881) als westliches Äquivalent der thüringischen Myophorienschichten (Myophorienplatten) ausgeschieden. BÖCKH (1957) bezeichnete die unterste *Myophoria vulgaris* führende Bank oberhalb seiner „Costata-Schicht" als Myophorienbank. Im Hangenden dieser Bank stellte er bis zur Untergrenze des Muschelkalks weitere Bänke mit *Myophoria vulgaris* fest. DEGENS et al. (1961) erkannten im Dallau-Profil 15 m unter dem Muschelkalk die Myophorienbank (*vulgaris/costata*-Bank ?) und 2 bzw. 7 m unter dem Muschelkalk wiesen sie weitere Myophorien-führende Horizonte nach. Unter Beibehaltung der herkömmlichen Nomenklatur könnten im Aufschluß Wiesenfeld mindestens fünf Myophorien-führende Bänke als „Myophorienbank" ausgewiesen werden. Nach lithostratigraphischen Vergleichen entspricht auch das stratigraphische Niveau der Unteren Dendritenschichten Mainfrankens nicht dem der Myophorienbank von BÖCKH (1957) und GEHENN (1962). Erwähnenswert ist zudem, daß sowohl von BÖCKH (1957) als auch GEHENN (1962) marine Faunen in roten und violetten Bröckeltonen zwischen den Myophorien-führenden Bänken gefunden wurden.

Wie bereits von diesen Autoren vermutet, widerlegen diese Befunde die Beweisführung VOLLRATHS (1923) hinsichtlich der Muschelkalk-Transgression, die zum einen darauf basierte, daß die Schichten zwischen „Myophorienbank und Wellendolomit" frei sind von marinen Fossilien, zum anderen auf der Gleichstellung der Meininger Myophorienschichten mit „der" Mosbacher Myophorienbank und dem daraus resultierenden Höhergreifen der Rötfazies nach Süden. Diese Erkenntnisse erfordern das Überdenken der bisherigen Annahmen zum Ablauf der Muschelkalk-Tansgression zumindest im südwestdeutschen Raum. Auch für nur regional verbreitete lithostratigraphische Leithorizonte (Grüne Leitschicht, BÖCKH 1957; Bunter Leithorizont, GEHENN 1962; Buntes Band, BACKHAUS 1981) ergeben sich aus den Lagebeziehungen zur *vulgaris/costata*-Bank Möglichkeiten zur überregionalen Korrelation. Durch die laterale Kontinuität der *vulgaris/costata*-Bank eröffnet sich auf weitere Sicht die Möglichkeit, die bisher nicht exakt korrelierbaren marinen Horizonte im stratigraphischen Bereich vom Hangenden des Rötquarzits und seiner Äquivalente bis zum Hangenden der Oberen Dendritenschichten der Myophorien-Folge (MAHLER et al. 1990) lithostratigraphisch zu fixieren und mit den Äquivalenten im Thüringer Becken und Rüdersdorf einerseits, sowie dem Kraichgau, der Pfalz, dem Elsaß und Lothringen andererseits zu korrelieren.

Für den Bereich Oberschlesiens kann keine exakte lithostratigraphische Position der äquivalenten Schichten angegeben werden, da das gemeinsame Vorkommen von *Myophoria vulgaris* und *Costatoria costata* lithofaziell unterschiedlich beurteilt wird (Rötkalk bzw. Rötdolomit). Eine Kalibrierung durch die nächste Quarzitbank im Liegenden ist nicht möglich, da der Rötquarzit bzw. lithologische Äquivalente fehlen.

Sequenzstratigraphie

Sequenzstratigraphisch liegt die *vulgaris/costata*-Bank im tiefsten Teil des „Transgressive Systems Tract" der Sequenz des Unteren Muschelkalks (AIGNER & BACHMANN 1992).

Biostratigraphie

Die *Myophoria vulgaris/Costatoria costata*-Zone wird durch das gemeinsame Auftreten von *Myophoria vulgaris* und *Costatoria costata* charakterisiert. Die Untergrenze wird durch das Einsetzen von *Myophoria vulgaris* definiert, das letzte Auftreten von *Costatoria costata* definiert die Obergrenze der Zone wie auch den Beginn der folgenden.

Diese Überlappungszone („concurrent range zone") markiert gleichzeitig den Beginn der umfangreichen Assemblage-Zone mit *Beneckeia buchi*, *Myophoria vulgaris* und *Dadocrinus* und grenzt diese im Liegenden gegen die Assemblage-Zone mit *Costatoria costata* und *Beneckeia tenuis* ab (KOZUR 1974).

Folgende Fossilien (exkl. Palynomorphen) sind bisher aus der Zone bekannt:

Oberschlesien (nach ASSMANN 1933):
Costatoria costata, *Myophoria vulgaris*. Weitere oberschlesische Fossilfunde (ASSMANN 1933) sind biostratigraphisch nicht gesichert und können derzeit noch nicht der *vulgaris/costata*- Zone zugeordnet werden.

Rüdersdorf (nach WAHNSCHAFFE & ZIMMERMANN 1914):
Myophoria vulgaris, *Costatoria costata*, *Glottidia tenuissima*, Fischschuppen, Saurierreste.

Östliches Thüringer Becken (nach PASSARGE 1891):
Myophoria vulgaris, *Costatoria costata*, „Gervillien oder Modiolen", *Gervillia costata*, *Neoschizodus* cf. *ovatus*, „Myoconchen unbekannter Art", *Pseudocorbula nuculaeformis* („*Myacites*-ähnliche kleine Muscheln"), Fischschuppen, *Placodus*-ähnliche Zähne.

Mainfranken (nach eigenen Beobachtungen)
Myophoria vulgaris, *Costatoria costata*, *Neoschizodus ovatus*, *Pseudocorbula nuculaeformis*, *Rhizocorallium* sp., Fischschuppen.

Oberfranken (nach HERBIG 1926):
„*Chemnitzia*" *schüttei*, *Pseudocorbula nuculaeformis* („*Anoplophora Münsteri*"), *Costatoria costata*, *Myophoria vulgaris*, *Glottidia tenuissima*, Fischschuppen, Fischzähne, *Nothosaurus* sp.

Osthessische Senke (nach HASSENCAMP 1878):
Myophoria vulgaris, *Costatoria costata*, *Pseudocorbula nuculaeformis* („*Corbula* sp.")

Bauland (nach BÖCKH 1957):
Costatoria costata, *Pseudocorbula nuculaeformis* („zahlreiche, pflasterartige Abdrücke kleiner Muscheln"), *Rhizocorallium* sp.

Mittlerer Odenwald (nach BACKHAUS 1981):
Costatoria costata, *Pseudocorbula nuculaeformis* („Pleuromyen").

Hohenloher Land (nach GEHENN 1962):
Costatoria costata, *Myophoria vulgaris*, *Pseudocorbula nuculaeformis* („Estherien").

Eine palynologische Untersuchung von zwei Gesteinsproben der *vulgaris/costata*-Bank Mainfrankens durch M.

Abb. 3 Handstück der *vulgaris/costata*-Bank mit *Myophoria vulgaris* und mehreren Exemplaren von *Costatoria costata*. Profil an der Umgehungsstraße (Ostring) in Bad Kissingen (R: 35 77 470, H: 55 62 600). Sammlung Mainfränkische Trias, Euerdorf, SMTE 5826/14-3. Vergr. 3x.

VAN OOSTERHOUT, Utrecht, lieferte keinen Nachweis von Palynomorphen.

Mit *Myophoria vulgaris* und *Pseudocorbula nuculaeformis* liegen bereits die ersten typischen Vertreter der „Muschelkalkfauna" vor, die im Zuge einer marinen Ingression, ausgehend von der Ostkarpaten-Pforte über die Thüringische Senke und die Fränkische Straße das Kraichgau-Becken erreichte. Die Ausbreitung von *Myophoria vulgaris* erfolgte schnell und flächenhaft. Nach BERGGREN & VAN COUVERING (1978) beträgt die Verlagerung der Ausbreitung eines Taxons über ein zur Besiedlung geeignetes Gebiet im marinen Milieu jährlich etwa 10-100 km. Bei einer Kolonisationsstrecke von etwa 1200 km von der Ostkarpaten-Pforte bis zum Kraichgau-Becken ist dieses Ereignis im geologischen Sinne als zeitgleich anzusehen.

Die biostratigraphische Bedeutung der *Myophoria vulgaris/Costatoria costata*-Zone ergibt sich aus ihrem geringen Umfang, der eine exakte Trennung der beiden Assemblage-Zonen ermöglicht. Zudem scheint *Costatoria costata* einer bemerkenswerten phylogenetischen Entwicklung zu unterliegen, die eventuell eine weitere Untergliederung der Assemblage-Zone mit *Costatoria costata* und *Beneckeia tenuis* in Biozonen ermöglicht. Während die Vertreter von *Costatoria* im tieferen Teil dieser Assemblage-Zone (Stammener Schichten NW-Hessens) stets 10 bis 12 extraareale Rippen zeigen, entwickeln die Costatorien der *Myophoria vulgaris/Costatoria costata*-Zone (*vulgaris/costata*-Bank) bereits 14 bis 16 extraareale Rippen.

Chronostratigraphie

Die chronostratigraphische Einordnung der Biozone mit *Myophoria vulgaris* und *Costatoria costata* wird z. Zt. noch sehr unterschiedlich gehandhabt. KOZUR (1970) und DOCKTER et. al. (1980) betrachteten das erste Auftreten von *Myophoria vulgaris* als Indiz für die Basis des Anisiums im Germanischen Becken. DOUBINGER & BÜHMANN (1981) ordneten das Röt 4 aufgrund einer Pollen-Assoziation, die ANTONESCU et al. (1976) in ähnlicher Zusammensetzung aus der *Balatonites balatonicus*-Zone Rumäniens beschrieben, dem Pelsonium zu. Gegen diese Zuordnung spricht aber die weitgehende Identität der Palynomorphen-Arten des Röt 4, des Unteren und des Mittleren Muschelkalks (BRUGMANN 1986). Die bisher durchgeführten Parallelisierungen, die sich allein auf das Massenspektrum von Palynomorphen gründen, erscheinen zumindest zweifelhaft.

Ein Indiz, das zur Klärung der stratigraphischen Position dienen könnte, ist die im Germanischen Becken ebenso wie in der alpinen Trias abzulesende phylogenetische Entwicklungstendenz der *Costatoria costata*-Gruppe: *Costatoria (Costatoria?) subrotunda* (BITTNER) weist im unzweideutigen Skyth (Campil-Member der Werfen-Formation) 4 bis 6 extraareale Rippen auf (BROGLIO LORIGA & POSENATO 1986). *Costatoria costata* besitzt in den Cencenighe- und San Lucano-Members der Werfen-Formation (von KOZUR [in TRÖGER, 1984] der *Keyserlingites subrobustus*-Zone sowie dem ältesten Aegeium zugeordnet) 11 bis 12 extraareale Rippen, im jüngeren Unteranisium (KOZUR, schriftl. Mitt.) 15 bis 18 extraareale Rippen. Die bekannten Stücke aus der *Myophoria vulgaris/Costatoria costata*-Zone Mainfrankens (14 bis 16 extraareale Rippen) liegen hier im Übergangsbereich.

Nach Kalibrierung dieser Entwicklungstendenz an feinstratigraphisch untersuchten Profilen wird eine biostratigraphische Untergliederung der Abfolgen in Subzonen durchführbar. Somit sollte auch eine überregionale Parallelisierung und orthostratigraphische Einordnung des Oberen Buntsandsteins möglich sein.

Summary

The horizon of the joint appearance of *Myophoria vulgaris* and *Costatoria costata*, previously known only from the Röt of Upper Silesia, Rüdersdorf and the eastern Thuringian basin, has been located in the Obere Röttonsteine of Mainfranken. The *vulgaris/costata* bed is situated concordantly above the Rötquarzit and has roughly constant thickness regardless of differing facies. Thus, it seems to represent an isochronous layer at least in the regions of

Rüdersdorf, eastern Thuringia, Upper Franconia, Mainfranken, the East Hessian depression, Hohenlohe, the Bauland and Odenwald.

The growing number of radial ribs during phylogeny of the *Costatoria costata* group is interpreted to bear chronostratigraphic potential. This phylogenetic pattern was identified to appear synchronously in the Germanic Basin as well as in the Tethys realm. It reflects a faunal exchange and a multiple migration of members of the *Costatoria costata* group into the Germanic Basin during deposition of the Upper Buntsandstein.

Dank

Für die kritische Durchsicht des Manuskriptes, Diskussion, wertvolle Anregungen und Informationen sowie die Anfertigung des Photos danken wir Dr. G. Geyer, Institut für Paläontologie, Würzburg. Weiterhin danken wir Dr. H. Kozur, Budapest, für schriftliche und mündliche Informationen zur stratigraphischen Verwertbarkeit von *Costatoria costata*. Herr M. van Oosterhout, Utrecht, untersuchte zwei Proben auf ihren Gehalt an Palynomorphen und gab wichtige Hinweise zum Stand der Pollen-Stratigraphie. Prof. Dr. E. Backhaus, Darmstadt, und Dr. h. c. H. Hagdorn, Ingelfingen, danken wir für wichtige Literaturhinweise. Herrn P. Sandleitner, Veitshöchheim, danken wir für die Anfertigung der Zeichnungen.

Literatur

AIGNER, T. & BACHMANN, G. H. (1992): Sequence-stratigraphic framework of the German Triassic.- Sediment. Geol., **80**, 115-135, Amsterdam.

ANTONESCU, E., PATRULIUS, D. & POPESCU, I. (1976): Corrélation palynologique préliminaire de quelques formations de Roumanie attribuées au Trias inférieur. - Dari de Seama ale Sedintelor, **LXII**: 1-30, 2 Abb., 4 Taf., Bucuresti.

ASSMANN, P. (1933): Die Stratigraphie der oberschlesischen Trias Teil 1: Der Buntsandstein. - Jb. preuß. geol. L.-Anst., **53** (f. 1932), 731-757, Taf. 40, Berlin.

BACKHAUS, E. (1981): Der marin-brackische Einfluß im Oberen Röt Süddeutschlands. - Z. dt. geol. Ges., **132**, 361-382, 5 Abb., 1 Tab., Hannover.

BENECKE, E. W. & COHEN, H. (1881): Geognostische Beschreibung der Umgegend von Heidelberg. - 622 S., Straßburg.

BERGGREN, W. A. & VAN COUVERING, J. A. (1978): Biochronology. - In: COHEE, G. V., GLAESSNER, M. F., & HEDBERG, H. D. (Hrsg.), Studies in geology. Vol. 6. Contributions to the Geologic Time Scale, 39-55, 6 Abb., Tulsa, Okla.

BÖCKH, E. (1957): Sedimentation und Krustenbewegungen im Oberen Buntsandstein zwischen Neckar und Main. - Diss. Univ. Heidelberg, 86 S., 24 Abb., Heidelberg.- [Unveröff.].

BROGLIO LORIGA, C. & POSENATO, R. (1986): *Costatoria (Costatoria?) subrotunda* (Bittner, 1901). A Smithian (Lower Triassic) marker from Tethys. - Riv. Ital. Paleont. Strat., **92**, 2, 189-200, 2 Abb., Taf. 21, 1 Tab., Milano.

BRUGMANN, W. A. (1986): A palynological characterisation of the upper Skythian and Anisian of the Transdanubian Central Range (Hungary) and the Vicentian Alps (Italy). - Diss., Rijksuniv. Utrecht, 95 S., 15 Taf., 9 Tab., Utrecht. - [Unveröff.].

BUSSE, E. (1980): Ein Aufschluß im tiefsten Wellenkalk bei Reichenbach (Bl. 4824 Hessisch Lichtenau) Zur Grenzziehung Röt/Wellenkalk in Niederhessen. - Geol. Jb. Hessen, **108**, 111-119, 1 Abb., 2 Tab., Wiesbaden.

DEGENS, E. & KNETSCH, G. & REUTER, H. (1961): Ein geochemisches Buntsandsteinprofil vom Schwarzwald bis zur Rhön. - N. Jb. Geol. Paläont. Abh., **111**, 181-233, 5 Abb., 11 Diagr., 7 Tab., 4 Beil., Stuttgart.

DOCKTER, J., PUFF, P., SEIDEL, G. & KOZUR, H. (1980): Zur Triasgliederung und Symbolgebung in der DDR. - Z. geol. Wiss., **8**, 8, 951-963, 7 Tab., Berlin.

DOUBINGER, J. & BÜHMANN, D. (1981): Röt bei Borken und bei Schlüchtern (Hessen, Deutschland). Palynologie und Tonmineralogie. - Z. dt. geol. Ges., **132**, 421-449, 5 Abb., 3 Taf., 1 Tab., Hannover.

GEHENN, R. O. (1962): Feinstratigraphische Untersuchungen im Oberen Buntsandstein der Kraichgau-Umrandung. - Diss. Univ. Heidelberg, 98 + 123 S., 27 Abb., Heidelberg. - [Unveröff.].

GRONEMEIER, K. & MARTINI, E. (1973): Fossil-Horizonte im Röt der hessischen Rhön. - Notizbl. hess. L.-Amt Bodenforsch., **101**, 150-165, 2 Abb., 1 Tab., Taf. 16- 17, Wiesbaden.

HAGDORN, H. & SIMON, T. (1985): Geologie und Landschaft des Hohenloher Landes. - Forsch. Württ. Franken, **28**, 186 S., 125 Abb., 3 Beil., Sigmaringen.

HASSENCAMP, E. (1878): Geologisches aus der Umgebung von Fulda. - 5. Ber. Ver. Naturkde. Fulda, 21-30, Fulda.

HERBIG, P. (1926): Zur Stratigraphie und Tektonik der Muschelkalkschollen östlich von Kronach. - Geogn. Jh., **38** (f. 1925), 119-196, München.

JUBITZ, K.-B. & WENDLAND, F. (1992): Wende Buntsandstein/Muschelkalk: Röt. - In: SCHROEDER, J. H. (Hrsg.), Führer zur Geologie von Berlin und Brandenburg, 34-36, Abb. 4.1.4, Berlin.

KOZUR, H. (1970): Mikropaläontologie, Biostratigraphie und Biofazies der germanischen Mitteltrias. - Diss. Bergakad. Freiberg, 324 S., 32 Taf., 16 Tab., Freiberg. - [Unveröff.].

KOZUR, H. (1974): Biostratigraphie der germanischen Mitteltrias. - Freiberger Forschh., **C 280**/1, 56 S., **280**/2, 71 S., 12 Tab., Anl., Freiberg.

KOZUR, H. (1984): Trias. - In: TRÖGER, K.-A. (Hrsg.), Abriß der historischen Geologie, 316-346, Abb. 78-85, Taf. XXIII-XXVI, Tab. 20-21, Schemata 15-17, Berlin.

MAHLER, H., SELL, J., HENZ, M. & NEUBIG, B. (1990): Ein Beitrag zur Feinstratigraphie und Fossilführung der Myophorien-Folge (Trias) im nördlichen Unterfranken. - Naturwiss. Jb. Schweinfurt, **8**, 1-22, 2 Abb., 2 Taf., Schweinfurt.

MARTINI, E. (1992): Fossilien, Sedimentmarken und Paläoökologie im Oberen Buntsandstein (Röt) der Rhön. - Natur u. Museum, **122** (3), 90 - 99, 18 Abb., 1 Tab., Frankfurt a. M.

PASSARGE, S. (1891): Das Röth im östlichen Thüringen. - Inaug.-Diss., Philosoph. Fak. Univ. Jena, 88 S., Jena (G. Fischer).

SCHWARZMEIER, J. (1977): Erläuterungen zur Geologischen Karte von Bayern 1 : 25 000. Blatt Nr. 6024 Karlstadt und Blatt Nr. 6124 Remlingen. - 155 S., 34 Abb., 11 Tab., 5 Beil., München.

SELL, J. & MAHLER, H. (in Vorb.): Regionalstratigraphische Referenzprofile zur Lage der *vulgaris/costata*-Bank (Oberer Buntsandstein, Mitteltrias) in Mainfranken.- Naturwiss. Jb. Schweinfurt, Schweinfurt.

VOLLRATH, P. (1923): Beiträge zur Stratigraphie und Paläogeographie des fränkischen Wellengebirges. - N. Jb. Min. etc., Beil.-Bd., **50**, 120-288, Taf. 7-9, Stuttgart.

WAGNER, R. (1897): Beitrag zur genaueren Kenntnis des Muschelkalks bei Jena. - Abh. kgl. preuß. geol. L.-Anst., N. F. **27**, 105 S., Berlin.

WAHNSCHAFFE, F. & ZIMMERMANN, E. (1914): Erläuterungen zur geologischen Karte von Preußen und benachbarten Bundesstaaten. Lfg. 26. Blatt Rüdersdorf. - Kgl. preuß. geol. L.-Anst., 3. Aufl., 123 S., 9 Abb., 4 Taf., 1 Textkt., Berlin.

ZIEGLER P. A. (1982): Geological Atlas of Western and Central Europe. - 130 S., 40 Beil., Shell Internat. Petr. Mijn., Amsterdam.

Ökostratigraphische Leitbänke im Oberen Muschelkalk

Hans Hagdorn, Ingelfingen
Theo Simon, Stuttgart
15 Abbildungen

Einführung

Lange vor den ersten Ansätzen für eine biostratigraphische, beckenweit gültige Gliederung des Muschelkalks benützte man Leitbänke, die sich nach Lithologie und Fossilinhalt leicht identifizieren ließen. Von manchen dieser Bänke zeigte es sich, daß sie nur lokale Verbreitung hatten, während man bei anderen schon früh ihren überregionalen Leitwert erkannte. So bildeten dann Horizonte wie die Terebratelbänke des Unteren oder die *cycloides*-Bank des Oberen Muschelkalks das Grundgerüst der Lithostratigraphie.

Als besonders wertvoll erwiesen sich Leitbänke, die durch Zeigerfossilien selbst im Lesestück eindeutig ansprechbar sind. Weniger praktikabel, weil nicht eindeutig paläontologisch markiert, sind die zahlreichen Tonhorizonte, Trochiten- und Schalentrümmerbänke, die im reich gegliederten Oberen Muschelkalk SW-Deutschlands seit WAGNER (1913 a) ausgeschieden wurden. Sie lassen sich nur in umfangreicheren Profilen durch Vergleich ihrer Abstände voneinander identifizieren – oder wenn horizontierte Ceratiten vorliegen.

Exakte Ceratitenaufsammlungen in den letzten Jahren bestätigten die Isochronie der Leithorizonte, soweit dies die Genauigkeit des biozonalen Schemas überhaupt erlaubt. Daß gerade bei der Korrelation der Tonhorizonte dennoch immer wieder Fehler unterlaufen, zeigen besonders solche Arbeiten, in denen Ceratiten nicht berücksichtigt wurden.

In der vorliegenden Untersuchung geht es um Schichtenfolgen und besonders um Einzelbänke, die sich in ihrem Fossilinhalt von anderen Bänken abheben. Allerdings wurden in der Vergangenheit oft gerade solche Fossilien zur Bezeichnung einer Schichtenfolge ausgewählt, die in ihr besonders häufig sind, ansonsten aber als Durchläufer im ganzen Muschelkalk oder sogar darüber hinaus vorkommen. Es handelt sich dabei in der Regel um Weichbodenbewohner, meist Muscheln, die unter normalen Sedimentationsverhältnissen mehr oder weniger kontinuierlich siedelten. In der stratigraphischen Nomenklatur stehen dann lästige Homonyme nebeneinander: So gibt es beispielsweise neben den Myophorienschichten des Röt die Myophorienschichten des Trochitenkalks und die des fränkischen Gipskeupers - und dennoch findet sich die „Leitform" *Myophoria vulgaris* mit ihren nächsten Verwandten kaum weniger häufig im gesamten Muschelkalk und Lettenkeuper.

Das Problem, daß das „Leitfossil" als bloßer Fazieszeiger in Wirklichkeit insgesamt eine wesentlich größere biostratigraphische Reichweite besitzt, trifft jedoch auch für die hier behandelten Leitbänke zu. Allerdings hängen ihre Zeigerfossilien als stenöke, sessile Epibenthonten von Ökofaktoren ab, die nur zeitweilig infolge von Milieuveränderungen gegeben waren. Zu diesen Spezialisten gehören die streng stenohalinen Krinoiden und Echinoiden, artikulate Brachiopoden und wenige Muscheln, daneben auch Korallen. Ihre stratigraphische und paläobiogeographische Verbreitung zeigt, daß sie von außerhalb des Germanischen Beckens oder aus Randbereichen, über die aber nicht in jedem Fall genaue Kenntnisse vorliegen, einwanderten und sich unter den günstigen Bedingungen rasch ausbreiteten. Wenn die weniger günstigen Normalbedingungen wiederhergestellt waren, verschwanden sie dann genauso schnell wieder.

Punctospirella fragilis zum Beispiel, Zeigerfossil mehrerer *Spiriferina*-Bänke im Unteren und im Oberen Muschelkalk, kommt nur geringer biostratigraphischer Leitwert zu, denn dieser Brachiopode ist in der alpinen Trias durch das ganze Anis bis ins Ladin nachgewiesen. Im Muschelkalk waren es jedoch nur wenige sedimentologisch-ökologische Ereignisse, die seine Einwanderung und flächenhafte Ansiedelung erlaubten, die also ökologisch durch sein Vorkommen pointiert sind. Diese *Spiriferina*-Bänke liegen zwischen Unteranis und basalem Ladin, also durchaus innerhalb der aus der Alpinen Trias bekannten Reichweite von *Punctospirella*.

Damit lassen sich diese Bänke von den einfachen lithostratigraphischen Leithorizonten als ökostratigraphische Leitbänke abgrenzen. Diese Ökostratigraphie kann natürlich Biostratigraphie nicht ersetzen, sondern allenfalls ergänzen, denn Faunen und Floren sind stets an Fazieseinheiten gebunden und deshalb räumlich begrenzt (SCHINDEWOLF 1950). Dennoch bieten die ökostratigraphischen Leitbänke ein äußerst genaues Gerüst für die Geländearbeit.

Über der hierarchischen Ebene der Leitbank gibt es noch mehr oder weniger umfangreiche Einheiten mit weniger spezialisierten Faziesfossilien, die zwar weniger exotisch, aber trotzdem noch keine echten Durchläufer sind (Abb. 1). Es handelt sich gleichfalls um sessile Epibenthonten auf episodisch auftretenden Schillböden und Hartgründen (HAGDORN & MUNDLOS 1982). Innerhalb des Germanischen Beckens siedelten sie in regional begrenzten Faziesräumen kontinuierlich längere Zeit hindurch, während sie in Nachbargebieten fehlen oder nur in Einzelbänken auftreten, die dann wiederum Leithorizonte bilden. Klassisches Beispiel dafür ist der Trochitenkalk (HAGDORN et al. 1987, HAGDORN et al. 1993, HAGDORN & OCKERT 1993).

Innerhalb des Trochitenkalks wiederum findet sich die Muschel *Plagiostoma costatum* ausschließlich im Bereich der Trochitenbänke 1 und 2, *Myalina blezingeri* nur in der Flachwasserfazies von Crailsheim, aber auch im stratigraphisch jüngeren Marbacher Oolith und in der *Astarte*-Bank S-Westfalens (*robustus*-Zone). Die terquemiiden Austern *Enantiostreon difforme* und *Newaagia noetlingi* finden sich nur im mo1, *Enantiostreon spondyloides* im mo2 und mo3. Daß auch Korallen horizontbeständig im Oberen Muschelkalk auftreten, läßt sich bisher noch nicht beweisen. Jedenfalls stammen Fundbelege von *Procyathophora fürstenbergensis* aus dem Marbacher Oolith Südbadens und aus dem Saarland aus jeweils derselben Ceratitenzone.

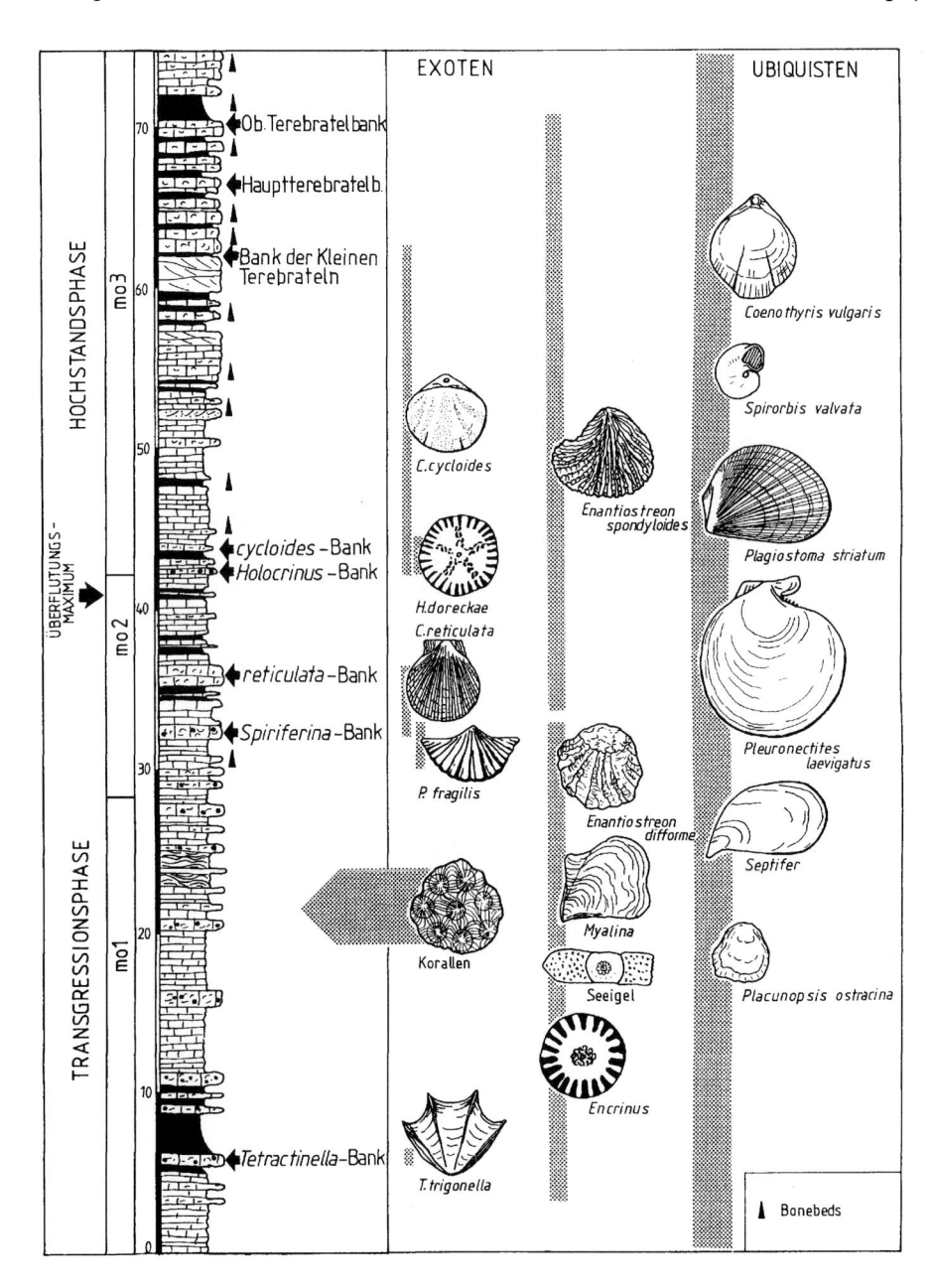

Abb. 1 Ökostratigraphische Leitbänke und Schillgrundfaunen im Oberen Muschelkalk. Während Leitbänke mit Exoten und stenohalinen Echinodermen nur in der Transgressionsphase auftreten, haben die Bonebeds ihre Hauptverbreitung in der Hochstandsphase. *Coenothyris cycloides* kann nur bedingt als Exote gelten.

Die häufigsten Epibenthonten des Oberen Muschelkalks, *Plagiostoma striatum*, *Pleuronectites laevigatus*, *Placunopsis ostracina* und *Coenothyris vulgaris*, sind Durchläufer, die sich als Ubiquisten in fast jeder Schillkalkbank des Oberen Muschelkalks finden. Sie sind als ökostratigraphische Zeiger also unbrauchbar oder allenfalls für Muschelkalk indikativ. Ihre Larven mußten im Muschelkalkmeer ständig vorhanden gewesen sein, so daß es zu flächenhafter Besiedelung kam, sobald infolge von Erosionsereignissen schlammfreie Böden vorlagen (Autochthonschille, vgl. HAGDORN & MUNDLOS 1982). Diese Tempestit-Folgefauna findet sich jedoch auch punktuell auf großen Cephalopodensteinkernen in der Tonplattenfazies. Cephalopodengehäuse dienten demnach in den Schlammgründen des tieferen Wassers dem sessilen Epibenthos als Ankerplatz, das bei geringer Individuenzahl auf solchen Schaleninseln längere Phasen in den Schlammgründen ohne ausgedehnte Siedlungsflächen überstehen und sich dann explosionsartig vermehren konnte, sobald Stürme geeignetes Substrat geschaffen hatten.

Die Leitbänke

Tetractinella-Bank

Funde des athyrididen Brachiopoden *Tetractinella trigonella* (SCHLOTHEIM) - in der älteren Literatur oft als *Retzia* oder *Spirigera* verzeichnet - waren bisher im Oberen Muschelkalk so selten, daß wohl die meisten Belege auch in die Literatur eingegangen sind. Im Unteren Muschelkalk Oberschlesiens ist *Tetractinella* dagegen von den Oberen Gogoliner Schichten bis in den Diploporendolomit recht häufig. In der Alpinen Trias kennt man *Tetractinella* aus Anis und Ladin der Alpen und der Tatra, aus Ungarn, SE-Europa, dem Kaukasus und dem Iran.

Bereits SCHMIDT (1932) vermutete nach dem Vergleich des Lagers der ihm bekannten Funde aus Nord- und Süddeutschland eine durchgehende Schicht im tieferen Trochitenkalk, die über das ganze Germanische Becken hinweg von *Tetractinella* kolonisiert wurde. SCHMIDT erkannte auch ihren Wert als durchgehende Leitbank in dem faziell so wandelbaren Trochitenkalk, wo zudem Ceratiten in den meisten Faziesgebieten noch fehlen;

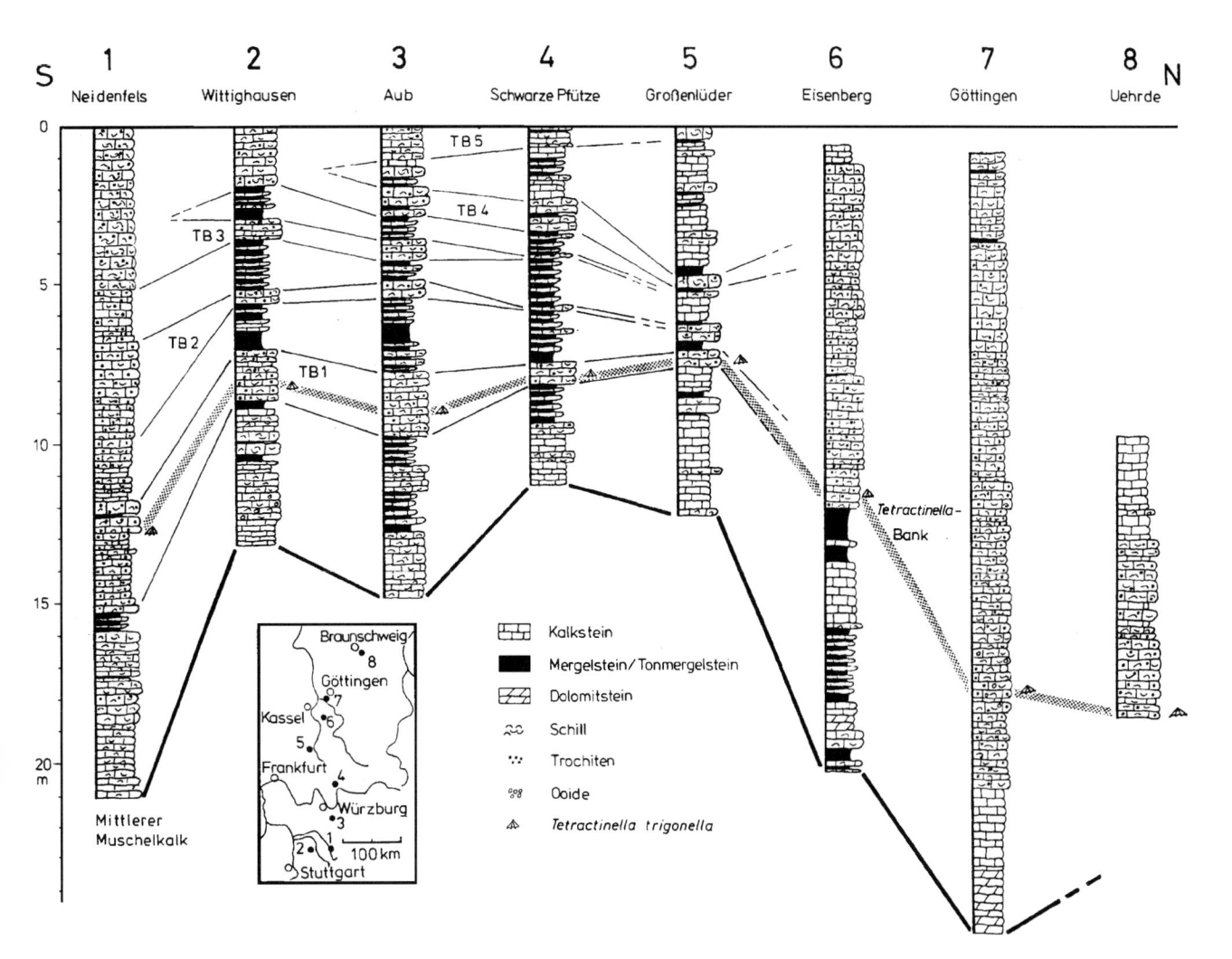

Abb. 2 Die *Tetractinella*-Bank zwischen Mittelwürttemberg und Subherzyn. Profil 1 nach HAGDORN & OCKERT (1993), 2 und 3 eigene Aufnahmen, 4, 5 und 6 nach HAGDORN et al. 1987, 7 nach DÜNKEL & VATH (1990), 8 nach SCHMIDT (1932).

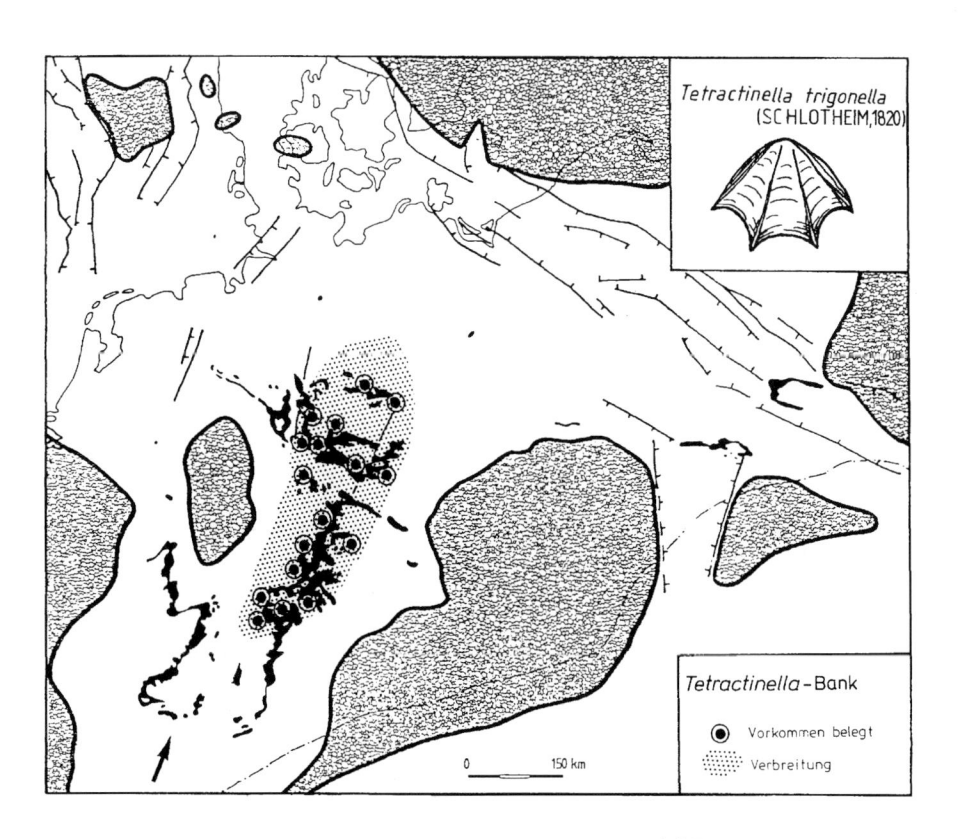

Abb. 3 Verbreitung von *Tetractinella trigonella* im Oberen Muschelkalk.

nach GEISLER (1939) fanden sich an der Basis der Hauptenkrinitenbank von Würzburg schlecht bestimmbare Ceratiten, die frühesten im Germanischen Becken. Die *atavus*-Zone beginnt deshalb an der Basis der Haßmersheimer Schichten.

HAGDORN & MUNDLOS (1982) parallelisierten die Untere Hauptenkrinitenbank in Franken, wo *Tetractinella* besonders häufig auftritt, mit der baden-württembergischen Trochitenbank 2. Veranlassung zu dieser Einstufung gab das Profil Schwarze Pfütze bei Rottershausen (Rhön), wo unter der dort an *Tetractinella* sehr reichen Unteren Hauptenkrinitenbank ein Tonmergelsteinhorizont von ca. einem Meter Mächtigkeit liegt, dessen Parallelisierung mit Mergelschiefer 1 der Haßmersheimer Schichten nahelag (Abb. 2). Ein weit durchhaltender Tonmergelsteinhorizont unter Trochitenbank 1 war bis dahin noch nicht bekannt; eine trochitenführende Bank im Liegenden hatte sich deshalb zwanglos als Trochitenbank 1 deuten lassen. Mit dieser Einstufung wurde auch ein N/S-Profil durch den Trochitenkalk von Niederhessen bis Nordwürttemberg parallelisiert (HAGDORN et al. 1987). Aus dem Trochitenkalk Nordwürttembergs hatte bis dahin nur ein einziger horizontierter Fund von *Tetractinella* vorgelegen, und zwar aus dem Profil Lobenhäuser Mühle bei Kirchberg an der Jagst. Dieser Aufschluß liegt schon im Übergangsbereich zur Crailsheimer Schwellenfazies, was die sichere Einstufung erschwerte. Der Fundhorizont wurde von HAGDORN & SIMON (1988) ins Liegende von Trochitenbank 2, von OCKERT (1988) in Trochitenbank 1 eingestuft. Erst die Kernbohrung Wittighausen (Hohenloher Schotterwerke GmbH & Co KG, Künzelsau) 5 km NNW von Schwäbisch Hall, wo die Haßmersheimer Schichten noch in typischer Beckenfazies ausgebildet sind, brachte Klärung. Hier fand sich *Tetractinella* in einer knauerigen Kalksteinlage im untersten Bereich von Trochitenbank 1, die dort zweifelsfrei identifizierbar ist. Danach fand sich bei gezielter Nachsuche durch OCKERT *Tetractinella* in mehreren nordwürttembergischen Profilen jeweils im unteren Abschnitt von Trochitenbank 1 (OCKERT 1993).

Damit läßt sich die Parallelisierung der unterfränkischen mit der baden-württembergischen Gliederung korrigieren: Die Untere Hauptenkrinitenbank entspricht, wie bereits von HOFFMANN (1967) angegeben, der Trochitenbank 1 und nicht der Trochitenbank 2. Der darunterliegende Tonmergelsteinhorizont ist damit identisch mit dem Mergelhorizont der OCKERTschen Gliederung, der wohl dem Brockelkalkhorizont 4a von SEUFERT & SCHWEIZER (1985) entspricht. Dieser Horizont wird nach E und N mächtiger (OCKERT 1993, HAGDORN & OCKERT 1993).

Mittlerweile liegen weitere horizontierte Funde aus Südniedersachsen vor, die sich ins Gesamtbild einer *Tetractinella*-Bank einfügen (DÜNKEL & VATH 1990).

Mit ihrer Verbreitung von Mittelwürttemberg durch Franken, Thüringen, Hessen, Südniedersachsen bis ins Subherzyn gehört die *Tetractinella*-Bank zu den besonders weit ausgedehnten Leitbänken. Allerdings liegen vom äußersten südlichen und vom westlichen Beckenrand bisher keine Belege vor (Abb. 3).

Die *Tetractinella*-Bank ist stets ein Biokalkrudit aus Einzelklappen epibenthischer Muscheln und meist doppelklappigen Brachiopoden. *Tetractinella* selbst findet sich nur in einer höchstens dezimeterdicken Lage innerhalb der meist mächtigeren Bank, aber darin doch so häufig, daß man beim Anschlagen rasch Schalenfragmente des charakteristisch gerippten Brachiopoden gefunden hat.

Spiriferina-Bank

Die *Spiriferina*-Bank ist gekennzeichnet durch den Brachiopoden *Spiriferina fragilis* (Spiriferida, Spiriferinidae), der von DAGYS (1974) als Typusart einer neuen Gattung *Punctospirella* gewählt wurde. *Punctospirella fragilis* ist im Anis und wohl auch im Ladin der Alpen, in der Tatra, in Ungarn, ganz SE-Europa und der Türkei verbreitet (SIBLIK 1988). In Spanien scheint sie zu fehlen. Im Muschelkalk tritt *Punctospirella* bereits wenige Meter über dem Röt in den Konglomeratbänken und in mehreren *Spiriferina*-

Abb. 4 **1** *Tetractinella*-Bank (Pfeil) in der Trochitenbank-1-Bankfolge im Steinbruch Schön+Hippelein, Neidenfels/Jagst. **2** *Tetractinella trigonella*, Hauptenkrinitenbank, Rottershausen (Unterfranken), aufgelassener Steinbruch „Schwarze Pfütze", MHI (Muschelkalkmuseum Hagdorn Ingelfingen) 1052/1, Maßstab 1 cm.

Bänken bis hinauf zur Unteren Schaumkalkbank auf, die zumindest regionalen Leitwert haben. In Oberschlesien findet sich *Punctospirella* fast durchgängig von den Oberen Gogoliner Schichten bis zu den Karchowitzer Schichten des Unteren und dann wieder in den Wilkowitzer Schichten des Oberen Muschelkalks, die nach ASSMANN (1937, 1944) Ceratiten von der *pulcher*- bis zur *spinosus*-Zone enthalten.

Im Oberen Muschelkalk wird i.a. von einer einzigen *Spiriferina*-Bank geschrieben, doch finden sich in der älteren Literatur Angaben über Vorkommen in verschiedenen Horizonten, die von URLICHS (1993) überprüft wurden. BARTHOLOMÄ (1990) fand im westlichen Hohenlohe *Punctospirella* in einer Bank 70 bis 90 cm über der letzten Bank mit Trochiten, die bisher dort als *Spiriferina*-Bank angesprochen worden war, obwohl *Punctospirella* darin nicht gefunden wurde. Dazwischen lagern Blaukalke im Wechsel mit Tonmergelstein. Weiter östlich, bei Künzelsau, fehlt die liegende Bank mit Trochiten, doch die *Spiriferina*-Bank selbst führt reichlich Reste von *Encrinus liliiformis*. Die Künzelsauer *Spiriferina*-Bank (Abb. 7) erreicht ca. 30 cm Dicke und zeigt Spuren starker Aufarbeitung und Resedimentation: große Intraklasten unterschiedlicher Provenienz liegen in Dachziegellagerung an der Bankbasis. Erosionsflächen im Inneren der Bank weisen auf mehrphasige Entstehung; dafür spricht auch die Mischfauna aus endobenthischen Weichbodenbewohnern (u.a. Nuculiden, Scaphopoden) und epibenthischen Filtrierern. *Punctospirella* selbst fand sich wie üblich nur in der obersten Lage der Bank, besonders auf der Bankoberfläche in eingekippten Einzelklappen. Im direkten Umkreis eines kleinen Terquemienbioherms, das die Bankoberfläche um ca. 20 cm überragte, waren Spiriferinen angereichert. Im Tonmergelstein direkt über der Bank steckten auch doppelklappige Spiriferinen, insbesondere juvenile Exemplare von 1,2 bis 3 mm Breite. Die Brachiopoden lebten also - wie auch in den Biohermen des Unteren Muschelkalks - an Terquemienklappen angeheftet (HAGDORN & SIMON 1988: Abb.11). Die Bioherme benötigten, um nicht frühzeitig und nachhaltig überschlammt zu werden, Omissionsphasen, wie sie v.a. im flacheren Wasser andauerten. Diese Beobachtungen sprechen dafür, daß die mehrphasige, amalgamierte *Spiriferina*-Bank in Künzelsau zeitlich der Trochitenbank samt Zwischenmittel und hangender *Spiriferina*-Bank des westlichen Hohenlohe entspricht. Dort bildeten sich im tieferen Wasser beide Kleinzyklen in allen Phasen im Sediment ab, während bei Künzelsau nur die Schillagen abgelagert wurden und der Schlamm in tieferes Wasser nach W abgeführt wurde. Demnach dürfte man strenggenommen entweder bei Künzelsau nur die oberste Lage der Bank als *Spiriferina*-Bank bezeichnen, oder man müßte im westlichen Hohenlohe die untere Bank und das Zwischenmittel zur *Spiriferina*-Bank einbeziehen. Dies gilt in erweitertem Maß auch für die *Spiriferina*-Bank in der Crailsheimer Schwellenfazies (SCHÄFER 1973), welche stratigraphisch wohl noch tiefere und höhere Bereiche in kondensierter Form umfaßt. Die Mächtigkeitsreduktion von *compressus*- bis *spinosus*-Zone

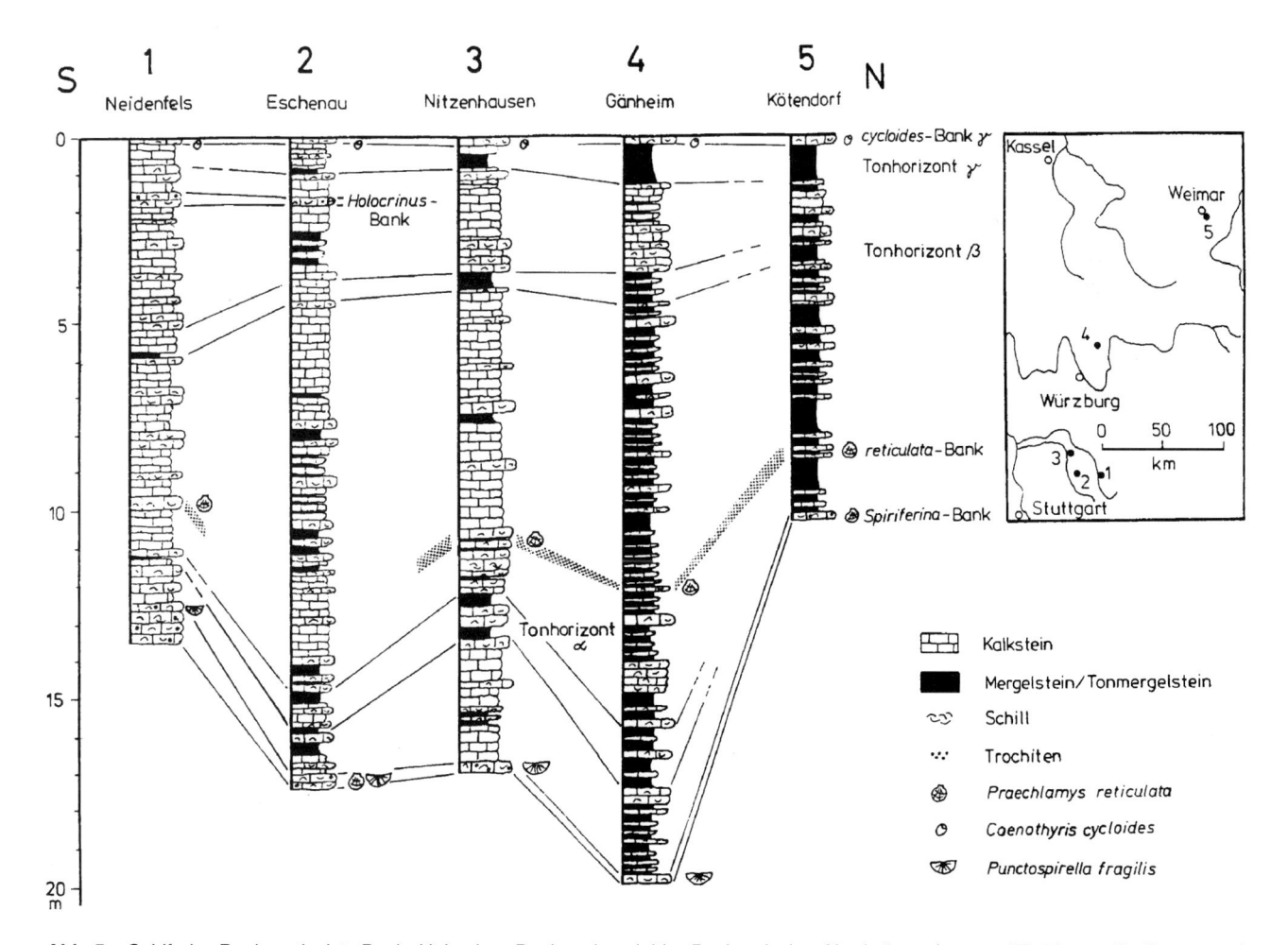

Abb. 5 *Spiriferina*-Bank, *reticulata*-Bank, *Holocrinus*-Bank und *cycloides*-Bank zwischen Nordwürttemberg und Thüringen. Profile 1, 3 und 4 eigene Aufnahmen, Profil 2 Aufnahme durch W. Ockert, ergänzt nach VOLLRATH (1955a), Profil 5 nach WIEFEL & WIEFEL (1980).

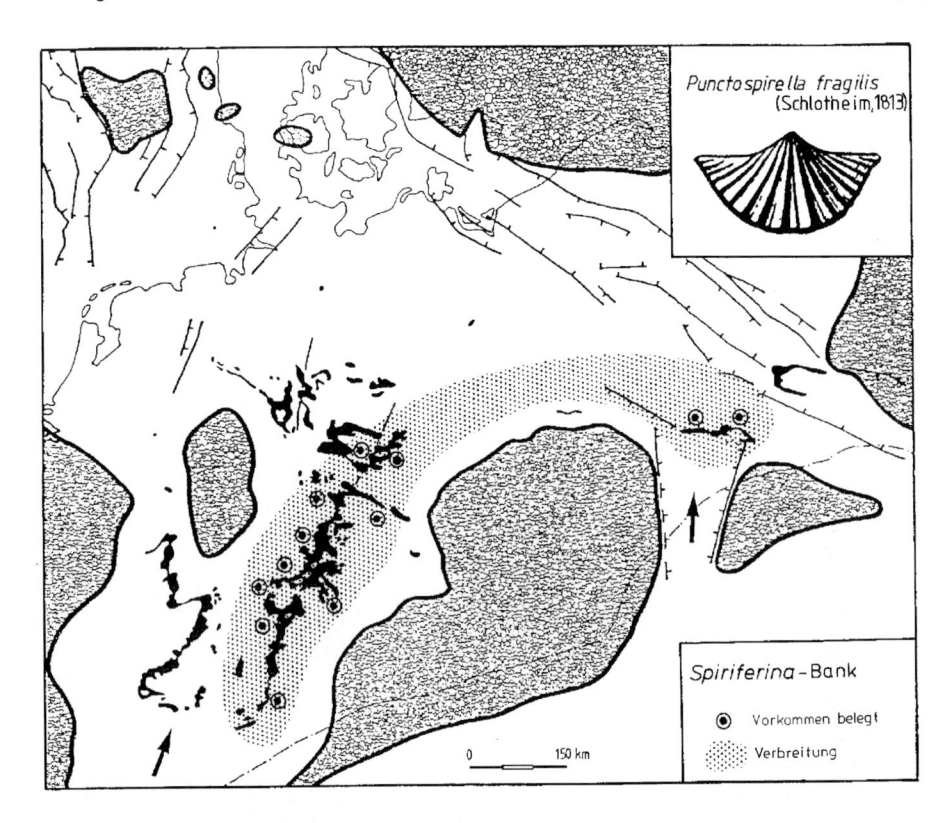

Abb. 6 Verbreitung von *Punctospirella fragilis* im Oberen Muschelkalk.

von E nach W bestätigt diese Deutung (vgl. dazu die Profilserien bei SCHÄFER 1971, HAGDORN & SIMON 1988, OCKERT 1988). *Punctospirella* ist in der Schwellenfazies wegen des extrem flachen Ablagerungsraumes äußerst selten.

Daß auch die Bänke mit *Punctospirella* unter der eigentlichen *Spiriferina*-Bank im Neckarland (URLICHS 1993) in der beschriebenen Weise mit der *Spiriferina*-Bank weiter im N genetisch zusammenhängen, läßt sich nicht ausschließen, obwohl URLICHS nachweisen konnte, daß jene noch in der oberen *compressus*-Zone liegen, während im östlichen Hohenlohe und in Unterfranken die *evolutus*-Zone dicht unter der *Spiriferina*-Bank beginnt. Jedenfalls fand W. Ockert (mündl. Mitt.) an verschiedenen Lokalitäten im Bühlertal (E-Hohenlohe) in der *Spiriferina*-Bank neben *C. (Opheoc.) evolutus* auch noch *C. (Opheoc.) compressus*. Daraus geht hervor, daß gegen den Beckenrand zu auch die obere *compressus*-Zone in der *Spiriferina*-Bank kondensiert ist. Dieser Ansicht widerspricht URLICHS in diesem Band.

Die *Spiriferina*-Bank läßt sich von der Wutach (PAUL 1971) mit einer Lücke in Südwürttemberg (VOLLRATH 1955b) bis Unterfranken, nach E bis Oberfranken verfolgen; in den Bohrungen Obernsees und Kirmsees wurde *Punctospirella* nicht gefunden. Aus Osthessen fehlen Nachweise, während sie in Thüringen lokal wieder auftritt. Am häufigsten ist *Punctospirella* in der Intermediärfazies (SCHÄFER 1973); sie setzt sowohl gegen die randliche Biogensand- und Sandfazies (Crailsheim, Bohrungen Dinkelsbühl und Aalen) als auch gegen die Schlammfazies im Beckentief aus. Wie bereits *Tetractinella* fehlt auch *Punctospirella* am westlichen Beckenrand (Elsaß, Lothringen, Luxemburg) und in Westfalen.

reticulata-Bank

Obwohl bereits 1820 durch v.SCHLOTHEIM als *Pectinites reticulatus* beschrieben, gehört diese Muschel (Pterioidea, Pectinacea) zu den seltenen Wirbellosen des Muschelkalks. In seiner Revision der triadischen Pectiniden stellte ALLASINAZ (1972) die Form zu seiner neu errichteten Untergattung *Praechlamys*, die sich von *Chlamys* s.s. in der Skulptur unterscheidet. Ähnlich ist auch *Avichlamys*, eine bislang nur aus dem Skyth bekannte Gattung, bei der die Rippen zweiter und dritter Ordnung schwächer bleiben. Eine sichere Zuordnung der Muschelkalkform soll fachkundiger Revision vorbehalten bleiben. *Ch. (Praechlamys) reticulata* ist bisher nur aus dem Germanischen Muschelkalk bekannt.

Alle stratigraphisch einstufbaren Funde stammen aus der *evolutus*- bzw. basalen *spinosus*-Zone. Die Muschel ist jedoch so selten, daß sie in der Regel nur in Lesestücken gefunden wird. Deshalb ließ sich ihr Lager bisher auch nur in wenigen Profilen sicher feststellen. Stets kommt sie zusammen mit anderen epibenthischen Filtrierern wie *Plagiostoma striatum, Pleuronectites laevigatus, Septifer praecursor* und *Coenothyris vulgaris* vor. In den nordwürttembergischen und unterfränkischen Vorkommen ist die Bank immer ein Biointrasparrudit mit meist limonitisierter Oberfläche. Nach rein lithologischen Merkmalen läßt sich die Bank jedoch nicht sicher ansprechen, zumal in der untersten *spinosus*-Zone mehrere Biointrasparit-Bänke auftreten können.

Von Eschenau (NE-Württemberg) liegt ein Fund aus der *Spiriferina*-Bank zusammen mit *Punctospirella fragilis* vor (Sammlung A. Bartholomä, Neuenstein). Das Hauptlager von *Ch. reticulata* liegt bei Neidenfels jedoch 2,5 m, bei Nitzenhausen 5,7 m und bei Gänheim 7,7 m über der *Spiriferina*-Bank (Abb. 5). Deshalb muß man davon ausgehen, daß die Muschel auch in SW-Deutschland nicht auf eine einzige Bank beschränkt bleibt. Das ist bereits von ihrem thüringischen Vorkommen bekannt, wo sie von WIEFEL & WIEFEL (1980) in Bank 7 (=XI), die wegen ihrer Krinoidenresten wohl der *Spiriferina*-Bank entspricht, und knapp 2 m höher in Bank 9 (=IX) gefunden wurde. Diese

Abb. 7 1-3 *Spiriferina*-Bank im aufgelassenen Schotterwerk Garnberg, Künzelsau. **3** Anschliff senkrecht zur Schichtung: erodierte mikrosparitische Basisbank (Einheit A), darüber gradierter Biointrasparrudit mit Intraklasten unterschiedlicher Provenienz (Einheit B) und erosiver Kappung an der Oberfläche, darüber Biosparrudit (Einheit C); *Punctospirella* wurde nur an der Oberfläche von Einheit C gefunden. MHI 1253/1, Maßstab 1 cm. **4** *Punctospirella fragilis* an der Oberfläche der *Spiriferina*-Bank von Schwäbisch Hall-Gelbingen (Straßenbaustelle), MHI 1253/2, Maßstab 1 cm.

obere Bank liegt wie in Nordwürttemberg im Grenzbereich *evolutus-/spinosus*-Zone.

Das von LINSTOW (1903) aus den *intermedia*-Schichten des Lettenkeupers – nach heutiger Einstufung Oberer Muschelkalk – von der Lüneburger Schafheide verzeichnete Bruchstück, das typische „*reticulatus*-Struktur" zeigt, war nicht lokalisierbar. Es bleibt deshalb offen, ob die Bestimmung richtig ist; es könnte durchaus auch zu *Leptochondria albertii* gehören, einem kleinen Pectiniden mit gegitterter Schale, der gerade im obersten Muschelkalk häufig auftritt.

In Oberschlesien kommt *Ch. (P.) reticulata* nach Ass-

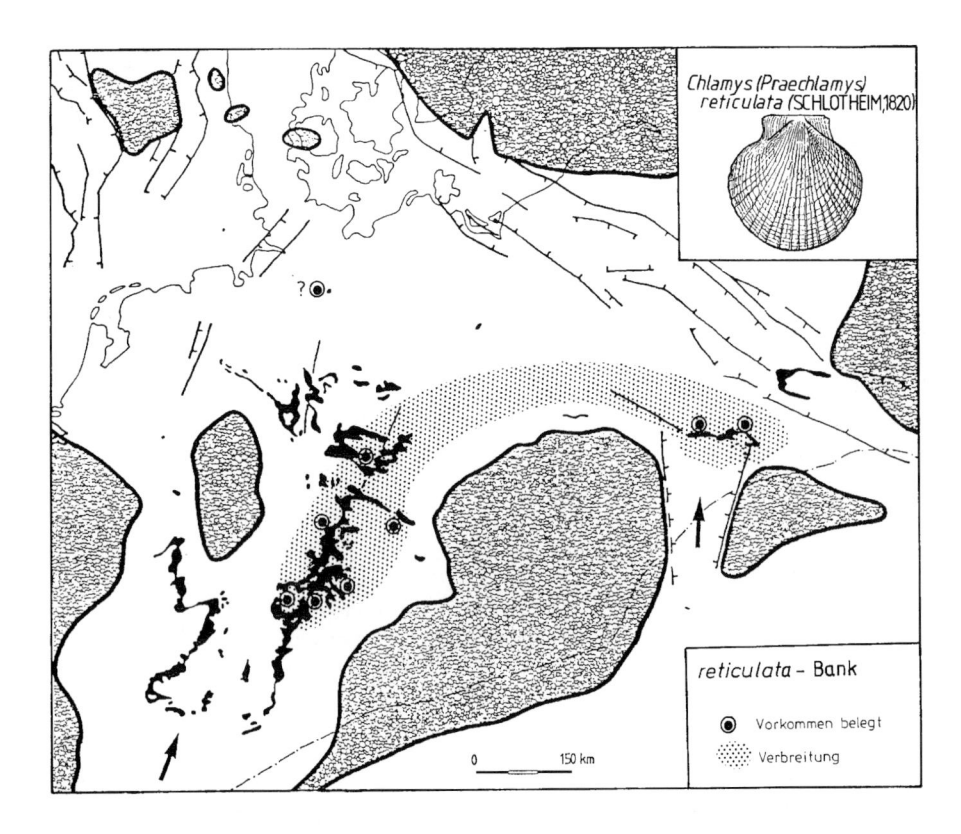

Abb. 8 Verbreitung von *Chlamys (Praechlamys) reticulata*.

MANN (1937, 1944) nicht selten in den Wilkowitzer Schichten (incl. Georgendorfer Schichten) vor, einer 10 m mächtigen Folge fossilreicher Kalksteine und Mergel im Wechsel mit Biointrasspariten und Dolomiten, die der *pulcher-* bis *spinosus*-Zone angehören. *Coenothyris vulgaris* und *Punctospirella fragilis* sind in dieser Formation häufig, allerdings von E nach W abnehmend (Abb. 8).

Die *reticulata*-Bank kann als neuer Leithorizont mit überregionaler Verbreitung gelten, der als Zeitmarke unterschiedliche Fazieseinheiten durchläuft. Leider ist *Ch. (P.) reticulata* selbst für eine rasche Identifizierung der Bank im Anstehenden zu selten; nach längerem Klopfen finden sich aber in vielen Aufschlüssen zumindest Bruchstücke der charakteristischen Gitterschale. Das Nebenlager von *Ch. (P.) reticulata* in der *Spiriferina*-Bank schränkt den Leitwert der Bank etwas ein.

Der von VOLLRATH (1952) beschriebene Leithorizont „Hauptlager von *Pecten (Entolium) subtile*" kann nicht als ökostratigraphische Leitbank gelten. Bei der von VOLLRATH aufgestellten Art handelt es sich nämlich um entkalkte Schalen von *Entolium discites*, einem Durchläufer, der in der gesamten Tonplattenfazies des Oberen, aber auch schon des Unteren Muschelkalks auftritt. Das gilt auch für die *albertii*-Bank und die *ostracina*-Bank des Weserberglands (GRUPE 1920), die beide durch ausgesprochene Ubiquisten markiert sind, nämlich den Pectiniden *Leptochondria albertii* bzw. durch *Placunopsis ostracina*.

Holocrinus-Bank

Im Raum Crailsheim (Nordwürttemberg) fanden sich disartikulierte Sklerite einer Seelilie in einer Bank knapp 4 m unter dem Tonhorizont delta, also mehr als 10 m über der *Spiriferina*-Bank, wo ja *Encrinus liliiformis* letztmalig in Massen vorkommt (Abb. 11). Diese Krinoidenreste wurden als *Holocrinus doreckae* (Articulata, Holocrinidae) beschrieben (HAGDORN 1983). Nachsuche und Überprüfung von Seelilienfunden über der *Spiriferina*-Bank brachten weitere Nachweise von *Holocrinus doreckae* in Mittelwürttemberg, Südbaden (Dinkelberg) und Oberfranken, die jeweils in die unterste *enodis*-Zone einzustufen sind (HAGDORN 1983: 352). Während man in Nord- und Mittelwürttemberg von einer *Holocrinus*-Bank sprechen kann, belegen das badische Vorkommen an der Basis des Mittleren Ooliths (BRÜDERLIN 1969) und das oberfränkische in jeweils anderen Fazies räumen lediglich die Horizontbeständigkeit in der *enodis*-Zone. Bei Schwäbisch Hall fand sich in der *cycloides*-Bank, ca. 1,5 m über der *Holocrinus*-Bank, ein einziges Stielglied, das sicher zu *H. doreckae* gehört (coll. Ockert, Ilshofen). Es belegt, daß auch diese exotische Seelilie ein Haupt- und ein Nebenlager hat.

Im Typgebiet an der mittleren Jagst und Bühler bleibt die Bank über viele km² lithologisch nahezu unverändert. Sie besteht aus einer mikrosparitischen, nahezu fossilleeren Basisbank von 7 bis 10 cm Dicke, die von oben her angegraben wurde (*Balanoglossites, Glossifungites*). Ihre erodierte Oberfläche ist stark reliefiert und lokal von *Placunopsis* inkrustiert. Darüber folgen 2 bis 10 cm Biointrassparrudit (wackestone bis packstone) mit mergelig-siltigen Lagen an der Basis und an der Oberfläche; damit sind auch die Baue verfüllt. Zur benthischen Fauna gehören neben *Holocrinus doreckae* noch *Coenothyris cycloides* und disartikulierte Echinodermen: *Aspidura scutellata, Aplocoma agassizi, Trichasteropsis weissmanni* und Stacheln eines Seeigels, dazu Schill und Bruchschill von endobenthischen Muscheln. Bei Kirchberg/Jagst fand sich direkt über der Bank *C. (Gymnoceratites) enodis*. Im Anstehenden ist die unauffällige Bank nicht leicht zu finden; die häufigen und von *Encrinus* deutlich abweichenden *Holocrinus*-Stielglieder machen sie jedoch unverwechselbar, so daß sie als wichtiger Leithorizont gelten kann.

Abb. 9 **1** *reticulata*-Bank (Pfeil) im Schotterwerk Wecklein bei Mühlhausen/Wern (Unterfranken); an der Bankoberfläche Megarippeln. **2** *Chlamys (Praechlamys) reticulata* rechts (links: *Plagiostoma striatum*) an der Oberfläche der *reticulata*-Bank, Schotterwerk Wecklein bei Mühlhausen/Wern, MHI 1253/3, Maßstab 1 cm.

cycloides-Bank

Die *cycloides*-Bank ist die zuverlässigste und zugleich am weitesten verbreitete Leitbank des mo (Abb. 12). Zwar tritt die Leitform *Coenothyris cycloides* (Terebratulida, Dielasmatidae), die sich von *Coenothyris vulgaris* in Größe, Farbmuster und Umriß unterscheidet, in Baden-Württemberg in mehreren Horizonten auf, doch ist die *cycloides*-Bank so charakteristisch, daß sie sich auch im Handstück leicht identifizieren läßt. Nach ihrer Lage über dem badenwürttembergischen Tonhorizont gamma wird sie hier *cycloides*-Bank gamma genannt. Aus dem Alpinen Muschelkalk hat HAUERSTEIN (1964) *C. cycloides* im Anis der Chiemgauer Alpen nachgewiesen.

Erstmalig findet sich *C. cycloides* in der *Holocrinus*-Bank, erreicht dann ihr Häufigkeits- und Verbreitungsmaximum in der eigentlichen *cycloides*-Bank und tritt in Mittelwürttemberg und Hohenlohe in der *cycloides*-Bank delta lokal wieder auf (VOLLRATH 1955a). In der Bank der Kleinen Terebrateln wies sie WAGNER (1913 a, b, 1919) von Lothringen über Mittelwürttemberg und Hohenlohe bis Thüringen nach. Diese Horizonte eignen sich jedoch wegen ihrer Faziesschwankungen kaum als Leitbänke (HAGDORN 1982). Funde von *Ceratites (Gymnoc.) enodis* in der *cycloides*-Bank belegen ihre Isochronie.

Ihre Mächtigkeit schwankt zwischen wenigen cm und 35 cm; sie kann fast völlig auskeilen und dann nach wenigen Metern wieder in normaler Mächtigkeit erscheinen. In ihrer typischen Ausbildung wechseln mehrfach matrixreiche Lagen mit doppelklappigen und z.T. in Lebensstellung eingebetteten Brachiopoden mit dicht gepackten Schill- und Bruchschillagen. Nach AIGNER et al. (1978) wurden diese während Phasen geringer Sedimentation angereichert, während bei verstärkter Sedimentation die Terebrateln im Schlamm erstickten und als ganze Gehäuse erhalten blieben. Stellenweise findet sich unter der basalen Schillage ein Festgrund mit erodierter Oberfläche, der mit Glossifungiten angegraben sein kann (Abb. 13, 2). Solche Flächen lieferten den Pionieren der Brachiopodenpopulation initiale Ankerplätze; später siedelten sie, wie die Ätzspuren ihres Stieles beweisen, auf Schill von Artgenossen, der nach längerem Bestand der Siedlung großflächig den Meeresboden bedeckte.

Die *cycloides*-Bank fehlt südlich von Nagold (östlicher Schwarzwaldrand) und wird nach N zunehmend markanter (PAUL 1971, VOLLRATH 1955b). In Nordwürttemberg zeigen Profilserien, wie die Bank auch gegen E an Mächtigkeit verliert (Abb.13, 3) und im Raum Crailsheim nur noch von zentimeterdicken Schillagen oder Nestern doppelklappiger *C. cycloides* angezeigt wird (Abb. 11, 1). Dort sind auch die Tonmergelsteinhorizonte mit Conchostraken und Ostrakoden direkt unter und über der Bank in knauerige Blaukalke übergegangen, was die Auffindung der Bank im Aufschluß erschwert. Die typische Ausbildung der Bank setzt sich durch Unterfranken, Südthüringen, Oberfranken bis ins zentrale Thüringer Becken und durch Sachsen und Südbrandenburg und das südliche Zentralpolen bis ins Heiligkreuzgebirge fort (GEVERS 1926, KOZUR 1974 a). Die Bank fehlt links des Rheins (BENECKE 1914 und eigene Profilaufnahmen), in Hessen, Niedersachsen, Westfalen und im Subherzyn. Nach KOZUR (1974a:32) wird die *cycloides*-Bank in weiten Teilen des nördlichen und nordöstlichen Germanischen Beckens von der obersten, markant ausgeprägten Schillkalkbank vor dem Einsetzen des Lettenkeupers repräsentiert; allerdings fehlt darin die Leitform *Coenothyris cycloides*. In Pommern, wo die Lettenkeuperfazies schon im mo2 einsetzt, trennt sie als glaukonitische Schillkalkbank sandige Tonsteine mit Pflanzenhäckseln und glaukonitische Sandsteine im Liegenden von bunten Ton-, Schluff- und Sandsteinen und Mergeln im Hangenden.

Hauptterebratelbank

Erstmals wurde eine obere Hauptterebratelbank - als untere dürfte die *cycloides*-Bank gemeint sein - durch E. FRAAS (1892:17) von Künzelsau und Umgebung beschrieben (Abb. 15, 3). WAGNER (1913a, b, 1919) erkannte in ihr den wichtigsten Leithorizont des oberen mo3. Der Leitbrachiopode *Coenothyris vulgaris* ist im Anis und Ladin der Alpen, der Tatra, Ungarns, SE-Europas und Israels verbreitet und tritt im Muschelkalk bereits im Horizont der Konglomeratbänke in den Gogoliner Schichten auf. Allerdings weichen die Populationen des mu in der Gehäuseform stark von denen des mo ab und gehören deshalb vielleicht einer anderen Art an. *C. vulgaris* ist ein Durchläufer, der bis zum Ende der marinen Entwicklung im

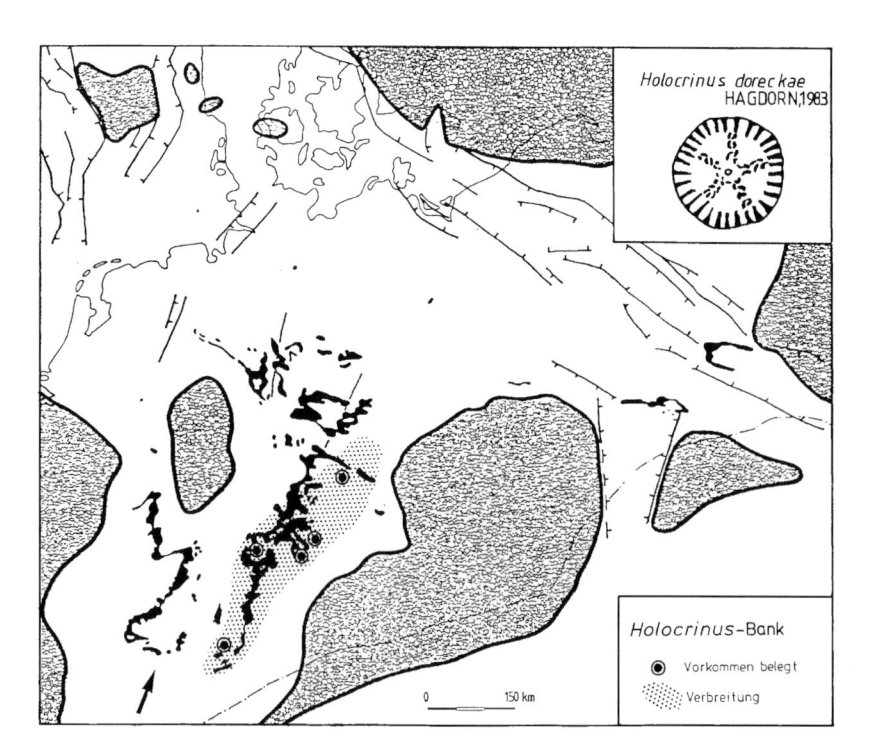

← **Abb. 10** Verbreitung von *Holocrinus doreckae*.

↓ **Abb. 11** **1** *Holocrinus*-Bank (Pfeil) und *cycloides*-Bank im Steinbruch Schön+Hippelein bei Neidenfels/Jagst. **2** *Holocrinus*-Bank, Barenhaldenmühle bei Satteldorf; über einem angegrabenen Festgrund siltig-mergeliger Krinoiden/Schill-Kalkstein, Folienabzug, Maßstab 1 cm. **3** *Holocrinus doreckae*, Nodale (Holotyp), Barenhaldenmühle bei Satteldorf, Staatl. Mus. Naturk. Stuttgart 25972, Maßstab 1 mm.

Steinerne Fenster erlauben exklusiven Blick auf Urzeiten

Von Rudolf Landauer

Steinbrüche, vor allem Muschelkalkbrüche sind Geotope und Fenster, die erdgeschichtliche Blicke Millionen Jahre zurück erlauben. In der Region Heilbronn-Franken gibt es zahlreiche Muschelkalkvorkommen, die entweder noch für die Baustoffgewinnung genutzt werden oder stillgelegt sind.

Gerade letztere bieten hochwertige Nischen für die Pflanzen- und Tierwelt. Ausgebeutete Steinbrüche entwickeln sich oft zu wertvollem Lebensraum.

Nischen der Natur

Fels, Felsschutt und Kalkmagerrasengesellschaften liebende Pflanzen und Tiere besiedeln oft spontan diese neuen Lebensräume. Was oft als ungepflegte und verwilderte Abbaugrube kritisiert wird, kann ein wertvoller Ersatzlebensraum für einen beachtlichen Artenreichtum werden. Nicht selten kommt es schon während des laufenden Abbaus zu Besiedlungen durch Pflanzen und Tiere, wie etwa im Gundelsheimer Steinbruch.

Bereits in der Zeit ihrer Entstehung waren Muschelkalksteinbrüche Lebensraum, damals allerdings als Ozean. Vor 250 Millionen Jahren war Mitteleuropa im Trias vom subtropischen Tethys-Ozean bedeckt. Allerdings hatte das Germanische Muschelkalkmeer nur schmale Pforten zum Thetys-Ozean und durch Hebungen wurde es gänzlich abgeschnitten und verdampfte.

Acht Millionen Jahre dauerte diese Phase, in der sich Sedimente von Kalkstein, Gips und Steinsalz in einer Dicke von 250 Metern am Boden des Beckens ablagerten. In Gundelsheim, Talheim, Ilsfeld, Unterohrn, im Obrigheimer Gipswerk und im Salzbergwerk Heilbronn/Bad Friedrichshall werden die wertvollen Rohstoffe heute abgebaut.

Geologe Dr. Hans Hagmann, Initiator des Muschelkalkmuseums in Ingelfingen, hat den Gundelsheimer Steinbruch der Firmen BWS beschrieben. Prokurist Ingolf Fierling: „Wir haben diese tolle Arbeit auf große Tafeln drucken lassen, und in Kürze werden sie oben am Steinbruchrand Wanderer über die erstaunliche Geschichte des Hauptmuschelkalkes informieren."

Schön herausgestellt sind die zyklischen Abfolgen von Kalk- und Mergelschichten, die Schwankungen im Kalkmeer anzeigen. Eine ganz besondere Schicht markierte Hagmann, die in 40 Metern Höhe liegt (siehe Foto). Unscheinbar und nur wenige Zentimeter dünn ist die „Cycloidesbank", die ein auffallendes paläökologisches Ereignis dokumentiert und von Polen bis nach Süddeutschland verbreitet ist. Sie trennt Tonhorizonte und ist als Leitbank „Coenothyris cycloides" für die Wissenschaft als Zeitmarke sehr wichtig. Hagmann hat in Gundelsheim 14 Ceratitenzonen aufgeführt, die einen Abschnitt von 3,5 Millionen Jahren abdecken. Ceratiten sind eine Untergruppe der Ammoniten und bilden für die Schichten des Muschelkalkes der Trias wichtige Leitfossilien.

Zwischen Neudenau und Herbolzheim liegt ein aufgegebener Muschelkalksteinbruch, der als Bauschuttdeponie betrieben wird. Der Turmfalke hat das Revier für sich ausgewählt und an der Oberkante schließt sich ein wertvoller Trockenmagerrasen an.

Steinbrüche wie der in Gundelsheim sind für Geologen wie ein Buch, in dem sie lesen. Dr. Hans Hagdorn markierte eine so genannte Cycloidesbank in über 40 Metern Höhe. Rechts liegt der Michaelsberg. (Foto: Rudolf Landauer)

Cycloidesbank in über 40 Meter Höhe

Heilbronner Bote 7.10.05

Raiffeisen Zentrum eG
www.krz-eg.de
Tel. (07262) 922-176 · Eppingen
Ihr Ansprechpartner: Herr Uwe Schmid

Blum CbR
Stuckateurbetrieb
Schanzgraben 7
74193 Schwaigern
Tel 07138/814422
Fax 07138/814421
www.blum-gbr.de
mail@blum-gbr.de

Gelungenen Neubau!

Malerbetrieb Alexander Lang
Herbststraße 8/2 · 74072 Heilbronn
Tel. 07131/81439 · Fax 80305
Ihr Malerfachbetrieb für Raum und Fassade seit 1919

FREIE GEWERBEGRUNDSTÜCKE

Wir haben die Flächen, die Sie suchen.

15 ha GI ab 1 ha
10 ha GE ab 20 Ar

Stadt Eppingen
Kontakt: P. Thalmann
Tel. 07262 / 9201194
p.thalmann@eppingen.de

Eppingen
Fachwerkstadt mit Pfiff

LESEN • WISSEN • MITREDEN
WAS BEWEGT DIE WELT, WAS UNSERE REGION?
2 Wochen kostenlos Probelesen unter
07131 / 615-615

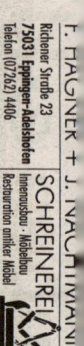

Tel. 07264 / 913234 · Fax 913235
...anfertigungen
...bau
...nnenanlagen
...azis.de

LACHOWITZER Bau GmbH
Wir waren zuständig für die Ausführung der Rohbauarbeiten und bedanken uns für die vertrauensvolle Zusammenarbeit.

Lachowitzer Bau GmbH
Eisenbahnstraße 27
75031 Eppingen
Tel. 07262 / 8481, Fax 07262 / 3449
Info@Lachowitzer-Bau.de

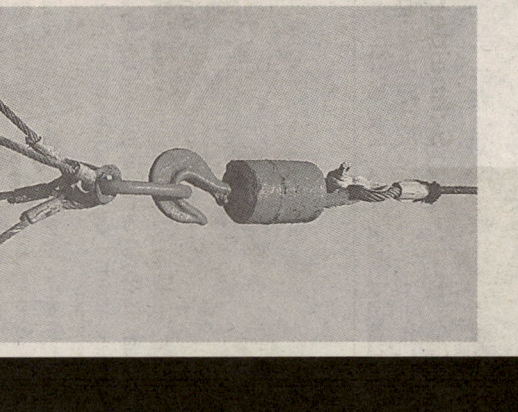

F. HAGNER + J. NACHTMANN SCHREINEREI
Richener Straße 23
75031 Eppingen-Adelshofen
Telefon (07262) 4406
Innenausbau · Möbelbau
Restauration antiker Möbel

DANKE
dass wir bei der Realisierung dieses Objektes mithelfen konnten.

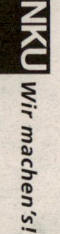

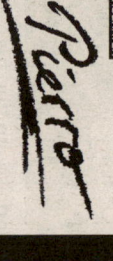

INKU Wir machen's!
FACHBERATER

pierro
Edgar Pierro
Ausstellung und Werkstatt
Hauptstraße 37/1
74254 Offenau
Tel. 07136 / 3173
Fax 07136 / 4956
www.pierro-raumausstattung.de

• Parkett • Polsterei
• Gardinen • Korkfußböden
• Teppichböden
• Sonnenschutz

Maxit Plan
Calsiumsulfat-Fließestriche für höchste Ansprüche

• Kein Aufschlüsseln
• Nahezu fugenlos verlegbar
• Keine zusätzliche Bewehrung erforderlich

Wiedofloor Otto Wiedmann · Inh. Joachim Wiedmann
Talweg 14 · 74254 Offenau · Telefon 07136 / 94640-0

wiedmann RAUMAUSSTATTUNG

EP: WINKLER
Bahnhofstr. 24, 75031 Eppingen, Tel. 07262 / 7781
http://www.ep-winkler.de

Wir führten die komplette Bau- und Fensterreinigung aus.
An der Zeil 17 · 74906 Bad Rappenau-Ogi. Tel. 07268 / 9129-0

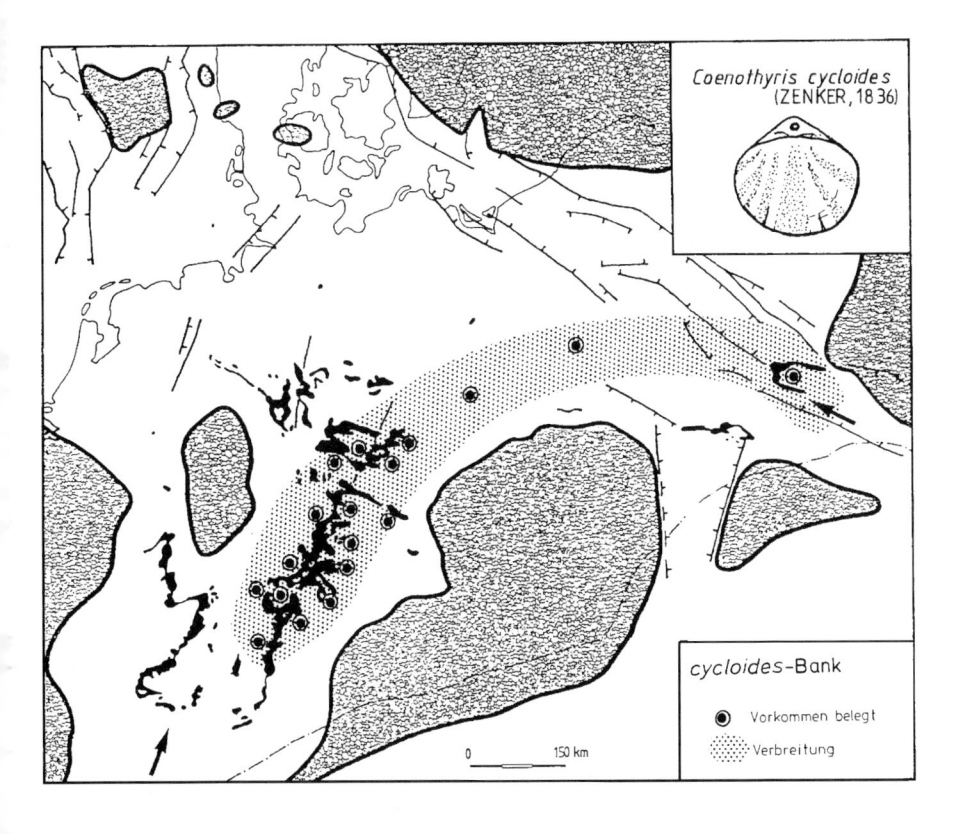

Abb. 12 Verbreitung von *Coenothyris cycloides* in der *cycloides*-Bank.

Muschelkalk (Obere Terebratelbank, *semipartitus*-Zone) in Schillkalkbänken fast regelmäßig mit anderen Epibenthonten auftritt. Trotzdem ist die Hauptterebratelbank lithologisch leicht identifizierbar.

Die meist 20 bis 50 cm dicke Bank, die in der Kalkfazies NE-Württembergs 100 cm, links des Rheins sogar 200 cm erreicht, läßt sich an den überwiegend isolierten, z. T. ineinandergeschachtelten Klappen großer Terebrateln, die beim Aufspalten seidig glänzen, schon im Handstück leicht erkennen (Abb. 15, 4). In typischer Ausbildung besteht sie aus einem meist etwas mergeligen, schwach dolomitischen Biosparrudit mit dicht gepackten *Coenothyris*-Einzelklappen und epibenthischen Muscheln; nach oben geht die Bank in die dolomitmergeligen Gelben Mergel alpha (Kiesbank) über, die an der Basis noch reichlich *Coenothyris* führen. Zur Begleitfauna gehören die byssusfixierten *Septifer eduliformis, Modiolus triquetrus, Pleuronectites laevigatus, Plagiostoma striatum* und die festzementierten *Placunopsis ostracina* und *Enantiostreon spondyloides*. Häufig sind auch *Hoernesia socialis* und *Bakevellia substriata* sowie Serpeln und Bohrspuren von Phoronidea. Fast im ganzen Verbreitungsgebiet der Hauptterebratelbank finden sich große *Placunopsis*-Bioherme, auf denen die Epibenthonten ankerten (BACHMANN 1979, HAGDORN & MUNDLOS 1982; Abb. 15, 2). Die Bankoberfläche bedeckt meist ein Pflaster aus eingekippten und eingesteuerten Muscheln. Im Mächtigkeitsmaximum NE-Württembergs (Bühlertal) ist die Bank ein bioturbater, schwach dolomitischer Kalkmergel mit Schill und häufigen doppelklappigen *Coenothyris*, der auf Ablagerung im lagunären Bereich deutet; hier bleiben auch die Bioherme kleiner oder fehlen ganz. Funde von *C. (Discoceratites) dorsoplanus* und *diversus* belegen die Isochronie der Bank.

Im SE läßt sich die Hauptterebratelbank weit in die Fazies des *Trigonodus*-Dolomits verfolgen, wo sie schließlich im Raum Stuttgart verschwindet. Links des Rheins reicht sie bis an die obere Saône; im Elsaß ist sie von einem mergeligen Zwischenmittel zweigeteilt und erreicht insgesamt über 2 m Dicke (BENECKE 1914, THÉOBALD 1952, DURINGER 1982). In Lothringen läßt sie sich bis Lunéville und bis zur Saar verfolgen, stets mit *Placunopsis*-Riffen, verschwindet dann aber in der Dolomitfazies Luxemburgs als Bank; *C. vulgaris* selbst kommt aber weiter nach N vor. Von Nordwürttemberg aus läßt sich die Bank durch Unterfranken bis zur Rhön nachweisen, nach WAGNER (1919) sogar bis ins Thüringer Becken. In der Randfazies Oberfrankens fehlt sie.

Im Gegensatz zu den bisher behandelten Leitbänken erstreckt sich die Hauptterebratelbank weiter nach S Richtung Burgundische Pforte und westlich des Rheins. Dies gilt auch für die Bank der Kleinen Terebrateln (oberste *nodosus*- bis *weyeri*-Zone) und die Obere Terebratelbank (*semipartitus*-Zone), soweit sich diese lithologisch fassen lassen (*Wagner* 1913a, b, 1919).

Diskussion

Leitbänke und Sequenzstratigraphie
Nach den Untersuchungen von AIGNER (1985) und RÖHL (1988, 1993) läßt sich der Obere Muschelkalk sequenzstratigraphisch gliedern. AIGNER & BACHMANN (1993) erkennen im Mittleren und Oberen Muschelkalk eine Sequenz dritter Ordnung. Der untere Teil des Oberen Muschelkalks wird der Transgressionsphase (transgressive systems tract), der höhere Teil bis zum Grenzbonebed der Hochstandsphase (highstand systems tract) zugeordnet; das Überflutungsmaximum sehen AIGNER & BACHMANN im Bereich der *cycloides*-Bank. Aufgebaut wird der Obere Muschelkalk aus einer Anzahl von Kleinzyklen (minor cycles bei AIGNER 1985, Zyklen 3. und 4. Ordnung bei RÖHL 1988) mit einer Größenordnung von wenigen Metern. Im

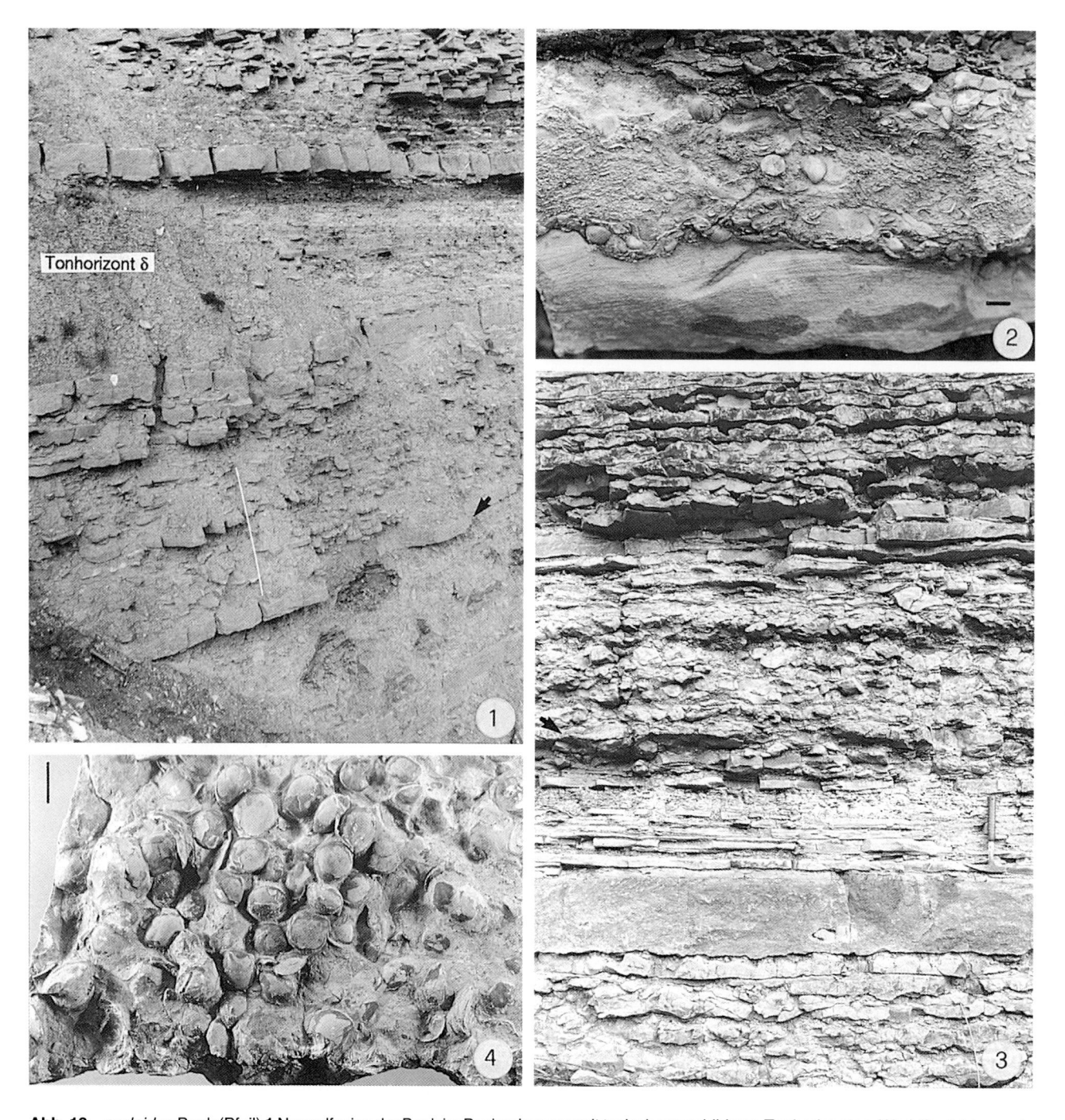

Abb. 13 *cycloides*-Bank (Pfeil) **1** Normalfazies der Bank im Beckeninneren mit typisch ausgebildeten Tonhorizonten, Werk Berlichingen der Schotterwerke Hohenlohe-Bauland **2** Bruchschillage mit einzelnen doppelklappigen Exemplaren über Festgrund mit Wellenrippeln, aufgelassener Steinbruch Gottwollshausen bei Schwäbisch Hall, Maßstab 1 cm. **3** Kalkige Randfazies im aufgelassenen Steinbruch Scheuermann, Schwäbisch Hall- Steinbach. **4** Bankoberfläche mit doppelklappigen Terebrateln in Lebendstellung, die von Tonmergel überschlammt wurden. Nitzenhausen, aufgelassener Steinbruch Trender, MHI 1253/4, Maßstab 1 cm.

mo1 sind dies meist Dachbankzyklen (coarsening and shallowing upward cycles), im mo2 und mo3 der tieferen Ablagerungsräume Norddeutschlands häufig auch Sohlbankzyklen. Sie werden als Parasequenzen gedeutet.

Die ökostratigraphischen Leitbänke nehmen innerhalb der Parasequenzen meist die Position von Dachbänken ein, sofern eine zyklische Position überhaupt erkennbar ist. Über einer tonigen Basis folgen nach oben in zunehmender Häufigkeit und Dicke Blaukalkbänke mit Tempestiten und schließlich Bruchschill- oder Trochitenkalke, häufig mit Intraklasten an ihrer erosiven Basis. Nach herkömmlicher Deutung als Dachbankzyklen kommt allerdings die maximale Diversität der Fauna (stenohalines Epibenthos mit exotischen Indexformen) jeweils ins regressive Maximum zu liegen.

Folgt man dagegen der von AIGNER & BACHMANN (1993) vorgeschlagenen Deutung der Kleinzyklen als „high-frequency systems tracts", so läßt sich die Verteilung der Faunen schlüssiger erklären. Dabei wird die erosive Bankbasis als Sequenzgrenze interpretiert, die Bank selbst als Transgressionsphase mit dem Überflutungsmaximum an der Bankoberfläche. So fallen höchste Faunendiversität und Meeresspiegelhöchststand, welcher den Exoten die Einwanderung ermöglichte, zusammen. In der nachfol-

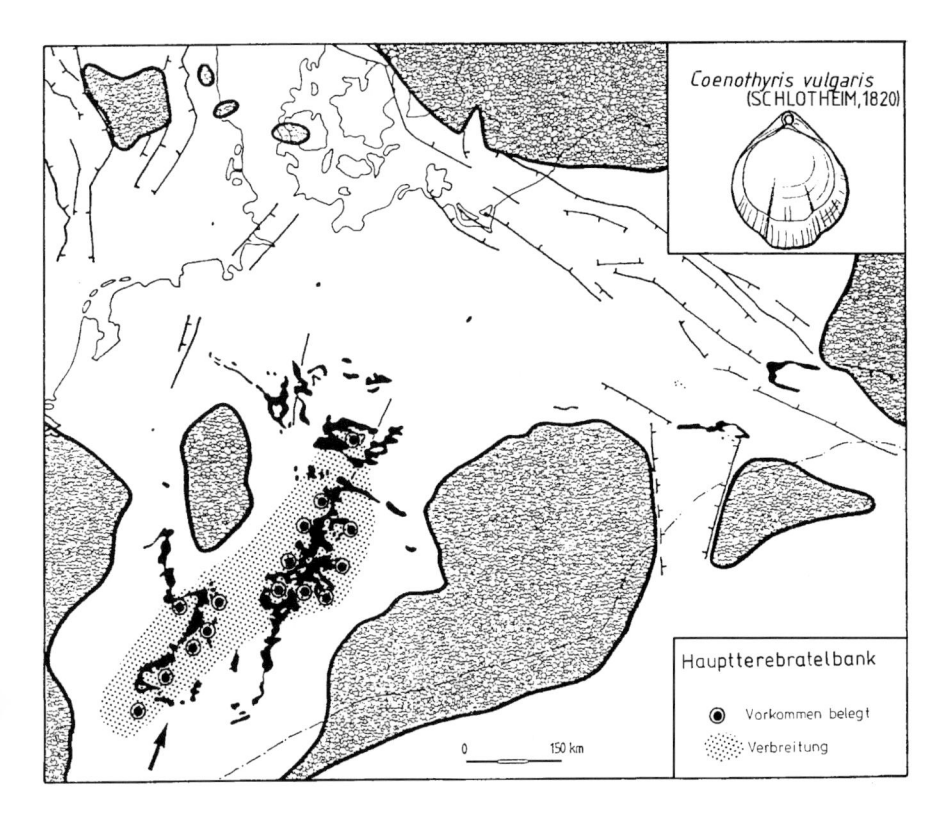

Abb. 14 Verbreitung von *Coenothyris vulgaris* in der Hauptterebratelbank.

genden Hochstandsphase nimmt die Diversität ab. Im tieferen Teil der Karbonatrampe des SW-deutschen Oberen Muschelkalks (AIGNER 1985) wurden demnach in der Hochstandsphase Tonmergelstein mit Blaukalken und distalen Tempestiten abgelagert, im flacheren Wasser der seichten Rampe entweder Schill- bzw. Trochitenkalke, oder in manchen „Zyklen" fehlen Ablagerungen ganz. Dort sind dann nur die in den Transgressionsphasen abgelagerten Schillkalke erhalten, und die Sequenzgrenzen sind in Erosionsdiskordanzen innerhalb der Mehrphasenbänke dokumentiert, wie oben am Beispiel der *Spiriferina*-Bank gezeigt.

Die Verteilung jener ökostratigraphischen Leitbänke, die durch Exoten markiert sind, im mm/mo-Zyklus zeigt, daß alle diese Bänke in der Transgressionsphase liegen (Abb.1). Dies gilt allgemein auch für die streng stenohalinen Korallen, Echiniden und Krinoiden; vom Epibenthos kommen in der Hochstandsphase nur noch die weniger stenöken Ubiquisten vor. Offensichtlich konnten über der *cycloides*-Bank (*enodis*-Zone) mögliche Einwanderer im Germanischen Becken nicht mehr Fuß fassen. So betont auch KOZUR (1974b), daß ab der *nodosus*-Zone kein Faunenaustausch mit der westmediterranen und dinarischen Faunenprovinz mehr stattgefunden hat, daß sich die Ostrakodenfaunen signifikant verändern und daß bei Ceratiten und Conodonten nun eine rein endemische Entwicklung beginnt. Er führt diese Veränderungen darauf zurück, daß das ionare Verhältnis zugunsten von $CaSO_4$ verschoben wurde und dabei das Euhalinikum des tieferen mo durch ein „Pseudoeuhalinikum" ersetzt wurde, das für die meisten stenohalinen Formen unbewohnbar war.

Abb. 1 zeigt auch, daß in der Hochstandsphase Bonebedlagen zunehmend häufiger werden; sie erreichen gegen Ende des Muschelkalks größere Mächtigkeiten und laterale Ausdehnung. Selbst mm-dünne Bonebeds halten horizontbeständig über weite Distanzen durch. Sie ließen sich demnach ebenso als lithostratigraphische Leithorizonte nutzen. Das gilt umso mehr, als sich die Komposition in den Wirbeltiervergesellschaftungen signifikant zur Keupergrenze hin verändert (HAGDORN & REIF 1988).

Siedlungsstrategien und Paläobiogeographie

Die ökostratigraphischen Indexformen gehören durchweg zum flexisessilen Epibenthos. Die Brachiopoden waren mit ihrem Stiel am Terquemiengerüst von Muschel/Krinoiden-Bioherme oder an den Pfeilern von *Placunopsis*-Bioherme fixiert und beteiligten sich an der Bildung biohermaler Autochthonschille. Bevorzugtes Substrat von *Coenothyris cycloides*, aber auch von *C. vulgaris* waren jedoch die Schalen von Artgenossen. Dies wird durch die häufigen Ätzspuren ihres Stiels auf Terebratelklappen in Brachiopodenschillen belegt (MALKOWSKI 1975). *Chlamys (Praechlamys) reticulata* war mit einem Byssus fixiert, wie der tiefe Ausschnitt der rechten Klappe zeigt. *Holocrinus doreckae* schließlich bewohnte wie alle Holocriniden Festgründe, wo er sich mit seinen Cirren fixieren konnte.

Alle diese Formen benötigten feste, schlammfreie Substrate als Besiedelungsflächen. Ausgedehnte Schlammareale konnten also von ihnen nicht überwunden werden, es sei denn, ihre planktischen Larven drifteten mit Strömungen über solche Barrieren hinweg. Die Verbreitung der Leitbänke des mo1 und mo2 in einem Streifen zwischen randnaher Flachwasserfazies mit Biogensandböden, die ständig umgelagert wurden, und der Schlammfazies des Beckentiefs wird demnach im wesentlichen vom Vorhandensein günstigen Substrats bestimmt. Die dominierenden Paläoströmungsrichtungen im Muschelkalkmeer verliefen parallel zur Küste des Vindelizisch-Böhmischen Landes (AIGNER 1985) und sorgten sowohl für die Verbreitung der Larven als auch für Strömungen, welche das Epibenthos mit Nahrung versorgten. Solange am Meeresboden normale Salinität herrschte, florierten diese Schillgrundgemeinschaften. Wenn jedoch bodennahe Wasserschichten übersalzen oder unter dem Einfluß des ab der *enodis*-Zone von N vorrückenden Lettenkeuper-Prodeltas verbrackten, verschwanden diese Gemeinschaften. Gleichzeitig setzte auch die Schillproduktion aus, so daß es auch an geeigneten Substraten fehlte. Es bedurfte dann erst wieder eines durch erneuten Meeresspiegelanstieg ausgelösten Impulses mit Einwanderung von Epibenthonten, bis wieder ein Autochthonschill aufgebaut war. In dieser Phase muß die Sedimentationsrate so niedrig gewesen sein, daß das Epibenthos nicht überschlammt wurde.

Die Entstehung der ökostratigraphischen Leitbänke folgt demnach einem Wechselspiel von sich zyklisch verändernden physiko-chemischen Milieuveränderungen und biologischen Reaktionen, die sich, einmal ausgelöst, eigengesetzlich steuern, bis ein kritischer Punkt erreicht ist, an dem das labile Gleichgewicht der Autochthonschillgemeinschaften zusammenbricht und die normalen Muschelkalkfaunen sich wieder etablieren.

Auf welchen Wegen die Exoten ins Germanische Becken einwanderten, läßt sich wegen Aufschlußlücken und Datenmangel über das Vorkommen dieser Arten meist nicht definitiv klären. Bis zur *cycloides*-Bank jedenfalls lassen sie sich nur in einem mehr oder weniger breiten Streifen entlang dem östlichen Beckenrand nachweisen und fehlen westlich des Rheins. Von Mittelwürttemberg gegen S verschwinden sie früher oder später in der nach S zunehmend kalkigen und dolomitischen Fazies. Nun sollte man gerade in der Nähe zur „Burgundischen Pforte", der marinen Verbindung des Muschelkalks mit der Westmediterranen und zeitweilig auch der Dinarischen Faunenprovinz (KOZUR 1974b, MOSTLER 1993), diese Exoten zunehmend häufiger erwarten. Ihr Fehlen läßt sich nur damit erklären, daß ihre Larven während des Meeres-

Abb. 15 Hauptterebratelbank (Pfeil) **1** Aufgelassener Steinbruch Dalenheim (Elsaß). **2** Normalausbildung im aufgelassenen Steinbruch Garnberg, Künzelsau. **3** *Placunopsis*-Bioherm in der Hauptterebratelbank im aufgelassenen Steinbruch Garnberg, Künzelsau. **4** Eingekippte Einzelklappen von *Coenothyris vulgaris* direkt im Hangenden der Hauptterebratelbank, Schichtunterseite, MHI 1253/5, Maßstab 1 cm.

spiegelhöchststandes in oberflächennahen Strömungen siedlungsfeindliche Barrieren im Bereich der marinen Straßen überwinden konnten, um sich dann auf günstigen Substraten entlang dem Vindelizischen Land auszubreiten.

Wie die Verbreitungskarten zeigen, sind die einzelnen Arten unterschiedlich weit nach N vorgedrungen. Allerdings läßt sich auch nicht ausschließen, daß die Einwanderung von E, im Fall von *Punctospirella fragilis* und *Chlamys reticulata* durch die Oberschlesisch-Mährische Pforte erfolgte. Immerhin kommen beide Arten in den Wilkowitzer Schichten Oberschlesiens mit abnehmender Häufigkeit von E nach W vor, und zwar nicht in einer einzigen Bank, sondern in einer größeren Schichtenfolge. *Ch. reticulata* ist allerdings bisher aus der außergermanischen Trias überhaupt nicht bekannt, während *Punctospirella* in der Austroalpinen Provinz durchaus weit verbreitet ist.

Holocriniden kommen im Ladin Spaniens vor. Aus dem Muschelkalk der Provençe und des Briançonnais ist *Holocrinus doreckae* bisher nicht belegt; es liegen aber von dort auch noch keine Untersuchungen über Krinoidenfaunen vor. Bislang spricht nichts gegen die Annahme, daß *Holocrinus doreckae* im SW siedelte und von dort durch die Burgundische Pforte einwanderte. Vielleicht gab es in der Flachwasserfazies des Mittleren Ooliths am Dinkelberg *Holocrinus*-Siedlungen, die über längere Zeit existierten. Von einem solchen Gebiet konnte sich die Seelilie auf Festgründen entlang dem Vindelizisch-Böhmischen Massiv verbreiten, sobald deren Oberflächen freierodiert waren. Die Verbreitungsgrenze von *H. doreckae* im NE ist wegen der Aufschlußlücke zwischen Oberfranken und Niederschlesien nicht bekannt. Die *Holocrinus*-Bank repräsentiert den letzten Vorstoß stenohaliner Krinoiden und Echiniden nach N. Nach sequenzstratigraphischer Deutung liegt die Bank im oberen Bereich des Überflutungsmaximums.

Auch für die *cycloides*-Bank läßt sich nicht ausschließen, daß ihre Fauna von E, nun aber durch die Ostkarpatenpforte eingewandert ist, wie dies von Kozur (1974b) bereits für den mo1β und den unteren mo2 erwogen wurde; hier könnte im Überflutungsmaximum eine marine Verbindung zur Asiatischen Triasprovinz entstanden und ein mariner Vorstoß in die Brackwassergebiete des nördlichen Germanischen Beckens erfolgt sein. Die Verbreitung der Terebratelbänke ab der *nodosus*-Zone schließlich zeigt, daß im höheren mo3 ein einheitlicher, kalkiger Faziesraum zwischen der randlichen Dolomitfazies weit nach S reichte, der fast bis zum Ende des Muschelkalks (Obere Terebratelbank) vollmarine Faunen mit Ceratiten und Brachiopoden, allerdings ohne Echiniden und Crinoiden führt. Der marine Einwanderungsweg hat sich allerdings nach W von der Schwäbischen zur Lothringischen Straße verschoben (Frank 1931).

Das sequenzstratigraphische Modell zeigt, daß die Leitbänke streng isochron sind. Dies wird durch konstante Ceratitenvorkommen in den Leitbänken und in ihrer direkten Umgebung bestätigt. Die ökostratigraphischen Leitbänke können demnach als Zeitmarken gelten, durch die sich weit entfernte und oft auch faziell verschiedene Muschelkalkgebiete zuverlässig parallelisieren lassen.

Summary

Ecostratigraphic marker beds in the Upper Muschelkalk are characterized by temporary faunal immigrations from outside the Germanic Basin. These exotic elements comprising stenohaline sessile epibionts such as crinoids, articulate brachiopods or bivalves (clams) fingerprint several shell beds. Ideally they occur in one bed only, thus forming reliable marker horizons. Their biostratigraphic range may comprise up to 2 stages.

The ecostratigraphic marker beds with exotic fauna belong to the lower and middle part of the Upper Muschelkalk which in terms of sequence stratigraphy is interpreted as transgressive systems tract (mo1) and maximum flooding surface (mo2) of the Middle/Upper Muschelkalk sequence. Shellbeds in the upper part (mo3, highstand systems tract) only contain the normal post-tempestite epibionts lacking any exotic elements. Obviously it was a salinity boundary preventing settlement of the highly stenohaline fauna. Moreover, spreading and withdrawal of the epibenthic fauna was induced by sea level changes providing suitable substrates. Biostratigraphic data (ceratites) give further evidence for isochrony of the marker beds.

The geographic distribution of the marker beds as demonstrated in the maps indicates faunal immigration routes following the marine straits of the Burgundy Gate in the SW and possibly also of the East Carpathian Gate and the Silesian-Moravian Gate in the SE in some cases. The lithostratigraphic position of the marker beds is documented in log series.

The following marker beds are discussed: *Tetractinella*-Bank, *Spiriferina*-Bank (mo1); *reticulata*-Bank, *Holocrinus*-Bank, *cycloides*-Bank (mo2); Hauptterebratelbank (mo3).

Danksagung

Wir danken Alfred Bartholomä, Neuenstein, Horst Mahler, Veitshöchheim, Willi Ockert, Ilshofen, und Jürgen Sell, Euerdorf, für wertvolle Hinweise. Willi Ockert stellte seine Aufnahme des Profils Eschenau zur Verfügung.

Literatur

Aigner, T. (1985): Storm depositional systems. Dynamic stratigraphy in modern and ancient shallow-marine sequences.- Lecture Notes in Earth Sciences, **3**, 1-174, 83 Abb.; Berlin.

Aigner, T. & Bachmann, G.H. (1993): Sequence Stratigraphy of the German Muschelkalk. - Dieser Band, 15-18, 2 figs.

Aigner, T.; Hagdorn, H. & Mundlos, R. (1978): Biohermal, biostromal and storm generated coquinas in the Upper Muschelkalk.- N.Jb.Geol.Paläont., Abh., **157**, 42-52, 7 Abb.; Stuttgart.

Allasinaz, A. (1972): Revisione dei Pettinidi triassici. - Riv.Ital.Paleont., **78**, 189-428, tav. 24-48, 52 fig.; Milano.

Assmann, P. (1937): Revision der Fauna der Wirbellosen der oberschlesischen Trias.- Abh. preuß. geol. Landesanst., [N.F.], **170**, 5-134, 22 Taf., Tab. (nicht numeriert); Berlin.

Assmann, P. (1944): Die Stratigraphie der oberschlesischen Trias. Teil 2. Muschelkalk.- Abh. Reichsamt Bodenforsch., [N. F.], **208**, 1-124, 8 Taf., 1 Tab.; Berlin.

Bachmann, G.H. (1979): Bioherme der Muschel *Placunopsis ostracina* v.Schlotheim und ihre Diagenese.- N.Jb.Geol.Paläont., Abh., **158**, 381-407, 17 Abb.; Stuttgart.

Bartholomä, A. (1990): Zur Spiriferina-Bank im westlichen Hohenlohekreis.- Jh. Ges. Naturkde. Württ., **145**, 35-37, 2 Abb.; Stuttgart.

Benecke, E. W. (1914): Über die „Dolomitische Region" in Elsaß-Lothringen und die Grenze von Muschelkalk und Lettenkohle. - Mitt.Geol.Landesanst. Elsaß-Lothr., **9** (H.1), 1-134; Straßburg.

Brüderlin, M. (1969): Beiträge zur Lithostratigraphie und Sedimentpetrographie des Oberen Muschelkalks im südwestlichen Baden-Württemberg. Teil I: Lithostratigraphie.- Jber. Mitt. oberrhein. geol. Ver., [N. F.], **51**, 125 - 158, 5 Abb.; Stuttgart.

Dagys, A.S. (1974): Triassic brachiopods (morphology, classification, phylogeny, stratigraphical significance and biogeography).- Transact. Inst. Geol. Geophy., Akad. Sci., **214**, 1-322, Taf. 1-49, 171 Abb.; Novosibirsk (Nauka) [russisch].

DÜNKEL, H. & VATH, U. (1990): Ein vollständiges Profil des Muschelkalks (Mitteltrias) der Dransfelder Hochfläche, SW Göttingen (Südniedersachsen). - Geol. Jb. Hessen, **118**, 87-126, 6 Abb., 3 Tab., 3 Taf.; Wiesbaden.

DURINGER, P. (1982): Sédimentologie et paléoécologie du Muschelkalk supérieur et de la Lettenkohle (Trias germanique) de l'est de la France.- Diss. Univ. Strasbourg, 96 S., 60 fig., 11 pl.; Strasbourg.

FRAAS, E. (1892): Begleitworte zur geologischen Specialkarte von Württemberg, Atlasblätter: Mergentheim, Niederstetten, Künzelsau und Kirchberg.- 27 S., 9 Abb.; Stuttgart.

FRANK, M. (1931): Marine Straßen und Faunenwanderwege in Süddeutschland zur Triaszeit.- Geol. Rundsch., **22**/1, 1-11, Stuttgart.

GEISLER, R. (1939): Zur Stratigraphie des Hauptmuschelkalks in der Umgebung von Würzburg mit besonderer Berücksichtigung der Ceratiten.- Jb. preuß. geol. Landesanst., **59**, 197-248, 5 Taf., 16 Abb.; Berlin.

GEVERS, T.W. (1926): Der Muschelkalk am NW-Rand der Böhmischen Masse.- N.Jb.Mineral.Geol.Paläont.Beil.-Bd.(B), **56**, 243-436, Taf. 17-18, 4 Abb., 5 Profillisten; Stuttgart.

GRUPE, O. (1920): Zur Gliederung der Ceratitenschichten im Wesergebiet. - Jb. preuß. geol. L.-Anst., **41**, 226-253; Berlin.

HAGDORN, H. (1982): The „Bank der kleinen Terebrateln" (Upper Muschelkalk, Triassic) near Schwäbisch Hall (SW-Germany) - a tempestite condensation horizon.- In: EINSELE, G. & SEILACHER, A. (Eds.): Cyclic and Event Stratification, 263 - 285, 13 fig.; Berlin, Heidelberg, New York (Springer).

HAGDORN, H. (1983): *Holocrinus doreckae* n. sp. aus dem Oberen Muschelkalk und die Entwicklung von Sollbruchstellen im Stiel der Isocrinida.- N. Jb. Geol. Paläont. Mh., **1983**, 345-368, 6 Abb.; Stuttgart.

HAGDORN, H. (1985): Immigration of crinoids into the German Muschelkalk Basin.- In: BAYER, U. & SEILACHER, A. (Eds.): Sedimentary and Evolutionary Cycles. Lecture Notes in Earth Science, **1**, 237-254, 13 Abb.; Berlin, Heidelberg, New York, Tokyo (Springer).

HAGDORN, H. (Ed. in cooperation with T. SIMON & J. SZULC) (1991): Muschelkalk. A Field Guide. - 80 S., 78 fig., 1 tab.; Korb (Goldschneck).

HAGDORN, H.; HICKETHIER, H.; HORN, M. & SIMON, T. (1987): Profile durch den hessischen, unterfränkischen und baden-württembergischen Muschelkalk.- Geol. Jb. Hessen, **115**, 131-160, 3 Taf., 2 Abb., 2 Tab.; Wiesbaden.

HAGDORN, H., HORN, M. & SIMON, T. (1993): Vorschläge für eine lithostratigraphische Gliederung und Nomenklatur des Muschelkalks in Deutschland.- Dieser Band, 39-46, 1 Tab.

HAGDORN, H. & MUNDLOS, R. (1982): Autochthonschille im Oberen Muschelkalk (Mitteltrias) Südwestdeutschlands.- N. Jb. Geol. Paläont. Abh., **162**, 332-351, 6 Abb.; Stuttgart.

HAGDORN, H. & OCKERT, W. (1993): *Encrinus liliiformis* im Trochitenkalk Süddeutschlands.- Dieser Band, 245-260, 10 Abb.

HAGDORN, H. & REIF, W.-E. (1988): „Die Knochenbreccie von Crailsheim" und weitere Mitteltrias-Bonebeds in Nordost-Württemberg - Alte und neue Deutungen. - In: HAGDORN, H. (Hrsg.), Neue Forschungen zur Erdgeschichte von Crailsheim. Zur Erinnerung an Hofrat Richard Blezinger. (= Sonderbde. Ges. Naturk. in Württemberg **1**), 116 - 143, 6 Abb.; Stuttgart, Korb (Goldschneck).

HAGDORN, H. & SIMON, T. (1988): Geologie und Landschaft des Hohenloher Landes.- 2. verb. u. verm. Aufl., 192 S., 125 Abb., 3 Beil.; Sigmaringen (Thorbecke).

HAUERSTEIN, G. (1964): Zur Stratigraphie der Mitteltrias südwestlich der Kampenwand (Chiemgauer Alpen). - Mitt Bayer. Staatsslg. Paläont. hist Geol., **4**, 71-92, 4 Abb., Taf. 12; München.

HOFFMANN, U. (1967): Erläuterungen zur geologischen Karte von Bayern 1 : 25.000, Blatt 6225 Würzburg-Süd.- 134 S., 17 Abb., 2 Tab., 4 Beil.; München.

KIRCHNER, H. (1933): Die Fossilien der Würzburger Trias. Brachiopoda.- N. Jb. Mineral. Geol. Paläont., Beil.-Bd.(B) **71**, 88-138, Taf. 2, 11 Abb., 5 Tab.; Stuttgart.

KOZUR, H. (1974a): Biostratigraphie der germanischen Mitteltrias.- Freiberger Forschh., (C) **280**/1, 1-56, **280**/2, 1-71, **280**/3, 9 Anl. (= 12 Tab.); Leipzig.

KOZUR, H. (1974b): Probleme der Triasgliederung und Parallelisierung der germanischen und tethyalen Trias. Teil 2: Anschluß der germanischen Trias an die internationale Triasgliederung. - Freiberger Forschh., (C) **304**, 51-77, 1 Tab.; Leipzig.

LINSTOW, O.v. (1903): Die organischen Reste der Trias von Lüneburg. - Jahrb. Preuß. Geol. Landesanst., **24**, 129-164, Taf. 12; Berlin.

MALKOWSKI, K. (1975): Attachment scars of the brachiopod *Coenothyris vulgaris* (Schlotheim, 1820) from the Muschelkalk of Upper Silesia.- Acta geol. polonica, **25**, 275-283, 6 fig., 1 pl.; Warszawa.

MOSTLER, H. (1993): Das Germanische Muschelkalkbecken und seine Beziehungen zum tethyalen Muschelkalkmeer.- Dieser Band, 11-14, 1 Abb.

OCKERT, W. (1988): Lithostratigraphie und Fossilführung des Trochitenkalks (Unterer Hauptmuschelkalk, mo1) im Raum Hohenlohe. - In: HAGDORN, H. (Hrsg.), Neue Forschungen zur Erdgeschichte von Crailsheim. Zur Erinnerung an Hofrat Richard Blezinger (= Sonderbde. Ges. Naturk. in Württ. **1**), 43-69, 6 Abb.; Stuttgart, Korb (Goldschneck).

OCKERT, W. (1993): Die Zwergfaunaschichten (Unterer Hauptmuschelkalk, Trochitenkalk, mo1) im nordöstlichen Baden-Württemberg. - Dieser Band, 117-130, 6 Abb.

PAUL, W. (1971): Die Trias.- In: SAUER, K.F. & SCHNETTER, M. (Hrsg.): Die Wutach, 37-116, 22 Abb., 2 Taf.; Freiburg (Bad. Landesver. Naturkde. Naturschutz, Selbstverlag).

RÖHL, U. (1988): Multistratigraphische Zyklengliederung im Oberen Muschelkalk Nord- und Mitteldeutschlands. - Inaug.-Diss. Rhein. Friedrich-Wilhelms-Univ. Bonn, 289 S., 73 Abb., 61 Profile und Karten im Anhang. Bonn.

RÖHL, U. (1993): Sequenzstratigarphie im zyklisch gegliederten Oberen Muschelkalk Norddeutschlands. - Dieser Band, 29-36, 4 Abb., 1 Tab.

SCHÄFER, K.A. (1971): Zur stratigraphischen Stellung der Spiriferina-Bank (Hauptmuschelkalk) im nördlichen Baden-Württemberg.- Jber. Mitt. oberrhein. geol. Ver., [N. F.], **53**, 207-237, 7 Abb.; Stuttgart.

SCHÄFER, K.A. (1973): Zur Fazies und Paläogeographie der Spiriferina-Bank (Hauptmuschelkalk) im nördlichen Baden-Württemberg.- N. Jb. Geol. Paläont. Abh., **143**, 56-110, 26 Abb., 1 Tab.; Stuttgart.

SCHINDEWOLF, O. H. (1950): Grundlagen und Methoden der paläontologischen Chronologie. - 3. erg. u. verb. Aufl., 152 S., 47 Abb., 5 Bildnisse; Berlin (Borntraeger).

SCHLOTHEIM, E.F. von (1820): Die Petrefaktenkunde auf ihrem jetzigen Standpunkte durch die Beschreibung seiner Sammlung versteinerter und fossiler Überreste des Thier- und Pflanzenreichs der Vorwelt erläutert.- LXII + 437 S. 23 Taf.; Gotha (Becker).

SCHMIDT, M. (1928): Die Lebewelt unserer Trias. - 461 S., 1220 Abb.; Öhringen (Rau).

SCHMIDT, M. (1932): Tetractinella trigonella im Trochitenkalk der Asse.- Cbl. Mineral. Geol. Paläont., (B) **1932**, 580-586, 2 Abb.; Stuttgart.

SEUFERT, G. & SCHWEIZER, V. (1985): Stratigraphische und mikrofazielle Untersuchungen im Trochitenkalk (Unterer Hauptmuschelkalk, mo1) des Kraichgaues und angrenzender Gebiete.- Jber. Mitt. oberrhein. geol. Ver., [N. F.], **67**, 129-171, 9 Abb.; Stuttgart.

SIBLIK, M. (1988): Brachiopoda mesozoica. a.) Brachiopoda triadica. - Catalogus Fossilium Austriae. Ein systematisches Verzeichnis aller auf österreichischem Gebiet festgestellten Fossilien. Heft **V c 2 (a)**, 145 S., 6 Taf.; Wien (Österr. Akad. Wiss.).

THÉOBALD, N. (1952): Stratigraphie du Trias moyen dans le Sud-Ouest de l'Allemagne et le Nord-Est de la France.- Ann. Univ. saraviensis, **1952**, 1-64; Saarbrücken.

URLICHS, M. (1993): Zur stratigraphischen Reichweite von *Punctospirella fragilis* (SCHLOTHEIM) im Oberen Muschelkalk Baden-Württembergs. - Dieser Band, 209-213, 2 Abb.

VOLLRATH, A. (1952): Ein neuer Leithorizont im Hauptmuschelkalk.- Jber. Mitt. oberrhein. geol. Ver., [N. F.], **34**, 42-51, Taf. 2, 2 Abb.; Stuttgart.

VOLLRATH, A. (1955 a): Zur Stratigraphie des Hauptmuschelkalkes in Württemberg.- Jh. geol. Landesamt Baden-Württemberg, **1**, 79-168, Abb. 3-18, 1 Tab.; Freiburg/Br.

VOLLRATH, A. (1955 b): Stratigraphie des oberen Hauptmuschelkalkes (Schichten zwischen Cycloides-Bank gamma u. Spiriferina-Bank) in Baden-Württemberg.- Jh. geol. Landesamt Baden-Württemberg **1**, 190-216, 5 Abb.; Freiburg/Br.

WAGNER, G. (1913 a): Beiträge zur Stratigraphie und Bildungsgeschichte des oberen Hauptmuschelkalks und der unteren Lettenkohle in Franken.- Geol. paläont. Abh., [N. F.], **12**/3, 1-180, 9 Taf., 31 Abb.; Jena.

WAGNER, G. (1913 b): Beiträge zur Kenntnis des oberen Hauptmuschelkalks in Elsaß-Lothringen. - Centralbl. Min. etc., **1913**, 551-589; Stuttgart.

WAGNER, G. (1919): Beiträge zur Kenntnis des oberen Hauptmuschelkalks von Mittel- und Norddeutschland. - Z. dt. geol. Ges., **71**, 80-103, 3 Abb.; Hannover.

WIEFEL, H. & WIEFEL, J. (1980): Zur Lithostratigraphie und Lithofazies der Ceratitenschichten (Trias, Hauptmuschelkalk) und der Keupergrenze im östlichen Teil des Thüringer Beckens. - Z. geol. Wiss., **8**, 1095-1121, 7 Abb., 2 Taf.; Berlin.

Zur stratigraphischen Reichweite von *Punctospirella fragilis* (SCHLOTHEIM) im Oberen Muschelkalk Baden-Württembergs

Max Urlichs, Stuttgart

2 Abbildungen

Einleitung

Spiriferina fragilis wurde von DAGIS (1974) als Typusart seiner neuen Gattung *Punctospirella* designiert. Sie kommt nach den meisten Autoren nur in der Spiriferinabank, einer der wichtigsten Leitbänke im Oberen Muschelkalk, vom Hochrhein bis nach Thüringen vor und charakterisiert damit diese Bank unverwechselbar (z.B. BACHMANN 1973: 29; HAGDORN & MUNDLOS 1982: 347; HAGDORN & SIMON 1984: 48, 1985: 38; HAGDORN & al. 1987: 152; KIRCHNER 1933: 106; SCHÄFER 1971; SKUPIN 1970; WENGER 1957: Abb. 8).

In einigen älteren Arbeiten finden sich jedoch Angaben, daß *Spiriferina* (heute: *Punctospirella*) nicht ausschließlich auf diese Bank beschränkt ist. Als erster berichtete RIEDEL (1916: 102) über die mündliche Mitteilung von Gotthold Stettner, daß die Spiriferinabank nicht aus einer Bank, wie bisher angenommen wurde, sondern aus zweien bestehe, und er bemerkte hierzu: „in Württemberg kommt *C. compressus* nämlich fast nur unter der Spiriferinabank, bei Würzburg dagegen auch über derselben vor. In erstem Fall haben wir es vermutlich mit der oberen, in letzterem Fall mit der unteren Spiriferinabank zu tun".

STETTNER (1925: XCIX-CI) veröffentlichte seine Beobachtungen später nur in einem kurzem Vortragsbericht ohne Abbildungen. Darin beschrieb er sogar vier Horizonte mit *Spiriferina fragilis*, und zwar einen aus den Haßmersheimer Schichten im unteren Trochitenkalk, einen aus dem oberen Trochitenkalk, die Spiriferinabank selbst und einen 2,3 m darüber. Hierzu ist folgendes zu bemerken: Bei den Funden aus den Haßmersheimer Schichten handelt es sich höchstwahrscheinlich um Fehlbestimmungen, denn *Spiriferina* wurde in diesen Schichten trotz vieler neuer Fossilfunde nie mehr bestätigt. Vermutlich verwechselte STETTNER (1925) sie mit kleinen Muscheln der Gattung *Enantiostreon*. Die beiden lassen sich jedoch an ihrem Schalenaufbau eindeutig unterscheiden (BACHMANN 1973: 26,29). Die Schale von *Spiriferina* ist zweischichtig. Die obere, dünnere Lage besteht aus feinen, senkrecht zur Oberfläche stehenden Kalzitfasern. Die untere, dickere Lage ist aus langen, dünnen Kalzitfasern aufgebaut, die schräg gegen die Schalenoberfläche geneigt sind. Aufgeplatzte Exemplare sind parallel zu den Kristallen gespalten und haben deshalb einen seidigen Glanz. Das wesentliche Merkmal von *Punctospirella* ist jedoch die punctate Schale. Die Schicht mit *Spiriferina fragilis* im oberen Trochitenkalk vermutete STETTNER (1925) aufgrund seiner Interpretation der Profile bei Haßmersheim, die SCHALCH (1893) veröffentlicht hatte. Eine Überprüfung zeigt, daß SCHALCH (1893: 573) die Spiriferinabank im Profil „an der Einöde bei Haßmersheim" richtig angesprochen hat, und daß dort nur eine Bank mit *Spiriferina* vorhanden ist. Damit fällt die Fundschicht im oberen Trochitenkalk ebenfalls weg. Ob es sich bei dem Vorkommen 2,3 m über der Spiriferinabank bei Vaihingen/Enz tatsächlich um *Spiriferina* oder ebenfalls um eine Verwechslung mit in diesen Schichten häufigen *Enantiostreon* handelt, kann nicht entschieden werden, da die gesamte Sammlung Gotthold Stettner 1944 in Heilbronn vernichtet wurde. Somit bleibt von STETTNERS (1925) vier Fundschichten mit *Spiriferina fragilis* nur die Spiriferinabank selbst übrig.

Eine *Spiriferina fragilis* aus dem unteren Trochitenkalk bildete MAYER (1960) ab. Sie wurde als Lesefund auf der Halde des Bergwerks Wiesloch-Baiertal zusammen mit Ceratiten der *pulcher-* und *robustus-*Zone (URLICHS & MUNDLOS 1980: 3) gefunden. Dieser unhorizontierte Fund von *Spiriferina fragilis* ist jedoch kein Nachweis für das Vorkommen in der *pulcher-* und *robustus-*Zone. Demnach können alle früheren Beschreibungen von *Spiriferina* unter und über der Spiriferinabank bis auf die folgende nicht bestätigt werden.

Kürzlich fand BARTHOLOMÄ (1990) *Punctospirella fragilis* bei Ohrnberg, Unterohrn und Neufels (Hohenlohekreis) 0,6-0,9 m über der bisher als Spiriferinabank angesprochenen Bank. Er korrelierte sein Fundniveau mit der Spiriferinabank anderer Fundpunkte, d.h. er ging wie die meisten früheren Bearbeiter von einer einzigen Bank mit *Punctospirella* aus. Da BARTHOLOMÄ (1990) nur eine einzige Schicht mit diesem Brachiopoden kannte, war es ihm unmöglich zu entscheiden, ob es sich bei seinem Fundniveau um die Spiriferinabank oder eine andere Bank handelt. Tatsächlich ist es eine Schicht über der Spiriferinabank (siehe S. 210).

Stratigraphische Reichweite von *Punctospirella fragilis*

Punctospirella fragilis ist nur in der Spiriferinabank so häufig, daß sie in Profilen nach längerem Klopfen in dieser Bank z.B. in der Marbacher Gegend und bei Zwingelhausen (Blätter 7021 Marbach und 7022 Backnang) zu finden ist. Auf Schichtflächen ist sie lediglich zu entdecken, wenn diese längere Zeit angewittert sind. Günstige Fundmöglichkeiten sind also in stillgelegten Steinbrüchen, an Straßenböschungen und in natürlichen Aufschlüssen zu erwarten. Derart gute Aufschlußverhältnisse ermöglichten es nun, daß *Punctospirella* an mehreren Orten und zwar bei Ludwigsburg-Hoheneck, Kirchberg/Murr, Flacht westlich Leonberg und bei Haßmersheim, in mehreren Bänken gefunden werden konnte.

Im Gebiet zwischen Ludwigsburg-Hoheneck (Bl. 7021 Marbach) und Zwingelhausen (Bl. 7022 Backnang) ist die Spiriferinabank zweigeteilt. Von Ludwigsburg-Hoheneck führte bereits VOLLRATH (1955: Abb.12) „*Spiriferina fragilis*" (= *Punctospirella*) aus der unteren Bank auf, und aus der oberen wurde sie nun nachgewiesen. Diese beiden Bänke sind auch in dem teilweise verfüllten Steinbruch am Bahnhof Kirchberg/Murr (Bl. 7021 Marbach, 23 480/ 22 700) vorhanden. Dort wurde *Punctospirella fragilis* in zwei Bruchschillbänken, die durch 0,20 m mächtigen Mergel und brockeligen Kalk getrennt sind, gefunden. Aus der

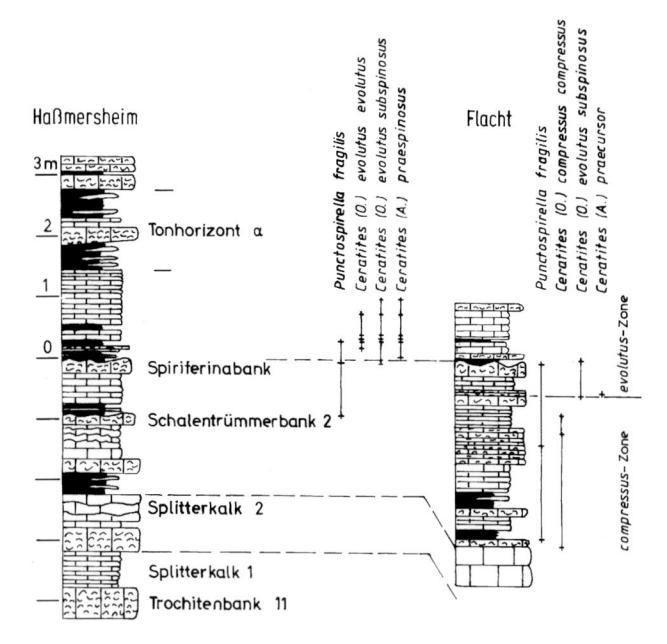

Abb.1 Stratigraphische Verbreitung von *Punctospirella fragilis* (SCHLOTHEIM) bei Flacht (Bl. 7119 Rutesheim) und Haßmersheim (Bl. 6620 Mosbach).

unteren Bank nannte sie VOLLRATH (1955: 132) und aus der oberen SCHÄFER (1971: Abb.3). Dieser Befund wird nun bestätigt. Die beiden Bänke mit *Punctospirella fragilis* sind noch weiter östlich bei Zwingelhausen (Bl.7022 Backnang) vorhanden. Dort verwachsen sie im Aufschluß örtlich zu einer 0,60 m mächtigen Bruchschillbank (URLICHS & WARTH 1993).

Den Aufschluß bei Flacht an der Straße nach Rutesheim (Gemeinde Weissach, Bl.7119 Rutesheim, 93 540/ 07 960) führten GWINNER & HINKELBEIN (1976: 68) an und beschrieben von dort eine Schichtfläche mit „Ceratiten und schönen Exemplaren von *Rhizocorallium*". Obwohl heute nur noch ein kurzer Profilabschnitt schlecht aufgeschlossen ist, konnte er (Abb.1) mit dem 900 m südlich an der Ziegelhütte nördlich Perouse gelegenen Profil (Gemeinde Weissach, SCHÄFER 1971: Abb.5) gut korreliert werden. Die oben aufgeführte Schichtfläche ist die Oberfläche des Splitterkalks 2. Auf der unmittelbar darüber liegenden Bruchschillbank (= 2,70 m unter der Spiriferinabank) fanden sich mehrere Bruchstücke von *Punctospirella*, die die punctate Schale deutlich erkennen lassen, so daß eine Verwechslung ausscheidet. Ferner wurde auf einem Schalenpflaster 1,10 m unter der Spiriferinabank ein Dorsalklappen-Bruchstück von *Punctospirella fragilis* entdeckt. Dieses Exemplar zeigt als wesentliches Merkmal ebenfalls deutlich die punctate Schale. Außerdem sind auf der Oberfläche der Spiriferinabank, die als Oszillationsrippelfeld ausgebildet ist, Bruchstücke von *Punctospirella fragilis* vorhanden. Diesen Brachiopoden führt SCHÄFER (1971) auch aus dem 900 m südlich gelegenen Aufschluß bei Perouse von der Oberfläche der Spiriferinabank an. Die beiden Bänke mit *Punctospirella* unter der Spiriferinabank (1,10 und 2,70 m unter der Spiriferinabank) stammen, wie durch Funde von *Ceratites (O.) compressus compressus* nachgewiesen ist, aus der *compressus*-Zone. Knapp darüber (0,40 m unter der Spiriferinabank, Abb.1) treten die frühesten Exemplare von *Ceratites (O.) evolutus subspinosus* und *C. (A.) praecursor* auf, womit die Basis der *evolutus*-Zone festgelegt ist. Sie beginnt auch hier, wie anderenorts in Nordwürttemberg knapp unter der Spiriferinabank.

Ein weiterer Aufschluß, der mehrere Bänke mit *Punctospirella* führt, ist der stillgelegte Steinbruch des Heidelberger Zementwerks in Haßmersheim (Bl. 6720 Bad Rappenau, 08 900/ 62 400). Das Profil vermittelt in Mächtigkeit und Ausbildung der einzelnen Schichten zwischen den benachbarten Profilen Helmhof und Gundelsheim (SCHÄFER 1971: Abb. 4). Bei Haßmersheim ist die Spiriferinabank als 0,15-0,20 m mächtige, oolithische Bruchschillbank mit Oszillationsrippeln auf der Oberfläche ausgebildet (Abb.1). In den Rippeltälern sind z.T. vollständig erhaltene *Punctospirella fragilis* (Abb. 2 a-b) zusammen mit *Coenothyris* angehäuft. Bruchstücke von *Punctospirella fragilis* (Abb. 2c) wurden außerdem in einem wenige Meter ausgedehnten Vorkommen auf der Unterfläche eines 3-4 cm dünnen, mikritischen Kalkbänkchens 0,25 m über der Spiriferinabank gefunden. Sie liegen gewölbt nach oben, so daß auch hier die punctate Innenseite der Schale gut sichtbar ist. Ferner wurden Bruchstücke und eine Dorsalklappe von *Punctospirella fragilis* (Abb. 2d) auf der Schalentrümmerbank 2 (0,65 m unter Spiriferinabank), deren Oberfläche auch als Oszillationsrippelfeld ausgebildet ist, gefunden. Sie zeigen ebenfalls die punctate Schale. In Haßmersheim wurden unter der Spiriferinabank keine Ceratiten und über dieser Bank zahlreiche Ceratiten der *evolutus*-Zone gefunden (Abb.1). Auf der gegenüberliegenden Neckarseite bei Gundelsheim sind auch direkt unter der Spiriferinabank Ceratiten bekannt (WENGER 1957: Abb.5; URLICHS & MUNDLOS 1990: Abb.1). Dort beginnt die *evolutus*-Zone ebenfalls knapp unter der Spiriferinabank.

Aus dem stratigraphischen Niveau über der Spiriferinabank stammt *Punctospirella fragilis*, die BARTHOLOMÄ (1990) von Ohrnberg, Unterohrn und Neufels (Hohenlohekreis) beschrieb. Bei Neufels ist die *evolutus*-Zone durch Funde von *Ceratites (O.) evolutus evolutus, C. (O.) evolutus subspinosus* und *C. (A.) praecursor* aus dem Fundniveau von *Punctospirella* nachgewiesen.

Mit diesen Neufunden ist belegt, daß *Punctospirella fragilis* im Oberen Muschelkalk Nordwürttembergs in mehreren Bänken und zwar in der oberen *compressus*- und unteren *evolutus*-Zone auftritt. Die Spiriferinabank ist jetzt nicht mehr eindeutig durch ihren Fossilinhalt charakterisiert, und sie kann mit anderen Bruchschillbänken des oberen Trochitenkalks verwechselt werden.

Biostratigraphische Stellung der Spiriferinabank

Die biostratigraphische Stellung der Spiriferinabank wurde bis jetzt unterschiedlich angegeben. Teils wurde sie in die *evolutus*-Zone, teils in die *compressus*-Zone eingestuft. Deshalb wird hier die bisherige Kenntnis aufgeführt: Als erster nannte BENECKE (1911: 598) aus Nordbaden *Ceratites compressus* zusammen mit „*Spiriferina fragilis*" (= *Punctospirella*). Das Hauptvorkommen von *C. compressus* beschrieben RIEDEL (1916: 102) aus Württemberg und SCHLAGINTWEIT (1921: 625) von Würzburg/Unterfranken jedoch unter der Spiriferinabank. Diese Art soll nach RIEDEL (1916: 102) und GEISLER (1939: Abb.12) bei Würzburg auch noch bis über die Spiriferinabank vorkommen. Es handelt sich nach WENGER (1957: 102) hierbei jedoch nicht um *Ceratites compressus* sondern um *C. evolutus*. Andere Autoren führten *C. compressus* und *C. evolutus* zusammen aus der Spiriferinabank Württembergs, Unterfrankens und Hessens auf (z.B. BUSSE 1970:

133; GEISLER 1939: Abb.12; HAGDORN & SIMON, 1993; SCHÄFER 1971: 225; WARTH 1977, WENGER 1957: Abb.8).

In Oberfranken ist keine Spiriferinabank als Leitbank ausgebildet. Dort wies als erster GEVERS (1927: 288) „Spiriferina fragilis" in den Profilen Hegnabrunn bei Kulmbach und Bindlacher Berg bei Bayreuth, jedoch ohne horizontierte Ceratiten, nach.

Von Mühlhausen/Thüringen führten MEMPEL & ZIMMERMANN (1937: Abb.2) aus der Spiriferinabank Ceratiten der pulcher- und robustus-Zone an. Die beiden Autoren listeten von diesem Fundpunkt außerdem aus einer Schicht über der Spiriferinabank Ceratiten auf, die sonst nur getrennt voneinander von der robustus- bis zur spinosus-Zone auftreten. Höchstwahrscheinlich handelt es sich hier um Fehlbestimmungen, wie bereits WENGER (1957: 102) hervorhob, und die stratigraphische Stellung der Spiriferinabank bei Mühlhausen bleibt unsicher.

Ebenfalls aus Thüringen und zwar von „Herda im Gothaischen", wie SCHLOTHEIM (1820: 251) angab, stammen die Syntypen zu Punctospirella fragilis (SCHLOTHEIM) (Abb. 2e). Da es im ehemaligen Herzogtum Gotha keinen Ort Herda sondern nur Berka vor dem Hainich nordöstlich von Eisenach gibt, stammen sie vermutlich aus der Gegend von dort. Die Syntypen liegen dicht gepackt zusammen mit einigen Bruchstücken von Coenothyris auf einem Handstück, und sie stammen höchstwahrscheinlich aus dem Unteren Muschelkalk. WAGNER (1897:48) führte nämlich aus dem Unteren Muschelkalk (Bereich zwischen Oolithbank beta und Terebratelbänken) Anhäufungen von Spiriferina an. Im Oberen Muschelkalk tritt sie dagegen nur vereinzelt auf.

Nach der Neubestimmung der Ceratiten ergibt sich folgendes Bild: In Nordwürttemberg ist die compressus-Zone nach URLICHS & MUNDLOS (1988) von der Trochitenbank 10 bis 0,30-0,50 m unter der Spiriferinabank nachgewiesen, darüber beginnt die evolutus-Zone. Die Grenze compressus/evolutus-Zone in dieser stratigraphischen Position knapp unter der Spiriferinabank ist außer bei Flacht und Gundelsheim auch in der Hohenloher Gegend und zwar bei Berlichingen (SMNS, Staatl. Mus. f. Naturk. Stuttgart), Künzelsau (Belege in Coll. H. Hagdorn), Oberscheffach, Eschenau sowie bei Altenburg (Belege in Coll. W. Ockert) nachgewiesen. Bei Eschenau wurde C. (O.) cf. evolutus subspinosus 0,10 m unter der Spiriferinabank gefunden. Im Finsterbach bei Oberscheffach tritt C. (O.) evolutus evolutus 0,35 m und im Altenburger Grimbach 0,20 m unter der Spiriferinabank auf.

Aus der Spiriferinabank selbst stammen von verschiedenen Fundpunkten in Nordwürttemberg folgende Ceratiten (siehe URLICHS & MUNDLOS 1988: 83):
Ceratites (O.) evolutus evolutus PHILIPPI
Ceratites (O.) evolutus subspinosus STOLLEY
Ceratites (O.) evolutus tenuis RIEDEL
Ceratites (A.) praespinosus RIEDEL
   = C. (A.) evolutus bispinatus RIEDEL
Ceratites (A.) praecursor RIEDEL
Ein Exemplar der zuletzt aufgeführten Art wurde von SCHÄFER (1971: 225) als C. (O.) compressus apertus bestimmt (Beleg in SMNS). HAGDORN & SIMON (1993) geben erneut das gemeinsame Vorkommen von Ceratites (O.) compressus und C. (O.) evolutus in der Spiriferinabank an. Die entsprechenden Belege aus der Sammlung W. Ockert wurden überprüft. Bei dem einzigen fraglichen C. (O.) compressus handelt es sich um ein unbestimmbares Bruchstück, dessen Querschnitt nicht erhalten ist.

Abb.2 a-e Punctospirella fragilis (SCHLOTHEIM). **a-b** Dorsal- und Ventralklappe, Spiriferinabank, Oberer Muschelkalk, Heidelberger Zementwerk Haßmersheim, SMNS 25459/1-2. **c** Ventralklappenbruchstück, 0,25 m über Spiriferinabank, Heidelberger Zementwerk Haßmersheim SMNS 25460/1. **d** Dorsalklappe, Schalentrümmerbank 2, Heidelberger Zementwerk Haßmersheim, SMNS 25458. **e** Syntypen zu SCHLOTHEIM (1813, Taf.2, Fig.5), wahrscheinlich Unterer Muschelkalk, Gegend von Berka nordwestlich Eisenach/Thüringen, Museum für Naturkunde an der Humboldt-Universität Berlin, B.497.

Demnach kann das gemeinsame Vorkommen von C. (O.) compressus und C. (O.) evolutus in der Spiriferinabank nicht bestätigt werden. Damit ist die Ansicht von HAGDORN & SIMON (1993), daß die obere compressus-Zone zusammen mit der unteren evolutus-Zone in der Spiriferinabank der östlichen Hohenloher Gegend kondensiert sei, widerlegt.

In Unterfranken wurde bei Gänheim (Profil siehe HAGDORN et al. 1991: Abb.17) 1,50-2,50 m unter der Spiriferinabank Ceratites (O.) compressus compressus, 0,50-2,60 m unter dieser Bank C. (O.) compressus crassior und 0,40 m unter der Spiriferinabank C. (O.) evolutus subspinosus gefunden. Die Grenze compressus/evolutus-Zone liegt demnach auch in Unterfranken wenige Dezimeter unter der Spiriferinabank.

In Thüringen steckt die Spiriferinabank ebenfalls in der evolutus-Zone. Unter einem Ceratiten-Pflaster mit Arten der evolutus-Zone fand Siegfried Rein auf einer Bruchschillbank mit Oszillationsrippeln (REIN 1989, Abb.1) ein Exemplar von Punctospirella fragilis (mündl. Mitt. S. Rein).

Wie SCHÄFER (1971, 1973: 58) bereits feststellte „steht für die Spiriferinabank des Hauptmuschelkalks die Gleichzeitigkeit ihrer Bildung außer Frage". Da die Spiriferinabank von Nordwürttemberg bis Unterfranken und wahrscheinlich auch noch bis nach Thüringen in die untere *evolutus*-Zone, knapp über der Grenze *compressus/evolutus*-Zone, eingestuft ist, wird damit die geforderte Isochronie dieser Bank bestätigt.

Im Gegensatz zu Nordwürttemberg und Unterfranken ist in Oberfranken keine Bruchschillbank mit *Punctospirella fragilis* vorhanden, die man als Spiriferinabank ansprechen könnte. Bei Kulmbach-Forstlahm wurde *Punctospirella fragilis* zusammen mit mehreren *Ceratites (O.) compressus compressus* in einer Bank gefunden. Wenige Meter darunter wurde *C. (O.) compressus apertus* und grobberippte *C. (O.) compressus compressus* nachgewiesen, die in Nordwürttemberg nur in der unteren *compressus*-Zone auftreten. Demnach stammen die *Punctospirella*-Funde in Oberfranken aus der oberen *compressus*-Zone.

Summary

Punctospirella fragilis (SCHLOTHEIM), (Brachiopoda), has been found in Northern Württemberg in several beds below, in and above the Spiriferinabank (upper Trochitenkalk, mo1/mo2 boundary, Upper Muschelkalk). These beds are allocated to the upper *compressus* and the lower *evolutus* Zone. The Spiriferinabank itself, one of the most important marker beds of the Upper Muschelkalk, has the same biostratigraphical position in the lower *evolutus* Zone, just above its lower boundary between Northern Württemberg and Thuringia. Thus the isochrony of this bed is confirmed.

Dank

Für Hilfe bei der Geländearbeit und Präparation des Fossilmaterials danke ich Herrn A. Lehmkuhl (Stuttgart) und für Fotoarbeiten Herrn H. Lumpe (Stuttgart). Fossilien liehen die Herrn Dr. H. Hagdorn (Ingelfingen), Dr. H. Jaeger (Berlin), W. Ockert (Jlshofen) und J. Sell (Euerdorf) aus. Auskünfte erteilten S. Rein (Erfurt) und Dr. W. Ernst (Greifswald). A. Bartholomä (Neuenstein), Dr. M. Warth und Dr. R. Wild (beide Stuttgart) stellten *Punctospirella* und Ceratiten aus Württemberg bzw. Oberfranken zur Verfügung. Hierfür danke ich ebenfalls herzlich.

Literatur

BACHMANN, G.H. (1973): Die karbonatischen Bestandteile des Oberen Muschelkalkes (Mittlere Trias) in Südwest-Deutschland und ihre Diagenese.- Arb. Inst. Geol. Paläont. Univ. Stuttgart, N.F., **68**, 12-99, 67 Abb., Stuttgart.

BARTHOLOMÄ, A. (1990): Zur Spiriferina-Bank im westlichen Hohenlohekreis.- Jh. Ges. Naturk. Württemberg, **145**, 35-37, 2 Abb., Stuttgart.

BENECKE, W.E. (1911): Über das Auftreten der Ceratiten in dem elsass-lothringischen oberen Muschelkalk.- Cbl. Miner. Geol. Paläont., **1911**, 593-603, Stuttgart.

BUSSE, E. (1970): Ceratiten und Ceratiten-Stratigraphie.— Notizbl. hess. Landesamt Bodenforsch., **98**, 112-145, 2 Tab., Wiesbaden.

DAGIS, A.S. (1974): Triasovye brachiopody (morfologija, sistema, filogenija, stratigraficeskoe znacenie i biogeografija).— Akad. Nauk CCCP, Siberian Branch, Trudy Inst. Geol. Geofiz., **214**, 1-386, 171 Abb., 49 Taf., Novosibirsk.

GEISLER, R. (1939): Zur Stratigraphie des Hauptmuschelkalks in der Umgebung von Würzburg mit besonderer Berücksichtigung der Ceratiten.—Jb. preuss. geol. Landesanst., **59** (1938), 197-248, 16 Abb., Taf.4-8, Berlin.

GEVERS, T.W. (1927): Der Muschelkalk am Nordwestrand der Böhmischen Masse.— N. Jb. Miner. Geol. Paläont., Beil-Bd., B **56**, 243-436, 4 Abb., Taf.17-18, Stuttgart.

GWINNER, M.P. & HINKELBEIN, K. (1976): Stuttgart und Umgebung.— Samml. geol. Führer, **61**, 1-148, 38 Abb., Stuttgart.

HAGDORN, H., HICKERTHIER H., HORN, M. & SIMON, T. (1987): Profile durch den hessischen, unterfränkischen und baden-württembergischen Muschelkalk.- Geol. Jb. Hessen, **115**, 131-160, 2 Abb., 3 Taf., 2 Tab., Wiesbaden.

HAGDORN, H. & MUNDLOS, R. (1982): Autochthonschille im Oberen Muschelkalk (Mitteltrias) Südwestdeutschlands.- N. Jb. Geol. Paläont., Abh., **162**, 332-351, 6 Abb., Stuttgart.

HAGDORN, H. & SIMON, T. (1984): Oberer Muschelkalk. In: BRUNNER H.: Geologische Karte 1:25 000 von Baden-Württemberg. Erläuterungen zu Blatt 6921 Großbottwar, S.14-27, Beil.1-2, Stuttgart.

HAGDORN, H. & SIMON, T. (1985): Geologie und Landschaft des Hohenloher Landes.- Forsch. Württembergisch Franken, **28**, 1-186, 125 Abb., Sigmaringen.

HAGDORN, H. & SIMON, T. (1993): Ökostratigraphische Leitbänke im Oberen Muschelkalk.- Dieser Band, 193-208, 15 Abb.

HAGDORN, H., SIMON, T. & SZULC, J. (Hrsg.) (1991): Muschelkalk. A field guide. 79 S.. 77 Abb., Korb (Goldschneck).

KIRCHNER, H. (1933): Die Fossilien der Würzburger Trias. Brachiopoda.- N. Jb. Miner. Geol. Paläont., Beil.-B., B **71**, 88-138, 11 Abb., Taf.2, 5 Tab., Stuttgart.

MAYER, G. (1960): Vorkommen der Spiriferina fragilis v. Schloth im Kraichgauer Hauptmuschelkalk.- Der Aufschluß, **11**, 11-13, 2 Abb., Heidelberg.

MEMPEL, G. & ZIMMERMANN, E. (1937): Über den Oberen Muschelkalk bei Mühlhausen und den Unteren Keuper bei Langensalza.- Beitr. Geol. Thüringen, **4**, 1-26, 2 Abb., Jena.

REIN, S. (1989): Ein großflächiges Ceratitenpflaster vom Drosselberg bei Erfurt.- Veröff. Naturkundemus Erfurt, **8**, 21-25, 4 Abb., Erfurt.

RIEDEL, A. (1916): Beiträge zur Paläontologie und Stratigraphie der Ceratiten des deutschen Oberen Muschelkalks.- Jb. kgl. preuss. geol. Landesanst. Berlin, **37**, Teil 1, Heft 1, 1-116, 5 Abb., Taf.1-18, Berlin.

SCHÄFER, K.A. (1971): Zur stratigraphischen Stellung der Spiriferina-Bank (Hauptmuschelkalk) im nördlichen Baden-Württemberg.- Jber. Mitt. oberrhein. geol. Ver, N.F. **53**, 207-237, 7 Abb., Stuttgart.

SCHÄFER, K.A. (1973): Zur Fazies und Paläogeographie der Spiriferina-Bank (Hauptmuschelkalk) im nördlichen Baden-Württemberg.- N. Jb. Geol. Paläont., Abh. **143**, 56-110, 26 Abb., 1 Tab., Stuttgart.

SCHALCH, F. (1893): Die Gliederung des oberen Buntsandsteins, Muschelkalkes und des unteren Keupers nach den Aufnahmen auf Sektion Mosbach und Rappenau.- Mitt. großherzogl. bad. geol. Landesanst., **2**, 497-612, Taf.18-21, Heidelberg.

SCHLAGINTWEIT, O. (1921): Die Ceratiten des mittleren Hauptmuschelkalks Würzburgs.- Cbl. Miner. Geol. Paläont., **1921**, 621-630, Stuttgart.

SCHLOTHEIM, E.F.v. (1813): Beiträge zur Naturgeschichte der Versteinerungen in geognostischer Hinsicht.- Taschenb. ges. Miner., **7**, 1.Abt.: 3-134, Taf.1-4, Frankfurt.

SCHLOTHEIM, E.F.v. (1820): Petrefactenkunde. 438 S., Taf.15-29, Gotha (Becker).

SKUPIN, K. (1970): Feinstratigraphische und mikrofazielle Untersuchungen im Unteren Hauptmuschelkalk (Trochitenkalk) des Neckar-Jagst-Kocher-Gebietes.- Arb. Inst. Geol. Paläont. Univ. Stuttgart, N.F. **63**, 1-173, 18 Abb., 8 Taf., 33 Tab., Stuttgart.

STETTNER, G. (1925): Die Spiriferinabank des oberen Muschelkalks...- Jh. Ver. vaterländ. Naturk. Württemberg, **81**, XCIX-CI, Stuttgart.

URLICHS, M. & MUNDLOS, R. (1980): Revision der Ceratiten aus der *atavus*-Zone (Oberer Muschelkalk, Oberanis) von SW-Deutschland.- Stuttgarter Beitr. Naturk., B, **48**, 1-42, 7 Abb., 4 Taf., Stuttgart.

URLICHS, M. & MUNDLOS, R. (1988): Zur Stratigraphie des Oberen Trochitenkalks (Oberer Muschelkalk, Oberanis) bei Crailsheim. In: HAGDORN, H. (Hrsg.): Neue Forschungen zur Erdgeschichte von Crailsheim.- Sonderbd. Ges. Naturk. Württemberg, **1**, 70-84, 7 Abb., Stuttgart & Korb.

URLICHS, M. MUNDLOS, R. (1990): Zur Ceratiten-Stratigraphie im Oberen Muschelkalk (Mitteltrias) Nordwürttembergs.- Jh. Ges. Naturk. Württemberg, **145**, 59-72, 2 Abb., 3 Taf., Stuttgart.

URLICHS, M. & WARTH, M. (1993): Oberer Muschelkalk. In: BRUNNER, H.: Geologische Karte 1:25 000 von Baden-Württemberg. Erläuterungen zu Blatt 7021 Marbach am Neckar, Stuttgart.

VOLLRATH, A. (1955): Zur Stratigraphie des Hauptmuschelkalks in Württemberg.- Jh. geol. Landesamt Baden-Württemberg, **1**, 79-168, Abb.3-18, Tab.1, Feiburg.

WAGNER, R. (1897): Beitrag zur genaueren Kenntnis des Muschelkalks bei Jena.- Abh. kgl. preuss. geol. Landesanst., N.F., **27**, 1-105, 2 Taf., 7 Abb., Berlin.

WARTH, M. (1977): Aufschluß der Spiriferina-Bank (Oberer Muschelkalk) in Neckarrems, Neckarhalde (Kreis Ludwigsburg).- Jh. Ges. Naturk. Württemberg, **132**, 188-189, Stuttgart.

WENGER, R. (1957): Die germanischen Ceratiten.- Palaeontographica, A **108**, 57-129, Stuttgart.

Holocrinus dubius (GOLDFUSS, 1831) aus dem Unteren Muschelkalk von Rüdersdorf (Brandenburg)

Hans Hagdorn, Ingelfingen
2 Abbildungen

Bei der Neubearbeitung des Originals zu QUENSTEDTS (1835) *Encrinites dubius* aus der Sammlung des Barons von Schlotheim im Museum für Naturkunde an der Humboldt-Universität Berlin konnte die systematische Stellung dieser charakteristischen Seelilie des Unteren Muschelkalks noch nicht gesichert werden, weil damals Kelche oder ganze Kronen noch nicht bekannt waren (HAGDORN 1986:713). Wegen ihrer isocriniden Stielglieder und gelegentlich auftretenden kryptosymplektischen unteren Nodalfacetten schien es richtig, die Seelilie unter Vorbehalt zu *Isocrinus* zu stellen (*Isocrinus? dubius*). Seither wurden mehrere Kelche, Kronen und mehr oder weniger ganze Exemplare gefunden, die alle dizyklischen, holocriniden Kelchbau zeigen. Die Seelilie kann damit sicher zur Gattung *Holocrinus* gestellt werden.

Mehrere artikulierte Exemplare, von denen der Finder, H.-J. Streichan, eines abbildete (STREICHAN 1987), fanden sich im oberen Abschnitt des Rüdersdorfer Schaumkalks dicht unter der Basis der *orbicularis*-Schichten (Mittlerer Muschelkalk). Ein erster Vergleich zeigt extrem schwankende Kelchform. Länge und Aboralseite von Basalia und Radialia variieren stark, und damit auch die Gesamtform des Kelches von tonnenförmig, schlank konisch bis walzenförmig. Diese Variabilität wird durch weitere Funde aus Thüringen, aber auch durch unbeschriebene Holocriniden aus dem Karn von Süd-China bestätigt. Äußerst variabel sind auch Zahl und Verzweigungsmuster der Arme. Es wurden 1, 2, 3 oder 4 Armzweige pro Strahl gezählt, wobei die Zahl von Strahl zu Strahl selbst bei ein und derselben Krone schwanken kann. Außerdem fällt häufige Autotomie und anschließende Regeneration der Armkrone auf.

Konstanter sind die Merkmale des Stiels. Anhand der Stielgliederzahl innerhalb der Noditaxien über den Stielverlauf und anhand von Merkmalen der Stielglieder selbst läßt sich *H. dubius* noch am sichersten von seinen Verwandten unterscheiden.

Im vorliegenden Band wird ein vollständiges *Holocrinus*-Exemplar aus den Terebratelbänken Süd-Niedersachsens beschrieben, das sich von den bislang bekannten Arten unterscheidet (ERNST & LÖFFLER 1993). Auch von den Holocriniden des tieferen Unteren Muschelkalks liegt neues, gut erhaltenes Material vor, und auch das verschollene Typusexemplar von *Holocrinus beyrichi* (PICARD, 1883) hat sich gefunden, so daß die Muschelkalk-Holocriniden nun revidiert werden können.

Danksagung

Dank gebührt Herrn H.-J. Streichan, Wolzig, für die Überlassung des hier abgebildeten Stückes an das Muschelkalkmuseum Ingelfingen (MHI) sowie Frau Dr. E. Pietrzeniuk, Museum für Naturkunde an der Humboldt-Universität Berlin, für die Wiederauffindung des verloren geglaubten Typus von *H. beyrichi*.

Literatur

ERNST, R. & LÖFFLER, TH. (1993): Neue Crinoidenfunde aus dem Unteren Muschelkalk (Anis) Südniedersachsens. - Dieser Band, 223-233, 12 Abb.
HAGDORN, H. (1986): *Isocrinus? dubius* (GOLDFUSS, 1831) aus dem Unteren Muschelkalk (Trias, Anis).- Z. geol. Wiss. **14**/6, 705-727, 4 Taf., 4 Abb.; Berlin-Ost.
HAGDORN, H. & GŁUCHOWSKI, E.(1993): Palaeobiogeography and Stratigraphy of Muschelkalk Echinoderms (Crinoidea, Echinoidea) in Upper Silesia. - Dieser Band, 165-176, 12 figs, 1 tab.
HAGDORN, H. (in Vorb.): Die Holocriniden des Muschelkalks.
PICARD, K. (1883): Über eine neue Crinoiden-Art aus dem Muschelkalk aus der Hainleite bei Sondershausen.- Z. deutsch. geol. Ges. **35**, 199-202, 1 Taf.; Berlin.
QUENSTEDT, F.A. (1835): Ueber die Encriniten des Muschelkalkes.- Wiegmanns Arch. **1**, 223-228, 1 Taf.; Berlin.
STREICHAN, H.-J. (1987): Der Muschelkalk von Rüdersdorf - Geologisches Kleinod und Rohstoffquelle vor den Toren Berlins. - Fundgrube **23**, 117-122, 10 Abb.; Berlin.

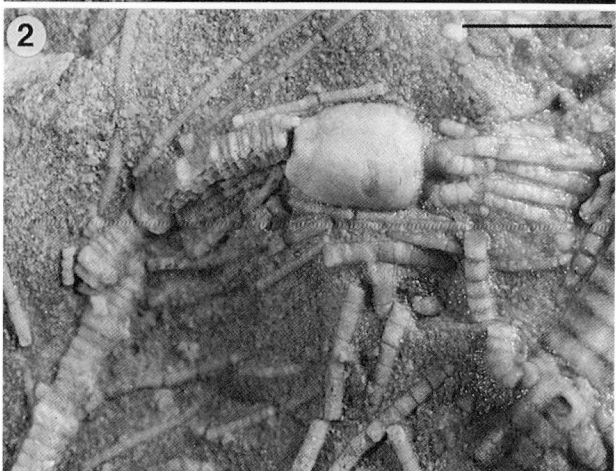

Abb. 1 Platte mit Resten von mehreren *Holocrinus dubius* aus dem Schaumkalk von Rüdersdorf. Links proximaler Stielrest mit Krone, die übrigen Fragmente aus dem mittleren und distalen Stielabschnitt. MHI 1256 (H.-J. Streichan ded.). Maßstab 1 cm.
Abb. 2 Krone mit regenerierenden Armen. Pro Armstrahl 3 Zweige. Kelch tonnenförmig mit kaum vertieften Suturen. Ausschnitt aus Abb. 1. Maßstab 1 cm.

Kapitel 4
Palökologie und systematische Paläontologie

Wollte man das Besondere am Muschelkalk mit drei Worten hervorheben, so wären wohl Ceratitensteinkerne, Bonebeds und Echinodermenlagerstätten zu nennen. Daß der Muschelkalk durchaus noch mehr Typen von Fossillagerstätten bietet, zeigt die Arbeit von A. SEILACHER. Wir lernen daraus auch, welche Bedeutung in den Festgesteinen des Muschelkalks jenen Lagerstätten zukommt, wo in Kalzit oder Dolomit umkristallisierte Ersatzschalen von aragonitschaligen Mollusken mehr morphologische und faunistische Daten überliefern als der merkmalsarme Steinkern. Stagnatlagerstätten, die uns Wirbeltierskelette im Verband überlieferten, kennt man bislang aus dem Muschelkalk noch nicht. So müssen die durchaus nicht seltenen Funde von Einzelknochen mariner Saurier nach den wenigen zusammenhängenden Skelettfunden oder nach den gleichalterigen Funden aus dem Grenzbitumenhorizont der Südalpen bestimmt werden.

Funde wenig bekannter Seelilien aus einer neuentdeckten Obrutionslagerstätte führen R. ERNST und Th. LÖFFLER vor. Gerade zur Kenntnis der Stachelhäuter hat die Leidenschaft privater Sammler in Brandenburg, Niedersachsen, Westfalen, Thüringen, Hessen, Franken, Württemberg und Schlesien in den letzten Jahren viele neue Funde gefördert. Revisionen der Crinoiden und Echinoiden sind in Arbeit.

Eine bislang wenig erforschte Gruppe stellen die Kieselschwämme. Ganze Exemplare mit kieselig erhaltenen Skeletten aus den Riffhabitaten der Karchowitzer Schichten Oberschlesiens werfen Licht auf die Stammesgeschichte der Hexactinellida; allerdings werden ihre systematische Stellung und ökologische Bewertung (Tiefenlage des Habitats) noch kontrovers behandelt (vgl. Arbeit H. MOSTLER). Überhaupt scheinen Kieselschwämme im Muschelkalk eine größere Rolle gespielt zu haben, als der spärliche Fossilbericht verrät (Übersicht in der Arbeit A. BODZIOCH). So überrascht es kaum, daß H. HÜSSNER Schwämme auch in den Muschel/Crinoiden-Riffen des Trochitenkalks nachweisen kann, deren Mikrofazies und Genese er mit den *Placunopsis*-Riffen vergleicht. Noch weitgehend ungeklärt ist die Herkunft der Kieselsäure in den Silexhorizonten des Oberen Muschelkalks. Vergleicht man die sedimentologische und palökologische Entwicklung in Schlesien und im Heiligkreuzgebirge mit dem Muschelkalk in Südungarn (Arbeit Á. TÖRÖK), so fällt die gleichartige Abfolge von Wellenkalken, Brachiopodenkalken und schließlich Schwammkalken auf.

Einem im Paläozoikum viel charakteristischeren Gesteinstyp gilt die Arbeit von H. HAGDORN und W. OCKERT. Trochitenkalke entstehen nur, wo gesellig lebende, mit Haftscheiben am Substrat fixierte Crinoiden unter günstigen Umweltbedingungen Karbonat binden. Mit dem Niedergang solcher Seelilien im Jura verschwindet dieser Sedimenttyp. Die Untersuchung von Fazies und Fauna des Trochitenkalks in SW-Deutschland versucht das Zusammenspiel der Faktoren Autökologie, regionale Tektonik und darübergelagerte Eustatik zu bewerten.

Neue Gesichtspunkte für die Tiefeneinstufung der sedimentären Ablagerungsräume und der Fazien des Oberen Muschelkalks bringt die Untersuchung von Mikrobohrspuren durch H. SCHMID: Auch wenn die Spurendiversität in Packstones und Biohermen am höchsten ist, muß man auch die Tonplatten noch in die euphotische Zone einstufen. Das Muschelkalkmeer dürfte also nirgends tiefer als 100 m gewesen sein.

Welche Fülle biologischer Informationen selbst Ceratiten-Steinkerne überliefern können, demonstriert S. REIN mit Exemplaren, die verschiedenartige Verletzungen erlitten. Aus seinen Beobachtungen und Deutungen schließt er auf eine benthische Lebensweise der Ceratiten.

Vorläufige Mitteilungen über die ersten Funde von Bryozoen und Holothurien aus dem Oberen Muschelkalk sowie von seltenen Seelilien im Rüdersdorfer Schaumkalk unterstreichen, wie schon an anderen Stellen dieses Bandes betont, daß intensives Sammeln noch manche Überraschung bringen kann.

Fossillagerstätten im Muschelkalk

Adolf Seilacher, Tübingen und Yale University
4 Abbildungen

Fossillagerstätten im Muschelkalk? – Als wäre nicht das ganze Schichtglied ein Hort von Fossilien, deren Mannigfaltigkeit durch das zusammenfassende Werk von Martin SCHMIDT (1928 und 1938) ebenso belegt wird wie durch die sensationellen Neufunde, die Sammler bei der Muschelkalktagung im Kreuzgang des Schöntaler Klosters zur Schau stellten! Was hier zur Diskussion steht, ist aber nicht Fossilreichtum an sich, sondern die Art des Vorkommens, weil sich daraus Rückschlüsse auf Besonderheiten des Muschelkalkmeeres ergeben könnten, wie sie aus Sedimenten und Faunenlisten allein nicht zu gewinnen sind.

Prinzipien der Taphonomie

Um die Fragestellung recht zu verstehen, müssen wir etwas weiter ausgreifen. Organismen sind funktionelle Strukturen, die sich unter Energieaufwand im Zusammenwirken von genetischer Information, morphogenetischer Fabrikation und biologischer Funktion selbst aufbauen. Im Konzept der in Abb. 1 umrissenen biologischen Morphodynamik wird dieser Prozess durch ein auf der Spitze stehendes Tetraeder versinnbildlicht. In ihm ist das „konstruktionsmorphologische" Dreieck aus stammesgeschichtlichen, fabrikationstechnischen und funktionellen Lizenzen ergänzt durch den Bezugspunkt „spezifische Umwelt". Damit ist die Summe derjenigen biologischen und physikalischen Umweltfaktoren gemeint, die für den betreffenden Organismus eine Rolle spielen, die er wahrnimmt und auf die er durch sein Verhalten aktiv oder passiv reagiert. Spezifische Umwelt unterscheidet sich also für jede Organismengruppe und für jede Art; ihre aktive oder passive Veränderung ist ein wichtiger Motor für evolutive Formabwandlung unabhängig davon, wie diese im einzelnen zustandekommt.

Am Ende des morphodynamischen Aufbaus steht jeweils der „inklusive" Organismus. Darunter kann man je nach Fragestellung eine biologische Art verstehen (stammesgeschichtlicher Zusammenhang) oder ein Individuum (als Produkt eines entwicklungsgeschichtlichen Prozesses). Im Rahmen der vorliegenden Betrachtung ist damit immer das Individuum gemeint.

Mit dem individuellen Tod bricht das biologische Beziehungsgefüge des Organismus abrupt zusammen. Das ist in Abb. 2 durch Umformung des Dreiecks (= Organismus) in einen Kreis (= Leichnam) symbolisiert. Was folgt, ist der Abbau der energiehaltigen und thermodynamisch unstabilen Struktur bis hin zu den chemischen Bausteinen. Für Biologen sind die postmortalen Prozesse nur insofern von Interesse, als sie das Material für neue Generationen von Lebewesen zur Verfügung stellen. Für den Paläontologen dagegen haben sie zentrale Bedeutung: Würde die Wiederaufbereitung in allen Fällen erfolgreich verlaufen, gäbe es keine Fossilien!

Deshalb hat sich in der Paläobiologie ein eigener Wissenschaftszweig entwickelt, die Taphonomie. Sie befaßt sich mit dem postmortalen Schicksal organismischer Strukturen und den Vorgängen der Zersetzung, besonders aber mit denjenigen Sonderbedingungen, welche

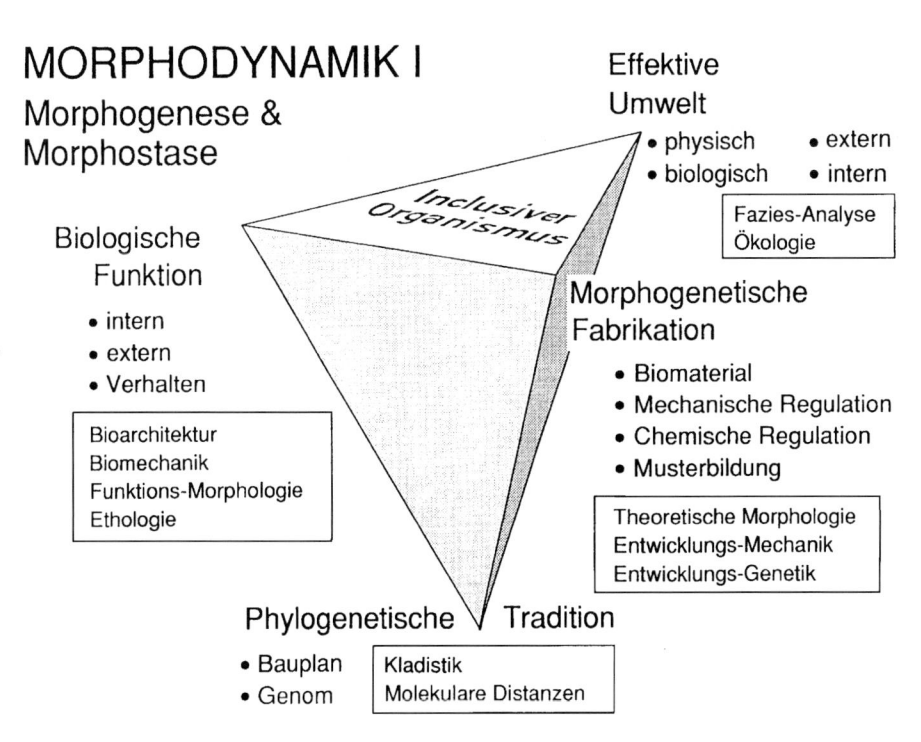

Abb.1 Biologische Form ist nie statisch, sondern Ausdruck dynamischer Prozesse. Im Leben spiegelt sie Formabwandlung im phylogenetischen und im ontogenetischen Zeitmaßstab, wobei Kompromisse zwischen Bauplan (Tradition), morphogenetischen Mechanismen (Fabrikation) und biologischer Funktion erforderlich sind. Diese Funktion ergibt sich aus der verhaltensmäßigen Ankoppelung an die „spezifische Umwelt", welche immer nur einen Ausschnitt aus der geologisch beschriebenen Umwelt darstellt. In Kästchen sind entsprechende Forschungsgebiete angegeben.

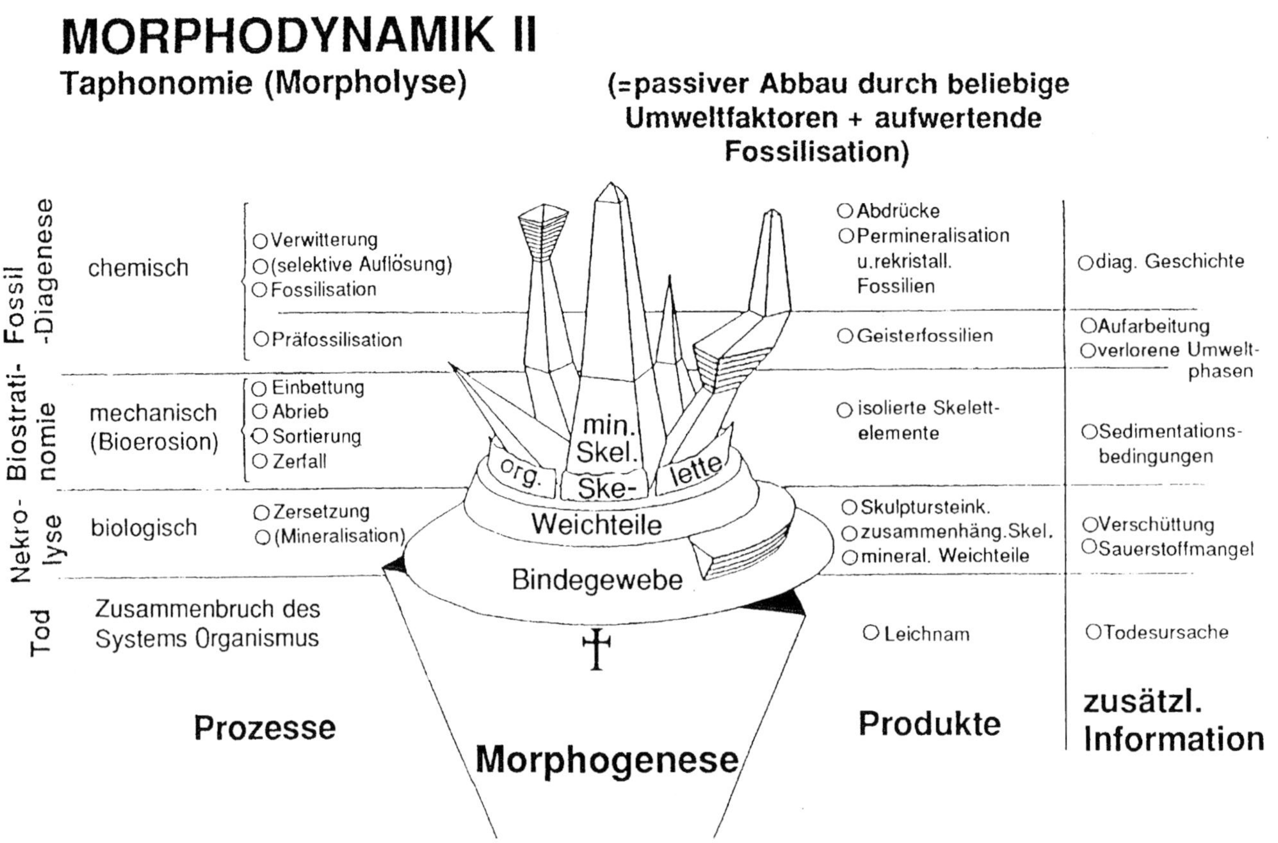

MORPHODYNAMIK II
Taphonomie (Morpholyse) (=passiver Abbau durch beliebige Umweltfaktoren + aufwertende Fossilisation)

Abb.2 Mit dem Tod bricht das Beziehungsgefüge des „inklusiven Organismus" zusammen. Taphonomie befaßt sich mit dem postmortalen Schicksal des Leichnams und der Hartteile bis zur völligen Wiederaufbereitung, aber auch mit den Sonderbedingungen, welche diesen linearen Prozeß unterbrechen und zur Fossilisation führen.

den Abbau verzögern und Fossilisation ermöglichen. Dabei liefert die Abschätzung des relativen Fossilisationspotentials verschiedener Teile eines Organismus oder verschiedener Arten innerhalb einer Lebensgemeinschaft einen wichtigen Korrekturfaktor bei der Rekonstruktion.

In besonderen Fällen (Präfossilisation) kann die Haltbarkeit der Reste durch mikrobiologische und frühdiagenetische Prozesse sogar erhöht werden. Im Muschelkalk gehört dazu die mikrobielle Phosphatisierung von Knochen und Fleischfresserkot sowie von Muskelfasern bei Muscheln in Steinkernerhaltung (persönl. Mitteilung von H. Hagdorn). Sie lieferten präfossilisierte Knochen, Zähne und Koprolithen, die bei Wiederaufarbeitung zusammen mit groben Sandkörnern zu Bonebeds konzentriert werden konnten. Präfossilisation ist es aber auch, wenn das schlammige Füllsediment von Schnecken oder Ceratitengehäusen früher zementiert wurde als der umgebende Schlamm (Druckschattenkonkretion). In diesem Fall blieb die alte Füllstruktur erhalten – unabhängig von der Position, in der die nunmehrigen Steinkerne nach der Umlagerung zu liegen kamen.

Schließlich findet sich Präfossilisation häufig bei den Skelettelementen aller Echinodermen. Sie bestehen im Leben aus Magnesiumkalzit, der trotz maschiger Struktur (Stereom) sich optisch wie ein einheitlicher Kristall verhält. Nach der Einbettung sondert sich zunächst das Magnesium in Form von submikroskopischen Dolomitkriställchen aus. In einem weiteren Schritt verheilen dann die Maschenhohlräume nach der Art von Kalzitdrusen; aber im Gegensatz zu normalen Drusen werden die Kristalle durch die Stereomunterlage gleichgerichtet (Epitaxie) und können deshalb miteinander verschmelzen. Solchermaßen in solide Kalzitkristalle umgewandelte Krinoidenreste widerstehen nachträglicher Auflösung besser als vergesellschaftete Austern; in Kornsteinen des Trochitenkalks liegen deren Schalen im Gegensatz zu den Seelilien als Hohlräume vor, obgleich sie schon ursprünglich kalzitisch gewesen sind, nur eben in Form eines Verbundmaterials aus vielen kleinen Biokriställchen.

Sofern die Durchkristallisation von Echinodermenossikeln bereits im Bereich der Erosion erfolgte, konnte sich die Präfossilisation jedoch auch nachteilig auswirken. Ein solcher Fall wurde von Otto LINCK 1965 aus dem mo1 bei Donaueschingen beschrieben. In einem bestimmten Horizont des Marbacher Ooliths sind die ursprünglich trommelförmigen Stielglieder von *Encrinus* so abgerollt, daß sie mit ihrem Achsenkanal wie runde Perlen aussehen. Das ist deshalb ungewöhnlich, weil frisch ausgefaulte Echinodermenossikel sich durch ihre trabekuläre Struktur wie Schaumbeton verhalten. Leicht wie sie sind, treiben sie bei Unterwassertransport die meiste Zeit über dem Boden und berühren ihn nach langen Sprüngen nur kurz und sanft; entsprechend geringfügig bleibt die Abnutzung. Erst präfossilisierte Reste rollen am Grund und verlieren dabei ihre Kanten (Abb.3). Bei dem LINCKschen Vorkommen ist übrigens auch die geographische Lage nahe der damaligen Schwarzwaldküste bedeutsam. Dort wurde nicht nur der seichte Meeresboden häufiger und stärker von Stürmen aufgerührt als im Beckeninneren; auch die Absenkung des Untergrundes war geringer. Damit erhöhte sich die Wahrscheinlichkeit, daß Sturmerosion bis in die Zone der Präfossilisation hinabreichte. Schade, daß das

TROCHITEN - GERÖLL

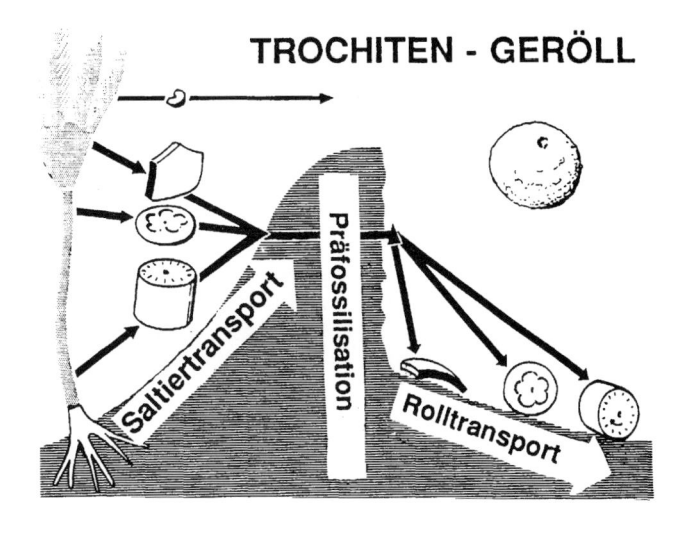

Abb.3 Präfossilisation (d.h. Erhärtung, bevor die Matrix zementiert) kann die Haltbarkeit fossiler Reste erhöhen. Echinodermenossikel werden durch Drusenfüllung der Stereomporen außerdem schwerer, so daß sich Stielglieder bei nachfolgender Wiederaufbereitung rollend fortbewegen und zu kugeligen Perlen abrunden.

Phänomen der abgerollten Trochiten nie systematisch kartiert wurde. Auch hier läge ein lohnendes Betätigungsfeld für Muschelkalksammler!

Begriff der Fossillagerstätten

Definitionsgemäß werden Fossillagerstätten verstanden als Sedimentkörper, die sich durch einen ungewöhnlichen Gehalt an paläontologischer Information auszeichnen. Es ist also ein sehr weiter Begriff, in dem Muttergestein und Fossilinhalt, paläobiologische und taphonomische Interpretation eine gleich große Rolle spielen. In diesem weiteren Sinn ist auch eine Bank abgerollter Trochiten eine Fossillagerstätte. Gemeinhin denkt man freilich eher an Bonanzas, in denen die Erhaltung der Fossilien nicht wie in diesem Fall schlechter, sondern besser ist als im Normalfall, also an Vorkommen wie den Posidonienschiefer oder die Plattenkalke des Jura. Solche klassische Fossillagerstätten verdanken ihren Ruf in erster Linie dem Vorkommen zusammenhängender Skelette von Wirbeltieren und von Echinodermen. Auch nichtmineralisierte Hartteile (z.B. Garnelenpanzer und die organische Hüllschicht von Ammonitengehäusen), sind erhalten – manchmal sogar Abdrücke der weichen Körperhaut; das heißt, die biologische Zersetzung organischer Substanzen blieb unvollständig.

Vollständige Skelette von Wirbeltieren gibt es auch im Muschelkalk, aber es bleiben Glücksfunde. Bezeichnenderweise haben systematische Wirbeltiergrabungen zwar im Buntsandstein (Cappel bei Villingen) und im Keuper (Lettenkohle bei Kupferzell; Knollenmergel bei Trossingen), nie jedoch in den marinen Ablagerungen des Muschelkalks stattgefunden. Das bedeutet gewiß nicht, daß das Muschelkalkmeer ärmer an Lebewesen gewesen wäre; die Gründe liegen vielmehr in der unterschiedlichen taphonomischen Situation.

In kontinentalen und ästuaren Bereichen ist es wahrscheinlicher als in marinen, daß Wirbeltiere durch katastrophale Ereignisse nicht nur umkommen, sondern ihre Leichname auch gleich zusammengeschwemmt und eingebettet werden. Massensterben, Konzentration und Begräbnis fallen also weitgehend zusammen (vor allem bei Flußüberschwemmungen), so daß für die biologische Zersetzung (Nekrolyse) keine Zeit bleibt. Im Meer sind Katastrophen vergleichbarer Art seltener. „Rote Tiden", verursacht durch plötzliche Vermehrung giftiger Mikroorganismen, führen zwar zu Massensterben; aber die Opfer werden meist an den Strand gespült, wo Aasfresser vom Land her freien Zugang haben und die Erhaltung ganzer Skelette auf die Dauer unwahrscheinlich ist.

Stagnatlagerstätten: Fehlanzeige

Viel günstiger sind die Erhaltungsbedingungen am Grund von Meeresbecken, wenn wie im Schwarzen Meer (nach dessen griechischem Namen wird ein solcher Zustand auch euxinisch genannt) die tieferen Wasserschichten durch mangelnde Zirkulation sauerstofffrei geworden sind. Das schließt benthische Aasfresser aus und verlangsamt die bakterielle Zersetzung. Bituminöse Schiefer (z.B. Holzmaden oder der mit dem Muschelkalk altersgleiche Grenzbitumenhorizont des Tessin) und Plattenkalke (z.B. Solnhofen) sind wahrscheinlich in derartigen Becken abgelagert. Sauerstoffarmut allein genügt jedoch nicht, um die beobachteten Phänomene zu erklären. Auch unter euxinischen Bedingungen ist zusätzlich rasche Einbettung erforderlich, um zusammenhängende Skelette oder gar Weichteile zu erhalten. Außerdem fällt auf, daß in solchen vermeintlichen Stillwasserablagerungen die Reste meist durch Strömung eingeregelt sind und daß auch hier – wo eigentlich nur die normale Sterberate in höheren Wasserschichten abgebildet sein sollte – manchmal ganze Fischschwärme beisammen liegen.

Diese Widersprüche löst das Sturmmodell der Stagnatlagerstätten (SEILACHER 1990 a:123), das allerdings noch nicht in heutigen Meeren überprüft ist. Windenergie wird im Wasser in Wellenenergie umgesetzt. Diese nimmt nach der Tiefe hin ab und wirkt sich am Grund als oszillierende Strömung aus, welche lose Sedimentkörner hin und her bewegt und Oszillationsrippeln aufbaut. Wo diese Wirkung aufhört, liegt die Wellenbasis. Sie kann je nach Stärke des Sturms und Ausdehnung des Beckens bis 100 m tief reichen. In euxinischen Becken liegt die Grenze zwischen durchlüftetem Oberflächenwasser und sauerstofffreiem Tiefenwasser (Oxykline) meist unterhalb der Wellenbasis; anoxische Bereiche bleiben also von Sturmwellen unberührt. Sie rücken indessen in den Wirkungsbereich von Stürmen, wenn man nicht nur die Sturmwellen, sondern auch den Effekt der Sturmflut bedenkt (Abb.4). Diese markiert einen küstenwärtigen Wasser-„Berg", der normalerweise durch oberfläche Jetströme ausgeglichen wird. An schlammigen Küsten ist jedoch zu erwarten, daß das in Bodennähe schmutzigere Wasser durch seine höhere Dichte den Kompensationsstrom hangabwärts lenkt. So entstehen Trübungsströme, die sich in ihrem Verlauf wie ein Flußnetz vereinigen. Da sie dabei zusätzliche Fallenergie entwickeln, können diese Ströme nicht nur die Wellenbasis, sondern auch die Oxykline durchstoßen. Zuvor müssen sie jedoch die dysaerobe Übergangszone durchqueren, in der die Oxykline mit der Sedimentoberfläche zusammenfällt. Der hier erodierte Faulschlamm verwandelt nun den Trübungsstrom in eine Giftwolke, die nicht nur Bodentiere, sondern auch bodennahe Schwimmer abtötet und die Leichname in den eigentlich anaeroben Bereich verfrachtet. Dort bleiben sie strömungsorientiert liegen und werden schließlich von der absetzenden Trübe wie mit einem Totentuch überdeckt.

Eine plausible Hypothese also, nur leider unser Muschelkalkmeer nicht betreffend! Plattenkalke à la Solnhofen kennt man zwar aus dem spanischen Muschelkalk (Alcover bei Barcelona) und bituminöse Fischschiefer finden sich in gleichaltrigen Schichten des alpinen Bereichs; aber im Germanischen Muschelkalkbecken wurde dergleichen trotz intensiver Durchforschung nie gefunden. So bleibt als erstes Ergebnis unserer Betrachtung eine doppelte Frustration: Das Fehlen echter Stagnatlagerstätten im Germanischen Muschelkalkmeer (im Gegensatz zu seinem jurassischen Nachfolger!) sowie unser Unvermögen, diese Tatsache auf einfache Weise zu erklären.

Tempestitische Obrutionslagerstätten als fossile Schnappschüsse

Die meisten Medaillen haben zwei Seiten. Außergewöhnliche Erhaltung ist zum Glück nicht auf Sauerstoffabschluß angewiesen; denn zusammenhängende Skelette – wenngleich nicht die Weichteile – bleiben auch dann erhalten, wenn nur rasche Verschüttung (Obrution) erfolgt und die eindeckende Sedimentschicht dick genug ist, um die Kadaver vor Aasfressern zu schützen. Der Moorleiche steht also der Fall von Pompeji gegenüber: Feinste Gewebeerhaltung auf der einen, aber dafür das Abbild eines ganzen Lebensraumes auf der anderen Seite. Dieser Dualismus gilt auch für den Muschelkalk; denn sein Mangel an Stagnatlagerstätten wird durch einen ungewöhnlichen Reichtum an Obrutionslagerstätten ausgeglichen. Sie sind nur deshalb weniger augenfällig, weil Wirbeltiere von diesem Lagerstättentyp ausgeschlossen sind. Dafür finden sich Echinodermen in großer Vielfalt, z.B. die berühmten Seelilienplatten (und manchmal auch ganze Seeigel) in den Terebratel- und Schaumkalkbänken des Unteren Muschelkalks, und in bestimmten Horizonten des Trochitenkalkes oder in höheren Abschnitten des Hauptmuschelkalkes Lagen von Seesternen (*Trichasteropsis*) und Schlangensternen (*Aspidura*, SEILACHER 1988), neuerdings (persönliche Mitteilung von Dr. Hagdorn) sogar von Seegurken in den Tonplatten des Hauptmuschelkalkes. Diese Echinodermenlager haben gemeinsam (1) die artikulierte Erhaltung, (2) den Charakter von Leichenfeldern (ein Seestern liegt selten allein) und (3) die Beschränkung auf einzelne Schichtflächen. Das alles deutet auf singuläre, katastrophale Ereignisse. Sicher keine Vulkanausbrüche wie im Fall von Pompeji – aber was dann?

Im vorigen Kapitel war von Sturmwirkungen unterhalb der Wellenbasis die Rede. Oberhalb dieser Grenze sind die Auswirkungen ganz anderer Art. Hier wühlt die oszillierende Strömung den Grund großflächig auf, und beim Nachlassen des Sturmes wird das Material, nach Korngröße geordnet, wieder abgesetzt. Das sedimentäre Abbild eines solchen Ereignisses ist ein Tempestit (AIGNER 1985). Er beginnt im typischen Fall mit einer erosiven Unterkante. Darüber folgt zunächst eine gröbere Lage, die im Muschelkalk meist aus Schill besteht, aber nahe der Basis auch „Intraklasten", also Stücke der erodierten Unterlage enthalten kann. Mit der abnehmenden Korngröße (Gradierung) geht häufig ein Wechsel des Anlagerungsgefüges einher: ebene Laminierung im unteren, Rippellamination im oberen Teil. Das oberste Glied des Tempestits schließlich bildet eine Schlicklage, die dem allmählichen Absetzen der Resttrübe entspricht.

Von den Abwandlungen, die dieses primäre Protokoll eines Sturmereignisses durch die Diagenese erfährt, wird noch weiter unten die Rede sein. Im Augenblick interessiert vor allem die Frage des Horizontaltransportes. In einem reinen Wellenregime sollte er minimal bleiben, weil Aufarbeitung und Resedimentation im wesentlichen am Ort erfolgen. In der Realität eines Sturmes dagegen werden besonders leichte Grobpartikel zum Strand hin verfrachtet und bleiben dort als Spülsaum liegen (Bernstein am Ostseestrand!). Umgekehrt bewirkt der Kompensationsstrom einen beckenwärtigen Abtransport von feinem Schlamm, so daß größere biogene Partikel konzentriert werden und als Schille und Schalenpflaster zurückbleiben.

Tiefer am Beckenhang dagegen, und da besonders auf den Flächen zwischen den turbiditischen Kompensationsströmen (Abb. 4), werden zumindest die Grobkomponenten vorwiegend am Ort (autochthon) umgelagert. Zu ihnen gehören auch bodenlebende Tiere – darunter Echinodermen, die sich nicht wie Wirbeltiere und Krebse durch Schwimmen oder aktives Ausgraben in Sicherheit bringen können. Da sie meist an der Grenze zwischen dem groben Teil des Tempestits und seiner tonigen Phase liegen, mögen die Echinodermen sogar durch den feinen Schlamm abgetötet worden sein, der ihr Ambulakralsystem verstopfte, noch ehe er die Opfer wie in Stagnatlagerstätten als Leichentuch vor Aasfressern schützte (ROSENKRANZ 1971).

Echinodermenlager dieser Art sind zwar optisch weniger attraktiv als vergleichbare Vorkommen in Schwarzschiefern (etwa dem unterdevonischen Hunsrückschiefer). Dafür bieten sie etwas, was sonst im paläontologischen Bericht selten vorkommt: Es sind Schnappschüsse einer kontemporären Lebewelt. Ihr Informationsgehalt entspricht damit dem einer Volkszählung im Gegensatz zu einer Friedhofsstatistik: Nicht nur die Altersstruktur einer Population, sondern auch ihre Siedlungsdichte ist hier getreuer abgebildet als in anderen Vorkommen. Darum wäre es töricht, aus solchen fossilen Lebensbildern einzelne Fossilien herauszuschlagen. Nur Schichtflächen oder große und vor der Bergung eingenordete Platten erhalten die wichtige Dokumentation.

Bonebeds: Goldseifen für Kenner

Der Informationsgehalt der Bonebeds (REIF 1971; HAGDORN & REIF 1988; HAGDORN 1990) ist ganz anderer Art. Wie bereits angedeutet, beruhen sie auf der Präfossilisation und nachträglichen sedimentären Anreicherung von Wirbeltierresten. Der Fall erinnert also an die LINCKschen Perlentrochiten, nur daß die selektive Präfossilisation sich hier auf eine andere Tiergruppe bezieht und durch Bakterien bewerkstelligt ist. Deshalb werden einzelne Knochen oder Zähne selten im Zusammenhang gefunden und sind häufig zerbrochen und abgerollt. Die Bonebedfauna interessiert also weniger durch die Qualität der Erhaltung als durch ihre lexikalische Vollständigkeit: Weil der gemeinsame Nenner in der gruppenspezifischen Neigung aller Wirbeltierknochen liegt, in anoxischem Milieu unter Einwirkung von Bakterien zu phosphatisieren, betrifft die Auslese verschiedenste Lebensformtypen und Bewohner unterschiedlicher Habitate. Falls es zur Muschelkalkzeit schon Flugsaurier gab, sind ihre Reste in den Bonebeds ebenso zu erwarten wie die von Bewohnern küstennaher Flüsse und Ästuare (*Ceratodus*, Stegocephalen).

Wichtig ist ferner der Umstand, daß bakterielle Phosphatisierung (im Gegensatz zur Umkristallisation von Echinodermenskeletten) in geringer Tiefe unter der Sedimentoberfläche erfolgt, wo der umgebende Schlamm

STURM - TAPHONOMIE

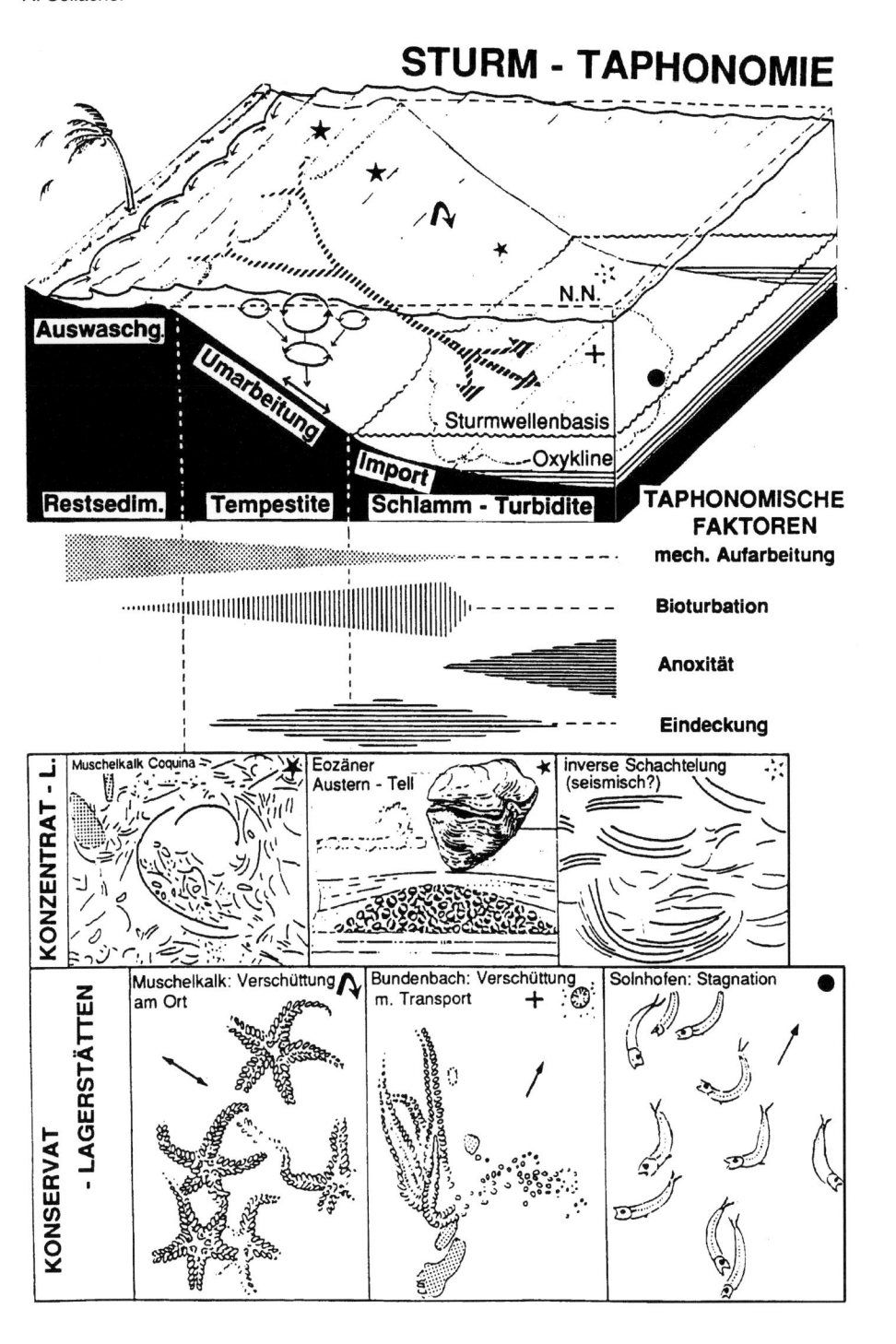

Abb.4 Bei der Bildung von Fossillagerstätten spielen Stürme eine entscheidende Rolle. Im flachen Küstenbereich entstehen bei der Aufbereitung unverfestigter Schichten grobe Schillagen. Der ausgespülte Schlamm wird als Kompensationsstrom in Form von Trübeströmungen den Beckenhang hinabtransportiert (Pfeile). Diese sammeln sich zunächst wie Flüsse in submarinen Canyons und dringen, durch Schwerkraft getrieben, in Stillwasserbereiche unterhalb der Wellenbasis vor. Dort können sie sich durch Aufarbeitung von Faulschlamm in Giftwolken verwandeln und bodennahes Leben abtöten. So können die Leichen in stagnierende Bereiche geraten, wo sie strömungsorientiert abgelagert und von der abfließenden Trübe eingedeckt werden (Stagnatlagerstätten Hunsrückschiefer, Solnhofen und Holzmaden). Im Muschelkalk kennt man bis jetzt nur Obrutionslagerstätten. Sie entstehen oberhalb der Wellenbasis und betreffen vor allem Echinodermen, die über dem gröberen Teil von Sturmlagen (Tempestiten) durch die nachfolgende Schlammsedimentation am Lebensort verschüttet wurden.

noch nicht kompaktiert ist. Aufarbeitung präfossilisierter Wirbeltierreste ist also kein Problem.

Eine weitere Besonderheit hat mit der höheren Dichte von Kalziumphosphat gegenüber Karbonaten zu tun. Frischer Knochen ist nur durch seine Porosität so leicht. Wenn die Poren durch Präfossilisation geschlossen sind, verhalten sich Knochenpartikel wie das Schwermineral Apatit und werden wie dieses durch Strömungen zu Seifenlagerstätten angereichert. Sturmwellen haben uns also einen Großteil der Sucharbeit abgenommen!

Das weitere Aussuchen läßt sich dadurch erleichtern, daß man Bonebed-Brocken in Essigsäure legt, welche das in manchen Fällen kalkige Bindemittel auflöst und die phosphatischen Partikel unversehrt läßt. In diesem Stadium werden sich die meisten Sammler auf Zähne und Ganoidschuppen mit ihrer glänzenden Schmelzoberfläche konzentrieren. Dabei bleiben die Koprolithen und ihre Bruchstücke vernachlässigt, obwohl sie eigentlich eine Fossillagerstätte eigener Art darstellen.

Wie man aus primären Stagnatlagerstätten (z.B. dem Messeler Ölschiefer des Eozäns; WUTTKE 1988) weiß, verhalten sich Kote der bakteriellen Umsetzung gegenüber unterschiedlich. Vegetarierkot wird durch seinen Gehalt an Pflanzenresten lediglich inkohlt und durch Kompaktion flachgedrückt; nachträgliche Umlagerung ist also ausgeschlossen. Nur Fleischfresserkot wird phosphatisiert und kann damit sekundär – zusammen mit Knochen und Zähnen – in Phosphatseifen so konzentriert werden, daß F. A. QUENSTEDT unsere Bonebeds markant (aber wegen der Umlagerungsgeschichte unzutreffend) als „fossile

Kloaken" beschrieb. Der Informationsgehalt von Koprolithen erschließt sich allerdings erst beim Aufschlagen und Prüfung von Bruchflächen und Dünnschliffen unter dem Mikroskop: Infolge der frühen Erhärtung können sich hier Nahrungsreste von Radiolarien bis zu Insekten erhalten, welche sonst durch Zersetzung und Diagenese ausgelöscht worden wären. Damit verraten solche Reste die Speisekarte der Kotproduzenten. Auch hier eröffnet sich ein lohnendes (und nicht einmal anrüchiges) Forschungsfeld für Kenner und Paläodetektive!

Daß echte Bonebeds nur in den obersten Lagen des Muschelkalks und in der Übergangszone zur Lettenkohle ausgebildet sind, hat wahrscheinlich paläogeographische Gründe: Die Voraussetzungen zur Bonebedbildung (Erstablagerung in stagnierenden Randbecken; Aufarbeitung durch Stürme; reduzierte Langzeitsedimentation) waren am ehesten im Küstenbereich und in der regressiven Phase gegeben.

Konkretionslagerstätten
Von Konkretionen spricht man, wenn begrenzte Bereiche im Sediment früher erhärten als die Umgebung. Verschiedene Sonderbedingungen können dafür verantwortlich sein.

Mumienkonkretionen
In der Tonplattenfazies des Oberen Muschelkalks findet man gelegentlich ganze Fische, Krebse oder Seesterne, die wie Mumien in eine Konkretion eingeschlossen sind; nur Kopf, Flossen oder Armspitzen ragen darüber hinaus. Auslöser war wahrscheinlich bei der Verwesung von Weichteilen freiwerdendes Ammoniak, das zur lokalen Ausscheidung von Kalkzement (Verwesungs-Fällungskalk) führte. Das weitere Wachstum der Konkretion wurde dann aus dem Porenwasser gespeist.

Druckschattenkonkretionen
Auf Verwesung hat man gelegentlich auch den Umstand zurückgeführt, daß Ceratiten, Schnecken und noch zweiklappige Muscheln in tonigen Lagen häufig (oder sogar regelmäßig) als harte Kalksteinkerne vorliegen und herauswittern. Richtig ist, daß auch in diesem Fall eine frühe Zementation stattfand (zumindest vor der Auflösung der aragonitischen Schale). Bei Ceratiten jedoch betraf dieser Vorgang nicht nur den Wohnkammerbereich, sondern auch die z.T. unvollständige Sedimentfüllung der Luftkammern – also Gehäuseteile, in welche Sediment erst nach dem Verschwinden des Weichkörpers und des organischen Siphonalrohres gelangen konnte (HAGDORN & MUNDLOS 1983). Als Auslöser der Konkretionsbildung wird daher der mechanische Druckschatteneffekt des Gehäuses angenommen. Er bewirkt, daß sich die Porosität im Füllsediment bei der Sackung weniger verringert als in der Umgebung, so daß der im Porenwasser gelöste Kalk vorzugsweise hier wieder auskristallisiert. So präfossilisierte Steinkerne sind dann – mit oder ohne Schale – umlagerbar, wobei die primären Füllstrukturen (SEILACHER 1966) auch dann erhalten bleiben, wenn die sekundäre Einbettungslage nicht der ursprünglichen entspricht. Solche Unstimmigkeiten erkennt man freilich nur, wenn die letztliche oben/unten-Orientierung der Steinkerne entweder im Gelände erkannt und mit Filzstift markiert wurde oder sich indirekt aus Drucklösungsmustern oder Kompaktionsharnischen rekonstruieren läßt.

Schichtparallele Konkretionshöfe
In der Tonplattenfazies des Oberen Muschelkalks werden tempestitische Schillagerstätten häufig von hellen Mikritbändern gesäumt. Das Phänomen ist im Anschnitt so charakteristisch, daß dafür der Begriff der Dreiflurenbank geprägt wurde. Im Flächenbild dagegen wirkt sich der Effekt eher negativ aus, denn der Mikritsaum verhüllt nicht nur die Sohlfläche der Sturmlage samt Erosionsmarken und Spuren, sondern auch den Schill/Ton-Kontakt, wo verschüttete Echinodermen am ehesten zu erwarten wären.

Obwohl der Bildungsmechanismus im einzelnen noch unsicher bleibt, ist der frühdiagenetische Ursprung der Dreiflurenbänke unbestritten. Wie bei anderen Konkretionen hat sich die Zementationsfront allmählich in die Umgebung der Schillbank ausgebreitet – aber nur solange, wie das Porenwasser durch Auflösung aragonitischen Schalenmaterials an Kalk gesättigt blieb. Danach kehrte sich der Prozeß um, und der konkretionäre Hof wurde unter dem zunehmenden Überlagerungsdruck seinerseits angelöst. Entsprechende Drucklösungsflächen sind stets an konischen „Weichstylolithen" zu erkennen, welche vorgegebene Strukturen (Klüfte, Spuren, Umrisse kalzitischer Fossilien) nachzeichnen und nach Art der „doppelten Lobenlinie" von Ceratiten (SEILACHER 1988:Abb. 6) in tiefere Ebenen projizieren.

Die schon früher beschriebenen „Phantome" von *Aspidura* (SEILACHER 1988:Abb. 5) entstanden in dieser Phase. Entgegen der damaligen Vermutung sind die Ossikel über den zugehörigen Drucklösungsconellen jedoch nicht diagenetisch, sondern erst durch Verwitterung verloren gegangen (freundl. Mitteilung von Herrn Dr. H. A. Berner, Großbottwar). Damit nähert sich der Fall dem der Crailsheimer Vorkommen, in denen der Seestern *Trichasteropsis* einem entsprechend konturierten „Hartstylolithen" aufsitzt. Wahrscheinlich haben sich diese vertikal ausgestanzten Stylolithen jedoch erst in einer späteren Phase der Diagenese und am Kontakt zwischen etwa gleich harten Kalkbänken entwickelt.

In allen drei Versionen der Konkretionsbildung besteht die Möglichkeit, daß neben den eigentlichen Auslösern auch weniger auffallende, aber auf die Dauer unbeständige Reste durch die frühe Zementation fixiert wurden. Man sollte einen schlechten Ceratitensteinkern immer erst zerschlagen, ehe man ihn wegwirft!

Diagenetische Lagerstätten
Unter Triasforschern sind Schwieberdingen bei Stuttgart (PHILIPPI 1898) und Wiesloch bei Heidelberg (GRUBER 1932) durch eine besondere Art der Fossilerhaltung bekannt. An beiden Orten – aber in verschiedenen Horizonten (*Trigonodus*-Dolomit bzw. Trochitenkalk) – ist ein spätdiagenetischer Prozeß eingetreten, der normale Muscheln nachträglich in den Adelsstand erhob.

Ersatzschalen sind in Schillbänken des Muschelkalks ein gewöhnliches Phänomen. Sie setzen voraus, daß das umgebende Sediment noch vor der Schalenauflösung (vor allem der aragonitischen Muschel- und Schneckengehäuse) lithifizierte. Als die Auflösung dann doch noch eintrat, blieb ein Hohlraum zurück, der im Lauf der Zeit nach Art einer Druse mit blockigem Kalzit wieder verfüllt wurde. In Kornsteinen des Trochitenkalks stockte dieser Vorgang häufig auf halber Strecke: Die Schalenhohlräume sind noch erhalten, aber die Details des Abdrucks durch einen Rasen glitzernder Kalzitkristalle verdeckt.

Von diesem Schicksal unterscheiden sich die genannten Vorkommen nur in einem Punkt: Die Druse ist nicht mit Kalzit, sondern mit Dolomit ausgeheilt. In dolomitischen Ersatzschalen ist darum die ursprüngliche Schalenstruktur ebenso verschwunden wie in kalzitischen, aber sie sind etwas weniger löslich als das umgebende Kalkgestein. Dasselbe gilt auch für kalzitische Ersatzschalen, wenn ihre oolithische Matrix oder ihre mikritische Grundmasse, durch humose Auflösung (z.B. in Dolinen oder unter alten Landoberflächen) mürbe geworden, sich leicht entfernen läßt. Lagerstätten dieses Typs sind die nicht weniger berühmten aus den Schaumkalkbänken von Lieskau (GIEBEL 1856, MÜLLER 1985) und der *Astarte*-Bank des Oberen Trochitenkalks im Eggegebirge (ROEMER 1851, BUSSE 1972). Diesem Löslichkeitsunterschied folgt die Verwitterung und liefert uns ohne mühselige Präparation von der Matrix befreite Schalen mit allen Einzelheiten des Schloßapparates, wie man sie sonst nur in unverfestigten Tertiärsanden erwartet. Nichts Besonderes also in bezug auf den nekrolytischen Zustand; aber eben doch eine Fossillagerstätte mit besserem, oder vielmehr zugänglicherem Informationsgehalt, vergleichbar den nachträglich verkieselten Korallen des Nattheimer Oberjura.

Das Problem des Wellenkalks

Für süddeutsche Sammler ist Muschelkalk fast gleichbedeutend mit Oberem Muschelkalk. Was darunter liegt, bleibt weniger attraktiv. In der Zeit des Mittleren Muschelkalks muß das Germanische Becken durch den hohen Salzgehalt weitgehend ein Totes Meer gewesen sein. Der Untere Muschelkalk liefert zwar Fossilien, aber in der in Süddeutschland vorwiegenden Wellenkalkfazies ist der Bericht zu dürftig, um den Sammler zu begeistern. Auch die vorliegende Betrachtung folgte diesem Vorurteil. Und doch, ist in diesem Rahmen nicht gerade die Fossilarmut des Wellenkalks eine Überlegung wert? Die Exkursion nach Rüdersdorf und Oberschlesien hat uns vor Augen geführt, was dieser Zeitabschnitt andernorts zu bieten hat. Die Armut im süddeutschen Raum ist also ein fazielles Problem, das weitgehend mit dem lithologischen Phänomen des Wellenkalks zusammenfällt.

Es ist hier nicht der Ort, noch der Raum, um die Entstehungsgeschichte dieses Gesteins und seiner Strukturen (Dünnbankigkeit, Sigmoidalklüftung, Rutschfalten etc.) zu erörtern (siehe Beitrag von J. SZULC in diesem Band). Statt mit einem fossilen Wattenmeer (SCHWARZ 1975) haben wir es wohl eher mit einer tieferen Beckenfazies zu tun, in der Übersalzung und Sauerstoffarmut schon ursprünglich das Bodenleben reduzierte.

Anzeichen für ein solches Regime finden sich vor allem in der Erhaltung der Schalencephalopoden. Flachgepreßte kohlige Abdrücke von *Beneckeia* gemahnen an Ammoniten im Posidonienschiefer: Das organische Periostracum überlebte die Auflösung der aragonitischen Schale und die Sackung des Sediments. Von den viel häufigeren Ceratiten des Hauptmuschelkalks wurde nie ein solcher Erhaltungszustand berichtet. Auch das Vorkommen von Radiolarien (J.BRAUN, persönliche Mitteilung) und von *Solemya*-Gängen (SEILACHER 1991) deutet in diese Richtung. Daß in einzelnen Horizonten des Unteren Muschelkalks und vor allem in den östlichen Beckenbereichen auch die übliche Steinkernerhaltung und reicheres Bodenleben vorkommt (vor allem in den oolithischen Leitbänken) ist kein Gegenargument. In euxinischen Becken sind flachere Bereiche immer besser durchlüftet, und über längere Zeiträume gesehen dringen oxische Bedingungen vorübergehend immer wieder in tiefere Bereiche vor.

Falls das euxinische Modell auch nur partiell zutrifft, wäre der Wellenkalk ein Zwischending zwischen Holzmaden und Solnhofen: zu kalkig für einen Ölschiefer, zu landfern für einen Plattenkalk. Ganze Wirbeltierleichen wären dann am ehesten im Randbereich des Wellenkalks zu erwarten, wo sie durch sturmbedingte Turbiditströme eingeschwemmt wurden. Ob eine solche Zone der nachträglichen Erosion entging und je von einem Steinbruch erschlossen wird, bleibt abzuwarten. In der Zwischenzeit würde es sich lohnen, die Frage mit geochemischen Methoden weiter zu verfolgen (vgl. BACKHAUS & SCHULTE 1993) und vor allem im Unteren Muschelkalk mit wachem Auge weiter nach Fossilien zu suchen: Gerade in wenig höffigen Gesteinen warten manchesmal die sensationellsten paläontologischen Entdeckungen!

Summary

The taphonomic individuality of the Germanic Muschelkalk is derived from the semienclosed nature of the basin, its shallowness, the low amount of terrigenous input and the dominant role of storm events. The result are timeaveraged shell and bone beds (concentration lagerstaetten), but also horizons, in which contemporary bottom faunas – particularly echinoderms – are preserved as „fossil snapshots" (obrution lagerstaetten). But there are no stagnation lagerstaetten, for which the Jurassic successor basin has become so famous.

Literatur

AIGNER, T. (1985): Storm depositional systems. Dynamic stratigraphy in modern and ancient shallow marine sequences. - Lecture Notes in Earth Sci., **3**, 1174, 83 Abb. (Springer Verlag).

BACKHAUS, E. & SCHULTE, M. (1993): Geochemische Faziesanalyse im Unteren Muschelkalk (Poppenhausen/Rhön) mit Hilfe des Sr/Ca-Verhältnisses.- Dieser Band, 65-72, 9 Abb.

BUSSE, E. (1972): Fazies und Fauna des oberen Muschelkalkes von Willebadessen. - Philippia, **1**, 110-126, 2 Taf., 2 Tab., Kassel.

GIEBEL, C. (1856): Die Versteinerungen im Muschelkalk von Lieskau bei Halle. - Abh. naturwiss. Ver.f.d.Provinz Sachsen u. Thüringen, **1**,51-124, 7 Taf., Berlin (K.Wiegandt).

GRUBER, A. (1932): Eine Fauna mit erhaltener Schale aus dem Oberen Muschelkalk (Trochitenkalk) von Wiesloch bei Heidelberg.- Mitt. u. Arb. a. d. Geol. paläontolog. Inst. d. Universität Heidelberg, N.F. **230**, 241-326, Taf.12-15, Heidelberg.

HAGDORN, H. (1990): Das Muschelkalk/Keuper-Bonebed von Crailsheim. - In: W. K. WEIDERT (Hsg.): Klassische Fundstellen der Paläontologie, **2**, 78-88, 15 Abb., Korb (Goldschneck-Verlag).

HAGDORN, H. & MUNDLOS, R. (1983): Aspekte der Taphonomie von Muschelkalk-Cephalopoden. Teil 1: Siphozerfall und Füllmechanismus. - N. Jb. Geol. Paläont., Abh., **166**, 369 - 403; Stuttgart.

HAGDORN, H. & REIF, W.E. (1988): Die „Knochenbreccie von Crailsheim" und weitere Mitteltrias Bonebeds in Nordost- Württemberg. Alte und neue Deutungen.In: HAGDORN, H. (Hrsg.): Neue Forschungen zur Erdgeschichte von Crailsheim, 116-143, 7 Abb., 1 Tab., Stuttgart, Korb (Goldschneck).

LINCK, O. (1965): Stratigraphische, stratinomische und ökologische Betrachtungen zu *Encrinus liliiformis* LAMARCK. - Jahresh. Geol.Landesamt Baden Württemberg, **7**, 123-148, Freiburg i. Br..

MÜLLER, A. (1985): Invertebraten aus dem Unteren Muschelkalk (Trias, Anis) von Halle/Saale und Laucha/Unstrut (DDR).- Geologica et Palaeontologica, **19**, 97-117, 3 Abb., 4 Taf.; Marburg.

PHILIPPI, E. (1898): Die Fauna des unteren Trigonodusdolomits vom Hühnerfeld bei Schwieberdingen.- Jahresh. Ver. vaterländ. Naturkunde in Württemberg, **54**, 145-227, 6 Taf., Stuttgart.

REIF, W.E. (1971): Zur Genese des Muschelkalk/Keuper-Grenzbonebeds in Südwestdeutschland. - Neues Jahrb. Geol. Pal., Abh., **139**, 369-404, 14 Abb., 3 Tab.,Stuttgart.

ROEMER, F. (1851): Ueber einige Versteinerungen aus dem Muschelkalk von Willebadessen. - Paläontographica, **1**, 311-315, 1 Taf., Cassel.

ROSENKRANZ, D. (1971): Zur Sedimentologie und Ökologie von Echinodermen-Lagerstätten. - N. Jb. Geol. Pal., Abh., **138**, 221-258, 10 Abb., Stuttgart.

SCHMIDT, M. (1928): Die Lebewelt unserer Trias.- Öhringen (Rau). Nachtrag 1938.

SCHWARZ, H.U. (1975): Sedimentary structures and facies analysis of shallow marine carbonates (Lower Muschelkalk, Middle Triassic, SW Germany). - Contrib.sedimentol., **3**, 1-100, 11 Taf., 35 Abb., 1 Tab., Stuttgart (Schweizerbart).

SEILACHER, A. (1966): Lobenlinie und Füllstruktur bei Ceratiten. - N. Jb. Geol. Pal., Abh., **125**, 480-488, 3 Abb., Taf 43-44, Stuttgart.

SEILACHER, A. (1988): Schlangensterne (*Aspidura*) als Schlüssel zur Entstehungsgeschichte des Muschelkalks. - In: HAGDORN, H. (Hrsg): Neue Forschungen zur Erdgeschichte von Crailsheim, 85-98, 6 Abb., Korb (Goldschneck-Verlag).

SEILACHER, A. (1990a): Die Holzmadener Posidonienschiefer. Entstehung der Fossillagerstätte und eines Erdölmuttergesteins. - In: W. K.WEIDERT (Hsg): Klassische Fundstellen der Paläontologie, Bd.2, 107-131, 29 Abb., Korb (Goldschneck-Verlag).

SEILACHER, A. (1990b): Aberration in bivalve evolution related to photo- and chemosymbiosis.- Historical Biology **3**, 289-311.

SZULC, J. (1993): Early Alpine Tectonics and Lithofacies Successions in the Silesian Part of the Muschelkalk Basin. A Synopsis.- Dieser Band, 19-28, 10 figs.

WUTTKE, M. (1988): Erhaltung – Lösung – Umbau. Zum Verhalten biogener Stoffe bei der Fossilisation. - In SCHAAL, S. und ZIEGLER, W. (Hrsg): Messel - Ein Schaufenster in die Geschichte der Erde und des Lebens. 265-275, 19 Abb., Frankfurt a.M. (W. Kramer)

Crinoiden aus dem Unteren Muschelkalk (Anis) Südniedersachsens

Robert Ernst, Göttingen
Thomas Löffler, Göttingen
12 Abbildungen

Einleitung

In den letzten Jahren lieferte der Untere Muschelkalk (mu-Standard sensu STEIN 1968) im Steinbruch bei Elvese SW' Northeim (Abb.1) verhältnismäßig gut erhaltenes Fossilmaterial aus der bekanntermaßen fossilreichen Oberen Terebratelbank (KOENEN & MÜLLER 1895) und dem basalen Wellenkalk 3 (HAGDORN & SIMON 1983). Dieser Aufschluß liegt am Südzipfel des teilweise halokinetisch/salinartektonisch stark überprägten Warberg-Horstes, einem Aufbruch aus Buntsandstein und Muschelkalk innerhalb der Keuper/Jura-Füllung des Leinetal-Grabens (JORDAN 1986).

Besonders hier, aber auch aus anderen Aufschlüssen in Südniedersachsen (Stbr. Ossenfeld und Herberhausen, Abb.1) wurde eine verhältnismäßig formenreiche und überraschend gut überlieferte Echinodermaten-Fauna mit Seeigeln, Schlangensternen und Seelilien bekannt. Darüber hinaus sind besonders Spiriferiden auffällig. Über diese überwiegend autochthon überlieferte Hartgrundbesiedlung hinaus wird das Bild durch vereinzelt vorkommende Cephalopoden abgerundet (ERNST & LÖFFLER 1991, LÖFFLER & ERNST in Vorb.).

Die Vergesellschaftung dieser speziellen Formen mit weiteren Muschelkalk-spezifischen Faunenelementen sind bekanntermaßen Teil eines zeitlich-räumlichen Wechsels von Hart- und Weichbodengesellschaften (HAGDORN & SIMON 1983). Ihre Taphonomie fügt sich in das erprobte Modell einer durch Sturmflutereignisse und Omissionen geprägten kalkigen Flachmeersedimentation auf einer flachen Karbonatrampe im Umfeld der ehemaligen Wellenbasis ein (LUKAS 1991 b).

Die Konservatlagerstätte, die einen Ausschnitt einer Population von *Chelocrinus* aff. *carnalli* (BEYRICH 1856) geliefert hat, findet sich an der Basis der Oberen Terebratelbank (muT2, STEIN 1968). Das sedimentologisch-paläontologische Inventar offenbarte durch detaillierte Profilaufnahmen und eine geologische Flächengrabung folgende genetische Bedingungen.– Näheres zur Palökologie, Taphonomie und Sedimentationsdynamik siehe LÖFFLER & ERNST (i. Vorb.).– Die Crinoiden wurden an der Unterseite eines markanten gradierten Tempestit-Autozyklus (sensu FRANKE et al. 1977, AIGNER 1979) angetroffen, der einen teilweise noch immaturen Hartgrund (vgl.

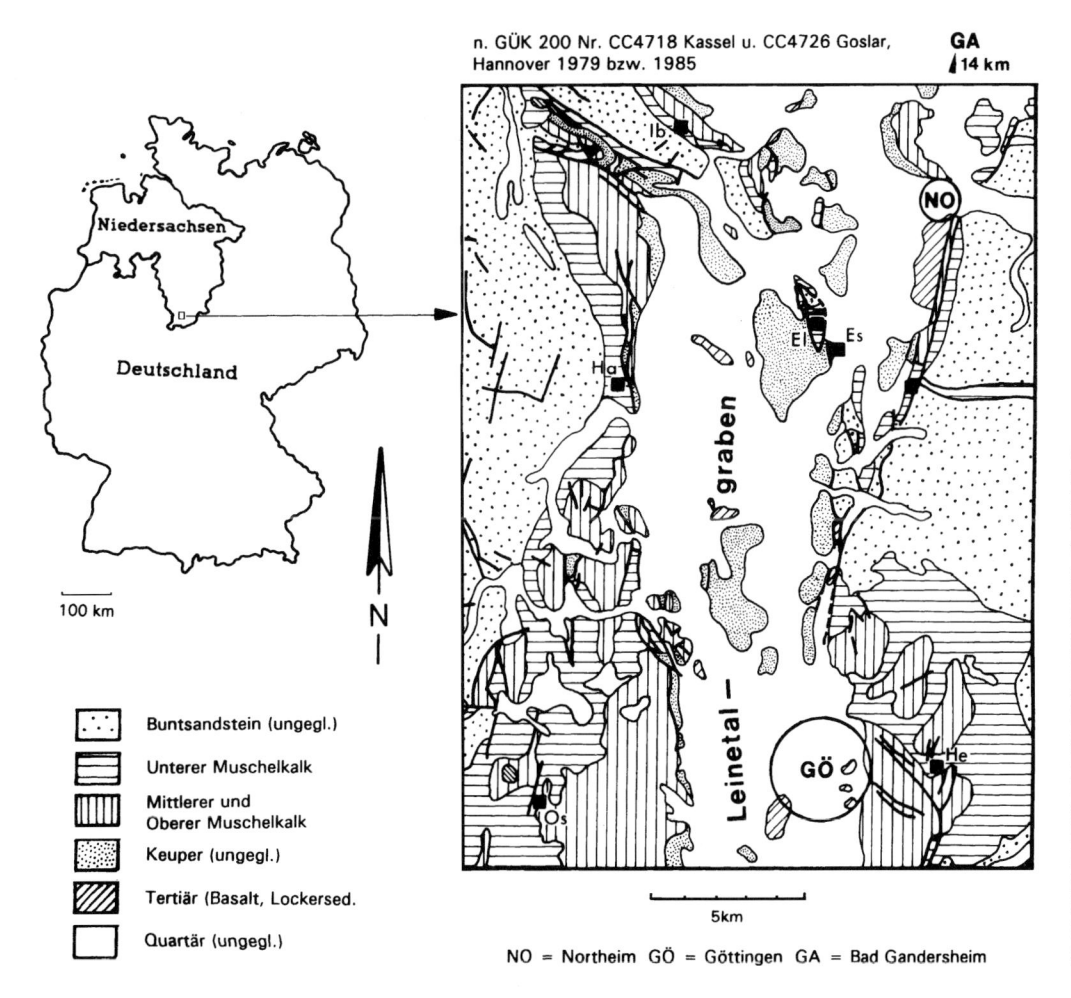

Abb. 1 Lage des Untersuchungsgebietes und Position der Fundpunkte: El = Stbr. Elvese, Baustoffwerke Fa.H. Herbst, östlicher Abbauteil (R 3564975, H 5126720), Es = Elveser Sportplatz (R 3567750, H 5725850), Bü=Bühler Kirchberg (R 3568500, H 5724575); Ha = Stbr. Fa. Nordzement AG, Hardegsen (R 3558220, H 5725500) (alle GK 4325 Nörten-Hardenberg); He = kleiner Stbr. 1,3 km E' von Herberhausen (R 3569800, H 5712 100) (TK 4426 Ebergötzen); Os = Stbr. 1 km N' Ossenfeld (R 3555225, H 5711640) (TK 4424 Dransfeld).

FÜRSICH 1971) eingedeckt hat. Dieses ungewöhnliche hochenergetische Erhaltungsumfeld von artikulierten, fixosessil siedelnden Muschelkalk-Encriniden wurde in Zusammenhang mit einem katastrophalen, bodenaufwühlenden Sturmflutereignis erzeugt. Die Energien waren ausreichend, um stellenweise neben den hierbei üblichen aufgewirbelten sedimentären und biogenen Material auch größere Abschnitte des besagten Fest-/Hartgrunds aufzubrechen und in Form von teilweise umgeworfenen, bis zu Quadratmeter-großen Platten im parautochthonen Grade zu transportieren. Dabei wurde die wohl noch im Aufbau befindliche lichte Besiedlung der Crinoiden rasch abgetötet, regellos verstreut und, teilweise zerrissen, unter den Intraklasten und dem nachfolgend anfallenden klassierten „fall out" derart begraben, daß sie vor weiterem Zerfall, z.B. durch Strömungsexhumierung oder wühlende Organismen, geschützt waren.

Der einzelne, ausnahmsweise weitestgehend artikuliert erhaltene Holocrinide entstammt dem unteren Abschnitt der massig-kalkigen, von Omission, Arenit-Umlagerung und frühdiagenetischer Zementation geprägten Oberen Terebratelbank. Seine Einbettung verdankt er einer ruhigen, ansonsten in dieser Sedimentationsphase seltenen und geringmächtigen, siliklastisch-mergeligen Suspensions-Ablagerung.

Die untersuchten Crinoidenfunde fügen sich in die Initialphase der bereits anderweitig ausgewiesenen muT2-Subsequenz ein. Sie stellt die bedeutendste, von Osten (vergl. ZIEGLER 1982) beckenweit durchgreifende Ingressions-Episode im Unteren Muschelkalk dar, deren Strömungs- und Faunenaustausch mit dem tethyalen Weltmeer eine reichere stenohaline Fauna auch im Germanischen Nebenmeer ermöglichte (HAGDORN 1985, LÖFFLER & ERNST i. Vorb.). Diese wiederholt diskutierten und durchgängig im Unteren Muschelkalk auftretenden Sohlbank-Allozyklen verschiedenen Umfangs umfassen neben einer fossilreichen Leitbank jeweils eine dominierende Wellenkalk-Fazies und eine nicht selten final entwickelte Gelbkalk/Sabkha-Fazies (u.a. SCHULZ 1972, LUKAS & WENZEL 1988). Damit war regelmäßig eine Verarmung der Fauna in Abhängigkeit von der zunehmenden Übersalzung verknüpft (vergl. HAGDORN & SIMON 1983, ERNST & LÖFFLER 1991).

Die *Chelocrinus* -Funde

Beschreibung
In der Oberen Terebratelbank treten örtlich eng begrenzt zahlreiche, teilweise vollständig mit Stiel und zumeist separaten Haftscheiben erhaltene Crinoiden mit einer Gesamtlänge von bis zu 80 cm auf (Abb. 2). 32 mehr oder weniger gut erhaltene Kronen mit einer Länge von 5 - 8 cm wurden bearbeitet. Die dizyklische Basis besteht aus sehr niedrigen, nach außen gewölbten Radialia, die mit höckerartig gewölbten Primibrachialia und Primaxillaria verbunden sind, auf denen je zwei mäßig gewölbte Sekundibrachialia und Sekundaxillaria sitzen. Abweichungen von der 20-Armigkeit konnten nicht festgestellt werden. Die flachen Außenflächen der Brachialia ohne Ornamentierung sind scharfkantig von den Seitenflächen abgesetzt. Ihre Trapezform geht mit dem 15. bis 20. Armglied in eine spitz-dreieckige Form über, die von MÜLLER (1989) als Wechselzeiligkeit bezeichnet wird. An den häufig gut erhaltenen Pinnulae (Abb. 5) konnten keine Besonderheiten festgestellt werden (Beschreibung s. BIESE 1927).

Die Columnalia zeigen im proximalen Abschnitt eine Größendifferenz von abgerundet pentagonalen Nodalia und Internodalia, während sie distal alle gleich groß und rund sind.

Die auffälligen proximalsten Nodalia wölben sich über die angrenzenden Internodalia in ihrem gesamten Umfang nach oben und unten hinweg. Sie sind an ihren Seitenflächen wulstartig verdickt und haben zumeist einen sub- bzw. pentalobaten Umriß. Die dabei entstehenden Flanken-Wülste sind teilweise zentral nur abgeflacht oder zeigen darüber hinaus eine Grube (Abb. 4). An fünf nicht ganz ausgewachsenen Individuen sind noch teilweise vollständige, kräftig entwickelte Cirren (Abb. 5), ausnahmsweise auch als fünfzähliger Kranz in situ (Abb. 6), erhalten. Bis zu 17 runde Cirralia konnten bei einem Cirrus festgestellt werden.

Im Fundniveau treten regelmäßig diskoide Haftscheiben (u.a. MÜLLER 1956b) mit einem Durchmesser bis zu 3 cm auf (LÖFFLER & ERNST in Vorb.). Sie kommen meist isoliert vor und sitzen direkt auf dem Hartgrund auf oder sind, ausnahmsweise auf der Seite liegend, noch mit anhaftendem proximalen Stiel erhalten. An zerbrochenen Haftscheiben ist ihr lagiger Aufbau durch unterschiedliche Färbung sichtbar (vgl. KOENEN 1887)

Färbung
Das vorliegende Material zeigt eine deutliche Färbung der diagenetisch massiv homogenisierten, heute als monokristalliner Kalzit vorliegenden Skelettelemente. Wiederholt ist eine systematische Farbgliederung der Krone in eine schwach rötlichgraue bis kräftig grauviolette Theka und

Abb. 2 *Chelocrinus* aff. *carnalli* (BEYRICH, 1856); basale Obere Terebratelbank, Stbr. Elvese Fa. Herbst (Slg. LUBINSKI).

farblose Arme entwickelt (Abb.5). Die Stiele sind ebenso, aber kräftiger gefärbt. Hin und wieder treten ockerfarbene Verwitterungssäume in der epigenetischen Folge tektonisch-subrosiv aktivierter Lösungsumsätze auf, die die ansonsten hierbei sehr stabilen Kalkspatkörper und ihre Färbung verändert haben (salinartektonische De-/Dolomitisierungsprozesse, vgl. LÖFFLER 1986).

Diese von vielen Bearbeitern bei Ch. carnalli zumeist beiläufig erwähnte und als Primärfärbung des ehemaligen lebenden Echinodermaten-Außenskelettes anerkannte Erscheinung (bes. BIESE 1927; JAEKEL 1894; KLAGES 1954, 1965; HAGDORN 1980) stellt ein spezifisches Merkmal bei nahezu allen carnalli-Funden dar. Der damit verbundene konsequente Hinweis auf rezente marine Invertebraten mit häufig intensiver purpurner bis violetter Färbung bedarf keiner Kritik. Besonders in tropischen Flachwasserbiotopen ist sie für das Verhalten oder die Tarnung von Bedeutung.

Vor allem bei dem gut belegten Freyburger Material ist die genannte Eigenfarbe in auffälliger Weise entwickelt. Die Crinoiden zeigen unabhängig von der Einbettungsmatrix (sensu KLAGES 1965) zumeist eine kräftige, nahezu rein violette Farbe, häufig des gesamten Tieres (DABER & HELMS 1988: Farbabb. 28), aber auch alle Abstufungen und systematische Farbkombinationen sämtlicher Körperteile. Eine pigmentierte Fossileigenfarbe in abgeschwächter und zumeist mehr rosaroter Ausbildung ist auch bei Chelocrinus schlotheimi (QUENSTEDT, 1835) bekannt (HAGDORN 1980, 1982; farb. Titelabb. Aufschluß 1979, H. 11). Bezeichnenderweise ist hierbei Ch. schlotheimi im direkten Fundverband (s. HAGDORN 1980: Abb. 3) mit dem nach KLAGES (1965) in der Regel nicht roten Encrinus liliiformis bekannt. Nur BIESE (1927) erwähnt von letzterem zwei fragmentarisch erhaltene Stücke mit dunkelvioletter Färbung; die Zugehörigkeit zu E. liliiformis ist aber zweifelhaft.

Ein weiterer augenfälliger Hinweis auf die primäre Farbnatur bietet eine hellrosa gefärbte Krone nebst ihrem farblich scharf abgesetzten, kräftig violettgrauen proximalen Stiel aus dem Freyburger Schaumkalk in der ehemaligen Sammlung C. A. SCHMÖGER (Nr. 1049) im Erfurter Naturkundemuseum. Dieser Befund spricht neben der diagenetischen Nebengesteinskontrolle (HAGDORN 1982) und Verwitterungsabhängigkeit (BIESE 1927), mit einer damit verbundenen Verwischung der Farbe, auch für eine ehemals individuelle Differenzierung von Muster, Farbtiefe und Farbverteilung innerhalb der ehemaligen Encriniden-Populationen.

Die Eigenfarbe stellt demnach ein phylogenetisch langlebiges Gattungsmerkmal von Chelocrinus dar.

Farbreste sind im übrigen auch von anderen Muschelkalk-Fossilien bekannt, z.B. bei Brachiopoden, Lamellibranchiaten und Gastropoden (bes. MUNDLOS 1976: Abb. S.108; Zusammenstellung MAYER 1979). Die hierbei überlieferten Farbreste in den kalzitischen Primärschalen stimmen mit Farbmustern rezenter mariner Invertebraten eindeutig überein, so daß die geologische Überlieferungsmöglichkeit bewiesen ist.

Nicht zuletzt wird dies durch die gelungene chemische Identifizierung eines organischen Pigments bei Crinoiden aus dem Jura bestätigt (hierzu HESS 1972). Die bislang sorgfältigste Bearbeitung der Färbung bei Muschelkalk-Encriniden von BIESE (1927), einem in ähnlicher Richtung beschrittenen Analyseversuch, blieb allerdings ergebnislos.

Der Elveser carnalli-Typ aus anderen Gegenden und seine stratigraphische Vorkommen

Bereits 1838 machte GEINITZ ein Kronenexemplar einer 20-armigen Crinoide von den Kernbergen bei Jena „aus der Nähe der Terebratula-Schichten" bekannt. Er ordnet seinen Fund dem „Encrinus pentactinus BRONN 1837" zu, einem Synonym zu Ch. schlotheimi, der allerdings nur im Oberen Muschelkalk vorkommt (HAGDORN 1982). Das Fundniveau und die zweite Armteilung läßt auf eine „ältere carnalli-Form" außerhalb des bekannten Vorkommens im mitteldeutschen Schaumkalkbereich schließen.

Den wohl interessantesten Hinweis auf einen 20-armigen Crinoiden in diesem Zusammenhang gibt E. SCHMID (1876), der eine Krone mit anhaftendem längerem Stielabschnitt vom Top der Unteren Terebratelbank Ostthüringens als „Encrinus terebratularum" bekannt macht. Sein Schüler C. DALMER beschreibt 1877 jenes verhältnismäßig vollständige Exemplar sowie weitere Kelch- und Armfragmente aus dem gleichen stratigraphischen Niveau und bildet alles ab. Daraus geht hervor, daß sich „E. terebratularum" durch eine Vermehrung der Armzahl über 10 hinaus, durch steil zur Stielachse stehende Radialia und durch unvollständige Distichie des Armbaus in die bis dahin bekannten Arten, wie Encrinus aculeatus MEYER, 1847 und Ch. carnalli, nur bedingt eingliedern ließ. DALMER (1877: 389) hebt sogar fünf deutliche und unverkennbare Ansatzstellen von Cirren an einem wulstig verdickten Glied eines Stielfragments hervor und schreibt weiter: „Es sind fünf kleine Fortsätze, die an ihrem Ende mit einem Grübchen versehen sind." Anscheinend mißt er diesem Merkmal keine große Bedeutung zu, denn in seinem Vergleich mit den bis dahin gemachten Funden erwähnt er nichts mehr dergleichen. DALMER (1877) bezeichnet seine Stücke unabhängig von dem von SCHMID gewählten Namen „terebratularum" als „E. carnalli var. monostichus". So kommt es, daß in folgender Zeit kein Autor auf die Ausbildung dieser Cirren eingeht. ECK (1879) spricht sich bedingt durch die in damaliger Zeit wiederholt aufgeworfene These der „monströsen Armvermehrung" (bes. STROMBECK 1855) für eine Zuordnung zu der 10-armigen E. aculeatus aus. In der folgenden Zeit wird erörtert, ob die Ausbildung des Kelches oder der Arme entscheidend für eine taxonomische Zuordnung von Crinoidenkronen ist. Dabei werden die DALMERschen Stücke zuerst von KOENEN (1887) zu Encrinus brahli OVERWEG, 1850, danach von ECK (1887) und WAGNER (1891) wiederum zu E. aculeatus gestellt. Letztendlich bezieht ASSMANN (1926) die DALMERschen Stücke in seine neue Art „Encrinus koeneni" ein, die er aber nach der gründlichen Analyse von E. brahli durch BIESE (1927) in seiner Revision wieder mit E. brahli vereint (ASSMANN 1937).

Ein Exemplar von „E. carnalli " aus Königslutter/Elm, das KLAGES (1965) und später nochmals KRÜGER (1983) ohne genaue stratigraphische Angabe abbilden, wie auch eine von GRIEPENKERL (1860) unter der Bezeichnung „Encrinus aculeatus" beschriebene Krone von Lutter am Barenberge aus dem Terebratelbank-Bereich könnten ohne weiteres ebenfalls in den Elveser Formenkreis gehören.

Nach der Analyse der zur Verfügung stehenden Literaturdaten scheinen im Subherzynen Becken mehrere Kronenfunde aus dem Bereich der Terebratelbänke oder ihren u.a. nach HARBORT (1913), KUMM (1941) und BREITKREUZ (1989) charakterisierten, als „Schaumkalk"-Fazies

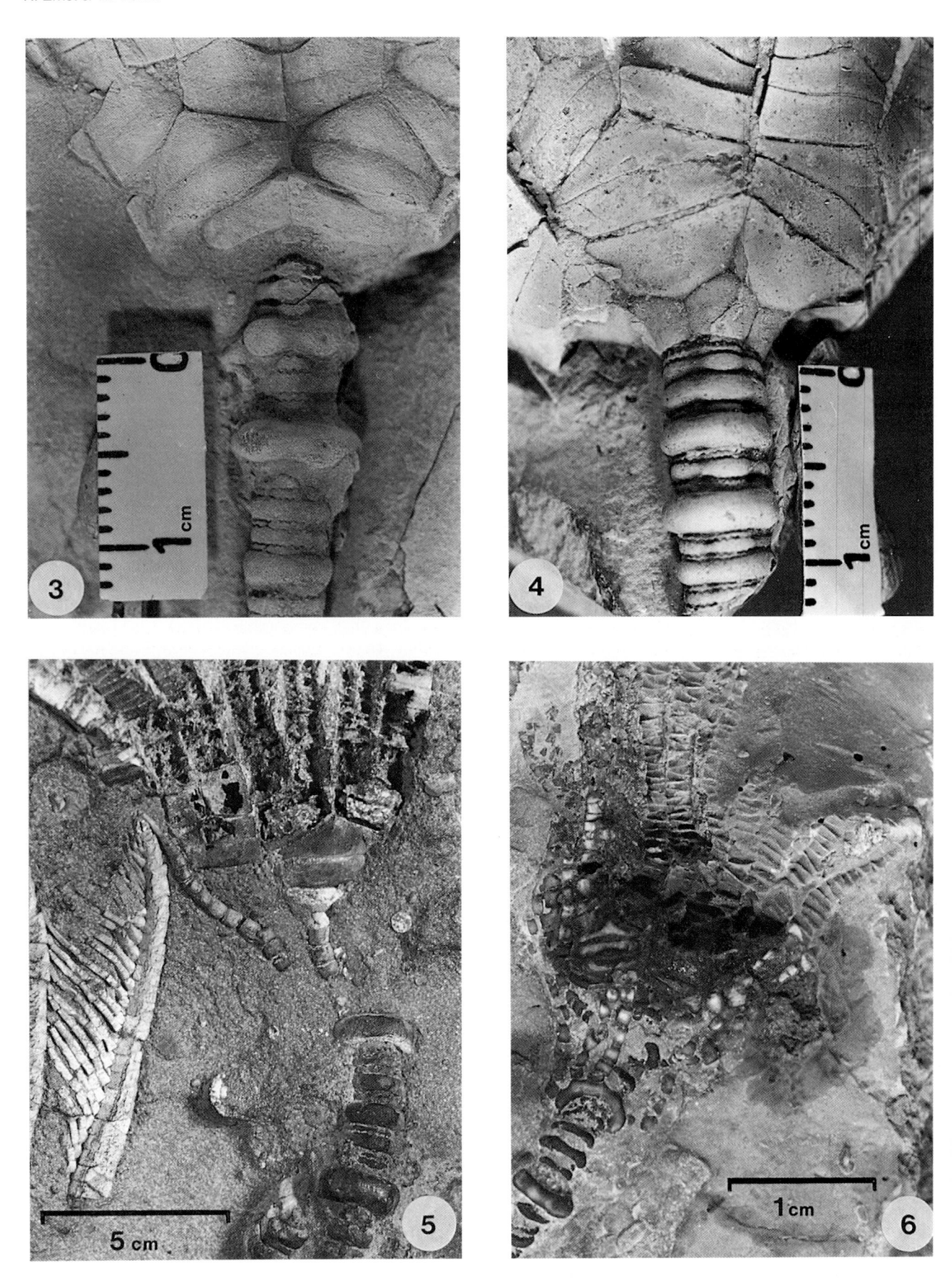

Abb. 3–6 **3** *Chelocrinus* aff. *carnalli* (BEYRICH, 1856); proximales Nodale mit wulstartig verdickten Seiten und Cirrengrubenansätzen; basale Obere Terebratelbank, Stbr. Elvese Fa. Herbst (Slg. OSTERMEIER). **4** *Chelocrinus carnalli* (BEYRICH, 1856); proximales Nodale ohne Kennzeichen von Cirrenansätzen; Bereich der Schaumkalkbänke; Freyburg a.d. Unstrut (IMGP Nr.1216-7). **5** *Chelocrinus* aff. *carnalli* (BEYRICH, 1856); Relativ große Cirre, bereits vom Nodalia gelöst; basale Obere Terebratelbank, Stbr. Elvese Fa. Herbst (Slg. LUBINSKI). **6** *Chelocrinus* aff. *carnalli* (BEYRICH, 1856); Cirrenkranz am proximalsten wulstartig verdickten Nodale; basale Obere Terebratelbank, Stbr. Elvese Fa. Herbst (Slg. ERNST, Nr. 199.2).

ausgebildeten Äquivalenten, zu existieren. Neuere Funde von reichlich Stielgliedern und Pluricolumnalia, die von ERNST & WACHENDORF (1968) am Top ihrer „4b-Bank" (entspricht muT2 Südniedersachsens) gemacht wurden und zu „Encrinus carnalli, E. brahlii und Entrochus dubius" gestellt wurden, engen das potentielle Fundniveau der besagten Elm-Funde darüberhinaus weiter ein.

Die lithologische Lokalbezeichnung „Schaumkalk-Serie", die wiederholt zu einer terminologischen Konfusion geführt hat, beschreibt eine die Werksteinbänke bestimmende und nach NE zunehmend abweichende Fazies im höheren Unteren Muschelkalk. Im Elm-Gebiet ist aber noch deutlich die mitteldeutsche Wellenkalk/Werkstein-Leitbankgliederung des zentralen Beckens erkennbar. Die Fazies dieser Leitbänke ist geprägt durch Partikelkalke mit umfangreichen Rippel-/Strömungsgefügen (ERNST & WACHENDORF 1968). Sie vermittelt bereits sukzessive (paläo-) geographisch und faziell zum geschlossenen Rüdersdorfer Schaumkalk im oberen Hauptteil des mu (vergl. ECK 1872, WAHNSCHAFFE & ZIMMERMANN 1900), der nach ZWENGER (1991) der Beckenentwicklung ab den mitteldeutschen Oolithbänken (muO) äquivalent sein soll. Das wird anhand von Gelbkalk-Einschaltungen (ECK 1872) im untersten Abschnitt der Rüdersdorfer Schaumkalk-Abfolge („Brandenburg-Beds" sensu HAGDORN 1991) schon seit langem postuliert (WAHNSCHAFFE & ZIMMERMANN 1900).

Die Flachwasserfazies der Rüdersdorfer Schaumkalkabfolge hat bezeichnenderweise klassische carnalli-Funde geliefert, die möglicherweise einer dem Elveser Material in etwa kontemporären Population angehören. Der Holotyp von Ch. carnalli (vergl. BEYRICH 1857) entspricht durchaus in seinem Habitus dem herausgestellten „Terebratelbank-Typus" (frdl. mündl. Mitt. H. HAGDORN 1991), wobei der hauptsächliche Fundabschnitt von Crinoiden nach den veröffentlichten Profilen in ECK (1872) und zuletzt in ZWENGER (1991) etwa an der Grenze mittleres/oberes Drittel des Rüdersdorfer Schaumkalks zu suchen ist. Das kann durchaus mit dem muT-Niveau im tieferen Becken korreliert werden. Trotzdem muß man sich im klaren darüber sein, daß in einem solchen, u. a. von wiederholter Umlagerung betroffenen Ablagerungsmilieu einer persistierenden „Karbonatsand-Barre" (LUKAS 1991 a) durch einen bloßen Vergleich des Profilniveaus eine Korrelation hypothetisch bleibt. Eine stratigraphische Vergleichsmöglichkeit ergibt sich jedoch eventuell aus statistisch gewonnenen Größenrelationen der carnalli-Kelchelemente, durch die eine Zuordnung der Rüdersdorfer Funde zum älteren muT-Typus des zentralen Beckens möglich scheint (s. Diskussion). Wahrscheinlich gehören auch die artikulierten Reste in dem Terquemien/Crinoiden-Bioherm aus dem hessischen Mottgers, das an der Oberkante der Oberen Terebratelbank entwickelt ist (KLOTZ & LUKAS 1988), zum Elveser Formenkreis.

In den letzten Jahren sind Neufunde von Chelocriniden aus den Terebratelbänken von Großenlüder b. Fulda gemacht worden (KRAMM 1986). Sie sollen ebenfalls Cirren tragen (frdl. mündl. Mitt. M. Schulz 1991).

Diskussion

Die 20-armige Kronenorganisation ordnet die untersuchten Encriniden der von MEYER (1837) aufgestellten und neuerdings von HAGDORN (1980, 1982) wieder aktivierten Gattung Chelocrinus zu. BIESE (1927) trennt E. brahli und Ch. carnalli trotz der damals ungenügenden Kenntnis ihrer stratigraphischen Verbreitung klar voneinander.

Deshalb stellten spätere Autoren (u.a. BUSSE 1974 und HAGDORN & SIMON 1983) isolierte runde Columnalia und Haftscheiben aus dem Bereich der mitteldeutschen Terebratelbänke zu der 10-armigen E. brahli. Dies muß, ohne Kenntnis der Krone, nach dem jetzigen Wissensstand unterbleiben.

Die Exemplare der Elveser Population gleichen der Art Chelocrinus carnalli in Individuengröße, Anzahl und Morphologie ihrer Arme sowie in der violetten Färbung. Das stratigraphische Auftreten wird von BIESE (1927) – abgesehen von dem stratigraphisch problematischen Fundniveau in Rüdersdorf – ausschließlich aus dem „Bereich der mitteldeutschen Schaumkalkbänke" (muS; sensu FRANTZEN & KOENEN 1889 u. STEIN 1968) angegeben. Nahezu alle weiteren, auch aus anderen Gegenden abgebildeten carnalli -Exemplare stammen ebenfalls aus dem mitteldeutschen Schaumkalk oder seinen lithostratigraphisch-faziellen Äquivalenten (Gutendorf b. Weimar: LANGENHAN o.Jg.; REICHARDT 1922; MÜLLER 1956a; GENSEL et al., 1990; Waltershausen b. Gotha: MÜLLER 1955; Leimen b. Heidelberg: ENGELKING 1952).

Das beschriebene Elveser Material stellt mit seinem Vorkommen im Bereich der südniedersächsischen Terebratelbänke nicht nur eine räumlich, sondern auch eine zeitlich abweichende, d.h. ältere Einheit im Rahmen der bekannt gewordenen carnalli-Funde dar. Es zeigt als besonderes Kennzeichen regelmäßig stark verdickte proximale Nodalia mit Cirren oder wenigstens Cirrenansätzen (Abb.3), das bei dem muS-Material von Ch. carnalli fast nie entwickelt ist (Abb.4). Nur BIESE (1927:57) erwähnt bei einem Freyburger Exemplar kurze Dornen bzw. Grübchen an den proximalen Nodalia. Ein weiteres Individuum auf einer im Erfurter Naturkundemuseum ausgestellten Platte (Veröff. Naturkde.-Mus. Erfurt, 1982) zeigt, neben einer möglichen Cirrenansatzstelle an den Seitenflächen der meisten noch erhaltenen proximalen Nodalia, Abplattungen zwischen den Kanten, die in Zusammenhang mit unregelmäßigen Verwachsungen auftreten – alles Hinweise für eine rudimentäre Ausnahmeerscheinung in dieser auch stratigraphisch definierten Form.

Die Radialia von Elveser Kronen stehen im Gegensatz zu den meisten in der Literatur beschriebenen carnalli-Formen merklich steiler zur Stielachse. Ihre Außenflächen sind stärker gewölbt (Abb.3 u.4). Aus dem Höhen-/Breiten-Verhältnis der Radialia ergibt sich mit Hilfe der Daten aus BIESE (1927) und ENGELKING (1952) ein Rüdersdorfer (rund 2,4) und ein Freyburger Formenkreis (rund 2,1), wobei sich die Elveser Individuen mit einem Verhältnis von 2,5 dem Rüdersdorfer Material anschließen. Die Basalia sind beim Elveser Material in der Regel von der Seite nicht zu sehen, der Aufriß des Kelches besitzt einen basal abgeflachten Habitus.

Auffallend ist in diesem Zusammenhang, wie bereits erörtert, die ebenso flach erscheinende Kelchbasis des Holotyps (BEYRICH 1857: Taf. 1, Abb. 14), die somit eher dem Habitus der Elveser Stücke als den Freyburger u.a. Exemplaren mit einem konischen Kelchaufriß (Abb. 4) und sichtbaren Basalia entspricht.

Taxonomische Bewertung

Die zweite Armteilung an den DALMERschen Exemplaren, die mehrfach in den älteren Arbeiten als irreguläre Ausbildung betrachtet wurde, kann durch die Kenntnis des neuen Elveser Materials als gesetzmäßig gelten. Darüberhinaus belegt das „Exemplar Nr. 1" nach DALMER

(1877: Taf. 23, Abb. 1), daß Cirren bei der *Chelocrinus*-Form aus dem Bereich der Terebratelbänke nicht nur bei der Elveser Population vorkommen.

Eine Trennung in zwei taxonomische Formenkreise deutet sich auch durch die statistische Differenzierung zwischen den *carnalli*-Kelchelementen von „Terebratelbank-Material" aus dem jüngeren mitteldeutschen Schaumkalk (muS) an. Falls der Holotyp mit dem Elveser Typus tatsächlich identisch ist und Neufunde eine verbesserte Trennung beider Formen zulassen, müßte der Freyburger Typus einen neuen Namen erhalten. Der Name *terebratularum* gilt nach den IRZN als nomen nudum und ist als ein jüngeres Synonym von *carnalli* nicht verfügbar.

Inwieweit die Unterschiede der Elveser Population bzw. ihr Typus zu dem bisher bekannten *carnalli*-Material eine Art- oder eine Unterartdifferenzierung rechtfertigen, ist bei dem jetzt erreichten Kenntnisstand nicht zu entscheiden. Dies kann nur durch möglichst vollständige Sichtung des bisher bekannten *carnalli*-Materials und Neufunde auch aus anderen Gegenden geklärt werden. Deshalb sollte die Elveser Form vorerst noch als *Chelocrinus* aff. *carnalli* (BEYRICH, 1856) aufgefaßt werden.

Phylogenie

Die cirrentragenden Elveser Individuen (muT) waren bei ihrem plötzlichen Tod zumeist nicht voll ausgewachsen. Ebenso zeigt der nahe verwandte *Ch. schlotheimi* aus dem basalen Oberen Muschelkalk nur in seinem jüngeren Stadium Cirren (HAGDORN 1982). Offensichtlich ist bei beiden Arten die Tendenz vorhanden, im Laufe ihrer ontogenetischen Entwicklung die Cirren zu verlieren.

Unter Berücksichtigung des im Prinzip völlig cirrenlosen *Chelocrinus*-Materials aus dem obersten Unteren Muschelkalk (muS) liegt aber auch ein phylogenetischer Cirrenabbau bei den Encriniden während der Trias nahe (vgl. HAGDORN 1982). Ähnliches ist bei dem phylogenetisch grundsätzlich älteren *E. brahli* bekannt, der ebenfalls durch cirrenlose (BEYRICH 1857, ECK 1879) und cirrentragende (KOENEN 1887) Individuen vertreten ist. Ein hierdurch ebenfalls möglich erscheinender Wechsel der Cirrenpräsenz im *carnalli*-Formenkreis bezüglich verschiedener, regional getrennter, aber kontemporärer Populationen, kann von der einzigen zur Zeit von den Verfassern genauer analysierbaren Terebratelbank-Lokalität nicht abgeleitet werden.

Das *Holocrinus*-Exemplar

Beschreibung

Das nahezu vollständige Individuum mißt ca. 31 cm, wobei etwa 5 cm auf die in sich verschobene Krone entfallen (Abb. 12). Der größte Teil des Exemplars liegt, durch eine nahezu vollständige Herauslösung bedingt, als Abdruck bzw. Hohlraum vor. Erst ein Latex-Abguß zeigt detailliert die Form des Kelches (Abb.7) und des proximalen Stiels (Abb.10 u.12).

Die nach oben schwach konische bzw. subzylindrische Theka wird aus drei alternierend zueinander stehenden Kränzen aufgebaut (Abb.7, 10 u. 12). Auf die von außen sichtbaren niedrigen Infrabasalia folgen hohe Basalia. Darüber folgen niedrige, sich nach oben verschmälernde Radialia, so daß der Kelch durch eine Einschnürung von den Armen getrennt ist.

An dem Individuum sind acht mehr oder minder vollständig erhaltene Arme ohne Verzweigung sichtbar. Sie

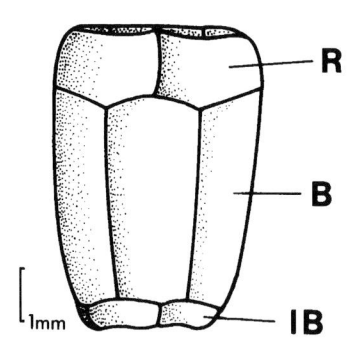

Abb. 7 Subzylindrischer Kelch von *Holocrinus* sp. nov. mit alternierend zueinander stehenden Kränzen von Infrabasalia (IB), Basalia (B) und Radialia (R).

sind im Original als Kalkspat-Skelett und in Form von sekundären Hohlräumen überliefert. Einer der Arme läßt die durchgehende Einzeiligkeit der Brachialia erkennen. Letztere zeigen im Latexabguß die Ambulakralfurche und besonders scharf die nach innen und oben gerichteten Pinnulae-Stummel, deren Gesamtlänge nur noch schemenhaft erkennbar ist (Abb.9 u.10).

Innerhalb der proximalen Armabschnitte ist besonders auf dem Latexabguß eine unregelmäßig zerfallene Masse abgebildet (Abb.12), die neben abgegossenen Lösungsoberflächen vereinzelt sogar unregelmäßig polygonal facettierte Elemente erkennen läßt. Es sind Reste der kollabierten Kelchdecke, wie sie für *Holocrinus* mit ihrer unregelmäßig segmentierten Skelettskulptur von WAGNER (1887) und JAEKEL (1894) bekannt gemacht worden ist.

Der Stiel besteht proximal aus sehr flachen, stellaten Columnalia mit markanten Stielporen, nach distal aus zunehmend höheren pentagonalen Stielgliedern. Die Durchmesser der Columnalia ändern sich von proximal nach distal nur wenig (2,0 - 2,3 mm). Die Nodalia überragen die Internodalia kaum, sind aber deutlich höher ausgebildet. Die Seitenflächen der Stielglieder sind proximal konvex, im mittleren Abschnitt gerade und distal konkav profiliert. Crenulationssuturen sind klar erkennbar. Im sehr gut erhaltenen proximalen Stielabschnitt unterscheiden sich die Suturen der distalen Nodalfacetten nicht von den übrigen, so daß ausschließlich symplektische Verbindungen zumindest in diesem Abschnitt entwickelt sind. Die Internodien bestehen aus einer verschieden großen Anzahl von drei bis sieben Gliedern. Alle sichtbaren Seitenflächen der Nodalia haben Cirrengruben, an denen z.T. zierliche Cirren mit einer max. Länge von 3 cm anhängen. An jedem Nodale müssen somit fünf Cirren gesessen haben. Sie sind von der Krone weggerichtet, die Enden leicht zu ihr hin umgebogen.

Für eine komplette Überlieferung des Individuums spricht vor allem die Ausbildung des Stielendes, das keulenförmig verdickt ist (Abb.11).

Vergleiche

Holocrinus wagneri (BENECKE, 1887) hat im Unterschied zur Elveser Form einen nußförmigen Kelch (Abb.8). Seine Nodalia stehen weiter auseinander (WAGNER 1886) und tragen nur zwei bis drei Cirren (WAGNER 1885, HAGDORN 1986). Die Columnalia sind bei *H. wagneri* nur im proximalen Stielabschnitt pentagonal, nach distal werden sie rund. Außerdem sind alle bisher beschriebenen Exemplare bedeutend kleiner und stratigraphisch älter.

Moenocrinus (?) *deeckei* HILDEBRAND, 1926 besitzt einen deutlich länglicheren Kelch mit relativ höheren Basalia und einen vergleichsweise dünnen Stiel. Die beschriebenen 15-armigen Kronen, die ein wesentliches Unterscheidungsmerkmal zu den Holocriniden darstellen würde, bleiben vorerst in ihrer Beurteilung problematisch. So sind bis 15-armige Encriniden bekannt (STROMBECK 1855, HAGDORN 1980), die durch ihr ansonsten typisches Aussehen zweifelsfrei dem grundsätzlich 10-armig organisierten *E. liliiformis* zuzuordnen sind. - Eine gewisse seltene Abweichung der Armzahl bei allen Muschelkalk-Crinoiden sollte demnach in Betracht gezogen werden. - Zudem beschreibt schon HILDEBRAND (1927) eine Krone ohne zweite Armteilung, was auf eine gewöhnliche 10-Armigkeit hinweist. Die auffällige 15-Armigkeit von *Moenocrinus* dürfte hier nur als Ausnahme aufzufassen sein. Die Gültigkeit der Gattung *Moenocrinus* ist somit in Frage gestellt. Eine Zugehörigkeit zu *Holocrinus* sollte diskutiert werden. So stellen bereits SCHUBERT et al. (1992) *deeckei* zur Gattung *Holocrinus*. Nach der Diagnose von *M. deeckei* würde eine klare Unterscheidung ihrer kurzen Cirren von den langen grazilen Cirren des Elveser Exemplars naheliegen (HILDEBRAND 1926). HILDEBRAND (1927: 184 f.) selbst beschreibt allerdings schon isoliert vorkommende rankenartige Cirren im engen Fundverband und Fundhorizont mit den *Moenocrinus*-Kronen. SCHMIDT (1928: 126) folgert daraus eine möglicherweise altersabhängige Variabilität ihrer Cirren. In diesem Fall kann daher die Cirrenlänge kein Unterscheidungskriterium zu anderen Holocriniden sein, obwohl neuere Arbeiten die kurzen Cirren bei *deeckei* als Art-Unterscheidungskriterium heranziehen (HAGDORN 1986, SCHUBERT et al. 1992).

Der Stiel des Holotyps von *Holocrinus dubius* (GOLDFUSS, 1831) (vergl. HAGDORN 1986: Abb. 1) besitzt im Vergleich zum beschriebenen Holocriniden bei deutlich größerem Durchmesser nur wenig längere, aber bedeutend robustere Cirren. Darüber hinaus zeigt *H. dubius* charakteristische zur Krone hin orientierte Cirren mit entgegengesetzt gerichteten hakenförmigen Enden. Das unterscheidet ihn von der beschriebenen und darüberhinaus auch grazilen Cirrengestalt des neuen Holocriniden von Elvese.

Die entgegengesetzte Cirrenanordnung des Elveser Exemplars könnte zudem auf ein abweichendes Verankerungsverhalten der beiden Formen am Substrat hinweisen. Allerdings kann bereits innerhalb einer Art bei unterschiedlichem Substrat eine unterschiedliche Anpassung erwartet werden.

„*Holocrinus beyrichi* (PICARD, 1883)" zeichnet sich wie *H. dubius* durch dicht stehende Nodalia mit verhältnismäßig kräftigen Cirren aus. Durch seinen knollenartigen Kelch (JAEKEL 1893) unterscheidet er sich klar vom Elveser Exemplar. Er ist allerdings bislang nur von einem jugendlichen, leider verschollenen Exemplar bekannt.

Diskussion
Der neue Elveser Holocrinide kann von den Isocriniden mit ihren mehrfach verzweigten Armen klar unterschieden werden. Eine Trennung beider Familien allein auf die Ausbildung der distalen Suturen der Nodalia erweist sich als schwierig. Dies zeigt sich bei der Form *dubius*, die HAGDORN (1986) zu *Isocrinus*? stellt und KLIKUSHIN (1982, 1987) unter Vorbehalt seiner Gattung *Tyrolecrinus* zuordnet, ohne allerdings genaue Gründe anzugeben. Nach dem uns nun zur Kenntnis gelangten, vollständigeren Material muß *dubius* zur Gattung *Holocrinus* gerechnet werden. Dies deuten auch WAGNER (1923), HAGDORN (1990) und SIMON (1991) an.

Ein zeitweise durch den Sammler F. BIELERT zur Untersuchung und Bestimmung übergebener außergewöhnlich kompletter Holocrinide aus dem hier interessierenden stratigraphischen Bereich, der entscheidend zur Klärung der *dubius*-Problematik beitragen würde, wurde nicht zur Veröffentlichung freigegeben.

Aus den Vergleichen geht hervor, daß sowohl *H. dubius* als auch „*H. beyrichi*" mit der neuen Form nahe verwandt sind. Sie kommen auch im gleichen stratigraphischen Niveau vor. Beide Vergleichsformen, die nur unzulänglich mit ihren Holotypen überliefert sind, differieren lediglich in ihrer Größe. Dies kann auf ein geringeres ontogenetisches Alter des Holotyps von „*beyrichi*" zurückgeführt werden. Entsprechendes wird auch durch die mögliche Existenz eines Wurzelapparates am distalen Ende angedeutet (vergl. PICARD 1883: 201; HAGDORN 1983). Zwar sollen die Stielglieder beider Arten nach HAGDORN (1986) unterschiedlich stark granulierte Radiärstege besitzen; er bezieht aber seinen Vergleich auf, unabhängig zum locus typicus von „*beyrichi*" gewonnene, isolierte Stielglieder aus dem tiefen Unteren Muschelkalk. Der Holotyp von „*beyrichi*" stammt aber aus dem Bereich der Terebratelbänke, wie es nicht zuletzt WAGNER (1923) verdeutlicht. Die Gleichsetzung dieser Stielglieder zu dem verschollenen Holotyp von „*beyrichi*" ist demnach nicht ohne weiteres nachvollziehbar. Falls die erwähnte unterschiedliche Granulierung der Radiärstege nicht auf verschiedene Erhaltungszustände zurückzuführen ist, was bei der Fossildiagenese derart graziler Skelettelemente ohne weiteres vorstellbar ist, sind folglich die isolierten Columnalia, die HAGDORN (1986) als „*beyrichi*" bestimmt, einer anderen, möglicherweise neuen Art zuzuordnen. Hier kämen der von WAGNER (1923) beschriebene *H. wagneri* var. *quinqueverticillatus* und weitere Stielglieder in Betracht, die z.B. von den Verfassern aus dem Bereich der Basiskonglomeratbänke im Unter-Eichsfeld aufgesammelt werden konnten.

In Konsequenz zu der hier erörterten Sachlage wird neues artikuliertes Material zeigen, daß *H. dubius* und „*H. beyrichi*" als Ontogeniestadien derselben Art zugeordnet werden müssen, wobei dem Namen *dubius* die Priorität zustehen wird. Die gleiche Meinung vertrat bereits KIRCHNER (1924), indem er die isolierten *dubius*-Stielglieder einer bekannten Art mit erhaltener Krone und pentagonalem Stiel zuschreiben wollte. Hierfür wählte er „*H. beyrichi*" aus. Auch SCHMIDT (1928: 127) hielt es für wahrscheinlich, daß beide Formen der gleichen Art angehören.

GŁUCHOWSKI & HAGDORN (1991) erarbeiten mit Hilfe bisher nicht veröffentlichter Holocriniden aus Oberschlesien in ihrem Vortrag ein biostratigraphisches Konzept auf der Basis von Crinoiden-Zonen. Wie das Elveser Exemplar befindet sich darunter ein neuer Holocrinide mit einem länglichen Kelch, der nach der zugänglichen Literatur vollständig als „*Holocrinus acutangulus* (MEYER, 1847)" zu bezeichnen wäre. Dieses Taxon ist bisher nur von MEYER (1849) etwas genauer beschrieben, gilt aber als künstliche Zusammenfassung verschiedener Crinoiden (HAGDORN 1986: 709 u. 716). Da die Originale zu MEYER (1849) nicht

→ **Abb. 8** *Holocrinus wagneri* (BENECKE, 1887); Original zu WAGNER (1891:Taf. 49, Abb. 4); Unterer Wellenkalk, nordwestliche Kernberge bei Jena (IMGP Nr.1216-9).
Abb. 9 Holotyp von *Holocrinus* sp.nov. aus der Oberen Terebratelbank des Stbr. Elvese Fa. Herbst; Gesamtansicht des Originals (Foto u. Slg. U. BIELERT).
Abb. 10-12 Details vom Latexabguß (IMPG Nr. 1216-3): **10** proximaler Stielabschnitt, **11** keulenförmig verdicktes Stielende, **12** Krone.

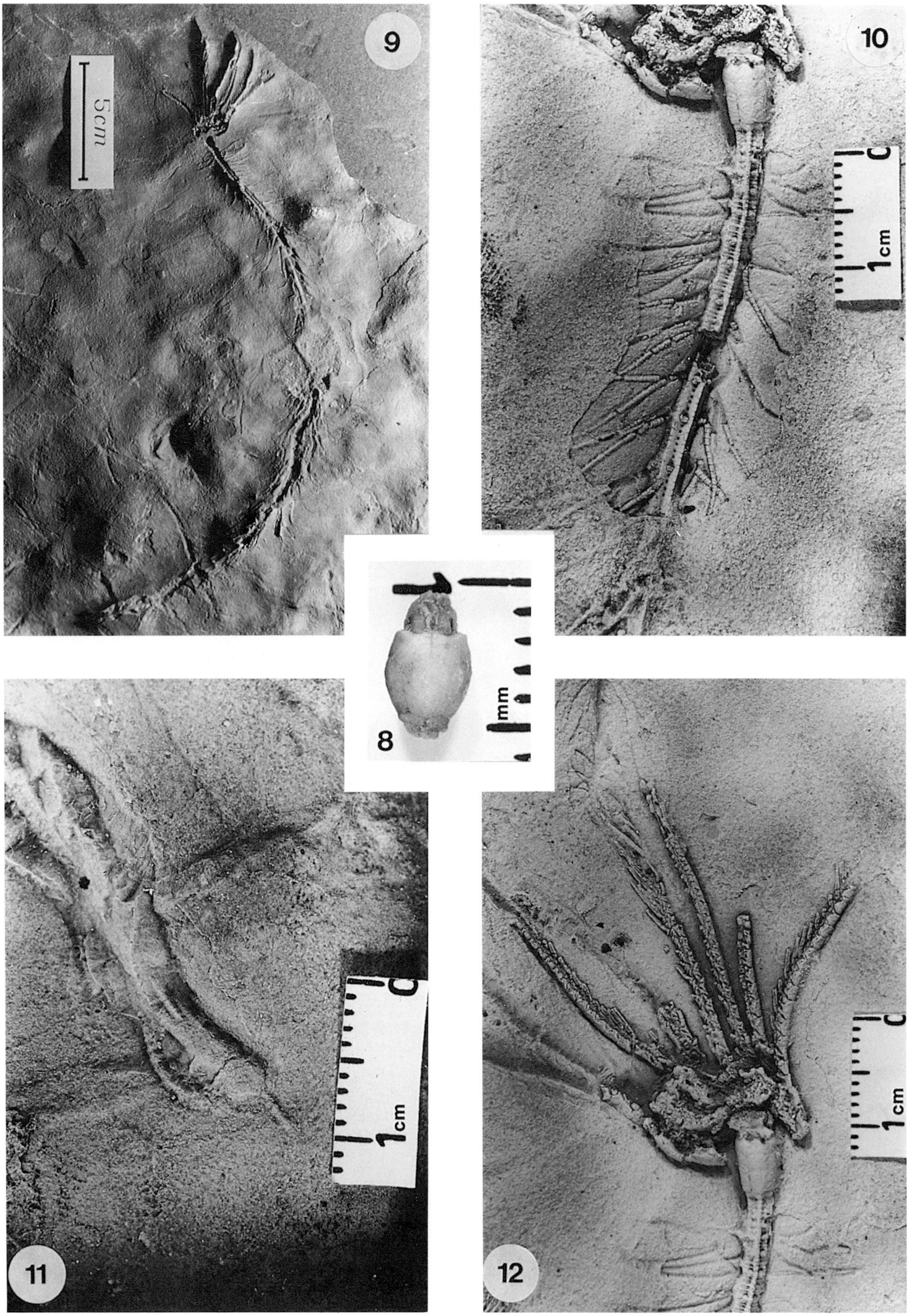
9
5cm
10
1cm
8
mm
11
1cm
12
1cm

mehr zugänglich sind und die Abbildungen mehr als mäßig dargestellt wurden, bleibt eine Zuordnung neuer Crinoiden-Funde zu der heterogenen Gruppe um „acutangulus" hypothetisch. Ob die Neufunde aus Oberschlesien mit dem Elveser Exemplar übereinstimmen, kann zur Zeit noch nicht entschieden werden, ist aber eher unwahrscheinlich. Die acutangulus-Zone ist nämlich von HAGDORN (1991: Abb.3) auf den unteren Teil der südwestdeutschen mu-Lithostratigraphie übertragen worden, so daß die südniedersächsischen Funde unter Berücksichtigung der gängigen lithostratigraphischen Korrelation (HAGDORN et al. 1987) bereits dem mittleren Bereich der dubius-Zone zuzuorden wären.

An dieser Stelle soll der Elveser Neufund vorerst in offener Nomenklatur als Holocrinus sp. nov. bezeichnet werden, um die angekündigte Publikation von E.GŁUCHOWSKI & H.HAGDORN über oberschlesische Crinoiden abzuwarten und nomenklatorische Verwirrungen auszuschließen.

Der Elveser Neufund stellt im zentralen Germanischen Becken ein typisch tethyales Faunenelement dar. Im Vorfeld der Verbindungswege, besonders in Oberschlesien und Ostthüringen sind Holocriniden auffälliger vertreten (u.a. GŁUCHOWSKI & HAGDORN 1991). Sie sind mit äquivalenten, zumeist disartikuliert erhaltenen pentagonalen Crinoiden in der Tethys in Beziehung zu setzen. Somit ist der Elveser Neufund mit seiner weit nach Westen in das Germanischen Becken vorgeschobenen Position nicht nur aus taxonomischen Gründen, sondern auch in biostratigraphischer und palökologischer Hinsicht von großer Bedeutung.

Summary

The stratigraphical investigations in the Upper „Terebratelbank" and the „Wellenkalk 3" Member (Lower Muschelkalk Group, Anisian) of Southern Lower Saxony produced sedimentological and paleoecological data in connection with the collecting of cephalopods, brachiopods, remarkable Crinoidea. Older published data about the fossil contents of this stratigraphic range were analysed too.

A tempestite horizon at the base of the Upper „Terebratelbank" conserved a population of chelocrinids with 20 arms, which were part of a hardground paleoecological community. Compared to Chelocrinus carnalli (BEYRICH, 1856) from the stratigraphically younger „Schaumkalk" Beds in Central Germany, this new population shows a different shape of the theca and a presence of cirri. For the time being this morphological type is classified as Ch. aff. carnalli. The stratigraphic importance of this specific „Terebratelbank type" is shown by its possible correlation potential between the Lower Saxonian „Terebratelbank" Member and the Rüdersdorf „Schaumkalk" facies (Brandenburg Beds).

The described Holocrinus sp. nov., based on a new and nearly complete individual from the Upper „Terebratelbank" Beds, definitely is a new holocrinoid. This is approved by the cup and cirri organisation and the comparison with other holocrinid species and their discussed taxonomy.

Sammlungsnachweis und Danksagung

Ein Teil des Belegmaterials ist im Institut und Museum für Geologie und Paläontologie, Univ. Göttingen (IMGP) hinterlegt, bei dem übrigen Material wird auf die jeweilige Privatsammlung verwiesen.

Wir danken den Gebrüdern U. und Dipl.-Phys. F. Bielert (Göttingen) für die zeitweilige Überlassung von Fundstükken und die Anfertigung von Fotos, sowie Dr. H. Jahnke (IMGP, Univ. Göttingen), Dipl.-Geol. G.-R. Riedel (Naturkde.-Mus. Erfurt), W. Lubinski und B. Ostermeier (beide Göttingen) für die Erlaubnis ihre Stücke bearbeiten zu dürfen. Bei der teilweise aufwendigen Bergung von Fossilien waren M. Sosnitza, Dr. R. Haude (beide IMGP, Univ. Göttingen) und die Gebrüder F. und U. Bielert hilfreich tätig. Besonders M. Sosnitza sind wir zudem noch für seine Präparationsarbeiten sehr verpflichtet. Frau E. v. Oehsen fertigte die meisten Fotos an. Dafür danken wir ebenfalls recht herzlich. Nicht zuletzt sind wir Dr. R. Haude und Prof. Dr. O.-H. Walliser für kritische Anmerkungen zum Manuskript dankbar.

Literatur

AIGNER, T. (1979): Schill-Tempestite im Oberen Muschelkalk (Trias, SW-Deutschland). - N. Jb. Geol. Paläont., Abh., **157** (3): 326-343, 7 Abb.; Stuttgart.

ASSMANN, P. (1926): Die Fauna der Wirbellosen und die Diploporen der oberschlesischen Trias mit Ausnahme der Brachiopoden, Lamellibranchiaten, Gastropoden und Korallen. - Jb. Preuß. Geol. L.-Anst. [für 1923], **44**: 504-527, 1 Abb., Taf. 8-9; Berlin.

ASSMANN, P. (1937): Revision der Fauna der Wirbellosen der oberschlesischen Trias. - Abh. Preuß. Geol. L.-Anst., N.F., **170**: 134 S., 22 Taf.; Berlin.

BENECKE, E.W. (1887): Referat über R. WAGNER: Die Encriniten des unteren Wellenkalkes von Jena.- N. Jb. Min. Geol. Paläont., **1887** (2): 376-378; Stuttgart.

BEYRICH, E. (1856): Über Encrinus. - Z. Dt. geol. Ges., **8**: 9-10; Berlin.

BEYRICH, E. (1857): Über die Crinoiden des Muschelkalks.- Abh. Kgl. Akad. Wiss. Berlin, **1**: 49 S., 2 Taf.; Berlin.

BIESE, W. (1927): Ueber die Encriniten des unteren Muschelkalkes von Mitteldeutschland. - Abh. Preuß. Geol. L.-Anst., N.F., **103**: 119 S., 6 Abb., 10 Tab., 4 Taf.; Berlin.

BREITKREUZ, H. (1989): Kalksteine des Unteren Muschelkalk (Steinbruch Metzner, Elm). - In: BREITKREUZ, H., BUCHHOLZ, P. & GERSEMANN, J. [Hrsg.]: Exkursion E1: Klassische Aufschlüsse im westlichen Subherzynen Becken, Exk.-Führer, 141. Hauptversammlung Dt. geol. Ges., Braunschweig: 11-17, 3 Abb., 1 Tab.; Braunschweig.

BUSSE, E. (1974): Die Terebratulazone des Unteren Muschelkalks (Wellenkalk) am Eckerich westlich Fritzlar. - Philippia, **2** (2): 57-66, 2 Abb.; Kassel.

DABER, R. & HELMS, J. (1988): Das große Fossilienbuch.- 4. Aufl.: 264 S., 305 Abb. [sämtlich unbeziff.]; Leipzig, Jena, Berlin (Urania).

DALMER, C. (1877) mit Vorwort von SCHMID, E.: Die ost-thüringischen Encriniten. - Jenaische Z. Naturwiss., N.F., **4** (3): 382-402, Taf. 23; Jena.

ECK, H. (1872): Rüdersdorf und Umgegend. Eine geognostische Monographie. - Abh. geol. Specialkt. Preussen und den Thüringischen Staaten, **1** (1): 183 S., 3 Abb., 23 Tab., 2 Taf. [beides unbeziffert], 1 geogn. Kt.; Berlin.

ECK, H. (1879): Ueber einige Triasversteinerungen. - Z. Dt. geol. Ges., **31**: 254-281, Taf. 4; Berlin.

ECK, H. (1887): Bemerkungen über einige Encrinus-Arten. - Z. dt. geol. Ges., **39**, 540-558, 4 Abb.; Berlin.

ENGELKING, R. (1952): Über einen Fund von Encrinus carnalli aus dem Unteren Muschelkalk von Leimen. - N. Jb. Geol. Paläont., Mh., **1952** (6): 277-288, 5 Abb., 4 Tab.; Stuttgart.

ERNST, R. & LÖFFLER, T. (1991): Zur Fossilführung, Fazies und Paläökologie im Bereich der Terebratelbänke (Unterer Muschelkalk, Anis) in der Umgebung von Göttingen/Südniedersachsen. - In: HAGDORN, H. [Hrsg.]: Progr. internat. Tagung Muschelkalk, Kloster Schöntal, 12.-20. Aug. 1991: 17-18; Schöntal a.d. Jagst. - [Poster-Kurzfass.]

ERNST, G. & WACHENDORF, H. (1968): Feinstratigraphisch-fazielle Analyse der „Schaumkalk-Serie" des Unteren Muschelkalkes im Elm (Ost- Niedersachsen). - Beih. Ber. Naturkdl. Ges. Hannover, **5** [KELLER-Festschrift]: 165-206, 7 Abb., 2 Tab., 6 Taf.; Hannover.

FRANKE, W., PAUL, J. & SCHRÖDER, H.G. (1977): Exkursion I. Stratigraphie, Fazies und Tektonik im Gebiet des Leinetalgrabens (Trias, Tertiär). - In: Exk.- Führer Geotagung '77, Göttingen, Dt. Geol. Ges. / Paläont. Ges., **2**: 41-62, 8 Abb., 1 Tab.; Göttingen (Geol. Paläont. Inst. u. Mus. Univ. Göttingen).

FRANTZEN, W. & KOENEN, A.v. (1889): Ueber die Gliederung des Wellenkalks im mittleren und nordwestlichen Deutschland. - Jb. Kgl. Preuss. geol. L.-Anst. Bergakad., **1888**: 440-452, Berlin.

FÜRSICH, F.T. (1971): Hartgründe und Kondensation im Dogger von Calvados. - N. Jb. Geol. Paläont., Abh., **138** (3): 313- 342, 14 Abb., 2 Tab.; Stuttgart.

GEINITZ, S. (1838): [Briefl. Mitt. über ein Exemplar von *Encr. pentactinus* BR.]. - N. Jb. Min. Geol. Geogn. Petrefaktenkde., **1838**: 530; Stuttgart.

GENSEL, P., GÜNTHER, S., NEYE, H. & RUMPF, D. (1990): Fossilien des Muschelkalks aus Weimars Umgebung. - Tradition und Gegenwart, Weimarer Schr., **41**: 64 S., 81 Abb. [unbeziff.], 3 Tab.; Weimar.

GŁUCHOWSKI, E. & HAGDORN, H. (1991): Palaeobiology and Stratigraphy of Muschelkalk Echinoderms (Crinoidea, Echinoidea) in Upper Silesia. - In: HAGDORN, H. [Hrsg.]: Progr. internat. Tagung Muschelkalk, Kloster Schöntal, 12.- 20. Aug. 1991: 21-23, 1 Abb.; Schöntal a.d. Jagst. - [Vortr.-Kurzfass.]

GOLDFUSS, A. (1831): Petrefacta Germaniae. - 1. T., 3. Lfg.: 165-240, Taf. 51-71; Düsseldorf. - [Zit. n. HAGDORN 1986]

GRIEPENKERL, O. (1860): Eine neue Ceratiten-Form aus dem untersten Wellenkalke. - Z. Dt. geol. Ges., **12**, 161-167, Taf. 7; Berlin.

HAGDORN, H. (1980): *Chelocrinus schlotheimi* (QUENSTEDT) aus dem Oberen Muschelkalk. - Aufschluss, **31** (10): 498-503, 5 Abb.; Heidelberg.

HAGDORN, H. (1982): *Chelocrinus schlotheimi* (QUENSTEDT) 1835 aus dem Oberen Muschelkalk (mo1, Anisium) von Nordwestdeutschland. - Veröff. Naturkde.-Mus. Bielefeld, **4**: 5-33, 23 Abb., 6 Tab.; Bielefeld.

HAGDORN, H. (1983): *Holocrinus doreckae* n. sp. aus dem Oberen Muschelkalk und die Entwicklung von Sollbruchstellen im Stiel der Isocrinida. - N. Jb. Geol. Paläont. Mh., **1983** (6): 345-368, 6 Abb.; Stuttgart.

HAGDORN, H. (1985): Immigration of crinoids into the German Muschelkalk Basin. - Lecture Notes in Earth Sci., **1**: 237- 254, 13 Abb.; Berlin, Heidelberg, New York, Tokyo (Springer Verl.).

HAGDORN, H. (1986): *Isocrinus? dubius* (GOLDFUSS, 1831) aus dem Unteren Muschelkalk (Trias, Anis). - Z. geol. Wiss., **14** (6): 705-727, 4 Abb., 4 Taf.; Berlin.

HAGDORN, H. (1990): FRIEDRICH AUGUST QUENSTEDT (1809-1889). Geologe und Mineraloge in Tübingen. - Begleith. Foyer- Ausstellung im Hällisch Fränkischen Mus.: 40 S., 22 Abb. [unbeziff.]; Schwäbisch Hall.

HAGDORN, H. (1991): The Muschelkalk in Germany - An Introduction. - In: HAGDORN, H. [Hrsg.]: Muschelkalk. A Field Guide: 7-21, 11 Abb.; Korb (Goldschneck-Verl.).

HAGDORN, H. & HICKETHIER, H., HORN, M. & SIMON, T. (1987): Profile durch den hessischen, unterfränkischen und baden- württembergischen Muschelkalk. - Geol. Jb. Hessen, **115**: 131-160, 2 Abb., 2 Tab., 3 Taf.; Wiesbaden.

HAGDORN, H. & SIMON, T. (1983): Ein Hartgrund im Unteren Muschelkalk von Göttingen. - Aufschluss, **34** (6): 255-263, 6 Abb.; Heidelberg.

HARBORT, E. (1913): Erläuterungen zur Geologischen Karte von Preußen und benachbarten Bundesstaaten. Blatt Königslutter. - Lfg. 185: 102 S., 2 Abb., 4 Tab. [beides unbeziff.], 2 Taf., 1 Kt. 1:25000; Berlin.- [neue TK 25 Nr. 3730 Königslutter]

HESS, H. (1972): The Fringelites of the Jurassic sea. - Ciba Geigy J. Journal, **2**: 13-17, 7 Abb. - [Zit. n. HAGDORN 1982]

HILDEBRAND, E. (1926): *Moenocrinus deeckei*, eine neue Crinoidengattung aus dem fränkischen Wellenkalk und ihre systematische Stellung. - N. Jb. Min. Geol. Paläont., Beil.-Bd. B, **54**: 259-288, 7 Tab., Taf. 20; Stuttgart.

HILDEBRAND, E. (1927): Beitrag zur Kenntnis des Fränkischen Wellengebirges. - Cbl. Min. Geol. Paläont., B, **1927**: 171- 193, 3 Abb.; Stuttgart.

JAEKEL, O. (1893): Über *Holocrinus*, W. u. SP. aus dem unteren Muschelkalk. - Sitz.-Ber. Ges. naturforsch. Freunde Berlin, **8**: 201-206; Berlin.

JAEKEL, O. (1894): Eine Platte mit *Encrinus Carnalli* BEYR. - Sitz.-Ber. Ges. naturforsch. Freunde Berlin, **8**: 201-206; Berlin.

JORDAN, H. (1986) [Hrsg.]: Erläuterungen zu Blatt Nr. 4325 Nörten-Hardenberg. - Geol. Kt. Niedersachsen 1:25000: 148 S., 12 Abb., 13 Tab., 8 Kt.; Hannover. - [Datiert auf 1984]

KIRCHNER, H. (1924): Die Fossilien der Würzburger Trias. I. Teil: Foraminiferen und Echinodermen. - 50 S., 2 Taf.; Würzburg (C. Grüninger, Nachf. Klett).

KLAGES, O. (1954): Muschelkalk-Versteinerungen des Elm. - Aufschluss, **5** (2): 26-31, 6 Abb.; Göttingen.

KLAGES, O. (1965): Violett gefärbte Seelilien. - Aufschluss, **16** (12): 307-309, 3 Abb.; Göttingen.

KLIKUSHIN, V.G. (1982): Taxonomic survey of fossil Isocrinids with a list of the species found in the USSR. - Geobios, **15** (3): 299-325, 1 Abb., 7 Taf.; Lyon.

KLIKUSHIN, V.G. (1987): Distribution of Crinoidal remains in Triassic of the U.S.S.R. - N. Jb. Geol. Paläont., Abh., **173** (3): 321-338, 3 Abb., 1 Tab.; Stuttgart.

KLOTZ, W. & LUKAS, V. (1988): Bioherme im Unteren Muschelkalk (Trias) Südosthessens. - N. Jb. Geol. Paläont., Mh., **1988** (11): 661-669, 4 Abb., 1 Tab.; Stuttgart.

KOENEN, A.v.(1887): Beitrag zur Kenntniss der Crinoiden des Muschelkalks. - Abh. kgl. Ges. Wiss. Göttingen, **34**: 44 S., 1 Taf.; Göttingen.

KOENEN, A.v. & Müller, G. (1895): Erläuterungen zur geologischen Specialkarte von Preussen und den Thüringischen Staaten. Bl. Nörten. - Lfg. 71: 24 S., 1 geol. Kt.; Berlin. - [Neue GK 25 Nr. 4325 Nörten-Hardenberg]

KOLBENSTETTER, R. (1982): Die Ahlburg-Achse zwischen Berwartshausen und Elvese (TK 25: 4325 Nörten-Hardenberg). - Dipl.-Arb. Univ. Göttingen: 147 S., 7 Abb., 5 Tab., 12 Anl. - [Unveröff.]

KRAMM, E. (1986): Feinstratigraphische Untersuchungen im Unteren Muschelkalk Osthessens. - Beitr. Naturkde. Osthessen, **22**: 3-21, 5 Abb.; Fulda.

KRÜGER, F.J. (1983): Geologie und Paläontologie: Niedersachsen zwischen Harz und Heide. - 244 S., 229 Abb. [unbeziff.], 18 Tab., 20 Taf.; Stuttgart (Kosmos Franckh).

KUMM, A. (1941): I. Abteilung: Trias und Lias. - In: KUMM, A., RIEDEL, L. & SCHOTT, W. [Hrsg.]: Das Mesozoikum in Niedersachsen (Trias, Jura und Kreide). - Schr. Wirtschaftswiss. Ges. z. Studium Niedersachsen e.V., N.F., **A 1** (2): 328 S., 79 Abb., 14 Tab. [unbeziff.]; Oldenburg i. O. (G. Stalling AG.).

LANGENHAN, A. (o.J.): Versteinerungen der deutschen Trias auf Grund eigener Erfahrungen zusammengestellt und auf Stein gezeichnet.- 2.,bedeut. erweit. Aufl.: 10 S., 7 Abb., 28 Taf.; Friedrichsroda, Waltershausen (Selbstverlag).

LÖFFLER, T. (1986): Der Ostrand des Leinetalgrabens bei Sudheim (GK 25; 4325 Nörden-Hartenberg u. 4326 Katlenburg- Lindau). - Dipl. Arb. Univ. Göttingen: 201 S. [= Teil I/Text] + 174 S. [= Teil II/Anhang u. Anl.], 27 Abb., 25 Tab., 3 Anl., 1 geol. Kt. 1:5000; Göttingen. - [Unveröff.]

LÖFFLER, T. & ERNST, R. (in Vorb.): Palökologie und Taphonomie vollmariner Hartgrundfaunen im Unteren Muschelkalk (Anis) Südniedersachsens in ihrem faziellen und sequenziellen Rahmen.

LUKAS, V. (1991a): Sedimentologie und Paläogeographie der Terebratelbänke (Unterer Muschelkalk, Trias) Hessens. - In: HAGDORN, H. [Hrsg.]: Progr. internat. Tagung Muschelkalk, Kloster Schöntal, 12.-20. Aug. 1991: 29; Schöntal a.d. Jagst. - [Vortr.-Kurzfass.]

LUKAS, V. (1991b): Die Terebratel-Bänke (Unterer Muschelkalk) in Hessen. Ein Abbild kurzzeitiger Faziesänderungen im westlichen Germanischen Becken. - Geol. Jb. Hessen, **119**: 119-175, 11 Abb., 1 Tab., 3 Taf.; Wiesbaden.

LUKAS, V. & WENZEL, B. (1988): Gelbkalke des Unteren Muschelkalks (Trias) - Sabkha oder Subtidal? - Bochumer geol. geotechn. Arb., **29**: 121-124, 2 Abb.; Bochum.

MAYER, G. (1979): *Placunopsis plana* GIEBEL mit Farbstreifen aus dem Hauptmuschelkalk von Bruchsal und Schatthausen. - Aufschluss, **30** (9): 292-294, 2 Abb.; Heidelberg.

MEYER, H.v. (1837): [Mittheilung an BRONN]. - N. Jb. Min. Geogn. Geol. Petrefaktenkde., **1837**, 314-316; Stuttgart.

MEYER, H.v. (1847): Mittheilungen an Professor BRONN gerichtet. - N. Jb. Min. Geogn. Geol. Petrefaktenkde., **1847**: 572-580; Stuttgart.

MEYER, H.v. (1849): Fische, Crustaceen, Echinodermen und andere Versteinerungen aus dem Muschelkalk Oberschlesiens. - Palaeontographica, **1**: 216-279, Taf. 28-32; Cassel.

MÜLLER, A.H. (1955): Beiträge zur Stratonomie und Ökologie des germanischen Muschelkalkes. - Geologie, **4** (3): 285-297, 1 Abb., 3 Taf.; Berlin.

MÜLLER, A.H. (1956 a): Über eine eigenartige Einbettungsform von *Encrinus carnalli* BEYR. aus dem Schaumkalk (mu2χ) von Gutendorf bei Weimar (Thür.). - Geologie, **5** (1): 26-29, 1 Taf.; Berlin.

MÜLLER, A.H. (1956 b): Weitere Beiträge zur Stratinomie und Ökologie der germanischen Trias. Teil I. - Geologie, **5** (4/5): 405-423, 3 Abb., 5 Taf.; Berlin.

MÜLLER, A.H. (1989): Invertebraten. Arthropoda II - Hemichordata. - Lehrbuch der Paläozoologie, 2 (3), 3. Aufl: 775 S., 851 Abb.; Jena (Fischer).

MUNDLOS, R. (1976): Wunderwelt im Stein. - 280 S., 265 Abb., 1 Tab. [sämtlich unbeziff.]; Gütersloh (Bertelsmann Lexikon-Verl.).

OVERWEG (1850): [Vortrag über die Trias in Rüdersdorf]. - Z. Dt. geol. Ges., **2**: 5-6; Berlin. - [Dr. Adolf OVERWEG, Geograph, Astronom u. Afrikaforscher, geb. 1822, gest. 1852 im Sudan; vergl. OVERWEG (1851): Z. Dt. geol. Ges., **3** (1): 93 ff.; BEYRICH, E. (1852): Z. Dt. geol. Ges., **4** (1): 143 ff.; KONZELMANN, G. (1984): Sie alle wollten Afrika, 2. Aufl. - Bastei-Lübbe Taschenb., **65036**: 399 S.; Bergisch Gladbach]

PICARD, K. (1883): Ueber eine neue Crinoiden-Art aus dem Muschelkalk der Hainleite bei Sondershausen. - Z. Dt. geol. Ges., **35**: 199-202, Taf. 9; Berlin.

QUENSTEDT, F.A. (1835): Über die Encriniten des Muschelkalkes. - Wiegmanns Archiv, **1** (2): 223-228, Taf. 4; Berlin.

REICHARDT, A. (1922): Geologie der Umgebung Erfurts. - 40 S., 2 Tab., 9 Taf.; Erfurt (Keysersche Buchhdlg.).

SCHMID, E. (1876): Der Muschelkalk des östlichen Thüringens. - 20 S.; Jena. - [Zit. n. BIESE, W. (1934): Crinoidea triadica. - In: QUENSTEDT, W. [Hrsg.]: Fossilium Catalogus I: Animalia, **66**: 255 S.; Berlin]

SCHMIDT, M. (1928): Die Lebewelt unserer Trias. - 461 S., 1220 Abb.; Öhringen (Hohenlohe'sche Buchhdlg., Ferdinand Rau).

SCHUBERT, J.K., BOTTJER, D.J. & SIMMS, M.J. (1992): Paleobiology of the oldest known articulate crinoid. - Lethaia, **25**: 97-110, 8 Abb., 1 Tab.; Oslo.

SCHULZ, M. G. (1972): Feinstratigraphie und Zyklengliederung des Unteren Muschelkalks in Nordhessen. - Mitt. Geol.- Paläont. Inst. Univ. Hamburg, **41**: 133-170, 2 Abb., 6 Tab., 4 Taf.; Hamburg.

SIMON, T. (1991): Stop A 2. Geislingen am Kocher (Germany, Baden-Württemberg). - In: HAGDORN, H. [Hrsg.]: Muschelkalk. A Field Guide: 23-26, 3 Abb.; Korb (Goldschneck-Verl.).

STEIN, V. (1968): Stratigraphische Untersuchungen im Unteren Muschelkalk Südniedersachsens. - Z. dt. geol. Ges. [für 1965], **117**: 819-828, 1 Abb., 1 Tab.; Hannover.

STROMBECK, A.v. (1855): Ueber Missbildungen von *Encrinus liliiformis* LAM. - Palaeontographica, **4** (5): 169-178, Taf. 31; Cassel. - [Erscheinungsj. Ges.-Bd.: 1856]

Veröff. Naturkde.-Mus. Erfurt (1982): [Abbildung einer Platte mit *Encrinus carnalli* von Freyburg a. d. Unstrut] - **1**: 3. Umschlagseite; Erfurt.

WAGNER, R. (1885): Ueber neuere Versteinerungsfunde im Röth und Muschelkalk von Jena. - Z. Dt. geol. Ges., **37**: 807-810; Berlin.

WAGNER, R. (1886): Die Encriniten des unteren Wellenkalkes von Jena. - Jenaische Z. Naturwiss., **13** (1): 1-32, Taf. 1-2; Jena.

WAGNER, R. (1887): Über *Encrinus wagneri* BEN. aus dem Unteren Muschelkalk von Jena. - Z. Dt. geol. Ges., **39**: 822-828, 2 Abb.; Berlin.

WAGNER, R. (1891): Ueber einige Versteinerungen des unteren Muschelkalks von Jena. - Z. Dt. geol. Ges., **43**: 879-901, 5 Abb., Taf. 49; Berlin.

WAGNER, R. (1923): Neue Beobachtungen aus dem Muschelkalk und Röt von Jena. - Jb. Preuß. Geol. L.-Anst. [für 1921], **42**: 1-16, 5 Abb.; Berlin.

WAHNSCHAFFE, F. & ZIMMERMANN, E. (1900): Erläuterungen zur geologischen Specialkarte von Preussen und den Thüringischen Staaten. Blatt Rüdersdorf. - Lfg. 26, 2. Aufl.: 96 S., 5 Abb., 32 Tab. [unbeziff.], 3 Taf., 2 geol. Kt. 1:12500 u. 1:25000; Berlin. - [neue TK 25 Nr. 3548 Rüdersdorf]

ZIEGLER, P.A. (1982): Geological Atlas of Western and Central Europe. - 130 S., 29 Abb., 40 Beil.; Amsterdam, New York (Elsevier & Shell Intern. Petrol. Maatschappij B.V.).

ZWENGER, W. (1991): Stop B10 Rüdersdorf (Germany, Brandenburg). - In: HAGDORN, H. (1991) [Hrsg.]: Muschelkalk, A Field Guide: 55-57, 5 Abb.; Korb (Goldschneck-Verl.).

Holothurien-Reste aus den Zwergfaunaschichten des Oberen Muschelkalks

Willy Ockert, Ilshofen
1 Abbildung

Beim Schlämmen von Sedimentproben aus dem Bereich der Zwergfaunaschichten wurden neben isolierten Ophiuren- und Asteriden-Resten weitere Echinodermen-Skeletteile gefunden. Diese konnten als Holothurien-Schlundringe bestimmt werden.

Holothurien oder Seewalzen besitzen im Gegensatz zu anderen Echinodermen kein geschlossenes Hautskelett. Dieses ist bis auf winzige Kalkkörperchen (Sklerite), die in der Haut eingelagert sind, reduziert. Dadurch können sich die meisten Arten nur mit Hilfe ihres Ambulacralsystems und der Rumpfmuskulatur kriechend fortbewegen. Der kalkige Schlundring sitzt innerhalb der tentakelbewehrten Mundseite und dient zur Anheftung der Längsmuskelbänder.

Es liegen zwei verschiedene Typen von Schlundringelementen vor, die den von Hagdorn in diesem Band beschriebenen kompletten Schlundringen entsprechen.

a) Radiale Elemente. Diese sind relativ dünn, oben mit einer flachen Einkerbung versehen und unten gegabelt (Abb., 1 und 2). Dazwischen verläuft eine deutliche Rinne, teils mit beidseitigen Randleisten (Abb., 2 a). Links und rechts von der Rinne ist jeweils eine flache, ovale Vertiefung angedeutet (Abb., 1 a, 2 a). Größe und Form der vorliegenden Elemente variieren stark, so daß es sich möglicherweise um verschiedene Arten oder Gattungen handelt.

b) Interradiale Elemente. Sie sind flach trapezförmig und wirken insgesamt kleiner. Oben ist eine kielartige, teils zugespitzte Erhebung ausgebildet (Abb., 3 a, 4 a). Auch hier ist eine deutliche Variabilität im Fundmaterial vorhanden.

Komplette Schlundringe setzen sich wechselweise aus jeweils fünf radialen und interradialen Elementen zusammen. Da bisher noch keine Holothurien aus dem Germanischen Oberen Muschelkalk beschrieben sind, war eine taxonomische Zuordnung der isolierten Schlundring-Elemente nicht möglich.

Alle der etwa 70 vorliegenden Schlundring-Elemente stammen aus den Zwergfaunaschichten an der Basis des Oberen Muschelkalks. Nachweise liegen von mehreren Aufschlüssen im nordöstlichen Baden-Württemberg und aus dem angrenzenden Bayern vor. Sehr selten sind Funde im Bereich der Unteren Brockelkalke (Ockert 1993). Etwas häufiger treten die Holothurien-Reste in den mittleren und oberen Zwergfaunaschichten auf.

Danksagung
Ich danke Dr. Hans Hagdorn, Ingelfingen, für richtungsweisende Tips und Alfred Bartholomä, Neuenstein, für die Anfertigung der fotographischen Abbildungsvorlagen.

Literatur
Hagdorn, H. (1993): Holothurien aus dem Oberen Muschelkalk.- Dieser Band, 270, 1 Abb.

Hess, H. (1975): Die fossilen Echinodermen des Schweizer Juras.- Veröff. Naturhist. Mus. Basel, **8**, 130 S. 2 Tab., 48 Taf.; Basel.

Ockert, W. (1992): Die Zwergfaunaschichten (Unterer Hauptmuschelkalk, Trochitenkalk, mo1) im nordöstlichen Baden-Württemberg.- Dieser Band, 117-130, 6 Abb.

Abb. Holothurien-Reste aus den mittleren Zwergfaunaschichten (Brockelkalk 3) von Oberscheffach. **1** und **2** radiale Schlundring-Elemente, **3** und **4** interradiale Schlundring-Elemente. Sammlung Ockert, Ilshofen. Maßstab jeweils 1 mm.

Sponges from the Epicontinental Triassic of Europe

Adam Bodzioch, Poznań
19 Figures

Introduction

The knowledge about sponges from the epicontinental Triassic of Europe is not too extensive. This is mainly due to their sporadic occurrence and poor state of preservation. Until now, sponges were recorded only from few localities (Fig. 1) where they occur in various lithostratigraphical positions, but always within the Muschelkalk (Fig. 2). From these localities, bodily preserved specimens, loose spicules and borings have been referred to hexactinellid sponges (see Table 1, → p. 243). However, the more exact systematical position is doubtful in most cases. During the last years, a lot of lyssacinosan sponges have been recorded for the first time both from wellknown and new localities. They were found in the Lower Muschelkalk of Upper Silesia and of the Holy Cross Mts., where they occur locally in biohermal and biostromal accumulations. This material provides new informations about Triassic sponges, which are presented here in their paleontological, stratigraphical, and paleoecological contexts.

Paleontological aspects

Borings ascribed to sponges are known as *Cliona lenticula*, described from the Trochitenkalk of Wiesloch (SW-Germany) by GRUBER (1932, 1933; Fig. 3), and as *?Cliona* sp. recorded from the *Terebratula* Beds near Strzelce Opolskie (Upper Silesia) by SZULC (1990; Fig. 4). These traces have the least paleontological significance because no other evidences of sponges have been found together with them. On the other hand, *Trypanites* borings commonly occur in the Muschelkalk; they can sometimes be modified by epigenetic processes, making them look like *Cliona* borings (Fig. 5). Therefore, it is possible that *Cliona lenticula* and *?Cliona* sp. are epigenetically enlarged borings of *Trypanites* type.

Loose spicules from many localities (Table 1, → p. 243), are exclusively diacts (e.g. HOHENSTEIN 1913; Fig. 6) or hexacts (e.g. RAUFF 1937, TRAMMER 1975, PISERA & BODZIOCH 1991; Fig. 8, 13). Such megascleres have little significance because they may belong to various genera of siliceous sponges.

The systematic position of bodily preserved specimens cited in earlier papers (ECK 1865, NOETLING 1880, ASSMANN 1926, FREYBERG 1928, RAUFF 1937) can not be well defined. First of all, this is true for *Scyphia* sp. from the Lower Muschelkalk of Raciborowice, Lower Silesia (NOETLING 1880), and *Casearia* sp. from the Terebratelbänke to the Schaumkalkbänke of the Totenberg near Sondershausen, Thuringia (FREYBERG 1928). NOETLING (1880) did not give any illustration or description of the sponges which he found, therefore nothing is known about them. FREYBERG (1928) defined *Casearia* sp. (Fig. 7) only on the ground of external morphology. Since similar morphologies occur in many calcareous sponges, the attribution of that specimen, not only to the genus but also to the class Hexactinellida, remains doubtfull (PISERA & BODZIOCH & 1991).

Other sponges were known only from the Karchowice beds and *Diplopora* Dolomite in the western part of Upper Silesia.

Described firstly as *Scyphia roemeri* (ECK 1865) and *Scyphia* sp. (ECK 1865, ASSMANN 1926), they were rede-

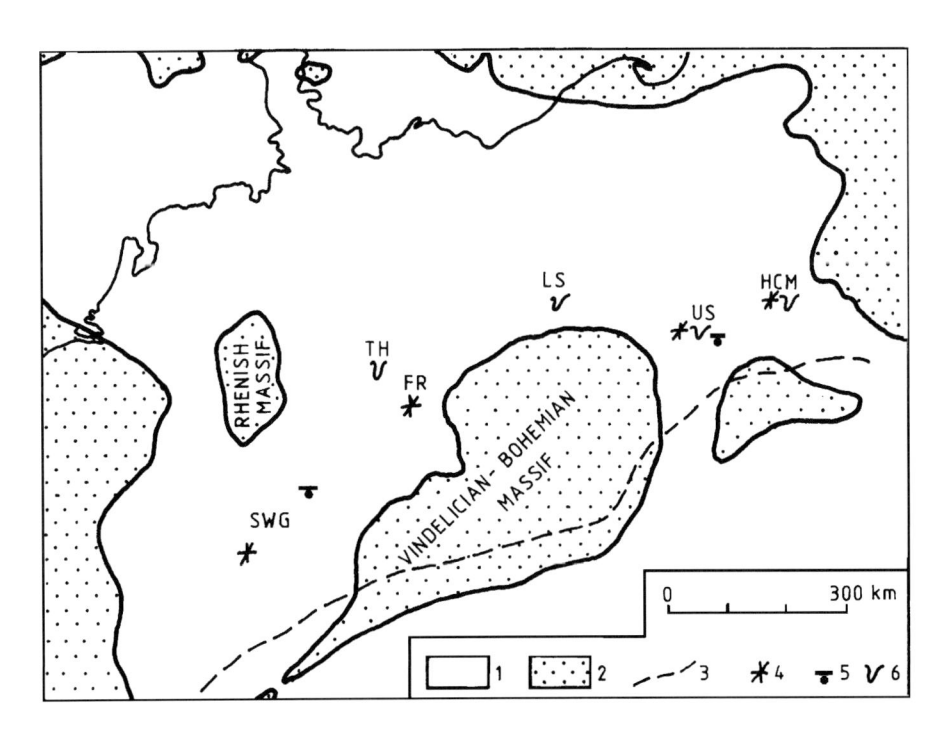

Fig. 1 Sponge occurrences in the epicontinental Triassic of Europe (general paleogeography after P. A. ZIEGLER 1982). 1 - sedimentary basin, 2 - lands, 3 - Alpine deformation front, 4 - isolated spicules, 5 - borings, 6 - bodily preserved specimens. SWG - south-western Germany, TH - Thuringia, FR - Franconia, LS - Lower Silesia, US - Upper Silesia, HCM - Holy Cross Mts.

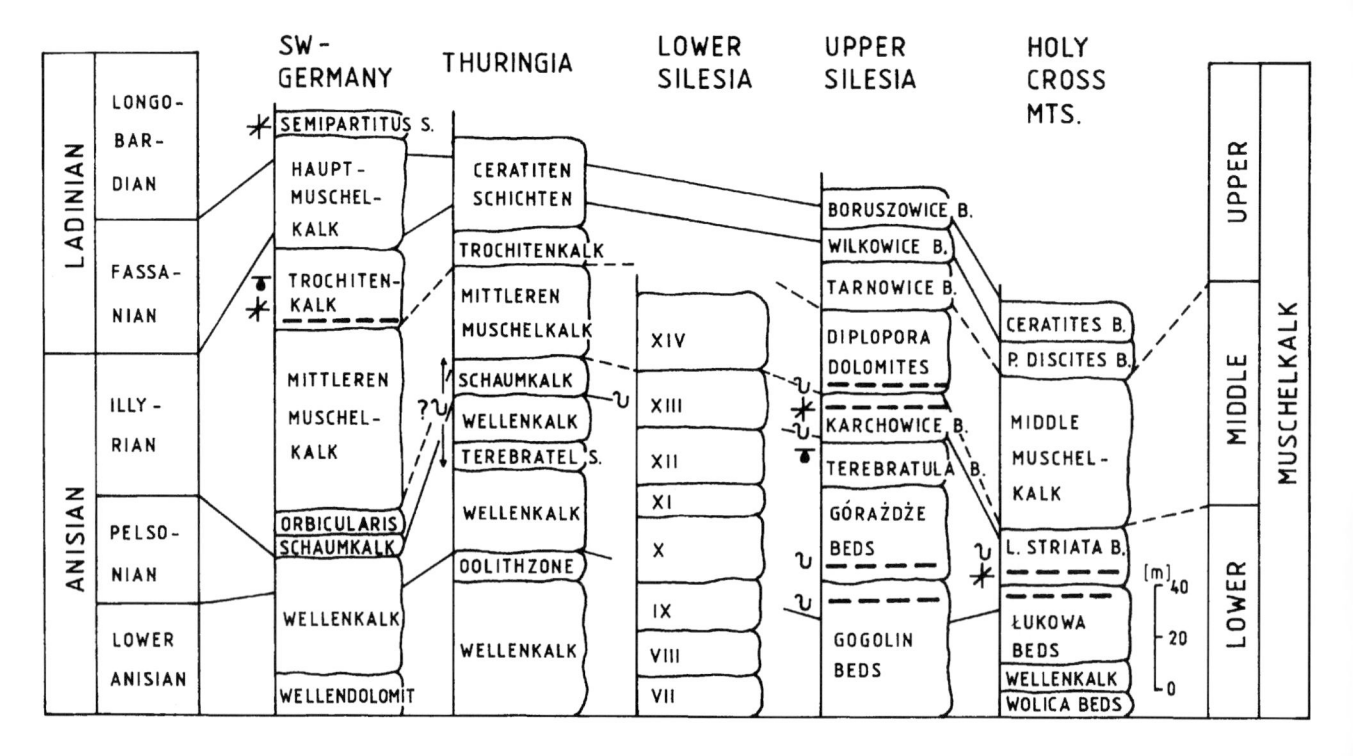

Fig. 2 Stratigraphical position of sponges from the epicontinental Triassic of Europe. Profiles and correlations partly after P. ASSMANN 1944, K. ZAWIDZKA 1975, J. TRAMMER 1975, J. TRAMMER & K. ZAWIDZKA 1976, T. C. LESNIAK 1978, and H. HAGDORN & T. SIMON 1985. – – – = siliceous nodules. Other signatures as in Fig. 1.

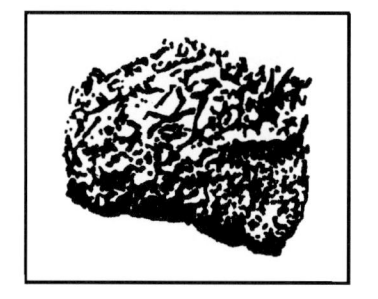

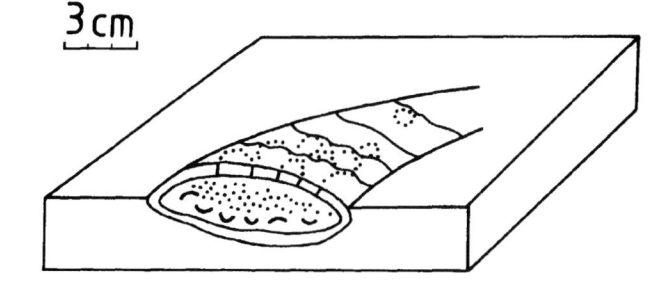

Fig. 3 *Cliona lenticula*. After GRUBER (1933).

Fig. 4 ?*Cliona* sp. After SZULC (1990).

Fig. 5 Epigenetically enlarged *Trypanites* borings from a nautiloid; Gogolin beds, Jaworzno-Szczakowa. Scale is 1 cm.

Fig. 6 Diact spicules („Monactinellida"). After HOHENSTEIN (1913).

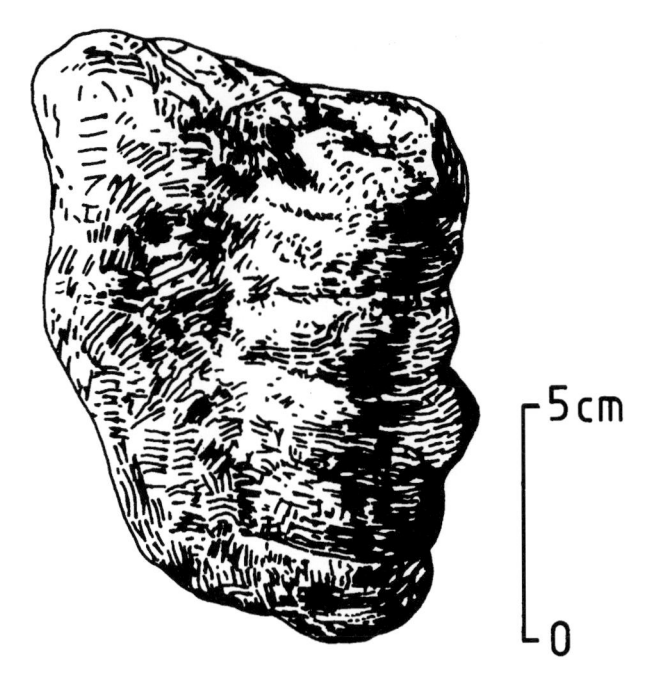

Fig. 7 *Casearia* sp. After v.FREYBERG (1928).

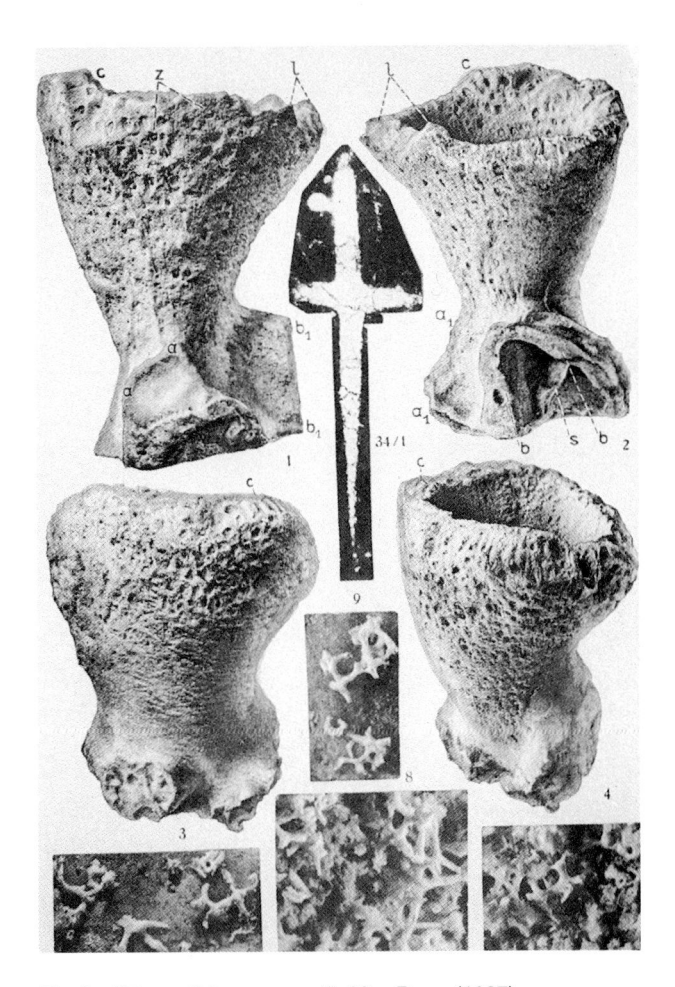

Fig. 8 "*Tremadictyon roemeri*". After RAUFF (1937).

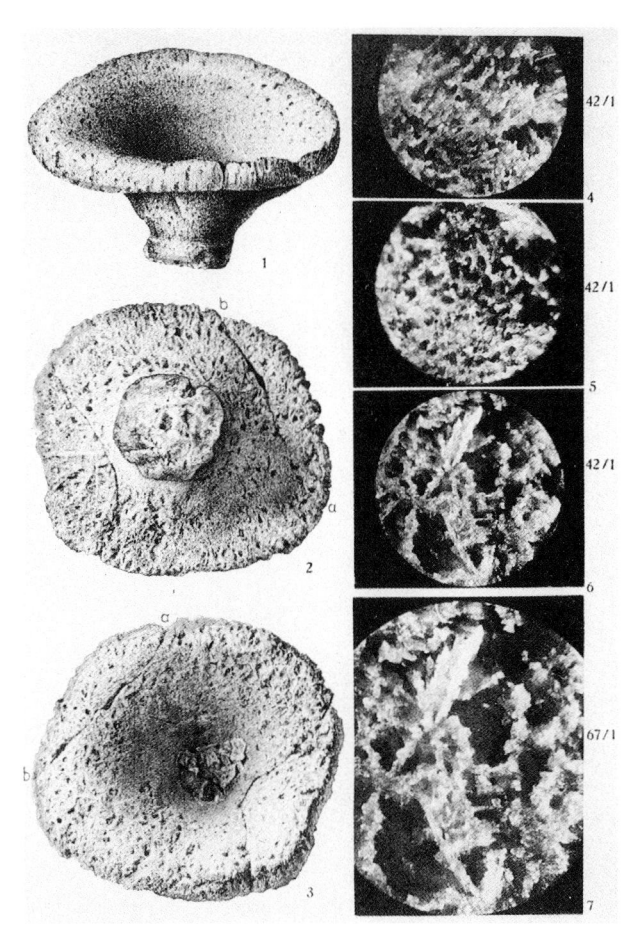

Fig. 9 "*Scyphia (?Tremadictyon) roemeri*". After RAUFF (1937).

scribed by RAUFF (1937) as *Tremadictyon roemeri* (Fig. 8) and *Scyphia* (*?Tremadictyon*) *roemeri* (Fig. 9). The collection consisted of nearly completely silicified or calcitized specimens, so that the structure of spicular skeletons could not be well recognized. The silicified specimens described as *Scyphia (?Tremadictyon) roemeri* (RAUFF 1937; Fig. 9) can be classified only as an undetermined sponge (PISERA & BODZIOCH 1991). In calcitized specimens of „*Tremadictyon roemeri*" (see Fig. 8), relics of spiculation show a clearly lyssacinosan organization of the skeleton; so earlier attribution of those specimens to *Tremadictyon* (order Hexactinosa) can not be upheld (PISERA & BODZIOCH 1991). The holotype of "*Tremadictyon roemeri*" somewhat resembles *Hexactinoderma trammeri* n. sp. (PISERA & BODZIOCH 1991) in the thickness of the wall and the presence of large hexacts, but it differs in general shape.

Comparable material has been collected during the last years from the same area and from the same stratigraphical unit (BODZIOCH 1989, 1991a). Nearly totally calcitized „mummies" predominate (Fig. 10), but among them, specimens with perfectly preserved skeletons were also found. They have been described as *Hexactinoderma trammeri* (Fig. 12) and *Silesiaspongia rimosa* (Fig. 15) by PISERA & BODZIOCH (1991). Other sponges have been found for the first time in new localities (Fig. 11), where they occur in different stratigraphical positions. They include forms found in the eastern part of Upper Silesia by Prof. S. KWIATKOWSKI (*Calycomorpha triasina* n. gen. et sp., Górażdże beds of the vicinity of Jaworzno-Szczakowa; Fig. 16) and by Mr. W. BARDZIŃSKI (*Hexactinoderma* sp., Gogolin beds of the vicinity of Sosnowiec and Bedzin; Fig. 14), and forms found by the author in the SW-margin of the

Holy Cross Mts. (*Hexactinoderma wolicensis* n. sp., *Lima striata* beds, Wolica; Fig. 13).

Paleontological description

Class: Hexactinellida SCHMIDT 1897
Order: Lyssacinosa ZITTEL 1877
Superfamily: Euplectelloidea FINKS 1960
Family: Pileolitidae FINKS 1960

Genus: *Hexactinoderma* PISERA & BODZIOCH (1991)

Hexactinoderma trammeri PISERA & BODZIOCH (1991)
(Fig. 12)

Diagnosis: Thick-walled, cup-shaped lyssacinosan sponge with totally fused skeleton; wall pierced by nu-

Fig. 10 Undetermined sponges from the Karchowice beds, Strzelce Opolskie. Scale 5 cm.

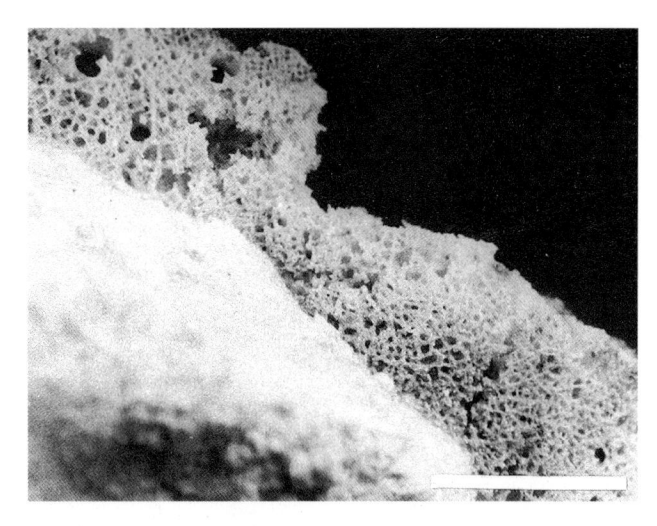

Fig. 12 *Hexactinoderma trammeri*, Karchowice beds, Góra sw. Anny. Scale 1 cm.

merous canals. Dermal and gastral layers well developed (covering entirely also canal openings) and built of totally fused hexactines with reduced distal ray and strongly elongated proximal one. Tangential rays of intermediate length. Proximal ray penetrates deeply into the endosomal skeleton.

Occurrence: Karchowice beds, western part of Upper Silesia (Fig. 11 A).

Hexactinoderma wolicensis n. sp. (Fig. 13)

Holotype: Specimen shown in Fig. 13.
Type horizon: *Lima striata* beds, Lower Muschelkalk, Middle Triassic.

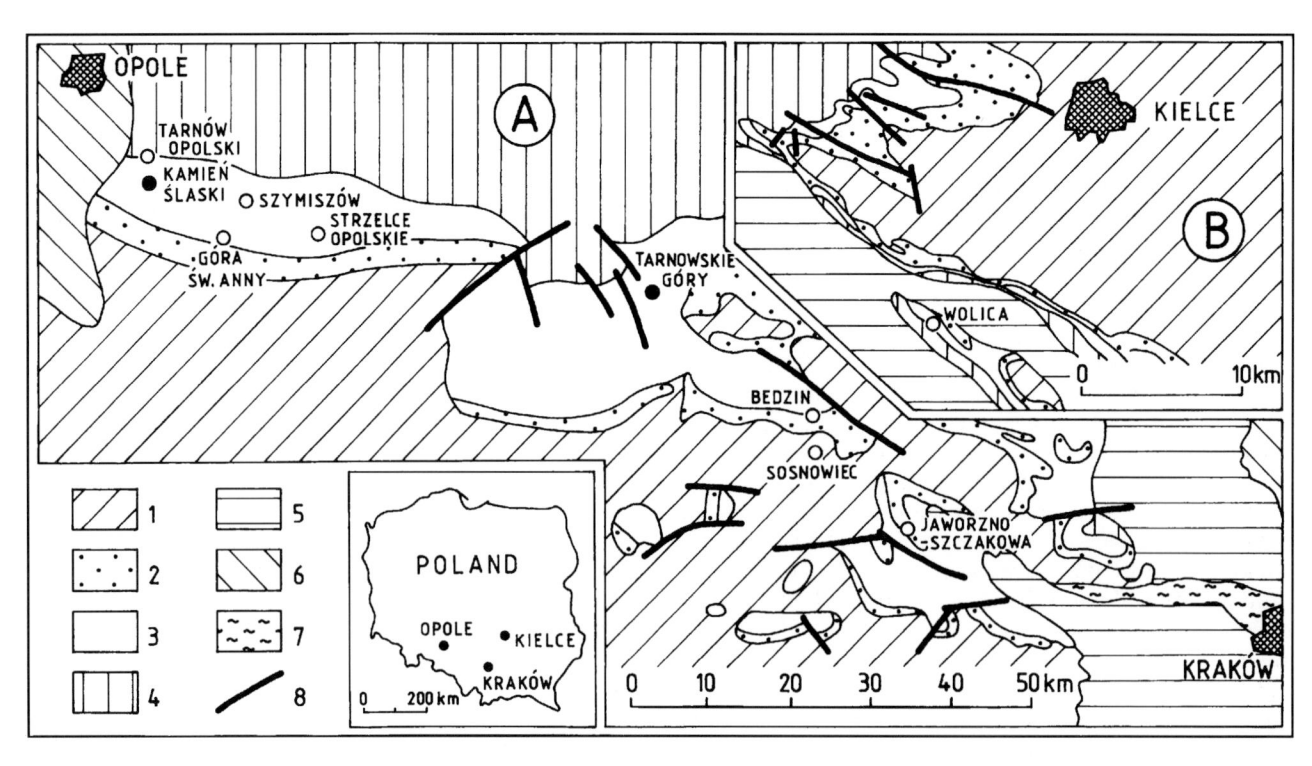

Fig. 11 The occurrence of sponges in the Silesia-Cracow Upland (A) and the Holy Cross Mts. (B). Geological maps partly after SENKOWICZOWA 1975 and TRAMMER 1975. 1 - Paleozoic, 2 - Lower Triassic, 3 - Muschelkalk, 4 - Upper Triassic, 5 - Jurassic, 6 - Cretaceous, 7 - Tertiary, 8 - faults. O (in A) = new localities of sponges.

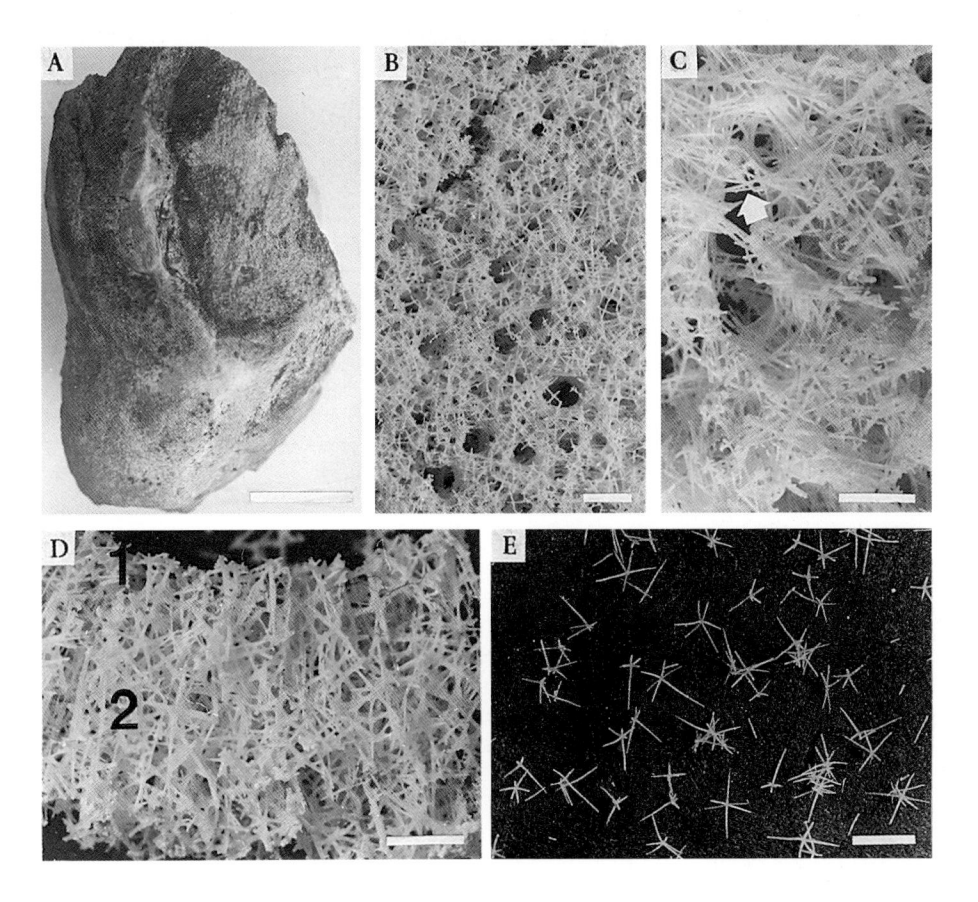

Fig. 13 *Hexactinoderma wolicensis* n. sp., the holotype; *Lima striata* beds, Wolica. **A** - General view, scale 1 cm. **B** - Gastral surface of the wall. Hexacts covering canal openings are well visible in the right-central side of the photo; scale 1 mm. **C** - Fragment of endosomal skeleton. Long diacts are visible in the upper part of the photo; the arrow shows a ladder-like structure; scale 1 mm. **D** - Cross-section of the wall. In the upper part of the photo, hexacts of gastral layer are visible; in the central part - a large endosomal hexactine (arrowed); scale 1 mm. **E** - Isolated hexacts of dermal layers. Scale 1 mm.

Type locality: Wolica, SW-margin of the Holy Cross Mts., Poland (Fig. 11B).
Etymology: The name refers to the type locality.
Depository: Author's collection.
Material: 2 completely preserved specimens and many fragments.
Diagnosis: Relatively small, thin-walled and cup-shaped lyssacinosan sponge with totally fused skeleton. Wall pierced by numerous canals. Dermal and gastral layers well developed and built of large, fused hexacts with reduced distal and elongated proximal rays, which penetrate the endosomal skeleton to about one half of its thickness. Tangential rays of intermediate length cover openings of canals.
Description: *Hexactinoderma wolicensis* n. sp. is cup-shaped (Fig. 13 A). The maximum height reaches 5 cm and the diameter at its upper edge 3 cm. Thickness of the wall is 3–5 mm and does not change with the height of sponge. Basal parts are rounded with spongocoel penetrating into them. The wall is pierced by numerous canals, whose openings are covered by large hexacts (Fig. 13 B). Openings are round or slightly ellipsoidal in shape and their diameters varying from 0.4 to 1.6 mm (usually between 0.8 and 1.0 mm). They are nearly equally arranged on both sides of the wall about 3 mm apart and lead to canals perforating the wall radially (Fig. 13 D). Deeper within the skeleton, they may branch into several smaller canals (about 0.5 mm in diameter) oriented diagonally to the axis of the main canal. The endosomal skeleton is built of long diacts which are often parallel to each other and to the wall surface and diagonally to the axis of the sponge body (Fig. 13 C). Sometimes diacts are fused by supplementary beams into a ladder-like structure. In addition, large, thick hexacts occur in the endosomal skeleton (Fig. 13 D). Their rays are nearly equal in length (usually about 1 mm) and may become 0.5 mm thick near the node. Dermal and gastral layers are built of large hexacts possessing thin rays (Fig. 13 D, E). The distal ray is usually reduced and the proximal one elongated; in most cases, rays are slightly curved; their thickness never exceeds 0.2 mm. Proximal rays penetrate into the endosomal skeleton to about one half of its thickness. Tangential rays, of intermediate lenght (about 1.2 mm), cover the surface of the wall, including canal openings (Fig. 13 B). The external layer is better preserved at the gastral surface of the wall.
Remarks: *Hexactinoderma wolicensis* n. sp. is most closely related to the type species *Hexactinoderma trammeri* (PISERA & BODZIOCH 1991). The main difference is in the development of large hexacts forming the external layer of the skeleton. In *Hexactinoderma trammeri* distal rays are more reduced and proximal ones more elongated so that they penetrate more deeply into the endosomal skeleton, sometimes to the opposite surface of the wall. Moreover, *Hexactinoderma wolicensis* n. sp. has a thinner wall and more delicate spicules.

Hexactinoderma sp. (Fig. 14)

Sponges related to *Hexactinoderma trammeri* and *Hexactinoderma wolicensis* have been found by Mr. W. BARDZIŃSKI in the uppermost part of the Gogolin beds on the area of Sosnowiec and Bedzin (Fig. 11 A). They are preserved as „mummies" with completely calcitized skeletons, so that they could be examined only in thin sections. Relics of spiculation resemble *Hexactinoderma*, however, the attribution to a particular species is impossible.

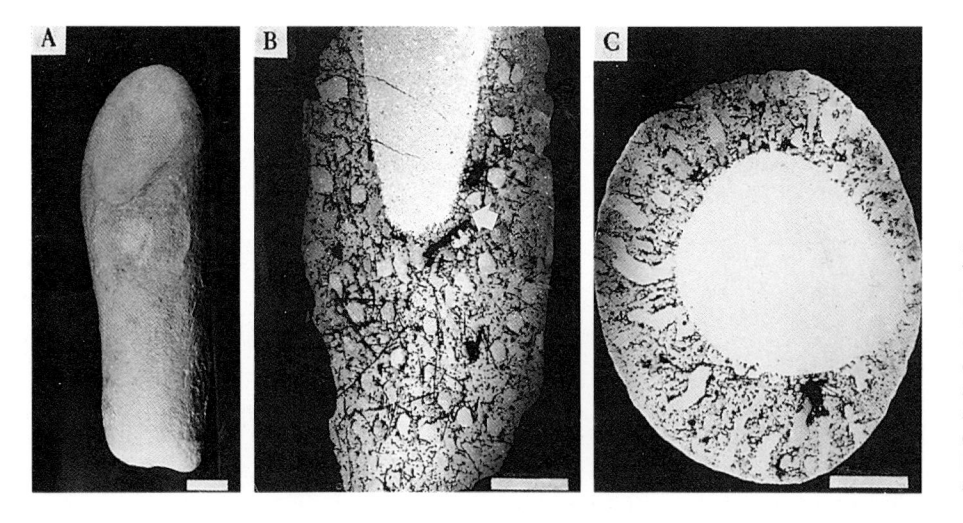

Fig. 14 *Hexactinoderma* sp., Gogolin beds, Sosnowiec. **A** - General view; scale 1 cm. **B** - Longitudinal section of the sponge shown if Fig. A - direct photograph from thin section. Long, randomly arranged diacts are visible (lower part of the photo) and fragment of a dense gastral layer built of hexacts (arrowed); scale 1 cm. **C** - Cross-section through the same specimen - direct photograph from thin section. Blind, radially arranged canals are visible; scale 1 cm.

Description: *Hexactinoderma* sp. is relatively large, thin-walled and tubular in shape (Fig. 14 A). Maximum height of specimens can reach 10 cm, diameter at their upper edge - 3 cm, and thickness of the wall - 6 mm. The wall is pierced by numerous canals arranged radially (Fig. 14 C). Canals are not so regular in shape (Fig. 14 B); their diameters oscillate around 0.8 mm. The skeleton is built of diacts and hexacts well-fused together. Diacts are long (up to 2 cm); they cross cutting one to another at various angles. Hexacts are well visible in the gastral part of the wall, where they form a dense external layer (Fig. 14 B).
Material: seven completely preserved specimens and over 50 fragments.
Depository: Mr. W. BARDZIŃSKI, Silesian University, Institute of Paleontology and Stratigraphy, ul. Mielczarskiego 60, 41–200 Sosnowiec, Poland.

Family: ?Euplectelloidea GRAY, 1867

Genus: *Silesiaspongia* PISERA & BODZIOCH (1991)

Silesiaspongia rimosa PISERA & BODZIOCH (1991) (Fig. 15)

Diagnosis: Thin-walled, tubular to cup-shaped lyssacinosan sponge with totally fused skeleton built of hexactines and diactines. The wall pierced by numerous canals.
External surfaces built of endosomal spicules mostly of diactine type, organized tangentially to the wall surface and forming clearly differentiated outer layer which does not cover canal openings.
Occurrence: Karchowice beds, western part of Upper Silesia.

Family uncertain.
Remarks: The two best preserved specimens are partly silicified while spicules are calcitized. This state of preservation is insufficient for familial attribution. The general shape resembles Sympagellidae and Lanuginellidae (LAUBENFELS 1955) but relics of spiculation are quite different.

Calycomorpha n. gen.

Etymology: The name refers the general shape of the sponge.
Diagnosis: Small, stalked lyssacinosan sponge. Long diact spicules occur in the gastral part of the sponge body. They are oriented perpendicularly to the wall surface and protrude into the gastral cavity.
Type species: *Calycomorpha triasina* n. sp.

Calycomorpha triasina n. sp. (Fig. 16)

Holotype: Specimen shown in Fig. 16.
Type horizon: Górażdże beds, Lower Muschelkalk, Middle Triassic.
Type locality: Jaworzno-Szczakowa, eastern part of Upper Silesia, Poland.
Depository: Author's collection.
Material: 2 complete specimens and 4 fragments.
Diagnosis: Small lyssacinosan sponge shaped like a liquor-glass with relatively long and broad stalk. The main skeleton is built of totally fused hexactine-derived spicules. In the gastral part of the skeleton, there are a lot of diacts oriented perpendicularly to the wall surface and protruding into the gastral cavity.
Description: *Calycomorpha triasina* n. sp. is shaped like a liquor-glass (Fig. 16 A). Its stalk is relatively long (about one half of the total height of the sponge) and broad (about

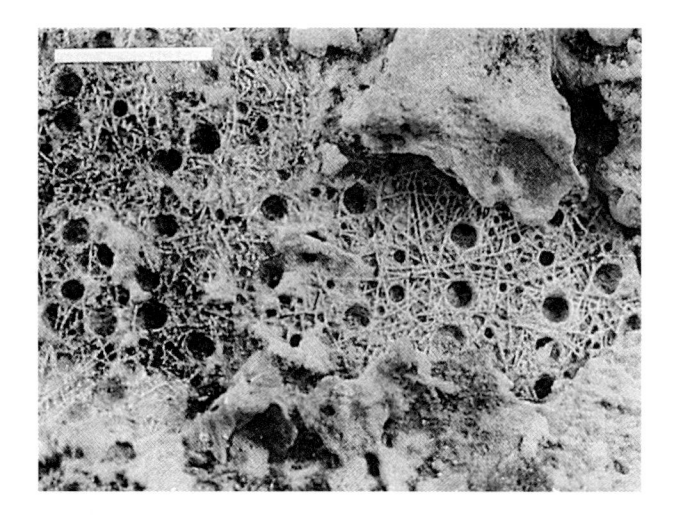

Fig. 15 *Silesiaspongia rimosa*, Karchowice beds, Szymiszow; scale 1 cm.

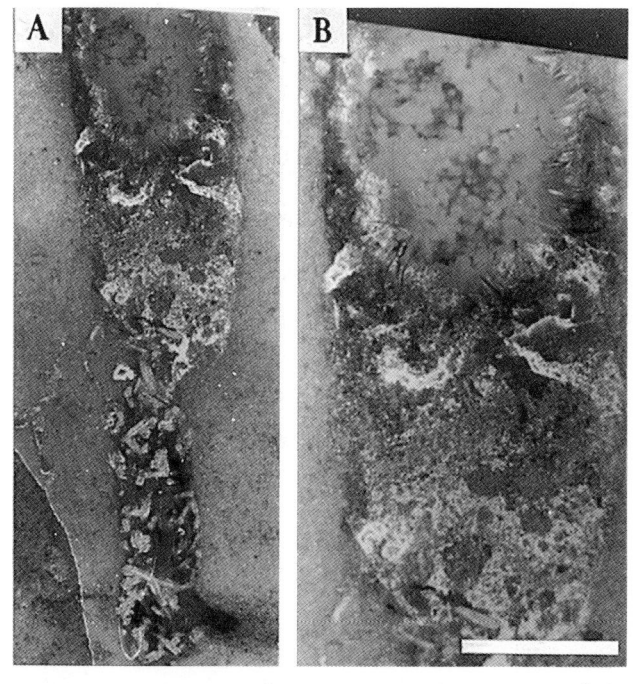

Fig. 16 *Calycomorpha triasina* n. sp., the holotype, Górażdże beds, Jaworzno-Szczakowa. **A** Longitudinal section of the sponge – polished surface; scale 1 cm. **B** Magnification of the gastral part, same specimen; note long diacts protruding into the spongocoel; scale 0.5 cm.

one half of the diameter of the goblet part of the sponge). The total height of the holotype is 4 cm, the diameter of the goblet part 10 mm, and the diameter of the stalk 5 mm. The stalk is 2 cm high. The spongocoel is rather shallow. The wall is extremely thin (less than 2 mm). Only few canals are visible; they occur at the base of the goblet part and their diameters vary from 0.3 to 2 mm. The skeleton is built of totally fused hexactines and diactines. In the gastral part of the sponge there are a lot of diacts oriented perpendicularly to the wall surface (Fig. 16 B). They are long (up to 3 mm) and thin (0.1 – 0.2 mm) and protrude into the gastral cavity to about 2 mm. The stalk is built of more massive diacts and hexacts.

Conclusions

All well defined sponges from the epicontinental Triassic of Europe are represented by siliceous sponges of the order Lyssacinosa. The occurrence of hexactinosan (= dictyid) sponges may be questioned because species attributed earlier to this order are represented either by undetermined specimens („*Scyphia*/ ?*Tremadictyon roemeri*" RAUFF 1937/ and „*Casearia* sp." FREYBERG 1928) or by specimens related to *Hexactinoderma* („*Tremadictyon roemeri*" RAUFF 1937).

Stratigraphical aspects

Unquestionable sponges or their spicules are fairly common in the Lower and Upper Muschelkalk (Fig. 2). Their occurrence in the Middle Muschelkalk (RAUFF 1937) is problematical, because the Lower/Middle Muschelkalk boundary is ill-defined in the Upper Silesian region (ASSMANN 1944, BODZIOCH 1990 a, 1991 b). Sponges appeared in the epicontinental basin in the early Pelsonian and existed there through early Illyrian times in its eastern part and until the Longobardian in its western part. In most localities, the sponges occur in horizons rich in siliceous nodules. It seems that other horizons containing cherts may also contain sponges or loose spicules. If not, siliceous nodules can be the only evidence of sponge development. The exception from this rule are, of course, horizons in which silica arose from other sources, for example from dissolution of detrital quartz (as was evidenced in the Cavernous Limestone in Gogolin – S. KWIATKOWSKI, personal communication). The occurrence of sponges is restricted to relatively small areas and thin lithostratigraphical units. In addition, in each area and in each lithostratigraphical unit, sponges are represented by different species. This means strong environmental control and, it goes without saying, low stratigraphic significance.

Fig. 17 Small sponge bioherm; Karchowice beds, Strzelce Opolskie; scale 20 cm. Note skeletal (mainly echinoderm) layers at the base and at the top of the bioherm.

Fig. 18 A part of a large sponge mound covered by corals (C). Karchowice beds, Kamień Śląski; scale 0.5 m.

Paleoecological aspects

The life habitat of the described sponges must be deduced from sedimentological data, because recent hexactinellids live in various environments and the correlation between skeletal structures and habitats is poorly known. Such sedimentological investigations (BODZIOCH 1989, 1990 b, 1991b) show different habitats for the described sponges.

Hexactinoderma trammeri and *Silesiaspongia rimosa* are restricted to shoal facies. They lived on skeletal sands in well oxygenated waters, at depths between normal and storm wave base. These sponges occupied the top parts of large shoals, where they formed small bioherms (Fig. 17) and larger mounds (Fig. 18), together with highly diversified and frequent molluscs, brachiopods, echinoderms and other animals. Sponges were not only the main moundbuilders - they had a great consequence for the development of the faunal assemblage. Colonies of sponges dissipated wave energy so that lime mud was

→ **Fig. 19** Epibionts attached to sponge skeletons: **A** - crinoids (arrowed) on sponges preserved in life position (fragment of the mound shown in Fig. 18); scale 1 cm. **B** - *Punctospirella fragilis* (arrowed) and *Placunopsis ostracina*; Karchowice beds, Strzelce Opolskie; scale 1 cm. **C** - *Placunopsis ostracina* and *Spirorbis valvata*; Karchowice beds, Szymiszow; scale 1 cm. **D** - *Placunopsis ostracina*, *Spirorbis valvata* and corals („*Montivaltia*" - arrowed) - another part of the specimen shown in Fig. 19 C; scale 1 cm.

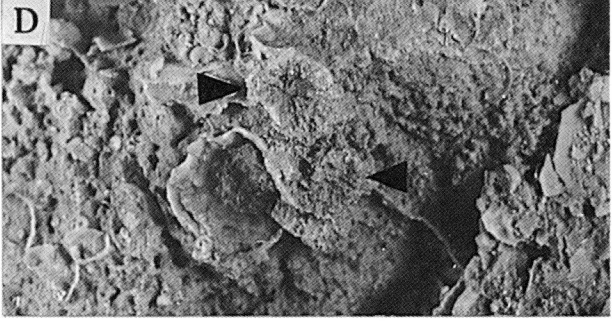

baffled between them. This enabled the development of infaunal animals. On the other hand, skeletons of both dead and living sponges were utilized as anchoring ground by crinoids, brachiopods, bivalves, polychaetes and corals (Fig. 19). This taphonomic feedback (KIDWELL & JABLONSKI 1983) changed the substrate from soft lime mud to skeletal debris; owing to this, the infauna was eventually eliminated and a typical hardground coral assemblage developed (BODZIOCH, in prep.).

Hexactinoderma wolicensis and *Hexactinoderma* sp. were found in typical tempestite sequences, where they occur in marly limestones between allochthonous coquinas. It implies that these sponges settled on relatively soft mud during quiet periods, as can be deduced also from their tubular shapes (BIDDER 1923).

Calycomorpha triasina was found in relics of limestones preserved within highly dolomitized sediment, in which no primary structures are preserved. The shape of this sponge and its shallow spongocoel may be interpreted as anti-smothering adaptations (against burial by sediment – HEEZEN & SCHNEIDER 1966, TABACHNICK 1991), as well as gastral diacts diminishing the capacity of the spongocoel. It suggests that *Calycomorpha triasina* inhabited a mobile substratum in a turbulent environment.

The restriction of each species to a small area and thin lithostratigraphical unit emphasizes the strongly endemic character of the described sponges, but at the present day, it is impossible to explain this distribution.

Zusammenfassung

Aus der epikontinentalen Trias Europas kennt man Schwämme nur im Muschelkalk von SW-Deutschland, Thüringen, Schlesien und dem Heiligkreuzgebirge (Polen). Sie sind vertreten durch mehr oder weniger gut erhaltene Stücke von *Hexactinoderma trammeri, H. wolicensis* n.sp., *H. sp., Silesiaspongia rimosa, Calycomorpha triasina* n.gen., n.sp., unbestimmte Reste von „*Casearia* sp.", „*Scyphia* sp.", „*Scyphia* /? *Tremadictyon roemeri*", „*Tremadictyon roemeri*" sowie isolierte Nadeln und problematische *Cliona*-Bohrgänge. Die gut bestimmbaren Schwämme gehören durchweg zur Ordnung Lyssacinosa. Im Germanischen Becken treten zweifelsfreie Schwämme erstmals im frühen Pelson, letztmals im Longobard auf. Zu Beginn des Illyr bildeten sie in Oberschlesien größere biohermale und biostromale Körper. Die hier beschriebenen Schwämme lebten im flachen Subtidal, wo *H. trammeri* und *S. rimosa* Biogensande über Schwellengebieten bewohnten, während die anderen Schwämme Schlammsubstrate in der Tempestitfazies einer Karbonatrampe besiedelten.

Table 1 Fossils described as sponges from the epicontinental Triassic of Europe

Fossils	Locality	Stratigraphical position	Author
1. Borings			
Cliona lenticula	SW-Germany	Trochitenkalk	GRUBER 1932, 1933
?*Cliona* sp.	W-Upper Silesia	*Terebratula* Beds	SZULC 1990
2. Loose spicules	E-Schwarzwald	Trochitenkalk	HOHENSTEIN 1913
	Franconia	*semipartitus*-Kalke	FISCHER 1909
	SW-Holy Cross Mts.	Łukowa beds	TRAMMER 1975
		Lima striata beds	
	NE-Holy Cross Mts.	Lower Muschelkalk	RDZANEK 1980
	W-Upper Silesia	Karchowice beds	RAUFF 1937, ZAWIDZKA 1975, PISERA & BODZIOCH 1992
3. Bodily preserved specimens			
Casearia sp.	Thuringia	Terebratel/Schaumkalkbänke	FREYBERG 1928
Scyphia sp.	Lower Silesia	Lower Muschelkalk	NOETLING 1880
Scyphia sp.	W-Upper Silesia	Karchowice beds	ECK 1865
Scyphia (?Tremadictyon) roemeri	W-Upper Silesia	Karchowice beds	ECK 1865, ASSMANN 1926, RAUFF 1937
Tremadictyon roemeri	W-Upper Silesia	Diplopora Dolomite	RAUFF 1937
Silesiaspongia rimosa	W-Upper Silesia	Karchowice beds	PISERA & BODZIOCH 1992
Hexactinoderma trammeri	W-Upper Silesia	Karchowice beds	PISERA & BODZIOCH 1992
Hexactinoderma wolicensis	SW-Holy Cross Mts.	Lima striata beds	BODZIOCH, this paper
Hexactinoderma sp.	E-Upper Silesia	Gogolin beds	BODZIOCH, this paper
Calycomorpha triasina	E-Upper Silesia	Goraźdźe beds	BODZIOCH, this paper

References

Assmann P. (1926): Die Fauna der Wirbellosen und die Diploporen der oberschlesischen Trias mit Ausnahme der Brachiopoden, Lamellibrabchiaten, Gastropoden und Korallen.- Jb. Preuss. Geol. Landesanstalt **46**, 504-527.

Assmann, P. (1944): Die Stratigraphie der oberschlesischen Trias. T. II - Der Muschelkalk.- Abh. Reichsamt Bodenforsch., N. F. **208**, 125 p.

Bidder G. P. (1923): The relation of the form of a sponge to its currents. - Q. J. Microsc. Sci., N. S., **67**, 293-323.

Bodzioch A. (1989): Biostratinomy and sedimentary environment of echinoderm-sponge biostromes from the Karchowice beds. - Ann. Soc. Geol. Polon., **59**, 331-346.

Bodzioch A. (1990 a): Karchowice beds. - In: IAS Intern. Workshop; Muschelkalk - Excursion Guide, 9-13, Kraków.

Bodzioch A. (1990 b): Echinoderm-sponge biostromes from Karchowice beds. - In: IAS Intern. Workshop; Muschelkalk - Excursion Guide, 18-19, Kraków.

Bodzioch A. (1991 a): Sponge Bioherms from Epicontinental Triassic Formations of Upper Silesia (Southern Poland). - In: J. Reitner & H. Keupp (eds.): Fossil and Recent Sponges, 477-485, Springer, Berlin.

Bodzioch A. (1991 b): Stop B/14 Tarnów Opolski (Poland, Upper Silesia). - In: H. Hagdorn, T. Simon & J. Szulc (eds.): Muschelkalk, a Field Guide, 69-71, Goldschneck-Verlag, Korb.

Bodzioch A. (in prep): Sedimentary environment of the Karchowice beds. - Ph. D. Thesis (in Polish).

Eck H. (1865): Ueber die Formationen des Bunten Sandsteins und des Muschelkalks in Oberschlesien und ihre Versteinerungen. 1-150, 2 pl., Berlin (Friedländer).

Fischer H. (1909): Beitrag zur Kenntnis der unterfränkischen Triasgesteine. - Geogn. Jahresh. **21**, 1-57.

Freyberg B. (1928): Casearia sp., ein Schwamm aus dem Muschelkalk von Sondershausen. - Beitr. Geol. Thür. **1**, 25-27.

Gruber A. (1932): Eine Fauna mit erhaltenen Schalen aus dem oberen Muschelkalk (Trochitenkalk) von Wiesloch bei Heidelberg. - Verh. Nat.-Med. Verein Heidelberg, **17**, 243-326.

Gruber A. (1933): Bohrorganismen im oberen Muschelkalk. - Geol. Rundschau, **23a**, 263-266.

Hagdorn, H. & Simon T. (1985): Geologie und Landschaft des Hohenloher Landes. - 1-186, Sigmaringen (Thorbecke).

Heezen B. C. & Schneider E. D. (1966): Sediment transport by the Antarctic bottom currents on the Bermuda rise. - Nature **211** (5049), 611-612.

Hohenstein V. (1913): Beiträge zur Kenntnis des Mittleren Muschelkalks und des Trochitenkalks am östlichen Schwarzwaldrand. - Geol. Palaont. Abh., N. F. **12**, 1-100.

Kidwell S. M. & Jablonski D. (1983): Taphonomic feedback: Ecological consequences of shell accumulation. - In: M. J. Tavesz & P. L. McCall (eds.): Biotic Interactions in Recent and Fossil Benthic Communities, 195-248, Plenum, New York.

Laubenfels M. W. (1955): Porifera. - In: R. C. Moore (ed.): Treatise on Invertebrate Paleontology. Part E. Univ. of Kansas Press, Lawrence, 21-122.

Lesniak T. C. (1978): Profil litostratygraficzny utworow retu i wapienia muszlowego w depresji polnocnosudeckiej. - Geologia **4**, 5-26.

Noetling F. (1880): Die Entwicklung der Trias in Niederschlesien. - Zeitschr. Deutsch. Geol. Ges. **32**, 300-349.

Pisera, A. & Bodzioch, A. (1991): Middle Triassic lyssacinosan sponges from Upper Silesia (Southern Poland) and the history of the hexactinosan and lychniscosan sponges.- Acta geol. Polon., 41, 193-207.

Rauff H. (1937): Spongien. - In: P. Assmann, Revision der Fauna der Wirbellosen der oberschlesischen Trias. - Abh. Preuss. Geol. Landesanst., N. F., **170**, 7-14.

Rdzanek K. (1980): Uwagi o litostratygrafii triasu wawozu Bukowia (Góry Świetokrzyskie). - Prz. Geol., no 1/1980, 24-31.

Senkowiczowa, H. (1975): The Trias. The Silesia-Cracow Upland. - In: S. Sokolowski (ed.), Geology of Poland. vol. 1, part 2. Mesozoic. - Wyd. Geol., Warszawa, 36-45.

Szulc, J. (1990): Diagenesis. - In: IAS Intern. Workshop; Muschelkalk. Excursion Guide, Kraków, 26-27.

Trammer, J. (1975): Stratigraphy and facies development of the Muschelkalk in the south-western Holy Cross Mts. - Acta Geol. Polon. **25**, 179-216.

Trammer, J. & Zawidzka, K. (1976): Korelacja jednostek stratygraficznych wapienia muszlowego Gór Świetokrzyskich i Śląska i ich pozycja chronostratygraficzna. - Prz. Geol., no 8/1976, 474-476.

Zawidzka, K. (1975): Conodont stratigraphy and sedimentary environment of the Muschelkalk in Upper Silesia. - Acta Geol. Polon., **25**, 217-256.

Ziegler, P. A. (1982): Geological Atlas of Western and Central Europe., The Hague, Amsterdam, 1-130.

Encrinus liliiformis im Trochitenkalk Süddeutschlands

Hans Hagdorn, Ingelfingen
Willy Ockert, Ilshofen
10 Abbildungen

Einführung

In den Muschelkalksteinbrüchen nordwestlich von Crailsheim, die seit der klassischen Epoche des Sammelns und Forschens Tausende von Seelilienkronen für die Sammlungen in aller Welt lieferten, bildet der Untere Trochitenkalk die bis zu 16 m mächtige Folge von meterdicken Kalksteinbänken der Crailsheim-Schichten. Die Sklerite von *Encrinus liliiformis*, besonders die auffälligen Stielglieder, die der ganzen Formation den Namen Trochitenkalk gegeben haben, sind darin die dominierenden Bioklasten. Hier läßt sich durchaus, wie im norddeutschen Muschelkalk von echtem Trochitenkalk sprechen (STOLLEY 1934), während in gleich alten Schichten wenige Zehnerkilometer nördlich und westlich von Crailsheim nur noch einzelne Bänke zwischen Tonmergelstein- und Blaukalkfolgen untergeordnet Crinoidenreste enthalten (Haßmersheim-Schichten, Neckarwestheim-Schichten).

VOLLRATH (1957, 1958) deutete diese Crailsheimer „Riffazies" überzeugend als Flachwasserbildung auf einer submarinen Schwelle, die dem ehemaligen Beckenrand vorgelagert war und über der es zu „riffartiger" Anhäufung der Seelilienreste kam. Auch erkannte er, daß die Seelilien keineswegs von W in den Raum Crailsheim angeschwemmt wurden, wie von LINCK (1954, 1965) postuliert, sondern daß sie an Ort und Stelle siedelten. VOLLRATH sah weiterhin in regional unterschiedlich starken Absenkungstendenzen bei unterschiedlicher Wassertiefe und Salinität die Ursache für die faziellen Unterschiede zwischen der Crailsheimer (und Donaueschinger) Trochitenkalkfazies und der Mergel- und Blaukalkfazies im nordwestlichen Baden-Württemberg.

Muschel/Terebratel-Riffe bei Schwäbisch Hall und Besigheim (VOLLRATH 1955, GWINNER 1968) und Muschel/Crinoiden-Riffe im Raum Crailsheim (HAGDORN 1978) erbrachten definitive Beweise dafür, daß *Encrinus liliiformis* im Crailsheimer Schwellengebiet und in seiner Umrandung siedelte. Dazu stellte AIGNER (1985) ein hydrodynamisches Modell auf. Daß die Riffe im Trochitenkalkmeer weit verbreitet waren, belegen HAGDORN & MUNDLOS (1982) mit weitern Nachweisen.

Auch für die genaue lithostratigraphische Parallelisierung der Leitbänke Mittelwürttembergs, Nordbadens und des westlichen Hohenlohe mit dem Crailsheimer „Trochitenriff" schuf VOLLRATH (1957, 1958) die Grundlagen, auf denen die Arbeiten von SKUPIN (1970), HAGDORN & SIMON (1985) und OCKERT (1988) aufbauten. Erst die Aufnahme zahlloser Profile in den Bachklingen an Kocher, Bühler, Jagst und Tauber, ergänzt durch Steinbruchprofile und Bohrungen ermöglichen nun eine exakte lithostratigraphische Parallelisierung als Grundlage für paläokologische und sequenzstratigraphische Deutungen. Dazu wählten wir Profile zwischen unterem Neckar und Fränkischer Schweiz und zwischen Ostalb und Nordhessen aus, die ein räumliches Bild von Faziesverteilung und Fossilgemeinschaften zur Zeit der *atavus*- und der tieferen *pulcher*-Zone entstehen lassen (zur Stratigraphie vgl. HAGDORN et al. 1987, 1993).

Über alle Bedeutung für die Germanische Trias hinaus stellt der Trochitenkalk den Prototyp regionaler Crinoidenkalke, wie sie vom Untersilur bis zum Unterkarbon (Oberes Mississippian) aus aller Welt bekannt sind. Darunter versteht AUSICH (1990), der diese Lithofazies durch die Erdgeschichte vergleichend untersucht, packstones oder grainstones mit Crinoidenskleriten als dominierender Allochemkomponente. Typische Crinoidenkalke erstrecken sich über 500 km^2 und mehr und haben Mächtigkeiten von mindestens 5 bis 10 m.

Solche Vorkommen entstanden nach AUSICH generell in Flachmeeren unter niedrigen geographischen Breiten auf passiven Kontinentalrändern und auf Karbonatplattformen in epikontinentalen Becken. Außerdem fordert AUSICH neben günstigen abiotischen Faktoren auch gruppenspezifische biotische Merkmale der beteiligten Crinoiden, nämlich gesellige Lebensweise und Haftorgane, mit denen die Seelilien Sediment stabilisieren konnten. Diese Voraussetzungen erfüllten die im mittleren Paläozoikum dominierenden monobathriden Camerata und die cladiden Inadunata. Im mitteltriassischen Germanischen Muschelkalk sieht AUSICH das letzte Auftreten echter Crinoidenkalke in der Erdgeschichte.

Ziel der Arbeit ist es, die für die Siedlung von *Encrinus liliiformis* bestimmenden Ökofaktoren und ihre biotischen und abiotischen Steuermechanismen herauszufinden sowie für die Entstehung des süddeutschen Trochitenkalks und seiner Fossilgemeinschaften ein modifiziertes Modell zu entwerfen. Synökologie und Lithofazies können allerdings im Rahmen dieser Arbeit nicht in gewünschter Breite abgehandelt werden.

Paläökologie von *Encrinus liliiformis*

Encrinus liliiformis, die einzige Crinoidenart des Trochitenkalks in SW-Deutschland, ist wegen ihres biserialen Armbaus von verschiedenen Autoren zu der im Paläozoikum so formenreichen Unterklasse Inadunata gestellt worden, gehört aber zu den Artikulata (HAGDORN 1982). Zu seinem „paläozoischen Habitus" gehört auch die Substratfixierung mittels Haftscheiben.

Mit bis zu 1,5 m Gesamtlänge ist diese Spezies nicht nur der größte Vertreter der Familie Encrinidae, sondern überhaupt eine ausgesprochen großwüchsige benthische Seelilie. Allerdings erreichen solche Größen nur Vertreter der geologisch jüngsten Populationen aus der *pulcher*-Zone, z. B. von Neckarwestheim oder von Nußloch (LINCK 1956, 1965, HAGDORN 1985a) und aus NW-Deutschland. Die langen, schlanken Kronen dieser Encrinen haben bis zu 70 Brachialia pro Reihe. In der *atavus*-Zone, wo *E. liliiformis* bei größter Häufigkeit regional am weitesten verbreitet war, erreichen die Stiele kaum einen Meter Länge, und die gedrungeneren Kronen haben höchstens 50 Brachialia pro Reihe.

Der Stiel adulter Encrinen war im unteren und mittleren Abschnitt unflexibel. Dies belegen Funde ganzer Exemplare, deren distale Stiele stets völlig gerade gestreckt auf den Schichtflächen liegen. Erst im proximalen Abschnitt, wo der Stiel durch Einschaltung von flach scheibenförmigen Internodalgliedern wächst, werden Biegungen um 90° und mehr beobachtet (vgl. SEILACHER et al. 1968). Stiele juveniler Encrinen waren dagegen über längere Abschnitte flexibel, Stiele von Exemplaren unter 5 cm Gesamtlänge sogar von der Haftscheibe bis zur Krone (HAGDORN 1978, Abb. 10).

Dem Stiel kam die Aufgabe zu, die Seelilie aufzurichten und sie, je nach individueller Größe, unterschiedlich hoch über den Meeresgrund zu erheben.

Nach den Berechnungen von BAUMILLER (1992) werden rezente Isocriniden unter normalen Bedingungen von der Strömung nicht wie Drachen an der Schnur aufgerichtet. Das galt wohl auch für *E. liliiformis* und sein Habitat, in dem es kaum über längere Zeit hinreichend hohe Strömungsgeschwindigkeiten gab.

Der flexible Proximalstiel mußte auch den Strömungsdruck auf die Krone auffangen und den Stiel vor Bruch schützen. Ob *Encrinus liliiformis* seinen Proximalstiel aktiv beugen konnte, um die Krone in optimale Filterposition zu bringen, ist unwahrscheinlich, denn es gibt keine Hinweise auf Muskeln im Stiel. Eher reagierten die Collagene, welche die Stielglieder verbanden, auf Strömungsdruck und richteten die Krone langsam in Filterposition aus. Stielbruch trat nach dem Befund „regenerierter Stielenden" (LINCK 1965, HAGDORN 1978) dennoch häufig auf, meist im distalen und mittleren Bereich. Im Gegensatz zu *Chelocrinus schlotheimi*, einem 20armigen Encriniden, der in den Gelben Basisschichten NW-Deutschlands zusammen mit *E. liliiformis* lebte, gibt es bei diesem nur wenige Hinweise auf Bruch des Proximalstiels (HAGDORN 1982). Die kuppel- oder ballonförmig verwachsenen Stielenden belegen die hohe Regenerationsfähigkeit der Encrinen (Abb.1,7). Allerdings lagen solche entwurzelten Exemplare am Meeresboden und trieben nicht, wie von LINCK (1956) rekonstruiert, aufrecht im Wasser, denn Anzeichen für Auftrieb durch die Krone fehlen. Selbst wenn die entwurzelten Seelilien langgestreckt am Meeresboden lagen, können sie dort monate- oder sogar jahrelang weitergelebt haben, solange sie nicht zusedimentiert wurden. Mechanismen für sekundäre Fixierung wie etwa bei den später so erfolgreichen Holocriniden (HAGDORN 1983) entwickelten die Encrinen nicht. Auch konnten sie sich aktiv nicht wieder in vertikale Position versetzen.

Der *Encrinus*-Stiel endet distal mit einer Haftscheibe, die beim Jungtier stets diskoid ist, sich dann aber in Anpassung ans Substrat differenziert (HAGDORN 1978). Diskoid bleibt die Haftscheibe, wenn die Seelilien auf ebener Fläche wie *Newaagia*- oder *Myalina*-Klappen siedeln. Entsprechend der Lebendstellung von *Myalina blezingeri* biegen die Stiele parallel zur Aufwachsfläche ab, um nach oben wachsen zu können (HAGDORN 1978). Die meisten Encrinen dürften jedoch Haftscheiben und

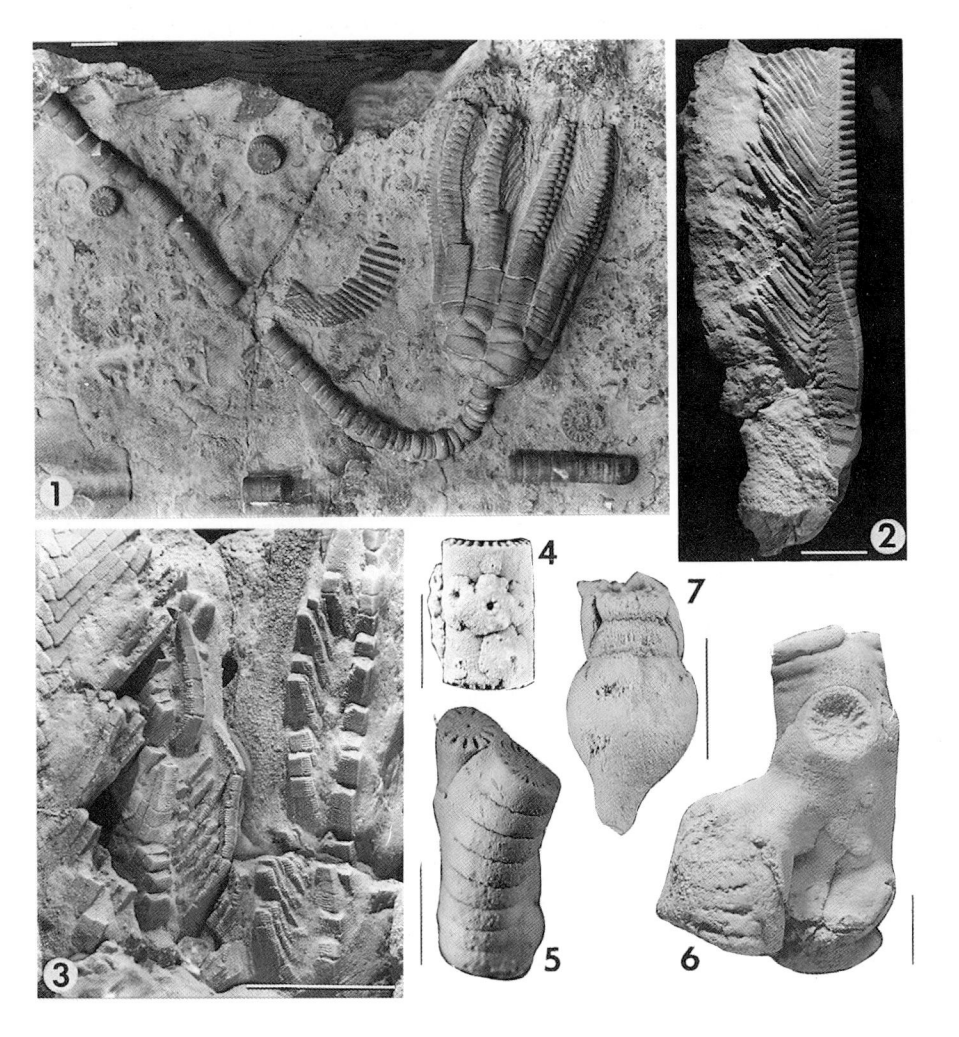

Abb. 1 Palökologie von *Encrinus liliiformis*. **1**. Adulte Krone mit stark gebogenem Proximalstiel und biserialen, dicht pinnulierten Armen. Haßmersheim-Sch., Tb 3 (Biohermflanke), Schwäbisch Hall-Tullau; MHI 1043/2. **2**. Arm von lateral mit dichter Pinnulae-Fahne. Neckarwestheim-Sch., Tb 6, Neckarwestheim; MHI 1116/5. **3**. Pinnulae mit pectinater Skulptur. Neckarwestheim-Sch., Tb 6, Neckarwestheim; MHI 1116/4. **4**. Diskoide Haftscheiben von Jungtieren in geselliger Besiedelung eines adulten Seelilienstiels. Crailsheim-Sch., *Encrinus*-Platten, Mistlau; MHI 1214/4. **5**. Basale Stiele, kallös verkittet. Crailsheim-Sch., *Encrinus*-Platten, Mistlau; MHI 1214/5. **6**. Inkrustierende Haftscheiben auf Stielstümpfen abgestorbener Encrinen aus einem Bioherm. Erkerode-Sch., Bonenburg bei Warburg; MHI 1255/1. Balken jeweils 1 cm, bei 4. und 7. je 0,5 cm.

basale Stiele von Artgenossen inkrustiert haben, wobei die diskoide Grundform des Haftorgans vielfältige Abwandlung fand (Abb. 1,6). Anbohrung durch Phoronidea (*Talpina gruberi*) und acrothoracide Cirripedier sowie starke oberflächliche Anlösung belegen, daß die inkrustierten Stiele meist bereits abgestorben waren. Wo lebende Artgenossen inkrustiert wurden oder wo gemeinsam herangewachsene, kallös verkittete Encrinen ganze Stielbündel bilden, sind die Kontaktflächen dunkel verfärbt. Ob diese Sklerite noch von Epithel umgeben waren, bleibt zweifelhaft.

Die Fähigkeit, in engem Verband sowohl lebende als auch abgestorbene Stiele von Artgenossen kallös zu inkrustieren und sie in ein festes Gerüst einzubauen, führte zur maßgeblichen Beteiligung der Encrinen am Aufbau der Muschel/Crinoiden-Bioherme (HAGDORN 1978, HÜSSNER 1993).

Die *Encrinus*-Larven setzten sich offenbar bevorzugt in den Bioherm festen fest, wo sie, einige Dezimeter über dem schlammigen Meeresboden, Festsubstrat zur Verankerung vorfanden und gleichzeitig besser vor dem Ersticken im Schlamm geschützt waren. Man muß wohl davon ausgehen, daß die vagilen Larven sich innerhalb weniger Stunden bevorzugt in kleinen Trupps eng zusammen im Bioherm festsetzten, wo die Metamorphose stattfand (Abb. 1,4). Derart kurze Fristen bis zur Anheftung entsprechen auch den Beobachtungen an rezenten Crinoiden (MEYER & AUSICH 1983). Ohne dieses Verhalten der Larven wäre die Gerüstbildung durch Crinoiden und das Vertikalwachstum des Riffs nicht möglich. Ein Teil der Larven muß sich jedoch auch über gewisse Distanzen entfernt und geeignetes Substrat in der Nachbarschaft besiedelt haben, wo dieses verfügbar war. Von den dabei erreichten Entfernungen hing es dann ab, wie schnell die Kolonisation gerade entstandener Schillbänke lateral fortschritt. Da nach MEYER & AUSICH Crinoidenlarven keine armartigen Fortsätze wie die pelagischen Pluteuslarven der Ophiuren und Echinoiden besitzen, sondern bewimperte Bänder, die nur begrenzte Schwimmaktivität ermöglichen, läßt sich annehmen, daß diese Entfernungen nicht sehr groß gewesen sein konnten.

Von typischen artikulaten Seelilien unterscheidet sich *Encrinus liliiformis* insbesondere mit seinem fortgeschrittenen biserialen Armbau. Dadurch erhöht sich bei gleicher Armlänge die Zahl der Pinnulae, die dann in beiden Brachialiareihen dicht wie die Fahnen einer Feder stehen.

Kammartige Skulptur der Pinnularia entlang der Nahrungsrinne veranlaßten JEFFERIES (1989) dazu, in *Encrinus liliiformis* einen Nahrungsspezialisten zu sehen, der bei annähernd geschlossener Krone und dicht angeordneten Pinnulaereihen Mikroplankton filtrierte. Dieser interessanten Hypothese steht entgegen, daß die Arme an den muskulären Gelenken am Radiale, am axillären Primibrachiale 2 und an den noch uniserialen ersten Sekundibrachialia stärker abgekippt werden konnten (bis 45° gegen die Längsachse), so daß zwar kein parabolischer Fangfächer wie bei den Isocriniden, aber doch eine dicht pinnulierte Fangglocke entstand. Der biseriale Armbereich war mit seinen ligamentär verbundenen Gliedern unbeweglich, wohl konnten aber die Pinnulae am Brachiale aktiv abgekippt werden. Außerdem läßt sich in einer monospezifischen, nur durch individuelle Größe gegliederten Crinoidengemeinschaft kaum eine so hochgradige Spezialisierung denken, solange darin solche Crinoiden fehlen, die normal großes Plankton filterten. In den Karchowitzer Schichten des Unteren Muschelkalks von Oberschlesien, wo mehrere Encrinidenarten zusammen mit Holocriniden in diversen Gemeinschaften vorkommen, wo also Nahrungsspezialisten eher zu erwarten wären, treten bei den Encriniden jedenfalls pectinate Pinnularia nicht konstant auf.

Eine Population von Encrinen unterschiedlichen Alters durchfilterte das Meerwasser demnach vom bodennahen Stockwerk (dort in Konkurrenz mit Brachiopoden und Muscheln) bis zu einem Niveau von einem m über dem Boden. Die phylogenetische Tendenz zu Verlängerung von Stiel und Armen in den jüngeren Populationen folgte dem Anpassungsdruck, noch höhere Stockwerke noch effektiver zu durchfiltern.

Muschel/Crinoiden-Bioherme

Die im ganzen Trochitenkalk SW-Deutschlands verbreiteten Muschel/Crinoiden-Bioherme sind im Grundriß runde bis ovale, im Anschnitt linsenförmige Körper mit Böschungen bis 45°, von 2 bis 3 m lateraler Ausdehnung und bis zu 1,8 m Dicke. Zahlreiche Bioherme sind bei einer Fläche von weniger als einem halben m² nicht dicker als 20 bis 40 cm. Auch die großen Muschel/Crinoiden-Bioherme überragten den Meeresboden nur um wenige dm.

Das Gerüst der Bioherme aus großen Klappen der Muschelkalk-„Austern" *Enantiostreon difforme* und *Newaagia noetlingi* (Terquemiidae) ist fest, aber durch größere sedimentgefüllte Zwickel stark gegliedert. Darauf festzementiert sitzen an manchen Stellen mehrere Generationen von *Placunopsis ostracina* oder cm-großen *Enantiostreon*, vereinzelt Röhren von „*Spirorbis*" *valvata* und Foraminiferen, v.a. die verkitteten Wurzelkalli von *Encrinus liliiformis*. In den Riffen der *Encrinus*-Platten in den Crailsheim-Schichten finden sich dichte Crinoidenkrusten besonders im obersten Riffbereich. Im Übergang zu den Haßmersheim-Schichten bilden die Wurzelkalli in den Riffen nur kleine Gruppen, oder sie fehlen im Zentralbereich der Haßmersheim-Schichten sogar ganz.

Siedlungen von Pionier-Terquemien in kleinen Gruppen, also initiale Bioherme, wurden auf grobschaligen, parautochthonen Schillbänken, z. T. auf den Kämmen von Megarippeln festgestellt (Abb. 2,2 und HAGDORN & MUNDLOS 1982, Abb. 4, A). Auf Schillbänken sitzen auch die größeren Bioherme auf.

Das Biohermgerüst ist stellenweise extensiv von Phoronidea (*Talpina gruberi, Calciroda kraichgoviae*) und von acrothoraciden Cirripediern angebohrt. Nach SCHMIDT (1993) weisen die Bioherme die höchste Bohrspurendiversität des Muschelkalks auf (10 Taxa), darunter mehrere algale Formen.

Flexibel in den Riffen angeheftet siedelten byssate Muscheln (*Myalina blezingeri, Septifer praecursor, Pleuronectites laevigatus, Plagiostoma striatum*) sowie artikulate Brachiopoden (*Coenothyris vulgaris; Tetractinella trigonella, Punctospirella fragilis*; vgl. HAGDORN & SIMON 1993).

HÜSSNER (1993) fand bei der Untersuchung der Riffe im Dünnschliff monaxone Schwammnadeln und verschiedene Problematica, jedoch keine Hinweise auf Algen- oder Bakterienmatten als Gerüstbinder. Bei Künzelsau wurden in Bioherm en auf der Dachbank von Wellenkalkbank 2 *Tubiphytes*-artige Schläuche und Dasycladaceen gefunden (FLÜGEL & HAGDORN, in Vorb.). In den schlammgefüllten Zwickeln des Biohermgerüsts lebten eingegraben Nuculiden und Linguliden, deren z. T. doppelklappig erhaltene Gehäuse zusammen mit Gastropoden und dekapoden Krebsen gefunden werden.

Am häufigsten (ca. ein Bioherm pro 100 m^2) waren die Riffe in den *Encrinus*-Platten der Crailsheim-Schichten, wo sie auch den höchsten Crinoidenanteil erreichen. Kleinere Bioherme wurden auch in den Crinoiden-Kornsteinen über den *Encrinus*-Platten gefunden. Gegen N und W (Haßmersheim-Schichten) werden sie seltener, treten aber in den Trochitenbänken 1 bis 4 sowie in der Dachbank von Wellenkalkbank 2 und in der *Spiriferina*-Bank noch auf (vgl. die Profilserien Abb. 5-7 sowie VOLLRATH 1955, GWINNER 1968, HAGDORN & MUNDLOS 1982, HAGDORN & SIMON 1993). In der Dolomitfazies östlich und südlich von Crailsheim sind Bioherme aus den wenigen Kernbohrungen nicht belegt, jedoch dort durchaus zu erwarten. In Trochitenbank 1 vom Steinbruch Remschlitzgrund (Oberfranken, Profil bei NOLTE 1989) war ein kleines Bioherm aufgeschlossen.

Funde von Muschel/Crinoiden-Biohermen in den Erkerode-Schichten von Schöningen am Elm, aus dem nordlippischen Weserbergland, Thüringen und Nordhessen (HAGDORN & MUNDLOS 1982 und neue Beobachtungen) belegen für Nord- und Mitteldeutschland ähnliche Habitate, die jedoch bisher weniger genau untersucht sind.

Fossile Lebensgemeinschaften und Fazies
Nach ihrem trophischen Kern ist die Fossilgemeinschaft der Muschel/Crinoiden-Bioherme in den *Encrinus*-Platten eine *Enantiostreon difforme/Encrinus liliiformis*-Gemeinschaft (Rekonstruktion in HAGDORN 1991; zur Zusammensetzung vgl. Appendix), die von zementierten oder flexisessilen, filtrierenden Epibionten dominiert wird. Im Übergangsbereich zu den Haßmersheim-Schichten, wo Encrinen seltener werden, wird sie durch die weniger diverse *Enantiostreon difforme/Plagiostoma striatum*-Gemeinschaft ersetzt (KELBER 1974, NOLTE 1989).

Crinoidenkalke des Trochitenkalks können generell als mehr oder weniger aufgearbeitete parautochthone Schille angesehen werden, die aus *Enantiostreon difforme/Encrinus liliiformis*-Gemeinschaften hervorgegangen sind, selbst wenn Bioherme in diesen Gesteinen heute fehlen. Das gilt auch für die Crinoiden-Kornsteine mit präfossilisierten, abgerollten Trochiten, die in extrem flachem Wasser aufgearbeitet und gerundet wurden (LINCK 1965, SEILACHER 1993).

Dennoch folgen sowohl lateral je nach Position auf der Karbonatrampe (AIGNER 1985) als auch vertikal in den einzelnen Bankfolgen charakteristische Fossilgemeinschaften aufeinander, wie sie bereits, etwas generalisiert, von HAGDORN (1988) und AIGNER et al. (1990) dargestellt wurden. Für die Profile von Trochitenbank (im folgenden:

← **Abb. 2** Bioherme. **1** *Enantiostreon*-Bioherme ohne Crinoidenwurzeln. Haßmersheim-Sch., Ms 1, Schwarze Pfütze. **2** Muschel/Crinoiden-Bioherm auf Schillbank mit Megarippeln. Haßmersheim-Sch., Tb 1, Schwarze Pfütze. **3** Muschel/Crinoiden-Bioherm, von rasch geschütteter Trochitenbank überdeckt. Crailsheim-Sch., *Encrinus* - Platten, Wollmershausen. Balken 1 m. **4** Muschel/Crinoiden-Bioherm in Crinoiden-Kornstein; Stylolithenzug auf Schichtfläche, Crailsheim-Sch., Tb 3, Neidenfels.

→ **Abb. 3** Trochitenkalk-Fazies. **1.** Neidenfels (Profil 7), Crailsheim-Sch., EP = *Encrinus*-Platten. **2.** Künzelsau-Garnberg, Haßmersheim-Sch., Ms 3 bis Blaukalk 2 der Neckarwestheim-Sch.; Blaukalk 1 ist ausgekeilt (Schichtfuge zwischen Tb 4 und 5). **3.** Obervolkach (Profil 15), Haßmersheim-Sch., ganz unten Basaloolith der Kraichgau-Sch.

Spiriferina-Bank

EP

Tetractinella-Bank

Kraichgau-Schichten

① ② ③

Tb) 2 bis Tb 5 werden für drei Positionen auf der Karbonatrampe die Ergebnisse halb-quantitativer Faunenanalysen verglichen (Abb. 8). AIGNER (1985) sah in diesen Bankfolgen mehrere transgressiv/regressive Kleinzyklen (Dachbankzyklen, Crinoidenbank-Zyklen, Fig. 55), wobei jeweils die lutitischen Blaukalke bzw. Tonmergel den transgressiven, die dickgebankten Crinoidenkalke den regressiven Ast repräsentierten.

1. Haßmersheim-Schichten, Neckarwestheim-Schichten; Position auf der tiefen Rampe (Profile 1-4, 10, 13-16).

Die Haßmersheim-Schichten (vgl. HAGDORN et. al 1993) umfassen in ihrer typischen Ausbildung vier Abfolgen von blätterigem Tonmergelstein und tonreichen Calcilutit-Bänkchen und -Linsen, distalen Tempestiten mit Schalenpflastern, Kleinrinnen mit Biogenfüllung und darüber jeweils dickgebankten Biocalciruditen (packstones), auf denen Bioherme vorkommen können. In den Tonmergeln sind nur Reste von phosphatschaligen Brachiopoden und Dekapoden sowie von calcitschaligen Muscheln (Pectiniden, Bakevelliiden) erhalten geblieben, während Aragonitschaler diagenetisch ausgelöscht sind oder als schlecht erhaltene Druckschattenkonkretionen doppelklappiger Myophorien, Pleuromyen und Cephalopoden vorliegen. In den Schalenpflastern (Abb. 4,1) ist, bedingt durch höheres Fossilisationspotential, ein breiteres Artenspektrum erhalten. Diese *Hoernesia socialis/Bakevellia costata*-Gemeinschaft wird von filtrierenden, flach grabenden Schlammbewohnern dominiert; untergeordnet treten auch Detritusfresser auf (vgl. Appendix, auch WARTH 1979).

Zwei zusammen bis 10 m mächtige Abfolgen fossilleerer Blaukalke mit distalen Tempestiten und jeweils einer mächtigen Schill-Crinoidenbank (Tb 5 und 6) kennzeichnen die Neckarwestheim-Schichten. Die Blaukalkfolgen enthalten verschiedene grabende Weichbodengemeinschaften, in denen auch Detritusfresser dominieren können (*Palaeonucula goldfussi/Laevidentalium laeve*-Gemeinschaft). Gegen den Raum Crailsheim keilen die Blaukalke aus.

Die Tb 1 bis 6 enthalten in situ (Bioherme) oder parautochthon Elemente der *Enantiostreon difforme/Encrinus liliiformis*-, der *Enantiostreon difforme/Plagiostoma striatum*- oder der gleichfalls von epibenthischen Filtrierern dominierten *Coenothyris vulgaris/Plagiostoma striatum*-Gemeinschaft (vgl. Appendix), die in Tb 4 weit verbreitet Biostrome bildet. Der Brachiopode *Tetractinella trigonella*, ein exotischer Einwanderer aus der Tethys, wurde bisher nur in Tb 1 gefunden (HAGDORN & SIMON 1993), wo er zum trophischen Kern einer weiteren Filtrierergemeinschaft gehört. Wo Bioherme inmitten von Schlammgründen mit Infauna noch belebt waren, wurden Elemente der benachbarten Lebensgemeinschaften in Rinnenfüllungen und Tempestiten zu gemischten Fossilgemeinschaften vermengt.

2. Übergangsbereich zwischen Haßmersheim-/ Neckarwestheim- und Crailsheim-Schichten (Profile 5, 6, 11, 12). Die Tonmergel haben an Mächtigkeit verloren, und Schilltempestite sind häufiger geworden, nun jedoch auch mit Fossilgemeinschaften, in denen filtrierendes Epibenthos dominiert: *Coenothyris vulgaris/Plagiostoma striatum*-Gemeinschaft. In den hier mächtigeren Schill/ Crinoiden-packstones (Tb 2, 3) finden sich in Biohermen auch *Encrinus*-Wurzelkalli. Auf Schillbänken in den Biohermflanken erstrecken sich Biostrome doppelklappiger Brachiopoden in Lebendstellung (Abb. 4,2), auf denen auch artikulierte Echinodermenskelette erhalten geblieben sind.

So fanden sich in der Flanke eines Bioherms in Tb 3 bei Schwäbisch Hall-Tullau auf ca. 2 m^2 über 120 Encrinen von 6 bis 90 mm Kronenlänge, die mit ihren Stielen z. T. noch im Bioherm fixiert waren (HAGDORN 1978, Abb. 5). Bei Schwäbisch Hall-Steinbach (6,5 km SSE' von Profil 4; Halt 2 in AIGNER et al. 1990) ist ein komplex gebautes Muschel/ Terebratel/Crinoiden-Bioherm aufgeschlossen, das an der Basis von Tb 3 ansetzt und an einer Stelle sich durch Mergelschiefer 3 (im folgenden: Ms) bis weit in Tb 4/5 fortsetzt, also während zwei Kleinzyklen heranwuchs. Allerdings wurden randliche, etwas weniger erhabene Biohermabschnitte von Ms 3 zusedimentiert, und erst mit der Ablagerung von Tb 4 breitete sich das Bioherm von seinem unverschütteten Zentralbereich auch lateral wieder aus (HAGDORN & MUNDLOS 1982, Abb. 5). An der Oberfläche von Tb 3 bildeten sich in nächster Nähe mehrere Kleinbioherme von ca. 50 cm Durchmesser und 10 bis 30 cm Höhe, die jedoch alle von Ms 3 völlig zusedimentiert wurden.

In Tb 4 und 5 finden sich Einzelklappen und Schill aus Elementen der *Coenothyris vulgaris/Plagiostoma striatum*-Gemeinschaft (aufgearbeitete Biostrome) mit vereinzelten *Encrinus*-Resten.

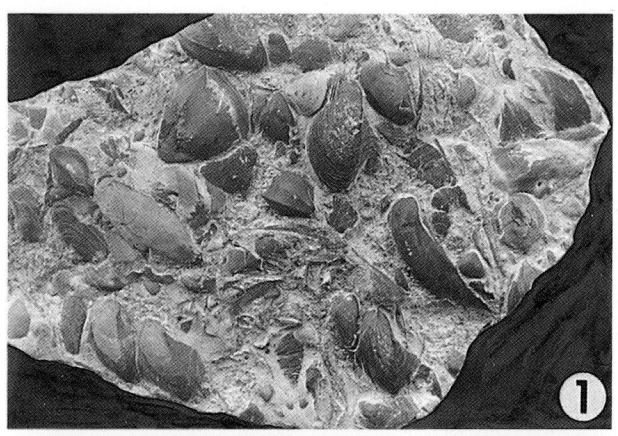

Abb. 4 1. *Hoernesia socialis/Bakevellia costata*-Gemeinschaft als parautochthones Schalenpflaster; Haßmersheim-Sch., Ms 3, Mulfingen /Jagst; MHI 1256. **2.** *Coenothyris vulgaris* als Pioniersiedler in Lebendstellung auf Schillbank. Haßmersheim-Sch., Tb 3, Schwäbisch Hall-Tullau; MHI 1134.

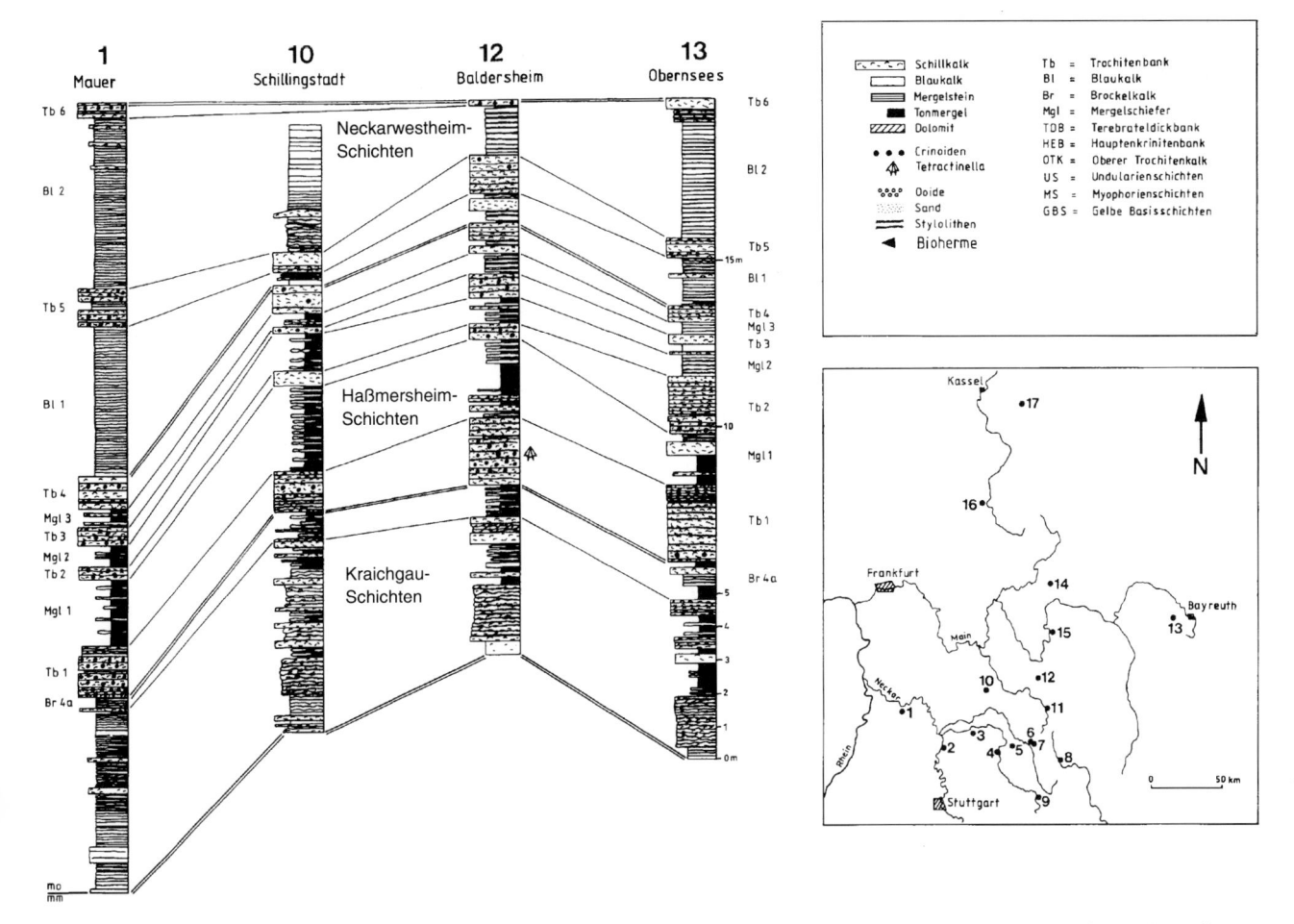

Abb. 5 Profilserie WSW-ENE nördlich von der Crailsheimer Barre. Zwischen Profil 1 und 10 keilt Blaukalk 1 fast vollständig aus. Mergelschiefer und Trochitenbänke leicht parallelisierbar. Im küstennahen Profil 13 keine Crinoiden-Kornsteine!

3. Crailsheim-Schichten; seichte Rampe (Profile 7, 9).
Die Tonmergel der Haßmersheim-Schichten sind hier bis auf cm-dünne Lagen in den Encrinus-Platten (≈Ms 2) verschwunden, die Blaukalkfolgen der Neckarwestheim-Schichten sind ausgekeilt, und die Tb 5 und 6 mit Tb 3 und 4 zu einer 6 m dicken Abfolge von Crinoiden-Kornsteinen vereinigt. Die Crinoidenkalk-Folge von Tb 1 bis 6 - das sind 16 m - belegt durchgängig Besiedelung von Encrinus liliiformis; Autochthonie (Bioherme) ist allerdings nur in den Encrinus-Platten und aus Tb 3/Ms 3 direkt belegt. Die Fazies der Crinoidenkalke verändert sich vertikal (Faziesbilder vgl. HAGDORN 1978).

In Tb 2 wurden Reste der Encrinus liliiformis/Enantiostreon difforme-Gemeinschaft zu dickbankigen, gutsortierten Calciruditen aus abgerollten, häufig angebohrten Trochiten in mikrosparitischer Matrix aufgearbeitet (Fazies IV, HAGDORN 1978). Artikulierte Encrinen sind darin sehr selten (MHI 1215). Die dünnbankigen Encrinus-Platten mit ihren erhaltenen Biohermen, ganzen Echinodermenskeletten (Encrinus, Echinoidea, Ophiuroidea, Asteroidea) und doppelklappigen Zweischalern in Obrutionslagerstätten (besonders häufig in Biohermflanken) enthalten parautochthon und weitgehend unvermischt Vertreter der Encrinus liliiformis/Enantiostreon difforme-Gemeinschaft. Im Äquivalent von Tb 3 und Ms 3 (Fazies III, HAGDORN 1978) sind Bioherme und artikulierte Seelilien etwas weniger häufig, und Coenothyris kommt nur noch vereinzelt vor. In den Äquivalenten von Tb 4/5/6 wurden Brachiopoden und Muschel/Crinoiden-Bioherme in situ bislang nicht gefunden. Die dickbankigen, pseudoolithischen Biosparrudite (Fazies VI und VII) führen jedoch Klappen von Terquemien (Hohlraumerhaltung) und nicht selten artikulierte Encrinen, was auf Parautochthonie hinweist. Häufige Vertreter von Biogensand-bewohnenden Lebensgemeinschaften mit Astartellopsis nuda als Leitform weisen auf Faunenvermischung.

Die typische Astartellopsis nuda/Neoschizodus ovatus-Gemeinschaft (vgl. Appendix) der Oolithfazies am südöstlichen Schwarzwaldrand (Marbach-Schichten) und am Eggegebirge (Willebadessen-Schichten), eine von filtrierender Infauna dominierte Fossilgemeinschaft, die an schnelles Graben in ständig umgelagerten, schlammfreien Flachwassersedimenten angepaßt war, ist in den Crailsheim-Schichten nicht in ihrer ganzen Diversität vorhanden, v.a. fehlt Neoschizodus ovatus.

An der Hartgrund-Oberfläche von Tb 5 erstreckt sich über mehrere km^2 ein Placunopsis-Biostrom, das auf längere Sedimentationsunterbrechung weist (HAGDORN & MUNDLOS 1982). Es entspricht als Schichtlücke dem Blaukalk 2.

Entsprechend diesem vertikalen Wechsel innerhalb von AIGNERS (1985) Kleinzyklen verändern sich Fazies und Fossilgemeinschaften auch lateral vom tiefen zum seichten Bereich der von AIGNER rekonstruierten Karbonatrampe. Abb. 9 zeigt am Beispiel von Ms 3, der in den Crailsheim-Schichten in Crinoiden-Kornsteine übergeht,

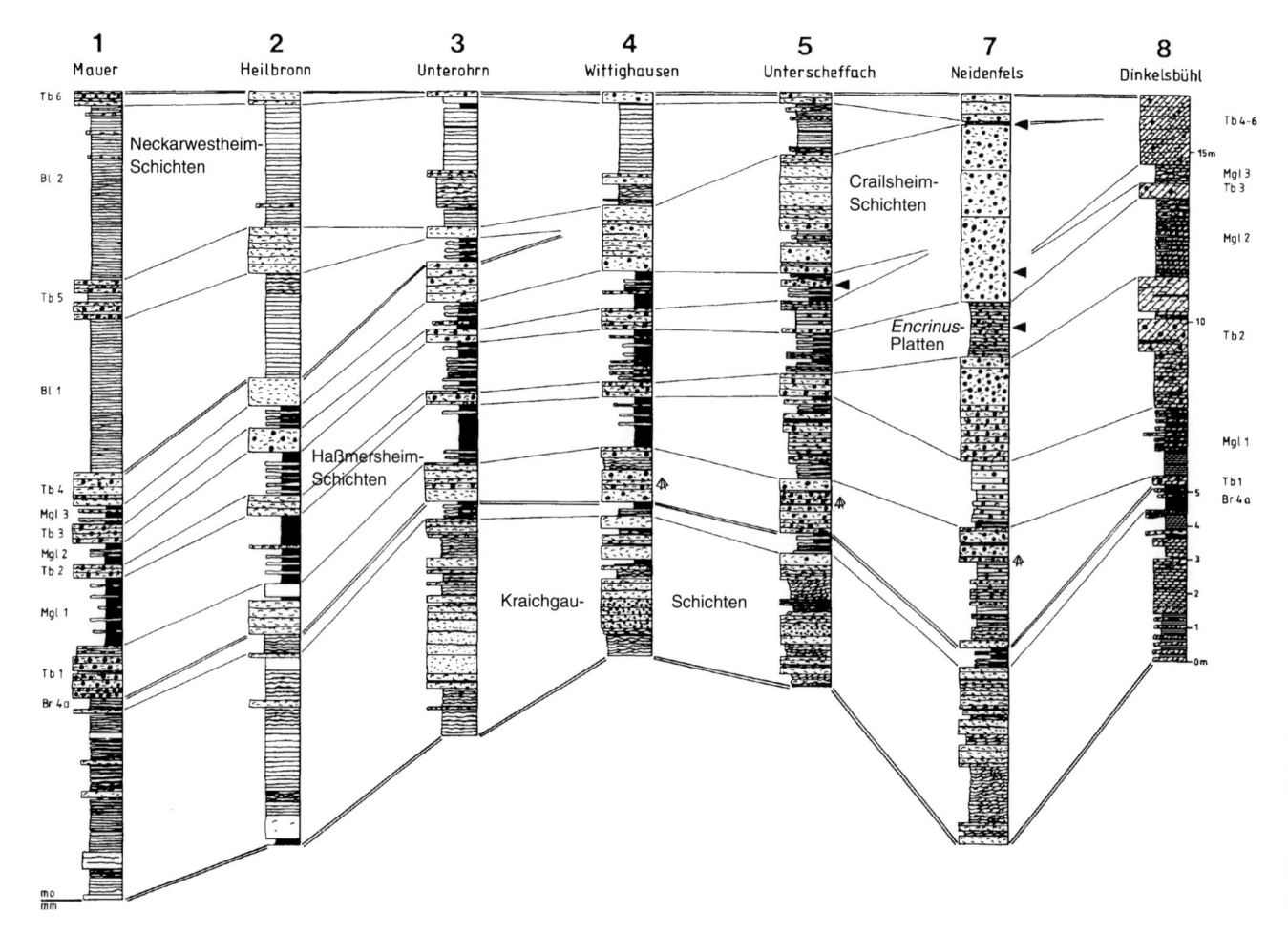

Abb. 6 Profilserie WNW-ESE. Auskeilen der Blaukalke 1 und 2 gegen die Crinoiden-Barre. Östlich von Crailsheim (Profil 8) vollständige Dolomitisierung.

ein Nebeneinander von *Hoernesia socialis/Bakevellia costata*-, *Coenothyris vulgaris/Plagiostoma striatum*- und *Encrinus liliiformis/Enantiostreon difforme*-Gemeinschaft, die alle von Filtrierern dominiert sind.

Diskussion

Das Habitat von *Encrinus liliiformis*

Als stenohaliner Stachelhäuter tolerierte *Encrinus liliiformis* keine Salinitätsschwankungen; das gilt gleichfalls für Seeigel und artikulate Brachiopoden. Das Trochitenkalkmeer muß demnach euhalin gewesen sein, wo stenohaline Faunen lebten. Als stenohalin wird auch die relativ diverse *Bakevellia-costata/Hoernesia socialis*-Gemeinschaft angesehen, obwohl ihr zuverlässige Salinitätszeiger fehlen.

Für die immensen Mengen von Encrinen - HAGDORN (1978) hat für die *Encrinus*-Platten überschlägig bis zu eine Million Seelilien pro km² berechnet - und die anderen Filtrierer der Lebensgemeinschaft müssen ständig Massen von Plankton im Habitat selbst produziert oder von Strömungen antransportiert worden sein. Der Crinoiden-Lebensort muß dabei im Bereich der planktonreichen Wasserschichten gelegen haben. Eine Erklärung dafür liefert AIGNER (1985), nach dessen hydrodynamischem Modell im Muschelkalkmeer Strömungen parallel zur Küste (von SW nach NE) verliefen. Während Stürmen wurde Oberflächenwasser, von der Coriolis-Kraft umgeleitet, landwärts gedrängt, wobei Biodetritus auf der seichten Rampe aufgehäuft wurde und sich in seewärtigem, bodennahem Rückstrom proximale Tempestite und Großrinnen bildeten.

Encrinus siedelte auch im extrem flachen, ständig bewegten Wasser (schlammfreie grainstones der Fazies VII von Tb 4/5/6, HAGDORN 1978). Deshalb muß nicht notwendig mit Massentransport von Crinoidenresten aus tieferen Bereichen gerechnet werden, zumal in landnäheren Gebieten Crinoiden-Kornsteine durchaus fehlen können, so etwa in der *atavus*-Zone Südwürttembergs und im küstennahen Oberfranken und der Oberpfalz. Das Crailsheimer Hoch war nach der Faziesverteilung eher eine regionale Struktur als ein küstenparalleler Streifen. Das Habitat von *Encrinus liliiformis* erstreckte sich vom Flachwasser bis in etwas tiefere Bereiche, wo nach Ausweis von Dasycladaceen und Bohralgen in den Biohermen aber noch photische Verhältnisse herrschten, also in Bereiche bis ca. 50 m (SCHMIDT 1993).

Das in Biohermen und Biostromen bei geringen Sedimentationsraten produzierte Material wurde im Flachwasser der Barre ständig umgelagert und zugerundet, während es im tieferen Wasser nur episodisch bei Stürmen bewegt wurde. Dezimetermächtige Tonmergelsteinlagen über völlig ungestörten *Coenothyris*-Siedlungen (Oberfläche von Tb 3, Schwäbisch Hall-Steinbach, vgl. Abb. 4,2) belegen aber, daß dieses Biostrom nicht von Tonmaterial verschüttet sein kann, das an Ort und Stelle durch Sturmwirkung aufgewühlt und wieder abgesetzt wurde. Solche Obrutionslagerstätten konservieren „im

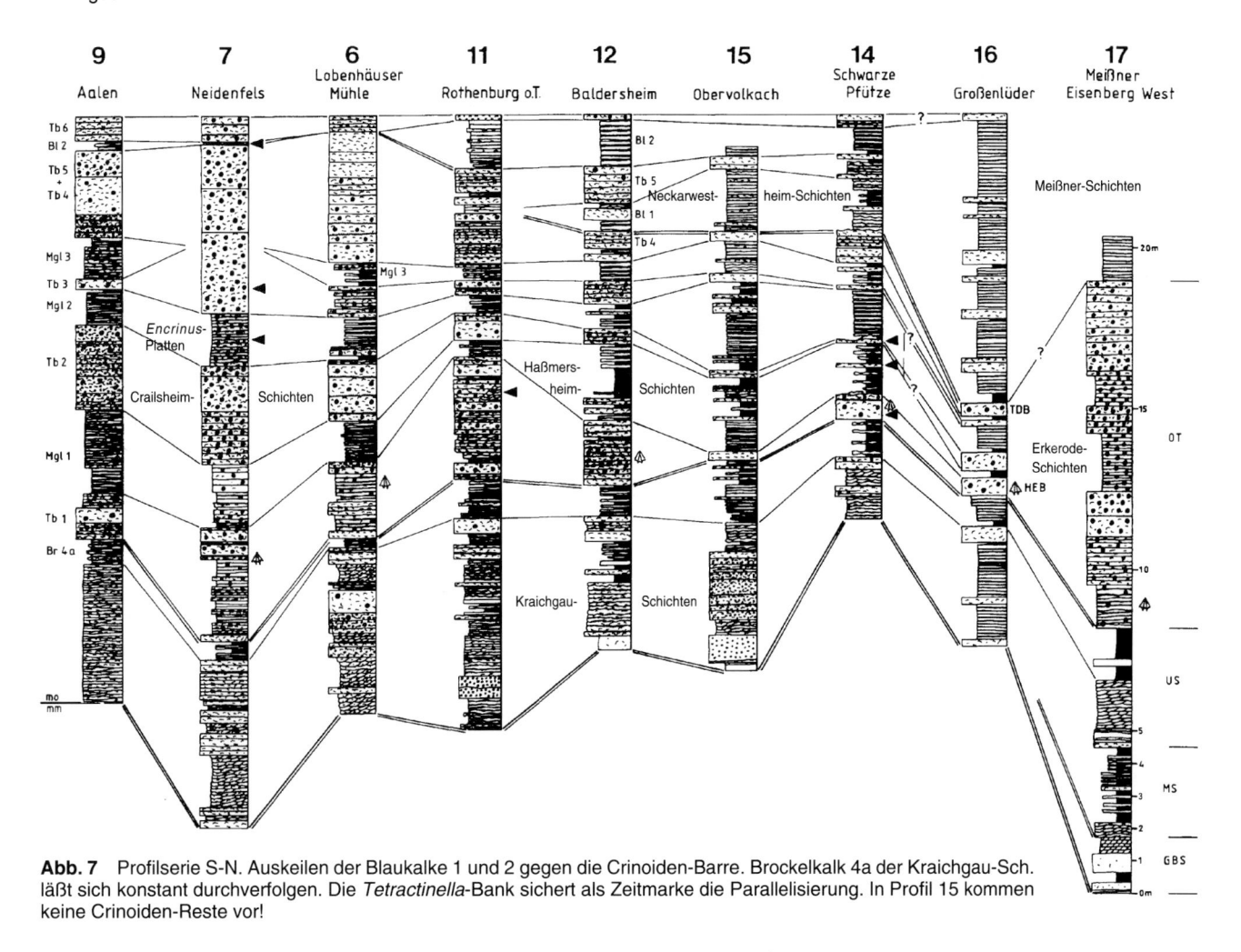

Abb. 7 Profilserie S-N. Auskeilen der Blaukalke 1 und 2 gegen die Crinoiden-Barre. Brockelkalk 4a der Kraichgau-Sch. läßt sich konstant durchverfolgen. Die *Tetractinella*-Bank sichert als Zeitmarke die Parallelisierung. In Profil 15 kommen keine Crinoiden-Reste vor!

Schnappschuß" den Zustand des Meeresbodens direkt vor der Verschüttung und erlauben direkte Aussagen zur Populationsdichte und -zusammensetzung (SEILACHER 1993). Allochthone Herkunft der Tontrübe läßt sich sowohl durch „winnowing" im Flachwasser der Barre und bodennahen Rückstrom nach dem hydrodynamischen Modell von AIGNER (1985) erklären als auch durch rasche Progradation von terrigenem Schlamm zu Beginn des „highstand systems tract"(vgl. unten). Im ersten Fall wäre der auch von *Encrinus* bewohnte Ablagerungsraum jedoch unter der Sturmwellenbasis zu suchen. Jedenfalls lebte das sessile Epibenthos dort und in den sicherlich in etwas weniger tiefem Wasser entstandenen *Encrinus*-Platten wegen ständiger Verschüttungsgefahr gefährdeter als im Flachwasser, von wo Schlamm ständig weggeführt wurde.

Allerdings war das Potential für die Entstehung und besonders für die Erhaltung von Konservatlagerstätten mit artikulierten Echinodermen und unzerstörten Biohermen im Bereich der Sturmwellenbasis und, falls man mit lateralen Trübeströmen rechnet, auch darunter wesentlich höher als im Flachwasser. In den Kornsteinen blieben Echinodermen nur dann artikuliert erhalten, wenn sie von besonders mächtigen Lagen des schlammfreien Biogensandes zugedeckt wurden, was bei lateralen Sedimentbewegungen leichter zu verstehen wäre. Die frühe Zementation der Kornsteine sorgte dafür, daß die Seelilien unzerdrückt geblieben sind.

Dem Ertrinken im Schlamm entzogen sich bei normalen Sedimentationsraten juvenile Encrinen und bodennahe Filtrierer, sofern sie erhöht auf Biohermen siedelten. Mit ihrem Aufwärtswachstum kompensierten sie in Selbstorganisation normale Sedimentationsraten (HÜSSNER 1993) und konnten dort während längeren Omissionsphasen genügend Schalenmaterial produzieren, das dann geeignetes Substrat für neue Bioherme lieferte. Diese blieben wegen ihrer geringen Höhe natürlich empfindlicher gegenüber Verschüttung. Vermutlich wurden auch die Bioherme in *Encrinus*-Platten und Ms 3 wie die von SEILACHER (1985) beschriebenen Sabellarienbänke vor der malaiischen Halbinsel zeitweilig überschlammt und wiederholt freigelegt und aktiviert.

Meeresspiegelschwankungen als Ursache der Faziesdifferenzierung

AIGNER & BACHMANN (1993) sehen in der Trochitenkalk-Schichtenfolge den „transgressive systems tract" aus übereinanderfolgenden Kleinzyklen, die auch als „high-frequency sequences" betrachtet werden können und dann Sequenzen 4. oder 5. Ordnung wären. Nach diesem Modell läßt sich die Verteilung der Fossilgemeinschaften, insbesondere das Auftreten von Exoten besser verstehen. Die Trochitenbänke mit stenohaliner, epibenthischer Fauna repräsentieren danach den „transgressive systems tract" mit Sedimentationsunterbrechung und Biohermen oder Biostromen auf der Schichtfläche (=„maximum flooding surface"). Der nachfolgende „highstand systems tract" ist gekennzeichnet durch beckenwärts progradierende Tonmergel bzw. Karbonate (Blaukalke). Epibenthos-Gemeinschaften auf der seichten Rampe wurden gegen das tiefere Wasser mit zunehmend schlammigeren Böden durch Infauna-Gemeinschaften ersetzt. Bei relativem Meeresspiegelanstieg und abnehmender Schlammsedimentation in der nächsten Sequenz konnte sich wieder Epibenthos etablieren, beckenwärts vorrücken und auf dem selbst produzierten Schill neue packstone-Bänke aufbauen.

Ausgreifend von ihrem auch während des „highstand" bewohnten Habitat auf der Crailsheimer Barre verbreiteten sich *Encrinus*-Larven mit steigendem Meeresspiegel dann weit nach W und N und besiedelten während des vorausgegangenen „highstand" verlorengegangene, jetzt schlammfreie Areale neu. Das von HAGDORN (1985b) vorgeschlagene Modell, bei dem die Crinoiden sich in der regressiven Phase ausbreiteten, ging von transgressiv/regressiver Interpretation der Muschelkalk-Kleinzyklen aus (AIGNER 1985).

Regionale Tektonik als Ursache der Faziesdifferenzierung

Die Profilschnitte in Abb. 9 und 10 zeigen die Lage der Crailsheimer Barre (Profil 7) am Rand der variszischen Strukturzone des Moldanubikums und die gleichfalls geschlossene Abfolge von Crinoiden-Kornsteinen in Nordhessen (Profil 17) im Rhenoherzynikum. Im Saxothuringikum dazwischen wurden die Tonmergel der Haßmersheim-Schichten im Wechsel mit Schillkalken abgelagert, deren Crinoidenanteil gegen den Zentralbereich der Struktur stetig abnimmt. Innerhalb des Moldanubikums hat die Crailsheimer Crinoiden-Barre aber eine fazielle Sonderstellung. Die Besiedelung mit Crinoiden drang, von der Crailsheimer Barre ausgehend, nicht weiter als bis zum Maindreieck nach N vor, denn in Profil 15 fehlen Crinoiden ganz. Die Kolonisten in Tb 1 von Profil 14 können auch von N, aus den Crinoidenbarren des Rhenoherzynikums vorgestoßen sein.

Im mittleren und westlichen Baden-Württemberg kommt *Encrinus* auch noch in den Tb 7 bis 12 der *pulcher*- bis *compressus*-Zone vor, während zu dieser Zeit im Raum Crailsheim und weiter nördlich bereits crinoidenfreie Tonplattenfazies herrschte. Diese Seelilien stammen vermutlich von zyklischen Besiedelungsschüben aus dem linksrheinischen Trochitenkalk, der jünger ist als die Crailsheim- und Neckarwestheim-Schichten (DURINGER & HAGDORN 1987).

Die Profilschnitte 9-17 bzw. 1-8 (Abb. 9 und 10) zeigen, daß sich Sequenzen 4. bzw. 5. Ordnung trotz aller Faziesunterschiede über die tektonischen Einheiten hinweg korrelieren lassen; die *Tetractinella*-Bank in Tb 1 dient dabei als Zeitmarke (HAGDORN & SIMON 1993). Innerhalb des Saxothuringikums, wo die Subsidenzrate am höchsten war, bleibt, wie aus Schnitt 1-13 hervorgeht, sogar die Fazies über 200 km hinweg konstant. Daß die Haßmersheim-Schichten dennoch verhältnismäßig geringmächtig bleiben, liegt an der starken Kompaktion der Tonmergel. Dagegen wurden die Crinoidenkalke der Crailsheim-Schichten früh zementiert, haben dann aber durch Drucklösung (Stylolithen) auch wieder an Mächtigkeit verloren. Trotz regional unterschiedlicher Subsidenzraten läßt sich eine Überlagerung durch eustatische Zyklen 4. oder 5. Ordnung erkennen (AIGNER 1985). Differenzierungen in Fazies und Fossilgemeinschaften haben aber wohl nicht ausschließlich tektonische Ursachen, sondern wurden auch vom Eintrag terrigenen Materials, dem hydrodynamischen Regime, aber auch von Prozessen der Selbstorganisation durch Bioakkumulation und differentielle Kompaktion beeinflußt, worauf RAUSCH & SIMON (1988) hinweisen.

Ausblick

Zu Beginn der Transgression des Oberen Muschelkalks über ein kleinräumlich gegliedertes Relief (starker Fazieswechsel in den Kraichgau-Schichten) siedelten sich Seelilien nur an wenigen Stellen an (vgl. Profilserien). Erst mit der Transgression von Tb 1 konnte sich *Encrinus liliiformis* weitflächig im westlichen Muschelkalkbecken bis ins Subherzyn ausbreiten. Nach der Ablagerung von Tb 6 (*pulcher*-Zone) waren seine Siedlungen wieder auf wenige Regionen reduziert: Elsaß, Lothringen und Saarland mit transgressivem Ausgreifen über die Tb 7 bis 12 ins westliche Süddeutschland, außerdem im „Oberen Trochitenkalk" NW-Deutschlands. Die stratigraphische Reichweite des Trochitenkalks muß in einigen Gebieten jedoch noch überprüft werden. In der *Spiriferina*-Bank (basale *evolutus*-Zone) kolonisierte *Encrinus* noch einmal den ganzen SW-deutschen Beckenanteil bis ins Thüringer Becken, wobei sich im Raum Crailsheim erneut eine Barre etablierte (SCHÄFER 1975), auf welcher mehrere Zyklen wieder unvollständig, nämlich nur in ihren transgressiven Ästen abgelagert sind (HAGDORN & SIMON 1993). Über der *evolutus*-Zone sind *Encrinus*-Massenvorkommen nicht bekannt; das gilt auch für *Encrinus greppini*, der bisher nur am südlichen Schwarzwaldrand gefunden wurde (HAGDORN 1985a). Die *Holocrinus*-Bank (*enodis*-Zone) ist als letzter Vorstoß stenohaliner Echinodermen von der Burgundischen Pforte her zu verstehen (HAGDORN & SIMON 1993). Im darüber folgenden „highstand" der mm/mo-Sequenz finden sich *Encrinus*-Reste vereinzelt erst wieder im *Trigonodus*-Dolomit nahe der marinen Einwanderungsstraße am Schwarzwaldrand (HAGDORN 1985b).

Es muß demnach fast im ganzen Becken während des „highstand" signifikante Veränderungen gegeben haben. So fehlen einerseits die stenohalinen, aber vagilen Seeigel, andererseits gab es nach wie vor Hart- und Schillgründe mit Biohermen (*Placunopsis*-Riffe). Deshalb wird man die Ursache eher in einer Veränderung der Meerwasserchemie suchen, wie sie auch von KOZUR (1974) für den oberen Abschnitt des Oberen Muschelkalks erwogen wird.

Die Genese von Crinoiden-Kornsteinen hängt jedenfalls von einem komplexen und noch keineswegs völlig verstandenen Zusammenspiel biotischer und abiotischer Faktoren ab. Zunächst brauchte es Crinoiden mit geselligem Verhalten in extrem dichten Populationen, die mit Haftscheiben Sediment stabilisieren konnten. Günstiges Strömungsregime muß die Lebensgemeinschaft von Filtrierern mit Nahrung versorgt und gleichzeitig Schlamm aus ihrem Habitat weggeführt haben. Schließlich konnten tektono-eustatische Mechanismen das Habitat auf einer Karbonatrampe oder einer Barre mit Böschung zum Becken bio- und lithofaziell differenzieren.

Entsprechend der stammesgeschichtlichen Entwicklung der Crinoiden entstand der Sedimenttyp Crinoidenkalk am häufigsten zwischen Untersilur und oberem Unterkarbon (AUSICH 1990). *Encrinus liliiformis* mit seinem paläozoischen Bauplan lieferte und fand im mitteltriassischen Muschelkalk nochmals alle Voraussetzungen für eine Crinoidenkalk-Genese.

Mit dem Niedergang der Encriniden im Karn besetzten im Alpinen Nor Millericriniden die Nische der mit Haft-

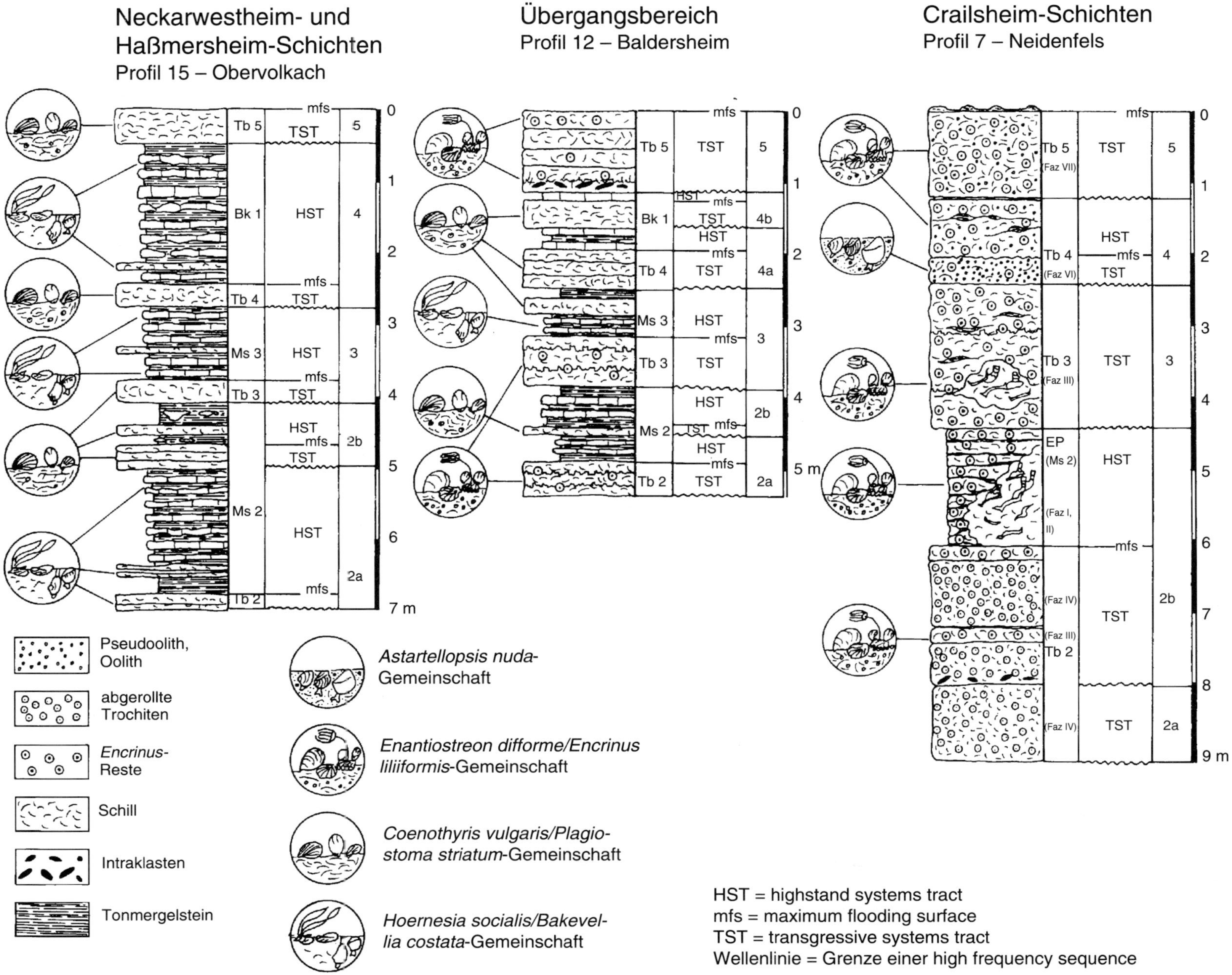
Neckarwestheim- und
Haßmersheim-Schichten
Profil 15 – Obervolkach
Übergangsbereich
Profil 12 – Baldersheim
Crailsheim-Schichten
Profil 7 – Neidenfels
Tb 5
Bk 1
Tb 4
Ms 3
Tb 3
Ms 2
Tb 2
EP
(Ms 2)
(Faz VII)
(Faz VI)
(Faz III)
(Faz I, II)
(Faz IV)
TST
HST
mfs
5
4
4a
4b
3
2b
2a
7 m
5 m
9 m
Pseudoolith, Oolith
abgerollte Trochiten
Encrinus-Reste
Schill
Intraklasten
Tonmergelstein
Astartellopsis nuda-Gemeinschaft
Enantiostreon difforme/Encrinus liliiformis-Gemeinschaft
Coenothyris vulgaris/Plagiostoma striatum-Gemeinschaft
Hoernesia socialis/Bakevellia costata-Gemeinschaft
HST = highstand systems tract
mfs = maximum flooding surface
TST = transgressive systems tract
Wellenlinie = Grenze einer high frequency sequence

Abb. 8 Fazies- und Faunenwechsel in den Zyklen Tb 2 bis Tb 5 in ausgewählten Profilen von der tiefen (Profil 15) zur seichten Rampe (Profil 7). In den Crailsheim-Schichten sind in den Zyklen 3 und 5 keine „highstand"-Sedimente erhalten; vermutlich wurden sie während des nächsten „transgressive systems tract" aufgearbeitet. Faziesbezeichnungen nach HAGDORN (1978); dort auch Faziesbilder. Vom Tiefen zum Flachen werden Infauna-Gemeinschaften durch biostromale, dann biohermale Epibenthos-Gemeinschaften abgelöst. Derselbe Wechsel findet auch innerhalb der Einzelzyklen statt, allerdings je nach Position auf der Karbonatrampe verändert.

scheiben fixierten Seelilien. In den unterjurassischen Hierlatzkalken der Alpen und im Lias Siziliens blühten sie nochmals auf und formierten die stratigraphisch jüngsten Crinoidenkalke. Seither fehlt mit den Crinoiden, die Festsubstrat kolonisieren und binden konnten, auch der Sedimenttyp Crinoidenkalk.

Daß es keinen rezenten Vergleich gibt, erschwert das Verständnis der komplexen Interaktionen im Habitat von *Encrinus liliiformis*. Dennoch liefert gerade der bestens erforschte Trochitenkalk SW-Deutschlands eine optimale Basis für die Aufstellung und Überprüfung von Modellen.

Summary

The SW-German Trochitenkalk (Upper Anisian, *atavus* zone) consists of up to 16 m thick encrinites (crinoidal packstones to grainstones) of the Crailsheim Beds which were deposited on a regional shoal or shallow carbonate ramp. Towards the deeper ramp, they grade into mudstones or marls intercalating with crinoidal packstone beds (Haßmersheim Beds, Neckarwestheim Beds).

Gregarious settling behaviour enabled *Encrinus liliiformis*, an articulate crinoid with „palaeozoic" characters (holdfasts, biserial arms) to construct firm buildups. Crinoids settling in these bioherms were elevated above the sea floor and thus escaped being buried in fair weather conditions. In this depositional environment, obrution Lagerstätten were caused by tempestites or turbidity. Alongshore currents orientated SW to NE provided nutrients and accumulated skeletal debris on the shoal, while bottom backflow winnowed the shallow water encrinites.

Lateral successions of fossil assemblages from the deep to the shallow ramp (infaunal to flexosessile and cemented epifaunal filter feeders) correspond to vertical successions. These are different due to their position on the carbonate ramp. During the transgressive systems tract, epifaunal packstone beds on the deeper ramp

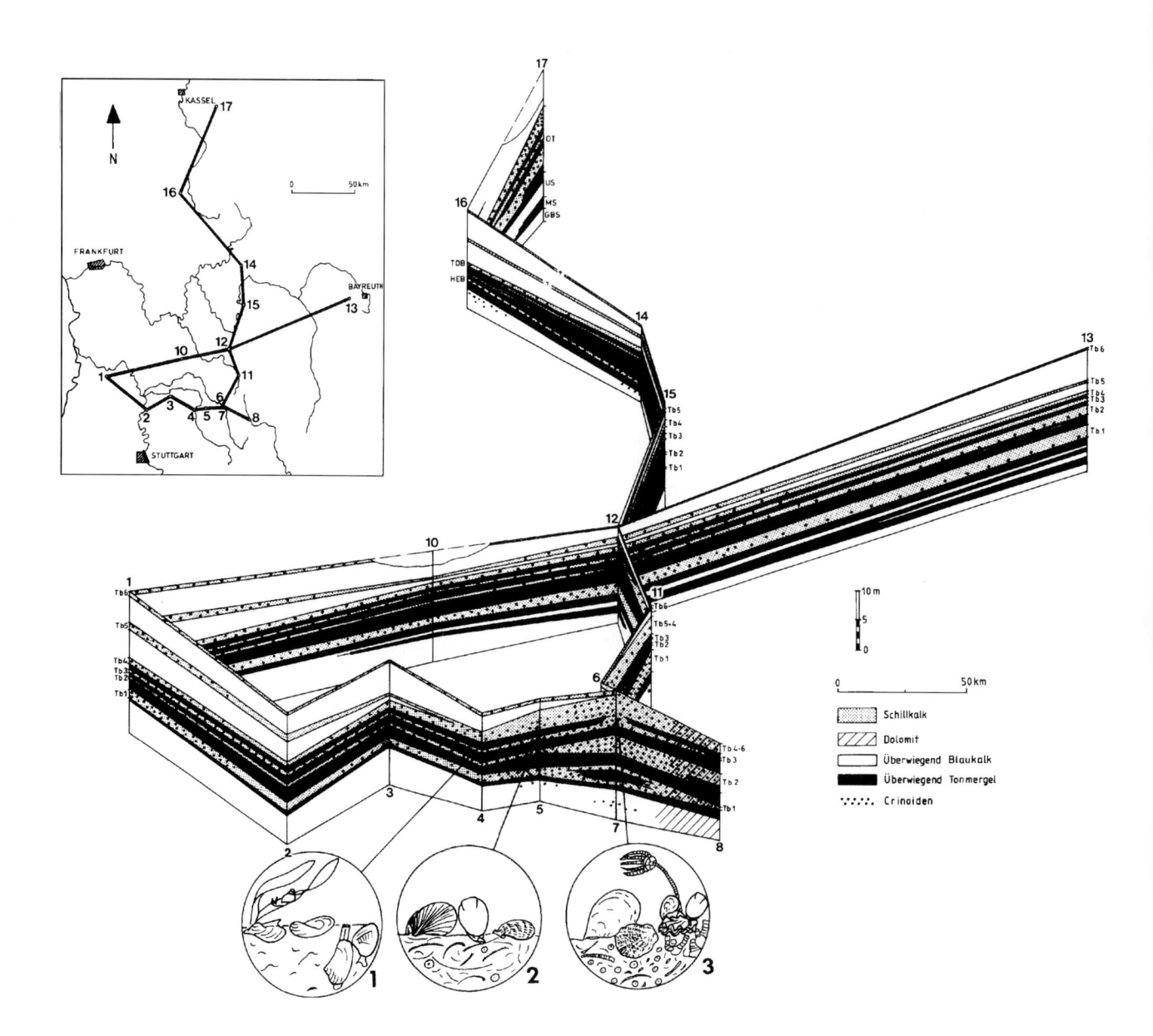

Abb. 9 Raumbild zu Lithostratigraphie und Faziesverteilung. Von der tiefen zur seichten Rampe gehen in Mergelschiefer 3 Infauna-Gemeinschaften in biohermale Epibenthos-Gemeinschaften über. 1. *Hoernesia socialis/Bakevellia costata*-Gemeinschaft, 2. *Coenothyris vulgaris/Plagiostoma striatum*-Gemeinschaft, 3. *Enantiostreon difforme/Encrinus liliiformis*-Gemeinschaft. Schnitt 1-10-12-13 zeigt über 200 km keine stärkeren Faziesschwankungen; nur am Rand der Crailsheimer Crinoiden-Barre geht die Mächtigkeit der Blaukalke zurück.

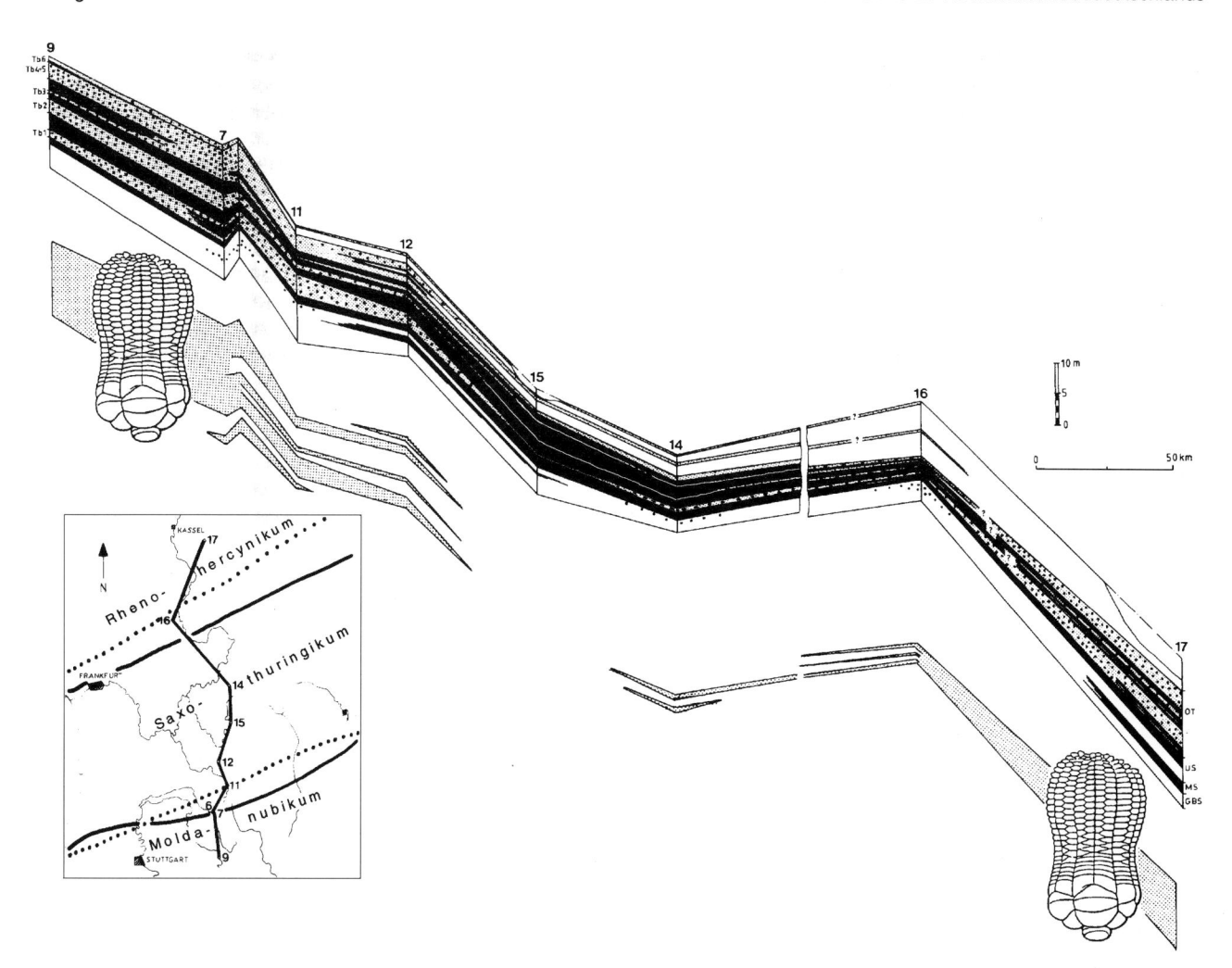

Abb. 10 Raumbild zu Lithostratigraphie und Faziesverteilung. Während im Flachwasser über Rhenoherzynikum und Moldanubikum durch 6 Zyklen ununterbrochen Crinoiden siedelten, verschwanden sie im tieferen Wasser über Saxothuringikum jeweils während des „highstand systems tract" (Tonmergelstein), um mit dem nächsten „transgressive systems tract" sich von ihren Dauersiedlungsgebieten wieder über feste Schillböden auszubreiten. Grenzen der tektonischen Einheiten nach Schönenberg & Neugebauer 1981 und Behr et al. 1984.

became colonized by crinoids dispersing from the Crailsheim crinoidal shoal. During the highstand, prograding muds buried the epifaunal shellground communities which became replaced by infaunal communities.

17 detailed lithostratigraphic logs and sections through the 3 variscian tectonic units give evidence that facies and community distribution was caused by regional subsidence superimposed by eustatic sea level changes (4th to 5th order cycles), hydrodynamic regime and self organized biological structures of skeletal debris accumulation and subsequent different compaction.

The entire Trochitenkalk belongs to the transgressive systems tract of the 3rd order Middle/Upper Muschelkalk cycle. During the succeeding highstand, crinoids and other strictly stenohaline benthic organisms are not to be found. This is explained by changed water chemistry which affected the Germanic Basin since fine clastics prograded from the north.

After the decline of the encrinids caused by the end Carnian extinction, millericrinids occupied their niches for some 25 millions of years and formed the latest crinoidal encrinites during Lower Jurassic times. The German Trochitenkalk, however, offers an excellently exposed and well studied mesozoic example of a palaeozoic lithofacies.

Danksagung

Wir danken Dr. H. Hüßner und Prof. Dr. A. Seilacher für stimulierende Diskussionen, den Steinbruchunternehmen für die Genehmigung zum Betreten ihres Werksgeländes und für die Bereitstellung von Bohrkernen. Dr. M. Horn, Wiesbaden, und Dr. T. Simon, Stuttgart, stellten freundlicherweise unveröffentlichte Profilaufnahmen zur Verfügung.

Appendix

1. Die wichtigsten Fossilgemeinschaften
(ohne Spuren); + = trophischer Kern

Hoernesia socialis/Bakevellia costata-Gemeinschaft
Hassmersheim-Schichten, Ms 1, 2, 3 in typischer, randferner Fazies

Infauna endobyssat + *Bakevellia costata*
  + *Hoernesia socialis*
  Leptochondria albertii
  Pseudomyoconcha mülleri
flach grabend + *Myophoria vulgaris*
  Unicardium schmidi
  Pseudocorbula gregaria
  Palaeoneilo elliptica

	Palaeonucula goldfussi
	Nuculana excavata
	Laevidentalium laeve
	Glottidia tenuissima
tief grabend	Pleuromya musculoides
Epifauna freiliegend	Entolium discites
sessil auf Schaleninseln	„Spirorbis" valvata
	Discinisca discoides
	Enantiostreon difforme
	Newaagia noetlingi
	Placunopsis ostracina
	Plagiostoma striatum
	Plagiostoma costatum
	Pleuronectites laevigatus
	Encrinus liliiformis
vagil	Loxonema obsoletum
	Loxonema sp.
	Omphaloptycha sp.
	Protonerita sp.
	Neritaria sp.
	Worthenia bicarinata
	Aspidogaster limicola
	Aspidura scutellata
	Aplocoma agassizi
vagil/nektonisch	Germanonautilus bidorsartus
	Paraceratites atavus
	Paraceratites flexuosus
	Ceratites primitivus

Enantiostreon difforme/Encrinus liliiformis-Gemeinschaft Crailsheim-Schichten; Übergangsbereich zu den Haßmersheim-Schichten, z. T. auch Haßmersheim-Schichten (Tb 2, 3); Neckarwestheim-Schichten (Tb 6).

Infauna endobyssat	Bakevellia costata
	Leptochondria albertii
	Entolium discites
	Pseudomyoconcha mülleri
flach grabend	Unicardium schmidi
	Palaeoneilo elliptica
	Palaeonucula goldfussi
	Nuculana excavata
	Glottidia tenuissima
Epifauna	„Spirorbis" valvata
	Coenothyris vulgaris
	Discinisca discoides
	+ Enantiostreon difforme
	+ Newaagia noetlingi
	Placunopsis ostracina
	Plagiostoma striatum
	Pleuronectites laevigatus
	Septifer praecursor
	+ Myalina blezingeri
	+ Encrinus liliiformis
vagil	Loxonema obsoletum
	Loxonema sp.
	Omphaloptycha sp.
	Protonerita sp.
	Neritaria sp.
	Naticella triadica
	Worthenia bicarinata
	Aspidogaster limicola
	Litogaster obtusa
	Aplocoma agassizi
	Ophioderma hauchecornei
	„Cidarites" grandaeva

vagil/nektonisch	Serpianotiaris coaeva
	Germanonautilus bidorsartus
	(belegt durch Rhyncholithen)

Coenothyris vulgaris/Plagiostoma striatum-Gemeinschaft Haßmersheim-Schichten (Tb 4 =Terebrateldickbank)

Epifauna	+ Coenothyris vulgaris
	+ Plagiostoma striatum
	Septifer praecursor
	Pleuronectites laevigatus
	Leptochondria albertii
	Entolium discites
	Encrinus liliiformis

Astartellopsis nuda-Gemeinschaft (vermischt mit Biohermfauna) Crailsheim-Schichten (Tb 4/5/6), Marbach-Schichten, in oolithisch-pseudoolithischer Fazies. * = in Crailsheim-Schichten nicht belegt.

Infauna flach grabend	+ Astartellopsis nuda
	Neoschizodus laevigatus
	Neoschizodus germanicus
	+ Neoschizodus ovatus *
	Lyriomyophoria elegans
	Unicardium schmidi
	Dentalium torquatum *
endobyssat	Pseudomyoconcha mülleri
	Pseudomyoconcha gastrochaena
	Parallelodon beyrichi
freiliegend	Entolium discites
Epifauna in Biohermen	„Spirorbis" valvata
	Enantiostreon difforme
	Newaagia noetlingi
	Placunopsis ostracina
	Plagiostoma striatum
	Pleuronectites laevigatus
	Septifer praecursor
	Myalina blezingeri
	* Encrinus liliiformis
vagil	Loxonema obsoletum
	Loxonema sp.
	Omphaloptycha sp.
	Protonerita sp.
	Neritaria sp.
	Naticella triadica
	Worthenia bicarinata
	Serpianotiaris coaeva

2. Verzeichnis der Profile

1. Mauer, Schotterwerk, TK 25 6618 Heidelberg-Süd, r: 348550, h: 546620 (Profil nach SEUFERT (1984).
2. Heilbronn, Schacht FRANKEN, GK 25 Blatt 6821 Heilbronn (Profil nach ROGOWSKI & WEGENER 1977).
3. Unterohrn, Steinbruch (Bohrung) TK 25 Blatt 6722 Hardhausen am Kocher, r: 3534130, h: 5433000 (Aufnahme Dr. T. Simon).
4. Wittighausen, Steinbruch (Bohrung), GK B25 Blatt 6824 Schwäbisch Hall, r: 3552300, h: 5446850 (Aufnahme H. u. Dr. T. Simon).
5. Unterscheffach, Kressenklinge, TK 25 Blatt 6825 Ilshofen, r: 3561280, h: 5446120 (Aufnahme O.)

6. Lobenhäuser Mühle, TK 25 Blatt 6826 Crailsheim, r: 3573380, h:5450750 (Aufnahme H.).
7. Neidenfels, Steinbruch, GK 25 Blatt 6826 Crailsheim, r: 3576725, h: 5449500 (Aufnahme O.).
8. Dinkelsbühl, Forschungsbohrung 1001. TK 25 Blatt 6827 Weiltingen, r: 3600780, h: 5434020 (Profil nach HAUNSCHILD & OTT 1982).
9. Aalen, Thermalwasserbohrung, GK 25 Blatt 7126 Aalen, r: 3579650, h: 5409640 (Profil nach BRUNNER et al. 1981).
10. Schillingstadt, Straßenböschung, TK 25 Blatt 6523 Boxberg, r: 3541200, h: 5481350 (Aufnahme H. u. Dr. T. Simon).
11. Rothenburg o.T, Vorbachtal, GK 25 Blatt 6627 Rothenburg, r: 3584700, h: 5472050 (Aufnahme O.).
12. Baldersheim, Steinbruch (Bohrung), TK 25 Blatt 6426 Aub, r: 3576350, h: 5491300 (Aufnahme H. u. Dr. T. Simon)
13. Obernsees, Forschungsbohrung, TK 6034 Mistelgau, r: 4455530, h: 5531030. (Aufnahme H. u. Dr. T. Simon; vgl. GUDDEN 1985)
14. Schwarze Pfütze, aufgelassenes Schotterwerk Albert, TK 5826 Bad Kissingen Süd, r: 358200, h: 555990 (Aufnahme H.)
15. Obervolkach, aufgelassener Steinbruch SE Wenzelsmühle, GK 25 Blatt 6127 Volkach, r: 91700, h: 27810 (Aufnahme H. u. O.)
16. Großenlüder, Schotterwerk Meister, TK 5423 Großenlüder, r: 353795, h: 560650 (Aufnahme Dr. M. H. Horn).
17. Meißner, Eisenberg West, nach BUSSE (1952).

Literatur

AIGNER, T. (1985): Storm depositional systems. Dynamic stratigraphy in modern and ancient shallow-marine sequences.-Lecture Notes in Earth Sci. **3**, 1 - 174, 83 Abb.; Berlin.

AIGNER, T. & BACHMANN, G.H. (1993): Sequence Stratigraphy of the German Muschelkalk.- Dieser Band, 15-18, 2 figs.

AIGNER, T.; HAGDORN, H. & MUNDLOS, R. (1978): Biohermal, biostromal and stormgenerated coquinas in the Upper Muschelkalk.- N.Jb.Geol.Paläont., Abh., **157**, 42-52, 7 Abb.; Stuttgart.

AIGNER, T., BACHMANN, G.H. & HAGDORN, H.(1990): Zyklische Stratigraphie und Ablagerungsbedingungen von Hauptmuschelkalk, Lettenkeuper und Gipskeuper in Nordost-Württemberg. Exkursion E am 19. April 1990. - Jber. Mitt. oberrhein. geol. Ver., N.F. **72**, 125-143, 10 Abb., Stuttgart.

AUSICH, W. I. (1990): Regional Encrinites: a Vanished Lithofacies. - Abstr. Int. Sedim. Congr. Nottingham.

BAUMILLER, T. K. (1992); Importance of Hydrodynamic Lift to Crinoid Autecology, or, could Crinoids function as Kites? - J. Paleont., **66**, 658-665, 14 figs.; Lawrence.

BEHR, H. J., ENGEL, W., FRANKE, W., GIESE, P. & WEBER, K. (1984): The Variscan Belt in Central Europe: main Structures , geodynamic implications, open questions. - Tectonophysics **109**, 15-40.

BRUNNER, H.; ETZOLD, A.; HAGDORN, H.; SCHRÖDER, B.; SCHWARZ, H.-U.; SIMON, T.; WURM, M, F. & ZIMMERMANN, E. (1981): Schichtenfolge und geologische Bedeutung der Thermalwasserbohrung Aalen 1.- Jh. Ges. Naturkde. Württemb. **136**, 45 - 104, 3 Abb.; Stuttgart; [mit Artikel: HAGDORN, H. & SIMON, T.: Oberer Muschelkalk (56-61)].

BUSSE, E. (1952): Feinstratigraphie und Fossilführung des Trochitenkalkes im Meißnergebiet, Nordhessen.- Notizbl. hess. Landesamt Bodenforsch **(VI) 3**, 118 - 137, 2 Tab.; Wiesbaden.

DURINGER, P. & HAGDORN, H. (1987): La zonation par cératites du Muschelkalk supérieur lorrain (Trias, Est de la France). Diachronisme du faciès et migration vers l'Ouest du dispositif sédimentaire. - Bull. Soc. géol. France, **1987**, 601-609, 2 figs., 2 pl., 1 tabl.

FLÜGEL, E. & HAGDORN, H. (in Vorb.): Dasycladaceen aus dem Oberen Muschelkalk (Mitteltrias) von Künzelsau (Nordwürttemberg).

GUDDEN, H. et al.(1985): Die Forschungsbohrung Obernsees (westlich von Bayreuth). - Geol. Bavarica, **88**, 161 S., 35 Abb., 6 Tab., 3 Beil.; München.

GWINNER, M. P. (1968): Über Muschel/Terebratel-Riffe im Trochitenkalk (Oberer Muschelkalk, mo1) nahe Schwäbisch Hall und Besigheim (Württemberg). - N. Jb. Geol. Paläont., Mh., **1968**, 338-344, 4 Abb.; Stuttgart.

HAGDORN, H. (1978): Muschel/Krinoiden-Bioherme im Oberen Muschelkalk (mo1, Anis) von Crailsheim und Schwäbisch Hall (Südwestdeutschland).- N. Jb. Geol. Paläont., Abh., **156**, 31 - 86, 25 Abb.; 2 Tab.; Stuttgart.

HAGDORN, H. (1982): *Chelocrinus schlotheimi* (QUENSTEDT) 1835 aus dem Oberen Muschelkalk (mo1, Anisium) von Nordwestdeutschland.-Veröff. Naturkde.-Mus. Bielefeld, **4**, 5 - 23, 23 Abb., 6 Tab.; Bielefeld.

HAGDORN, H. (1983): *Holocrinus doreckae* n. sp. aus dem Oberen Muschelkalk und die Entwicklung von Sollbruchstellen im Stiel der Isocrinida.- N. Jb. Geol. Paläont., Mh., **1983**, 345-368, 6 Abb.; Stuttgart.

HAGDORN, H. (1985): Neue Funde von *Encrinus greppini* DELORIOL 1877 aus dem Oberen Muschelkalk von Südbaden und der Nordschweiz. - Paläont. Z., **60**, 285-297, 5 Abb., 2 Tab.; Stuttgart. [1985a]

HAGDORN, H. (1985): Immigration of Muschelkalk Crinoids into the German Muschelkalk Basin. - In: U. BAYER & A. SEILACHER (eds.), Sedimentary and Evolutionary Cycles (Lecture Notes in Earth Sciences **1**), 237-254, 13 figs.,; Berlin etc. (Springer). [1985b]

HAGDORN, H. (1988): Der Crailsheimer Trochitenkalk. - In: WEIDERT, W. (Hrsg.), Klassische Fundstellen der Paläontologie **1**, 45-53, 13 Abb.; Korb (Goldschneck).

HAGDORN, H. (1991): Stop A3 Neidenfels (Germany, Baden-Württemberg). - In: HAGDORN, H. (Ed. in cooperation with T. SIMON & J. SZULC), Muschelkalk. A Field Guide. - 26-33, 6 figs.; Korb (Goldschneck).

HAGDORN, H.; HICKETHIER, H.; HORN, M. & SIMON, T. (1987): Profile durch den hessischen, unterfränkischen und baden-württembergischen Muschelkalk.- Geol.Jb. Hessen, **115**, 131-160, 3 Taf., 2 Abb., 2 Tab.; Wiesbaden.

HAGDORN, H., HORN, M. & SIMON, T. (1993): Vorschläge für eine lithostratigraphische Gliederung und Nomenklatur des Muschelkalks in Deutschland.- Dieser Band, 39-46, 1 Tab.

HAGDORN, H. & MUNDLOS, R. (1982): Autochthonschille im Oberen Muschelkalk (Mitteltrias) Südwestdeutschlands.- N. Jb. Geol. Paläont., Abh., **162**, 332-351, 6 Abb.; Stuttgart.

HAGDORN, H. & SIMON, T (1985): Geologie und Landschaft des Hohenloher Landes.- 186 S., 125 Abb., 1 Tab., 3 Beil.; Sigmaringen (Thorbecke) [2. verb. u. verm. Aufl. 1988].

HAGDORN, H. & SIMON, T. (1993): Ökostratigraphische Leitbänke im Oberen Muschelkalk. - Dieser Band, 193-208, 15 Abb.

HAUNSCHILD, H. & OTT, W.-O. (1982): Profilbeschreibung, Stratigraphie und Paläogeographie der Forschungsbohrung Dinkelsbühl 1001.- Geologica Bavar., **83**, 5 - 55; München.

HÜSSNER, H. (1993): Rifftypen im Muschelkalk Süddeutschlands.- Dieser Band, 261-270, 4 Abb.

JEFFERIES, R. P. S. (1989): The Arm Structure and Mode of Feeding of the Triassic Crinoid *Encrinus liliiformis*. - Palaeontology, **32**, 483-497, 8 figs., 2 pls.; London.

KELBER, K.-P.(1974): Terebratel/Placunopsiden-Riffe im basalen Hauptmuschelkalk Unterfrankens.- Aufschluß, **25**, 643-645, 3 Abb.; Heidelberg.

KOZUR, H. (1974): Probleme der Triasgliederung und Parallelisierung der germanischen und tethyalen Trias. Teil 2: Anschluß der germanischen Trias an die internationale Triasgliederung. - Freiberger Forschh., (C) **304**, 51-77, 1 Tab.; Leipzig.

LINCK, O. (1954): Die Muschelkalk-Seelilie *Encrinus liliiformis*. Ergebnisse einer Grabung. - Aus der Heimat, **62**, 225-235, 8 Abb., 8 Taf.; Öhringen.

LINCK, O. (1965): Stratigraphische, stratinomische und ökologische Betrachtungen zu *Encrinus liliiformis* LAMARCK. - Jh. geol. Landesamt Baden-Württ., **7**, 123-148, Taf. 14-17; Freiburg i.Br.

MEYER, D. L. & AUSICH, W. I. (1983): Biotic Interactions among Recent and Fossil Crinoids. - In: TEVESZ, J. S. & MCCALL, P. L. (eds.), Biotic Interactions in Recent and Fossil Benthic Communities, 377-427, 8 figs.; (Plenum Publ.Corp.).

NOLTE, J. (1989): Die Stratigraphie und Palökologie des Unteren Hauptmuschelkalkes (mo1, Mittl. Trias) von Unterfranken. - Berliner geowiss. Abh., A **106**, 303-341, 6 Abb., 2 Taf., Berlin.

OCKERT, W. (1988): Lithostratigraphie und Fossilführung des Trochitenkalks (Unterer Hauptmuschelkalk, mo1) im Raum Hohenlohe. - In: HAGDORN, H. (Hrsg.), Neue Forschungen zur Erdgeschichte von Crailsheim. Zur Erinnerung an Hofrat Richard Blezinger (=Sonderbde.Ges.Naturk.in Württ. 1), 43-69, 6 Abb., Stuttgart, Korb (Goldschneck).

RAUSCH, R. & SIMON, T. (1988): Lithostratigraphische Untersuchungen im Muschelkalk der östlichen Hohenloher Ebene. - In: HAGDORN, H. (Hrsg.), Neue Forschungen zur Erdgeschichte von Crailsheim. Zur Erinnerung an Hofrat Richard Blezinger (= Sonderbde. Ges. Naturk. in Württ. **1**), 22-42, 8 Abb.; Stuttgart, Korb (Goldschneck).

ROGOWSKI, E. & WEGENER, W. (1977): Über den neuen Schacht Franken der südwestdeutschen Salzwerke AG, Heilbronn.- Jh. geol. Landesamt. Baden-Württemberg, **19**, 59 - 80, 5 Abb.; Freiburg.

SCHÄFER, K.A. (1973): Zur Fazies und Paläogeographie der Spiriferina-Bank (Hauptmuschelkalk) im nördlichen Baden-Württemberg.- N. Jb. Geol. Paläont. Abh. 143, 56-110, 26 Abb., 1 Tab.; Stuttgart.

SCHMIDT, H. (1992): Mikrobohrspuren in Makrobenthonten des Oberen Muschelkalks von SW-Deutschland.- Dieser Band, 271-278, 4 Abb., 2 Tab.

SCHÖNENBERG, R. & NEUGEBAUER, J. (1981): Einführung in die Geologie Eurpas. - 4. Aufl., 340 S., Freiburg i. Br. (Rombach).

SEILACHER, A. (1985): The Jeram Model: Event Condensation in a Modern Intertidal Environment. - In: BAYER, U. & SEILACHER, A. (eds.), Sedimentary and Evolutionary Cycles (= Lecture Notes in Earth Sciences **1**), 336-341, 2 Figs.; Berlin, Heidelberg, New York, Tokyo (Springer).

SEILACHER, A., DROZDZEWSKI, G. & HAUDE, R. (1968): Form and Function of the Stem in a pseudoplanctonic crinoid (*Seirocrinus*). - Palaeontology, **11**, 275-282, 3 figs., 1 pl.; London.

SEUFERT, G. (1984): Lithostratigraphische Profile aus dem Trochitenkalk (Oberer Muschelkalk mo1) des Kraichgaus und angrenzendem Gebiet.- Jber. Mitt. oberrhein. geol. Ver., [N. F.], **66**, 209-248, 2 Abb.; Stuttgart.

SKUPIN, K. (1970): Feinstratigraphische und mikrofazielle Untersuchungen im Unteren Hauptmuschelkalk (Trochitenkalk) des Nekkar-Jagst-Kocher-Gebietes. - Arb. Geol.-Paläont. Inst Univ. Stuttgart, N.F., **63**, 184 S., 18 Abb., 8 Taf., 33 Tab.; Stuttgart.

STOLLEY, E. (1934): Der stratigraphische Wert des Trochitenkalks für die Gliederung des deutschen oberen Muschelkalks.- N. Jb. Min. Geol. Paläont., Beil.-Bd. (B) **72**, 351 - 366; Stuttgart.

VOLLRATH, A. (1955): Zur Stratigraphie des Trochitenkalkes in Baden-Württemberg.- Jh. geol. Landesamt Baden-Württemberg, **1**, 169 - 189, 1 Abb.; Freiburg/Br.

VOLLRATH, A. (1957): Zur Entwicklung des Trochitenkalkes zwischen Rheintal und Hohenloher Ebene.- Jh. geol. Landesamt Baden-Württemberg, **2**, 119 - 135, Abb. 18-30, 2 Tab.; Freiburg/Br.

VOLLRATH, A. (1958): Beiträge zur Paläogeographie des Trochitenkalks in Baden-Württemberg.- Jh. geol. Landesamt Baden-Württemberg, **3**, 181-194, Abb. 18-26; Freiburg.

WARTH, M. (1979): Die Haßmersheimer Schichten (Unterer Hauptmuschelkalk, Mittlere Trias) von Remseck-Neckarrems (Baden-Württemberg) - Fazies und Fossilinhalt. - Jh. Ges. Naturk. Württ., **134**, 142-154, 4 Abb.; Stuttgart.

Rifftypen im Muschelkalk Süddeutschlands

Hansmartin Hüssner, Tübingen
4 Abbildungen

Einleitung

Riffbildungen aus dem süddeutschen Muschelkalk wurden erstmals von WAGNER (1913) beschrieben. Wohl wegen ihrer wenig spektakulären Größe und Fauna wurden diese Riffe nur von wenigen Autoren näher untersucht (HÖLDER 1961 (ein Vorkommen in Lothringen), KRUMBEIN 1963, GWINNER 1968, HAGDORN 1978, BACHMANN 1979). Dabei lassen sich an den beiden unterschiedlichen und relativ gut faßbaren Rifftypen die wesentlichen Merkmale und Prozesse der Riffbildung, wie sie auch für andere Rifftypen von Stromatolithen bis hin zu modernen Korallenriffen gelten, gut herausarbeiten.

Eine Vorbemerkung sei gestattet: Der Begriff „Riff" wird hier sehr weit gefaßt. Ohne auf die Vielzahl von Riffdefinitionen einzugehen, soll hier nur festgestellt werden, daß sie überwiegend aus Einzelvorkommen, vornehmlich an heutigen Korallenriffen, abgeleitet und mehr oder weniger willkürlich sind. Den Begriff Bioherm habe ich von HAGDORN (1978) für die Muschel/Crinoiden-„Bildungen" im unteren Hauptmuschelkalk übernommen, da er ihn eingeführt hat. Ich sehe jedoch keine Probleme, diese Bioherme als Riffe zu bezeichen. Im letzten Absatz werde ich auf das Nomenklaturproblem zurückkommen.

Paläogeographie und Stratigraphie

Das Germanische Becken entwickelte sich durch differenziertes Absinken des varistischen Untergrundes, und zwar durch stärkere Subsidenz im zentralen Saxothuringikum und durch etwas verlangsamte Absenkung in den randlichen Bereichen des Rhenoherzynikums und des Moldanubikums (AIGNER 1985). Diese Tendenz hielt auch im Muschelkalk an, doch bildeten sich keine größeren Verwerfungen zwischen den Krustenteilen. Dadurch kam es im hier betrachteten Gebiet, im Südosten, zur Ausbildung einer flach gegen das Becken geneigten Karbonatrampe. Der Übergang von einer flachen, randlichen Fazies zu einer tieferen Beckenfazies drückt sich sowohl sedimentologisch als auch faunistisch aus (HAGDORN 1978, AIGNER 1985). Eine Barriere aus Karbonatsanden – im unteren Hauptmuschelkalk von Trochiten, im oberen von anderen Bioklastika und Ooiden dominiert – trennte einen geschützten landwärtigen Bereich mit feinkörniger Sedimentation und Onkoiden von ebenfalls feinkörniger Hintergrund-Sedimentation im Becken (Abb. 1). Die Karbonatsand-Barre war der flachste Teil, von der während Stürmen Sedimente sowohl in den landwärtigen Bereich als auch in das Becken geschüttet wurden. Während im

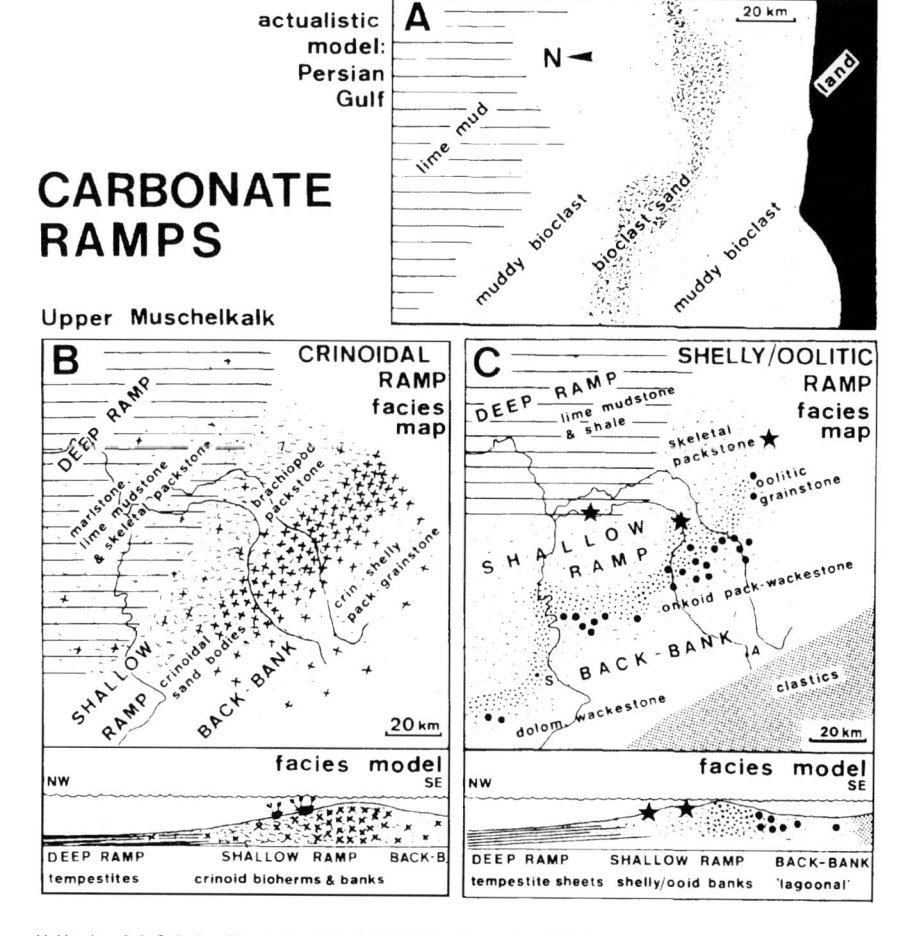

Abb. 1 **A** Modernes Beispiel einer Karbonatrampe aus dem Persischen Golf. Eine grobkörnige, ausgewaschene Karbonatsand-Barre trennt feinkörnigeres Sediment der Lagune von ebenfalls feinkörnigem Sediment des Beckens. Diese Situation ist mit der Karbonatrampe und ihrer prinzipiellen Sedimentverteilung im Muschelkalk vergleichbar. **B** Paläogeographie im unteren Hauptmuschelkalk zur Zeit der Trochitenbank 4. An der beckenwärtigen Seite der Trochiten/Bioklasten-Barre wachsen Muschel/Crinoiden Bioherme. **C** Im oberen Hauptmuschelkalk zur Zeit der Schalentrümmerbänke wachsen *Placunopsis*-Riffe (= ★) auf der beckenwärtigen Seite einer Karbonatsand-Barre. Auf der lagunenwärtigen Seite entstehen Onkoide (= •••). Leicht verändert nach AIGNER (1985).

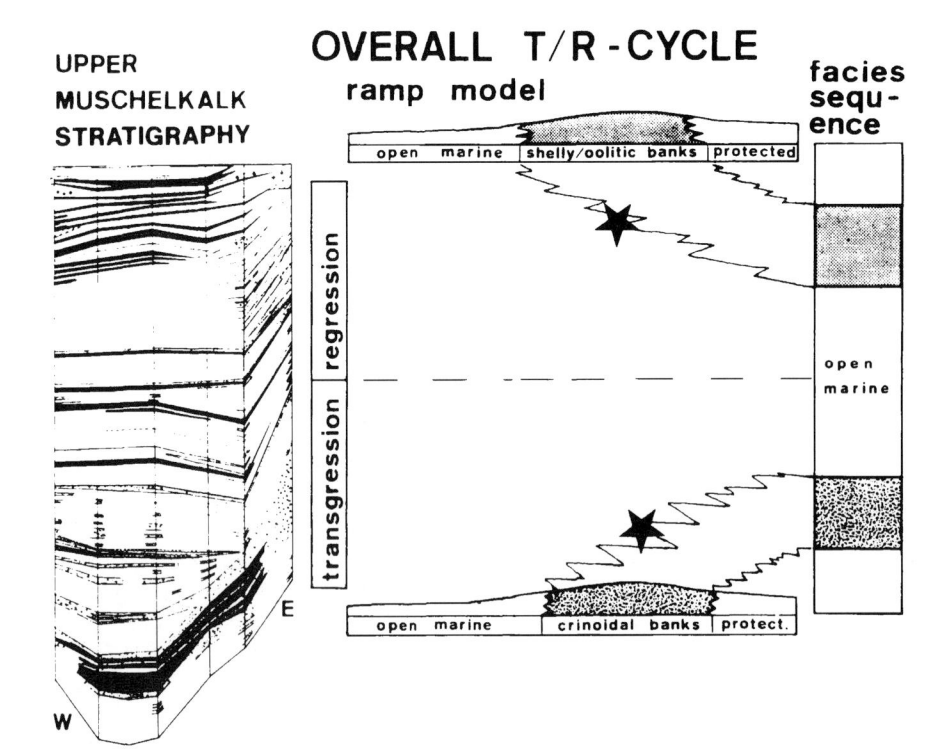

Abb. 2 Der Transgressions/Regressionszyklus im Hauptmuschelkalk (rechts) und seine Dokumentation in der Sedimentabfolge (links). Während der transgressiven Phase greifen die tonigen Beckensedimente, überlagert von kleineren Schwankungen immer weiter nach Osten vor, entsprechend weicht die Karbonatsand-Barre zurück. Im oberen Hauptmuschelkalk ist die Situation umgekehrt, die Karbonatsandbarre wandert nun wieder beckenwärts. Die Sternchen kennzeichnen die Hautvorkommen von Riffen, wie sie entsprechend iher Lage an der beckenwärtigen Seite der Barre und der heutigen Aufschlußverhältnisse in der stratigraphischen Abfolge zu liegen kommen. Leicht verändert nach AIGNER (1985)

Becken und in der Lagune nur Weichbodenbewohner leben konnten, siedelten auf den ausgewaschenen Sanden auf, vor und hinter der Barre auch Hartbodenbewohner. Lediglich nach Sturmereignissen konnten sie auf dem dann vorhandenen Hartsubstrat auch weiter ins Becken vordringen.

Diese generelle paläogeographische Situation wurde während des Muschelkalkes von Meeresspiegelschwankungen modifiziert. Kurzfristige Transgressions/Regressionszyklen in der Größenordnung von 100 000 Jahren führten zu immer wiederkehrenden, shallowing upward-Zyklen, die mit Ton/Mergelsedimenten beginnen, nach oben immer karbonatischer und gröber werden, zunehmend Kalkbänke eingeschaltet haben, und mit einer bioklastischen Dachbank abschließen. Wie das Sediment zeigt auch die Fauna innerhalb eines Zyklus zunehmende Verflachung an. Die Schalentrümmerbänke innerhalb dieser Zyklen gehen nach AIGNER (1985) auf Sturmereignisse zurück, die nach oben immer proximaler, d.h. dicker und gröber werden. Die Tonhorizonte an der Basis der Zyklen werden vor allem im Becken, die bioklastischen Kalke im oberen Teil vor allem in den randlichen Bereichen als Leithorizonte herangezogen und sind lokal bis regional wesentlich feiner als die Biostratigraphie nach Ceratiten (WENGER 1957, URLICHS & MUNDLOS 1988, URLICHS & VATH 1990) oder Conodonten (KOZUR 1974, NOLTE 1989). Diese Kleinzyklen sind einem Großzyklus überlagert, der den gesamten Oberen Muschelkalk umfaßt („third order cycle" nach VAIL et al. 1977). Dieser Transgressions/Regressions-Zyklus führt während seiner transgressiven Phase, im unteren Teil des Hauptmuschelkalkes zu einer landwärtigen Verlagerung der Barre und der gesamten Rampe (Abb. 2). Im heute aufgeschlossenen Teil des süddeutschen Muschelkalkes bedeutet dies eine Vertiefung des Beckens für diesen Zeitraum. Im oberen Teil des Hauptmuschelkalkes verlagert sich die Barre wieder beckenwärts, entsprechend zeigt sich im aufgeschlossenen Bereich eine Verflachung.

Die Muschel/Crinoiden-Bioherme sind an den beckenwärtigen Hang der Karbonatsand-Barre (HAGDORN 1978), also an eine gewisse Wassertiefe bzw. Entfernung vom Land, gebunden. Mit dem Wandern der Karbonatsand-Barre während der Transgression verschiebt sich also das optimale Siedlungsgebiet (bezüglich der Wassertiefe) der Muschel/Krinoiden-Bioherme im Verlauf des unteren Hauptmuschelkalkes von Nordwesten nach Südosten. Entspechend dem heutigen Muschelkalk-Ausbiß sind

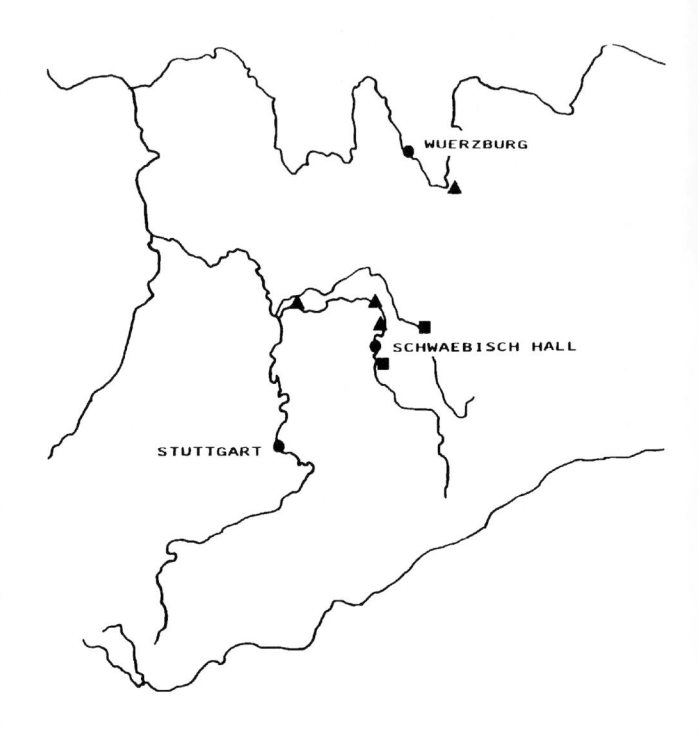

Abb. 3 Lage der in dieser Arbeit berücksichtigten Riffvorkommen. ■ = Muschel/Crinoiden/(Schwamm)-Riffe. ▲ = *Placunopsis*-Riffe.

daher auch nur in einem bestimmten stratigraphischen Niveau Riffbildungen zu erwarten. Da aber die Muschel/Crinoiden-Bioherme Hauptlebensort der Crinoiden waren, von wo aus Stiel- und Kelchfragmente zur Barre und ins Becken exportiert wurden, und Trochiten bis zur *Spiriferina*-Bank vorkommen, dürfte auch die stratigraphische Verbreitung der Bioherme größer gewesen sein. HAGDORN (1978) vermutet auch, daß sich die Schwellenfazies unter der jüngeren Überdeckung im Südosten fortsetzt. Dennoch ist die Wassertiefe sicherlich nicht der einzige kontrollierende Faktor der Muschel/Crinoiden-Biohermbildung. Die heute bekannten Vorkommen dieses Typs konzentrieren sich auf die *Encrinus*-Platten (HAGDORN 1978), den Bereich der Trochitenbank 3 und 4 in der *atavus*-Zone.

Im mittleren Teil des Hauptmuschelkalkes fehlen Riffbildungen. Erst im oberen Hauptmuschelkalk finden sich wieder Riffe, diesmal allerdings von der Muschel *Placunopsis ostracina* konstruiert. Crinoiden, geschweige denn Wurzelkalli treten über der *Spiriferina*-Bank nicht mehr auf (HAGDORN 1978). *Placunopsis ostracina* kommt zwar vom Röt bis in den Lias vor (BACHMANN 1979), als Riffbildner jedoch nur im oberen Hauptmuschelkalk und im Unteren Keuper (untergeordnet auch im tieferen Hauptmuschelkalk).

Die Hauptverbreitung im heutigen Aufschlußgebiet ist der Bereich der Hauptterebratelbank (*dorsoplanus*-Zone). Einer der steuernden Faktoren scheint auch hier wieder die Wassertiefe zu sein, die während der Regression im oberen Hauptmuschelkalk mit dem Nordwestwandern der Karbonatsand-Barre abnimmt. Für die *Placunopsis*-Riffe dürften ähnliche paläogeographische Position und ähnliche Wassertiefen anzunehmen sein wie für die Muschel/Crinoiden-Bioherme im unteren Hauptmuschelkalk. Ein Hinweis auf einen gewissen steuernden Einfluß der Wassertiefe ergibt sich auch aus den Beobachtungen von BACHMANN (1979). Danach werden die Bioherme im oberen Hauptmuschelkalk nach Nordosten zu, also mit der Wanderung der ökologischen Zonen immer jünger. Erst die Riffe des Unteren Keupers finden sich wieder im Süden.

Muschel/Crinoiden (/Schwamm)-Riffe (Abb. 3 u. 4)

VOLLRATH (1955, 1958) erwähnt „riffartige" Anschwellungen in der Haupttrochitenbank in der Gegend von Schwäbisch Hall, die GWINNER (1968) als Muschel/Terebratel-Riffe beschreibt. Nach dieser Beschreibung wird das Riff von übereinandergewachsenen Zweischalern aufgebaut, deren Hohlräume nach dem Absterben als Sedimentfänger dienen konnten. Nach GWINNER kommen im Riffbereich erheblich mehr ganze Muscheln vor, und der Anteil der Matrix ist höher als in den umgebenden bioklastischen Kalken. Die faunistische Zusammensetzung ist im Prinzip identisch (HAGDORN & OCKERT 1993). Offen bleibt die Frage, welche Faktoren zur lokalen Riffbildung führten. HAGDORN (1978) bezeichnet in einer detaillierten Untersuchung diese Riffvorkommen als Muschel/Crinoiden-Bioherme. Damit wird erstmals die Bedeutung der Inkrustierung – ein entscheidender Faktor bei der Riffbildung – von Wurzelkalli von Echinodermen für diese Riffe erkannt.

Faunen, ihre ökologischen
Bedürfnisse und Funktionen

Die Riffe erreichen Ausmaße von wenigen dm bis 2,5 m Breite und 1,8 m Höhe (HAGDORN 1978). Im Gegensatz zur Tonplattenfazies und auch zu den Schillbänken ist hier der Anteil an epifaunalen Strudlern in situ deutlich erhöht. Unter ihnen dominieren fixosessile Formen wie *Enantiostreon difforme*, *Newaagia noetlingi* und Wurzelkalli von *Encrinus liliiformis*. Untergeordnet kommen als Inkrustierer *Placunopsis ostracina*, *Spirorbis valvata* und Problematikum 1 vor.

In einem Schliff aus Wollmershausen konnten nun zusätzlich Schwammnadeln gefunden werden. Es handelt sich um Monaxone, deren fleckenhaftes Auftreten darauf schließen läßt, daß sie sich mehr oder weniger in Lebendstellung befinden. Zusätzlich dürften also Schwämme zum Riffaufbau beigetragen haben. In der Literatur liegen bisher nur wenige Schliffbeschreibungen bzw. -abbildungen vor, weil die Bearbeitung der Riffsedimente wohl überwiegend am Handstück und am Anschliff stattgefunden hat. Daher hat man die Schwämme, die wahrscheinlich wesentlich häufiger vorkommen, bisher übersehen. Beschrieben werden Schwammnadeln lediglich von HOHENSTEIN (1913) aus den Zwergfauna-Schichten von Pforzheim und von SCHNEIDER (1957) aus den Trochitenkalken des Saarlandes. Zusätzlich finden sich byssate epibenthonische Formen wie *Myalina blezingeri*, *Mytilus eduliformis*, *Pleuronectites laevigatus* und *Lima striata* (=*Plagiostoma striatum*) und gestielte Brachiopoden (*Coenothyris vulgaris*). Alle diese Organismen brauchen ein Hartsubstrat, um aufwachsen zu können. Dies können Schalen, Klasten oder Hartgründe sein. Die gestielten Brachiopoden können z.B. in der *cycloides*-Bank durch Aufwachsen der Folgegeneration auf der Elterngeneration Schalenakkumulationen bilden (AIGNER et al. 1978), aber keine Riffe.

Riffbildung ist durch aktives Hochwachsen über die Umgebung gekennzeichnet, was den beteiligten Filtrierern folgende Vorteile bringt: Abstand zum Sediment, Erhöhung der Strömungsgeschwindigkeit und damit mehr Nahrung und Sauerstoff pro Zeit- und Raumeinheit. Hochwachsen erfordert zum einen eine u.U. energieaufwendige biogene Konstruktion und bringt gleichzeitg Stabilitätsprobleme mit sich. Den Energieaufwand haben potentielle Riffbildner durch die Ausscheidung von kalkigen Hartteilen minimiert, was gleichzeitig zur Folge hat, daß das Kalkskelett auch nach dem Tode als Erhebung und als Substrat zur Verfügung steht. Dies ist ein wichtiger Faktor bei der Riffbildung. Direkt Hochwachsen konnte von den Riffbildnern in den Crailsheim-Schichten nur *Encrinus liliiformis*, bei den übrigen war dies nur über mehrere Generationen bzw. im Zusammenwirken mit den anderen Organismen zu erreichen. Das Hochwachsen des Einzelindividuums von *Encrinus* brachte allerdings nur dem betreffenden Tier den Vorteil der Höhenlage, die nächste Generation mußte wieder am Boden anfangen. Nicht jedoch im Riff, wo die Erhebung bevorzugter und begünstigter Lebensraum für *Encrinus* war. Wie für den Einzelorganismus *Encrinus* ergab sich aber auch für das gesamte Riff beim Hochwachsen das Problem der Stabilisierung. Während *Encrinus* nach dem Tod unter normalen Umständen in seine Einzelteile zerfiel, konnte das Riff nur funktionieren, wenn die Erhöhung auch nach dem Absterben der Organismen als Erhebung stabil, und somit die Vorzüge dieses Lebensraumes erhalten blieben.

Im Gegensatz zu *Coenothyris* und byssaten Muscheln konnten die Muscheln der Terquemien-Gruppe sowie *Encrinus* mit seinem Wurzelkallus durch Zementation ihr Substrat stabilisieren, und damit die Vorzüge des Lebensraumes an die nächste Generation tradieren. Aus den Verbandsverhältnissen und der unterschiedlichen Kompaktion zwischen Riff und Umgebung ergibt sich, daß diese Riffe niemals in ihrer vollen Höhe über ihre Umgebung hinausragten, doch schon wenige dm genügten, um den Lebensraum Riff vor der Umgebung auszuzeichnen.

Prozesse der Riffbildung

Als wesentliche Elemente der Riffbildung zeigen sich 1) die Bildung von Karbonatskeletten und 2) deren Stabilisierung. Produktion von Karbonatskeletten und Inkrustierung (z.B. auf Ceratiten oder Muscheln) findet sich zwar auch in Nicht-Riffgebieten, ohne jedoch den für das Riffwachstum entscheidenden Rückkoppelungszyklus zu bilden. Dieser leitet sich aus den ökologischen Anforderungen der Riffbildner an ihre Umgebung, sowie aus ihren morphologischen Fähigkeiten ab.

In Riffen verstärken sich die Prozesse von Karbonatproduktion und Karbonatfixierung gegenseitig und unterscheiden sich damit grundsätzlich vom Sedimentationsgeschehen in Nicht-Riffgebieten. Haben sich auf Schalen einer Omissionsfläche erst einmal weitere Terquemien und schließlich erste Crinoiden angesiedelt, so bilden diese eine leichte Erhebung (AIGNER et al. 1978). Damit ist für episessile Strudler ein bevorzugter Lebensraum entstanden, der auch von künftigen Generationen von Hartsubstratsiedlern stärker besiedelt wird als die Umgebung. Die Bevorzugung des Lebensraumes wird aber nur erhalten bleiben, wenn die Siedler selbst inkrustieren (Terquemien, *Encrinus*-Kallus) und/oder wenn die Hartteile von nichtinkrustierenden Bewohnern (byssate Muscheln, Brachiopoden, Stiel- und Kronenfragmente von *Encrinus*) durch inkrustierende Organismen (Terquemien, Wurzelkalli von *Encrinus*, Schwämme) stabilisiert werden. Da aber die Karbonatproduzenten und -fixierer z.T. identisch sind bzw. die Schalen auch der nichtzementierten Organismen bevorzugtes Substrat für andere Fixierer sind und dadurch verkittet werden, ergibt sich aus den ökologischen Anforderungen der Fixierer eine Bevorzugung des initialen Riffes als Lebensraum. Die so stabilisierte Erhebung wird dadurch für die Produzenten wieder attraktiver, so daß die Karbonatproduktion steigt. Dies lockt weitere Fixierer an usw.

Zur Riffbildung kann es also nur dann kommen, wenn sich aufgrund der genetisch festgelegten ökologischen Anforderungen der Organismen Karbonatproduktion und Karbonatfixierung gegenseitig verstärken. Dies ist z. B. bei Epökie auf Ceratiten nicht der Fall, es sei denn, letztere dienen später als Ausgangspunkt des Riffes oder der Rückkoppelungsmechanismus wird kurzgeschlossen (siehe unten).

Placunopsis-Riffe (Abb. 3)

Riffbildungen von *Placunopsis ostracina* sind vor allem im Niveau der Hauptterebratelbank verbreitet und erreichen bei Tiefenstockheim (20 km südöstlich Würzburg) eine Höhe von 4,5 m und eine Breite von 12 – 15 m (KRUMBEIN 1963). Nach BACHMANN (1979) lassen sich grundsätzlich zwei Typen unterscheiden, die von der Sedimentationsrate abhängig sind: 1) Kuppeln, meist kleiner als 1 m im Durchmesser bei geringeren Sedimentationsraten und 2) größere Bioherme, die in einzelne Pfeiler aufgelöst sind, die praktisch nie mehr wieder miteinander verwachsen (HÖLDER 1961, KRUMBEIN 1963, BACHMANN 1979), und auf höhere Sedimentationsraten hinweisen. Die Bioherme bestehen zu etwa $^3/_4$ aus *Placunopsis*-Schalen, der Rest aus Mikrit und Pelsparit (peloidal grainstone), *Spirorbis*, *Tolypammina ? gregaria* und gelegentlich auftretenden *Enantiostreon* und byssaten Muscheln und Brachiopoden. In der Umgebung der Riffe treten letztere Formen gegenüber der Normalfazies gehäuft auf (KRUMBEIN 1963). Von *Placunopsis* ist nur die rechte, festgewachsene Klappe erhalten, die linke wurde nach dem Tod der Tiere disartikuliert und fortgeschwemmt. Die Folgegeneration besiedelt niemals linke Klappen sondern immer nur die festgewachsenen rechten Klappen (BACHMANN 1979). Wenn auch Besiedelung linker Klappen aus dem Biohermbereich unbekannt ist, so ist doch zu bezweifeln, daß *Placunopsis*-Larven wirklich lebende von unbelebten Klappen unterscheiden konnten. Wenn sie sich jedoch auf der linken Klappe festsetzten, wurden sie nach dem Tod mitfortgespült (MÜLLER 1950). Der Nachweis würde sich aus der Untersuchung von freien linken Klappen im umgebenden Sediment ergeben. Diese ist m.W. bisher jedoch nicht erfolgt. HAGDORN (1978) beschreibt *Encrinus* festgewachsen auf freien linken Klappen von *Placunopsis*. Die Klappen von *Placunopsis* bauen sich aus dem außen liegenden, kalzitischen Ostracum und dem innen liegenden aragonitischen Hypostrakum auf. Nur ersteres ist erhalten, letzteres wurde durch spätigen Kalzit ersetzt (zur Diagenese der *Placunopsis*-Riffe siehe BACHMANN 1979). Die Hohlräume zwischen den Klappen sind mit Pelsparit verfüllt.

Faunen, ihre ökologischen Bedürfnisse und Funktionen

Gegenüber den oben beschriebenen Muschel/Krinoiden/Schwamm-Riffen ist also die Fauna der *Placunopsis*-Riffe wesentlich weniger vielgestaltig. Abgesehen von einigen inkrustierenden Foraminiferen, Würmern und Muscheln (*Enantiostreon*) und wenigen überwachsenen byssaten Muscheln und gestielten Brachiopoden besteht die Fauna dieser Riffe ausschließlich aus *Placunopsis ostracina*. Lebensweise, Hartteile und deren Erhaltungsfähigkeit beschreiben MÜLLER (1950) und BACHMANN (1979). *Placunopsis* braucht zum Siedeln ein festes Substrat, z.B. einen Hartgrund (MÜLLER 1950, BACHMANN 1979), Kalkgerölle (MÜLLER, 1950, HÖLDER 1961), Ceratiten (GEISSLER 1938, MÜLLER 1950, LINCK 1956, MEISCHNER 1968) oder Muscheln (SEILACHER 1954, AIGNER 1975). Als fixosessiler Filtrierer war *Placunopsis* auf den Zustrom von möglichst sauberem Wasser mit Nahrung und Sauerstoff und auf möglichst großen Abstand zum Sediment angewiesen. Larven, die wahrscheinlich ihr Substrat nicht aktiv wählen konnten (MÜLLER 1950), hatten die größten Überlebenschancen dann, wenn sie sich auf Erhebungen des Meeresbodens ansiedelten, eben Kalkgeröllen, Molluskengehäusen oder auch auf Erhebungen von Hartgründen (MÜLLER 1950). Das Hartsubstrat war jedoch nur solange geeignet, wie es über die Sedimentoberfläche hinausragte. Bei Hartgründen mit verlangsamter oder unterbrochener Sedimentation kommt MÜLLER (1950) durch Wachstumsanalysen auf einige Jahre. Bei Kalkgeröllen und Ceratiten, die von mehreren Generationen bewachsen sind, kann man entsprechend größere Zeiträume annehmen. Zur Dauerbesiedlung und damit zur Riffbildung konnte es aber nur kommen, wenn *Placunopsis* selbst für das Hochwachsen des Substrates sorgte. Durch seine festgewachsene rechte Klappe sorgte das Tier selbst für das Baumaterial und gleichzeitig für die Stabilität.

Prozesse der Riffbildung

Die grundlegenden Prozesse der sich gegenseitig verstärkenden Karbonatproduktion und Karbonatfixierung in Riffen involvieren normalerweise arbeitsteilig mehrere Organismen-Gruppen. Bei den Placunopsiden-Riffen wird dieser rückgekoppelte Kreislauf jedoch „kurzgeschlossen". Eine Organismen-Gruppe, ja eine Art, übernimmt gleichzeitig Karbonatproduktion und Karbonatfixierung. Der Rückkoppelungskreislauf war zwar geschlossen, doch waren die Gewichte sehr ungleich verteilt. Durch die Fixierung von einer Klappe am Substrat war *Placunopsis* ein langsamer Riffbauer, dafür waren diese Riffe aber sehr stabil. Durch das Kurzschließen des Kreislaufs waren die Bedingungen für die Riffbildung nur günstig, solange sie für *Placunopsis* günstig waren. Bei hochdiversen Riffen mit mehreren Karbonatproduzenten und mehreren Fixierern, kann bei Ausfall einer Organismengruppe u.U. eine andere den Verlust ausgleichen, wenn jedoch verstärkte Zufuhr von Sediment allen Filtierern Schwierigkeiten macht, wird auch in diesen Riffen der Rückkoppelungs-Zyklus unterbrochen und das Riffwachstum beendet. Wegen der, verglichen mit anderen Riffen, geringen Wachstumsrate dürfte gerade die Sedimentzufuhr, bzw. das Übertreffen oder zumindest das Mithalten mit der Hintergrund-Sedimentation für *Placunopsis* der entscheidende Faktor gewesen sein. Das große *Placunopsis*-Riff von Tiefenstockheim spiegelt diese Abhängigkeit wider, wo die Ausdehnung jeweils im Bereich der bioklastischen Lagen der umgebenden Sedimente am größten ist. Erst mit der Sedimentation des Gelben Kippers kommt das Riffwachstum vollständig zum Erliegen.

Enantiostreon-Riffe

Kürzlich machte mich Herr Dr. URLICHS (Stuttgart) auf Riffbildungen von *Enantiostreon* aufmerksam. Diese Riffchen im dm-Bereich kommen von der *atavus*-Zone bis zur *evolutus*-Zone vor. Eine Bearbeitung steht noch aus. Auch HAGDORN (1978) erwähnt kleine Terquemien-Bioherme mit einzelnen *Encrinus*-Wurzeln aus der *robustus*-Zone. SEUFFERT (1983) beschreibt Muschel-Terebratel-Riffe aus dem Kraichgau im Bereich der Trochitenbänke 3 und 4, ohne jedoch nähere Angaben zur Fauna zu machen. Interessant ist das Vorkommen von *Enantiostreon*-Riffen etwa gleichzeitig mit den Muschel/Crinoiden-Biohermen, in denen ja auch *Enantiostreon* vorkommt, und die Dominanz eines Organismus wie in den *Placunopsis*-Riffen. Auch hier dürfte die Wassertiefe in Abhängigkeit von der sich durch die Transgression verändernden Paläogeographie ein wichtiger Faktor gewesen sein.

Vergleich mit anderen Riffbildungen

Verglichen mit anderen Riffbildungen nehmen sich die Muschelkalkriffe, was Diversität und Größe anbelangt, vergleichsweise bescheiden aus. Dennoch zeigen auch sie die für alle Riffe typischen Prozesse. Rezente Korallenriffe, die oft als Paradigma für Riffe herangezogen werden, stellen sowohl hinsichtlich ihrer Diversität wie auch ihres Wachstumspotentials einen Sonderfall dar, wenn man die Riffentwicklung durch die gesamte Erdgeschichte betrachtet. Dies ist keine Folge unvollständiger Überlieferung, sondern ist der großen Wachstumsgeschwindigkeit und der raschen Regenerationsfähigkeit nach Störungen (z.B. Stürmen) des heutigen Haupttriffbildners und Hauptkarbonatproduzenten *Acropora*, sowie der starken Karbonatfixierung (und -produktion) der Rotalgen zu verdanken. Daneben kommt selbstverständlich noch eine Vielzahl anderer Karbonatproduzenten und -stabilisierer hinzu. Diese im Prinzip seit dem Jungtertiär erfolgreiche Vergesellschaftung sucht in der Erdgeschichte ihresgleichen. Dennoch gibt es auch gewaltige ältere Riffkomplexe, etwa die der erfolgreichen Stromatoporen/Korallen-Vergesellschaftung vom Silur bis ins Devon mit Nachläufern im Karbon, oder die Schwamm/Korallen-Riffe in Perm und Trias. Vielfach haben auch weniger diverse Riffvergesellschaftungen mächtige Riffkomplexe errichtet, indem sie als „stacked reefs" immer wieder übereinanderwuchsen. Dabei wurde das gleiche Prinzip wie im lebenden Riff verfolgt. Die schon vorhandenen Erhebungen der älteren Riffe mit ihren ökologischen Vorteilen für die sessilen Riffbauer dienten als bevorzugte Ausgangspunkte für neue Riffgenerationen, beispielsweise die Crinoiden/Bryozoen-Riffe des Karbon.

HÖLDER (1961) und BACHMANN (1979) vergleichen die Wuchsformen der *Placunopsis*-Riffe mit denen der Stromatolithen. Die vergleichbaren Wuchsformen völlig verschiedener Riffbildner zeugen von gemeinsamen Prinzipien beim Riffbau. Sie ergeben sich aus den grundsätzlich gleichen Problemen, die Riffbauer zu lösen haben: möglichst schnell hochbauen und stabilisieren. Einmal zurückgebliebene Bereiche bleiben zurück, da die besten Bedingungen immer an der Wachstumsspitze herrschen. Daher kommt es zu Pfeilerbildungen bei *Placunopsis* und bei Stromatolithen.

In etwas größerem Maßstab läßt sich dasselbe Prinzip bei den „spur and groove" Systemen der heutigen Riffe beobachten. Auch dort geht das Riffwachstum auf und an den Erhebungen weiter, die einmal zurückgebliebenen Areale bleiben zurück, schon weil dort Sediment die Ansiedlung neuer Larven verhindert. Auch dies ist eine Parallele zum Muschelkalk. Die „phylloid algae mounds" im Oberkarbon und Unterperm ähneln den Muschelkalk-Riffen in ihrer niedrigen Diversität, bescheidenen Größe und weiten flächenhaften Verbreitung, allerdings nicht in ihrer Diagenese. Trotz dieser Einschränkungen (und wegen der Unterschiede) sind sie bedeutende Erdölspeichergesteine.

Insbesondere in paläozischen, aber auch in jüngeren Riffen kommt teilweise der anorganischen bzw. der mikrobiell induzierten Zementation eine große Bedeutung zu. Der Anteil der Mikroben dabei ist umstritten, jedoch häufen sich positive Hinweise. In jedem Fall sorgte die Erhebung für höhere Strömungsgeschwindigkeiten und damit für größeren Wasserdurchsatz in den Poren verglichen mit der Umgebung. Das mitgeführte Karbonat stand also reichlicher zur Verfügung als in den flachlagernden Sedimenten. Auch hier bewirkte die Erhebung verstärkt Zementation, was wiederum den weiteren Aufbau der Erhebung begünstigt.

Prinzipien der Riffbildung

Prozesse der Kalksedimentation in Riffen unterscheiden sich grundsäzlich von Sedimentationsprozessen in Nicht-Riffgebieten. Während in letzteren im wesentlichen Gravitation und Hydrodynamik die Ablagerungsprozesse bestimmen, werden sie in Riffen zu einem erheblichen Anteil von den genetischen Programmen der beteiligten Riffbildner gesteuert. Das Sedimentationssystem in Nicht-Riffgebieten strebt einem Zustand möglichst geringer Energie zu, d.h. die Sedimentation erfolgt vorwiegend isotrop. In Riffen dagegen, streben die von ihren genetischen Programmen, in denen die stammesgeschichtliche Erfahrung steckt, geleiteten Riffbildner, ein möglichst hohes Hinauswachsen über die Sedimentoberfläche – weg vom Sediment, hin zu Licht und Nahrung – an. Diese Programme können jedoch nur über Generationen hinweg erfolgreich sein, wenn das hochgebaute Gerüst gleichzeitig stabilisiert wird. Kommt nun den ökologischen Anforderungen der Stabilisierer das Angebot der Hochbauer, zwischen und auf ihnen zu siedeln, entgegen, so werden sie das tun. Dies verbessert gleichzeitg die Möglichkeiten zum weiteren Hochwachsen. Damit schließt sich ein sich selbst verstärkender Rückkoppelungs-Prozeß und führt zu Riffwachstum. Bei dieser prozeßorientierten Betrachtungsweise werden auch die mehr oder weniger willkürlichen Definitionen für Riffe, Bioherme, build ups usw. überflüssig, denn die Unterscheidung von Riffsedimentation und Nicht-Riffsedimentation ist eine genetische und natürliche.

Anhang

Einige aus den Muschel/Krinoiden-Biohermen bisher nicht beschriebene Fossilien:

Schwämme (Abb. 4.1 – 4.3)
Berichte über Schwämme im Oberen Muschelkalk sind spärlich. SCHNEIDER (1957) gibt massenhaftes Auftreten von Schwammnadeln im Bereich der Hornsteinknollen im Saarland an. HOHENSTEIN (1913) berichtet von „massenhaftem Auftreten von Stabnadeln von Silicispongien" im unteren Trochitenkalk vom Wartberg bei Pforzheim. Die Nadeln sind in der Regel 1,5 mm lang und knapp 1/10mm (75µ) dick mit deutlichem Achsenkanal. Der Achsenkanal war ursprünglich 8 – 10µ dick, und kann durch Lösung sekundär bis auf 30µ erweitert werden. Die Nadeln bestehen aus Chalcedon. Die aus Wollmershausen hier vorliegenden Schwammnadeln sind ebenfalls Monaxone, aber in Kalzit umgewandelt, der Achsenkanal ist nicht erhalten. Da sie nur im Dünnschliff untersucht wurden, ist ihre wahre Länge nicht zu bestimmen. Die größte gemessene Länge mit 2,7 mm liegt deutlich über dem Wert von HOHENSTEIN (1913), der Durchmesser liegt mit maximal 0,12 mm ebenfalls über den Werten aus der Pforzheimer Gegend. Der größere Durchmesser könnte durch die Umkristallisation zu erklären sein, nicht jedoch die größere Länge. Eine genauere Bestimmung ist nicht möglich.

Problematikum 1 (Abb. 4.4 – 4.6)
Auf Echinodermen und Muschelschalen, gelegentlich auch in Höhlungen, tritt ein röhrenförmiger, inkrustierender Organismus auf. Die Röhre kann einfach auf das Substrat aufgewachsen sein oder knäuelförmige Erhebungen bilden. Es kann nicht ausgeschlossen werden, daß ersteres Erscheinungsbild nur ein randlicher Schnitt ist. Wenn die Röhre sich selbst überwächst, wird entlang der Berührungsfläche keine oder nur eine sehr dünne Wand ausgeschieden. In manchen Schnitten kann dann auch nicht entschieden werden, ob zwei Röhren aneinandergewachsen sind oder ob die Röhre unterteilt ist. Eine regelmäßige Kammerung ist jedoch auszuschließen. Verzweigung wurde nicht beobachtet, kann aber durch die zweidimensionalen Schnitte auch nicht ausgeschlossen werden. Teilweise werden die Knäuel von Wurzelkallus von Encrinus wiederum überwachsen. Die helle sparitische, wohl rekristallisierte Wand hat Dicken von 0,027 – 0,068 mm, wobei die höheren Werte Schnitteffekte sein dürften. Der Innendurchmesser der Röhre beträgt bis 0,122 mm. Die Knäuel können Höhen bis 1,5 mm erreichen. Die Breite beträgt bis 3 mm, allerdings sind dann nur 2 – 3 Lagen übereinander. Die Röhren sind von dunklem Mikrit gefüllt, der nur selten leicht rekristallisiert ist.

Diskussion der systematischen Zugehörigkeit

Cyanobakterien: Die als Blaualgen bekannten schlauchförmigen Organismen wie Cayeuxia treten koloniebildend in mehr oder weniger regelmäßigen Büscheln auf und verzweigen sich. Bei Girvanella, die knäuelförmige Schläuche bildet, ist die Wand dunkel.

Algen: Alle kennzeichnenden Merkmale echter Algen fehlen.

Mikroproblematika: SENOWBARI-DARYAN (1980) beschreibt 27 Mikroproblematika aus der alpinen Trias. Davon scheidet die überwiegende Mehrzahl wegen ihrer mikritischen oder agglutinierten Wand aus. Die wenigen verbleibenden Formen haben eine deutlich andere Morphologie. Am nächsten kommt noch Problematikum 1 von SADATI (1981). Dort sind radiale Kanäle ausgebildet, weswegen er es als möglichen Kalkschwamm betrachtet. Beim hier vorliegenden Organismus ist zwar auch die Wand gelegentlich durchbrochen, doch ist dies eher unregelmäßig und wohl auf Beschädigung zurückzuführen.

Foraminiferen: Inkrustierende Foraminiferen aus der Trias haben eine kalzitische oder eine agglutinierte Wand, so die in den Placunopsis-Riffen auftretende Tolypammina und die von HOHENSTEIN (1913) aus dem unteren Hauptmuschelkalk beschriebene Hyperammina suevica. Da im vorliegenden Material die kalzitischen Schalen, auf denen der fragliche Organismus aufgewachsen ist, ebenso wie im selben Schliff vorkommende Serpeln aber in ihrer ursprünglichen Mineralogie erhalten sind, dürfte die Röhrenwand aus Aragonit oder Hochmagnesium-Kalzit bestanden haben.

Wurmröhren: Von der Größe her sind die vorgefundenen Röhren durchaus mit Serpuliden vergleichbar, doch fehlt die deutlich abgeplattete und verbreiterte Basis und vor allem die im gleichen Schliff vorkommende lamellare Wandstruktur. Querschnitte von Spirorbis wären regelmäßiger und trochospiral.

Bohrorganismen: Das Auftreten dieses Problematikums in Höhlungen könnte den Schluß nahelegen, daß es sich beim Verursacher um einen bohrenden Organismus handelte, daß die freiliegenden Exemplare durch Bruch an der angebohrten und damit geschwächten Stelle, oder durch Weglösen der aragonitischen Schicht bei Muschelschalen, erst freigelegt wurden, und daß die Überkrustung durch Wurzelkallus nicht sekundär ist. Dagegen spricht allerdings, daß auch Muschelschalen von Wurzelkallus umwachsen werden, und daß die freiwachsenden Exemplare stets eine sich von der Aufwuchsstelle weg verjüngende mehr oder weniger konische Form haben.

VOIGT (1975) beschreibt schlauchförmige Gebilde ähnlicher Dimension (Durchmesser 0,15 – 0,3 mm) auf einer Schale von Pleuronectites laevigatus. Dabei soll es sich jedoch nicht um inkrustierende Organismen, sondern um Bohrgänge von Talpina gruberi handeln, die nach der Weglösung des aragonitischen Hypostrakums freiliegen. Nach VOIGT (1975) sind diese Gänge massiv und besitzen keine Wand.

Fazit: Die oben beschriebenen Röhren können gegenwärtig nicht einer systematischen Einheit zugeordnet werden. Weiterhelfen könnte insbesondere eine genaue

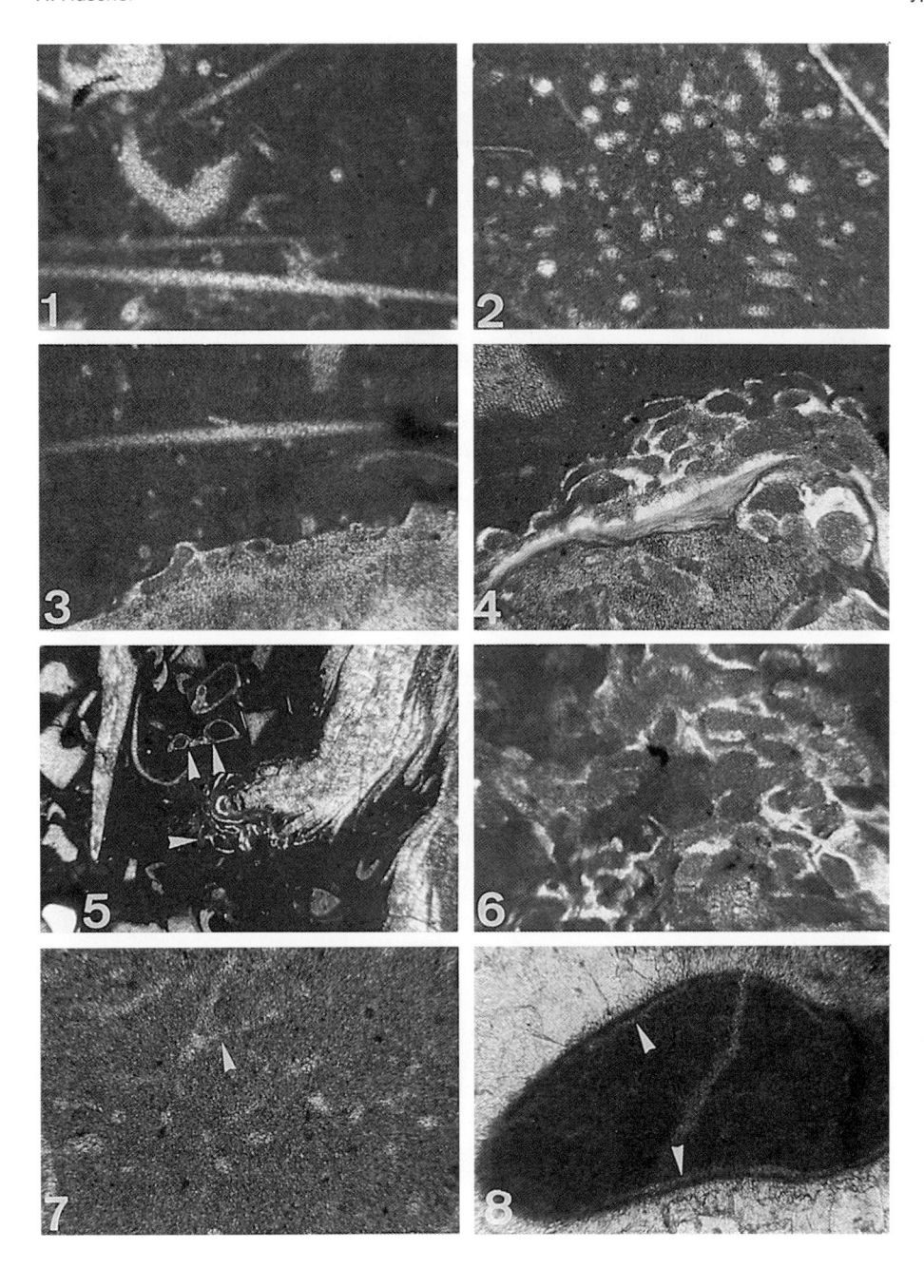

Abb. 4 Die Proben zu **1** bis **7** stammen aus dem Steinbruch Wollmershausen, Probe zu **8** aus Schöningen am Elm, Zementwerk Hoyersdorf. Es handelt sich jeweils um Lesesteine, die aber eindeutig aus den Muschel/Crinoiden-Biohermen stammen. **1 - 3** Monaxone Schwammnadeln, zu Kalzit rekristallisiert, Zentralkanal nicht erhalten. Aus dem massenhaften Auftreten in Nestern kann auf Autochthonie geschlossen werden. **1** und **3** Längs- und Schrägschnitte, **2** Querschnitte. Auf **3** unten Problematikum 1 inkrustierend auf Echinodermenrest. **1 - 3** jeweils 32 x. **4 - 6** Problematikum 1. unregelmäßig gewundene Röhren in Längs-, Schräg- und Querschnitten. Auf Muschelschalen oder Echinodermen aufgewachsen. Schale aus neomorphem Kalzit. In 4, 5 Serpel (Doppelpfeil) mit deutlich anderer Schalenerhaltung als Problematikum 1 (Pfeil). **4** und **6** je 32 x, **5** 11 x. **7 - 8** Problematikum 2. Feine netzförmige Kalzitfäden, die möglicherweise auf Cyanobakterien zurückgehen. **7** Teilweise verzweigte Kalzitfäden (Pfeil), 42 x. **8** Bohrloch mit dünnem Netzwerk im Inneren und deutlichem „Kalzitlineament" um die Bohrlochwand (Pfeile). Die helle Kalzitader in der Mitte ist jünger und anorganischer Entstehung. 32 x.

Rekonstruktion der Diagenesegeschichte mit weiterem Material. Die geringsten Widersprüche scheinen sich bei einer Zuordnung zu Wurmröhren oder Foraminiferen zu ergeben.

Problematikum 2 (Abb. 4.7 – 4.8)
In mikritischen Bereichen in Wackestones und Packstones treten feine, kalzitische, oft verzweigte Fäden auf. Sie werden schon von SKUPIN (1970) und BACHMANN (1973), der sie sogar relativ häufig nennt, beschrieben. Während sie SKUPIN als mögliche Algenschläuche deutet, sieht sie BACHMANN „eher als Lebensspur".

Die feinen Sparitfäden treten oft nesterförmig frei im Sediment, häufig jedoch über Biogenen und in Bohrlöchern auf. In den Schliffen mit Schwämmen treten sie häufig mit diesen zusammen auf. Sie haben einen Durchmesser von 0,035 – 0,052 mm, die Länge läßt sich nicht bestimmen, da sie immer ins Sediment abtauchen. Es scheint sich eher um eine räumliche Netzstruktur als um planare Gebilde zu handeln. Bei den Verzweigungen konnten keine regelmäßigen Abstände festgestellt werden, aber auch das mag an der räumlichen Struktur und am zweidimensionalen Schnitt liegen. Auffällig ist in den mikritgefüllten Bohrlöchern ein mehr oder weniger kontinuierlich durchgehendes „Kalzitlineament" entlang der Bohrlochwand, in einem Abstand von dieser, der etwa dem einfachen bis doppelten Durchmesser der Kalzitfäden entspricht. Da dies in zufälligen Schnitten sehr häufig auftritt, ist eher an eine räumliche Struktur als an ein Lineament zu denken, oder diese Lineamente stehen hier sehr dicht.

Diskussion der systematischen Zugehörigkeit
Lebensspur: Die Verzweigungen und die räumliche Anordnung sind Merkmale von Lebensspuren (BACHMANN 1973), schließen jedoch andere Deutungen nicht aus. Weniger für Lebensspuren spricht allerdings das bevorzugte Auftreten in „Lagen" über Hartsubstrat und in Bohr-

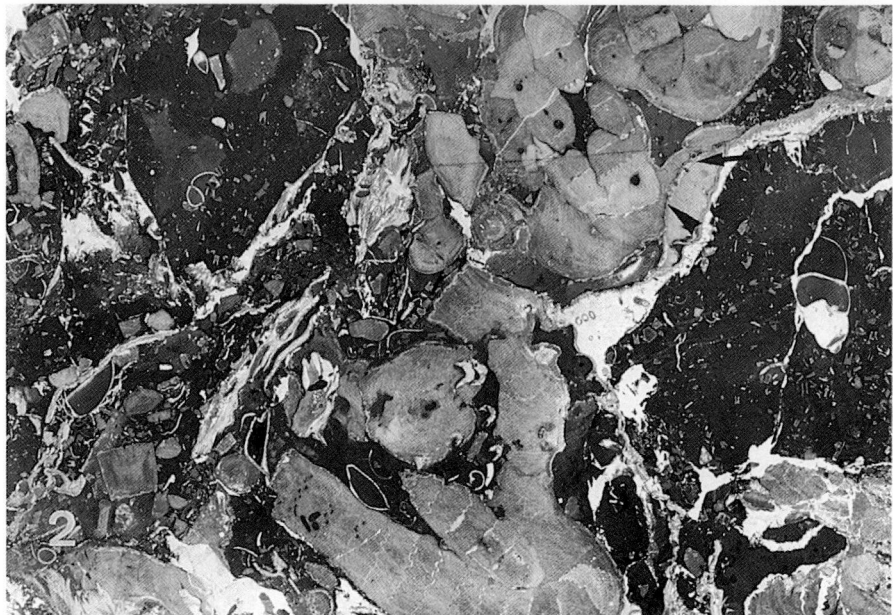

Abb. 5 **1** *Placunopsis*-Riff mit dicht übereinander gewachsenen Schalen, teilweise angebohrt. Neben Pelmikrit finden sich wenige andere Muschelschalen und Serpeln (Pfeil). Tiefenstockheim, 7,5 x. **2** Muschel/Crinoiden/(Schwamm)-Riff; hier mit basalen Crinoiden- Stielen und -Wurzelkalli. Die Wurzelkalli inkrustieren teilweise an älteren Stämmen (Pfeil ohne Schaft). Andere Crinoiden sind von Serpeln inkrustiert (Pfeil mit Schaft). Die mikritische Matrix enthält außerdem Echninodermenstielglieder und -pinnulae, sowie Muscheln, Gastropoden und Brachiopoden. Wollmershausen, 1,5 x.

löchern. Letzteres wäre eine Lebensspur in einer Lebensspur. Da die potentielle Nahrung dort schon weiter degradiert ist als im nicht bioturbierten Bereich, wäre dies eine spezielle Anpassung, die wiederum das gleichzeitige Vorkommen außerhalb der Bohrlöcher schwer zu verstehen macht, vorausgesetzt es handelt sich wirklich um den gleichen Verursacher.

Cyanobakterien („Blaualgen"): Die Kalzitfäden liegen durchaus in der Größenordnung von *Girvanella*-Schläuchen. Nach BACHMANN (1973) kann man gelegentlich eine Hülle aus feinkristallinem Mikrit erkennen, was einer Deutung als „Algen"fäden nicht widerspricht. Die Verteilung der Strukturen als „Krusten" in der Nähe von Hartsubstrat und in Bohrlöchern und zusammen mit Schwämmen spricht ebenfalls für eine Deutung als Cyanobakterien. Die Erhaltungswahrscheinlichkeit dieser fragilen Gebilde ist gerade in kryptischen Habitaten größer als auf oder im freien Sediment. Cyanobakterien müssen nicht unbedingt phototroph sein, bzw. die Kolonie verschiedenster Mikrobentypen kann mit wenig Licht auskommen, wie das häufig zu beobachtende Vorkommen von Cyanobakterien-Krusten in kryptischen Habitaten zeigt. Damit wäre auch der Haupteinwand BACHMANNS, nämlich das Vorkommen in sonst algenfreien Kalken, entkräftet.

Fazit: Wenn auch das Erscheinungsbild von dem von *Girvanella* abweicht, erscheint eine Deutung als Cyanobakterien wahrscheinlicher als eine Lebensspur.

Summary

Reefs can be found in the south German Muschelkalk predominantly in two different levels (Crailsheim beds, Trochitenbank 2 – 4, *atavus*-zone, and Hohenlohe beds, at the level of the Hauptterebratelbak, *dorsoplanus*-zone). Environmental conditions have been similar at both times, but two different reef types originated. In comparing the ecological needs and the morphological abilities of reef builders in both horizons, general principles of reef formation can be recognized, independent of systematic affinities. A variety of organisms is involved in the reef building processes in the bivalve/crinoid/sponge bioherms of the Crailsheim beds. In the *Placunopsis*-reefs the processes of reef formation are short-circuit within one species. In the appendix, sponges are for the first time described as potential reef builders in the Crailsheim beds. Possible systematic affinities of a known (from other localities) and a new problematical microfossil are discussed.

Dank

Dank sagen möchte ich Herrn Dr. H. Hagdorn (Ingelfingen) für eine Einführung in die Muschel/Crinoiden-Bioherme im Raum Crailsheim/Schwäbisch Hall, für seine Ratschläge und für die Überlassung von Proben. Herr Prof. Bachmann (Hannover) stellte selbstlos Original-Dünnschliffe zu BACHMANN (1979) zur Verfügung. Herr Dr. Urlichs (Staatliches Museum für Naturkunde, Stuttgart) machte mich auf *Enantiostreon*-Riffe aufmerksam, gab Ratschläge und stellte Proben zur Verfügung. Herr R. Wilhelm (Kitzingen) half bei der Profilaufnahme in Tiefenstockheim mit. Herrn Prof. Flügel (Erlangen) danke ich für die Erlaubnis, Dünnschliffe in Erlangen anzufertigen, und Herrn Prof. Mosbrugger (Tübingen) für die Zurverfügungstellung seines Fotomikroskops. Die restlichen Dünnschliffe machte Herr Ries, Fotoabzüge teils Herr Gerber (beide Tübingen), teils Frau Neufert (Erlangen).

Literatur

AIGNER, T. (1975): Eine *Lima striata* mit Epöken aus dem Unteren Hauptmuschelkalk. – Der Aufschluß, **26**, 448 – 450, Heidelberg.

AIGNER, T (1985): Storm Depositional Systems. – Lecture Notes in Earth Sciences, **3**, 1- 174, 83 Abb.; Berlin-Heidelberg-New York, Springer.

AIGNER, T., HAGDORN, H. & MUNDLOS, R. (1978): Biohermal, biostromal and storm-generated coquinas in the Upper Muschelkalk. – Neues Jahrbuch für Geologie und Paläontologie, Abhandlungen, **169**, 42–52, 7 Abb., Stuttgart.

BACHMANN, G. (1973): Die karbonatischen Bestandteile des Oberen Muschelkalkes (Mittlere Trias) in Südwest-Deutschland und ihre Diagenese. – Arbeiten aus dem Institut für Geologie und Paläontologie der Universität Stuttgart, N.F., **68**, 1 – 99, 67 Abb., Stuttgart.

BACHMANN, G. (1979): Bioherme der Muschel *Placunopsis ostracina* v. SCHLOTHEIM und ihre Diagenese. – Neues Jahrbuch für Geologie und Paläontologie, Abhandlungen, **158**, 381 – 407, 17 Abb., Stuttgart.

GEISSLER, R. Zur Stratigraphie des Hauptmuschelkalks in der Umgebung von Würzburg mit besonderer Berücksichtigung der Ceratiten. – Jahrbuch der preußischen geologischen Landes-Anstalt, **59**, 197 – 248, Berlin.

GWINNER, M. (1968): Über Muschel/Terebratel-Riffe im Trochitenkalk (Obere Muschelkalk, mo1) nahe Schwäbisch Hall und Biesigheim (Baden-Württemberg). – Neues Jahrbuch für Geologie und Paläontologie, Monatshefte, 338 – 344, Stuttgart.

GWINNER, M. (1970): Revision der lithostratigraphischen Nomenklatur im Oberen Hauptmuschelkalk des nördlichen Baden-Württemberg. – Neues Jahrbuch für Geologie und Paläontologie, Monatshefte, 77 – 87, Stuttgart.

HAGDORN, H. (1978): Muschel/Krinoiden-Bioherme im Oberen Muschelkalk (mo1, Anis) von Crailsheim und Schwäbisch Hall (Südwestdeutschland). – Neues Jahrbuch für Geologie und Paläontologie, Abhandlungen, **156**, 31 – 86, 25 Abb., Stuttgart.

HAGDORN, H. (1982): The „Bank der kleinen Terebrateln" (Upper Muschelkalk, Triassic) near Schwäbisch Hall (SW-Germany) – a tempestite condensation horizon. – In: EINSELE, G. & SEILACHER, A. (Hrsg.): Cyclic and event stratification, 263 – 285, Berlin-Heidelberg-New York, Springer.

HAGDORN, H. (Hrsg.) (1991): Muschelkalk – A Field Guide. 80 S., 77 Abb., 1 Tab., Korb, Goldschneck.

HAGDORN, H & MUNDLOS, R. (1982): Autochthonschille im Oberen Muschelkalk (Mitteltrias) Südwestdeutschlands. – Neues Jahrbuch für Geologie und Paläontologie, Abhandlungen, **162**, 332 – 351, Stuttgart.

HOHENSTEIN, V. (1913): Beiträge zur Kenntnis des Mittleren Muschelkalks und des Unteren Trochitenkalks am östlichen Schwarzwaldrand. – Geologische und Paläontologische Abhandlungen, N.F., **12**, 1 – 100, 12 Abb., 8 Taf., Jena.

HÖLDER, H. (1961): Das Gefüge eines Placunopsis-Riffs aus dem Hauptmuschelkalk. – Jahresberichte und Mitteilungen des oberrheinischen geologischen Vereins, N.F., **43**, 41 – 48, Stuttgart.

KELBER, P. (1974): Terebratel/Placunopsiden-Riffe im basalen Hauptmuschelkalk Unterfrankens. – Der Aufschluß, **25**, 643 – 645, Heidelberg.

KOZUR, H. (1974): Biostratigraphie der germanischen Mitteltrias. – Freiberger Forschungshefte, **280**, (1), 1 – 56, (2), 1 – 71, (3), 9 Anl. (= 12 Tab.), Leipzig.

KRUMBEIN, W. (1963): Über Riffbildungen von *Placunopsis ostracina* im Muschelkalk von Tiefenstockheim bei Marktbreit in Unterfranken. – Abhandlungen des Naturwissenschaftlichen Vereins Würzburg, **4**, 41 – 106, 6 Abb., Würzburg.

LINCK, O. (1956): Echte und unechte Besiedler (Epoeken) des deutschen Muschelkalk-Meeres. – Aus der Heimat, **64**, 161 -169, Öhringen.

MEISCHNER, D. (1968): Perniciöse Epökie von *Placunopsis* auf *Ceratites*. – Lethaia, **1**, 156 – 174, Oslo.

MERKI, P. (1961): Der Obere Muschelkalk im östlichen Schweizer Jura. – Eclogae Geologicae Helveticae, **54**, 137 – 219, Basel.

MÜLLER, A. (1950): Stratonomische Untersuchungen im Oberen Muschelkalk des Thüringer Beckens – Geologica, **4**, 1 – 74, 10 Abb., 11 Taf., Berlin.

NOLTE, J. (1989): Die Stratigraphie und Paläokologie des Unteren Hauptmuschelkalkes (mo1, mittl. Trias) von Unterfranken, – Berliner Geowissenschaftliche Abhandlungen, **A**, **106**, 303 – 341, 6 Abb., 2 Taf., Berlin.

SADATI, S. (1981): Die Hohe Wand: Ein obertriadisches Riff am Ostende der Nördlichen Kalkalpen (Niederösterreich). – Facies, **5**, 191 – 264, 15 Abb., 10 Tab., 13 Taf., Erlangen.

SCHMIDT, M. (1928): Die Lebewelt unserer Trias. – 461 S., 1220 Abb., Öhringen.

SCHNEIDER, E. (1957): Beiträge zur Kenntnis des Trochitenkalkes des Saarlandes und der angrenzenden Gebiete. – Annales Universitas Saraviensis, **6**, 185 – 257, Saarbrücken.

SEILACHER, A. (1954): Ökologie der triassischen Muschel *Lima lineata* (SCHLOTH.) und ihrer Epöken. – Neues Jahrbuch für Geologie und Paläontologie, Monatshefte, 163 – 183, Stuttgart.

SENOWBARI-DARYAN (1980): Fazielle und paläontologische Untersuchungen in oberrhätischen Riffen (Feichtenstein- und Gruberriff bei Hintersee, Salzburg, Nördliche Kalkalpen. – Facies, **3**, 1 – 238, 21 Abb., 21 Tab., 29 Taf., Erlangen.

SEUFERT, G. (1983): Riff-Fazies im Trochitenkalk des Kraichgaus und Mittleren Neckars. – Aufschluß, **34**, 417 – 422, Heidelberg.

SKUPIN, K. (1970): Feinstratigraphische und mikrofazielle Untersuchungen im Unteren Hauptmuschelkalk (Trochitenkalk) des Neckar-Jagst-Kocher-Gebietes. – Arbeiten aus dem Geologisch-Paläontologischen Institut der Universität Stuttgart, N.F., **63**, 1 – 173, Stuttgart.

URLICHS, M. & MUNDLOS, R. (1988): Zur Stratigraphie des Oberen Trochitenkalks (Oberer Muschelkalk, Oberanis) bei Crailsheim. – In: HAGDORN, H. (Hrsg.): Neue Forschungen zur Erdgeschichte von Crailsheim, 70 – 84, Stuttgart, Korb.

URLICHS, M. & VATH, U. (1990): Zur Ceratitenstratigraphie im Oberen Muschelkalk (Mitteltrias) bei Göttingen (Südniedersachsen). – Geologisches Jahrbuch Hessen, **118**, 127 – 147, 1 Abb., 1 Tab., 1 Taf., Wiesbaden.

VAIL, P., MITCHUM, R. & THOMPSON, S. (1977): Seismic Stratigraphy and Global Changes of Sea Level, Part 4: Global Cycles of Relative Sealevel. – AAPG Memoir, **26**, 83 – 97, Tulsa.

VOIGT, E. (1975): Tunnelbau rezenter und fossiler Phoronoidea. - Paläontologische Zeitschrift, **49**, 135 – 167, Stuttgart

VOLLRATH, A. (1955): Zur Stratigraphie des Trochitenkalkes in Baden Württemberg. – Jahreshefte des Geologischen Landesamtes Baden-Württemberg, 1, 169 – 189, Freiburg.

VOLLRATH, A. (1958): Beiträge zur Paläogeographie des Trochitenkalks in Baden-Württemberg, Jahreshefte des Geologischen Landesamtes Baden-Württemberg, **3**, 181 – 194, Freiburg.

WAGNER G. (1913): Beiträge zur Stratigraphie und Bildungsgeschichte des Oberen Hauptmuschelkalkes und der Unteren Lettenkohle in Franken. – Geologisch-Paläontologische Abhandlungen, N.F., **12**, (3), Jena.

WENGER, R. (1957): Die germanischen Ceratiten. – Paleontographica, A, **108**, 57 – 129.

Holothurien aus dem Oberen Muschelkalk

Hans Hagdorn, Ingelfingen
1 Abbildung

Isolierte Holothurienskerite wurden von MOSTLER (1972) in ca. zwei Dritteln der von ihm aufbereiteten Proben aus Triassedimenten gefunden. Die Zahl der Morphotypen erreichte in der Trias über 250 - allerdings revisionsbedürftige - Formen, weit mehr als aus dem Jungpaläozoikum oder dem Jura bekannt waren. Nach ihrem stratigraphischen Auftreten ließen sich in der Alpinen Trias 11 Assemblage-Zonen zwischen Spath und Obernor ausgliedern (MOSTLER 1972).

In der Germanischen Trias finden sich Holothurienskerite gleichfalls häufig, allerdings nur vom Unterröt bis zum Unteren Muschelkalk etwas oberhalb der Terebratelbänke (KOZUR 1969, 1974). KOZUR (1974) hat für diesen Abschnitt vier Holothurienzonen aufgestellt. Aus dem Oberen Muschelkalk waren Holothurienskerite bisher unbekannt.

Nun fand sich in den Tonplatten der *spinosus*-Zone von Nitzenhausen (Hohenlohekreis, Baden-Württemberg) eine Platte mit ca. 100 meist noch zusammenhängenden Schlundringen mit Durchmessern von ca. 5 bis 7 mm. Sie bestehen aus je fünf Radial- und Interradialelementen. Bei den größeren, vorne und hinten zweizipfeligen Radialia verläuft auf der Innenseite zwischen zwei Längsrippen eine tiefe Rinne; seitlich sind sie stark eingezogen, so daß ihr Umriß vierflügelig erscheint. Die kleineren Interradialia haben nur vorne einen zentralen Zipfel, ihre Hinterseite ist eingezogen. Wo die Decklage aus Tonmergel abgeblättert ist, wird um die Kalkringe eine dünne kohlige Schicht mit runden bis polygonalen Plättchen von unter 100 µm Durchmesser sichtbar, welche auf dieser Ebene die ganze Schichtfläche zu bedecken scheint. Dabei dürfte es sich um Reste der Holothurienkörper handeln; Umrisse einzelner Individuen lassen sich jedoch nicht abgrenzen, denn die Leichen müssen dicht nebeneinander gelegen haben. Außerdem liegen auf der Schichtfläche mehrere mehrspitzige, radialstrahlige Elemente von ca. 2,5 mm Breite, die als Schlundringelemente von anderen Holothurien gedeutet werden. Weil Rädchen (*Theelia*), Angelhaken (*Achistrum*), Siebplatten (*Eocaudina*) oder andere Skelerittypen fehlen, muß es sich um Holothurien handeln, die keine größeren Kalkkörperchen in der Haut eingelagert hatten.

Dieser Fund sowie die von OCKERT (1993) aus Mergeln der Zwergfaunaschichten ausgelesenen isolierten Schlundringelemente, die demselben Typ wie die hier beschriebenen Ringe angehören, belegen nun nicht nur die Anwesenheit von Holothurien auch im Oberen Muschelkalk, sondern auch eine größere Diversität dieser Stachelhäuter in der Mitteltrias. Damit sei kurz auf die von SMITH & GALLEMI (1991) aus dem spanischen Ladin beschriebenen Seegurken mit stark verkalkten Skeletten verwiesen. Leider sind bisher aus dem Unteren Muschelkalk noch keine Schlundringelemente bekannt, und die von MOSTLER (1977) aus der Alpinen Trias erwähnten sind nicht beschrieben oder abgebildet. Die Neufunde können jedenfalls nicht mit irgendwelchen bekannten Morphotypen in Verbindung gebracht werden.

Nach GILLILAND (1992) kommt dem Schlundring erhebliche Bedeutung für die Zuordnung zum natürlichen System der Holothurien zu; die Beurteilung fossiler Formen werde jedoch dadurch erschwert, daß über den Kalkring rezenter Holothurien keine vergleichenden Untersuchungen vorliegen.

Zur Bestimmung der Neufunde müssen erst alle Gruppen mit Rädchen bzw. anderen parataxonomisch erfaßten Hautsklerien (z. B. alle Apodida) ausgeschieden werden, dann solche mit komplexen, rückwärtig verlängerten Kalkringen (z. B. Molpadida). Am ehesten lassen sich die Neufunde dann zu den Ordnungen Aspidochirotida oder Dendrochirotida stellen. Die strahlenförmigen Radialia könnten zu Elasipodida gehören.

Auf der Platte liegen außerdem Armfragmente von Ophiuren (*Aplocoma*), Fischreste und ein noch unbekannter Isopode.

Abb. Holothurien-Schlundringe. *spinosus*-Zone (Schicht 85), Nitzenhausen, aufgelassenes Schotterwerk Trender. Muschelkalkmuseum Ingelfingen MHI 1230.

Literatur

GILLILAND, P. M. (1992): Holothurians in the Blue Lias of Southern Britain. - Palaeontology, **35**, 159-210, 6 pls.,15 figs.; London.

KOZUR, H. (1969): Holothurienskerite aus der germanischen Trias.- Mber. deutsch. Akad. Wiss. Berlin **11**/2, 146-154, 2 Taf., 4 Abb.; Berlin.

KOZUR, H. (1974): Biostratigraphie der germanischen Mitteltrias.- Freiberger Forschh., (C) **280**/1, 1-56, **280**/2, 1-71, **280**/3, 9 Anl. (= 12 Tab.); Leipzig.

MOSTLER, H. (1972): Holothurienskerite der alpinen Trias und ihre stratigraphische Bedeutung.- Mitt. Ges. Geol. u. Bergbaustud. Österr., **21**, 729 - 744, 6 Abb.; Innsbruck.

MOSTLER, H. (1977): Zur Palökologie triadischer Holothurien (Echinodermata). - Ber. nat.-med. Ver. Innsbruck, **64**, 13-40, 9 Abb., 1 Tab.; Innsbruck.

OCKERT, W. (1993): Holothurien-Reste aus den Zwergfaunaschichten des Oberen Muschelkalks. - Dieser Band, 244, 1 Abb.

SMITH, A. B. & GALLEMI, J. (1991): Middle Triassic Holothurians from Northern Spain. - Palaeontology, **34**, 49-76, 18 figs., 5 pl.; London.

Mikrobohrspuren in Makrobenthonten des Oberen Muschelkalks von SW-Deutschland

Horst Schmidt, Frankfurt/Main
4 Abbildungen, 2 Tabellen

Einleitung

Mikroendolithische Spurensysteme in fossilen Hartsubstraten sind ein häufig beobachtetes Phänomen. Bis jetzt liegen jedoch kaum Informationen über das Formenspektrum der Gangsysteme, deren palökologische und stratigraphische Aussagekraft und die zugehörigen Erzeuger vor. Am Beispiel des Oberen Muschelkalks von SW-Deutschland wurde deshalb exemplarisch die fazielle und bathymetrische Verteilung von Mikrobohrspuren innerhalb eines zusammenhängenden Faziesraumes untersucht.

Als Mikrobohrspuren sind Gangsysteme mit Durchmessern von weniger als 100 µm definiert. Diese Strukturen entstehen durch die aktive Bohrtätigkeit von pflanzlichen (Algen) oder tierischen Organismen (Schwämme, Bryozoen, Würmer etc.), welche sich durch endolithische Lebensweise vor ungünstigen physikalischen und chemischen Umwelteinflüssen schützen oder neue Nahrungsquellen erschließen.

Die Zuordnung der fossilen Bohrspuren zu einem Erzeuger erfolgt, indem diese mit rezenten Gangsystemen verglichen werden. Da die pflanzlichen endolithischen Karbonat-Destruenten an eine phototrophe Lebensweise gebunden sind, bietet sich die Möglichkeit, mit deren Hilfe Durchlichtungsgrenzen innerhalb eines Ablagerungsraumes festzustellen. Von besonderem Interesse ist es, ob durch einen Vergleich der rezenten vertikalen Endolithenzonierung mit der bathymetrischen Anordnung der Muschelkalk-Bohrspuren die bestehenden Vorstellungen über die Sedimentationstiefen in den verschiedenen Faziesgebieten des Muschelkalks revidiert, präzisiert oder bestätigt werden können.

Arbeitsgebiet und Arbeitsmethodik

Bearbeitet wurden 16 Aufschlüsse im Gebiet zwischen Crailsheim, Bruchsal und Heidelberg (Abb. 1). Aufbauend auf dem Faziesmodell einer Karbonatrampe (AIGNER 1985) wurden über 200 Fossilien von den verschiedenen Faziesgebieten dieses Sedimentationsraumes auf Mikrobohrspuren hin untersucht. Die Präparation der Fossilien erfolgte nach einer von GOLUBIC et al. (1983) entwickelten Methode. Hierbei werden die angebohrten Fossilien im Vakuum in Kunstharz eingegossen, nach dem Aushärten randlich freigesägt und das Karbonat in Säure aufgelöst. Die dreidimensionalen Kunstharzausgüsse können anschließend unter dem Rasterelektronenmikroskop (REM) betrachtet und photographisch dokumentiert werden. Für die Auswertung standen mehr als 1300 Kunstharzausgüsse zur Verfügung, deren Bohrspurinventar auf über 1400 Photos dokumentiert wurde.

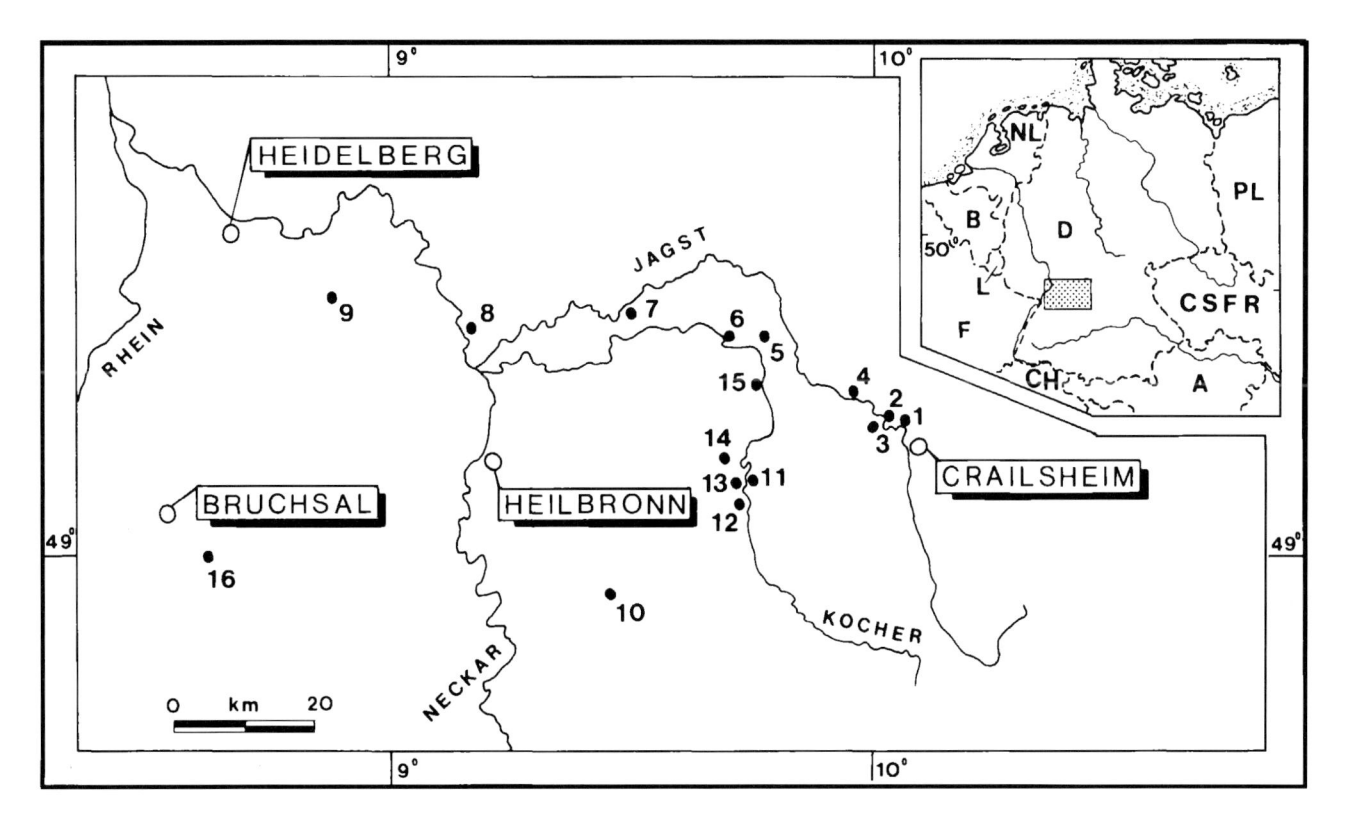

Abb. 1 Arbeitsgebiet und Lage der beprobten Aufschlüsse.

Verzeichnis der beprobten Aufschlüsse. Die Numerierung bezieht sich auf die Bezeichnungen in Abb. 1.

1. Sattelweiler, aufgelassener Steinbruch der Firma Schöllmann, Blatt 6826 Crailsheim, RW 357806, HW 544940.
2. Neidenfels, Steinbruch der Firma Schön & Hippelein, Blatt 6826 Crailsheim, RW 357700, HW 544935.
3. Wollmershausen, aufgelassener Steinbruch der Firma Leyh, Blatt 6826 Crailsheim, RW 354964, HW 543052.
4. Lobenhäuser Mühle, Böschung an der Straße nach Mistlau, Blatt 6826 Crailsheim, RW 357332, HW 545065.
5. Nitzenhausen, aufgelassener Steinbruch nördlich von Nitzenhausen, Blatt 6724 Künzelsau, RW 355880, HW 546070.
6. Künzelsau, aufgelassener Steinbruch der Firma Kleinknecht, Blatt 6724 Künzelsau, RW 355150, HW 546080.
7. Berlichingen, Steinbruch der Hohenloher Schotterwerke, Blatt 6622 Möckmühl, RW 353570, HW 546465.
8. Gundelsheim, Steinbruch der Firma Meyer, Blatt 6620 Mosbach, RW 351180, HW 546200.
9. Eschelbronn, aufgelassener Steinbruch an der Schießanlage, Blatt 6618 Heidelberg, RW 349085, HW 546530.
10. Zwingelhausen, Steinbruch der Firma Gläser, Blatt 7022 Backnang, RW 352760, HW 542390.
11. Steinbach, Böschung an der Straße nach Tullau, Blatt 6924 Gaildorf, RW 355425, HW 544028.
12. Tullau, Baugrube beim Sägewerk, Blatt 6924 Gaildorf, RW 355386, HW 543940.
13. Schwäbisch Hall-Steinbach, aufgelassener Steinbruch der Firma Scheuermann, Blatt 6924 Gaildorf, RW 355555, HW 544057.
14. Gottwollshausen, aufgelassener Steinbruch, Blatt 6824 Schwäbisch Hall, RW 355312, HW 544310.
15. Rüblingen, Steinbruch der Firma Kleinknecht, Blatt 6724 Künzelsau, RW 355460, HW 545460.
16. Knittlingen, Steinbruch der Firma Sämann, Blatt 6918 Bretten, RW 348060, HW 543225.

Muschelkalk

Fazies

Die Sedimente des Oberen Muschelkalks im nördlichen Baden-Württemberg wurden am Nordrand der Vindelizischen Schwelle auf einer nach NW einfallenden homoklinalen Rampe abgelagert (AIGNER 1985). Der fazielle Wechsel auf dieser Rampe erfolgt in parallel zur Vindelizischen Schwelle verlaufenden Faziesgürteln.

Auf die siliziklastische Küstenfazies folgt nach Norden eine lagunäre Fazies mit Algenlaminiten, bioclastic packstones, Sphärocodienonkoiden und dolomitischen Mergeln (ALESI 1984). Den Karbonatsand-Ooidbarren, welche die Lagune begrenzen, sind meerwärts Bioherme und bioclastic packstones vorgelagert. Diese Sedimente verzahnen sich distal mit den tonig mergeligen Karbonaten der tiefen Rampe.

Paläobathymetrie

Die weite Verbreitung einzelner Horizonte und die Faziesbeständigkeit deuten auf ein flaches, reliefarmes Meeresbecken hin. Für die Lagune nimmt ALESI (1984) Wasser-

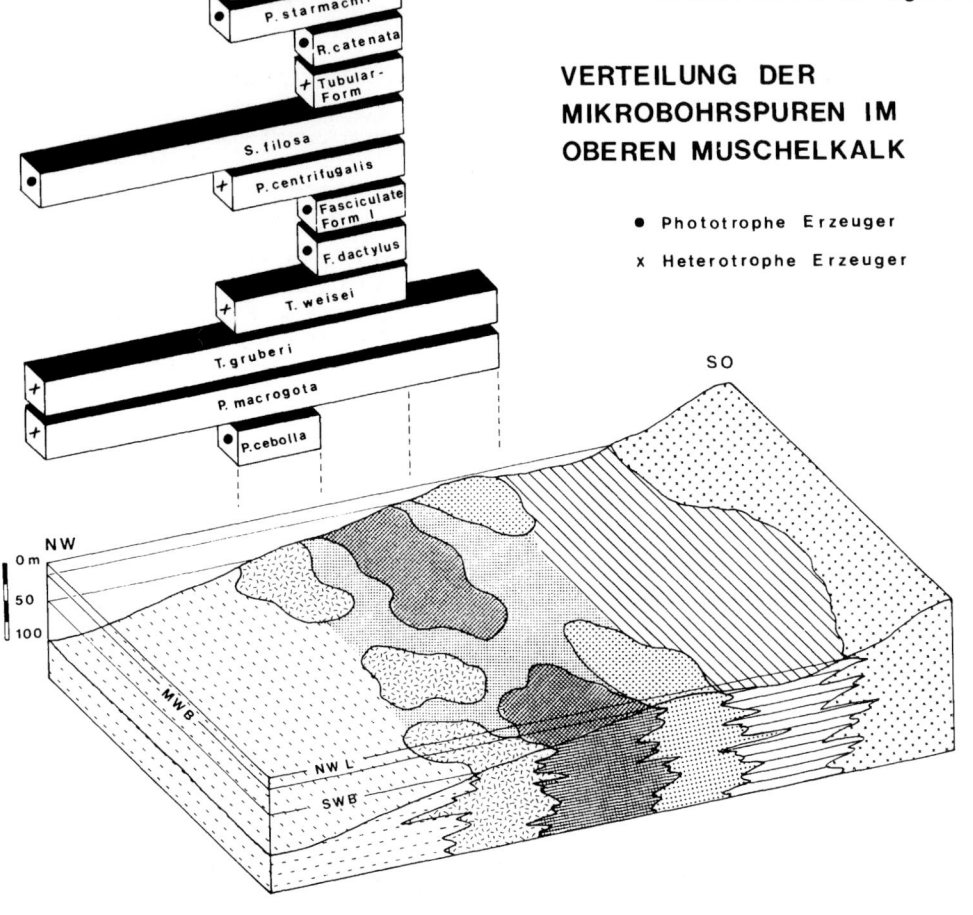

Abb. 2 Faziesmodell des Oberen Muschelkalk von SW-Deutschland, sowie die bathymetrische und fazielle Verteilung der Mikrobohrspuren.

FOSSIL	REZENT	
MIKROBOHRSPUREN	VERGLEICHSSPUR	BATHYMETRISCHE REICHWEITE
Dendroid-Form I	Porifera indet.	–
Dendroid-Form II	Porifera indet.	–
Dendroid-Form III	Porifera indet.	–
Talpina gruberi	Phoronida indet.	–
Trypanites weisei	Annelida indet.	–
Podichnus centrifugalis	Brachiopoden Ätzgruben	–
Planobola macrogota	?	–
Tubular-Form	?	>500m
Scolecia filosa	Plectonema terebrans	0-80 (370)m
Planobola cebolla	Cyanosaccus pyriformis	6-43m
Fasciculus dactylus	Hyella caespitosa	0-20m
Fasciculate-Form I	Hyella balani	0-9m
Rhopalia catenata	Eugomontia sacculata	5-80m
Palaeoconchocelis starmachii	Bangia sp. / Porphyra sp.	0-78m

Tab. 1 Zuordnung der Muschelkalk-Mikrobohrspuren zu rezenten Erzeugern und deren bathymetrische Verteilung.

tiefen von wenigen Metern an. Die Karbonatsand- Ooidbarren entstanden nach STIER (1985) in 0-15 m Tiefe. Aufgrund der mit den Biohermen assoziierten Sedimentstrukturen und Dasycladaceen wird für die Bioherme eine Entstehungstiefe zwischen mittlerer Wellenbasis und Sturmwellenbasis (HAGDORN & MUNDLOS 1982) in 20 bis 50 m (AIGNER 1982, STIER 1985) angenommen. Die bathymetrische Einstufung der beckenwärts anschließenden bioclastic packstones schwankt zwischen 15-25 m (STIER 1985) und 50-100 m (BACHMANN 1979). Für die „Tonplattenfazies" der tiefen Rampe wird eine Bildungstiefe unterhalb der Sturmwellenbasis in 50-120 m angenommen (SKUPIN 1970, MEHL 1982).

Mikrobohrspuren
Die Mikrobohrspuren in Fossilien des Muschelkalks fanden bereits mehrfach Beachtung. Beispielsweise berichten SKUPIN (1970) und BACHMANN (1973) von Mikritsäumen um Fossilien und bringen diese in Verbindung mit Mikroendolithen, wobei sie eine Mitwirkung von Algen bei der Mikritbildung diskutieren. Hinweise auf Bohrschwämme sieht SKUPIN (1970) im Nachweis gekammerter Gangsysteme. Von Spuren endolithischer Würmer berichtet MAYER (1952). LINCK (1965) und BACHMANN (1979) können bei Fossilien des Muschelkalks einen prä- und postmortalen Befall durch Endolithen nachweisen.

Im Rahmen der hier vorgestellten Untersuchungen konnten in den Fossilien des Oberen Muschelkalks 14 verschiedene endolithische Gangsysteme festgestellt werden. Das Formenspektrum umfaßt parallel und senkrecht zum Substrat angelegte Gangsysteme. Neben kugeligen bis ellipsoiden oder säuligen Strukturen sind gekammerte, tubulare, büschelförmige und komplex strukturierte Bohrspuren unterscheidbar.

Die Bohrspuren lassen sich mit Gangsystemen folgender rezenter Erzeugergruppen vergleichen: Jeweils eine Bohrspur ähnelt Gangsystemen von Chlorophyceen und Rhodophyceen. Von vier Spuren sind Cyanobakterien mit vergleichbaren Gangsystemen bekannt. Zwei Gangsysteme gleichen Wurmgängen und drei Spuren Schwammsystemen. Einer Bohrspur konnten Brachiopoden als Erzeuger zugeordnet werden. Von 2 Spuren sind bisher keine rezenten Äquivalente bekannt (Tab. 1).

Vergleiche der triassischen endolithischen Spurenfossilien mit Spurenspektren anderer stratigraphischer Einheiten ergeben, daß zwei Bohrspuren seit dem Jungpräkambrium vorhanden sind und sieben Spuren auch in anderen mesozoischen Einheiten vorkommen. Vergleiche mit paläozoischen Formen sind für fünf Gangsysteme möglich (Tab. 2).

Sphäroide Bohrspuren
In dieser Formengruppe sind sphäroide bis columnare Bohrstrukturen mit 10-100 µm Gangdurchmesser zusammengefaßt. Als rezente Erzeuger solcher Bohrgänge sind Bohrpilze, Cyanobakterien und Bohrwürmer bekannt. Im Oberen Muschelkalk wurden zwei Formen unterschieden.
Planobola macrogota SCHMIDT, 1991
Sphäroide Bohrstruktur mit 50-100 µm Durchmesser und latitudinalem Kontakt zur Substratoberfläche (Abb. 3/A).
Planobola cebolla SCHMIDT, 1991
Perpendikulare sphäroide Bohrspur mit latitudinalem Kontakt zur Substratoberfläche und 20-30 µm Gangdurchmesser. Aus den Sphäroiden entwickeln sich segmentierte, 15-30 µm lange konisch zulaufende Gänge. Die gesamte Bohrstruktur dringt bis zu 60 µm tief in das Substrat ein (Abb. 3/B).

Gebogene oder gerade Gänge mit Durchmessern über 60 µm
Die Gänge besitzen einen Durchmesser von über 60 µm, einen circularen Querschnitt, meist einen einfachen, vorwiegend unverzweigten Habitus und keine Segmentierung oder andersartige Formendifferenzierung. Als rezente Erzeuger sind Anneliden und Phoroniden bekannt. Es können zwei Morphotypen unterschieden werden:
Talpina gruberi MAYER, 1952
Prostrates uniaxiales Gangsystem bestehend aus linear verlaufenden Gängen mit circularem Querschnitt und konvexen Gangenden. Die Gänge haben Durchmesser von 60-150 µm, erreichen 1,5 cm Länge und sind dichotom mit Winkeln von 60 - 90° verzweigt (Abb. 3/C).

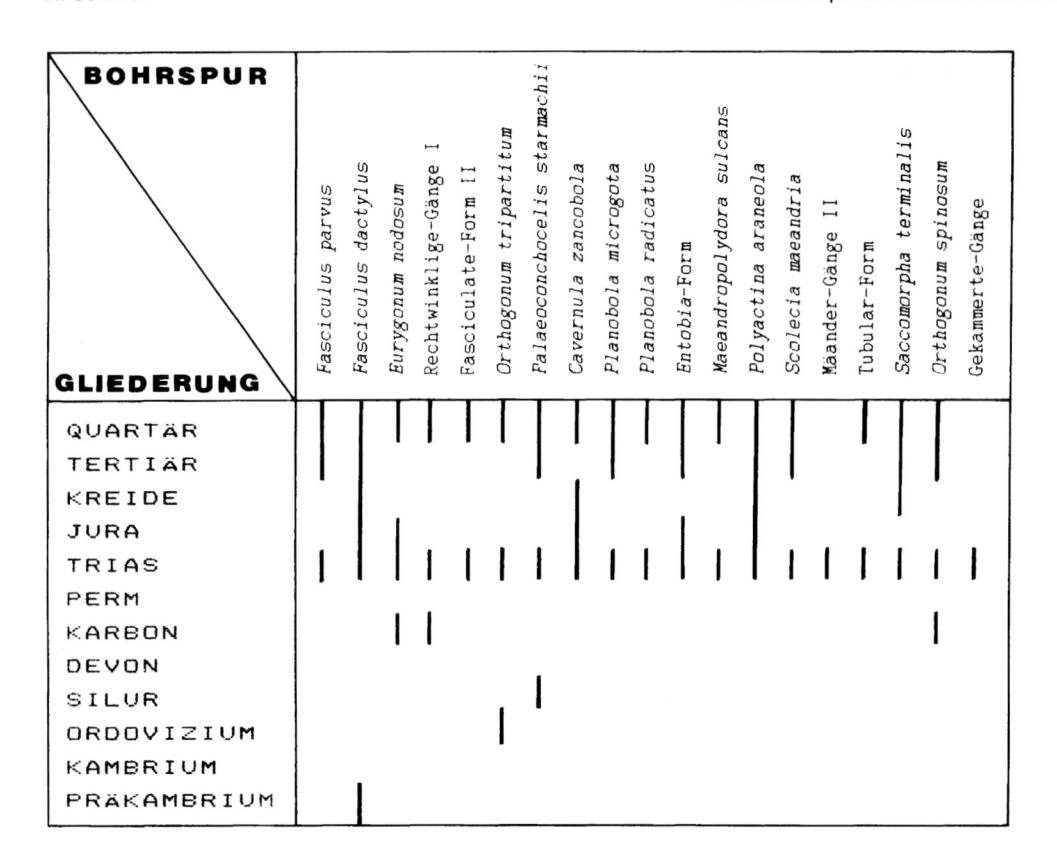

BOHRSPUR \ GLIEDERUNG	Fasciculus parvus	Fasciculus dactylus	Eurygonum nodosum	Rechtwinklige-Gänge I	Fasciculate-Form II	Orthogonum tripartitum	Palaeoconchocelis starmachii	Cavernula zancobola	Planobola microgota	Planobola radicatus	Entobia-Form	Maeandropolydora sulcans	Polyactina araneola	Scolecia maeandria	Maander-Gänge II	Tubular-Form	Saccomorpha terminalis	Orthogonum spinosum	Gekammerte-Gänge
QUARTÄR		│	│	│	│	│	│	│	│	│	│	│	│	│	│	│	│	│	│
TERTIÄR		│	│	│	│	│	│	│	│	│	│	│	│	│	│	│	│	│
KREIDE		│	│	│	│	│	│	│	│	│	│	│	│	│	│	│	│	│
JURA		│	│	│	│	│	│	│	│	│	│	│	│	│	│	│	│	│
TRIAS	│	│	│	│	│	│	│	│	│	│	│	│	│	│	│	│	│	│
PERM			│				│										│		
KARBON		│	│														│		
DEVON							│												
SILUR							│												
ORDOVIZIUM							│												
KAMBRIUM																			
PRÄKAMBRIUM		│																	

Tab. 2 Stratigraphische Reichweite der Bohrspuren. Zusammengestellt nach VOGEL et al. (1987), GLAUB 1988, GÜNTHER (1990), HOFMANN (1990), RADTKE (1991) und eigenen Untersuchungen.

Trypanites weisei MÄGDEFRAU, 1932
Perpendikulare, circulare, linear verlaufende Gänge von 60 - 75 µm Durchmesser und 250 µm Länge mit konvexen Gangenden (Abb. 3/D).

Perpendikulare und rhizoide Bohrspuren
Diese Formengruppe umfaßt perpendikulare, rhizoide Gangsysteme und Bohrspuren aus assoziiert angeordneten perpendikularen Gängen. Vergleichbare rezente Strukturen werden von Cyanobakterien oder Brachiopoden (Ätzspur des Brachiopoden-Stieles) angelegt. Dieser Formengruppe konnten drei Morphotypen zugeordnet werden:
Fasciculus dactylus RADTKE, 1991
Perpendikulares Gangsystem von bis zu 300 µm Durchmesser, bestehend aus 10-100 zu Gruppen angeordneten, 5-12 µm dicken, circularen, bis 100 µm langen Gängen. Die Gänge haben konvexe Enden, sind teilweise dichotom mit Winkeln von 60° verzweigt, dringen 50-70 µm tief in das Substrat ein und sind in Abständen von 10-20 µm eingeschnürt (Abb. 3/E).
Fasciculate-Form I
Perpendikulare rhizoide Bohrspur von 50-150 µm Durchmesser, bestehend aus 10-12 µm dicken, circularen Gängen. Die Gänge haben konvexe Enden und erreichen eine Länge von 100 µm. Der im Zentrum des Gangsystems gelegene Gang erreicht die größte Eindringtiefe (Abb. 3/F).
Podichnus centrifugalis BROMLEY & SURLYK, 1973
Das Bohrsystem setzt sich zusammen aus 20-100, circularen, perpendikularen, konisch zulaufenden, kreisförmig angeordneten Gängen. Die Bohrspur erreicht 100-200 µm Durchmesser und dringt bis zu 120 µm tief in das Substrat ein. Im Systemzentrum sind die Gänge kürzer als randlich (Abb. 3/G).

Prostrate gekammerte Bohrspuren
In dieser Formengruppe werden großflächige, oft mehrere Millimeter Ausdehnung erreichende gekammerte Gangsysteme beschrieben. Neben prostraten uni- bis multiaxialen Bohrsystemen schließt dieser Formentyp auch rosettenförmige Bohrspuren ein. Als Erzeuger kommen vor allem Bohrschwämme in Betracht. Es konnten drei Morphotypen unterschieden werden:
Dendroid-Form I
Uniaxiales, lokulares prostrates Gangsystem von 1 mm Länge, 400 µm Breite und 100-150 µm Eindringtiefe. Die Bohrstruktur besteht aus einem planovalen, bis 100 µm breiten, intern unregelmäßig kammerartig auf 200 µm verdickten, linear verlaufenden Hauptgang. Von den Kammern zweigen radialstrahlig 2-5 dichotom verzweigte, 20-70 µm lange, spitz zulaufende Gänge zur Substratoberfläche hin ab (Abb. 4/A).
Dendroid-Form II
Prostrate asteroide Bohrspur von 900 µm Länge, 500 µm Breite und im Systemzentrum 75 µm tief in das Substrat eindringend. Um das 200-300 µm lange und 100-200 µm breite Zentrum sind radialstrahlig, 10-20 dichotom mit Winkeln von 30-70° oder partiell anastomos verzweigte Gänge von 20-30 µm Durchmesser angeordnet. Die Gänge haben einen triangularen Querschnitt und laufen spitz zu (Abb. 4/C).
Dendroid-Form III
Prostrates, 1 mm Ausdehnung erreichendes Gangsystem mit irregulärem Habitus, bestehend aus 70-100 µm dicken, planovalen, bis 100 µm in das Substrat eindringenden Gängen. Die Gänge verzweigen mit Winkeln von 60-90° und haben konvexe Gangenden (Abb. 4/F).

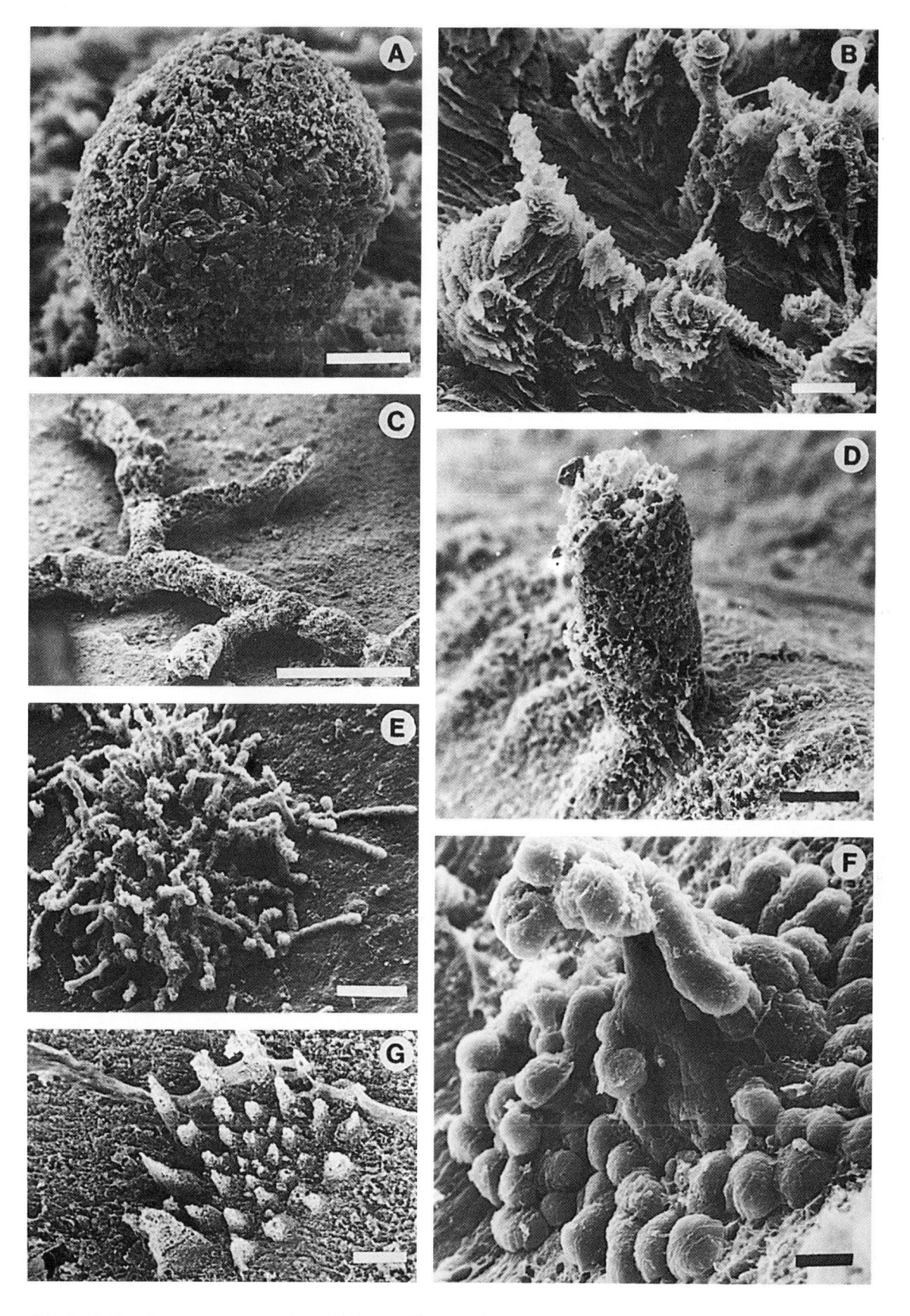

Abb. 3 **A** *Planobola macrogota* in einer Schale von *Placunopsis ostracina*. Fundort Gottwollshausen, Bioherm in der Bank der Kleinen Terebrateln. Probe BO11/519-2430. Maßstab 20 µm. **B** *Planobola cebolla* in einer Schale von *Coenothyris vulgaris*. Fundort Wollmershausen, Bioherm in den *Encrinus*-Platten. Probe BO10/45-53. Maßstab 20 µm. **C** *Talpina gruberi* in einer Schale von *Plagiostoma striatum*. Fundort Künzelsau, Trochitenbank 3. Probe BO10/79- 2532. Maßstab 500 µm. **D** *Trypanites weisei* in einer Schale von *Newaagia noetlingi*. Fundort Wollmershausen, *Encrinus*-Platten. Probe BO10/170-2055. Maßstab 50 µm. **E** *Fasciculus dactylus* in einer Schale von *Coenothyris vulgaris*. Fundort Zwingelhausen, Trochitenbank 3. Probe BO10/108-2000. Maßstab 50 µm. **F** Fasciculate-Form I in der Wurzel eines *Encrinus liliiformis*. Fundort Steinbach, Trochitenbank 3. Probe BO10/124-2384. Maßstab 10 µm. **G** *Podichnus centrifugalis* in einer Schale von *Coenothyris vulgaris*. Fundort Sattelweiler, Hauptterebratelbank. Probe BO10/90-33. Maßstab 100 µm.

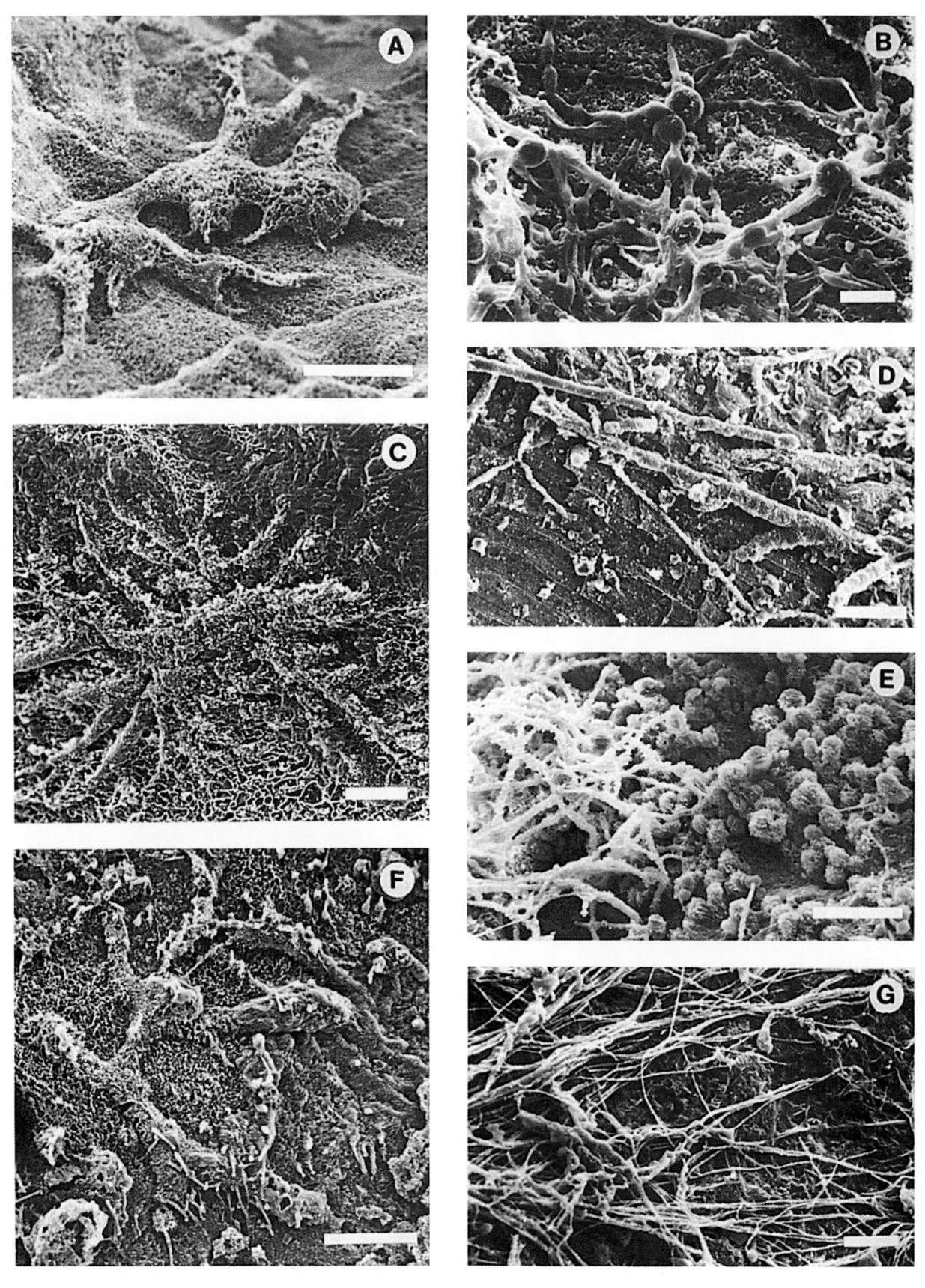

Abb. 4 **A** Dendroid-Form I in einer Schale von *Newaagia noetlingi*. Fundort Künzelsau, Bioherm in der Trochitenbank 3. Probe BO10/40-2508. Maßstab 200 µm. **B** *Rhopalia catenata* in einer Schale von *Coenothyris vulgaris*. Fundort Zwingelhausen, Bioherm in der Trochitenbank 3. Probe BO10/108-2000. Maßstab 20 µm. **C** Dendroid-Form II in einer Schale von *Coenothyris vulgaris*. Fundort Zwingelhausen, Trochitenbank 3. Probe BO10/202-198. Maßstab 100 µm. **D** Tubular-Form in einem Stielglied von *Encrinus liliiformis*. Fundort Neidenfels, Bioherm in den *Encrinus*-Platten. Probe BO10/133-1900. Maßstab 50 µm. **E** *Palaeoconchocelis starmachii* in einer Schale von *Placunopsis ostracina*. Fundort Berlichingen, Bioherm in der Hauptterebratelbank. Probe BO10/123-2294. Maßstab 50 µm. **F** Dendroid-Form III in der Wurzel eines *Encrinus liliiformis*. Fundort Wollmershausen, *Encrinus*-Platten. Probe BO10/69-21. Maßstab 200 µm. **G** *Scolecia filosa* in einer Schale von *Lingula tenuissima*. Fundort Rüblingen, Tonhorizont. Probe BO10/31-946. Maßstab 50 µm.

Prostrate Gangsysteme mit Appendices
In dieser Formengruppe werden prostrate Gangsysteme mit im Gangverlauf lateral oder terminal angeordneten Appendices beschrieben. Als rezente Erzeuger solcher Bohrspuren sind Bohrpilze, Chlorophyceen und Cyanobakterien bekannt. Ein Morphotyp konnte diesen Gangsystemen zugeordnet werden.
Rhopalia catenata RADTKE, 1991
Prostrate multiaxiale Bohrspur von 200 µm Ausdehnung und 10-20 µm Eindringtiefe. Die Gänge haben 5-8 µm Durchmesser, einen circularen Querschnitt, einen linearen Gangverlauf und kugelig verdickte Gangenden von 10 µm Durchmesser. Die Verzweigungswinkel betragen 45-60°(Abb. 4/B).

Gangsysteme mit perpendikularen und prostraten Gangelementen
Diese Gangsysteme umfassen Bohrspuren mit perpendikularen und prostraten Vorzugsrichtungen. In den Fossilien des Oberen Muschelkalks konnte ein Morphotyp festgestellt werden:
Palaeoconchocelis starmachii CAMPBELL, KAZMIERCZAK & GOLUBIC, 1979
Bidirektionales Gangsystem bestehend aus dicken perpendikularen und dünnen prostraten Gängen. Die perpendikularen Gänge bilden rhizoide Ganggruppen aus 10-30 Gängen, die einer gemeinsamen proximalen Basis entspringen. Diese Gänge haben 10-15 µm Durchmesser, einen circularen Querschnitt und sind gleichmäßig in Abständen von 10 µm eingeschnürt. Sie verzweigen dichotom mit Winkeln von 30-45° und dringen bis zu 70 µm tief in das Substrat ein. Die Gangenden sind konvex und stehen mit dünnen Gängen in Verbindung.
Die dünnen Gänge haben 1-2 µm Durchmesser, einen circularen Querschnitt, sind bereichsweise eingeschnürt und besitzen einen prostraten, linearen, oft ineinander verschlungenen Gangverlauf. Sie erreichen 200 µm Länge und sind unter Winkeln von 30-60° verzweigt (Abb. 4/E).

Substratparallele, tubulare Bohrspuren
Diese Gangsysteme umfassen prostrate Bohrspuren mit 1-15 µm Durchmesser und unterschiedlichen Verzweigungswinkeln. Äquivalente rezente Strukturen werden von Algen, Bakterien oder Pilzen erzeugt. Es konnten zwei Morphotypen unterschieden werden:
Scolecia filosa RADTKE, 1991
Die Gangsysteme erreichen 200-300 µm Ausdehnung und bestehen aus ineinander verschlungenen, 2-3 µm starken, mehrere 100 µm langen, bis 20 µm tief in das Substrat eindringenden Gängen. Die Gänge sind unverzweigt, haben einen circularen Querschnitt und konvexe Enden (Abb. 4/G).
Tubular-Form
Prostrates Gangsystem von 500-800 µm Ausdehnung bestehend aus 4-8 µm dicken, mehrere 100 µm langen Gängen mit circularem Querschnitt, linearem Gangverlauf, konstantem Durchmesser und konvexen Gangenden. Neben lateralen Verzweigungen mit Winkeln von 60° sind auch Anastomosen vorhanden (Abb. 4/D).

Schlußbetrachtung
Von 230 untersuchten Fossilien enthielten 106 Mikrobohrspuren. Angebohrt sind Brachiopoden, Lamellibranchiaten und Crinoiden. Alle drei Fossilgruppen besitzen etwa die gleiche Spurendiversität.

Wie die in Abbildung 2 dargestellte Bohrspurverteilung zeigt, weisen die Fossilien der Bioherme und der packstones mit 12 bzw. neun Bohrspuren den quantitativ und qualitativ stärksten Bohrspurbefall auf. Im Gegensatz dazu konnten in Makrobenthonten des Beckens lediglich drei und in den Barren zwei Gangtypen nachgewiesen werden. Mit Bohralgen vergleichbare Strukturen treten auf der flachen und der tiefen Rampe auf. Als Erzeuger kommen Cyanobakterien, Chlorophyceen und Rhodophyceen in Betracht. Während auf der flachen Rampe alle sechs algalen Bohrspuren vorhanden sind, ist auf der tiefen Rampe nur eine, mit Algen vergleichbare Bohrspur zu finden. Hierbei handelt es sich um die Bohrspur *Scolecia filosa*. Diese Spur gleicht dem Gangsystem der bis in das Dysphotal reichenden Cyanobakterie *Plectonema terebrans*. Als charakteristische Flachwasser-Formen (0-30 m) erweisen sich die büschelförmigen Gangsysteme *Fasciculus dactylus* und die Fasciculate-Form I. Auf Wassertiefen von weniger als 78 m weist die Bohrspur *Palaeoconchocelis starmachii* hin, deren rezente Vergleichsspur von Rotalgen angelegt wird. Diese Spuren wurden rezent noch nicht unterhalb 78 m Wassertiefe nachgewiesen.

Aus der Zuordnung einiger Bohrsysteme zu algalen Erzeugern folgt in Verbindung mit dem bestehenden Faziesmodell, daß die Sedimente des Oberen Muschelkalks innerhalb der euphotischen Zone abgelagert wurden. Die Bohrspurgemeinschaft von *Fasciculus dactylus* und Fasciculate-Form I in der Biohermfazies deutet auf Wassertiefen von etwa 20 m hin. Die Bohrspurassoziation in der Packstonefazies macht Tiefen unterhalb 50 m wenig wahrscheinlich. Der Nachweis von *Scolecia filosa* innerhalb der Tonplattenfazies weist auf eine Sedimentationstiefe hin, die noch in der euphotischen Zone lag und wahrscheinlich nicht tiefer als 100 m war.

Summary
The microboring spectrum of macrobenthic fossils from the Upper Muschelkalk of SW-Germany was examined. For this investigation more than 200 fossils were prepared with a special „Casting-Embedding-Technique", subsequently the resin casts were documented with a SEM. 14 morphotypes are detectable, some of them comparable with traces of recent cyanobacteria, chlorophycean algae, rhodophycean algae, sponges, annelids, phoronids and brachiopods. A remarkable diversity between the facies areas is recognizable. The greatest microboring diversity exists in shallow facies areas. The microboring associations give evidence that the deep ramp had a position within dim light conditions, but probably not deeper than 100 m. The shallow ramp extended up to 50 m.

Danksagung
Die Arbeit wurde angeregt und betreut von Prof. K. Vogel (Frankfurt). Die finanzielle Unterstützung der Untersuchungen erfolgte im Rahmen des DFG Projektes VO 90/13-3. Große Teile des Probenmaterials stellten Dr. H. Hagdorn (Ingelfingen) und Dr. A. Liebau (Tübingen) zur Verfügung. Die Präparation führten B. Ganter, F. Kuhlbrock und B. Müller (alle Frankfurt) durch. Bei den Photoarbeiten war B. Kahl (Frankfurt) behilflich. Alle hier abgebildeten Präparate sind am Geologisch-Paläontologischen Institut/Frankfurt hinterlegt (BO10, BO11).

Literatur

AIGNER, T. (1982): Calcareous tempestites: Storm-dominated stratification in Upper Muschelkalk limestones (Middle Triassic, SW-Germany). - In: EINSELE, G. & SEILACHER, A. (eds.): Cyclic and event stratification, 180 - 198, 10 figs., New York (Springer).

AIGNER, T. (1985): Storm depositional systems. Dynamic stratigraphy in modern ancient shallow-marine sequences. - Lecture notes earth Sci. **3**, 174 p., 83 figs., New York (Springer).

ALESI, E. (1984): Der *Trigonodus*-Dolomit im Oberen Muschelkalk. - Arb. Inst. Geol. Paläont. Univ. Stuttgart, **79**, 1 - 53, 23 Abb., 1 Tab., 3 Taf., Stuttgart.

BACHMANN, G. H. (1973): Die karbonatischen Bestandteile des Oberen Muschelkalkes (Mittlere Trias) in Südwest-Deutschland und ihre Diagenese. - Arb. Inst. Geol. Paläont. Univ. Stuttgart, **68**, 1-99, 67 Abb., Stuttgart.

BACHMANN, G. H. (1979): Bioherme der Muschel Placunopsis ostracina v. SCHLOTHEIM und ihre Diagenese. - N. Jb. Geol. Paläont., Abb., **158**, 381-407, 17 Abb., Stuttgart.

GLAUB, I. (1988): Mikrobohrspuren in verschiedenen Faziesbereichen des Oberjura Westeuropas (vorläufige Mitteilungen. - N. Jb. Geol. Paläont., Abh., **177**/1, 135-164, 4 Abb., Stuttgart.

GOLUBIC, S. & CAMPBELL, S. & SPAETH, E. (1983): Kunstharzausgüsse fossiler Mikroben - Bohrgänge. - Der Präparator, **29**/4, 197 - 200, 2 Abb., Bochum.

GÜNTHER, A. (1990): Distribution and bathymetric zonation of shell-boring endoliths in recent reef and shelf environments: Cozumel, Yucatan (Mexico). - Facies, **22**, 233- 262, 8 figs., pl., 52-59, Erlangen.

HAGDORN, H. & MUNDLOS, R. (1982): Autochthonschille im Oberen Muschelkalk (Mitteltrias) Südwestdeutschlands. - N. Jb. Geol. Paläont., Abh., **162**/3, 332 - 351, 6 Abb., Stuttgart.

HOFMANN, K. (1990): Die Mikroendolithischen Spurenfossilien der borealen Oberkreide Nordwest-Europas und ihre Fazies Beziehungen. - Diss. Univ. Frankfurt/Main., 154 S., 29 Abb., 24 Tab., 13 Taf., Frankfurt/Main.

LINCK, O. (1965): Stratigraphische, stratinomische und ökologische Betrachtungen zu *Encrinus liliiformis* LAMARCK. - Jh. geol. Landesamt Baden Württemberg, **7**, 123 - 148, 4 Taf., Freiburg.

MAYER, G. (1952): Neue Lebensspuren aus dem Unteren Muschelkalk (Trochitenkalk) von Wiesloch: *Coprulus oblongus* n. sp. und *C. sphaeroideus* n. sp. - N. Jb. Geol. Paläont., Mh., **1952**, 376 - 379, 3 Abb., Stuttgart.

MEHL, J. (1982): Die Tempestit-Fazies im Oberen Muschelkalk Südbadens. - Jh. Geol. L.-Amt Baden-Württ., **24**, 91-109, 6 Abb., Freiburg.

RADTKE, G. (1991): Die mikroendolithischen Spurenfossilien im Alt-Tertiär W-Europas und ihre palökologische Bedeutung. - Cour. Forsch.-Inst. Senckenberg, **138**, 185 S., 66 Abb., 14 Taf., Frankfurt.

SCHMIDT, H. (1991): Mikrobohrspuren ausgewählter Faziesbereiche der tethyalen und germanischen Trias (Beschreibung, Vergleich und bathymetrische Interpretation). - Diss. Univ. Frankfurt/Main, 193 S., 45 Abb., 9 Tab., 11 Taf., Frankfurt/Main.

SKUPIN, S. (1970): Feinstratigraphische und Mikrofazielle Untersuchungen im Unteren Hauptmuschelkalk (Trochitenbank) des Nekkar-Jagst-Kocher-Gebietes. - Arb. Inst. Geol. Paläont. Univ. Stuttgart, **63**, 173 S., 18 Abb., 33 Tab., 8 Taf., Stuttgart.

STIER, E. (1985): Lithostratigraphische Horizonte im Oberen Hauptmuschelkalk (Trias) in Südwestdeutschland. - Arb. Inst. Geol. Paläont. Univ. Stuttgart, **81**, 51 - 113, 36 Abb., 2 Tab., Stuttgart.

VOGEL, K., & GOLUBIC, S. & BRETT, C, (1987): Endolith associations and their relation to facies distribution in the Middle Devonian of New York Stae, U.S.A. - Lethaia, **20**, 263-290, 14 figs., Oslo.

Zur Biologie und Lebensweise der germanischen Ceratiten

Siegfried Rein, Erfurt-Rhoda
7 Abbildungen

Einleitung
Die bisherige Bearbeitung der germanischen Ceratiten konzentrierte sich vor allem auf deren stratigraphische Bedeutung (Taxonomie) und postmortale Besonderheiten. Arbeiten zur Biologie dieser Tiergruppe gibt es nur wenige. Der Hauptgrund für diese Zurückhaltung liegt wohl in der ausschließlichen Steinkernerhaltung der Ceratiten und in der vorgefaßten Meinung, biologische Informationen seien vor allem in der Originalschale erhalten.

Dabei zeigen gerade die Innenausgüsse eine überraschende Vielfalt an Details. Betrachtet man die Steinkernoberfläche als „Negativ-Stempel" des jeweils dafür zuständigen Mantel-Epithels, so können daraus indirekt Schlüsse auf die biologische Organisation gezogen werden. Das wird besonders an abnormalen Belegstücken deutlich. Gemeint sind Beispiele von Individuen, deren Reaktionen auf außergewöhnliche Reize zu Lebzeiten erfolgten. Einige Erscheinungen sind von den besser untersuchten Jura-Ammoniten bereits bekannt, andere bisher „Ceratiten-typisch".

Im folgenden wird der Versuch unternommen, die Gesamtproblematik darzulegen und Deutungen zur Diskussion zu stellen.

Bildungen des Mundrandepithels
Nur das Mundrandepithel ist zur artspezifischen Ausbildung des Gehäuses nach genetischen Merkmalen befähigt. Dazu zählen:
• die Form der logarithmischen Spirale
• der Gehäusequerschnitt und
• alle skulpturellen Besonderheiten.

Es scheidet das dünne anorganische Ostracum (äußere Prismenschicht) und das schützend darüberliegende organische Periostracum aus. Diese Lagen sind auf Steinkernen nie erhalten. Alle ursprünglich angelegten Skulpturelemente sind jedoch Bildungen des Ostracums.

Nach Verletzungen des Mundrandepithels und nach dessen Funktionsausfall übernimmt das benachbarte Epithel diese Aufgabe mit („skulpturelle Kompensation", GUEX 1967). Dabei wird die für das jeweilige Epithel genetisch angelegte skulpturelle Ausbildung beibehalten. So kommt es zu Skulpturverlagerungen, die auch bei Ceratiten (KEUPP 1985) im Extremfall zur Ausbildung von Ringrippen führen können („*Ceratites fastigatus*" CREDNER 1875). Weitere Ursachen für diese Bildungen sollen hier nicht besprochen werden. Die Form dieser Skulpturveränderung richtet sich nach Art und Größe der Verletzung und kann nach dem bisherigen Kenntnisstand in zwei Kategorien geteilt werden (REIN 1991 a).

Verletzungen des Mundrandepithels
Am häufigsten betroffen ist die Ventral-, seltener die Lateralseite. Verletzung oder in seltenen Fällen wohl auch Parasitismus kann zum Funktionsausfall von mehr als 30% des Epithelgewebes führen (Abb. 1.1, 1.2).

Die Folge ist in der Regel:
• eine deutliche Verringerung des Gehäusequerschnittes
• eine durch Dehnung des Lateralepithels bedingte Abflachung der lateralen Skulpturelemente und
• oft eine instabile Gehäuseasymmetrie, die wiederum eine Phragmokonasymmetrie nach sich ziehen kann.

Verletzungen des Mundrandepithels mit gleichzeitiger lokaler Fraktur der Gehäusemündung
Müssen zusätzlich noch Schalenbereiche an der Mündung und die darunter liegenden Epithelien ersetzt werden, zieht sich das Mundrandepithel in diesem Narbenbereich zurück (Abb. 1.3). Es entstehen nach hinten gerichtete, z.T. gescheitelte Skulpturen mit einer deutlichen Narbe. Im Narbenbereich gefundene Conellen lassen darauf schließen, daß zur Schalenreparatur erhöht Conchiolin ausgeschieden wurde (REIN 1989).

Schlußfolgerungen zur Lebensweise
Aktiv schwimmende, nektonisch lebende Organismen benötigen einen insgesamt intakten, stets funktionsfähigen Weichkörper. Zur Ausheilung großflächiger Verletzungen war sicherlich ein längerer Zeitraum bei größtmöglicher Ruhe, am besten in einem Versteck, Voraussetzung. Da keine Regenerierung des verletzten Gewebes erfolgte, mußte sich das Individuum nach abgeschlossener Heilung beachtlich veränderten funktionsmorphologischen Bedingungen anpassen. Dazu gehört die Behinderung schneller horizontaler Schwimmbewegungen durch die ungünstigen ventralen Skulpturelemente ebenso wie das veränderte Schwebeverhalten infolge Schwerpunktverlagerung durch Weichkörper und Gehäuse. Weder beim Längenwachstum noch beim Einbau neuer Septen sind Anzeichen für Behinderungen in der Ontogenese sichtbar. Die Veränderungen hatten offenbar keine selektiven Folgen; das kann wiederum nur mit einer bodenbezogenen Lebensweise erklärt werden.

Bildungen des Hypostracums
Die Steinkernoberfläche ist faktisch das Spiegelbild der im Inneren der Wohnkammer liegenden Perlmutschicht. Diese wird vom mittleren Abschnitt des lateralen Mantelepithels ausgeschieden und wirkt durch Dickenwachstum stabilisierend.

Den inneren Abschluß der Perlmuttschicht stellt eine dünne Conchiolinlage her (Flachconellen). Durch punktuelle Epithelreizung entstehen mit dem sukzessiven Vorrücken des Weichkörpers der Spirale folgende Schwielen aus Schalenmaterial an der Gehäuseinnenwand. Bei flächiger Epithelreizung werden unterschiedlich dimensionierte Sekundärschalen gebildet (forma *conclusa* REIN 1989). Eine nachträgliche Skulpturregenerierung ist jedoch nicht mehr möglich.

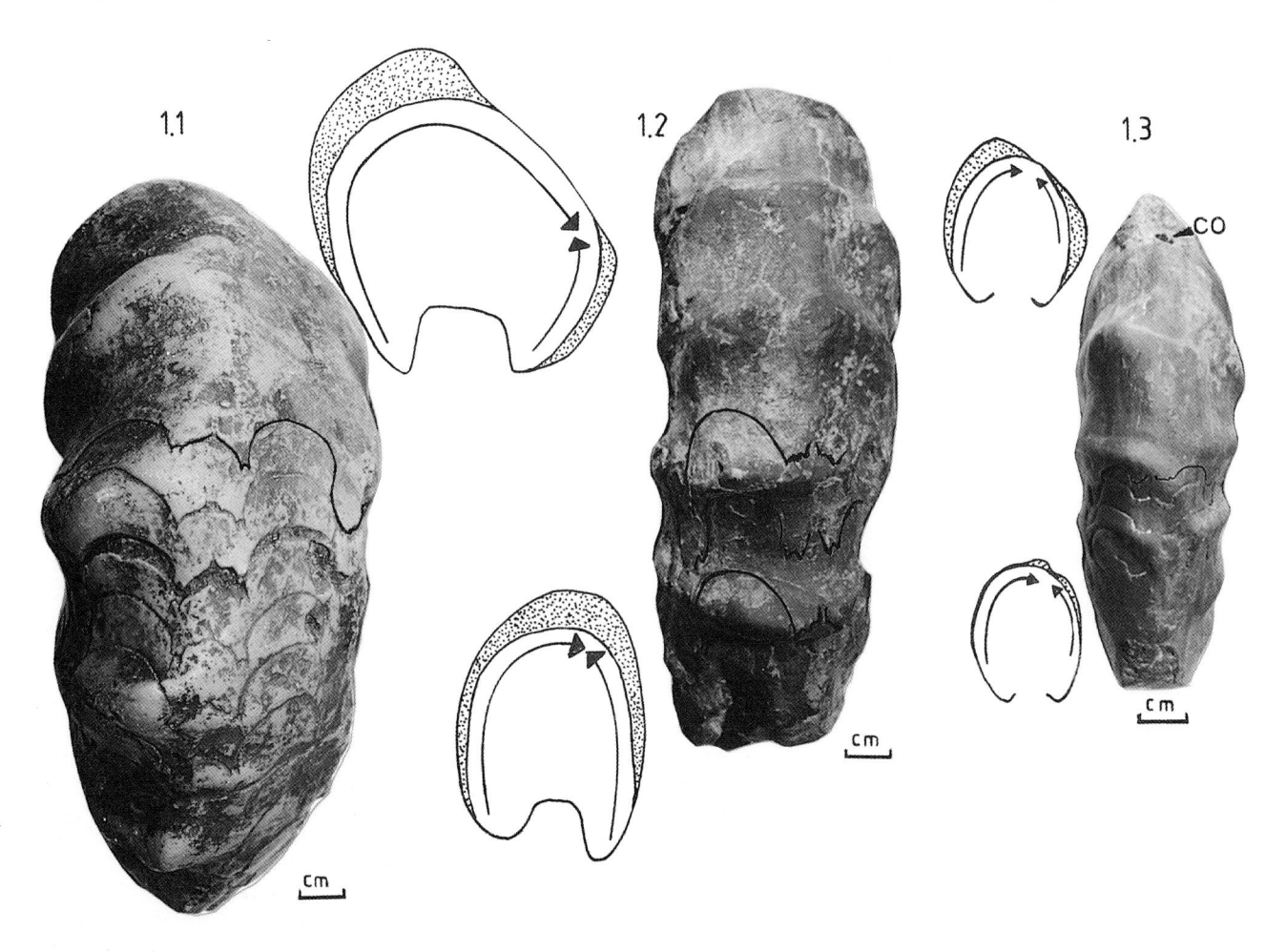

Abb. 1 **1** *Ceratites (Ceratites) nodosus nodosus* Schloth., forma *fastigata* Cred., Oberer Muschelkalk, *nodosus*-Zone; Coburg/Franken, Coll. Claus. Das Mundrandepithel wurde von der Mitte der rechten Lateralseite bis zum Ventralscheitel zerstört. Das skulpturlose ventrale Rest- und das linke Lateralepithel übernehmen deren Funktion. Die Septen werden normal in das asymmetrische Gehäuse eingebaut. **2** *Ceratites (Ceratites)* cf. *nodosus* Schloth., forma *fastigata* Cred., Original zu Müller 1970; Rein 1991 b, Oberer Muschelkalk, *nodosus*-Zone; Zimmern/Thüringen, BAKF Nr. 228/3. Der Ausfall des gesamten ventralen und von Teilen des rechten marginalen Mundrandepithels führte zum beidseitigen Zusammenwachsen der Lateralepithelien und zur Ausbildung von Ringrippen. Der hintere Teil des Weichkörpers reagierte auf den asymmetrischen Gehäusequerschnitt mit einer ausgleichenden Verlagerung nach rechts. **3** *Ceratites sublaevigatus* Wenger, forma *fastigata* Cred., forma *septadeformata* Rein, Original zu Rein 1989, 1991 a, Oberer Muschelkalk, *praenodosus*-Zone; Riechheim/Thüringen, NKME Nr. 91;03. Zum Funktionsausfall des rechten marginalen und des gesamten ventralen Mundrandepithels kommt noch ein Gehäuseschaden. Diese Aufgabe übernahm das linke Lateralepithel. Deshalb sind die Rippen nach hinten gerichtet, und es entsteht eine deutlich sichtbare Narbe. Die Conellenreste (co) im Narbenbereich belegen die Verwendung von Conchiolin.

Flachconellen

Conellen wurden bisher als diagenetisch mehr oder weniger veränderte Reste der inneren Prismenschicht, des Endostracums, gedeutet (Hölder 1952; Erben 1972). Inzwischen konnten auf Ceratitensteinkernen Conellenbildungen bis in Mundrandnähe nachgewiesen werden. Rein (1989) beschreibt der „Pyramidenform" nahestehende Conellen im Narben- und Muskelansatzbereich eines fastigaten Ceratiten (Abb. 1.3), Gensel (1990) sehr flache Conellen auf allen Teilen der Wohnkammer. Weitere Belegstücke mit Conellen in Narbenbereichen des mittleren Wohnkammerabschnittes beweisen, daß auch im Hypostracum größere Mengen Conchiolin zur Verfügung standen. Die flachen Conellen bis in Mundrandnähe müssen als Überreste des inneren Wandbelages aus Conchiolin gedeutet werden, auf den auch Erben (1972) „als eigene Beobachtung" an jurassischen Ammoniten hinweist.

Rillen und Rinnen

Durch punktförmige Reizung des Mantelepithels kann es infolge des kontinuierlichen Gehäusewachstums zur Ausbildung einer Aragonitschwiele an der Gehäuseinnenwand kommen. Nach Lösung des Schalenmaterials wird diese als eine der Spirale folgende Rille auf dem Steinkern sichtbar (Rein 1988 und Abb. 2). Sie wird exogen

Abb. 2 *Ceratites posseckeri* Rothe, Original zu Rein 1988, Abb. 3, Oberer Muschelkalk, *enodis/laevigatus*-Zone; Erfurt-Drosselberg/Thüringen, NKME Nr. 85;142. Die verhältnismäßig breite und tiefe Rille auf der rechten Ventralseite umläuft 300° und endet wie alle Rillen deutlich vor der Mundrandmündung.

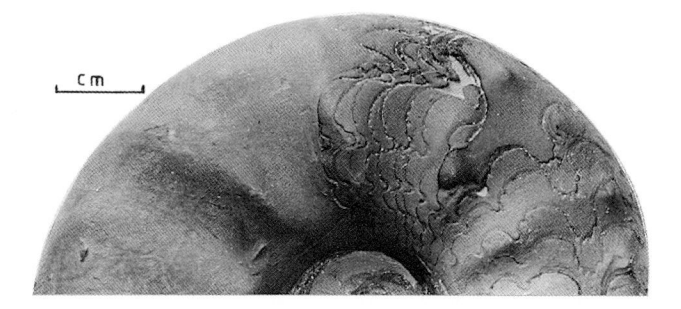

Abb. 3 *Ceratites (Doloceratites) robustus robustus* PHILIPPI, forma *conclusa* REIN, Oberer Muschelkalk, *pulcher/robustus*-Zone; Tiefurt/ Thüringen, Coll. Gensel Nr. 479. Die von der Ventralseite auf die Flanke übergreifende Unterfangung ist der Ausgangspunkt für pathologische Septenbildung.

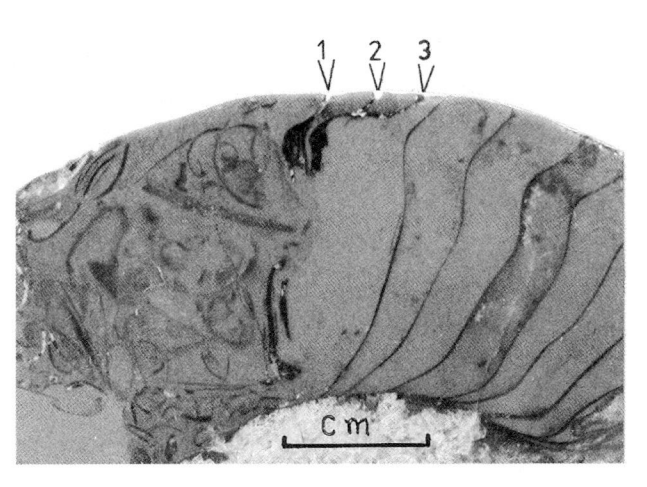

Abb. 4 *Ceratites (Acanthoceratites)* cf. *compressus* PHILIPPI, forma *conclusa* REIN, Medianschnitt, Original zu REIN 1989, Oberer Muschelkalk, *compressus*-Zone; Eisenach/Thüringen, NKME Nr. 91;06a. Die bioklastische Wohnkammerfüllung ist deutlich von den lutitisch gefüllten Interseptalräumen zu unterscheiden. Dabei wird eine „Beule" sichtbar, die durch das Eindellen der letzten drei nur durch Conchiolin stabilisierten Membransepten entsteht.

verursacht und kann umbilikal, lateral, ventral und kombiniert auftreten. Rillenförmige Strukturen müssen jedoch nicht immer auf äußere Reize zurückgeführt werden. Vor allem die spinosen Ceratiten schieden, offensichtlich zur Erhöhung der Gehäusestabilität, eine Kalkschwiele aus, die die marginalen Skulpturelemente verbindet. Sie ist ein genetisches Merkmal und wird deshalb zur Unterscheidung als Marginalrinne bezeichnet (REIN 1988).

Unterfangung der Primärschale
Wohl auf Verletzung beruhende längliche Schaleneinbrüche wurden mit einer Sekundärschale unterfangen und hinterlassen furchenförmige Gebilde auf dem Steinkern („forma *conclusa*"). Sie sind deutlich begrenzt, vom Gehäusewachstum nicht beeinflußt, können jedoch die Individualentwicklung (Septensequenz, Siphoeinbau) sichtlich behindern (REIN 1988). Die Unterfangung mit Sekundärschalen kann auch großflächig ausgebildet sein und dabei das Wohnkammervolumen beträchtlich verringern (Abb. 5). Häufig wird auch dabei die Ontogenese in entscheidendem Maße beeinflußt (s. u. 3.2.).

Schlußfolgerungen zur Lebensweise
Abgesehen von wenigen Belegstücken mit Rillen, die eine Bißverletzung vermuten lassen, ist bisher eine ökologische Deutung der Ursachen für die Rillenentstehung noch zu spekulativ. Näheres ist von statistischen Auswertungen zu erwarten. Die z. T. beachtlich dimensionierten Kalkschwielen erhöhten jedoch das absolute Gehäusegewicht und störten mit ihrer hauptsächlich einseitigen Ausbildung das Gleichgewicht. Ähnliche Wirkung hatte auch die Weichkörperverlagerung in der Wohnkammer im Gefolge von Sekundärschalenbildungen. Diese Reaktionen sind gleichfalls mit einer nektonischen Lebensweise schlecht zu vereinbaren.

Bildungen des Endostracums
Das Epithel des hinteren Mantelabschnittes ist der Bildungsort für das sehr variabel aufgebaute Endostracum (innere Prismenschicht) und die Septen. Besondere Bedeutung erlangt die Ausscheidung von Conchiolin.

In dem Maße, wie sich am Mundrand durch Schalenwachstum das Gehäuse vergrößert, wird vor dem Nachrücken des Weichkörpers vom rückwärtigen Teil des Mantels ein neues Septum in die Gehäuseröhre eingekittet. Dabei wird offensichtlich zuerst eine stabile und elastische Membran (Abb. 4) an der Innenwand verspannt und anschließend mit einer Perlmuttlage stabilisiert. Die auf diese Weise entstehenden Kammern im Phragmokon können danach vom Weichkörper nicht mehr erreicht werden. Sie stehen mit diesem dann nur noch über den Sipho in Verbindung und bilden den hydrostatischen Apparat. Verletzungen des Phragmokonabschnittes sind demnach irreparabel.

Die äußerst variablen Bildungen der rückwärtigen Teile des Mantelepithels dokumentieren auf dem Steinkern eindrucksvoll ontogenetische Details des Ceratitentieres. Dazu gehören:
- die funktionell zu deutende Lage des Weichkörpers in der Wohnkammer
- die vielfältigen Vorbereitungen auf den Einbau der Septen und des Siphos und
- der Einbau selbst mit vielen interessanten funktionellen und genetischen Details, die sich in der Sutur widerspiegeln.

Organische Membransepten
Bei der Auswertung des im Medianschnitt (Abb. 4) gezeigten Überganges vom Phragmokon zur Wohnkammer wird deutlich, daß die letzten drei Septen nicht durch eine Perlmuttschicht stabilisiert wurden. Man erkennt nur die verstärkte Conchiolinlage auf elastisch gebliebenen Membransepten. Diese lassen sich an der Grenze zwischen der feinen Körnung in den Interseptalräumen und der bioklastischen Wohnkammerfüllung „erahnen". Der Druck auf die Membranen wird durch die Dibranchiatenschale (?) und die „Eindellung" phragmokonwärts plastisch demonstriert. Wie weitere Belege zeigen, waren die Ceratiten durchaus in der Lage, längere Zeit mit diesen instabilen Septenbildungen zu überleben.

Sekundärschalen
Die Sekundärschalen (forma *conclusa*) sind Bildungen des Hypostracums, sie unterliegen jedoch in Vorbereitung auf den Septeneinbau durch besondere Ausscheidungen des myoadhäsiven Epithels im Endostracum häufig einer

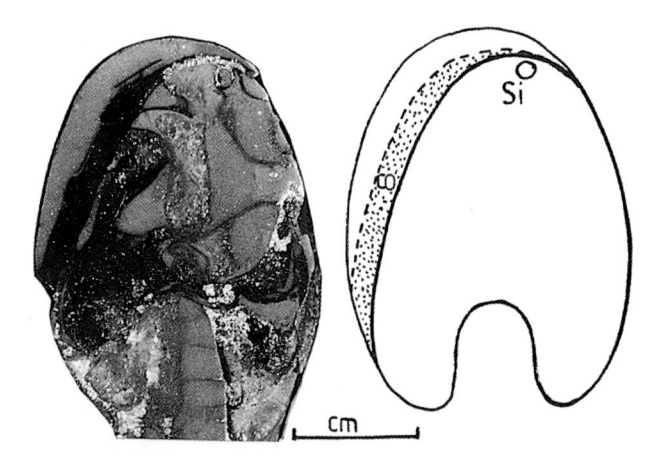

Abb. 5 *Ceratites (Acanthoceratites)* cf. *compressus* PHILIPPI, forma *conclusa* REIN, Radialschnitt, Original zu REIN 1989, Oberer Muschelkalk, *compressus*-Zone; Eisenach/Thüringen, NKME Nr. 91;06c. Die Unterfangung durch eine Sekundärschale mit ungewöhnlich mächtiger Conchiolinpackung (co) wird im Anschnitt gut sichtbar. Aus dieser schwarzen kalzitischen Substanz entstehen die Conellen. Das Schema macht deutlich, welch enorme Volumenreduzierung zuvor in der Wohnkammer vom Weichkörper toleriert werden mußte und wie weit der Sipho nach unten verlagert wird.

„Nachbehandlung". Dabei werden beachtliche Conchiolin/Perlmuttlagen ausgeschieden, die z.T. auch auf die Septalflächen übergreifen (Abb. 5). Das hintere Wohnkammervolumen wird dadurch weiter verringert.

Da die Septen an diese Sekundärbildungen gekittet werden, sind diese nach der Auflösung der Primärschale nicht sichtbar. Die Lobenlinie scheint zu fehlen (Abb. 3). In der Regel werden die Septalflächen weiterhin normal angelegt, in besonders schweren Fällen kommt es jedoch zu pathologischen Septenbildungen (Abb. 3). Sie sind ein sicherer Hinweis auf einen Epithelschaden.

Häufig kommt es dabei auch zu einer Verlagerung des Siphos und zu einer Septen- und Phragmokonasymmetrie (Abb. 5).

Conchiolin als Conellenbildner

Auf den Steinkernen der germanischen Ceratiten können alle von HÖLDER (1952, 1980), HÖLDER & MOSEBACH (1950) und ERBEN (1972) von jurassischen Ammoniten beschriebenen Conellenformen belegt werden. Es sind diagenetische Bildungen ursprünglich sphärolithisch angelegter Conchiolin-/Perlmuttlagen (ERBEN 1972). Sie sind als Relikte der Originalschale auf Ceratitensteinkernen zumindest in Thüringen nicht selten (REIN im Druck). Sie finden sich an folgenden Stellen des Steinkerns:

- Auf der ganzen Wohnkammer in Form von Flachconellen als Rest des inneren Wandbelags aus Conchiolin, bevorzugt in der *pulcher/robustus*-Zone.
- An Skulpturelementen wie Dornen, Knoten und Rippen als Bildungen des Endostracums, die ursprünglich als Zwischenboden angelegt wurden und zu Hohlformen führten (HÖLDER 1952). Allerdings waren sie keine Elemente der Leichtbauweise die den Schwebezustand unterstützten. Das beweisen die oft „gewichtigen" Conellenpackungen. Die Zwischenböden dienten vielmehr dazu, dem Weichkörper den nachträglichen Einbau der Septen in enge Skulpturelemente zu erleichtern. Diese Bildungen können von der *atavus*-Zone bis zur *nodosus*-Zone verfolgt werden.

- In Narbenbereichen und Muskelansatzstellen. Die vermehrte Conchiolinproduktion diente zur Ausbesserung von Schalenbruchstellen und als verstärkte Ansatzfläche (z.B. Muralleiste) für verschiedene Muskeln des Weichkörpers. Nach ihrer vollständigen Auflösung bleiben sie zumindest als Vertiefungen im Steinkern erhalten.
- Am Wohnkammerende und auf dem Phragmokon vor allem vom hinteren Mantelepithel ausgeschiedene Conchiolinauskleidungen die wohl pathologisch bzw. parasitär bedingt sind.

Asymmetrische Bildungen

Symmetrischer Gehäusebau ist auch bei den Ceratiten die Norm. Dies dürfte allgemein von Bedeutung für die Erhaltung des Gleichgewichtszustandes gewesen sein. Gleichwohl gibt es eine Vielzahl von Beispielen, bei denen trotz bedeutender Asymmetrien keine negativen Folgen in der Ontogenie auftreten (REIN 1991 b).

- Asymmetrische Septen mit aberranter Sutur. An unterschiedlichsten Beispielen kann belegt werden, daß auch bei gegensätzlichen Septenhälften (Abb. 6) und bis auf die Lateralseite verlagertem Sipho die normale Endgröße und die Geschlechtsreife erreicht wird.
- Asymmetrische Septen im asymmetrischen Gehäuse mit normaler Sutur. Auch in Gehäusen, die aufgrund einer Mundrandverletzung (Abb. 1.2; forma *fastigata* CREDNER) stark asymmetrisch verändert sind, kann es zu asymmetrisch eingebauten Septen kommen, ohne daß die Ontogenie negativ beeinflußt wurde.

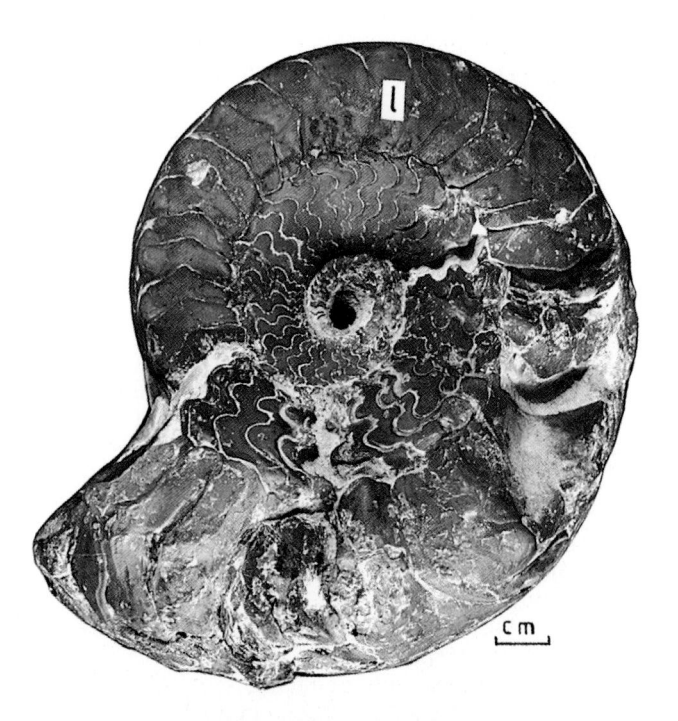

Abb. 6 *Ceratites (Ceratites)* cf. *nodosus* SCHLOTH., Phragmokon, Original zu REIN 1991 b, Oberer Muschelkalk, *nodosus*-Zone; Fundort unbekannt/?Thüringen, NKME Nr. 85;571. Auf dem Photo wird nur ein Teil der ungewöhnlichen Lobenlinie sichtbar. Der Laterallobus (L) liegt auf der Ventralseite, der Sipho auf der gegenüberliegenden Marginalkante. Die scheibenförmig aufgereihten Suturelemente entstanden aus dem Lateralsattel (l). Eine Verspannung der Septenmembranen nach dem „pull-off-Prinzip" erscheint in diesem Fall unwahrscheinlich. Trotz extrem asymmetrischer Weichkörperlage in der Wohnkammer erreichte der Ceratit eine normale Endgröße.

- Asymmetrische Septen mit normaler Sutur. Ähnlich der Tendenz flacher, galeater Formen bei kretazischen Ammoniten (HENGSBACH 1977) kommt es ab der oberen *nodosus*- Zone im Gefolge der zunehmend geringeren Breite der Ventralseite häufig zur Verlagerung des Siphos an die Marginalkante.

Ausfall des hydrostatischen Apparates

Ceratiten mit Septenausfall sind nicht selten. Sie werden von URLICHS & MUNDLOS (1987) als Folge postmortaler Lösungsvorgänge nach vorher erfolgter Gehäusekappung gedeutet. Das ist berechtigt, wenn die Septen tatsächlich fehlen und die vorhandenen normal radial ausgebildet sind. Auch im vorliegenden Fall (Abb. 7) liegt Kappung im septenfreien Abschnitt vor. Betrachtet man die Platzverhältnisse im Nabelbereich, so muß man konstatieren, daß keine Septen fehlen. Der Freiraum entsteht durch tangentiale Verlagerung der Septen in Richtung Wohnkammer. Da sich einmal in die Gehäuseröhre eingebaute starre Septen nicht mehr ohne Bruch verlagern lassen, handelt es sich eindeutig um Reaktionen zu Lebzeiten des Ceratiten. Dabei wurde der Weichkörper in einem Zuge von a bis b bewegt. Das Widerlager für die sicher enorme Zugbeanspruchung lag im Umbilikalbereich. Aufgrund der Schalenverstärkung (forma *conclusa*) in diesem Abschnitt ist die Sutur nicht sichtbar.

Die Ausbildung eines Siphoteilstücks dieser Dimension ist schwer vorstellbar. Deshalb muß angenommen werden, daß der Ceratit alle davor liegenden, älteren Kammern verloren gab und danach mit den neu geschaffenen Septen überlebte. Der ursprünglich abnorme, nahezu tangentiale Septeneinbau (forma *septadeformata* REIN 1990) normalisiert sich im Laufe der weiteren ontogenetischen Entwicklung und endet mit sekundärer Lobendrängung bei normaler Endgröße. Obwohl diese Ausbildung sehr selten ist, beweisen vier weitere Belegstücke, daß es sich nicht um einen spektakulären Einzelfall handelt.

RIEBER (1979) beschreibt diese Reaktion, allerdings unter einem anderen Gesichtspunkt, auch von *Brasilia decipiens* (BUCKMANN). In diesem Beispiel überlebte der Ammonit jedoch nur den Bau eines einzigen aberranten Septums.

Schlußfolgerungen zur Lebensweise

Wohl kein Hinweis auf die Lebensweise der fossilen Cephalopoden ist so aussagekräftig wie eine Reaktion auf pathologisch oder traumatisch bedingte Veränderungen des hydrostatischen Apparates. Diskutierte man bisher den Septenbau ausschließlich aus der Sicht seiner statischen Belastbarkeit und Leistungsfähigkeit bei der vertikalen Migration, überrascht die Überlebensfähigkeit von Organismen mit elastisch gebliebenen Septenmembranen, auch wenn diese mehr oder weniger durch Conchiolin stabilisiert wurden. Das kann nur mit einem Lebensraum innerhalb eng begrenzter Wassertiefen ohne große Druckschwankungen gedeutet werden.

Ist der Nachweis einer elastischen Vorform des Septums auf der einen Seite eine Bestätigung für die Modellvorstellung des „pull-off-Prinzips" von SEILACHER (1975), wird diese hypothetische Deutung bei der Anlage extrem asymmetrischer Septen (Abb. 6) bereits wieder in Frage gestellt. Die offenbar geringe Bedeutung des hydrostatischen Apparates für die Überlebensstrategie der germanischen Ceratiten zeigen besonders die Belegstücke mit typischer „forma *septadeformata* "-Reaktion. Die Fähigkeit der Ceratiten zum vertikalen Ortswechsel, wie wir ihn vom rezenten Nautilus kennen, war für einen längeren Zeitraum unmöglich, vorausgesetzt sie waren physikalisch überhaupt dazu in der Lage (EBEL 1980).

Dabei überrascht die Überlebensdauer allgemein. Setzt man die Zeit für den Bau eines Septums mit drei bis vier Wochen an (MEISCHNER 1968), so lebten 80 % der Individuen noch länger als ein Jahr. Dies ist wiederum nur mit einer ohnehin optimalen Anpassung an das Bodenleben zu erklären.

In die gleiche Richtung zielt auch die Tendenz, daß weder bei der Anlage der Zwischenböden für die Hohlelemente noch bei allen Formen der Wandauskleidung mit Conchiolin im Endostracum mit Material gespart wird. Dem Gehäusegewicht kommt demnach keine selektive Bedeutung zu.

Zuletzt sei noch auf die häufige Epökie zu Lebzeiten hingewiesen. Sie wurde zwar mehrfach zur Bestimmung des Lebensalters herangezogen; zur Problematik, die eine Erhöhung des Gesamtgewichts zum Schwebevermögen zur Folge haben mußte, gibt es bisher noch keine Untersuchungen. Individuen mit mehreren Epökengenerationen auf dem Gehäuse waren sicher nicht in der Lage, sich schwebend im Wasser zu bewegen. Dabei ist in manchen Ceratitenzonen Bewuchs fast die Regel, ohne daß ontogenetische Beeinträchtigungen sichtbar würden. Es spricht also vieles dafür, daß die germanischen Ceratiten optimal angepaßte Bodenbewohner des ohnehin flachen epikontinentalen Muschelkalkmeeres waren.

Ergebnisse

Die Analyse der Steinkerne solcher Ceratiten, die eine Reaktion auf pathologische bzw. traumatische Ereignisse dokumentieren, ermöglicht Rückschlüsse auf deren biologische Organisation und Lebensweise. Der Spirale folgende Aragonit-Schwielen auf dem Hypostracum (Rillen

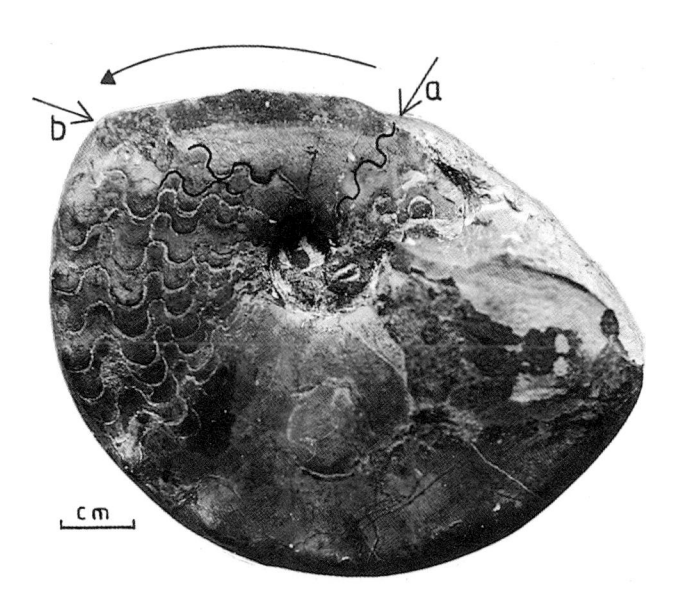

Abb. 7 *Ceratites postlaevis* ROTHE, forma *septadeformata* REIN, Original REIN 1990, Abb.1, Oberer Muschelkalk, *enodis/laevigatus*-Zone, Hopfenberg bei Erfurt, Thüringen, NKME Nr. 253-1927. Der septenfreie Bereich zwischen a-b entstand nicht durch Anlösung von Septen nach erfolgter Gehäusekappung, sondern durch Vorziehen des Weichkörpers. So kommt es vorübergehend zum tangentialen Einbau der Septen. Im Nabelabschnitt ist die Sutur wegen einer Unterfangung teilweise nicht sichtbar.

auf dem Steinkern) und die z.T. üppigen Conchiolin-Lagen (Conellen auf dem Steinkern) des Endostracums zeigen, daß dem Gehäusegewicht keine selektierende Bedeutung zukam. Selbst bei der Bildung von Hohlformen wurden die Zwischenböden aus Conchiolin überdimensioniert.

Auch der für nektonisch lebende Organismen wichtige Gleichgewichtssinn scheint von untergeordneter Bedeutung gewesen zu sein, denn Individuen mit in der Gehäuseröhre extrem verlagertem Weichkörper samt Siphonalapparat (Phragmokon-Asymmetrie) und andere mit traumatisch verursachtem, artuntypischem Gehäusequerschnitt (forma *fastigata* CREDNER 1875, forma *conclusa* REIN 1989) zeigen in ihrer Individualentwicklung keinerlei Beeinträchtigungen.

Sogar elastische Septenmembranen und der zeitweilige Totalausfall des hydrostatischen Apparates (forma *septadeformata* REIN 1990) wurden vom Ceratitentier toleriert.

Diese vom Ceratiten direkt gelieferten Belege werden indirekt durch die Besiedlung des Ceratitengehäuses mit mehreren Epökengenerationen ergänzt. Schon aus Gründen des Gesamtgewichts ist das Erreichen des Schwebezustandes physikalisch nicht mehr zu erklären. Da auch in diesen Fällen keine negativen Auswirkungen auf die Ontogenie zu erkennen sind, kann davon ausgegangen werden, daß die germanischen Ceratiten als vagile Benthonten optimal dem Leben am Boden angepaßt waren.

Summary

Ceratite steinkerns documenting reactions to pathologic or traumatic events allow conclusions as to the biological organization of ceratites and their mode of life. Aragonite callus bands in the hypostracum producing furrows on the steinkern surface as well as conchioline layers of the endostracum producing conellae on the steinkern demonstrate that the increased weight of the shell was not selective.

The sense of equilibrium important for nektonic organisms seems to have been secondary, for individual ceratites with their extremely displaced soft parts and siphuncles (asymmetrical phragmocone) and other types of irregular spirals caused by injuries (forma *fastigata* CREDNER 1875, forma *conclusa* REIN 1989) have obviously not been harmed in their individual growth.

Moreover, the ceratite animal was able to sustain temporary failure of the hydrostatic apparatus (forma *septadeformata* REIN 1990). This evidence is completed by epizoans incrusting the ceratite shell in several generations. Thus overfreightened, the buoyancy of the ceratite cannot be physically explained. As epizoans obviously did not inhibit the growth of the ceratites it can be assumed that they were vagile benthic animals.

Danksagung

Diese Arbeit basiert auf der Sichtung zahlloser Ceratiten in Museen, Universitäts- und Privatsammlungen. Für das mir stets entgegengebrachte Verständnis möchte ich mich hiermit allgemein bedanken. Die abgebildeten Belegstücke stellten mir die Kustoden Riedel vom Naturkundemuseum Erfurt (NKME) und Künzel von der Bergakademie Freiberg (BAKF) sowie die Herren Claus (Coburg) und Gensel (Weimar) zur Verfügung. Für die Übersetzung der Zusammenfassung danke ich Herrn Dr. Hagdorn (Ingelfingen).

Literatur

CREDNER, G. R. (1875): *Ceratites fastigatus* und *Salenia texana*.- Zeitschr. f. d. ges. Naturw., **46**, 105-116, 1 Taf., Halle.

EBEL, K. (1983): Berechnungen zur Schwebefähigkeit von Ammoniten.- N. Jb. Geol. Paläont., Mh., **10**, 614-640, 15 Abb., Stuttgart.

ERBEN, K,-H. (1972): Die Mikro- und Ultrastruktur abgedeckter Hohlelemente und die Conellen des Ammoniten-Gehäuses.- Paläont. Z., **46**, 1/2, 6-19, 4 Taf., 1 Abb., Stuttgart.

GENSEL, P. (1990): Conellen an Ceratiten des Hauptmuschelkalks (Trias) von Weimar.- Veröff. Naturhist. Mus. Schleusingen, **5**, 26-30, 2 Taf., 1 Abb., Schleusingen.

GUEX, J. (1967): Contribution a l étude des blessures chez les ammonites.- Bull. Lab. Geol. Univ. Lausanne, **165**, 1-16, Lausanne.

HENGSBACH, R. (1977): Zur Sutur-Asymmetrie bei *Platylenticeras* (Ammon., Kreide).- Zool. Beitr., (N.F.), **23** (3), 459-468, 7 Abb., Berlin.

HÖLDER, H.(1952): Der Hohlkiel der Ammoniten und seine Entdeckung durch F. A. QUENSTEDT. - Jh. Ver. f. vaterl. Naturk. Württemberg, **107**, 37-50, 13 Abb.

HÖLDER, H. (1980): Conellen als Relikte von Cephalopoden-Schalen.- Objekte einer naheliegenden Verwechslung.- Geol. Jb. Hessen, **108**, 5-9, 2 Abb., Wiesbaden.

HÖLDER, H. & MOSEBACH, R. (1950): Die Conellen auf Ammonitensteinkernen als Schalenrelikte fossiler Cephalopoden.- N. Jb. Geol. Paläont., Abh., **92**, 2/3, 367-414, 3 Taf., 25 Abb., Stuttgart.

MEISCHNER, D. (1968): Perniciöse Epökie von *Placunopsis* auf *Ceratites*.- Lethaia, **1**, 156-174, 10 Abb., Oslo.

KEUPP, H. (1985): Das „*fastigatus*"-Problem bei Ceratiten des Germanischen Muschelkalks.- Exkursionsführer Sympos. G. WAGNER; S. 10, Künzelsau.

REIN, S. (1988): Rinnen-, Rillen- und Furchenbildungen auf Ceratitensteinkernen. - Veröff. Naturkundemuseum Erfurt, **7**, 66-79, Erfurt

REIN, S. (1989): Über das Regenerationsvermögen der germanischen Ceratiten (Ammonoidea) des Oberen Muschelkalks (Mitteltrias). - Veröff. Naturhist. Mus. Schleusingen, **4**, 47-54, 3 Taf., 1 Abb. Schleusingen.

REIN, S. (1990): Über Ceratiten (Cephalopoda, Ammonoidea) mit „fehlenden" Septen. - Veröff. Naturhist. Mus. Schleusingen, **5**, 22-25, 5 Abb., Schleusingen.

REIN, S. (1991 a): Die fastigaten Ceratiten in den Sammlungen des Erfurter Naturkundemuseums.- Veröff. Naturkundemuseum Erfurt, **10**, 66-79, 5 Taf., Erfurt.

REIN, S. (1991 b): Über Ceratiten mit asymmetrischem Phragmokon.- Veröff. Naturhist. Mus. Schleusingen, **6**, 63-69, 14 Abb., Schleusingen.

REIN, S. (1993 im Druck): Conellenbildungen auf Ceratitensteinkernen. - Veröff. Naturkundemuseum Erfurt, **12**, Erfurt.

RIEBER, H. (1979): Eine abnorme, stark vereinfachte Lobenlinie bei *Brasilia decipiens* (BUCKMANN). - Paläont. Z., **53**, 230-236, 3 Abb., Stuttgart.

SEILACHER, A. (1975): Mechanische Simulation und funktionelle Evolution des Ammoniten-Septums.- Paläont. Z., **49**, 268-286, 8 Abb., Stuttgart.

URLICHS, M. & MUNDLOS, R. (1987): Zur Entstehung von Ceratitenpflastern im Germanischen Oberen Muschelkalk (Mitteltrias) Südwestdeutschlands. - Carolinea, **45**, 12-30, 15 Abb., Karlsruhe.

First Record of Muschelkalk Bryozoa: The Earliest Ctenostome Body Fossils

Jon A. Todd, Aberystwyth
Hans Hagdorn, Ingelfingen
1 Figure

Upper Muschelkalk seas contained an often abundant marine fauna of restricted diversity. Amongst stenohaline groups echinoderms can be abundant whilst calcified Bryozoa, though long sought for, have strangely remained unrecorded. The shelly substrate boring *Talpina*, thought by some to be the work of bryozoans (e.g. BROMLEY 1970), is represented in the Upper Muschelkalk by *T. gruberi* MAYER and the similar *Calciroda kraichgoviae* MAYER. However these ichnotaxa were redescribed by VOIGT (1975) and shown to have a phoronid origin.

Examination of material deposited in the Muschelkalkmuseum Hagdorn Ingelfingen (MHI) has surprisingly shown bryozoans to occur frequently in the Upper Muschelkalk, tens of specimens having been found. Calcified taxa are absent; all specimens are of the non-mineralized Order Ctenostomata and are preserved solely by bioimmuration (for a review see TAYLOR 1990a). Colonies consist of a variable network of branching zooids with a pear-shaped outline which were preserved in the following manner. Dead ceratite conchs were encrusted by ctenostome colonies probably whilst lying on the seabed. Colonies were often laterally extensive, encrusting much of the inside of body chambers. They were overgrown by the cemented valves of the subsequently-recruited terquemiid bivalves, *„Placunopsis"* and *Enantiostreon*. Diagenetic dissolution of the aragonitic ceratite conch then conveniently exposed the attachment areas of the bivalves on the ceratite steinkern, the ctenostomes being preserved as epibiont mould bioimmurations (TAYLOR 1990a, TAYLOR & TODD 1990). Many specimens have subsequently been partially obscured by sugary diagenetic calcite. Although the ctenostomes were almost certainly not confined to gloomy microenvironments, bivalve-encrusted external moulds of ceratites have yet to be examined.

The specimen figured has been bioimmured by a large *„Placunopsis"* valve exposed on the right flank of a ceratite steinkern. The left flank and the venter have been encrusted by further specimens externally. Although preservation is rather poor, it may be determined as *Ceratites (Opheoceratites) evolutus* ssp. indet. It was found in the abandoned quarry of the Hohenloher Schotterwerke GmbH & Co KG in Künzelsau-Garnberg (SW-Germany; compare HAGDORN 1991) in a pile of limestone that had dropped down from the beds around the *Spiriferina*-Bank (*evolutus* zone).

The simple pear-shaped to caudate zooids have a variably developed peristome and display a variable astogenetic increase in cauda length. Budding is mostly confined to distal and distolateral sites. These features together with the presence of cystid fusions (JEBRAM 1973) and probable regeneration, allow attribution to the extant family Arachnidiidae HINCKS. Systematic description of the specimens will be the subject of future work.

Bioimmured specimens of arachnidiids have been reported from the Middle Jurassic to the Upper Cretaceous (VOIGT 1968, 1977, 1980; TAYLOR, 1990 b), the present records being the oldest of this family and the earliest ctenostome body fossils. Borings attributable to ctenostomes, however, occur as early as the Ordovician (POHOWSKY 1978), with *Ropalonaria* ULRICH representing the superfamily Arachnidioidea (JEBRAM 1973, 1986). As the boring state is assumed to be highly derived in bryozoans, the more primitive arachnidiids can be confidently expected to date back to the Ordovician (CHEETHAM & COOK 1983: fig.

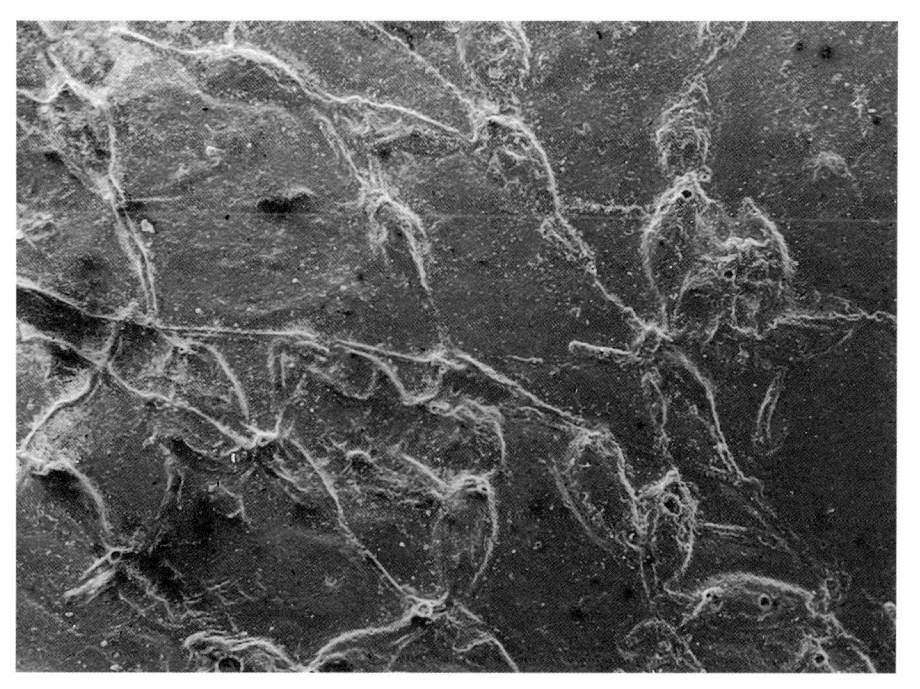

Fig. Arachnidiid zooids showing variable cauda length bioimmured by *„Placunopsis"* ostracina inside the body chamber of a ceratite (SEM micrograph of silicone cast, x 21; MHI 1254).

Abb. Arachnidien-Zooide mit unterschiedlich langen Caudae, in der Wohnkammer eines Ceratiten von *„Placunopsis"* ostracina immuriziert (REM-Aufnahme eines Silikonabdrucks, x 21; MHI 1254).

86) but bioimmured Palaeozoic examples have yet to be found. The phylogenetic importance of the family lies in the derivation of the Order Cheilostomata from it sometime in the Jurassic (TAYLOR 1990 b).

The abundance of arachnidiids in the Muschelkalk parallels that in the Middle to Upper Jurassic of NW Europe where they may dominate unmineralized hard-substrate faunas in muddy or otherwise unsuitable environments in which cyclostome bryozoans are rare or absent (pers. obs.).

Acknowledgements

J. A. T.'s work was supported by a NERC CASE studentship. He would like to thank Prof. F. and Frau V. Fürsich (Würzburg) for their hospitality.

References

BROMLEY, R.G. (1970): Borings as trace fossils and *Entobia cretacea* PORTLOCK, as an example.- In: CRIMES, T.P. & HARPER, J.C.(eds.), Trace fossils (= Geological Journal Special Issue 3) 49-90; Liverpool (Seel House Press).

CHEETHAM, A.H. & COOK, P.L. (1983): In: BOARDMAN, R.S. et al. Bryozoa, Vol. 1 (= MOORE, R.C. & ROBISON, R.A. (eds.) Treatise on Invertebrate Paleontology, Part G (1) Revised, 1-625; Boulder, Colorado and Lawrence, Kansas (Geological Society of America and University of Kansas Press).

HAGDORN, H. (Ed. in cooperation with T. SIMON & J. SZULC) (1991): Muschelkalk. A Field Guide. - 80 S., 78 fig., 1 tab.; Korb (Goldschneck).

JEBRAM, D. (1973): Stolonen-Entwicklung und Systematik bei den Bryozoa Ctenostomata. - Z. Zool. Systematik Evolutionsforsch., **11**, 1-48.

JEBRAM, D. (1986): Arguments concerning the basal evolution of the Bryozoa. - Z. Zool. Systematik Evolutionsforschung, **24**, 266-290.

POHOWSKY, R.A. (1978): The boring ctenostomate Bryozoa: taxonomy and paleobiology based on cavities in calcareous substrata. - Bull. American Paleontology, **73**, 1-192.

TAYLOR, P.D. (1990a): Preservation of soft-bodied and other organisms by bioimmuration. - Palaeontology, **33**, 1-17.

TAYLOR, P.D. (1990b): Bioimmured ctenostomes from the Jurassic and the origin of the cheilostome Bryozoa. - Palaeontology, **33**, 19-34.

TAYLOR, P.D. & TODD, J.A. (1990): Sandwiched fossils. Geology Today, **6 (5)** (Sept.-Oct.), 151-154.

VOIGT, E. (1968): Eine fossile Art von *Arachnidium* (Bryozoa, Ctenostomata) in der Unteren Kreide Norddeutschlands. - N. Jb. Geol. Paläont., Abh., **132**, 87-96.

VOIGT, E. (1975): Tunnelbaue rezenter und fossiler Phoronidea. - Paläont. Z., **49**, 135-167.

VOIGT, E. (1977): *Arachnidium jurassicum* n. sp., (Bryoz. Ctenostomata) aus dem mittleren Dogger von Goslar am Harz. - N. Jb. Geol. Paläont., Abh., **153**, 170-179.

VOIGT, E. (1980): *Arachnidium longicauda* n. sp. (Bryozoa Ctenostomata) aus der Maastrichter Tuffkreide (Ob. Kreide, Maastrichtium).- N. Jb. Geol. Paläont., Mh., **1980** (12), 738-746.

Anschriften der Autoren

Prof. Dr. Thomas Aigner
Inst. f. Geologie u. Paläontologie
Sigwartstr. 10
D-W-7400 Tübingen

Dr. A. Arche
Inst. de Geología Económica. C.S.I.C.
Universidad Complutense de Madrid
Madrid
Spanien

Prof. Dr. Gerhard H. Bachmann
Deilmann Erdöl Erdgas GmbH
Karl-Wiechert-Allee 4
Postfach 4829
D-W-3000 Hannover 61

Prof. Dr. Egon Backhaus
Institut für Geologie und Paläontologie
Schnittspahnstr. 9
D-W-6100 Darmstadt

Alfred Bartholomä
Pfauenstr. 10
D-W-7113 Neuenstein

Dr. Gerhard Best
Bundesanstalt für Geowissenschaften und Rohstoffe
Stilleweg 2
D-W-3000 Hannover 51

Dr. Gerhard Beutler
Niedersächsisches Landesamt
für Bodenforschung
Stilleweg 2
D-W-3000 Hannover 51

Dr. Helmut Bock
Geologisches Landesamt Baden-Württemberg
Albertstraße 5
D-W-7800 Freiburg i.Br.

Dr. Adam Bodzioch
Uniwersytet im. A. Mickiewicza
Katedra Geologii
Zaklad Geologii Dynamicznej i regionalnej
ul. R. Strzalkowskiego 5
60-854 Poznan
Polen

Dr. Simone Brückner-Röhling
Bundesanstalt für Geowissenschaften und Rohstoffe
Stilleweg 2
D-W-3000 Hannover 51

Dr. W.A. Brugman (present address)
SIPM, EPX/33.1
P.O. Box 162
2501 AN The Hague
Niederlande

Prof. Dr. Kiril J. Budurov
Geological Inst.
Bulgarian Acad. of Sciences
ul. Georgi Bonchev 24
BU-1113 Sofia
Bulgarien

Dr. F. Calvet
Dpt. G.P.P.G. Facultad de Geologia
Universidad de Barcelona
Zona Universitatia de Pedralbes
08028 Barcelona
Spanien

Dipl.-Geol. Robert Ernst
Institut für Geologie und Dynamik
der Lithosphäre
Goldschmidtstraße 3
D-W-3400 Göttingen

Dr. W. Ernst
Ernst-Moritz-Arndt-Univ.
Sektion Geologische Wissenschaften
Friedrich-Ludwig-Jahn-Straße 17
D-O-2200 Greifswald

Dr. Horst Gaertner
Reiherweg 38
D-W-3500 Kassel

Dr. Edward Głuchowski
Silesian University
Earth Sciences Department
Chair of Paleontology and Stratigraphy
ul. Mielczarskiego 58
41-200 Sosnowiec
Polen

Dr. A. Goy
Departamento de Paleontologia
Facultad de Ciencias
Pabellon 3
Ciudad Univ.
Madrid 28040
Spanien

Dr. h.c. Hans Hagdorn
Muschelkalkmuseum
Schloßstr. 11
D-W-7118 Ingelfingen

Dr. Armand Hary
45 rue de Trèves
Grevenmacher
Luxembourg

Dr. Manfred Horn
Hessisches Landesamt für
Bodenforschung
Leberberg 9
D-W-6200 Wiesbaden

Dr. M. Van Houte
Laboratory of Palaeobotany and Palynology, Univ. of Utrecht Heidelberglaan 2
3584 CS Utrecht
Niederlande

Dr. Hansmartin Hüssner
Inst. und Museum für Geologie und Paläontologie
Sigwartstraße 10
D-W-7400 Tübingen

Dr. Wolfgang Klotz
Institut für Geologie und Paläontologie
Schnittspahnstr. 9
D-W-6100 Darmstadt

Prof. Dr. Rolf Langbein
Ernst-Moritz-Arndt-Univ.
Sektion Geologische Wissenschaften
Friedrich-Ludwig-Jahn-Straße 17
D-O-2200 Greifswald

Prof. Dr. Jerzy Liszkowski
Uniwersytet im. A. Mickiewicza
Katedra Geologii
Zaklad Geologii Dynamicznej i regionalnej
ul. R. Strzalkowskiego 5
60-854 Poznań
Polen

Dipl.-Geol. Thomas Löffler
Inst. für Geologie und Dynamik der
Lithosphäre
Goldschmidtstraße 3
D-W-3400 Göttingen

Dr. Volker Lukas
Kali und Salz AG
Friedrich-Ebert-Straße 160
D-W-3500 Kassel

Horst Mahler
Lindentalstraße 29
D-W-8707 Veitshöchheim

Dr. L. Márquez Sanz
Dto. Geología. Fac. Biológicas
C/. DR. Moliner 50
46100 Burjasot (Valencia)
Spanien

Dr. Ana Márquez y Aliaga
Dpto. de Geologia
Universidad de Valencia
Campus de Burjassot-Valencia
El Bachiller 27
46010 Valencia, Spanien

Prof. Dr. Helfried Mostler
Inst. für Geologie und Paläontologie
Bruno-Sander-Haus
Innrain 52
A-6020 Innsbruck
Österreich

Dr. Erwin Müller
Geologisches Landesamt des Saarlandes
Am Tummelplatz 7
D-W-6600 Saarbrücken

Prof. Dr. Adolphe Muller
Allg. und Hist. Geologie d. RWTH
Wüllnerstraße 2
D-W-5100 Aachen

Willy Ockert
Mauerstr.3/1
D-W-7174 Ilshofen

Anschriften der Autoren

Siegfried Rein
Hubertusstraße 72
D-O-5089 Erfurt-Rhoda

Dr. Ursula Röhl
Bundesanstalt für Geowissenschaften
und Rohstoffe
Stilleweg 2
D-W-3000 Hannover 51

Dr. Heinz-Gerd Röhling
Niedersächsisches Landesamt für
Bodenforschung
Stilleweg 2
D-W-3000 Hannover 51

Dr. Matthias Rothe
Inst. für Geologie und Mineralogie der
Universität Erlangen-Nürnberg
Schloßgarten 5
D-W-8520 Erlagen

Dr. Horst Schmidt
Johann-Wolfgang-Goethe-Univ.
Geologisch-Paläontologisches Institut
Senckenberganlage 32-34
D-W-6000 Frankfurt/Main 11

Dr. Marcus Schulte
Institut für Geologie und Paläontologie
Schnittspahnstr. 9
D-W-6100 Darmstadt

Prof. Dr. A. Seilacher
Inst. und Mus. für Geologie und
Paläontologie
Sigwartstraße 10
D-W-7400 Tübingen
und
Yale University
Dep. of Geology and Geophysics
Kline Geology Lab.
P.O. Box 6666
New Haven, Connecticut 06511
USA

Jürgen Sell
Gerichtsgasse 3
D-W-8737 Euerdorf 1

Dr. Theo Simon
Geologisches Landesamt Baden-Württemberg, Zweigstelle Stuttgart
Urbanstraße 53
D-W-7000 Stuttgart 1

Dr. Joachim Szulc
Jagiellonian University
Institute of Geological Sciences
2a Oleandry Str.
30-063 Kraków
Polen

Dr. Ákos Török
Budapesti Muszaki Egyetem
Asvány-és Földtani Tanszék
Budapest XI Sztoczek utca 2
1521 Budapest
Ungarn

Dr. Jon A. Todd
Inst. of. Earth Studies
University of Wales
Llandinam Building
Aberystwyth
Dyfed SY23 3DB
Großbritannien

Prof. Dr. E. Trifonova
Geological Inst.
Bulgarian Acad. of Sci.
ul. Georgi Bonchev 24
BU-1113 Sofia
Bulgarien

Prof. Dr. Henk Visscher
Laboratorium voor palaeobotanie
en palynologie
Rijksuniversiteit te Utrecht
Heidelberglaan 2
3584 CS Utrecht
Niederlande

Dr. Max Urlichs
Staatl. Museum für Naturkunde
Rosenstein 1
D-W-7000 Stuttgart 1

Dr. Wolfgang Zwenger
Uferstraße 5
D-O-1242 Bad Saarow